X.media.press

Springer-Verlag Berlin Heidelberg GmbH

Heinz Habermann

Kompendium des

Industrie-Design

Von der Idee zum Produkt

Grundlagen der Gestaltung

Mit 920 Abbildungen

Springer

Prof. Heinz Habermann

Fachbereich Gestaltung
Fachhochschule Darmstadt
Olbrichweg 10
64287 Darmstadt
E-Mail: haberman@fh-darmstadt.de

ISSN 1439-3107
ISBN 978-3-642-62876-4 ISBN 978-3-642-55670-8 (eBook)
DOI 10.1007/978-3-642-55670-8

Bibliografische Information Der Deutschen Bibliothek
Die Deutsche Bibliothek verzeichnet diese Publikation in der Deutschen Nationalbibliografie; detaillierte bibliografische Daten sind im Internet über <http://dnb.ddb.de> abrufbar.

http://www.springer.de

Ursprünglich erschienen bei Springer-Verlag Berlin Heidelberg 2003
Softcover reprint of the hardcover 1st edition 2003

Umschlaggestaltung: KünkelLopka, Heidelberg
Texterfassung und Layout durch den Autor
Datenaufbereitung: perform electronic publishing gmbh, Heidelberg
Druck und Bindearbeiten: Appl, Wemding
Gedruckt auf säurefreiem Papier 33/3142 ud 5 4 3 2 1 0

Inhalt

Teil 3 Die Entwicklung einer Konzeption

Teil 4 Die Mittel für eine Umsetzung

Teil 5 Die technische Funktionalität

Teil 7 Die Aussage und die Verständlichkeit einer Umsetzung

Teil 8 Die Bedienbarkeit einer Umsetzung

Teil 9 Die Wirtschaftlichkeit einer Umsetzung

Teil 10 Die Ästhetik

Teil 11 Sozial vertretbare Umsetzungen

Teil 12 Die ökologische Vertretbarkeit einer Umsetzung

Teil 13 Die Integration mehrerer Gestaltungsvorgaben

Teil 14 Die Veränderung oder Festigung von Einstellungen

Teil 15 Ergänzungen

Teil 1
Grundlagen der Gestaltung für Industrie-Design

Im Fach „Gestalterische Grundlagen" standen am Fachbereich Gestaltung der Fachhochschule Darmstadt bis Anfang 1970 / 71 die Übungen zur gestalterischen Syntax im Vordergrund meiner Arbeit. Form-, Farb- und Materialstudien nahmen einen breiten Raum ein. Kontraste, Übergangsreihen und Verwandtschaften einzelner Elemente wurden entwickelt und in flächenhafter und plastisch-raumhafter Form umgesetzt. Verschiedenste Anordnungsmöglichkeiten der einzelnen Gestaltelemente wurden geübt (z.B. Einführung in die Kombinatorik oder in die Permutation).

Siehe dazu:
„Gestalterische Syntax"
Katalog zu einer Ausstellung von Grundlehrearbeiten am Fachbereich Gestaltung der Fachhochschule Darmstadt im Jahre 1971.
Leiter der Grundlehre: H. Habermann

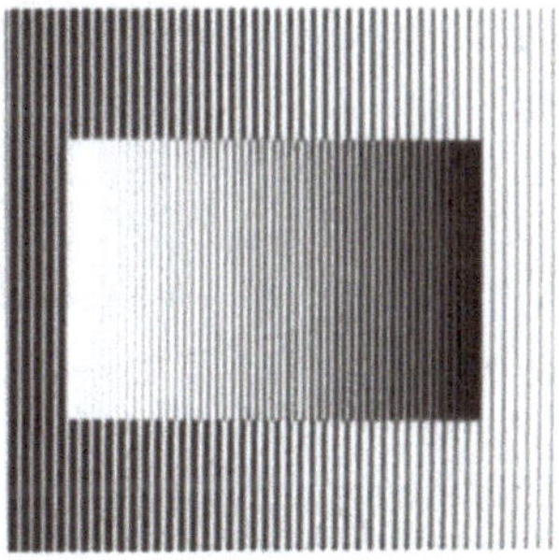

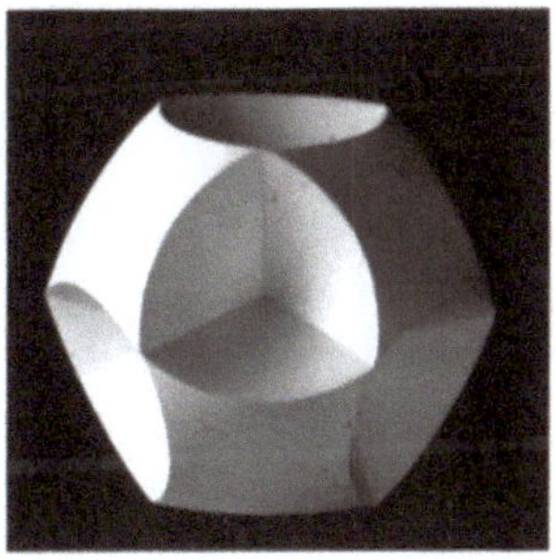

Abb. 1.1 *Formstudie: Übergangsreihe – Linien*
Abb. 1.2 *Plastisch-raumhafte Form: Kombination gleicher Flächenformen – Quadrate*
Abb. 1.3 *Farbstudie: Kombination*

1 Die neue Zielsetzung

Die stärkere Konzentration auf die Designstudiengänge Kommunikations-Design und Industrie-Design (ab 1971 / am Fachbereich Gestaltung der FHD) zwangen zu einem Überdenken des oben vorgestellten Lehrkonzeptes. Die alleinige Beschäftigung mit den gestalterischen Mitteln wurde den Aufgaben designerischer Arbeiten nicht gerecht. Andererseits war klar:

Bleibt noch anzumerken, dass viele Hochschulen nach durchgeführten Studienreformen auf das Fach „Gestalterische Grundlagen" bewusst verzichteten, da eine Beschränkung des Faches auf den Teilaspekt der gestalterischen Syntax entwurfsspezifische Fragestellungen zu wenig tangierte.

- Für eine qualifizierte Tätigkeit ist eine fundierte Basis zu schaffen.

Nachrichten von eingestürzten Häusern wegen fehlender oder schlechter Fundamente schrecken auf. Umso unverständlicher ist es, dass gerade im gestalterischen Bereich heute mehr und mehr Ausbildungsstätten (Kunst- und Fachhochschulen gleichermaßen) auf die Vermittlung von Gestaltungsgrundlagen verzichten.

- Wesentlich für die Anlage eines tragfähigen geistigen Fundamentes ist die Art und Weise des „Denk- und Handlungsgebäudes", das darauf errichtet werden soll.

Im gestalterischen Bereich ist die Auseinandersetzung mit irgendwelchen mehr oder minder formalen oder farblichen Phänomenen dazu nicht ausreichend. Vielmehr sind gestalterische Grundlagen auf die jeweilige Zielsetzung der Arbeit auszurichten (was soll mit der einzelnen Maßnahme oder dem Produkt erreicht werden?), um dann den Fragen nachzugehen: Wie kann man das damit verbundene Ziel erreichen? Was ist dabei zu bedenken?

Siehe dazu Teil 15, Kapitel 1

Im Zusammenhang damit stellte sich natürlich auch die Frage nach den einzelnen Erwartungen, Bedürfnissen und Wünschen des Menschen, da deren Befriedigung das Handeln und Tun des Menschen begründen.

1.1
Die Konzentration auf fachspezifische Gestaltungsgrundlagen

Die beigefügte Übersicht verdeutlicht die beiden Zielsetzungen kommunikativer und industrie-designerischer Arbeiten und Tätigkeiten:

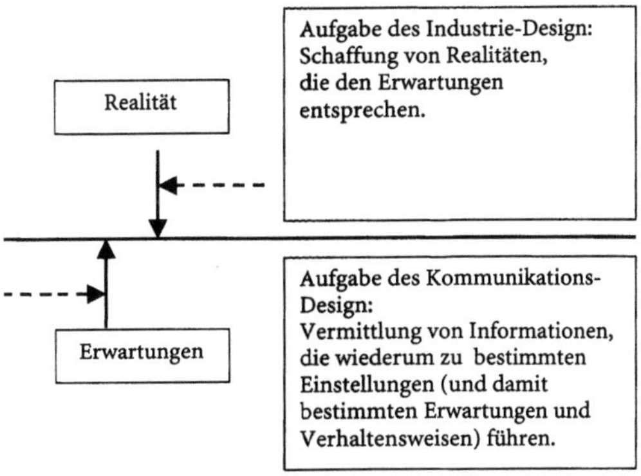

Die Grafik 1.1 zeigt:
Die Erwartungen decken sich nicht mit der Realität. Es kommt zu Problemen.
Die Lösung des Problems:
Die Angleichung der Erwartungen an die Realität (siehe Pfeilrichtung bei den Erwartungen) oder aber die Angleichung der Realität an die Erwartungen (siehe Pfeilrichtung bei der Realität)

Grafik 1.1 Unterschiedlicher Zielsetzungen designerischer Arbeit

- Das Ziel des Kommunikations-Design ist vorrangig die Vermittlung von Informationen bzw. die gezielte Einflussnahme auf die jeweils persönliche geistige Einstellung. Da aufgenommene und verarbeitete Informationen immer zu bestimmten psychisch-geistigen Einstellungen führen, kommt es bei den Menschen zu ganz bestimmten Wünschen und Erwartungen gegenüber der vorhandenen Realität und zu bestimmten Verhaltensweisen.
- Das Ziel des Industrie-Design ist demgegenüber die Schaffung von Realitäten, die den physischen und psychischen Bedarf einzelner Personen oder größerer Zielgruppen beheben sollen. Wesentlich für die Arbeit im Industrie-Design ist somit die Ausrichtung an den Bedürfnissen und Erwartungen der Menschen, für die man Maßnahmen oder Produkte plant und entwickelt.

Kommunikations-Design dient vornehmlich der Information und Aufklärung. Mit der Vermittlung und Verarbeitung von Informationen entstehen jeweils individuelle Einstellungen und Standpunkte. Der werbliche Bereich wird als eine besondere Sparte kommunikations-designerischer Arbeit gesehen. Siehe dazu Teil 14, Kapitel 1 und 2

Auch die Umsetzungen der Industrie-Designer/-innen beinhalten eine bestimmte Menge an Informationen. Die verwendeten Formen, Farben oder Materialien und Gliederungen der einzelnen Produkte haben ihre spezifischen Bedeutungen. Die eigentliche Zielsetzung ist jedoch eine grundsätzlich andere als bei Kommunikations-Design.

Die Antworten auf die Fragen, wie man jemandem gezielt Informationen vermitteln kann oder wie man auf der anderen Seite etwas Reales oder Greifbares schaffen kann, lassen sehr schnell deutlich werden, dass hierbei höchst unterschiedliche Strategien und Verfahrensweisen notwendig werden. Hinzu kommt, dass die Umsetzung der Lösungsideen in beiden Arbeitsfeldern auf den Einsatz unterschiedlicher Mittel angewiesen ist, was wiederum Kenntnisse über deren spezifische Eigenschaften und Ausdrucksmöglichkeiten voraussetzt.

Die Einrichtung eines gemeinsamen Grundlagenstudiums für Kommunikations- und Industrie-Design führt meines Erachtens unausweichlich zu einer Verwässerung spezifischer Fragestellungen beider Seiten. Dass Aspekte des Kommunikations-Design im Rahmen industrie-designerischer Grundlagenarbeit behandelt werden müssen, ist klar Die Konzentration auf die eigenen Zielsetzungen steht allerdings im Vordergrund der Arbeit.

Die vergleichende Sicht der verschiedenen Aufgaben kommunikativer oder aber industrie-designerischer Problemstellungen belegt, dass es für die beiden Arbeitsbereiche unterschiedliche Bestandteile gestalterischer Grundlagenstudien geben muss.

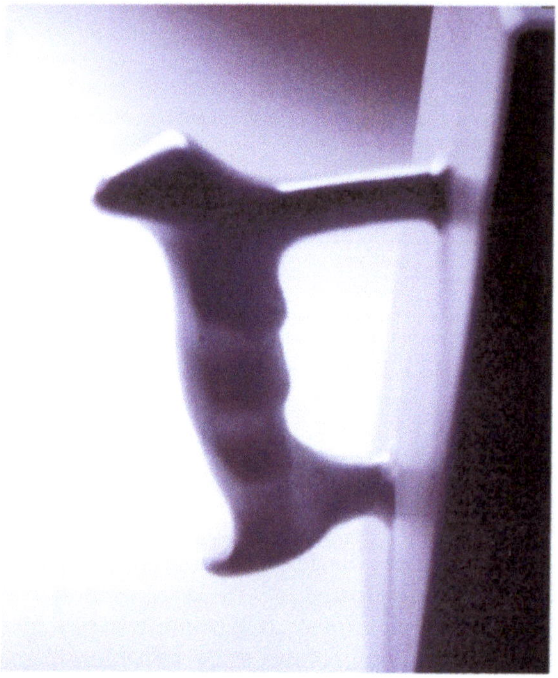

Abb. 1.4 Griffstudie – Ausrichtung eines Griffes auf die Handform

1.2 Konsequenzen aus der besonderen Zielsetzung im Industrie-Design

Für die Designer/-innen ergibt sich aus der Verpflichtung, die Gestaltung neuer Maßnahmen oder Produkte auf die Bedürfnisse und Erwartungen der Zielgruppe auszurichten, ein Dilemma. So führt die Ausrichtung der Designarbeit allein auf den Bedarf einer Zielgruppe zum Mittelmaß. Die Realisierung nur der eigenen Visionen und Vorstellungen ohne Beachtung der Bedürfnisse und Erwartungen der Zielgruppe löst nicht deren Probleme und geht somit an der wesentlichen Zielsetzung designerischer Arbeit, den Bedarf anderer zu beheben, vorbei.

Zwei unterschiedliche Situationen sollen die Problematik verdeutlichen:

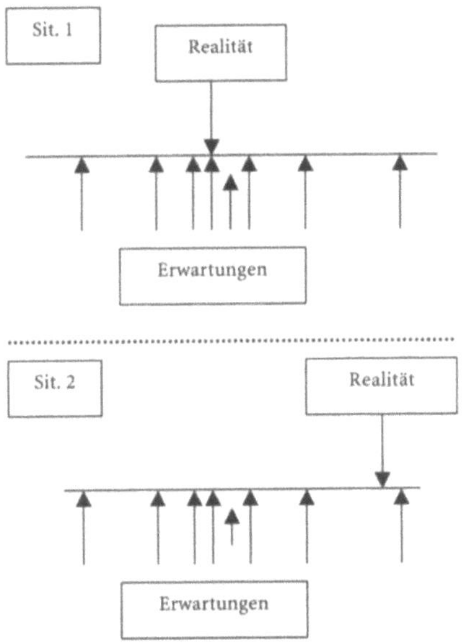

Grafik 1.2 Unterschiedliche Ausrichtungen designerischen Arbeitens

Weder ein Arbeiten wie in Situation 1 noch ein Arbeiten wie in Situation 2 kann befriedigend sein. Notwendig wird ein Kompromiss zwischen beiden Extremen.

Sowohl die Ausrichtung der Gestaltung an den Bedürfnissen der Zielgruppe (was eine intensive Erforschung und Untersuchung der Bedürfnisse und Erwartungen einer Zielgruppe voraussetzt) als auch die Integration gestalterischer Visionen und Vorstellungen der Designer/-innen sollten für die neue Umsetzung prägend sein.

Hinzu kommt der gesellschaftlich kulturelle Auftrag an die Designer/-innen, der Gesellschaft mit der jeweils eigenen Arbeit neue Impulse und Anregungen zu geben.

1.3 Die Darstellung spezifischer Aufgabenbereiche

Um zu erfahren, was für die Entwicklung und Planung industriedesignerischer Umsetzungen maßgebend ist, werden neue, konkrete Aufgabenstellungen oder bereits vorhandene Produkte als Orientierungshilfen herangezogen. Betrachtet man die Erwartungen, die an diese Objekte gestellt werden, so erkennt man, dass

Man muss davon ausgehen, dass Realitäten von Personen oder größeren (Ziel-)Gruppen nur akzeptiert (und z.B. entworfene Produkte nur gekauft) werden, wenn diese den eigenen Bedürfnissen und Erwartungen entsprechen.

In Situation 1 erfolgt eine extreme Ausrichtung der Gestaltung auf die Bedürfnisse der Zielgruppe. Man orientiert sich am „Profil" und damit am „Mittelmaß" der Gruppe. Die neu entwickelte und neu geschaffene Realität dürfte entsprechend sein. Unter diesem Aspekt sind auch Forderungen nach einer Demokratisierung der Kunst bedenkenswert.

In Situation 2 kommt es zu einer extremen Vernachlässigung der Bedürfnisse und Erwartungen der Zielgruppe. Die designerische Arbeit orientiert sich an den Vorstellungen und Visionen der Gestalter.
Dies mag interessant sein. Die Bedürfnisse, Erwartungen und Wünsche der Zielgruppe bleiben dabei aber weitgehend unbeachtet. Deren Problem wird so nicht gelöst.

Siehe dazu auch Teil 15, Kapitel 2
Hier: Der Versuch einer Differenzierung zwischen einer eher künstlerischer und einer eher designerischen Arbeit

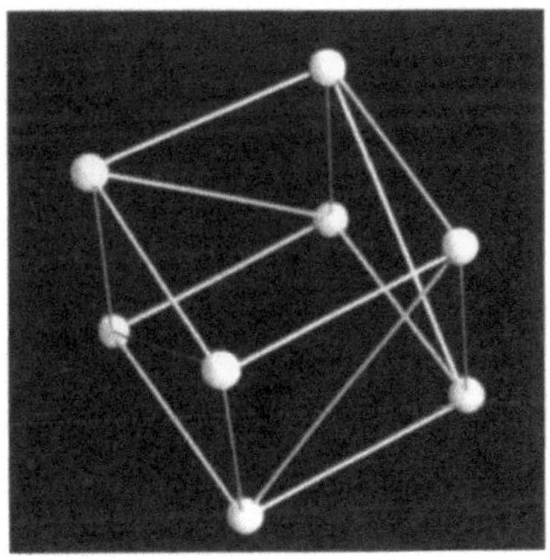

Abb. 1.5 Strukturmodell

hierbei immer wieder die gleichen Ansprüche angemeldet werden, unabhängig von der Komplexität der Maßnahme oder der vorgestellten Objekte. Bei jeder neuen Gestaltung sind immer technische Lösungen gefragt, bei jedem Produkt wird dessen Wahrnehmbarkeit oder Nutzbarkeit erwartet usw. Wenn diese Erwartungen und Wünsche aber an jedes Objekt gestellt werden, wenngleich mit unterschiedlichem Gewicht (Beispiel: Vase gegenüber einer Bohrmaschine), so werden damit aber auch die wesentlichen Inhalte eines Industrie-Design-Studiums vorgegeben und die Themen, die in einem entsprechenden Grundlagenstudium zu behandeln sind.

Für Kommunikations-Design ergeben sich ganz andere Anforderungen: Hier steht im Vordergrund die Frage, welches Ziel mit der Informationsübermittlung bei einem anvisierten Empfänger erreicht werden soll und welche Faktoren für das Erreichen dieses Zieles als wesentlich erachtet werden. Geht es z.B. um die Veränderung der Standpunkte einer bestimmten Zielgruppe, so spielen die Beweglichkeit der Zielgruppe und die Kraft, mit der auf diese Gruppe informativ eingewirkt werden soll, sowie andere Faktoren eine Rolle.
Siehe Teil 14, Kapitel 3

Folgende Aspekte sind somit im Rahmen einer industrie-designerischen Ausbildung grundlegend zu behandeln:

- Die Technik
- Die Wahrnehmbarkeit
- Die Aussage und Verständlichkeit
- Die Bedienbarkeit
- Die Wirtschaftlichkeit
- Die Ästhetik
- Die soziale Vertretbarkeit
- Die ökologische Vertretbarkeit

Diese Vorgaben gilt es durch vier zusätzliche Punkte zu ergänzen:

Zu Beginn muss eine Auseinandersetzung mit der Aufgabenstellung erfolgen. Als Erstes ist die Frage ist zu beantworten: Ist die Bearbeitung der gestellten Aufgabe sinnvoll und vertretbar?

Ist eine Lösungssuche zwingend, so ist für das weitere Vorgehen ein Konzept zu entwickeln, das aufzeigt, wie man den verschiedenen Anforderungen mit den eigenen Mitteln gerecht werden kann.

Bei der Festlegung der einzelnen Inhalte eines Grundlagenstudiums wurde darauf verwiesen, dass diese sich aus den Anforderungen an ein Produkt ergeben, unabhängig von dessen Komplexität. Maßgebend war, dass immer alle Erwartungen, allerdings mit besonderem Stellenwert, berücksichtigt sein sollten.

Steht das Konzept, ist eine Auseinandersetzung mit den Mitteln für die Realisierung des Vorhabens erforderlich (also die Auseinandersetzung mit der gestalterischen Syntax – bislang Hauptanliegen des gestalterischen Grundlagenstudiums). Es folgt die Suche nach technisch funktionierenden Lösungen, nach Lösungen für die Wahrnehmbarkeit, die Verständlichkeit, die Bedienbarkeit, die Wirtschaftlichkeit, die Ästhetik sowie die soziale und ökologische Vertretbarkeit der geplanten Umsetzung.

Am Ende der Studien steht der Versuch, die verschiedenen Erwartungen, die bislang im Interesse einer besseren Strukturierung isoliert betrachtet wurden, in einer Realisation (oder in einem Produkt) zu integrieren (siehe Teil 13).

2 Die Strukturierung des Arbeitsablaufes

2.1 Das Ziel einer Aufgabenstellung

Ausgangspunkt für eine Aufgabenstellung ist ein konkret vorhandenes Problem. Die Bearbeitung einer konkreten Aufgabenstellung bietet zur Ableitung relevanter Fragestellungen und deren grundlegender Betrachtung gute Anknüpfungspunkte.

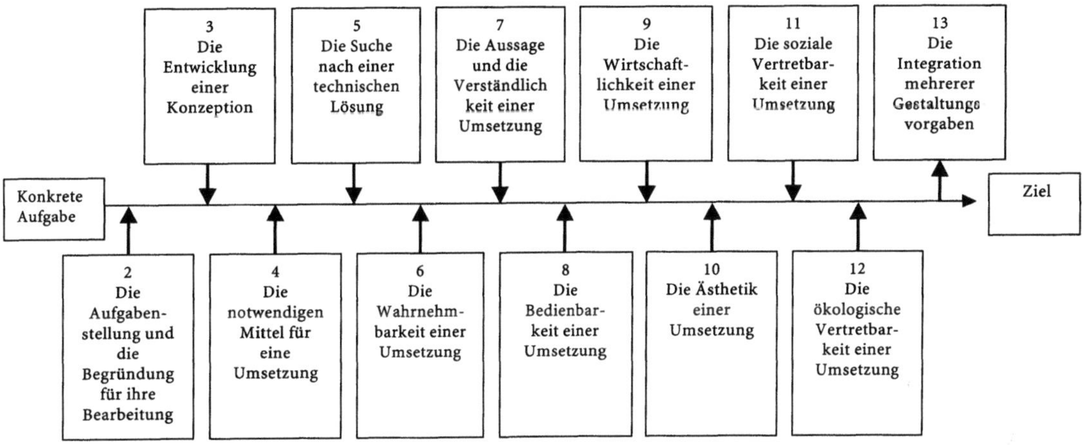

Grafik 1.3 Die verschiedenen Themenschwerpunkte eines gestalterischen Grundlagenstudiums im Industrie-Design

Eine konkrete Aufgabe wird als Aufhänger für die Ableitung der verschiedenen Fragestellungen genommen. Die einzelnen Themenschwerpunkte sind damit sachlich begründet und inhaltlich geordnet. So entsteht ein sinnvolles Konzept für die Erarbeitung gestalterischer Grundlagen im Industrie-Design.

Die Teile 11 und 12 (die soziale und die ökologische Vertretbarkeit) stehen relativ weit am Ende der zu behandelnden Themen, verlangen sie doch von den Studierenden, sich in besonderer Weise mit den Auswirkungen ihrer Gestaltungsarbeiten auf Gesellschaft und Umwelt zu beschäftigen.

Oftmals wird hier der Vorwurf geäußert, dass ein so geplantes Vorgehen zu früh auf die konkrete Praxis abhebe und zu wenig die jeweilige Kreativität fördere. Betrachtet man dazu die einzelnen Aufgabenstellungen bei den einzelnen Kapiteln und die Ergebnisse der davon abgeleiteten Studien, so lässt sich dieser Vorwurf schnell entkräften.

Schlusspunkt der gesamten Betrachtungen (Siehe Teil 13) ist der Versuch, mehrere Erwartungen aus unterschiedlichen Bereichen, also Erwartungen und Wünsche an die Technik, die Bedienbarkeit, die Wahrnehmbarkeit usw., in einer Gestaltung zu integrieren. Dies ist keine leichte Aufgabe, wenn man bedenkt, welch unterschiedliche Vorgaben bei der Gestaltung einer Maßnahme oder eines Objektes zu berücksichtigen sind und dass am Ende ein in sich geschlossenes Ganzes vorliegen soll.

2.1.1 Die verschiedenen Arbeitsschritte zur Erarbeitung eines Themenschwerpunktes

Es hat sich als sinnvoll erwiesen, vier Arbeitsschritte bei den verschiedensten Teilproblemen nacheinander zu absolvieren.

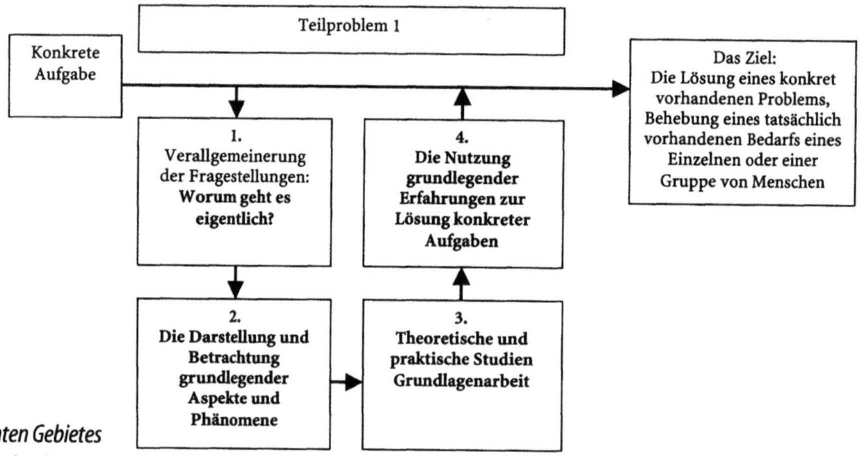

Grafik 1.4 Die verschiedenen Arbeitsschritte für die Erarbeitung einzelner Themen

Die Komplexität des gesamten Gebietes verlangt eine klare Strukturierung. Die Inhalte der einzelnen Teile werden relativ streng voneinander abgetrennt behandelt. Wird z.B. die Bedienbarkeit behandelt, spielen wirtschaftliche Aspekte keine Rolle.
Erst am Ende (s. Teil 13) wird der Versuch unternommen, mehrere Erwartungsfelder bei einer Umsetzung zu integrieren.

In einem ersten Schritt erfolgt eine Verallgemeinerung der Fragen. Heißt z.B. das Teilproblem: Die Bedienbarkeit eines Einkaufwagens, so führt die Verallgemeinerung zur Fragestellung: Welche Aspekte sind für die Bedienbarkeit eines Objektes beachtenswert?

Der Praxisbezug, aber auch die Übertragbarkeit der Erfahrungen auf andere Problemstellungen werden dadurch offensichtlich.

- **Ziel gestalterischer Grundlagen ist es, die Prinzipien für die Lösung der verschiedenen Probleme kennen zu lernen** (vergleichbar dem Prinzip der Addition oder der Subtraktion). Kennt man das Prinzip und kommen entsprechende Anforderungen aus anderen Aufgabenstellungen, so kann man darauf entsprechend reagieren. Die jeweils neue Aufgabe entpuppt sich dann als Variation bereits bekannter Problemstellungen.

Die Darstellung grundsätzlicher Aspekte (jeweils in Abschnitt 2 eines Kapitels) dient dazu, wesentliche Erkenntnisse zum Thema zu sammeln und strukturiert vorzustellen.

Theoretische und praktische Studien folgen in einem dritten Arbeitsschritt. Sie dienen der Vertiefung der Lehrinhalte durch eigenes Tun. Kenntnisse und Erfahrungen sollen über den Prozess des Erlebens, des Handelns und des Fühlens gewonnen werden, ausgehend von der Überlegung, dass der Mensch die Welt über seine unterschiedlichen Wahrnehmungskanäle z.B. über das Sehen, Hören, Berühren, Riechen und Schmecken erfährt. Aus diesem Grunde stehen flächenhafte Studien neben plastisch-raumhaften Umsetzungen, statische Objekte neben bewegten, visuell wahrnehmbare neben akustisch und haptisch (über das Berühren) wahrnehmbaren Gebilden. Experimentelle Studien stehen neben systematischen Vorgehensweisen. Die Aufgabe zur Entwicklung alternativer Lösungen fördert nach und nach Neues zutage.

Wie die Kenntnisse und Erfahrungen grundsätzlicher Gestaltungsmöglichkeiten zur Lösung konkreter Aufgaben genutzt werden können, wird jeweils am Ende eines Themenabschnittes praktiziert. Jetzt geht es darum, eine Anwendung und Übertragung der grundsätzlichen Erkenntnisse zur Lösung der vorgegebenen Aufgabe zu versuchen (siehe dazu auch Teil 13).

Dieses Lehrkonzept mit den einzelnen Arbeitsschritten (1 bis 4) wird bei allen Kapiteln beibehalten. Somit wird auch für die Studierenden selbst eine klare Strukturierung sichtbar.

Es ist verständlich, dass die Verallgemeinerung der Fragestellungen und die anschließenden grundlegenden Studien von den Studierenden ein hohes Maß an Abstraktionsvermögen verlangen.

Theoretische Studien sollen helfen, die vorgetragenen Aspekte durch eigenes Erforschen (Nutzung von vorhandener Literatur oder Heraussuchen aktueller Beiträge aus dem Internet) zu verfestigen. Die Betrachtung von Objekten oder Prozessen kann neue Lösungsmöglichkeiten für eigene Realisationen aufzeigen. Die Auseinandersetzung mit anderen Ausdrucksformen, wie Literatur, Musik, Architektur usw., soll trennende und übereinstimmende stilistische Merkmale erkennbar machen. Die Einbindung einer Äußerung in ihren zeitlichen Kontext mit ihren wirtschaftlichen, sozialen oder kulturellen Bedingungen soll zu einer kritischen Reflexion beitragen. Praktische Studien sollen allgemein prinzipielle Lösungsansätze aufzeigen.

Einzelarbeit steht neben Teamarbeit (Teamarbeit dann, wenn jede Person in der Gruppe einen Beitrag liefert, ohne den das gemeinsame Ziel nicht erreicht werden kann). Zwischenpräsentationen aller Teilaufgaben und Projekte eröffnen die Einsicht in unterschiedliche Denkansätze und Vorgehensweisen zur Lösung einer Aufgabe.
Hinzu kommt, dass für die Lösung der verschiedenen Aufgaben zum Teil völlig unterschiedliche Ideenfindungsmethoden anzusetzen sind. So verlangt die Lösung technischer Probleme ein völlig anderes Vorgehen als die Aufgabe zur Lösung der Bedienbarkeit.

2.1.2
Die Suche nach einer Ganzheit

Im Bestreben, die einzelnen Sachgebiete klar zu strukturieren, werden in den Teilen 5 bis 12 die einzelnen Bedarfs- und Erwartungsfelder der Menschen, für die etwas entwickelt und geplant werden soll, jeweils isoliert behandelt. In Teil 13 wird dann der

Versuch unternommen, mehrere unterschiedliche Gestaltungsvorgaben in einer Umsetzung zu verwirklichen. Diese Studien sind deshalb wichtig, weil durch die Beachtung mehrerer neuer Gestaltungsvorgaben, z.B. aus dem Bereich der Bedienbarkeit, der Wirtschaftlichkeit oder der Ästhetik, und deren Realisierung die bereits bestehende technische Funktionalität des Gebildes gemindert werden kann. Wird jedoch die technische Funktionalität eines Objektes entscheidend beeinträchtigt, kann der eigentliche Bedarf nur noch bedingt behoben werden und das Produkt verfehlt seinen eigentlichen Zweck.

Durch die Einbindung der einzelnen Teile in einen größeren Entwurfsrahmen stehen diese trotz ihrer getrennten Bearbeitung nicht zusammenhanglos nebeneinander. Sie sind Teil eines geordneten Ganzen.

Und auch die Aufgabenstellung selbst bzw. das konkrete Problem steht nicht für sich allein, sondern lässt sich, geht man der Frage nach dem Entstehen oder dem Dasein von Problemen auf den Grund, in ein alles umfassendes Handlungssystem einbinden: dem immerwährenden Bestreben alles Lebenden, das SOLL und das IST einander anzugleichen.

Das SOLL gibt vor, was man braucht bzw. haben möchte. Es kann sich dabei um den Wunsch nach körperlicher oder geistiger Gesundheit, um Wissen und Kenntnisse, um technische Fertigkeiten usw. handeln. Es kann aber auch der Wunsch nach bestimmten sozialen Gegebenheiten oder kulturellen Angeboten sein. Usw.
Das IST gibt an, wie viel von dem, was man haben möchte, da ist. Im vorliegenden Fall besteht zwischen dem SOLL und dem IST eine Differenz, die durch konkretes Handeln der Menschen behoben werden kann. Vor diesem Hintergrund lassen sich auch die unterschiedlichen kulturellen Aktivitäten, die konkreten technischen Leistungen usw. in Beziehung setzen. Theater, Ballett, Musik, Malerei oder sonstige Aktivitäten zeigen vergleichbare Zielsetzungen, deren wesentlicher Unterschied in der Ausrichtung auf den Bedarf oder die Verständlichkeit anderer und in den Mitteln begründet ist, mit denen sie realisiert werden. Die theoretischen Studien werden immer wieder genutzt, um den Blick auf Gemeinsamkeiten, Übereinstimmungen und Abweichungen zu lenken.

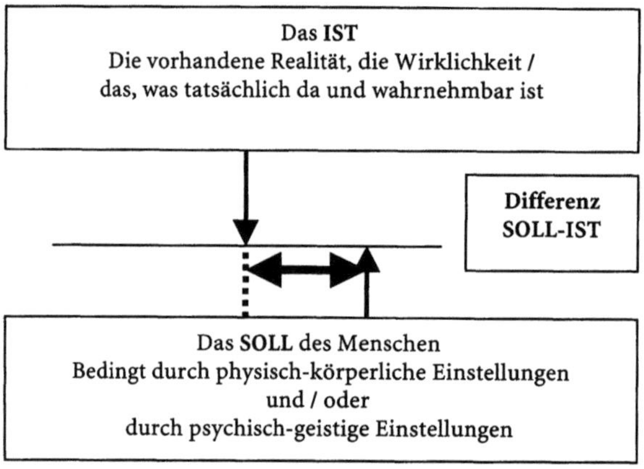

Grafik 1.5 Die Differenz von SOLL und IST als Grund für die vielfältigen Probleme

Besteht zwischen dem SOLL und dem IST eine Differenz, so sind Taten gefordert. So kann ein Architekt mit seiner Planung und deren Realisierung den Wunsch eines Menschen nach einer sicheren Behausung erfüllen, sofern er es schafft, Erwartungen und Realität deckungsgleich zu machen. So kann ein Mediziner durch entsprechende Betreuung die körperliche Gesundheit eines Menschen wiederherstellen, nachdem vorher zwischen Realität und eigenen Erwartungen eine Differenz bestand. So kann ein Designer ein Produkt entwickeln und realisieren, um damit die Erwartungen und Wünsche eines Menschen (z.B. nach einer körperlichen Entlastung bei der Arbeit) zu befriedigen.

2.2 Die Nutzung vorhandener Ausarbeitungen

Es liegen verschiedene Ausarbeitungen zur gestalterischen Syntax, zur Wahrnehmung und zur Semantik (allgemein zur Kommunikationstheorie oder zu Symbolen von Gegenständen und zur Farbsymbolik) vor. In vielen Fällen sind die Darstellungen jedoch so abstrakt, dass sie für ein gestalterisches Grundlagenstudium und die konkrete Gestaltungspraxis nur ansatzweise verwendbar sind.
Eine vertiefende Auseinandersetzung mit den Grundlagen des Kommunikations-Design fehlt.
In Teil 14 „Die Mittel für eine Stabilisierung oder Veränderung von Einstellungen" werden jedoch erste Hinweise gegeben, welche Aspekte m.E. im Rahmen eines entsprechenden Grundlagenstudiums im Mittelpunkt der Arbeit stehen sollten.

Die Begründungen verschiedener Thesen und Vorgaben beruhen überwiegend auf der Beobachtung vorhandener Realitäten. Sie können sicher durch umfassendere Untersuchungen verifiziert, eventuell aber auch revidiert werden.

Dieses Lehrbuch weist nur eine kurze Literaturliste auf. Dies liegt daran, dass die bislang vorliegenden Ausarbeitungen im Gesamtrahmen gestalterischer Grundlagen für Industrie-Design nur punktuell verwertbar sind.

Notwendig wurde auf mehreren Gebieten ein völlig neuer Ansatz für die Erarbeitung gestalterischer Grundlagen. Die hierzu entwickelten Modelle werden jeweils besonders vorgestellt und begründet.

Viele grundlegende Aspekte konnten am Fachbereich bislang nur unvollkommen und unvollständig erarbeitet werden. Immer wieder mussten in den jeweiligen Semestern Schwerpunkte gesetzt werden. Ein wesentlicher Grund dafür ist in der begrenzten Zeit (1. und 2. Semester) zu sehen, die den Studierenden zur Erarbeitung der einzelnen Aufgabenstellungen zur Verfügung steht. Die vorliegenden Ausführungen stellen deshalb kein abgeschlossenes Kompendium gestalterischer Grundlagen dar, sondern sie sind eher als Anregung für eine vertiefende Auseinandersetzung mit dem Arbeitsfeld des Industrie-Designs zu betrachten.

Die Erarbeitung gestalterischer Grundlagen in der vorliegenden Form lässt jedoch die Komplexität eines Entwurfprozesses im Industrie-Design bewusst werden. Gleichzeitig werden die vielfältigen Beziehungen gestalterischer Arbeiten, ihre Abhängigkeiten von Mensch und Umwelt und ihre Auswirkungen auf Menschen und Umwelt einsehbar.

Mit der Einordnung der verschiedenen Themenbereiche in einen größeren Zusammenhang und deren Darstellung zeichnen sich jetzt auch für die Kolleginnen und Kollegen der übrigen Fächer Orientierungslinien ab. Es können Anknüpfungen und Verknüpfungen des Faches mit anderen Fachdisziplinen und die Zusammenarbeit mit Fachleuten anderer Fachdisziplinen und Fachbereiche zur Ergänzung und Fundierung der jeweiligen Arbeitsschwerpunkte vorgenommen werden.

Mein besonderer Dank gilt vor allem den Kolleginnen und Kollegen anderer Fachdisziplinen, die bereit waren, sich im ersten und zweiten Semester inhaltlich auf die einzelnen Themenschwerpunk-

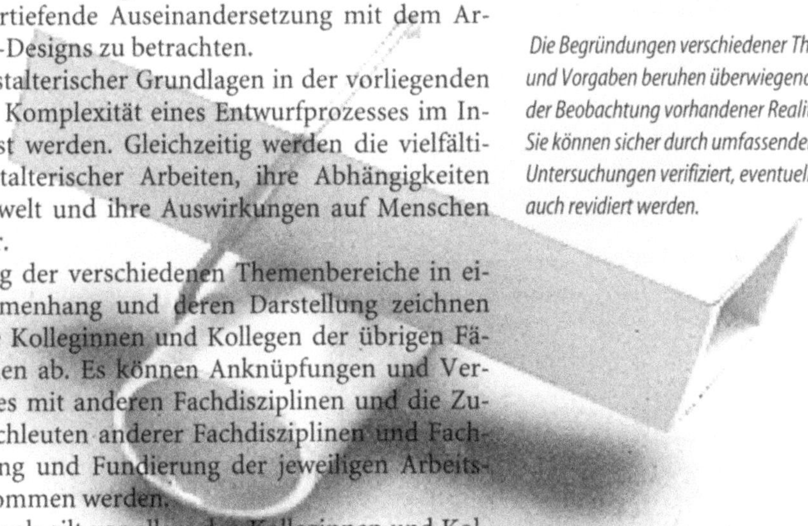

Abb.1.6 *Verbindung unterschiedlicher formaler Elemente*

te des Kernfaches „Grundlagen der Gestaltung" einzulassen. Die gegenseitige Abstimmung des Lehrangebotes war und ist für die Lehrenden wie die Studierenden ein Gewinn.

Die Vorgehensweisen und Ergebnisse theoretischer und praktischer Studien zu den einzelnen Kapiteln werden durch fotografische Bildbeispiele veranschaulicht. Da sich die Urheber der erstellten Arbeiten in vielen Fällen den fotografischen Vorlagen nicht mehr sicher zuordnen ließen, wurde generell von einer namentlichen Kennzeichnung der Bildbeispiele Abstand genommen. Bei allen Studierenden der Jahre 1967 bis 2002 bedanke ich mich für ihre immer wieder bohrenden Fragen und ihre anregende Mitarbeit.

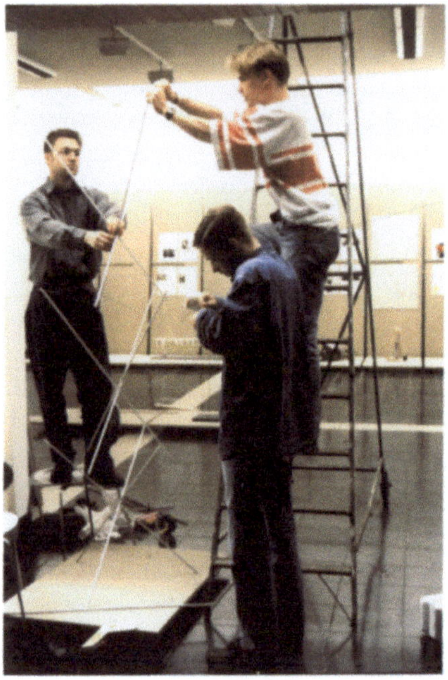

***Abb. 1.7** Studierende beim Aufbau eines plastisch-raumhaften Objektes*

***Abb. 1.8** Blick in den Arbeitsraum*

Teil 2
Die Aufgabenstellung und die Begründung für ihre Bearbeitung

Das Studium im Fach „2+3-dimensionales Gestalten“ (Grundlagen der Gestaltung) beginnt mit einer Aufgabenstellung zur Lösung eines konkreten Problems.

Erste Vorstellungen der Studierenden, welche Aspekte dabei zu berücksichtigen sind, werden zusammengefasst und strukturiert. Bereits hier werden die wesentlichen Bausteine eines umfassenden Entwurfsprozesses erkennbar. Für die Studierenden wird klar, warum eine konkrete Aufgabenstellung als Einstieg in die Gestaltungsarbeit gewählt wurde.

Siehe dazu Teil 1, Kapitel 2 zur Struktur eines Entwurfsprozesses und die dabei zu beachtenden entwurfsrelevanten Parameter

Doch inwieweit ist es überhaupt sinnvoll, sich mit dieser vom Dozenten gestellten Aufgabe zu beschäftigen? Wenn die Aufgabe bearbeitet werden soll, muss dies auch sachlich begründet sein. Dazu dienen die anstehenden Betrachtungen.

In Kapitel 1 wird untersucht, ob die Aufgabenstellung berechtigt ist. Sollte sich dies abzeichnen, so bedeutet dies nicht gleichzeitig, dass die Aufgabe auch bearbeitet werden muss. Zu klären ist jetzt, inwieweit eine Bearbeitung der Aufgabe sinnvoll ist. Die Entscheidung darüber wird von drei Faktoren abhängig gemacht. Als Erstes wird in Kapitel 2 untersucht, ob es kurzfristig eine Lösung des Problems gibt. Zeichnet sich dies ab, ist eine Auseinandersetzung mit der vorgegebenen Aufgabe wenig motivierend. Geht man davon aus, dass dies nicht der Fall ist, so ist jetzt zu klären, ob es nicht bereits akzeptable Lösungen gibt. Dies ist Inhalt von Kapitel 3. Eine Antwort soll hier der Vergleich vorhandener Lösungen mit den konkreten Bedürfnissen der Betroffenen bringen. Gibt es brauchbare Produkte zur Behebung des konkreten Problems, dann kann man auf eine weitere Bearbeitung der Aufgabe verzichten. Gibt es keine Maßnahme oder kein Produkt, mit dem der momentane Bedarf behoben werden kann, so sollte vor einer endgültigen Entscheidung als Letztes die mögliche Leistung einer neuen Maßnahme bzw. eines neuen Produktes mit dem dafür notwendigen Aufwand verglichen werden, soll doch mit der Arbeit etwas entstehen, das sich lohnt. Dies bildet den Inhalt von Kapitel 4.

So können Straßenbauarbeiten zu großen Lärmbelästigungen von Anwohnern führen. Die Entwicklung eines größeren Lärmschutzprogramms erübrigt sich, wenn absehbar ist, dass die lärmintensiven Bauarbeiten nach zwei Tagen beendet sind.

Die Studierenden erfahren damit gleich zu Beginn ihrer Arbeit, dass es im Rahmen eines Grundlagenstudiums nicht darum geht, irgendwelche Vorgaben zu erfüllen, ohne darüber nachzudenken, inwieweit ihre Arbeit überhaupt sinnvoll ist.

Die gestellten Aufgaben zeichnen sich dadurch aus, dass die jeweiligen Zielgruppen relativ leicht abgrenzbar sind. Deren Bedürfnisse, Erwartungen und Wünsche lassen sich dadurch leichter erfassen. Eine bessere Ausrichtung der Entwicklungsarbeiten auf diese Vorgaben ist möglich.

Und ein Zweites ist bedenkenswert: Mit der wiederholten Infragestellung der Aufgabe und den immer wieder geforderten Entscheidungen (Weiterarbeit oder Einstellung der Arbeit an diesem Projekt) kann am Ende dieser Betrachtung und bei einer Entscheidung für die Weiterbearbeitung der Aufgabe mit einer engagierten Arbeitshaltung der Studierenden gerechnet werden. Sie identifizieren sich mit dem Problem und wollen mit ihrer Arbeit selbst etwas zu dessen Lösung beitragen.

Abb. 2.1 *Plastische Figur aus einer Kugel*

1 Der Grund für eine Aufgabenstellung

Eine konkrete Aufgabenstellung beinhaltet zunächst einmal die Vorgabe, ein vorhandenes Problem zu lösen. Um hier etwas Klarheit zu schaffen, soll zunächst der Frage nachgegangen werden, wann von einem Problem überhaupt gesprochen werden kann und ob dies für die Betroffenen so groß ist, dass einen Lösung zwingend wird.

1.1 Verallgemeinerung der Fragestellung

Ist die Aufgabenstellung berechtigt?

1.2 Darstellung grundlegender Aspekte

1.2.1 Die wesentlichen Merkmale einer Aufgabenstellung

Siehe dazu Teil 15, Kapitel 1

Um die Gründe für eine Aufgabenstellung etwas genauer fassen zu können, werden unterschiedlichste Aufgabenstellungen gesammelt: z.B. entwickle einen Abfallbehälter, entwickle einen Föhn, entwickle etwas, auf dem man sitzen kann, entwickle ein Programm zur Textverarbeitung, zähle 2 + 3 zusammen.

Betrachtet man die oben angeführten Aufgabenstellungen, so erkennt man, dass alle diese Aufgabenstellungen die Form einer Anweisung, eines Befehls, einer Vorgabe oder einer Bitte aufweisen, mit dem Ziel, etwas zu schaffen, zu beschaffen, zu planen oder herzustellen. Das, was man möchte, ist offensichtlich etwas, was von dem Aufgabensteller gebraucht oder gewollt wird. Man möchte etwas haben. Man braucht etwas. Es soll etwas da sein, das man noch nicht hat. Das, was man braucht, was man haben möchte oder haben will, nennt man das SOLL.

1.2.2
Das SOLL

1.2.2.1
Der Grund für das SOLL

Braucht jemand etwas oder möchte jemand etwas haben, so hat dies einen Grund. Spürt man den jeweiligen Wünschen und Erwartungen nach, so stellt man fest: Sie sind Ausdruck menschlichen Strebens, das sich auf ein ganz bestimmtes Ziel reduzieren lässt:

- Jeder Mensch möchte nach seinen Vorstellungen leben.

Die Realisierung der oben genannten Zielsetzung verlangt die Sicherung des eigenen körperlichen Lebens. Zu sichern ist das körperliche Wachstum und der Erhalt des Lebens.

Zur Grafik 2.1: Die nebenstehende Grafik zeigt das Bemühen des Menschen, das eigene körperliche Wachstum zu sichern und das Erreichte dann zu erhalten. Der Wunsch, das eigene Leben zu erhalten, spiegelt sich auch im Verlangen des Menschen, dies über den Tod hinaus zu verwirklichen (siehe Pfeil, der auf dieser Ebene über die Grenzen des irdischen Lebens hinausweist).

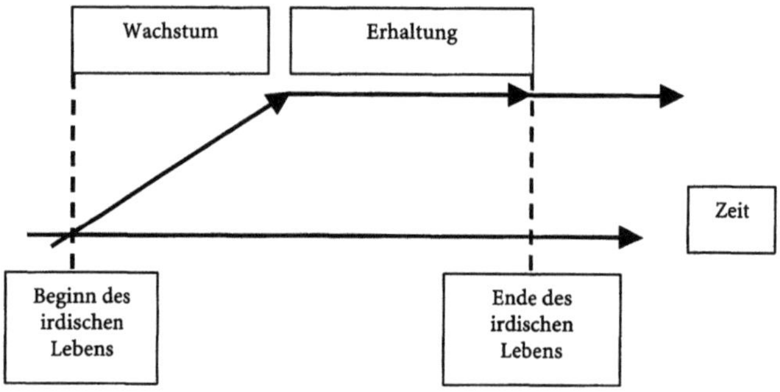

Grafik 2.1 *Das Ziel des Menschen*

1.2.2.2
Der Grundbedarf zum Aufbau und Erhalt des eigenen Lebens

Will man das Ziel, die Sicherung des eigenen Lebens, erreichen, entsteht ein Bedarf, der befriedigt werden muss. Die folgende Übersicht zeigt, von oben beginnend, dass zunächst einmal das zum Leben Notwendige (Nahrung, Kleidung, Wohnung usw.) beschafft werden muss. Daneben stehen Maßnahmen zur Sicherung der körperlichen Gesundheit. Was hier notwendig ist, wird von der biophysischen Einstellung des Menschen bestimmt. Sie gibt an, wie viel der Mensch an Nahrung täglich braucht. Sie gibt vor, was an Kleidung zur Sicherung gegen Hitze oder Kälte benötigt wird usw.

Darüber hinaus muss der Mensch sich in seinem Lebensraum richtig verhalten, will er nicht mit den dort herrschenden Gesetzen in Konflikt geraten. All dies ist zum Überleben notwendig.

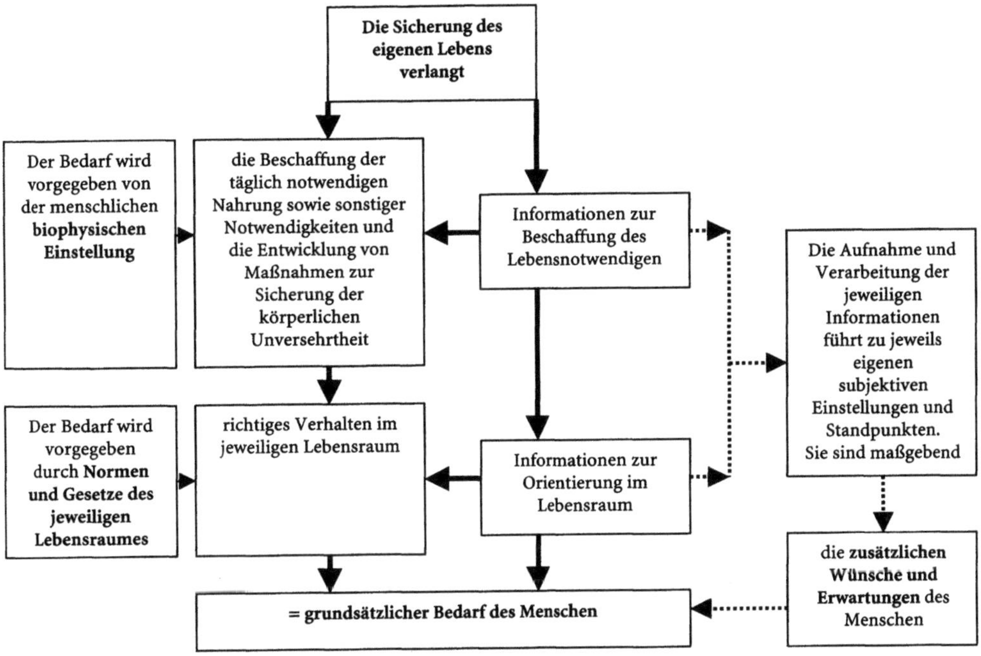

Grafik 2.2 Der Bedarf des Menschen zur Sicherung seines Lebens

Die Sicherung seines physisch-körperlichen Lebens kann der Mensch aber nur erreichen, wenn er über ein ausreichendes Wissen und die Kenntnisse verfügt, wie er die damit verbundenen Aufgaben bewältigen kann. Notwendig sind deshalb Informationen, die ihn in die Lage versetzen, den Anforderungen gerecht zu werden. Die materiellen Dinge zur Sicherung der körperlichen Gesundheit und die zu deren Beschaffung notwendigen Informationen beinhalten den **Grundbedarf des Menschen.**

1.2.2.3
Die zusätzlichen Erwartungen und Wünsche des Menschen

Die Aneignung von Wissen und Kenntnissen und damit die Aufnahme und Verarbeitung von Informationen hat zur Folge, dass sich beim Menschen nach und nach eine eigene geistige Gestalt herausbildet. Sie ist wichtig, um die anfallenden Aufgaben, die

„Der Bedarf entsteht aus einem Bestreben, ein Bedürfnis zu befriedigen. In einer modernen Wirtschaftsgesellschaft herrscht andauernd ein dreifacher Bedarf. Da ist erstens der individuelle oder der Bedarf der privaten Haushalte, zweitens ein gemeinsamer oder Kollektivbedarf und drittens ein Bedarf der Betriebe. Beim Bedarf der Haushalte wird zwischen dem ***starren und dem elastischen*** *Bedarf unterschieden. Zum* ***starren Bedarf*** *zählen alle Notwendigkeiten zur Erhaltung der Existenz, also in erster Linie Ernährung, Bekleidung und Wohnen. Als* ***elastischer Bedarf*** *ist alles zu betrachten, was nicht unbedingt zur Aufrechterhaltung des Lebens gehört, aber das Leben angenehmer macht."*
Aus: Edition Thomas: Das große Universallexikon, 1979

Sowie Hinweis bei Heinz G. Pfaender: Beiträge zu einer Designtheorie, 1974, auf Untersuchungen von A. H. Maslow: Motivation and Personality, 1954: Deutlich wurde, dass die Menschen unabhängig vom Produkt (neben dessen technischer Funktionalität) immer noch zusätzliche Erwartungen an ein Produkt haben. Sie wollen es gut wahrnehmen, leicht verstehen, leicht bedienen. Es soll wirtschaftlich sein und gut aussehen. Es soll sozial und ökologisch vertretbar sein.

Beschaffung des zum Leben Notwendigen und das richtige Verhalten im jeweiligen Lebensraum, bewältigen zu können.

Mit der Aufnahme und Verarbeitung der Informationen entstehen bei jedem Menschen subjektive Einstellungen. Sie sind bestimmend für **die jeweils individuellen zusätzlichen Wünsche und Erwartungen eines Menschen.**

Damit sind die Voraussetzungen gegeben, eigene Vorstellungen zu entwickeln, wie und wo man leben möchte.

1.2.3 Das IST

1.2.3.1 Das IST als Realität

Aufgabenstellungen geben an, dass etwas gemacht, gebaut, erstellt oder beschafft werden soll. Sie geben in vielen Fällen sogar relativ genau an, was man möchte oder braucht. Man soll z.B. einen Abfallbehälter entwickeln, man soll einen Föhn gestalten, man soll einen Stuhl bauen usw. Damit ist aber auch schon eine weitere Aussage möglich: Das, was man haben möchte, ist etwas Reales bzw. ist etwas Greifbares, Wirkliches, Konkretes. Das, was erstellt oder entwickelt oder aufgebaut werden soll, soll am Ende auch tatsächlich und wirklich vorhanden sein. Das, was **IST,** beinhaltet (im Gegensatz zum SOLL) immer eine Realität.

1.2.3.2 Die unterschiedlichen Realitäten des IST

Die tatsächlich vorhandene Realität umfasst einmal die konkrete Lebenswirklichkeit mit all ihren kulturellen, wirtschaftlichen oder sozialen Gegebenheiten. Sie betrifft die Wohnsituation eines Menschen ebenso wie die tägliche Arbeit.

Die konkrete Realität eines Menschen umfasst aber auch seine physisch-körperliche und seine psychisch-geistige Konstitution. Real ist die körperliche Gestalt eines Menschen. Real ist die geistige Gestalt eines Menschen, real sind sein Wissen und seine Kenntnisse zu verschiedensten Sachgebieten und Sachverhalten.

1.2.4
Übereinstimmungen von SOLL und IST

Die Übereinstimmungen von SOLL und IST lassen sich auf zwei unterschiedliche Arten darstellen.

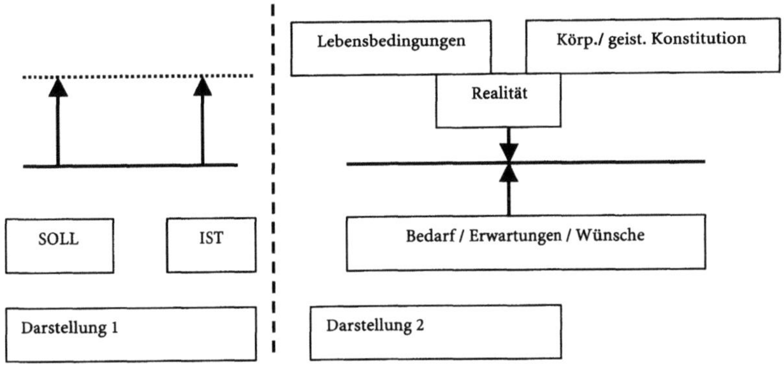

Grafik 2.3 Gegenüberstellungen von SOLL und IST

Zur Grafik 2.3:
Bei Darstellung 1 stehen die beiden Parameter SOLL und IST nebeneinander. Die Höhe der Pfeile gibt an, welche Anforderungen man stellt bzw. was man haben möchte. Die gleiche Höhe des Pfeils für das IST lässt erkennen, dass das Gewollte oder Gebrauchte in vollem Umfang vorhanden ist.
Bei Darstellung 2 stehen sich das SOLL und das IST auf zwei unterschiedlichen Ebenen gegenüber. Oben ist die Ebene der Realität. Hier ist das, was greifbar ist. Unten ist die Ebene des Abstrakten. Hier befinden sich die Vorstellungen, die Ideen und Wünsche. Hier steht all das, was gedacht, aber noch nicht wirklich ist.
Bei der Darstellung treffen sich die beiden Parameter. Realität und Bedarf entsprechen sich.

1.2.5
Differenzen zwischen dem SOLL und dem IST

Die Differenzen zwischen einem SOLL und einem IST lassen sich wiederum auf zwei unterschiedliche Arten darstellen:

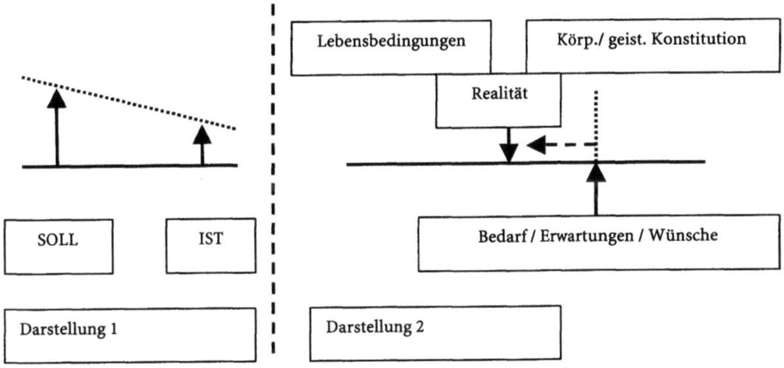

Grafik 2.4 Differenzen zwischen dem SOLL und dem IST

Zur Grafik 2.4:
Die Darstellung 1 lässt erkennen, dass im vorliegenden Fall das, was tatsächlich vorhanden ist, den Bedürfnissen und Erwartungen des Menschen nicht entspricht. Es zeigt sich ein Ungleichgewicht zwischen dem SOLL und dem IST.
Die Differenz zwischen dem, was gebraucht oder gewollt wird, und dem, was an Lebensbedingungen oder an körperlicher und geistiger Konstitution vorhanden ist, spiegelt in gleicher Weise die Darstellung 2 wider. Sie gibt an, dass sich die Realität gegenüber den Bedürfnissen oder Erwartungen negativ verändert hat.

1.2.5.1
Die Darstellung möglicher Differenzen

Zur Grafik 2.5:
Diese Art der Darstellung ermöglicht, die Übereinstimmungen von SOLL und IST (die beiden Pfeile von Realität und Erwartungen stehen dann genau übereinander) und Differenzen zwischen beiden Parametern zu verdeutlichen.
Darüber hinaus kann man mit dieser Darstellungsart auch die jeweilige Veränderung von Realität oder Erwartungen und Bedürfnissen anzeigen.
So kann abgelesen werden, ob sich die Realitäten gegenüber den Erwartungen und Bedürfnissen verbessert oder verschlechtert haben oder aber, ob sich die Erwartungen gegenüber den konkret vorhandenen Realitäten weiterentwickelt oder aber zurückgebildet haben (in dem Fall wünscht man sich z.B. Zustände, wie sie einmal waren, oder aber man nimmt Abschied von lieb gewordenen Vorstellungen usw.).

Mit der zweiten vorgestellten Darstellungsweise lassen sich Veränderungen zwischen den Realitäten und den Erwartungen und damit das Entstehen von Differenzen bzw. Problemen aufzeigen. Folgende Situationen sind möglich:

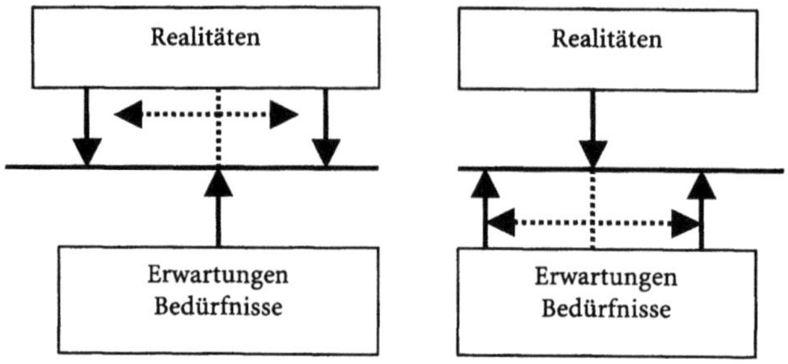

Grafik 2.5 Die unterschiedlichen Veränderungsmöglichkeiten von Realitäten gegenüber den Erwartungen, Bedürfnissen und Wünschen

1.2.5.2
Die Auswirkungen möglicher Differenzen zwischen einem SOLL und IST

Verschlechtert sich z.B. die geistige Konstitution eines Menschen gegenüber dem normalen Bedarf, kann dies zu Einschränkungen der Selbständigkeit führen.

Die dargestellte Situation 1 zeigt: Die Realitäten haben sich gegenüber den Erwartungen und Bedürfnissen, sie blieben unverändert, nach rückwärts bewegt.

Diese Art der Darstellung verdeutlicht: Die Lebensbedingungen oder die wirtschaftliche Situation eines Menschen haben sich gegenüber den Erwartungen verschlechtert. Das zum Leben Notwendige entspricht nicht mehr dem Bedarf. Wendet man sich der körperlich / geistigen Realität, der körperlichen und geistigen Konstitution eines Menschen zu, so verdeutlicht diese Darstellung: Die körperliche und / oder die geistige Konstitution eines Menschen hat oder haben sich gegenüber den bisherigen Erwartungen und Bedürfnissen verschlechtert. Es kann bedeuten: Wissen und Kenntnisse eines Menschen bleiben hinter den Erwartungen oder den gesetzten Anforderungen zurück.

Betrachtet man den zweiten Fall, so zeichnet sich hier eine Verbesserung der Lebensbedingungen eines Menschen gegenüber seinen Erwartungen und Bedürfnissen ab. Er erhält mehr, als er eigentlich braucht oder haben wollte. Oder aber: Seine körperliche oder geistige Konstitution ist jeweils besser als erwartet.

Werfen wir einen Blick auf die zweite Situation. Hier verändern sich die Erwartungen und Bedürfnisse gegenüber der vorhandenen Realität und damit gegenüber den Lebensbedingungen sowie der eigenen körperlichen und geistigen Konstitution

Erwartungen gehen z.B. nach rückwärts. Gewollt werden Zustände, wie sie früher waren. Oder: Man ist mit weniger zufrieden, als man gerade hat. Man braucht weniger, als angeboten wird.

Daneben die Situation: Erwartungen gehen über das hinaus, was man momentan hat, sei es an Lebensbedingungen, sei es an körperlicher oder geistiger Konstitution. Man möchte z.B. bessere Lebensbedingungen. Man möchte eine bessere körperliche oder geistige Konstitution. Man möchte z.B. mehr wissen, als momentan. Oder aber: Man muss mehr wissen und können, da der Bedarf (z.B. die beruflichen Anforderungen) sich weiterentwickelt hat.

Probleme wird es am wenigsten geben bei Situation 1 und hier für den Fall, dass sich die Realitäten gegenüber den Erwartungen verbessert haben. In allen anderen Fällen sind Probleme bereits vorgezeichnet.

Aber auch bei Sit. 1 kann es natürlich zu Problemen kommen. Menschen werden z.B. mit einem plötzlich eingetroffenen Geldsegen nicht fertig (Erbschaft, Lottogewinn) oder sie werden plötzlich ins Rampenlicht gezogen und stehen dann nach kurzer Zeit wieder für sich allein.

1.2.5.3 Die Wirkungsweise der Homöostase

Kommt es beim Menschen zu Differenzen zwischen dem, was da sein sollte, und dem, was tatsächlich vorhanden ist, verspüren wir z.B. Durst oder Hunger. Wir erfahren so, dass unser Körper etwas braucht, um gesund zu bleiben. Die körperliche Gesundheit ist gefährdet. Dies gilt in gleicher Weise für unsere geistige Gesundheit. Fehlen Kenntnisse oder das notwendige Wissen, um bestimmte Arbeiten erledigen zu können, führt dies zum Verlust der Eigenständigkeit. Die Vorstellung des Menschen von einer eigenständigen Lebensführung und selbständigen Entscheidungen kann eventuell nicht verwirklicht werden, was sich wiederum negativ auf die geistige und körperliche Gesundheit auswirkt.

Die in Menschen wirkende Homöostase ist es, die eine vorhandene Differenz zwischen dem SOLL und dem IST anzeigt. (Wir verspüren Hunger oder Durst.)

Sie ist es, die dazu anregt, das vorhandene Ungleichgewicht wieder zu beheben. Sie drängt zu Aktionen und zum Handeln. So unternehmen wir alles, um das, was wir haben wollen oder brauchen, auch zu erreichen.

Homöostase:
Siehe Georg Klaus: Wörterbuch der Kybernetik
Homöostase:
Eigenschaft lebender Organismen bzw. organischer Regelsysteme; sie besteht im Prinzip darin, bestimmte physiologische Größen konstant bzw. in gewissen zulässigen Grenzen zu halten.
Dieses Wirkprinzip ist nach Auffassung des Verfassers die treibende Kraft für alle Problemlösungen, unabhängig davon, ob sich die Differenzen zwischen einem SOLL und IST im Organischen oder auf geistigem Gebiet abzeichnen.

Haben wir z.B. Wünsche und Erwartungen an bestimmte Lebensbedingungen und die Realität entspricht diesen nicht, so sind wir unzufrieden und versuchen, dem abzuhelfen. Maßgebend für diese Unruhe und Unzufriedenheit und für das Bestreben, diesen Zustand zu beenden, ist die im Menschen (und allen anderen Lebewesen) wirkende Homöostase.

Erst wenn beide, das SOLL und das IST, wieder im Gleichgewicht sind, werden die Aktionen beendet, stellt sich wieder Ruhe und Ausgeglichenheit ein. Man kann sagen:

- Die in den lebenden Organismen wirkende Homöostase sorgt für den Erhalt des physisch-körperlichen Lebens.

1.2.6
Die Belastungen des Menschen

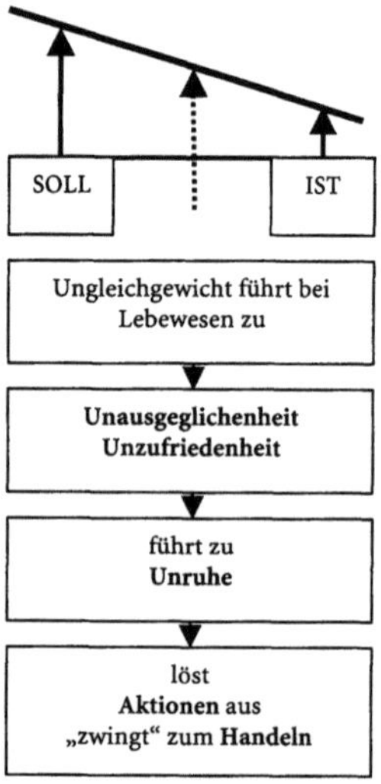

Grafik 2.6
Die Auswirkungen bei einer Differenz zwischen dem SOLL und dem IST

Die Veränderungen der Realität gegenüber den Erwartungen oder aber die Veränderung der Bedürfnisse und Erwartungen gegenüber den konkret vorhandenen Realitäten haben jeweils direkte Auswirkungen auf die Gesundheit der betroffenen Menschen. Sie gefährden in jedem Fall die körperliche oder geistige Konstitution eines Menschen. Dies belastet den Menschen.

Die Menschen sind aufgrund der in ihnen wirkenden Homöostase immer bestrebt, die entstandenen Differenzen zwischen einem SOLL und dem IST zu beseitigen, was mit Aufwand, körperlicher und / oder geistiger Arbeit, verbunden ist. Zu den direkten Belastungen kommen somit weitere hinzu im Bemühen, SOLL und IST einander anzugleichen.

1.2.6.1
Die notwenige Belastbarkeit des Menschen

Die Bewältigung des Lebens, die Sicherung der lebensnotwendigen Dinge, die Sicherung der Selbständigkeit und Unabhängigkeit setzen voraus, dass die Menschen den Widrigkeiten und Belastungen des Lebens bis zu einem gewissen Grad standhalten können. Jeder Mensch muss sowohl körperliche als auch geistige Belastungen in angemessenem Umfang ertragen können. Somit gibt es auch hier ein SOLL an körperlichen und geistigen Belastbarkeiten für den Menschen. Sie sind individuell jeweils unterschiedlich.

Aufgrund medizinischer Forschungen sind heute zumindest Richtwerte (unter Einschluss verschiedener Parameter wie Geschlecht, Alter, körperliche Gesamtkonstitution usw.) für die körperlichen Belastbarkeiten möglich. Belastungen, die im Rahmen dieser Werte liegen, können als zumutbar und erträglich bezeichnet werden.

Wesentlich schwieriger gestaltet sich die Angabe von Richtwerten für die psychisch-geistige Belastbarkeit eines Menschen. Wo liegt die Grenze für das, was jemandem an geistiger Arbeit zuzumuten ist?

1.2.6.2
Die Toleranz bei Abweichungen von der Norm

Im alltäglichen Leben kommt es sowohl auf körperlichem als auch auf geistigem Gebiet immer wieder zu Abweichungen von den vorgegebenen Normen. Die Belastungen können höher sein als die Norm. Sie können aber auch unterhalb der Norm liegen. Bewegen sich die Abweichungen innerhalb einer bestimmten Grenze, so werden diese als erträglich akzeptiert. Solche Belastungen haben für die körperliche und geistige Gesundheit des Menschen keine gravierenden Auswirkungen.

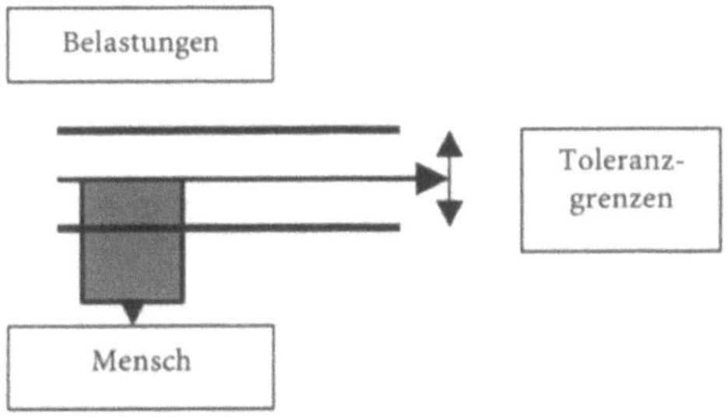

Grafik 2.7 *Die oberen und die unteren Belastungsgrenzen*

1.2.6.3
Das Ausmaß der Differenzen zwischen dem SOLL und dem IST und die davon abhängigen Belastungen

Die Differenz zwischen dem SOLL und dem IST kann unterschiedlich groß sein. Die davon ausgehenden Belastungen für den Menschen müssen allerdings spezifischer betrachtet werden. Dies hängt damit zusammen, dass die Bedürfnisse aufgrund der biophysischen Einstellung weit weniger veränderbar sind als die Erwartungen und Bedürfnisse aufgrund der psychisch-geistigen Einstellung. Während also von dem Bedarf nach Nahrung oder den sonstigen Lebensnotwendigkeiten oder auch bei der körperlichen Konstitution nur geringfügig von den Normen abgewichen werden darf, ohne dass größere Gefahren für den Menschen entstehen, kann die Spanne bei der psychisch-geistigen Einstellung wesentlich größer sein, bevor diese Veränderungen das Leben gefährden.

Im Zusammenhang mit der Belastung und Belastbarkeit sind z.B. auch zu beachten:

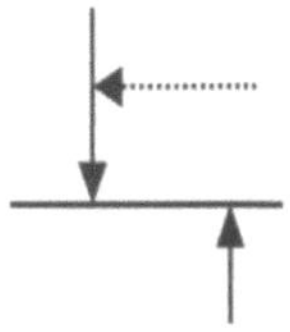

Die Verschlechterung der Lebensbedingungen führt für die Betroffenen zu körperlichen und geistigen Belastungen: Wo und wie kann das Fehlende beschafft werden?

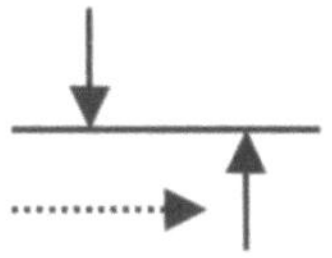

Belastend wird es für die Betroffenen, wenn sie etwas erreichen sollen, das von jemand anderem vorgegeben wird. (Z.B. Eltern setzen Maßstäbe, die von den Kindern dann doch nicht erreicht werden können. Die Erwartungen wurden zu hoch geschraubt.) Können die Anforderungen nicht erreicht werden, belastet dies wiederum die indirekt Betroffenen (z.B. die Eltern).

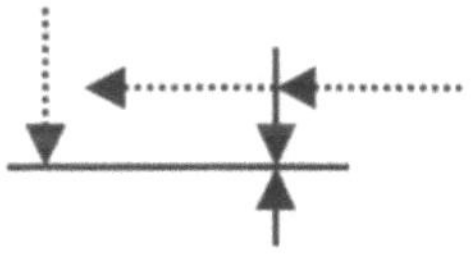

Belastend für Betroffene kann es sein, wenn das von ihnen Erreichte, das eigentlich den Erwartungen entspricht, von anderen „kleingeredet" wird (ein Verfahren, das vor allem im politischen Alltag häufig zu finden ist).

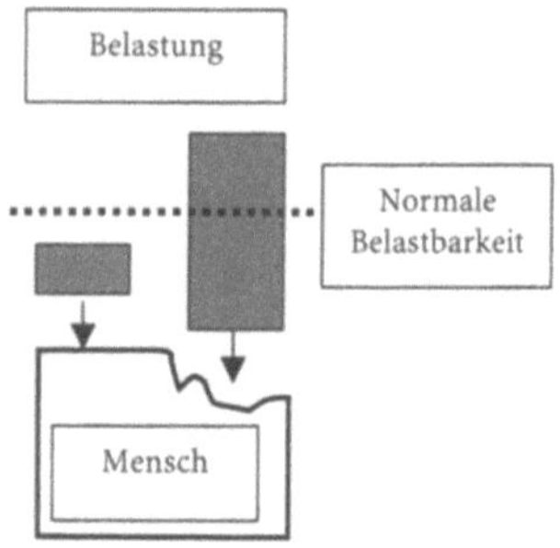

Grafik 2.8 Die Folgen länger dauernder und übergroßer Belastungen

1.2.6.4
Das Ausmaß und die Dauer der Belastbarkeit

Jeder hat schon die Erfahrung gemacht, dass überhöhte Belastungen auf körperlichem oder geistigem Gebiet kurzzeitig ertragen und bewältigt werden können. Werden die überhöhten Belastungen zu lange ausgedehnt, kann das jedoch sehr schnell zum körperlichen oder aber geistigen Zusammenbruch führen.

Unterforderungen auf körperlichem und geistigem Gebiet haben kurzzeitig sicher geringe Auswirkungen auf die körperliche und geistige Gesundheit eines Menschen. Eine länger dauernde Unterforderung führt aber dazu, dass die betreffenden Menschen sehr bald den normalen Belastungen nicht mehr gewachsen sind. Sie brechen dann bereits unter geringen Belastungen zusammen.

1.2.7
Kriterien für eine Entscheidung

Der Mensch hat das Ziel, nach seinen Vorstellungen zu leben. Dies beinhaltet die Sorge um den Erhalt des eigenen körperlichen und geistigen Lebens. Für die Entscheidung, welche Belastungen vorrangig zu beheben sind, können folgende Vorgaben gelten:

- Die Sicherung des (körperlichen) Lebens

Vorrang haben Maßnahmen, die der Sicherung des körperlichen Lebens dienen. Somit sind immer die Belastungen vorrangig zu beheben, die das körperliche Leben eines Menschen bedrohen können.

Dazu kann gesagt werden, dass von dem, was man zum Erhalt des physisch-körperlichen Lebens braucht, nur geringe Abstriche gemacht werden können (man braucht täglich eine bestimmte Menge an Nahrungsmitteln und Flüssigkeit usw.). Hingegen sind auf geistigem Gebiet sicher größere Abweichungen nach unten möglich, ohne gleich die eigene Selbständigkeit völlig zu gefährden.

- Reparable und irreparable Schädigungen

Belastungen, die zu irreparablen körperlichen oder geistigen Schädigungen führen können, sind vor Belastungen zu beheben, die zu reparablen Beschädigungen führen.

- Kurzzeitige / langzeitige reparable Beschädigungen

Belastungen, die zu langzeitigen (reparablen) Schädigungen führen, müssen vor Belastungen behoben werden, die zu kurzzeitigen (reparablen) Beschädigungen führen.

1.3 Studien

1.3.1 Theoretische Studien

Betrachtung unterschiedlicher Bedürfnisse

- Suchen Sie Literatur zum Thema: Bedürfnisse, Erwartungen und Wünsche und versuchen Sie, die wesentlichen Aussagen in einer übersichtlichen Form zu skizzieren.

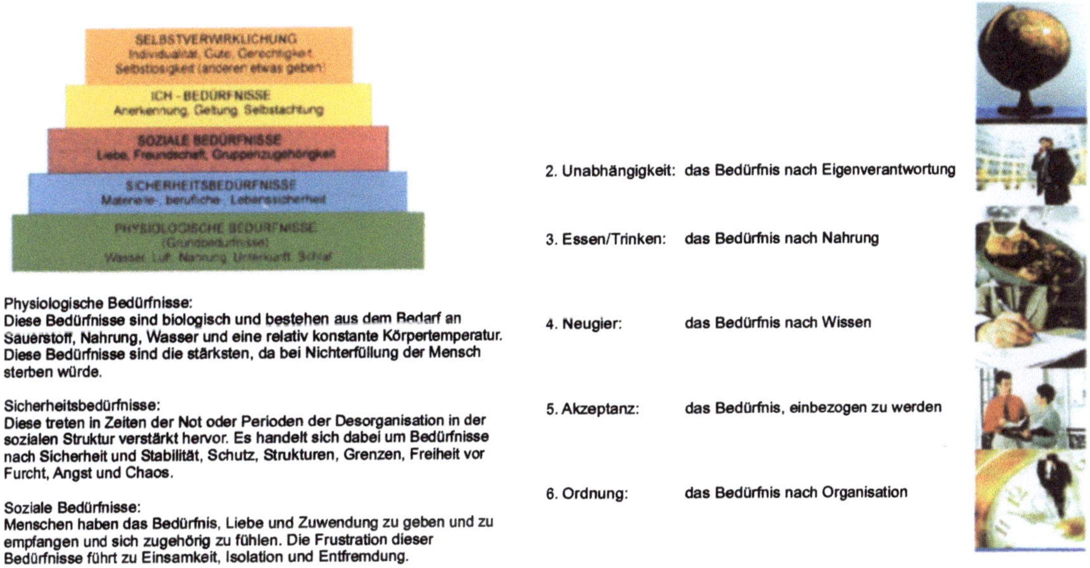

SELBSTVERWIRKLICHUNG
Individualität, Güte, Gerechtigkeit
Selbstlosigkeit (anderen etwas geben)
ICH - BEDÜRFNISSE
Anerkennung, Geltung, Selbstachtung
SOZIALE BEDÜRFNISSE
Liebe, Freundschaft, Gruppenzugehörigkeit
SICHERHEITSBEDÜRFNISSE
Materielle-, berufliche-, Lebenssicherheit
PHYSIOLOGISCHE BEDÜRFNISSE
Physiologische Bedürfnisse:
Diese Bedürfnisse sind biologisch und bestehen aus dem Bedarf an Sauerstoff, Nahrung, Wasser und eine relativ konstante Körpertemperatur. Diese Bedürfnisse sind die stärksten, da bei Nichterfüllung der Mensch sterben würde.
Sicherheitsbedürfnisse:
Diese treten in Zeiten der Not oder Perioden der Desorganisation in der sozialen Struktur verstärkt hervor. Es handelt sich dabei um Bedürfnisse nach Sicherheit und Stabilität, Schutz, Strukturen, Grenzen, Freiheit vor Furcht, Angst und Chaos.
Soziale Bedürfnisse:
Menschen haben das Bedürfnis, Liebe und Zuwendung zu geben und zu empfangen und sich zugehörig zu fühlen. Die Frustration dieser Bedürfnisse führt zu Einsamkeit, Isolation und Entfremdung.
2. Unabhängigkeit: das Bedürfnis nach Eigenverantwortung
3. Essen/Trinken: das Bedürfnis nach Nahrung
4. Neugier: das Bedürfnis nach Wissen
5. Akzeptanz: das Bedürfnis, einbezogen zu werden
6. Ordnung: das Bedürfnis nach Organisation

Abb. 2.2 Studie zur Bedürfnispyramide nach Maslow

3.1 DIE GRUNDBEDÜRFNISSE DES MENSCHEN

Die fünf Hauptkategorien der menschlichen Bedürfnisse nach A. H. Maslow.

Erste Stufe: Physiolgische Bedürfnisse
Luft, Temperatur, Obdach, Schlaf, Essen, Trinken, Kleidung, Sex

Zweite Stufe: Sicherheits-Bedürfnisse
Schutz des Körpers und der Emotionen durch Gesetze

Dritte Stufe: Gesellschaftliche Bedürfnisse
Kontakte, Akzeptanz, Zugehörigkeit, Freundschaft, Geborgenheit, Liebe

Vierte Stufe: Persönliche Bedürfnisse
Annerkennung, Status, Verantwortung, Selbstachtung, Achtung des Anderen

Fünfte Stufe: Selbstverwirklichungs-Bedürfnisse
Individuellen Platz in der Gesellschaft einnehmen, Sinn für das eigene Leben

Der Wandel der Bedürfnisse: Der Gipfel einer früheren Hauptkategorie muß überschritten sein, bevor das nächsthöhere Bedürfnis eine beherrschende Rolle einnimmt.

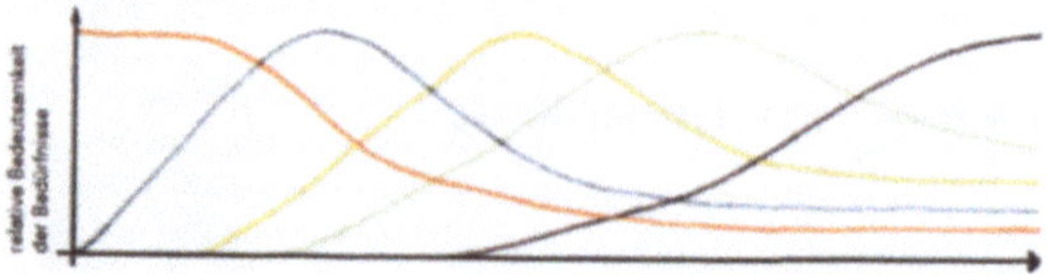

Abb. 2.3 *Studie über die Bedürfnisse nach Maslow*

Internationales Arbeitsamt: Die Definition der zu erfüllenden Bedürfnisse des Menschen, zur Bekämpfung der absoluten Armut.

Privater Verbrauch
Ernährung, Unterkunft, Bekleidung

Lebenswichtige Dienstleistungen
Bereitstellung von gesundem Trinkwasser, sanitären Einrichtungen, Transportmitteln, Gesundheits- und Bildungseinrichtungen

Angemessen entlohnte Arbeit

Gesunde, humane, befriedigende Umwelt

Beteiligung an politischen Entscheidungen

Grundsätze für die allgemeine Bestimmung der Sozialhilfe Lebensunterhalt

Laufende Leistungen
Ernährung, Unterkunft, Kleidung, Körperpflege, Hausrat, Heizung, persönliche Bedürfnisse des täglichen Lebens

Einmalige Leistungen
Beihilfe für Bekleidung, Hausrat, Heizung, Umzug, Wohnungrenovierung, Familienereignisse, Freizeit, Minderjährige und Weihnachten.

Abb. 2.4 *Leistungen des Sozialamtes im Vergleich mit den Bedürfnissen nach Maslow*

Reisemotive und Erwartungen

- Entspannung/Erholung/Gesundheit
- Abwechslung/Erlebnis/Geselligkeit
- Eindrücke/Entdeckung/Bildung
- Selbständigkeit/Selbsbesinnung/Hobbies
- Naturerleben/Umweltbewusstsein/Wetter
- Bewegung/Sport

Wachstumskurve des Tourismus

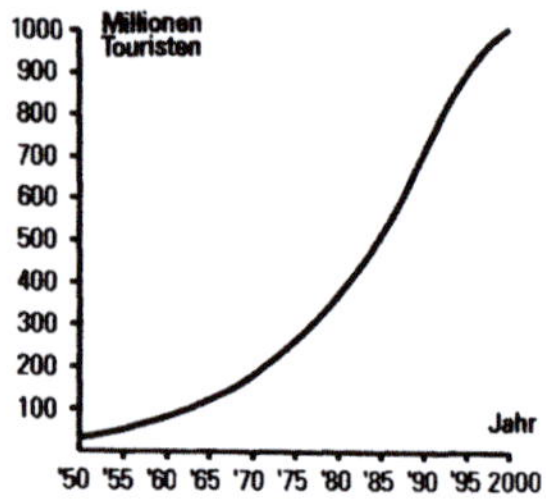

Abb. 2.5 *Die Veränderung von Bedürfnissen: Reisen im Verlauf der Zeit*

- Versuchen Sie darzustellen, wie durch das Einwirken unterschiedlicher Kräfte Probleme entstehen können

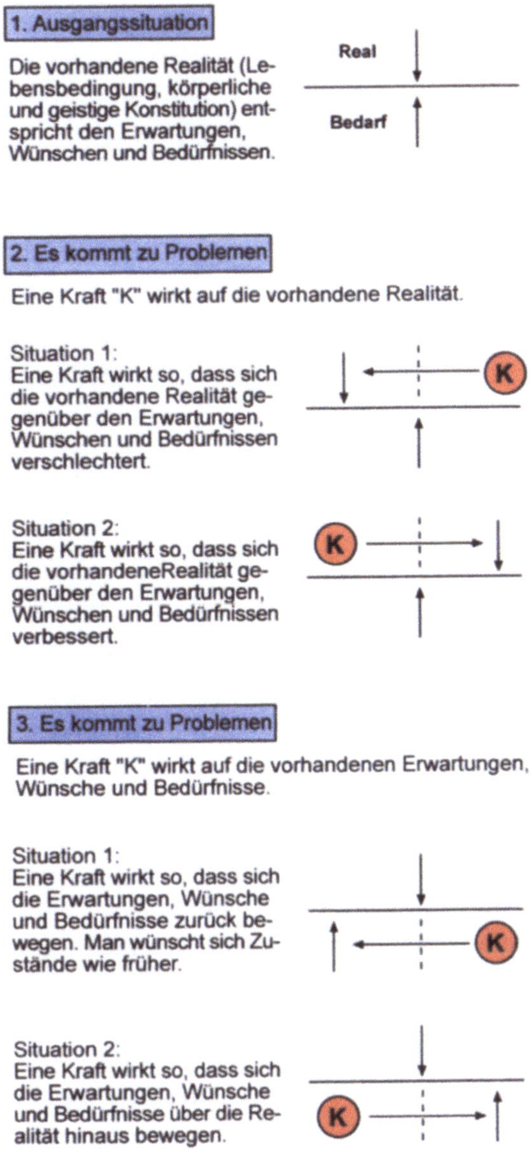
1. Ausgangssituation
Die vorhandene Realität (Lebensbedingung, körperliche und geistige Konstitution) entspricht den Erwartungen, Wünschen und Bedürfnissen.
Real
Bedarf
2. Es kommt zu Problemen
Eine Kraft "K" wirkt auf die vorhandene Realität.
Situation 1:
Eine Kraft wirkt so, dass sich die vorhandene Realität gegenüber den Erwartungen, Wünschen und Bedürfnissen verschlechtert.
K
Situation 2:
Eine Kraft wirkt so, dass sich die vorhandeneRealität gegenüber den Erwartungen, Wünschen und Bedürfnissen verbessert.
K
3. Es kommt zu Problemen
Eine Kraft "K" wirkt auf die vorhandenen Erwartungen, Wünsche und Bedürfnisse.
Situation 1:
Eine Kraft wirkt so, dass sich die Erwartungen, Wünsche und Bedürfnisse zurück bewegen. Man wünscht sich Zustände wie früher.
K
Situation 2:
Eine Kraft wirkt so, dass sich die Erwartungen, Wünsche und Bedürfnisse über die Realität hinaus bewegen.
K

Abb. 2.6 (oben) *Das Wirken unterschiedlicher Kräfte und die daraus entstehenden Probleme*

Abb. 2.9 (seitlich) *Informationen können geistige Einstellungen so verändern, dass Neues gewünscht wird*

Abb. 2.7 *Durch das Rauchen kommt es zur Verschlechterung eines körperlichen Organs (Raucherlunge).*

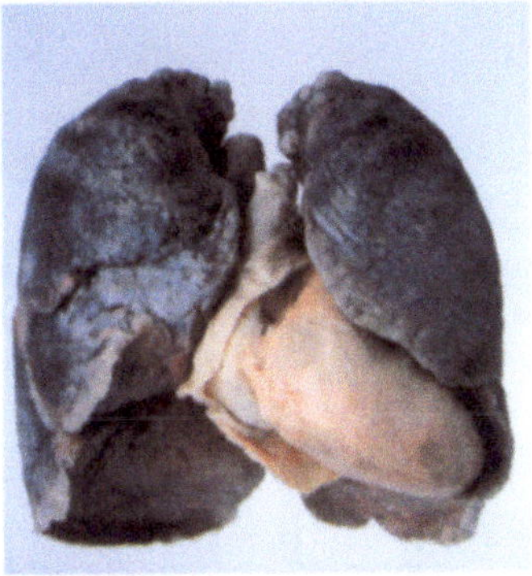

Abb. 2.8 (unten) *Durch Aufnahme bestimmter Informationen kommt es zu dem Wunsch nach ehemaligen Verhältnissen.*

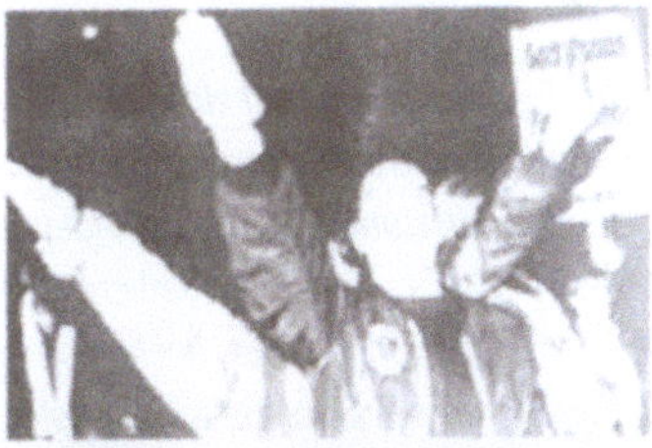

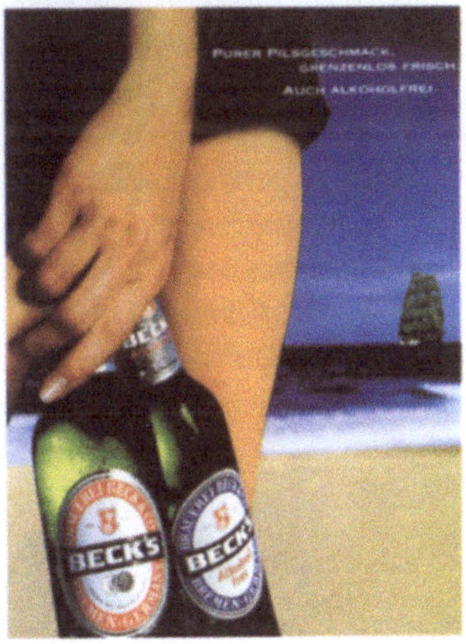

- Zeigen Sie Verfahren zur Messung menschlicher Belastbarkeit

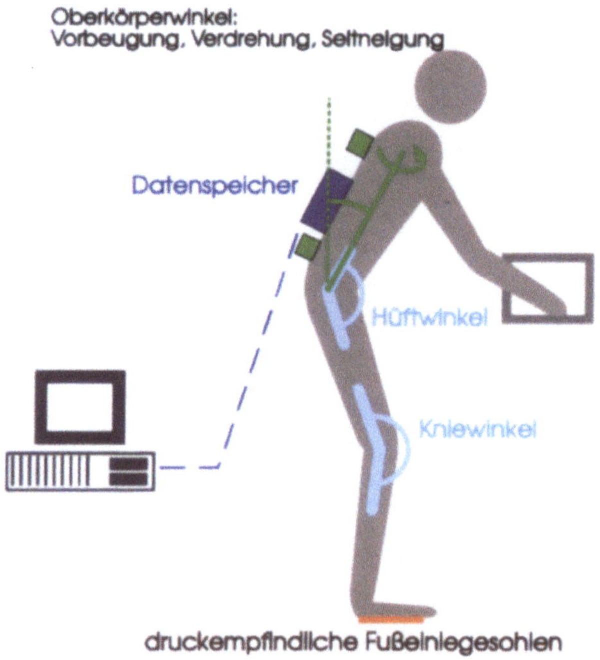

Abb. 2.10 *Studie : Ansatzpunkte für die Messung von körperlichen Belastungen*
Abb. 2.11 *Die Arbeitshaltung eines Menschen und seine Belastungen bei dieser Arbeit*

Im Zusammenhang mit einer konkreten Aufgabe können die theoretischen Studien genutzt werden, um mögliche Veränderungen von Realitäten und damit einhergehende Belastungsveränderungen der Menschen näher betrachten. So bietet z.B. die Aufgabenstellung: „Entwicklung einer Arbeitsplatzleuchte" Anlass für unterschiedlichste Aufgabenstellungen, wie z.B. : Untersuchen sie die sozialen und ökologischen Veränderungen aufgrund der Entdeckung und Ausbreitung des künstlichen Lichtes Oder: Untersuchen Sie die im Zusammenhang mit der Nutzung des künstlichen Lichtes bedingten Veränderungen der menschlichen Arbeit.

Die Belastbarkeit des Menschen

- Zeigen Sie an Ausdrucken von EKGs, welche Auswirkungen der Anstieg oder die Dauer einer höheren körperlichen Belastung im Rahmen der normalen Belastbarkeiten hat.
- Untersuchen Sie die Veränderung der Belastbarkeiten eines Menschen im Verlauf seines Lebens.
- Versuchen Sie Daten zu erhalten, die Auskunft über die körperlichen Belastbarkeiten von Frauen und Männern geben.
- Versuchen Sie Daten zu erhalten, die klären, wie Höhe und Zeit einer Belastbarkeit zusammenhängen.

- Zeigen Sie Verfahren, wie man die Belastbarkeiten von Materialien zu messen versucht.

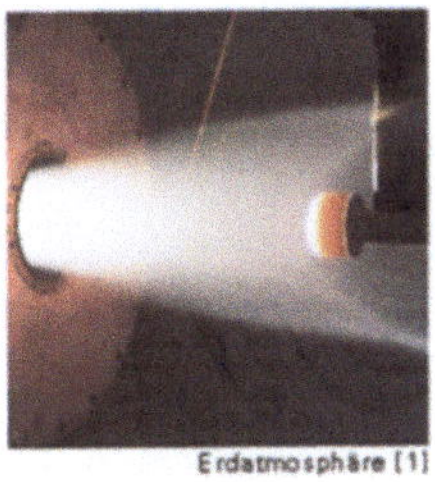

Erdatmosphäre [1]

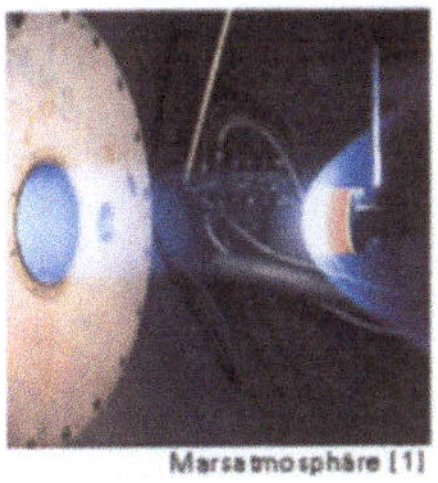

Marsatmosphäre [1]

Der Graph zeigt, was man allgemein für die ***Grenze der Belastbarkeit*** anwenden kann: Während der Belastungen treten Nebenwirkungen auf, die bereits Veränderungen hervorrufen können. Ab einem bestimmten Punkt sind die Veränderungen irreversibel.

Nach der ***Grenze der Belastbarkeit***, dem „Bruch“, hört die Belastung aprubt auf, die Funktion geht verloren. Die ***Grenze*** markiert stets einen Umschwung

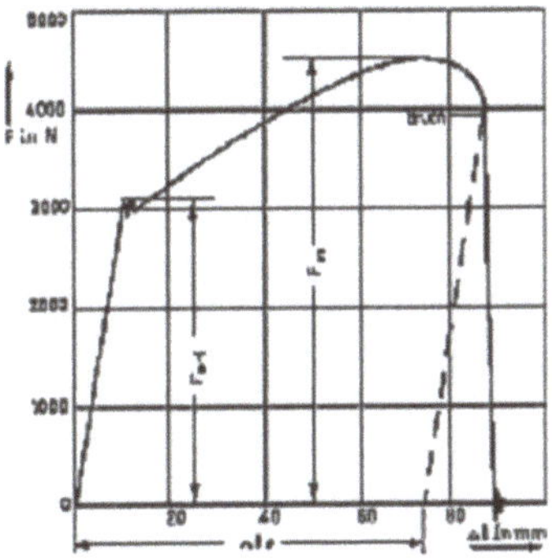

Abb. 2.12 Studie zur Messung von Materialbelastbarkeit

Zur Abb. 2.12
Materialbelastbarkeit:
Die Konfrontation mit der grafischen Darstellung zum Verlauf der Belastbarkeitsprüfung zeigt drei wesentliche Aspekte:

1. Materialien sind bis zu einem bestimmten Grad belastbar, ohne dass diese unter der zunehmenden Last reagieren.
2. Ab einer bestimmten Belastung kommt es zu Verwerfungen, die sich zunächst noch zurückbilden können. Bei zunehmender Belastung dann jedoch irreversibel sind.
3. In einem dritten Stadium kann es allerdings bei einer weiteren geringfügigen Belastungszunahme zum Zusammenbruch des Ganzen kommen.

Die Frage stellt sich, ob und inwieweit diese Erfahrungen mit den materiellen Objekten auf die körperliche und geistige Belastbarkeit des Menschen übertragbar sind.

1.3.2
Praktische Studien

Baue ein einfaches Objekt (Würfel oder Quader) aus Papier oder Pappe und belaste dieses Objekt in mehreren Stufen mit zunehmendem Gewicht bis es zusammenbricht.

Versuche die Belastbarkeit fotografisch und grafisch (Anlage eines grafischen Protokolls) zu dokumentieren.

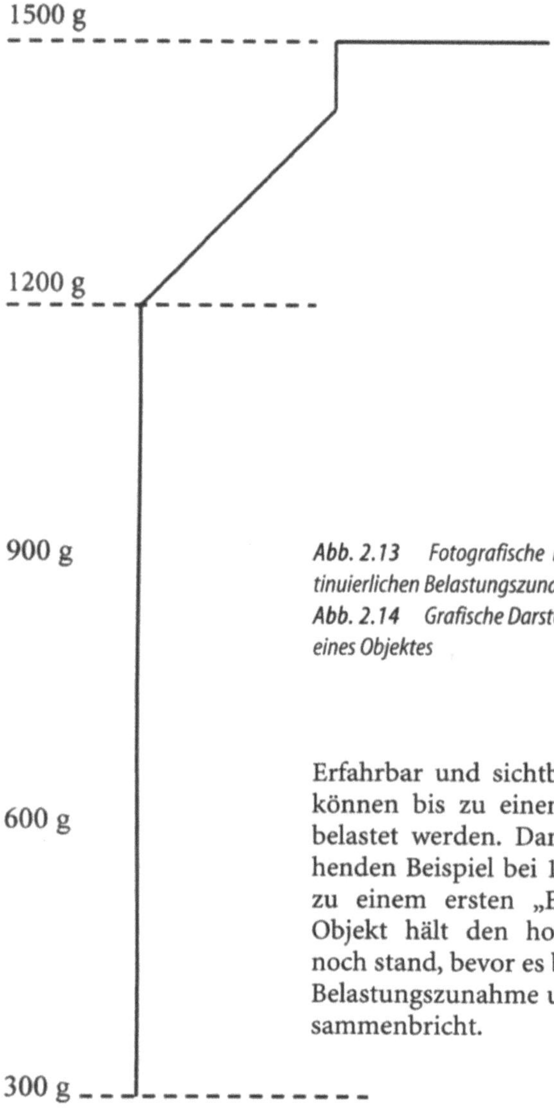

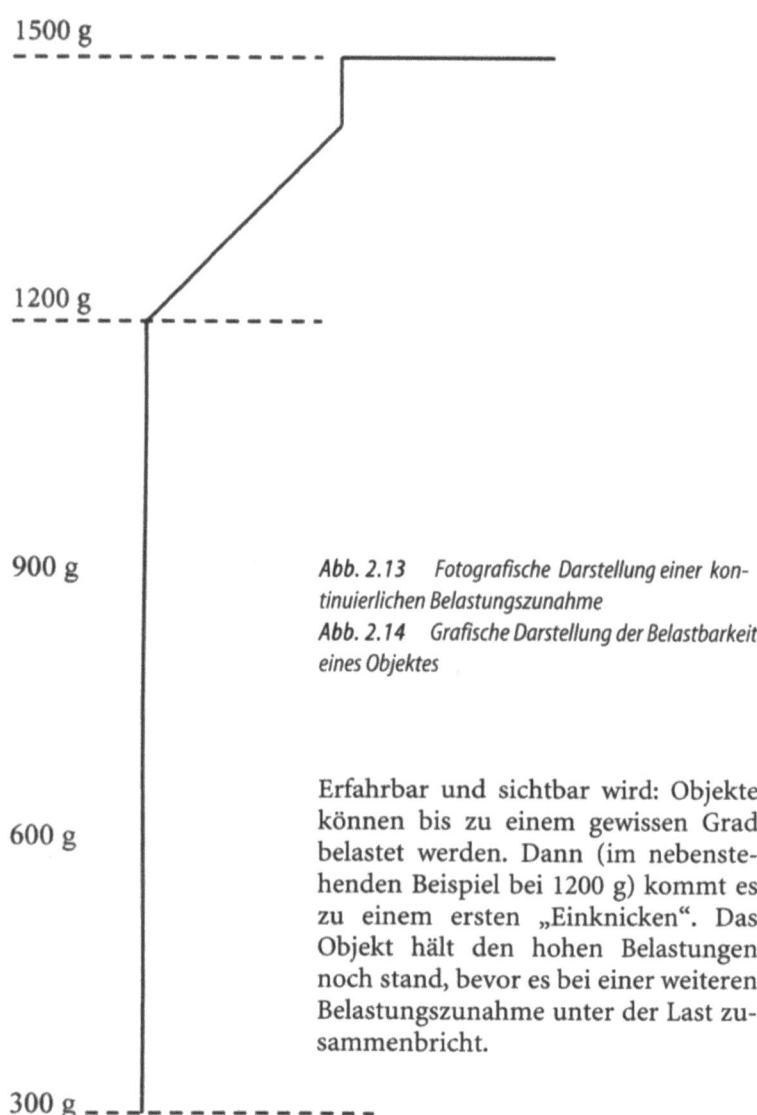

Abb. 2.13 Fotografische Darstellung einer kontinuierlichen Belastungszunahme
Abb. 2.14 Grafische Darstellung der Belastbarkeit eines Objektes

Erfahrbar und sichtbar wird: Objekte können bis zu einem gewissen Grad belastet werden. Dann (im nebenstehenden Beispiel bei 1200 g) kommt es zu einem ersten „Einknicken“. Das Objekt hält den hohen Belastungen noch stand, bevor es bei einer weiteren Belastungszunahme unter der Last zusammenbricht.

1.4
Die Anwendung grundlegender Erfahrungen zur Lösung einer konkreten Aufgabe

In Abschnitt 4 sollen die grundlegenden Erfahrungen für die Lösung eines konkreten Problems genutzt werden. Jetzt stellt sich die Frage: Gibt es im jeweils konkreten Fall Differenzen zwischen dem SOLL und dem IST und wenn ja, sind die davon ausgehenden Belastungen für die Betroffenen so groß, dass etwas dagegen getan wird bzw. getan werden muss?

Abschied vom Lädchen

Tante-Emma-Laden im Martinsviertel zu

(ari). „Fast fertig", sagt Ingbert Groh und reißt das Gemüseregal aus seiner Verankerung. Sein Laden ist leergeräumt, drüben steht noch die Tiefkühltruhe. Er schaut sich um und wischt sich die Hände.

Vierunddreißig Jahre lang hat Viktualienhändler Ingbert Groh in diesem Lädchen an der Ecke Taunusstraße und Wenckstraße verbracht – zuerst als Lehrling, dann als Angestellter, dann zwanzig Jahre lang als Inhaber. Doch die Zeit ist vorbei. Viertels, so sieht es der ehemalige Inhaber, hat sich gewandelt, er fand nicht genug Kundschaft. Das mag daran liegen, daß im Martinsviertel viele junge Leute leben, die knapp mit dem Geld sind. „Von den Preisen her konnte ich nie mit den Supermärkten mithalten, das ist ganz klar", sagt Groh.

Zum Schluß lebte der Familienbetrieb von seinen Stammkunden – überwiegend ältere Leute, „die auch gern auf ein Schwätzchen vorbeikamen". Als neuer Pächter wird demnächst ein türkisches Geschäft einziehen.

Abb. 2.15 Anzeige zur Geschäftsaufgabe

1.4.1
Die konkrete Aufgabe

Nehmen wir als Beispiel die konkrete Situation älterer Menschen eines Wohnviertels (siehe Zeitungsanzeige), in dem ein Geschäft schließen musste. Die älteren Menschen werden auf die am Rande der Stadt entstehenden Supermärkte verwiesen. Betrachten wir zunächst die Veränderungen für die Betroffenen.

Wir stellen fest:

Die bislang vorhandene Realität hat sich vor allem für die älteren Bewohner des Stadtviertels gegenüber ihren Erwartungen und Bedürfnissen negativ verändert.

Bisher lag das Geschäft für sie sehr zentral. Jetzt liegen die Einkaufsmöglichkeiten an der Grenze des Viertels oder am Stadtrand.

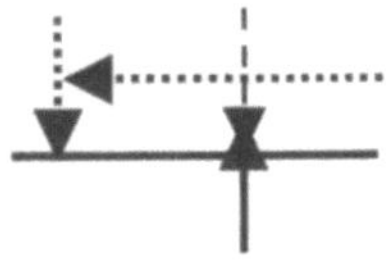

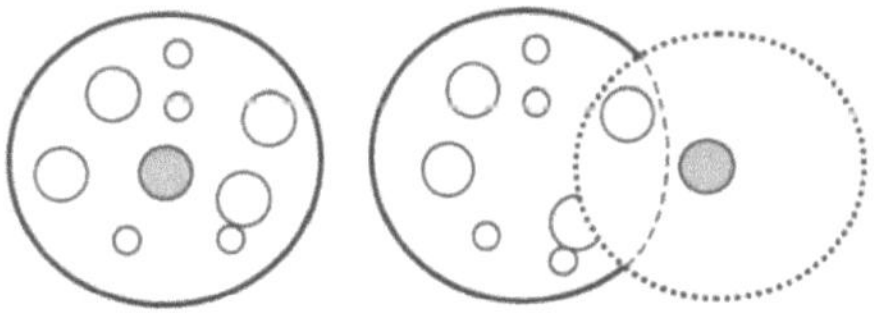

Grafik 2.9 Die Veränderung der konkreten Einkaufsituation durch die Geschäftsverlagerung an den Stadtrand

Während vorher viele ältere Menschen im Einzugsbereich des Geschäftes (dunkler Punkt) wohnten, reduziert sich deren Zahl bei einer Stadtrandlage gewaltig.

Es wird deutlich, dass die Schließung des wohnortnahen Geschäftes für die älteren Menschen in dem Wohnviertel sowohl körperliche als auch geistige Belastungen mit sich bringt.

In vielen Fällen wird der Transport der eingekauften Waren das normalerweise erträgliche Maß körperlicher Belastbarkeit übersteigen. Die psychisch-geistige Belastung wird sinken. Sie kann sich dem unteren Niveau des Erträglichen nähern, mit der Folge nachlassender Unabhängigkeit und Selbständigkeit.

Ein Vergleich der beiden Situationen alt / neu zeigt Folgendes:

Alte Situation	Neue Situation
Kurze Wege Leichte Wege Bekannte Wege Weniger tragen müssen, dafür öfter zu gehen Vergessene Waren können schnell und leicht wieder beschafft werden	Weite Wege Schwierige Wege Unbekannte Wege Viel tragen müssen, will man weniger gehen Vergessene Waren können nicht kurzfristig beschafft werden

Grafik 2.10 Vergleich der Belastungen auf den Wegen beim Einkauf der Waren

Das wohnortnahe Geschäft muss in vielen Fällen als Kommunikationszentrum für ältere Menschen gesehen werden.

Mit der Aufgabe des wohnortnahen Geschäftes entfällt für viele ältere Menschen die Möglichkeit zur direkten Kommunikation.

Alte Situation	Neue Situation
Anregungen, Aussprachen, Hinweise, Gedanken- und Meinungsaustausch mit anderen wurden praktiziert.	Keine persönlichen Anregungen, Keine Aussprache, kein Gedanke und Meinungsaustausch

Grafik 2.11 Vergleich der psychisch-geistigen Belastungen

1.4.2 Zusammenfassung

Die Aufgabenstellung ist berechtigt.

Aufgrund der Veränderungen der Realität (im konkreten Fall: der Veränderung der Einkaufsmöglichkeiten für die älteren Menschen) kommt es zu Differenzen zwischen dem SOLL und dem IST. Vor allem die dabei entstehenden körperlichen Belastungen bei der Beschaffung des täglich notwendigen Bedarfes übersteigen das normalerweise erträgliche Maß.

Ob die Aufgabe weiter bearbeitet werden soll, ist allerdings noch genauer zu prüfen, was in den nachfolgenden Kapiteln geschehen soll.

2 Kurzzeitige Lösungen eines Problems

Am Ende von Kapitel 1 wurde sichtbar, dass die Aufgabenstellung gerechtfertigt ist, wenn Menschen große Mühe haben, das zum Leben Notwendige zu besorgen, oder wenn sie übergroßen körperlichen oder geistigen Belastungen ausgesetzt sind, die ihre Gesundheit schädigen können. Notwendig werden Maßnahmen, die diese Gefahren mindern oder ganz beseitigen können.

Bevor man allerdings mit der Planung und Entwicklung neuer Objekte beginnt, sollte man sich erkundigen, ob die Situation, die zur Gefahr für die körperliche oder geistige Gesundheit werden kann, längere Zeit dauern wird. Wir wissen: Auch hohe Belastungen sind kurzzeitig zu ertragen. So ist als Erstes zu fragen:

2.1 Verallgemeinerung der Fragestellung

Gibt es Möglichkeiten, das Problem kurzzeitig zu lösen?

2.2 Darstellung grundlegender Aspekte

In Kapitel 1 haben wir erfahren: Probleme für den Menschen gibt es dann, wenn es zu Differenzen kommt zwischen den Bedürfnissen oder den jeweiligen Erwartungen und dem, was davon tatsächlich vorhanden ist. Differenzen müssen nicht sein. Sie können entstehen, wenn sich die Realität oder aber die Bedürfnisse in unterschiedlicher Richtung positiv oder negativ verändern.

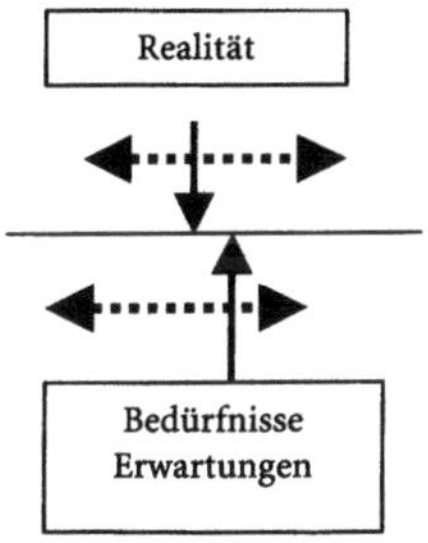

Grafik 2.12 Die unterschiedlichen Veränderungsmöglichkeiten von Realitäten und Bedürfnissen

Entstehen Probleme durch Veränderungen von Realität oder Bedürfnissen bzw. Erwartungen und Wünschen, so bietet sich hier natürlich ein Ansatz zur Lösung des jeweiligen Problems:

Die körperliche und / oder die geistige Konstitution des Menschen kann sich verändern. Auslöser für Veränderungen der körperlichen Konstitution können Kräfte sein, die im Innern des Körpers wirksam sind. Krankheiten können z.B. Organe befallen. Veränderungen können aber auch ausgelöst werden durch Einwirkungen von außen: z.B. Gewalteinwendung oder Unfälle. Gesundheitliche Probleme können auch entstehen durch übergroße Belastungen bei der Beschaffung des Lebensnotwendigen, wobei hier die konkreten Lebensbedingungen Einfluss haben können. Veränderungen der geistigen Konstitution können durch Kräfte im Innern ausgelöst werden, wenn es z.B. altersbedingt zu Veränderungen der Gedächtnisleistungen kommt. Einflüsse von außen stellen vor allem die Informationen dar, die zu Standpunktveränderungen und damit zu anderen Erwartungen und Wünschen führen können.

- Entstehen Probleme durch die gegenseitigen Abweichungen von SOLL und IST, so sind als Erstes Maßnahmen zu bedenken, die ein Auseinanderdriften der beiden Parameter vermeiden und so das Entstehen eines Problems verhindern. Dies kann durch vorsorgende Maßnahmen geschehen.
- Nicht immer kann vorsorgend gehandelt werden. Oftmals wird man von irgendwelchen Ereignissen überrascht. Um Gefahren oder Beschädigungen zu vermeiden, muss je nach Situation schnell reagiert werden. Notwendig werden situationsangepasste Maßnahmen.
- Kommt es trotz aller vorbeugenden oder situationsangepassten Maßnahmen zu Abweichungen, so muss man versuchen, die entstandenen Differenzen zu beheben. Dies kann durch ausbessernde Maßnahmen geschehen.

2.2.1 Maßnahmen zur Vermeidung und Lösung von Problemen

2.2.1.1 Vorsorgende Maßnahmen

Vorsorgende Maßnahmen setzen eine ganze Reihe von Arbeitsschritten voraus, deren Abfolge festliegt. Im Einzelnen verlangen vorsorgende Maßnahmen:

Eventuell: Entwicklung von Maßnahmen, um das Aufkommen schädigender Einflüsse rechtzeitig zu erkennen (z.B. Überschwemmungen im Frühjahr oder Heuschnupfen im Frühsommer, Leuchtturm am Meer, medizinische Vorsorgeuntersuchungen).

- Erkennen von Beschädigungen bzw. Veränderung vorhandener Zustände
- Erfahrungen sammeln, welcher Einfluss zu welchen Beschädigungen bzw. Veränderungen (von Realität oder aber Erwartungen) führt
- Entwicklung von geeigneten Gegenmaßnahmen zur Abwehr oder Beseitigung des schädigenden Einflusses
- Ständige Ausschau (Beobachtung) nach aufkommenden schädigenden Einflüssen
- Bei ersten Anzeichen schädigender Einflüsse: Einsatz der zur Abwehr oder Beseitigung des schädigenden Einflusses entwickelten Maßnahme

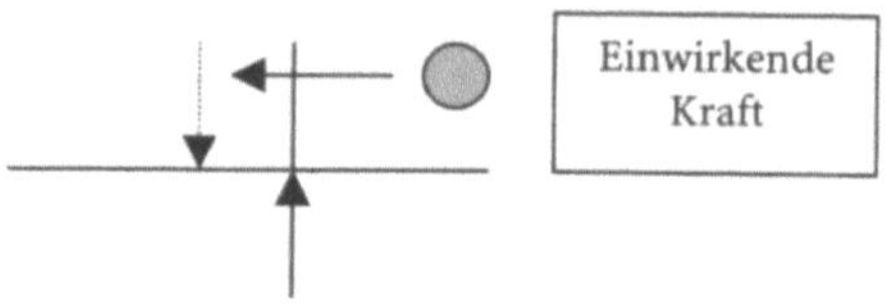

Grafik 2.13 *Die Wirkung einer Kraft auf vorhandene Realitäten*

2.2.1.2
Situationsangepasste Maßnahmen

Nicht immer kann man, wie dies bei vorsorgenden Maßnahmen der Fall ist, längere Zeit warten, um auf Einflüsse, die zu einer Veränderung von Realitäten oder Einstellungen führen können, zu reagieren. Wird man von einem plötzlichen Regenschauer überrascht, wird man schnell reagieren und versuchen, sich irgendwo unterzustellen. Man wird situationsangepasst reagieren. Damit besteht die Möglichkeit, ungewollte Veränderungen der Realität oder der Einstellungen und ungewollte gegenseitige Abweichungen von SOLL und IST zu verhindern.

Die unterschiedlichen Maßnahmen lassen sich auf 6 prinzipielle Verfahren reduzieren:

In Sit. 1 wird versucht, den Einfluss, der zu einer Veränderung von Realität oder Einstellung führen kann, abzuwehren bzw. zu beseitigen. In Sit. 2 versucht man, den einwirkenden Einflüssen auszuweichen. In Sit. 3 versucht man, den Schädling selbst zu schwächen, so dass das unmittelbar Belastende gemindert wird. In Sit. 4 versucht man, selbst physisch oder geistig stärker zu werden, um so den Einfluss eines eventuellen Schädlings zu mindern. In Sit. 5 übernehmen andere oder etwas anderes den Schutz vor einem schädlichen Einfluss. Man findet etwas oder jemanden, der einen beschützt. In Sit. 6 helfen andere bzw. stehen andere Menschen oder andere Dinge einem gegenüber dem schädigenden Einfluss bei. Sie unterstützen, um so die Belastungen ertragen zu können.

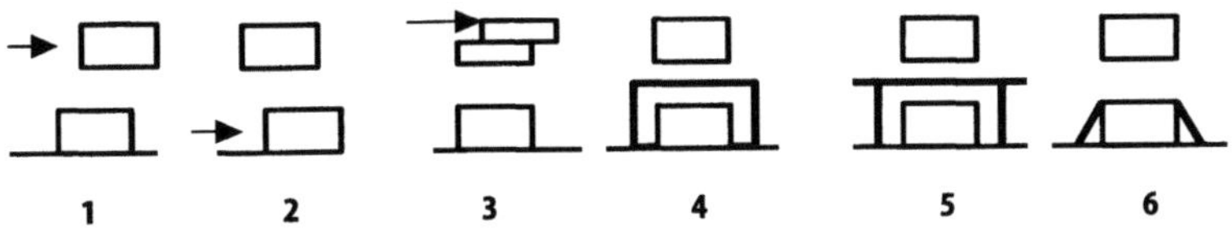

Grafik 2.14 *Die sechs unterschiedlichen Problemlösungen bei situationsangepassten Maßnahmen*

2.2.1.3
Ausbessernde Maßnahmen

Regen, Wind, Schnee oder Feuer können ein Gebilde beschädigen. Der ursprünglich „gesunde“ Zustand des Objektes hat sich negativ verändert. Auch Menschen, die übergroßen Belastungen ausgesetzt sind, können physische oder psychische Beschädigungen erleiden. Ziel muss es sein, den ursprünglichen „gesunden“ Zustand eines Objektes oder eines Menschen wiederherzustellen. Dies bedeutet, die Beschädigungen müssen beseitigt werden.

Beschädigungen lassen sich beseitigen durch:

- Ergänzen fehlender Teile
- Wegnehmen, säubern oder reinigen der vorhandenen Teile
- Gerade biegen der vorhandenen, aber verbogenen Teile
- Zusammenfügen bzw. zusammensetzen dessen, was zerbrochen ist

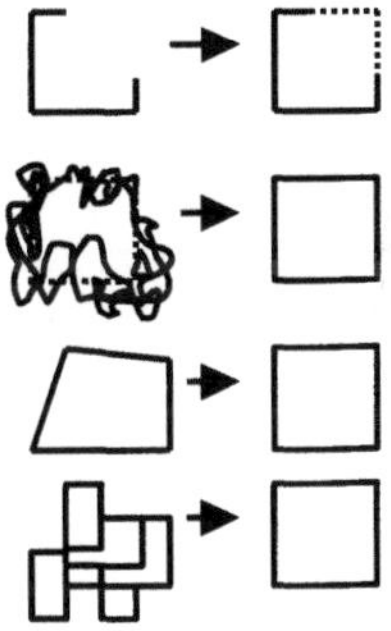

Grafik 2.15 *Vier grundsätzlich unterschiedliche Maßnahmen zur Wiederherstellung des ursprünglich brauchbaren Zustands*

Vorhandene Abweichungen von SOLL und IST bzw. einer Realität und den Erwartungen, Bedürfnissen und Wünschen der Menschen (wie auch aller anderen Lebewesen) können durch ausbessernde Maßnahmen ausgeglichen werden. Für die Lösung eines vorhandenen Problems zeichnen sich drei generelle Lösungswege ab:

1. Das, was sich verändert hat (Realität oder Erwartungen), wird auf seine alte Position zurückversetzt.
2. Das, was bislang unbeweglich war (Realität oder Erwartungen), wird der neuen Position von Realität oder Erwartungen angeglichen.
3. Die Realität und die Erwartungen werden einander angeglichen.

Zu 1. Die Wiederherstellung ehemaliger Zustände
Realitäten oder Erwartungen können sich positiv oder negativ verändern. Verändert sich einer der beiden Parameter, während der andere konstant bleibt, kommt es Differenzen. Die Lösung des Problems bedeutet in jedem Fall ein Zurück des veränderten Parameters, sei es von negativer Veränderung, sei es von der jeweiligen positiven Veränderung.

Zur Grafik 2.16: Bei nebenstehendem Beispiel wird eine negative Veränderung der Realität gegenüber den konstant gebliebenen Bedürfnissen, Erwartungen und Wünschen dargestellt.

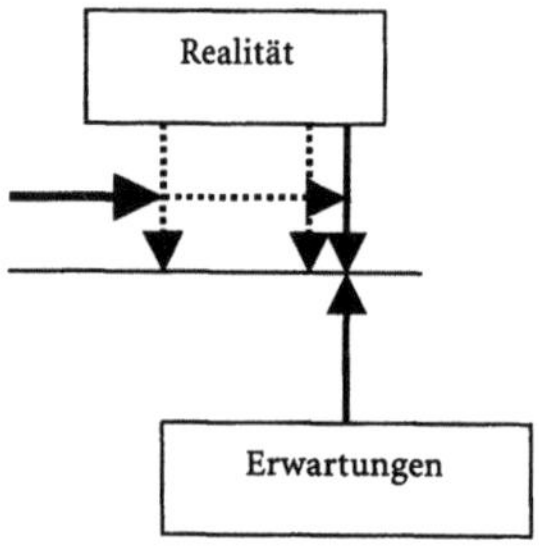

Grafik 2.16 *Die Rückführung einer negativ veränderten „Realität" in ihre alte Position*

Aus dem Alltag kennen wir viele Beispiele für die Wiederherstellung des ursprünglichen Zustandes unterschiedlichster Gebilde. Häuser werden instand gesetzt, Autos werden repariert, Reifen werden erneuert, Straßen werden ausgebessert. Aber auch auf geistigem Gebiet kann es zu negativen Veränderungen kommen. Sachverhalte, die uns irgendwann geläufig waren, geraten in Vergessenheit. Es wird notwendig, das, was verloren gegangen ist, wieder zu beschaffen, um wieder auf den ehemaligen Wissensstand zu kommen.

Das, was sich verändert hat, seien es die Realitäten oder die Erwartungen, Bedürfnisse oder Wünsche, ist wieder in seine alte Position zu bringen. Die Differenz bzw. das Problem ist beseitigt, wenn der veränderte Parameter wieder in seiner alten Position ist.

Zu 2. Die Angleichung des bislang konstanten Parameters an die neue Position des veränderten Parameters

Soll das entstandene Problem gelöst werden, so bietet sich als weiterer Weg die Bewegung des bislang am Ort gebliebenen Parameters hin zu dem bereits veränderten Parameter an.

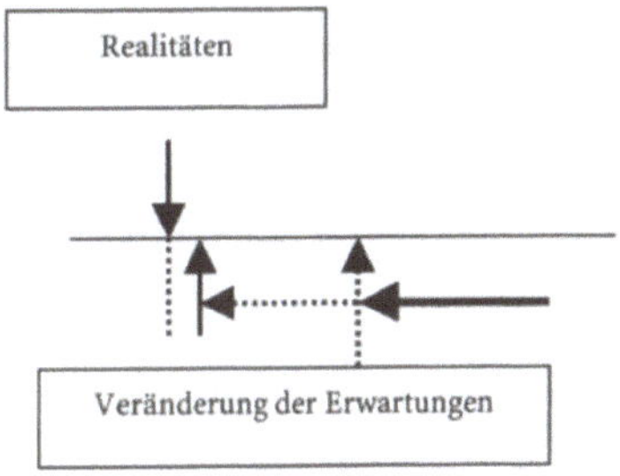

Grafik 2.17 Die Veränderung von Sollvorgaben in Richtung des bereits veränderten Parameters

Zur Grafik: 2.17
Im nebenstehenden Beispiel haben sich die Realitäten negativ verändert. Lebensbedingungen oder Lebensumstände haben sich verschlechtert. Zufriedenheit bei den Betroffenen stellt sich erst dann ein, wenn diese selbst von ihren bisherigen Erwartungen und Wunschvorstellungen abrücken.
Haben sich hingegen die Erwartungen und Bedürfnisse der Menschen positiv oder negativ verändert, während die Realitäten weitgehend konstant geblieben sind, so ist eine Lösung in Sicht, wenn die Realitäten den veränderten Erwartungen angeglichen werden.

Zu 3. Die gegenseitige Angleichung von Realität und eigenen Erwartungen

Die vorherigen Betrachtungen haben gezeigt, dass viele der vorhandenen Probleme lösbar sind, sofern die eingetretenen Veränderungen wieder rückgängig gemacht werden können oder man sich selbst bewegt. Da Realitäten und Erwartungen gleichermaßen veränderbar sind, zeichnet sich hier ein weiterer Lösungsweg ab: die gegenseitige Annäherung von SOLL und IST.

Nach zähem Ringen präsentierten der Verhandlungsführer der Arbeitgeber, Thomas Bauer (links), der Schlichter Heiner Geißler und der IG-BAU-Chef Klaus Wiesehügel gestern Morgen das Ergebnis.

Abb. 2.16 Die gegenseitige Annäherung unterschiedlicher Positionen in einem Tarifstreit

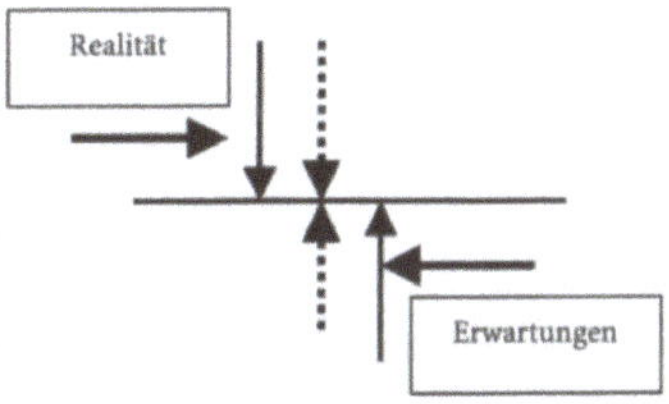

Grafik 2.18 Die gegenseitige Annäherung von Realität und Erwartungen

Die Pfeile bei den Realitäten oder den Erwartungen geben die Richtung der notwendigen Veränderung an. Verändern beide ihre Positionen und gehen beide aufeinander zu, kommt es am Ende zu einer Lösung des Problems.

2.2.2 Zusammenfassung

Es wurden drei Maßnahmen (vorsorgende, situationsangepasste und ausbessernde) vorgestellt. Bei den ausbessernden Maßnahmen wurden die möglichen Zielrichtungen der Arbeit anskizziert.

Diese drei Verfahren werden in unterschiedlichsten Varianten angewendet. Sie stellen gleichsam prinzipielle Lösungswege dar zur Vermeidung, Minderung oder Beseitigung eines grundsätzlichen Bedarfes.

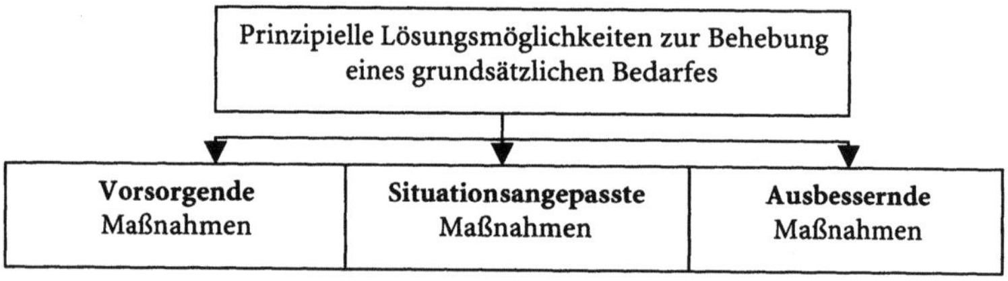

Grafik 2.19 *Die drei prinzipiellen Maßnahmen zur Behebung eines grundsätzlichen Bedarfes*

DONNERSTAG, 4. JULI 2002

Künstlichen Knorpelersatz ins Knie implantiert

Arthrose – Passgenaue Zylinder aus Hydrogel befreien von Schmerzen, bringen Beweglichkeit

Abb. 2.17 *Ausbessernde Maßnahme Hier: Ergänzen bzw. Ersetzen fehlender oder schadhafter Teile*

Die drei Maßnahmen werden angewandt bei der Sicherung materieller Objekte, sie werden angewandt zur Sicherung der körperlichen und geistigen Gesundheit des Menschen.

2.3 Studien

2.3.1 Theoretische Studien

- Sammeln Sie Beispiele ehemals beschädigter Zustände und ordnen Sie deren Wiederherstellung den drei genannten grundsätzlichen Lösungswegen zu (Angleichung einer veränderten Realität an die Bedürfnisse und Erwartungen der Menschen; Angleichung der Bedürfnisse, Erwartungen und Wünsche an konkret vorhandene Realitäten; gegenseitige Annäherungen von Realität und Bedürfnissen, Erwartungen und Wünschen).
- Zeigen Sie an konkreten Beispielen vorsorgende, situationsangepasste und ausbessernde Maßnahmen.

Verfahren bzw. **Maßnahmen**, die man einsetzen kann um Probleme zu **vermeiden**
zu **umgehen**
zu **mindern**
zu **beseitigen**

Vorsorgende Maßnahmen (Ziel: Vermeidung von Problemen)

- Die Suche nach dem Verursacher eines Problems
- Die Entwicklung von Maßnahmen zur Beseitigung der Verursacher
- Beobachtung, ob Verursacher irgendwo auftaucht
- Einsatz der entwickelten Mittel zur Beseitigung der Verursacher

Ein Controller versucht in einem Berieb mögliche Mißstände zu finden um diese beseitigen zu können.

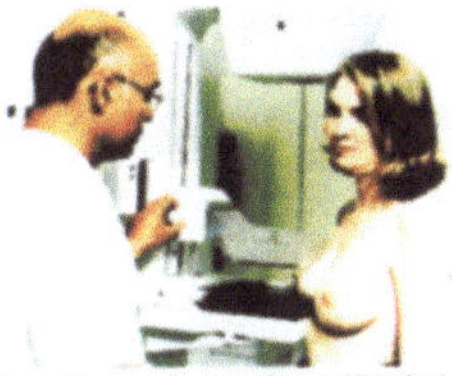

Bundesweit sterben jährlich etwa 19.000 Frauen an Brustkrebs, 46.000 erkranken neu. Zu den Standards der Vorsorgeuntersuchung ab 30 gehört die Mammographie.

Situationsangepasste Maßnahmen (Ziel: Direkte Reaktion auf zukommende Gefährdung)

- Lösungswege :

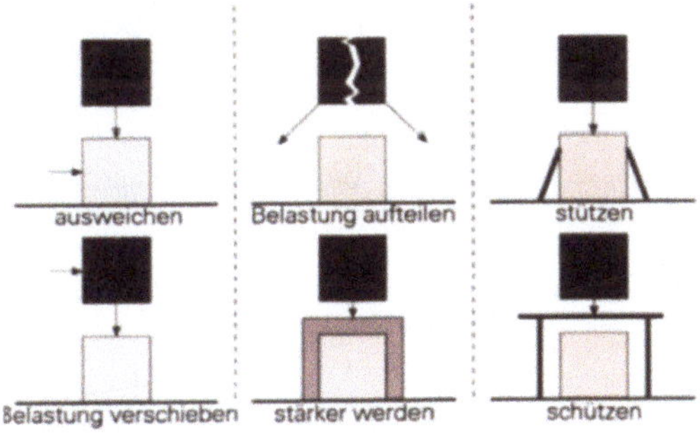

Am 11. Sep. flohen unzählige Menschen vor den Trümmern des WTC.

Jedes Jahr gibt es mehrere Castor-Transporte. Belastungen werden an bestimmten Orten gesammelt.

Ausbessernde Maßnahmen (Ziel: Die Problembeseitigung)

- wegnehmen, was stört
- zugeben, was fehlt
- gerade biegen, was verbogen ist
- zusammenfügen, was zerbrochen ist

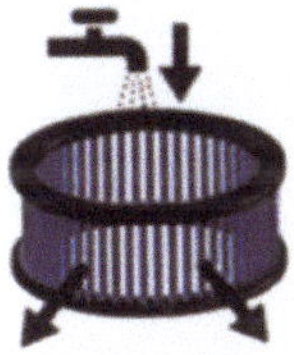

Verdreckte Filter können gereinigt und anschließend wiederverwendet werden.

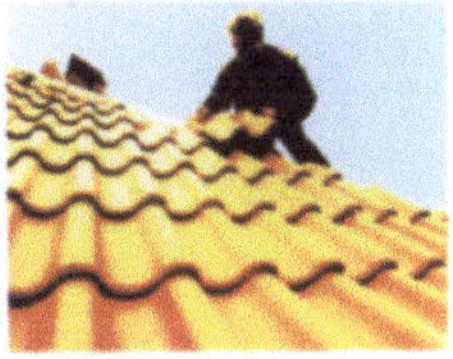

fehlende Dachziegel, durch evtl. Sturmschäden werden vom Dachdecker ausgebessert.

Abb. 2.18 Studie zum Thema: Vorsorgende, situationsangepasste und ausbessernde Maßnahmen

- Suche nach Lösungen, um vorhandene Probleme zu beseitigen

Ausgangssituation B: Die Bedürfnisse/Erwartungen haben sich gegenüber der vorh. Realität <u>positiv</u> weiterentwickelt

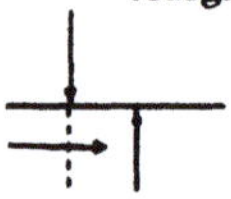

<u>Lösungsmöglichkeiten:</u>

Sit. 1 Die Erwartungen/Wünsche werden reduziert auf ein konkretes Verhältnis oder Realität

z.B. - trotz gestiegener Akzeptanz ist es homosexuellen Paaren nicht erlaubt zu heiraten, daher müssen sie ihre Erwartungen zurückschrauben

Sit. 2 Die Realitäten werden den vorh. Erwartungen/Wünschen angepasst

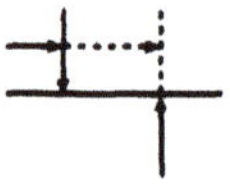

z.B. - Anbauen, da Nachwuchs unterwegs ist
- Essen, um nötige Tageskalorien zu decken

Sit. 3 Die Wünsche werden reduziert und die Realität nachgebessert

z.B. - bei Lohnverhandlungen

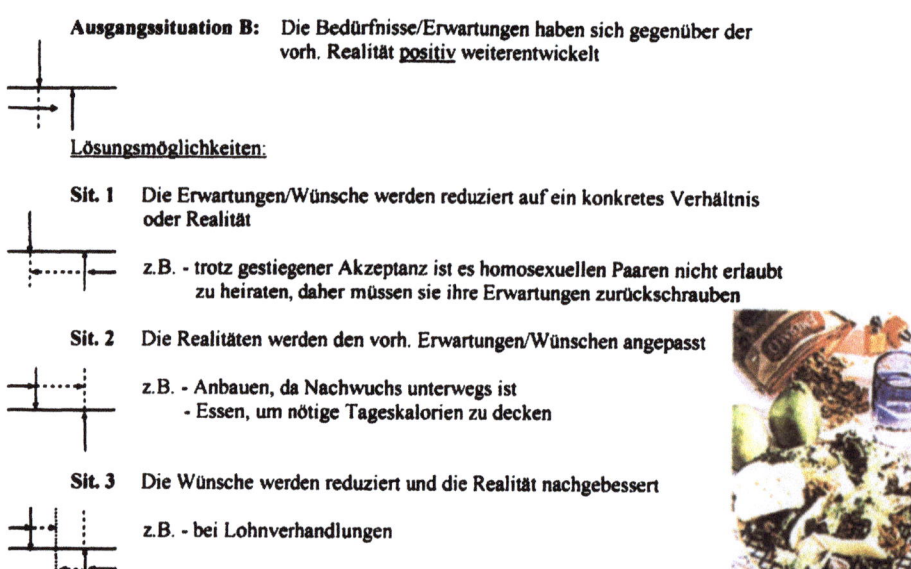

Abb. 2.19 Studie: Verschiedene Möglichkeiten zur Lösung unterschiedlicher Probleme

2.3.2 Praktische Studien

Zeigen Sie, wie in der konkreten Entwurfsarbeit mit einfachen Mitteln vorhandene Probleme schnell gelöst werden können, z.B. bei Modellbau oder bei zeichnerischen Darstellungen.

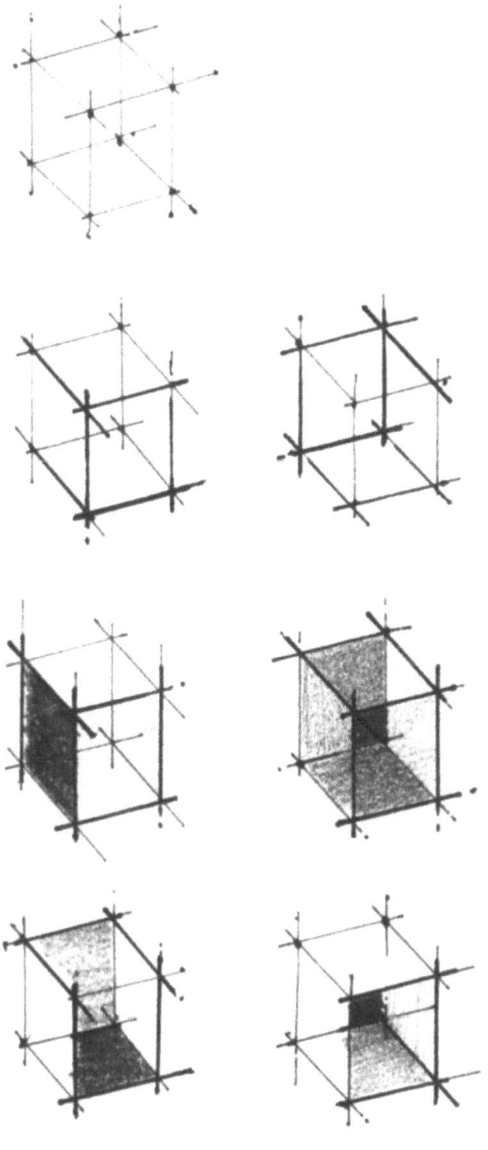

Abb. 2.20 Die schnelle Behebung eines Problems bei skizzenhaften Darstellungen

Zur Abb. 2.20:
In der oberen linienhaften Darstellung ist keine Räumlichkeit ablesbar. Man kann nicht erkennen, was vorn oder hinten, was oben oder unten ist.
Durch den gezielten Einsatz von Linienstärken und Helligkeit, kann jetzt den Erwartungen nach einer klaren Deutung Rechnung getragen werden.
Man kann erkennen,
was von Oben, was von Unten gesehen wird,
was geschlossen, was offen ist,
was an zwei Seiten bzw. was an einer Seite offen ist.

2.4
Die Anwendung grundlegender Erfahrungen zur Lösung einer konkreter Aufgabe

2.4.1
Die konkrete Aufgabe / 1

Bleiben wir bei der in Kapitel 1 vorgegebenen Aufgabenstellung: Minderung bzw. Beseitigung der körperlichen Belastungen, denen vor allem ältere Menschen in einem Wohnviertel aufgrund der Geschäftsschließung ausgesetzt sind.

Zur Grafik 2.20:
Die nebenstehende Grafik verdeutlich, dass es zu einer Veränderung der Realität gekommen ist, während der Bedarf oder die Erwartungen an die Realität gleich geblieben ist bzw. sind.

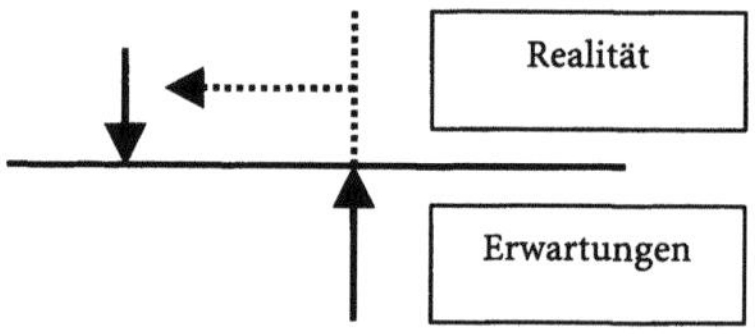

Grafik 2.20 *Die Darstellung der konkreten Situation*

Zu prüfen ist, ob eine der genannten prinzipiellen Lösungsmöglichkeiten schnell zu realisieren ist und somit zu einem schnellen Ende der Belastungen der älteren Menschen, die von der Geschäftsschließung überrascht wurden, beitragen kann.

Bei der Entwicklung einer Konzeption zur Lösung des Problems sind allerdings Überlegungen in dieser Richtung (vorsorgend tätig zu werden) vor allem für die Stadtplaner bedenkenswert, zeichnet sich doch mit der weiteren Schließung wohnortnaher Geschäfte und der Errichtung von Einkaufszentren auf der grünen Wiese vor den Toren der Stadt ein Trend ab, der auch in der Folgezeit anhalten wird. Insofern sollte überlegt werden, wie man dieser Entwicklung vorbeugen kann.

- Vorsorgende Maßnahmen entfallen, da die Bewohner offensichtlich von der Geschäftsaufgabe überrascht wurden.
- Situationsangepasste Maßnahmen sind zu prüfen. Hier bietet sich die Möglichkeit, unterstützend tätig zu werden bzw. etwas zu entwickeln, das die älteren Menschen beim Einkauf ihrer Waren unterstützt. Hier könnte durch die Entwicklung, Planung und Herstellung entsprechender Maßnahmen oder Objekte am ehesten eine Lösung des Problems erreicht werden.
- Ausbessernde Maßnahmen greifen hier nicht. Betrachtet man die konkrete Situation, so ergibt sich folgendes Bild:
  1. Die schnelle Wiederherstellung der ehemaligen Einkaufsituation ist nicht erreichbar

     Die ehemals vorhandene Einkaufsituation könnte nur wieder erreicht werden, wenn ein Geschäft, wie ehemals vorhanden, in dem Wohnviertel umgehend seine Türen öffnen würde. Dies zeichnet sich nicht ab (auch 3 Jahre später nicht).

2. Die schnelle Anpassung der Bedürfnisse und Erwartungen älterer Menschen an die neue Geschäftssituation ist nicht möglich.

   Eine Lösung könnte erreicht werden, wenn sich die älteren Menschen sowohl physisch-körperlich als auch psychisch-geistig der neuen Situation anpassen könnten. Dies scheitert im Wesentlichen an der biophysischen Einstellung der Menschen. Sie brauchen täglich das zum Leben Notwendige.

3. Die teilweise Wiederherstellung der ehemaligen Einkaufsituation in dem Wohnviertel bei teilweisem Verzicht auf ein umfassendes Warensortiment ist bislang nicht gelungen.

   Man hat versucht, durch besondere Unterstützung der Stadt an besonderen Tagen Einkaufswagen mit einem bestimmten Warensortiment anzubieten. Sie wurden selbst von den älteren Menschen nur ungenügend genutzt. Das Angebot wurde eingestellt.

Abb. 2.21 (unten) Zeitungsausschnitt zur Diskussion über Geschäftsentwicklung in einem Wohnviertel

„Wie wir alle wissen, ist die Tante Emma gestorben", sagte Ebert. „Ersetzt wurde sie durch größere Märkte." Die „grüne Wiese" als Hauptursache für das Aussterben des klassischen Einzelhandels ortete auch der Vorsitzende des Bezirksvereins Martinsviertel, Stefan Baltes. „Die gewachsenen Strukturen sind zerstört." Und: „Diese Entwicklung ist nicht aufzuhalten."

Einen kontinuierlichen Umsatzrückgang seit 1993 verzeichnet auch die Geschäftsfrau und Mitbegründerin der Riegerplatzinitiative, Eva Brohm, in ihrem Teeladen. Adolf Neuschäfer, Obermeister der Konditoreninnung, prognostizierte das „Verschwinden weiterer kleiner Läden". Aufgabe aus Altersgründen, auf Nachbarschaft angewiesene ältere Menschen, eine Klientel, die – auch aus finanziellen Gründen – lieber den Großmarkt vor den Toren der Stadt aufsucht: Die Bilanz fürs Martinsviertel ist düster.

2.4.2 Die konkrete Aufgabe / 2

Klären Sie, ob es für die Beleuchtung der Arbeitsplätze für Designer/-innen schnelle Lösungsmöglichkeiten gibt.

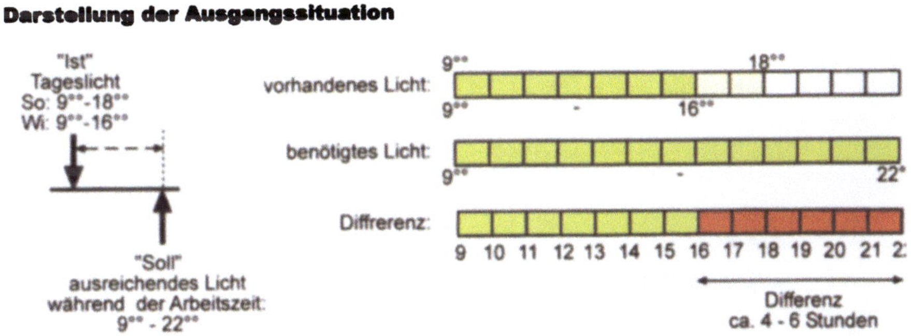

Abb. 2.22 Darstellung des vorhandenen und benötigten Lichtes

Die Abb. 2.22 zeigt, dass die Tageslichtzeiten nicht mit dem für die anstehenden Arbeiten notwendigen Licht übereinstimmen.

- Prüfung der verschiedenen Lösungsmöglichkeiten

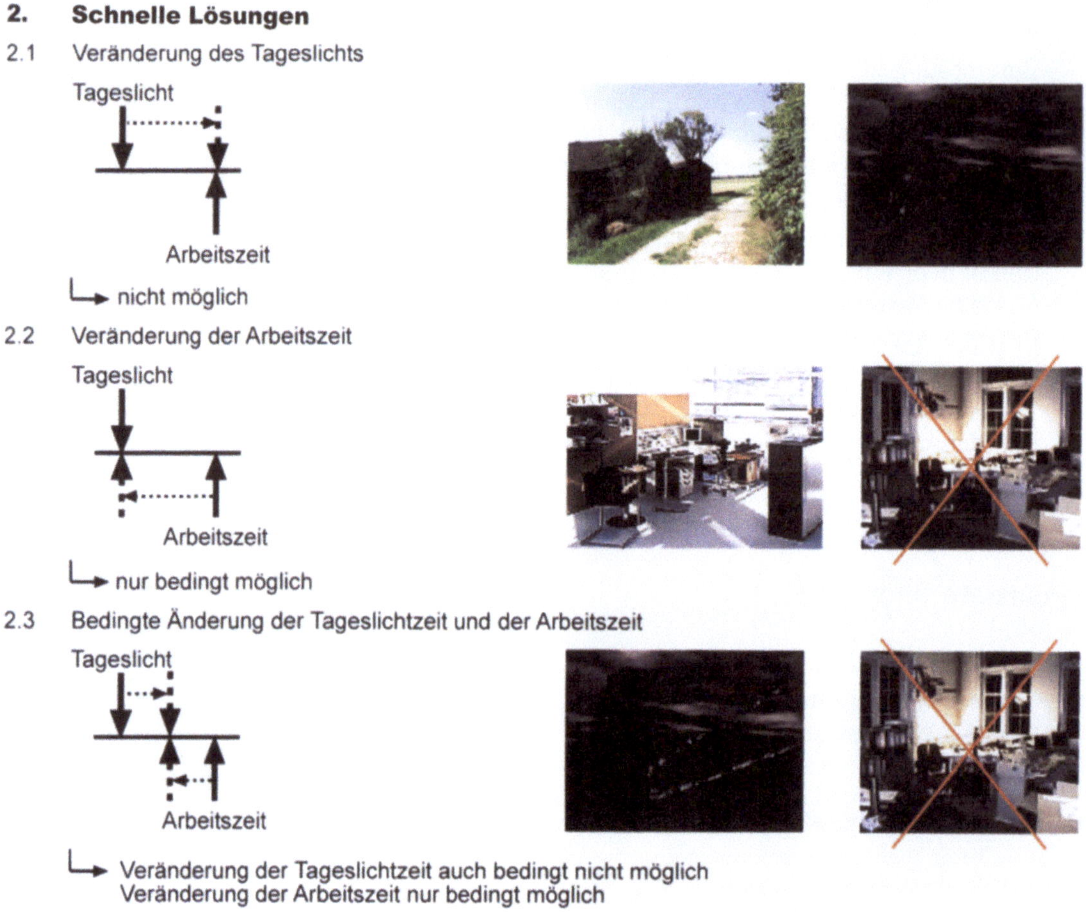

2. Schnelle Lösungen
2.1 Veränderung des Tageslichts
Tageslicht
Arbeitszeit
nicht möglich
2.2 Veränderung der Arbeitszeit
Tageslicht
Arbeitszeit
nur bedingt möglich
2.3 Bedingte Änderung der Tageslichtzeit und der Arbeitszeit
Tageslicht
Arbeitszeit
Veränderung der Tageslichtzeit auch bedingt nicht möglich
Veränderung der Arbeitszeit nur bedingt möglich

Abb. 2.23 *Die Suche nach schnellen Lösungen: Die Betrachtung der konkreten Situation*

2.4.3
Zusammenfassung

Nach einem Vergleich der konkreten Situationen mit den prinzipiell möglichen Lösungswegen zeichnen sich bei beiden Aufgabenstellungen keine schnellen Lösungsmöglichkeiten ab.

Insofern sollte an der jeweils vorgegebenen Aufgabenstellung weitergearbeitet werden.

3 Die Suche nach bereits vorhandenen Lösungen

Als zu Beginn der Semesterarbeit die Aufgabe gestellt wurde, eine Trinkhilfe zu entwickeln, die bettlägerigen Menschen eine eigenständige Flüssigkeitsaufnahme ermöglicht, war nach kurzer Zeit der Einwand zu hören, dass es für dieses Problem bereits eine Menge brauchbarer Lösungen gebe. Warum sich also überhaupt damit beschäftigen? Vielleicht gibt es bereits eine Lösung, die eingesetzt werden kann, um so das Problem zu lösen.

Diesem Vorbehalt soll nachgegangen werden. Die Beantwortung der Frage soll in einem Vergleich zwischen den bereits vorhandenen Maßnahmen und den Erwartungen der Betroffenen geleistet werden.

3.1 Verallgemeinerung der Fragestellung

Wie kann man Realitäten und Erwartungen miteinander vergleichen?

3.2 Darstellung grundlegender Aspekte

3.2.1 Die Sammlung von Maßnahmen und Objekten

Die Betrachtungen in Kapitel 1 zeigten, wo es bei einer Person bzw. einer Zielgruppe konkret zu Belastungen kommt und welche der Belastungen (körperliche oder geistige) vorrangig zu beheben sind. In der Regel gibt es bereits Maßnahmen oder Produkte zur Minderung oder Beseitigung der aufgezeigten Belastungen. Die entsprechend vorhandenen Maßnahmen oder Objekte sind zu sammeln.

3.2.2
Die Sammlung von Bedürfnissen oder Erwartungen an konkret vorhandene Maßnahmen oder Produkte

Erwartungsfeld:
Bedienbarkeit oder Wirtschaftlichkeit oder Ästhetik stellen z.B. Erwartungsfelder dar, da unter diesen Begriffen jeweils spezifische Erwartungen und Wünsche subsumiert werden können.
Erwartungen zur Wirtschaftlichkeit können formuliert sein als geringe Anschaffungskosten, lange Haltbarkeit.
Erwartungen an die soziale Vertretbarkeit können formuliert sein als darf nicht zu teuer sein, darf nicht verletzen usw.

Es sind in diesem Stadium der Arbeit erste Erfahrungen zu sammeln mit den unterschiedlichen Wünschen und Erwartungen der Menschen gegenüber Objekten, die eine Einzelperson oder eine größere Zielgruppe zur Minderung entsprechender Belastungen selbst haben möchte. Die gesammelten Erwartungen sind zu strukturieren und größeren „Erwartungsfeldern" zuzuordnen. Zur Strukturierung der einzelnen Erwartungen bietet es sich an, auf die in Teil 1 dargestellte Gliederung der einzelnen Erwartungsfelder einzugehen.

3.2.3
Die Gegenüberstellung von SOLL und IST

Die Erfassung der Erwartungen kann sicher am Ende des zweiten Semesters leichter bewältigt werden als zu diesem Zeitpunkt am Beginn des Studiums, liegen doch dann fundiertere Kenntnisse über mögliche Erwartungen und Wünsche gegenüber vorhandenen Objekten (oder allgemein: vorhandenen Realitäten) vor.

Momentan vorhandene Maßnahmen oder Produkte (Realitäten) wurden gesammelt. Die Erwartungen an konkret vorhandene Maßnahmen und / oder Produkte wurden erfragt. Beide, die Erwartungen und die vorhandenen Maßnahmen, werden jetzt in einer einfachen Matrix einander gegenübergestellt.

Zur Grafik 2.21
In der vorderen senkrechten Spalte werden alle vorhandenen Maßnahmen, Produkte, sonstigen Gebilde, die momentan zur Behebung des konkret aufgezeigten Problems nutzbar sind, aufgeführt.
In der waagerechten oberen Zeile werden die jeweils erfassten konkreten Bedürfnisse, Erwartungen und Wünsche einer Person oder aber einer Zielgruppe an eine Maßnahme bzw. an ein Produkt oder sonstiges Gebilde, mit dem man das Problem beheben möchte, eingetragen.

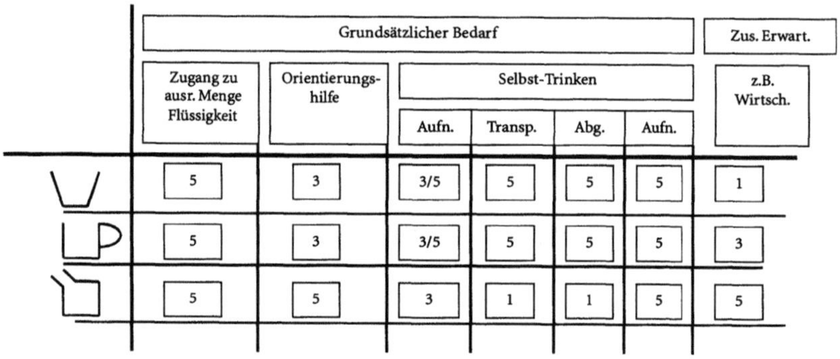

Grundsätzlicher Bedarf
Zus. Erwart.
Zugang zu ausr. Menge Flüssigkeit
Orientierungshilfe
Selbst-Trinken
Aufn.
Transp.
Abg.
Aufn.
z.B. Wirtsch.
5 3 3/5 5 5 5 1
5 3 3/5 5 5 5 3
5 5 3 1 1 5 5

Grafik 2.21 *Die Anlage einer zweidimensionalen Matrix zur Bewertung vorhandener Maßnahmen oder Objekte*

3.2.3.1
Die Bewertung der einzelnen Realitäten entsprechend dem jeweiligen SOLL

Die erstellte Matrix eignet sich ideal zur Bewertung der vorhandenen Maßnahmen und Produkte. Jede aufgeführte Maßnahme bzw. jedes vorgestellte Produkt kann jetzt nach den gleichen Kriterien (den einzelnen Erwartungen) bewertet werden, indem die in der waagerechten oberen Zeile genannten Vorgaben oder Erwartungen auf alle aufgeführten Maßnahmen oder Produkte übertragen werden. Somit kann bei jeder Maßnahme bzw. jedem Produkt gefragt werden: Inwieweit erfüllt z.B. Maßnahme 1 die als Nr. 1 genannten Erwartungen. Inwieweit erfüllt die Maßnahme 2 die als Nr. 1 genannten Erwartungen? Usw.

Mit der Nutzung dieser einfachen Matrix wird erreicht, dass für jede Maßnahme und/oder Produkt die gleiche Vorgabe hinsichtlich der Erwartungen und Wünsche gilt. Somit wird ausgeschlossen, dass unterschiedliche Maßnahmen oder Produkte nach unterschiedlichen Vorgaben bewertet werden.

Für die Bewertung werden 3 „Notenwerte“ eingesetzt. Erfüllt eine Maßnahme bzw. ein Produkt die Anforderungen der Erwartungen sehr gut, so wird im entsprechenden Kreuzungsfeld eine 1 eingetragen. Erfüllt eine Maßnahme bzw. ein Produkt die Anforderungen weniger gut, so wird eine 3 eingetragen. Schlechte oder überhaupt nicht vorhandene Lösungen werden mit 5 bewertet.

Es erscheint sinnvoll, relativ drastische Wertungsunterschiede vorzunehmen, damit am Ende eine klare Differenzierung ablesbar wird.

3.2.3.2
Das Ergebnis des Vergleiches und seine Konsequenzen

Die Auswertung zeigt, ob Maßnahmen existieren, mit denen der vorhandene Bedarf und die zusätzlichen Erwartungen weitgehend behoben werden können. Die verschiedenen Bewertungen können zu folgenden Ergebnissen führen:

- Es gibt Maßnahmen (zumindest eine), mit denen der vorhandene Bedarf und die zusätzlichen Erwartungen sehr gut behoben werden können.

Konsequenz:
Es gibt kein gravierendes Problem. Die vorhandenen konkreten Belastungen können behoben werden.
Eine weitere Beschäftigung mit dem Thema ist sinnlos.

- Es gibt Maßnahmen, die geringe Mängel aufweisen, sei es, dass der Bedarf nur bedingt behoben wird, sei es, dass die zusätzlichen Erwartungen nicht in genügendem Maße berücksichtigt wurden.

Konsequenz:
Es gibt für die Betroffenen auf Teilgebieten gegenüber den vorhandenen Maßnahmen abweichende Erwartungen. Eine Beschäftigung mit der vorgegebenen Aufgabenstellung sollte bedacht werden.

Dieser Fall wird jedoch in der Realität kaum anzutreffen sein, da solche Maßnahmen oder Objekte ohne Akzeptanz und deshalb relativ schnell vom Markt verschwinden.

- Die vorliegenden Maßnahmen zeigen große Mängel, so dass der vorhandene grundsätzliche Bedarf nur ungenügend oder gar nicht behoben wird. Auch die zusätzlichen Erwartungen werden nur ungenügend oder gar nicht berücksichtigt.

Konsequenz:
Es gibt für die Betroffenen keine Maßnahme zur Behebung ihrer Belastungen, die ihren Vorstellungen entspricht. Die vorgegebene Aufgabenstellung sollte / muss auf jeden Fall weiter verfolgt werden.

In der konkreten Wirklichkeit gibt es für die Bewertung oder das Testen vorhandener Produkte bereits technische Geräte, die einen möglichst objektiven Befund erbringen (z. B. hinsichtlich der Reißfestigkeit eines Materials). Im konkreten Fall ist man als Designer/-in jedoch auf die eigene Erfahrung im Umgang mit den Produkten angewiesen (Crash-Test, Drucktest, Materialprüfanstalten usw.; Aufgabenbewertungen, Personenbewertungen, Politiker, Schauspieler usw.).

3.3 Studien

3.3.1 Theoretische Studien

- Sammeln Sie Produktbewertungen aus verschiedensten Bereichen.
  Zeigen Sie auf, welche SOLL-Vorgaben für die Bestimmung eines Problems besonders beachtenswert erscheinen und zeigen Sie auf, welche Verfahren zur Bewertung angewendet wurden.
- Die Erwartungen unterschiedlicher Menschen an unterschiedliche Produkte
  Wählen Sie mehrere Produkte und befragen Sie einige Personen nach deren Erwartungen an die vorgestellten Produkte.

  Vorgehensweise:
  1. Die Auswahl von verschiedenen Produkten

Erschwerend kommt beim Vergleich von Produkt und Erwartungen für die Studierenden hinzu, dass nicht alle Exemplare an momentan vorhandenen Produkten (auch aus Kostengründen) gesammelt bzw. angeschafft werden können, um sie im Hinblick auf die angegebenen Erwartungen und Wünsche zu testen.

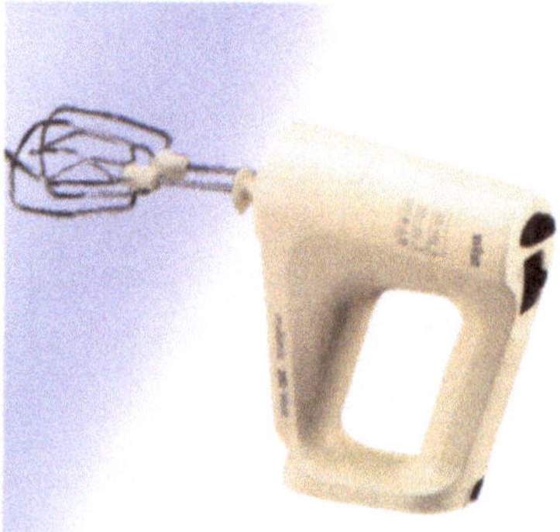

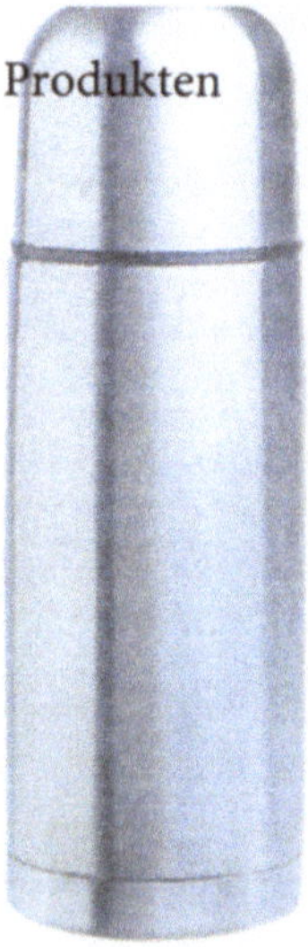

Abb. 2.24, 2.25, 2.26 *Die ausgewählten Produkte: Mixer, Uhr, Thermoskanne*

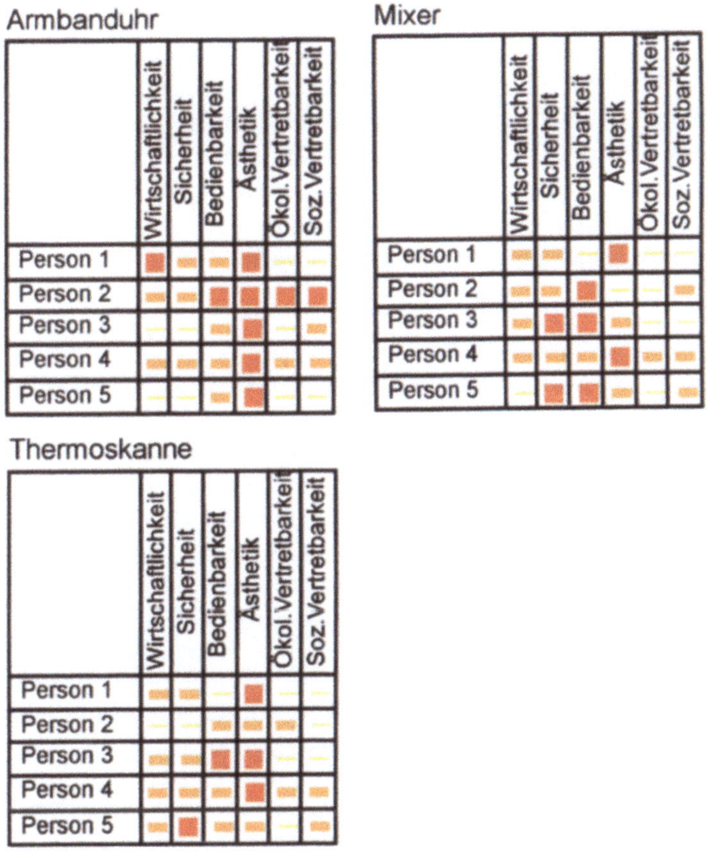

Abb. 2.27 *Ergebnisse der Befragung*

Die einzelnen Personen unterschieden sich in Alter, Geschlecht und spezifischen Fachkenntnissen.
Das Gewicht der Erwartungen an die vorgestellten Produkte konnten die einzelnen Personen mit Zahlen zwischen 1 (sehr wichtig) und 5 (weniger wichtig) angeben. Die einzelnen Angaben wurden in der Grafik mit unterschiedlich dicken Balken visualisiert.

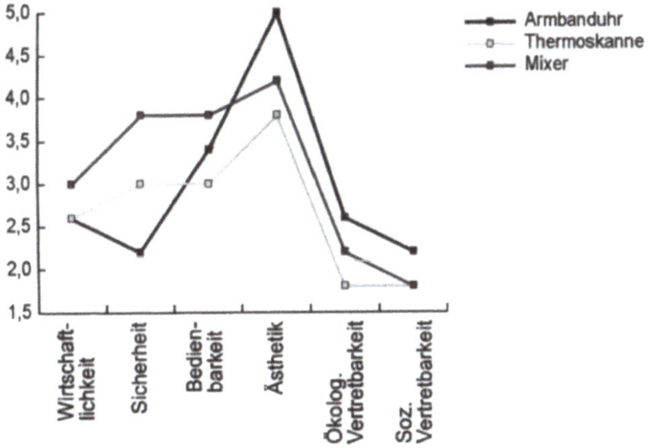

Abb. 2.28 *Vergleichende Darstellung der Erwartungen an die verschiedenen Produkte*

In dem Diagramm wird der Durchschnittswert der Wichtigkeit des jeweiligen Produktes dargestellt. D.h. je höher die Kurve ansteigt, desto wichtiger ist die erwartete Eigenschaft.

3.3.2
Praktische Studien

- Eine Glaskugel ist so sicher zu verpacken, dass sie bei einem Fall von 1 m Höhe nicht zerstört wird. Die Verpackung soll billig sein. Der Inhalt der Verpackung soll sichtbar bzw. erkennbar sein.
- Klären Sie, inwieweit die Bewertung der erstellten Arbeit auf nachprüfbaren Ergebnissen beruht oder ob diese aufgrund des eigenen Empfindens vorgenommen wurde.

3.4
Anwendung grundlegender Erfahrungen zur Lösung einer konkreten Aufgabe

Die Anwendung grundlegender Erfahrungen zur Lösung einer konkreten Aufgabe. In vielen Fällen gehen die Studierenden zu den direkt Betroffenen in den Krankenhäusern (z.B. zu den Bettlägerigen, aber auch zu Schwestern, dem Hilfspersonal oder auch zu den Verwaltungsstellen, wenn es z.B. um die Kosten oder Haltbarkeit von vorhandenen „Schnabeltassen" geht. Ergebnisse der Befragung und Bewertung zur Aufgabe: Entwick.lung von Trinkgefäßen für bettlägerig kranke Menschen.

Maßnahmen, bei denen es um einen Materialtransport geht, sei es um den Transport materieller Güter, sei es um den Transport geistigen Materials (der Informationen), zeigen immer die abgebildete Struktur.

Aufgabenstellung:
Vergleich von Bedürfnissen und Erwartungen einer bestimmten Zielgruppe an konkret vorhandene Maßnahmen oder Produkte, die bisher zur Behebung des Problems entwickelt wurden.

Als Beispiel diene die Aufgabe: „Es ist etwas zu entwickeln, das bettlägerigen Menschen eine eigenständige Flüssigkeitsaufnahme ermöglicht". Zu untersuchen sind somit vorhandene Trinkgefäße zum Transport der notwendigen Flüssigkeit, die bisher für bettlägerig Kranke entwickelt und von diesen benutzt werden.

Zur Erfassung der wesentlichen Vorgaben und Erwartungen an ein solches Gebilde diene die Struktur eines Transportprozesses. Dieser wird, da er eine weitgehend konstante Gliederung aufweist, auf Seite 51 modellhaft vorgestellt.

Das Material wird von irgendeinem Reservoir weggenommen, es muss während des Transportes von Ort a nach Ort b festgehalten werden, es muss am Ende abgegeben werden und es muss dann entschieden werden, was mit dem Transportmittel geschieht. Verbleibt es am Ende des Transportweges am Ort der „Materialabgabe" oder wird es wieder an die Stelle zurückgebracht, an der der Materialtransport begann?

	Die Aufnahme des Materials	Der Transport des Materials	Die Abgabe des Materials	
Das Materialreservoir Ort a	↗	→	↘	Der Ort der Materialabgabe Ort b
	Ergreifen können der gewünschten Materialmenge Kein Verlust, keine Verletzung des Materials bei der Aufnahme Informationen über die aufgenommene Materialmenge	Festhalten können des zu transportierenden Materials Kein Verlust an Menge und Qualität während des Transportes (z.B. keine Verschmutzung des Materials)	Berücksichtigung der Vorgaben am Ort der Materialabgabe für die Abgabe des Materials (Gesetze, Verordnungen) Kontrollierte / unkontrollierte Abgabe des Materials (wegschütten, abkippen) Kein Verlust bei der Abgabe des Materials	Rückführung des Transportmittels notwendig, erforderlich oder nicht notwendig?

Grafik 2.22 *Die Struktur eines Materialtransportes*

- Die Strukturierung der einzelnen Erwartungen

Die einzelnen befragten Personen äußern ihre Wünsche in der Regel wenig strukturiert. Sie müssen deshalb strukturiert werden. Ein Anhaltspunkt bietet die in Teil 1 bereits dargestellte Prozessstruktur.

Eine besondere Stellung nehmen die Erwartungen zur technischen Funktionalität ein. Diese Vorgaben stehen immer an erster Stelle, sind sie doch entscheidend für die Behebung eines grundsätzlichen Bedarfes. Die Erwartungen zur technischen Funktionalität werden in drei Abschnitte untergliedert: zurüsten, arbeiten, abrüsten. Es folgt:

Zurüsten beinhaltet all die Vorarbeiten, die notwendig sind, bevor man ein Gerät oder Objekt nutzen kann, z.B. den Einsatz von Quirlstäben bei einem Mixer. Das Arbeiten beinhaltet die Anforderungen an die Arbeitsweise des Gerätes. Beim Abrüsten werden die für eine Nutzung montierten Teile, z.B. die Quirlstäbe, wieder herausgenommen, gereinigt und so verpackt, dass eine erneute Nutzung möglich wird.

- Die Sammlung vorhandener Maßnahmen und Produkte (z.B. Sammlung von Trinkhilfen)
- Die Bewertung der einzelnen Maßnahmen und Produkte (Darstellung einer vereinfachten „Produktanalyse“)

Zur Darstellung des Vergleiches:
Die etwas grobere Bewertung der einzelnen Lösungen mit 1-3-5 erbringt am Ende der Auswertung eine stärkere Unterscheidung von guten und schlechteren Lösungen.
Die Bewertungen wurden in die jeweiligen Kreuzungsfelder von Maßnahmen und Erwartungen eingetragen.
Es zeichnen sich für bestimmte Anforderungen bereits gute Lösungswege ab, zu anderen Anforderungen und Erwartungen gibt es brauchbare (mit einer 3 bewertete) Lösungen.
Zu der Erwartung 2 (selbständige Bereitstellung) fehlt bislang überhaupt ein akzeptabler Lösungsweg (Spalte 2 ist durchgängig mit 5 bewertet).

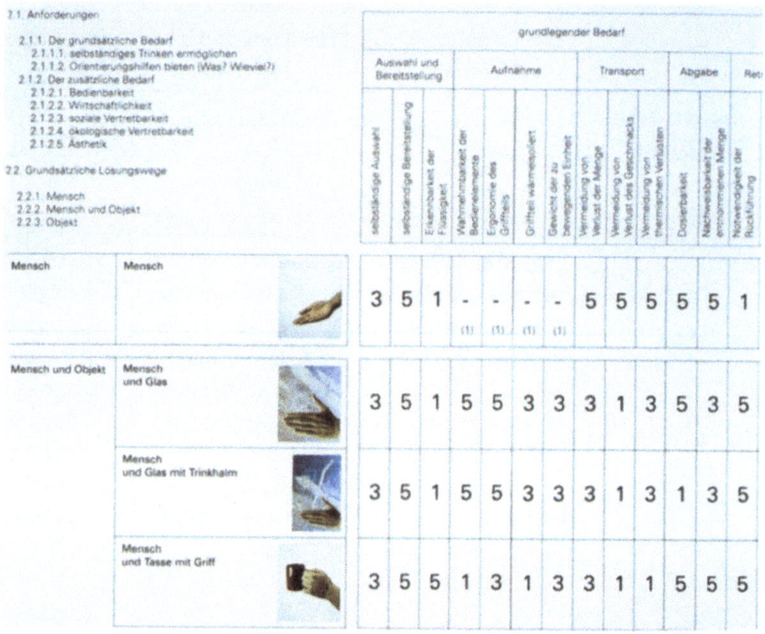

2.1. Anforderungen
2.1.1. Der grundsätzliche Bedarf
2.1.1.1. selbständiges Trinken ermöglichen
2.1.1.2. Orientierungshilfen bieten (Was? Wieviel?)
2.1.2. Der zusätzliche Bedarf
2.1.2.1. Bedienbarkeit
2.1.2.2. Wirtschaftlichkeit
2.1.2.3. soziale Vertretbarkeit
2.1.2.4. ökologische Vertretbarkeit
2.1.2.5. Ästhetik

2.2. Grundsätzliche Lösungswege
2.2.1. Mensch
2.2.2. Mensch und Objekt
2.2.3. Objekt

		grundlegender Bedarf												
		Auswahl und Bereitstellung			Aufnahme				Transport			Abgabe		Ret…
		selbständige Auswahl	selbständige Bereitstellung	Erkennbarkeit der Flüssigkeit	Wahrnehmbarkeit der Bedienelemente	Ergonomie des Griffteils	Griffteil wärmeisoliert	Gewicht der zu bewegenden Einheit	Vermeidung von Verlust der Menge	Vermeidung von Verlust des Geschmacks	Vermeidung von thermischen Verlusten	Dosierbarkeit	Nachweisbarkeit der entnommenen Menge	Notwendigkeit der Rückführung
Mensch	Mensch	3	5	1	- (1)	- (1)	- (1)	- (1)	5	5	5	5	5	1
Mensch und Objekt	Mensch und Glas	3	5	1	5	5	3	3	3	1	3	5	3	5
	Mensch und Glas mit Trinkhalm	3	5	1	5	5	3	3	3	1	3	1	3	5
	Mensch und Tasse mit Griff	3	5	5	1	3	1	3	3	1	1	5	5	5

Abb. 2.29 *Beginn einer Matrix zur Bewertung von Maßnahmen oder Produkten*

3.4.1 Das Ergebnis der Auswertung

Eine endgültige Entscheidung sollte nach einem Vergleich von möglichen Leistungen und dem Aufwand für die Überarbeitung oder Neuentwicklung eines Produktes bedacht werden.

In der Regel erfüllen die vorgestellten Maßnahmen in vielerlei Hinsicht die Erwartungen der älteren Menschen. Alle Maßnahmen oder Produkte weisen jedoch bei vielen Vorgaben noch Defizite gegenüber den Erwartungen der Zielgruppe auf. Eine Bearbeitung der Aufgabe ist unter diesem Gesichtspunkt zu befürworten.

4 Lohnt sich der Aufwand?

Die Ausführungen in Kapitel 2 und 3 zeigten: Schnelle Lösungen zur Minderung oder Beseitigung der konkret vorhandenen Belastungen einer Person oder einer Zielgruppe sind nicht in Sicht. Rundum akzeptable Maßnahmen oder Produkte wurden nicht gefunden. Die endgültige Entscheidung für oder gegen eine Weiterführung der Aufgabenbearbeitung sollte jetzt davon abhängig gemacht werden, ob die Entwicklung einer Maßnahme angesichts des dafür entstehenden Aufwandes gerechtfertigt ist.

Vor Beginn möglicher Entwicklungsarbeiten müssen deshalb das Ausmaß der Belastungen der Betroffenen, die tatsächlich zu erwartende Leistung eines Produktes und der dafür notwendige Aufwand miteinander verglichen werden. Nur wenn die sich abzeichnenden Leistungen für den Menschen in einem positiven Verhältnis stehen zu dem gleichzeitig entstehenden Aufwand, erscheint eine Lösung des aufgezeigten Problems gerechtfertigt.

Die folgende Arbeit kann in diesem Stadium (Beginn des Studiums) von den Studierenden nur mit sehr viel Vorbehalt geleistet werden. Zu unexakt können die späteren Leistungen des Objektes und der Aufwand an Material, Energie und personellem Einsatz (Lohnkosten) abgeschätzt oder gar exakt definiert werden. Dennoch sollte an dieser Stelle bereits auch auf diesen Aspekt aufmerksam gemacht werden, um das Nachdenken, ob trotz nachgewiesenen Bedarfes, eine Umsetzung der Vorgaben und damit die Entwicklung und Herstellung einer Maßnahme oder eines Objektes mit all seinen gesellschaftlichen und ökologischen Folgen gerechtfertigt ist.

4.1 Verallgemeinerung der Fragestellung

Wie kann man die möglichen Leistungen eines Produktes zur Minderung der Belastungen von betroffenen Menschen mit dem dafür notwendigen Aufwand vergleichen?

4.2 Darstellung grundlegender Aspekte

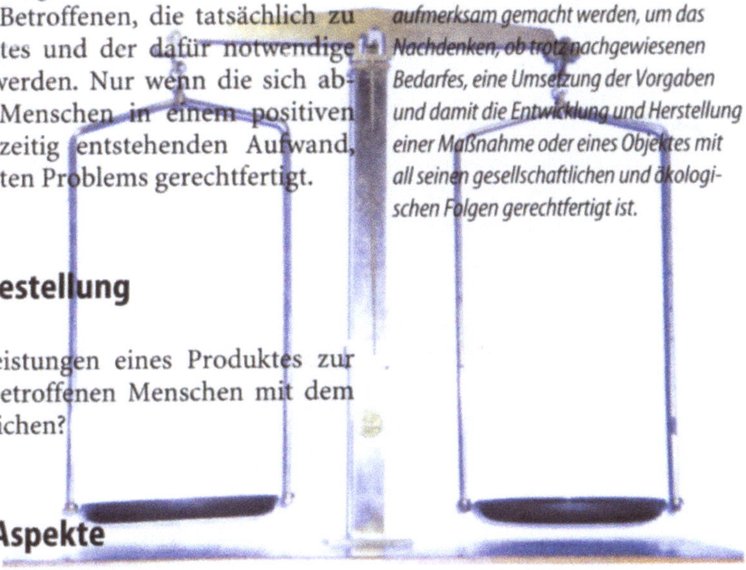

Abb. 2.30 Das Abwägen von Leistung und Aufwand

Aufgabenstellungen haben ihren Grund in der Differenz zwischen einem SOLL und IST. Die Angleichung beider kann gezielt vorgenommen werden. Dabei entsteht ein besonderer Aufwand bei denjenigen, die diese Arbeit übernehmen.

4.2.1
Das Gewicht von Leistung und Aufwand

4.2.1.1
Das Abwägen von Leistung und Aufwand

SOLL und IST können sich angleichen, indem ungezielt und von Menschen nicht gesteuerte Einflüsse wirksam werden. So kann z.B. durch Veränderung einer allgemeinen Stimmungslage sich die ästhetische Einstellung vorhandenen Realitäten anpassen oder es können z.B. die Erwartungen der Bauern nach einem gewissen Ernteertrag durch einen Wetterumschwung doch noch erfüllt werden.

Werden Leistung und Aufwand gegeneinander aufgewogen, so bietet sich das Modell einer Waage zur Verdeutlichung des Abwägens geradezu an. Auf die eine Seite kommen die Leistungen. Auf der anderen Seite steht der Aufwand für die Maßnahme, mit der die Leistung erreicht wird bzw. erreicht werden kann.

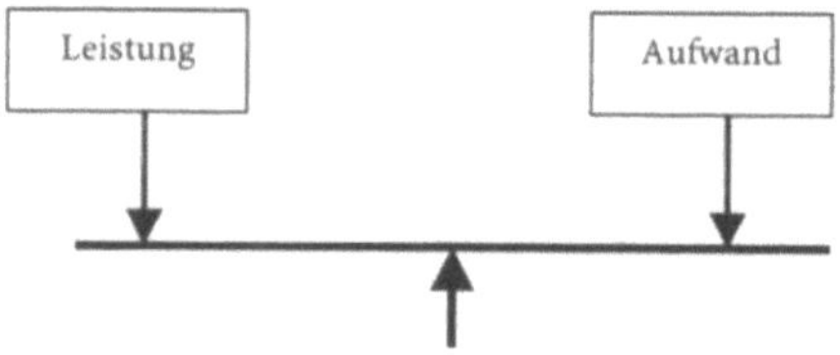

Grafik 2.23 *Das Aufwiegen von Leistung und Aufwand*

Neigt sich der Wiegebalken auf Seiten der Leistungen nach unten, so ist klar, dass die zu erwartenden Leistungen größer und damit gewichtiger sind als der dafür notwendige Aufwand. Neigt sich der Wiegebalken auf der Seite des Aufwandes nach unten, so wird der Aufwand als umfassender und gewichtiger eingeschätzt als die damit verbundenen Leistungen. Klar ist: Je eindeutiger die Neigung ist, umso leichter und schneller kann eine Entscheidung über die Effektivität einer Maßnahme oder eines Produktes getroffen werden.

*Mit einer **Maßnahme** kann die Belastung gemindert werden.*
*Das, was von der Maßnahme oder dem Objekt „mitgetragen" werden kann, ist deren **Leistung**.*
So kann die Planung und Entwicklung innovativer Maßnahmen oftmals soziale, kulturelle und wirtschaftliche Aspekte haben. Neben der Sicherung von Arbeitsplätzen für die Produzenten (Arbeiter wie Hersteller) sind auch die informativen Auswirkungen solcher Maßnahmen bemerkenswert.
Oder:
Der mögliche Gewinn für die Minderung der Umweltbelastungen durch eine Veränderung des menschlichen Verhaltens oder die Schaffung neuer umweltschonenderer Produkte stellen beachtenswerte Leistungen dar.

4.2.1.2
Die Leistungen einer Maßnahme

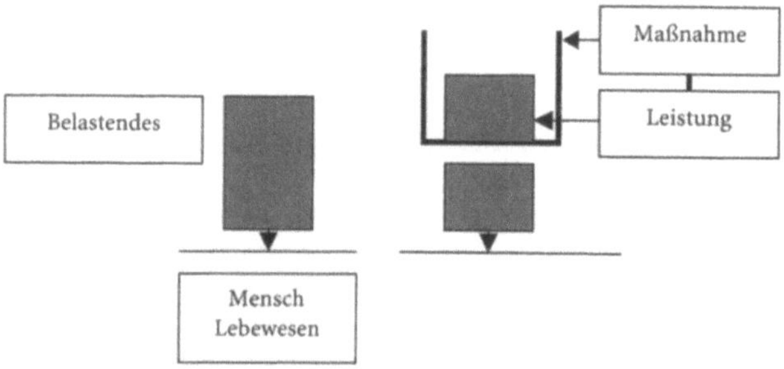

Grafik 2.24 *Die Übernahme einer Last als Leistung einer Maßnahme*

Menschen haben grundsätzliche und zusätzliche Bedürfnisse und Erwartungen. Die Behebung eines grundsätzlichen Bedarfes hat oberste Priorität. Die Befriedigung dieser Bedürfnisse ist lebensnotwendig. Maßnahmen, die diesen Bedarf beheben, sind äußerst wichtig bzw. gewichtig.

Hinzu kommen die zusätzlichen Bedürfnisse des Menschen. Deren Realisierung sollte sein bzw. wäre wünschenswert (muss aber nicht sein). Sie haben gegenüber den lebensnotwendigen Maßnahmen ein geringeres Gewicht.

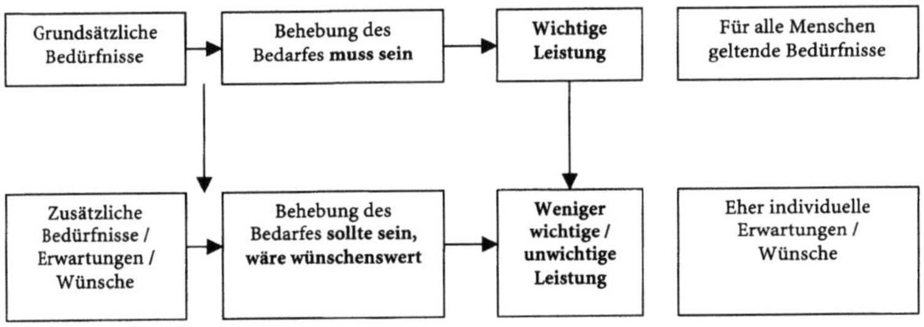

Grafik 2.25 Das Gewicht grundsätzlicher und zusätzlicher Bedürfnisse und Erwartungen

Zur Grafik 2.25: Mit den Pfeilen nach unten, z.B. von den grundsätzlichen Bedürfnissen hin zu den zusätzlichen Bedürfnissen, wird angedeutet, dass es zu Abstufungen in der Wichtigkeit der Bedürfnisse kommen kann. Gleichzeitig beinhaltet dies natürlich auch eine Abstufung von wichtigen zu weniger wichtigen Leistungen.

4.2.1.3 Der Aufwand für eine Maßnahme

Die Planung und Entwicklung einer Maßnahme erfordert geistige und körperliche Arbeit. Hinzu kommt bei einer Realisierung der Maßnahmen in der Regel der Einsatz von Material und Energie. Oftmals werden besondere Geräte oder Maschinen und sonstige Mittel benötigt. Sind Materialien oder sonstige Teile zu transportieren, Nachrichten auszutauschen usw., werden öffentliche Einrichtungen (z.B. Straßen für Transporte von Objekten / Materialien) benötigt.

Das Gewicht des Aufwandes ist abhängig von dessen Umfang. (Z.B. für die Erstellung eines einfachen Pappkartons wird eine bestimmbare Menge an Pappe, eine Schere zum Zuschneiden und Kleber zur Festigung der Seitenteile gebraucht. Der Umfang an Aufwand ist relativ exakt messbar.)

Zu beachten ist:

- Der Aufwand bekommt ein anderes Gewicht für jemanden, dessen Leben bedroht ist und mit einer bestimmten Maßnahme gerettet werden könnte.
- Das Gewicht des Aufwandes hängt von der jeweiligen wirtschaftlichen Situation eines Menschen ab (z.B. 100,– Euro für einen Studenten gegenüber 100,– Euro für einen Millionär).
- Der Aufwand bekommt ein anderes Gewicht im Zusammenhang mit der jeweiligen Einstellung gegenüber sozialen und vor allem gegenüber ökologischen Fragen, beinhaltet doch eine Produktentwicklung immer eine Belastung der Umwelt.

4.2.2
Die Situation im Designbereich

Zur Grafik 2.26:
Bei der nebenstehenden Grafik sind an erster Stelle die Parameter aufgeführt, die die körperliche oder geistige Gesundheit eines Menschen gefährden können. Neben Krankheiten oder sonstigen Schädigungen (z.B. infolge eines Unfalls) können körperliche oder geistige Belastungen das Leben eines Menschen bedrohen.
Die Auswirkungen können lebensbedrohend sein, sie können zu irreparablen oder kleineren Schäden führen.
Daneben stehen die Leistungen und der mögliche Aufwand.
Leistungen können groß oder klein eingeschätzt werden.
Das Gleiche gilt für den Aufwand.
Mit dem Eintrag der jeweils eigenen Einschätzungen hat man eine erste Grundlage für eine Diskussion, die zu einer fundierteren abschließenden Entscheidung führen kann.
Die Diskussion der einzelnen Konstellationen führte bei den Studierenden in Verbindung mit konkreten Beispielen immer wieder zu Nachdenklichkeit. Vorschnelle Urteile wichen einem sorgfältigen Abwägen.

Für eine Entscheidung sind folgende Faktoren beachtenswert: das Ausmaß der zu behebenden Belastungen, die mögliche Leistung einer Neuentwicklung und der dafür notwendige Aufwand. Welche Konstellationen sich hierbei ergeben und wie unterschiedlich hier diskutiert werden kann, zeigt eine kleine Matrix mit den verschiedenen Parametern.

Belastungen / Gefährdungen		Leistungen		Aufwand	
groß	klein	groß	klein	groß	klein
+		+		+	
+		+			+
+			+	+	
+			+		+
	+	+		+	
	+	+			+
	+		+	+	
	+		+		+

Grafik 2.26 *Ein Versuch, die Entscheidung besser zu fundieren*

Wie ersichtlich bietet diese Matrix unterschiedliche Überlegungsansätze. In Beziehung zu setzen sind immer das Ausmaß vorhandener Belastungen, die möglichen Leistungen und der mögliche Aufwand für eine Maßnahme. Eindeutig sind die Entscheidungen, unabhängig vom Aufwand, wenn es darum geht, lebensbedrohende Belastungen zu mindern, unabgängig davon, ob mit großem oder weniger großem Erfolg der Maßnahmen zu rechnen ist. Dies gilt weitgehend auch für Maßnahmen zur Verhinderung irreparabler Schäden. Zu diskutieren sind dagegen Situationen, bei denen die Belastungen nicht lebensbedrohend und irreparabel schädigend sind, aber eben belastend.

Die Bestimmung eines möglichen Aufwandes setzt Materialkenntnisse, deren Anschaffungskosten und deren Verarbeitungsmöglichkeiten voraus. Hinzu kommen notwendige Kenntnisse über die möglichen Fertigungsverfahren, deren Installationsaufwand und Energieaufwand.

Die relativ unexakte Bestimmung der Belastungen, der Leistungen und des Aufwandes erschweren eine klare Aussage. Man bewegt sich im Spekulativen. Man spricht von möglichen Leistungen und möglichem Aufwand, da beide noch nicht exakt greifbar sind. Dies darf jedoch keinesfalls dazu führen, diese Problematik nicht zu bedenken.

4.3
Studien

4.3.1
Theoretische Studien

- Zeigen Sie gewichtige und weniger gewichtige Leistungen und die dafür erstellten Maßnahmen. Stellen Sie unterschiedliche Daten zum Aufwand der unterschiedlichen Maßnahmen einander gegenüber.
- Geben Sie Verfahren zur Messung von Leistungen und Verfahren zur Messung von Aufwand an.
- Zeigen Sie eine Maßnahme / ein Produkt und stellen Sie die Leistung und den dafür notwendigen Aufwand einander gegenüber. Versuchen Sie den dafür notwendigen Aufwand zu erfassen.

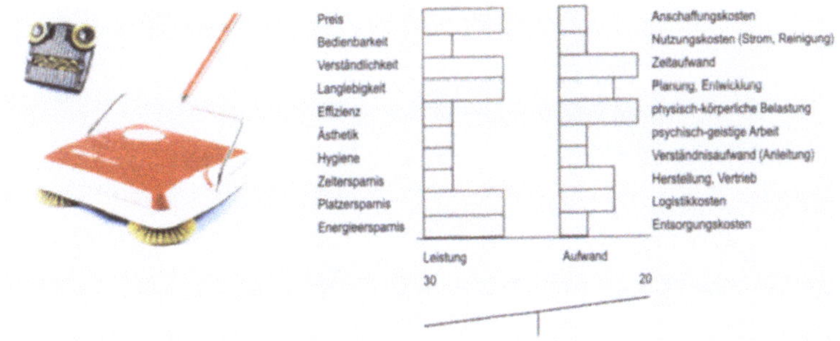

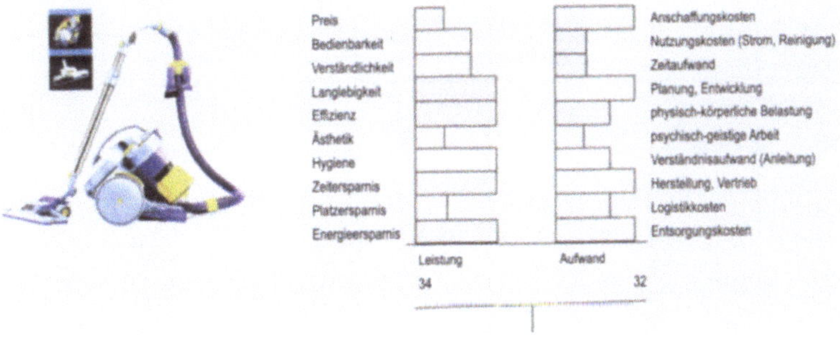

Abb. 2.31 (oben) und 2.32 (unten) *Studien zum Vergleich von Aufwand und Leistung bei zwei gleichartigen Objekten*

4.3.2
Praktische Studien

- Erzeugen Sie ein einfaches Gebilde (z.B. einen Würfel bestimmter Größe), das bestimmten Belastungen standhalten kann. Wählen Sie unterschiedliche Fertigungsverfahren und stellen Sie dafür den Aufwand (an Zeit, an Material, an Geräten usw.) zusammen.

Abb. 2.33
Darstellung drei verschieden gebauter Lastenträger

Objekt 1	Ausmessen Grundform	Schneiden Grundform	Ausmessen Einschnitte	Schneiden	Verbinden	Befestigen, Aushärten	Kosten
Material	Graupappe 2mm 40x100x100						-,80
Gerät	Bleistift Stahllineal	Cutter schnittf. Unterlage	Bleistift Stahllineal	Cutter schnittf. Unterlage	Unterlage	Unterlage	-,30
Arbeitszeit angen. Std.-l. 30.-	6 min.	10 min.	3 min.	10 min.	7 min.	10 min.	23.-
Verbindung					Epoxidharz-Kleber		1,20
						Kosten gesamt:	25,30

Objekt 2	Zuschneiden	Ausmessen	Zuschneiden	Verbinden	Befestigen, Aushärten		Kosten
Material	Eierkarton	Depafit 3x10x10mm	Depafit	Eierkarton Depafit			1,20
Gerät	Cutter	Bleistift Geodreieck	Stahllineal Cutter Unterlage	Unterlage	Unterlage		.-30
Arbeitszeit angen. Std.-l. 30.-	6 min.	3 min.	6 min.	8 min.	10 min.		16,50
Verbindung				Epoxidharz-Kleber			1,20
						Kosten gesamt:	19,20

Objekt 3	Ausmessen	Einrichten	Sägen	Nacharbeiten		Kosten
Material	Styropor 100x100x100					2.-
Gerät	Bandsäge Meßvorrichtung	Bandsäge	Bandsäge Meßvorrichtung	Schmirgelpapier		1,20
Arbeitszeit angen. Std.-l. 30.-	3 min.	2 min.	5 min.	4 min.		7.-
Verbindung						0.-
					Kosten gesamt:	10,20

Abb. 2.34 *Die Zusammenstellung des jeweiligen Aufwandes zum Erstellen der Lastenträger*

4.4
Die Anwendung grundlegender Erfahrungen zur Lösung einer konkreten Aufgabe

Die Durchführung des Vergleiches von zu erwartenden Leistungen und möglichem Aufwand einer Maßnahme mit dem Ausmaß zu behebender Belastungen bildet den Abschluss eines Entscheidungsprozesses über die Weiterführung oder die vorzeitige Beendigung einer konkreten Aufgabenstellung.

- Zusammenstellung möglicher / notwendiger Leistungen

Am Beginn steht die Frage nach den möglichen Leistungen eines neu entwickelten Objektes.

Wozu soll das gut sein? Was bringt es an physisch-körperlicher Entlastung? Welche Bedürfnisse / Erwartungen und Wünsche könnten mit einer neu entwickelten Maßnahme bzw. einem neu geplanten Produkt befriedigt werden? Was bringt es in sozialer Hinsicht? (z.B. Sicherung Arbeitsplätze?) Sind ökologische Vorteile absehbar?

- Zusammenstellung des möglichen Aufwandes

Mit welchem Aufwand muss gerechnet werden? Wie hoch ist der Verbrauch an Material und Energie (ökologische Auswirkungen) und der Verbrauch an menschlicher Arbeit (geistiger Arbeit / körperliche Arbeit) für die Planung und für die Herstellung anzusetzen?

- Die Gewichtung von Leistungen und Aufwand

Im Rahmen einer einfachen Grafik werden die verschiedenen Anteile an Leistungen und Aufwand auf der jeweils entsprechenden Seite der Waage aufgestapelt.

- Die Beziehung zu den Belastungen

Die Höhe der Belastungen der Menschen wurde bei den einzelnen Aufgabenstellungen unterschiedlich eingeschätzt. Zu differenzieren ist die Art der Belastung. So sind ältere Menschen, deren wohnortnahes Geschäft schließen muss, vor allem physisch-körperlich gefordert. Bei der Aufgabenstellung „Entwicklung einer Halterung für eingekaufte Waren, die mit dem Fahrrad transportiert werden sollen" steht dagegen für die Betroffenen vor allem die Sicherheit der bereits eingekauften Waren und des Fahrrades während des Einkaufs in einem zweiten oder dritten Geschäft im Vordergrund der Betrachtung. Hier gilt es, besonders auf die Angst (als geistiger Belastung) der Betroffenen, dass Fahrrad oder Waren während dieser Geschäftsbesuche entwendet werden, einzugehen.

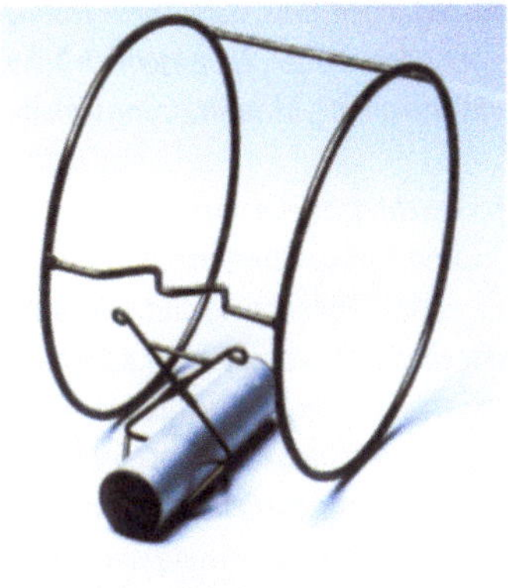

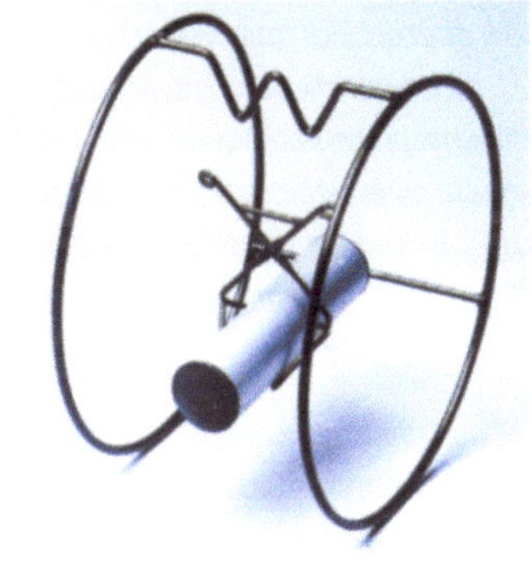

Abb. 2.35 (oben) und 2.36 (unten) Studie zu einem Gerät zum leichten Anheben von Lasten

Die konkrete Aufgabe:
Die Leistungen einer Arbeitsleuchte und der mögliche Aufwand zur Entwicklung und Erstellung eines entsprechenden Objektes

Abb. 2.37 (nebenstehend)
Ansatz für die Fundierung einer Entscheidung

1. Zusammenstellung der Leistungen einer Arbeitsplatzleuchte und dem Aufwand zur Realisierung der entsprechenden Vorgaben

1.1 Die direkten Leistungen

Ziele	Leistungen	Aufwand bei der Nutzung vorhandener Lösungen	Aufwand bei der Entwicklung neuer Lösungen
Gleichmäßige Ausleuchtung	■	■	■
Neutrales Licht	■	■	■
Keine Blendung	■	■	■
Sicherheit bei der Bedienung	■	■	■
Stabilität / Haltbarkeit	■	■	■

1.2 Die indirekten Leistung

Schaffung oder Erhalt von Arbeitsplätzen	■		
Verbesserung der Umweltverträglichkeit	■		

2. Der Vergleich möglicher Leistungen mit dem Aufwand

2.1 Der Vergleich der direkten Leistungen mit dem Aufwand bei der Nutzung vorhandener Lösungen sowie dem Aufwand bei der Nutzung neuer Lösungen

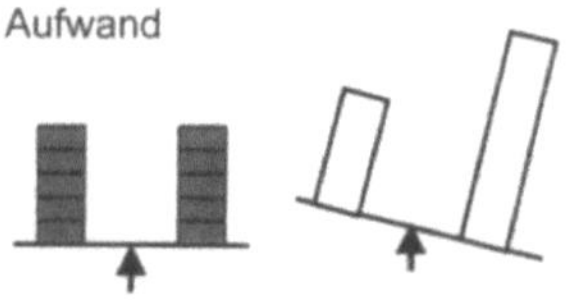

2.2 Der Vergleich der direkten und der indirekten Leistungen mit dem Aufwand bei der Nutzung vorhandener Lösungen sowie dem Aufwand bei der Nutzung neuer Lösungen

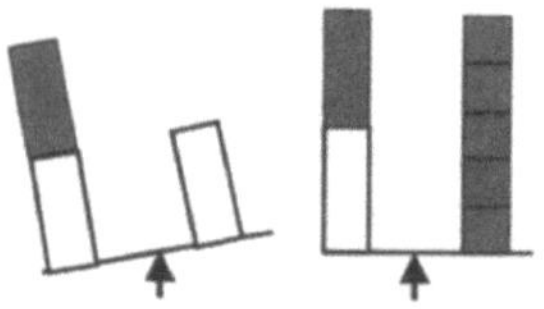

Zur Abb. 2.37
Für den Vergleich wurde eine relativ geringe Anzahl von Zielsetzungen ausgewählt. Sie genügen, um das verfahren zu verdeutlichen.
Die einzelnen Leistungen haben für den Nutzer ein bestimmtes Gewicht. Dem steht der Aufwand gegenüber. Dabei wird davon ausgegangen, dass, sollten neue Lösungen gefordert werden, ein wesentlich höherer Aufwand anfällt, als bei Nutzung vorhandener Lösungen.
Dies macht sich beim vergleich von Leistung und Aufwand bemerkbar. Während im ersten Fall Leistung und Aufwand sich weitgehend die Waage halten, kommt es im zweiten Fall zu einer deutlichen Verschiebung. Zieht man allerdings die indirekten Leistungen in die Betrachtung mit ein, so verändert sich die Bewertung von neuem. Je nach dem Gewicht, das man der Schaffung oder aber der Sicherung von Arbeitsplätzen einräumt, die beim Entwicklungs- und Fertigungsprozess notwendig sind, und dem Gewicht einer verbesserten Umweltverträglichkeit eines neuen Produktes, kommt es zu anderen Bewertungen.

Die ausführlichen Betrachtungen zu dieser Thematik sind wichtig, um die Studierenden dazu anzuleiten, Aufgabenstellungen auf ihren Sinn hin zu hinterfragen und nach verschiedenen Richtungen hin zu durchleuchten.

Für die Studierenden muss klar sein, dass es sich bei der vorgegebenen Aufgabe um ein ganz konkretes Problem handelt, dessen Lösung aufgrund der bisherigen Untersuchungen und dem Vergleich von Leistung und Aufwand sinnvoll und berechtigt ist. Nur dies führt bei den Studierenden zu einer starken **Identifikation mit der Aufgabenstellung,** was wiederum die eigene Motivation bei der Lösungssuche erhöht.

Teil 3
Die Entwicklung einer Konzeption

Am Ende der Betrachtungen in Teil 2 stand fest: Für die Betroffenen muss rasch etwas getan werden. Es muss etwas entwickelt werden, mit dem die gesundheitliche Gefährdung der Betroffenen (z.B. aufgrund übergroßer Belastungen), wenn nicht beseitigt, so doch wesentlich gemindert werden kann.

Konzept:
concipere, lat.: zusammenfassen, zusammenheften
conceptus, lat.: Zusammenfassung zu einem Ganzen, Gedanke, Vorsatz.
Danach gibt die Konzeption eine Vorstellung wieder, wie das anstehende Problem unter Einbeziehung verschiedenster Aspekte am sinnvollsten gelöst werden kann.

Doch wo soll man mit der Arbeit beginnen? Wie soll man dabei vorgehen, um all das zu verwirklichen, was von den Betroffenen gebraucht und gewollt wird?

Ein Plan, wie man vorgehen muss, wird notwendig, um das anvisierte Ziel erreichen zu können.

Man braucht ein Konzept.

Welche Faktoren dabei bestimmend sind und wie man sie für eine Planung der eigenen Arbeit nutzen kann, soll zunächst beispielhaft mit der Reise in eine fremde Stadt veranschaulicht werden.

Auf dem Programm steht also eine Reise in eine fremde Stadt. Dort gibt es verschiedene „Sehenswürdigkeiten". Bevor man aufbricht, überlegt man natürlich, wie man die Stadt und alle ihre Sehenswürdigkeiten erreichen kann.

In der Grafik 3.1 liegt unsere Stadt jenseits eines Sees. Um zu der Stadt zu kommen, kann man jetzt unterschiedliche Wege nehmen. Man kann bis zum See marschieren, den See durchschwimmen und auf der anderen Seite weitergehen. Man kann ein Boot nehmen zur Überquerung des Sees oder aber man fährt mit dem Auto um den See herum. Das ist zwar ein etwas weiterer Weg, aber man kommt so auch zum Ziel.

All dies geht nicht ohne Aufwand. Man braucht Zeit, man braucht Kraft und Energie und nicht selten eine Menge finanzieller Mittel und technischer Geräte um ans Ziel zu gelangen.

Und dann die Frage:

Welche Mittel hat man für diese Reise überhaupt zur Verfügung? Reichen die eigenen Mittel oder muss man notwendigerweise Abstriche vom Programm machen?

Abb. 3.1 *Informationsblatt einer Stadt*

Falls nicht genügend eigene Mittel zur Verfügung stehen, wird man überlegen, wie man mit seinen Mitteln in der vorhandenen Zeit möglichst viele der Teilziele erreichen kann.

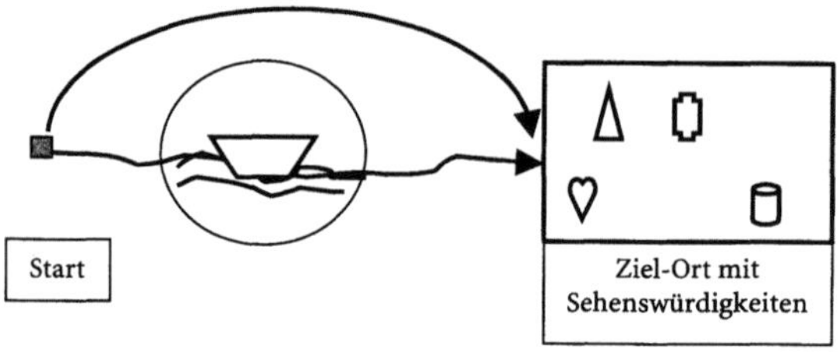

Grafik 3.1 Die verschiedenen Wege zu einem Ziel

Damit ist im Wesentlichen der Vorgang einer Konzeption beschrieben. Auch dort geht es um die Klärung, welches grundsätzliche Ziel mit der eigenen Arbeit eigentlich erreicht werden soll. Auch dort geht es dann um die Festlegung, was man als „Sehenswürdigkeiten" und damit als zusätzliche Ziele ansteuern kann. Wichtig sind die Wege zum Ziel, wichtig ist die Zeit, die man hat, um die verschiedenen Ziele tatsächlich zu erreichen, wichtig ist der dabei entstehende Aufwand und wichtig sind natürlich die eigenen Mittel und Möglichkeiten für eine Planung und Realisierung des ganzen Unternehmens. Und all diese verschiedenen Vorgaben sind „unter einen Hut" zu bringen. Man muss sie gegeneinander abwägen und am Ende entscheiden, welche Ziele auf welchen Wegen erreicht werden sollen.

In Kapitel 1 wird versucht, das Grundkonzept für die anstehende Arbeit zu erstellen.

In Kapitel 2 geht es um eine Klärung des Aufwandes, der notwendig ist, will man alle Ziele, wie geplant, erreichen. Dem werden die eigenen Mittel und Möglichkeiten gegenübergestellt.

In Kapitel 3 werden verschiedene Möglichkeiten aufgezeigt, wie man vorgehen kann, um bei weniger eigenen Mitteln, als notwendig, eine optimale Lösung zu schaffen.

1 Die Festlegung des Grundkonzeptes

Ziel einer Konzeption ist es, zu klären, wie man vorgehen muss, um das anstehende Problem in der vorgegebenen Zeit und mit den eigenen vorhandenen Mitteln lösen zu können.

1.1 Verallgemeinerung der Fragestellung

Wie kann man vorgehen, um das Fundament für ein sinnvolles Konzept zu legen?

1.2 Darstellung grundlegender Aspekte

Die Erstellung des Grundkonzeptes erfolgt in zwei Arbeitsschritten, wobei jeweils auf die gleiche Fragestellung eingegangen wird. Zu beantworten sind die Fragen:

- Was ist das Ziel der Arbeit?
- Wie soll das angegebene Ziel erreicht werden?
- Womit bzw. mit welchen Mitteln soll das Ziel erreicht werden?

1.2.1 Arbeitsschritt 1

1.2.1.1 Was ist das Ziel der Arbeit?

Hier ist zu klären, welche Belastungen oder Gefährdungen welcher Betroffenen zu vermeiden, zu mindern oder zu beseitigen sind.

Handelt es sich um körperliche oder geistige Belastungen oder Gefahren?

1.2.1.2
Wie soll das erreicht werden?

Mit der Beantwortung dieser Frage werden zwei wichtige Entscheidungen getroffen.

1. Entscheidung

Ein eher banales Beispiel, das aber die Zielrichtung der Überlegungen verdeutlichen kann, soll zur Klärung beitragen. Das Problem: Ständig liegen in einem Raum Zigarettenkippen auf dem Boden. Lösung 1: Die Entwicklung eines Aschenbechers Lösung 2: Die Veränderung der geistigen Einstellung der Zigarettenraucher, den Ascheabfall selbst zu sammeln oder das Rauchen an bestimmten Orten ganz einzustellen

Wird eine Aufgabe gestellt, kann man davon ausgehen, dass es bereits zu Differenzen zwischen einem SOLL und dem entsprechenden IST bzw. zwischen der Realität und den Erwartungen und Bedürfnissen einzelner Personen oder größerer Zielgruppen gekommen ist. Hier gilt es jetzt zu entscheiden, ob man sich vordringlich der schnellen Lösung dieses Problems zuwendet und somit eher eine ausbessernde oder situationsangepasste Lösung versucht oder aber das Problem zum Anlass nimmt, um vorsorgend tätig zu werden. Damit stehen dann Überlegungen im Vordergrund, wie man vorgehen kann oder muss, um das genannte Problem gar nicht erst entstehen zu lassen.

2. Entscheidung

Probleme für den Menschen, seien es körperliche oder geistige Belastungen, entstehen dann, wenn es zu Differenzen zwischen dem SOLL und dem IST kommt. Das Entstehen von Differenzen kann man vermeiden, wenn man vorsorgend tätig wird oder in bestimmten Situationen rechtzeitig auf mögliche schädigende Kräfte reagiert (situationsangepasste Maßnahmen). Überall dort allerdings, wo es bereits zu Differenzen gekommen ist, bleiben nur noch ausbessernde Maßnahmen zu Lösung eines Problems.

Probleme entstehen durch gegenseitige Abweichung des SOLL vom IST bzw. von Realität und den Bedürfnissen und Erwartungen Betroffener an diese Realität.

Zu fragen ist also, ob man das Problem eher durch Einflussnahme auf die Bedürfnisse, Erwartungen und Wünsche der Betroffenen lösen möchte bzw. lösen kann oder ob man eine Lösung des Problems in der Veränderung, Umgestaltung, Neugestaltung der vorhandenen Realität sieht.

1.2.1.3
Womit bzw. mit welchen Mitteln soll dies geleistet werden?

Die Antwort auf diese Frage ergibt sich vor allem aus der zuletzt getroffenen Entscheidung.

Soll auf Einstellungen, Bedürfnisse, Erwartungen und Wünsche einer einzelnen Person oder aber einer größeren Gruppe Einfluss genommen werden, fordert dies den Einsatz kommunikativer Mittel. Entscheidet man sich für die Veränderung, Umgestaltung oder eine Neugestaltung der „Realität“, so entscheidet man sich für die Entwicklung greifbarer und direkt nutzbarer Produkte, was entsprechende Materialien und Herstellungsverfahren erfordert.

1.2.2
Arbeitsschritt 2

1.2.2.1
Was soll erreicht werden?

Mit den Entscheidungen des ersten Arbeitsschrittes kann jetzt relativ klar auf diese Frage eingegangen werden. Die Antwort kann sein:

Es ist eine kommunikative Maßnahme oder ein Produkt zu entwickeln und zu planen, mit dem vorsorgend oder situationsangepasst oder ausbessernd das vorhandene Problem (Minderung, Beseitigung körperlicher / geistiger Belastungen) gelöst werden soll.

Natürlich sind im Ergebnis die kommunikativen Maßnahmen auch Produkte. Im hier verwendeten Sinn handelt es sich bei den genannten Produkten um direkt greifbare Objekte, wie z.B. Geräte, Häuser, Möbel usw.

1.2.2.2
Wie bzw. für wen soll das oben genannte Ziel erreicht werden?

Eine Umsetzung macht nur Sinn, wenn diese von der Person oder der Zielgruppe, für die man etwas machen muss oder möchte, verstanden und genutzt werden kann. Insofern muss man bei der Planung und Entwicklung einer entsprechenden Maßnahme bzw. eines brauchbaren Objektes auf die Besonderheiten der jeweiligen Person oder Zielgruppe eingehen.

- Notwendig ist ein Ausrichtung der Maßnahmen bzw. des Produktes auf die besondere körperliche und geistige Konstitution der Betroffenen.

Siehe dazu Teil 15, Kapitel 2.2, Grafik 15.8
Siehe dazu auch Teil 7 und Teil 8

- Notwendig ist eine Ausrichtung der Maßnahmen bzw. der Produkte auf die besonderen Bedingungen (z.B. den räumlichen Gegebenheiten), in denen die Maßnahmen bzw. das Produkt zum Einsatz kommen sollen.
- Notwendig ist eine Ausrichtung der Maßnahme bzw. des Produktes auf die besonderen Bedürfnisse, Erwartungen und Wünsche der Betroffenen (z.B. die Ausrichtung auf die Ansprechbarkeit der Person oder der Zielgruppe).

Unterschiedliche Menschen haben ganz unterschiedliche Erwartungen und Wünsche an die Gestaltung einzelner Maßnahmen und Produkte. Wird dies außer Acht gelassen und geht man an den Erwartungen und Wünschen einzelne Personen oder Zielgruppen vorbei, beeinträchtigt dies die Akzeptanz der neu entwickelten und realisierten Maßnahmen oder Produkte.

Zusätzliche Erwartungen und Wünsche können sich natürlich auch auf bereits vorhandene Zustände oder Realitäten beziehen. So muss man nicht einverstanden sein, wenn das eigene Haus von selbsternannten Künstlern mit Graffitis bemalt wird. Man hat z.B. zusätzliche Erwartungen hinsichtlich der Ästhetik eines Gebildes.

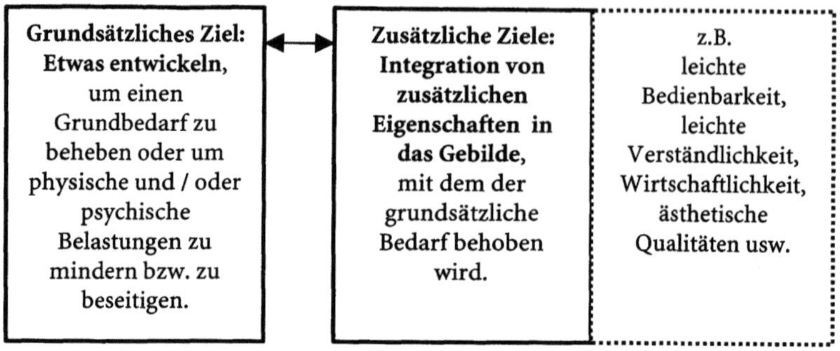

Grafik 3.2 Die Anbindung zusätzlicher Erwartungen an technisch funktionierende Maßnahmen oder Produkte

Neben den Erwartungen und Bedürfnissen der Zielgruppe sind natürlich auch die der Hersteller und der Designer/-innen selbst zu sehen. Einzelne Hersteller und vor allem Designer/-innen selbst sind an Neuem und Innovativem interessiert. Auf die Gefahr der Nichtakzeptanz solcher Produkte durch die Zielgruppe, für die man etwas zur Minderung ihrer Probleme machen wollte, wird verwiesen.

Sieht man diese Notwendigkeiten, so werden die daraus abgeleiteten Vorgaben bestimmend für die Planungs- und Entwicklungsarbeit.

1.2.2.3
Womit soll die geplante Maßnahme bzw. das Produkt realisiert werden?

Die Festlegung der Mittel für die zu erstellende Maßnahme bzw. das zu fertigende Produkt kann eigentlich erst an dieser Stelle konkret vorgenommen werden. Jetzt ist klar, dass z.B. die Entwicklung einer Plakatserie nur wenig Sinn macht für eine Zielgruppe, die nur noch bedingt gehen kann und sich viel eher über den Fernseher oder das Radio informiert.

Im Industrie-Design wird die Entscheidung, mit welchen Mitteln bzw. Materialien das zu entwickelnde Produkt realisiert werden soll, maßgeblich bestimmt von den jetzt geklärten besonderen Erwartungen der Zielgruppe, den besonderen räumlichen Gegebenheiten und den jeweils besonderen technischen Notwendigkeiten.

1.2.3
Zusammenfassung

Die Entwicklung eines Konzeptes zur Lösung eines Problems wird in zwei Schritten vorgenommen.

Erste Entscheidungsebene

Was ist das Problem? /
Welche körperliche und /oder geistige Belastung / Gefährdung ist zu mindern bzw. zu beseitigen?
Wie soll das geschehen?
Durch eine vorsorgende, eine situationsangepasste oder eine ausbessernde Maßnahme ?
Womit soll das geschehen?
Mit kommunikativen Mitteln oder industriedesignerischen Mitteln ?

Zweite Entscheidungsebene

Was soll gemacht werden?
z.B. eine Info-Veranstaltung oder ein bestimmtes Produkt (z.B. ein Blutdruckmesser)?
Wie/ für wen?
Ausrichtung auf die körperliche und geistige Konstitution der Betroffenen sowie die konkreten räumlichen Bedingungen
Womit? Wahl der geeigneten Mittel
= abhängig von der Ausrichtung auf die Zielgruppe und den zur Verfügung stehenden Mitteln

Grafik 3.3 Konzeptbestimmende Fragestellungen

Am Ende dieser beiden Arbeitsschritte sind die wesentlichen konzeptbestimmenden Entscheidungen gefallen. So steht am Ende des ersten Arbeitsschrittes die Entscheidung an, mit welchen Mitteln das Problem angegangen werden soll. Damit wird gleichzeitig vorgegeben, was konkret zu entwickeln und zu planen ist. Das Grundkonzept für die anstehende Arbeit ist erstellt. Es ist klar, welches Ziel auf welchen Lösungswegen und mit welchen Mitteln erreicht werden soll. Man ist sich sicher, dass man das anvisierte Ziel z.B. mit einer Plakatserie oder aber mit einer filmischen oder fotografischen Arbeit erreichen kann. Man weiß jetzt, dass das angestrebte Ziel, z.B. die Minderung von körperlichen Belastungen beim Einkauf der Waren, mit einem zusätzlichen Tragegerät erreicht werden kann. Hinzu kommen genauere Vorgaben, die für die Gestaltung der Maßnahme oder des Produktes bestimmend sind und bei der Planung entsprechend berücksichtigt werden müssen, man denke nur an die Beachtung der konkreten räumlichen Gegebenheiten, in denen eine Maßnahme bzw. ein Produkt genutzt werden sollen oder an die geistige Konstitution der Betroffenen, die eine kommunikative Arbeit wahrnehmen und verstehen sollen.

1.3 Studien

1.3.1 Theoretische Studien

- Untersuchen Sie vorhandene Maßnahmen und Produkte mit dem Ziel, die jeweils konzeptbestimmenden Entscheidungen zu erfassen.

1.3.2 Praktische Studien

- Greifen Sie ein konkretes Problem auf (z.B. Zum Semesterende bleiben immer wieder unbrauchbare Materialien und Präsentationsobjekte achtlos liegen, deren Beseitigung für den Hausmeister belastend ist.) und versuchen Sie nach dem vorgegebenen Entscheidungsmodell alternative Konzepte zu entwickeln.

1.4 Die Anwendung grundlegender Erfahrungen zur Lösung einer konkreten Aufgabe

Für die konkret vorhandene Aufgabe sind die grundlegenden konzeptbestimmenden Entscheidungen vorzubereiten. Dabei sind die beiden Durchgänge bei der Behandlung der Frage nach dem „Was“, dem „Wie“ und dem „Womit“ relativ strikt einzuhalten.

Übertragen auf eine konkrete Aufgabe, z.B. die Sicherung der Sehkraft durch eine entsprechende Beleuchtung am Arbeitsplatz, könnte diese Arbeit so aussehen:

1. Arbeitsschritt:

- Was ist das Ziel der Arbeit? Worum geht es?

Konkret geht es um die Reduzierung der Gefahren für die Sehkraft von Designerinnen und Designern, die bei schlechten Lichtverhältnissen am Arbeitsplatz gegeben sind.

- Wie kann das erreicht werden?

Am ehesten durch ausbessernde Maßnahmen. Das, was an Licht fehlt, sollte durch entsprechende Maßnahmen ergänzt werden.

- Womit sollte das erreicht werden?

Notwendig wird ein Gebilde, mit dem das fehlende Licht beschafft werden kann.

2. Arbeitsschritt:

- Was ist zu erstellen?

Ein Produkt bzw. ein Gebilde, mit dem das fehlende Licht beschafft werden kann. Z.B. Ein Lichtgeber

- Wie ist dies zu bewerkstelligen?

Zunächst muss geklärt werden, wodurch es zu Gefahren für die Sehkraft der Betroffenen kommen kann.

Hier sind zu nennen: zu geringes Licht, zu starke Blendung bei bisherigen Lösungen, zu große Farbigkeit des Lichtes, die eine neutrale Beurteilung der Arbeit behindert.

Zur Bewältigung der genannten Aufgaben sind die technischen Möglichkeiten zu skizzieren.

- Für wen ist dies zu machen?

Hier ist zu klären, welche grundsätzlichen und zusätzlichen Erwartungen von den Betroffenen an das neue Produkt gestellt werden.

- Womit ist dies zu machen?
  (Mit welchen Mitteln ist dies zu realisieren?)

Es werden Mittel benötigt, die den Lichtgeber tragen können, die die technischen Funktionen ermöglichen und den sonstigen Ansprüchen (den sonstigen sowie zusätzlichen) Erwartungen gerecht werden (können). Werden ökologische Ansprüche gestellt, sind diese vor allem bei der Materialauswahl zu beachten.

Zur Verfügung stehen visuell, haptisch und akustisch wahrnehmbare Mittel. Eine Eingrenzung auf bestimmte Fertigungsverfahren entfällt.

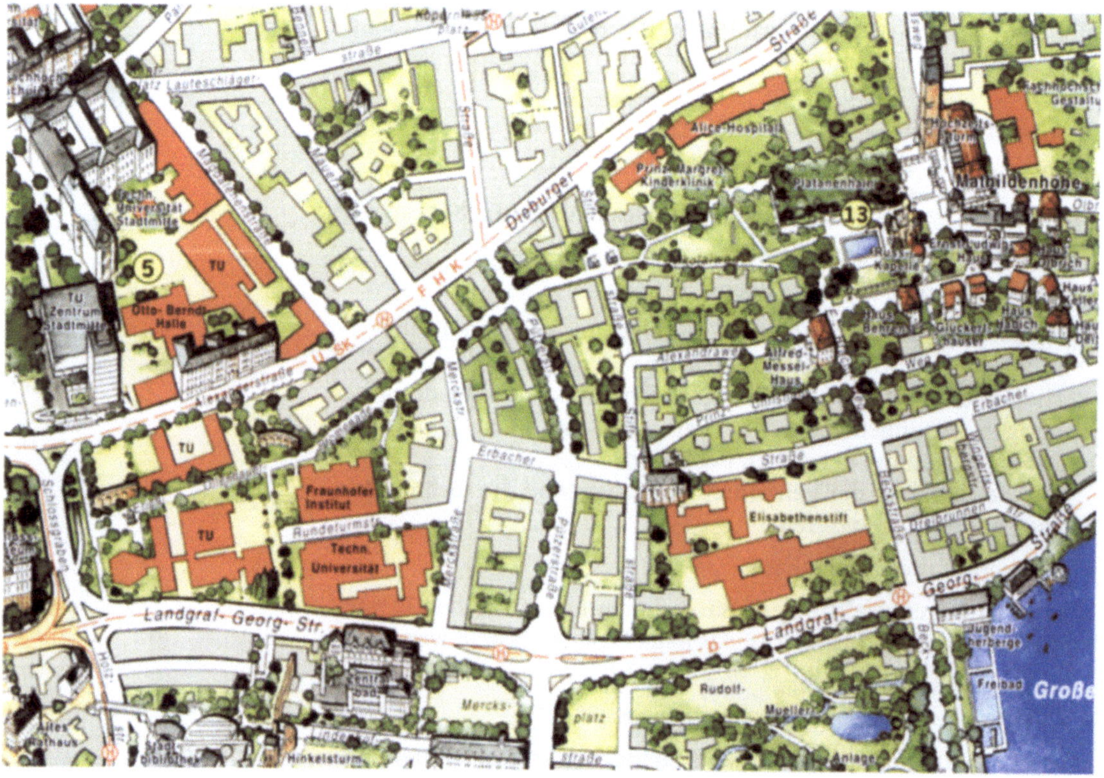

Abb. 3.2 Die besonderen Wege zu ausgewählten Zielen

2 Der Aufwand zum Erreichen eines Zieles und die eigenen Mittel

Die bisherigen Betrachtungen sparten die Überlegung aus, ob denn die eigenen Mittel zur Planung und Realisierung der Maßnahme überhaupt reichen. Bis jetzt konnte der Idealtyp einer Problemlösung konzipiert werden.

Will man ein Ziel erreichen, so ist dies jedoch immer mit einem mehr oder minder großen Aufwand verbunden. So kann man den Weg zum Nachbarort zu Fuß zurücklegen. Man kann mit dem Auto oder dem Bus fahren und den letzten Teil zu Fuß gehen.

Es müssen also entweder körperliche oder geistige Anstrengungen unternommen werden, um auf diesem oder jenem Weg das vorgegebene Ziel erreichen zu können, oder es werden finanzielle Mittel, Geräte, Maschinen und sonstige Objekte dazu benötigt.

Der Begriff Aufwand beinhaltet alles, was eingesetzt werden muss, um ein Ziel zu erreichen. Neben der geistigen Arbeit steht die körperliche Anstrengung, die gebraucht wird, um vom Ausgangspunkt zum Zielpunkt zu gelangen. Dazu gehört auch der Einsatz von zusätzlichen Arbeitsorganen, Personen, Geräten, Maschinen sowie Material und Energie.
Während der Begriff Aufwand all dies umfasst, wird mit dem Begriff der Mittel das bezeichnet, was der Mensch neben seinen körperlichen und geistigen Kräften als Hilfe nutzt, um ein Ziel zu erreichen. Kann man aus eigenen Kräften ein Ziel nicht erreichen, so bedient man sich zusätzlicher Mittel, seien es finanzielle Mittel, um die Unterstützung für sein Vorhaben von anderer Seite zu erkaufen, seien es technische Geräte, seien es Materialien oder zusätzliche Energie (Strom usw.). Somit sind die Mittel ein Teilbereich des Aufwandes, der zur Erreichung eines Zieles notwendig ist.

Abb. 3.3 *Das Eisenwalzwerk von Adolf von Menzel*

2.1
Verallgemeinerung der Fragestellung

Welcher Aufwand entsteht, um ein Ziel zu erreichen?

2.2
Darstellung grundlegender Aspekte

Will man ein Ziel erreichen, entsteht in jedem Fall ein Aufwand. Ein Gespräch, das Schreiben eines Briefes, das Fotografieren eines Objektes, der Zusammenbau einer Kiste zu Verpackungszwecken usw. verlangen geistige und körperliche Arbeit, fordern eventuell den Einsatz anderer Arbeitsorgane und in vielen Fällen den Einsatz zusätzlichen Materials. Will man etwas oder jemanden von Punkt a nach Punkt b bewegen, so braucht man dazu eine bestimmte Kraft. Auch hier entsteht ein bestimmter Aufwand.

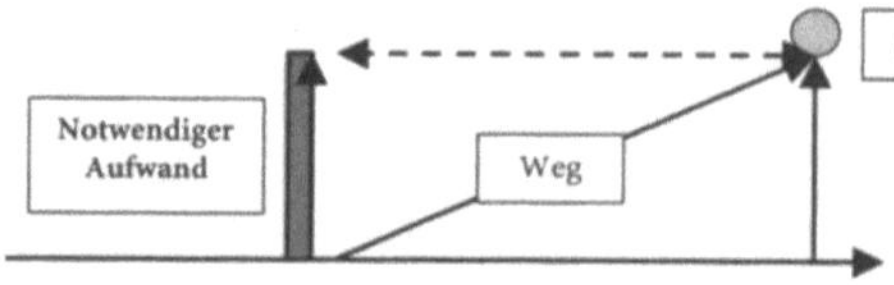

Grafik 3.4 Der notwendige Aufwand bis zum Erreichen des Zieles

2.2.1
Der Aufwand an Mitteln

Der Aufwand für die Planung oder Realisierung einer Maßnahme bzw. eines Produktes ist im Wesentlichen von drei Faktoren abhängig:

2.2.1.1
Die Nähe oder Ferne des Zieles

Die mit der Aufgabenstellung vorgegebene Problematik kann einen berühren, sie kann einem aber auch fern bleiben. Man steht der Thematik nahe oder man steht der Thematik weitgehend fremd gegenüber.

Nah stehen Designer/-innen vor allem gestalterische Problemlösungen. Die Suche nach neuen technischen Lösungen oder die Entwicklung technisch funktionierender Objekte ist weniger Teil der designerischen Tätigkeit. Solchen Zielsetzungen stehen Ingenieure wieder näher.

2.2.1.2
Die Höhe des Zieles

Mit der Höhe eines Zieles wird der Anspruch vorgegeben, den man an die Planungsarbeit bzw. Umsetzungsarbeit stellt.

Darin enthalten ist die Intensität, mit der eine Aufgabe gelöst wird. Verlangt man eine methodisch konsequente Arbeit, verlangt man eine präsentationsreife Lösung oder ist man mit einer groben Ideenskizze zufrieden. Verlangt man ein ausgearbeitetes Anschauungsmodell, Umsetzungen ohne Blindtext, technische Perfektion oder gibt man sich mit Halbfertigem und Unausgegorenem zufrieden?

2.2.1.3
Die Art der Lösungswege zum Ziel

Zu den einzelnen Zielen gibt es in der Regel bereits mehr oder minder gut ausgebaute Lösungswege.

Abb. 3.4, Abb. 3.5 und 3.6 Unterschiedliche Wege zu einem Ziel: gut zu befahrende, schlecht zu befahrende und gesperrte Wege, die überhaupt nicht zum Ziel führen

Bewegt man sich auf gut ausgebauten Lösungswegen, kommt man mit wenig Aufwand schnell voran. Man spart Energie und Zeit. Nutzt man weniger gut ausgebaute Wege, ist das Vorankommen schwieriger. Man braucht mehr Energie und man braucht in der Regel mehr Zeit, bis man das anvisierte Ziel erreicht hat.

Nutzt man vorhandene Wege, so kann man sich natürlich eine Menge an Arbeit sparen. Allerdings geht damit ein wesentlicher Aspekt gestalterischer Arbeit verloren: die Entdeckung und die Gestaltung von Neuem.

2.2.2
Der Aufwand an Mitteln und Zeit

2.2.2.1
Der Aufwand an Mitteln

Im Kommunikations-Design werden heute alle kommunikativen Mittel verwendet. Angefangen von der Sprache über fotografische und filmische Bilder über Druckerzeugnisse usw.

Im Industrie-Design werden natürliche und künstlich erstellte Materialien eingesetzt und verarbeitet, was entsprechende Fertigungsmöglichkeiten voraussetzt.

2.2.2.2
Der Aufwand an Zeit

Die Durchführung einer Aktion, einer Arbeit oder die Anfertigung eines Objektes sind immer mit Zeit verbunden.

Im Interesse der Betroffenen muss einem an einer schnellen Lösung des Problems gelegen sein. Hinzu kommt: Der Auftraggeber selbst ist in der Regel an einer schnellen Umsetzung interessiert, da die Auftragserledigung durch die Designer nicht kostenlos ist.

Zur Grafik 3.5
Auf der unten eingezeichneten Waagerechten ist die Zeit angegeben, die für das Erreichen eines Zieles (der Lösung einer Aufgabe) zur Verfügung steht. Man setzt einen Termin, bis zu dem die Aufgabe gelöst sein muss. Am Ende der zur Verfügung stehenden Zeit muss das Ziel, das ja eine bestimmte Höhe hat, erreicht sein.

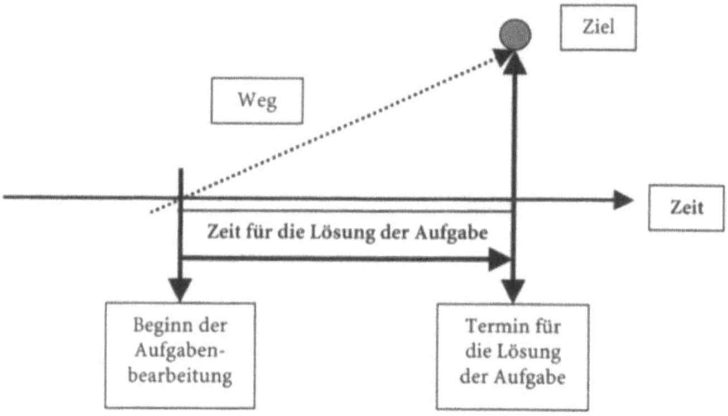

Grafik 3.5 *Die Zeit vom Beginn einer Aufgabenstellung bis zu deren Lösung*

Man muss genügend Zeit einplanen, um eine Stadt und die dort vorhandenen Sehenswürdigkeiten alle besuchen zu können. Man muss genügend Zeit einplanen, um alle Zielvorgaben umsetzen zu können. Maßgebend ist:

- Die Zeit für lebenssichernde Maßnahmen

Notfälle, bei denen es um Leben oder Tod geht, verlangen, dass das Ziel, z.B. die Rettung des Lebens durch eine ärztliche Betreuung in einem Krankenhaus, schnellstmöglich erreicht wird. Geht man davon aus, dass physische und / oder psychische Belastungen die Gesundheit eines Menschen gefährden, so sind hier schnelle Lösungen gefordert. Längerfristige Termine können zur Lösung weniger wichtiger Aufgaben angesetzt werden.

- Die Zeit aufgrund der Komplexität einer Aufgabe

Es ist klar, dass man zur Lösung einer komplexen Aufgabe mehr Zeit braucht, als dies bei geringer komplexen Aufgaben der Fall sein wird.

- Die Zeit für die Planung und Realisierung aufgrund der gerade zur Verfügung stehenden Mittel

Um eine Aufgabe zu lösen, werden oftmals neben der geistigen Kompetenz zusätzliche Mittel und Geräte, Maschinen und Materialien für die Umsetzung der Lösungsideen verlangt. Nicht alles ist immer im rechten Augenblick greifbar, was zu Verzögerungen und damit zu einem gewissen Zeitaufwand führen kann.

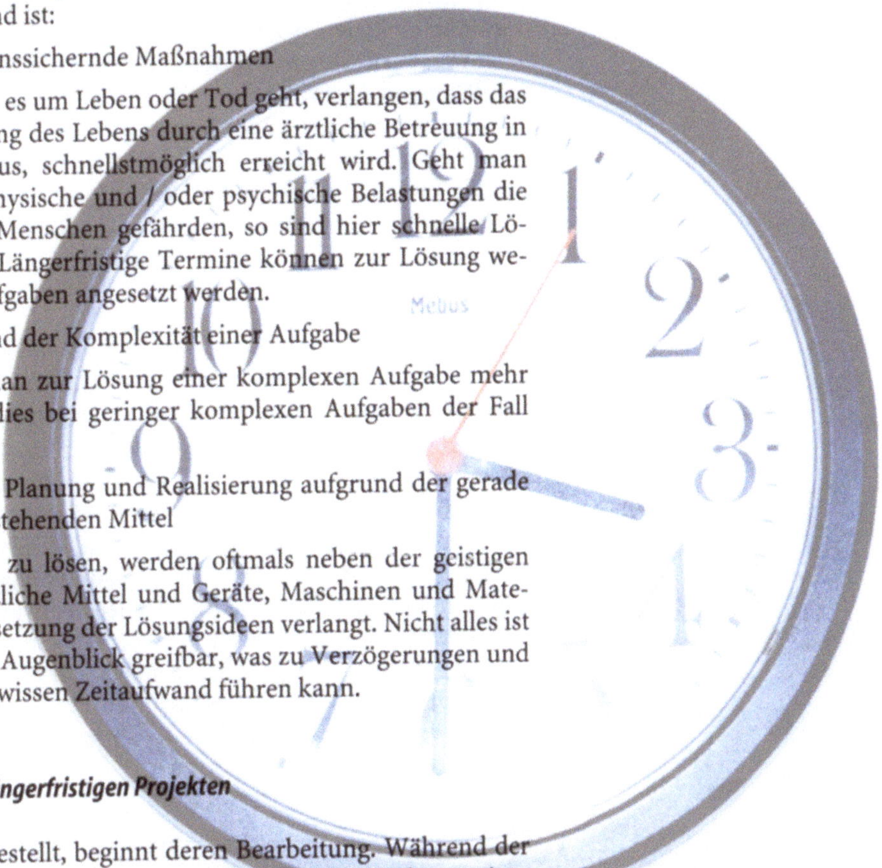

2.2.2.3 Konsequenzen bei längerfristigen Projekten

Ist eine Aufgabe gestellt, beginnt deren Bearbeitung. Während der Bearbeitungszeit für die gestellte Aufgabe geht das Leben weiter. Dies bedeutet, während dieser Zeit kann es zu Veränderungen kommen, die eine Aufgabenbearbeitung direkt beeinflussen können.

Abb. 3.7 Zeitmesser

- Veränderungen der Einstellungen

Probleme entstehen im Laufe der Zeit wegen der Veränderung der geistigen Einstellungen der Menschen. Es kann sogar in relativ kurzer Zeit zu gravierenden Abweichungen kommen, man denke an die Veränderungen ästhetischer Einstellungen und deren Auswirkungen auf die Gestaltgebung eines Objektes. Neue Erwartungen können sich kurzfristig einstellen, wenn z.B. neue Materialien mit neuen Eigenschaften oder neue Technologien nutzbar werden.

Von außen wirken die ständig aufgenommenen Informationen. Hinzu kommen geistige Strömungen, Tendenzen und Moden mit ihrem jeweils ganz spezifischen Informationsgehalt.
Siehe dazu Teil 14

- Veränderungen der Realitäten

Im Zusammenhang mit neuen Technologien werden ganz neue Wege möglich

Kommt es im Verlauf einer Arbeit zu Veränderungen der Lebensbedingungen mit einer Veränderung der finanziellen Möglichkeiten einer anvisierten Empfängergruppe oder der Entwicklung neuer Technologien, so darf auch dies für die Designer/-innen nicht ohne Auswirkungen auf deren Problemlösung bleiben.

Generell kann man sagen: Je mehr Zeit für die Lösung einer Aufgabe eingeplant wird, umso größer sind die Gefahren, dass es zu Veränderungen der beiden Parameter kommen kann. Das ehemals erstellte Konzept zur Lösung einer Aufgabe muss ständig überprüft, eventuell neu überdacht und gegebenenfalls verändert werden.

2.2.2.4
Ein möglicher Berechnungsansatz zur Bestimmung des Aufwandes

Gibt es zu einem „Zielort" bereits gut ausgebaute (Lösungs-)Wege, liegen also bereits Lösungen für die anstehenden technischen Probleme vor, so kann man bei einer Nutzung dieser Techniken den anvisierten „Zielort" mit weniger Aufwand erreichen, als dies bei weniger gut ausgebauten „Straßen" der Fall ist.

Bei schlecht ausgearbeiteten Lösungswegen ist in der Regel ein sehr hoher zeitlicher und materieller Aufwand anzusetzen.

Betrachtet man bereits vorhandene Lösungen zur Beseitigung des angegebenen Problems, so stellt man fest, dass es bei den unterschiedlichsten Maßnahmen oder Produkten zu einer Menge Ziele bereits gute und weniger gute Lösungswege gibt.

	Vorgaben						
	Grundsätzlicher Bedarf				Zusätzliche Erwartungen		
Objekte Lösungswege	1	2	3	4	1	2	3
Objekt 1	**5**	1	5	3	5	5	5
Objekt 2	**5**	5	1	3	**5**	3	1
Objekt 3							

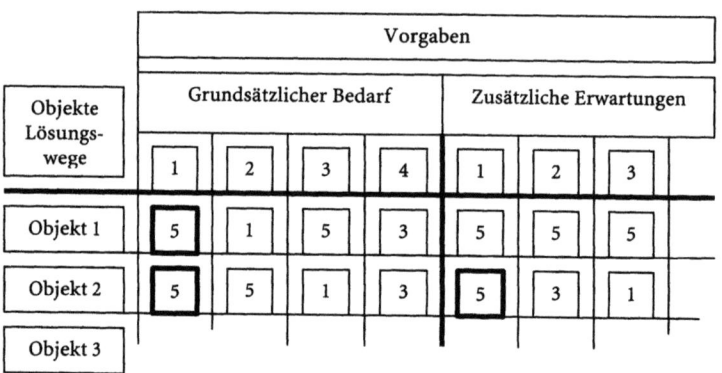

Grafik 3.6 Konkrete Lösungswege bei vorhandenen Objekten

Gut ausgebaute Wege, sie werden mit 1 bewertet, erlauben ein problemloses Weiterkommen und ein schnelles und leichtes Erreichen des Zieles.

Weniger gut „ausgebaute“ oder ausgearbeitete Lösungswege (sie werden mit 3 bewertet) liegen vor, wenn man größere Schwierigkeiten hat, auf diesen Wegen zum Ziel zu kommen.

Daneben gibt es Ziele, zu denen noch kein Weg gefunden wurde (sie werden mit 5 bewertet). Die Wege zu diesen Zielen sind noch versperrt.

2.2.2.5 Der Aufwand bei fehlenden Wegen

Unwägbar wird der Aufwand zum Erreichen eines grundsätzlichen Zieles, wenn zu dem vorgegebenen „Zielort“ noch kein technischer Lösungsweg gefunden wurde.

Um den Aufwand bestimmen zu können, sind die vorgegebenen Ziele und die dazu vorgesehenen Wege miteinander zu verknüpfen. Hier bietet die Auswertung beim Vergleich vorhandener Lösungen mit den Erwartungen und Wünschen der Betroffenen in Teil 2, Kapitel 3 eine gute Berechnungsgrundlage. Dort wurde ersichtlich, zu welchen Zielen bereits gut ausgebaute, weniger gut ausgebaute bzw. überhaupt keine (Lösungs-)Wege vorhanden sind. Versieht man jetzt die einzelnen Ziele mit entsprechenden Aufwandswerten, so erhält man eine Übersicht über den anstehenden Aufwand zur Planung und Realisierung des anstehenden Produktes.

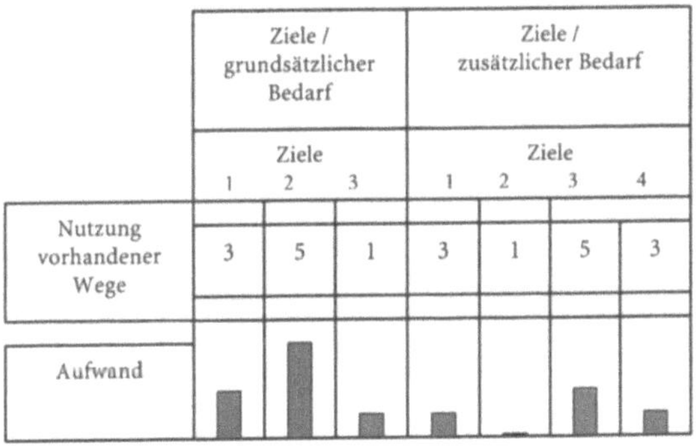

Ziele / grundsätzlicher Bedarf
Ziele / zusätzlicher Bedarf
Ziele
1 2 3
Ziele
1 2 3 4
Nutzung vorhandener Wege
3 5 1 3 1 5 3
Aufwand

Grafik 3.7 *Modell für die Zusammenstellung des Aufwandes zum Erreichen anvisierter Ziele*

Zur Grafik 3.7:
Der Aufwand zum Erreichen der grundsätzlichen Ziele, also die Suche nach technisch funktionierenden Lösungen, wird mit einem entsprechend höheren Aufwand versehen als die gestalterischen Arbeiten, die bei der Umsetzung der zusätzlichen Erwartungen anstehen.

2.2.2.6
Die Bestimmung des Aufwandes für die Entwurfsarbeit

Für die konkrete Entwurfsarbeit gilt:

- Es muss festgelegt werden, welche grundsätzlichen Ziele und welche zusätzlichen Ziele man erreichen möchte.
- Es ist weiter festzulegen, welche dieser Ziele man mit bereits vorhandenen Lösungen, welche man auf neuen Lösungswegen ansteuern möchte.

Klar muss sein: Die Suche neuer Lösungswege zu grundsätzlichen Zielen bedeutet die Entwicklung neuer technisch funktionierender Lösungen. Sie sind mit einem sehr hohen Aufwand zu versehen.

- Erst wenn die grundsätzlichen Ziele erreicht sind und man eine technisch funktionierende Lösung dafür gefunden hat, kann man anfangen, sich um die zusätzlichen Erwartungen zu kümmern. Erst dann kann man anfangen, gestalterische Lösungen für die Bedienbarkeit, die Ästhetik oder die Wirtschaftlichkeit des Produktes bzw. der Maßnahme zu entwickeln.

2.2.3
Die eigenen Mittel

Die Ziele, die Wege zu den Zielen und ein Verfahren zur Bestimmung des zu erbringenden Aufwandes, um dieses oder jenes Ziel zu erreichen, wurden vorgestellt. Jetzt geht es darum, die eigenen Mittel zu überprüfen, sind sie doch entscheidend, welche der Ziele man bei dem dafür notwendigen Aufwand eigentlich erreichen kann.

Welche Mittel sind verfügbar?

2.2.3.1
Die eigenen vorhandenen Mittel

Die eigenen Mittel beinhalten alle vorhandenen Mittel, die eingesetzt werden können, um ein Ziel zu erreichen. Drei Aspekte erscheinen hier bemerkenswert:

- Die eigenen geistigen Möglichkeiten
- Die eigenen körperlichen Fähigkeiten und Fertigkeiten
- Die sonstigen finanziellen und technischen Möglichkeiten

Wesentlich für die Lösung einer Aufgabe sind die jeweils psychisch-geistigen Fähigkeiten und Kenntnisse des Menschen. Voraussetzung dafür ist die geistige Kompetenz des Menschen. Sie beinhaltet all das, was man an Wissen, Kenntnissen und Fertigkeiten besitzt.

Um ein Ziel zu erreichen und seine Wünsche zu realisieren, reichen oftmals die eigenen körperlichen Fertigkeiten und Fähigkeiten nicht aus. Maschinen, Geräte oder besondere Werkzeuge werden benötigt. Sie müssen dann aus den eigenen Mitteln finanziert werden. Sollen im Industrie-Design bestimmte Sachverhalte modellhaft präsentiert werden, sind neben den eigenen körperlichen und geistigen Kräften oftmals erhebliche zusätzliche finanzielle Mittel erforderlich, z.B. zum Einkauf entsprechend notwendiger Materialien sowie Maschinen und Geräte.

Die Nutzung der eigenen physisch-körperlichen Mittel zum Erreichen eines Zieles sollte allerdings auch gesehen werden, wenn Menschen andere Menschen physisch bedrohen oder gar physisch schädigen (z.B. Kriege führen, um ein Ziel zu erreichen, Aktionen gegen Ausländer usw.).

Abb. 3.8, 3.9 und 3.10
Die eigenen Mittel: die eigene geistige Arbeitsleistung, die Kompetenz bei Modellbau und Computerarbeit

2.2.3.2
Die Vorwegnahme zusätzlicher Mittel

Nicht immer kann z.B. beim Kauf oder der Entwicklung eines Produktes auf die gesamten notwendigen Mittel zum Erreichen eines Zieles zurückgegriffen werden. Man weiß allerdings, dass im Verlauf einer bestimmten Zeit wiederum zusätzliche Mittel in bestimmter Höhe zur Verfügung stehen werden oder man rechnet zumindest mit zusätzlichen Mitteln im Laufe der Zeit. Diese Mittel können in vielen Fällen mit eingeplant werden. Sie können im Vorgriff verwendet werden oder nach bestimmten Wegabschnitten abgerufen werden.

Zur Grafik 3.8:
Zum Erreichen eines Zieles ist ein bestimmter Aufwand erforderlich. Er ist an der linken Seite angegeben.
Das vorgegebene Ziel kann eigentlich mit den momentan vorhandenen Mitteln nicht erreicht werden. Allerdings sind im Laufe der Zeit bis zur endgültigen Fertigstellung der Arbeit 2mal zusätzliche Mittel zu erwarten. Damit kann das Ziel erreicht werden. Sie fließen in den Topf der eigenen Mittel.

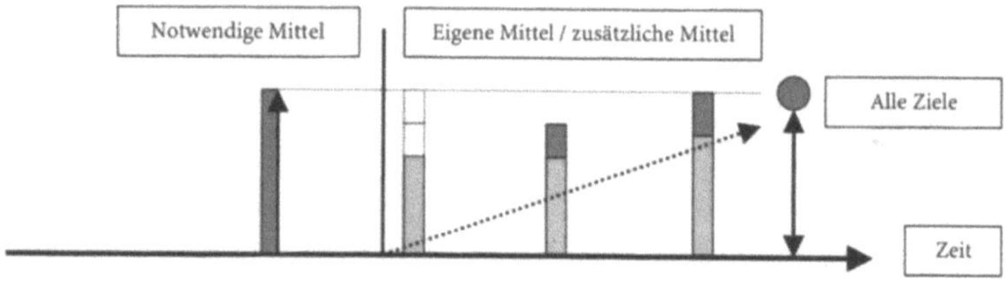

Grafik 3.8 *Die Kompensation eigener Mittel durch zusätzliche Mittel*

2.2.3.3 Die Nutzung sonstiger Kräfte

Manchmal kommen dem Menschen bei der Lösung einer Aufgabe unerwartete Ereignisse zu Hilfe. Auf zwei dieser Hilfen soll kurz eingegangen werden.

- Chemisch-physikalische Kräfte

Unerwartete Hilfen bei der Lösung einer Aufgabe können durch physikalische Kräfte bewirkt werden. Druck und Zug können ein Gebilde verändern. So kann der anstehende Abriss eines Gebäudes sich „ von selbst“ erledigen, wenn im Winter viel Schnee fällt und das Gebilde unter der Schneelast zusammenbricht. Hitze, Feuer, Wasser, Nässe, Kälte usw. können einem materiellen Gebilde mehr oder minder stark zusetzen und damit vorhandene Realitäten im gewollten Sinne verändern.

- Geistige Strömungen

So kann es passieren, dass man mit einer längerfristigen gestalterischen Strömung in bestimmter Richtung rechnen konnte, um nach kurzer Zeit zu erfahren, dass irgendwelche Ereignisse für einen völligen Umschwung der allgemeinen Meinung sorgten.

Als sonstige Kräfte sind vor allem geistige Strömungen zu nennen. So können z.B. modische Trends oder sonstige kulturelle Strömungen die eigene gestalterische Arbeit erleichtern. Bestimmte Vorgaben können dadurch im Verlauf der eigenen Arbeit entfallen. Die Unsicherheit einer genauen Prognose hinsichtlich der Stärke, der Geschwindigkeit und der Richtung solcher Strömungen erschweren allerdings eine exakte Einschätzung.

Im Gegensatz zu den zusätzlichen Mitteln, die in vielen Fällen exakt einplanbar sind, muss man die sonstig wirkenden Kräfte bei der Entwicklungsarbeit zwar immer im Auge behalten, eine sichere Einordnung in den Entwicklungsprozess ist allerdings schwierig.

2.2.4
Der Vergleich der eigenen Mittel mit dem notwendigen Aufwand zum Erreichen der bisher festgelegten Ziele

Vergleicht man den notwendigen Aufwand mit den eigenen Mitteln, so zeichnen sich drei grundlegende Situationen ab:

- Es sind mehr eigene Mittel vorhanden, als gebraucht werden.
- Es sind ausreichend Mittel vorhanden, um alle Ziele zu erreichen.
- Die vorhandenen Mittel genügen nicht, um alle Ziele zu erreichen.

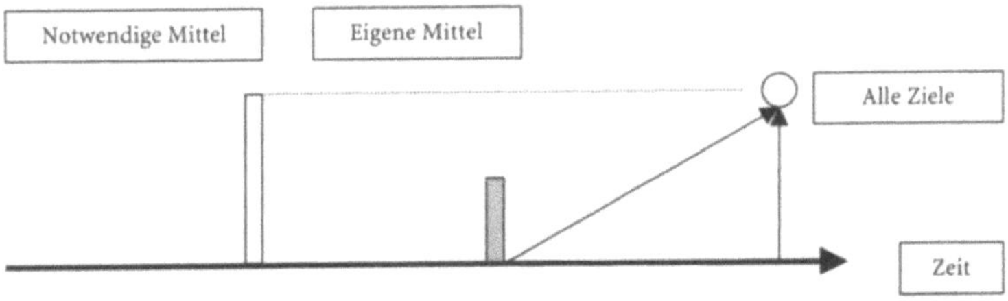

Grafik 3.9 *Der notwendige Aufwand und die unzureichenden Mittel zum Erreichen der Ziele*

Zur Grafik 3.9:
Auf der linken Seite ist der notwendige Aufwand zum Erreichen der Ziele angegeben. Er bewegt sich in der Höhe der Ziele. Daneben stehen (dunkler Balken) die eigenen Mittel. Es ist ersichtlich, dass damit nur ein Teil der vorgesehenen Ziele erreicht werden kann.

Die unterschiedlichen Gegebenheiten bei den verschiedenen Situationen haben natürlich unterschiedliche Konsequenzen. So wird man bei Situation 1 in Ruhe alle Ziele ansteuern können. Selbst, wenn sich irgendwo Schwierigkeiten ergeben sollten, sind genügend zusätzliche Mittel vorhanden, um den damit verbundenen höheren Aufwand auffangen zu können.

In Situation 2 reichen die vorhandenen Mittel gerade aus, um alle Ziele zu erreichen. Allerdings dürfen hier keine Schwierigkeiten oder größeren Verzögerungen auftreten, da sonst nicht alle Ziele erreicht werden können.

Bei Situation 3 ist die Sachlage klar. Die vorhandenen Mittel genügen nicht, um alle Ziele zu erreichen. In der Regel kann man von der zuletzt genannten Situation ausgehen. Die zur Verfügung stehende Zeit und die eigenen Mittel entsprechen nicht dem notwendigen Aufwand, um alle Ziele erreichen zu können. Hier sind Überlegungen notwendig, was man wie in der zur Verfügung stehenden Zeit mit den eigenen Mitteln erreichen kann.

2.3 Studien

2.3.1 Theoretische Studien

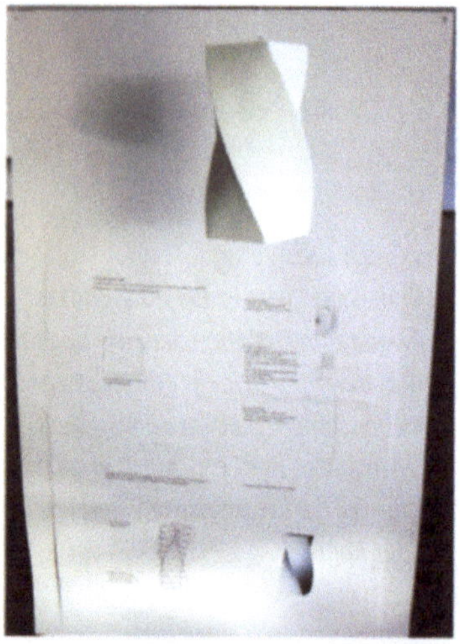

Abb. 3.11 und 3.12 Aufwand zur Präsentation der eigenen Studienarbeiten

- Der Auwand zum Besuch einer Stadt

Wählen Sie eine Stadt, die umfassend besichtigt werden soll. Bestimmen Sie die wichtigen und weniger wichtigen Ziele, die erreicht werden sollten, und den Aufwand zur Erreichung aller Ziele aufgrund vorhandener, nicht vorhandener, gut und weniger gut ausgebauter Wege. Analysieren Sie den Arbeitsaufwand zum Erreichen eines bestimmten Zieles.

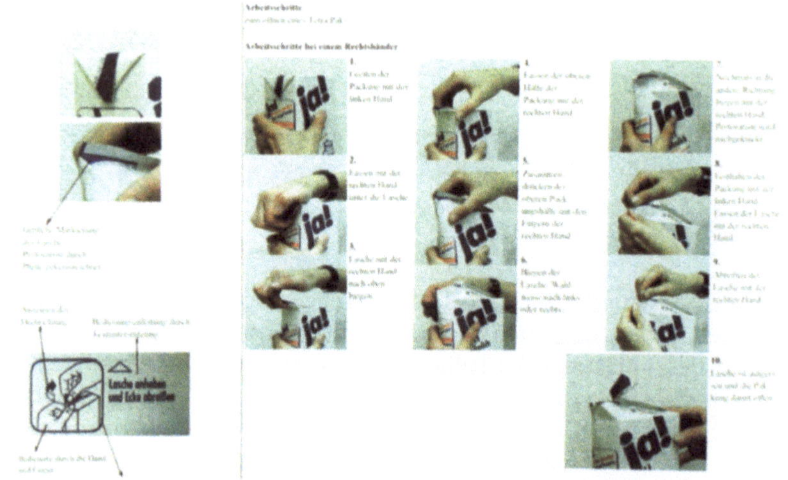

Abb. 3.13 Die verschiedenen Arbeitsgänge zum Öffnen einer Verpackung zeigen den dafür notwendigen Arbeitsaufwand

- Die Zeit für eine Problemlösung

Sammeln Sie Beispiele aus verschiedenen Bereichen, die im Interesse der Betroffenen schnelle (kurzfristige) Lösungen verlangten.

- Auswirkungen von Veränderungen in der Zeit auf die Konzeption zur Lösung einer Aufgabe

Sammeln Sie Beispiele, die zeigen, wie die Veränderungen eines der beiden Parameter (Realität / Erwartungen) zu einem Überdenken der Lösungsstrategie zwangen.

- Der Einsatz vielfältiger Mittel zum Erreichen eines Zieles

Zeigen Sie an Beispielen, wie man versucht, zur Lösung eines Problems unterschiedliche Mittel zu organisieren bzw. einzusetzen.

2.3.2
Praktische Studien

- Gegeben ist eine Schere und zwei Bogen Schreibpapier (DIN A4). Zu fertigen ist ein Objekt von 10 cm Höhe, das die Last von 1 Kg trägt.

Ziel der Studie ist es, die Studierenden mit wirtschaftlichen Verhältnissen und Produktionsverhältnissen zu konfrontieren, in denen nicht sämtliche Mittel und Fertigungsverfahren zur Verfügung stehen. Jetzt geht es darum, eine Aufgabe mit geringen Mitteln zu lösen, wie dies heute vor allem in vielen Ländern der dritten Welt erforderlich ist.

2.4
Die Anwendung grundlegender Erfahrungen zur Lösung einer konkreten Aufgabe

Die konkrete Aufgabe:
Der Aufwand im Rahmen einer Produktentwicklung: Trinkhilfe für bettlägerige Kranke.

Vorgehensweise:
Zusammenstellung der Ziele, die man erreichen möchte (siehe Ausführungen in Teil 2, Kapitel 3).

Einige dieser Ziele wird man auf bereits vorhandenen Lösungswegen ansteuern. Zu den anderen Zielen wird man neue Lösungswege wählen. Andererseits muss davon ausgegangen werden, dass nur das realisiert werden kann, wozu die Mittel reichen.

Dies bedeutet: Man muss zusammenstellen, welcher Aufwand bei der bislang konzipierten Lösung entsteht, um diesem die vorhandenen eigenen Mittel gegenüberzustellen.

In einem zweiten Ansatz sollte man versuchen, den zeitlichen Aufwand zum Erreichen aller Ziele zumindest ansatzweise zu erfassen.

Der Aufwand zum Erreichen der grundsätzlichen Ziele wird (bei Designern) erheblich höher angesetzt, als der Aufwand zum Erreichen der zusätzlichen Ziele, die vor allem gestalterische Qualifikationen erfordern.
Stellt man den Aufwand zusammen, so erhält man zumindest eine Übersicht über die Stellen, an denen mit erhöhtem Aufwand zu rechnen ist, was die Arbeitszeitplanung erleichtern kann.

- Der Aufwand an Studienzeit und sonstigen Mitteln zur Lösung der Aufgabe

An dieser Stelle erscheint es sinnvoll, sich mit den Studierenden über die zur Verfügung stehende Studienzeit sowie über die vorhandenen hochschulspezifischen Arbeitsmöglichkeiten (Nutzung von Werkstätten und Maschinen) und die eigenen finanziellen Mittel zur Erstellung von Modellen und grafischen Arbeiten zu unterhalten.

Abb. 3.14, 3.15 und 3.16 *Farbstudien: Der Aufwand zur Entwicklung von Alternativen*

3 Die Verknüpfung der verschiedenen konzeptbestimmenden Parameter

Die verschiedenen, zur Erstellung einer Konzeption wesentlichen Parameter wurden einzeln vorgestellt. Neben den Zielen, den Wegen zum Ziel, der Zeit zum Erreichen eines Zieles und dem dafür notwendigen Aufwand wurden die eigenen Mittel näher betrachtet.

Erkennbar wurde dabei in Ansätzen, dass alle diese verschiedenen Parameter irgendwie zusammenhängen. Verändert man einen, hat dies in irgendeiner Form Auswirkungen auf all die anderen. Andererseits möchte man irgendwann wissen, wie jetzt weiter verfahren werden soll. Man muss zu einer vertretbaren Entscheidung kommen.

3.1 Verallgemeinerung der Fragestellung

Wie kann man vorgehen, um ein schlüssiges Konzept für die anstehende Arbeit zu erstellen?

3.2 Darstellung grundlegender Aspekte

3.2.1 Zusammenstellung der bislang erfassten Daten

In Kapitel 1 wurde das Ziel der Arbeit sowie ein Lösungsweg und ein erster Hinweis auf die möglichen Mittel, mit denen die Umsetzung erfolgen soll, gegeben. In Kapitel 2 wurde der Aufwand an Mitteln und Zeit, der zum Erreichen aller Ziele notwendig ist, zu erfassen versucht. Die eigenen Mittel wurden aufgelistet. Am Ende stand dort ein Vergleich der eigenen Mittel mit dem zum Erreichen der Ziele notwendigen Aufwand. Sind nicht genügend eigene Mittel vorhanden, um alle Ziele erreichen zu können, sind alternative

Modelle zu entwickeln, um mit dem, was an geistiger und körperlicher Kompetenz sowie sonstigen Mitteln greifbar ist, eine optimale Lösung zu entwickeln.

3.2.2
Die Entwicklung unterschiedlicher Konzeptionsmodelle

3.2.2.1
Modell 1: Die Verlängerung der Zeit für das Erreichen der Ziele

Zu bedenken ist dabei allerdings, dass es bei einer zu großen Ausdehnung der Zeit wiederum zu Veränderungen der Einstellungen oder Realitäten kommen kann, die völlig neue Zielformulierungen notwendig machen können.

Viele Ziele kann man erreichen, wenn man genügend Zeit dafür hat. Ziele werden dann erreichbar, wenn der notwendige Aufwand durch eigene Arbeitsleistungen in der zusätzlichen Zeit erbracht werden kann oder aber wenn während der Zeit bis zum Erreichen des Zieles weitere Mittel zusätzlich akquiriert oder miteingebracht werden können.

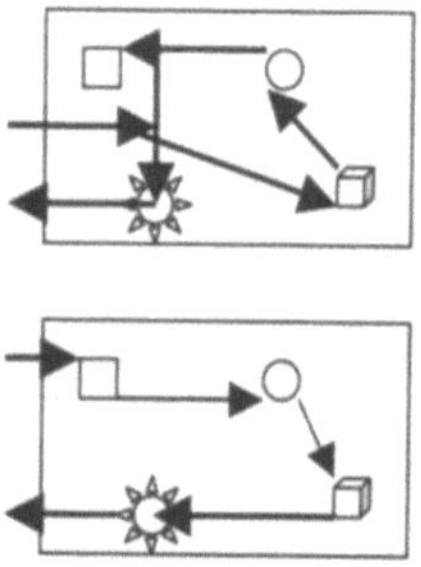

Grafik 3.11 Exaktes Ansteuern von Zielen

Grafik 3.11 zeigt einen wichtigen Aspekt bei der Planungsarbeit: Das planlose und planvolle Ansteuern der Ziele bzw. der einzelnen „Sehenswürdigkeiten". Zeit und Aufwand lässt sich sparen, wenn man die anvisierten Ziele mit Überlegung ansteuert.

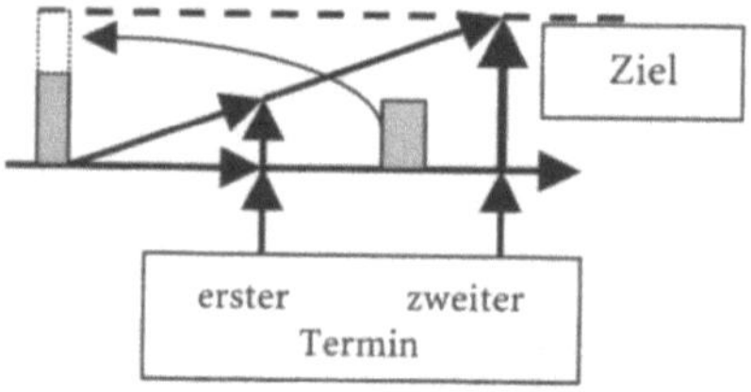

Grafik 3.10 Zusätzliche Mittel bei zusätzlicher Zeit

Hinzu kommen Überlegungen, wie man sich die Zeit einteilen muss, um die „Sehenswürdigkeiten" zu erreichen. Wie viel Zeit hat man für welches Ziel? In welcher Reihenfolge steuert man die einzelnen Ziele an? Sollte der ökologische Aspekt eine Rolle spielen, wird man diesen unmittelbar nach Festlegung der technischen Gegebenheiten bearbeiten und nicht am Ende des gesamten Entwurfsprozesses.

3.2.2.2
Modell 2: Die Veränderung des Aufwandes

Der Aufwand ist abhängig:

- von der Entfernung der Ziele (nahe liegende / fern liegende Ziele bzw. eher gestalterische Arbeiten oder eher technische Aufgabenstellungen mit entsprechend hohem Zeitaufwand),

- von der Art der Ziele (Behebung eines grundsätzlichen Bedarfes gegenüber der Behebung zusätzlicher Erwartungen und Wünsche) und
- von der Art der Wege zu den Zielen (z.B. die Nutzung gut ausgebauter, weniger gut ausgebauter Lösungswege oder die Suche nach neuen Wegen zu einem Ziel).

Damit sind auch bereits die Einsparmöglichkeiten beschrieben.

3.2.2.3
Modell 3: Die Reduzierung des Aufwandes bei der Ausarbeitung

Eine Reduzierung des Aufwandes kann natürlich auch dadurch erreicht werden, dass die einzelnen Vorgaben nur ungenau und andeutungsweise ausgearbeitet werden. Dies betrifft die Intensität und Qualität der Arbeit.

3.2.2.4
Modell 4: Die Reduzierung der Ziele

Eine Reduzierung des Aufwandes kann durch eine Reduzierung der Ziele erfolgen.

3.2.3
Die Diskussion der einzelnen Modelle

Die einzelnen Modelle sind genauer zu betrachten. Bei der Entscheidung für eines der Modelle muss man sich über die Konsequenzen im Klaren sein.

- Die Gefährdung und Belastung der Betroffenen fordert in der Regel ein schnelles Handeln. Ebenso muss bei längerer Terminierung mit entsprechenden Veränderungen der Realität und / oder der Einstellungen der Betroffenen gerechnet werden.
- Die einzelnen Ziele kann man in der Regel auf vorhandenen und zum Teil gut ausgebauten Lösungswegen erreichen. Nutzt man sie, sind die Kosten überschaubar. Die sozialen und ökologischen Folgen sind abschätzbar. Allerdings gibt es bei einer solchen „Neuentwicklung“ keine neuen Lösungsansätze.

Man erreicht keine Fortschritte. Jede Nutzung eines bereits vorhandenen Weges bedeutet die Minderung eigener Vorstellungen und Visionen.

Siehe dazu Teil 5, Kapitel 2 Hier: Die verschiedenen Verfahren und Ideenfindungsmethoden zur Entwicklung neuer technischer Lösungen

Das „Sich-Ver-fahren" oder „Sich- Verrennen" kann man sich im Studium erlauben. Bei einem konkreten Auftrag wird dies vom Auftraggeber in der Regel wenig honoriert.

Man wird überlegen, ob es nicht sinnvoller ist, nach einem völlig neuen Weg zu suchen. Die Gefahren, sich irgendwo zu verlaufen, wieder umkehren zu müssen, wieder neu starten zu müssen, sind allerdings bei der Suche nach neuen Lösungen immer sehr hoch einzuschätzen. Allerdings: Neue Wege bieten immer neue Ansichten und Einsichten. Man kommt vielleicht nicht zum vorgegebenen Ziel. Dafür begegnet man auf dem zurückgelegten Weg anderen bislang unbekannten „Sehenswürdigkeiten".

- Die Reduzierung der Arbeitsintensität und der damit einhergehende Qualitätsverlust der Arbeit beeinträchtigt in hohem Maße die Akzeptanz einer Umsetzung.
- Die Reduzierung der Ziele ist ebenfalls zu prüfen.

Hier wird die Frage gestellt: Muss man alle Ziele erreichen oder sollte man sich auf wenige konzentrieren? Gibt es Ziele, auf die man verzichten könnte? Geht man davon aus, dass vor allem die Behebung des grundsätzlichen Bedarfes erreicht werden soll, so fällt es schwer, hier allzu viele Abstriche zu machen. Bei den so genannten „Sehenswürdigkeiten", also der Realisierung und Einarbeitung zusätzlicher Erwartungen und Wünsche in die Umsetzung könnte man eher etwas streichen. Hier sind allerdings die Interessen der Hersteller, der Betroffenen und der Designer/-innen gegeneinander abzuwägen.

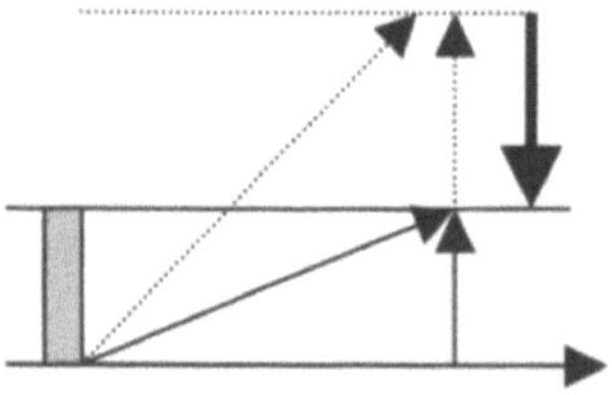

Grafik 3.12 *Die Reduzierung der SOLL- Vorgaben*

Grundsätzlich sollte klar sein: Die Reduzierung der Ziele beinhaltet eine Reduzierung der Erwartungen und Wünsche. Wer macht hier schon gerne Abstriche? Ist dies doch eng verbunden mit der jeweils persönlichen Einstellung der Menschen.

Entscheidet man sich für das zuletzt vorgestellte Modell der Reduzierung der Ziele, so ist zu klären, welche der Ziele gestrichen werden müssen.

3.2.3.1
Die Festlegung der wichtigen und weniger wichtigen Ziele

Das grundsätzliche Ziel und die damit verbundenen grundsätzlichen Erfordernisse müssen oder sollten weitgehend erreicht werden. Die zusätzlichen Erwartungen und Wünsche sollten bei der Gestaltung berücksichtigt werden. Nicht alle der Vorgaben können aus Zeitgründen und fehlender Mittel erreicht werden. Es muss eine Auswahl getroffen werden. Es muss klar sein, welche Ziele man auf jeden Fall erreichen möchte und welche eventuell gestrichen werden können.

Dies kann durch eine Gewichtung der einzelnen Vorgaben / Zielsetzungen entschieden werden. Dabei ist zu beachten, welche Interessengruppe bei der Auswahl entscheidend ist. So können für den Hersteller oder die Designer/-innen andere Ziele wichtiger sein als für die Betroffenen selbst. Durchgeführt wird diese Gewichtung anhand eines „Gewichtungsmodells". Am Ende der Auswertung hat man eine Rangfolge wichtiger bis weniger wichtiger Ziele.

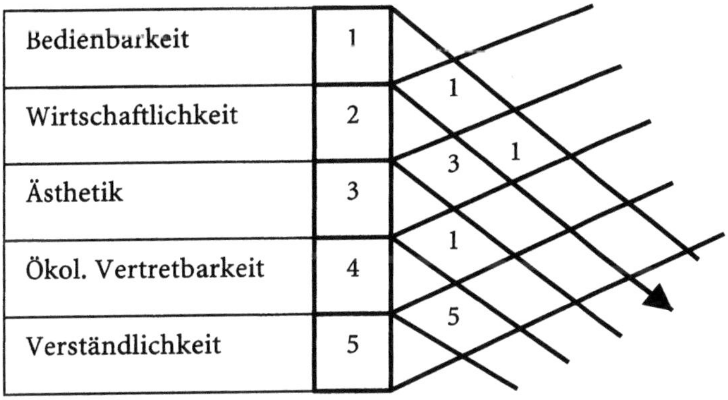

Grafik 3.13 *Das Gewichtungsmodell*

Zur Grafik 3.13:
Vorgehensweise bei der Anlage und der Auswertung:
Die einzelnen Vorgaben, die berücksichtigt werden sollen (im vorliegenden Beispiel wurden nur die Erwartungsfelder aufgeführt), werden untereinander notiert. Sie werden von oben bis unten durchnummeriert.
Das Bewertungsverfahren läuft dann wie folgt ab:
Es wird oben begonnen mit der Frage: Was ist (für Sie) wichtiger: die Nr. 1 (Bedienbarkeit) oder die Nr. 2 (die Wirtschaftlichkeit)? Je nach Entscheidung wird im jeweiligen Kreuzungsfeld der beiden miteinander verglichenen Parameter die entsprechende Zahl eingetragen. (Im vorliegenden Beispiel wird die Bedienbarkeit als wichtiger angesehen als die Wirtschaftlichkeit. Deshalb steht in dem Kreuzungsfeld die Nummer 1.) Auch gegenüber der Ästhetik hat die Bedienbarkeit Vorrang. Deshalb steht auch im Kreuzungsfeld von Bedienbarkeit und Ästhetik eine 1.
Sind alle Vorgaben miteinander verglichen, so werden am Ende die einzelnen Nennungen zusammengezählt. Die Zahl und damit die dahinter stehende Vorgabe mit den meisten Nennungen hat das höchste Gewicht. Man erreicht damit eine Rangfolge gewichtiger und weniger gewichtiger Ziele.

Ordnet man den wichtigen Zielen bis zu den weniger wichtigen Zielen den jeweils notwendigen Aufwand an Mitteln und Zeit zu, so kann jetzt nach einem Vergleich mit den eigenen Mitteln die Grenze der zu bearbeitenden Zielvorgaben gezogen werden.

Man erhält so eine klare Aussage, welche Ziele in der zur Verfügung stehenden Zeit mit den eigenen vorhandenen Mitteln erreicht werden können.

3.2.4
Die additive oder integrative Gestaltentwicklung

Die zur Entwicklung anstehenden Objekte sind oftmals mehr oder minder komplex. Es stellt sich die Frag: Soll während des Entwurfsprozesses immer das ganze Gebilde mit seinen verschiedenen Teilen gleichzeitig behandelt werden oder ist es sinnvoller, die einzelnen Teile getrennt zu bearbeiten, um sie am Ende zu einer Einheit zusammenzufügen. Im einen Fall handelt es sich um ein additives Arbeiten, im anderen Fall um ein integratives Arbeiten. Beide Verfahren haben Vor- und Nachteile.

3.2.4.1
Die additive Umsetzung

Bei einem additiven Arbeiten werden die einzelnen Funktionsteile getrennt bearbeitet. Geht es um die Gestaltung einer Kaffeekanne, so werden für den Fuß der Kanne wirtschaftliche, ästhetische, ökologisch vertretbare Umsetzungen gesucht. Dann für das eigentliche Behältnis, für den Griff und zum Schluss für den Deckel. Am Ende werden die verschiedenen Lösungen zu einer Einheit zusammengeführt.

Vorteil: Es kommt zu einer intensiven Ausarbeitung der einzelnen Teile.

Nachteil: Am Ende gibt es Schwierigkeiten, aus den unterschiedlichen Teilen eine Einheit zu schaffen.

3.2.4.2
Die integrative Umsetzung

Bei einer integrativen Umsetzung wird das gesamte Gebilde mit all seinen Teilen immer als Ganzes bearbeitet.

Vorteil: Ständig muss alles gleichzeitig beachtet werden, dadurch weitgehende Einheitlichkeit des Ganzen.

Nachteil: Details werden oftmals nicht überall mit gleicher Intensität bearbeitet.

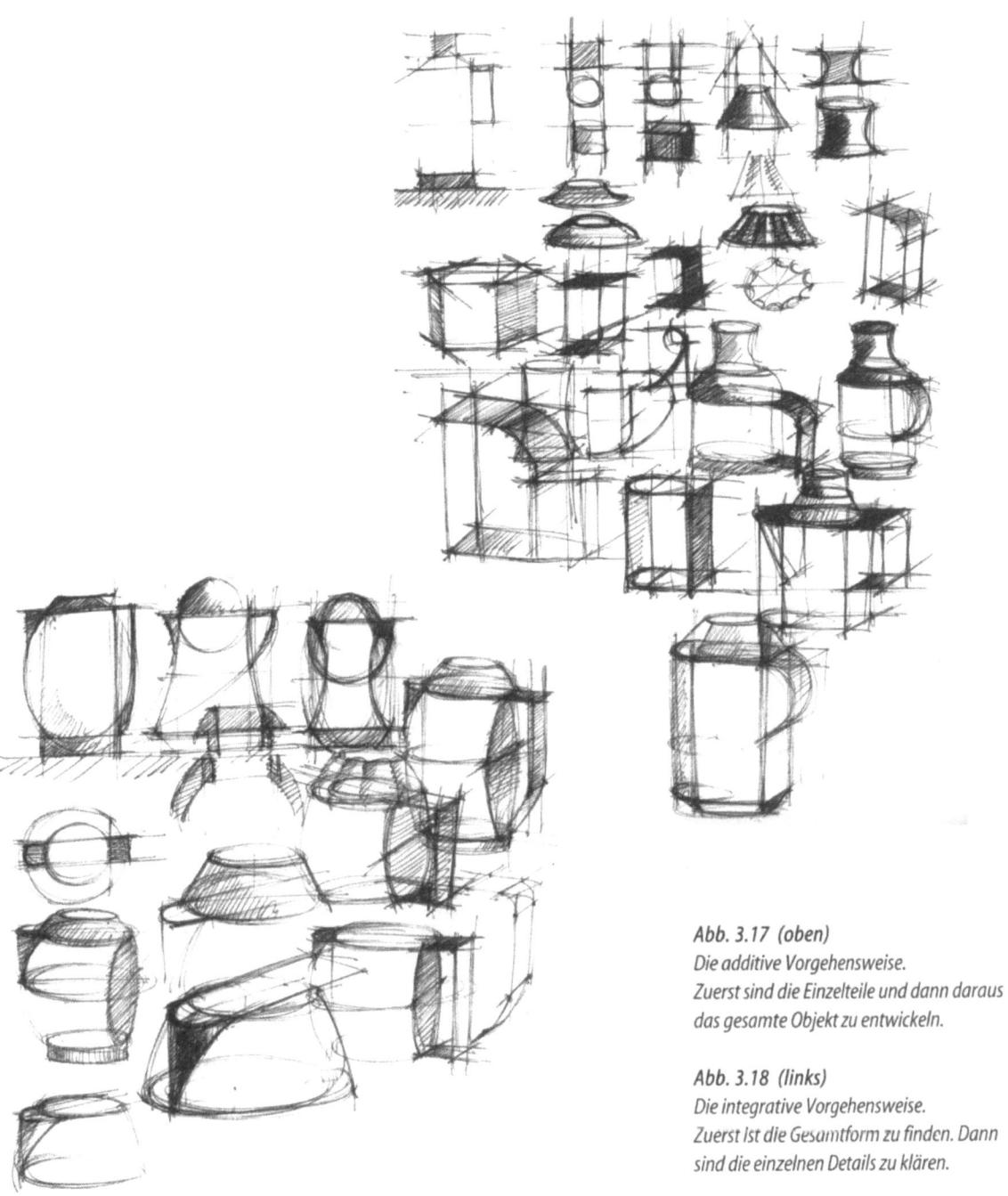

Abb. 3.17 (oben)
Die additive Vorgehensweise.
Zuerst sind die Einzelteile und dann daraus das gesamte Objekt zu entwickeln.

Abb. 3.18 (links)
Die integrative Vorgehensweise.
Zuerst ist die Gesamtform zu finden. Dann sind die einzelnen Details zu klären.

3.3 Studien

3.3.1 Theoretische Studien

- Konzepte

Zeigen Sie an konkreten Beispielen, wie man bei der Planung eines Vorhabens vorgeht, bei dem die eigenen Mittel begrenzt sind. Beispielsweise beim Hausbau: Kosten Rohbau, Kosten Sanitär und Heizung, Kosten Innenausbau usw. und mögliche Streichungen von Extras.

3.3.2 Praktische Studien

- Zu entwickeln ist das Modell für eine Bewegungsumsetzung (oder ein sonstiges Funktionsmodell).

Entwickeln Sie zwei unterschiedliche Konzepte, wie man bei unterschiedlich hohem Einsatz eigener Mittel und Möglichkeiten zur Lösung der Aufgabe vorgehen kann.

3.4 Die Anwendung grundlegender Erfahrungen zur Lösung einer konkreten Aufgabe

Es muss Klarheit darüber bestehen, wie man z.B. die Minderung der Belastungen älterer Menschen beim Transport der eingekauften Waren oder z.B. die Beseitigung der Gefahr einer Augenkrankheit wegen schlechter Lichtverhältnisse am Arbeitsplatz erreichen möchte. Die entscheidenden Weichen werden hier bereits bei der Untersuchung in Teil 2, Kapitel 2 (Kurzzeitige Lösungen eines Problems) gestellt. Dort zeichnet sich ab, ob und inwieweit die Realität den Bedürfnissen angenähert werden kann, ob Bedürfnisse und Einstellungen verändert werden können oder aber die Realitäten verändert werden müssen.
Hier stellt sich heraus, ob man eine eher vorsorgende, situationsangepasste oder aber ausbessernde Lösung anstrebt.

3.4.1 Zusammenfassung

Die Erstellung einer Konzeption verlangt die Beachtung mehrerer aufeinander folgender Arbeitsschritte. Sie sollen hier nochmals kurz rekapituliert werden. Im einzelnen ist zu klären:

1. Welches Ziel soll erreicht werden?
2. Auf welchem prinzipiellen Weg (vorsorgend, situationsangepasst oder ausbessernd) möchte man gehen?
3. Welche technisch funktionalen Lösungen sollen genutzt werden oder neu entwickelt werden, um das grundsätzliche Ziel zu erreichen?
4. Welche zusätzlichen Ziele („Sehenswürdigkeiten") kann und möchte man mit den eigenen Mitteln anstreben?

5. Welche Mittel braucht man zur Realisierung der eigenen Ideen und Vorstellungen?
6. Weshalb hat man sich für ein additives und nicht für ein integratives Arbeiten entschieden oder umgekehrt?

Vorgehensweise:
1. Die Zusammenstellung aller Ziele und der zum Erreichen der Ziele notwendige Aufwand

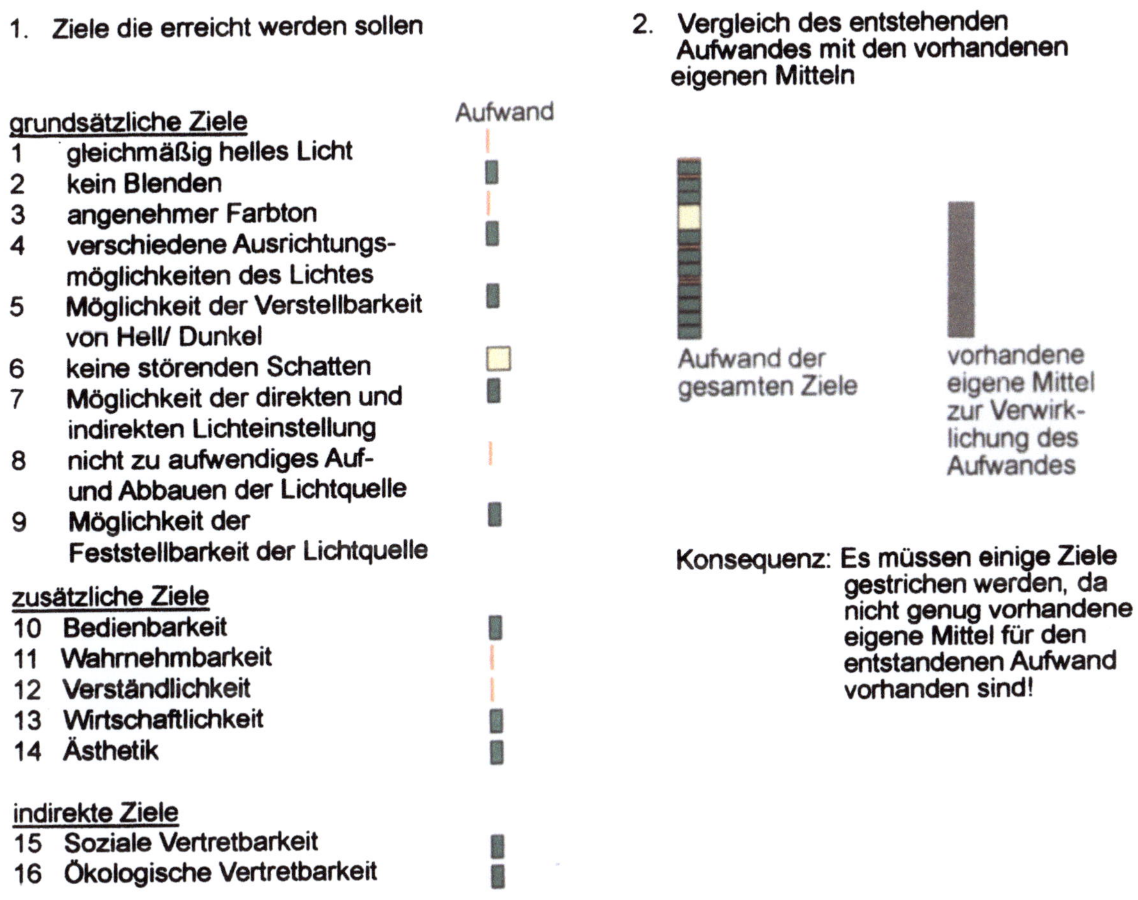

Abb. 3.19 Studie: Die Zusammenstellung der angestrebten Ziele, der dafür notwendige Aufwand und die eigenen Mittel

2. Die Gewichtung der Ziele

3. Das Gewichtungsmodell
3.1 Durchführung der Gewichtung

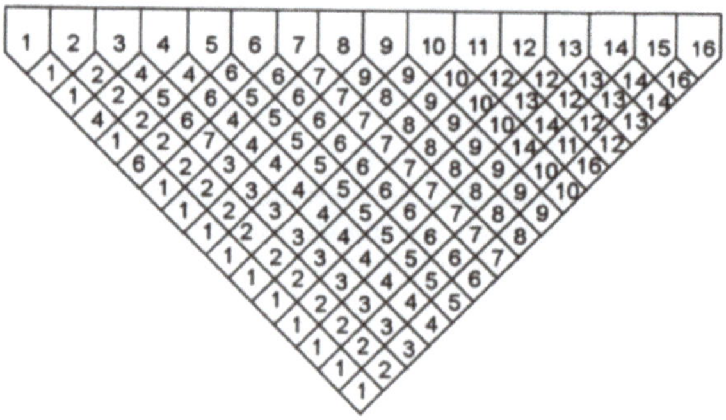

3.2. Die neue Rangfolge der Ziele

1 keine störenden Schatten
2 kein Blenden
3 verschiedene Ausrichtungsmöglichkeiten des Lichtes
4 gleichmäßig helles Licht
5 Möglichkeit der Verstellbarkeit von Hell/ Dunkel
6 Möglichkeit der direkten und indirekten Lichteinstellung
7 angenehmer Farbton
8 Möglichkeit der Feststellbarkeit der Lichtquelle
9 nicht zu aufwendiges Auf- und Abbauen der Lichtquelle
10 Wahrnehmbarkeit
11 Ästhetik
12 Bedienbarkeit
13 Wirtschaftlichkeit
14 Verständlichkeit
15 Ökologische Vertretbarkeit
16 Soziale Vertretbarkeit

Abb. 3.20 Die neue Rangfolge der Ziele nach der Anwendung des Gewichtungsmodells

4. Abgrenzung der Ziele und Vergleich mit den eigenen vorhandenen Mitteln

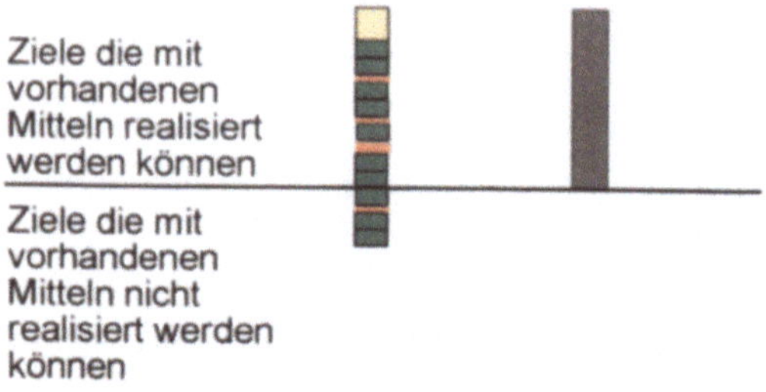

Abb. 3.21 Die Abgrenzung erreichbarer Ziele aufgrund der eigenen Mittel

Die Abgrenzung der Ziele ist an der roten Linie unter Punkt 3.2 erkennbar.

3.4.1.1
Ein Strukturierungsansatz

Die mit den vorhandenen Mitteln erreichbaren Ziele sind abgesteckt. Am Ende der Überlegungen zu einem neuen Konzept steht jetzt eine Darstellung, die einen ersten Eindruck von dem zu entwickelnden Objekt zeigt, ohne die einzelnen Elemente, deren Verbindungen und Ausprägung näher zu definieren.

Es kommt zu einem ersten visuell erfassbaren Strukturierungsansatz.

Siehe dazu Teil 4: Die Mittel für eine Umsetzung, Kapitel 6: Die Anwendung der Kombinatorik
Die unterschiedlichen Kombinationsmöglichkeiten der wesentlichen objektbestimmenden Parameter führen zu völlig verschiednen Produktstrukturen
Siehe dort die unterschiedlichen Strukturmodelle für ein funktionsfähiges Objekt

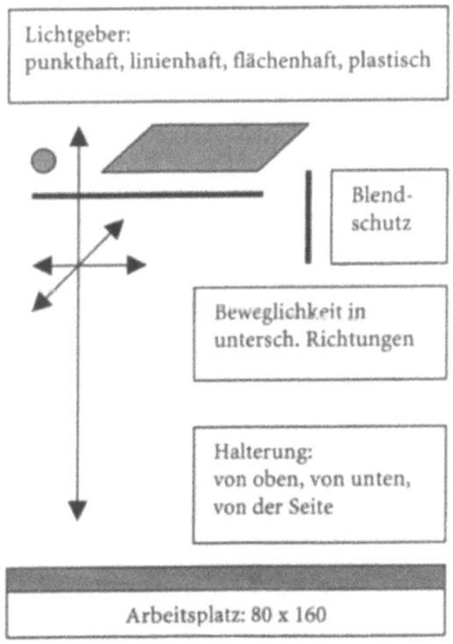

Grafik 3.14 *Erster Strukturierungsansatz (zeichnerisch) für einen Lichtgeber am Arbeitsplatz*

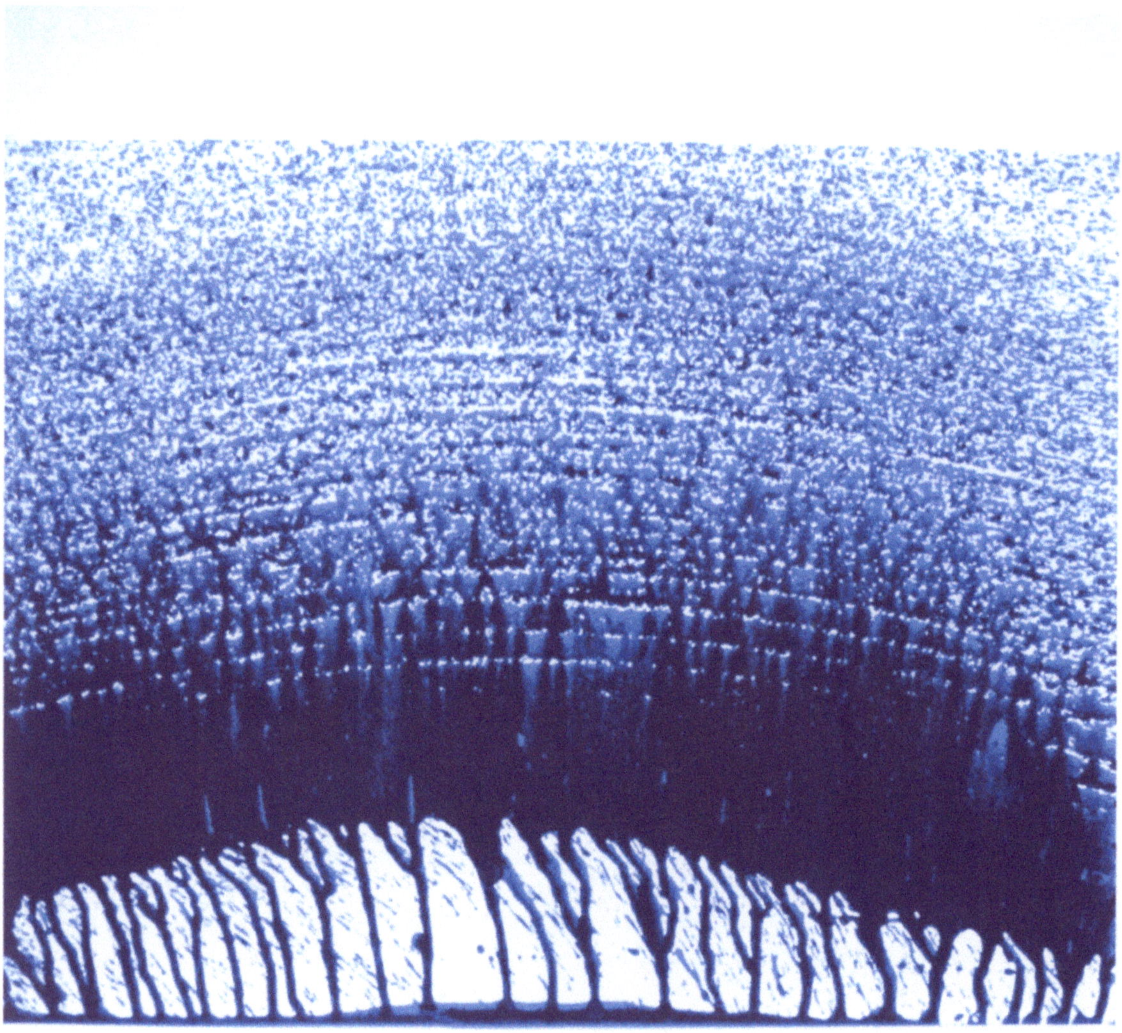

Abb. 3.22 Flüssiges Farbmaterial

Teil 4
Die Mittel für eine Umsetzung

Die Entwicklung eines tragfähigen Konzeptes beinhaltet Überlegungen, wie man einen Zielort und dessen "Sehenswürdigkeiten" in einer begrenzten Zeit erreichen kann. Neben den Zielen und den Wegen zu den einzelnen Zielen gilt es, den notwendigen Aufwand zu beachten. Schließlich stellt sich die Frage nach den eigenen Mitteln, sind doch sie entscheidend, wieweit man seine Vorstellungen tatsächlich realisieren kann.

Die zur Verfügung stehenden Mittel sollen jetzt vorgestellt werden. Allerdings erfolgt eine Eingrenzung auf die für eine industriedesignerische Arbeit wesentlichen Mittel. Betrachtet werden visuell wahrnehmbare, haptisch und akustisch wahrnehmbare Mittel.

Zu den visuell wahrnehmbaren Mitteln zählen Helligkeit, Farbe und Form. Zu den haptisch wahrnehmbaren Mitteln, also den Mitteln, die wir durch Berühren oder Berührtwerden erfahren können, zählt vor allem das Material in seinen unterschiedlichsten Formen und Zuständen. Akustische Mittel werden in die Betrachtung miteinbezogen, da zur Verdeutlichung von Bedienungsabläufen neben visuellen auch ganz gezielt akustische Phänomene eingesetzt werden, man denke nur an das hörbare akustische Zeichen beim Verschließen einer Aufzugtür.

Die gesamte Betrachtung gliedert sich in zwei größere Abschnitte. Zunächst wird das, was allgemein zu den jeweiligen Mitteln bekannt ist, in komprimierter Form zusammengefasst. So wird davon ausgegangen, dass es eine größere Anzahl ausgearbeiteter Farblehren gibt. Entsprechendes gilt für die Helligkeit, die Form, das Material und die akustisch wahrnehmbaren Phänomene. Sie werden deshalb in komprimierter Fassung vorgestellt. Für deren Darstellung wird eine bestimmte Gliederung beibehalten (Kapitel 1, 2 und 3). Zunächst werden die verschiedenen Erscheinungsweisen gezeigt. Wie erfährt man Helligkeit, Farbe oder Form, Material und akustische Phänomene? Dann folgen verschiedene Ordnungsversuche, bevor auf die Kontraste und die Mischungen wahrnehmbarer Phänomene eingegangen wird.

Zur Grafik 4.1:
In der oberen Reihe werden die einzelnen Mittel vorgestellt, die untersucht werden. In der vorderen senkrechten Spalte wird der Ablauf der jeweiligen Betrachtung vorgegeben.
So werden sowohl von den visuellen Mitteln, wie auch den haptischen und akustischen Mitteln verschiedene Erscheinungsweisen vorgestellt, bevor dann vorhandene Ordnungen bzw. Ordnungsansätze vorgestellt werden Es folgen eine Darstellung der Kontraste und Hinweise auf mögliche Mischungen der Einzelnen Elemente miteinander. Mischungen visueller und haptischer Mittel oder visueller und akustischer Mittel werden nicht sehr ausführlich behandelt, wobei letzteres gerade für Kommunikations-Design wichtig wäre.
Die nebenstehende Matrix gibt somit einen Überblick über die Struktur der Vorgehensweise. Die Kreuzungspunkte der einzelnen waagerechten und senkrechten Pfeile verweisen auf den jeweiligen Untersuchungsbereich.

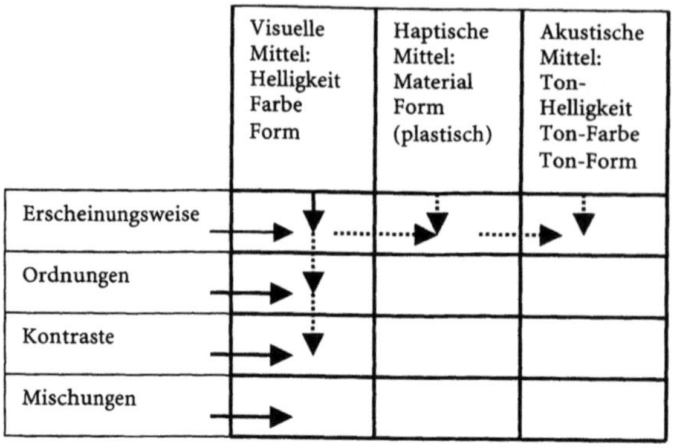

Visuelle Mittel: Helligkeit Farbe Form
Haptische Mittel: Material Form (plastisch)
Akustische Mittel: Ton-Helligkeit Ton-Farbe Ton-Form
Erscheinungsweise
Ordnungen
Kontraste
Mischungen

Grafik 4.1 *Übersicht zur Vorgehensweise bei der Betrachtung der verschiedenen Gestaltungsmittel*

In Kapitel 4 werden unterschiedliche Kompositionsprinzipien behandelt. Starre und bewegliche Gliederungen und Zuordnungen sollen hier ausführlicher erläutert werden.

Nach dieser Zusammenstellung allgemein bekannter Mittel werden in Kapitel 5 einige Verfahren vorgestellt, wie man neue Elemente und neue Gliederungen entwickeln kann.

Während es zunächst also eher um eine Darstellung von bereits Bekanntem geht, steht im zweiten Abschnitt vornehmlich die Entwicklung neuer Elemente und neuer Zuordnungen im Mittelpunkt der Betrachtung. Die Beschäftigung mit diesem Themenkomplex ist für die designerische Arbeit wichtig, werden doch Möglichkeiten aufgezeigt, wie man neue und ungewöhnliche Mittel entdecken und für die eigene Arbeit nutzen kann.

1 Die visuell wahrnehmbaren Mittel

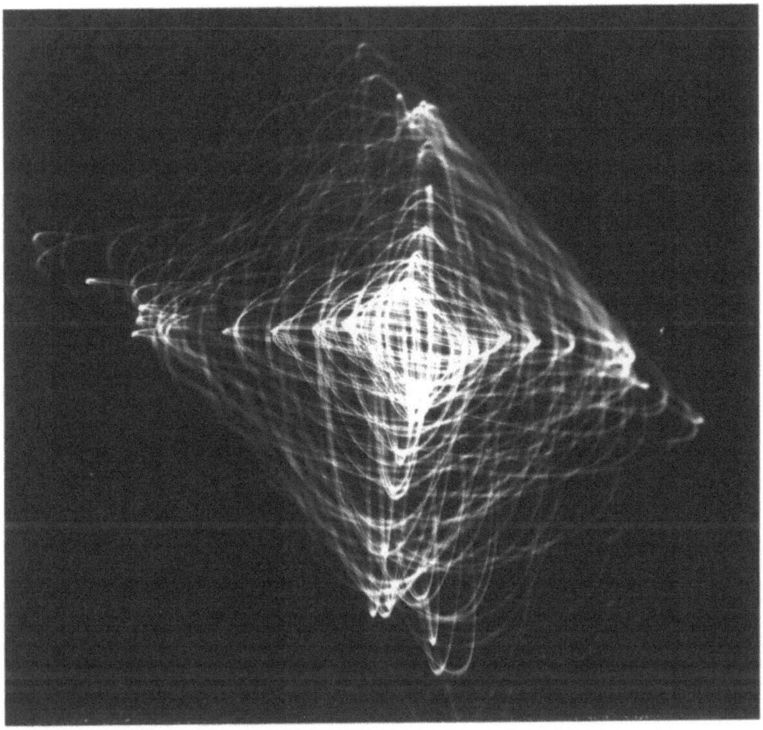

Abb. 4.1 Lichtspuren – fotografische Darstellung von einer bewegten Lichtquelle

In der Einführung wurden bereits die wesentlichen Themen dieses Kapitels vorgegeben. Es geht um die Darstellung visuell wahrnehmbarer Elemente. Dabei steht die Bestandsaufnahme im Vordergrund.

1.1
Verallgemeinerung der Fragestellung

Welche Merkmale zeigen die visuell wahrnehmbaren Mittel und wie könnte man die einzelnen Mittel gliedern?

1.2
Darstellung grundlegender Aspekte

1.2.1
Die Wahrnehmung von Helligkeit und Farben

Abb. 4.2 *Plastisches Modell mit unterschiedlicher Helligkeit. Flächen, die ehemals weiß waren, erscheinen nach und nach grau und werden nach und nach schwarz.*

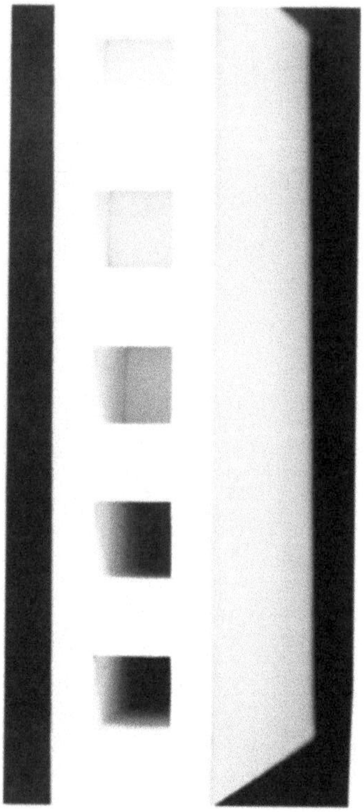

Ausgangspunkt für eine visuelle Wahrnehmung ist das Licht, das von einer Lichtquelle ausgesendet wird. Das Licht wird vom Auge aufgenommen. Gesehen werden unterschiedliche Helligkeiten und Farben.

Das Licht kann direkt von einer Lichtquelle ausgesendet sein oder es kann von einer Wand reflektieren und so das Auge treffen. Im ersten Fall handelt es sich um spektrales Licht, das direkt aufgenommen wird. Im anderen Fall sind es Lichtstrahlen, die von einem Gebilde reflektiert werden.

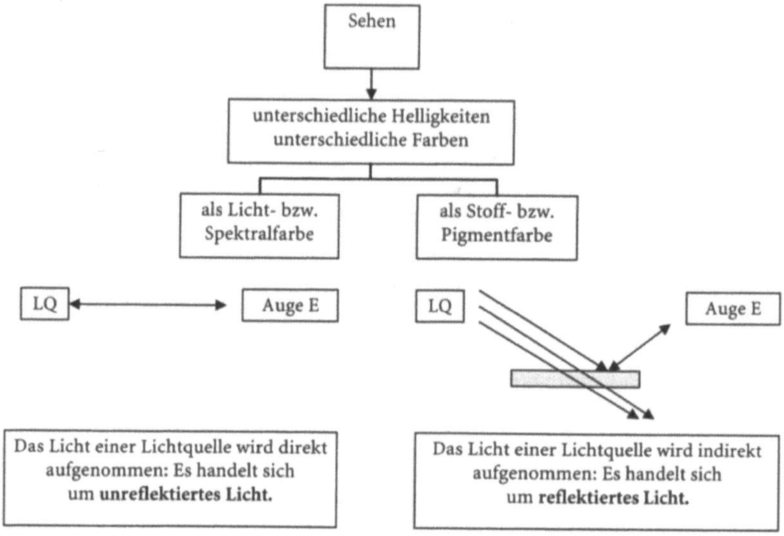

Grafik 4.2 *Die Wahrnehmung von Helligkeit als unreflektiertes und reflektiertes Licht*

1.2.2
Das Mittel: Helligkeit

Das Tageslicht ist für den Menschen weißes Licht. Weißes Licht begleitet ihn den ganzen Tag. Das Licht der Sonne wird als natürliches Licht bezeichnet. Gerade das natürliche Licht ist wichtig für das Leben auf der Erde.

Daneben gibt es das künstliche Licht, das von mehr oder weniger gerichteten Lichtquellen oder Lampen ausgestrahlt wird. Dieses Licht kann, wie das natürliche Licht der Sonne, heller und dunkler sein. Daneben wird der Mensch in vielen Fällen mit hellen oder dunklen Objekten oder Gegenständen konfrontiert, die keinerlei „Farbigkeit" aufweisen. Diese Gegenstände sind einfach nur schwarz oder grau oder weiß. Sie zeigen Abtönungen, sie zeigen helle Seiten oder aber dunkle, die dem Licht abgewandt sind.

Die Umsetzung einer Idee oder Vorstellung muss somit nicht immer farbig sein. Das Spektrum innerhalb von Weiß und Schwarz eröffnet eine Vielzahl an unterschiedlichen Gestaltungsmöglichkeiten.

1.2.3
Gliederung

1.2.3.1
Helles und weniger helles Licht

Wir können zwischen einem sehr hellen und einem weniger hellen Licht unterscheiden. Wir sehen das helle Licht der Sonne um die Tagesmitte. Gegen Abend und in der Nacht wird dieses Licht immer weniger hell, bis es als Dunkelheit wahrgenommen wird. Wir sehen Leuchten, die hell strahlen. Daneben gibt es Lichtobjekte, die nur sehr wenig Licht abgeben.

Abb. 4.3 Die lineare Darstellung eines Objektes sowie die hellen und dunklen Seiten eines Objektes und der davon abhängige raumhaft-plastische Eindruck.

Abb. 4.4 Von der Fläche zur Kugel. Die Veränderung des raumhaft-plastischen Eindrucks durch Veränderung von Helligkeitsabtönung und Begrenzung.

1.2.3.2
Weißes und weniger weißes Material

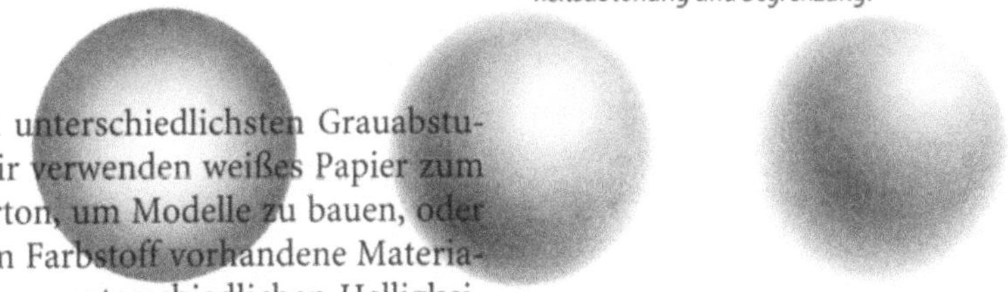

Unterschiedlich helles Material in unterschiedlichsten Grauabstufungen wird im Alltag benutzt. Wir verwenden weißes Papier zum Schreiben, graues Papier oder Karton, um Modelle zu bauen, oder streichen mit weißem oder grauem Farbstoff vorhandene Materialien an. Neben dem Licht mit seinen unterschiedlichen Helligkeiten steht das unterschiedlich helle Material.

Abb. 4.5 *Unterschiedliche Lichtreflexionen durch unterschiedliche Neigung des reflektierenden Materials. Vorder- und Seitenansicht des Modells.*

Das natürliche Licht der Sonne oder das künstliche Licht einer Straßenlaterne kann heller oder dunkler sein. Das natürlich gewachsene Fell eines Eisbären kann hell sein, das natürlich gewachsene Federkleid des Raben ist schwarz. Künstlich hergestelltes Papier kann weiß oder grau oder schwarz sein. Mit Farbstoffen kann man vorhandenes Material weiß oder in unterschiedlichen Graustufen bemalen.

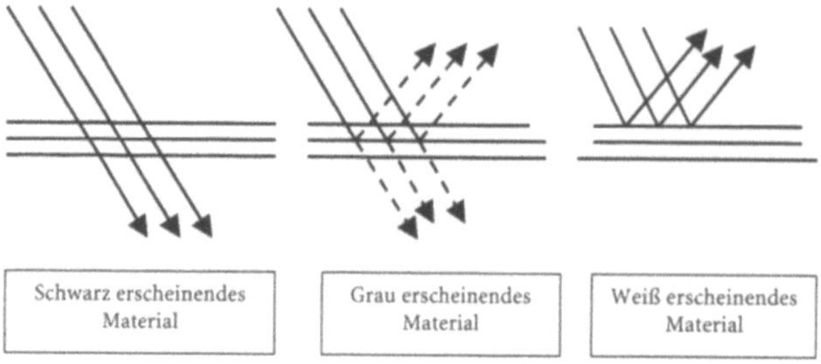

Grafik 4.3 *Die Begründung für die Wahrnehmung von schwarzem, grauem oder weißem Material*

Die vermittelnden Grautöne eines Materials (z.B. entsprechend der mittleren Anordnung) können sich durch schwächeres weißes Licht oder aber durch mehr oder minder starke Reflektion aller weißen Lichtstrahlen ergeben.

Wir können somit die Erscheinungsweise des Helldunkel unterteilen in wahrnehmbares helles und weniger helles Licht und wahrnehmbares weißes und weniger weißes Material. Das Licht und das Material können natürlich oder aber künstlich sein.

1.2.3.3
Der Schwarz-Weiß-Kontrast

Schwarz-Weiß-Kontraste lassen sich mit weißem Licht wie mit entsprechendem weißen bzw. schwarzem Material erstellen.

Abb. 4.6 *Der Schwarz-Weiß-Kontrast*

1.2.4
Mischungen

Man kann weißes bzw. weniger weißes Licht mit entsprechend weißem oder weniger weißem Material mischen. Die Veränderung von hell nach dunkel kann auf verschiedene Weise erreicht werden:

- Die Helligkeit eines Objektes bzw. eines Raumes kann durch die **Ortsveränderung einer Lichtquelle** erreicht werden.
- Neben der Ortsveränderung einer Lichtquelle kann **die Veränderung der Lichtstärke** eine Veränderung der Helligkeit bewirken.
- Die Veränderungen der Helligkeit kann entstehen durch die Veränderung des reflektierenden Materials.
- Unterschiedliche Helligkeiten können statisch nebeneinander stehen, sie können aber auch nach und nach sich verändern.

Bewegung / Zeit
(z.B. Veränderung der Helligkeit eines Raumes im Verlauf eines Tages / Tageslicht oder Veränderung der Helligkeit eines weißen Papiers beim Verbrennen Veränderung der Helligkeit bei zunehmend stärkerem Farbauftrag)

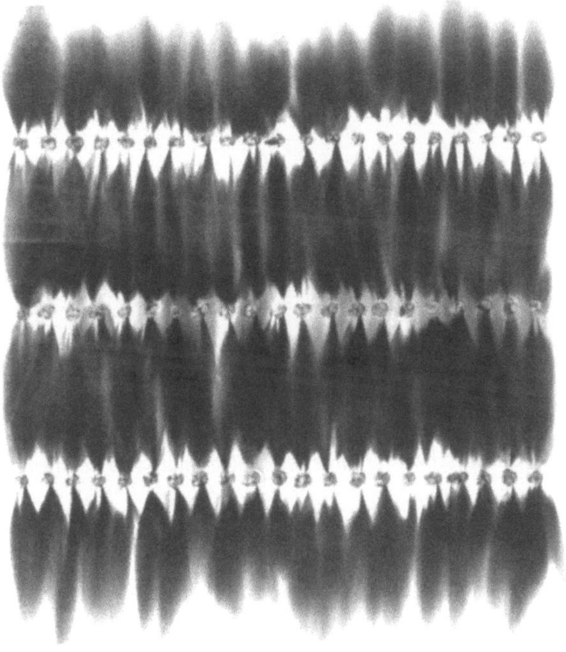

Abb. 4.7 (links) *Rauchspuren – durch kleine Öffnungen in einem Karton kann man die kleinen Rauchfahnen steuern*
Abb. 4.8 (rechts) *Herablaufende Farbe*

1.2.5
Die Nutzung von Hell-Dunkel

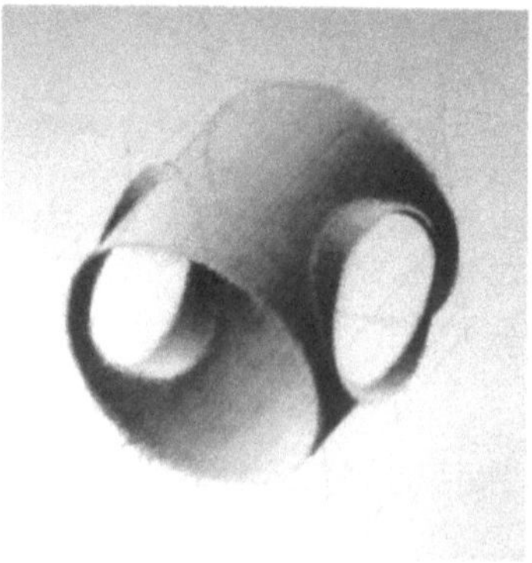

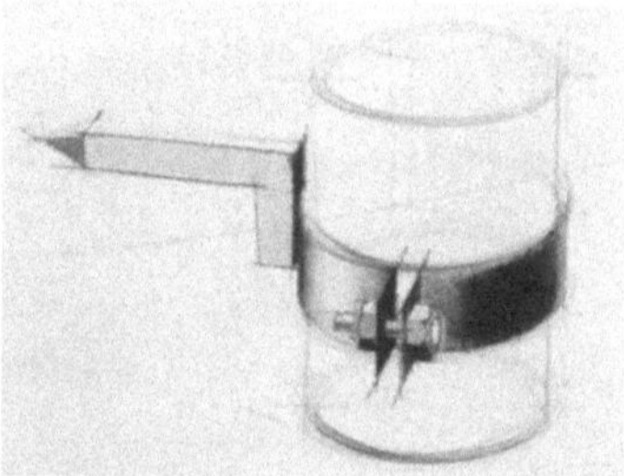

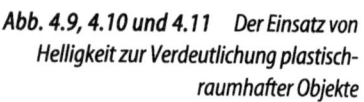

Abb. 4.9, 4.10 und 4.11 *Der Einsatz von Helligkeit zur Verdeutlichung plastisch-raumhafter Objekte*

Siehe dazu die semantischen Aspekte des Hell-Dunkel:
Etwas ins Licht setzen bedeutet gleichzeitig immer, dass andere Partien dunkler und damit als weniger wichtig eingestuft werden.
Das Lichte und das Dunkle.
Lichte Gestalten / dunkle Gestalten usw.

1.2.5.1
Die Hell-Dunkel-Abtönung im realen Raum

Unterschiedliche Helligkeiten in Räumen sind Voraussetzung dafür, dass der Raum bei einer visuellen Betrachtung als plastisch-raumhaftes Gebilde erfahren wird.

1.2.5.2
Die Hell-Dunkel-Abtönung auf Darstellungen zur Schaffung eines räumlichen Eindruckes

Der räumliche Eindruck einer flächenhaften Darstellung hängt von mehreren Faktoren ab. Insbesondere spielt dabei aber die Helligkeit bzw. die Veränderung des Hell-Dunkel eine wichtige Rolle.

Abb. 4.12 *Zerknittertes Papier mit schwarzer Farbe besprüht und nach dem Trocknen glatt gestrichen*

1.2.5.3
Die Betonung einzelner Objektteile durch besonderen Einsatz der Helligkeit

Will man bestimmte Teile eines Objektes oder ganze Objekte gegenüber einer Umgebung hervorheben, so wird man sie verstärkt ins Licht setzen oder man wird die Lichtstärke erhöhen. Der Einsatz des Lichtes bzw. die Kontrastierung gegenüber einer Umgebung bieten somit die Möglichkeit, besonders beachtenswerte Sachverhalte ins „Blickfeld" zu rücken.

1.2.6
Das Mittel: Farbe

Mit den Augen kann der Mensch die Dinge seiner Umwelt wahrnehmen. Er sieht die unterschiedlichsten Farben. Er sieht helle und dunklere Farben. Er sieht farbiges Licht, er sieht farbiges Material. Er geht mit farbigem Licht um. Er nutzt farbiges Material zum Anstreichen in seiner Wohnung oder seiner sonstigen Objekte usw. Nicht immer entstehen dabei allerdings die Farbtöne, die er sich wünschte. Und nicht selten muss er feststellen, dass ein besonderes farbiges Material, wird es einem speziellen Licht ausgesetzt, eine andere Farbigkeit zeigt als erwünscht.

1.2.7
Gliederung

1.2.7.1
Emissionsfarben – Spektralfarben

Farben können direkt von einer Lichtquelle ausgehend wahrgenommen werden. Die einzelnen elektromagnetischen Wellen werden von einer Lichtquelle ausgesendet und treffen direkt auf das Auge eines Betrachters. In dem Fall spricht man von Emissionsfarben oder auch von Spektralfarben.

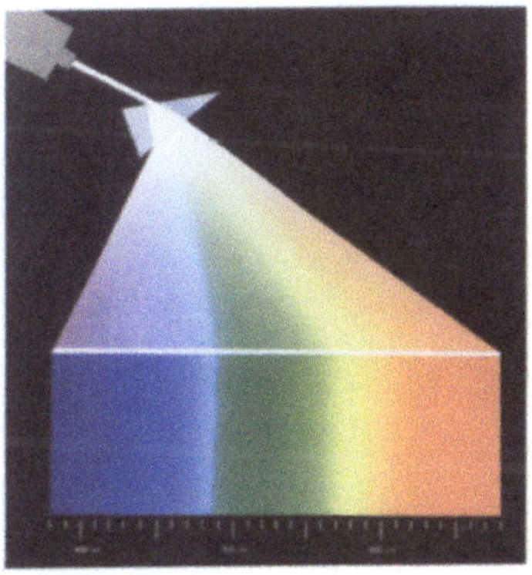

Abb. 4.13
Das Spektrum des wahrnehmbaren Lichtes und die darin enthaltenen wahrnehmbaren Farben.
Aus: Harald Küppers: Farbe. Ursprung, Systematik, Anwendung. Callwey-Verlag, 1972

1.2.7.2
Das Spektrum der Emissionsfarben

Die Emissionsfarben bzw. Spektralfarben werden in einer linearen Form vorgestellt. Diese umfasst ein bestimmtes Wellenspektrum von 370 nm bis 780 nm, was im Vergleich zu dem gesamten Spektrum einen geradezu winzigen Ausschnitt ausmacht. Das Wellenspektrum mündet auf der einen Seite (links) vom violetten weitergehend in den ultravioletten Bereich. Hier ist das Feld der Röntgenstrahlung angesiedelt. Auf der anderen Seite mündet es nach dem Rot in den Bereich der Wärmestrahlung. Fernsehen und elektrischer Strom folgen.

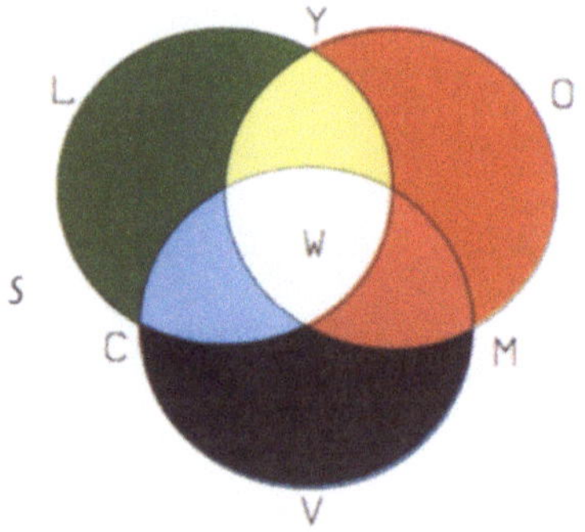

Abb. 4.14 *Additive Farbmischung*

1.2.7.3
Die Grundfarben bei Emissionsfarben

Bei den Spektralfarben sind die drei Farben
Rotorange,
Grün und
Blauviolett
die Grundfarben.
Sekundärfarben sind Magenta, Cyan und Gelb.

1.2.7.4
Remissionsfarben – Pigmentfarben

Sieht man eine farbige Fläche oder ein anderes farbiges Gebilde, so kommt es zu dieser Wahrnehmung, weil von der Fläche oder dem Gebilde elektromagnetische Wellen bestimmter Zusammensetzung zurückgeworfen werden und auf das Auge eines Betrachters treffen. Es werden elektromagnetische Wellen zum Betrachter zurückgeschickt. Man nennt diese Farben Remissionsfarben oder auch Pigmentfarben. Alle farbigen Stoffe, alle farbigen Materialien zählt man dem Bereich der Pigmentfarben zu.

1.2.7.5
Das Spektrum der Remissionsfarben

Das Spektrum der Remissionsfarben beinhaltet den gleichen Umfang wie bei den Emissionsfarben. Mit dem menschlichen Auge können die unterschiedlichsten Nuancierungen farbiger Materialien wahrgenommen werden.

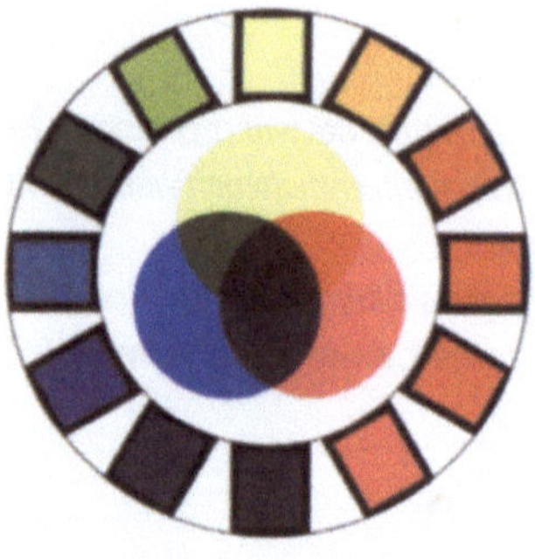

Abb. 4.15 *Farbkreis mit Remissionsfarben*

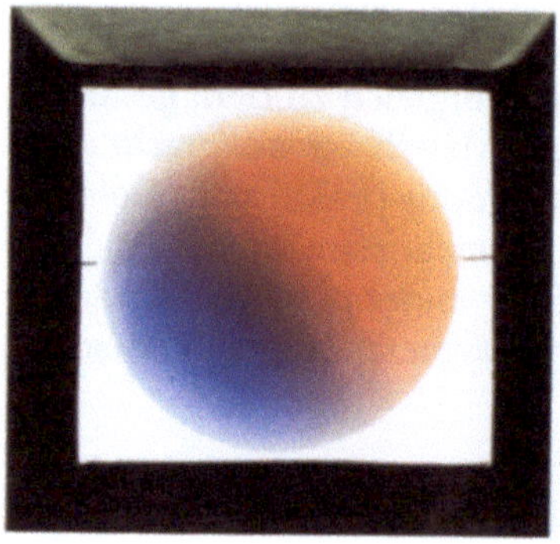

Abb. 4.16 *Plastisches Modell – Farbreflexion in Rot-Blau*
Abb. 4.17 *Rückseite des Modells*

1.2.7.6
Die Grundfarben bei Remissionsfarben

Bei den Remissionsfarben bzw. Pigmentfarben sind die Grundfarben:
Magenta,
Cyan und
Gelb.
Sie werden deshalb Grundfarben genannt, weil sie im Gegensatz zu allen anderen Farben nicht durch Mischungen erstellt werden können. Die Grundfarben werden auch als Erstfarben bzw. als Primäre Farben bezeichnet.

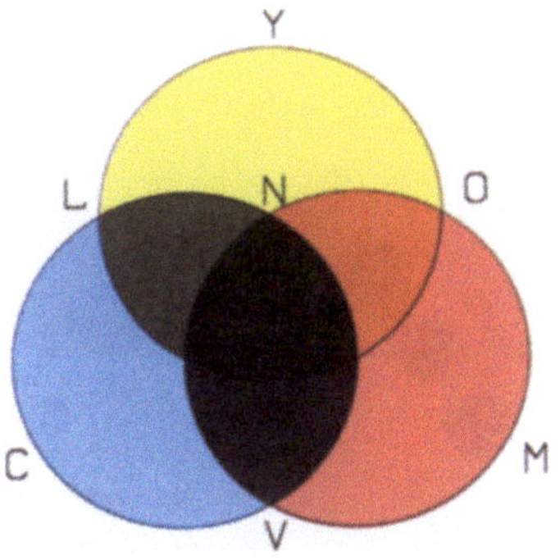

Abb. 4.18 *Subtraktive Farbmischung*
*Es lassen sich durch die Mischung von jeweils zwei Grundfarben die drei Zweitfarben **(Violett, Grün, Orange)** erstellen. Die Zweitfarben werden auch Sekundärfarben genannt.*
Beide Ordnungen zeigen die jeweiligen Grundfarben und die sich durch immer weitere Mischungen ergebenden Zweit- und Drittfarben.
Betrachtet man die beiden Systeme der Emissionsfarben und Remissionsfarben, so stellt man fest, dass die Grundfarben der Emissionsfarben als Zweitfarben bei den Remissionsfarben auftreten, während die Grundfarben der Remissionsfarben als Zweitfarben bei den Emissionsfarben vorkommen.

1.2.8
Verschiedene Ordnungsversuche für die Remissionsfarben / Pigmentfarben

Für die Pigmentfarben wurden (und werden immer noch) Ordnungsversuche unternommen. Flächenhafte Systeme und plastischraumhafte Ordnungen stehen nebeneinander.

1.2.8.1
Die unterschiedlichen Farbvalenzen zur Bestimmung eines Farbtones

Die Unterscheidung der einzelnen Farben geschieht aufgrund ihrer Farbvalenzen.
Als Farbvalenzen bezeichnet man:
1. den jeweiligen **Ton** einer Farbe
2. die jeweilige **Dunkelheit** eines Farbtones
3. die jeweilige **Sättigung** eines Farbtones

Da bei jeder Farbe diese drei Phänomene auftreten, sind sie ausschlaggebend für die Bestimmung einer Farbe.

Lat.: valens, entis = wirksam, einflussreich
Es handelt sich also um die Faktoren, die für die Farbe bestimmend sind.

1.2.8.2
Das System 6164

Das System 6164 beinhaltet neben anderen Verfahren den Versuch, die einzelnen Farben mit bestimmten Maßzahlen zu belegen. Dies dient der Normierung der einzelnen Farbtöne und damit einem seriellen Einsatz von Farben auf den verschiedensten Gebieten. Nachbestellte Farbtönungen können wiederum zum gleichen Farbton exakt gemischt werden. Dies ist besonders dann wichtig, wenn z.B. bei der Reparatur eines Objektes der ehemals verwende-

Siehe dazu die Ausführungen in: Harald Küppers: Farbe. Ursprung, Systematik, Anwendung. Callwey Verlag, München 1972.

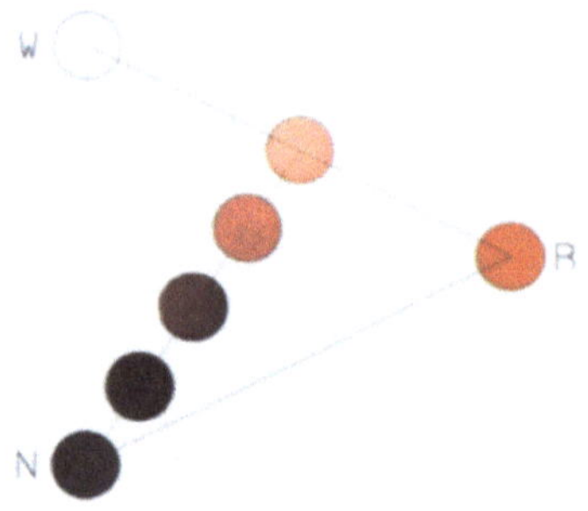

Abb. 4.19 Farbkarte zum System 6164

te Farbton gebraucht wird. Mit der Angabe der entsprechenden Zahlen für den Farbton, die Dunkelheit und die Sättigung kann die ehemalige Farbe wieder beschafft werden (**TDS**-Nummern für den **Farb-Ton,** die **Farb-Dunkelheit** und die **Farb-Sättigung**).

1.2.9 Die Farbkontraste

Die einzelnen Farben werden in 7 Gegensatzpaaren (den Farbkontrasten) einander gegenübergestellt.

- Der Komplementärkontrast

Farben sind komplementär, wenn sie in einem 6- oder 12-teiligen Farbkreis einander gegenüberliegen und bei einer Mischung Schwarz ergeben. Bei einer Mischung von farbigen Lichtstrahlen, die komplementär sind, entsteht wieder weißes Licht.

- Der Simultankontrast

Ist auf einem intensiv farbigen Feld ein kleineres Feld in entsprechendem Grauton angelegt, so erscheint dieses nach kurzer Zeit farbig. Der neu entstehende Farbton ist komplementär zur Farbe des großen Feldes.

- Der Qualitätskontrast

Farben können eine unterschiedliche Sättigung haben. Als reine Farben werden die Grund- und Sekundärfarben bezeichnet. Alle anderen Farben sind unterschiedlich rein bzw. gesättigt. Je geringer die Reinheit einer Farbe ist, umso geringer ist deren Intensität.

- Der Quantitätskontrast

Dies betrifft die Menge der einzelnen Farben bei einer Farbzusammenstellung. Die Quantität der Farben wird oft im Zusammenhang gesehen mit der Helligkeit von Farben und damit ihrem Gewicht, wenn es darum geht, eine ausgeglichene Umsetzung (z.B. bei einer Rechts-links-Aufteilung) zu machen. So kann z.B. ein kleines, dunkles Farbfeld auf der einen Seite einem großen, hellen Feld auf der anderen Seite einer Fläche die Waage halten.

- Der Helligkeitskontrast

Die einzelnen Farbtöne haben unterschiedliche Helligkeitswerte. Dunkelste Farbe ist dabei das Violett (Wert: 3/4). Hellste Farbe ist das Gelb (Wert: 1/4). Für die anderen Farben ergeben sich entsprechende Zwischenwerte (Blau: 2/3, Grün: 1/2, Orange: 1/3, Rot: 1/2). Betrachtet man die einzelnen Werte, so stellt man fest, dass sie sich paarweise zu dem Wert 1 ergänzen.) Die angegebenen Werte für die Eigenhelligkeiten der Farbtöne sind bezogen auf eine schwarze Umgebung. Dies bedeutet: Auf einem schwarzen Untergrund braucht man 3-mal so viel Violett, um einem Teil Gelb das Gleichgewicht halten zu können. Auf einer weißen Fläche sind die jeweils angegebenen Werte umgekehrt einzusetzen.

Studien belegen, dass die jeweilige Helligkeit einer Farbe vor deren Intensität ausschlaggebend ist für das Gleichgewicht einer Umsetzung.

So entzieht z.B. ein magentaroter Filter den Bereich des grünen Lichtes. Dieses Verfahren ist maßgebend bei der Farbfotografie, der Diatechnik und der Farbfilmtechnik.

- Der Kalt-Warm-Kontrast

Hierbei handelt es sich um eine Gegenüberstellung von Farben, die einmal mehr als kalt, einmal mehr als warm empfunden werden. In der Regel werden Farben um Blau / Blaugrün den kalten Farben zugeordnet, während Orange, Rotorange eher als warme Farben bewertet werden. Die Gegensätzlichkeit kann noch gesteigert werden, indem den Blau- / Blaugrün-Tönen Weiß beigemischt wird und den Orange- / Rotorange-Tönen Schwarz beigemischt wird. Konkrete Erfahrungen von Eis und Schnee sowie von Feuer und Glut und der damit verbundenen Wärme können für diese Empfindungen maßgebend sein.

- Der Bunt-Unbunt-Kontrast

Im Grunde handelt es sich hier um die Gegenüberstellung von farbigen Feldern zu Schwarz-Weiß-Feldern auf einer Fläche bzw. bei einem Objekt.

Additiv:
Werden farbige Lichter gemischt, so addieren sich die zusammengeführten elektromagnetischen Wellen. Die neu entstehenden Farben werden deshalb immer heller. Beispiel: Zusammenfallen von drei Scheinwerfern mit spektralen Grundfarben (Violett, Grün und Orange).

Subtraktiv:
Werden farbige Materialien miteinander gemischt, kommt es zu einer Absorption elektromagnetischer Wellen und damit zu einer Reduzierung der remittierten Lichtstrahlen.

1.2.10 Farbmischungen

1.2.10.1 Die Mischung von Emissionsfarben

Mischt man Emissionsfarben, so werden die neuen Farben immer heller als die ursprünglich ausgesendeten Spektren, da sich die einzelnen elektromagnetischen Wellen addieren, bis am Ende Weiß entsteht. Weiß enthält somit alle Wellenlängen des ausgesendeten und für den Menschen wahrnehmbaren Lichtes. Es kommt zu einer **additiven** Mischung.

1.2.10.2 Die Mischung von Remissionsfarben

Mischt man „farbiges" Material, z.B. Farben aus einer Farbtube auf einer Fläche, so werden bei genügend Licht von dieser Fläche elekt-

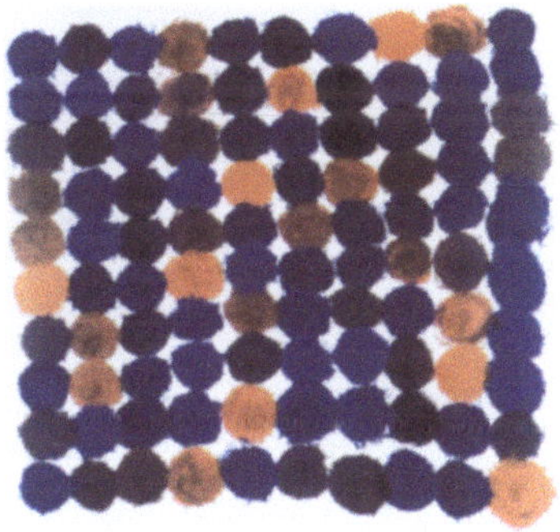

Abb. 4.20 *Mischung der Pigmentfarben Blau und Rot*

romagnetische Wellen ins Auge des Betrachters zurückgeworfen. Die neuen sichtbaren Farben unterscheiden sich allerdings von den gemischten farbigen Lichtern dadurch, dass sie, je mehr man Farbe zugibt, immer dunkler werden. Remissionsfarben werden bei einer Mischung dunkler und enden, mischt man z.B. eine Grundfarbe und eine ihr im Farbkreis gegenüberliegende Farbe zusammen, im Schwarz. Es kommt zu einer **subtraktiven** Mischung.

Zu einer subtraktiven Mischung kommt es auch, wenn man farbige Folien hintereinander legt, da jeder Filter eine gewisse Menge an Lichtstrahlen absorbiert.

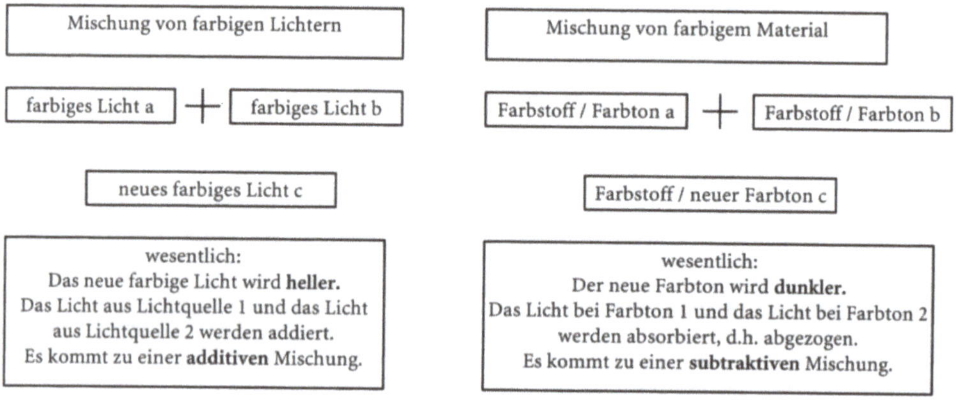

Grafik 4.4 Konsequenzen von Farbmischungen

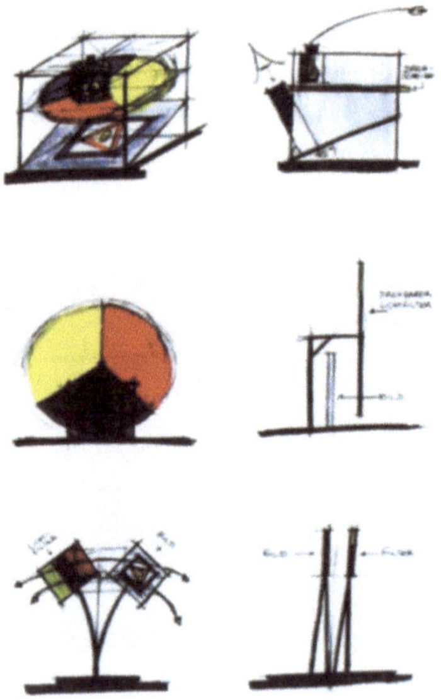

Abb. 4.21 Vorstudien für eine farbplastische Umsetzung

1.2.10.3
Die gleichzeitige additive und subtraktive Farbmischung

Bewegt man farbig angelegte Scheiben in unterschiedlichen Geschwindigkeiten, so erkennt man bei langsamer Bewegung die einzelnen aufgemalten Farben. Was sichtbar ist, wird zunächst, entsprechend der subtraktiven Mischung dunkler. Erhöht man die Geschwindigkeit, so kommt es zu einer merkwürdigen Erscheinung: Die jetzt sichtbaren Farben, nicht mehr einzeln erkennbar, sondern völlig miteinander gemischt, werden heller. Der Grund liegt darin, dass sich die remittierten Lichtstrahlen addieren und somit das Ganze heller werden lassen, als dies bei einer rein subtraktiven Mischung der Fall wäre.

Dieses Phänomen ist auch beim Rasterdruck ablesbar, wenn die einzelnen Farbpunkte so klein werden, dass sie im Einzelnen nicht mehr vom Auge unterscheidbar sind (z.B. bei einem 60er-Raster = 14400 Rasterpunkte auf einem Quadratzentimeter).

1.2.11
Verschiedene Situationen bei Farbmischungen

1.2.11.1
Weißes Licht und farbiges Material

Von einer Lichtquelle LQ wird weißes Licht ausgestrahlt. Dies bedeutet, alle Farben sind in dem Farbspektrum enthalten. Trifft dieses Licht auf ein Material, so kann es sein, dass alle Lichtstrahlen reflektiert werden. Wir sehen ein weißes Material z.B. weißes Papier. Trifft dieses weiße Licht auf ein anderes Material, so kann es sein, dass wir es in einer bestimmten Farbe sehen (z.B. Rot). Dies kommt von der **Absorption** farbiger Lichtstrahlen durch das Material. Sehen wir ein Material, einen Bogen Papier, eine Hauswand oder sonst ein Objekt bei einem weißen Licht in einer bestimmten Farbigkeit, so bedeutet dies, dass alle Farbanteile des Lichtes außer denen des gerade sichtbaren Farbtones von dem Material absorbiert werden.

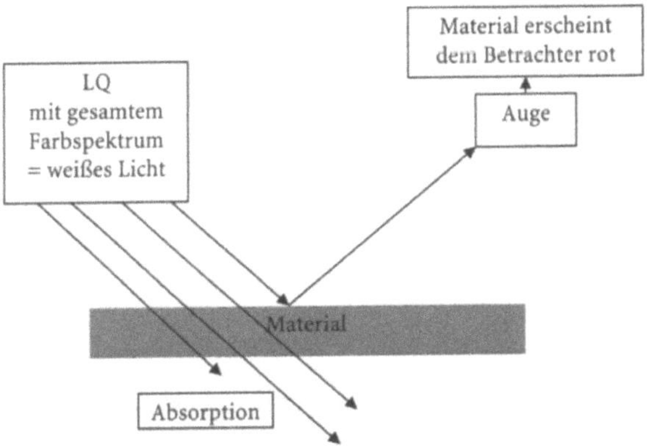

Grafik 4.5 *Die Absorption von weißem Licht und die Reflektion bestimmter Strahlen*

1.2.11.2
Farbiges Licht und farbiges Material

Neben der getrennt vorgestellten Mischungen von farbigem Licht und von farbigem Material auf den vorhergehenden Seiten, kommt es jedoch in vielen Fällen (man denke nur an die farbige Beleuchtung von Gegenständen in Geschäften und Auslagen) zu einer Mischung von farbigem Licht und farbigem Material.

Das Ergebnis einer Mischung von farbigem Licht und farbigem Material ist abhängig vom jeweiligen Spektrum des farbigen Lichtes und der jeweiligen Absorptionsbreite des farbigen Materials.

Besteht das ausgesendete Licht z.B. aus einer Mischung von zwei Farben oder wird von zwei getrennten Lichtquellen einmal blaues und einmal rotes Licht auf ein Material gestrahlt, so sieht man bei der hier aufgezeigten Eigenschaft des Materials dieses in Rot.

Werden alle Farbanteile absorbiert, so erscheint das betrachtete Material schwarz.

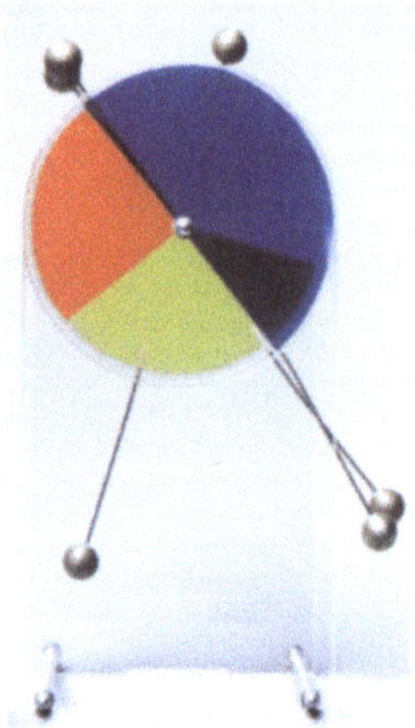

Abb. 4.22 und 4.23 Farbplastisches Modell zur subtraktiven Farbmischung (hintereinander gelegte farbige Folien)

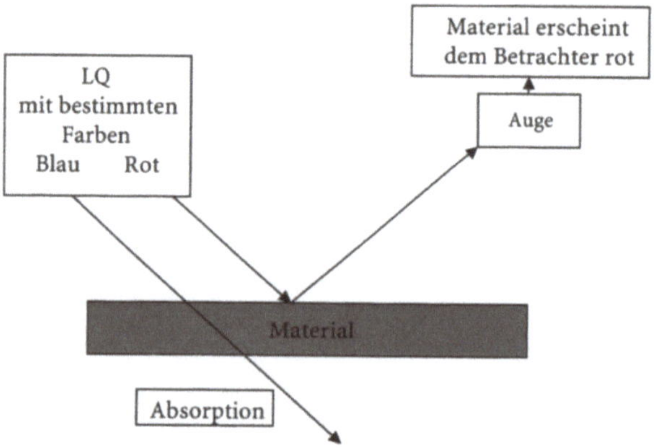

Grafik 4.6 Die Absorption farbigen Lichtes bei farbigem Material

1.2.12 Die Nutzung von Farben

Farben werden genutzt für zwei- und dreidimensionale Darstellungen und Umsetzungen. Sie dienen der Identifizierung vorhandener Gebilde ebenso wie zur Vermittlung symbolhafter Bedeutungen.

1.2.13 Das Mittel: Form

1.2.13.1 Die unterschiedliche Begrenzung der einzelnen Gebilde

Voraussetzung für eine Identifizierung der einzelnen wahrgenommenen Gebilde ist deren Abgrenzung von der Umgebung.

Je klarer die Begrenzung (scharf – unscharf) eines Phänomens ist, umso klarer und eindeutiger kann das wahrgenommene Gebilde hinsichtlich seiner Form bestimmt werden. Unscharfe Begrenzungen farblicher Bereiche gegenüber einer andersfarbigen Umgebung verhindern eine Klärung der Form. Dies gilt in gleicher Weise für den haptischen und akustischen Wahrnehmungsbereich. Die einzelnen Formen können somit jeweils **scharf** und **unscharf** begrenzt sein.

Sollen einzelne Formen z.B. in Schwarz-Weiß definierbar sein, so setzt dies ihre mehr oder weniger klare Abgrenzung gegenüber der Umgebung voraus. Die einzelnen Formen erscheinen jetzt mehr oder minder schwarz, grau und weiß gegenüber der Umgebung. Durch die Reduktion der Farbigkeit auf Schwarz-Weiß eröffnet sich dem Gestalter die Möglichkeit, formale Elemente besonders deutlich hervorheben zu können. Dies nutzt er besonders dort, wo es um Eindeutigkeit geht (z.B. bei Anzeigen oder Messgeräten).

1.2.14
Die Gliederung des formalen Bereiches

Für eine Umsetzung im Industrie-Design eignen sich formale Elemente, die visuell und / oder haptisch sowie akustisch erfasst werden können.

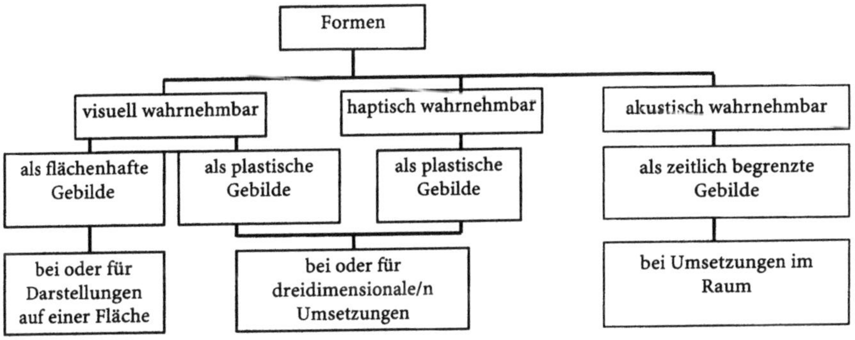

Grafik 4.7 Übersicht über die wahrnehmbaren Elemente des formalen Bereichs

1.2.14.1
Formen lassen sich visuell, haptisch und akustisch erfassen

Unterschiedliche Farben oder Helligkeiten lassen die Form der einzelnen Felder deutlich werden. Die einzelnen Formen können als flächenhafte oder plastisch-raumhafte Gebilde bei Darstellungen auf einer Fläche sichtbar werden. Hinzu kommt die Fähigkeit, reale dreidimensionale Figuren im Raum zu identifizieren. Für die Schaffung dreidimensionaler Gebilde werden plastisch-raumhafte Umsetzungen notwendig, bei denen das Ganze ebenso wie die einzelnen Teile sich durch die jeweils besonderen Formen voneinander abheben. Die Formen werden in ihrer Plastizität visuell „greifbar“.

Plastisch-raumhafte Formen lassen sich greifen, berühren oder aber man kommt mit ihnen in Berührung (z.B. das Umfassen eines Griffes oder das Halten eines Hammers).

Ein punkthaftes akustisches Phänomen stellt z.B. der Paukenschlag dar. Man kann punkthafte Töne von länger gehaltenen und somit eher linearen Tönen unterscheiden. Als linienhafte Form kann der lang gehaltene Ton z.B. einer Violine bezeichnet werden. Kommt es zur Mehrstimmigkeit, kann man von flächenhaften akustischen Gebilden sprechen. Sind einzelne Klangkörper im Raum verteilt, lässt sich das Ganze als raumhafte akustische Form ansehen.

1.2.15 Die Gliederung der formalen Elemente

1.2.15.1 Die unterschiedliche Dimension der formalen Elemente

Wir sehen punkthafte, also kleine in sich abgeschlossene und für sich stehende Gebilde neben linienhaften, flächenhaften und plastischen Elementen. Wir nehmen diese Formen auf der Fläche (z.B. als grafisches Gebilde) und im Raum wahr. Wir sehen diese Formen in der Architektur oder in Darstellungen (Malerei, Grafik usw.).

Die visuell und haptisch wahrnehmbaren Formen lassen sich unterschiedlichen Dimensionen zuordnen.

Mit der Angabe von $L>0$ wird angegeben, dass die Länge des Objektes nach 0 tendiert. Bei $L>0$, $B>0$, $H>0$ bedeutet dies, die Länge, die Breite und die Höhe des Objektes tendieren nach 0 und somit auf ein punkthaftes Element zu.

- Punkthafte Elemente — $L>0$, $B>0$, $H>0$

Sie sind allseits rund. Sie haben keine Ausdehnung nach irgendeiner Seite. Beispiel: kleiner Kreis / kleine Kugel

- Linienhafte Elemente — $L<0$, $B>0$, $H>0$

Linienhafte Elemente haben eine Ausdehnung in einer Richtung. Zwei nebeneinander liegende Punkte ergeben bereits ein lineares Element.

- Flächenhafte Elemente — $L<0$, $B<0$, $H>0$

Flächenhafte Elemente haben eine Ausdehnung in zwei Richtungen. Drei nebeneinander liegende Punkte können ein Gebilde mit flächenhafter Ausdehnung bilden.

- Plastisch-raumhafte Elemente — $L<0$, $B<0$, $H<0$

Plastisch-raumhafte Gebilde haben eine Ausdehnung in drei unterschiedliche Richtungen. Vier Punkte lassen sich zu einem dreidimensionalen Gebilde zusammenstellen.

1.2.15.2
Regelmäßige und unregelmäßige Formen

Die einzelnen flächenhaften oder plastisch-raumhaften Formen können **regelmäßig** oder **unregelmäßig** sein. Regelmäßig sind vornehmlich Formen, die man in ihren Dimensionen, ihren Kantenlängen oder Ausdehnungen relativ exakt bestimmen kann. In der Regel handelt es sich hierbei um künstlich erstellte Figuren.

Daneben steht jedoch das große Feld der unregelmäßigen Figuren und Gebilde. Formen, die sich ergeben, wenn z.B. Farbe ausläuft oder wegspritzt, wenn z.B. ein Glas zerbricht oder etwas verbrennt usw. Die Unregelmäßigkeit der einzelnen Formen kann wiederum gleichmäßig sein (z.B. ein Wellenband) oder aber ungleichmäßig sein (wie dies wahrscheinlich bei einem verbogenen Draht der Fall sein wird). Regelmäßige Formen wird man eher bei künstlich erstellten Gebilden feststellen können, während die unregelmäßigen Formen eher auf natürlichem Wege, z.B. aufgrund ihrer chemisch-physikalischen Eigenschaften oder durch irgendwelche Einwirkungen, entstehen bzw. entstanden sind.

So sind z.B. Holzstäbe oder ein Metallstab als lineare Elemente weitgehend regelmäßig.

1.2.15.3
Die Grundformen und der Formenkreis

Auch bei den Formen geht man von drei Grundformen aus. Als Grundformen bezeichnet man das Quadrat, den Kreis und das gleichseitige Dreieck.

Mit dem Formenkreis wird eine Analogie zum Farbenkreis versucht. Die drei Grundformen werden wie die drei Grundfarben auf einem Kreis angeordnet. Entsprechend den dort durchgeführten Mischungen werden jetzt die vermittelnden Formen entwickelt.

Abb. 4.24 Formenkreis

1.2.16
Die Formkontraste

1. Kontrastierend können Formen der gleichen Dimension sein, z.B. zwei lineare Elemente stehen einander gegenüber.
2. Kontrastierend kann die jeweilige Formeigenschaft der Elemente sein, z.B. dick - dünn.
3. Kontrastierend kann der Formverlauf der jeweiligen Elemente sein, z.B. regelmäßig - unregelmäßig.
4. Kontrastierend kann deren Begrenzung sein, z.B. scharf - unscharf begrenzt

Die einzelnen Formen lassen sich in unterschiedliche Kontrastpaare aufgliedern.

Dimension			
punkthaft	**linienhaft**	**flächenhaft**	**plastisch-raumhaft**
groß-klein	lang-kurz gerade-gebogen geknickt dick-dünn	groß-klein eben-gewölbt	groß-klein ebene-unebene Flächen lange-kurze Kanten
scharf begrenzt unscharf begrenzt	→	→	→

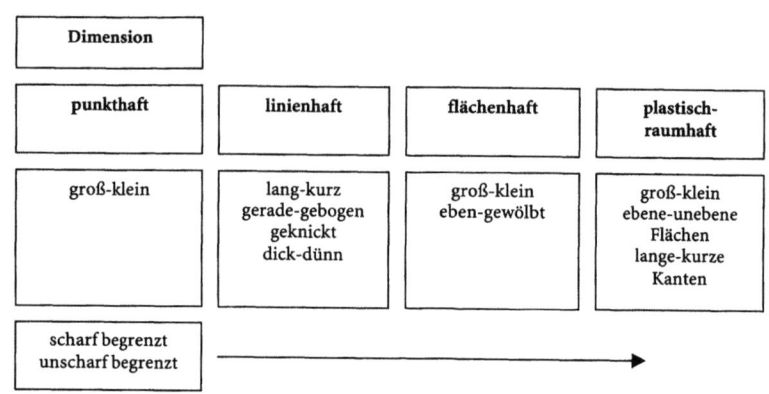

Grafik 4.8 *Übersicht über Formkontraste*

1.2.17
Die Nutzung formaler Elemente

1.2.17.1
Die raumhafte Darstellung eines plastisch-raumhaften Gebildes

Maßgebend für die raumhaft-plastische Darstellung eines Gebildes auf der Fläche sind folgende Faktoren:

1. Die Schräge
2. Die Überschneidung
3. Die unterschiedliche Helligkeit
4. Die unterschiedliche Farbigkeit
5. Die Veränderung der Intensität von Helligkeit und Farbe
6. Die unterschiedliche Begrenzung
7. Die unterschiedliche Struktur bzw. Oberfläche der Gebilde

Dabei wird davon ausgegangen, dass Teile im Vordergrund jeweils intensiver dargestellt sind als weiter zurückliegende Teile).

Die Erfahrungen des Menschen mit den Dingen im Raum führte dazu, Informationen über Darstellungen weiterzugeben, die die Regeln der raumhaften Sichtweisen aufgreifen. Die Deutung als plastisches oder raumhaftes Gebilde kann jetzt aufgrund der Erfahrungen mit der realen Wirklichkeit durchgeführt werden.

1.2.17.2
Die Nutzung formaler Elemente für eine klare Deutung

Formale Elemente (punkthaft, linienhaft oder flächenhaft) ermöglichen aufgrund ihrer Präzision eine exakte Darstellung von Entwicklungen oder sonstigen Daten (z.B. zeitlichen Verläufen oder Diagrammen).

1.3 Studien

1.3.1 Theoretische Studien

Welche Konsequenzen ergeben sich aus diesen Erfahrungen für den Einsatz von Farben bei der Gestaltung von Objekten, die bei unterschiedlichen Lichtverhältnissen genutzt werden.

- Studien zum Thema: Farbe
  - Betrachtung unterschiedlicher Gliederungssysteme von Farben
  - Betrachtung von DIN-Systemen für Farben
  - Beschreibung des Aufbaues der unterschiedlichen Systeme und ihre Anwendungsmöglichkeiten
- Studien zum Thema: Helligkeit
  - Unterschiedliche Helligkeiten bei unterschiedlichen Umsetzungen (z.B. bei flächenhaften Darstellungen, bei plastischen Objekten oder bei Architekturen)
  - Mit welchen Mitteln werden die unterschiedlichen Helligkeiten erreicht?
  - Der Einsatz von Helligkeit (Schwarz-Weiß) bei unterschiedlichen Umsetzungen und der Versuch einer Begründung (z.B. ausreichend für eine Informationsübermittlung oder sogar wesentlich vorteilhafter als eine farbige Umsetzung – warum?)
- Studien zum Thema: Form
  - Der Einsatz formaler Elemente in unterschiedlichen Gestaltungsbereichen (z.B. der Einsatz linearer Elemente in der Grafik, in der Architektur oder bei der Produktgestaltung)
  - Die Nutzung unterschiedlicher formaler Elemente für bestimmte Aufgaben (z.B. die Linie zur Verdeutlichung bestimmter Prozessabläufe oder der Einsatz linearer Elemente zur Kraftübertragung)

Kennen lernen von Pigmentfarbe und Spektralfarbe
Ihre Eigenschaften und ihre Einsatzbereiche
Ihr Verhalten bei einer Bearbeitung
Mischungen von:
Pigmentfarbe – Pigmentfarbe
Spektralfarbe – Spektralfarbe
Pigmentfarbe – Spektralfarbe
Welche Farben entstehen bei den verschiedenen Mischungen? Was ist der Grund für die jeweiligen Mischungsergebnisse?
Farbe bei bewegten Objekten
Bei neutralem weißen Licht, bei farbigem Licht
Farbe eines Objektes bei bewegten Lichtquellen (z.B. fahrenden Autos)

1.3.2
Praktische Studien

- Studien zum Thema: Farbe

Farbe auf der Fläche und Farbe im Raum

- Studien zum Thema: Helligkeit

Kombinieren Sie Licht und Material bzw. Helligkeiten auf der Fläche, auf plastisch-raumhaften Objekten und im Raum.

- Studien zum Thema: Form

Kombinieren Sie regelmäßige und unregelmäßige Formen sowie scharf und unscharf begrenzte Formen.

Abb. 4.25
Scharfe und unscharfe Begrenzung

1.4
Die Anwendung grundlegender Erfahrungen zur Lösung einer konkreten Aufgabe

Stellen Sie Folgendes zusammen:

- Erwartungen an die Farbe
- Erwartungen an die Helligkeit
- Erwartungen an die Form des konkreten Objektes

2 Das Material für eine Umsetzung

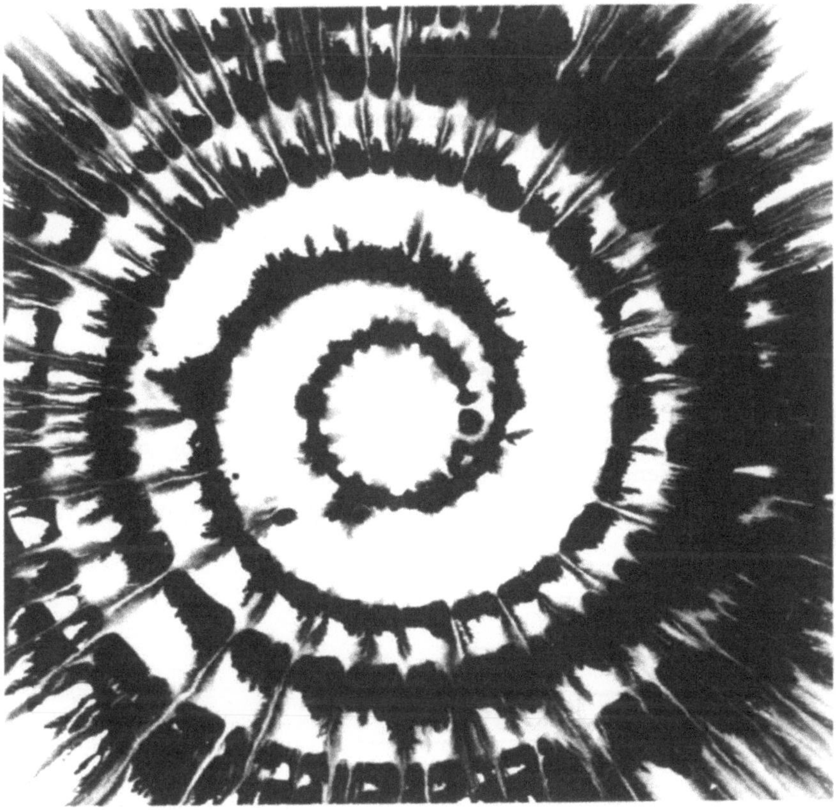

Abb. 4.26 Material flüssig bzw. bewegt

Die visuell wahrnehmbaren Gebilde und ihre Erscheinungsformen wurden vorgestellt. Die jetzt anschließenden Betrachtungen beziehen sich auf konkret fassbare und greifbare Materialien wie Holz oder Papier, natürliche Materialien oder Kunststoffe. Und sie beziehen sich auf das Material als Mittel zur Darstellung von Gegenständen auf einer Fläche oder im Raum.

Dem Menschen stehen heute eine unendliche Fülle an Materialien zur Verfügung. Wie wichtig der richtige Einsatz von Materialien für die Funktionalität oder aber die Akzeptanz einer Umsetzung sein kann, konnte man sicher selbst schon erfahren. Die Gefahr, weniger geeignete Materialien für eine Umsetzung auszuwählen und damit die Stabilität oder aber die technische Funktionalität zu mindern, ist angesichts der Fülle an Materialien sehr groß. Die nachfolgenden Betrachtungen sollen eine Hilfestellung beim Einstieg in diese Thematik bieten.

2.1 Verallgemeinerung der Fragestellung

Zur Identifizierung und Symbolik eines Materials
Siehe Teil 7: Die Aussage und die Verständlichkeit einer Umsetzung
Sowie
Teil 15: Ergänzungen
Ein Versuch zur symbolhaften Deutung unterschiedlichster formaler und sonstiger Elemente und Gliederungen

Welche materiellen Elemente stehen zur Verfügung und wie könnte man diese ordnen?

2.2 Darstellung grundlegender Aspekte

2.2.1 Erscheinungsweisen des Materials

Abb. 4.27
Die besonderen Eigenschaften und Erscheinungsweisen eines Materials (Papierrolle)

Der Mensch nutzt die verschiedenen ihm zur Verfügung stehenden Materialien, um seinen Bedarf zu beheben. Er verwendet vorhandene oder künstliche Materialien zum Bau von Werkzeugen und Geräten.

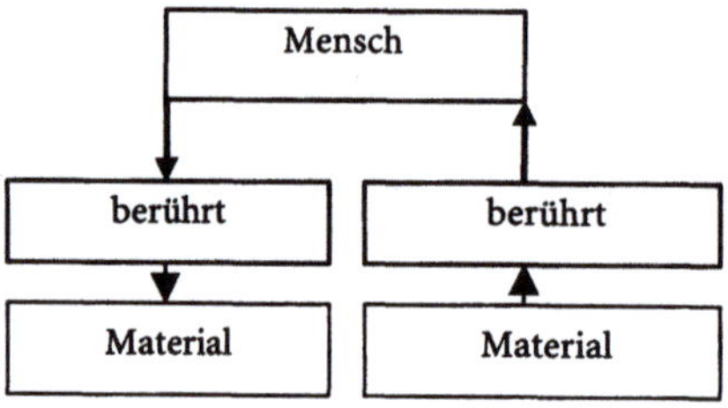

Grafik 4.9 *Die Begegnung des Menschen mit dem Material*

Der Mensch ist in vielen Fällen gezwungen, Dinge mit den Händen oder mit den Füßen, mit den Ellenbogen oder mit sonstigen Körperteilen zu bewegen oder auf irgendeine Art zu bedienen. Bei all diesen Maßnahmen ist entscheidend, dass die Objekte berührt werden.

Andererseits gibt es eine ganze Reihe von Objekten, man denke an Kleider oder Schuhe, sowie z.B. sonstige wetterbedingte Einflüsse, wie Regen, Wärme, Hitze oder Kälte, die von außen auf den Menschen einwirken. Der Mensch wird von diesen Gegebenheiten berührt.

2.2.2
Die Gliederung des materiellen Bereiches

Die ersten Betrachtungen zur Umsetzung machten deutlich, dass die dreidimensionalen Objekte sowie die Darstellungen auf einer Fläche (und seien es die „Lichtbilder" auf dem Bildschirm) immer aus irgendeinem Material gefertigt werden müssen. Jede Umsetzung setzt somit Material voraus. Eine einfache Gliederung soll den Einstieg in die Thematik erleichtern.

Die Gliederung des materiellen Bereiches konzentriert sich auf 3 wesentliche Aspekte: den Aggregatzustand, die äußeren Erscheinungsformen und die unterschiedlichen Bearbeitungsmöglichkeiten. Anderes, wie z.B. der Aufbau der inneren Materialstrukturen, bleibt in dem Stadium der Arbeit außer Acht.

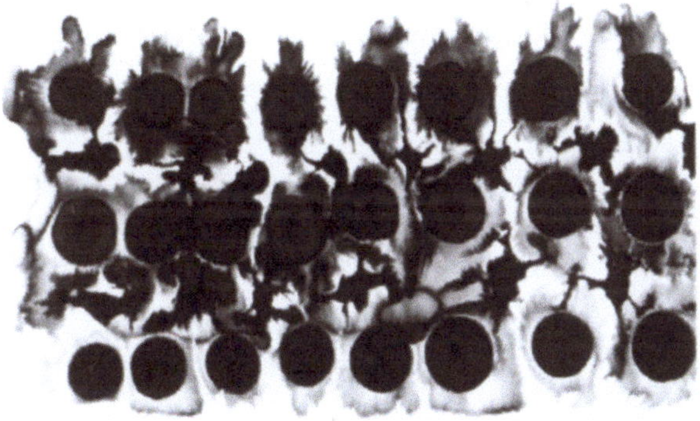

Abb. 4.28 und 4.29 Flüssiges Material

2.2.2.1
Der Aggregatzustand eines Materials

Der innere Aufbau eines Materials ist wesentlicher Untersuchungsgegenstand der Chemie und der Physik sowie der Biologie (z.B. Zellstrukturen bei organischen Materialien).

Die einzelnen Materialien können sehr homogen aufgebaut sein. In diesem Fall sind die einzelnen Bausteine sehr regelmäßig angeordnet. Sie können sehr heterogen aufgebaut sein. In diesem Fall zeigen die einzelnen Bausteine des Materials eine unregelmäßige Anordnung. (Homogene Materialstrukturen können zu heterogenen werden, wenn z.B. von außen Kräfte einwirken, wie dies bei der Verformung eines Material geschehen kann.)

Dem Menschen begegnet Material in unterschiedlichsten Zuständen. Bei einer Gliederung lassen sich drei Aggregatzustände festschreiben, wobei von einem normalen Temperaturzustand ausgegangen wird. Diese Vorgaben sollen gemacht werden, um Missdeutungen vorzubeugen: So ist Wasser bei normaler Temperatur flüssig, in gekühltem Zustand wird es zu Eis und damit zu einem festen Material.

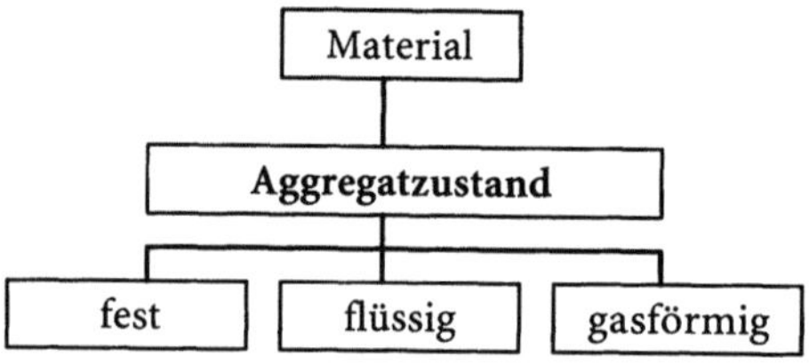

Grafik 4.10 *Die drei Aggregatzustände des Materials*

2.2.2.2
Die äußere Erscheinungsform des Materials

Die Eigenschaften der Materialien hängen zum einen vom inneren Aufbau eines Materials ab, zum anderen jedoch auch von der äußeren Form, in dem sich das Material gerade befindet.
So hat ein Holzstamm andere Eigenschaften als ein dünn gehobeltes Holzbrett, obwohl beide Teile den gleichen inneren Aufbau besitzen.
Beim Sehen werden Formen durch ihre unterschiedliche Farbigkeit und Helligkeit wahrnehmbar. Außerdem werden sie über die haptischen Sensoren erfahrbar.

Materialien können visuell erfasst werden. Sie zeigen unterschiedliche Helligkeiten und unterschiedliche Färbungen und man kann deren räumliche Ausdehnung sehen. Daneben steht die haptische Erscheinungsform. Weiches und hartes, starres und biegsames Material kann durch das Ertasten und Berühren wahrgenommen werden.

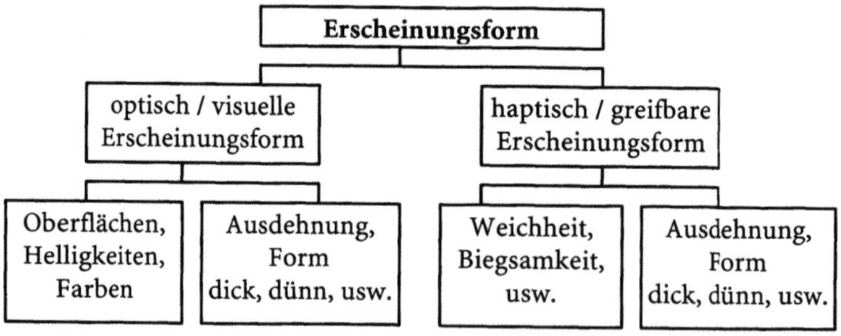

Grafik 4.11 *Visuelle und haptische Erscheinungsformen der Materialien*

Die Gegenstände, mit denen der Mensch in Berührung kommt, sind immer konkret und real greifbar. Alle diese Dinge, die der Mensch berührt oder aber von denen er berührt wird, haben eine bestimmte Form. Sie sind punkthaft, linienhaft, flächenhaft oder plastisch-raumhaft.

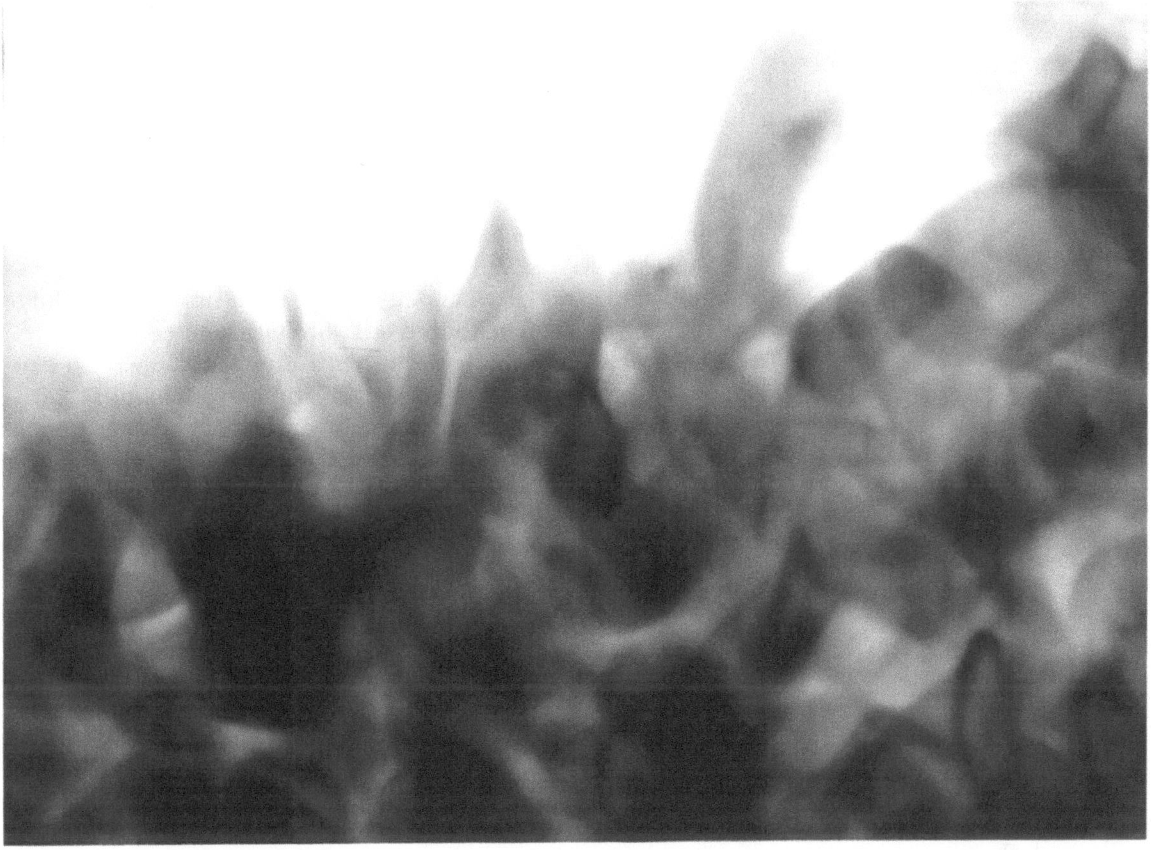

Abb. 4.30 Gasförmiges Material – Rauchspuren

2.2.2.3
Die spanlose und spanabhebende Materialbearbeitung

Bei dem zu bearbeitenden Material wird unterschieden zwischen natürlichem und künstlichem Material.

Es wird davon ausgegangen, dass für die Schaffung von künstlichem Material immer Bestandteile natürlichen Materials notwendig sind. Die Schwierigkeiten, künstlich entwickeltes Material wieder in den natürlichen Materialkreislauf zu integrieren, ergeben sich aus den jeweiligen Verbindungen der Grundbausteine des künstlichen Materials. Je fester und haltbarer diese Verbindungen sind, umso schwieriger ist es für die im Boden oder der Luft befindlichen natürlichen Organismen, die einzelnen Bausteine wieder herauszulösen.

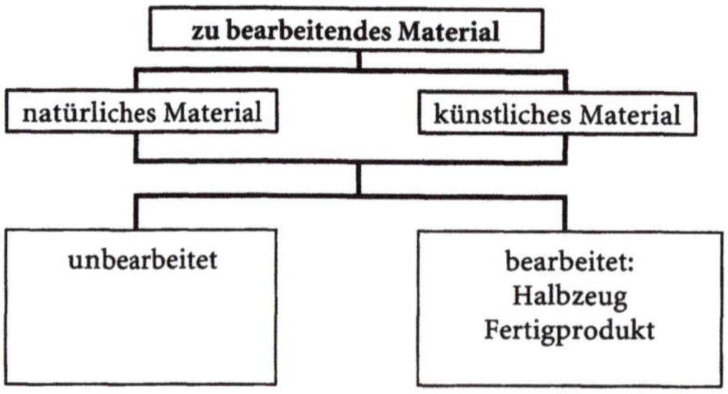

Grafik 4.12 *Materialzustände*

Materialien werden für eine Bearbeitung entweder in Naturform oder aber in einer bereits bearbeiteten Form angeboten. Ist das Material bereits vorbehandelt, so spricht man von Halbzeugen. In vielen Fällen ist das zu verarbeitende Material bereits in seiner endgültigen Form. Hier handelt es sich dann um Fertigprodukte, wie man es von Platten, Rohren oder Brettern kennt.

Thermische und mechanische Einwirkungen können bei einer spanlosen Bearbeitung zu Materialverformungen führen.

Chemische und mechanische Einwirkungen (z.B. verbrennen oder bohren) können spanabhebend zu Materialveränderungen führen.

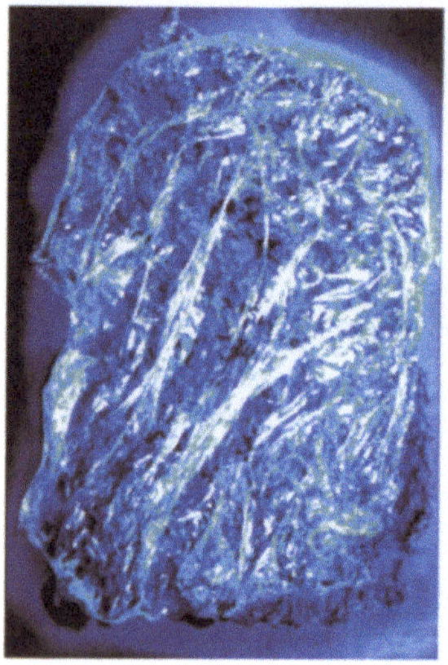

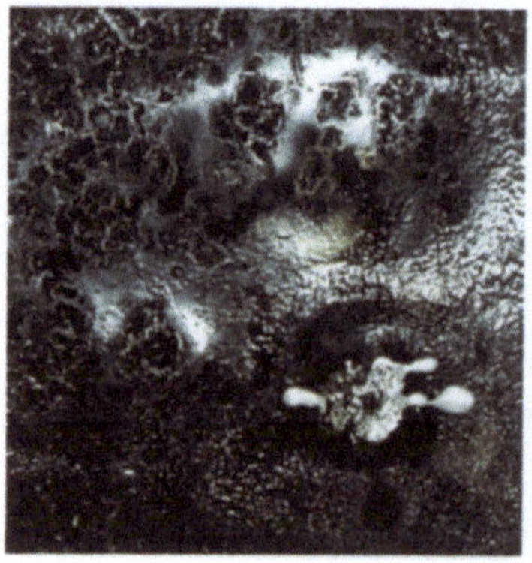

Abb. 4.31 *Thermische Bearbeitung: Folie brennen*

Abb. 4.32 *Thermische Bearbeitung: Gummi verbrennen*

Abb. 4.33 *Spanabhebende Bearbeitung: Holz abschleifen*

Sowohl natürliches als auch künstliches Material lässt sich spanlos wie auch spanabhebend bearbeiten. Eine spanlose Bearbeitung liegt dann vor, wenn ein Materialteil z.B. verformt wird, ohne dass etwas von der Materialsubstanz weggenommen wird.

Eine spanabhebende Bearbeitung liegt immer dann vor, wenn bei dem Umgang mit einem Material Teile des Materials abgetrennt werden, z.B. beim Hobeln oder beim Bohren von Holzbrettern.

2.2.3 Materialkontraste

Bei den Materialkontrasten ist zu unterscheiden zwischen Materialien, die visuell beurteilt werden, und Materialien, die aufgrund ihrer haptischen Merkmale sich gegeneinander abgrenzen.

Abb. 4.34, 4.35 und 4.36 *Thermische, chemische und mechanische Materialbearbeitung*

2.2.3.1
Visuell wahrnehmbare Materialkontraste

Visuell lassen sich unterschiedliche Materialien erfahren, wenn sie z.B.

- **durchsichtig - undurchsichtig**
- **matt - glänzend**
- **eben - uneben**
- **dicht - porös**
- **unbeweglich - beweglich**

sind (z.B. Steine gegenüber fließendem Wasser oder abziehendem Rauch).

2.2.3.2
Haptisch wahrnehmbare Materialkontraste

Aufgrund der Berührung lassen sich Materialien unterscheiden, wenn sie z.B.

- **fest, flüssig** oder **gasförmig** sind (Wind / Luftzug) oder
- **kalt - warm**
- **hart - weich**
- **starr - biegsam**
- **eben - uneben**
  (siehe dazu die visuelle Wahrnehmung aufgrund der Helligkeitsunterschiede bei ebenen und unebenen Gebilden)
- **fest - fließend** (mehr oder minder flüssig)

sind.

2.2.4
Die Nutzung der materiellen Elemente

2.2.4.1
Die Bedeutung der haptischen Erfahrung

Werden Objekte berührt oder berühren Objekte den Menschen (z.B. Wasser beim Duschen, Kleider auf der Haut), so werden damit gleichzeitig Informationen übermittelt. So wird bei einem Objektteil etwas als spitz und schneidend, ein anderes Teil als weniger spitz erfahren. Die spitzen und weniger spitzen Teile einer Umsetzung können z.B. genutzt werden, um die Information „gefährlicher Bereich / weniger gefährlicher Bereich" an den Empfänger des Objektes zu übertragen. Ausgewählte Materialien können den Eindruck von edel, Exklusivität oder etwas Besonderem vermitteln.

Beispiel: Die Anlage einer Materialkartei. Sie bietet mit ihren Angaben zu Eigenschaften und Verarbeitungsmöglichkeiten einen anschaulichen und greifbaren Einstieg in die Vielfalt der Materialien, die für technisch funktionierende Objekte nutzbar sind.

2.2.4.2
Das Material bei technisch funktionierenden Objekten

Der Bau technisch funktionierender Objekte setzt die Auswahl des jeweils geeigneten Materials voraus. Das jeweils benötigte Material muss auf seine Eigenschaften hin überprüft werden. Unbedacht ausgewähltes oder fahrlässig eingesetztes Material kann bei einer Nutzung solcher Objekte für den Menschen bedrohende Auswirkungen haben.

2.2.4.3
Das Material als Mittel zur Darstellung von Gegenständen

Die unterschiedlichsten Materialien werden zur Darstellung von Objekten oder Gegenständen auf der Fläche oder im Raum genutzt. Tusche oder Wasserfarben werden neben Bleistiften oder sonstigen Kreiden für Zeichnungen oder Malereien verwendet. Wasser und Materialien, wie Holz und Stein, Glas und Kunststoffe usw., werden zur Darstellung von mehr oder weniger gegenständlichen Gebilden eingesetzt (z.B. „freie" Plastik oder „angewandte Kunst"). Sinnvollerweise wird man das jeweilige „Darstellungsmaterial" entsprechend den Eigenschaften des jeweiligen Darstellungsobjektes auswählen.

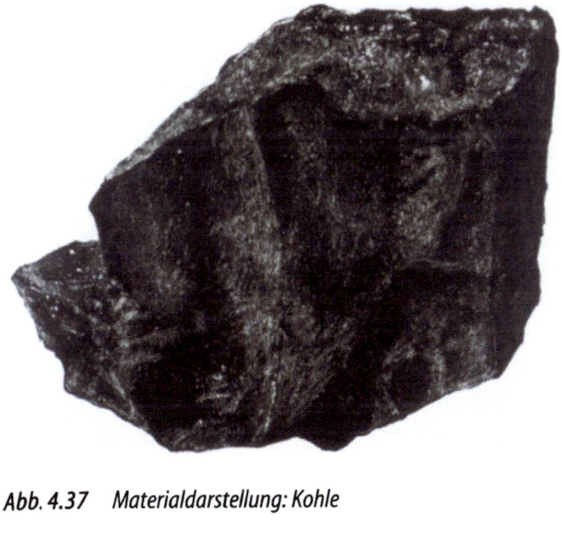

Abb. 4.37 Materialdarstellung: Kohle

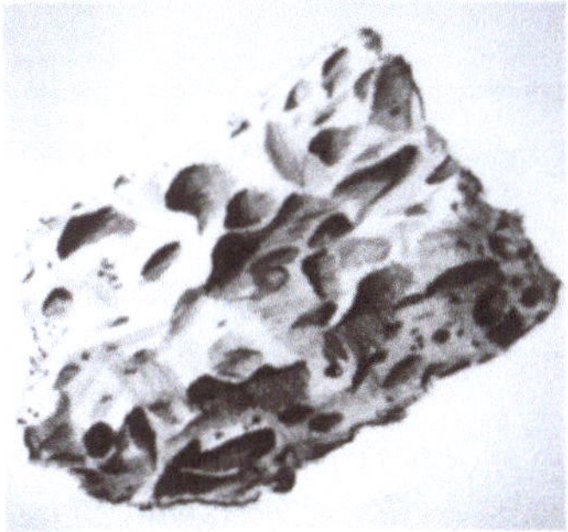

Abb. 4.38 Pinselstudie mit Tusche-Wasser
Abb. 4.39 Darstellung eines Schwammes

Geht es um die Darstellung einer Wolke, wird man weniger nach einem spröden Material als nach einem „weichen“ Material greifen (z.B. Kohle, die ein weiches Verwischen zulässt).

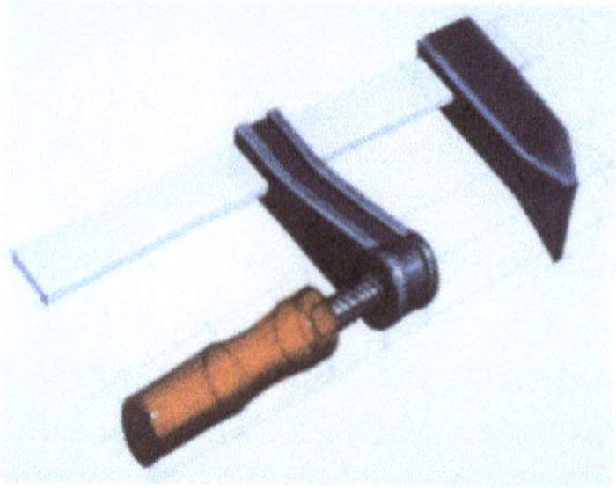

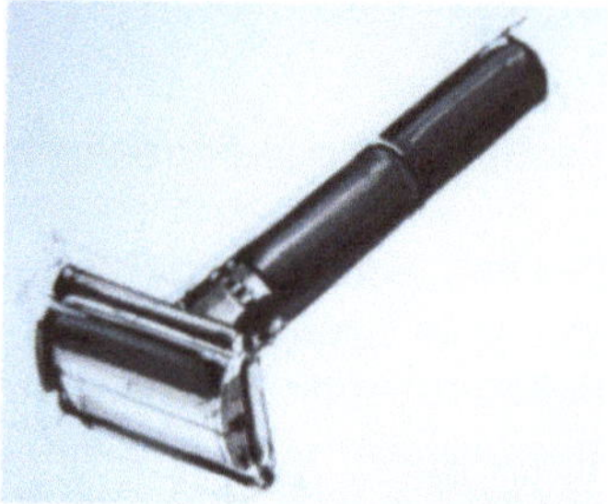

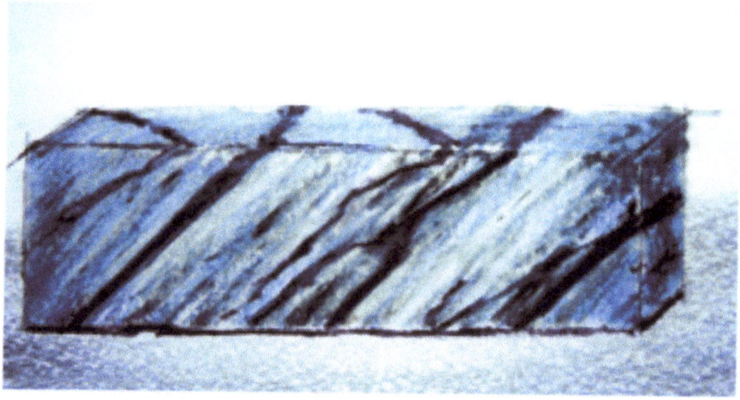

Abb. 4.40 *Darstellung Materialeigenschaften: Schraubzwinge – Kunststoff-Metall*
Abb. 4.41 *Darstellung Materialeigenschaften: Rasierer – Metall*
Abb. 4.42 *Darstellung Materialeigenschaften: Marmor*

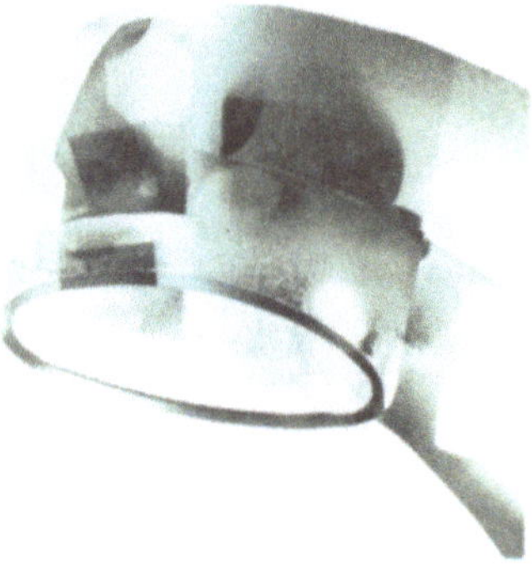

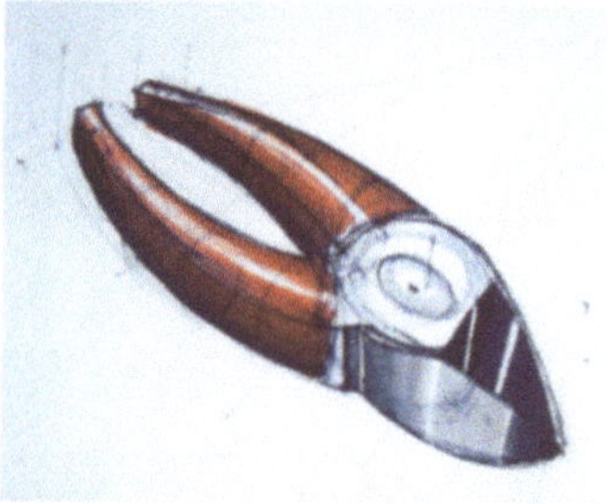

Abb. 4.43, 4.44 und 4.45
Darstellung Materialeigenschaften:
Wasserhahn – Metall
Tischbesteck: Chrom – Glas-Chrom
Elektrozange: Kunststoff-Metall

2.2.4.4
Das Material als eigenständiges „Kunstobjekt“

Bei vielen Nutzungsobjekten (Haushaltsgeräten, Möbeln usw.) werden irgendwelche Materialien eingesetzt. Sie werden gesägt, gebohrt, eingefärbt oder mit Furnieren beklebt und poliert, so dass am Ende von deren eigentlichen Eigenschaften nichts mehr sichtbar oder fühlbar ist.

Dem stehen Bestrebungen gegenüber, durch ungewohntes und ungewöhnliches Vorgehen die einem Material innewohnenden Eigenschaften herauszuarbeiten. Sichtbar und fühlbar werden jetzt plötzlich völlig neue ungeahnte und unwahrscheinliche Ausdrucksweisen eines Materials. Aus „billigen“ Materialien oder Abfallprodukten werden „Kunstobjekte“.

Abb. 4.46 Lackspuren

2.3 Studien

2.3.1 Theoretische Studien

- Untersuchen Sie verschiedene Umsetzungen hinsichtlich der verwendeten Materialien.
- Suchen Sie Beispiele von Unverträglichkeiten zweier oder mehrerer Materialien.
- Zeigen Sie auf, weshalb es zu den Unverträglichkeiten kommt (Gründe für die Unverträglichkeit).

Abb. 4.47 und 4.48 *Unverträgliche Materialien: Abblätternde Farben*

2.3.2 Praktische Studien

Material bei technisch funktionierenden Umsetzungen

- Entwickeln Sie ein einfaches Objekt, das bestimmte technische Funktionen zu erfüllen hat, und suchen Sie Materialien, die zur Erfüllung der technischen Funktionen geeignet sind.

Herausarbeiten besonderer Materialeigenschaften

- Versuchen Sie durch ungewohntes Vorgehen eine oder mehrere besondere Eigenschaften eines Materials zu entdecken

Löschpapier mit Haarspray getränkt und ein Filzstift aufgesetzt, dessen „schwarze" Farbe sich in einzelne Farbbestandteile auflöst bzw. ausblutet.

Abb. 4.49 Verborgene Materialeigenschaften

2.4 Die Anwendung grundlegender Erfahrungen zur Lösung einer konkreten Aufgabe

Stellen Sie Materialien zusammen, die zur Lösung der konkreten Aufgabe sinnvoll sind. Zeigen Sie die verschiedenen Eigenschaften der einzelnen Materialien in einer einfachen Übersicht und begründen Sie die Auswahl.

Abb. 4.50 *Freie Materialstudie: Darstellungsmaterial Kohle*

3 Akustisch wahrnehmbare Mittel

Die Betrachtung dieses Aspektes erfolgt unter dem Gesichtspunkt, dass akustische Phänomene verstärkt zur besseren Sicherung der Bedienung oder aber als Warnfaktor bei der Gestaltung von Objekten oder sonstigen Maßnahmen genutzt werden.

Bei den folgenden Ausführungen wird der Versuch unternommen, den akustischen Bereich entsprechend den Betrachtungen und Gliederungen der visuellen und haptischen Wahrnehmungsbereiche vorzustellen. Damit soll den doch eher visuell und haptisch orientierten Studierenden eine Annäherung an ein Terrain erleichtert werden, das nicht im Mittelpunkt ihrer Gestaltungsarbeit steht. Andererseits kann dabei auch erfahren werden, dass es zwischen unterschiedlich erscheinenden Gestaltungsbereichen viele Überschneidungen und Gemeinsamkeiten gibt.

In gleicher Weise sind vor allem für Kommunikations-Designer/-innen Überlegungen anzustellen hinsichtlich der Verwendung von Text und Sprache.
So kann man die Form eines Wortes betrachten. Ist es kurz oder ist es lang?
Welche Helligkeit zeigt sich bei dem Wort?
Ist es von den Vokalen her eher hell oder ist es eher dunkel?
(Beispiel: „lieblich" gegenüber „trostlos")
Welches Sprachmaterial wird verwendet?
Wer spricht das Wort aus?
Klingt es hart und kantig oder klingt es weich?

3.1 Verallgemeinerung der Fragestellung

Welche akustisch wahrnehmbaren Mittel sind verwendbar und wie könnte man diese für eine Nutzung im Industrie-Design gliedern?

3.2 Darstellung grundlegender Aspekte

3.2.1 Die Wahrnehmung von Tönen

Treffen unterschiedliche tonfrequente Druckwellen auf das Ohr eines Menschen, so kann er diese als Schall, als Ton, als Geräusch wahrnehmen. Das menschliche Ohr ist so ausgelegt, dass es ein bestimmtes Ausmaß an Schallwellen (etwa von 16 Hz bis max. 22 kHz) erfassen kann.

3.2.1.1
Natürliche und künstliche Töne

Die Vielzahl der akustischen Phänomene kann man in natürliche und künstlich erstellte Töne untergliedern.

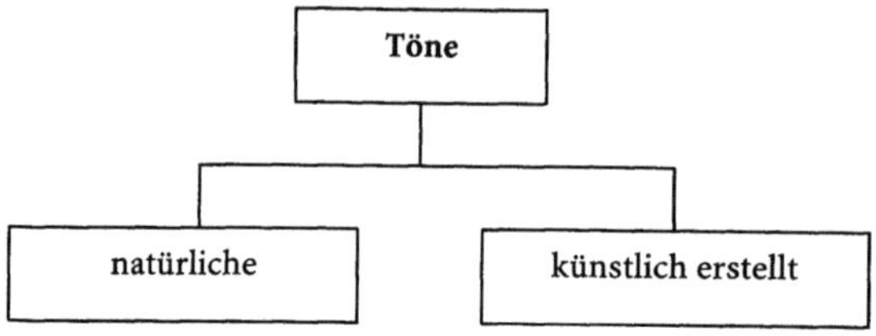

Grafik 4.13 Natürlich und künstlich erzeugte Töne

Zu den natürlichen Tönen zählt man die Sprache der Menschen, die Laute der Tiere, das Singen der Vögel, das Rauschen eines Wasserfalls, das Ächzen eines Baumes im Wind, die Schritte eines Menschen usw.

Zu den künstlich erstellten Tönen zählen all jene akustischen Phänomene, die mit Hilfe bestimmter Geräte oder Maschinen erzeugt werden. An erster Stelle stehen Töne, die mit Musikinstrumenten erzeugt werden, aber auch das Heulen einer Sirene oder eines Martinshornes oder das Geräusch eines Motors lassen sich dieser Sparte zuordnen.

3.2.1.2
Verschiedene akustische Phänomene

Stellen wir uns z.B. an eine Straßenkreuzung und analysieren die wahrgenommenen akustischen Phänomene, so nehmen wir unterschiedlich hohe und unterschiedlich helle Töne wahr. Wir hören Töne in bestimmter Abfolge (Martinshorn). Daneben gibt es völlig ungegliederte Tonfolgen. Neben klar identifizierbaren Tönen stehen unklare, verschwommene Töne.

Unsere akustische Wahrnehmung ermöglicht darüber hinaus eine Unterscheidung der einzelnen Phänomene hinsichtlich ihrer Form. So nehmen wir einen Ton nur ganz kurz wahr. Man kann ihn als punkthaft bezeichnen. Ein anderer Ton ist lang gehalten. Er ist einer Linie vergleichbar.

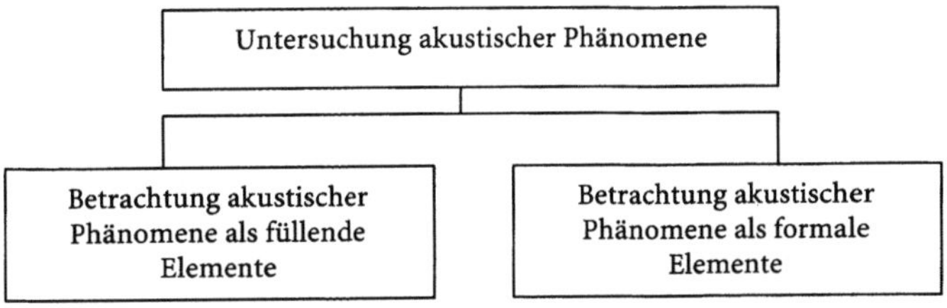

Grafik 4.14 Die akustischen Phänomene als füllende und formale Elemente

3.2.2
Die Betrachtung akustischer Phänomene als füllende Elemente

3.2.2.1
Die Stille

Werden keine tonfrequenten Schallwellen wahrgenommen, so empfinden wir Menschen dies als Stille. Erst wenn Schallwellen bestimmter Stärke auf die Membran unseres Ohres treffen, nehmen wir dies als Geräusch oder als Ton wahr.

Die Stille ist unter zwei Aspekten zu bewerten. Sie kann das dominierende Element sein, unterbrochen von einem Geräusch oder einem Ton. Wer hat nicht die Stille eines Raumes durch den Klang eines herabfallenden Wassertropfens erfahren? Stille kann als schöpferische Leere empfunden werden, aus dem sich etwas neues entwickeln kann. Dominieren dagegen Geräusche oder Tonfolgen, so kann Stille als Unterbrechung eines Fortschreitenden erfahren werden.

3.2.2.2
Die Unterscheidbarkeit der einzelnen Töne

Sollen einzelne Töne voneinander unterschieden werden, so setzt dies voraus, dass sie sich gegenüber den Tönen der Umgebung abheben. Je geringer der Unterschied zwischen den einzelnen Tönen ist, umso schwieriger wird deren Identifizierung.

Vergleichbar der notwendigen Kontrastierung von Farben oder Helligkeiten zur Umgebung, um die einzelnen Elemente als solche wahrnehmen zu können.

3.2.2.3
Die Tonvalenzen

Es wird davon ausgegangen, dass die akustisch wahrnehmbaren Töne und Geräusche die gleichen Merkmale aufweisen wie die visuell wahrnehmbaren Farbtöne. Dies bedeutet: Die einzelnen akustischen Elemente lassen sich bestimmen nach ihren **„Tonvalenzen“**. Jeder einzelne Ton kann somit beschrieben werden aufgrund

- des jeweiligen Tones (c, d, e usw. entspricht jeweils einem anderen Farbton)
- der Tonhöhe (entspricht der Farbhelligkeit)
- der Tonreinheit (entspricht der Farbsättigung)

Die Wahrnehmung von Tonunterschieden:
Bedenkt man, dass Menschen in anderen Kulturen auch Viertelabstände einzelner Töne wahrnehmen können, so spielt hier sicher auch die Erfahrung eine Rolle, insofern, als wir mit Kompositionen aufwachsen, die in diesem System geschaffen wurden und oftmals mit Instrumenten gespielt werden (z.B. Klavier), die gar keine andere Klangmodulation zulassen.

Analogien zwischen unterschiedlichen Formulierungsarten:
Die aufgezeigten Analogien zwischen dem akustischen Bereich und dem visuellen (dem farblichen und formalen) Bereich ermöglichen es auch, unterschiedliche Äußerungen einer Epoche (z.B. aus Malerei, Dichtung, Architektur und Musik) besser miteinander vergleichen zu können. Siehe dazu die Vorgaben für Studien am Ende von Teil 4.

Untersucht man diese Wahrnehmungen und versucht die wesentlichen Merkmale für diese Empfindungen zu erfassen, so wird immer wieder die Reinheit der Töne genannt. Extrem reine Töne werden eher als kalt empfunden. Töne, die vom Extrem etwas abweichen und somit weniger rein sind, werden eher als warm empfunden.

Wir sind in der Lage, Tonunterschiede (Halbtonschritte) zu erfassen. Die einzelnen akustisch wahrnehmbaren Töne können in ihrer Helligkeit verändert werden. So kann ein Ton c um eine Oktave (8 Töne) erhöht werden. Er wird heller. Der Ausgangston c kann um 8 Töne erniedrigt werden. Er erklingt jetzt dunkler. Damit kommt es auch hier zu einer Annäherung an die Helligkeitsveränderungen visueller Mittel.

Reine Farben zeichnen sich dadurch aus, dass sie in möglichst exakter Form ein bestimmtes Wellenspektrum repräsentieren. Überträgt man diese Forderung auf den akustischen Bereich, so bedeutet dies, dass reine Sinusschwingungen als reine Töne anzusehen sind, während unregelmäßige Schwingungen zu einer Verunreinigung eines Tones führen. Der Ton wird unsauber. Er wird mehr und mehr zu einem Geräusch.

3.2.2.4
Die Wärme eines Tones

Wie im visuellen Bereich beurteilen wir wahrnehmbare Töne auch hinsichtlich ihrer Wärme oder Kälte. Bestimmte Töne empfinden wir als warm, andere strömen eine gewisse Kälte für uns aus. Dabei werden die exakten Sinusschwingungen eher als kalt empfunden, gegenüber „warmen" Tönen, die leicht von dieser exakten Ausrichtung abweichen.

3.2.2.5
Die Lautstärke eines Tones

Neben dem einzelnen Ton, seiner Helligkeit und Reinheit gesellt sich als weiteres Merkmal die Lautstärke hinzu. Laute Töne zeigen vergleichbare Merkmale von intensiven Farben. Intensive Farben bzw. Töne nutzt man vor allem dann, wenn es darum geht, einem Empfänger eine Botschaft auf jeden Fall wahrnehmbar zu übermitteln. Gleichen sich die wahrnehmbaren Elemente dem Umfeld an, besteht die Gefahr, sie zu überhören.

Für industrie-designerische Maßnahmen bedeutet dies die Beachtung der akustischen Umgebung, in der ein Objekt z.B. genutzt wird. Sollen akustische Signale eingesetzt werden, z.B. als Warnsignale, so ist neben der Unterschiedlichkeit der Tonvalenzen auch die Lautstärke zu prüfen.

3.2.3
Die Mischung der Töne

Nicht immer treten Töne einzeln und separat für sich auf. Sehr oft kommt es zu Mischungen, man denke an das Beispiel beim Straßenverkehr. Einzelne Töne können so gemischt werden, dass die einzelnen Töne noch erfahrbar sind (z.B. mehrstimmiger Gesang). Dabei stehen die einzelnen Töne relativ rein nebeneinander.

Kommt es zu Mischungen unsauberer Töne, also relativ unregelmäßiger Schwingungen, so summieren diese Mischungen sich sehr schnell zu einem mehr oder weniger lauten Geräusch.

3.2.4
Die Gliederung der Töne

Für die Einteilung der einzelnen Töne hat sich in unserem Kulturkreis ein 5-zeiliges Notensystem durchgesetzt, gegenüber einem früheren 4-zeiligen (frühmittelalterliche Choralvertonungen) oder heute völlig neu strukturierten Systemen (z.B. heutige Notenbilder für „Neue Musik").

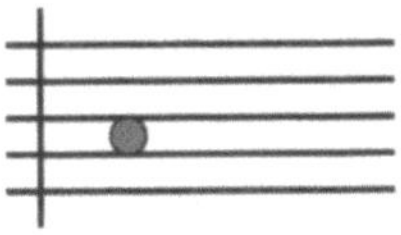

Grafik 4.15 Notensystem mit fünf Linien

Damit kommt man dem 12-teiligen Farbkreis wieder sehr nahe. Es verwundert nicht, wenn Komponisten immer wieder versucht haben, Tonstrukturen mit entsprechenden Farben zu koppeln, um das Hören und Sehen auf eine gleiche Ebene zu bringen (z.B. der Versuch des Komponisten Scriabin.)

Die 12 „Halb"-Töne lassen sich in diesem System so einordnen, dass der Ausgangston (z.B. a) nach einer Abfolge der 11 Zwischentöne wiederum notiert werden kann.

3.2.4.1
Die Form der Töne

Die Länge oder die Dauer eines Tones zeigt Eigenschaften, wie sie bei den Gliederungen der Form ablesbar sind:

Grafik 4.16 Punkthafte, linienhafte und flächenhafte Töne

Kurze Töne werden als punkthaft erfahren (Paukenschlag). Ein ausgehaltener Ton oder die Abfolge mehrerer Töne nacheinander (vergleichbar einer Aufeinanderfolge von Punkten im visuellen Bereich) wird als lineares Element gedeutet (z.B. die Melodie eines Liedes).

Werden mehrere Töne gleichzeitig zum Klingen gebracht, so kommt es zu einem flächenhaften tonalen Gebilde (z.B. bei polyphonen Gesängen oder Orchesterstücken). Erklingen mehrere flächenhaften Klanggebilde gleichzeitig, so entsteht eine plastisch-raumhafte Tonfigur.

3.2.4.2
Takt und Rhythmus

Töne werden in einem zeitlichen Ablauf wahrgenommen. Sie können in extrem unregelmäßiger Folge (z.B. chaotische Abfolge) oder in geordneter Folge auftreten.

Hierbei kann es zu einer extrem strengen und exakt messbaren zeitlichen Folge kommen (siehe Metronom) oder auch zu einer den persönlichen Schwankungen unterworfenen Abfolge. In beiden Fällen ist der Takt dominierend, der einmal sehr streng befolgt wird und einmal nach individuellem Empfinden ausgelegt wird. Die strenge Metrik steht dem (persönlich geprägten) Rhythmus gegenüber.

3.2.4.3
Die Anordnung der einzelnen Tonquellen

Die einzelnen Tonquellen können an einem Punkt angeordnet sein. Sie können in einer linearen Anordnung aufgereiht sein. Sie können auf einer Fläche oder an den Eckpunkten einer Fläche stehen (siehe Stereo oder Quadrophonie). Sie können aber auch im Raum (z.B. in den Ecken) angeordnet sein (siehe die Ausstattung vieler Filmtheater mit mehreren Tonquellen, um einen möglichst umfassenden Raumklang zu erzeugen).

Die einzelnen Tonquellen können statisch sein, d.h., sie sind fest an einem bestimmten Ort installiert bzw. Geräusche gehen von einem bestimmten feststehenden Ort aus.

Tonquellen können beweglich sein. Sie verändern ihren Standort (Unterhaltung beim Gehen, fahrendes Auto, Flugzeuge usw.).

3.2.5
Kontrastierungen

Die einzelnen akustischen Phänomene lassen sich hinsichtlich ihrer „füllenden" Merkmale in einzelne Kontrastpaare unterteilen:

- Ton-zu-Ton-Kontrast (vergleichbar dem Farbe-Farbe-Kontrast)
- Helligkeitskontrast (hohes c / tiefes c)
- Reinheitskontrast / Qualitätskontrast / saubere – unsaubere Töne
- Kalt-warm-Kontrast
- Lautstärke-Kontrast / Intensitäts-Kontrast

3.2.6
Die Vielfalt an tonalen Äußerungsmöglichkeiten

Für schriftliche Äußerungen stehen uns 27 Buchstaben zur Verfügung. Man betrachte einmal die unerschöpfliche Fülle vorhandener und kommender Literatur, die mit diesen 27 Buchstaben erstellt wurde und wird.

In der Musik stehen (in unserem Hörverständnis und Hörvermögen) 12 Töne zur Verfügung, die in der Höhe und Tiefe mehrfach wiederholt werden können (siehe die Grenzen der akustischen Wahrnehmung des Menschen). Man „betrachte" hierzu nur einmal die unermessliche Vielfalt akustisch wahrnehmbarer musikalischer Schöpfungen, die mit diesen 12 Elementen bislang erstellt wurden. Dabei sind all die Äußerungen, die für eine gezielte Informationsweitergabe entwickelt wurden, z.B. Warntöne, akustische Hinweise, noch nicht enthalten.

Bei den Farben wurde deren Intensität an die Reinheit der einzelnen Farben gekoppelt. Wobei auch dort die Unterschiedlichkeit einer Farbe zu ihrer Umgebung als weiteres Merkmal für deren Intensität zu beachten ist.

3.3
Studien

3.3.1
Theoretische Studien

- Untersuchen Sie akustische Umsetzungen hinsichtlich der verwendeten Elemente. Zeigen Sie auf, welche Eigenschaften die akustischen Elemente besitzen (Reinheit, Wärme, Helligkeit usw.) und wie sie gegliedert sind. Stellen Sie die verwendeten akustischen Phänomene heraus.

- Suchen Sie nach Designobjekten, die akustische Phänomene integriert haben. Analysieren Sie diese akustischen Phänomene hinsichtlich ihrer „füllenden" und formalen Merkmale. Zeigen Sie auf, welchem Zweck diese akustischen Phänomene dienen (z.B. der Pfeifton eines Teekessels usw.).

3.3.2 Praktische Studien

- Versuchen Sie einfache Klanggebilde zu erstellen, bei denen die einzelnen Faktoren wie Intensität oder Lautstärke gezielt eingesetzt werden.

3.4 Die Anwendung grundlegender Erfahrungen zur Lösung einer konkreten Aufgabe

- Versuchen Sie an dem konkreten Objekt, z.B. das Öffnen und Verschließen eines Deckels so zu gestalten, dass ein bestimmtes akustisches Signal hörbar wird.

4 Statische und bewegliche Zuordnungen

Farblich, formal, haptisch oder akustisch wahrnehmbare Elemente werden selten nur alleine eingesetzt. In den meisten Fällen werden mehrere Elemente benötigt, um einen Inhalt weiterzutragen oder eine sonstige Aufgabe lösen zu können.

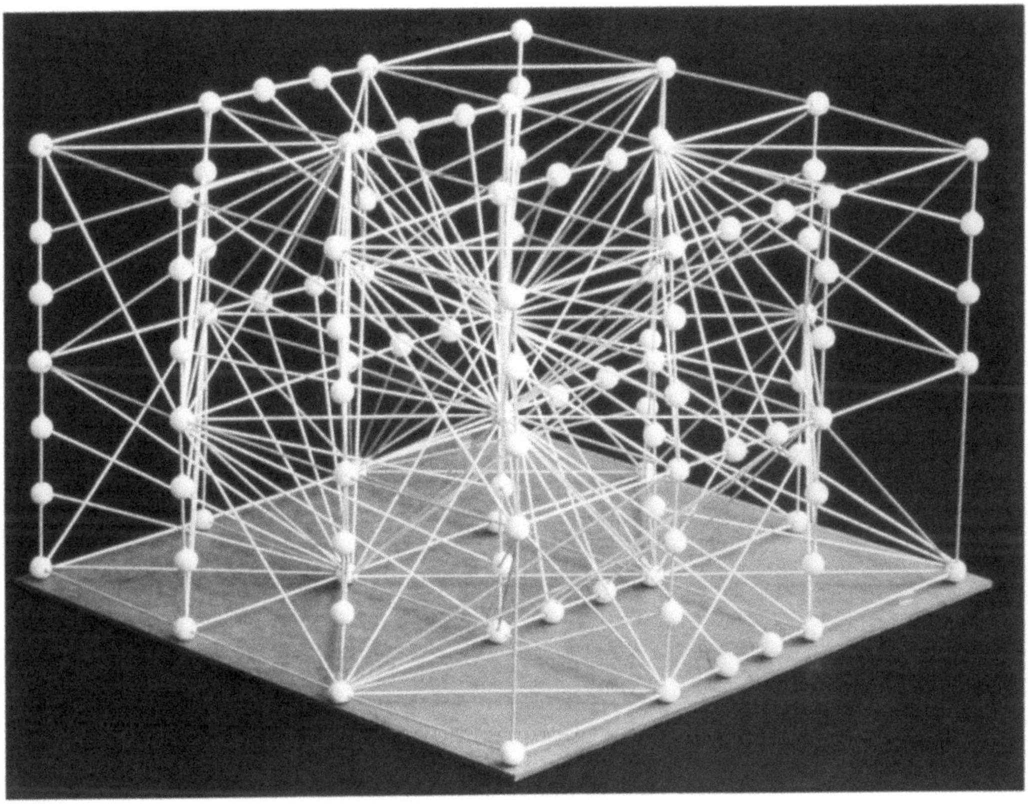

Abb. 4.51 Feststehende Struktur aus linearen und punkthaften Elementen

Zur Fragestellung 4.1 siehe auch:
Teil 7: Die Aussage und Verständlichkeit einer Umsetzung
Teil 11 Kapitel 2.2.3: Womit bzw. mit welchen Mitteln kann man das soziale Verhalten beeinflussen?
Teil 15 Kapitel 3.3: Die Bedeutung unterschiedlicher Gliederungen

Beispiele von sich ändernden Strukturen bzw. Zuordnungen:
z.B. aufgewirbelte Blätter; Menschen, die sich bewegen gegenüber Menschen, die auf Stühlen (fest-)sitzen

Die Kombination von visuellen, haptischen und / oder akustischen Phänomenen ist für das Erreichen eines Zieles und somit aus funktionalen Gründen oftmals geradezu zwingend.

Zu betrachten sind somit neben den einzelnen Elementen auch die verschiedenen Zuordnungsmöglichkeiten. Diese lassen sich in zwei große Gruppen unterteilen. Zum einen handelt es sich um Zuordnungen von Elementen, bei denen die einzelnen Elemente längerfristig feststehend sind. Daneben steht die Gruppe von Umsetzungen, bei denen sich die Zuordnung mit der Zeit verändern kann bzw. verändern muss, um ihren Zweck erfüllen zu können.

4.1 Verallgemeinerung der Fragestellung

Was ist bei der Zuordnung von Gestaltelementen beachtenswert?

4.2 Darstellung grundlegender Aspekte

4.2.1 Die Vielfalt der Zuordnungen

Die verschiedenen Zuordnungen einzelner Elemente zueinander entstehen aufgrund bestimmter Einwirkungen.

4.2.1.1 Ziellose und zielgerichtete Zuordnungen

Abb. 4.52 *Sich ständig verändernde Zuordnung von Menschen, die unabhängig voneinander ihrer Wege gehen*

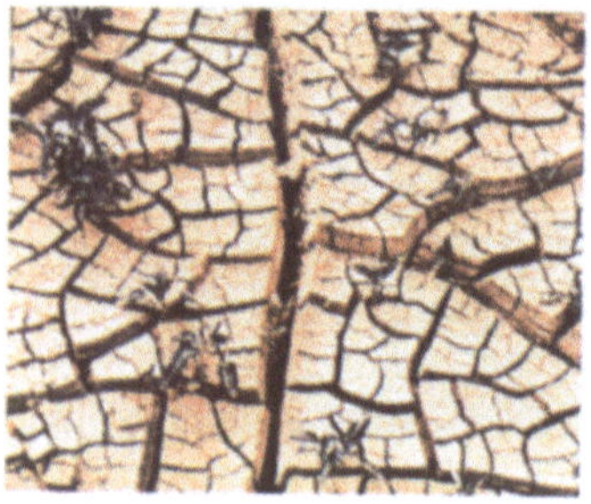

Abb. 4.53 *Die Struktur eines ausgetrockneten Bodens*

Einwirkungen können ziellos sein, wie wir es z.B. bei der Anhäufung von Blättern im Spätjahr durch den Herbstwind sehen können. (Wobei man auch hier einwenden könnte, dass der Wind ja aus dieser oder jener Richtung wehe und es somit auch wieder zu einer zielgerichteten Ordnung komme.)

Zuordnungen können aber auch sehr zielgerichtet vorgenommen werden. Dies ist dann der Fall, wenn das neu entwickelte Gebilde irgendwelchen Zwecken dienen soll.

So wird man nicht irgendwelche farbigen Flächen oder einzelne Wörter wahllos anhäufen, sondern so ordnen, dass damit für einen Empfänger ein bestimmter Inhalt ablesbar wird. Im Industrie-Design werden z.B. plastische Elemente so zusammengefügt, dass damit eine technische Funktion erfüllt werden kann und mit der Auswahl des Materials, der Farb- und der Formgebung, sowie deren Zuordnung bestimmte Aussagen verbunden werden können.

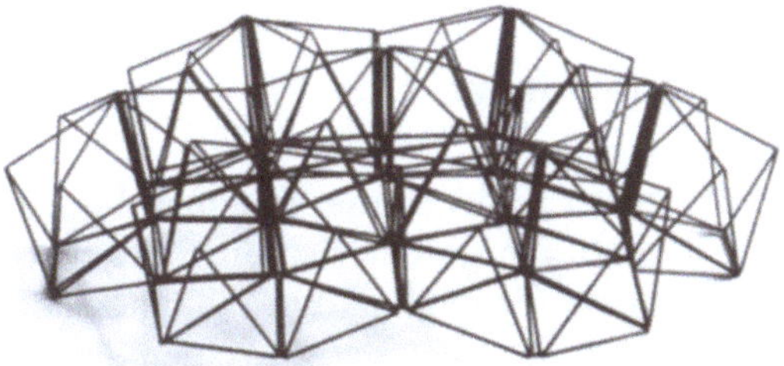

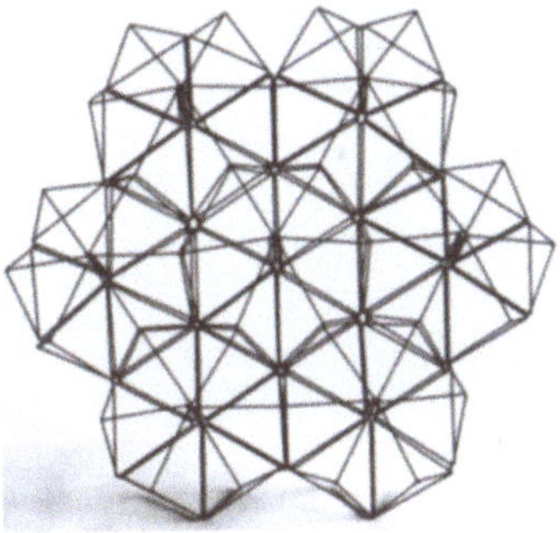

Abb. 4.54 und 4.55 *Die geplante Zuordnung gleicher Elemente zur Schaffung einer stabilen Überdachung – Ausschnitt (Seitenansicht und Aufsicht)*

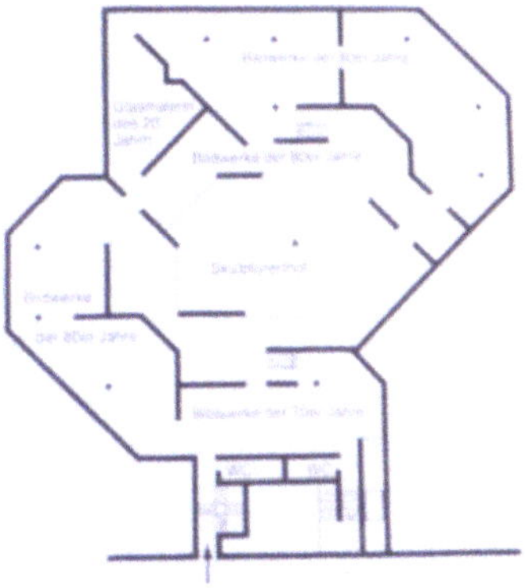

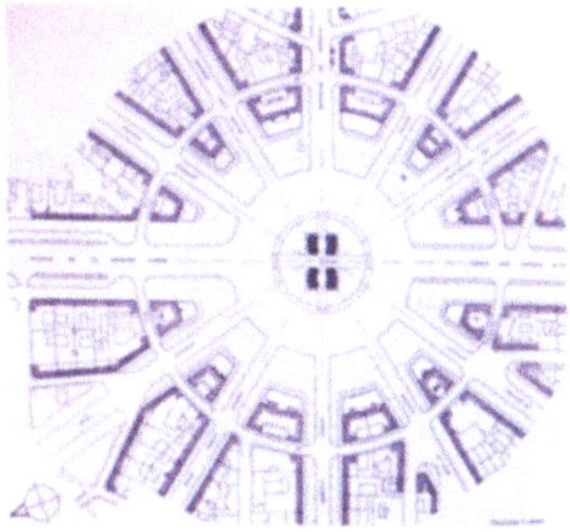

Abb. 4.56, 4.57 und 4.58 *Zielgerichtete Strukturen bei Innen- und Außenräumen*

4.2.1.2
Zuordnungen und Struktur

Mit der Zuordnung von Elementen entsteht bei dem neuen Gebilde eine Struktur. Die Art der Struktur kann regelmäßig oder aber völlig unregelmäßig sein.

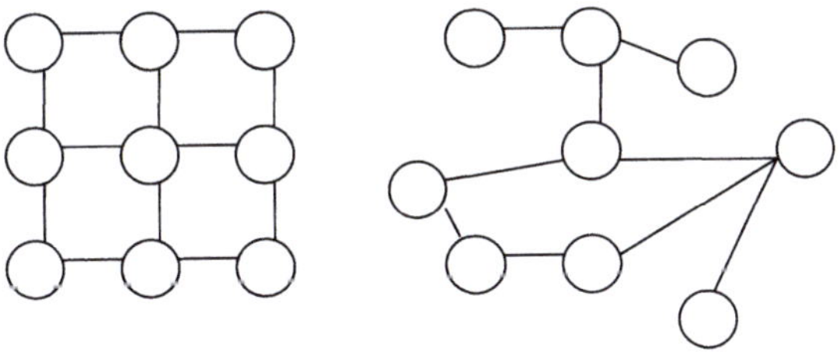

Grafik 4.17 *Regelmäßige und unregelmäßige Struktur*

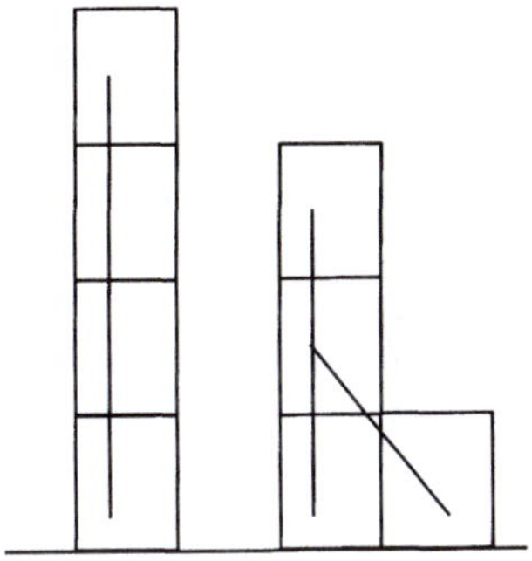

Grafik 4.18 *Unterschiedliche Strukturen z.B. bei Kaffeemaschinen, die aus vier Teilen (Kaltwasserspeicher, Erhitzer, Filter, Kaffeebehälter) bestehen*

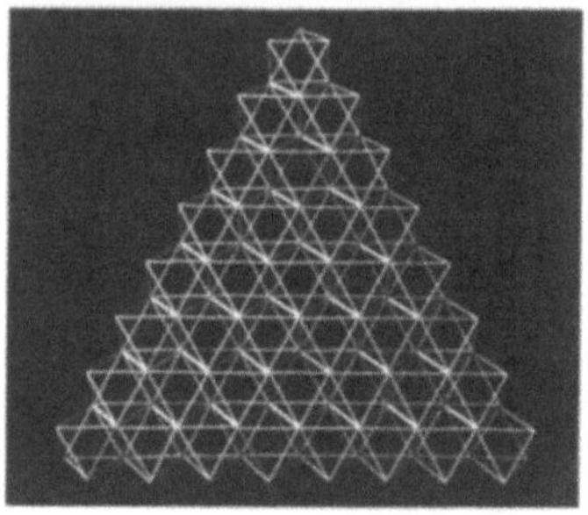

Abb. 4.59 Die Merkmale einer Struktur aufgrund Abstand, Richtung und Lage der Elemente zueinander

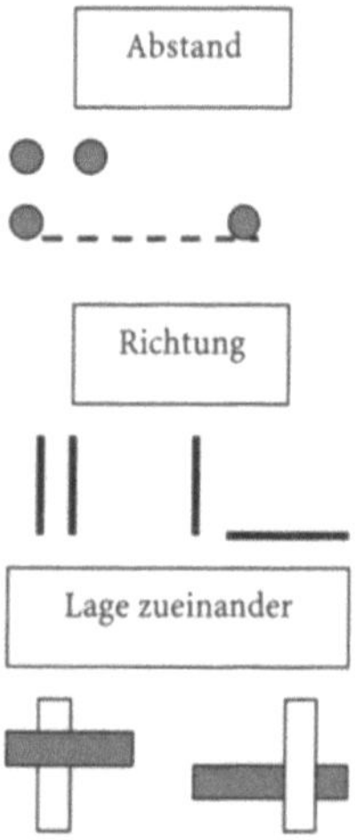

Grafik 4.19 Ordnungsrelationen. Stilgeschichtlich interessant wären hier sicher Untersuchungen, inwieweit bestimmte geistige Einstellungen zu bestimmten Zeiten bestimmte Zuordnungen von Elementen bedingten, z.B. die Zuordnung von einzelnen Elementen in der Architektur bestimmter Epochen (z.B. im Barock). Festgelegte akustische Signale als Hinweis auf Gefahren oder zur Warnung usw. zeigen wiederum bestimmte Zuordnungen: z.B. laut-leise oder laut-laut-leise.

4.2.2 Grundsätzliche Ordnungsrelationen

Die Zuordnung von Elementen findet immer in einem Raum und in einer bestimmten Zeit statt. Im gestalterischen Bereich stehen vor allem drei Maßnahmen zur Verfügung, um die unterschiedlichen Beziehungen / Relationen zwischen den einzelnen Elementen herzustellen.
Es sind dies:

- Der Abstand zwischen den einzelnen Elementen zueinander
- Die Richtung der einzelnen Elemente
- Die Lage der Elemente zueinander (übereinander, untereinander, ineinander, vor oder hintereinander)

4.2.2.1 Der Abstand zwischen den Elementen

Werden zwei Elemente miteinander kombiniert, so muss festgelegt werden, in welchem Abstand diese beiden Elemente zueinander stehen sollen. Sie können ganz nah beieinander stehen, sie können aber auch weit auseinander stehen.

4.2.2.2 Die Richtung der einzelnen Elemente

Punktförmige oder kreisförmige Elemente sind ohne besondere Richtungstendenz. Alle anderen Elemente haben mehr oder weniger klare Richtungstendenzen.

4.2.2.3 Die Lage der einzelnen Elemente

Jedes Element hat im Raum eine bestimmte Lage. Es steht gegenüber einem anderen Element weiter oben oder weiter unten. Es steht vor einem anderen Element, es steht hinter einem anderen Element oder es wird von einem anderen Element überschnitten. Zwei Elemente können auf gleicher Ebene und damit auf gleicher Basis stehen. Sie können aber auch unterschiedlich hoch angeordnet sein und damit jeweils eine unterschiedliche Basis haben.

4.2.3
Feststehende Zuordnungen

4.2.3.1
Zuordnungen in der Natur

Leben setzt voraus, dass in engen Grenzen die biophysischen Strukturen weitgehend konstant erhalten bleiben.

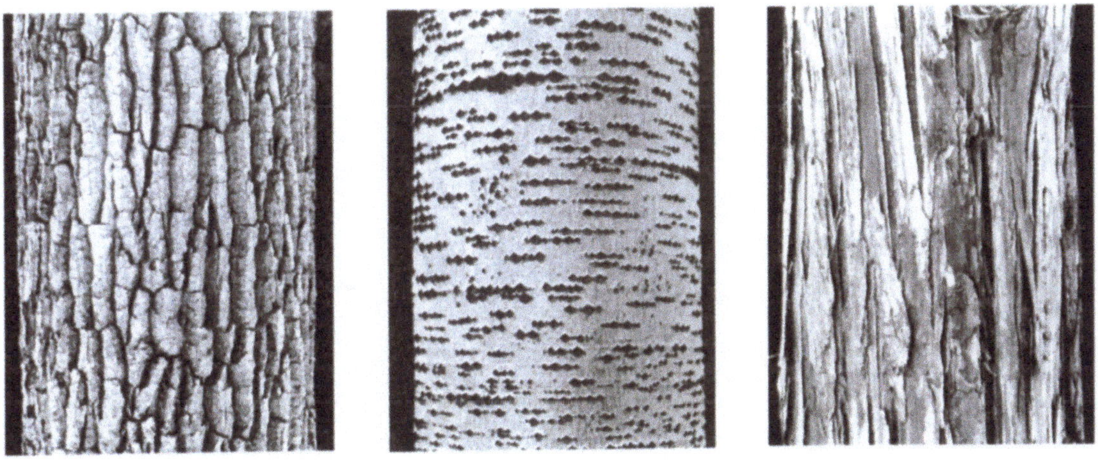

Abb. 4.60 *Drei unterschiedliche Bäume mit ihren Rinden*

4.2.3.2
Zuordnungen bei visuell wahrnehmbaren Gebilden (z.B. in der Malerei / Grafik)

Feststehende Zuordnungen finden sich z.B. in:

- Reihenkomposition
- Kreiskomposition
- Felderkomposition (Aufteilung von oben nach unten oder in Vorder-, Mittel- und Hintergrund)
- Zuordnungen aufgrund einer physischen Bewegung
- Zuordnungen aufgrund der Aleatorik (nach Zufall oder Würfelspiel)
- Zuordnungen aufgrund einer bestimmten Perspektive

Abb. 4.61 *Kreiskomposition: frühmittelalterliche Malerei*

4.2.3.3
Zuordnungen bei plastisch-raumhaften Objekten

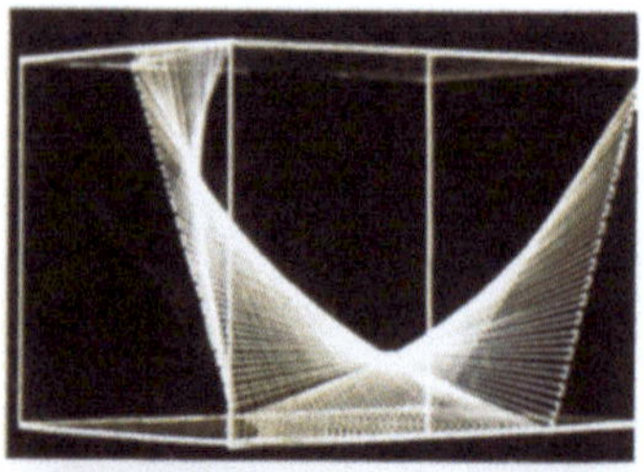

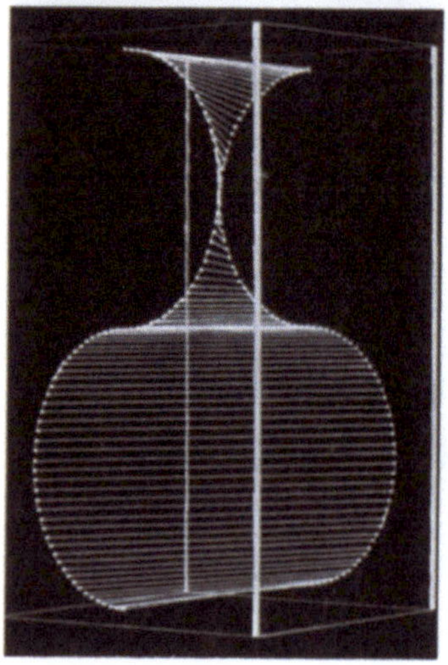

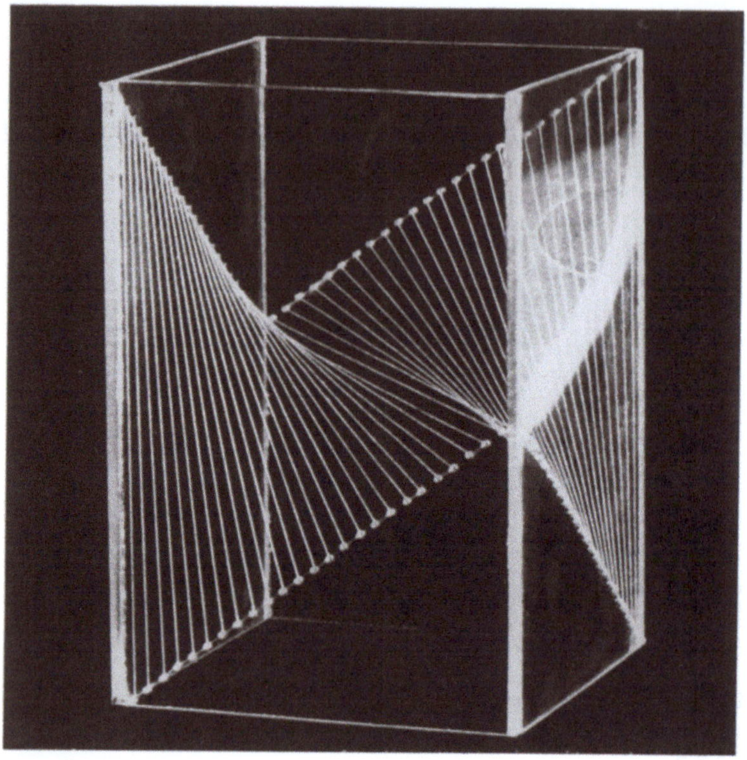

Abb. 4.62, 4.63 und 4.64 *Ansichten einer feststehenden Raumstruktur*

Viele künstlich erstellte Objekte weisen eine feststehende Struktur auf. Die einzelnen Elemente sind so angelegt, dass sie ihre Positionen über einen längeren Zeitraum nicht verändern.

4.2.4
Bewegliche Zuordnungen

Diese Aussagen lassen sich auch auf den akustischen Bereich übertragen. Auch dort kommt es zu einer Bewegung, wenn einzelne Elemente / Töne im Verlauf der Zeit ihre Position verändern.

Bewegliche Zuordnungen zeichnen sich dadurch aus, dass es im Laufe der Zeit zumindest bei einem Element zur Veränderung des Abstands, der Lage oder der Richtung kommt. Folgende Faktoren sind bemerkenswert:

- Die Kraft für eine Bewegung bzw. die Eigenbewegung
- Die Geschwindigkeit der bewegten Objekte oder Elemente
- Der Bewegungsweg von Objekt oder Element

4.2.4.1
Die Kraft für eine Bewegung

Die **Veränderung eines Elementes** setzt voraus, dass etwas da ist, was diese Bewegung veranlasst. Es muss eine Kraft da sein, die auf ein vorhandenes Element einwirkt, um es in seiner Lage oder in seiner Richtung zu verändern oder aber so zu beeinflussen, dass es zu einer Ortsveränderung kommt.

Die Bewegung eines Objektes kann von außen bewirkt werden. Objekte werden von einem Ort zu einem anderen getragen, gefahren, geschoben, gezogen. Teile eines Objektes werden bewegt, wie dies z.B. beim Bedienen eines Lichtschalters passiert.

Objekte können sich im Ganzen oder in Teilen selbst bewegen. Es kommt zu einer Eigenbewegung. Es handelt sich um all die Gebilde, die die Kraft zur Bewegung in sich tragen. Dazu gehören alle Lebewesen, Menschen und Tiere bis hin zu den Pflanzen. Zu nennen sind hier auch alle Objekte, die durch eingebaute Motoren künstlich angetrieben werden (Auto, Haushaltsgeräte usw.), sowie Zuordnungsveränderungen, die sich aufgrund der eigenen „Schwerkraft" ergeben.

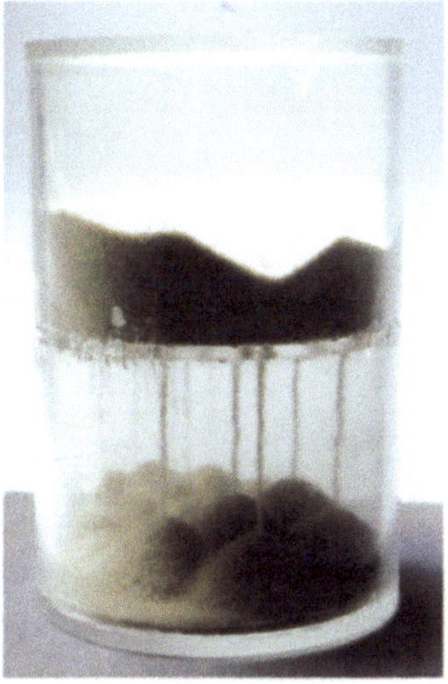

Abb. 4.65 Veränderung einer Struktur durch die eigene Schwerkraft seiner Elemente. Sand fällt durch vorgebohrte Löcher und bildet so im oberen und unteren Teil eine sich ständig verändernde Struktur.

4.2.4.2
Die Geschwindigkeit

Wesentlich für die Bewegung ist die Geschwindigkeit, mit der etwas seinen Zustand oder seinen Standort verändert. Diese Geschwindigkeit kann gleichmäßig oder aber ungleichmäßig erfolgen. Von einer gleichmäßigen Bewegung wird gesprochen, wenn die Veränderung kontinuierlich verläuft. Von einer ungleichmäßigen Geschwindigkeit spricht man dann, wenn z.B. die Bewegung eines Objektes innerhalb einer bestimmten Zeit unterschiedlich schnell verläuft.

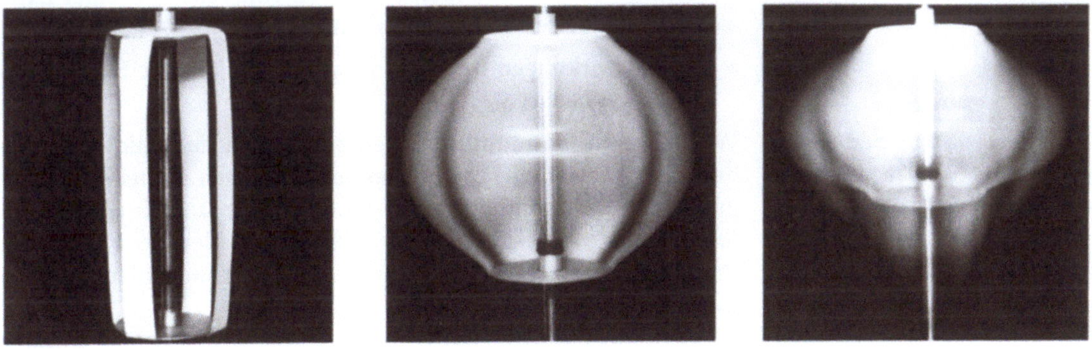

Abb. 4.66, 4.67 und 4.68 Die Formveränderung eines Objektes aufgrund unterschiedlicher Geschwindigkeit

4.2.4.3
Der Bewegungsweg von Objekten oder Elementen

Die einzelnen Elemente können sich von ihrem bisherigen Standpunkt wegbewegen. Sie nehmen eine Ortsveränderung vor (z.B. Menschen, die Straßen überqueren, oder Autos, die von Ort A nach Ort B fahren).

Die Bewegung in der Ebene oder im Raum kann geradlinig oder aber ungeradlinig (gebogen, geknickt) erfolgen. Lässt man einen Stein fallen, so bewegt er sich relativ geradlinig auf den Boden zu, während ein Fisch im Wasser einen ungeradlinigen Bewegungsverlauf beschreibt.

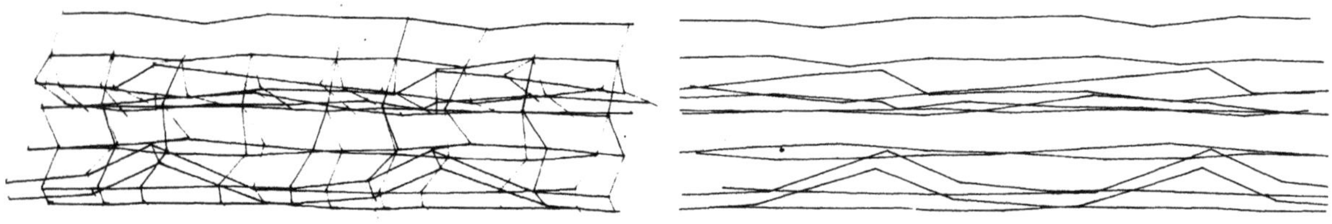

Abb. 4.69 Bewegungsspuren eines Menschen beim Gehen durch Aufzeichnung bestimmter Punkte an Kopf, Schultern, Armen usw.

- Die Bewegungswege in der Ebene oder im Raum

Der Pendel einer Uhr bewegt sich in einer Ebene, Auto und Zug bewegen sich in der Ebene, Menschen bewegen sich in der Ebene. Flächenhafte und plastisch-raumhafte Objekte (z.B. ein Flugzeug, ein Vogel, ein Fisch im Wasser usw.) können sich **in der Ebene** oder **im Raum bewegen.**

Objekte oder Teile davon können sich auch von einem Punkt ausgehend nach außen bewegen (das Wachsen und Werden von Lebendem, das Auseinanderschleudern von Teilen bei einer Explosion, das Aufblasen eines Luftballons usw.).

- Die Auswirkungen bewegter plastisch-raumhafter Elemente auf den Raumbedarf

Beispiele: Der Raum, den ein Mensch benötigt, um eine Treppe hochzugehen, oder der Raum, der für einen Lift beansprucht wird, oder der Raum, der notwendig ist für die Einfahrt in eine Tiefgarage usw.

Werden plastisch-raumhafte Elemente (seien sie punkthaft, linienhaft oder flächenhaft) bewegt, so beanspruchen sie bei ihrer Bewegung einen bestimmten Raum: z.B. die Bewegung eines **punkthaften** Elementes auf einem vorgegebenen geraden oder gebogenen Weg (es entsteht bzw. es wird der Raum für ein linienhaftes Element benötigt);

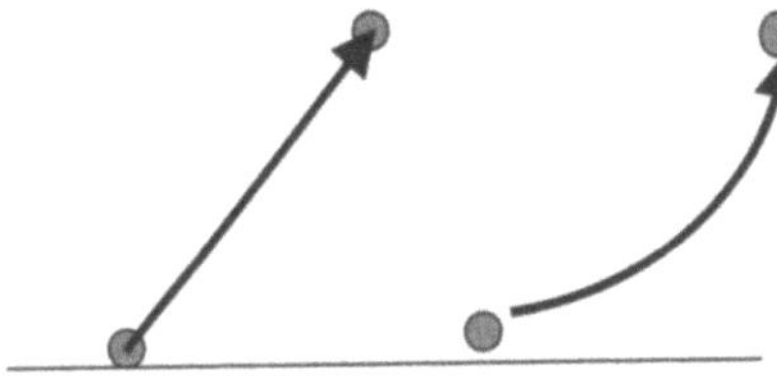

Grafik 4.20 Beanspruchter Raum bei der Bewegung eines punkthaften Elementes

z.B. die Bewegung eines **linearen und eines flächenhaften** Gebildes.

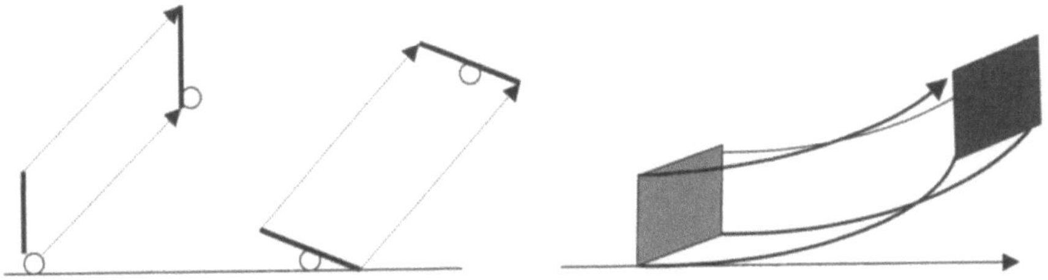

Grafik 4.21 Beanspruchter Raum bei Bewegung eines linienhaften und eines flächenhaften Elementes

Liegen die beiden Punkte in der Ebene, so wird für die Bewegung der geraden Linie von einem Punkt zum anderen Punkt eine Fläche notwendig, um das lineare Element bewegen zu können.

Kommt zu der Bewegung des einzelnen Elementes noch eine Drehung des Elementes hinzu, so wird bereits ein relativ komplexes Gebilde als Bewegungsraum notwendig. So entsteht bei der Bewegung einer Kreisfläche bei einem gebogenen Bewegungsweg eine komplexe Raumfigur, wie sie notwendig wird, wenn irgendwelche Scheiben aus einem Regal genommen und aufgestapelt werden sollen.

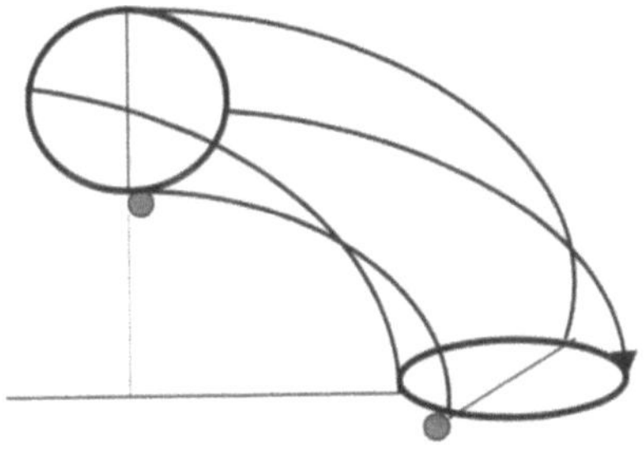

Grafik 4.22 Eigenbewegung und Ortsveränderung eines Elementes (Kreisscheibe) auf einem vorgegebenen Bewegungsweg

Mit dieser kleinen Grafik können die wesentlichen Bewegungsparameter beschrieben werden. Die Bewegung der einzelnen Elemente kann in der Fläche oder Ebene stattfinden, oder sie kann im Raum ablaufen.
Die Bewegung der einzelnen Elemente kann gleichmäßig schnell oder sie kann unterschiedlich schnell sein. Dann spricht man von einer ungleichmäßigen Bewegung.
Die Bewegung der Elemente kann auf einem bestimmten Weg immer wieder ablaufen, wie wir dies z.B. bei einem Uhrenpendel kennen. Sie kann völlig ungleichförmig sein, wie dies bei einem Vogelflug sichtbar ist. Der Weg nimmt dann ständig eine andere Form an.

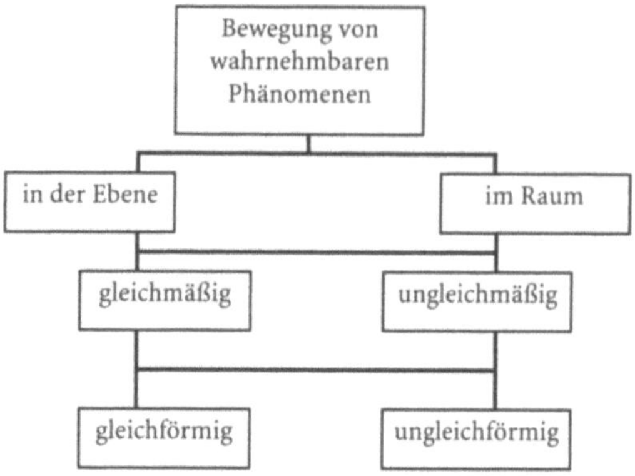

Grafik 4.23 Die Bewegung eines Objektes kann unterschiedlich schnell (gleichmäßig – ungleichmäßig) und auf unterschiedlichen Wegen (gleichförmig –ungleichförmig) verlaufen.

4.2.5 Die Darstellung von Bewegungsabläufen

- Das bewegte Bild

Die Bewegung von Objekten kann auf einer Fläche dargestellt werden. Am ehesten gelingt dies mit dem bewegten Bild (**Film, Video, CAD-Programme**). Mit Hilfe dieser Verfahren kann eine relativ genaue Wiedergabe eines Bewegungsablaufes von einem Gebilde in der Zeit erreicht werden.

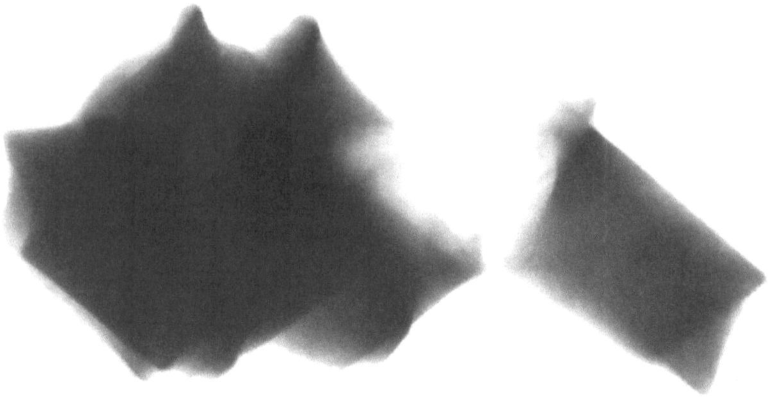

Abb. 4.70 Die Bewegung eines Würfels in fotografischer Darstellung

- Statische Darstellungen von bewegten Gebilden

Wesentlich abstrakter spiegeln statische Darstellungen die Veränderung einer Realität wider. Fotografische Darstellungen von bewegten Objekten oder zeichnerische Explosionsdarstellungen versuchen die Veränderung eines Zustandes oder eines Elementes wiederzugeben.

- Statische Darstellungen von Bewegungswegen

Wanderkarten, Orientierungspläne einer Stadt, Straßenkarten für den Autoverkehr, usw. zeigen Bewegungswege. Bewegungswege lassen sich auch modellhaft wiedergeben.

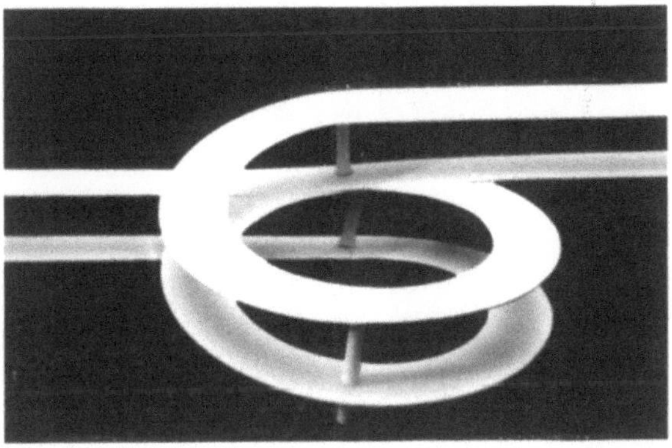

Abb. 4.71 Bewegungsweg um einen Punkt, z.B. Auf- und Abfahrten in Tiefgaragen
Abb. 4.72 Bewegungsweg um zwei Punkte
Abb. 4.73 Fortlaufender Weg um drei festgelegte Punkte

- Raumhafte Bewegungswege um festgelegte Punkte

Neben Bewegungswegen, die in einer Ebene zu umfahren sind, gibt es Wege um festgelegte Punkte, die im Raum angeordnet sind.

Abb. 4.74, 4.75 und 4.76 *Wege um festgelegte Punkte im Raum*

- Die Fixierungen von Bewegungsspuren

Fußspuren auf dem Boden, Schriftzeichen, die mit der Hand gemalt wurden, Kritzeleien auf dem Blatt, Pinselzeichnungen usw. zeigen etwas von der Bewegung bzw. Bewegtheit dessen, der eine Bewegung ausführt.

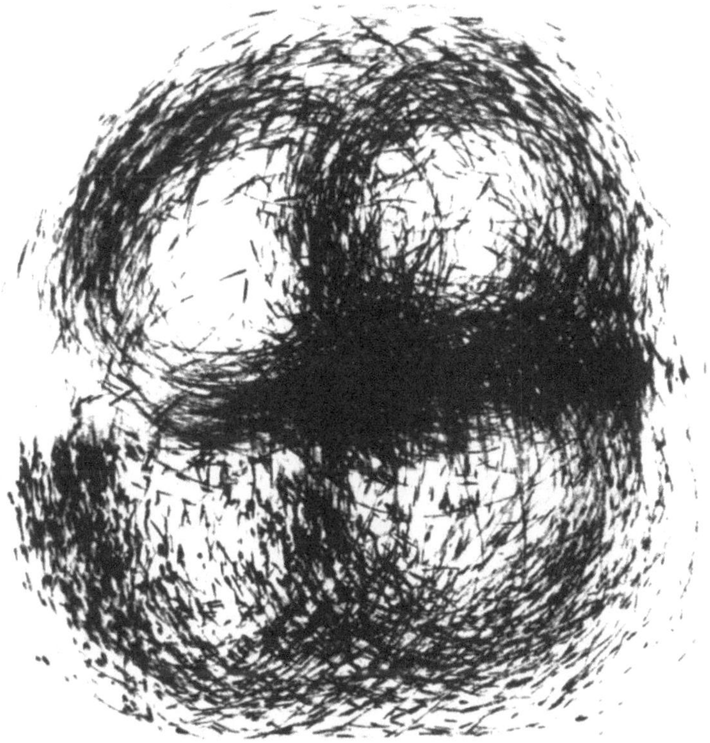

Abb. 4.77 Rhythmische Studie: Umfahren von vier festgelegten Punkten

Abb. 4.78, 4.79 und 4.80
Rhythmische Studien: Umfahren eines Punktes auf unterschiedlichen Wegen

4.2.6 Die Nutzung von statischen und beweglichen Zuordnungen

Die Übertragung von Informationen von einem Sender zu einem Empfänger ist darauf angewiesen, dass bei der Formulierung von Inhalten eine bestimmte Zuordnung der Elemente regelgerecht beibehalten wird (z.B. die Zusammensetzung eines Wortes aus einzelnen Buchstaben, die Bildung eines Satzes mit Worten, die Verwendung von Sätzen in einem Text usw.)

Statische Zuordnungen finden sich bei grafischen oder bildhaften Umsetzungen. Maler aus vergangenen Jahrhunderten haben ein Ereignis mit Hilfe einer flächenhaften Darstellung festgehalten. Da diese Zuordnungen heute noch von Bestand sind, können wir die ehemaligen Aussagen auch heute noch erschließen.

Vorhandene musikalische Kompositionen der Neuzeit, aber auch aus früheren Jahrhunderten können heute in unbegrenzter Anzahl wiederholt werden. Die feststehenden Zuordnungen der einzelnen tonalen Elemente und ihre Fixierung ermöglichen dies.

Weitgehend feststehende Strukturen zeigen sich bei allen Lebewesen. Pflanzen, Tiere und Menschen besitzen eine weitgehend vorgegebene Struktur ihrer einzelnen physischen Elemente. Ändert sich diese Struktur, so führt dies in der Regel zu einer Gefährdung der Gesundheit.

Jede Informationsübertragung setzt voraus, dass die gesendeten Elemente auf oder in ihren Kanälen weitertransportiert werden. Bewegliche Zuordnungen finden sich überall dort, wo es zu Veränderungen kommt bzw. kommen soll. Kraftübertragungen, Kraftumsetzungen, Ortsveränderungen, die Bewegung der einzelnen Lebewesen in ihrem Lebensraum führen jeweils zu neuen Zuordnungen.

Abb. 4.81 *Die durch eine Straße vorgegebene Struktur einer Wohnsiedlung*

4.3 Studien

4.3.1 Theoretische Studien

- Zielgerichtete / nicht zielgerichtete Zuordnungen

Sammeln Sie unterschiedliche Umsetzungen, deren Strukturen mehr oder weniger zielgerichtet entstanden sind.

Reduzieren Sie die Darstellung auf die wesentlichen Merkmale der Struktur. Vergleichen Sie den Aufbau der verschiedenen Zuordnungen (Einordnung in einfache, klare und übersichtliche Strukturen gegenüber komplexeren Strukturen).

- Die Zuordnungen der einzelnen Elemente in gesellschaftlichen Systemen

Schreiben Sie die Strukturen unterschiedlicher gesellschaftlicher Systeme heraus und vergleichen Sie sie im Hinblick auf ihre Auswirkungen für die einzelnen Elemente bzw. Menschen in den verschiedenen Systemen.

- Die Wahrnehmung bewegter Elemente

Zeigen Sie die Veränderung von Helligkeiten, Farben oder Formen bei unterschiedlicher Bewegung der einzelnen Elemente.
Zeigen Sie die Veränderung und die Auswirkungen auf die Wahrnehmung eines Betrachters bei gleichzeitiger Bewegung mehrerer Elemente bzw. komplexerer Objektformen oder Elemente.

- Stilistische Veränderungen im Wandel der Zeit

Zeigen Sie an vergleichbaren Objekten die veränderte Zuordnung der einzelnen Elemente über mehrere Stilepochen.

- Der Raumbedarf bewegter Objekte

Zeigen Sie an wenigen Beispielen die Auswirkungen von bewegten Objekten für den Raumbedarf von Räumen oder Plätzen (z.B. Theater, Tanz, Ballett, aber auch den Raumbedarf eines Menschen beim Waschen, beim Sitzen usw.).

4.3.2 Praktische Studien

Entwickeln Sie statische Zuordnungen mit vorgegebenen Elementen.

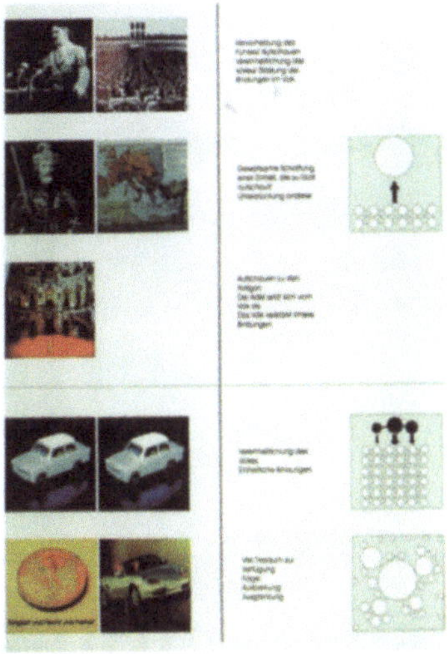

Abb. 4.82 Studie zum Thema: Darstellung unterschiedlicher gesellschaftlicher Strukturen

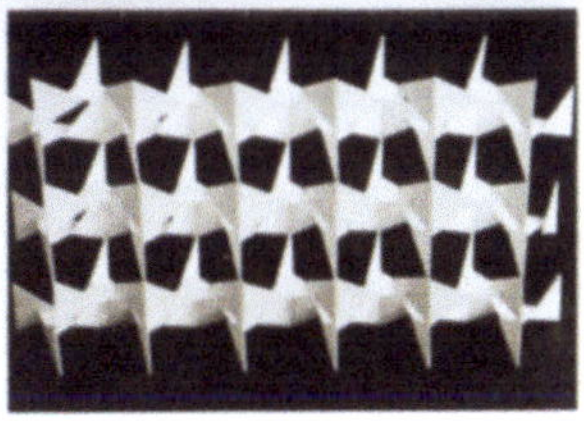

Abb. 4.83 Wandstruktur mit unterschiedlichen Elementen
Abb. 4.84 Wandstruktur mit gleichen Elementen

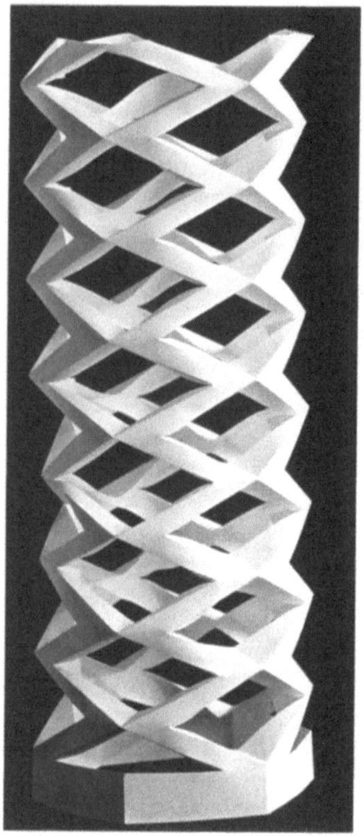

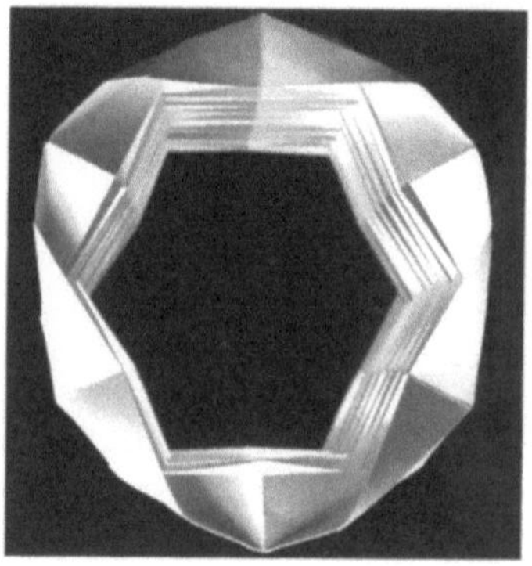

Abb. 4.85 und 4.86 *Raumstruktur durch Faltung von flächenhaftem Material*

- Die Entwicklung eigener Anordnungen / Zuordnungen

Wählen Sie gleiche oder unterschiedliche Elemente und versuchen Sie mit diesen auf der Fläche oder im plastisch-raumhaften Bereich nach vorgegebenen Ordnungsrelationen mehr oder minder komplexe Strukturen zu entwickeln (Buchstaben, lineare Elemente usw.).

Abb. 4.87, 4.88, 4.89 und 4.90 *Strukturen mit den Buchstaben M und e*

- Die scheinbare Bewegung von raumhaften Strukturen
- Die Auswirkungen langsam bzw. schnell bewegter Elemente auf den Flächen- bzw. Raumbedarf der bewegten Elemente

Als Beispiel diene der Raumbedarf für ein sich langsam bzw. sich schnell drehendes Karussell. Entsprechendes gilt für flächenhafte und plastisch-raumhafte Objekte (z.B. der Raumbedarf für ein einparkendes und wegfahrendes Auto, der Raumbedarf für eine Treppe, der Raumbedarf für einen Aufzug).

Legen Sie fest, welche Ortsveränderung das Element während der Eigenbewegung vornehmen soll.

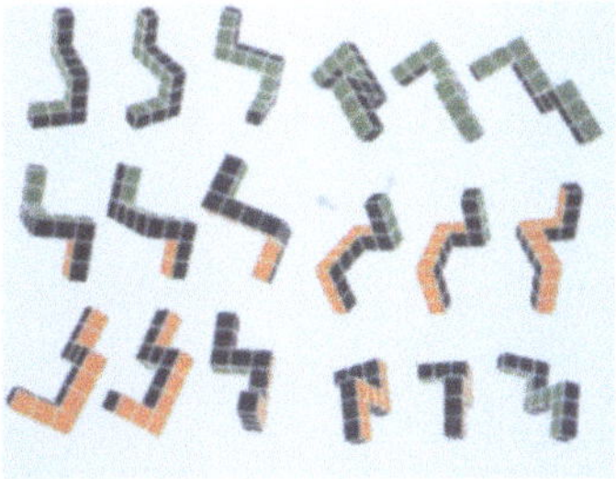

Abb. 4.91 *Gleiche Figuren werden im Raum gedreht*

Abb. 4.92 (rechts) *Die Ortsveränderung und Eigenbewegung einer bestimmten Form (Dreieck) im Raum*

Abb. 4.93 und 4.94 *Der notwendige Bewegungsraum für das Dreieck (unterschiedliche Ansichten des gleichen Modells)*

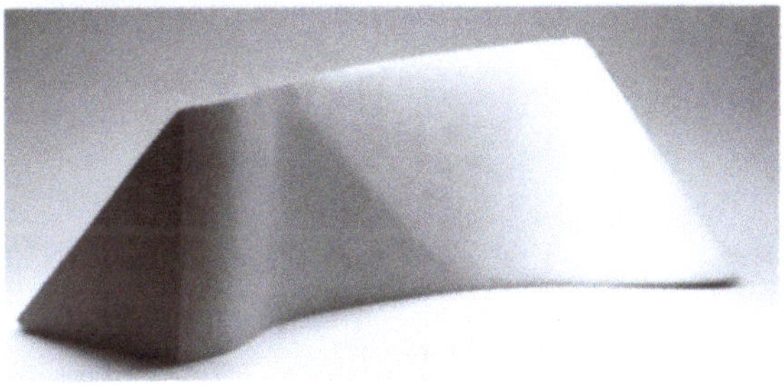

- Die Bewegung um festgelegte Punkte

Versuchen Sie Bewegungswege um bestimmte Punkte festzuhalten.

Siehe vorhandene Studienergebnisse, Kreiszeichnungen, Zeichnungen um zwei Punkte usw.
Modellhaft:
siehe Raummodelle von Bewegungswegen (als Vormodelle z.B. zur Fixierung von konkreten Bewegungswegen wie das störungsfreie aneinander Vorbeifahren an Kreuzungen usw.)

- Die Fixierung von Bewegungsspuren

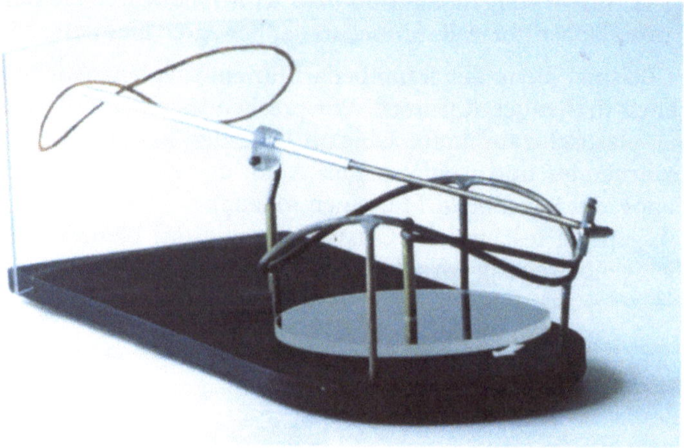

Abb. 4.95 Die Umsetzung einer gleichmäßigen Kreisbewegung in eine lineare Bewegungsform (eine 8) in der Fläche

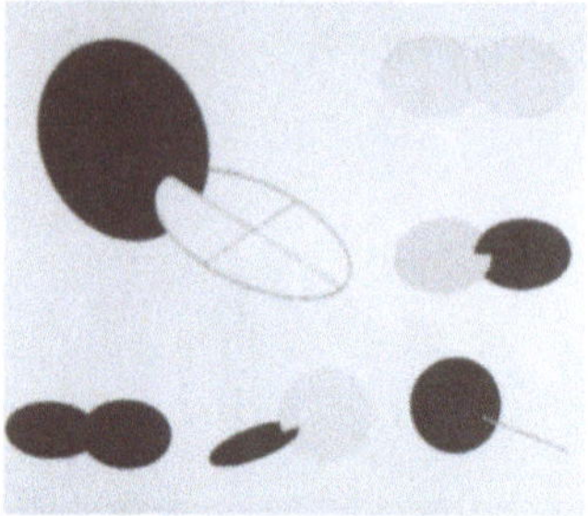

Abb. 4.96 und 4.97 Die Bewegungsspuren zweier rechtwinklig miteinander verbundener Kreisscheiben

- Die Bewegung von flüssigem oder gasförmigem Material

Bewegen Sie flüssiges Material und versuchen Sie die Bewegungsspuren festzuhalten (z.B. bei Pinselstudien, Kreisbewegungen von Farben, farbigen Darstellungen mit flüssiger Farbe, Eigenbewegung von herablaufender Farbe usw.).

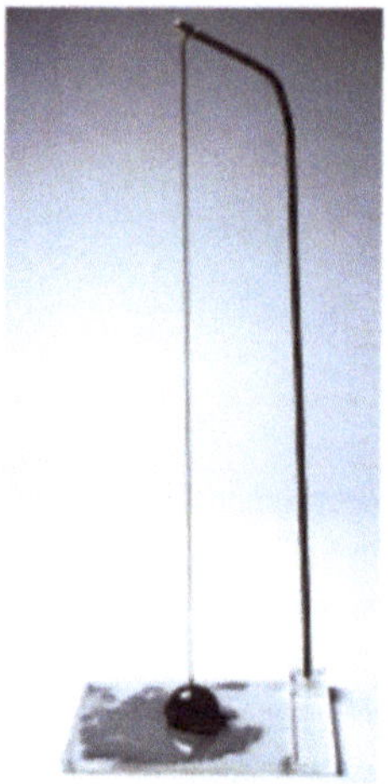

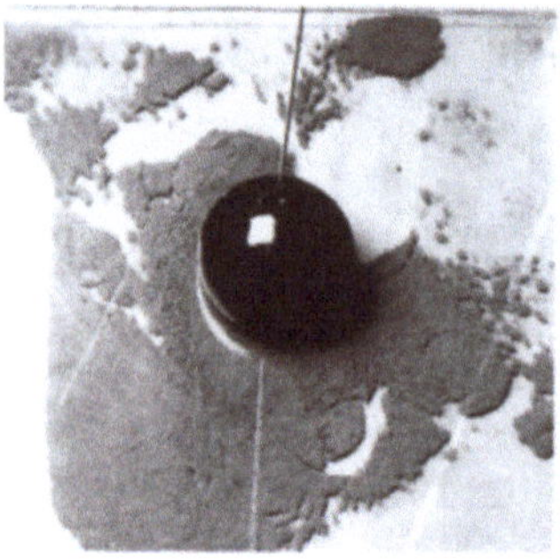

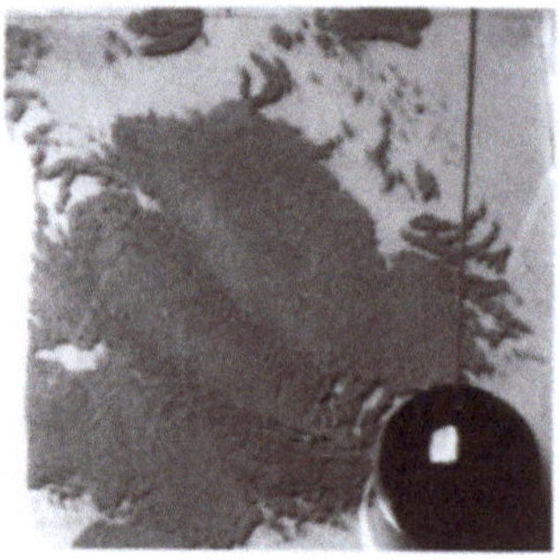

Abb. 4.98 (links), 4.99 und 4.100 Veränderte Strukturen durch Veränderung der Magnetfelder

4.4 Die Anwendung grundlegender Erfahrungen zur Lösung einer konkreten Aufgabe

Siehe: Die Entwicklung von Strukturmodellen in Kapitel 6

5 Die Entwicklung neuer Elemente und Zuordnungen

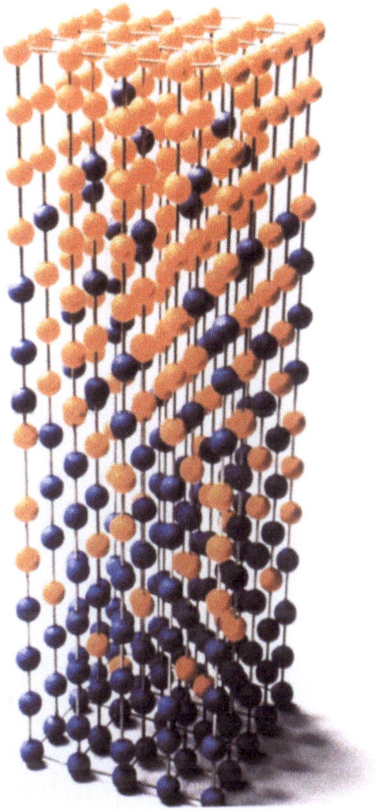

Abb. 4.101 Freier plastisch-raumhafter Übergang in Farbe

Neue Inhalte verlangen nach neuen Ausdrucksweisen. Neue Materialien erlauben die Verwendung neuer Elemente in neuen Zuordnungen.

Die Entwicklung neuer Elemente dient so dem Zweck, neue Einsatz- und Nutzungsmöglichkeiten für diese Elemente zu entdecken.

5.1 Verallgemeinerung der Fragestellung

Wie kann man vorgehen, um neue Elemente und neue Zuordnungen zu entwickeln?

5.2 Darstellung grundlegender Aspekte

Für die Entwicklung neuer Elemente stehen vornehmlich zwei Verfahren zur Verfügung:

- Die Transformation
- Die Variation

Für die Entwicklung neuer Zuordnungen werden besonders genutzt:

- Die Kombination
- Die Permutation

Kombination und Permutation: Diese beiden Verfahren dienen vornehmlich der Entwicklung neuer Zuordnungen. Kombination und Permutation können dann als Verfahren zur Entwicklung von Einzelelementen genutzt werden, wenn die neue Zuordnung von zwei und mehreren Elementen wiederum als ein neues Element gesehen und bewertet wird.

5.2.1
Die Nutzung der Transformation für die Entwicklung neuer Elemente

Bei einer Transformation geht es darum, zwischen zwei bereits vorhandenen unterschiedlichen Elementen ein oder mehrere Elemente so einzupassen, dass damit ein Übergang von dem bereits vorhandenen Ausgangselement zu dem Endelement entsteht. Dies bedeutet, die Eigenschaften der beiden zunächst kontrastierenden Elemente konsequent auf die vermittelnden Figuren zu übertragen.

Damit sind von vornherein Übergänge zwischen einem roten Kreis und einem gelben Quadrat ausgeschlossen. Dies ist notwendig, um jeweils klar herauszustellen, ob es sich um einen Farbübergang oder um einen Formübergang handeln soll (siehe z.B. rotes Quadrat und gelbes Dreieck).

Vorgehensweise:
Um einen Übergang bilden zu können, werden zwei Elemente eines Bereiches (z.B. flächenhafte oder lineare Elemente oder aber farbliche Elemente gleicher Form) benötigt, die sich zumindest in einem Merkmal unterscheiden.

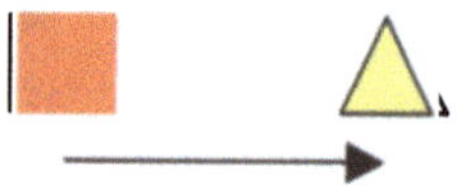

Grafik 4.24 *Übergang zwischen Formen und Farben Worum geht es? Geht es um einen Farbübergang oder geht es um einen Formübergang?*

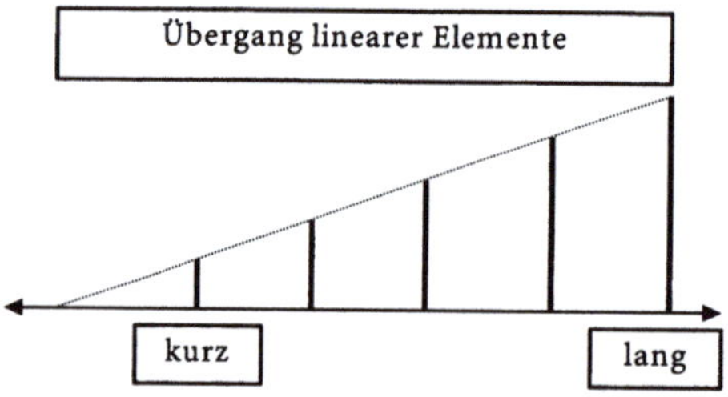

Grafik 4.25 *Die Transformation: Der Übergang zwischen zwei Extremen*

Das neue Element in der Mitte zwischen den beiden vorhandenen extremen Formen ergibt sich, wenn die jeweiligen Merkmale konsequent auf die jeweilige Zwischenform übertragen werden.

Vorgehensweise:
Zu Beginn werden die beiden kontrastierenden Figuren ausgewählt.

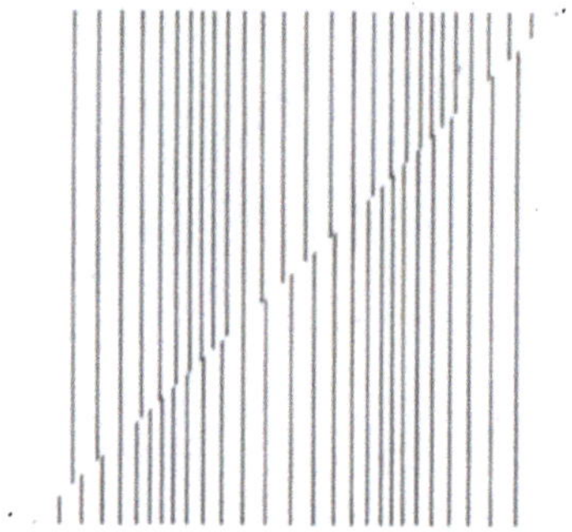

Abb. 4.102 *Linienreihen: Übergang von kurz bis lang*

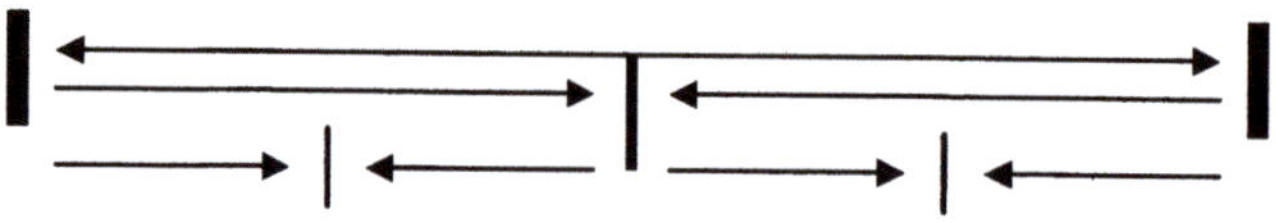

Grafik 4.26 *Die systematische Entwicklung der jeweiligen Zwischenformen bei einer Transformation*

In einem ersten Schritt wird die in der Mitte liegende Figur entwickelt. Sie hat von beiden Extremen jeweils den gleichen Form- oder Farb- oder Material-Abstand. Ist das mittlere Element entwickelt, kann zwischen dem Ausgangselement und dem mittleren Element wiederum genau die Mitte gefunden werden. In gleicher Weise lässt sich zwischen mittlerem Element und dem Endelement ein neues vermittelndes Element erzeugen.

Die Anzahl der entwickelten Zwischenformen ist nicht festgelegt. Es empfiehlt sich jedoch vor allem im farblichen Bereich 3 oder 7 Zwischenelemente zu entwickeln, da sich bei insgesamt 5 oder 9 Elementen immer neue Mitten bilden lassen. Das mittlere Element kann gleich-abständig von Element 1 und 5 erstellt werden. Das 2. und 4. Element kann nun wieder gleich-abständig zwischen Element 1 und 3 sowie zwischen Element 3 und 5 entwickelt werden.

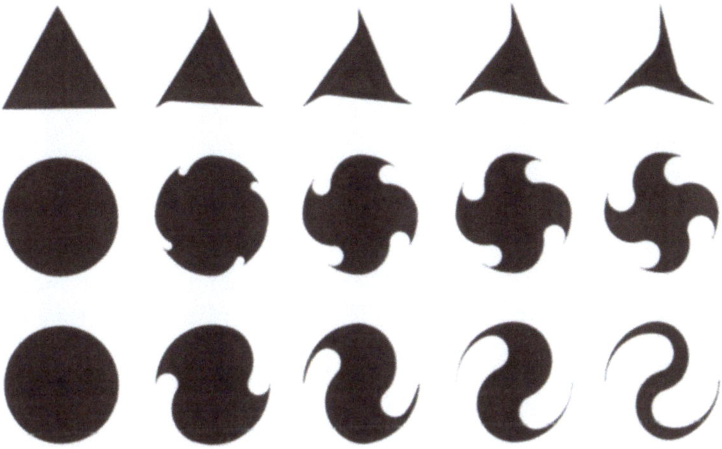

Abb. 4.103 *Formübergänge*

Abb. 4.104 *Vom Fragezeichen zum Ausrufezeichen*

- Die Transformation in einzelnen Stufen

Abb.4.105 *Transformation durch Umbiegen von Flächenkanten*

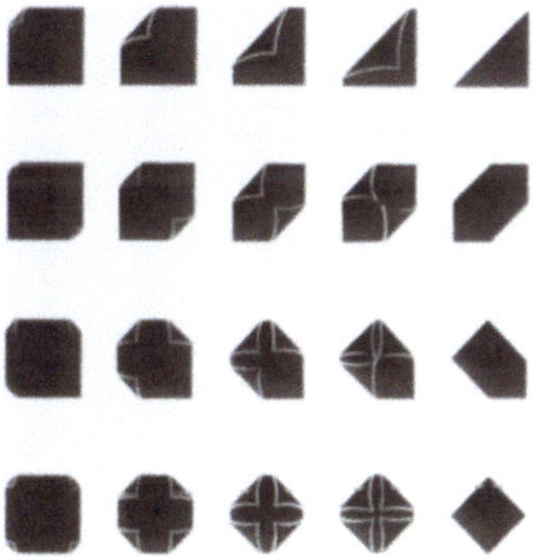

Abb. 4.106 *Farbübergänge in Stufen*

Studien zur Transformation dienen zur Einarbeitung in ein systematisches und methodisches Handeln. Für die Entwicklung neuer Elemente ist es deshalb wichtig, dass die einzelnen Zwischenformen exakt entwickelt werden.

Natürlich gibt es auch Übergangsbildungen, die nicht kontinuierlich sind. Man betrachte den Übergang von einem Tal bis zur Bergspitze. Unregelmäßige Übergänge bleiben bei diesen Studien, bei denen es um die Entwicklung neuer Elemente geht, weitgehend unberücksichtigt.

Abb. 4.107 *Übergang vom Kreis zum Quadrat*

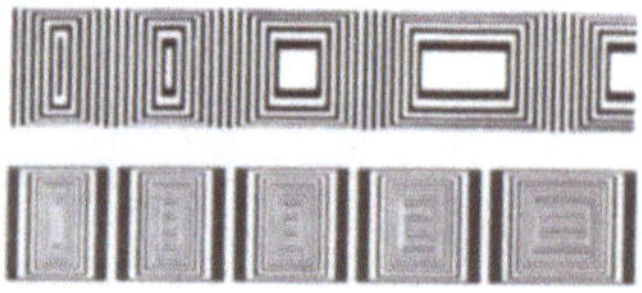

Abb. 4.108 *Zwei Reihen mit Übergängen vom Kreis zum Quadrat*

Es ist darauf zu achten, dass das vermittelnde Element möglichst exakt jeweils die Hälfte der Merkmale der beiden kontrastierenden Elemente aufgreift. In der Regel wird nicht nur ein Zwischenelement entwickelt, sondern der Übergang geschieht in mehreren Zwischenstufen. Man erhält damit gleichzeitig mehrere neue Elemente.

Abb. 4.109 *Transformation mit dem Material Holz*

- Die Transformation ohne Stufen (die Scala)

Abb. 4.110, 4.111 und 4.112 *Transformation ohne Stufen: die Abtönung – plastisch-raumhafte Studie, zeichnerische Studie und fotografische Studie*

Der Übergang kann aber auch stufenlos geschaffen werden. Farbliche Elemente oder materielle Elemente bieten eher als formale Elemente die Möglichkeit, von der Bildung einzelner Elemente abzuweichen und eine gesamte neue Figur zu entwickeln, die bestimmt ist von den jeweiligen Extremen. Es entsteht als neues Element eine Abtönung.

Abb. 4.113 und 4.114 *Zwei Gestaltungsmöglichkeiten mit Abtönungen*

Abb. 4.115 *Buchstaben mit Abtönungen*

Abb. 4.116 *Buchstaben mehrfach gedruckt*

■ Abtönungen im Raum

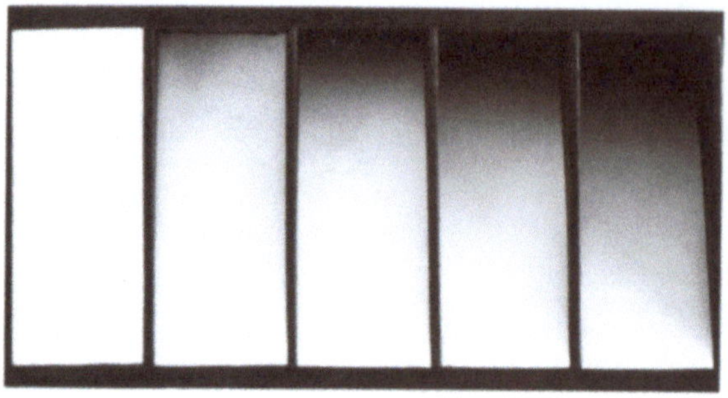

Abb. 4.117 *Plastisch-raumhaftes Modell mit stetig zunehmenden Abtönungen*

Abb.4.118 (unten) *Übergang durch Veränderung eines Elementes*

■ Die neue Reihe als neues Element

Die Schaffung eines Überganges stellt ein Verfahren dar, neue Elemente zu finden. Neu sind die einzelnen Elemente, die als Zwischenformen zwischen den beiden kontrastierenden Eckelementen entstehen. Neu ist der gesamte Übergang. Insofern kann der Übergang für sich als ein neues Element bezeichnet und genutzt werden.

Abb. 4.119 und 4.120 *Kontinuierliche Übergänge in der Fläche bzw. in Reihen*

5.2.1.1
Die Übertragung der Transformation auf den haptischen und akustischen Bereich

In gleicher Weise wie bei den visuellen Elementen lässt sich die Transformation für die Entwicklung neuer Element im haptischen Bereich nutzen.

Die Überlegungen für die Transformation sind entsprechend weiterzuführen bei der Variation, der Permutation und der Kombination sprachlicher Elemente, Buchstaben, Worte und Sätze.

Abb. 4.121 Materialübergang: Aufdröseln von Metallseilen

Zum Thema Transformation im akustischen Bereich liegen zur Zeit noch wenig Studien vor.

Die beiden Darstellungen zeigen die Vorgehensweisen für Studien im akustischen Bereich.
Die Lautstärke eines Buchstabens oder eines Tones wurde analog zur Intensität im farblichen Bereich fixiert.
Kurze und laute Töne gehen über in lange und leise Töne.
Entsprechend wurden mehrere Klangquellen im Raum aufgestellt, die zunächst in der Reihe eingesetzt wurden, dann im Rahmen von Kombinationen.

Abb. 4.122 und 4.123 Zwei unterschiedliche „Partituren" für akustische Transformationen

Vorstellbar sind allerdings Aufgabenstellungen mit dem Ziel, durch kontinuierliche Veränderungen im Rahmen einer Transformation neue akustische Phänomene zu entwickeln. Als Übertragung der Transformation auf den sprachlichen Bereich, z.B. entsprechend einer Abtönung von deutlich bis kaum mehr wahrnehmbar, kann z.B. der Ausdruck „Baum“ gesehen werden. Auch hier beginnt etwas sehr kräftig, während das „m“ am Ende des Wortes gleichsam verklingt. Ebenso können einzelne Wörter oder aber ganze Sätze zunächst laut und immer leiser gesprochen werden. Wörter und Sätze können in ihrer Farbigkeit transformiert werden und in ihrem Material bzw. in der Art ihrer Aussprache verändert werden.

5.2.1.2
Die Transformation in der Zeit

Das Verbrennen eines Stück Papiers als Beispiel für eine zeitliche Transformation

Übergänge können in der Zeit erfolgen. So kann die Geschwindigkeit eines bewegten Elementes kontinuierlich verändert werden: von langsam zu schnell und umgekehrt. Bewegt werden können mit ansteigender bzw. abnehmender Geschwindigkeit:

- Formale Elemente (punkthafte, linienhafte, flächenhafte, plastisch-raumhafte Elemente)
- Farbliche Elemente bestimmter Form
- Materielle Elemente (festes, flüssiges, gasförmiges Material)
- Akustische Elemente (z.B. einzelne Töne)

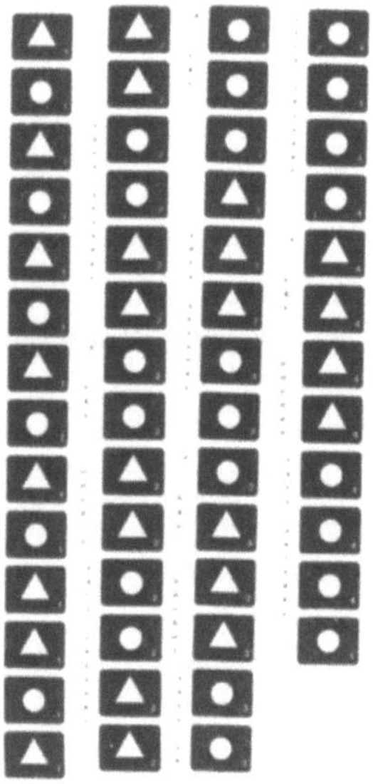
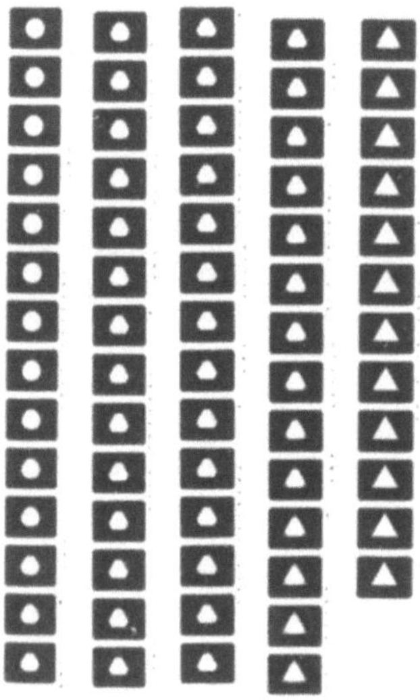
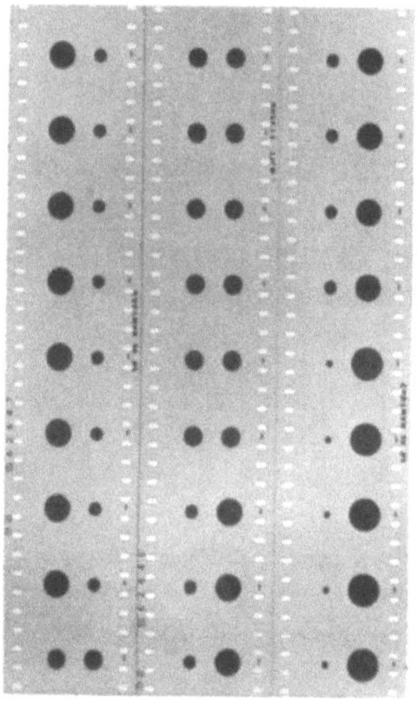

Abb. 4.124, 4.125 und 4.126 *Transformationen in der Zeit: Filmstudien*

▪ Transformation in der Zeit: Akustische Übergänge

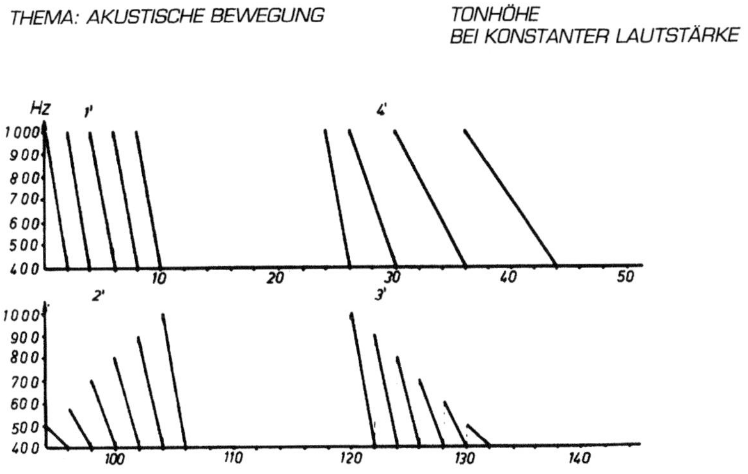

Abb. 4.127 *Diagramm für eine akustische Studie*

▪ Transformationen in der Zeit: fotografische Übergänge

Abb. 4.128 *Übergang in der Zeit: fotografische Studie*

5.2.1.3
Anwendung Transformation

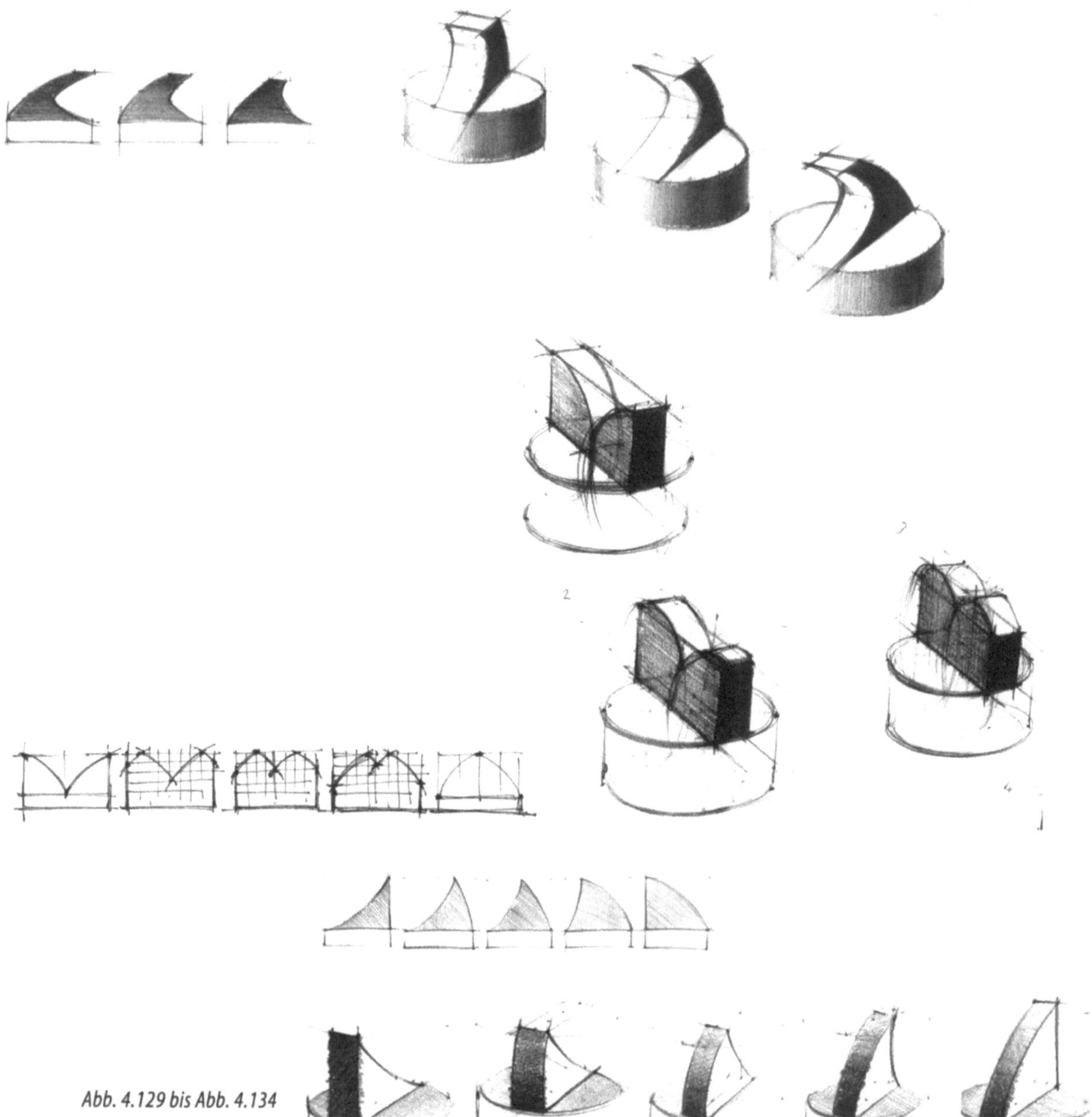

Abb. 4.129 bis Abb. 4.134
Zeichnerisch-skizzenhafte Studien zur Entwicklung neuer Drehgriffe

5.2.2
Die Nutzung der Variation zur Entwicklung neuer Elemente

Wir sehen Menschen, wir sehen Gesichter, wir sehen Autos, wir sehen Häuser usw. usw. Alle diese uns umgebenden Objekte stellen Varianten einer jeweils zugrunde liegenden Ausgangsfigur dar.

Wesentlich ist: Bei der Variation geht es um die Veränderung von Merkmalen eines Elementes. Diese Veränderungen finden ihre Grenzen, wenn das Ausgangselement nicht mehr erfassbar ist (ein Rechteck muss trotz aller Veränderungen immer noch als Rechteck erkennbar sein).

Die Variantenbildung beinhaltet einen großen gestalterischen Spielraum. Sie stellt ein ausgezeichnetes Verfahren zur Findung neuer Elemente dar, da über diesen Weg relativ schnell eine Vielzahl unterschiedlicher Figuren entwickelt werden kann, deren Kern stets gleich bleibt.

Wir können diese Objekte als Haus, als Gesicht identifizieren, weil sie aufgrund ihrer jeweils übereinstimmenden Merkmale der zugrunde liegenden Figurengruppe zugeordnet werden können.
Klar ist, dass die Grenzen einer erfassbaren Variation bei unterschiedlichen Personen unterschiedlich weit zu setzen sind. So erkennt ein Musikinteressierter immer noch Variationen einer bestimmten Melodie, während ein weniger geschulter hier bereits im Vorfeld passen muss.

5.2.2.1
Auswahl eines Elementes, zu dem Varianten entwickelt werden sollen

Zu Beginn der Studien ist es sinnvoll, auf ein relativ einfach strukturiertes Element zurückzugreifen, um so die einzelnen Variationen leichter erfassen zu können.

Ausgangselemente können sein:

- Aus dem visuellen Bereich (z.B. Farbe):
  - ein farbiger Punkt
  - eine farbige Linie
  - eine farbige Fläche
  - ein farbiger Körper oder Raum
- Aus dem visuellen Bereich (z.B. Helligkeit):
  - ein mehr oder minder heller Punkt
  - eine mehr oder minder helle Linie
  - eine mehr oder minder helle Fläche
  - ein mehr oder minder helles plastisches Objekt
  - ein mehr oder minder heller Raum
- Aus dem visuellen Bereich (z.B. Form):
  - ein punkthaftes Element
  - ein linienhaftes Element
  - ein flächenhaftes Element
  - ein plastisch-raumhaftes Element

- Aus dem haptischen Bereich (z.B. Material):
  - ein Element aus festem Material (punkthaft, linienhaft, flächenhaft oder plastisch-raumhaft)
  - ein Element aus flüssigem Material (z.B. flüssiges Material in einem Glas)
  - ein Element aus gasförmigem Material (Rauch, Dampf usw.)
- Aus dem akustischen Bereich (z.B. Phänomene):
  - ein Ton (als punkthaftes Element)
  - eine kleine Melodie (als linienhaftes Element)
  - ein Zusammenklang mehrerer Töne (siehe Fläche)
  - mehrere akustische Phänomene im Raum (als plastisch-raumhaftes Element)

Abb. 4.135 Zeichnerische Vorstudien: Klärung veränderbarer Merkmale bei einer quadratischen Fläche

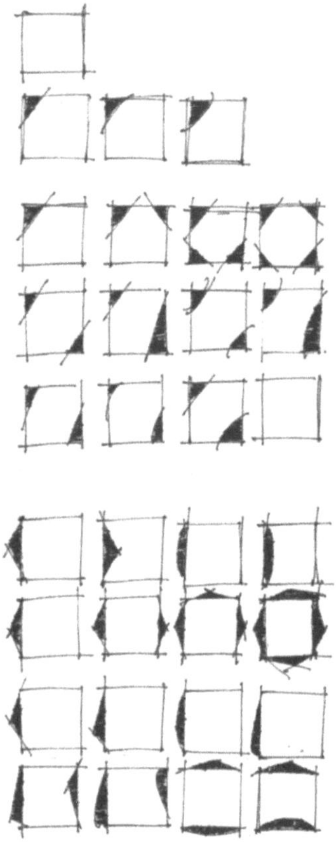

5.2.2.2
Zusammenstellung der unterschiedlichen Veränderungsmöglichkeiten

Nach der Klärung, welches Element variiert werden soll, ist es ratsam, sich zunächst einmal einen Überblick zu verschaffen, welche Merkmale bei der ausgewählten Figur überhaupt verändert werden können, bevor man mit der eigentlichen Arbeit beginnt.

Als Ausgangsfigur für die Zusammenstellung möglicher Varianten wird beispielhaft ein flächenhaftes Element (ein Quadrat) gewählt.

- Veränderbar sind z.B. die Ecken der Fläche. Sie können geradlinig / gebogen verändert werden (Biegung nach außen / nach innen).
- Es kann an einer, zwei, drei und vier Ecken eine Veränderung vorgenommen werden.
- Die Veränderung kann gleichmäßig gerade / gebogen oder ungleichmäßig gerade / gebogen sein.
- Die Veränderung kann überall gerade / gebogen sein. Sie kann gleichzeitig gerade und gebogen sein.
- Die Veränderungen können geometrisch (abmessbar) oder ungeometrisch (frei, natürlich) sein.

Entsprechend können die Kanten einer Fläche bearbeitet werden und auch die Flächen eines Quadrates selbst. (So kann eine Fläche aufgeschnitten, eingeritzt, aufgerissen, durchbohrt, durchstochen werden. Teile können herausgeklappt, abgebrannt, zerstört werden. Usw.)

Die Veränderungen können auf die entsprechende plastisch-raumhafte Figur (z.B. Würfel, Quader) übertragen werden. (Siehe dazu auch die Variantenbildung bei den Gestalten der verschiedenen Lebewesen und bei künstlich erstellten Objekten, wie bei Geräten, Maschinen, Architekturen usw.)

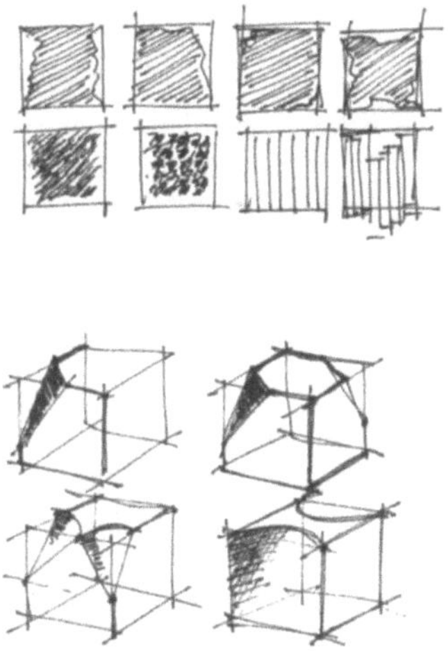

Abb. 4.136 *Zeichnerische Vorstudien: Variationen bei Flächen und Körpern*

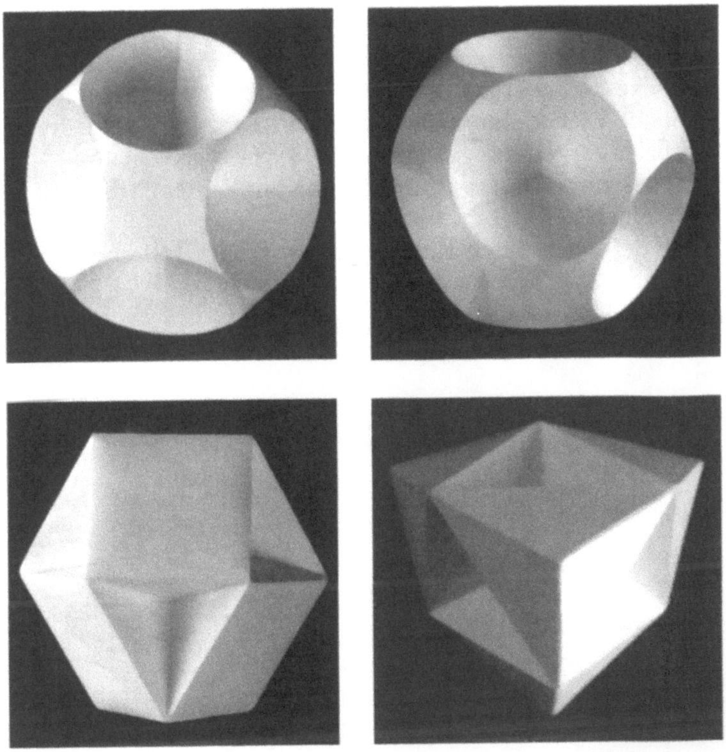

Abb. 4.137 und Abb. 4.138 *Variationen eines Würfels: Veränderungen der Ecken – gebogen (oben)*
Abb. 4.139 und Abb. 4.140 *Variation eines Würfels: Veränderungen der Ecken – gerade (unten)*

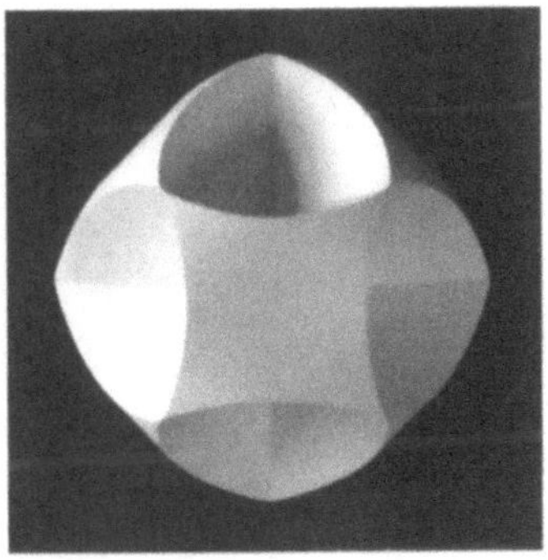

Abb. 4.141 *Variation eines Würfels: Veränderungen der Ecken – Zwischenform: eckig-rund*

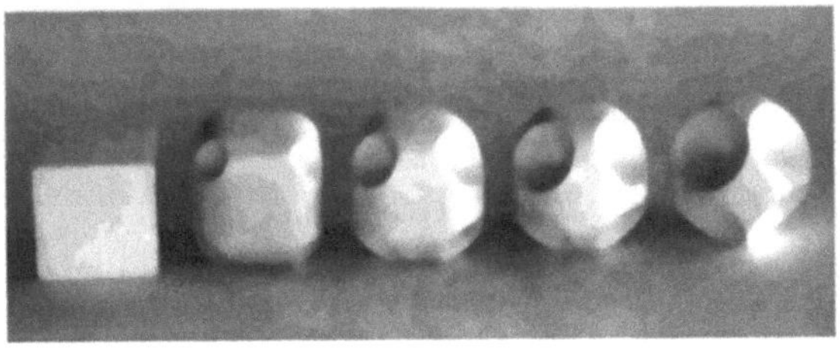

Abb. 4.142 *Variationen eines Würfels: Abwandlungen in einer Reihe*

Beispiel: Bewegungsspuren bei einem Seismografen, hier: die Bewegung eines Punktes auf einem bestimmten Bewegungsweg.
Beispiel: Die Variation der Bewegungswege, die von einer sich bewegenden Person bei der Verrichtung einer bestimmten Arbeit ausgeführt werden (Drehungen des Körpers, Bewegung der Arme, der Hände usw.) und Bestimmung des entsprechend notwendigen Raumes (z.B. die Ermittlung des notwendigen Platz- und Raumangebotes für einen Arbeitsplatz, z.B. für Kassiererin in einem Supermarkt).

- Variationen von Elementen in der Zeit

Ein einzelnes formales Element (farbig oder schwarz-weiß und aus bestimmtem Material) kann sich bei unterschiedlicher Geschwindigkeit unterschiedlich stark verändern. So kann eine Fahne bei unterschiedlicher Windstärke verschiedenste Formen annehmen, ohne allerdings dadurch unkenntlich zu werden. Drehbare Elemente können bei unterschiedlicher Geschwindigkeit und bei unterschiedlicher Fliehkraft ihren Raumbedarf variieren.

- Variantenbildung eines farblichen Elementes

Vorgehensweise: Auswahl eines einfachen (möglichst einfarbigen) farbigen Elementes (z.B. ein blaues Quadrat) und Zusammenstellung der veränderbaren Merkmale:
- farbliche Veränderung an den Kanten des farbigen Quadrates
- farbliche Veränderungen an den Ecken des farbigen Quadrates
- farbliche Veränderungen im Innern des farbigen Quadrates
- Veränderungen durch Hinzunahme von Pigmentfarbe, d.h. farbiges Material
- Veränderungen durch Hinzunahme von Spektralfarbe, d.h. farbigem Licht

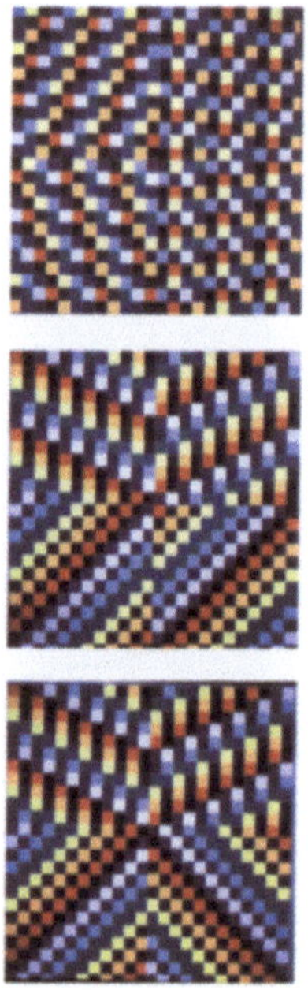

Abb. 4.143, 4.144 und 4.145 (von oben nach unten)
Variationen einer farbigen Fläche durch Veränderungen im Innern der Fläche (Lageveränderung der einzelnen Farbfelder) Farbvariationen können mit Pigmentfarben und Spektralfarben durchgeführt werden. Als Einstieg empfiehlt sich die Variation einer farbigen Fläche mit Pigmentfarbe.

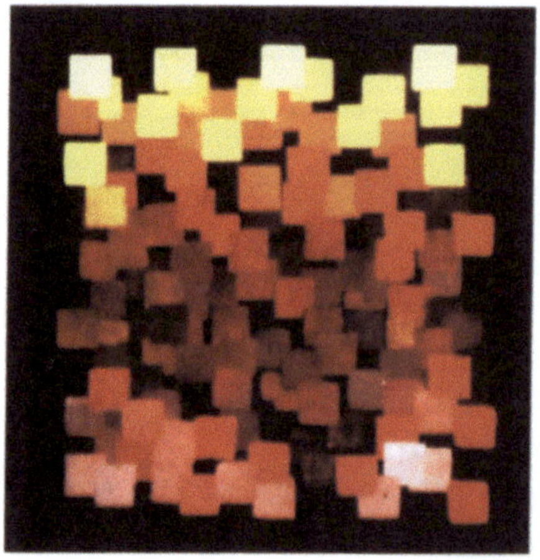

Abb. 4.146
Variation um den Farbton Orange

- Variantenbildung um eine Hell-Dunkelfläche

(Möglichkeiten: siehe Variantenbildung einer farbigen Fläche)

- Variantenbildung haptischer Elemente

Hier geht es vornehmlich um die Veränderung von Materialien, seien es feste, flüssige oder gasförmige Materialien. So kann ein festes Material, z.B. ein Kunststoffteil in seiner Form oder in seinem Materialcharakter (z.B. durch Anbrennen oder Anschleifen usw.) variiert werden.

- Variantenbildung akustischer Elemente

Hier geht es vornehmlich um die Variation von Tönen bzw. sonstiger wahrnehmbarer Phänomene (z.B. die Variation eines Wortes oder einer Wortfolge, z.B. ausgesprochen von verschiedenen Personen). Töne oder Musikstücke oder Teile davon können schneller oder langsamer gespielt werden, Wörter oder Sätze können schnell oder langsam, laut oder leise, anschwellend, abschwellend usw. gesprochen werden.

Die Variation in der Musik:
Ein Thema wird variiert.
Die vorhandene Tonfolge wird auf die unterschiedlichste Weise bearbeitet. Allerdings muss der Charakter des Themas immer durchscheinen.

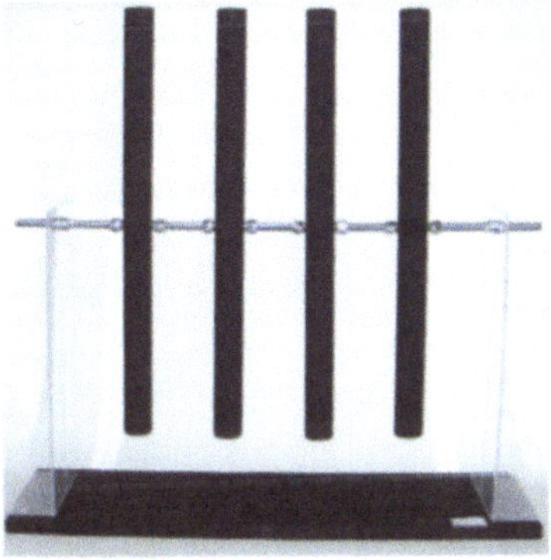

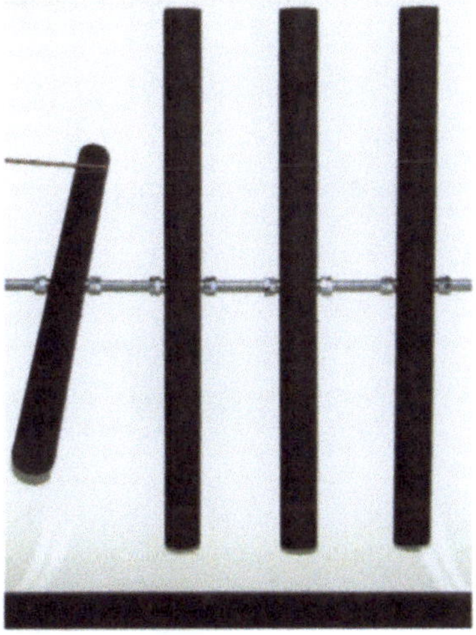

Abb. 4.147 und Abb. 4.148
Modell zur Variation akustischer Phänomene
Die Pappröhren sind innen mit kleineren Sperren versehen und mit wenigen unterschiedlichen Steinchen gefüllt. Dreht man die einzelnen Säulen, so kommt es zu einem stets variierten Geräusch der herabrieselnden Steine.

Abb. 4.149 *Modell für die Variation akustischer Phänomene*

Zur Abb. 4.149:
Bei dem nebenstehenden Modell sind in einer Tonne verschiedene kleinere Steinchen eingefüllt. Ein Motor drückt immer wieder den Paukenschläger nach unten. Geht das Rad weiter, wird dieser Paukenschläger gegen das untere Feld geschlagen. Die innen liegenden Steinchen werden aufgerüttelt. Es kommt zu ständig variierten akustischen Ereignissen.

5.2.2.3
Anwendungen von Variationen

Studien zur Variantenbildung haben das Ziel, Erfahrungen zu sammeln, wie man durch Veränderung einzelner Gestaltmerkmale den Charakter einer vorgegebenen Figur beeinflussen und abwandeln kann bis hin zur Grenze ihrer Identifizierbarkeit. Gerade für Designer/-innen, die ständig neue Ausdrucksweisen für identifizierbare Objekte entwickeln müssen, ist die Kenntnis der Variantenbildung eine wichtige und notwendige Arbeitshilfe.

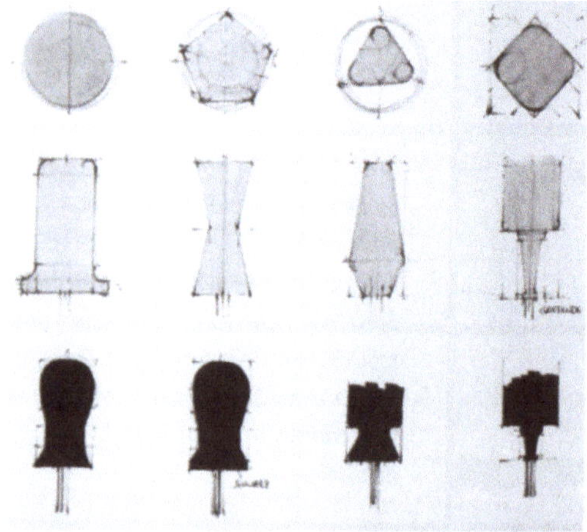

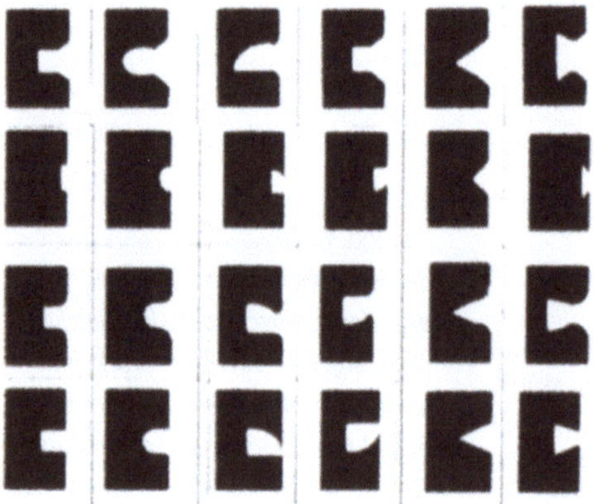

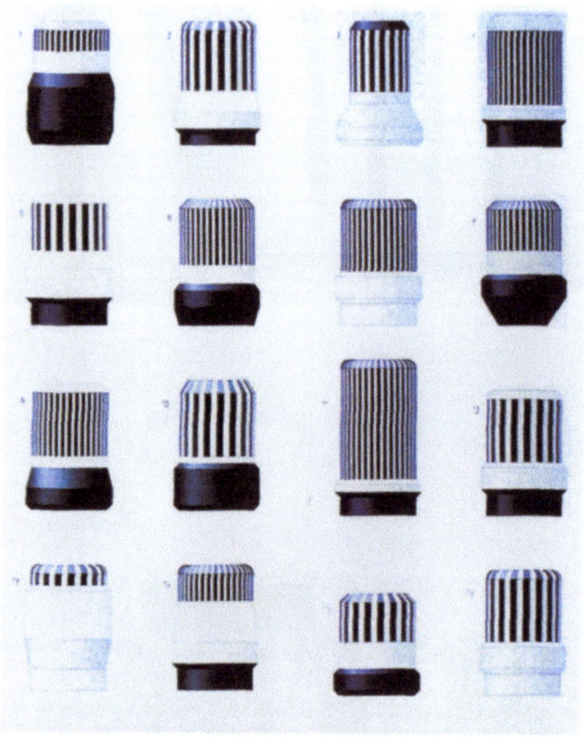

Abb. 4.150 *(oben links) Variantenbildung für die Entwicklung einer neuen Griffform*
Abb. 4.151 *(unten links) Variantenbildung für die Entwicklung eines neuen Signets*
Abb. 4.152 *(rechts) Variantenbildung für die Entwicklung eines neuen Heizungsregulators*

5.2.3
Die Entwicklung neuer Zuordnungen

Neben der Entwicklung neuer Elemente steht die Suche nach neuen Zuordnungen. Vorgestellt werden die wesentlichen Verfahren für die Bildung von Zuordnungen ohne Rücksicht auf die technischen oder sonstige Aufgaben, denen diese ja dienen müssen, wenn sie nicht sinn- und zwecklos sein sollen.

Vier Verfahren werden vorgestellt, wobei vor allem die Kombination und die Permutation näher betrachtet werden.

Im Einzelnen handelt es sich um:

- Die Transformation
- Die Variation
- Die Kombination
- Die Permutation

5.2.3.1
Die Nutzung der Transformation und Variation zur Entwicklung neuer Zuordnungen

Unterschiedliche Strukturen können einander gegenübergestellt werden. Durch die Entwicklung von Übergängen zwischen diesen Strukturen können zwischen den jeweiligen Ausgangsstrukturen neue Formationen entstehen. Die einzelnen Zwischenformationen oder aber die ganze Reihe kann als neue Struktur betrachtet werden.

Transformation: z.B. die Veränderung eines Systems oder der Übergang von einem System in ein anderes System, z.B. die systematische Auflösung einer bestimmten Struktur, siehe Abb. 4.153

Abb. 4.153 Von einer chaotischen zu einer geordneten Struktur

So, wie man einzelne Elemente variieren kann, können auch Systeme oder Strukturen bzw. Zuordnungen und Gliederungen variiert werden. Wichtig ist, dass die neue Struktur in ihren wesentlichen Merkmalen mit der ehemals vorhandenen übereinstimmt.

5.2.3.2
Die Nutzung der Kombination zur Entwicklung neuer Zuordnungen

Bei der Kombination können zwei und mehr Elemente miteinander zu einer neuen Einheit zusammengebracht werden. Wesentlich für die Kombination ist, dass die einzelnen Elemente nicht bearbeitet, sondern in ihrem Zustand bei der Zuordnung zu anderen Elementen immer erhalten bleiben. Die Kombinatorik führt, vor allem bei einem bedachten und systematischen Vorgehen, zu einer Vielzahl neuer Elemente.

Die einzelnen Zuordnungen können sich aus freien Kombinationen ergeben, aus bestimmten kompositorischen Anliegen (Reihenkomposition, Felderkomposition usw.) oder aber aus einer bestimmten systematischen Art der Vorgehensweise, um die einzelnen Elemente einander zuzuordnen.

Abb. 4.154 Die Kombination von zwei gleichen Elementen

- Die Kombination gleichartiger und verschiedener Elemente

Kombinieren kann man visuell wahrnehmbare Elemente miteinander. Man kann Farben miteinander kombinieren, Helligkeiten oder aber auch Formen. Ebenso lassen sich aus dem haptischen Bereich unterschiedliche plastische Formen oder Materialien miteinander kombinieren. Man kann akustische Elemente miteinander kombinieren.

Neben der Kombination jeweils gleichartiger Elemente kann man natürlich auch verschiedenartige Elemente miteinander kombinieren. So lassen sich visuell wahrnehmbare Elemente mit bestimmten akustischen Elementen zu neuen Einheiten verbinden.

- Die Bestimmung des Berührungspunktes

Wesentlich ist der Berührungspunkt, an dem sich die verschiedenen Elemente begegnen. So kann ein rundes Element, z.B. eine Kreisscheibe, ein quadratisches Element an verschiedenen Punkten berühren. Dies können die Eckpunkte oder verschiedene Punkte der jeweiligen Seitenkanten sein. Es kann dieses Quadrat aber auch auf der Fläche an verschiedensten Punkten treffen. (Während bei der Permutation die Plätze konstant bleiben, können sich diese bei der Kombination verändern.)

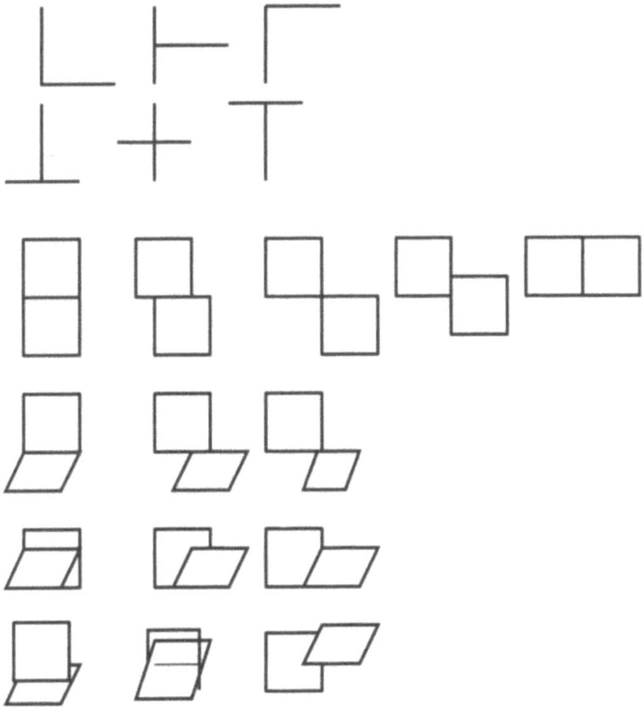

Grafik 4.27 *Zuordnung von zwei linearen und zwei flächenhaften Elementen: Ansatzpunkte, Lage und Richtung der einzelnen Elemente zueinander*

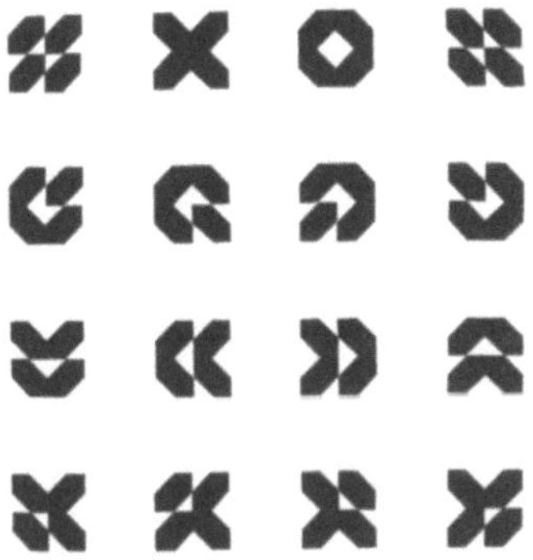

Abb. 4.155 *Unterschiedliche Zuordnungen gleicher Elemente*

- Die Lage der einzelnen Elemente zueinander

Wesentlich ist, **welche Richtung** bzw. **Stellung** ein Element gegenüber dem jeweils anderen Element hat. So kann die Kreisscheibe in der gleichen Richtung stehen wie das Quadrat. Es kommt zu einer weitgehend flächenhaften Kombination. Steht die Kreisscheibe jedoch senkrecht zu dem Quadrat, ergeben sich plastisch-raumhafte Kombinationen.

- Die Anzahl der einzelnen Elemente

Die Anzahl der Elemente, die miteinander kombiniert werden können, ist nicht festgelegt. Es kann ein Element mit einem zweiten Element oder mit zwei und mehr Elementen kombiniert werden.

Abb. 4.156 *Unterschiedliche Zuordnung von Reihen*

Bei den ersten Studien werden die Plätze bzw. die Stellen, an denen die einzelnen Elemente die anderen Elemente treffen, bestimmt, um die Anzahl möglicher Kombinationen auf prägnante Figuren zu beschränken. So wird bei der Kombination von zwei Quadraten darauf geachtet, dass sich diese nur an den jeweiligen Ecken, in der Kantenmitte und in der Mitte der jeweiligen Fläche begegnen sollen.

- Die Art der jeweiligen Elemente

Die einzelnen Elemente können gleichartig sein. Sie können aber auch unterschiedlich sein. Die einzelnen visuellen Elemente können punkthaft, linienhaft, flächenhaft oder plastisch-raumhaft sein.

- Die Kombination von Elementen in der Ebene oder im Raum

Die Kombination kann so vorgenommen werden, dass ein eher flächenhaftes Gebilde entsteht oder die Elemente können so einander zugeordnet werden, dass raumhafte Gebilde entstehen.

Abb. 4.157 *Die Kombination von zwei unterschiedlichen Elementen (lineare Elemente und flächenhafte Elemente). Durch unterschiedliche Anordnung der Lochung bei den Dreiecken lassen sich unterschiedlich geneigte Flächen entwickeln.*

5.2.3.3
Die Nutzung der Permutation zur Entwicklung neuer Zuordnungen

Bei der Permutation geht es darum, dass für die Zuordnung einzelner Elemente eine bestimmte Anzahl an Plätzen zur Verfügung steht. Auf jedem der Plätze kann ein Element untergebracht werden. Durch einen Wechsel der Plätze kommt es zu ständig neuen Zuordnungen der einzelnen Elemente.

Abb. 4.158 *Vier unterschiedliche Elemente und deren Anordnungen auf vorgegebenen Plätzen*

Abb. 4.159 *Permutation mit fünf Elemente auf fünf Plätzen*

Stehen z.B. 4 Plätze zur Verfügung, bedeutet dies, dass höchstens 4 Elemente untergebracht werden können (4 Plätze stehen für vier, drei oder zwei Elemente zur Verfügung). Durch das Vertauschen der Plätze ergeben sich eine Menge neuer Zuordnungen.

Die Permutation ermöglicht es, vor allem bei einem systematischen Vorgehen (z.B. Durchspielen aller Konstellationen), eine große Zahl neuer Zuordnungen zu entwickeln.

- Die Permutationen in der Fläche und im Raum

Die einzelnen Elemente, Formen, Farben oder Helligkeiten lassen sich in ihrer Ausgangsposition bestimmten Plätzen zuweisen. Sie lassen sich entsprechend der selbst entwickelten Permutationsregel jeweils umstellen. Plastisch-raumhafte Elemente lassen sich auch im Raum auf verschiedenen Plätzen nach den Gesetzen der Permutation einander zuordnen. Dadurch erhält man immer neue Zuordnungen der einzelnen Elemente zueinander.

Abb. 4.160 Ausarbeitung einer raumhaften Permutation

Abb. 4.161 und 4.162 Vorstudie und Ausarbeitung einer flächenhaften Permutation

- Die Permutation in der Zeit

Elemente können im Verlauf der Zeit ihre Plätze tauschen. Es entstehen so ständig neue Zuordnungen im vorgegebenen Rahmen.

5.2.4 Zusammenfassung

Siehe praktische Studien und Ausarbeitungen zur Kombinatorik und zur Permutation

Unterschiedliche Zuordnungen lassen sich auf dem Wege der Kombinatorik und der Permutation entwickeln. Sie können spontan erstellt werden, sie lassen aber auch Raum für ein systematisches Vorgehen (bis hin zu computergesteuerten Programmen zur Entwicklung aller Zusammenstellungsmöglichkeiten von 3, 4, 5 und mehr Elementen aufgrund vorgegebener Regeln).

Es sind Zuordnungen möglich von kleineren oder größeren Gruppen (z.B. Kombination von Reihen oder sonstigen Gruppierungen).

Die bisherigen Betrachtungen der Elemente oder möglicher Zuordnungen bzw. die Einführung in Verfahren zur Entwicklung neuer Elemente oder Zuordnungen führen in die Syntax gestalterischen Arbeitens ein. Man erfährt etwas über die zur Verfügung stehenden Mittel. Dabei wurden die einzelnen Elemente oder Zuordnungen ohne deren Bedeutungsgehalt entwickelt. Man konnte sich auf die Eigenschaften und Merkmale der Elemente und Zuordnungen konzentrieren

Der wesentliche Aspekt syntaktischer Arbeit besteht jedoch in der Auswahl geeigneter Elemente und deren Zuordnung unter dem Diktat, „Formulierungen“ zu schaffen, die sinnvoll sind, was wiederum die Einhaltung bestimmter „grammatikalischer“ Regeln beinhaltet.

Abb. 4.163 *Permutation von vier Elementen auf vier Plätzen*

5.3
Studien

5.3.1
Theoretische Studien

5.3.1.1
Studien zur Transformation und Variation

Abb. 4.164 (oben) und 4.165 (rechts)
Kombination von Reihen unterschiedlicher Helligkeiten

- Der gesellschaftliche Wandel

Betrachten Sie den gesellschaftlichen Wandel im Laufe der Zeit. Markieren Sie fließende Übergänge und Übergänge in Schritten.

5.3.1.2
Studien zur Kombination und Permutation

- Strukturen

Untersuchen Sie verschiedene Umsetzungen bzw. Produkte hinsichtlich der verwendeten Elemente und deren Zuordnungen. Versuchen Sie die Beziehungen der einzelnen Elemente zueinander grafisch vereinfacht darzustellen.

- Der Vergleich gesellschaftlicher Systeme

Vergleichen Sie gesellschaftliche Systeme aus verschiedenen Zeiten. Zeigen Sie auf, wie die Strukturen (z.B. Bindungen der einzelnen Elemente, in diesem Fall Menschen) unterschiedlicher Systeme aufgebaut waren oder sind und welche Konsequenzen sich daraus für die einzelnen Menschen ergaben.

- Strukturen in unterschiedlichen Objekten zu einer bestimmten Zeit

Versuchen Sie die Strukturen und Zuordnungen der einzelnen Elemente in unterschiedlichen Darstellungen oder Objekten (Grafik, Malerei, Plastik, Architektur, Musik, Literatur usw.) einer Epoche zu erfassen. Versuchen Sie eine Synopse.

Abb. 4.166
Kombination mit Farbflächen

5.3.2
Praktische Studien

5.3.2.1
Studien zur Transformation und Variation

- Transformation bei statischen Gebilden
  - Entwicklung von Transformationen mit visuell wahrnehmbaren Gebilden
  - Entwicklung von Transformationen bei haptisch wahrnehmbaren Gebilden
  - Entwicklung von Transformationen beim akustischen Gebilden
- Transformation im textlichen Bereich
  Für den grafischen Bereich sind Möglichkeiten der Transformation einzelner Buchstaben oder Wörter zu prüfen, z.B.:
  - Das Abdrucken einer eingefärbten Farbrolle
  - Das Übereinanderdrucken von Buchstaben
  - Das Hintereinanderstellen von Buchstaben
  - Die Größenveränderung von Buchstaben
  - Die Farbveränderung der Buchstaben und Wörter
- Transformationen bei bewegten Gebilden
  - Entwicklung von neuen visuell wahrnehmbaren Elementen durch Übergänge in der Zeit / Bewegung
  - Entwicklung von haptisch wahrnehmbaren Elementen durch Übergänge in der Zeit / Bewegung
  - Entwicklung von akustisch wahrnehmbaren Elementen durch Übergänge in der Zeit
- Variation bei statischen Gebilden
  - Variationen bei / mit visuellen Elementen
  - Variationen bei haptischen Elementen
  - Variationen bei akustischen Elementen
- Variation bei bewegten Gebilden
  - Entwicklung neuer visuell wahrnehmbarer Elemente durch die Bewegung einzelner Teile usw.
  - Entwicklung neuer haptisch wahrnehmbarer Elemente durch Veränderung in der Zeit
  - Entwicklung neuer akustisch wahrnehmbarer Elemente durch Veränderungen der Elementmerkmale in der Zeit (z.B. Studien, die akustische Phänomene variieren)

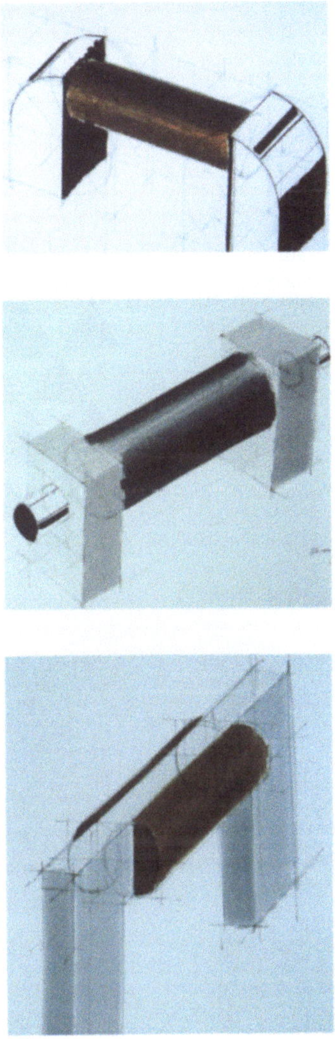

Abb. 4.167, 4.168 und 4.169
Anwendung: Griffvarianten

5.3.2.2
Studien zur Kombination

- Neue Zuordnungen aufgrund der Kombination
  - Entwickeln Sie neue Zuordnungen visuell wahrnehmbarer Gebilde aufgrund der Kombination von einzelnen Elementen.
  - Entwickeln Sie neue Zuordnungen haptisch wahrnehmbarer Gebilde aufgrund der Kombination einzelner Elemente.

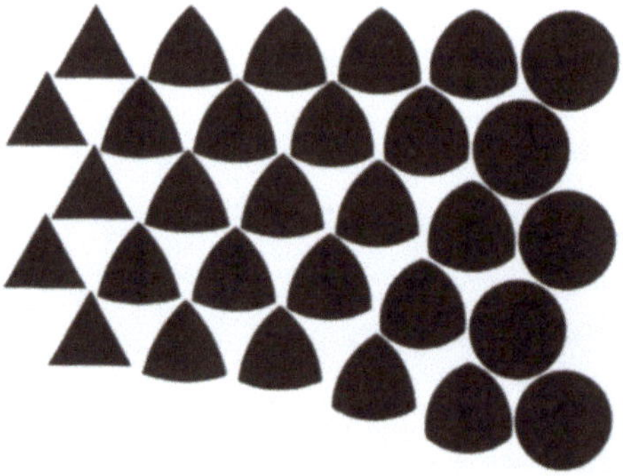
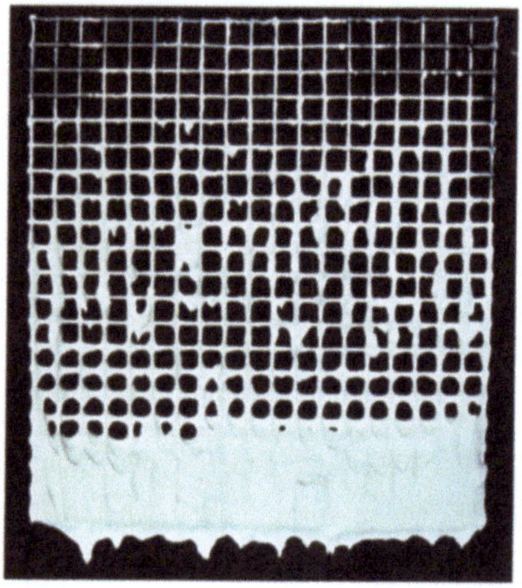

Abb. 4.170 *Kombination von Übergangsreihen*
Abb. 4.171 *Kombination zweier Materialien*

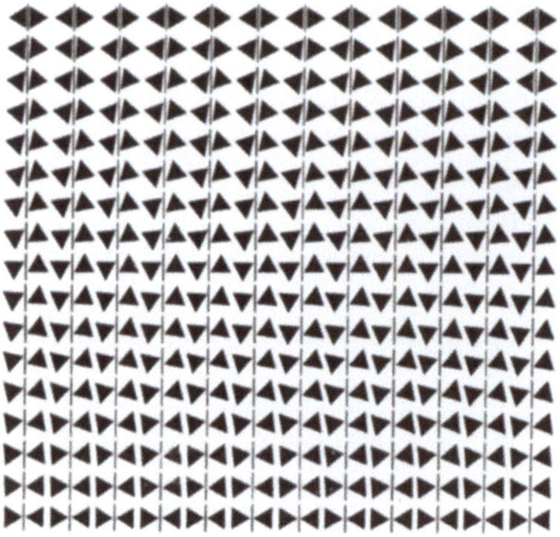

Abb. 4.172 *Kombination von Reihen*

- Kombination von flächenhaften Elementen

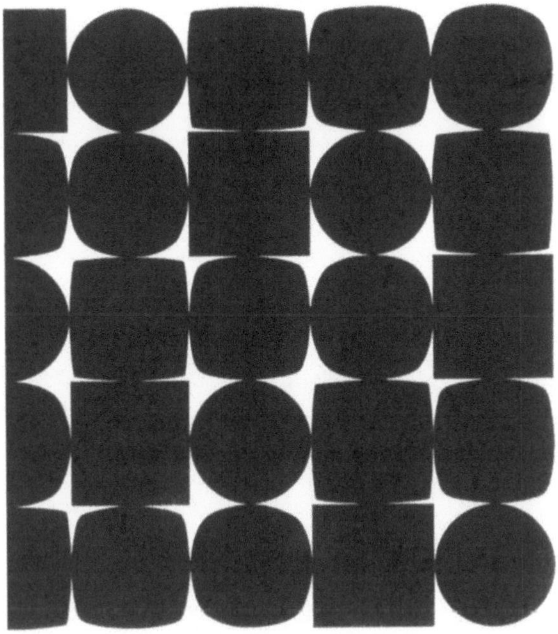

Abb. 4.173 Flächenform-Kombination

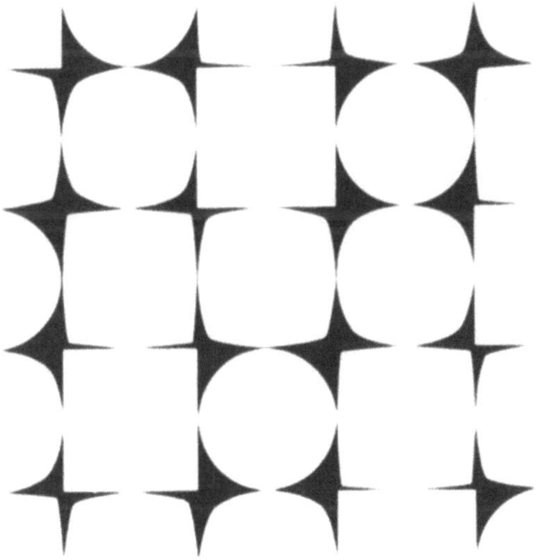

Abb. 4.174 Negativformen aus einer Flächenform-Kombination

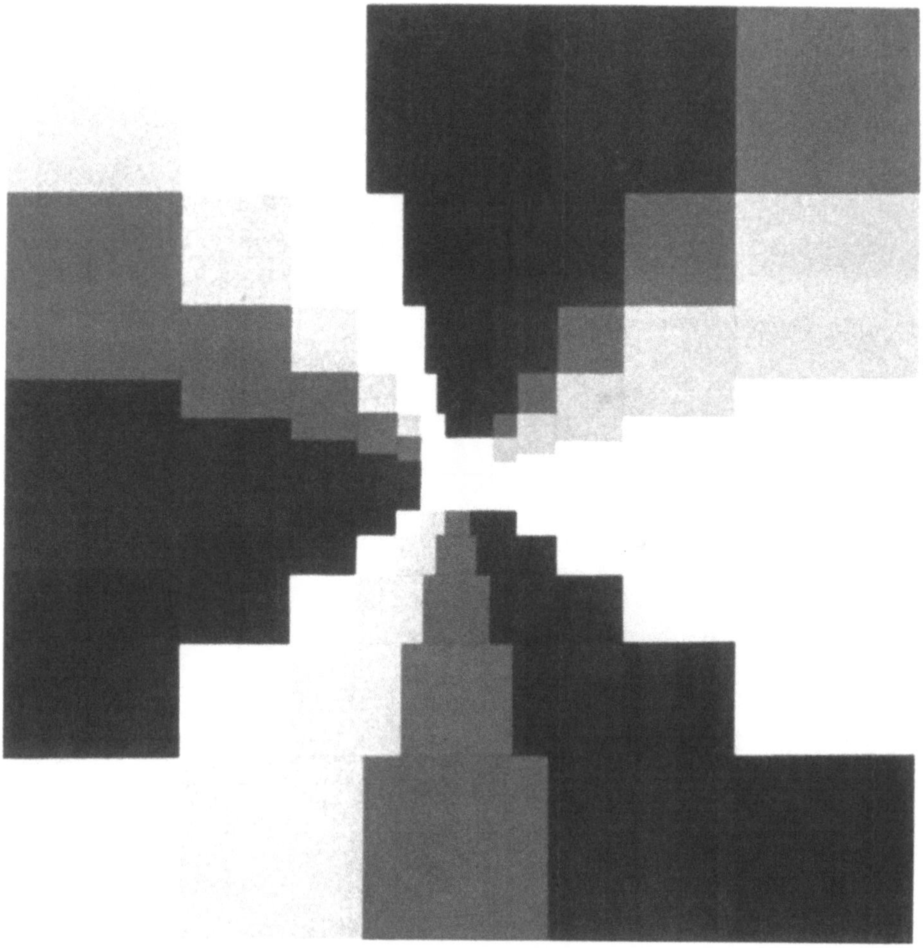

Abb. 4.175 Kombination von Helligkeitsreihen

■ Kombination von Hell-Dunkel-Elementen

Abb. 4.176 *Kombination von Hell-Dunkel-Elementen, abgetönt – zeichnerische Studie*

■ Neue Zuordnung aufgrund der Permutation

Abb. 4.177 *Permutation von vier Elementen auf vier vorgegebenen Feldern*

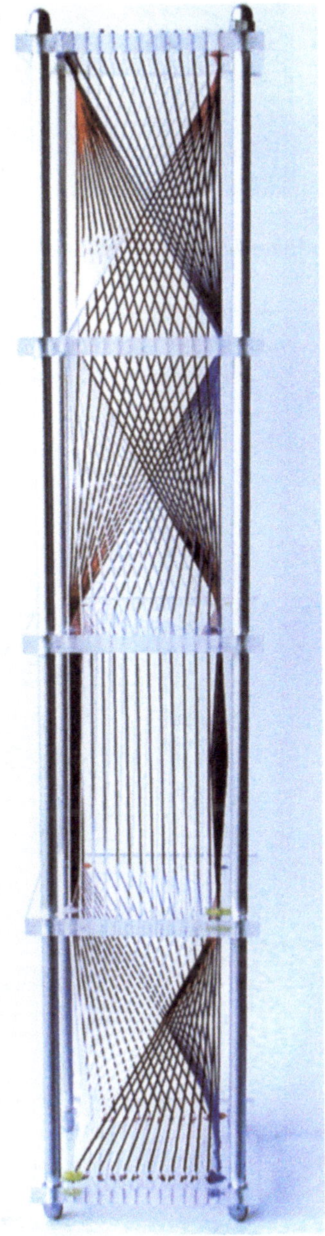

Abb.4.178 *Räumliche Permutation: Vier Seiten und ihre Verspannungen*

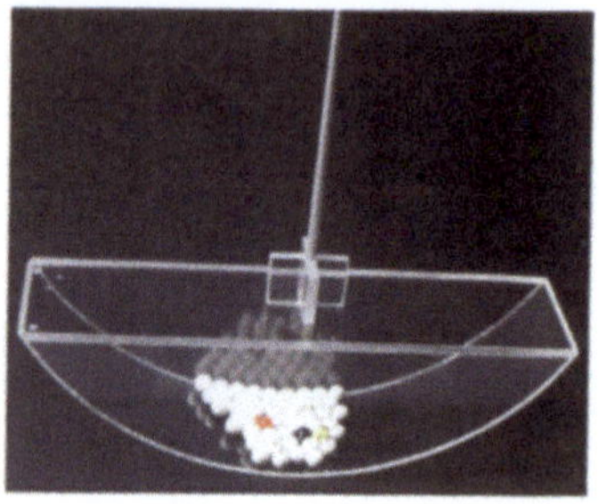

Abb. 4.179 Neue und unwahrscheinliche Zuordnungen.
Mehrere farbige Kugeln unter weißen Kugeln verändern bei einem Wippen des Modells ständig ihre Zuordnungen.

- Neue Zuordnungen haptisch wahrnehmbarer Gebilde aufgrund der Permutation einzelner Elemente
- Neue Zuordnungen akustisch wahrnehmbarer Gebilde aufgrund der Permutation einzelner akustischer Elemente
- Entwicklung freier und gesetzmäßiger Zuordnungen bzw. Strukturen
  - Es sind freie Zuordnungen bzw. Strukturen neben mathematisch gesetzmäßig aufgebauten zu entwickeln.
  - Es sind Übergänge zu schaffen zwischen freien und streng gesetzmäßigen Zuordnungen bzw. Strukturen.
- Die Entwicklung von Bewegungswegen aufgrund der Permutation
  - Die einzelnen Punkte, die im Rahmen eines Bewegungsablaufes anzusteuern sind, werden festgelegt (zwei, drei oder vier Punkte).
  - EntwickelnSie unterschiedliche Bewegungswege durch Umfahren der einzelnen Punkte. Die modellhafte Umsetzung von Bewegungswegen um festgelegte Punkte eignet sich besonders für die Entwicklung von störungsfreiem Verkehr bzw. in Betrieben usw.

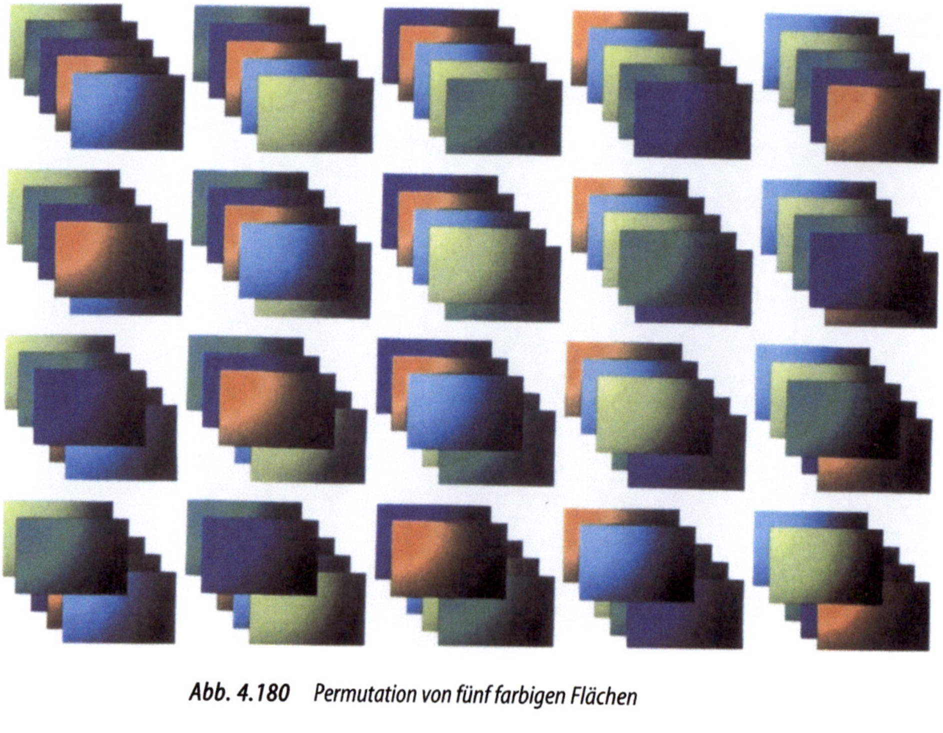

Abb. 4.180 Permutation von fünf farbigen Flächen

5.4
Die Anwendung grundlegender Erfahrungen zur Lösung einer konkreten Aufgabe

Am Ende konzeptioneller Überlegungen stand fest, was man machen möchte, um das anstehende Problem zu lösen. So waren z.B. die verschiedenen Parameter, die bei einem Lichtgeber zur Verbesserung der Arbeitsplatzbeleuchtung wichtig sind, herausgefiltert und in einer ersten Vorstellungsskizze zu einem Ganzen zusammengefügt. Die Möglichkeiten der Kombinatorik, gleiche oder unterschiedliche Elemente in der Ebene oder im Raum in unterschiedlicher Weise einander zuzuordnen, werden jetzt genutzt, um diese ersten Vorstellungen in „Strukturmodellen" weiter zu konkretisieren.

5.4.1
Die Entwicklung von Strukturmodellen

5.4.1.1
Die Festlegung der zu kombinierenden Elemente

Voraussetzung für die Erstellung von Strukturmodelle ist, dass man die notwendigen Elemente zur Lösung der Aufgabe bestimmt hat. Unwichtig ist deren Form-, Farb- oder Materialgebung. Ebenso spielt die Dimension der einzelnen Elemente keine Rolle. Einfache Formen, die für die jeweiligen Parameter stehen, sind gefragt.

5.4.1.2
Die Umsetzung

- Erste zeichnerische Studien

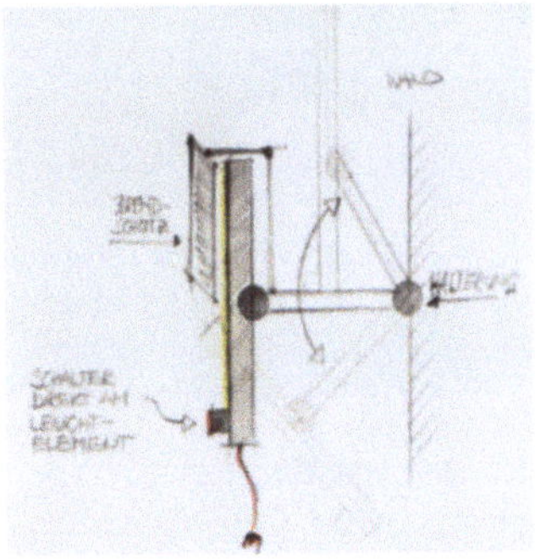

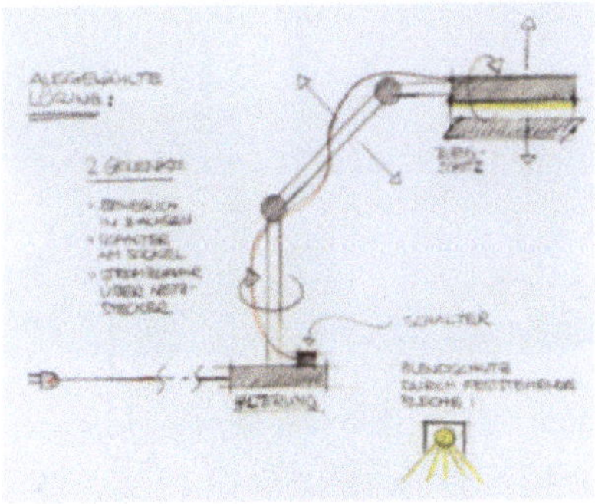

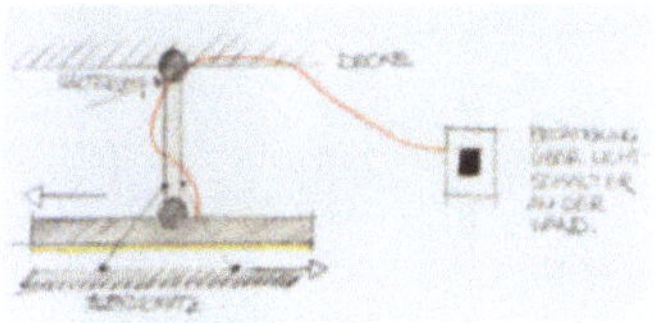

Abb. 4.181 *Drei unterschiedliche Kombinationen einer bestimmten Anzahl von Elementen (Lichtgeber, Halterung, An-Aus-Schalter, Energiezufuhr, Blendsicherung)*

- Die Realisierung im räumlichen Strukturmodell

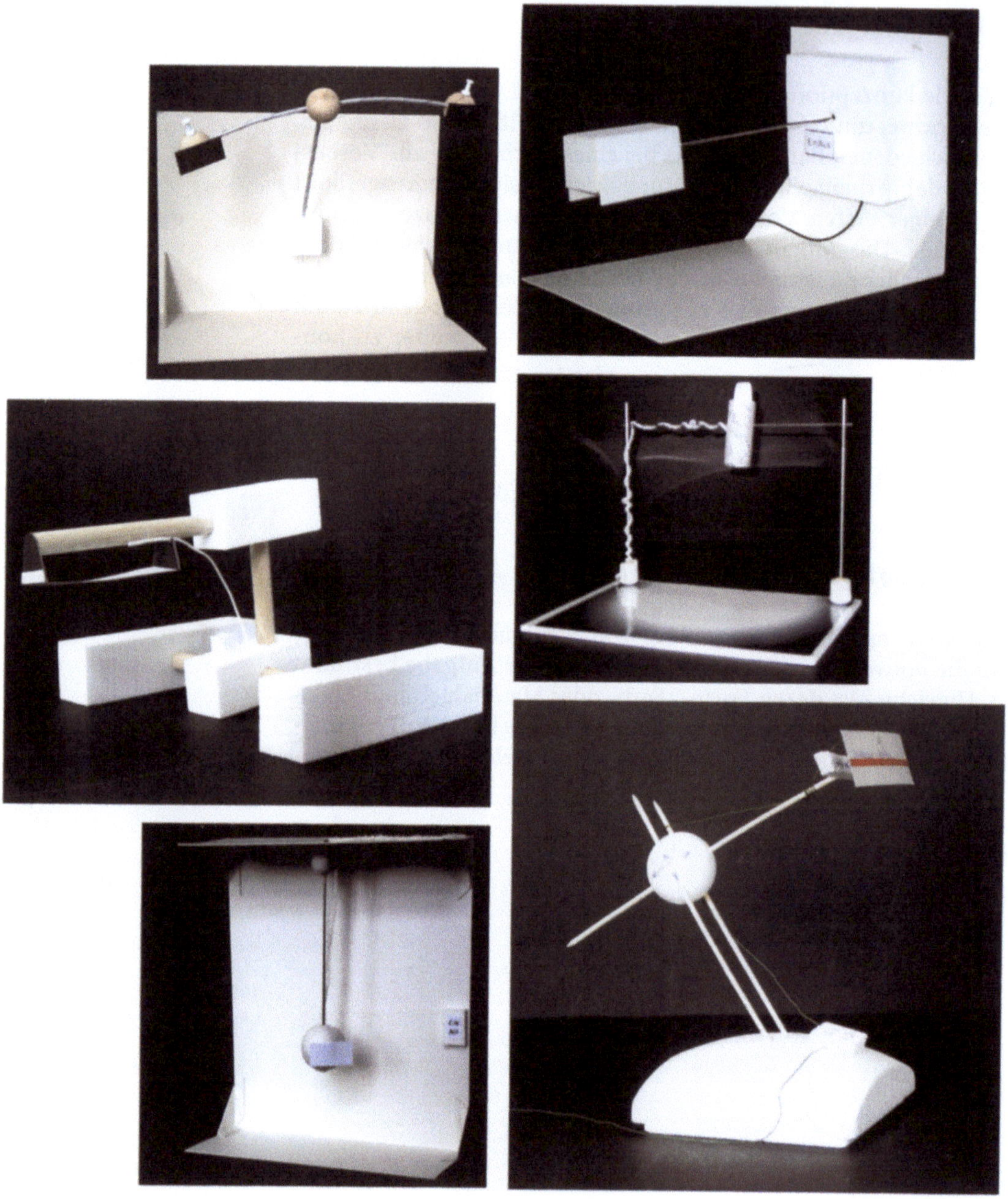

Abb. 4.182 Unterschiedliche Strukturmodelle zur Lösung einer Aufgabe

Teil 5
Die technische Funktionalität

In Teil 3 wurde ein Konzept für die Entwicklung einer Maßnahme oder eines Objektes erstellt, um den grundsätzlichen Bedarf eines Menschen oder einer größeren (Ziel-)Gruppe und die damit verbundenen zusätzlichen Erwartungen und Wünsche befriedigen zu können.

Jetzt sollen die dafür notwendigen gestalterischen Maßnahmen näher untersucht werden. An erster Stelle sind die technischen Probleme zu meistern, hängt doch damit die Funktionalität und Brauchbarkeit der gesamten Maßnahme bzw. des zu entwickelnden Produktes zusammen. Nur wenn die Vorgaben des grundsätzlichen Bedarfes auch technisch bewältigt werden, kann die neu geplante Maßnahme oder das neu geplante Produkt seinen Zweck erfüllen. Nur dann sind sie sinnvoll.

In ersten Studien wurde erkundet, welche Materialien für eine Realisierung von Vorstellungen und Ideen zur Verfügung stehen, wie man mit den vorhandenen und nutzbaren Mitteln umgehen kann, wie man zu neuen Elementen kommt und wie man Elemente zu größeren Einheiten zusammenstellen kann.

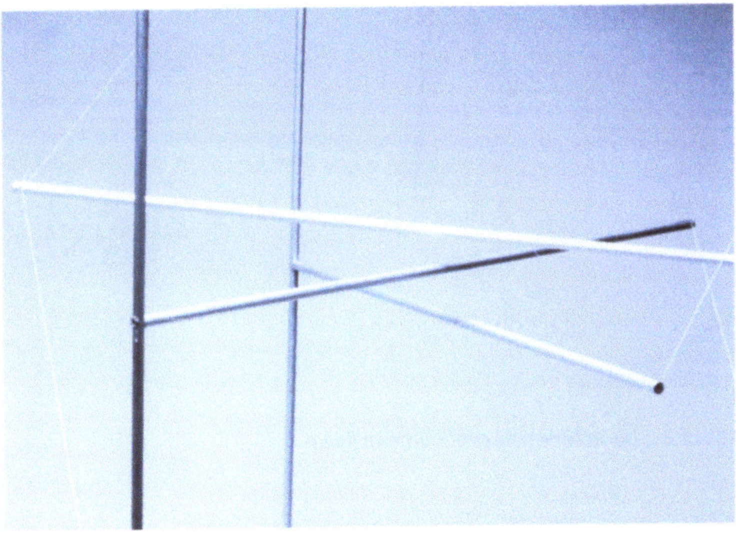

Abb. 5.1 Die Kräfte bei Druck und Zug. *Drei stabile lineare Elemente werden durch Zug so verspannt, dass es ohne feste Verbindung zu einem freitragenden räumlichen Objekt kommt.*

Zunächst (in Kapitel 1) werden verschiedene Maßnahmen gezeigt, die technisch gut und weniger gut funktionieren. An ihnen wird sichtbar, welche Voraussetzungen für die technische Funktionalität einer Maßnahme oder bei einem Objekt erfüllt sein müssen. In Kapitel 2 werden verschiedene Verfahren vorgestellt, wie man technisch funktionierende Lösungen finden kann. Dann folgt in Kapitel 3 die Betrachtung der Faktoren, die für technisch funktionierende Lösungen maßgebend sind. Es wird eingegangen auf den Zusammenbau einzelner Elemente im Dienste der technischen Funktionalität (die Konstruktion), auf das Material der verwendeten Elemente und deren Verbindungen.

Mit den folgenden Arbeiten wird der Versuch unternommen, die Studierenden in einer ersten Annäherung mit technischen Problemen vertraut zu machen. Ziel ist es, den Studierenden die Notwendigkeit einer intensiven Auseinandersetzung mit diesem Themenschwerpunkt für die Entwicklung sinnvoller Maßnahmen oder Produkte nahe zu bringen.

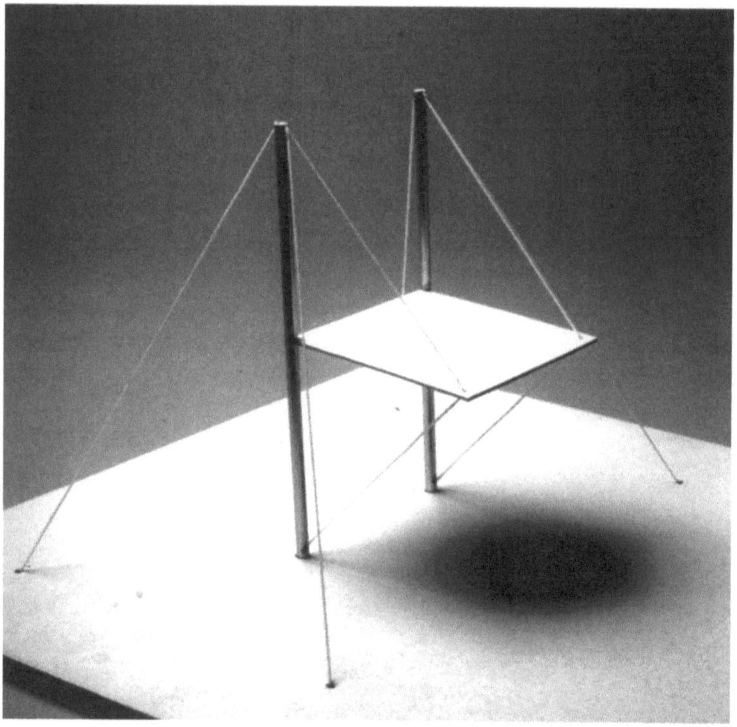

Abb. 5.2 *Die Stabilisierung einer Fläche im Raum*

1 Die Voraussetzungen für technisch funktionierende Umsetzungen

Bei der Entwicklung der Konzeption wurde darauf geachtet, dass das eigentliche Ziel einer Arbeit, die Behebung eines grundsätzlichen Bedarfes, vor der Beschäftigung mit den zusätzlichen Erwartungen und Wünschen eines Menschen steht.

1.1 Verallgemeinerung der Fragestellung

Inwieweit ist die technische Funktionalität einer Maßnahme entscheidend für die Behebung eines grundsätzlichen Bedarfes und welche Voraussetzungen müssen für die Bewältigung technischer Aufgaben erfüllt sein?

1.2 Darstellung grundlegender Aspekte

1.2.1 Die Notwendigkeit technisch funktionierender Umsetzungen

Die Beseitigung oder Minderung eines bestimmten grundsätzlichen Bedarfes kann mit unterschiedlichsten Maßnahmen oder Produkten erreicht werden. Soll z.B. der Wasserbedarf in einem entlegenen Ort durch den Transport des Wassers in Tankwagen behoben werden und ist dieser Tankwagen undicht, so dass das Wasser nach und nach herausläuft, wird das angestrebte Ziel nicht erreicht. Die Aufgabe wird wegen technischer Mängel der Maßnahme bzw. des Produktes nicht gelöst.

Beispiele: Wassereimer mit einem Loch, ein zusammengebrochener Wagen, ein abgedecktes Dach, eine gerissene Kette bei einem Fahrrad

Siehe dazu Teil 14

Aber auch die Minderung und Beseitigung psychisch-geistiger Bedürfnisse setzt die technische Bewältigung der vorgesehenen Maßnahme voraus. So verlangt z.B. der Aufbau der geistigen Kompetenz eines Menschen und damit das Erreichen eines gewissen geistigen Niveaus die Auswahl entsprechend geistiger Bausteine. Auswahl, Zuordnung und Verbindung neuer geistiger Bausteine mit den vorhandenen Bausteinen ist eine Aufgabe, die den gleichen technischen Vorgaben unterliegt wie der Aufbau materieller Gebilde.

In gleicher Weise ist die Veränderung eines (geistigen) Standpunktes (im räumlichen sprechen wir von Standort) ein technisch zu bewältigendes Problem.

Die Trümmer einer Brücke bei Nittenau in der Oberpfalz sind gestern in den Fluss Regen gestürzt. Nach Angaben der Polizei brach der 30 Meter lange Neubau vermutlich wegen zu hohen Drucks zusammen, als Bauarbeiter Beton in die Schalung verfüllten. Zehn von ihnen wurden verletzt. Foto: DPA

Abb. 5.3 *Einsturz einer Brücke wegen technischer Mängel*

Die Funktionsfähigkeit einer Umsetzung und damit deren Verwendbarkeit in der Realität hängt somit immer von der Lösung der damit verbundenen technischen Aufgaben ab. Umsetzungen, die nicht dazu beitragen, einen vorhandenen grundsätzlichen Bedarf zu beseitigen, weil sie technisch mangelhaft sind, sind sinnlos und zwecklos.

1.2.2 Wesentliche Merkmale technisch funktionierender Gebilde

1.2.2.1 Die Mechanik

Die einzelnen dargestellten Objekte üben alle ganz bestimmte technische Funktionen aus. Sie transportieren etwas oder jemanden von einem Ort zu einem anderen. Sie üben Druck aus, um etwas oder jemanden zu bewegen. Im Zusammenhang mit den Bewegungen der Objekte ist es notwendig, sich mit dem Teilgebiet der Mechanik zu beschäftigen.

Beispiele: Kran, der etwas von einer Seite zur anderen bewegt; Auto, das fährt und Menschen oder Waren transportiert; Mixerstab, der sich als Rührwerk dreht; usw.

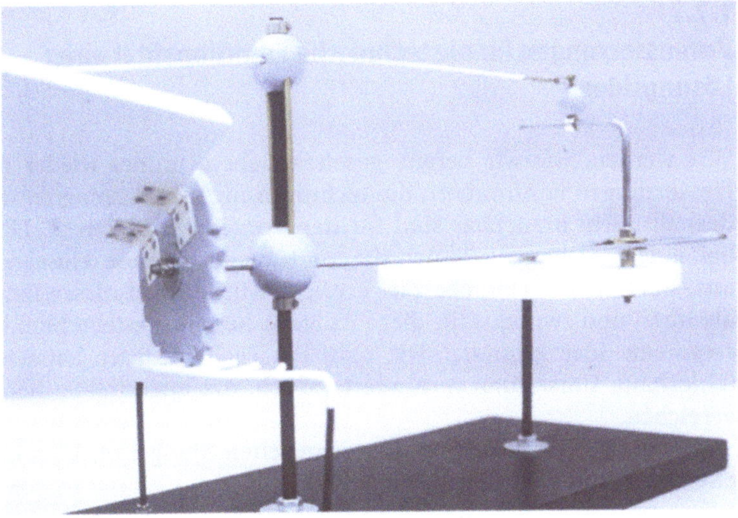

Mechanik ist die Lehre von der Bewegung der Körper und den Kräften, die damit im Zusammenhang stehen.

Dynamik: z.B. die Bewegung eines Kinderwagens und die dafür notwendige Muskelkraft

Abb. 5.4 *Detail aus einer Studie zur Bewegungsumsetzung*

Man unterscheidet in der Mechanik zwischen der Kinematik und der Dynamik. Bei der **Kinematik** geht es um die Untersuchung oder Betrachtung der Bewegung von Körpern ohne Rücksicht auf die Ursachen der Bewegung. Bei der **Dynamik** steht der Zusammenhang zwischen der Bewegung eines Körpers und den die Bewegung verursachenden Kräften im Vordergrund der Untersuchungen.

1.2.2.2
Die Statik

Den beweglichen Gebilden steht eine zweite Gruppe gegenüber, die sich dadurch auszeichnet, dass sie Belastungen standhält. Es handelt sich dabei um Belastungen,

- **die von innen auf eine Wand, eine Umhüllung bzw. auf ein Gehäuse ausgeübt werden oder**
- **die von außen, sei es von oben, von der Seite oder aber von unten auf ein Objekt einwirken.**

Im Zusammenhang mit der Stabilität der einzelnen Gebilde (Festigkeitslehre) ist es notwendig, sich mit der Statik zu beschäftigen, d.h. sich mit den Bedingungen für das Gleichgewicht, für die Formveränderung und für die Festigkeit der Körper unter dem Einfluss von Kräften.

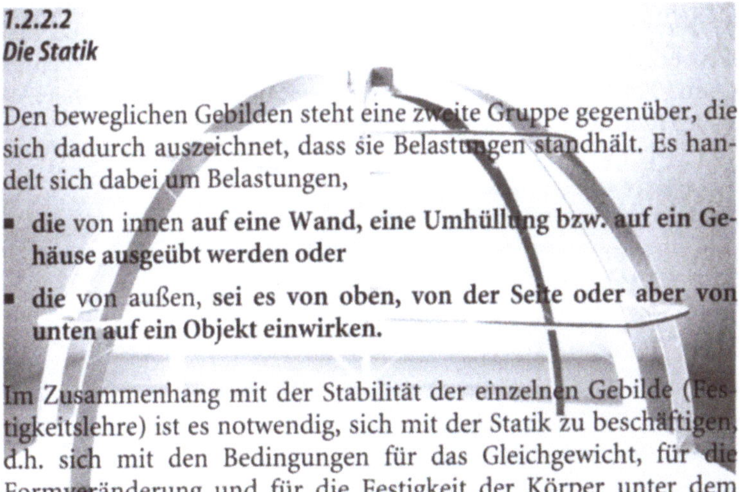

Gebilde halten Belastungen stand, z.B. Objekte, die etwas tragen, etwas überwölben usw.

Wesentliche Arbeitsfelder der Statik sind: Stabstatik (z.B. Bauwerke aus Trägern und Stützen) und Hallenstatik (z.B. Tonnengewölbe, Brücken, weit gespannte Decken)

Abb. 5.5 *Grundprinzipien einer tragenden Kuppel*

1.2.3 Voraussetzungen für die technische Funktionalität einer Lösungsidee

Umsetzungen sind funktionsuntüchtig, weil 1. falsches Material eingesetzt wurde, 2. Konstruktionsfehler vorliegen (Einsturz einer Brücke, die von Kindern gebaut wurde usw.), 3. die Verbindungen von zusammengestellten Materialien sich lösen (ein Wasserschlauch vom Hahn usw.).

Wir werden, wie wir bereits gesehen haben, immer wieder mit Umsetzungen konfrontiert, die technisch nicht funktionieren und deshalb nicht brauchbar sind für den vorgesehenen Zweck. Läuft bei einem löcherigen Eimer die zu transportierende Flüssigkeit aus, bevor das eigentliche Ziel erreicht wurde, wird dieser Eimer als nutz- und zwecklos für diese Aufgabe beiseite gestellt. Man hat zwar eine Idee gefunden, wie man ein Problem lösen kann, die fehlerhafte Umsetzung verhindert jedoch, das angestrebte Ziel zu erreichen.

Dabei fällt auf, dass sich die technischen Mängel im Wesentlichen aufgrund folgender Fehler ergeben:

Die Schaffung einer geistigen Gestalt verlangt den Einsatz geistiger Bausteine. Auf das Material dieser geistigen Bausteine muss geachtet werden, soll die Funktionsfähigkeit der geistigen Gestalt nicht leiden.

- Die Schaffung eines Produktes verlangt den Einsatz von Materialien. Oftmals wird dabei Material verwendet, das den Anforderungen nicht standhält. Das Material reißt oder es löst sich auf, es rostet, es zerfällt usw.

Hinzu kommt:

Einzelne Objekte oder Maßnahmen zur Behebung eines grundsätzlichen Bedarfes lassen sich aus einem einzigen Element (z.B. aus einem DIN-A-4-Blatt) entwickeln.

Die technische Funktionalität der meisten Objekte oder Maßnahmen verlangt allerdings die Kombination von zwei und mehr Elementen (z.B. Hammer mit Metallkopf und Holzstiel gegenüber einem Fahrrad mit seinen Rädern, seinem Rahmen, seinem Gepäckhalter, seinen Pedalen usw.).

Abb. 5.6 und 5.7 *Zwei unterschiedliche Überdachungen / Verformung einer Fläche nach dem gleichen Faltprinzip*

- Werden dabei Elemente ausgewählt und einander zugeordnet ohne Rücksicht auf die zu bewältigenden Aufgaben und die konkreten Bedingungen, kann dies die technische Funktionsfähigkeit des Objektes mindern. Im Extremfall wird das Objekt unbrauchbar.
- Werden mehrere Teile bzw. Elemente innerhalb einer Umsetzung verwendet, müssen diese auch miteinander verbunden werden. Viele Umsetzungen sind unbrauchbar, weil die miteinander verbundenen Elemente falsch verbunden sind oder die einzelnen Verbindungen nicht halten.

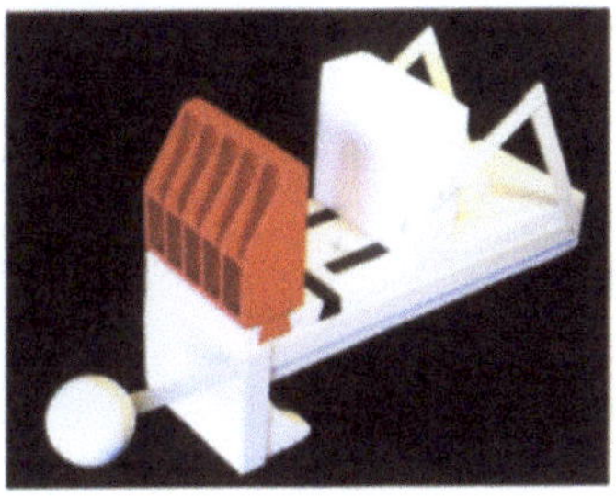

Abb. 5.8 Die Abhängigkeit der technischen Funktionalität von der richtigen Zuordnung und Verbindung der einzelnen Elemente

Studie zum Bau einer Klemmvorrichtung / Materialhalterung. Durch Heben und Senken des Bedienteiles kommt es zu einem Zurück oder Vor (Öffnen oder Schließen) des Klemmteiles.

Für die technische Bewältigung einer Umsetzung sind somit folgende drei Faktoren von großer Wichtigkeit:

1. Der Einsatz eines geeigneten Materials
2. Die geeignete Konstruktion der vorhandenen Elemente (sei es der Aufbau eines Elementes oder der Zusammenbau mehrerer Elemente)
3. Die geeignete Verbindung der materiellen (oder geistigen) Elemente

1.2.4 Die Abhängigkeit der Funktionalität von der Beachtung der konkreten Bedingungen

Aus den wenigen Beispielen wird bereits ersichtlich, dass die Planung oder Umsetzung eines Gebildes zur Behebung eines bestimmten Bedarfes sich an den vorhandenen Gegebenheiten und Bedingungen orientieren muss, soll das angestrebte Ziel auch erreicht werden. So muss z.B. der Träger eines Einkaufwagens stabil genug sein, um das Gewicht der Waren tragen zu können. Die einzelnen Räder müssen leichtgängig sein, um eine gute Beweglichkeit zu ermöglichen.

Beispiele: Zu kleine Handsäge für das Durchtrennen dicker Äste oder zu kleine Reifen, zu schwacher Motor bei einer Zugmaschine. Konsequenz: kein Erfolg beim Wegziehen eines schweren Gebildes usw.
Die zu geringe Beachtung der technischen Funktionalität einer kommunikativen Arbeit zeigt sich z.B. bei einem Beipackzettel für Medikamente in der schlechten Lesbarkeit und Verständlichkeit der angebotenen Informationen für Kinder und Erwachsene.

Wird das Gerät allerdings in einer Stadt mit Straßenbahnschienen benutzt, müssen die einzelnen Räder so dimensioniert sein, dass sie nicht in den Vertiefungen der Schienen hängen bleiben usw. Notwendig ist eine Ausrichtung der vorgesehenen Elemente auf die konkreten Bedingungen und Realitäten.

1.3
Studien

1.3.1
Theoretische Studien

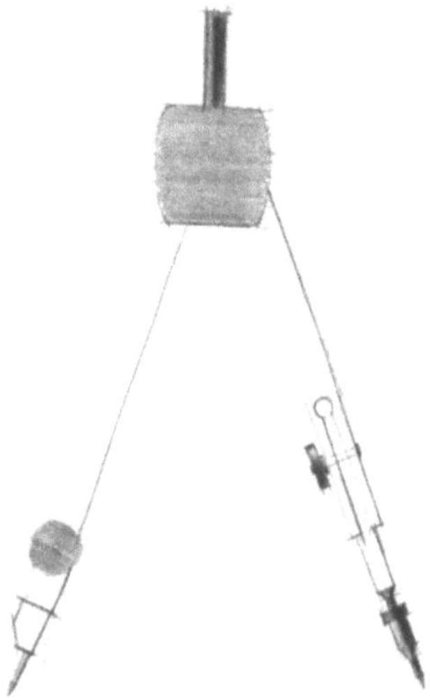

- Zeigen Sie an ausgewählten Beispielen den Zusammenhang von technischer Entwicklung und gesellschaftlichen Veränderungen (z.B. die Auswirkungen technischer Entwicklungen auf soziale Bedingungen, Arbeitszeiten usw.).
- Zeigen Sie an ausgewählten Beispielen die Notwendigkeit technisch funktionierender Maßnahmen für den Aufbau materieller oder geistiger Gebilde.
- Zeigen Sie an ausgewählten Beispielen die Veränderungen einzelner Produktbereiche aufgrund der technischen Entwicklung.
- Zeigen Sie an ausgewählten Beispielen die Abhängigkeit technischer Funktionalität von der richtigen oder falschen Materialauswahl.
- Zeigen Sie an ausgewählten Beispielen, wie die technische Funktionalität eines Objektes und damit die Behebung eines grundsätzlichen Bedarfes durch die ungenügende Beachtung der konkreten Gegebenheiten gemindert bzw. ausgeschlossen wird.
- Untersuchen Sie Objekte hinsichtlich ihrer technisch notwendigen Elemente.

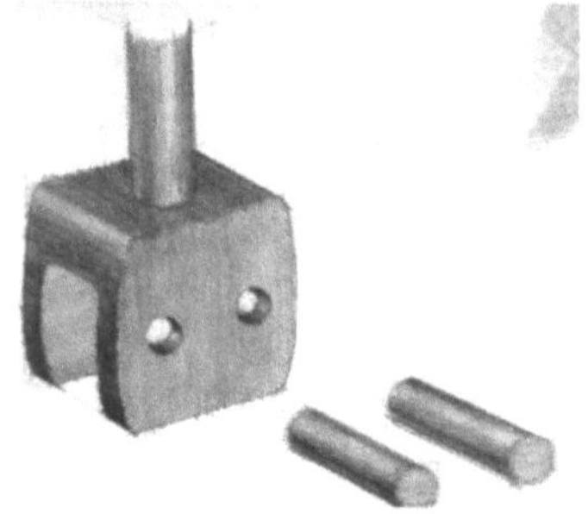

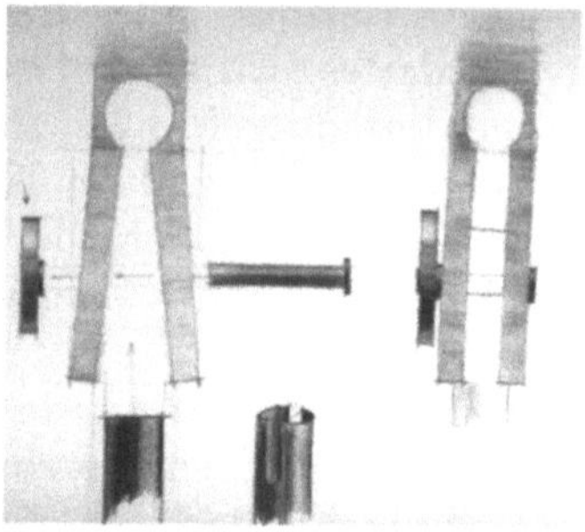

Abb. 5.9, 5.10, 5.11 und 5.12
Die Analyse eines technischen Objektes als zeichnerische Studie
Hier: Die Betrachtung der einzelnen technisch notwendigen Elemente zur Bewältigung der technischen Aufgaben des Objektes

1.3.2
Praktische Studien

Entwickeln Sie ein einfaches Gebilde, das bestimmten technischen Vorgaben genügen soll (z.B. Bau einer 50 x 50 cm großen Überdachung, die möglichst leicht und an allen Stellen mit mindestens 5 kg belastbar ist. Oder: Bau eines Turms von mindestens 50 cm Höhe, der möglichst leicht und mit mindestens 5 kg belastbar ist). Zeigen Sie auf, wie durch Einsatz unterschiedlichen Materials oder unterschiedlicher Konstruktionsweisen die technische Funktionalität verbessert bzw. gemindert werden kann.

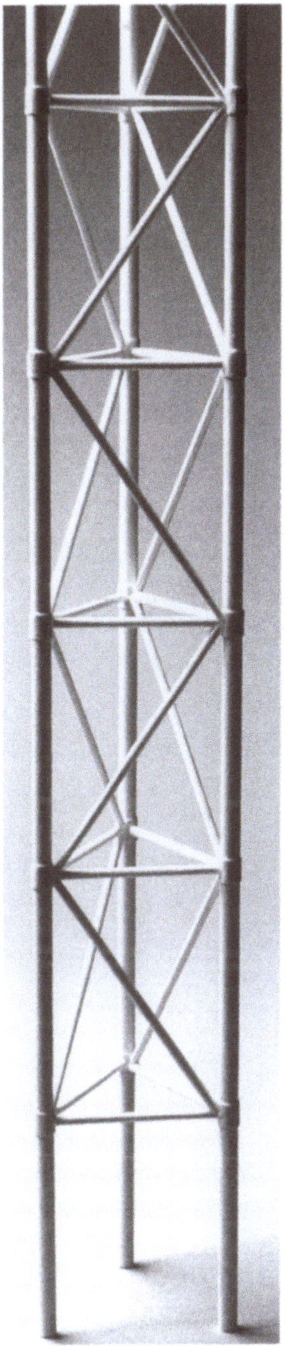

Abb. 5.13 (links) *Konstruktionsversuch für eine belastbare Fläche*
Abb. 5.14 (Mitte) und 5.15 (rechts) *Konstruktionsversuch für einen belastbaren Turm*

Wesentlich bei der Aufgabenstellung ist die Vorgabe, etwas technisch Funktionierendes zu bauen und dabei so wenig Material als möglich zu verwenden. Dies zwingt die Studierenden, sich auf die wesentlichen konstruktiven Bauteile zu beschränken. Die jeweiligen Zug- und Druckkräfte werden erfahrbar. Die Sicht auf die konstruktiven Elemente wird nicht durch irgendwelche „beschönigenden" Zutaten versperrt.

1.4
Die Anwendung grundlegender Erfahrungen zur Lösung einer konkreten Aufgabe

Siehe: Ausarbeitungen in den folgenden Kapiteln

2 Die Suche nach Lösungen

Ein grundsätzlicher Bedarf kann behoben werden, wenn die damit verbundenen Aufgaben technisch gelöst sind. Vor Beginn einer Umsetzung steht deshalb die Suche nach Lösungen für die jeweils anstehenden technischen Probleme.

2.1 Die Verallgemeinerung der Fragestellung

Wie finde ich Lösungen für die Bewältigung technischer Aufgaben?

2.2 Darstellung grundlegender Aspekte

Bei der Konzeption wurden zwei unterschiedliche Möglichkeiten aufgezeigt, wie man ein Ziel erreichen kann. Man kann vorhandene Wege nutzen oder aber versuchen, neue Lösungswege zu entdecken.

2.2.1 Die Nutzung bereits vorhandener Lösungen

2.2.1.1 Die Übernahme der guten Lösung

Beispiel: Der Schraubverschluss bei Flaschen, Gläsern, Kanistern usw. Siehe dazu die Veröffentlichungen von Plagiaten als Schutzmaßnahme von originalen Entwicklungen
Siehe auch Patent- und Urheberrecht

Die Betrachtung der einzelnen Lösungswege bei bisher bereits vorliegenden Ausarbeitungen zeigt, dass zu vielen Zielen bereits gut ausgebaute Lösungswege vorliegen. Sie kann man nutzen, um nicht immer einen völlig neuen Weg finden zu müssen. Eine genaue Übernahme des Lösungsweges ist allerdings unter patentrechtlichen Aspekten zu bedenken.

2.2.1.2
Die Verbesserung einer weniger guten Lösung

Neben den sehr guten Lösungen zur Bewältigung der verschiedenen Anforderungen finden sich nach einer Auswertung im Rahmen der Produktanalyse häufig Lösungswege, die zwar brauchbare Ansätze enthalten, jedoch immer noch Mängel aufweisen. Solche Lösungen sind als Anregung aufzugreifen und für eine Weiterentwicklung zu nutzen.

2.2.2
Die Suche nach neuen Lösungen

Der Vergleich vorhandener Lösungen mit den konkreten Anforderungen der Betroffenen zeigt, dass diese nicht immer mit den bisherigen Lösungen zufrieden sind. Dies ist verständlich, erfährt man doch ständig von neuen technische Entwicklungen.

Siehe Veröffentlichungen zu neuen Technologien, neuen Erkenntnissen und neuen Einstellungen gegenüber der Umwelt (z.B. sauberes Wasser)

Auch die Veränderung der Einstellung der Menschen zu bestimmten Gegebenheiten zwingt zu einem Überdenken bisheriger Lösungsmöglichkeiten. Wir wissen, dass Veränderungen von Einstellungen immer auch zu einer Veränderung der Erwartungen und Wünsche führen. Man ist mit dem bislang Vorhandenen unzufrieden. So hat in der letzten Zeit vor allem eine veränderte Einstellung zur Umwelt auf vielen Feldern die Suche nach neuen Materialien und Herstellungsverfahren beflügelt.

Siehe dazu auch die Ergebnisse in Teil 2 Kapitel 3.2.3.2

Neues Wissen und neue Erkenntnisse zwingen zu einem Überdenken der vorhandenen Lösungen. Einsichten in Gefahren mit vorhandenen Gebilden machen deren Überarbeitung notwendig. Es ist klar, dass der Wunsch besteht, selbst neue Lösungen zur Bewältigung technischer Probleme zu finden. Dies kann durch Nachdenken und Probieren geschehen. Man kann aber auch auf bestimmte Ideenfindungsmethoden, die speziell zur Lösung verschiedenster Probleme entwickelt wurden, zurückgreifen.

Dazu werden einige Verfahren vorgestellt. Es handelt sich um Methoden, die sich für die Suche nach neuen technischen Lösungen besonders eignen:

- Attribut Listing
- Brainstorming
- Brainwriting
- Bionik

Nach Horst Geschka, Ute von Reibnitz: Vademekum der Ideenfindung. Eine Anleitung zum Arbeiten mit Methoden der Ideenfindung. Batelle-Institut, Frankfurt, lassen sich die verschiedenen Methoden der Ideenfindung wie folgt klassifizieren: Ideenauslösendes Prinzip: Assoziation, Abwandlung oder Konfrontation. Die Verstärkung der Intuition oder der systematisch analytische Ansatz führen bei beiden Prinzipien zu spezifischen Vorgehensweisen und Methoden.

Wenn hier nur auf einige wenige Ideenfindungsmethoden zurückgegriffen wird, so bedeutet dies nicht, dass nur diese für die Lösungssuche und Lösungsfindung brauchbar seien. In der zur Verfügung stehenden Zeit kann es jedoch nur darum gehen, den Studierenden zu zeigen, dass die Suche nach Lösungen durch Anwendung bestimmter „Methoden" relativ schnell zu neuen und ungewohnten Lösungen führen kann.

Diese Methoden werden unter 2.3.2 „Praktische Studien" jeweils gesondert vorgestellt und im Zusammenhang mit einzelnen Aufgabenstellungen behandelt.

2.3 Studien

2.3.1 Theoretische Studien

- Unterschiedliche Vorgehensweisen für die Ideenfindung

Sammeln Sie Zeichnungen, Entwürfe, Vorstudien, schriftliche Fixierungen unterschiedlicher Erfinderinnen und Erfinder von technischen Lösungen. Verdeutlichen Sie die unterschiedlichen Zielsetzungen und die gefundenen Lösungen.

Versuchen Sie die Vorgehensweisen den aufgeführten Ideenfindungsmethoden zuzuordnen.

2.3.2 Praktische Studien

Im Folgenden werden die einzelnen Ideenfindungsmethoden im Zusammenhang mit konkreten Aufgabenstellungen vorgestellt. Dies erleichtert den Einstieg und das Verständnis der einzelnen Verfahren.

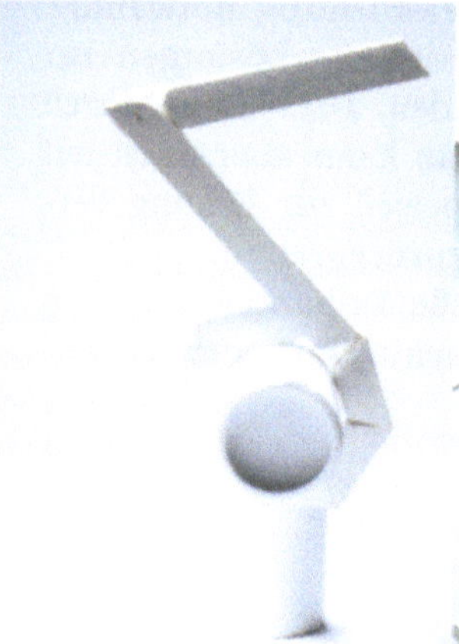
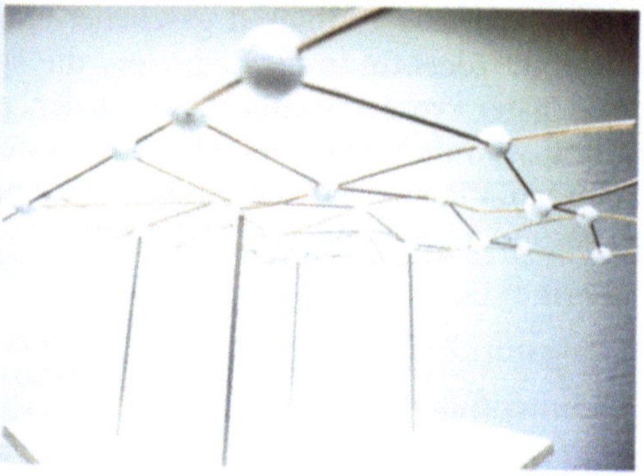

Abb. 5.16 und 5.17 *Ansätze zur Lösungssuche: Klammer*
Abb. 5.18 *Ansatz zur Lösungssuche: Dachkonstruktion*

2.3.2.1
Die Nutzung eines vorhandenen Lösungsweges

Es ist ein bestimmter Lösungsweg aus den bereits vorliegenden Umsetzungen zur Lösung des konkreten Problems auszuwählen, bei dem ein bestimmtes Ziel des grundsätzlichen Bedarfes nicht erreicht wird, während auf einem anderen Lösungsweg eine gute Lösung vorliegt. Diese ist aufzugreifen und für die eigene Lösung zu nutzen.

Zur Grafik 5.1
Die Entwicklung eines Behältnisses zum Transport von Flüssigkeit bzw. Trinkgefäß für Kinder
Die Darstellung links zeigt eine gute Lösung, um ein Verschütten der Flüssigkeit zu vermeiden. Allerdings bietet diese Version keine Sicherheit für einen Transport. Das Behältnis kann aufgrund seiner nach oben zulaufenden Form aus der Hand rutschen. Eine andere Version zeigt als Lösung für eine gute Halterung eine Verbreiterung am oberen Rand.
Diese Lösung wird übernommen und mit der ersten kombiniert. Es entsteht ein Objekt, das ein gutes und sicheres Halten ermöglicht und gleichzeitig die Gefahr des Verschüttens minimiert.

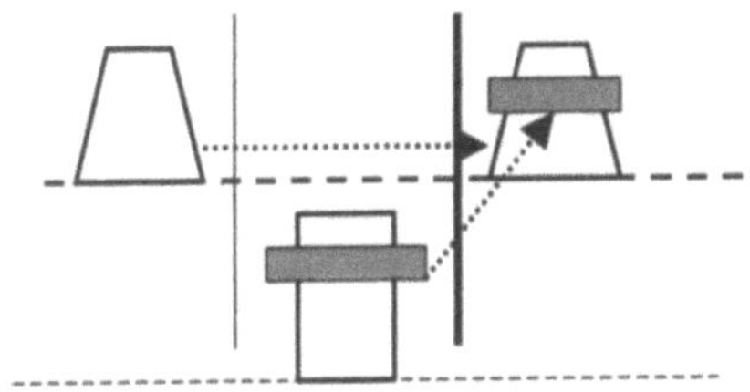

Grafik 5.1 *Die Übernahme zweier Lösungsansätze zur Verbesserung einer technischen Lösung*

2.3.2.2
Die Anwendung der Ideenfindungsmethode: Attribute Listing

Diese Methode eignet sich gut zur Formulierung erster Ideen für Maßnahmen oder Produkte, mit denen ein konkret vorhandener Bedarf behoben werden soll. Zunächst gilt es, die für ein technisch funktionierendes Produkt wesentlichen Parameter zu definieren. In einem zweiten Schritt werden zu diesen einzelnen Parametern bereits vorhandene Lösungen genannt und in der entsprechenden Spalte einer Matrix eingetragen.

Steht diese Übersicht, wird von oben nach unten ein Weg markiert, wobei von jedem Parameter jeweils ein Lösungsfaktor als Lösungsmöglichkeit gewählt wird, so dass am Ende des Weges die für die Entwicklung des neuen Produktes bestimmenden Teile je nach gewähltem Weg jeweils einmal vorgegeben sind (siehe Grafik 5.2).

Am Beginn dieser Arbeitsweise steht also immer die Aufgabe, die für die Funktionsfähigkeit des Objektes wesentlichen Parameter zu definieren. So sind z.B. bei einem Transportgefährt als wesentliche Parameter zu beachten:

- Der Träger
- Die Halterung für die zu tragende Last
- Die Steuerung

***Attribute Listing** greift ein Verfahren auf, das jeder eigentlich selbst für sich schon praktiziert hat:*
Man möchte einen bestimmten Ort erreichen. Man hat einen Atlas vor sich liegen mit den Wegen zu diesem Ziel. Die verschiedenen Wege unterscheiden sich. Sie bieten unterschiedlich schöne Aussichten, sie sind in unterschiedlichem Zustand, sie sind unterschiedlich lang. All dies lässt sich auf die Entwicklung geeigneter technischer Lösungen übertragen. In der Regel liegen unterschiedliche Lösungen für die Behebung eines grundsätzlichen Bedarfes vor. Man kann einen einzigen Weg auswählen. Man kann aber auch versuchen, unterschiedliche Lösungswege so miteinander zu kombinieren, dass eine neue Lösungsvariante entsteht. Siehe dazu Teil 15, Kapitel 4.1

- Der Antrieb
- Die Teile für die Beweglichkeit

Im vorliegenden Fall sind fünf Teilbereiche spaltenweise aufzuführen, da etwas, das Lasten mitträgt, aus diesen 5 Teilbereichen besteht. Bei anderen Objekten können es weniger oder aber (bei komplexeren Gebilden) auch wesentlich mehr Teilbereiche / Parameter sein. Wichtig ist dabei, dass den einzelnen Parametern die entsprechenden Lösungen konsequent zugeordnet werden.

Die einzelnen Lösungsmöglichkeiten für die verschiedenen Teilbereiche (z.B. eines lastentragenden Gebildes) werden gesammelt und in einer Matrix eingetragen. Sie werden spaltenweise aufgeführt.

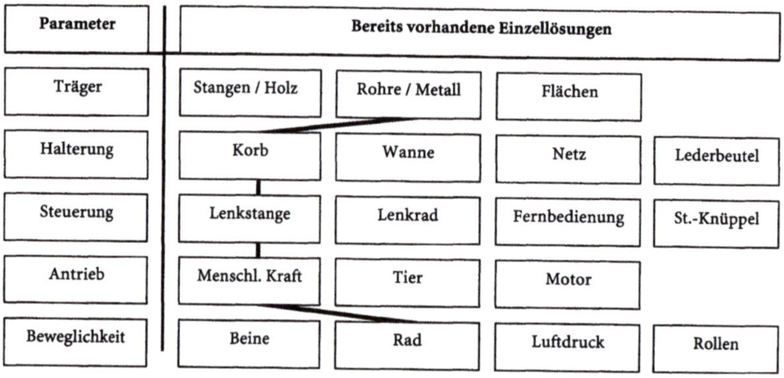

Grafik 5.2 *Ideenfindungsmethode: Attribute Listing – die Anlage einer Matrix*

In einem weiteren Arbeitsschritt werden jetzt die Wege festgelegt. Sie geben an, welche Elemente für eine Neuentwicklung genutzt werden sollen. Dies führt zur Entwicklung von Grundstrukturen für das neu zu entwickelnde Objekt .

Aus den jeweiligen Spalten wird jeweils eine Teillösung ausgewählt. Damit erhält man für die fünf Teilfunktionen jeweils einen konkreten Lösungsvorschlag. Die einzelnen ausgewählten Lösungen werden markiert und mit einer Linie miteinander verbunden. Die jeweils ausgewählten Teillösungen werden in verschiedenster Weise miteinander kombiniert.

Hat man verschiedene Lösungen zu einem Weg entwickelt, wird ein neuer Weg angelegt, zu dem wiederum mehrere Lösungen entwickelt werden. Nach und nach erhält man eine relativ große Anzahl möglicher Lösungen.

Attribute Listing wird gerade auch im Zeichenunterricht, bei dem es neben der Perfektionierung der darstellerischen Fähigkeiten vornehmlich um die schnelle Fixierung eigener Ideen geht, für die Ideenfindung eingesetzt (z.B. Entwicklung neuer Flaschenformen mit einer Zusammenstellung von möglichen Kopf-, Hals-, Bauch- und Fußformen, Seitenansichten und Aufsichten).

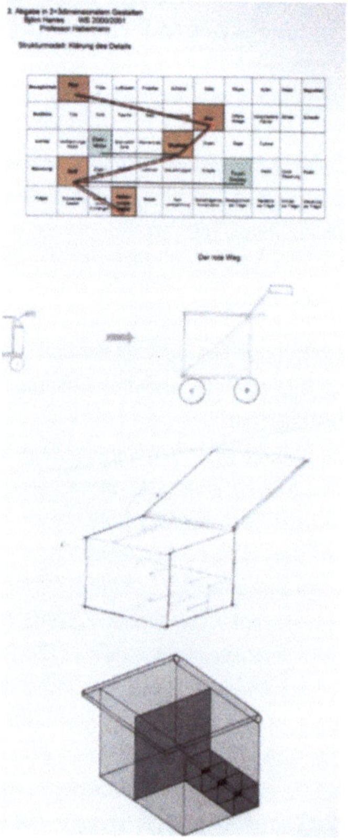

Abb. 5.19 *Die Entwicklung eines Transportmittels mit Steuerung und Lenkung*

Die Vorgabe des Weges gibt Anstöße zu ungewohnten Kombinationen. Die Arbeit mit dieser Methode übt natürlich einen gewissen Zwang aus, wenn der Weg erst einmal festgelegt ist. Sie verlangt zudem eine gewisse Offenheit für unwahrscheinliche Lösungen.

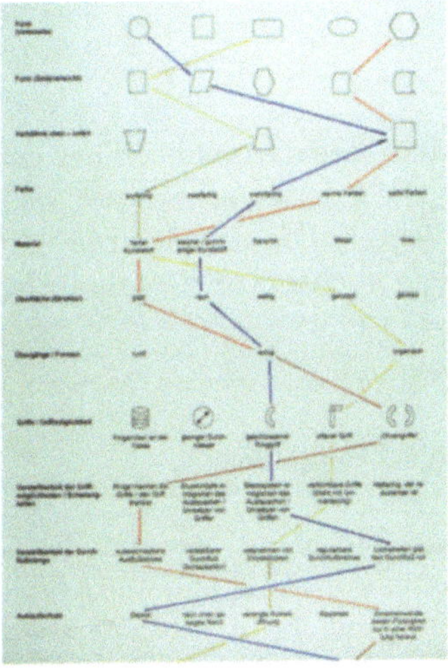

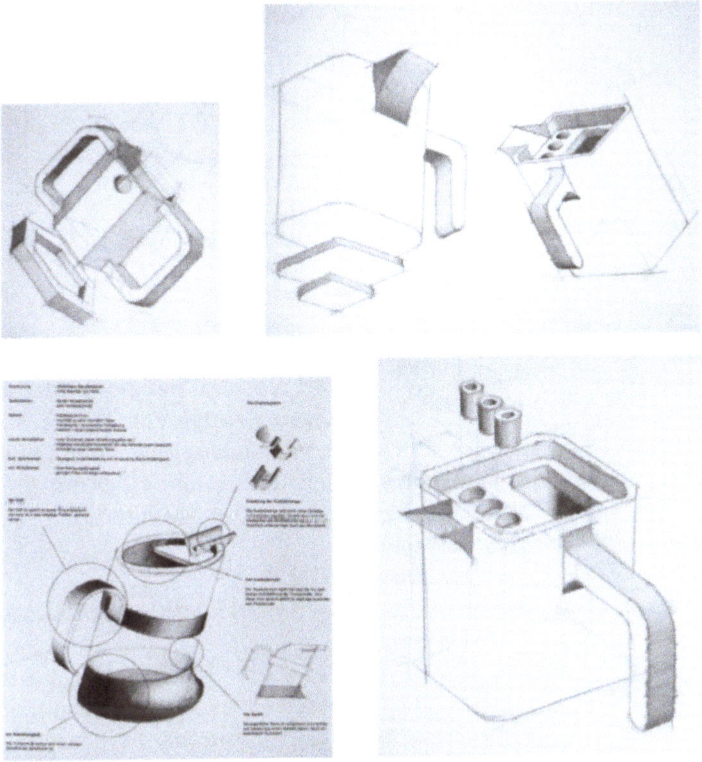

Abb. 5.20 *Darstellungen der verschiedenen Wege*

Abb. 5.21 *Lösungsversuche zu den vorgezeichneten Lösungswegen mit Attribut Listing*

2.3.2.3
Die Anwendung der Ideenfindungsmethode: Brainstorming

Bei diesem Verfahren wird ein konkretes Problem zunächst einmal verallgemeinert. Ein konkretes Problem ist z.B. die Sicherung der Nahrungsmittel für die Kinder auf dem Weg von der Wohnung zum Kindergarten. Mit der Verallgemeinerung kommt es zu einer leicht veränderten Aufgabenstellung, z.B.: Wie kann man die unterschiedlichen Materialien auf dem Transport sichern?

Die einzelnen Mitglieder der Gruppe nennen Lösungsvorschläge, die von einem Gruppenteilnehmer gut sichtbar nacheinander aufgeschrieben werden.

Wesentlich für dieses Verfahren:

- Die einzelnen Gruppenmitglieder sollten sich gut kennen, um ihre Ideen ohne Scheu vortragen zu können.
- Es sind keine „Killerfragen" erlaubt (z.B. und wer soll das bezahlen?).

Nach einer halben Stunde sollte die Lösungssuche beendet sein. Als Lösungen zur Aufgabe: Wie kann man ein Transportmittel festhalten? wurden unter anderem genannt:

Zange
Saugnäpfe
Magnet
An die Hand binden
Luftdruck
Aufspießen
Druckknopf
Haftreibung

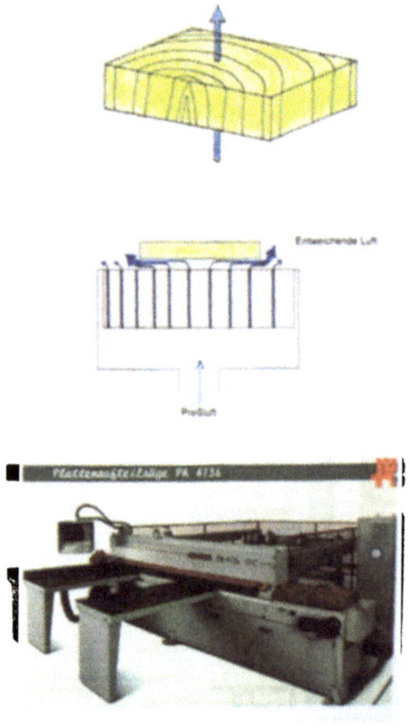

Abb. 5.22 Ideenfindung mit Brainstorming: Eine Last anheben, um sie leicht bewegen zu können. Lösung: Luft von unten gegen die Last pressen.

Der Nachteil bei dieser Methode besteht darin, dass bei einer größeren Gruppe von Mitarbeitern sich nicht jeder gezwungen sieht, bei der Lösungssuche mitzuwirken. Vorteil: Die einzelnen Mitglieder können ohne Zeitdruck nach Ideen suchen (im Gegensatz zur Brainwriting-Methode).

2.3.2.4 Die Anwendung der Ideenfindungsmethode: Brainwriting

Bei dieser Ideenfindungsmethode sind die Ideen, wie der Begriff bereits sagt, schriftlich zu fixieren, wobei ein völlig anderer Aufbau des Verfahrens zu beachten ist. Die Bezeichnung 635-Methode beschreibt das Verfahren präziser. Bei dieser Methode kommt es darauf an, dass

- sechs (6) Personen jeweils
- drei (3) Ideen in
- fünf (5) Minuten finden.

Jeder der 6 Teilnehmer erhält einen Vordruck mit jeweils 6 Feldern, die wiederum in drei Spalten unterteilt sind.

Grafik 5.3 Vordruck für eine Brainwriting-Sitzung

Person A	Person C	Person E
1.	1.	1.
2.	2.	2.
3.	3	3.
Person B	Person D	Person F
1.	1.	1.
2.	2.	2.
3.	3.	3.

Nach der Aufgabenstellung schreibt jeder der 6 Teilnehmer auf seinem Bogen in die ersten drei Spalten des ersten Feldes seine Ideen zur Lösung des genannten Problems. Nach 5 Minuten wandern die einzelnen Bögen jeweils eine Stelle weiter, so dass jeder sich mit den drei Ideen seines Vorgängers oder seiner Vorgängerin auseinander setzen kann. Er kann eine Idee aufnehmen und weiterentwickeln. Er / sie kann drei völlig neue Ideen nennen. Nach insgesamt dreißig Minuten ist die Sitzung beendet.

Aufgabenstellung: Wie kann ein transportiertes Material dosiert abgegeben werden?

Wobei jetzt eigentlich 6 x 6 x 3 = 108 neue Ideen vorliegen sollten. Nach Ausschluss von Doppelnennungen oder verwandten Lösungen verbleibt allerdings doch ein Rest von 15–20 Lösungen, die bedenkenswert sind.

Lösungen zur obigen Aufgabenstellung nach Bereinigung:

Beißventil
Kleiner Hilfsbehälter
Sprayknopf
Elastischer Ball, der sich durch Druck entleert und durch seine Elastizität wieder füllt
Fluss durch Einströmen von Luft regulieren
Sensorgesteuertes Dosiersystem
Saugen wird durch Pumpe verstärkt (Prinzip: Servolenkung)
Zunge reguliert Ventil
Excenterventil
Verstellbare Öffnung (Prinzip: Blende)
Dosierung durch Handwärme
Gezielte Kondensation
Schwamm / textiler Zwischenspeicher
Pipette
Prinzip Schnuller

Schwämme sind in der Lage große Mengen von Flüssigkeit aufzusaugen und unter Druck wieder abzugeben

Abb. 5.23 *Die ausgewählte Lösung nach einer Brainwraiting-Sitzung*

2.3.2.5
Anwendung der Ideenfindungsmethode: Bionik

Für viele technische Probleme gibt es in der Natur gut entwickelte Lösungen, die bisher zu wenig beachtet oder untersucht wurden und deshalb für die Erstellung neuer künstlicher Produkte nicht zur Verfügung stehen. Ein Verfahren zur Entdeckung neuer Konstruktionen, Materialeigenschaften oder Verbindungen bietet eine Ideenfindungsmethode, die sich an den Problemlösungen der Natur orientiert. Folgendes Verfahren wurde praktiziert:

- Zunächst wird die Zielsetzung formuliert. Ein technisches Problem wird genannt.
- In einem zweiten Schritt wird die Aufgabe präzisiert: Suchen Sie bei lebenden Gebilden (Pflanze, Tier, Mensch) Lösungsansätze für die oben vorgetragene Aufgabe.

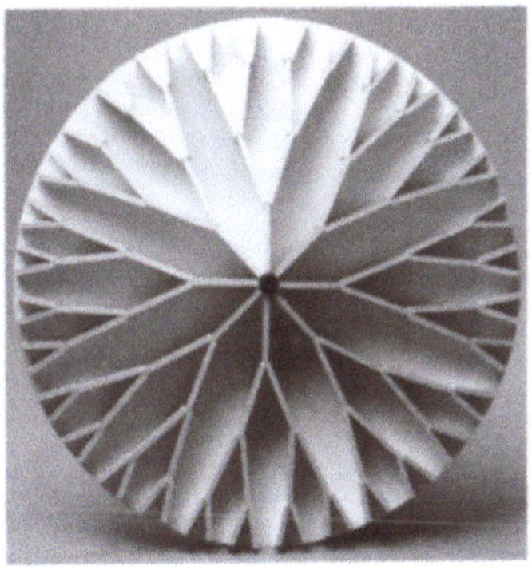

Abb. 5.24 *Bionik-Studie: Die Baustruktur einer Seerose*

Bionik: aus Bios = Leben und -nik = Tech-nik
Vorgehensweise: Aufsuchen von Verfahren in der Natur, vornehmlich bei Lebewesen, die Lösungen zeigen, wie sie in der konkreten Situation bei der Gestaltung eines Objektes (z.B. bei einem Einkaufswagen) gebraucht werden.
Danach erfolgt die Vereinfachung der Verfahren und Übertragung der Lösungen in der Natur auf künstlich geschaffene Gebilde.
Siehe dazu Literatur zur Bionik

Die Lösung der Aufgabe erfolgt in mehreren Arbeitsschritten:

- Am Beginn der Arbeit steht das Sammeln von Pflanzen und Tieren, die Aufbauten zeigen oder bei denen Prozesse ablaufen, wie sie in der gestellten Aufgabe anklingen. Dies geschieht schriftlich und bildhaft (fotografische, zeichnerische Umsetzungen).
- Danach beginnt die genauere Untersuchung. Teile werden herausvergrößert, Zusammenhänge werden erfasst.
- Jetzt folgt der eigentlich wichtige Schritt: Die Reduktion auf die wesentlichen Merkmale. Aufbauten, Arbeitsprozesse, einzelne Bestandteile, Materialeigenschaften usw. werden geklärt und in vereinfachter Form dargestellt, bevor in einem weiteren Schritt
- die Übertragung der gewonnenen Erfahrungen auf ein künstlich zu schaffendes Objekt beginnt.
- Am Ende steht das Modell einer technisch funktionierenden Lösung.

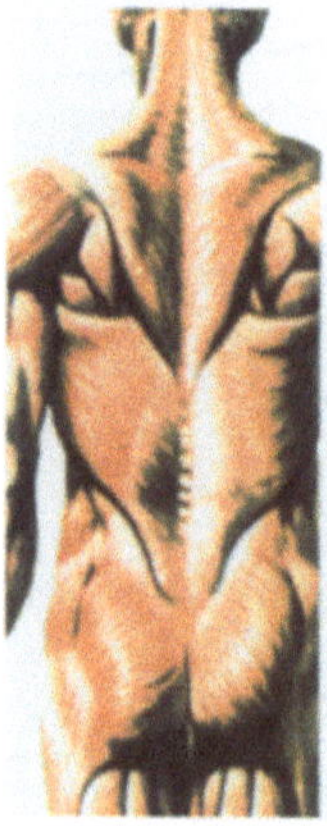

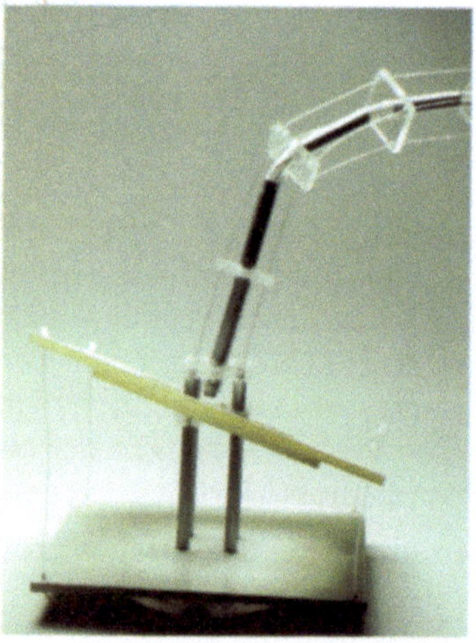
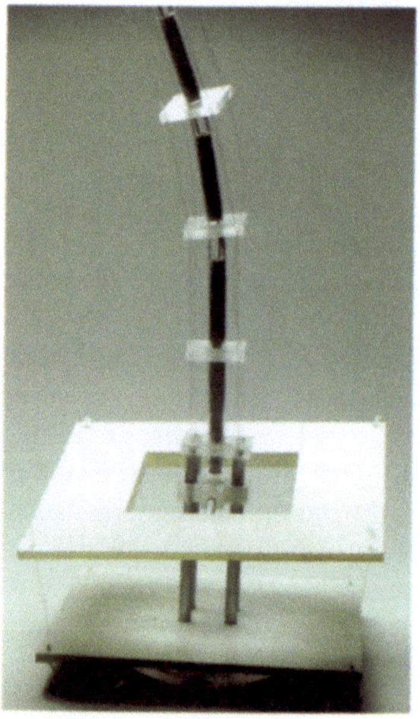

***Abb. 5.25, 5.26, 5.27 und 5.28** Studien zur Bionik: Die Steuerung eines in sich beweglichen Armes. Durch Andrücken der unteren Platte ist eine Lenkung des gesamten Armes in alle Richtungen möglich.*

- Aufgabe: Suchen Sie nach Lösungen zur Entwicklung einer Bremsvorrichtung für Einkaufswagen

  Lösungsansatz: Vögel setzen sich auf einen Ast. Beim Absetzen kommt es dort (automatisch) zu einem festen „Halt".

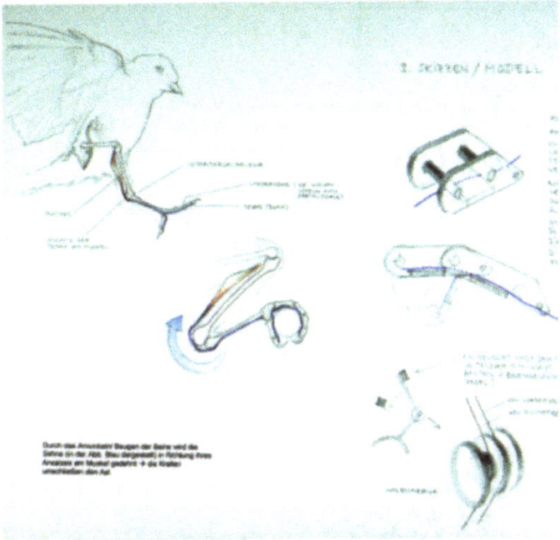

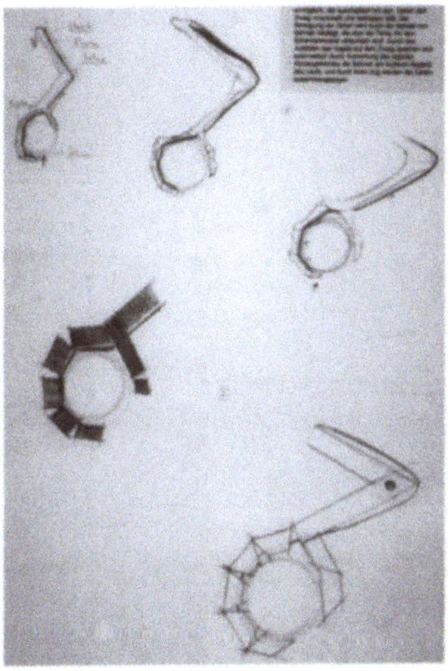

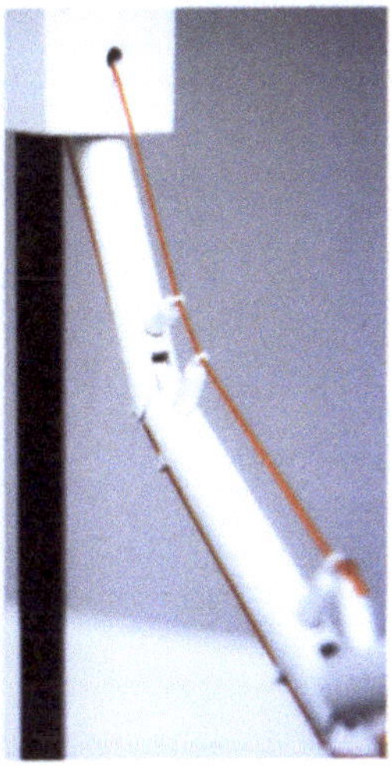

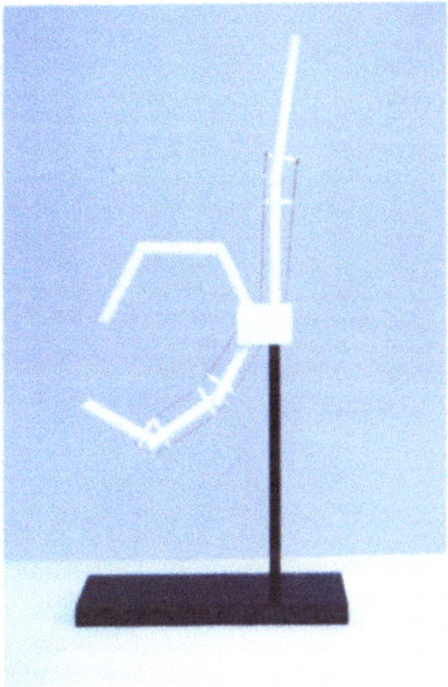

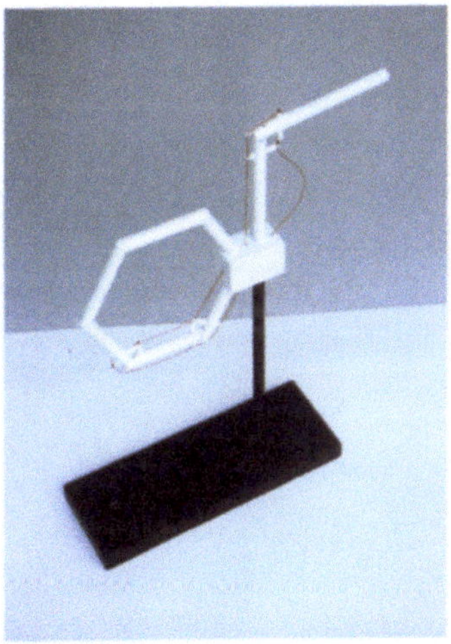

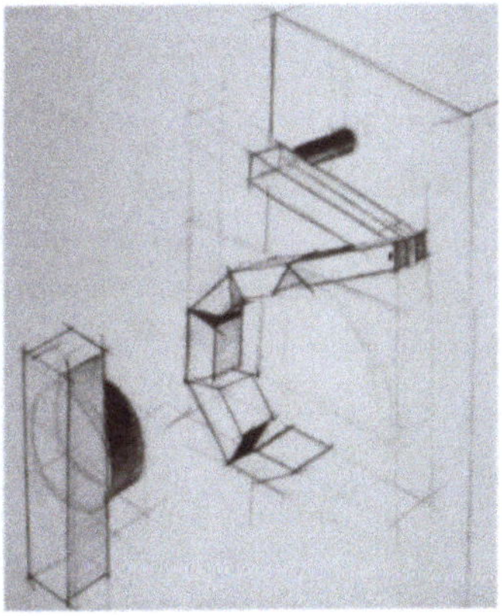

Abb. 5.29 (oben links und oben Mitte) *Vorstudien*
Abb. 5.30 (oben rechts) *Detailstudie*
Abb. 5.31 und 5.32 (unten links und unten Mitte) *Funktionsmodelle*

Abb. 5.33 *Erste Anwendungsversuche für die Konstruktion einer Bremsvorrichtung nach dem entwickelten Funktionsprinzip*

- Aufgabe: Suchen Sie nach Möglichkeiten zum Reinigen von Flüssigkeit

  Lösungsansatz: Fische schwimmen mit offenem Mund im Wasser. Brauchbares wird aufgenommenen, Unbrauchbares wird abgefangen und ausgefiltert.

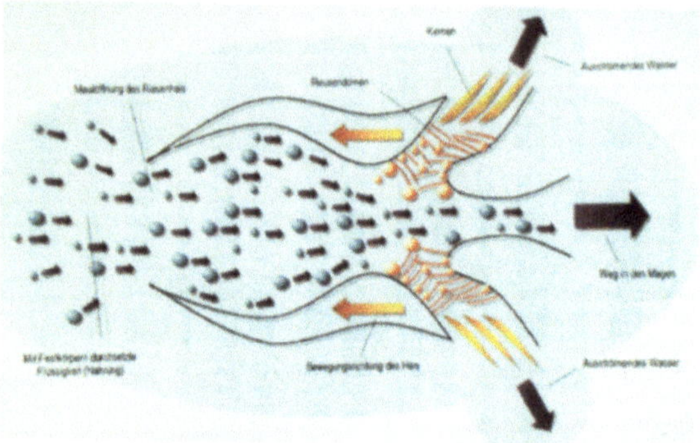

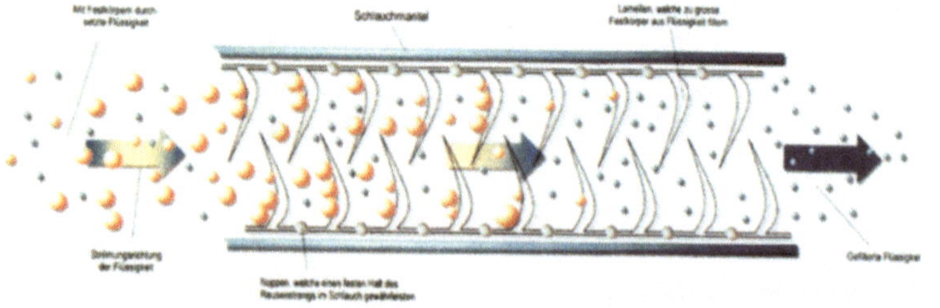

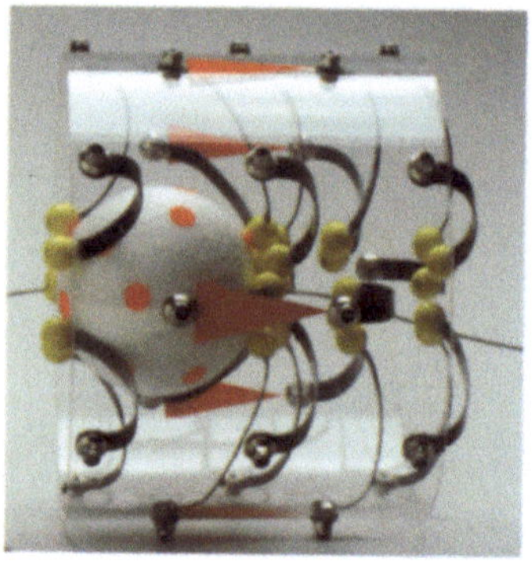

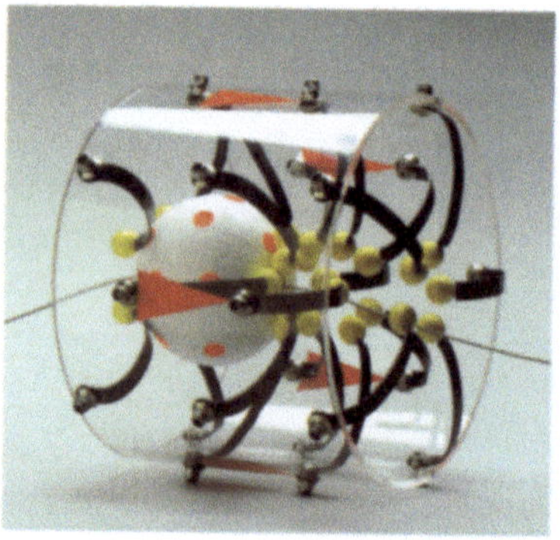

Abb. 5.34 *Erster Untersuchungsansatz*

Abb. 5.35 *Erfassung des Funktionsprinzips*

Abb. 5.36 *Einfaches Funktionsmodell, das das entsprechende Prinzip in vereinfachter Weise zeigt*

Abb. 5.37 *Unterschiedliche Ansichten des Modells*

- Aufgabe: Entwickeln Sie etwas, das geeignet ist, ein Trinkgefäß ohne Anstrengung festzuhalten.

  Lösungsansatz: Das Andocken von Aids-Viren, die nach einer Verbindung mit einer Zelle nicht mehr abgeschüttelt werden können.

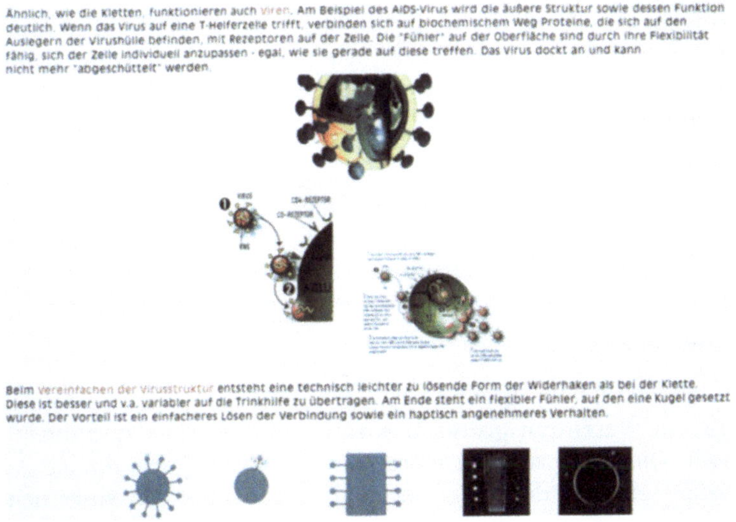

Abb. 5.38 *Präsentation der Vorstudien*

Abb. 5.39 *Modell für die Anwendung dieses Lösungsansatzes*

2.4
Die Anwendung grundlegender Erfahrungen zur Lösung einer konkreten Aufgabe

Im Folgenden werden einzelne Studien durchgeführt, um die Anwendbarkeit der verschiedenen Methoden zur Lösung konkreter Aufgaben direkt zu erfahren. Am Beginn der Arbeit geht es darum, eine Vorstellung zu entwickeln, wie die Maßnahme bzw. das Produkt aussehen könnte, mit dem der vorhandene Bedarf behoben werden soll.

Die konkrete Aufgabe:

Ältere Menschen haben Schwierigkeiten, die täglich notwendigen Waren nach Hause zu transportieren. Neben dem Transport der Waren mit einem Einkaufswagen sind Lösungen zu finden, wie die älteren Menschen sich während des Weges ausruhen können.

Vorgehensweise:

- Die Klärung der wesentlichen Parameter

Für ein Warentransportgerät wurden diese bereits zusammengestellt. Die Suche nach den wesentlichen Parametern, die ein Ausruhen während des Weges ermöglichen, wurden in einer neuen Matrix zusammengestellt.

Mögl. des Stützens	Sitzen ganze Auflage	Sitzen halbe Auflage	Sitzen schräge Auflage
Art der Stütze	fest / starr (Material: Holz, Metall, Kunststoff)	nachgiebig (Kissen, Polster, Luftkissen)	
Ort der Stütze	feststehend an best. Ort (Stadtbank, Parkbank usw.)	beweglich, veränderbar am Ort (Stühle bei Restaurant usw.)	beweglich, zum Mitnehmen (Spazierstock usw.)

Grafik 5.4 Ideenfindungsmethode: Attribute Listing – Parameter für Ausruhen während des Weges

Siehe dazu auch: Teil 4, Kapitel 6: Die Anwendung der Kombinatorik

- Entwicklung einer Grundstruktur für das neue Objekt (Festlegung von mind. 2 Wegen und dazu jeweils mehrere alternative Lösungen)
  - Ausarbeitungen von Alternativen
  - Erstellung eines Strukturmodells

3 Der Einsatz des geeigneten Materials

Nachdem Ideen zur Lösung eines Problems gefunden wurden, stellt sich nun die Frage, wie man diese Ideen umsetzen kann, ohne die technische Funktionalität zu mindern.

Zunächst soll das Material für eine technisch funktionierende Umsetzung genauer betrachtet werden.

Siehe dazu Teil 4, Kapitel 2 Das Material für eine Umsetzung

3.1 Die Verallgemeinerung der Fragestellung

Wie findet man das geeignete Material zur Sicherung der technischen Funktionalität?

3.2 Darstellung grundlegender Aspekte

3.2.1 Die unterschiedlichen technischen Funktionen der einzelnen Umsetzungen

Die Behebung eines Bedarfes setzt bestimmte Maßnahmen oder Produkte voraus. So ist es notwendig, Fußgängern in der Stadt Hinweise zu geben, an welchen Stellen man die Straße gefahrlos überqueren kann. Autofahrer erhalten Hinweise, wo sie in einer Ortschaft parken dürfen und wo nicht. Notwendig sind materielle Elemente, die sich zur Übertragung von Informationen eignen. Materielle Elemente bzw. der Einsatz bestimmter Materialien (Farben, Farbstoffe, farbiges Licht usw.) haben eine technische Funktion, indem sie der Informationsübertragung dienen. Notwendig ist die Auswahl von Materialien, mit dem dies bewerkstelligt werden kann.

Maßnahmen oder Produkte erfüllen dann eine technische Funktionalität, wenn damit bestimmte Aufgaben, wie der Transport von Objekten, die Stabilität von Objekten, die Ortsveränderung von Objekten, die Beweglichkeit von Objekten usw., erreicht werden kann.
Dabei ist es unerheblich, ob es sich um die Veränderung materieller bzw. physisch-körperhafter Gebilde oder um die Veränderung psychisch-geistiger Gebilde (z.B. die Veränderung einer Einstellung bzw. eines Standpunktes bei einem Menschen) handelt.

Geräte und Maschinen, die der Fortbewegung des Menschen dienen, Häuser, Wohnungen, Kleider usw., die den Menschen vor Kälte, Regen oder Hitze schützen, verlangen den Einsatz dafür geeigneter Materialien. Darüber hinaus müssen die erstellten Produkte besondere Anforderungen an Stabilität oder aber Flexibilität, an Transparenz oder Griffigkeit usw. genügen. Notwendig ist die Auswahl geeigneter Materialien, mit denen diese Vorgaben erfüllt werden können.

3.2.2
Die unterschiedlichen Eigenschaften eines Materials

Das Material und seine Eigenschaften Beispiele: Stuhl aus Holz und Stoffpolsterung, Bohrmaschine aus Kunststoff und Metall, Schraubenzieher aus Holz und Metall

Siehe dazu verschiedene Darstellungen von Objekten aus unterschiedlichem Material, Teil 4, Kapitel 2.2.4

Betrachtet man unterschiedliche Objekte, die unterschiedliche Aufgaben zu erfüllen haben, so stellt man fest, dass diese Objekte aus ganz verschiedenen Materialien erstellt wurden. Offensichtlich wurden Materialien ausgewählt, die jeweils besondere Eigenschaften besitzen, um die jeweilige Aufgabe technisch besonders gut zu lösen. Die unterschiedlichen Materialien besitzen unterschiedliche Eigenschaften und sind deshalb für die unterschiedlichen Aufgaben auch unterschiedlich gut geeignet. Genutzt werden natürliche Materialien, wie Holz oder Leder, und künstlich erstellte Materialien (Kunststoffe), wie Metall und Plexiglas. Verwendet werden Torf, Kork, Erdöl, Steine usw., also Materialien, die durch natürliche Umwandlung im Laufe der Zeit entstanden sind. Genutzt werden Materialien, die nachwachsen.

Alle diese unterschiedlichen Materialien verfügen über ganz spezifische Eigenschaften, so dass sie bestimmte Aufgaben zur Sicherung der technischen Funktionalität eines Gebildes übernehmen können.

Immer wieder stellen wir aber auch fest, dass für gleiche technische Aufgaben unterschiedliche Materialien verwendet werden können. Als Beispiel dafür diene ein Eimer aus Holz, aus Metall, aus Kunststoff, aus Ton oder aus Leder. Alle die genannten Produkte erfüllen eine ganz bestimmte technische Aufgabe: den Transport von Flüssigkeit.

Geht man davon aus, dass die Hersteller dieser Produkte sehr wohl auf die technische Funktionalität ihres erstellten Objektes bedacht waren, so kann man daraus schließen, dass unterschiedliche Materialien immer mehrere Eigenschaften besitzen, die sich mit denen anderer Materialien zum Teil decken.

Grafik 5.5 zeigt eine modellhafte Darstellung übereinstimmender Merkmale bei unterschiedlichen Materialien.

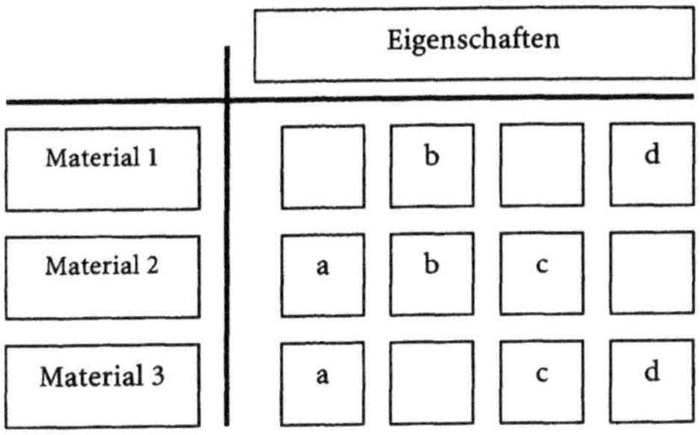

Grafik 5.5 *Die teilweise Übereinstimmung von Eigenschaften verschiedener Materialien*

Zur Grafik 5.5:
So verfügen Material 1 und 2 über die gleichen Eigenschaften b.
Das Material Nr. 3 verfügt mit a über gleiche Eigenschaften wie Material Nr. 2 und hinsichtlich der Eigenschaften d stimmt es mit Material Nr. 1 überein.

3.2.3
Die Veränderung der Materialeigenschaften bei der Materialbearbeitung

3.2.3.1
Die Bearbeitungsmöglichkeiten eines Materials

Kann das Material so fein gebohrt werden, wie benötigt, oder „franst" es an den Bohrrändern aus?

Material wird selten in einer Form geliefert, in der es ohne Bearbeitung verwendet werden kann. Entscheidend für die Auswahl eines Materials ist somit auch dessen Bearbeitungsmöglichkeiten.

Material kann spanlos bearbeitet werden durch Biegen oder Knicken. Bei einer spanabhebenden Bearbeitung wird das Material gebohrt, gesägt, gefräst usw., um so z.B. eine notwendige Dimensionierung und Strukturierung der Materialteile zu erhalten.

Der Einsatz bestimmter Materialien setzt somit auch die Kenntnis von deren Bearbeitungsmöglichkeiten voraus. Hinzu kommt: Fehlen die entsprechenden Mittel und Werkzeuge für das jeweilige Material, kann dies den Einsatz des ausgewählten Materials gefährden. Nicht selten begegnet man Umsetzungen, die technische Mängel aufweisen, da sie mit ungeeigneten Mitteln gefertigt wurden.

Nicht jedes Material lässt sich mit den gleichen Mitteln gleich gut und gleich leicht bearbeiten.
So kann man Glas nur mit großem Aufwand durchbohren. Ebenso braucht man für das Schneiden dieses Materials besondere Werkzeuge. Will man aus einer Glasplatte besondere Formen heraustrennen, werden Spezialwerkzeuge benötigt, um dies realisieren zu können.
Im Gegensatz dazu gibt es Materialien, die sich mit relativ geringem Aufwand bearbeiten lassen. So kann man Papier oder dünnen Karton mit einer Schere schneiden. Besondere Formen lassen sich eventuell von Hand herausreißen.

Abb. 5.40 Materialbearbeitung: Das Überziehen von Styropor mit einem Lack

3.2.3.2 Die Auswirkungen einer Bearbeitung auf die Eigenschaften des Materials

Viele Materialien haben die Eigenschaft, ihre Konsistenz bei einer bestimmten Bearbeitung zu verändern. Wachs wird bei Erwärmung flüssig, Metall wird bei großer Hitze flüssig usw. Flüssige Materialien, wie Lacke oder Farben, werden bei längerer Erhitzung fest. In vielen Fällen stellt man bereits während der Bearbeitung fest, dass das ausgewählte Material seine ursprünglichen Eigenschaften ändert. So wird ein Blechstück, das man zum besseren Verbiegen erhitzt hat, seine ursprüngliche Festigkeit, die man für die Funktionalität des Objektes gerade braucht, verlieren. Damit wird es weitgehend zwecklos für die vorgesehene Aufgabe.

Andererseits: Materialien, die ihre Zustände bei einer bestimmten Bearbeitung verändern, die z.B. bei einer Erhitzung flüssig oder biegsam werden, um anschließend wieder zu erstarren, lassen sich für viele Aufgaben nutzen.

3.2.3.3 Die Entdeckung „neuer" Materialeigenschaften

Den meisten Materialien ordnen wir bestimmte Eigenschaften zu. So zeigt ein Blatt Papier eine relativ dünne Fläche, man kann es zerreißen, es ist leicht und lässt sich beschriften. So kennt man dieses Material. Unterzieht man dieses Material allerdings einer besonderen Bearbeitung, können sich danach ganz andere Eigenschaften zeigen.

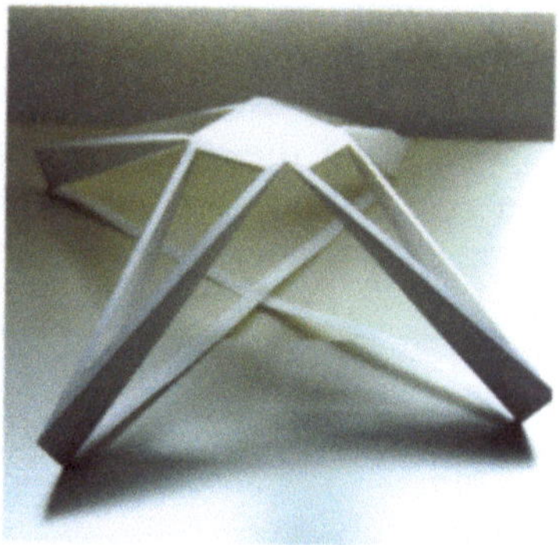

Abb. 5.41 Durch Verformung eines flächenhaften Materials entsteht ein tragendes Gebilde

Abb. 5.42 Durch gezielte Minimierung des Materialanteils kann die Stabilität eines Gebildes erhalten bleiben

So wird aus einem flexiblen Bogen Papier durch Verformung ein äußerst stabiles Stützelement. Knickt man diesen Bogen, führt dies zu einer tragenden Fläche usw. Bislang zweitrangige Eigenschaften eines Materials können somit durch besondere Bearbeitung einen anderen Stellenwert bekommen.

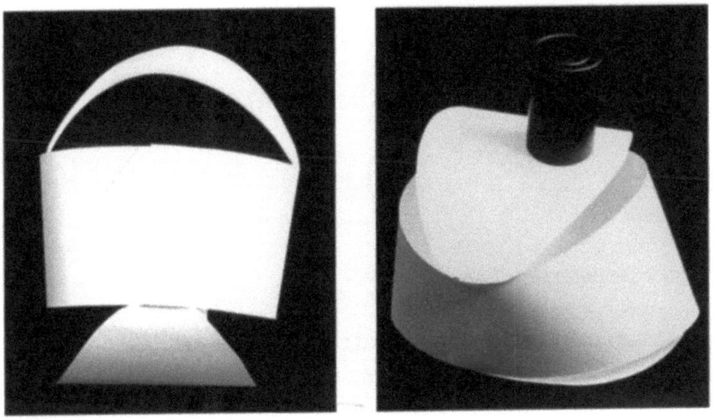

Durch die besondere Bearbeitung von Papier zeigt sich eine andere Eigenschaft dieses Materials als in Abb. 5.41 bzw. 5.42 (dort wurde Stabilität erzeugt). Hier sieht man etwas von der Elastizität dieses Materials.
Aufbau des Modells:
Ein Ring aus Papier wird oben und unten jeweils von entgegengesetzt montierten elliptischen Flächen nach außen gedrückt, wobei es zu einem ständigen Druck und Gegendruck kommt.

Abb. 5.43 und 5.44 *Die Elastizität eines Materials*

3.2.4 Die Veränderung der Materialeigenschaften durch sonstige Einflüsse

Das Material, aus dem die einzelnen Objekte bestehen, verändert sich mit der Zeit. Dies beeinflusst natürlich die Funktionalität des Objektes. In den meisten Fällen führt es dazu, dass die Objekte unbrauchbar werden. Ein Eimer aus Blech, der mit der Zeit durchrostet, kann seinen Zweck wegen technischer Mängel nicht mehr erfüllen.

Da jedes Material ständig irgendwelchen schädlichen Einflüssen unterliegt, sind die daraus resultierenden Veränderungen in der Zeit bei der Schaffung von Umsetzungen mit zu berücksichtigen.

- Die schädigenden Einflüsse im Innern des Materials

Die naturbedingten Verbindungen der einzelnen Bausteine bei natürlich wachsendem Material oder aber die künstlich geschaffenen Verbindungen der Elemente bei den verschiedenen Kunststoffen werden mit der Zeit brüchig, so dass es zu einer Auflösung des Materials kommt, wobei die Zeit für diese Auflösung von Material zu Material unterschiedlich ist.

Die Auflösung der Verbindungen bei natürlichen Materialien geschieht in relativ kurzen Zeiträumen, so dass die Rückführung der einzelnen Bausteine in den natürlichen Lebenskreislauf kurzzeitig erfolgen kann. Das ökologische Gleichgewicht bleibt erhalten. Die Auflösung künstlicher, vom Menschen geschaffener Verbindungen, wie sie bei Kunststoffen anzutreffen sind, ist für die in unserer Erde zuständigen Organismen wesentlich schwieriger. Sie können diese Aufgaben oftmals nur in langer Zeit bewältigen
Siehe dazu Teil 12

- Die schädigenden Einflüsse von außen

Abb. 5.45 *Zerstörtes Material – Weidenkorb*

Jedes Material ist mehr oder minder stark den Einflüssen der Umwelt ausgesetzt. Hitze, Kälte, Regen oder verschmutzte Luft wirken auf ein Material ein. Sie führen zu einem Zerfall des Materials.

- Die schädigenden Einflüsse durch den Menschen

Schädigende Einflüsse auf das Material können auch vom Menschen künstlich vorgenommen werden, z.B. aufgrund unsachgemäßer Behandlung oder aber ganz gezielt durch eine entsprechende Bearbeitung, wie das Zertrümmern oder das Zerschneiden eines Materials.

Die Funktionalität eines Objektes ist, wie dargestellt, von dem jeweils verwendeten Material abhängig. Verändert ein verwendetes Material seinen Zustand, so wird damit die Funktionalität eines Objektes gemindert bzw. beendet.

3.2.5 Die Kriterien für die Auswahl des Materials

3.2.5.1 Die besonderen Eigenschaften zur Sicherung der technischen Funktionalität

Die Auswahl eines Materials erfolgt vorrangig unter dem Gesichtspunkt, die technische Funktionalität einer Maßnahme oder eines Produktes zu sichern. So muss für den Transport von Flüssigkeit ein Material ausgewählt werden, mit dem die Quantität der Flüssigkeit gesichert werden kann. Benötigt wird Material, bei dem während des Transportes keine Flüssigkeit entweichen kann. Hinzu kommt die Sicherung der Qualität. Dies bedeutet: Die zu transportierende Flüssigkeit darf z.B. nicht mit Schadstoffen versetzt werden. Gebraucht wird somit ein Material, das neben der Quantitätssicherung auch die Reinheit der Flüssigkeit während des Transportes gewährleistet (z.B. keine Geschmacksveränderung der Flüssigkeit bei Hitze- oder Kälteeinwirkung).

Damit wird klar: Notwendig ist ein Material, das verschiedenen Anforderungen gleichzeitig gerecht wird.

3.2.5.2
Zusätzliche Kriterien

Die Auswahl von Materialien zur Erfüllung einer technischen Funktion kann von weiteren Vorgaben eingeengt werden.

Betrachtet man Materialien unter sozialen Aspekten und hier insbesondere nach symbolischen Gesichtspunkten, so wird man z.B. Glas für eine Trennwand auswählen, wenn man Offenheit oder Transparenz herstellen möchte anstelle von Abgeschlossenheit, Ausgeschlossenheit bzw. Eingrenzung oder Ausgrenzung.

Abb. 5.46 Die Symbolik eines Materials – Glas
Die Transparenz eines Glases steht im Zusammenhang mit einem Flugplatz für Offenheit, Weltoffenheit, Unbegrenztheit (Flughafen Hongkong).

Und natürlich kann auch die ästhetische Qualität eines Materials dessen Einsatz verhindern, obwohl es in technischer Hinsicht sehr gut geeignet wäre.

Es können ökonomische Aspekte entscheidend sein. Man hat einfach keinen Zugang zu den jeweils geeigneten Materialien oder diese Materialien selbst bzw. deren Bearbeitung sind so teuer, dass man von einem Einsatz absehen muss.

Hinzu kommen ökologische Aspekte. Man nutzt ein Material, das leicht abbaubar ist, obwohl es die technische Funktion nur bedingt erfüllen kann. Und man nutzt „verbrauchtes" Material aus Objekten, die aus irgendwelchen Gründen unbrauchbar geworden sind, aber aus Materialien bestehen, deren Eigenschaften gerade nachgefragt werden.

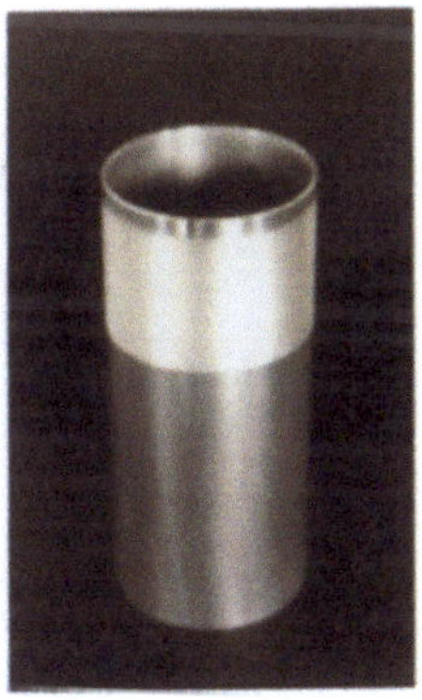

Abb. 5.47 Die Ästhetik eines Materials
Die Betonung besonderer ästhetischer Eigenschaften nach Bearbeitung der Oberfläche von Aluminium

Auch soziale Aspekte spielen eine Rolle. Man lehnt den Einsatz von Materialien ab, deren Beschaffung oder Erstellung Menschen gefährden. So können bereits bei der Herstellung bestimmter Materialien gesundheitsgefährdende Stoffe auftreten. Gesundheitsgefährdend kann der Transport von Materialien sein oder auch der Umgang mit solchen Materialien bei der Nutzung der Objekte. Oder man lehnt den Einsatz eines Materials bei einem Produkt ab, weil dessen Einsatz ein Produkt so verteuert, dass es nur für wenige erschwinglich ist und somit zu Ausgrenzungen führt.

Siehe dazu Teil 9

Siehe dazu Teil 12

3.2.6
Beispiel für die Auswahl eines Materials zur Erfüllung einer technischen Funktion

Gesucht ist z.B. ein Material, mit dem Flüssigkeit sicher transportiert werden kann. Vier verschiedene Materialien werden ausgewählt und näher untersucht.

Kriterien		Material 1 Metall	Material 2 Holz	Material 3 Ton	Material 4 Kunstst.
Sicherung / Quantität	Flüssigk. undurchl.	+	+ –	+	+
Sicherung / Qualität	Schadstoffabweisend	+ –	+ –	+ –	+
	Isolierend	–	+ –	+	–
Sicherung / Art	Hitzebeständig	–	+ –	+	+ –
Ökonomische Aspekte	Zugang zu Material	+	+	+	–
	Fertigungs- / Bearbeitungsmöglichkeiten	–	+ –	+	–
	Nutzung vorh. Mat.		+	+	
Ökologische Aspekte	Nutzung vorh. Mat.		+	+	
	Natürl. Mat.		+	+	
	Leicht abbaubar. Mat.		+	+	
Soziale Aspekte	Menschen gefährdendes Material		+	–	
	Mat. führt zu Ausgrenzungen		+ –	–	
Ästhetische Aspekte	Besonderer Ausdruck des Materials		+	+	
Bearbeitung	Veränderung / Eigenschaften	Je nach Bearbeitung	+ –	–	+ –
Materialkombination	Verträglichkeit	+ –	+ –	+ –	+ –

Grafik 5.6 Materialvergleich

Maßgebend für die Auswahl des jeweiligen Materials dürfte im obigen Fall sein, dass man zwar Metall beschaffen kann, die für eine Bearbeitung notwendigen Fertigungsmöglichkeiten jedoch fehlen. Damit scheidet dieses Material bei der weiteren Betrachtung aus. In gleicher Weise zeichnet sich dies für die Nutzung von Kunststoff ab. Man hat weder einen Zugang zu dem Material, noch verfügt man über die entsprechenden Bearbeitungsmöglichkeiten. Somit verbleiben zwei Materialien in der engeren Auswahl. Ausschlaggebend für die Nutzung von Ton ist dessen gute Isolierung gegen Hitze oder Kälte, die leichte Beschaffung des Materials und seine guten Bearbeitungsmöglichkeiten.

Je ausführlicher die Kriterien zusammengestellt werden, umso sicherer findet man ein geeignetes Material.

3.3 Studien

3.3.1 Theoretische Studien

- Materialeigenschaften und technische Funktionalität

Klärung des Materialeinsatzes aufgrund der technischen Vorgaben Zeigen Sie an verschiedenen Beispielen, wie die technische Funktionalität aufgrund schlecht gewählten Materials gemindert wird.

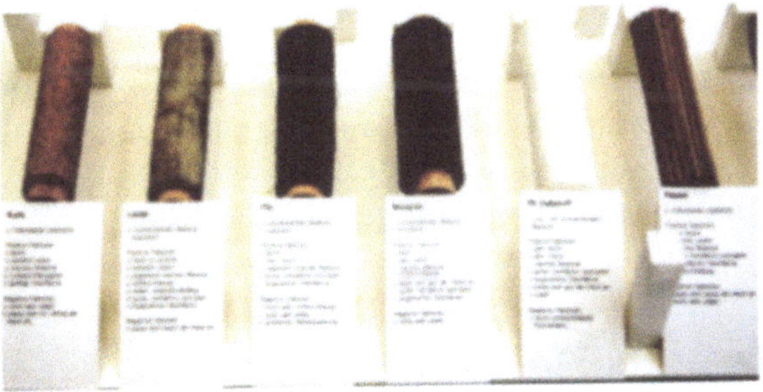

Abb. 5.48 Zusammenstellung unterschiedlicher Materialien für Griffe – Darstellung der technischen Vor- und Nachteile

- Funktionsveränderungen durch Materialveränderungen

Veränderung von Materialeigenschaften bedingen in der Regel die Veränderung der technischen Funktion von Objekten.

- Sammeln Sie Objekte mit bestimmten technischen Funktionen.
- Stellen Sie zwei gleiche Objekte bei normalem und bei verändertem Materialzustand gegenüber.

3.3.2
Praktische Studien

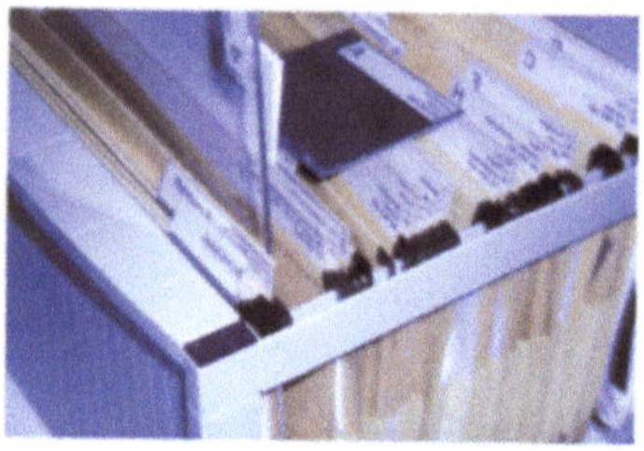

Abb. 5.49 Materialkartei
Im Laufe der Jahre wurde eine größere Materialkartei angelegt und immer wieder ergänzt. Neben den ablesbaren Daten konnte das jeweilige Material direkt angefasst und gefühlt werden.

- Anlage einer Materialkartei

Die Beachtung technischer Funktionalität verlangt Kenntnisse der verschiedensten Materialien. Die Vielzahl der vorhandenen Materialien macht es unmöglich, alle Eigenschaften sämtlicher Materialien zu kennen. Wichtig sind deshalb Kenntnisse darüber, wie und wo man sich über Materialien informieren kann. Auf die spätere Arbeit als Designer kann man sich deshalb bereits jetzt vorbereiten, indem man beginnt, sich eine Materialkartei mit konkreten Materialbeispielen anzulegen.

- Aufsuchen neuer Verwendungsmöglichkeiten eines bereits genutzten Materials

Nutzungsmöglichkeiten von bereits genutztem Material für die Bewältigung anderer technischen Aufgaben sollen untersucht werden.

- Vorgabe einer technischen Aufgabe für ein Objekt und Umsetzung dieser Vorgabe mit 3–4 unterschiedlichen Materialien

Hierbei geht es um die Nutzung unterschiedlicher Materialien mit zum Teil übereinstimmenden Eigenschaften für die gleiche technische Funktion.

- Bearbeitung unterschiedlicher Materialien für eine bestimmte vorgegebene Nutzung

Auswirkungen der jeweils zusätzlichen Eigenschaften der Materialien auf die weitere Verwendbarkeit des jeweils erstellten Objektes sind zu analysieren (z.B. Behältnis aus Blech = weitgehend stoßsicher gegenüber Behältnis aus Ton = nur gering stoßsicher).

3.4
Die Anwendung grundlegender Erfahrungen zur Lösung einer konkreten Aufgabe

Die konkrete Aufgabe:
Die Lösung der Aufgabe, die Verbesserung der Flüssigkeitsaufnahme bettlägeriger älterer Menschen, verlangt ein Behältnis, mit dem die notwendige Flüssigkeit sicher transportiert werden kann. Oder: Für die Kindergartenkinder wird ein Behältnis notwendig, in dem die einzelnen Nahrungsmittel sicher zum Kindergarten transportiert werden können. Oder: Der Transport eingekaufter Lebensmittel verlangt eine bestimmte Stabilität. Usw.

Um ein Material zu finden, das den technischen Erfordernissen im konkreten Fall Rechnung trägt, sollte zunächst ein Ausrichtungsmodell erstellt werden, in dem die konkreten Bedingungen aufgeführt sind. Damit hat man eine verlässliche Grundlage für die Entwicklung der Vorgaben, denen das Material genügen muss. Anschließend kann man mehrere Materialien zusammenstellen, die geforderten Eigenschaften aufweisen.

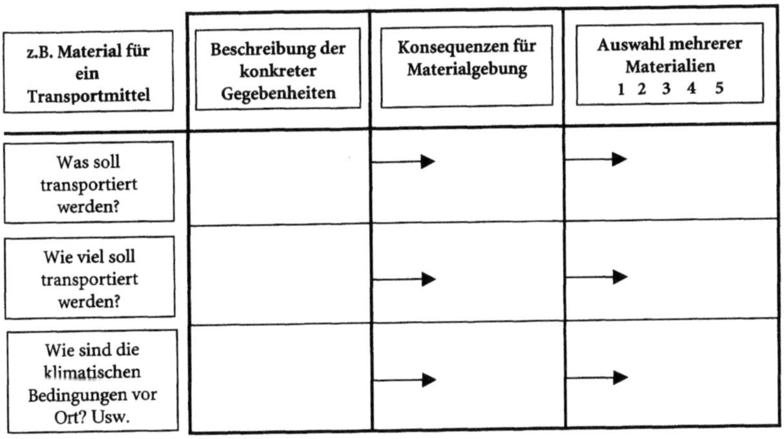

Grafik 5.7 Anlage eines einfachen Ausrichtungsmodells zur Festlegung geeigneter Materialien

In der vorderen Spalte werden die beachtenswerten Faktoren angegeben. In der rechts daneben stehenden Spalte werden diese exakt beschrieben. In Spalte drei werden jetzt davon abgeleitet die Anforderungen an das Material formuliert. In Spalte vier schließlich werden verschiedene Materialien gesammelt, die den einzelnen Anforderungen gerecht werden könnten. Sie werden entsprechend der unter 3.2.5 vorgestellten Übersicht geordnet, so dass am Ende eine fundierte Auswahl getroffen werden kann.

Daran anschließend folgen die Umsetzung bzw. Realisierung und die Präsentation der Lösung.

4 Die Entwicklung funktionsfähiger Konstruktionen

Wird ein Behältnis benötigt, das seine Form trotz eines enormen Druckes von außen behält, so kann diese Aufgabe auf unterschiedlichem Wege gelöst werden. Man kann versuchen, dieses Behältnis aus einem Element zu fertigen. Man kann aber auch mehrere Elemente bzw. Bausteine so zusammenfügen, dass das neu entwickelte Gebilde den gestellten Anforderungen gerecht wird.

Die technische Funktionalität eines Objektes kann also mit einem Element, in vielen Fällen jedoch nur durch den Einsatz mehrerer Teile bzw. Elemente erfüllt werden, die so einander zugeordnet sind, dass damit das Ziel, die Behebung eines grundsätzlichen Bedarfes, erreicht werden kann.

con-struere = zusammensetzen von Teilen bzw. Elementen mit dem Ziel einer bestimmten Funktionserfüllung

In beiden Fällen jedoch verlangt die Sicherung der technischen Funktionalität die richtige Konstruktion des Gebildes. Konstruktionen werden verlangt

Statische Gebilde / bewegliche Gebilde: Siehe Teil 5, Kapitel 1.2.2

1. bei statischen Gebilden und
2. bei beweglichen Gebilden.

4.1 Verallgemeinerung der Fragestellung

Wie muss man einzelne Teile zusammenstellen, damit sie die vorgegebene technische Funktion erfüllen können?

4.2 Darstellung grundlegender Aspekte

4.2.1 Kombinationen und Konstruktionen

4.2.1.1 Die Zuordnung einzelner Elemente im Rahmen einer Kombination

Blickt man in ein Warenlager, so finden sich dort die unterschiedlichsten Teile nebeneinander oder übereinander abgelegt, aufgehängt oder abgestellt. Sie werden ohne bestimmtes Ziel und eher zufällig oder aber nach irgendeiner Anleitung zusammengestellt.

Das Ziel bei einem Warenlager kann in einer leichten und überschaubaren Ordnung der einzelnen Teile liegen. Aber die einzelnen Teile erfüllen in ihrer Anordnung keine besondere Aufgabe.

Gegenüber einer freien und zweckungebundenen Kombination sind Zusammenstellungen von Elementen zu sehen, die einem ganz bestimmten Ziel dienen. Das Haus mit seinen Wänden und seinem Dach als einzelnen Elementen soll Schutz bieten gegenüber Einflüssen von außen. Wind und Regen sollen abgehalten werden. Das Dach soll dem Regen, vor allem aber auch den Belastungen der Schneemassen im Winter standhalten. Eine Dose hat die Aufgabe, Flüssigkeit in ihrem Innern aufzunehmen. Die Wand und der Boden der Dose müssen so stark sein, dass sie dem Druck der Flüssigkeit nach außen standhalten. Von dem Handmixer verspricht man sich eine Einsparung an Kraft. Erreichen will man vor allem aber eine verbesserte Bewegungsumsetzung und eine höhere Geschwindigkeit der Mixerteile.

Die genannten Objekte beinhalten alle eine Kombination von mehreren gleichen oder aber unterschiedlichen Elementen. Die Zusammenstellung bzw. die Kombination der einzelnen Elemente erfolgt unter der Prämisse, dass damit eine technische Aufgabe gelöst werden kann.

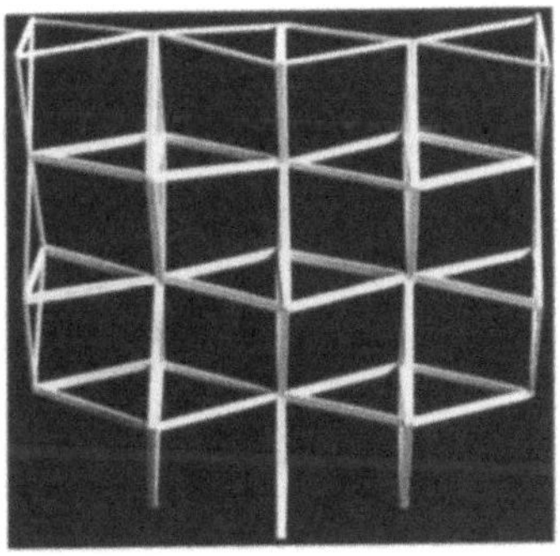

Abb. 5.50 *Kombination gleicher Elemente zum Bau einer Trennwand*

4.2.2 Die Behebung eines Bedarfes mit unterschiedlichen Konstruktionen

Betrachtet man verschiedene Umsetzungen, die im Grunde dem gleichen Ziel dienen, wie Mixer, Kaffeemaschine, Brücken usw., so kann man feststellen, dass die jeweiligen Umsetzungen, obwohl sie einen bestimmten Bedarf beheben sollen (z.B. die trockene Überquerung eines Flusses mittels einer Brücke), einen unterschiedlichen Aufbau haben können.

Soll mit einer bestimmten Maßnahme eine Bewegung bzw. eine Veränderung oder aber die Stabilisierung eines Objektes erreicht werden, so sind dazu bestimmte Konstruktionen notwendig. Dies bedeutet, die Auswahl und die Zuordnung der einzelnen Elemente dienen dem Erreichen des anvisierten Zieles.

Konstruktionen auf materiellem Gebiet: z.B. das sichere Überqueren-Können eines Flusses
Maßnahme: die Konstruktion einer Brücke

Konstruktionen auf geistigem Gebiet: z.B. jemanden auf ein höheres geistiges Niveau bringen
Maßnahme: die Konstruktion verständlicher Sätze
(Die Zusammenstellung spezieller Elemente (Wörter) zu einem Satzgebilde bzw. einer Satzkonstruktion, mit dem das Ziel, dass die Weitergabe der notwendigen Informationen erreicht wird.)

Somit gilt: Die gleichen Aufgaben lassen sich mit unterschiedlichen Konstruktionen bewältigen. Die Zuordnung der einzelnen Elemente wiederum ist abhängig

- vom Ziel, das erreicht werden soll, und
- von der Art der vorhandenen Elemente.

Zwischen den drei Faktoren, dem angestrebten Ziel, der Art der Elemente und der Art der Konstruktion der einzelnen Elemente, zur Erreichung des Zieles bestehen gegenseitige Abhängigkeiten.

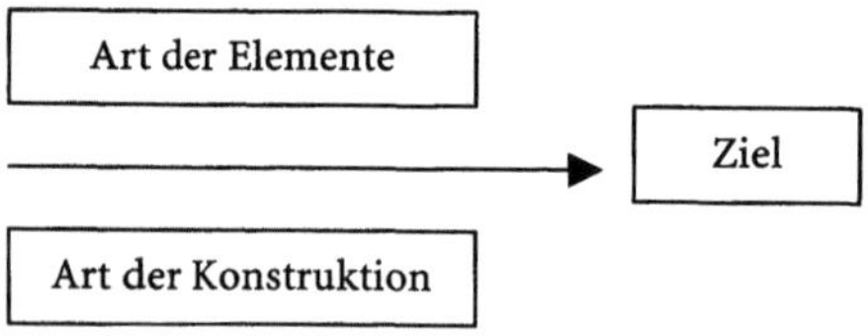

Grafik 5.8 *Die Abhängigkeit der Konstruktion von der Art der Elemente und dem angestrebten Ziel*

Mehrere Vorgehensweisen sind denkbar:

Sind die Elemente noch unbestimmt, kann in gegenseitiger Abstimmung zwischen konstruktiven Vorstellungen und der Erstellung geeigneter Elemente ein funktionales Gebilde entstehen.

Liegen dagegen nur ganz bestimmte Elemente vor und besteht keine Möglichkeit zu deren Bearbeitung, muss sich der Aufbau und die Konstruktion des Ganzen nach diesen Elementen richten.

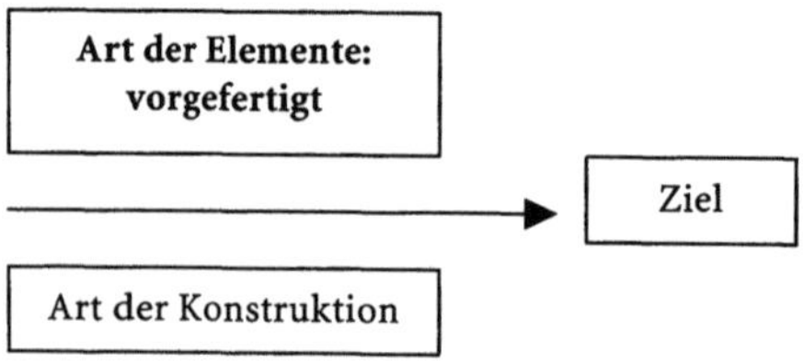

Grafik 5.9 *Die Entwicklung einer Konstruktion aufgrund vorgefertigter Elemente*

Wird die Konstruktion für ein funktionsfähiges Gebilde vorgegeben, so haben sich die notwendigen Elemente der Konstruktion anzupassen.

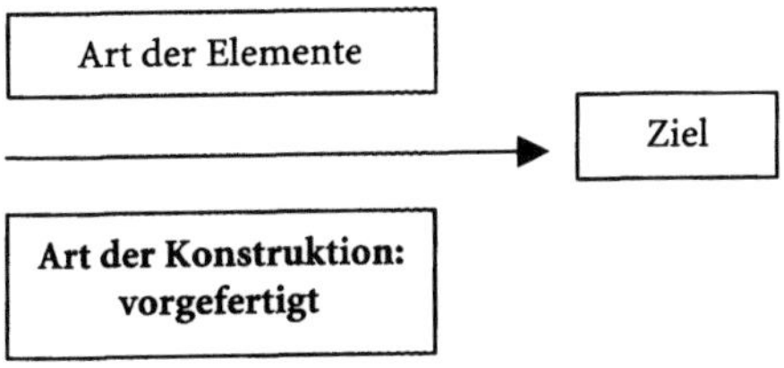

Grafik 5.10 *Die Konstruktion bestimmt die Art der Elemente*

4.2.3 Das Ziel konstruktiver Aufbauten

Die Konstruktionen plastisch-raumhafter Gebilde, wie sie im Industrie-Design vornehmlich zu erstellen sind, dienen dem Ziel,

- Maßnahmen oder Produkte zu stabilisieren oder
- Maßnahmen oder Produkte bzw. Produktteile beweglich zu machen.

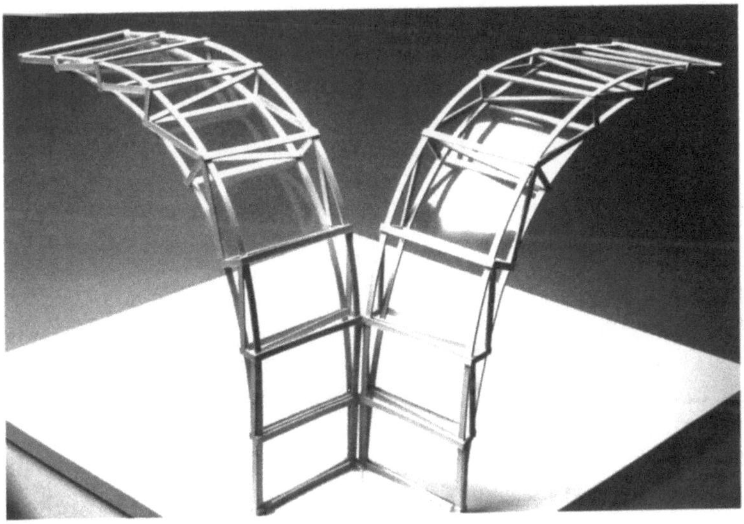

Abb. 5.51 *Studie zur Stabilisierung von freitragenden Überdachungen*

4.2.3.1
Zum Thema: Stabilisierungen

Zur Grafik 5.11:
In der oberen Reihe geht es um das Problem, wie man lineare oder flächenhafte Elemente stabilisieren kann gegenüber Belastungen von oben

In der zweiten Reihe geht es um Probleme, wie man lineare oder flächenhafte Elemente sichern kann gegenüber einem seitlichen Druck, ob von außen oder von innen. Bei einer Lageveränderung: Druck von oben oder von unten (z.B. Tischplatte, Brücke)
In der dritten Reihe geht es um die Stabilisierung eines in sich festen linearen oder flächenhaften Elementes gegen Druck von der Seite (z.B. Laternenpfahl gegenüber einem anfahrenden Auto oder eine Wand gegenüber dem aufkommenden Wind).
In der unteren Reihe schließlich wird das Problem vorgestellt, das entsteht, wenn zwei Elemente miteinander verbunden werden, wobei das eine Element belastet wird (z.B. überhängender Beleuchtungskörper, Straßenschilder über der Fahrbahn).

Lineare und flächenhafte Elemente stehen am Beginn der Betrachtung (Plastisch-raumhafte Gebilde werden als Kombinationen unterschiedlicher linearer oder flächenhafter Elemente gesehen).

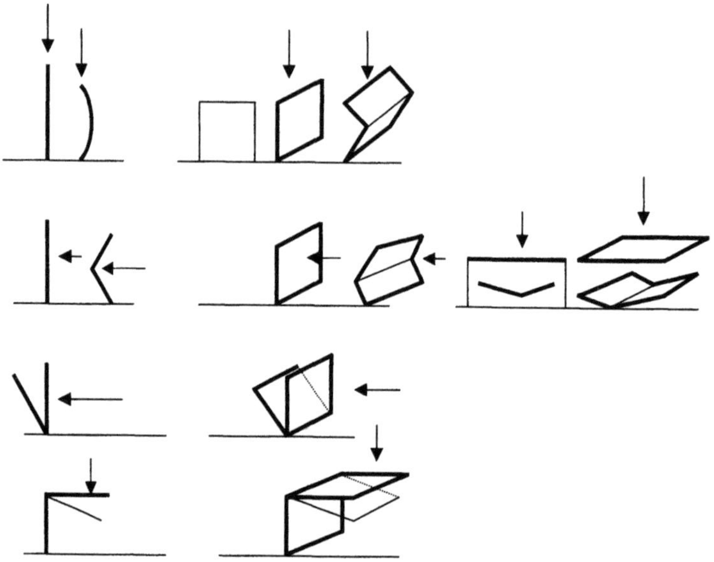

Grafik 5.11 *Übersicht über mögliche Einflussnahmen auf lineare und flächenhafte Elemente*

4.2.3.2
Zum Thema: Bewegung

Elemente können sich geradlinig bewegen. Sie können auf einer bestimmten Bahn hin und her bewegt werden wie das Sägeblatt einer Holzschneidemaschine. Der Bewegungsweg kann kreisförmig sein, wie man ihn aus einem Mahlwerk kennt. Der Bewegungsweg einzelner Elemente kann gleichförmig oder ungleichförmig sein (z.B. das Flattern einer Fahne im Wind).

Mehrere Elemente können sich in gleicher Richtung oder in entgegengesetzter Richtung bewegen. Bewegungen einzelner Elemente auf Kreisbahnen können in unterschiedlicher Richtung verlaufen. Bewegungen können in der Ebene und im Raum ablaufen.

Hinzu kommen Bewegungen unterschiedlichen Ausmaßes und unterschiedlicher Geschwindigkeit.

Das Tableau gibt Hinweise über mögliche Bewegungskombinationen, wobei hier nur einige zum besseren Verständnis vorgestellt werden. Die verschiedenen Kombinationen ergeben sich durch die Verknüpfung der jeweiligen Figuren in der oberen Spalte mit den jeweiligen Figuren der seitlichen Spalte.

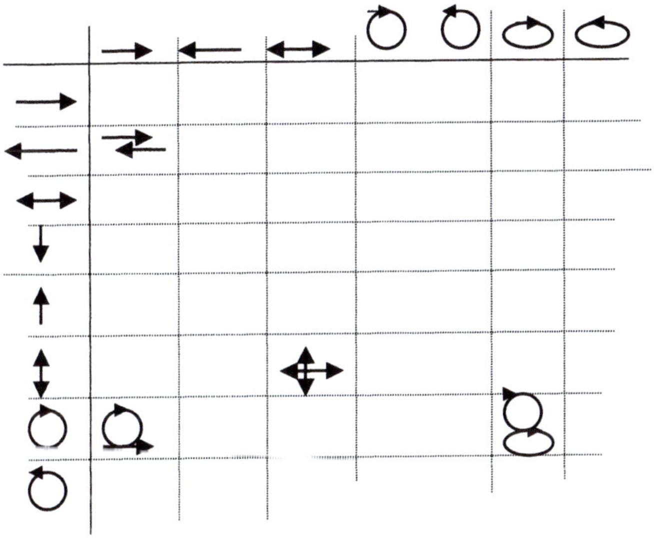

Grafik 5.12 *Die möglichen Kombinationen von Bewegungsrichtungen*

Abb. 5.52 *Nutzung einer waagerechten Kreisbewegung für eine Auf-Ab-Bewegung*

Abb. 5.53 *Kombination linienhafter und flächenhafter Elemente*

4.2.4
Die Abhängigkeit der Konstruktion von den zur Verfügung stehenden Mitteln

Wesentlich für die Stabilität oder Beweglichkeit eines Gebildes zur Bewältigung einer technischen Funktion sind die zur Verfügung stehenden Mittel d.h. Elemente. An Elementen können formale Elemente unterschiedlichen Materials genutzt werden (z.B. punkthafte, linienhafte, flächenhafte, plastisch-raumhafte Elemente). Farbliche Elemente spielen bei konstruktiven Aufgaben keine Rolle.

4.2.4.1
Die Konstruktion aus einem Einzelelement

Abb. 5.54 Konstruktion für ein Gewächshaus im Botanischen Garten in Wien

Wie bereits dargestellt, kann auch ein einziges Elemente bereits eine technische Funktion erfüllen. So kann ein Blatt Papier als Träger für eine Nachricht genutzt werden, ein Stock oder ein Holzlöffel kann zum Umrühren genutzt werden usw.

Dies bedeutet: Auch ein einzelnes Element kann eine technische Funktion erfüllen. Es muss durch seine Konstruktion und damit durch seinen Aufbau sowie seinen materiellen Bestand für die jeweilige Aufgabenerfüllung geeignet sein.

4.2.4.2
Die Konstruktion aus mehreren Elementen

In weitaus mehr Fällen sind jedoch Umsetzungen zu finden, bei denen mehrere Elementen zusammengefügt wurden, um so ein bestimmtes Problem technisch zu bewältigen.

Beginnend mit einer Zweierkombination (z.B. dem metallenen Schlagteil und Holzstiel) beim Hammer bis hin zu komplexen Maschinen und Geräten und allen sonstigen Objekten.

4.3
Studien

4.3.1
Theoretische Studien

Zeichnen Sie aus einem Gebilde die wesentlichen konstruktiven Teile heraus, die zur Bewältigung einer technischen Funktion eingesetzt sind.

- Untersuchung vorhandener Gebilde, die sich z.B. durch ihre Stabilität auszeichnen.
  Die Gebilde können
  1. natürlich gewachsen oder künstlich erstellt sein und
  2. aus wenigen Teilen bestehen.

Klären Sie die wesentlichen Merkmale, die für die Stabilität verantwortlich sind. Verdeutlichen Sie die einzelnen Elemente in ihrer konstruktiven Zuordnung (z.B. Anordnung der Elemente im Dreieck).

- Untersuchung von beweglichen Gebilden im Hinblick auf den dafür notwendigen Aufbau des Gebildes (z.B. das Öffnen und Schließen eines Deckels an einem runden Behältnis).

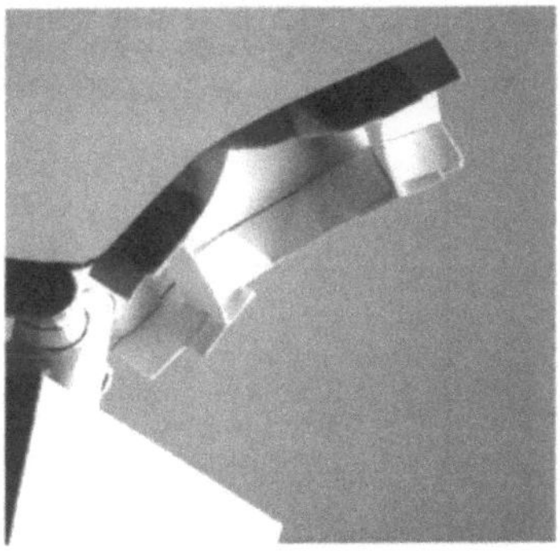

Abb. 5.55 und 5.56 Die falsche Konstruktion bei einem flächenhaften Material zur Stabilisierung eines Griffes

4.3.2
Praktische Studien

Zur Erarbeitung grundlegender technisch konstruktiver Kenntnisse werden verschiedene Themenschwerpunkte vorgestellt. Die einzelnen Umsetzungen werden auf einfache formale Elemente, wie Punkt, Linie, Fläche, Körper, reduziert, um die wesentlichen konstruktiven Vorgaben grundlegend zu erfahren. Damit werden Voraussetzungen geschaffen für einen Transfer technischer Erfahrungen bei konkreten Aufgaben.

4.3.2.1
Die Konstruktion von statischen Gebilden

- Konstruktionen von Lastenträgern

Lasten müssen getragen werden. Dafür müssen Elemente, Bausteine usw. so zusammengebaut werden, dass sie dem jeweiligen Gewicht standhalten.

Aufgabe: Der jeweilige Träger hat eine Ausdehnung von 40 cm. Der einzelne Träger wird an allen Stellen mit einem Gewicht von 5 kg belastet. Die Wahl der Materialien (Anzahl und Art) ist frei.

Der Träger soll so leicht wie möglich sein. (Damit wird erreicht, dass die konstruktiven Merkmale eines tragenden Teiles erfahren werden. Die Benutzung eines dickeren Holzbrettes macht keine konstruktiven Merkmale erfahrbar.)

*Die folgenden Aufgaben wurden zwar in einem ersten Schritt zeichnerisch angedacht. Doch bereits nach kurzer Zeit wurden erste Modelle entwickelt mit dem Ziel, die Funktionstüchtigkeit der Umsetzung zu belegen bzw. direkt am Modell zu erproben. Da die vorgestellten Modelle zeigen, wie die einzelnen Teile aufeinander einwirken, um die eigentliche Aufgabe zu erfüllen, handelt es sich dabei um **Funktionsmodelle**. (Im Gegensatz zu **Anschauungsmodellen**, die im Wesentlichen die äußere Form und Farbe eines Objektes abbilden, und **Strukturmodellen**, die den Aufbau bzw. die Zuordnung von einzelnen Funktionsteilen oder Bauteilen eines Gebildes zeigen, ohne allerdings auf die Funktionalität des Gebildes näher einzugehen.)*

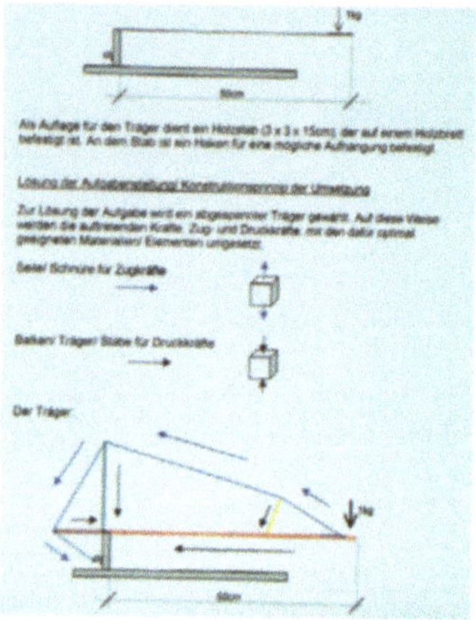

Abb. 5. 57 Theoriestudie zu tragenden Objekten

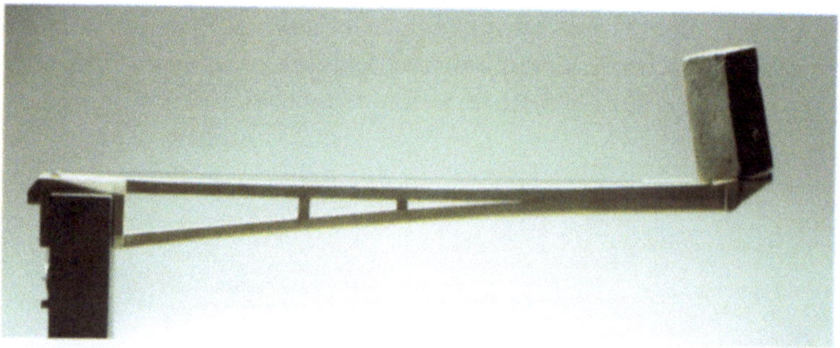

Abb. 5.58 und 5.59 Umsetzungen tragender Objekte

- Konstruktionen von Umhüllungen

Für viele Objekte werden stabile Umhüllungen benötigt, um den Inhalt vor schädigenden Einflüssen von außen zu sichern bzw. um ein Entweichen des Inhalts aus dem Behältnis zu verhindern.
Aus mehreren Teilen ist ein Gebilde zu entwickeln, das diesen Aufgaben gerecht wird.

- Konstruktionen von Überdachungen

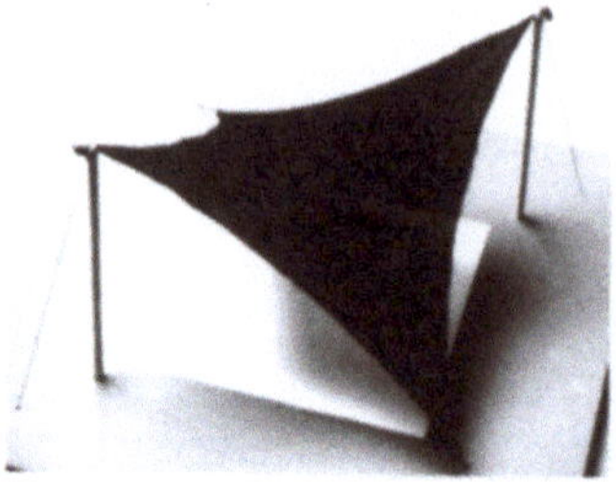

Abb. 5.60 und 5.61 Dachkonstruktion: Stützen und Verspannen von flexiblen Flächen

Für ein bestimmtes Feld ist eine unbewegliche oder aber bewegliche Überdachung zu entwickeln.

1. Die einzelne Überdachung muss das jeweilige Feld abdecken.

2. Die jeweilige Überdachung muss stabil sein, d.h. Druck von verschiedenen Seiten standhalten.
3. Die Überdachungen sollen so leicht wie möglich sein, um die notwendigen konstruktiven Voraussetzungen für die Schaffung von Überdachungen besser zu erfahren.

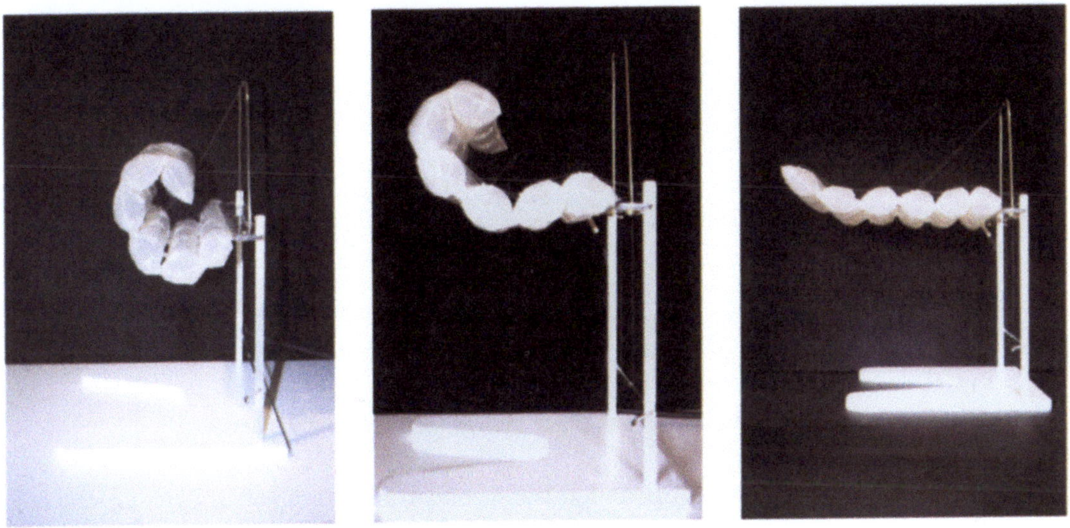

Abb. 5.62 Aus- und einziehbares Luftkissen für bewegliche Überdachungen

4.3.2.2
Die Konstruktion von mechanisch beweglichen Gebilden

Ziel der Studien ist es, an konkreten Aufgabenstellungen die grundsätzlichen konstruktiven Bedingungen für die Beweglichkeit oder die gezielte Bewegung von Elementen zu erfahren.

- Der Verschluss an einem runden Objekt

An einem runden Behältnis ist ein Deckel zum Öffnen und Schließen anzubringen. Suchen Sie nach Lösungen für eine möglichst exakte Führung des Deckels. Verdeutlichen Sie durch Vergrößerung das zugrunde liegende Konstruktionsprinzip.

- Die Konstruktion von Gebilden zur Kraftübertragung

Jede Arbeit ist mit einem bestimmten Kraftaufwand verbunden. Es ist klar, dass man versucht, dabei so viel an Kraft zu sparen, wie dies nur irgend möglich ist.

Aufgabe:

1. Veränderung des Kraftaufwandes bei der Bewegung eines Objektes
2. Entwicklung alternativer Lösungen für eine Aufgabenstellung (zeichnerisch, modellhaft, Material: frei)

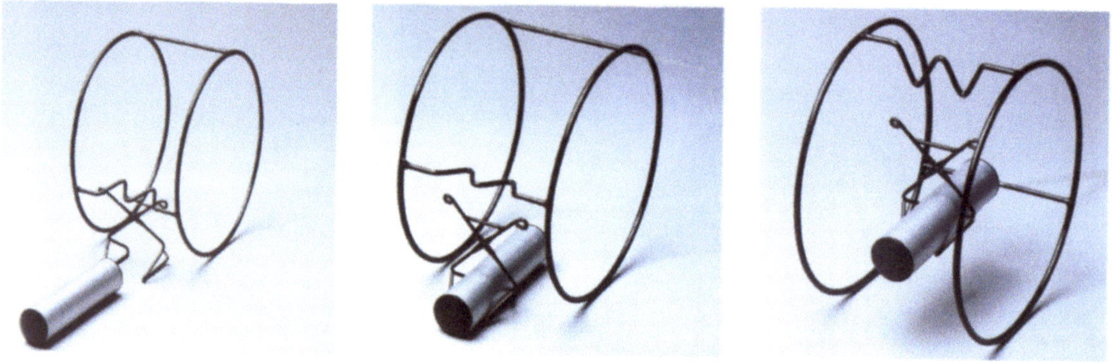

Abb. 5.63 Das Anheben einer Last bei geringem Kraftaufwand

- Konstruktion von Gebilden mit Veränderung der Geschwindigkeit

Bei vielen Objekten mit verschiedenen Elementen ist es notwendig, dass diese Teile sich unterschiedlich schnell bewegen.

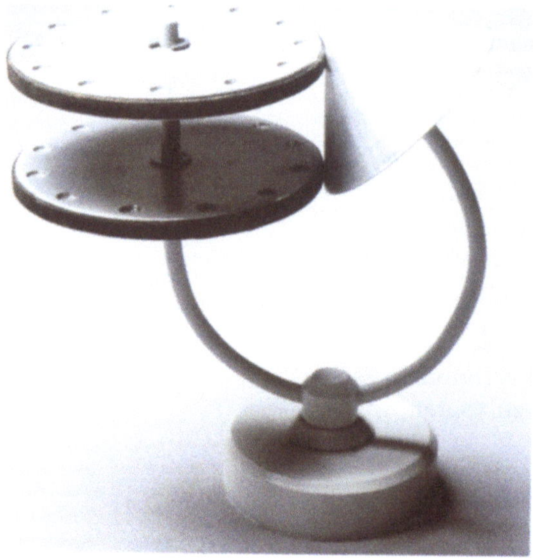

Abb. 5.64 Modell zur Veränderung der Bewegungsrichtung bei unterschiedlicher Geschwindigkeit

- Konstruktion von Gebilden mit Veränderung der Bewegungsrichtung

Aufgabe:

1. Zusammenstellung unterschiedlicher Bewegungskontraste
2. Heraussuchen eines Bewegungskontrastes
3. Entwicklung alternativer Lösungen für die entsprechende Bewegungsumsetzung (zeichnerische und modellhafte Alternativen)
4. Auswahl einer Lösung (zeichnerische und modellhafte Umsetzung)

Bewegungskontraste:
gerade - gerade
gerade - gebogen/ Kreisform/ elliptisch
gebogen - gebogen
Komplexe Bewegungsformen:
gerade - spiralförmig
usw.

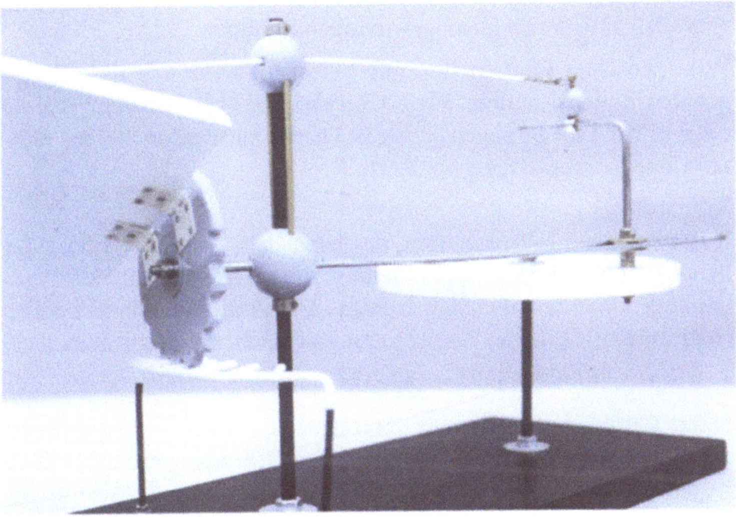

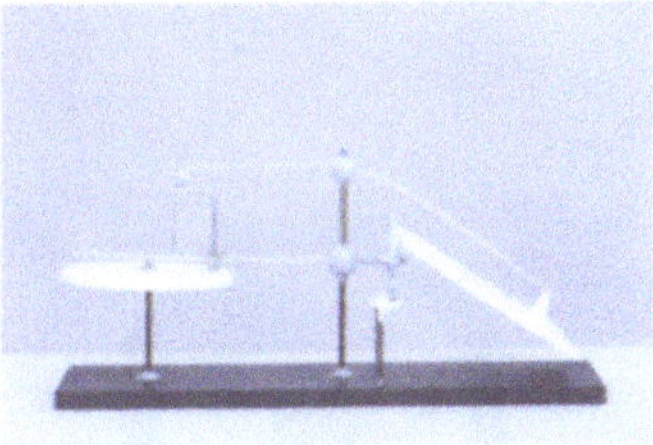

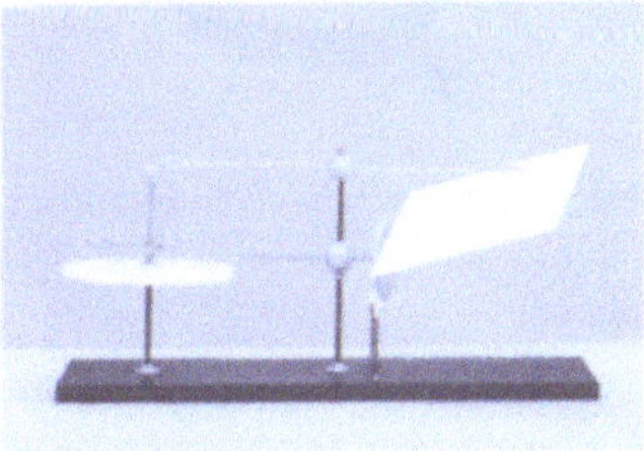

Abb. 5.65 *Detail aus dem Bewegungsmodell*
Abb. 5.66 und 5.67 *Bewegungsumsetzung: Von der Kreisbewegung zu einer Auf-ab- und Rechts-links-Bewegung*

Abb. 5.68 *Anwendung: Studie für ein Kinderspielzeug mit unterschiedlichen Bewegungsteilen*

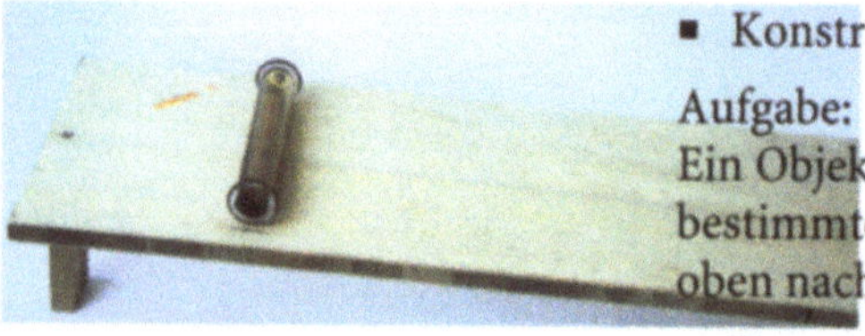

Abb. 5.69 *Die gleichmäßige Bewegung eines Objektes auf einer Schrägen. In eine Röhre wird eine mehr oder minder dicke Flüssigkeit eingefüllt. Die Trägheit der Flüssigkeit bremst die Bewegung.*

- Konstruktion von Gebilden, die sich gleichmäßig bewegen

Aufgabe:
Ein Objekt ist so zu gestalten, dass es sich auf einer schrägen Ebene bestimmter Neigung mit gleich bleibender Geschwindigkeit von oben nach unten bewegt.

- Konstruktion von Gebilden mit Veränderung des Bewegungsausmaßes

Aufgabe:
Viele Objekte verlangen ein unterschiedliches Ausmaß in der Bewegung der verschiedenen Teile. Dies bedeutet, dass der Weg der einzelnen Teile in gleicher Zeit unterschiedlich groß wird.

Abb. 5.70 *Unterschiedliche Bewegungsrichtungen*

- Konstruktion von gleichgewichtigen Gebilden

Wir Menschen können uns nur bewegen, wenn wir das Gleichgewicht halten können. Viele Objekte, die sich auf dem Wasser oder in der Luft bewegen, um z.B. Lasten zu transportieren, müssen diese Voraussetzung auch erfüllen.

Aufgabe:
Es ist ein Gebilde zu schaffen, das beweglich ist und während der Bewegung im Gleichgewicht bleibt. Es können hängende und aufbauende Objekte entwickelt werden. Die einzelnen Objekte sollen trotz unterschiedlicher Ausweitung im Gleichgewicht bleiben.

Zur Konstruktion von gleichgewichtigen Objekten siehe dazu auch Studien in Teil 10, Kapitel 2

- Konstruktionen flexibler Gebilde

Starre Gebilde haben oftmals den Nachteil, dass sie bei einer unwesentlichen Überbelastung leicht brechen (z.B. Glas gegenüber einer Kunststoffplatte). In vielen Bereichen werden deshalb Gebilde benötigt, die in sich flexibel sind.

Aufgabe:
Es sind lineare, flächenhafte und /oder plastisch-raumhafte Gebilde zu entwickeln, die sich durch besondere Flexibilität auszeichnen.

Dabei wird davon ausgegangen, dass flexible Gebilde die Eigenschaft aufweisen, bei einer Beanspruchung den Einwirkungen in gewissem Ausmaß nachzugeben,ohne zu brechen, um nach dieser Belastung wieder in die ursprüngliche Form zurückzukehren.

4.4 Die Anwendung grundlegender Erfahrungen zur Lösung einer konkreten Aufgabe

Hier geht es um die Konstruktion eines Objektteiles im Zusammenhang mit der konkreten Aufgabe.

Die konkrete Aufgabe:
Konstruktion eines Trägers bzw. der Lenkung oder des Behältnisses für den Einkaufswagen

- Die Ausrichtung der Konstruktion auf die konkreten Bedingungen

Im Rahmen dieser Aufgabenstellung wurden für die verschiedenen Objektteile jeweils unterschiedliche Ausrichtungsmodelle erstellt z.B. ein Ausrichtungsmodell für die Konstruktion der Räder eines Einkaufswagens auf die konkreten Straßenverhältnisse seines Einsatzgebietes.

		Hinweise für					
die konkreten Bedingungen des Weges	Beschreibung der konkreten Situation	die Form der Räder	die Farbe der Räder	das Material der Räder	die Gliederung der Räder	die Dimension der Räder	eventuelle Veränderungen des Rades / der Räder
die Form des Weges						Treppen und scharfe Biegungen sind zu beachten	
die Farbe des Weges	sandbraun, grau						
das Material der Wege	Holz Sand Kies Pflastersteine Asphalt	Stabilität sichern. Vermeid. Verschmutzung		Vermeid. von Erschütterungen, stecken bleiben		Vermeid. Einsinken der Räder im Sand	
die Gliederung des Weges	Treppen: Holz Trottoir: Pflaster Straße: Asphalt, Sand, Kies Einkaufzentrum: Asphalt			Vermeid. Rutschen: Profil der Räder beachten	Vermeid. Steckenbleiben Radbreite beachten		
die Dimension des Weges	die Längen, die Breiten, die Höhen der einzelnen Wegeabschnitte				Wegbreite: Festlegung: Radabstand Kippgefahr		
Veränderungen des Weges	z.B. durch Regen, Frost, Hitze			Rutschgefahr: besonderes Material verwenden			leichtes Auswechseln der Räder

Grafik 5.13 Ausrichtungsmodell für die Konstruktion der Räder

Die Beschreibung der konkreten Gegebenheiten (zweite senkrechte Spalte) ermöglicht relativ gute Hinweise für die Entwicklung der jeweiligen Teile eines Objektes bzw. für die Entwicklung des gesamten Objektes.

Damit können die Einzelteile wie das gesamte Objekt so gestaltet werden, dass sie die konkreten Anforderungen technisch bewältigen.

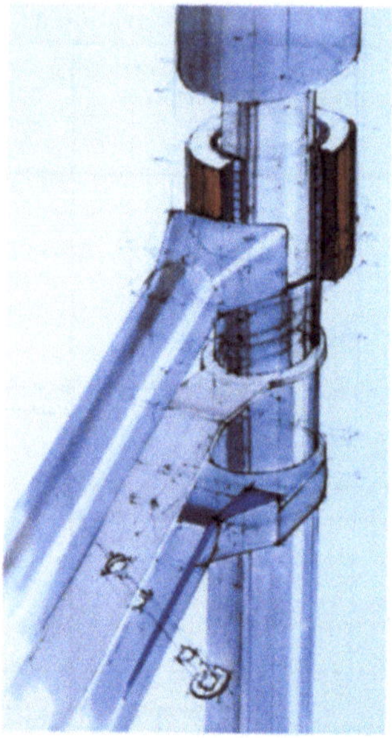

Abb. 5.71 Detailstudie zeichnerisch

Abb. 5.72 Detailstudie zu einem Rad

5 Die Verbindung der Elemente

Die Konstruktion eines Objektes mit unterschiedlichen Elementen oder Teilen verlangt, dass diese über einen mehr oder minder langen Zeitraum ihre Positionen beibehalten. Sie müssen dazu in irgendeiner Weise miteinander verbunden werden. Umsetzungen, bei denen sich die einzelnen Teile aus ihrer Verankerung lösen, führen zu einer Minderung bzw. zur Beendigung der Funktionalität bei dem entsprechenden Gebilde.

Die Verbindung der einzelnen Teile eines Gebildes ist also mit entscheidend für dessen Funktionsfähigkeit. Nach der richtigen Zuordnung der einzelnen Teile sind diese so miteinander zu verbinden, dass damit die technisch funktionale Aufgabe gelöst werden kann.

5.1 Verallgemeinerung der Fragestellung

Wie sind die einzelnen Elemente zu verbinden, um den technischen Anforderungen gerecht zu werden?

5.2 Darstellung grundlegender Aspekte

5.2.1 Die Notwendigkeit unterschiedlicher Verbindungen

Die Art der Verbindung ist entscheidend für die Funktionalität eines Gebildes, das aus mehreren Elementen oder Bausteinen besteht. Die einander zugeordneten Teile müssen je nach Aufgabe in unterschiedlicher Weise miteinander verbunden sein.

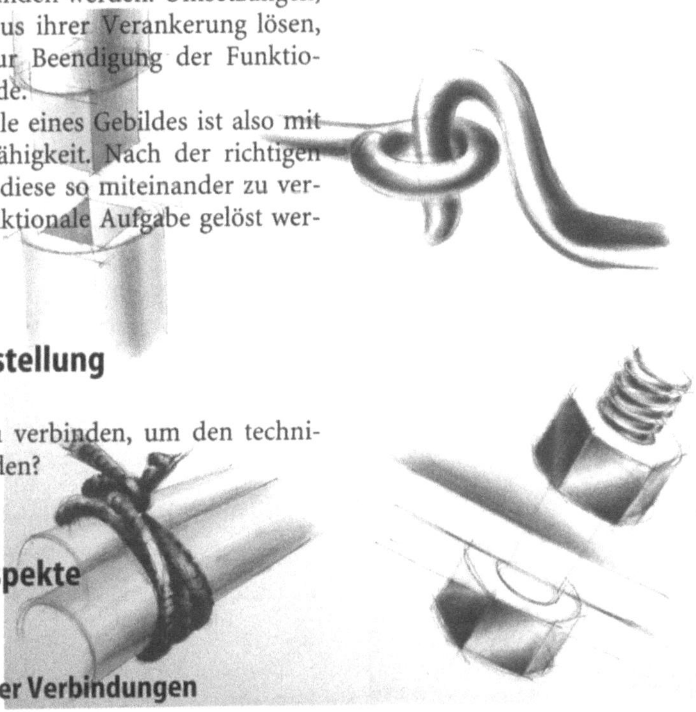

Abb. 5.73 Zeichnerische Studien von unterschiedlichen Verbindungsmöglichkeiten

5.2.2
Die wesentlichen Aspekte bei einer Verbindung

Betrachtet man die einzelnen Verbindungen genauer, so stellt man fest, dass bei jeder Verbindung von zwei und mehr Elementen bestimmte Parameter immer eine Rolle spielen. So ist bei jeder Verbindung zu berücksichtigen:

- Die Form der zu verbindenden Elemente
- Das Material der zu verbindenden Elemente
- Die für die Funktion notwendige Zuordnung der Elemente
- Die Verbindungsstelle bei den einzelnen Elementen
- Die Anzahl der zu verbindenden Elemente
- Die Dauer der Verbindung
- Die Stabilität und Mobilität der einzelnen Elemente
- Die Bearbeitungsmöglichkeiten der Elemente für eine Verbindung

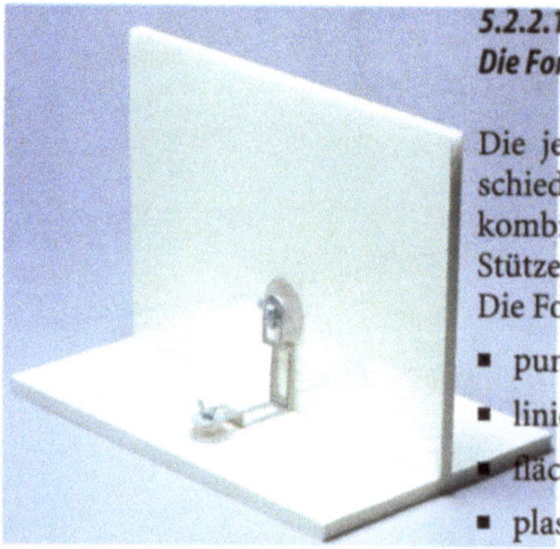

Abb. 5.74 Verbindung zweier flächenhafter Elemente

5.2.2.1
Die Form der zu verbindenden Elemente

Die jeweilige Aufgabe eines Objektes macht es notwendig, verschiedene Elemente unterschiedlicher Formen miteinander zu kombinieren (z.B. Aufbau einer Ausstellungswand auf tragenden Stützen).
Die Form der zu verbindenden Teile kann

- punkthaft (z.B. Druckknopf)
- linienhaft (z.B. Eisenstange)
- flächenhaft (z.B. Holzplatten)
- plastisch-raumhaft (z.B. Schrankteile)

sein.

Die einzelnen zu verbindenden Elemente können geometrische Formen oder freie Formen besitzen.

5.2.2.2
Das Material der zu verbindenden Elemente

Das Material der zu verbindenden Teile spielt für die Haltbarkeit einer Verbindung eine wesentliche Rolle. Immer wieder kann man feststellen, dass Elemente miteinander verbunden werden ohne

Rücksicht auf deren jeweilige Materialeigenschaften. Abblätternde Farben, sich verwerfende Holzplatten usw. sind die Folge. Das Material der zu verbindenden Teile kann

- fest,
- flüssig oder
- gasförmig

sein.

5.2.2.3
Die Anordnung der zu verbindenden Elemente

Die jeweilige Konstruktion gibt vor, wie die einzelnen Elemente angeordnet sein müssen, damit das Gebilde seine Funktion voll erfüllen kann. So ist es für den Aufbau einer Ausstellung sinnvoll, Wände als Träger von Ausstellungsstücken nebeneinander anzuordnen. Es werden in diesem Fall Verbindungen gebraucht, die ein Nebeneinanderstellen der Wände im Raum ermöglichen.

Für die Verbindung von Elementen ergeben sich somit folgende Situationen: Zu verbinden sind 2 und mehr Elemente, die

- nebeneinander (z.B. Wandplatten),
- hintereinander (z.B. Teile einer Wandverkleidung),
- übereinander (z.B. Ausstellungstafeln) oder
- ineinander (z.B. eingehängte Behältnisse)

angeordnet sind.

Verschiedene Aufgabenstellungen:
Zu verbinden sind 2 und mehr Elemente
1. aus gleichem oder verschiedenem starrem Material (z.B. Holz-Holz, Holz-Metall)
2. aus gleichem oder verschiedenem flexiblem Material (z.B. Leinen-Leinen, Leinen-Leder)
3. aus gleichem oder verschiedenem flüssigem Material (z.B. Wasserfarbe-Wasserfarbe, Wasserfarbe-Ölfarbe)
4. aus gleichem oder verschiedenem gasförmigem Material

Zu verbinden sind 2 und mehr Elemente
1. aus starrem und flexiblem Material (z.B. Holzstange-Leinentuch)
2. aus starrem und flüssigem Material (z.B. Metall-Lack)
3. aus flexiblem und flüssigem Material (z.B. Leinen-Ölfarbe)

Siehe dazu zeichnerische Darstellungen von Elementen, die miteinander zu verbinden sind (Rohrklemme usw.)
Explosionsdarstellungen in mehreren Phasen mit Verschraubung

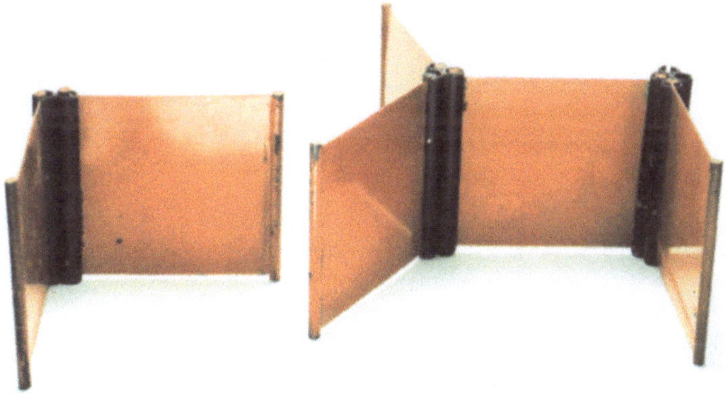

Abb. 5.75 *Verbindung von zwei, drei und vier Flächen mit entsprechenden Verbindungselementen*

Zu den Grafiken 5.14 und 5.15: Die einzelnen Verbindungsstellen können wie folgt beschrieben werden: In Situation 1 sind zwei Stäbe (linienhafte Elemente) an ihren gesamten Kanten zu verbinden, in der mittleren Ebene sind diese beiden Elemente jeweils mit halber Kantenlänge zu verbinden, während sie in der unteren Position jeweils punktförmig am Stabende bzw. Stabanfang zu verbinden sind. In der mittleren Spalte kommt es zu punktförmigen Verbindungen im rechten Winkel, daneben in einem Winkel von 45°, während in der vierten Spalte zwei lineare Elemente jeweils in der Stabmitte zu verbinden sind. Damit sind die wesentlichen Positionen und Zuordnungen beschrieben. Alle anderen Zuordnungen stellen Modifizierungen dieser Situationen dar. Bei den flächenhaften Elementen werden ebenfalls die grundsätzlichen Zuordnungen herausgearbeitet. Sie zeigen punkthafte und linienhafte Zuordnungen, sieht man davon ab, dass Flächen übereinander bzw. hintereinander zu verbinden sind (z.B. das Aufkleben von Zeichnungen auf Karton, das Beschichten von Wänden usw., siehe dazu auch die Studien zur Kombination in Teil 4).

Abb. 5.76 *Verbindung von vier plastischen Elementen durch ein Verbindungselement*

5.2.2.4
Die Verbindungsstelle der einzelnen Elemente

Die konstruktive Zuordnung der einzelnen Elemente ist bestimmend für die Festlegung der jeweiligen Verbindungsstellen. Sind mehrere lineare Elemente aus einem weniger starren Material so zu verbinden, dass damit eine längere Stütze entsteht, so wird man sich überlegen, ob man die jeweiligen Elemente nur am Ende miteinander verbindet oder teilweise nebeneinander liegend, um dadurch die Festigkeit zu erhöhen.

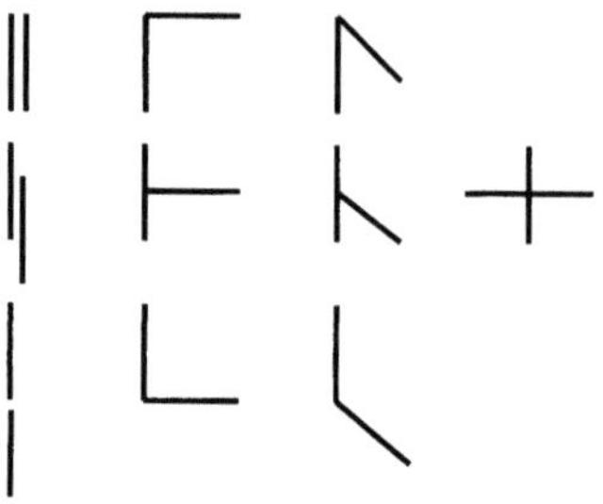

Grafik 5.14 *Verbindungsstellen linearer Elemente*

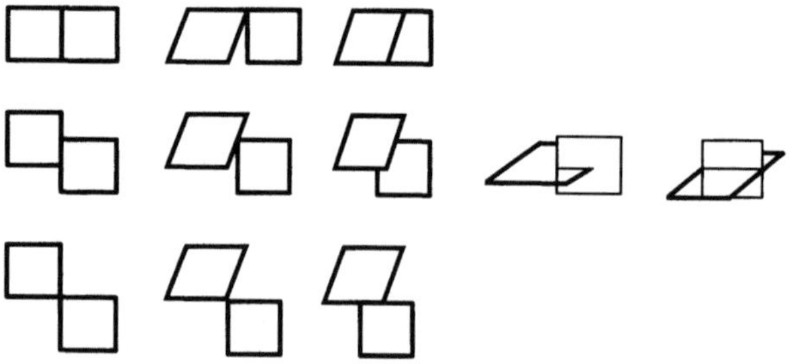

Grafik 5.15 *Verbindungsstellen flächenhafter Elemente*

Die Verbindungsstellen plastisch-raumhafter Elemente werden analog zu den flächenhaften Elementen vorgegeben.

5.2.2.5
Die Anzahl der zu verbindenden Elemente an einer Stelle

Auch die Anzahl der zu verbindenden Elemente, die sich an einer Stelle treffen sollen, bestimmt die Art der Verbindung. So stellt die Verbindung von zwei linearen Elementen in einem Punkt andere Anforderungen als die Verbindung von drei und mehr Elementen, die sich an einem Punkt treffen sollen.

5.2.2.6
Die Dauer der Verbindung

Nicht immer werden Verbindungen gebraucht, die „unlösbar" sind. Oftmals werden für einen schnellen Auf- und Abbau von Gebilden (z.B. von Zelten auf einer Wanderung) oder beim Auf- und Zudecken einer Schachtel Verbindungsmöglichkeiten gesucht, die einen leichten und schnellen Wechsel ermöglichen.

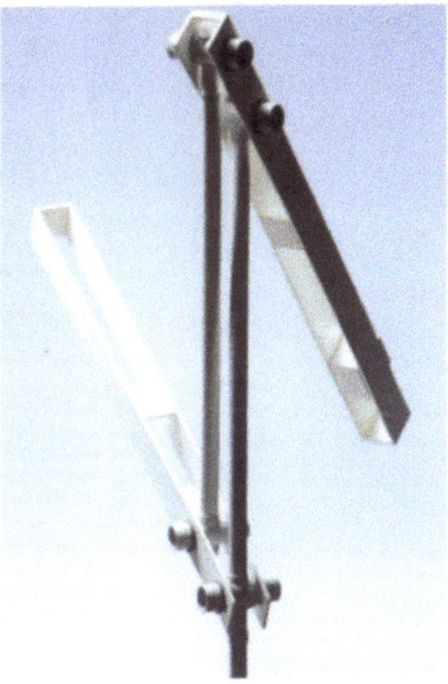

Abb. 5.77 Bewegliche Verbindung von zwei Elementen an einem linearen Träger

5.2.2.7
Starr und beweglich miteinander zu verbindende Elemente

Die Funktionalität bestimmter Gebilde macht es notwendig, die einzelnen Teile so miteinander zu verbinden, dass sie in ihrer Zuordnung unbeweglich und starr bestehen bleiben. Von einer Treppe wird verlangt, dass die einzelnen Stufen unverrückbar an ihrem Ort bleiben.

Daneben ist eine Tür nur dann sinnvoll, wenn sie sich öffnen und schließen lässt. Eine bewegliche Verbindung ist notwendig.

5.2.2.8
Die Bearbeitung der zu verbindenden Elemente

Will man zwei Holzplatten miteinander verbinden, so kann man dies sehr leicht mit einem Nagel erreichen. Damit werden aber die zu verbindenden Teile verletzt. Sie können so für eine andere Verwendung unbrauchbar werden.

Bei der Verbindung von Elementen sollte deshalb auch bedacht werden, inwieweit eine Verletzung der zu verbindenden Teile vertretbar ist. Tendenziell wird man sicher bemüht sein, Verbindungen zu schaffen, bei denen die zum Einsatz kommenden Elemente weitgehend oder ganz unverletzt bleiben.

- Zu Verletzungen kommt es z.B. durch Vernageln, Verschrauben, durch Verschweißen, durch Einschneiden, Einritzen, Anbohren. Zu geringen Verletzungen kommt es durch Verkleben.
- Geringe bzw. keine Verletzungen entstehen durch die Verwendung zusätzlicher Verbindungselemente.

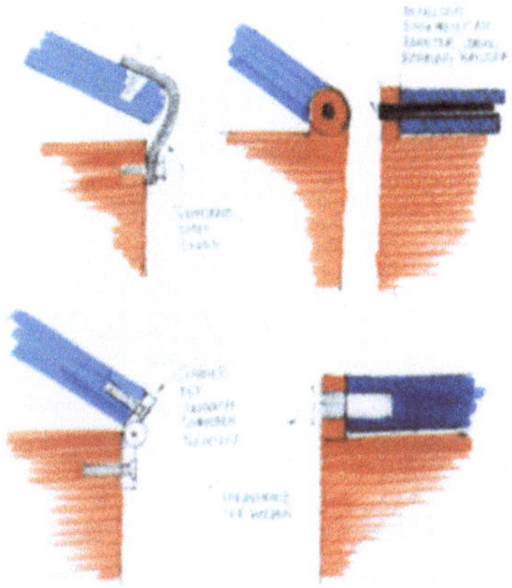

Abb. 5.78 Versuche zur Verbindung von Deckel und Behältnis

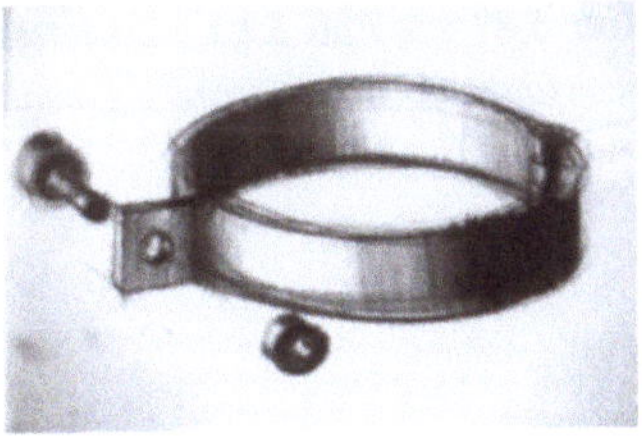

Abb. 5.79 Verbindungselement

5.3
Studien

5.3.1
Theoretische Studien

- Untersuchung, Betrachtung und Zusammenstellung vorhandener Verbindungen entsprechend ihrer Form, ihrer Verbindungspunkte, ihren Zuordnungen usw. Versuchen Sie diese nach den genannten Kriterien zu strukturieren.
- Veränderungen der Funktionalität durch Veränderungen der Materialeigenschaften der miteinander verbundenen Elemente.
- Darstellung von Verbindungen im gesellschaftlichen Bereich. Zeigen Sie die Notwendigkeit von Verbindungen für die Funktionsfähigkeit einer Gesellschaft.

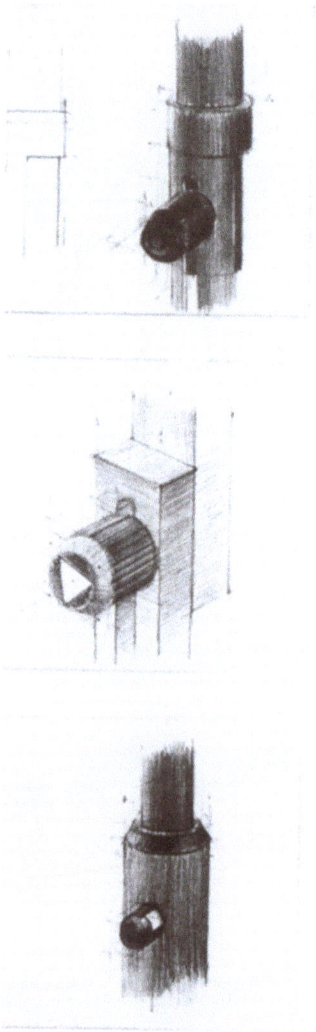

Abb. 5.80 *Zeichnerische Studien zur Darstellung von Verbindungsmöglichkeiten*

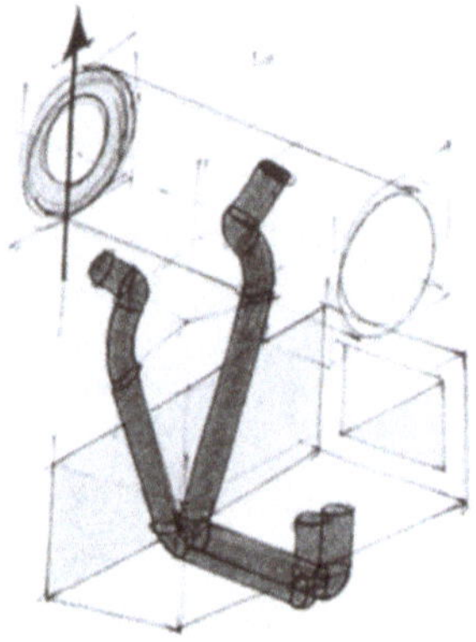

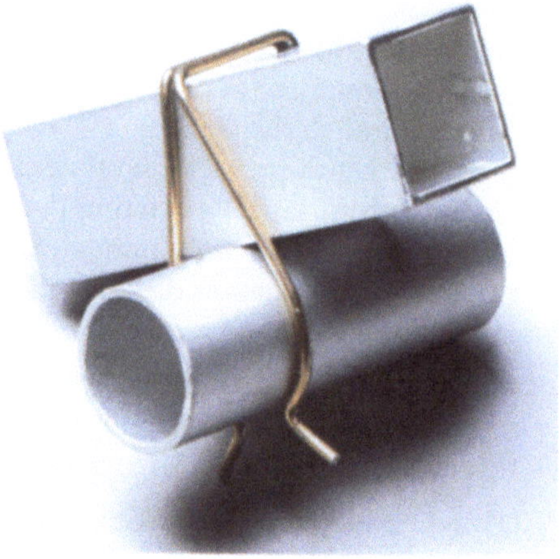

Abb. 5.81 und Abb. 5.82 *Zeichnerische Studie einer leicht lösbaren Verbindung von zwei unterschiedlich linearen Elementen und Modell*

5.3.2
Praktische Studien

- Entwicklung einer Verbindung

Aufgreifen unterschiedlicher Situationen, wie sie in der konkreten Praxis anzutreffen sind (z.B. Aufbau einer leicht auf- und abbaubaren Stellwand).

- Suchen Sie nach einer Lösung zur Verbindung von zwei linearen und einem flächigen Element.

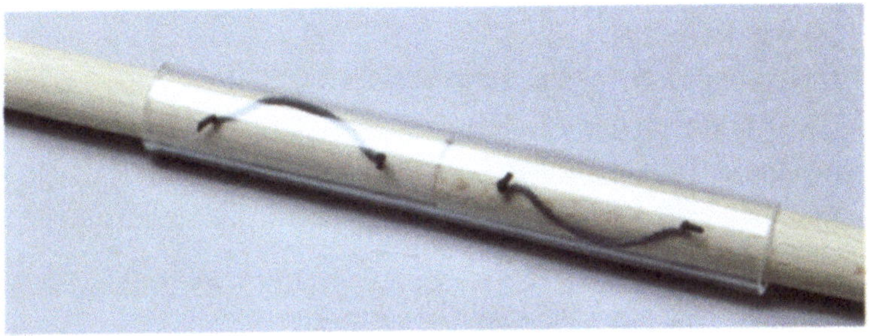

Abb. 5.83 Die Verbindung zweier linearer Elemente

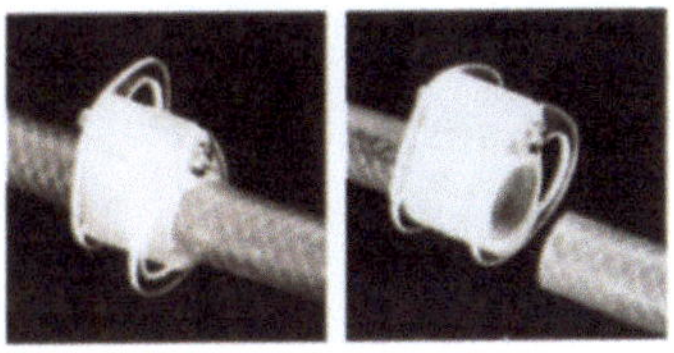

Abb. 5.84 und Abb. 5.85 Verbindung zweier linearer flexibler Elemente: Schlauchverbindung

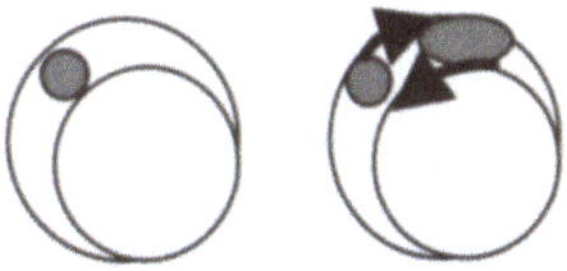

Grafik 5.16 Funktionsweise: Durch Drehen der beiden Stäbe in verschiedene Richtungen presst der innenliegende Gummi die beiden Stäbe an das Außenrohr.

- Suchen Sie eine Lösung, um Flächen flexibel miteinander verbinden zu können.

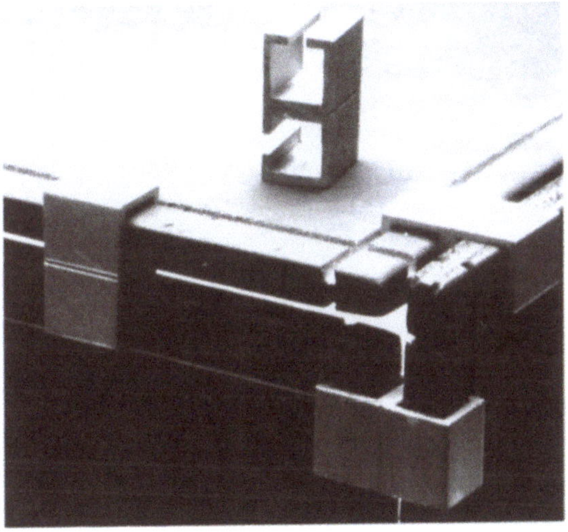

Abb. 5.86 Die Verbindung von Flächen durch ein Verbindungselement: Teile aus einem Alu-Profil-Stab werden miteinander kombiniert

5.4 Die Anwendung grundlegender Erfahrungen zur Lösung einer konkreten Aufgabe

Die konkrete Aufgabe:

Auswahl eines Teilbereiches aus dem zu entwerfenden konkreten Gebilde (z.B. Verbindung, Verschlussteil mit Deckel für eine Brotdose).
Welchen konkreten Anforderungen muss die Verbindung genügen?

Vorgehensweise:

- Erstellung eines Ausrichtungsmodells
- Die Umsetzung der Vorgaben

Entwicklung einer beweglichen Verbindung zweier plastisch-raumhafter Teile bestimmter Größe. Die Form der beiden Teile ist einmal eckig, einmal rund.

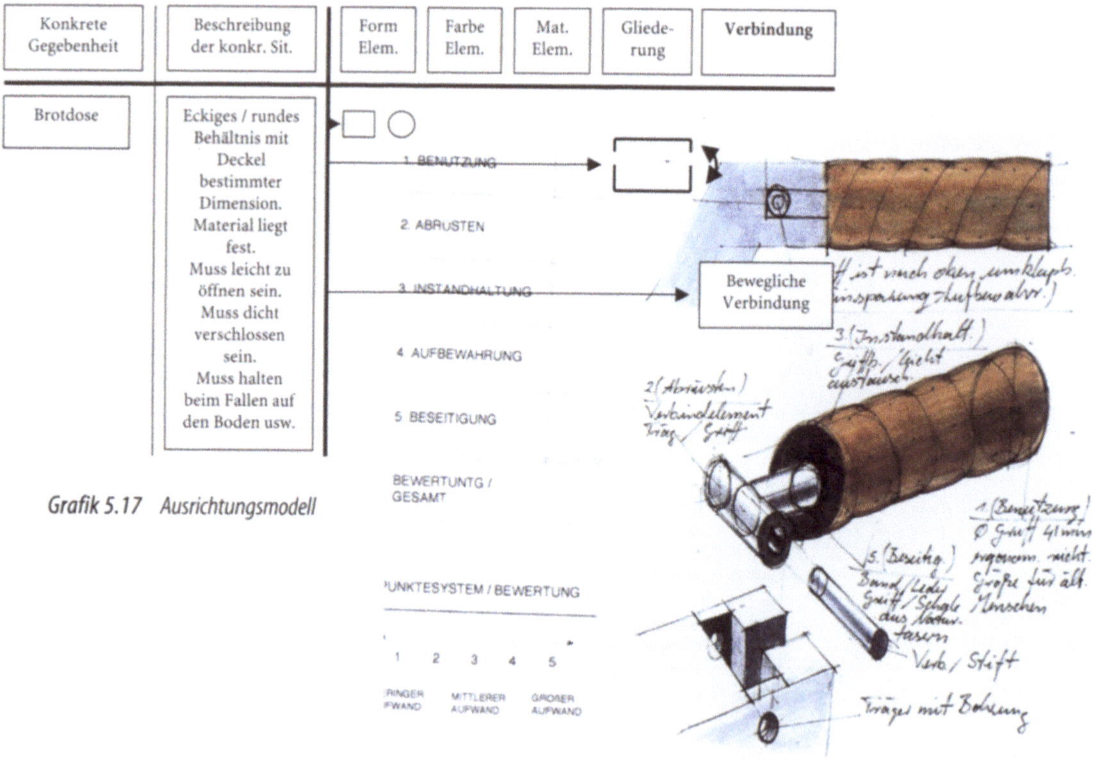

Grafik 5.17 Ausrichtungsmodell

Abb. 5.87 Die Klärung einer Verbindung im Detail

▪ Die Entwicklung von Funktionsmodellen

Funktionsmodelle sollen belegen, dass etwas tatsächlich auch technisch funktioniert. Die Beschäftigung mit dieser Aufgabe dient dem Ziel, durch Probieren und Experimentieren Erfahrungen zu sammeln, wie etwas Funktionsfähiges realisiert werden kann. Die äußere Form und die Art der Ausarbeitung spielen dabei eine untergeordnete Rolle.

– Beispiel1:
Eine Hängeleuchte soll in ihrer Höhe verstellbar sein und dabei ihre jeweilige Position ohne zusätzliche Feststeller (z.B. Klemmvorrichtung, usw.) behalten.

Lösung:
Durch Einbau einer Zugvorrichtung und deren Verbindung mit einem Gegengewicht (siehe: äußerer Ring mit Heftklammern als Zusatzgewicht) kann das vorgegebene Ziel technisch bewältigt werden.

– Beispiel 2:
Bei einer beweglichen Lampe ist eine störungsfreie Energiezufuhr zu sichern.

Lösung:
Durch Verwendung zweier ineinander passenden Röhren, die mit einer Aussparung versehen sind, kann die Richtung der Lampe verändert werden ohne das Kabel zu beschädigen.

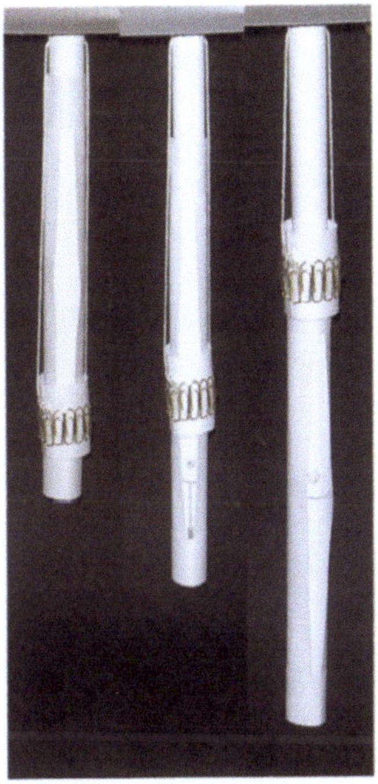

Abb. 5.88 Funktionsmodell
Drei Positionen einer selbststabilisierenden Hängelampe

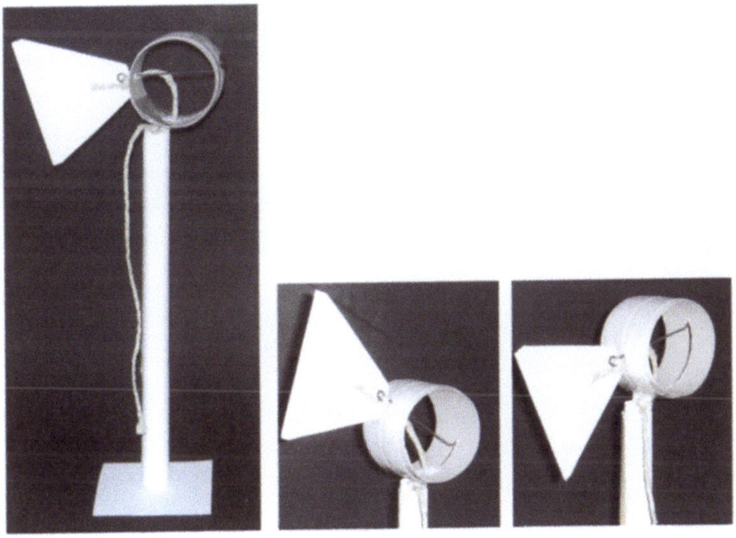

Abb. 5.89 Funktionsmodell: störungsfreie Energiezufuhr

– Beispiel 3:
Ein Warentransportwagen ist so zu konstruieren, dass er in beengten Wohnverhältnissen aufbewahrt werden kann.

Lösung:
Durch Einbau beweglicher Verbindungen entsteht ein zusammenklappbares Trägerteil.

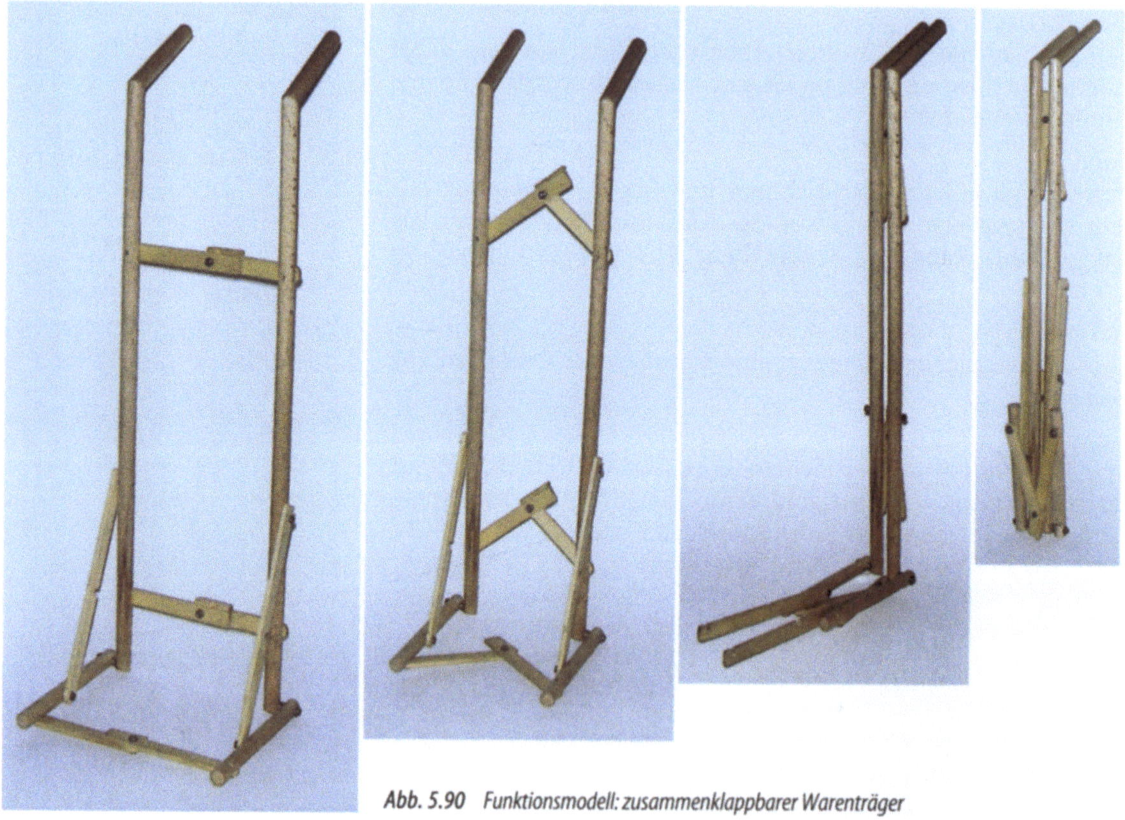

Abb. 5.90 Funktionsmodell: zusammenklappbarer Warenträger

Teil 6
Die Wahrnehmung

Nachdem Designer/-innen für die Lösung eines Problems ein technisch funktionierendes Produkt entwickelt und realisiert haben, wird es den anvisierten Kunden präsentiert.

Das Verhalten des Menschen gegenüber Produkten ist jedoch abhängig von der Verständlichkeit dieser Dinge. Das Verstehen und die Bewertung der äußeren Gestalt eines Produktes setzen allerdings dessen Wahrnehmbarkeit durch den Menschen voraus. Diese kann aus verschiedensten Gründen beeinträchtigt sein, was zu Missdeutungen, und davon abhängig, zu einem Fehlverhalten mit mehr oder weniger für den einzelnen Menschen gefährdenden Folgen führen kann.

Mit der Wahrnehmungsfähigkeit des Menschen und der Wahrnehmbarkeit von Umsetzungen wird ein sehr komplexer Sachverhalt angegangen. Vieles entzieht sich einer exakten Zuordnung, vieles ist noch ungeklärt, vieles wird gegensätzlich diskutiert.

Ziel der folgenden Ausführungen ist es, wesentliche, mit der Wahrnehmung von Umsetzung verbundene Aspekte aufzuzeigen und zu strukturieren, um so die Grundlagen zu schaffen für die Planung und Entwicklung möglichst gut wahrnehmbarer Umsetzungen.

Siehe dazu die verschiedenen Ausführungen und Veröffentlichungen zur Wahrnehmungstheorie bzw. zur Wahrnehmungspsychologie z.B.
David Katz: Gestaltpsychologie. Schwabe und Co. Verlag, Basel, Stuttgart 1969.
E. Bruce Goldstein: Wahrnehmungspsychologie. Eine Einführung. Spektrum Akademischer Verlag, Heidelberg, Berlin, Oxford 1997.
Rudolf Arnheim: Anschauliches Denken. DuMont-Verlag, Köln 1972.
Prof. Dr. Horst O. Mayer: Einführung in die Wahrnehmungs-, Lern- und Werbepsychologie. Oldenbourg-Verlag, München, Wien 2000.

Kapitel 1 beinhaltet eine Darstellung der verschiedenen Wahrnehmungsmöglichkeiten des Menschen und deren Grenzen. Auf einige Ergebnisse der Wahrnehmungspsychologie (z.B. die Präferenz wahrgenommener Figuren aufgrund der physischen und psychischen Konstitution des Menschen) wird eingegangen.

In Kapitel 2 wird der Versuch unternommen, den Wahrnehmungsprozess etwas genauer zu strukturieren. Die Möglichkeit, die einzelnen Gestaltgesetze in diesen Prozess zu integrieren, wird andiskutiert. Ebenso werden verschiedene Wahrnehmungstäuschungen vorgestellt.

Anschließend folgt im dritten Kapitel eine Darstellung der Parameter, die die Wahrnehmbarkeit einer Umsetzung mindern können. Es werden Lösungsmöglichkeiten zur Kompensation verschiedener Defizite aufgezeigt.

Da die Wahrnehmungsarbeit von physischen Organen geleistet wird, werden in Kapitel 4 die Arbeitsbedingungen des Menschen und deren Auswirkungen auf die Wahrnehmung beleuchtet.

Abb. 6.1 *Minimaldifferenzen bei der Wahrnehmung*

1 Die Wahrnehmung des Menschen

Eine von Designer/-innen geplante und entwickelte Äußerung kommt zu einem Empfänger. Der Empfänger muss sich entscheiden, wie er sich diesem Gebilde gegenüber verhalten soll. Er wird versuchen, das, was er wahrnimmt, zu dekodieren.

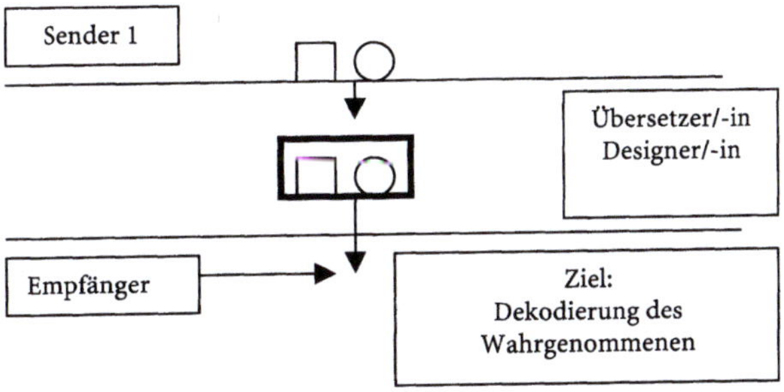

Grafik 6.1 *Die Wahrnehmung der äußeren Form*

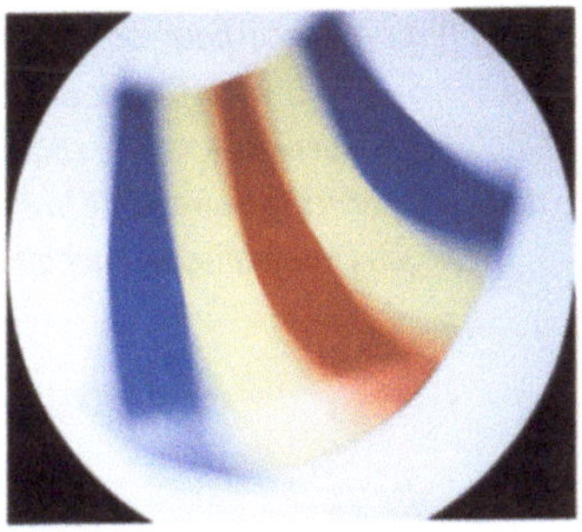

Abb. 6.2 *Die visuelle Wahrnehmung mehr oder weniger klar begrenzter Objekte*

Voraussetzung für eine intensivere Auseinandersetzung mit einer Umsetzung, einer Formulierung oder Äußerung ist also, dass diese von einem Empfänger wahrgenommen wird.

Somit sind die Designer/-innen, die ja konkrete Umsetzungen planen und entwickeln, mit dieser Thematik besonders konfrontiert. Neben der Gesamtgestalt gilt es auch, deren Wahrnehmbarkeit zu beachten, vor allem der Teile, die z.B. für eine richtige Nutzung und Handhabung der Objektes wichtig sind. Falsches oder zu langsames Handeln aufgrund einer schlechten Wahrnehmung kann schlimme Folgen für den einzelnen Menschen haben.

Wir stellen fest, dass wir Menschen Dinge auf verschiedenen Wegen wahrnehmen können. Wir können Dinge sehen, wir können Dinge mit den Händen anfassen usw. Wir müssen aber auch feststellen, dass wir uns manchmal täuschen lassen von dem, was wir gerade wahrgenommen haben. Wir müssen oftmals zugeben,

Abb. 6.3 Die Ausgangsfigur von Abb. 6.2: Drei farbige Balken. In Abb. 6.2 werden diese farbigen Balken um ihre Mittelachse gedreht und in ihrer Bewegung fotografisch festgehalten.

dass wir das eine oder das andere einfach „übersehen" haben, weil es uns nicht so interessant erschien.

Die Wahrnehmung bzw. die Wahrnehmbarkeit der Dinge zeigt viele Facetten und muss von verschiedenen Seiten betrachtet werden.

1.1 Verallgemeinerung der Fragestellung

Welche Möglichkeiten gibt es für den Menschen, Äußerungen wahrzunehmen?

1.2 Darstellung grundlegender Aspekte

1.2.1 Die Sinneswahrnehmung

Der Begriff „Sinnesorgan" stammt nicht aus der Biologie, sondern aus der Psychologie. Die Reizung eines Sinnesorgans führt direkt zu einem psychisch bewussten Erlebnis. Sinnesempfindungen berücksichtigen daher nicht den gesamten Umfang der Rezeptionsfunktionen.

Die bisherige Einteilung der Sinnesfunktionen in fünf Kategorien ist durch neuere Forschungen auf dem Gebiet der Sinnesphysiologie und der Anatomie der Sinnesorgane überholt. Es gibt demnach mehr als fünf Sinnesfunktionen und mit ihnen in Zusammenhang stehende Typen von Sinnesorganen. Nach der Art der auf die Sinnesorgane einwirkenden und ihre Erregung hervorrufenden Energieform (mechanische, thermische, chemische, strahlende Energie) kann man vier Gruppen von Sinnen unterscheiden, die auch als Modalitäten bezeichnet werden.

Es handelt sich dabei um:

- die mechanischen Sinne (Tastsinn, Strömungs- und Drehsinn, Schwere- und Gleichgewichtssinn, Gehörsinn),
- den Temperatursinn,
- die chemischen Sinne (Geruchs- und Geschmackssinn) und
- den Lichtsinn.

Hinzu kommt noch der Schmerzsinn, der eine Sonderstellung einnimmt.

Die einzelnen Sinne setzen sich zum Teil aus unterschiedlichen Rezeptoren zusammen. Dem Menschen stehen dafür folgende Rezeptoren zur Verfügung:

- Lichtrezeptoren
- Schallrezeptoren
- Berührungsrezeptoren
- Druck-, Zug- und Spannungsrezeptoren
- Bewegungs- und Lageveränderungsrezeptoren
- Geruchsrezeptoren
- Geschmacksrezeptoren
- Wärme- und Kälterezeptoren

Biologisch unterscheidet man zwischen allgemeinen und speziellen Sinnesorganen. Bei den allgemeinen Sinnesorganen sind die Rezeptoren über den Körper verteilt (z.B. Berührungs- oder Tastsinn). Bei den speziellen Sinnesorganen sind sie in einen bestimmten Gewebeapparat eingebaut (z.B. Auge, Ohr).

Diese Rezeptoren hat man wiederum in fünf Gruppen eingeteilt:

- Tangorezeptoren
- Statorezeptoren
- Thermorezeptoren
- Chemorezeptoren
- Fotorezeptoren

1.2.2 Der Vorgang der Wahrnehmung

Die Reize werden durch die Rezeptoren in Elementarerregungen (Nervenerregungen), das heißt in chemische und elektrische Vorgänge, übersetzt, die längs der Nervenfasern weiterlaufen. Diese funktionieren nach dem „Alles-oder-Nichts"-Prinzip. Sie können somit eine Elementarerregung weiterleiten oder nicht. Eine erhöhte Reizintensität steigert lediglich die Frequenz der Elementarteilchen. Wenn es dennoch zu unterschiedlichen Empfindungen kommt, so deshalb, weil die Nervenfasern eines bestimmten Sinnesorgans ihre Impulse in ein jeweils unterschiedliches Sinnesgebiet des Gehirns weiterleiten. Ein Sinnessystem setzt sich somit zusammen aus:

- dem Sinnesorgan (mit seinen Rezeptoren),
- dem Sinnesnerv und
- dem entsprechenden Gehirnzentrum.

Allgemein kann man sagen: Die Stärke und die Dauer eines Reizes müssen einen bestimmten Wert erreichen, bevor sie wahrgenommen werden. Sie müssen eine Reizschwelle der Sinneszelle überschreiten. Diese Reizschwelle ist unterschiedlich hoch und in bestimmtem Ausmaß verschiebbar.

Weiter ist zu sagen, dass die Dauer eines Reizes nicht identisch ist mit der Dauer der Empfindung. Eine Empfindung klingt z.B. mehr oder weniger langsam ab, was bewirkt, dass z.B. kurz aufeinanderfolgende Lichtblitze miteinander verschmelzen (z.B. Film-, Bildfrequenz / sek. oder das Phänomen des Nachbildes).

1.2.3 Der Lichtsinn

Der Lichtsinn ist das Vermögen, auf elektromagnetische Schwingungen bestimmter Wellenlängen zu reagieren.

Durch die Augenlinse wird ein umgekehrtes, verkleinertes Bild des betrachteten Gegenstandes auf die Netzhaut projiziert. Durch die auftreffende Lichtenergie werden die Rezeptoren der Netzhaut erregt. Diese geben die Erregung an die großen Nervenzellen der Netzhaut weiter, deren Fasern – sie bilden zusammen den Sehnerv – diese zum Gehirn leiten. Dort wird sie verarbeitet.

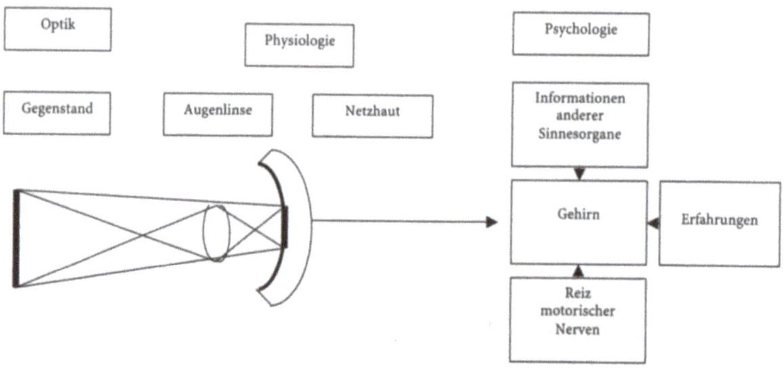

Grafik 6.2 Der physiologische und der psychologische Aspekt einer Wahrnehmung

1.2.3.1 Das Auge

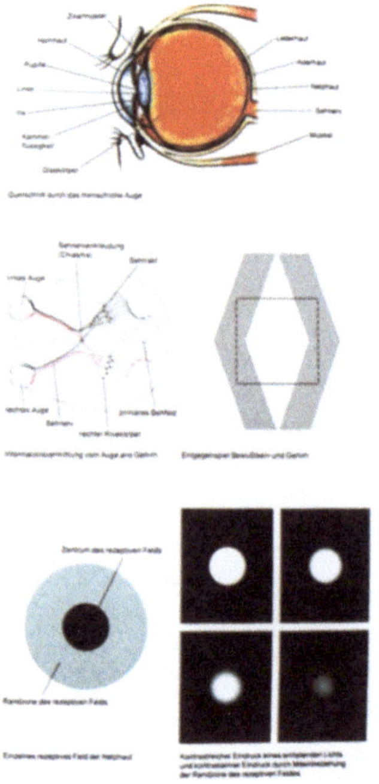

Abb. 6.4 Ausschnitt aus einer theoretischen Studie

Die Netzhaut enthält etwa 130 Mill. Sehzellen: Die Stäbchen sind sehr empfindlich für die Quantität des Lichtes, was zu Helligkeitseindrücken führt. Die Zapfen sind empfindlich für die Qualität des Lichtes. Sie benötigen eine höhere Lichtintensität als die Stäbchen. Sie sind für die Farbempfindung zuständig.

An der Stelle des deutlichsten Sehens, in der Zentralgrube, sind ausschließlich Zapfen vorhanden, während nach außen die Stäbchen zunehmen. Deshalb nimmt die Farbtüchtigkeit nach außen hin ab. Die Peripherie ist farbenblind. Bei sehr guter Helligkeit sehen wir (hauptsächlich mit der Sehgrube) farbig. Bei sehr geringem Licht sehen wir nur mit der Peripherie die einzelnen Helligkeitswerte.

1.2.3.2
Das Spektrum wahrnehmbarer elektromagnetischer Wellen

Wir Menschen können aus dem gesamten Spektrum elektromagnetischer Wellen nur einen ganz eng begrenzten Bereich überhaupt wahrnehmen. Nur Licht von etwa 400 nm (Violett) bis 750 nm (Rot), also der Bereich zwischen dem kurzwelligen Ultraviolett und dem langwelligen Infrarot, ist für uns über das Auge sichtbar.

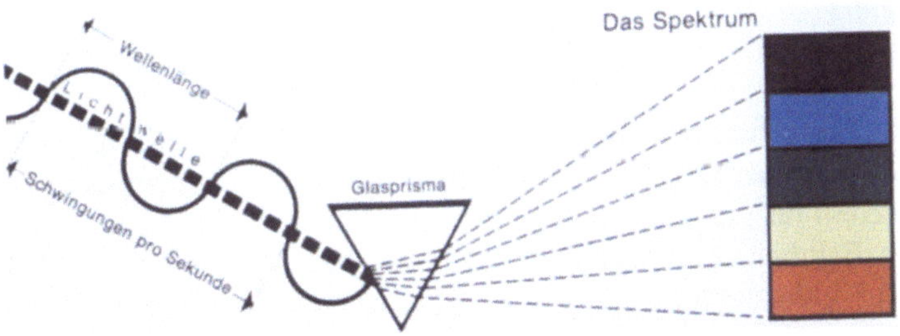

Abb. 6.5 Das Spektrum visuell wahrnehmbarer Wellen

1.2.4
Die mechanischen Sinne

1.2.4.1
Der Gehörsinn

Siehe dazu Teil 4, Kapitel 3.2.2

Die tonfrequenten Druckschwankungen der Luft versetzen das Trommelfell in Schwingungen, die über die Gehörknöchelchen unter Druckverstärkung auf das „ovale Fenster" des Vorhofes übertragen werden. Die dadurch mitschwingende Perilymphe setzt den häutigen Schneckengang in Bewegung, in dem das eigentlich reizaufnehmende Hörorgan, das „Cortische Organ", sitzt. Hier geben die Hörzellen (16.000–20.000) einen physio-chemischen Reiz an die Hörnerven weiter, die ihn zum Gehirn leiten.

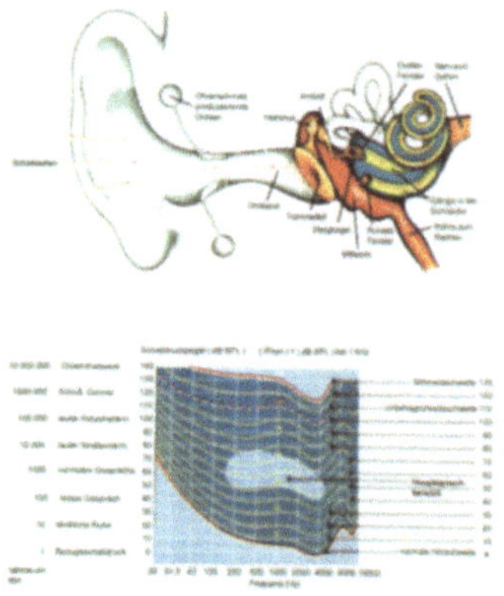

Abb. 6.6 Ausschnitt aus einer theoretischen Studie zum Thema „Hören"

Der Schall hat eine sinnenphysiologische und physikalische Bedeutung. Die Lautstärke sowie die Tonhöhe des Schalls sind rein subjektive Merkmale.

1.2.4.2
Der Lage- und Bewegungssinn

Er steht anatomisch mit dem Gehörsinn in Verbindung. Er besteht im Wesentlichen aus drei mit Gallertmasse ausgefüllten Bogengängen, welche in drei verschiedenen Ebenen rechtwinklig aufeinander stehen. Durch die Bewegung des Kopfes werden infolge der Massenträgheit der Flüssigkeit Sinneshärchen mechanisch beeinflusst und gereizt. Dadurch bekommen wir im Gehirn eine Vorstellung von der Haltung unseres Körpers und hier insbesondere von der Haltung unseres Kopfes.

1.2.4.3
Der Tastsinn

Siehe dazu Teil 4, Kapitel 2.2.3.2

Ein Tastgefühl wird hauptsächlich durch feinste Druckempfindungen von Tastkörperchen vermittelt, die durch Kompression erregt werden (es gibt ca. 600.000 Druckpunkte verschiedenster Art). Für die Feinheit des Tastsinnes ist maßgebend, in welchem Abstand zwei gleichzeitig aufgesetzte Zirkelspitzen als getrennte Berührungsreize empfunden werden. Die Dichte der Tastkörperchen ist in der Haut der Handflächen (und hier in den Fingerspitzen) und auf den Fußsohlen am größten. Der Tastsinn steht in engem Zusammenhang mit dem Muskel- oder Kraftsinn.

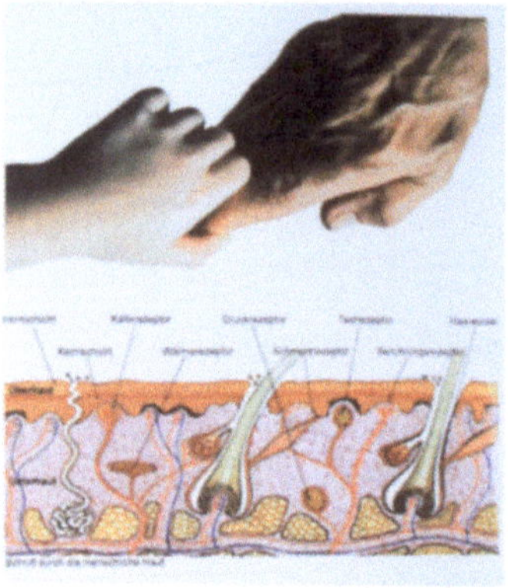

Abb. 6.7 Ausschnitt aus einer theoretischen Studie zum Thema: „haptische Wahrnehmung"

1.2.4.4
Der Muskel- oder Kraftsinn

Freie Nervenendigungen und Tastkörperchen in den Muskeln, Sehnen und Bändern in der Umgebung der Gelenke, in der Knochenhaut und im Bindegewebe sprechen aufgrund von Bewegungen auf Druck- und Spannungsunterschiede an. Der Muskelsinn gibt dem Gehirn also Informationen über die Tatsache und den Grad der Bewegung der Gliedmaßen. Tastsinn und Muskelsinn vermitteln also zusätzliche Vorstellungen von der Form von Gegenständen, der Beschaffenheit der Stoffe und von Oberflächenmerkmalen und leisten einen wichtigen Beitrag beim Aufbau einer Raumvorstellung.

1.2.5 Die chemischen Sinne

1.2.5.1 Der Geruchssinn

Stoffe, die den Geruchssinn erregen, müssen verdampfbar und wasserlöslich sein, denn sie gelangen gasförmig an die Riechschleimhaut, werden dort in der Flüssigkeit der Drüsen gelöst und erregen die Riechzellen. Die primäre Reizwirkung ist allerdings bis heute ungeklärt. Auch ist unklar, warum manche Stoffe stärker, andere gar nicht riechen. Dabei genügen schon geringste Mengen riechbarer Substanzen, um wahrgenommen zu werden. Trotz der geringen Größe der Riechschleimhaut ist die Schärfe des Geruchssinns beim Menschen noch so groß, dass er an Leistungsfähigkeit die feinsten chemischen Reagenzien weit übertrifft. Geruchsempfindungen führen beim Menschen weniger zu direkten Empfindungen; sie wecken meist Erinnerungen.

1.2.5.2 Der Geschmackssinn

Geschmacksempfindungen werden vom Menschen vor allem durch die Zunge und im geringeren Maße durch den Gaumen vermittelt. Von den Geschmacksorganen der Mundhöhle werden nur die vier Qualitäten: süß, sauer, bitter und salzig wahrgenommen, deren Rezeptoren in bestimmten Zungenbereichen konzentriert sind. Ihre Erregung wird zum Gehirn geleitet und kommt dort als Geschmacksempfindung zum Bewusstsein.

1.2.5.3 Der Temperatursinn

Die Wärme- und Kälteempfindungen geben keine absoluten Werte wie ein Thermometer, sondern nur Temperaturunterschiede und Temperaturänderungen wieder. Sie sind dabei abhängig von der Fläche der erwärmten bzw. abgekühlten Haut und der Wärmeleitgeschwindigkeit des berührten Gegenstandes.

1.2.6
Die Grenzen der Wahrnehmbarkeit

1.2.6.1
Die Filtereigenschaften der Sinnesorgane

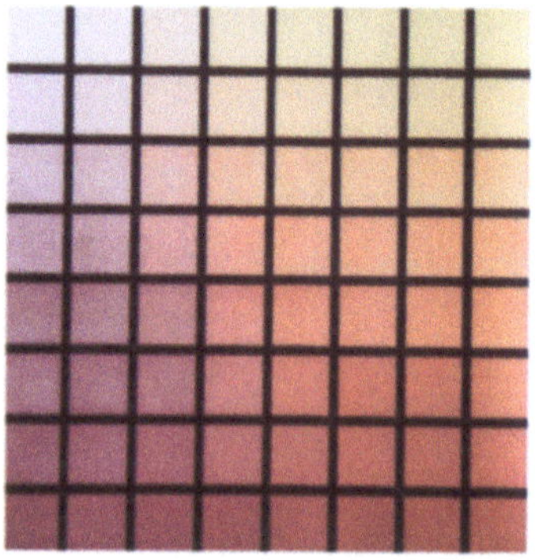

Abb. 6.8 *Die Grenze der Unterscheidbarkeit unterschiedlicher Farbtöne*

Die Anzahl äußerer Reize, die in jedem Augenblick auf ein Individuum einwirkt, ist riesig. Deshalb müssen die relevanten Signale von den irrelevanten getrennt werden. Zum einen haben unsere Sinnesorgane a priori Filtereigenschaften, denn sie sprechen nur auf jene physikalischen oder chemischen Reize an, die für ein Sinnesorgan spezifisch sind. Auch bezüglich der Intensität sind unsere Sinnesorgane Filter.

- Sie haben eine untere Grenze: die Reizschwelle.
- Und sie haben eine obere Grenze: die Schmerzschwelle.

Weiterhin haben unsere Sinnesorgane Filtereigenschaften, die aus der Mannigfaltigkeit und Wechselhaftigkeit der gegebenen Wirklichkeit vornehmlich die stets wiederkehrenden und gleich bleibenden Züge festhalten und betonen. Hierfür spricht ein Vergleich zwischen den Informationsflüssen, die unsere Sinnesorgane aufnehmen, und dem Informationsfluss unseres Bewusstseins. Die folgende Tabelle kann davon einen Eindruck vermitteln:

Sensorischer Eingang		Zentralnerven System		Bewusster Ausgang	
	Rezeptoren	Nervenfasern	Kanalkapazität		
Augen	$2x10^8$	$2x10^6$	$5x10^7$ bit/ sek	10^{10} Neuronen	Kanalkapazität: 16–160 bit/sek
Ohren	$3x10^4$	$2x10^4$	$4x10^4$ bit/sek		
Druck	$5x10^5$	10^4			
Schmerz	$3x10^6$				
Wärme	10^4	10^6			
Kälte	10^5				
Geruch	10^7	$2x10^3$			
Geschmack	10^7	$2x10^3$			

Grafik 6.3 *Die Abnahme wahrgenommener Informationen im Verlauf des Wahrnehmungsprozesses*

Es wird deutlich, dass der Informationsfluss des Bewusstseins um vieles geringer ist als die von unseren Sinnesorganen aufgenommene Informationsmenge. Die aufgenommenen Informationen müssen also an irgendeiner Stelle reduziert werden, damit die relevanten Teile übrig bleiben.

Weiterhin spricht eine Fülle experimentellen Materials dafür, dass unsere Sinnesorgane als Wahrnehmungsfilter in der Art arbeiten, dass sie eine Invariantenbildung und damit eine Klassifizierung der eingegangenen Informationen vornehmen. Was vom Sinnesorgan zum Gehirn geleitet wird und nach einer Verarbeitung übrig bleibt, hat demnach bereits eine starke Informationsreduktion erfahren.

1.2.6.2
Der Einsatz technischer Sensoren zur Verbesserung der menschlichen Wahrnehmung

Die Menschen haben sehr schnell erfahren, dass ihnen bei der Wahrnehmung von Zuständen oder Ereignissen natürliche Grenzen gesetzt sind. In der Folge hat der Mensch für viele Bereiche Geräte und Maschinen entwickelt, die es ihm ermöglichen, Dinge wahrzunehmen, die ihm ansonsten verschlossen blieben.

1.2.7
Präferenzen bei der Wahrnehmung

Das Bestreben des Menschen, aus den eintreffenden Wahrnehmungsphänomenen diejenigen auszuwählen, die seinem Lebenserhalt dienlich sind, zeigt sich auch bei anderen Operationen.

Sucht man in einer Straße nach einer bestimmten Hausnummer, so richtet sich der Blick ständig auf die mehr oder weniger gut ablesbaren Hausnummern der nebeneinander stehenden Häuser. Die Form der einzelnen Häuser, deren Fassadengestaltung, Fensterbrüstungen, Tore und Eingangstüren werden, wenn überhaupt, nur am Rande wahrgenommen. Die Wahrnehmung kann somit offensichtlich ganz bewusst gesteuert werden. Man kann festlegen, was man vorrangig wahrnehmen will und was weniger beachtenswert und damit für die Wahrnehmung zweitrangig sein soll.

Man spricht in dem Zusammenhang auch von aktiver und passiver Wahrnehmung.

Dem stehen andere Erfahrungen gegenüber: Werden wir mit bestimmten Darstellungen, konkreten Objekten oder Umsetzungen konfrontiert, richtet sich unser Blick bzw. unsere akustische und haptische Wahrnehmung auf bestimmte Darstellungen, Teile von Darstellungen, Figuren und Merkmale von Umsetzungen, ohne dass wir steuernd oder lenkend eingreifen können.

Neben dem bewussten Steuern der Wahrnehmung kommt es offensichtlich auch zu einem Gesteuert-werden bei der Wahrnehmung.

Z.B. in einer Gruppe junger Männer befindet sich jemand mit langen oder ganz kurzen Haaren und ausgefallener Kleidung.

Maßgebende Faktoren für diese Wahrnehmungspräferenzen sind:

Die Konsequenzen für eine gut wahrnehmbare Umsetzung müssten demnach sein: Steigerung der Kontraste innerhalb der eigenen Gestaltung, aber auch gegenüber anderen Umsetzungen

Abb. 6.9 Zwei Beispiele für die unterschiedliche Wahrnehmbarkeit. Obere Reihe: Rot und Grün liegen zwar im Farbkreis einander gegenüber. Sie haben aber die gleiche Helligkeit. Violett und Gelb liegen im Farbkreis einander gegenüber. Sie haben aber darüber hinaus deutlich unterschiedliche eigene Helligkeiten. Die jeweils unten liegenden Schwarz-Weiß-Felder sollen diesen Sachverhalt demonstrieren.

Neben den genannten Erhaltungstrieben werden noch zwei wesentliche Gruppierungen aufgeführt: der Gesellschaftstrieb (Anerkennung in der Gesellschaft) und der Genusstrieb (Verwirklichung eigener Vorstellungen zum Leben).

Siehe dazu auch die Versuche in der Werbung, Wahrnehmungspräferenzen bei oder unter Nutzung des Sexualtriebes, des Hungerstillungstriebes, des Pflegetriebes, des Fluchttriebes für spezifische Ziele (z.B. eine Gefahrenminderung usw.) zu nutzen.

1.2.7.1 Die physischen Bedingungen der Wahrnehmung

Als Erstes muss natürlich der für eine Wahrnehmung grundlegende Faktor, der Grad der Unterschiedlichkeit eines Elementes von seiner Umgebung, genannt werden. Teile einer Äußerung, die sich deutlich von einer Umgebung abheben, werden eher wahrgenommen als andere Teile dieser Äußerung.

1.2.7.2 Die latenten Wünsche und Erwartungen des Empfängers

Physische Einstellungen sind maßgebend für die Vorgaben des menschlichen Bedarfes zur Sicherung des physisch-körperlichen Überlebens. Die physische Einstellung ist, wie bereits dargestellt, naturbedingt bzw. natürlich geworden. Somit sind auch die damit verbundenen Bedürfnisse natürlich bedingt. Der Bedarf, der sich aufgrund dieser körperlich-physischen Einstellung ergibt, beinhaltet vornehmlich den Erhaltungstrieb.

Hierzu gehören

- der Sexualtrieb (Sicherung der Nachkommenschaft),
- der Hungertrieb (Sicherung der Nahrung),
- der Pflegetrieb (Sicherung und Aufzucht der eigenen Nachkommen) und
- der Fluchttrieb (Sicherung des Lebens bei anstehenden Gefahren, Darstellungen mit dem Thema Angst).

Abb. 6.10 Wahrnehmungspräferenzen aufgrund der physischen Einstellung

Auch wenn die Wahrnehmung nicht immer bewusst gesteuert wird, richtet diese sich doch völlig unbewusst auf die mit den Trieben verbundenen Objekte.

Zu nennen sind hier Figuren, Darstellungen, Umsetzungen, die dem Erhaltungstrieb oder dem Sexualtrieb zuzuordnen sind, z.B. die bevorzugte Wahrnehmung von freizügig gekleideten Figuren, die einen Hinweis auf Sexualität bieten.

Zu nennen sind hier weiterhin Darstellungen von Maßnahmen, die z.B. mit dem Fluchttrieb verbunden werden und der Sicherung des eigenen Lebens dienen. Gewollt werden Zustände, Dinge, die das Leben sichern. Gesucht werden Dinge, die das Leben gefährden, um sich möglichst schnell in Sicherheit bringen zu können. Die Wahrnehmung richtet sich auf alles, was gefährlich werden könnte.

1.2.7.3
Die verdrängten Wünsche und Erwartungen

Neben den latent vorhandenen Wünschen und Erwartungen stehen die verdrängten Erwartungen und Wünsche. Es sind Erwartungen und Wünsche, die vorhanden sind oder zu irgendeiner Zeit vorhanden waren und bislang nicht befriedigt wurden. Hierzu gehören vor allem unerreichbare Wünsche.

Siehe Darstellungen und Blickfänger mit Objekten oder Szenen, die in der Realität nicht erreicht werden können (z.B. der Erfolg der Serie Traumschiff).

1.2.7.4
Die kurzzeitigen Wünsche und Erwartungen

Eine relativ große Anzahl der Wünsche und Bedürfnisse, die eher der Befriedigung des Genusstriebes und der Befriedigung des Kulturtriebes (und damit eher den psychisch-geistigen Einstellungen) zuzuordnen sind, machen sich in der Regel kurzzeitig bemerkbar. Sie können ad hoc entstehen (z.B. der Wunsch, schnell mit der Straßenbahn nach Hause zu kommen, setzt die Suche nach einer Haltestelle voraus und lenkt damit die Wahrnehmung vorrangig auf Objekte, die eine vergleichbare Gestalt aufweisen wie die bereits bekannten Haltestellen). Sie können nach mehr oder minder langer Zeit sich ändern bzw. auf andere Bereiche verlagern. Hierzu gehört auch die Befriedigung des Gesellschaftstriebes, des Genusstriebes und / oder des Kulturtriebes. Darstellungen, die diesen Trieben entgegenkommen, werden bevorzugt wahrgenommen.

Siehe Teil 2, Kapitel 1.2.5.3

Die Wirksamkeit der Homöostase endet offensichtlich nicht bei bewussten Aktionen zur Befriedigung der jeweiligen Bedürfnisse. Sie leistet ihre Arbeit auch im Unbewussten, indem sie bei dem einzelnen Menschen die Wahrnehmung bei den Stellen aktiviert, die für die Sicherung des Lebens notwendig sind. Sollte etwas übersehen worden sein, greift hier ein zusätzliches Mittel.

1.2.7.5
Die Abhängigkeit von bereits Bekanntem

Gesteuerte Wahrnehmungen richten sich auf Dinge, Gegenstände, Umsetzungen usw., zu denen bereits Vorerfahrungen vorliegen und denen bereits etwas Vergleichbares gespeichert ist. Vorrangig wahrgenommen werden somit Umsetzungen, die z.B. im visuellen Bereich übereinstimmende Merkmale mit bereits bekannten Figuren aufweisen hinsichtlich ihrer Form, Farbe, Helligkeit, ihrem Material und ihrer Gliederung. Im haptischen Bereich werden Umsetzungen bevorzugt wahrgenommen, die z.B. bekannte Materialeigenschaften, Oberflächenmerkmale oder plastische Ausprägungen aufweisen.

Dies gilt entsprechend für den akustischen Bereich. Auch hier ist die Vorkenntnis z.B. einer musikalischen Ausprägung eines Musikstückes entscheidend für die bevorzugte Wahrnehmung eines gesuchten akustischen Phänomens.

Siehe dazu Umsetzungen im Industrie-Design, bei denen z.B. Teile oder Abwandlungen von Statussymbolen oder Teile von Sexualsymbolen (Drehknöpfe in Form einer weiblichen Brust) verwendet werden.

Geht man davon aus, dass mit der Wahrnehmung und Identifizierung einer Figur oder einer Umsetzung angenehme oder unangenehme Inhalte verbunden werden, so ist verständlich, dass bei Auftreten entsprechender Figuren und Umsetzungen, diese bevorzugt wahrgenommen werden.

1.2.7.6
Gefahren einer gesteuerten Wahrnehmung

Inwieweit gesellschaftlichen Bestrebungen nachgegeben werden darf, sollte wohl bedacht werden, dienen diese Wahrnehmungspräferenzen nicht selten der Hervorhebung eines besonderen sozialen Status und damit der Verdeutlichung einer gewollten Abgrenzung gegenüber anderen Menschen.

Das bewusste Ausrichten der Wahrnehmung auf einzelne Elemente oder ganze Figuren, zu denen bereits Vorerfahrungen vorliegen, führt dazu, dass das, was man „sehen" möchte, vor allem anderen erfasst werden kann. Damit kann es aber auch zu einer bewussten Verengung der Wahrnehmung kommen. Dies kann dazu führen, dass andere Teile einer Umsetzung oder ganze Figuren, die aus Gründen der eigenen Sicherheit eventuell wesentlich beachtenswerter wären, nicht wahrgenommen werden.

1.2.8
Konsequenzen für die Gestaltung

Aus Kenntnis dieser verschiedenen, jedem Menschen innewohnenden natürlichen Triebe und Fähigkeiten zur Steuerung der Wahrnehmung lassen sich eine Vielzahl vorhandener Umsetzungen aus den verschiedensten Gestaltungsbereichen erklären. Geht es doch darum, den „Blick" gezielt auf einzelne Teile oder bestimmte Figuren zu lenken. Die Erfahrungen mit der unbewusst gesteuerten Wahrnehmung sollten bei Gestaltungen im Bereich des Industrie-Designs dazu genutzt werden, dem Erhaltungstrieb des Menschen und hier vor allem dem Fluchttrieb (Sicherung des körperlichen Lebens gegenüber Gefahren) durch gut wahrnehmbare Gestaltungsmerkmale z.B. bei Bedienelementen entgegenzukommen.

Während zur Farbpsychologie relativ ausführliche Darstellungen vorliegen gibt es zur Form keine entsprechenden Untersuchungen, obwohl zu vermuten ist, dass hier vergleichbare Prozesse, wie bei der Farbe ablaufen. Siehe: Wahrnehmung von Schwarz-Weiß-Darstellungen.

Welche Wünsche und Erwartungen bei einzelnen Zielgruppen bestehen und welche Arten von Formulierungen man besonders gerne „sieht" und deshalb vorrangig wahrnimmt, ist Untersuchungsgegenstand der Wahrnehmungspsychologie.

Das Gleiche gilt für die Materialwahrnehmung. So kommt es bei der visuellen Materialwahrnehmung und der haptischen Materialwahrnehmung zu Empfindungen, die neben der physischen auch die psychische Empfindsamkeit ansprechen.

Als Letztes stellt sich die Frage nach den psychischen Empfindungen bei der Wahrnehmung bestimmter Strukturen, z.B. bei der Wahrnehmung von Ordnung und Unordnung.

Gibt es z.B. wegen der Furcht vor Gefährdungen eine besondere Wahrnehmungspräferenz für Unordnungen, weil sie oftmals Spiegelbild für gefährliche Situationen darstellen?

1.2.9
Die Konzentration auf drei wesentliche Wahrnehmungsbereiche

Für die Planung und Entwicklung von Maßnahmen oder Produkten im Bereich des Industrie-Designs sind drei Wahrnehmungsbereiche wesentlich.

Mit den Augen können wahrgenommen werden:
1. die Farbigkeit einer Umsetzung
2. die Helligkeit einer Umsetzung (damit eingeschlossen die Oberfläche von Materialien)
3. die scheinbare (dargestellte) und konkrete Räumlichkeit einer Umsetzung

1.2.9.1
Die visuelle Wahrnehmung

Eine große Hilfe im Umgang mit den Dingen des jeweiligen Lebensraumes stellt die Wahrnehmung dieser Dinge durch das Sehen dar. Die einzelnen Gegenstände im Lebensraum können mit den Augen erfasst bzw. empfangen werden. Sie sind visuell wahrnehmbar.

1.2.9.2
Die haptische Wahrnehmung

Während es den meisten Menschen gar nicht bewusst wird, wie unachtsam sie mit den haptischen Erfahrungen umgehen, kann man die Aussagefähigkeit von raumhaft-plastischen Gebilden bei blinden Menschen beobachten. Sie sind bei der Orientierung in ihrem Lebensraum überwiegend auf den Tast- und Hautsinn angewiesen. Dies bedeutet aber auch, dass sie aus den greifbaren materiellen Gebilden ihre Informationen beziehen müssen. Mit dem Tastsinn kann wahrgenommen werden:
1. das konkret vorhandene Material einer Umsetzung
2. die plastische Form einer Umsetzung

Da im Industrie-Design in der Regel dreidimensionale Objekte erstellt werden, die in irgendeiner Form den Menschen „hautnah" berühren, kommt der haptischen Wahrnehmung großes Gewicht zu.

Abb. 6.11 *Die haptische Wahrnehmung unebener Oberflächen*

1.2.9.3
Die akustische Wahrnehmung

Mit dem akustischen Wahrnehmungssinn können Töne und Geräusche erfasst werden.

Auch dieser Wahrnehmungsbereich wird in die Betrachtung mit eingeschlossen, da akustische Signale zur Verdeutlichung bestimmter Funktionen im Produktbereich oft genutzt bzw. eingesetzt werden.

1.3 Studien

Von den zuständigen Rezeptoren oder Sensoren können die Impulse und Reize, die von materiellen Zuständen und Ereignissen ausgehen, erfasst werden. Das, was von den entsprechenden Organen wahrgenommen werden kann, sind somit Helligkeiten, Farben, Formen, Materialien, Klänge usw. Die Wahrnehmung kann somit nur die äußere Form eines Gebildes erfassen und nicht dessen Inhalt. Die folgenden Untersuchungen zur Wahrnehmung richten sich allein auf die äußere „Form" und damit auf die Art der

Formulierung bzw. auf die Art einer Äußerung, die mit den Sinnesorganen wahrgenommen werden kann.

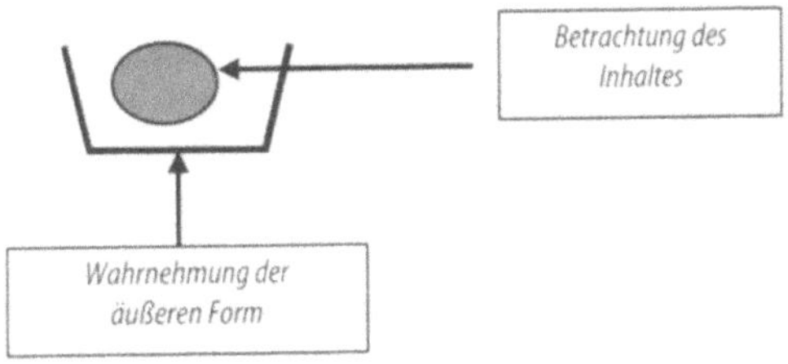

Grafik 6.4 Die Betrachtung der äußeren Form und die Betrachtung des Inhaltes. Die Betrachtung des Inhaltes erfolgt in Teil 7, Die Aussage und die Verständlichkeit einer Umsetzung

Bei den Untersuchungen zur Haptik ist es wichtig, dass die zu untersuchenden Gebilde nicht visuell wahrgenommen werden, damit die Erfahrungen aus dem Berühren und Berührtwerden nicht durch andere Wahrnehmungssensoren verfälscht werden. Man kann dies z.B. erreichen, indem man die Studien zur Haptik in einen dunklen Raum verlagert oder aber das zu untersuchende Material verdeckt.
Beispiel: Wahrnehmung der unterschiedlichen Wärme unterschiedlicher Materialien durch das Ertasten mit den Händen, wobei die verschiedenen Materialien nicht sichtbar sind.

1.3.1 Theoretische Studien

- Zu klären sind in reduzierter Zusammenstellung:
  – Der physische Ablauf der Wahrnehmung
  – Die Wahrnehmungsfähigkeit der einzelnen Organe
  – Die Grenzen der Wahrnehmung (obere und untere Grenzen) der jeweiligen Organe
- Untersuchung vorhandener Produkte im Hinblick auf ihre wahrnehmbaren Elemente (Zusammenstellung der eingesetzten visuellen, haptischen, akustischen, sonstigen Gestaltelemente)

Das Ziel der Arbeit:
Durch eine zahlenmäßige Bewertung der einzelnen Gestaltungsmittel im Hinblick auf ihre Auswirkungen für die Wahrnehmbarkeit ist die Wahrnehmbarkeit eines Objektes bzw. eines Objektteiles messbar zu machen.

Vorgehensweise:
Es sind zwei gleichartige Objekte oder Objektteile auszuwählen (z.B. zwei Schalter, zwei Griffe, zwei Armaturen). Vergleichen Sie die beiden Objekte im Hinblick auf ihre Wahrnehmbarkeit.

Bewertung:
Inwieweit ist die Form, die Farbe, der Materialunterschied, die Gliederung
gut wahrnehmbar = 1,
weniger gut wahrnehmbar = 3,
schlecht wahrnehmbar = 5?

- Die zusätzliche Nutzung von technischen Sensoren zur Verbesserung der menschlichen Wahrnehmung

Sammeln Sie Beispiele, die zeigen, wie die natürlichen Grenzen der menschlichen Wahrnehmung (visuelle, haptische und akustische Wahrnehmung) durch Einsatz technischer Mittel ausgeweitet werden kann.

Zeigen Sie an Beispielen, wie sich die verschiedenen Präferenzen der Wahrnehmung in unterschiedlichen Darstellungen und Äußerungen widerspiegeln. Versuchen Sie eine Zuordnung der einzelnen Umsetzungen zu den einzelnen Trieben bzw. Präferenzen.

1.3.2 Praktische Studien

1.3.2.1 Die Grenzen der Wahrnehmbarkeit bei statischen Objekten

Siehe dazu auch Teil 4, Kapitel 4.2.4.2 Hier: Der Einfluss der Geschwindigkeit bzw. des Bewegungsweges eines Objektes auf dessen Wahrnehmbarkeit

Ziel: Verdeutlichung der Grenzen der Wahrnehmung (z.B. Minimalkontraste bei Farben, Formen, Materialien, Gliederungen)

- Kontrastsituationen (z.B. zwei Felder)
- Darstellen verschiedener Situationen (event. in 5 Schritten) von stark kontrastierend bis wenig kontrastierend in Grenzbereiche (z.B. Farbschachbrett aufgehellt nach weiß, abgedunkelt nach schwarz oder Oberflächen von rau bis glatt usw.)

1.3.2.2 Die Grenzen der Wahrnehmbarkeit bei bewegten Objekten

Beispiele: Die Grenzen der Lesbarkeit einzelner Buchstaben bei einer Bewegung oder die Grenzen der Lesbarkeit einzelner Wörter bei Bewegung der Wörter (z.B. Erfahrungen mit Textstreifen beim Fernsehen usw.)

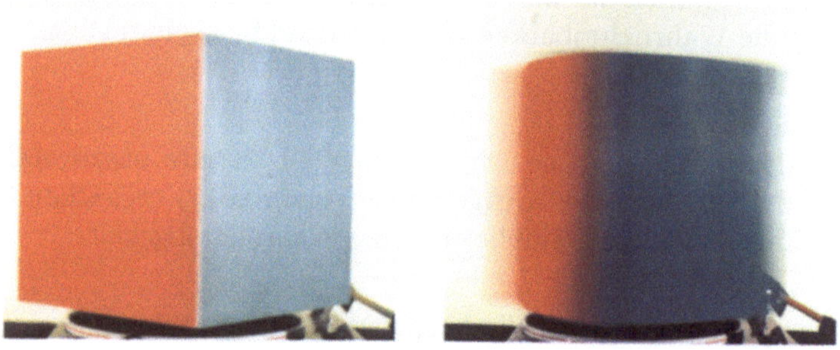

Abb. 6.12 Die Bewegung eines Objektes und ihr Einfluss auf die Wahrnehmung

Ziel: Aufzeigen, welche Veränderungen ein Objekt bei der Bewegung erfahren kann und wo die Grenzen für die Wahrnehmbarkeit der vorhandenen Formen, Farben oder Materialien liegen, z.B.

- bei bewegten Formen (punkthaften, linienhaften, flächenhaften und plastisch-raumhaften Gebilden),
- bei bewegten Farben oder
- bei bewegten Materialien (z.B. bis hin zur Unkenntlichkeit der eigentlichen Materialeigenschaften).

1.4 Die Anwendung grundlegender Erfahrungen zur Lösung einer konkreten Aufgabe

Die konkrete Aufgabe:
Gestaltung eines Teilbereiches eines konkreten Objektes (z.B. Griff, Handzug-Bremse zum Einkaufswagen)

Vorgehensweise:
Versuchen Sie dieses Teil so zu gestalten, dass es gut wahrnehmbar ist.

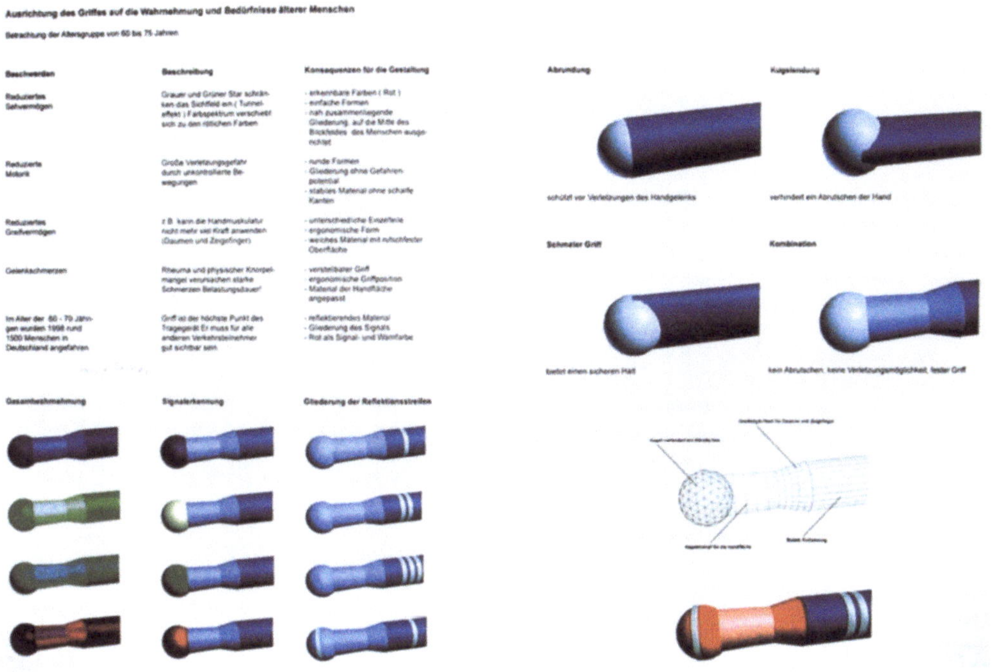

Abb. 6.13 Studie zur Griffgestaltung eines Trageobjektes ausgerichtet auf die Wahrnehmungsfähigkeit älterer Menschen

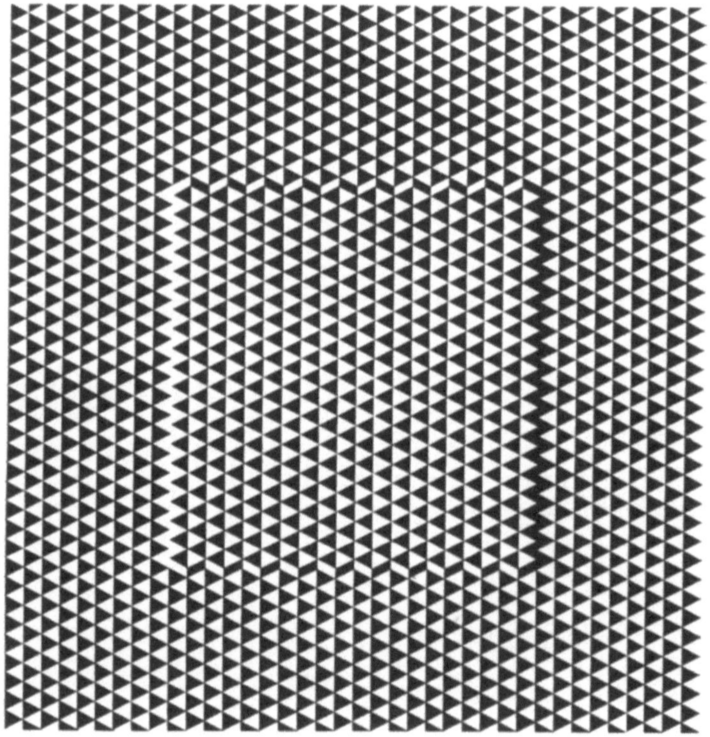

Abb. 6.14 *Minimaldifferenzen*

2 Der Prozess der Wahrnehmung, Gestaltgesetze und Wahrnehmungstäuschungen

In Kapitel 1 wurden die verschiedenen Wahrnehmungsbereiche des Menschen vorgestellt. Es wurde auf die Grenzen der Wahrnehmung verwiesen, es wurden Tendenzen aufgezeigt, die natürlichen Wahrnehmungsgrenzen durch besondere Geräte auszuweiten. Und es wurde auf Präferenzen bei der Wahrnehmung von Objekten oder Figuren durch die Wahrnehmenden hingewiesen.

Achten wir genauer auf das, was wir „sehen" oder über andere Wahrnehmungsmöglichkeiten erfahren, so ist festzustellen, dass sich dieses von dem tatsächlich Vorhandenen oftmals erheblich unterscheidet. So erscheint uns eine nicht geschlossene Linie als vollendeter Kreis, obwohl Teile fehlen. Das, was fehlt, wird einfach ergänzt. Oder ein verzeichnetes Viereck mit verschobenen Winkeln und mit ungleich langen Kanten wird als „Quadrat" gesehen. Das Verzeichnete und Verbogene wird gerade gerückt. Oder sechs Punkte werden plötzlich nicht mehr als Einzelteile gesehen, die in besonderer Weise angeordnet sind, sondern man „sieht" einen Kreis. Dann gibt es wieder Figuren, bei denen wird man regelrecht getäuscht, wie bei der nebenstehenden Figur.

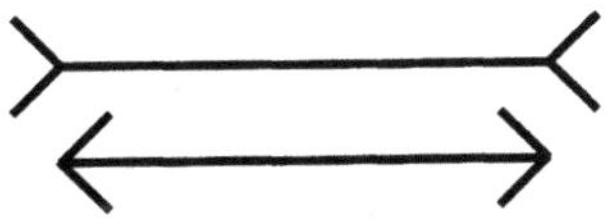

Grafik 6.5 Optische Täuschung

Wer würde nicht sagen, dass die obere Linie länger ist als die untere? Bei genauem Nachmessen stellt man fest, dass die erste Bewertung dem tatsächlich Vorhandenen gar nicht entspricht.

So stellt sich die Frage: Wieweit entspricht eigentlich das, was wir als „Bild" sehen, noch dem tatsächlich Wahrgenommenen? Und: Stehen die einzelnen Phänomene irgendwie im Zusammenhang oder handelt es sich um einzelne Phänomene, die isoliert voneinander zu betrachten sind?

2.1
Verallgemeinerung der Fragestellung

Wie kommt es zu den „Sichtweisen“ und inwieweit besteht zwischen diesen ein Zusammenhang mit den Gestaltgesetzen und den Wahrnehmungstäuschungen?

2.2
Darstellung grundlegender Aspekte

2.2.1
Der Wahrnehmungsprozess

Den Studierenden wurden drei Figuren gezeigt, verbunden mit der Frage: Was sehen Sie? (In dem unter den Figuren befindlichen Feld sind die Antworten der Studierenden eingetragen.)

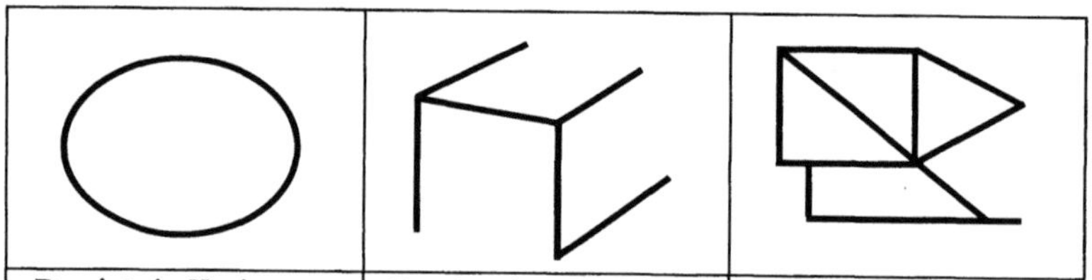

Das ist ein Kreis.	Das ist ein Würfel.	Das ist ein Dreieck. Das ist ein Quadrat. Das ist ein Trapez.

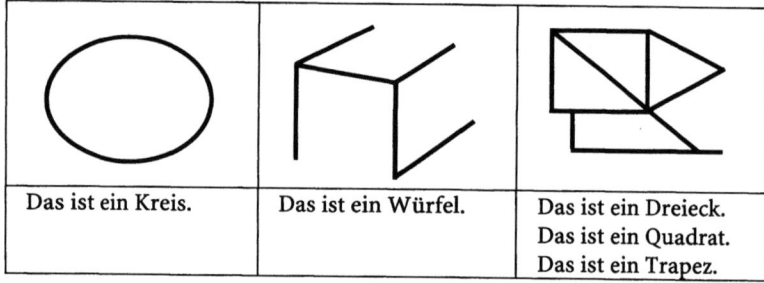

Grafik 6.6 Darstellung verschiedener formaler Figuren

Was zeigen diese Antworten?

- Figuren werden so bearbeitet, dass sie identifizierbar sind. Man kann jetzt sagen, das ist ein Kreis oder das ist ein Quadrat.
- Bei diesem Arbeitsprozess werden Arbeitsschritte durchgeführt, die auch bei sonstigen Gestaltaufbauten materieller Objekte ablesbar sind. So wird die wahrgenommene Ellipse gerade gebogen oder die fehlenden Seiten beim Quadrat werden ergänzt.
- Die Arbeiten zeigen Merkmale, die auch bei Gestaltgesetzen vorkommen. Die komplexe Figur rechts wird in ihre Einzelteile zerlegt, wobei diese entsprechend ihrer Gestaltmerkmale geordnet werden. Einfachere, klarere Figurenteile werden eher genannt als weniger strukturierte. Damit können aber auch wichtige Aussagen zum Prozess der Wahrnehmung gemacht werden:

- Die Arbeiten im Rahmen der Wahrnehmung dienen einem Ziel: der Identifizierung von Figuren. Sie bieten damit dem Menschen eine wichtige Orientierungshilfe.
- Es kommt zu einem Wahrnehmungsprozess, bei dem bestimmte Arbeitsschritte durchlaufen und bestimmte Leistungen erbracht werden.
- Die Gestaltgesetze bekommen eine wichtige Funktion im Rahmen des Wahrnehmungs- und Identifizierungsprozesses.

Siehe dazu die Ausführungen in Teil 7, Kapitel 3

2.2.1.1
Die Identifizierung als Ziel des Wahrnehmungsprozesses

Die bisherigen Untersuchungen zur Wahrnehmung zeigen, dass nicht alle aufgenommenen Phänomene am Ende auch bewusst „gesehen" werden. Es kommt zu einer Minderung der wahrgenommenen Eindrücke und es kommt zu einer Invariantenbildung. Dies bedeutet, die wahrgenommenen Figuren werden einer genaueren Prüfung unterzogen und wenn möglich größeren Klassen zugeordnet. Das Ziel dieser Aktion wird in einer möglichen Identifizierung der wahrgenommenen Phänomene gesehen.

Die Bewertung der Figuren durch die Studierenden belegt dies sehr anschaulich: Auch wenn Figuren nicht dem entsprechen, was tatsächlich vorhanden ist, werden diese so „bearbeitet", dass sie am Ende als bestimmte Gebilde identifiziert werden können. Mit der Identifizierung von Gebilden verfügt der Mensch über ein wichtiges Instrument zum Verständnis seiner Umwelt. Der gesamte Wahrnehmungsprozess hat damit eine wichtige Funktion und ein ganz bestimmtes Ziel.

Wie ist diese Arbeit vorstellbar?

Eine Vielzahl von Reizen wird aufgenommen (siehe Grafik 6.7: Figuren auf der linken Seite vor dem Trennungsstrich), die nicht einzuordnen sind. Zeigen sich allerdings „Figuren" mit bestimmten Merkmalen, so werden diese, auch wenn sie nicht komplett oder in allen Teilen einer bereits bekannten Figur entsprechen, bereits bekannten Figuren, bei denen vergleichbare Merkmale ehemals ausgemacht wurden, zugeordnet. Damit kommt es zu einer Identifizierung der neu wahrgenommenen Figuren.

Zur Invariantenbildung
Siehe Georg Klaus: Wörterbuch der Kybernetik. K. Fischer 1969
Begriffsbildung (Konzeptbildung, Invariantenbildung): Grundfunktion des erkennenden Menschen.
Die Begriffsbildung ist informationstheoretisch gesehen in erster Linie ein Mittel zur Einschränkung des Informationsstromes, der auf die Rezeptoren des wahrnehmenden Menschen eindringt. Dies geschieht durch Einteilung der Menge der Reize, die Träger von Informationen sind, in Klassen, und zwar nach Merkmalen, die für die Adaptation des erkennenden kybernetischen Systems und für die Optimierung seines Verhaltens lebenswichtig sind.

In unserem Beispiel wird eine Figur (siehe Grafik 6.7: Figur nach dem Trennungsstrich), bei der noch Teile fehlen, automatisch ergänzt und als „Würfel" identifiziert. Dies ist eine Leistung, die unser zuständiges Organ, das menschliche Gehirn, mit dem Ziel einer Orientierungshilfe automatisch leistet.

Grafik 6.7 *Die Arbeitsleistung unseres Gehirns. Fehlende Teile werden ergänzt. Man erkennt in der unvollkommenen Figur einen Würfel.*

Die Antworten der Studierenden bei der Beurteilung der vorgestellten Figuren sowie weitere Untersuchungen untermauern die These, dass im Rahmen des Wahrnehmungsprozesses unterschiedliche Arbeiten geleistet werden, die sich allerdings mit den Arbeiten zum Aufbau eines materiellen Gebildes, z.B. eines Hauses, eines plastischen Modells oder eines Gerätes, decken. Wenn dem so ist, dann kann auch der dort ablaufende Prozess, bei dem bestimmte Arbeiten in einer bestimmten Reihenfolge zu erledigen sind, auf den Wahrnehmungsprozess übertragen werden. Der Wahrnehmungsprozess erhält dadurch eine ganz bestimmte Struktur. Die dabei anfallenden Arbeitsschritte werden jetzt zusammengefasst vorgestellt.

2.2.1.2
Die einzelnen Arbeitsschritte im Verlauf des Wahrnehmungsprozesses

Beispiel: Die Suche nach einer bestimmten Hausnummer in einer Straße. Alle übrigen visuellen Reize, wie Fenstergesimse, Vorgartengestaltungen usw., werden „nebensächlich" und bleiben weitgehend unbeachtet.

- Die Aufnahme der wahrgenommenen Phänomene

Erfahrbar ist die Arbeit des zuständigen Organs, wenn wir uns die Situation eines Gesprächs zwischen drei und mehr Leuten vorstellen, die gleichzeitig reden. Man muss sich auf einen Redner konzentrieren, um überhaupt etwas zu verstehen. Bereits hier werden Leistungen erkennbar, die das Ziel haben, durch Konzentration auf bestimmte Phänomene diese deuten und verstehen zu können.

■ Das Sortieren

Man hat ein Modell mit Kreisscheiben zu bauen. Material dazu liegt bereits vor. Man wird versuchen, dieses zu sortieren. Man findet eine Kreisscheibe, man findet ein Stück, aus dem sich eine Kreisscheibe anfertigen lässt, und man hat ein Stück, das für diese Arbeit nicht brauchbar ist.

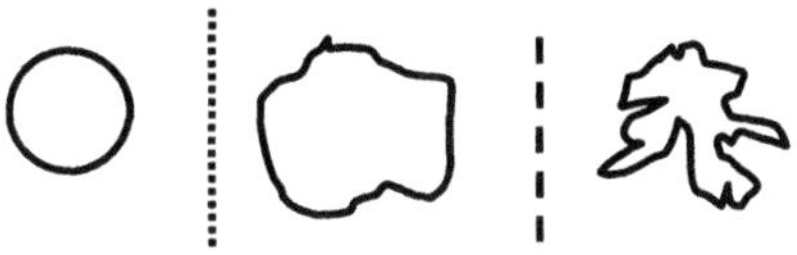

Grafik 6.8 Sortieren in Figuren, die nach einer Bearbeitung brauchbar sind, und unbrauchbare Figuren

Die Figur links ist direkt brauchbar. Die Figur in der Mitte ist brauchbar. Sie muss allerdings noch bearbeitet werden. Die Figur rechts ist unbrauchbar. Sie kann nicht weiterverwendet werden. Damit wird eine wichtige Vorentscheidung getroffen. Unbrauchbare Wahrnehmungsphänomene, die nicht mehr für eine Information zu nutzen sind, werden beiseite gelassen. Allerdings gibt es hierbei Situationen, die nicht ganz klar sind. Es kommt zu Kippfiguren.

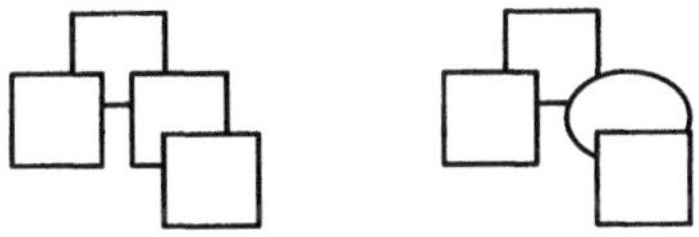

Grafik 6.9 Herauslesen besonderer Figuren

■ Das Bearbeiten

Brauchbare Figuren werden bearbeitet. Folgende Arbeiten werden dabei ausgeführt:

- Bei Figuren, denen Teile fehlen, werden diese ergänzt (siehe Würfel).

Grafik 6.10 Ergänzen fehlender Teile

Sortieren bedeutet immer ein Herauslesen bestimmter Elemente aus einer Vielzahl anderer vorhandener Elemente. Je deutlicher die Qualitätsunterschiede (brauchbares / unbrauchbares Material) sind, umso leichter und schneller kann sortiert werden. Dieser Vorgang wird auch bei der Wahrnehmung deutlich, wenn z.B. bestimmte Figuren als „prägnanter" als andere Figuren angesehen werden. Aus einer Vielzahl vorhandener Figuren können solche schnell identifiziert werden, die sich aufgrund ihrer Merkmale von den umgebenden bzw. ihrer Umgebung deutlich abheben (z.B. im visuellen Bereich: deutliches Unterscheiden in Form und / oder Farbe und / oder Helligkeit).

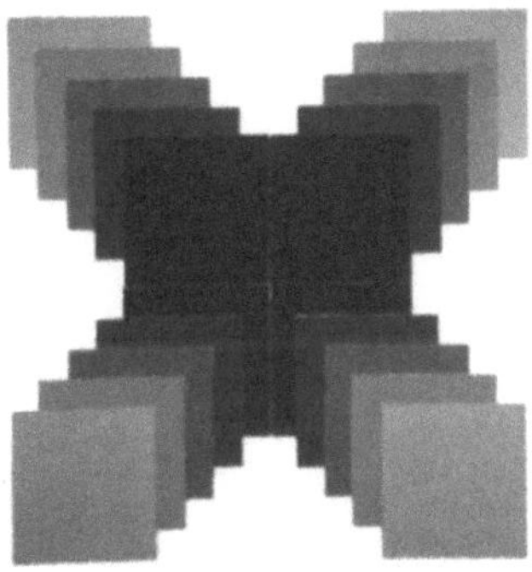

Abb. 6.15 Die oben stehende Figur stiftet Verwirrung, da die nach vorn kommenden hellen Felder der räumlichen Erfahrung zuwider laufen. (Dinge, die weiter weg sind, werden heller.)

– Figuren, bei denen zu viel vorhanden ist, werden Teile weggenommen (z.B. unter einem überladenen barocken Stuhl wird die Grundfigur „gesehen“).

Grafik 6.11 Wegnehmen von Überflüssigem

– Figuren, die verbogen sind, werden gerade gebogen.

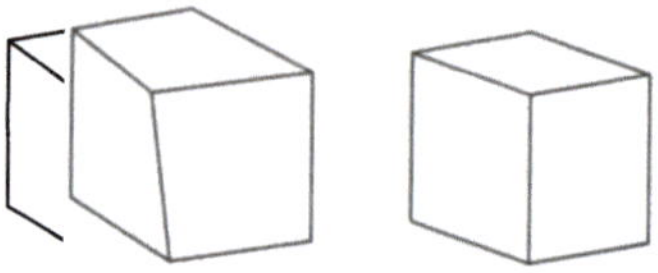

Grafik 6.12 Geradebiegen verbogener Figuren

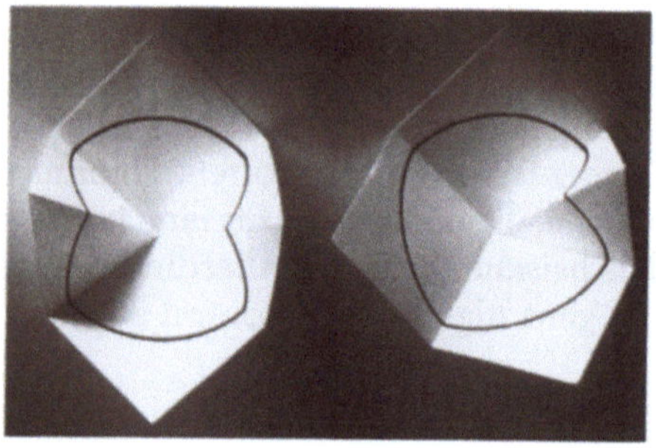

Abb. 6.16 „Verbogene“ Figuren (Veränderungen von Kreisformen)

– Figuren werden zusammengefügt, wenn sie zerbrochen oder geknickt sind.

Grafik 6.13 Zusammenfügen zerbrochener Figuren

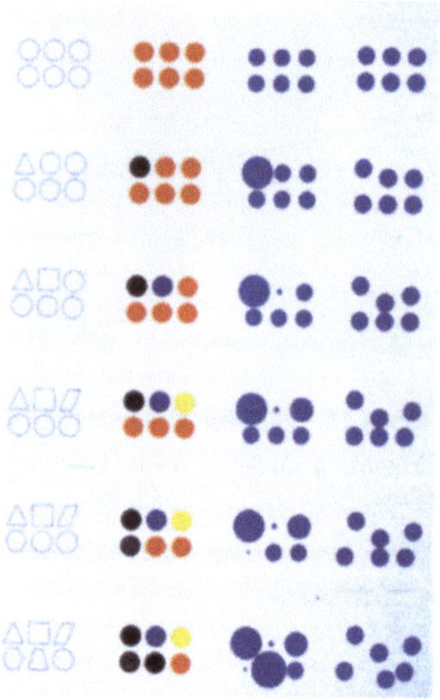

Abb. 6.17 Das „Zuordnen-Können“ von Figuren, die man „behalten“ kann, gegenüber vielgliedrigen und ungeordneten Figuren

- Das Zuordnen

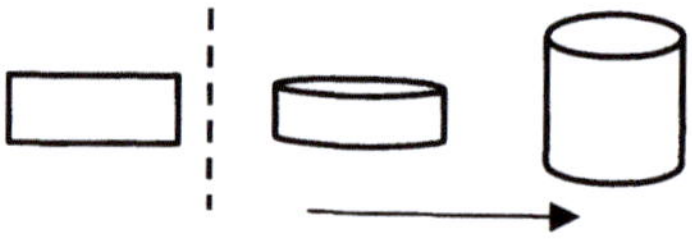

Grafik 6.14 Zuordnen passender Teile

Nach der Bearbeitung werden die Figuren bereits bekannten zugeordnet. Voraussetzung dafür ist, dass Figuren bereits gespeichert sind, zu denen die neu wahrgenommenen passen, sei es aufgrund ihrer Form, ihrer Farbe oder ihres Materials. Bereits bei minimalen Unterschieden werden diese Zuordnungen vorgenommen (siehe Minimaldifferenzen).

Etwas zuordnen können, bedeutet aber auch, dass die einmal wahrgenommenen Figuren nach einer gewissen Zeit noch erkennbar sind. Das heißt, man muss sie „behalten" können. Dies ist am ehesten dann der Fall, wenn die Figuren nicht zu komplex und zu ungeordnet sind.

Zur Abb. 6.17:
Je ungegliederter und vielgestaltiger eine Figur wird, umso weniger lang kann man sie „behalten".

- Verbinden / Zusammenhänge schaffen

Die zugeordneten Figuren sollen nicht gleich wieder entfallen. Deshalb werden in einem weiteren Arbeitsschritt Verbindungen gesucht bzw. Zusammenhänge geschaffen. Es werden Möglichkeiten gesehen, wie und wo man etwas miteinander verbinden kann, z.B. durch Ortslinien oder durch die Betonung gleicher Merkmale bei der Form, der Farbe oder des Materials. Hier übernimmt das Gehirn ganz automatisch eine ganz wichtige Arbeitsleistung, indem neu eintreffende Teile immer mit den Teilen, denen sie zugeordnet werden können, in Verbindung gebracht werden. Es werden immer Zusammenhänge gesucht und geschaffen.

Man erkennt eine Melodie und fragt sich, zu welchem Stück sie gehört. Man ordnet zu. Gleichzeitig aber kann man das Stück in einen bestimmten Liederzyklus oder einer bestimmten Musikgattung zuordnen. Damit schafft man Zusammenhänge. Das Wahrgenommene entfällt nicht mehr so leicht.

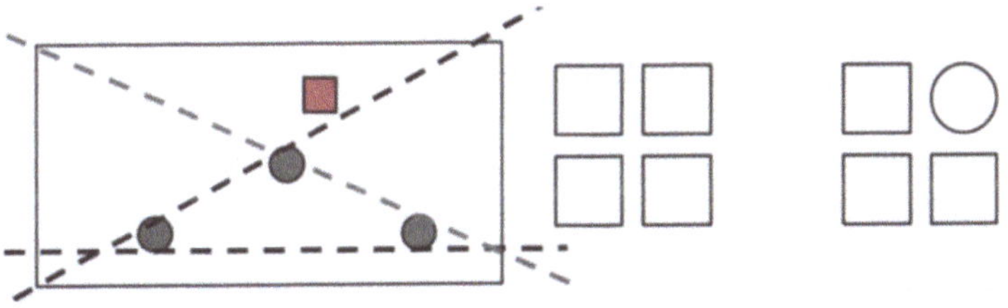

Grafik 6.15 *Das Halten verschiedener Elemente durch Ortslinien und sonstige Gestaltmerkmale*

In der Darstellung links werden die drei runden Elemente durch ***„Ortslinien"*** *gehalten. Darüber hinaus haben sie die gleiche Farbe und schließen sich damit zu einer festeren Einheit zusammen. Das oben eingefügte Quadrat ist weder farblich noch durch „Ortslinien" gehalten. Es fällt heraus. „Ortslinien" sind Linien, die beim Sehen von Punkten zu Punkten oder von Linien und Flächenkanten auch über nicht vorhandene Linien weitergezogen werden zu anderen Punkten oder Linien und Flächenkanten gleicher Richtung. Die auf diesen Ortslinien liegenden Teile erfahren dadurch einen besonderen Halt.*

- Die Beseitigung des Restmaterials

Und am Ende steht die Beseitigung des Restmaterials, gleichsam das Vergessen wahrgenommener Phänomene. Und ähnlich wie man nach einer Arbeit den Arbeitsplatz säubert, um nicht bei den neuen Arbeiten gestört zu sein, so scheint auch das Vergessen eine ganz besondere Funktion für die Arbeitsleistung des zuständigen Organs darzustellen.

Damit sind die einzelnen Arbeitsschritte bei der Wahrnehmung kurz beschrieben.

2.2.1.3
Die Zeit für die Identifizierung der wahrgenommenen Figuren

Beispiel: Die Fahrt im Schnellzug und der Versuch, die Beschilderung an kleineren Stationen erfassen zu wollen. Bei zunehmender Geschwindigkeit werden Farben, Helligkeiten und Formen mehr und mehr unscharf bis sie in ihrer ursprünglichen Fassung nicht mehr wahrnehmbar sind.

Die einzelnen Arbeitsschritte wie Aufnehmen, Sortieren, Bearbeiten, Zuordnen und Verbinden der Teile zu einem Ganzen und damit die Durchführung des Wahrnehmungsprozesses mit dem Ziel einer Identifizierung der wahrgenommenen Phänomene brauchen Zeit.

Sind in kurzer Zeit zu viele Eindrücke zu verarbeiten, besteht die Gefahr, dass das Wahrgenommene nur flüchtig erfasst wird. Ungenauigkeiten schleichen sich ein, Fehlidentifizierungen sind die Folge.

2.2.2
Die Gestaltgesetze im Rahmen des Wahrnehmungsprozesses

Erleichterungen für die Wahrnehmung: Figuren oder Gebilde, die in kurzer Zeit wahrzunehmen sind, so weit vereinfachen, dass diese insgesamt erfasst werden können.

Werden bestimmte Phänomene wahrgenommen, so kommt es beim Menschen zu weitgehend übereinstimmenden „Sichtweisen". So werden Figuren, die sich nahe stehen, generell zu einer Einheit zusammengezogen gegenüber solchen, die weiter entfernt voneinander stehen. Man subsumiert solche Erfahrungen unter dem Begriff der Gestaltgesetze.

2.2.2.1
Die Gesetzmäßigkeiten beim Wahrnehmungsprozess

Beispiel Sortieren: Hier geht es darum, aus dem aufgenommenen Material die brauchbaren von den weniger brauchbaren Figuren zu trennen. Entscheidend wird sein, inwieweit sich die gelieferten Figuren unterscheiden. Die Leistung des Prägnanzgesetzes besteht darin, Figuren, die klarer, einfacher und deutlicher strukturiert sind, gegenüber weniger klaren, weniger eindeutig strukturierten Figuren herauszufiltern.

Jedes dieser Gesetze steht in den bisher vorliegenden Veröffentlichungen für sich und ohne Bezug zueinander.

Bei einer näheren Betrachtung der einzelnen Gesetzmäßigkeiten zeigen sich allerdings merkwürdige Analogien zu einzelnen Arbeitsschritten, wie wir sie im Rahmen des Wahrnehmungsprozesses vorfinden.

So zeigt das „Gesetz der guten Gestalt" Ergebnisse, wie sie im Rahmen des Arbeitsschrittes „Sortieren" beachtenswert sind, geht es hier doch vornehmlich darum, gut wahrnehmbare Figuren gegenüber weniger guten herauszulesen. Im gleichen Zusammenhang ist das „Gesetz der Innenseite" zu sehen. Man kann sich beim Sortieren nicht entscheiden, in welche „Schublade" die wahrgenommene Figur einzuordnen ist. Das Ergebnis: Kippfiguren.

Obwohl bislang die Arbeit eines Vergleiches aller Wahrnehmungs- bzw. Gestaltgesetze mit den einzelnen Arbeitsschritten noch nicht umfassend durchgeführt wurde, tendiert der Verfasser zu der Annahme, dass sich alle Gesetze den einzelnen Arbeitsschritten im Rahmen des Wahrnehmungsprozesses zuordnen lassen.

Betrachten wir zunächst einige wichtige Gestaltgesetze, um dann zu prüfen, welchen Arbeitsschritten sie zugeordnet werden können. Wesentliche Gestaltgesetze sind:

- Das Gesetz der Nähe
- Das Gesetz der Geschlossenheit
- Das Gesetz der Gleichheit
- Das Gesetz der Erfahrung
- Das Gesetz der durchgehenden Linie
- Das Gesetz der Innenseite
- Das Gesetz der guten Gestalt (Prägnanzgesetz)

Sie können folgenden Arbeitsschritten zugeordnet werden:

- Aufnahme
- Sortieren
  - **Gesetz der Gleichheit** (gleiche Figuren werden schnell aussortiert)
  - **Gesetz der guten Gestalt** (gute Gestalten werden vor weniger guten ausgewählt)
  - **Gesetz der Innenseite** (Kippfiguren: ein Sortieren ist schwierig, man pendelt hin und her)
- Bearbeiten
  - Ergänzen
  - Wegnehmen
  - Geradebiege
  - Zusammenfügen
- Zuordnen
  - **Gesetz der Größenkonstanz**
  - **Gesetz der Formkonstanz**
  - **Gesetz der Erfahrung** (bekannte Figuren kann man auch bei Änderung der Umgebung über einen längeren Zeitraum behalten und identifizieren.)
- Verbinden
  - **Gesetz der Nähe**
  - **Gesetz der durchgehenden Linie**
- Restmaterial beseitigen

Man kann davon ausgehen, dass bei dem zuständigen Arbeitsorgan, dem Gehirn, keine zwei getrennten und sich eventuell wiedersprechenden Prozessabläufe nebeneinander installiert wurden. Die sich abzeichnenden Gesetzmäßigkeiten können somit gleichsam als Vorgaben für die Durchführung der jeweiligen Arbeitsmaßnahme verstanden werden.

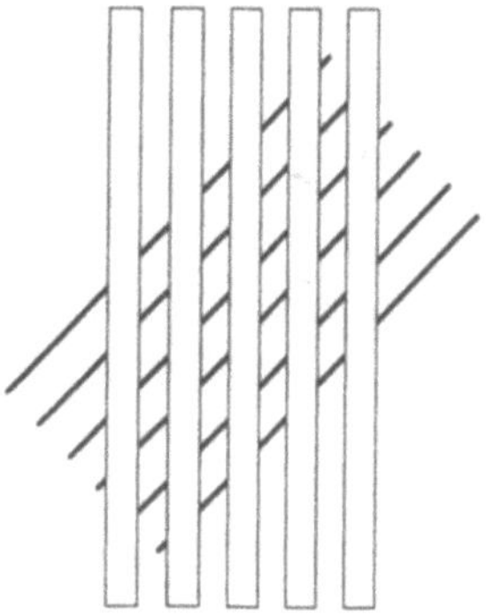

Abb. 6.18 und 6.19
Zwei Beispiele für das Gestaltgesetz der durchgehenden Linie

2.2.2.2
Gestaltgesetze im haptischen und akustischen Bereich

Dass Gesetzmäßigkeiten, mit der Figuren „erfahren" werden, nicht nur auf den optischen Bereich begrenzt bleiben, sondern auch im haptischen und akustischen Bereich erfahrbar sind, belegen bereits vorliegende Untersuchungen (z.B. das punkthafte Berühren der Haut mit Nadeln: ab einer bestimmten Anzahl und entsprechender Anordnung wurden auch hier nicht der einzelne Einstich festgestellt, sondern es wurde von einem Kreis gesprochen, in dem die Nadeln angesetzt wurden).

Siehe: Optische Erfahrung mit vier und sechs Punkten. Nicht mehr die einzelnen Punkte werden „wahrgenommen", sondern die daraus gebildete Figur.

Im Akustischen konnten vorliegende Untersuchungen durch eigene Arbeiten der Studierenden bestätigt werden. So wurden einzelne Töne in Oktaven getrennt angeboten und immer näher gerückt, bis schließlich vom Hörer nur noch ein Ton gehört wurde. Oder es wurde eine Melodie gespielt und diese durch andere Töne oder Geräusche unterbrochen. Auch hier setzte sich z.B. das Gesetz der durchgehenden Linie durch.

Man kann also davon ausgehen, dass die Gesetzmäßigkeiten, mit denen wahrgenommene Phänomene behandelt werden, auf alle anderen Wahrnehmungsbereiche übertragbar sind.

2.2.3
Die Täuschungen

Wir nehmen Figuren wahr, wir bewerten sie und müssen anschließend feststellen, dass wir uns getäuscht haben. Das, was von uns bewertet und vor allem wie es bewertet wurde, entspricht nicht den Tatsachen.

Hier setzen sich bei der Bewertung offensichtlich Erfahrungen durch, die man bisher mit entsprechenden Formationen gemacht hat. Betrachten wir die einzelnen Täuschungen genauer, so stellen wir drei größere Gruppen fest. Zu Täuschungen kann es dann kommen, wenn

- gleiche Elemente in unterschiedlichem Zusammenhang wiedergegeben werden,
- Dinge oder Objekte zu wenig geprüft werden, weil man sie zu kennen glaubt (Täuschungen aufgrund des Wissens um die Dinge; schließen auf Dinge, die so tatsächlich nicht da sind),
- Figuren so nahe sind, dass sie sich zu bewegen scheinen.

2.2.3.1
Optische Täuschungen

Sie werden vor allem dann wirksam, wenn gleiche Elemente oder Figuren in unmittelbarer Nähe in unterschiedlichem Zusammenhang bzw. in unterschiedlicher Umgebung sichtbar sind (z.B. Titchener-Kreis-Täuschung, Oppel-Täuschung, Müller-Lyer-Täuschung).

Eine zweite Gruppe scheint zu Täuschungen zu verführen aufgrund des Wissens und der Kenntnisse um diese Dinge. So wird von der wahrgenommenen Figur auf einen Sachverhalt geschlossen, der den tatsächlichen Gegebenheiten nicht entspricht (z.B. der Schrank, von Poyet, Sander-Parallelogramm usw.).

Eine dritte Gruppe zeigt nahe beieinander stehende Elemente, die den Betrachter zu einem ständigen Hin und Her zwischen den einzelnen Teilen zwingen. Die Figuren scheinen sich zu bewegen (siehe z.B. Kegel von Isia Leviant, Ninios Hula Hoop usw.).

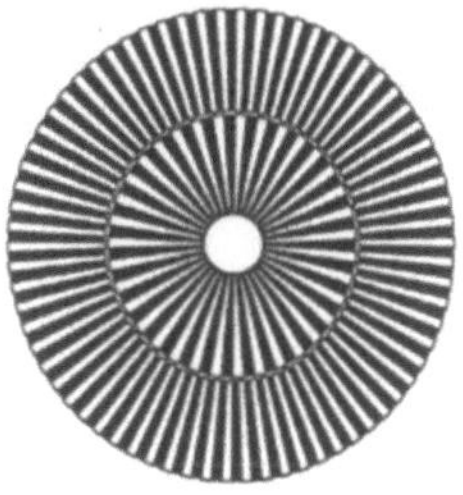

Abb. 6.20 *Ninios Hula Hoop*

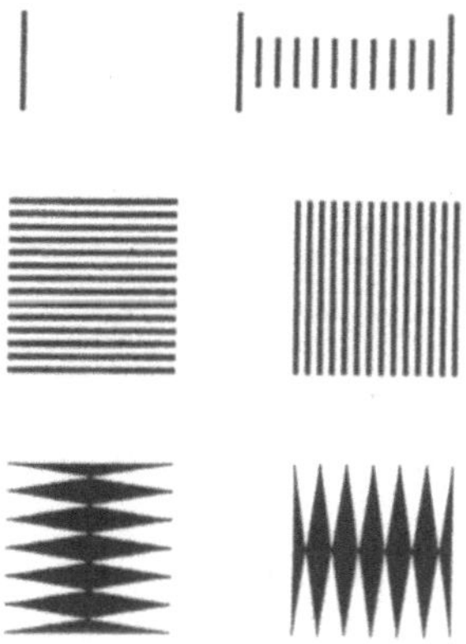

Abb. 6.21 *Die so genannten „Oppel-Täuschungen"*
Oben: gleicher Zwischenraum
Mitte: gleiche Höhe und Breite der beiden Linienquadrate
Unten: gleiche Höhe und Breite der beiden Figuren

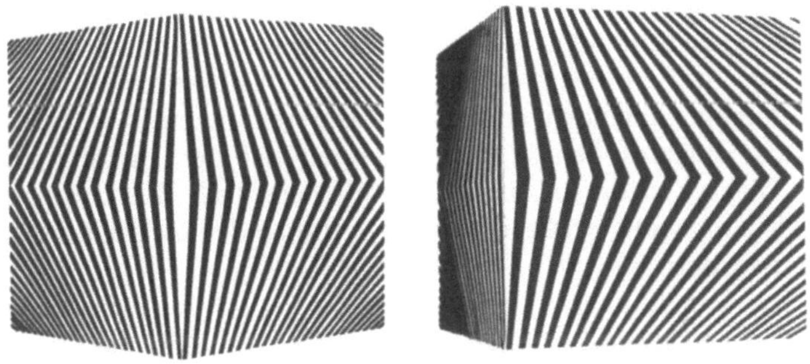

Abb. 6.22 und 6.23 *Die Beeinflussung der Form eines Würfels, der mit einem bestimmten Liniennetz überzogen ist, und die scheinbare Bewegung des Objektes*

2.2.3.2
Täuschungen auf dem Gebiet der Akustik und Haptik

Zu den Täuschungen auf dem Gebiet der visuellen Wahrnehmung liegen sicher die meisten Ergebnisse vor. Aber auch bei der Wahrnehmung akustischer oder haptischer Phänomene kann es zu Täuschungen kommen.

Akustischen Täuschungen kann man dann unterliegen, wenn man Töne oder Geräusche einem Sender zuordnet, obwohl sie von einem anderen Sender kommen, der sich an einem anderen Ort befindet als angenommen z.B. Echo oder die Lenkung akustischer Töne bei einer Quadrophonie im Raum). Täuschungen können entstehen, wenn die Töne oder Geräusche auf eine andere Art, als bisher erfahren, hergestellt werden (z.B. natürliche Töne und Geräusche gegenüber künstlich erstellten Tönen, Stimmenimitator usw.).

Haptische Täuschungen sind wohl am ehesten auf vorhandene Erfahrungen mit Materialien zurückzuführen. Werden Materialien bestimmter Konsistenz, bestimmter Oberflächeneigenschaften, bestimmter Wärme oder Kälte wahrgenommen, so werden diese Eindrücke mit vorhandenen und gespeicherten Eigenschaften bereits erfahrener Materialien verglichen. Zeigen sich Übereinstimmungen mit den bereits vorliegenden Figuren, kommt es zu einer Identifizierung, die sich allerdings als Täuschung herausstellen kann (z.B. natürliche und künstliche Bodenbeläge, die sich in ihrer Oberfläche, ihrer Glätte und ihrer Temperatur nicht mehr voneinander unterscheiden).

2.2.3.3
Auswirkungen der Wahrnehmungstäuschung

In der Regel führen Täuschungen eines Menschen zu einem Fehlverhalten gegenüber dem Wahrgenommenen. So kann die Wahrnehmung eines Autogeräusches aus einer bestimmten Richtung den Autofahrer ablenken, so kann die Darstellung eines scheinbar bewegten Objektes den Wahrnehmenden bei der Handhabung eines Objektes irritieren. So können kleinere Teile durch Gestaltung der Umgebung größer erscheinen, um so den Kauf eines Objektes zu fördern.

Andererseits können Möglichkeiten der Täuschung für die Gestaltung vorhandener Zustände eingesetzt werden. Will man Aufregung erzielen, wird man eine Darstellung wählen, die flimmert oder aber sich scheinbar bewegt. Will man ein Detail hervorheben, kann man ein gleich großes Teil durch entsprechende Umgebungsgestaltung größer erscheinen lassen, als es tatsächlich ist.

2.3 Studien

2.3.1 Theoretische Studien

Arbeitsschritte im Wahrnehmungsprozess

- Zeigen Sie an konkreten Beispielen einzelne Arbeitsschritte des Wahrnehmungsprozesses (wo wird z.B. etwas „gerade gebogen", das vorher verbogen war, usw.).
- Wählen Sie ein bestimmtes Gestaltgesetz aus und zeigen Sie an konkreten Beispielen dessen Wirksamkeit für die Wahrnehmung der einzelnen Teile.

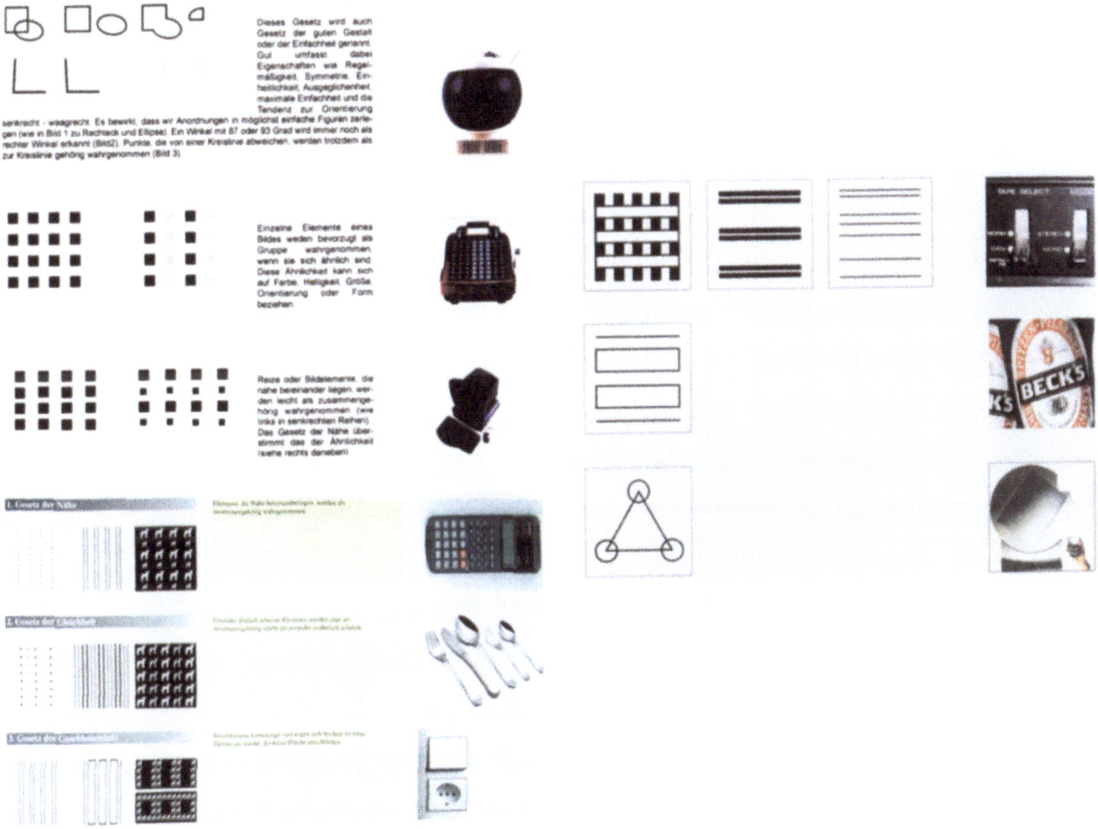

Abb. 6.24, 6.25 und 6.26 *Drei verschiedene Ansätze, sich dem Thema der Gestaltgesetze in konkreten Gestaltungen zu nähern*

- Wählen Sie mehrere Gestaltgesetze aus und versuchen Sie, diese den einzelnen Arbeitsschritten im Rahmen eines Wahrnehmungsprozesses zuzuordnen.
- Sammeln Sie verschiedene Beispiele zu optischen, akustischen oder haptischen Täuschungen.
- Suchen Sie in der Realität nach Beispielen, die vergleichbare Täuschungen aufweisen.

2.3.2
Praktische Studien

- Versuchen Sie einzelne Arbeiten des Wahrnehmungsprozesses durch praktische Arbeiten zu belegen. Zeigen Sie auf, wo die Grenzen der Arbeitsleistung der Aufnahme oder des Arbeitsorgans liegen (z.B. durch mehrere Darstellungen in einer Reihe).
- Zeigen Sie die Grenzen einer klaren Identifizierung bei unterschiedlich schneller Bewegung einer wahrzunehmenden Figur.
- Wählen Sie ein Gestaltgesetz aus und versuchen Sie eine Umsetzung, bei der die Vorgaben des Gesetzes für die Wahrnehmung des Gebildes und seiner Teile genutzt werden.
- Versuchen Sie bei der Gestaltung eines einfachen Objektes eine bestimmte Täuschung, entsprechend den gesammelten Beispielen, einzubauen (z.B. Die scheinbare Wölbung eines rechteckigen Gerätes).

2.4
Die Anwendung grundlegender Erfahrungen zur Lösung einer konkreten Aufgabe

Die konkrete Aufgabe:
Teile des konkreten Entwurfobjektes sind mehr und weniger gut wahrnehmbar zu machen.

3 Die Minderung der Wahrnehmbarkeit

Ein Blinder begegnet uns auf der Straße. Und wir sehen sofort: Jemand ist in seiner Wahrnehmungsfähigkeit stark eingeschränkt. Dies zeigt sich auch in seinem Verhalten. Er ist unsicher, er bewegt sich nur zögerlich. Er weicht eher aus, als dass er auf etwas zugeht.

Auf der anderen Seite nutzt er irgendwelche Mittel (einen ausgebildeten „Blindenhund" oder aber einen Stock, um seine Wahrnehmungsfähigkeit und damit seine Sicherheit zu verbessern.

Wir sehen einen blinden Menschen mit einem weißen Stock. Berührt er mit seinem Stock ein Hindernis, verweilt er kurz, um dann eventuell einen Schritt zurückzugehen, bevor er sich auf einem anderen Weg vorsichtig weiter vorantastet, während die anderen Menschen um ihn herum schnell und zügig ihrer Wege gehen.

3.1 Verallgemeinerung der Fragestellung

Wodurch kommt es zu Minderungen der Wahrnehmbarkeit einer Äußerung und wie kann man diese Minderung beheben?

3.2 Darstellung grundlegender Aspekte

3.2.1 Darstellung verschiedener Störungen bei der Wahrnehmbarkeit von Äußerungen

Hier sollen einige wenige Beispiele genügen, um zu zeigen, was zu einer Minderung der Wahrnehmung führen kann.

Wir kennen Menschen, die ein Hörgerät tragen, wir kennen Situationen im Straßenverkehr mit entgegengerichteten Sonnenstrahlen, so dass es zu einer Blendung kommt, oder wir wurden von einem entgegenkommenden Auto in der Nacht geblendet.

Betrachtet man all die unterschiedlichen Beispiele und reduziert sie auf ihre wesentliche Aussage, so lassen sich drei Störfelder ausmachen:

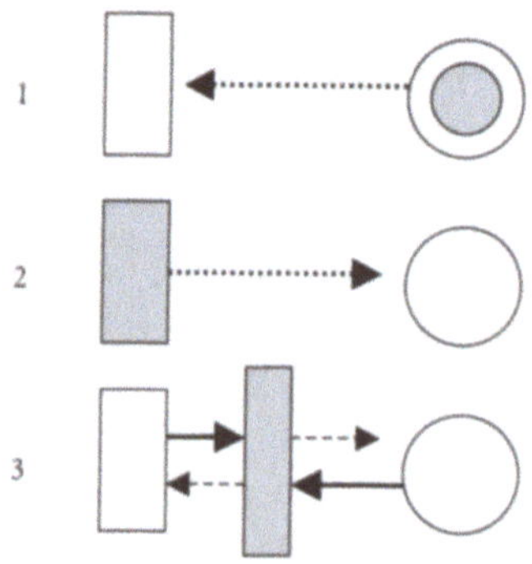

Grafik 6.16 *Bereiche für Wahrnehmungsstörungen*

Situation 1 verweist darauf, dass die Wahrnehmung eines Objektes durch Defizite auf Seiten des Wahrnehmenden gestört sein kann.

Situation 2 zeigt, dass die Wahrnehmbarkeit eines Objektes z.B. für einen Betrachter oder einen Zuhörer gemindert werden kann, weil das Objekt selbst nur undeutlich wahrnehmbar ist.

Situation 3 macht deutlich, dass die Wahrnehmbarkeit eines Objektes durch störende Einflüsse, die sich zwischen Objekt und Wahrnehmenden befinden, geschmälert werden kann.

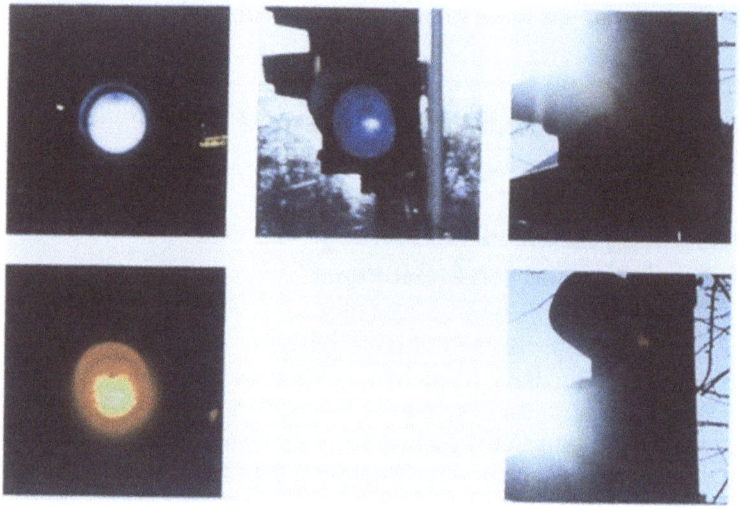

Abb. 6.27 *Verschiedene Situationen von Störungen bei der visuellen Wahrnehmung von Objekten*

Die weiteren Ausführungen zur Minderung der Wahrnehmung sollen sich auf die Wahrnehmungsbereiche der visuellen, der haptischen und der akustischen Wahrnehmung konzentrieren.
Betrachtet werden somit

- die Minderung der visuellen Wahrnehmung,
- die Minderung der haptischen Wahrnehmung und
- die Minderung der akustischen Wahrnehmung.

3.2.2
Defizite auf Seiten des Wahrnehmenden

3.2.2.1
Die Einschränkung der Leistungsfähigkeit der Aufnahmeorgane

In Situation 1 (obere Darstellung) liegt eine Minderung der Wahrnehmungsfähigkeit beim Menschen vor.

Der Grund für diese Minderung kann im natürlichen Verhalten der Aufnahmeorgane bzw. der Sensoren liegen, die z.B. eine gewisse Zeit brauchen, bis sie sich auf einen anderen Eindruck eingestellt haben (z.B. die Adaptation des Auges bei stark kontrastierenden Helligkeiten).

Betrachtet man diese Übersicht, so lassen sich die Felder, bei denen es zu Störungen kommen kann, leicht ausmachen.
Für die Minderung können verantwortlich sein das Objekt selbst sowie Teile zwischen Objekt und Aufnahme.

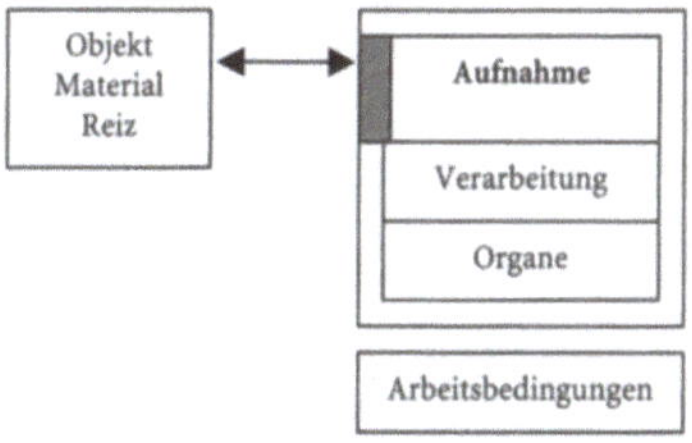

Grafik 6.17 *Das vereinfachte Modell des Wahrnehmungsprozesses*

3.2.2.2
Erkrankungen der Aufnahmeorgane

Die Wahrnehmungsfähigkeit des Menschen kann reduziert werden durch (kurzzeitige oder aber längerfristige) Erkrankungen der entsprechenden Aufnahmeorgane (z.B. Eingrenzung des Gesichtsfeldes, grauer Star, Farbenblindheit, Nachtblindheit, Hörschädigungen usw.).

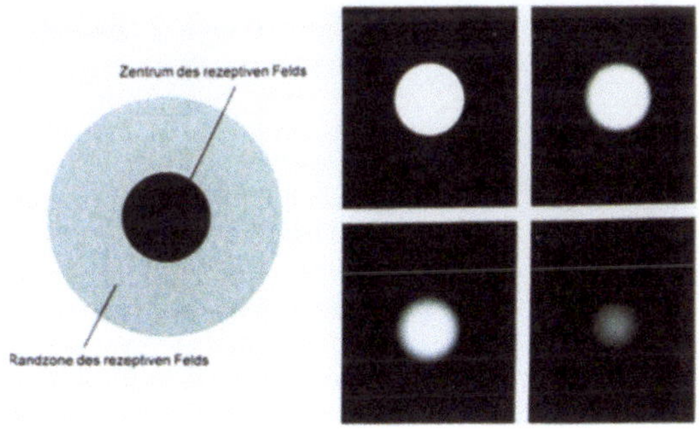

Abb. 6.28 *Störung der Wahrnehmung durch grauen Star*

3.2.2.3
Altersbedingte Schwächungen der Aufnahmeorgane

Viele Minderungen der Wahrnehmung von Äußerungen entstehen durch altersbedingte Veränderungen der Leistungsfähigkeit der Aufnahmeorgane.

3.2.3
Minderung der Wahrnehmbarkeit eines Objektes

3.2.3.1
Zu geringe Kontrastierung gegenüber der Umgebung

Hier spielen vor allem eine zu geringe Kontrastierung des Objektes gegenüber der Umgebung eine gewichtige Rolle. Beachtenswert ist auch die Größe einer Umsetzung, die oftmals den Radius des Gesichtsfeldes übersteigt. Dies bedeutet, dass in dem Fall nur Teile eines Ganzen wahrgenommen werden können.

Abb. 6.29 Minimaldifferenzen bei der Farbgebung erschweren die Wahrnehmung bestimmter Teile

3.2.3.2
Die Bewegung der Objekte

Die Wahrnehmbarkeit eines Objektes leidet auch, wenn sich das Objekt gegenüber einem Betrachter zu schnell verändert. So kann z.B. der schnelle Ortswechsel eines Objektes zu einer unklaren Aufnahme führen oder die schnelle Gestaltveränderung die Eindeutigkeit einer Wahrnehmung mindern. Auch die schnelle Eigenbewegung des Wahrnehmenden selbst kann die Aufnahme der Phänomene beeinträchtigen (z.B. der Versuch, den Namen eines Ortes zu lesen bei einer schnellen Zugfahrt durch den Bahnhof).

Abb. 6.30 Die Veränderung der Wahrnehmung eines Objektes bei der Bewegung

3.2.4
Minderung der Wahrnehmung durch störende Teile zwischen Wahrnehmendem und Objekt

Eine Minderung der Wahrnehmung wird in vielen Fällen dadurch verursacht, dass zwischen dem Wahrnehmenden und dem eigentlichen Objekt störende Einflüsse vorhanden sind.

3.2.4.1
Überstrahlungen

Starkes Gegenlicht kann z.B. dazu führen, dass das in der Nähe stehende Objekt nur noch undeutlich der Form nach, nicht jedoch in Farbe und Material visuell wahrgenommen werden kann.

3.2.4.2
Störende Elemente zwischen Empfänger und Äußerung

Feste, flüssige oder gasförmige Teile (z.B. Rauch) können die visuelle Wahrnehmbarkeit eines Objektes beeinträchtigen. Ebenso können Elemente (z.B. Handschuhe) die haptische Wahrnehmung von Material oder sonstigen Oberflächeneigenschaften eines Objektes mindern.

Wer sich Watte in die Ohren stopft, hört von den eigentlichen Klängen oder Geräuschen einer Tonquelle wenig oder gar nichts.

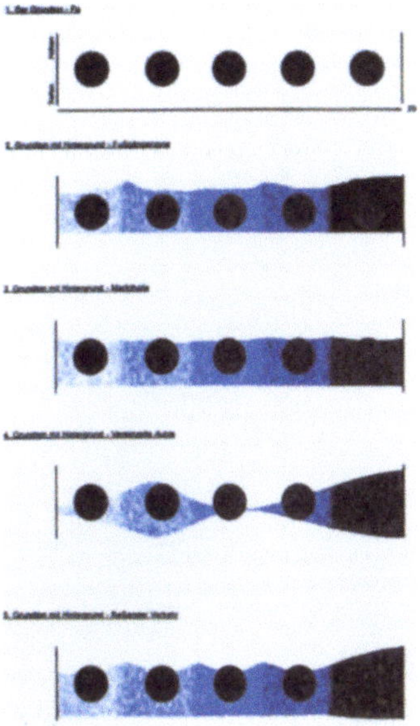

Abb. 6.31 Die Störungen bei der akustischen Wahrnehmung eines mehrmals wiederholten Tones durch verschiedene Störer (z.B. vorbeifahrendes Fahrzeug, fließender Verkehr usw.)

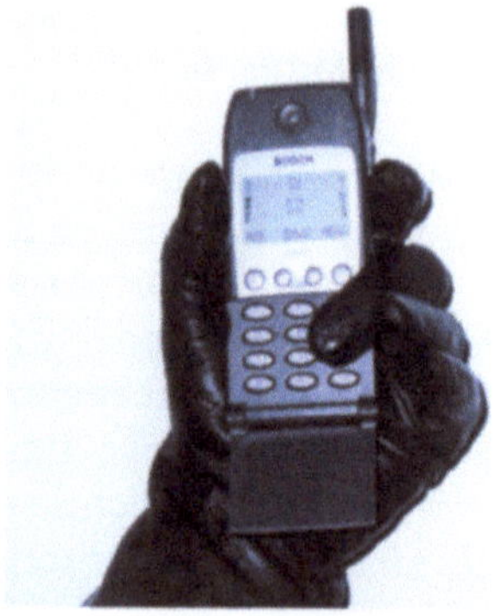

Abb. 6.32 Die Minderung der haptischen Wahrnehmung durch störende Elemente (Handschuhe) zwischen berührender Hand und dem Objekt

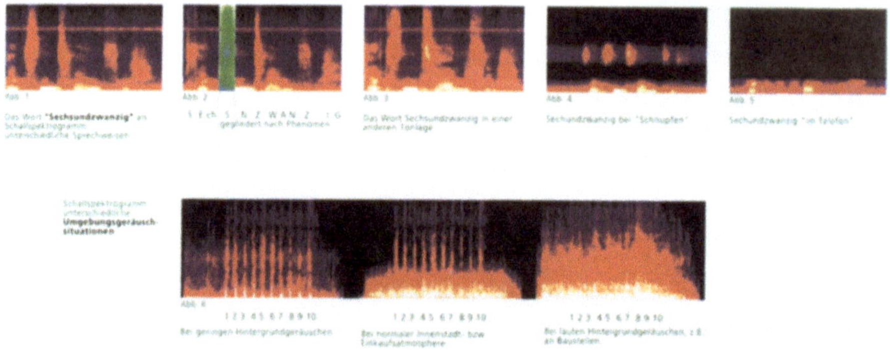

Abb. 6.33 Die Wahrnehmbarkeit eines Wortes (Sechsundzwanzig) bei verschiedenen Umgebungsgeräuschen und der Versuch einer visuellen Darstellung der unterschiedlichen Schallwellen

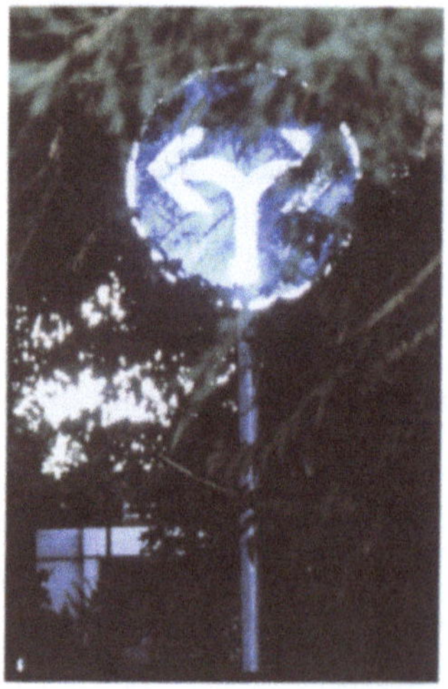

Abb. 6.34
Die Beeinträchtigung der visuellen Wahrnehmbarkeit durch störende Elemente zwischen Betrachter und Objekt

Wahrnehmungs-fähigkeit	visuell	haptisch	akustisch
	Formen, Farben, Helligkeiten, Materialien / Gliederungen	Material- und Oberflächeneigenschaften (rau – glatt usw.)	Töne, Geräusche
Einschränkungen bei der Wahrnehmung			
Die jeweiligen Grenzen der zuständigen Sensoren	Das visuell wahrnehmbare Spektrum Die visuelle Adaptation Verzögerungen bei einem schnellen Wechsel von hell nach dunkel	Die Wahrnehmbarkeit haptischer Sensoren Die haptische Adaptation Verzögerungen bei einem schnellen Wechsel von kalt nach warm	Die Grenzen akustischer Wahrnehmbarkeit Bedingte Adaptation (z.B. nach sehr lauten Tönen, sehr leise Töne)
Erkrankungen	Grauer Star / Kurz-, Weitsichtigkeit usw.	Ausfall bestimmter Sensorenbereiche usw.	Gehörschädigungen usw.
Äußere Bedingungen			
Die Überstrahlung 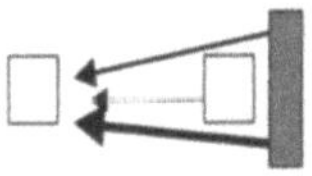	Blendung / Objekte im Gegenlicht		Übertönen
Der Einfluss der Umgebung 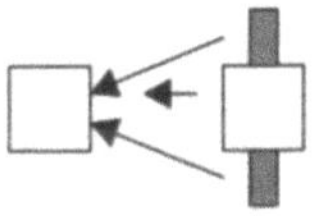	Kontrastarme Formen, Farben, Materialien 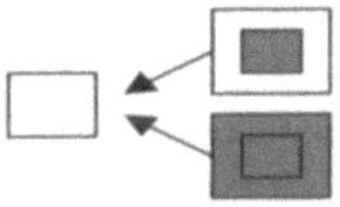	Kontrastarme Oberflächen	Kontrastarme Klangunterschiede
Störende Einflüsse zwischen Umsetzung und Empfänger 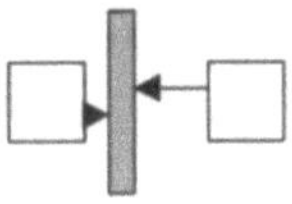	z.B. Beeinflussung durch Sonnenbrille	Reduzierung der Haptik durch Tragen von Handschuhen oder auch Schuhen, Kleidern usw.	Beeinflussung durch Ohrstöpsel, Gehörschutz usw.

Grafik 6.18 Zusammenfassung zur Wahrnehmungsfähigkeit

3.2.4.3
Die Wahrnehmungsstörung als Schutzmöglichkeit

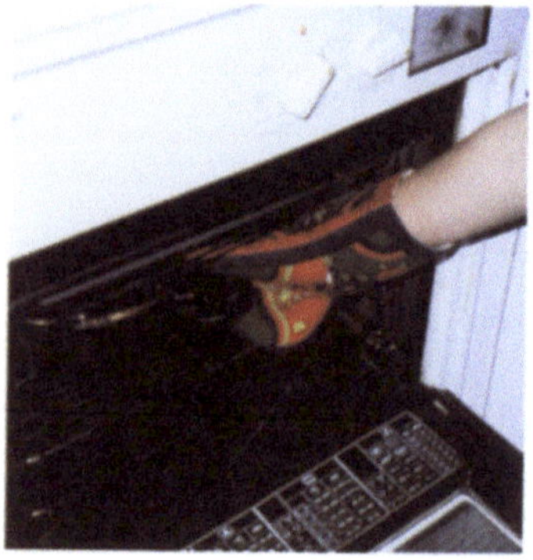

Abb. 6.35 Handschuhe mindern den Einfluss von Wärme. In vielen Fällen wird dies genutzt, um sich gegen schädigende Einflüsse zu sicher.

Die Wahrnehmungsminderungen durch störende Teile zwischen dem Wahrnehmenden und dem zu erfassenden Gebilde wurden bei den bisherigen Betrachtungen negativ bewertet. Auf der anderen Seite nutzen wir in vielen Fällen die Chance, durch Einschaltung eines „störenden" Elementes, uns vor Verletzungen oder sonstigen Beschädigungen zu sichern. Wir nutzen dicke Handschuhe, um uns vor Verbrennungen bei zu heißen Gegenständen zu sichern. Wir ummanteln Zangen mit einem Gummiüberzug, um uns vor Stromschlägen zu sichern, Arbeiter tragen auf Baustellen einen Ohrenschutz, um sich gegen überlauten Maschinenlärm zu schützen, usw.

Vieles, was auf der einen Seite als störend angesehen wird, kann für lebenssichernde Maßnahmen genutzt werden.

3.3
Studien

3.3.1
Theoretische Studien

- Die Minderung der Wahrnehmung durch Erkrankungen der Wahrnehmungsorgane

Sammeln Sie Daten zu Wahrnehmungsminderungen aufgrund von Erkrankungen der Wahrnehmungsorgane (z.B. ein nicht unerheblicher Anteil junger Menschen und vor allem viele ältere Menschen leiden an „Grauem Star"), Konsequenzen für die Wahrnehmung auf diesem Feld; oder aber: Eine große Anzahl junger Menschen ist bereits hörgeschädigt (Hörschädigungen durch überlautes Musikhören).

- Die Minderung der Wahrnehmbarkeit bei vorhandenen Objekten

Zeigen Sie an konkreten Beispielen die Minderung der Wahrnehmung vorgegebener Äußerungen. Beschreiben Sie die Verursacher der Störungen.

- Der Einfluss der Umgebung auf die Wahrnehmbarkeit visueller, haptischer oder akustischer Zustände oder Ereignisse

Ziel: Untersuchungen zur Veränderung der Wahrnehmbarkeit bei Veränderung der Umgebung.

3.3.2
Praktische Studien

- Die geminderte Wahrnehmbarkeit einer Äußerung ist durch geeignete Maßnahmen zu kompensieren.

Die visuelle, haptische und akustische Wahrnehmungsfähigkeit des Menschen kann durch verschiedene Faktoren eingegrenzt werden (Akkomodation, Krankheiten, sonstige schädigende Einflüsse). Ebenso können Nachlässigkeiten bei der Gestaltung von Objekten oder aber nicht beeinflussbare Störungen zwischen dem wahrzunehmenden Objekt und dem Wahrnehmenden die schnelle und richtige Aufnahme der Äußerung mindern.

Ziel der Überlegungen ist es, Möglichkeiten zu finden, wie diese Wahrnehmungsminderungen durch angemessene Maßnahmen kompensiert werden können.

Vorgehensweise:
- Auswahl einer Wahrnehmungsminderung durch Krankheiten oder sonstige Einflüsse, die man beheben möchte.
- Verdeutlichung der Wahrnehmungsminderung durch grafische, fotografische und modellhafte Darstellungen.
- Aufzeigen von alternativen Lösungsmöglichkeiten zur Behebung der Wahrnehmungsdefizite.
- Kompensation altersbedingter Sehschwächen durch eine besondere Form und Farbgebung des Objektteiles.

Abb. 6.36 Studien zur Verbesserung der Wahrnehmbarkeit von Griffen für einen Einkaufswagen

Abb. 6.37 Die Entwicklung von Griffen für einen Einkaufswagen für ältere Menschen

3.4
Die Anwendung grundlegender Erfahrungen zur Lösung einer konkreten Aufgabe

Bleibt man bei dem Beispiel mit der Trinkhilfe für ältere Menschen, so ergeben sich dabei mehrere Faktoren, die eine Wahrnehmung des gesamten Objektes oder seiner Teile (z.B. Griffe oder Ausguss bzw. Mundstück) mindern können.

Es sind dies zum einen krankheitsbedingte Wahrnehmungsminderungen (grauer Star, grüner Star usw.). Es können aber auch andere Einflüsse wichtig werden wie z.B. die Minderung der Wahrnehmbarkeit eines Objektes unter den anderen Objekten auf einem Beistelltisch (Verhältnis Objekt zur Umgebung). Ebenso kann durch die vorhandenen und wechselnden Beleuchtungen im Raum die Wahrnehmbarkeit des gesuchten Objektes leiden.

Stellen Sie anhand eines Ausrichtungsmodells die Wahrnehmungsminderungen zusammen. Versuchen Sie durch eine gezielte Gestaltung zwei oder drei der vorhandenen Minderungen zu kompensieren.

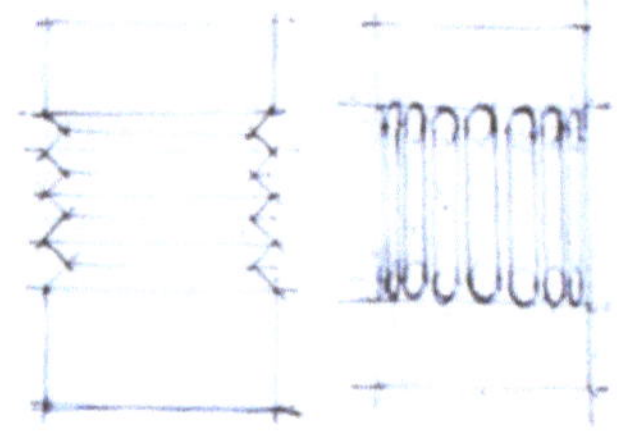

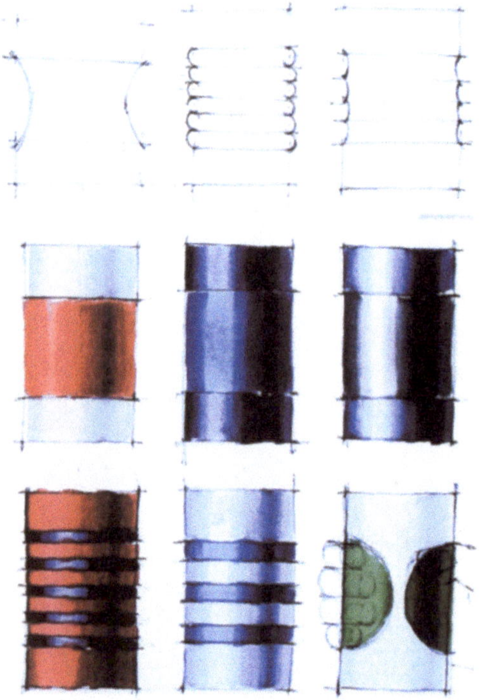

Abb. 6.38 Unterschiedliche Versuche, die Wahrnehmbarkeit eines Objektes durch besondere Form- und Farbgebung zu verbessern

4 Der Einfluss der Arbeitsbedingungen auf die Wahrnehmung

Die einzelnen Rezeptoren und Sensoren ermöglichen es dem Menschen, das, was ihm begegnet oder auf ihn zukommt, wahrzunehmen. Dennoch werden wir immer wieder mit Nachrichten von mehr oder minder schweren Unfällen konfrontiert, deren Ursache z.B. das Übersehen eines Stoppschildes ist. Der Grund: Übermüdung des Fahrers. Daraus leitet sich die nachfolgende Fragestellung ab.

4.1 Verallgemeinerung der Fragestellung

Welchen Einfluss haben die verschiedenen Arbeitsbedingungen auf die Wahrnehmungsfähigkeit eines Menschen?

4.2 Darstellung grundlegender Aspekte

4.2.1 Die Abhängigkeit der Wahrnehmung von der Arbeitsleistung der zuständigen Organe

Akzeptiert man das bereits vorgestellte Modell für den Aufbau, den Erhalt und die Weiterentwicklung des Menschen, so muss man davon ausgehen, dass auch die menschliche Wahrnehmung von den konkret vorhandenen Arbeitsbedingungen, denen der Mensch ausgesetzt ist, abhängig ist.

Die Reize bzw. Impulse, die von einem materiellen Zustand oder Ereignis ausgehen, werden vom Menschen aufgenommen. Dafür sorgen die im Menschen tätigen Organe mit ihren Rezeptoren und Sensoren. Allerdings hängt die Arbeitsleistung der Organe, wie bei allen Arbeitsorganen, von angemessenen Arbeitsbedingungen ab.

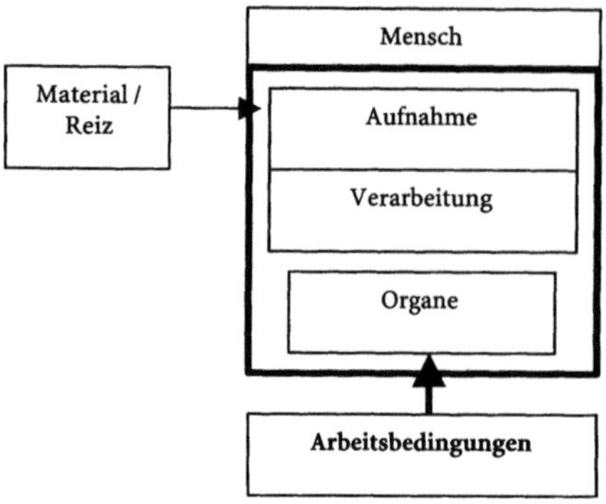

Grafik 6.19 Die Arbeitsbedingungen für die Organe als wesentliche Voraussetzung für deren Arbeitsleistung

4.2.2 Die wesentlichen Arbeitsbedingungen

Siehe Teil 15, Kapitel 1

Bei den Betrachtungen zum Bedarf des Menschen wurden fünf Arbeitsbedingungen als besonders gravierend für die Arbeitsleistung eines Arbeitsorgans herausgestellt.

4.2.2.1 Die physischen Arbeitsbedingungen

Siehe: Arbeitsbedingungen und ihr Einfluss auf die Arbeitsleistung eines Arbeitsorgans

Als wesentlich für die physische Arbeitsleistung eines Organs werden gesehen:

- Ausreichend gute Helligkeit (natürliches Licht)
- Ausreichend gute Luft
- Ausreichende Wärme
- Ausreichende Ruhe
- Ausreichende Energiezufuhr

Kommt es in einem der angeführten Bereiche zu größeren Einschränkungen, ist damit zu rechnen, dass die Arbeitsleistung der Organe in Mitleidenschaft gezogen wird. Das Wahrnehmungsvermögen wird reduziert.

4.2.2.2 Die psychischen Arbeitsbedingungen

Auch die psychischen Arbeitsbedingungen des Menschen wurden in die Betrachtung mit einbezogen. Erfahrungen belegen, dass z.B.

bei übergroßer „seelischer“ Anspannung, die Wahrnehmungsfähigkeit deutlich reduziert werden kann.

Dies erlaubt es, die psychischen Arbeitsbedingungen ebenfalls als Einflussfaktoren auf die Wahrnehmungsfähigkeit des Menschen in die Betrachtung mit einzubeziehen. In einer Übersicht vorgestellt, handelt es sich also um:

- Geistige Offenheit, Helligkeit und Klarheit
- Gute Arbeitsatmosphäre (offen für neue geistige Strömungen)
- Gutes Arbeitsklima (nicht überhitzt, nicht zu kühl)
- Kein lang dauernder geistiger Stress (Ruhe und Bewegung)
- Genügend „geistige“ Abwechslung durch anregende, spannende Informationen

Die Beachtung der physischen und der psychischen Bedingungen, unter denen Menschen ihre Arbeiten verrichten, tangiert in hohem Maße die Wahrnehmungsfähigkeit des Menschen. Auswirkungen der Arbeitsbedingungen auf die Wahrnehmungsfähigkeit des Menschen und die daraus sich ergebenden Konsequenzen wurden aufgezeigt.

Für die Industrie-Designer/-innen, die Objekte entwickeln, die von den Menschen in unterschiedlichsten Arbeitssituationen genutzt werden, ist es geradezu zwingend, sich über die Arbeitsbedingungen der Objektbenutzer Klarheit zu verschaffen. Vorausschauend können Maßnahmen bei der Gestaltung integriert werden, die bei einer eventuellen Wahrnehmungsminderung doch noch angemessene Reaktionen ermöglichen.

Es steht außer Frage, dass es zunächst darum gehen muss, die unangemessenen Arbeitsbedingungen zu beseitigen. Wiederum muss man davon ausgehen, dass es zu besonderen Arbeitsbedingungen auch ungewollt kommen kann z.B. Aufregung bei einem Unfall).
Insofern sind Überlegungen, wie man unangemessenen Arbeitsbedingungen und der damit verbundenen Wahrnehmungsminderung begegnen kann, gerechtfertigt. Neben praktischen Vorgaben sollten auch theoretische Vorgaben zur Beseitigung des Problems (z.B. Arbeitszeitverordnung für Fernfahrer) beachtet werden.

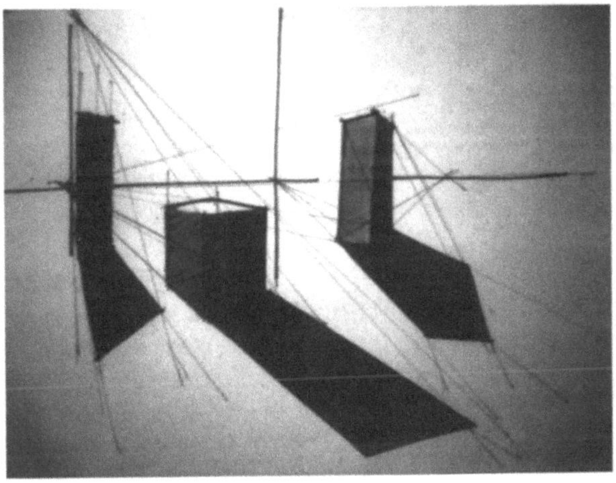

Abb. 6.39 *Die Beleuchtung verschiedener Objekte von einer Lichtquelle*

Die nebenstehende Darstellung zeigt anschaulich, welche Konsequenzen die Beleuchtung eines Objektes (oder eines anderen Sachverhaltes) von einer Seite aus hat. Von dem Objekt (oder dem Sachverhalt) selbst wird nur sehr wenig sichtbar. Große Teile davon werden ins Dunkle gesetzt. Wichtig werden die Schatten, die als Folge der einseitigen Beleuchtung mehr ins Dunkle versetzen, als eigentlich sichtbar wird.

4.3
Studien

4.3.1
Theoretische Studien

- Wahrnehmungsminderung aufgrund schlechter Arbeitsbedingungen

Sammlung von Daten, die Hinweise geben auf die Wahrnehmungsminderung durch entsprechend unangemessene Arbeitsbedingungen (z.B. Minderung der Sehfähigkeit durch allzu große physische Belastungen).

4.3.2
Praktische Studien

- Kompensierung von Wahrnehmungsminderungen aufgrund unguter Arbeitsbedingungen

Ungute Arbeitsbedingungen führen zu bestimmten Wahrnehmungsminderungen. Suchen Sie nach Lösungen, wie diese Minderung durch eine entsprechende Gestaltung reduziert bzw. beseitigt werden kann.

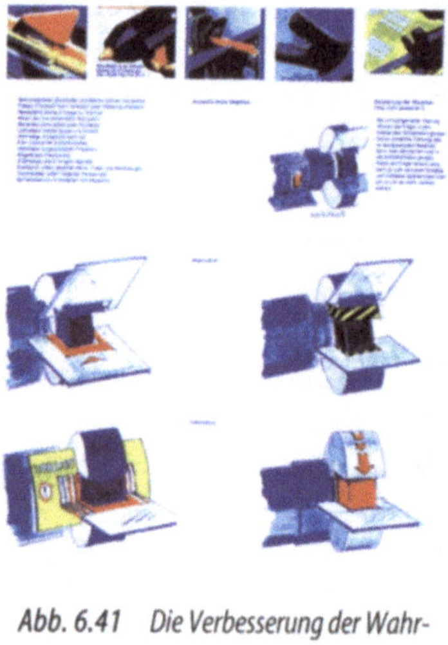

Abb. 6.41 *Die Verbesserung der Wahrnehmbarkeit gefährlicher Objektteile*

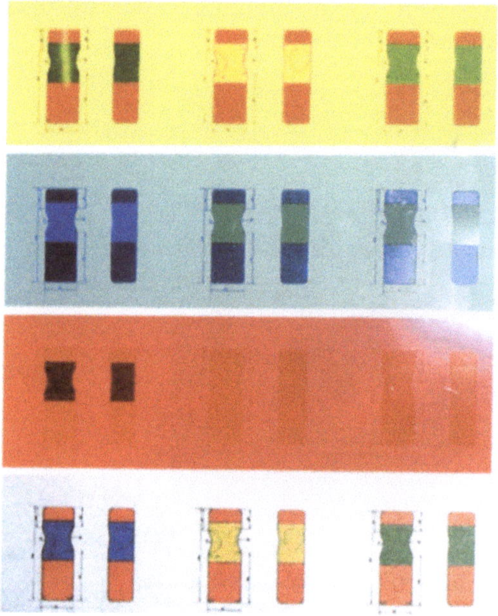

Abb. 6.40
Die Nutzung eines Objektes bei unterschiedlichen Beleuchtungen
Darstellung der Wahrnehmbarkeit eines farbigen Objektes (Griff) bei unterschiedlicher Beleuchtung im Rahmen von Maßnahmen zur verbesserten Wahrnehmbarkeit gefährlicher Arbeitsplätze

4.4 Anwendung grundlegender Erfahrungen zur Lösung der konkreten Aufgabe

Die konkrete Aufgabe:
Die Wahrnehmbarkeit eines Einkaufwagens, mit dem ältere Menschen beim Einkaufen ihre Waren transportieren, ist im Ganzen oder in Teilen (Griff, Bremse usw.) sicher zu stellen.

Vorgehensweise:

- Anlage des Ausrichtungsmodells

Tragen Sie die konkrete Situation hinsichtlich der Arbeitsbedingungen in das Ausrichtungsmodell ein.

Konkrete Situation / Arbeitsbedingungen	Beschreibung der konkreten Arbeitsbedingungen	Konsequenzen für die Umsetzung, um eine schnelle und leichte Wahrnehmung zu erreichen
Physische Arbeitsbedingungen Licht Luft Wärme Ruhe Energie	 Unterschiedlich Unterschiedlich Unterschiedlich wenig Ruhe Nahrung, Flüssigkeit nicht immer greifbar	 soll in verschiedenen Situationen gut wahrnehmbar sein
Psychische Arbeitsbedingungen Licht Luft Wärme Ruhe Energie	 oft sehr kaltes Klima zwischen den Menschen	 soll auch in angespannter Situation leicht wahrnehmbar sein

Grafik 6.20 Ausrichtung auf verschiedene Arbeitsbedingungen

- Übertragung der Gestaltungshinweise und Konsequenzen für das konkret zu gestaltende Produkt

Entwickeln Sie alternative Lösungen und wählen Sie eine brauchbare Lösung aus.

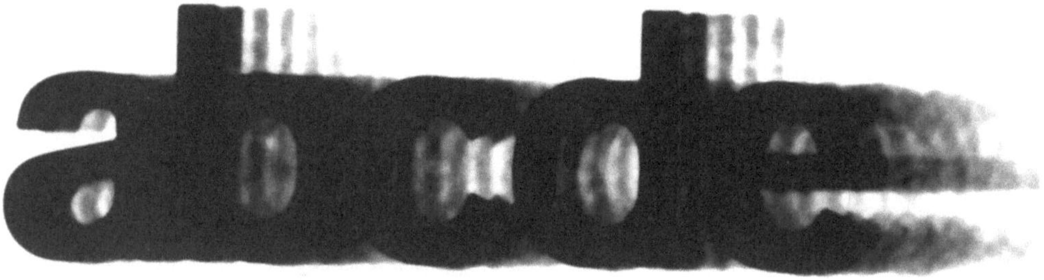

Abb. 6.42 Die Veränderung der Lesbarkeit von Buchstaben

Teil 7
Die Aussage und die Verständlichkeit einer Umsetzung

Es wurde ein Objekt erstellt, das zu einem Empfänger kommt und von diesem wahrgenommen werden kann.

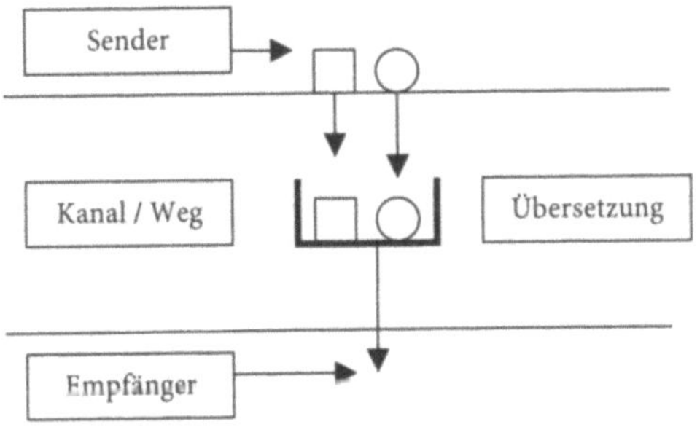

Grafik 7.1 *Übertragung einer Formulierung vom Sender zum Empfänger*

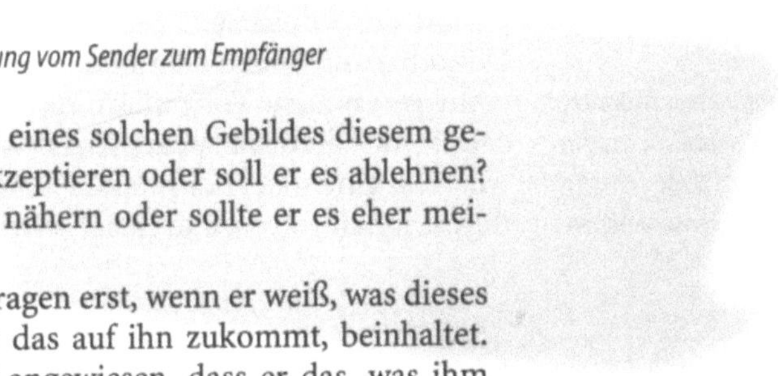

Wie soll sich der Empfänger eines solchen Gebildes diesem gegenüber verhalten? Soll er es akzeptieren oder soll er es ablehnen? Kann er sich ihm ohne Gefahr nähern oder sollte er es eher meiden?

Beantworten kann er diese Fragen erst, wenn er weiß, was dieses Gebilde, dem er begegnet oder das auf ihn zukommt, beinhaltet. Der Empfänger ist also darauf angewiesen, dass er das, was ihm geboten wird, verstehen bzw. deuten kann.

Im sprachlichen Miteinander ist dies in der Regel einfach. Schwieriger gestaltet sich dieser Vorgang allerdings dort, wo die Gedanken, Vorstellungen oder Ideen mit Formen, Farben, Materialien und deren unterschiedlicher Zuordnung einem Empfänger vermittelt werden müssen. Welche Aufgaben sich hier den Industrie-Designerinnen und Designern stellen, soll in verschiedenen Kapiteln dieses Teiles aufgezeigt werden.

Abb. 7.1 *Die Wahrnehmung einer unverständlichen Formulierung (Schattenbild eines Objektes)*

Abb. 7.2 *Die Wahrnehmung einer verständlichen Formulierung (die Vorlage für das Schattenbild 7.1)*

Kapitel 1 beschäftigt sich mit dem Kommunikationssystem. Die wesentlichen Teile des Systems und ihre Funktionen im Rahmen einer Informationsübertragung werden aufgezeigt. Wichtige Vorgaben für die designerische Arbeit lassen sich daraus ableiten.

Kapitel 2 behandelt den leichten und schweren Zugang zum Inhalt einer Formulierung.

In Kapitel 3 folgen Überlegungen zur iconischen Deutung. Man versucht zu erkennen, worum es sich bei dem neu Wahrgenommenen handelt. Ein erster Schritt zur inhaltlichen Klärung ist getan.

Kapitel 4 beschäftigt sich mit der symbolischen Deutung einer wahrgenommenen Äußerung. Wichtig wird die Frage, wofür die bei einer Realisierung verwendeten Formen, Farben, Materialien und Gliederungen stehen. Wissen und Kenntnisse sind gefragt, soll sich dieser Teil des Inhaltes einem Empfänger erschließen.

In Kapitel 5 werden Überlegungen zur indexikalischen Deutung vorgetragen. Am Ende der Betrachtung folgt in Kapitel 6: Der Einfluss der Arbeitsbedingungen auf die Dekodierung.

Zu den Begriffen: iconische, symbolische und indexikalisch Deutung Siehe Kapitel 3, 4 und 5

Ausgehend von der Überlegung, dass jedes Dekodieren bzw. Entschlüsseln einer wahrgenommenen Umsetzung Arbeit erfordert, die von „Arbeitsorganen" zu leisten ist, werden die Auswirkungen unangemessener Arbeitsbedingungen auf die Dekodierung von Formulierungen kurz anskizziert.

Designer/innen sind dafür verantwortlich, Vorstellungen, Gedanken und Ideen so in eine Form zu bringen, dass diese von dem Empfänger verstanden werden können.

Mit der iconischen, der symbolischen und der indexikalischen Dekodierung stehen dem Menschen drei Verfahren zur Verfügung, wahrgenommene Formulierungen umfassend wieder zu entschlüsseln. Auf geradezu wunderbare Weise kann so der Mensch das, was von einem Sender in einer Formulierung eingebunden und zu deren Inhalt wurde, aus dieser wieder herauslesen.

1 Das Kommunikationssystem und seine Teile

Gedanken, Ideen oder Vorstellungen eines Senders müssen in eine Form gebracht werden. Nur so können sie einem Empfänger als In-Formation übermittelt werden.

Industrie-Designer/-innen nutzen visuelle Mittel (Farben oder Helligkeiten usw.), haptische und akustische Mittel, um Gedanken, Ideen oder Vorstellungen eines Senders für einen Empfänger zu formulieren. Sie sind damit verantwortlich für die Kommunikation zwischen einem Sender und einem Empfänger. Grund genug, sich mit dem Thema Kommunikation etwas intensiver auseinander zu setzen.

Nach der Erläuterung des Modells, wie Gedanken oder Vorstellungen in eine wahrnehmbare Form umgewandelt werden und diese über einen mehr oder weniger weiten Weg zu einem Empfänger kommen, werden die einzelnen Teile des Systems kurz vorgestellt.

Dabei wird insbesondere die Situation des Empfängers beleuchtet, lassen sich doch daraus wichtige Hinweise für die eigene designerische Gestaltungsarbeit ableiten.

1.1 Verallgemeinerung der Fragestellung

Wie funktioniert eigentlich die Weitergabe von Informationen von einem Sender zu einem Empfänger?

1.2
Darstellung eines Kommunikationssystems

1.2.1
Die einseitige und die zweiseitige Kommunikation

Der Begriff „Kommunikation": Austausch von Informationen zwischen dynamischen Systemen bzw. Teilsystemen, die in der Lage sind, Informationen umzuformen, aufzunehmen, zu speichern und zu transportieren

Communio (lat.) Etwas gemeinsam machen, sich besprechen, jemandem etwas mitteilen, Gemeinschaft, Übereinstimmung

Abb. 7.3 *Einseitige Kommunikation. Mit der Zeitung bietet ein Sender einem Empfänger bestimmte Informationen. Da keine direkte Aussprache möglich ist, handelt es sich hier um eine einseitige Kommunikation.*

Kommt es zu einem Austausch von Informationen, z.B. von einem Sender zu einem Empfänger, so spricht man von Kommunikation. Kommunikation hat also immer mit der Weitergabe von Informationen oder Nachrichten zu tun.

Menschen, die miteinander reden, kommunizieren miteinander. Aber auch Menschen, die einem anderen Menschen durch ein Handzeichen oder über akustische Phänomene, z.B. ein akustisches Signal, etwas mitteilen, kommunizieren miteinander. Wie dies funktioniert und welche Schwierigkeiten sich dabei für beide Seiten, den Sender und den Empfänger einer Information, ergeben können, soll mit der Darstellung eines Kommunikationsablaufes in vereinfachter Form kurz aufgezeichnet werden.

Bei der einseitigen Kommunikation werden Informationen von einem Sender (S) zu einem Empfänger (E) übertragen. Der Empfänger hat in dem Fall keine Möglichkeit, sich gegenüber dem Sender zu äußern.

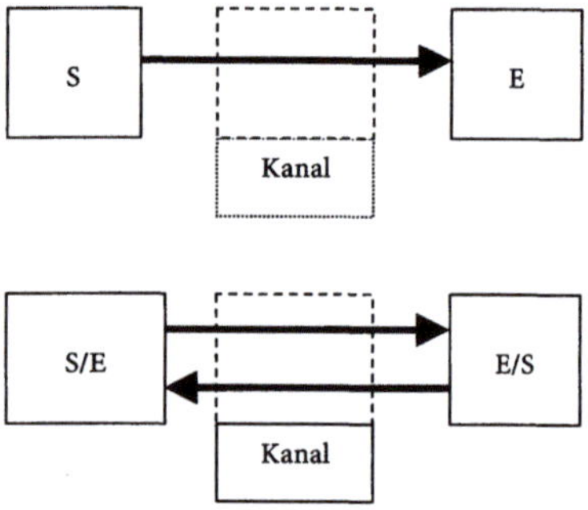

Grafik 7.2 *Ein- und zweiseitige Kommunikation*

Aber auch in umgekehrter Richtung kann von einem ehemaligen Empfänger dem ehemaligen Sender eine Information gesendet werden. In dem Fall wird der ehemalige Empfänger zu einem Sender, der ehemalige Sender zu einem Empfänger. Es kommt zu einer zweiseitigen Kommunikation.

Man denke nur an das Zwiegespräch oder eine Unterhaltung zwischen einzelnen Personen. Der Informationsfluss verläuft jetzt nicht mehr nur in einer Richtung, sondern er wechselt über einen bestimmten Kanal ständig zwischen Sender und Empfänger. Es kommt zu einer zweiseitigen Kommunikation.

Bei der einseitigen Kommunikation bestehen sowohl für den Sender als auch für den Empfänger mitunter größere Probleme. Für den Empfänger gibt es keine Möglichkeit, den Sender zu fragen, ob die Deutung der Informationen, wie er sie verstanden hat, richtig ist.

Betrachtet man den Empfänger von Designprodukten, so ist davon auszugehen, dass dieser in der Regel einer einseitigen Kommunikation ausgesetzt ist. Die Gefahr, dass Produkte nur ungenügend oder gar falsch verstanden werden, ist somit allein aus der besonderen Situation des Empfängers und der einseitigen Kommunikation schon gegeben.

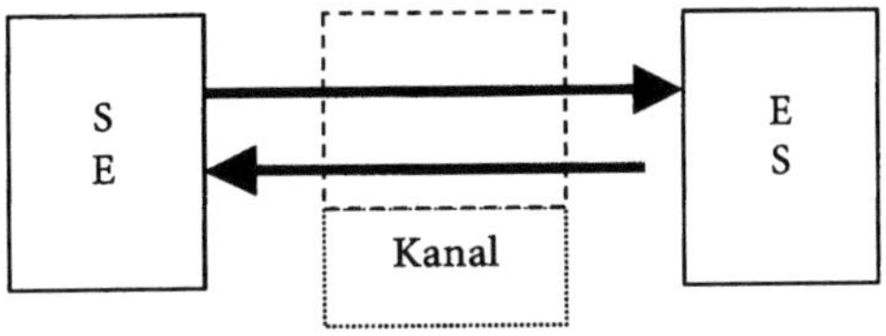

Grafik 7.3 Kanal für eine Informationsübertragung

1.2.2
Die erweiterte Struktur des Kommunikationssystems

Fügt man alle bei einer Informationsübertragung notwendigen Elemente schlüssig zusammen, so ergibt sich für das Kommunikationssystem eine bestimmte Struktur. Dabei gelten für die einzelnen Teile des Systems folgende Bezeichnungen:

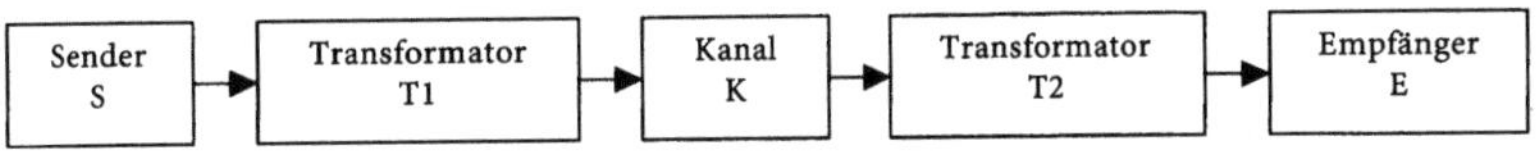

Grafik 7.4 Struktur eines Kommunikationssystems

1.2.2.1
Der Sender

Am Beginn des Systems steht der Sender einer Information. Die Aussendung der Nachricht kann ein rein kausaler Vorgang sein, z.B. dass die Oberfläche eines Körpers Licht ausstrahlt. Lichtstrahlen treffen auf unser Auge, sie werden wahrgenommen und können Reaktionen auslösen (man schirmt die Augen gegen die Blendung ab usw.).

Die Aussendung einer Information kann von einem Sender gezielt vorgenommen werden. Sie kann somit ein „echter" Kommunikationsvorgang sein: Jemand will einem anderen ganz gezielt etwas mitteilen (eine Nachricht wird als Nachricht gesendet).

Jede Wirkung eines Gegenstandes auf einen anderen, sei es eine Ausstrahlung, ein Aussenden von Energie oder materieller Teilchen, kann als Nachricht aufgefasst werden.

1.2.2.2
Die Umsetzung als Aufgabe von Transformator T 1

transformare, lat.: = umsetzen, umwandeln

Kodierung: Code
Zuordnung eines Zeichenvorrats Z1, der zur Darstellung bestimmter Informationen dient, zu anderen Zeichenvorräten Z2, Z3, ..., mit denen dieselben Informationen dargestellt werden können.
(Siehe Georg Klaus: Wörterbuch der Kybernetik. Fischer 1969)

Träger
Alles, was wahrnehmbar ist, kann zum Träger werden. Visuell, haptisch oder akustische Phänomene werden im Industrie-Design vornehmlich als Träger genutzt.

Zeichen
Die Auswahl und besondere Zusammenstellung der einzelnen Elemente, die Informationen aufnehmen können, ermöglichen es, ganz spezifische Inhalte zu formulieren.
Beispiel:

——▶ ◀—▶

Die Kombination von Linie und Dreieck beinhaltet einen Hinweis in eine bestimmte Richtung bzw. auf Wege in zwei unterschiedliche Richtungen.

Um einen Gedanken, eine Idee oder Vorstellung jemandem verständlich zu machen, muss das Gedachte in eine für den Empfänger wahrnehmbare Form gebracht werden. Es muss in eine greifbare, hörbare, sehbare oder sonst wie wahrnehmbare und damit in eine konkrete chemisch-physikalische Form umgewandelt werden. Man braucht also einen „Träger“ für den Inhalt.

Formen, Farben, Materialien fungieren im Designbereich vorwiegend als Träger. Soll der Träger bestimmte Informationen weitertragen, so muss er entsprechend strukturiert werden. Mit der besonderen Strukturierung bzw. Gliederung des Trägers entsteht ein jeweils ganz besonderes Zeichen, ein besonderer Code. Jede Umsetzung von etwas Gedachtem stellt somit immer eine „Kodierung“ dar.

Mit der Kodierung werden Gedanken, Ideen oder Vorstellungen in eine chemisch-physikalische Form verwandelt. Die Transformation der Ideen auf einen Träger kann über technische Geräte erfolgen, sie kann aber auch vom Menschen geleistet werden.

Industrie-Designer/-innen übernehmen die Aufgaben des Transformators T1 ebenso wie Kommunikations-Designer/-innen, auch wenn sie unterschiedliche Ziele verfolgen.

1.2.2.3
Der Kanal

Siehe dazu Teil 15, Kapitel 3.2
Hier: Der Vorgang der Umsetzung im Zusammenhang mit deren Weg zum Empfänger
Beispiel: die Aufnahme einer Sendung für das Fernsehen.
Geräte bringen die Sprache und Bilder in eine Form, die auf einem entsprechenden Kanal, den elektrischen Leitungen, übertragen werden können.

Als Kanal bezeichnet man das Medium, auf dem die Träger die aufgenommenen Inhalte transportieren können. Werden Informationen von einem Ort zu einem anderen übertragen, so spricht man von einem räumlichen Kanal. Räumliche Kanäle sind z.B. Rohrpost, Telefondraht, Blutkreislauf, Straßen, sonstige Wege, auf denen z.B. Produkte von einem Sender zu einem Empfänger gelangen.

Werden Informationen aufgenommen, gespeichert und erst nach einer gewissen Zeit weitergegeben oder abgerufen, so spricht man von zeitlichen Kanälen. Zeitliche Kanäle können z.B. Bücher und Tonträger sein.

1.2.2.4
Die Aufgabe des Transformators T2

Soll ein Empfänger die ankommende Nachricht verstehen, muss diese aus der konkreten chemisch-physikalischen Form wieder herausgezogen werden. Der Inhalt einer konkreten Formulierung muss entschlüsselt werden. Dies ist Aufgabe des Transformators T2. Er übernimmt den Prozess der Rückwandlung, die Dekodierung.

Die Aufgabe des Transformators T2 kann maschinell oder von Menschen geleistet werden.

Die Dekodierung einer Äußerung durch den Empfänger einer Nachricht bzw. Information wird in zwei Ebenen ausgeführt:

- Die denotative Dekodierung einer Äußerung

Hier geht es darum, den Gehalt der Äußerung aus der wahrgenommenen Formulierung zu entschlüsseln. Man kann z.B. aus der Folge von Buchstaben, Worten oder Sätzen den Inhalt des Gesagten erfassen, unabhängig in welchem Tonfall dieser Satz z.B. gesagt wurde. Voraussetzung für eine Dekodierung ist die Kenntnis des Kodes (z.B. der Sprache des Senders) und die Fähigkeit, im eigenen Repertoire die entsprechenden Zeichen mit den zugewiesenen Inhalten verknüpfen zu können. Hinzu kommt die Aufgabe, die Regel für die Verwendung der „sprachlichen" Zeichen zu durchschauen. Will man etwas aus einer Fremdsprache übersetzen, so muss man die entsprechenden Wörter kennen und wissen, wie sie im „Satzbau" angeordnet sind.

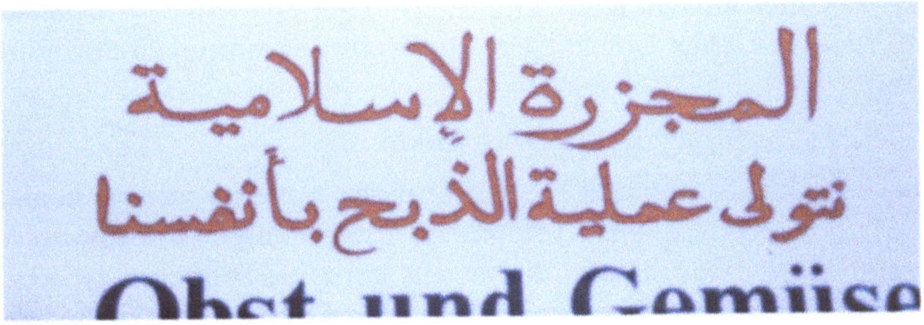

Abb. 7.4 Die Nutzung von Zeichen aus einem unbekannten Repertoire verhindert eine inhaltliche Dekodierung

- Die konnotative Dekodierung einer Äußerung

Zu der denotativen Deutung tritt jedoch jetzt die konnotative Deutung des Empfängers der Nachricht. So wird die Anrede einer jungen Frau durch ihre Freundin: „Du siehst in diesem Kleid heute

Transformator T2
Auch an dieser Stelle kommt es zu einer Umwandlung, allerdings in der umgekehrten Richtung: Das, was an Inhalten in eine Form gebracht wurde, muss jetzt aus der Form wieder zurückverwandelt werden. Das, was an Inhalten „codiert" wurde, muss jetzt wieder dekodiert werden.

Umgekehrt gilt: Will ich jemand etwas mitteilen, so muss ich auf das Repertoire des Empfängers und die sprachlichen Regeln achten.

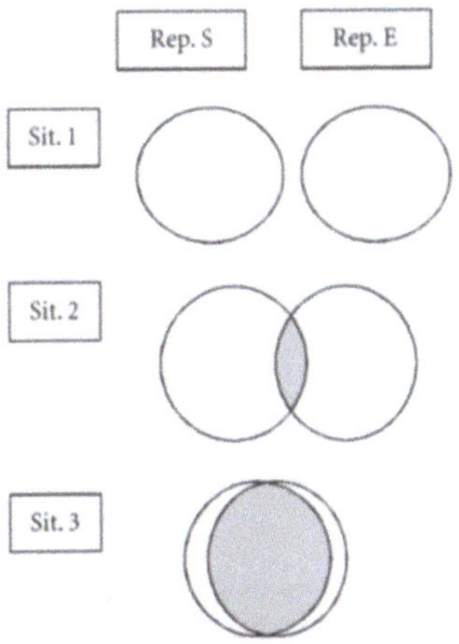

Grafik 7.5 Unterschiedliche Schnittmengen beim Repertoire bei Sender und Empfänger
So wird in Sit. 1 keine Verständigung zwischen Sender und Empfänger möglich sein. Das sprachliche Repertoire beider ist zu unterschiedlich.
In Sit. 2 sind Ansätze einer Verständigung möglich. Erst in Sit. 3 wird es zu einer weitgehenden Verständigung zwischen dem Sender und dem Empfänger kommen. Beide benutzen weitgehend die gleiche Sprache.

wieder einmal bezaubernd aus" die junge Frau zum Nachdenken anregen, in welchem Sinne diese Äußerung ihrer Freundin zu verstehen ist.

Ist sie ironisch gemeint? Ist sie ein ehrlich zu nehmendes Kompliment? Oder handelt es sich gar um eine abwertende Äußerung, indem sich jemand über ihren Geschmack lustig macht?

Konnotative Deutungen **können** zu denotativen Deutungen hinzutreten. Maßgebend dafür ist z.B. der sprachliche Kontext, soziale Normen, die Zugehörigkeit zu einer Gruppe oder die jeweilige psychische Situation des Empfängers.

Abb. 7.5 *Unterschiedliche Vasenformen Die besondere Art der Formulierung gibt Raum für konnotative Deutungen (z.B. Entwicklung von Vasen, die eine besondere Exklusivität zeigen sollen)*

1.2.2.5
Der Empfänger

Am Ende der Kette steht der Empfänger einer Nachricht oder Information. Nach Beendigung der Dekodierungsarbeit weiß er jetzt, was sich hinter der äußeren, wahrnehmbaren Form verbirgt. Dies hat folgende Konsequenzen:

- Die Vergrößerung der geistigen Kompetenz

Die Auseinandersetzung mit Formulierungen und deren Entschlüsselung beinhaltet eine Informationsaufnahme und Informationsverarbeitung. Dies führt in jedem Fall zu einer Vergrößerung der geistigen Kompetenz bei dem Empfänger.

- Die Sicherheit bei seinen Entscheidungen

Die Erkenntnisse über den Sachverhalt, der sich hinter einer wahrnehmbaren Äußerung verbirgt, führen zu einer größeren Sicherheit bei den anstehenden Entscheidungen im Umgang mit dem wahrgenommenen Objekt bzw. einer wahrgenommenen Formulierung.

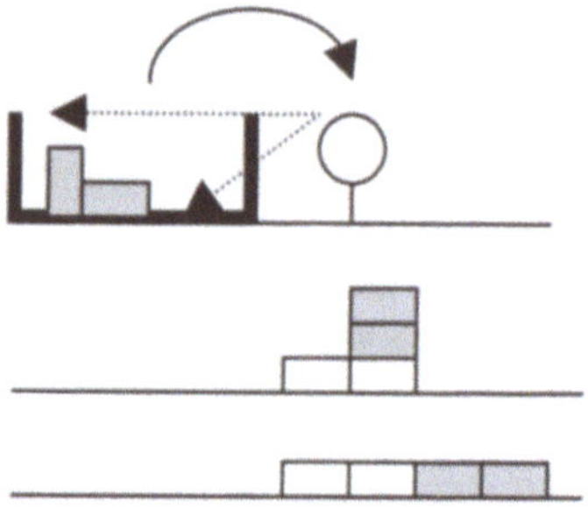

Grafik 7.6 *Nutzen der Dekodierung Siehe dazu Teil 14*

- Die Entwicklung neuer Standpunkte

Die Entschlüsselung von Formulierungen hat eine weitere bemerkenswerte Konsequenz. Die dabei gewonnenen Informationen beeinflussen zwangsläufig die jeweils ganz individuellen geistigen Einstellungen gegenüber den Dingen und Sachverhalten, mit denen man konfrontiert wurde oder wird.

Die Dekodierung komplexer Umsetzungen verlangt vom Empfänger immer ein angemessenes Denkvermögen. Fehlt dieses und fehlt zusätzlich der Wille, die angebotene Umsetzung überhaupt zu entschlüsseln, so wird zwar eine Äußerung wahrgenommen, ihre eigentliche Aussage aber nicht weiter beachtet.

Somit ist bereits bei der Kodierung zu achten auf

- die Dekodierfähigkeit des anvisierten Empfängers und
- den Willen des Empfängers, das Angebotene überhaupt zu dekodieren.

Diese beiden Aspekte verdienen besondere Beachtung.
So sind die oftmals sehr kurzen Zeit für die Dekodierung einer Formulierung (bedingt durch die immense Ausweitung der Informationsmenge in kurzer Zeit) und die sehr unterschiedlichen individuellen Fähigkeiten der Empfänger zur Dekodierung von Äußerungen beachtenswert. Nicht immer ***kann*** *das, was angeboten wird, dekodiert werden.(Wie schnell müssen z.B. im Fernsehen Informationen aufgenommen werden? Wer kann das alles umfassend dekodieren, was an Bild und Sprache geboten wird?)*
Hinzu kommt, dass die einzelnen Empfänger das, was angeboten wird, oftmals gar nicht tiefer gehend entschlüsseln ***wollen.***

1.2.3
Störungen bei der Nachrichtenübertragung

Störungen verschiedenster Art können die Verständlichkeit von Formulierungen bzw. Äußerungen beeinträchtigen oder ganz ausschließen. Da unverständliche oder missverständliche Äußerungen für den einzelnen Menschen immer zu Gefährdungen führen können, muss überlegt werden, wie Umsetzungen zu gestalten sind, damit deren Inhalt trotz eventuell auftretender Störungen richtig erfasst werden kann. In einer Übersicht werden drei wesentliche Störfaktoren und ihre Auswirkungen auf die Minderung der Verständlichkeit vorgestellt.

Verzerrungen 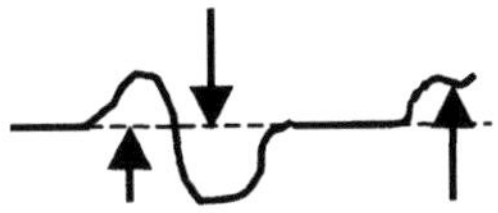	Nachrichten / Informationen werden verbogen	Fehler bei Kodierung: Betonung einzelner Sachverhalte aufgrund eigener Einstellung (geringe Objektivität) Störungen auf dem Weg: Unterschiedliche Gegebenheiten (Umwelt)
Überlagerungen 	Andere Nachrichten / Informationen (ungewollt, unbrauchbar) kommen hinzu	Fehler bei der Kodierung: Unwesentliche Nachrichten / Informationen kommen hinzu Störungen auf dem Weg: Hinzutreten aller möglichen Äußerungen
Ausfall 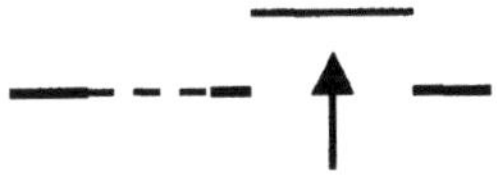	Teile der Nachricht / Information fehlen bzw. werden ausgelöscht	Fehler bei der Kodierung: Wesentliche Teile der Nachricht / Informationen werden vergessen Störungen auf dem Weg: Verdecken, Zudecken, Ausblenden wesentlicher Nachrichten- / Informationsteile

Grafik 7.7 Darstellung wesentlicher Störungsfelder

Sichtbar wird, dass Störungen vor allem an zwei Stellen auftreten können: einmal bei der Kodierung und einmal auf dem Weg vom Sender zum Empfänger.

Einsatz der Redundanz zur Kompensierung von Störungen: Was in einer Nachricht überflüssig oder bekannt ist, übermittelt keine Information. Wichtig dabei ist: Der durch eine redundante Nachricht übertragene Informationsgehalt ist geringer, als er bei gleichem Zeitaufwand sein könnte. Kommt es allerdings bei knappen Formulierungen zu Störungen, so kann dies die Verständlichkeit einer Aussage mindern bzw. ausschließen.

Redundanz:
(Lat.) red - undare: überfließen, überströmen, im Überfluss vorhanden sein, Redundanz bedeutet von der Übersetzung her: „Weitschweifigkeit"
Nach: Georg Klaus: Wörterbuch der Kybernetik. Fischer 1969: Wenn durch Verwendung eines geeigneten Codes eine Kürzung der Information möglich ist, ohne dass ein Informationsverlust eintritt.

Sind Störungen zu erwarten, so bietet der Einsatz redundanter Elemente eine Möglichkeit, die notwendige Verständlichkeit einer Äußerung zu sichern.

Die Formulierung einer Nachricht bezeichnet man als redundant, wenn das, was an Neuem geboten wird, relativ gering ist. So ist die Aussage: „Tante Else kommt mit dem Zug um 12 Uhr 35 aus Hamburg am Bahnhof an" redundant gegenüber der Aussage: „Else / 12 Uhr 35 / Bahnhof". Redundant ist also das, was bei einer Nachricht weggelassen werden kann, ohne den eigentlichen Sinngehalt der Aussage zu beeinträchtigen.

1.2.4 Die Konsequenzen für die designerische Arbeit

__Denotativ__ sind demnach Formulierungen, die sich um eine möglichst sachliche Darstellung eines Sachverhaltes bemühen (z.B. die Dokumentation oder eine Produktgestaltung, die sich mit der Nutzung technisch-funktionaler Elemente bemüht).
__Konnotative__ Formulierungen beinhalten zusätzliche „Tönungen" (Farbgebungen, Materialgebungen, Formgebungen, Gliederungen), die Raum für besondere Interpretationen lassen (siehe hier vor allem die symbolhafte Bedeutung von Farben, Formen, Materialien und Gliederungen für den Empfänger).

Die Annäherung an das Kommunikationssystem und seine Teile erlaubt für die eigene Arbeit folgende Schlussfolgerungen:

- Zu bedenken ist, dass Industrie-Design-Produkte im Rahmen einer einseitigen Kommunikation operieren. Will man hier eine gewisse Offenheit für die eigene Arbeit erreichen, darf der Zugang zur inhaltlichen Deutung für den Empfänger nicht zu schwierig sein (siehe hierzu die Ausführungen in Kapitel 2).

Die eigentliche Dekodierungsarbeit läuft über zwei Wege:

- Die denotative und die konnotative Dekodierung.

Zu klären ist, wie diese beiden Prozesse vom Empfänger bewältigt werden (siehe hierzu die Ausführungen in Kapitel 3, 4 und 5).

- Die Fähigkeit und der Wille des Empfängers, sich mit angebotenen Umsetzungen bzw. Produkten zu beschäftigen, sind unterschiedlich hoch anzusetzen. Nicht unwesentlich sind dabei die Arbeitsbedingungen des Empfängers. Weiß man, welche Auswirkungen unangemessene Arbeitsbedingungen auf die Dekodierungsarbeit des Empfängers haben können, erhält man für die eigene Gestaltungsarbeit wichtige Hinweise (siehe hierzu die Ausführungen in Kapitel 6).

1.3
Studien

1.3.1
Theoretische Studien

- Die verschiedenen Einsatzbereiche des Kommunikationssystems

Zeigen Sie an einzelnen Beispielen, welche Möglichkeiten unterschiedliche Sender (Lebewesen: Pflanzen, Tiere, Menschen) benutzen, um jemandem eine Nachricht zukommen zu lassen.

- Die Klärung einzelner Elemente eines Kommunikationssystems

Wählen Sie 2–3 Kommunikationsvorgänge aus. Definieren Sie den Sender, den Transformator, den Kanal, den Rückwandler und den Empfänger.

- Das System der Kommunikation als Grundlage für die Übermittlung von materiellen und geistigen Gütern oder Waren

Suchen Sie Beispiele aus dem physisch-körperhaften, dem physikalisch-materiellen und dem psychisch-geistigen Bereich, bei denen von einem Sender etwas an einen Empfänger geschickt bzw. übermittelt wird. Bestimmen Sie die einzelnen beteiligten Elemente und ordnen Sie sie im Rahmen des Kommunikationssystems einander zu.

- Die gute bzw. weniger gute Ausrichtung einer Umsetzung auf den Empfänger

Zeigen Sie an verschiedenen Beispielen gute und weniger gute Ausrichtungen der Kodierung auf das Repertoire der Empfängergruppe.

- Die Dekodierfähigkeit einer Gruppe

Untersuchen Sie die Dekodierfähigkeit einer bestimmten Gruppe.
Vorgehensweise:
Vorgabe einer textlichen Äußerung. Befragung unterschiedlicher Gruppen oder Personen, inwieweit der Inhalt verstanden wird (z.B. kann von Person a mit anderen Worten gesagt werden, worum es sich handelt, Person b erfasst Ansätze des Inhaltes, Person c kann mit dem Text nichts anfangen).

- Störungen bei einer Umsetzung

Sammeln Sie Äußerungen, bei denen es zu einer Störung von Nachrichten kommt und zeigen Sie die dafür verantwortlichen Einflüsse.

1.3.2
Praktische Studien

- Die Beseitigung einer konkreten Störung

Zeigen Sie an einem konkreten Beispiel (z.B. einem Produkt) die Möglichkeit einer Informationsstörung auf und suchen Sie nach einer Lösung zur Beseitigung dieser möglichen Störung.

- Denotative und konnotative Kodierungen

Stellen Sie gleichartige Objekte (z.B. Föhn) dar und arbeiten Sie deren denotativen und konnotativen Kodierungen heraus (Tönungen, Farbigkeiten einer Umsetzung: z. B. schwarz, bunt, fröhlich, ironisch usw.).

1.4
Die Anwendung grundlegender Erfahrungen zur Lösung einer konkreten Aufgabe

Beispiel zur konkreten Aufgabe: Gestaltung einer Arbeitsplatzleuchte (z.B. die Gestaltung des Ein-Aus-Schalters in Form eines älteren An-Aus-Schalters für Schlafzimmerlampen) Wer von den jüngeren Leuten kennt noch die an der Decke befestigten und mit einer längeren Kordel zu bedienenden Zug-Ein-Aus-Schalter?

Die konkrete Aufgabe:
Gestalten Sie ein Produkt oder ein Produktteil so, dass es wegen fehlender Übereinstimmungen des gemeinsamen Repertoires von Sender und Empfänger von der Zielgruppe nicht zu verstehen ist.

2 Der Zugang zum Inhalt einer Formulierung

Von einem Sender werden verschiedene Gedanken, Ideen oder Vorgaben für eine Übersetzung zusammengestellt. Nach der Kodierung kommt die entsprechende „Übersetzung" bzw. die „Formulierung" zu einem Empfänger.

Als Erstes gilt es nun, einen Zugang zu dem eigentlichen Inhalt zu finden. Nicht jeder Sender möchte, dass seine Botschaft von jedem gelesen und verstanden wird. Er wird bereits den Zugang zum eigentlichen Inhalt sperren. Daneben stehen die vielen anderen Sender mit ihren „Sendungen", deren Ziel es ist, dass ihre Mitteilungen von den anvisierten Empfängern auch aufgenommen werden. Nicht selten scheitert dieses Unterfangen allerdings daran, dass der Empfänger keinen Zugang zum eigentlichen Inhalt findet und sich deshalb davon abwendet.

Unterschiedliche Zugänge zu einem Park
Abb. 7.6 (oben) Ein weit offener Zugang zum Orangeriegarten in Darmstadt
Abb. 7.7 (unten) Ein schmaler, verdeckter Zugang zu dem gleichen Garten

2.1 Verallgemeinerung der Fragestellung

Wie kann durch die Art der Gestaltung der Zugang zu einer Äußerung erleichtert oder erschwert werden?

2.2 Darstellung grundlegender Aspekte

2.2.1 Die unterschiedlichen Verpackungen für eine Ware

Umsetzungen stellen gleichsam „Verpackungen" von „Waren" dar. Bei der Frage an die Studierenden nach möglichen Verpackungen für die Ware „Obst", wurde eine größere Anzahl unterschiedlichster Verpackungen genannt, angefangen von der Tüte bis hin zu einem Glas. Aus den Nennungen wurden vier Verpa-

Der Einstieg in das Thema mit dem Beispiel der Ware und deren Verpackung eignet sich deshalb, weil auch hier der Inhalt für einen Betrachter oder Unbefugten hinter einer äußeren Form oder Hülle mehr oder minder deutlich erkennbar ist. Damit ist im Grund eine Situation gegeben, wie sie beim „Angebot" einer „Umsetzung" bzw. der Äußerung oder Formulierung eines Senders gegenüber einem Empfänger besteht.

ckungen ausgewählt, um sie näher zu betrachten. Es handelte sich um

- einen Korb,
- eine undurchsichtige Plastiktasche,
- eine transparente Folie oder ein Netz, oder
- eine Holzkiste.

Stellt man Studierenden die Frage, wie man etwas über den Inhalt der unterschiedlichen „Verpackungen" erfahren kann, so erhält man dazu unterschiedliche Lösungsvorschläge. Sie sollen hier kurz wiedergegeben werden.

Korb	Man kann von oben zugreifen, Teile können einzeln herausgenommen werden Der Korb kann umgestoßen werden, die einzelnen Teile fallen heraus	Voraussetzung zur Erfassung der einzelnen Gegenstände des „Inhaltes": man braucht ein Niveau über dem Korb Bei Umkippen des Korbes besteht die Gefahr, dass Teile auf den Boden fallen bzw. entfallen
Plastiktüte (undurchsichtig)	Durch die Nachgiebigkeit der äußeren Form drücken sich die innenliegenden Teile nach außen hin sichtbar ab	Man kann, ohne die Waren herausnehmen zu müssen, die äußere Form „abtasten" Man kann den Inhalt an der äußeren Form zum Teil erfassen
Folie, Einkaufsnetz	Man kann das, was sich hinter der Verpackung befindet, leicht erkennen	Man kann die Inhaltsgegenstände leicht erfassen, alles liegt offen da
Kiste	Man muss die Kiste aufbrechen, um sich Zugang zum Inhalt verschaffen zu können Einzelne Teile können nach und nach herausgenommen werden	Erfassung der einzelnen Teile nach einer enormen Vorarbeit: z.B. Aufbrechen, Auseinandernehmen der „Kiste" = Stück für Stück analysieren, bis das Ganze entschlüsselt ist

Grafik 7.8 Unterschiedliche Verpackungen für Waren

2.2.1.1 Beschreibung der einzelnen Zugänge

- Zur ersten Gruppe (**Korb**) gehören Maßnahmen, die von oben herab zugänglich sind. Hier handelt es sich offensichtlich um solche Umsetzungen, deren inhaltliche Deutung ein hohes Niveau voraussetzt, um direkt auf den Inhalt zugreifen zu können bzw. um **Einblick** gewinnen zu können.

Zwei Darstellungen sollen diesen Sachverhalt veranschaulichen:

Bei Sit. 1 verfügt ein Empfänger oder Betrachter nur über ein geringes geistiges Niveau. Es reicht nicht aus, um das, was sich hinter einer Äußerung verbirgt, auch zu verstehen.
Bei Sit. 2 kann man verfolgen, wie mit zunehmendem bzw. ansteigendem Wissen sich der Einblick und damit die Zugriffsmöglichkeiten in einen Sachverhalt vergrößert.
Die Erhöhung des eigenen geistigen Niveaus ermöglicht somit **Einsicht und Einblick** in einen Sachverhalt.

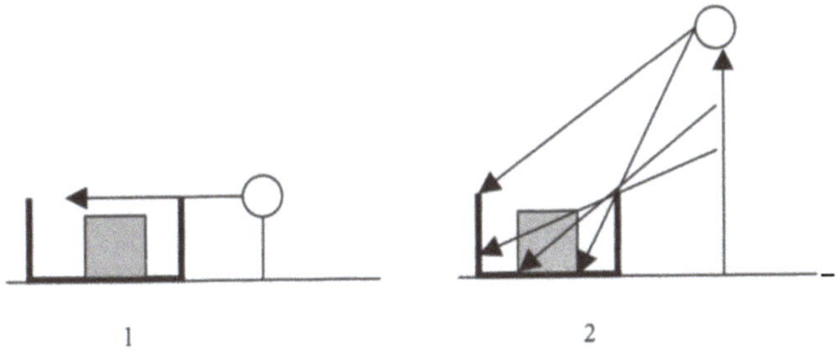

Grafik 7.9 Der Einblick in einen Sachverhalt setzt ein hohes Niveau voraus

Bei einem Umkippen des Korbes braucht man selbst kein so hohes Niveau, um Einblick zu gewinnen. Allerdings besteht die Gefahr, dass Teile des Inhaltes herausfallen und dabei verloren gehen.

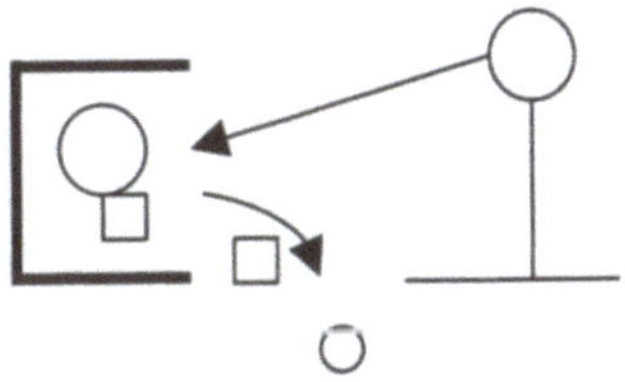

Grafik 7.10 Wird ein komplexer Inhalt unstrukturiert ausgebreitet, können viele Teile des Inhaltes entfallen

Abb. 7.8 Ein Korb, dessen Inhalt weitgehend verdeckt ist

- Bei **nicht direkt transparenten Umhüllungen** bzw. Formulierungen wird der Blick auf den Inhalt gleichsam durch eine mehr oder weniger dünne Wand verstellt. Nicht alles ist sichtbar, nicht alles wird offen gelegt. Allerdings ist die äußere Form so flexibel, dass man den Inhalt bei Nähertreten z.B. über das Abtasten erfassen kann. Man muss „nachfassen", um sich mehr Informationen beschaffen zu können. Man muss sich den Durchblick verschaffen.

Solche Arten der Formulierungen lassen oftmals den Inhalt mehr oder minder eindeutig durchschimmern. Man kann erahnen, um was es sich handelt. Nicht alles, was sich im Innern befindet, drückt sich auch nach außen hin aus. Nur eben das, was am äußeren Rand liegt, kann erfasst werden.

Abb. 7.9 Formulierungen, die einen Sachverhalt nicht offen ausbreiten. Man ist auf zusätzliche Arbeit angewiesen.

Diese Gruppe von „Inhaltsverpackungen" bietet dem Leser, Betrachter usw. ungehindert Einblick in alle Bereiche eines Sachverhaltes. Alles wird offen und ohne Tabu geboten.
Allerdings bleibt bei solchen Umsetzungen kein Raum für die eigene Phantasie.
Der Empfänger braucht sich nicht besonders anzustrengen, er braucht kein höheres Niveau, um den Inhalt erfassen zu können.
Unter diesem Vorzeichen werden auch Fernsehsendungen verständlich, die für ein breites Publikum ausgestrahlt werden. Man kann alles sehen. Man braucht nicht weiter darüber nachzudenken. Alles ist eindeutig sichtbar.
Man hat keine Arbeit ...

- Es gibt Verpackungen (z.B. vergleichbar einer **transparenten Folie oder einem Einkaufsnetz**), die so transparent sind, dass sie den Blick auf den Inhalt ungehindert freigeben. Alles ist bis ins letzte Detail direkt „sichtbar". Nichts bleibt verborgen. Man bekommt alles mit.

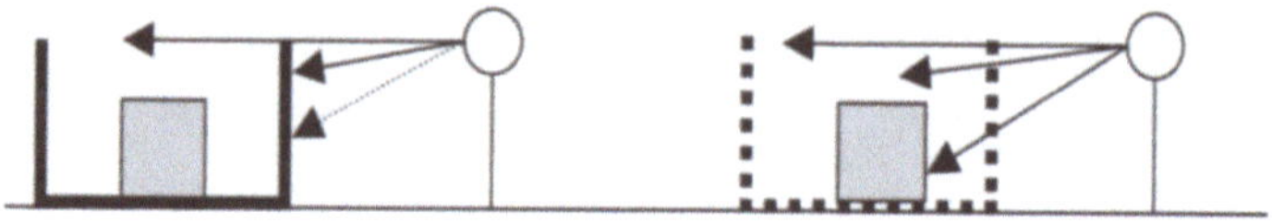

Grafik 7.11 *Undurchsichtige und transparente Formulierungen*

Abb. 7.10
Transparente Verpackung einer Ware: Der gesamte Inhalt wird offen präsentiert

Der Inhalt einer Formulierung ist nur erfassbar, wenn man Teile der gesamten Umsetzung nach und nach aus dem Ganzen herausbricht, um sich so Zugang zu den einzelnen Inhaltsteilen zu verschaffen. Man setzt irgendwo an, nimmt sich ein Teil heraus, um sich so einen Zugang (z.B. zu einem Gedicht oder einem Gemälde) zu verschaffen.
Nimmt man etwas ganz auseinander, besteht die Gefahr, dass dabei inhaltliche Teile mitzerstört werden oder die einzelnen Teile nicht mehr richtig zusammengesetzt werden können.

- Bei vielen Umsetzungen ist deren Inhalt allerdings nicht direkt erfassbar. Man kommt an den Inhalt erst heran, wenn man die **„Kiste"** an einer Stelle aufbricht. Nur nach und nach eröffnet sich so der Blick auf das, was sich hinter der zunächst so undurchdringlich erscheinenden Form verbirgt. Bei einem Auseinandernehmen oder Zerstören der ganzen „Kiste" können allerdings Teile des Inhaltes verloren gehen. Außerdem besteht die Gefahr, dass bei dem Auseinandernehmen der äußeren Form Teile des Inhaltes verletzt werden.

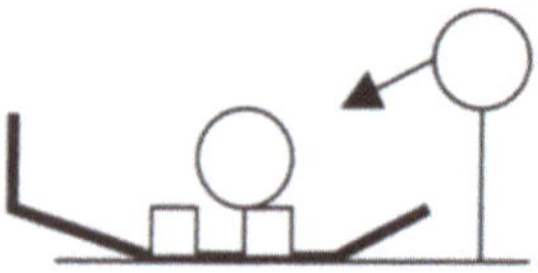

Grafik 7.12 *Das Auseinandernehmen einer Form bzw. Formulierung*
Abb. 7.11 *Die Zerstörung der äußeren Form, um an den Inhalt zu kommen*

2.2.1.2
Zusammenfassung

Wir stellen fest, dass bereits bei der Konfrontation mit einer Äußerung der Empfänger vor größere Aufgaben gestellt wird. Wir sehen, dass unterschiedlicher Aufwand notwendig ist, um überhaupt zum Inhalt vordringen zu können. Nicht jeder Empfänger bringt den dafür notwendigen Arbeitswillen mit und nicht jede Designerin oder jeder Designer bietet dem Empfänger einen Schlüssel, um leicht und schnell zum Inhalt vordringen zu können.

Ein anderes Problem wird aus der obigen Übersicht auch ablesbar: der Faktor Zeit für eine Dekodierung. Eine Dekodierung ist immer mit einem Zeitaufwand verbunden. Wie viel Zeit hat der Empfänger für eine Dekodierung und wie viel Zeit braucht er dafür? In kurzer Zeit Formulierungen zu bieten, zu denen der Zugang bereits schwierig und langwierig ist, führt bei vielen zwangsläufig dazu, auf das, was sich hinter der äußeren Form verbirgt, ganz zu verzichten.

Die Erleichterung des Zuganges durch einen besonderen Schlüssel.
Will man jemandem den Zugang zum eigenen Haus erleichtern, so wird man diesem einen passenden Schlüssel dazu in die Hand geben, um schnell und ohne große Probleme Zugang zu dem Haus zu bekommen bzw. in das Innere des Hauses vordringen zu können.
Im Designbereich bedeutet dieser Schlüssel, dass man dem Empfänger einer Umsetzung gleichsam zu einem „Schlüsselerlebnis" verhilft. Man gibt neben dem Hinweis, wie und wo man ansetzen kann, um die Umsetzung zu entschlüsseln, zusätzliche Informationen, die zu einer Klärung des Inhaltes beitragen.

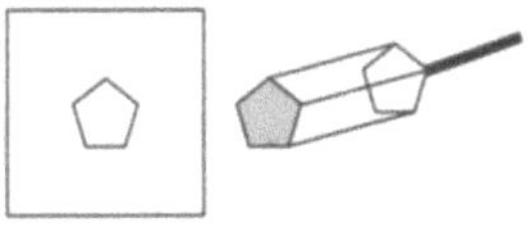

Grafik 7.13 Der Schlüssel zu einem Sachverhalt

2.2.1.3
Die Höhe oder Tiefe des zu entschlüsselnden Inhaltes

Die Darstellungen zeigen, dass der Einblick oder die Einsicht in einen Sachverhalt nicht nur von der Höhe des geistigen Niveaus abhängt, sondern umgekehrt natürlich auch von der Menge und von der Höhe oder Tiefe des zu entschlüsselnden Sachverhaltes.

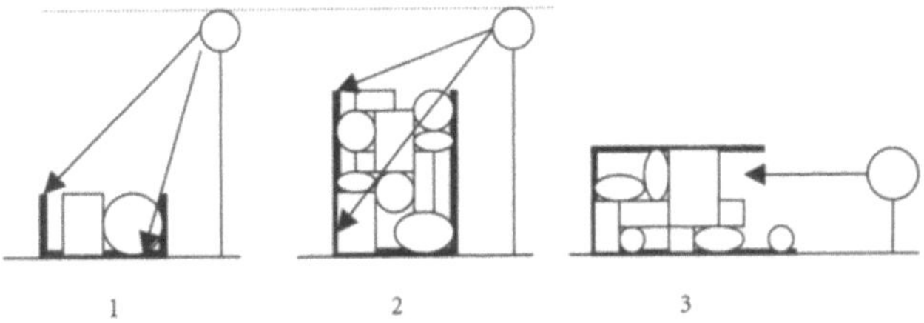

Grafik 7.14 Die unterschiedliche Tiefe eines Inhaltes

Zur Grafik 7.14:
Sit. 1: Bei einem relativ hohen geistigen Niveau kann eine wenig in die Tiefe gehende Umsetzung leicht und umfassend entschlüsselt werden.
Dies ändert sich bei Sit. 2. Hier werden bei dem gleichen geistigen Niveau des Empfängers nur noch Teile der Umsetzung erfasst. Tiefer Liegendes wird verdeckt.
In Sit. 3 kann der Inhalt, obwohl offen vor einem liegend, wegen dessen Komplexität nicht in seinem gesamten Umfang erfasst werden. Man bleibt an der Oberfläche hängen, tiefer Liegendes bleibt einem verschlossen.

2.2.1.4
Die Komplexität des Inhaltes

„Sich Einblick verschaffen" oder „sich Durchblick verschaffen" stellen zwei Wege dar, um sich einem Inhalt zu nähern. Nicht immer bedeutet die Entdeckung des Inhaltes jedoch auch, dass dieser Inhalt in dieser Form aufgenommen, verarbeitet und somit ver-

Vereinfachung:
Die Darstellung z.B. der Entwicklung von der Raupe zum Schmetterling muss für Biologen und für Kinder unterschiedlich ausfallen. Sollen Kinder den Vorgang verstehen, muss er auseinander genommen und in kleinen Teilen angeboten werden.

standen werden kann. Nicht selten muss der entdeckte Inhalt noch besonders bearbeitet werden. Er muss „ver-**ein**-facht" werden. Er muss in einzelne kleinere Teile zerlegt werden.

Die Unverständlichkeit oder Missverständlichkeit einer Umsetzung ist nicht nur einem Empfänger anzulasten. Hier ist vor allem auch der Sender bei seiner Kodierungsarbeit gehalten, die genannten Aspekte bei seiner Übersetzungsarbeit angemessen zu berücksichtigen.

2.3
Studien

2.3.1
Theoretische Studien

- Unterschiedliche „Verpackungen" und deren Zugangsmöglichkeiten.

Zeigen Sie an konkreten Beispielen unterschiedliche „Verpackungen" von Inhalten.

- Die Komplexität einer Umsetzung und die Zeit für ihre Dekodierbarkeit.

Zeigen Sie an unterschiedlichen Beispielen, wie die unterschiedliche Komplexität Umsetzungen von deren Dekodierung erschweren können (z.B. die Dekodierung einer Umsetzung in einer zu kurz bemessenen Zeit).

2.3.2
Praktische Studien

Entwickeln Sie ein Objekt, dessen Inhalt man leicht bzw. sehr schwer erkennen kann.

2.4
Die Anwendung grundlegender Erfahrungen zur Lösung einer konkreten Aufgabe

Als zweite Aufgabe könnte man den Versuch unternehmen, den Griff bzw. den Ein-Aus-Schalter zu verstecken, zuzudecken, abzudecken, zu umhüllen usw.

Konkrete Aufgabe:
Gestalten Sie den Griff eines Wagens oder den Ein-Ausschalter einer Lampe so, dass er leicht gefunden und als Griff oder Schalter direkt wahrgenommen werden kann.

3 Die iconische Deutung

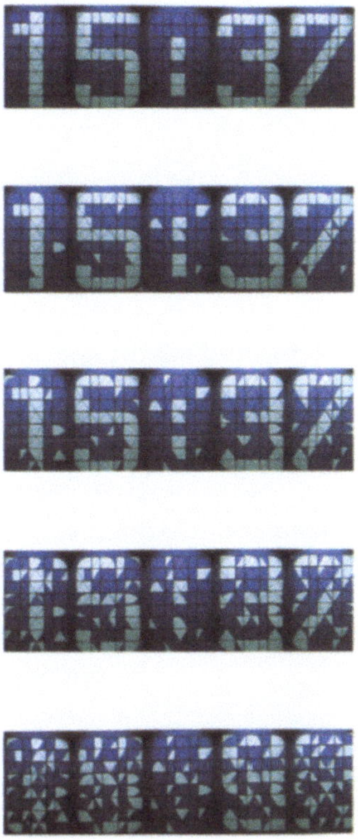

Abb. 7.12 Unterschiedliche Schwierigkeiten bei der Deutung einer Figur.
Zeile oben: Die Zahlen sind bekannt. Doch was ist das in der unteren Bildzeile? Womit kann man das vergleichen?

Nachdem man einen Zugang zu einem Inhalt gefunden hat, geht es jetzt darum, diesen auch zu erfassen. Daraus resultieren die beiden Fragen:

- Worum handelt es sich bei dieser Umsetzung?
- Was ist das?

Mit der Frage „Was ist das?“ wird zugleich ein Weg aufgezeigt, wie man sich vortasten kann, um an den Inhalt einer Sache näher heranzukommen. Man versucht, das Wahrgenommene zu identifizieren, weil man sich dadurch eine erste inhaltliche Klärung verspricht. Diesem Weg soll etwas genauer nachgespürt werden.

3.1 Verallgemeinerung der Fragestellung

Wie kann man vorgehen, um zu erfahren, worum es sich bei einer Umsetzung handelt?

3.2 Darstellung grundlegender Aspekte

3.2.1 Der Prozess der iconischen Deutung

Icon = Abbild
Iconische Deutung = Deutung über das Abbild
Informationen, die man bewusst oder unbewusst zu einem „Bild" gespeichert hat, werden auf ein neu wahrgenommenes „Bild" übertragen, sofern dies mit dem bereits vorhandenen identisch ist.

Mit der Suche nach Identifizierungsmöglichkeiten des neu Wahrgenommenen wird der Weg einer iconischen Deutung beschritten. In einem vereinfachten Modell soll die Abfolge einzelner Arbeitsschritte im Rahmen dieses Deutungsprozesses nachvollziehbar werden.

Am Beginn der Dekodierung steht die Wahrnehmung eines neuen Gebildes, einer neuen Formulierung, einer neuen Äußerung. Mit der Frage: „Was ist das?", versucht der Empfänger, dieses Neue irgendwie einzuordnen. Wo hab ich so etwas schon einmal gesehen, gehört, gefühlt usw.?

Im Folgenden werden immer wieder die Begriffe Äußerung, Formulierung, Gebilde, Umsetzung, Figur genannt. Sie umschreiben immer das Gleiche: etwas, das in irgendeiner Form wahrnehmbar ist. Alle diese Begriffe beziehen sich somit auf greifbare, wahrnehmbare Phänomene. So kann man von einer akustischen Figur sprechen (z.B. von einer bestimmten Melodie oder Musikstück) oder von einer plastischen bzw. architektonischen Figur bei einem plastischen oder architektonischen Gebilde usw.

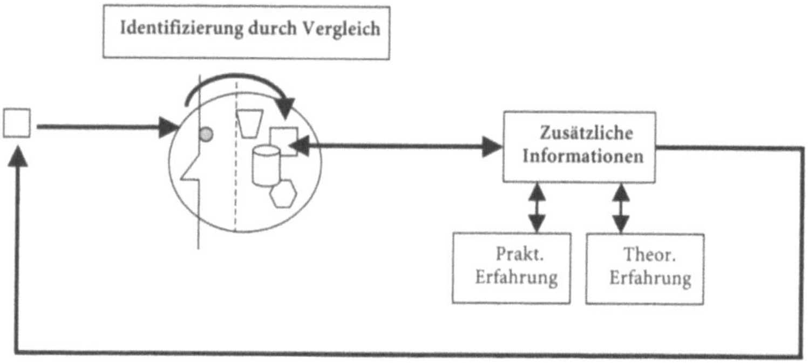

Grafik 7.15 *Der Prozess einer iconischen Deutung*

Was sich hier abzeichnet, ist der Versuch, das Neue zu identifizieren, indem man dieses Neue mit bereits Bekanntem vergleicht.

Man durchsucht seinen „Speicher" (sein Gedächtnis) und prüft, ob sich hier eine „Figur" findet, die mit der neu wahrgenommenen übereinstimmt. Findet man zu der neuen Figur eine bereits gespeicherte, so kann eine Zuordnung erfolgen. Man kann jetzt sagen: **Das ist** ... (in Grafik 7.16 z.B. „Das ist ein Quadrat.") Zeigt eine Figur im Vergleich mit bereits gespeicherten Figuren übereinstimmende Merkmale, so spricht man von einer **iconischen Figur.** Iconische Figuren sind somit mehr oder minder klare Abbilder zu bereits gespeicherten Figuren.

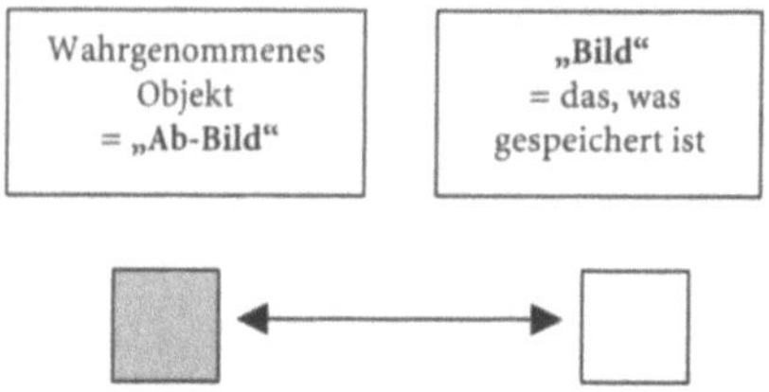

Grafik 7.16 *Die neu wahrgenommene Figur als Abbild einer bereits gespeicherten Figur*

Von einem Ab-Bild kann man sprechen, wenn die neu wahrgenommene „Figur“ Merkmale aufweist, die mehr oder minder stark mit denen bereits vorhandener und gespeicherter „Bilder“ oder „Figuren“ übereinstimmen. Gelingt die Identifizierung der neu wahrgenommenen Figur, so kann man sie in der Regel auch benennen. Doch wie soll man sich gegenüber dem neu wahrgenommen Gebilde verhalten? Man weiß jetzt zwar, worum es sich handelt und man kann es benennen. Doch woher weiß ich: Ist es gefährlich, ist es ungefährlich? Ist es angenehm oder sollte man es besser meiden?

Es gibt Figuren, Formulierungen usw., zu denen noch keine zusätzlichen Informationen vorliegen. Man weiß nicht, was sie alles beinhalten.
Allerdings können diese Figurenangebote, Formulierungen, Umsetzungen so interessant sein, dass sie dazu anregen, sich über deren Inhalt durch praktische und theoretische Erfahrungen zu informieren.
Damit werden bei zukünftigen Begegnungen mit solchen Äußerungen diese dann auch iconisch deutbar.

Um das entscheiden zu können, braucht man die entsprechenden Informationen z.B. über die Eigenschaften und Besonderheiten der neu wahrgenommenen Figur, über deren Einsatzmöglichkeiten und über die von ihr ausgehenden Gefahren. Und in dieser Situation hilft man sich dadurch, dass man einfach auf die zu den gespeicherten Figuren vorliegenden Informationen zurückgreift und auf die neu wahrgenommene Figur überträgt.

Man sagt:

- Sind die Figuren aufgrund ihrer äußeren Form identisch, so ist auch deren Inhalt identisch.

Über diesen Weg erreicht man eine erste Annäherung an den Inhalt einer Äußerung. Und da dieser Weg über den Vergleich der neu wahrgenommenen Figur mit einer bereits gespeicherten Figur geht und die Deutung vom Abbild des Neuen gegenüber dem bereits Vorhandenen abhängt, nennt man dies eine iconische Dekodierung.

Siehe dazu Abschnitt 3.3.1 Theoretische Studien

3.2.2 Die Identifizierung

Eine wesentliche Voraussetzung für die inhaltliche Deutung einer neu wahrgenommenen Figur stellt also deren Identifizierung dar. Dies setzt allerdings voraus:

Eine neu wahrgenommene Figur kann nur identifiziert werden, wenn vor der jetzigen Wahrnehmung zumindest eine vergleichbare Figur früher bereits einmal wahrgenommen wurde und für einen Vergleich zur Verfügung steht.

3.2.2.1 Die Anlage des Speichers

Der Vergleich neu wahrgenommener Figuren mit bereits vorhandenen Figuren wurde als Selbstverständlichkeit akzeptiert. Ohne

Speicher für Informationen: Vergleichbar einer Situation in der Menschheitsgeschichte, bei der es noch nicht möglich war, Informationen über einen längeren Zeitraum (z.B. in Bibliotheken) zu speichern.

einen Speicher, in dem wahrgenommene Figuren zunächst einmal aufbewahrt werden können, wäre dies jedoch nicht möglich.

Mit der Einrichtung und Installation eines Speichers, in den wahrgenommene Gestalten oder Phänomene zunächst einmal einfließen und für mehr oder minder lange Zeit aufbewahrt werden können, steht dem Menschen eine wunderbare Einrichtung für die Deutung seiner Umwelt zur Verfügung. Ein schneller Zugriff auf bereits vorhandene Daten oder Figuren setzt allerdings voraus, dass die eingegangenen Informationen sortiert und klar strukturiert in verschiedenen „Dateien" und „Unterdateien" geordnet wurden. Wird eine neue Figur wahrgenommen, so können dann die vorhandenen „Dateien" schnell abgefragt werden. Liegen analoge Daten vor, ist eine Zuordnung und Wiedererkennung der Figur leicht möglich. Fehlen diese Zuordnungsmöglichkeiten, so muss für die neu wahrgenommene Figur eine neue Datei eingerichtet werden.

Abb. 7.13 Die Anlage eines strukturierten Speichers

3.2.2.2
Die Gründe für die Nichtidentifizierbarkeit neu wahrgenommener Figuren

Beispiele: Staatliche Stellen verhindern den Zugang zu Informationen, Eltern hindern ihre Kinder, bestimmte Äußerungen zu sehen oder zu hören. Oder man ist zu faul oder zu bequem, um sich mit neuer Literatur oder Musik zu beschäftigen.

Fehlen die entsprechenden Figuren im Speicher, weil z.B. einzelne Menschen keinen Zugang zu entsprechenden Äußerungen haben oder weil der einzelne Mensch zu nachlässig ist und sich nicht um die Aufnahme unterschiedlichster Figuren und Formulierungen sorgt, so entfällt die Zuordnungsmöglichkeit.

Ein weiterer Grund für die Erschwernis einer Identifizierung neu wahrgenommener Figuren kann darin liegen, dass die einzelnen bereits wahrgenommenen Phänomene einfach in den Speicher abgelegt wurden, ohne eine saubere „Dateistruktur" aufzubauen. Das heißt, auf vorhandene Figuren kann nicht schnell, wenn überhaupt, zurückgegriffen werden.

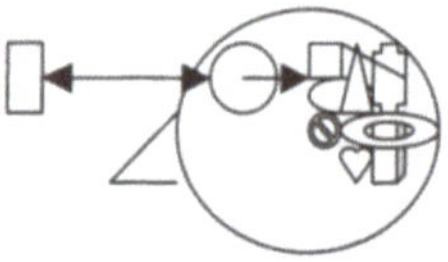

Grafik 7.17 Verarbeitung von Wahrnehmungen

Damit wird ein wesentlicher Aspekt bei der Ausbildung eines Menschen angesprochen. Ohne Hilfen zur Strukturierung des neu Wahrgenommenen kann es zu unsauberen Dateien kommen. Die heranwachsenden Kinder, die Jugendlichen und Erwachsenen können auf das, was sie einmal wahrgenommen haben, nicht mehr oder nur mit sehr viel Mühe und mit sehr viel Zeitaufwand zurückgreifen. Dies erlaubt die Aussage: Nicht das Angebot stets neuer Phänomene (und was bietet man nicht alles den Kindern), sondern die Hilfen bei der Einrichtung klar definierter Dateien und die Zuordnung der wahrgenommenen Phänomenen zu den einzelnen Dateien muss im Vordergrund des Lehrens und Lernens stehen.

Eine Erfahrung, die heute eigentlich jeder machen kann, der mit Computern arbeitet: Ohne Anlage von exakt definierten Dateien und ohne Zuordnung des neu Erfassten zu den entsprechenden Dateien wird ein Zugriff auf dies oder jenes Gespeicherte bereits nach kurzer Zeit fast unmöglich.

Wesentliche Zielsetzung des eigenen Unterrichts und dieser Ausarbeitung war es auch, die einzelnen Aspekte gestalterischer Arbeit aufzugreifen, zu sortieren und in „Dateien“ getrennt voneinander zu strukturieren. Vielen mag dies zu isolierend erscheinen. Tatsache ist aber auch, dass gerade im gestalterischen Bereich eine „babylonische Sprach-Verwirrung“ herrscht mit all den zufälligen Einordnungen gestalterischer Phänomene in diese oder jene Schubladen. Nach kurzer Zeit kann auf das, was an gestalterischen Möglichkeiten genutzt werden könnte, nicht mehr zugegriffen werden.

Abb. 7.14 *Eine unstrukturierte Ablage bzw. ein unstrukturierter Speicher*

3.2.2.3
Voraussetzungen für die Identifizierbarkeit neu wahrgenommener Figuren

Die Identifizierung einer Figur setzt voraus, dass sich im Speicher bereits eine Figur mit vergleichbaren Merkmalen befindet. Eine Figur kann umso schneller identifiziert werden, je größer die Anzahl übereinstimmender Merkmale ist.

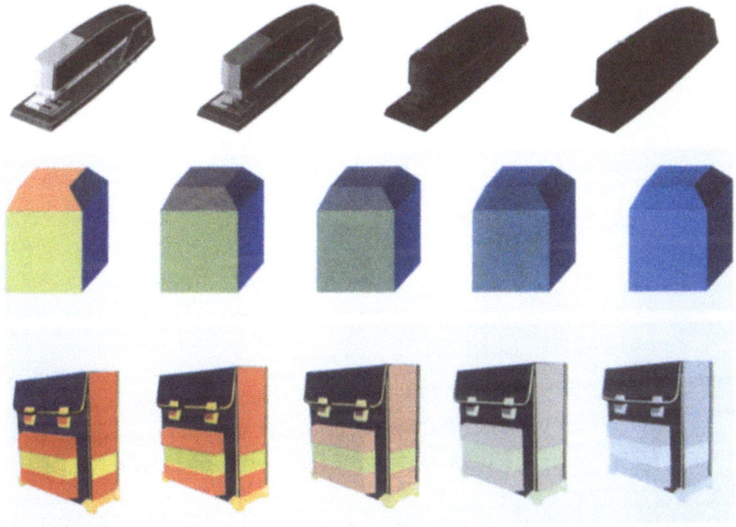

Abb. 7.15, 7.16 und 7.17 *Die Reduzierung von Gestaltmerkmalen erschwert die Identifizierung von neu wahrgenommenen Figuren*

Überträgt man dies auf den visuell wahrnehmbaren Bereich, so kann ein Gebilde bzw. eine Äußerung dann relativ schnell identifiziert werden, wenn bei dem neu wahrgenommenen Gebilde neben den formalen Merkmalen auch die farbigen, die materiellen und

Extrem schnell, wenn es sich um eine exakte Kopie handelt.

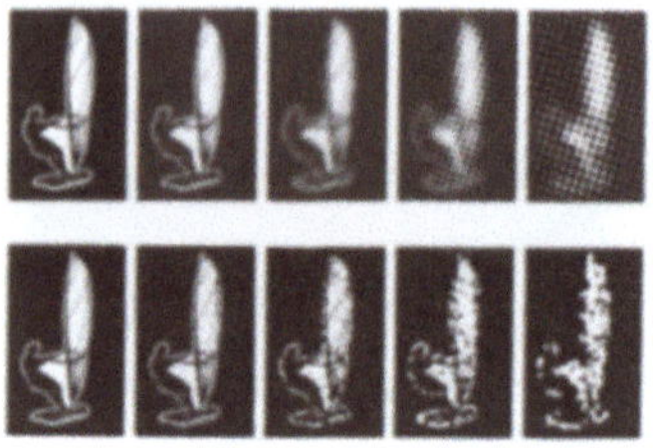

Abb. 7.18 *Die Veränderung der Identifizierbarkeit*

die strukturellen Merkmale gegenüber der bisher gespeicherten Figur weitgehend übereinstimmen.

Fehlt z.B. die Farbigkeit oder lassen sich auf dem Gebiet des verwendeten Materials keine Übereinstimmungen mehr feststellen, erschwert dies die Identifizierung des neu Wahrgenommenen. Erschwerend für eine Identifizierung ist, wenn zwar die einzelnen Merkmale alle übernommen wurden, diese aber nur ungenau und mehr oder weniger abweichend vom Vor-Bild ablesbar sind. So kann zwar die Form als ein wesentliches Merkmal übernommen werden, die Farbigkeit einzelner Teile oder aber des Ganzen kann von der Urfassung mehr oder weniger weit abweichen.

3.2.2.4
Die Grenzen der Identifizierbarkeit

Grenzen der Identifizierbarkeit: Dieser Aspekt ist m.E. für die Identifizierung aller wahrnehmbaren Gebilde beachtenswert:
So stellt sich die Frage, wie weit man Texte reduzieren kann, um dann noch den Sinngehalt eines Wortes bzw. eines Satzes erfassen zu können.
Es ist wichtig, gerade wenn es darum geht, eine Aussage a „auf den Punkt" zu bringen, den Abstraktionsprozess auch im textlichen Bereich zu üben,
z.B. von einer relativ umfassenden Beschreibung eines Objektes (z.B. einer Blume) bis hin zu einer knappen textlichen Fassung, die jedoch noch den Inhalt (Blume) erfassbar macht.

Tauchen Figuren auf, die in ihren Merkmalen mit bereits bekannten Figuren weitgehend übereinstimmen, kann eine Identifizierung schnell und sicher geleistet werden. Nimmt die Zahl übereinstimmender Merkmale ab und werden die vorhandenen noch ungenau kopiert, so kommt irgendwann die Grenze für eine Identifizierung der neu wahrgenommenen Figur.

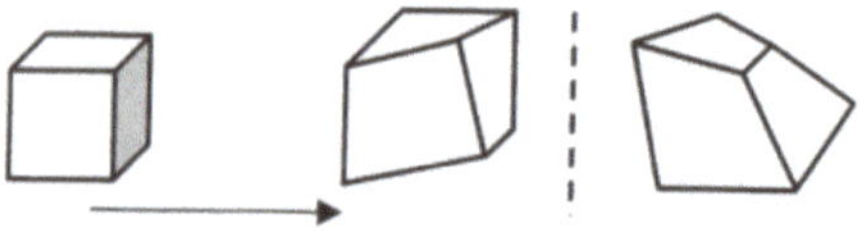

Grafik 7.18 *Die Grenze der Identifizierbarkeit*

Abb. 7.19 und 7.20 *Die ungenaue Kopie von Merkmalen einer Ausgangsfigur*

Somit kann gesagt werden:

Schnell und leicht kann eine Umsetzung gedeutet werden, wenn sie möglichst exakt mit den Figuren und Gebilden übereinstimmt, die wir kennen. Je weniger und je ungenauer die jeweiligen Merkmale uns bekannter Figuren bei der neuen Umsetzung abgebildet sind, umso schwieriger wird die iconische Deutung.

Vereinfacht dargestellt ergeben sich für eine Identifizierung folgende Abhängigkeiten:

Abb. 7.21 Die Zunahme der Identifizierbarkeit bei der exakteren Übernahme der Gestaltmerkmale

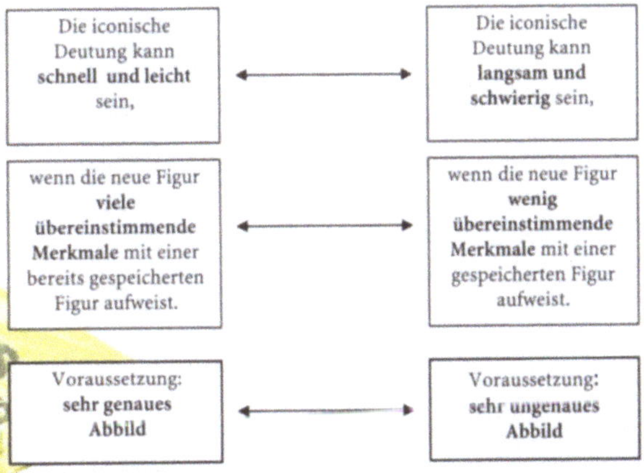

Grafik 7.19 Die Gegenüberstellung von leichter und schwerer Identifizierbarkeit

Am schwierigsten wird eine Identifizierung, wenn von dem gespeicherten Gebilde wenig Merkmale und diese noch dazu ungenau abgebildet werden.

positives Beispiel: die Kopie von einem Objekt. Hier werden relativ viele Merkmale abgebildet.

3.2.2.5 Die Arbeitsleistung des zuständigen Organs bei der Identifizierung von Figuren

Wir machen die Erfahrung, dass wir auch dann, wenn uns weitgehend unvollkommene Figuren begegnen, in vielen Fällen diese trotzdem identifizieren können. Woran liegt es?

Man kann davon ausgehen, dass bei der Identifizierung von Figuren neben der Registrierung des Vorhandenen von dem zuständigen Organ des Menschen (dem Gehirn) zusätzliche „Gestaltungsarbeiten" geleistet werden. Eine verbogene Figur wird gerade ge-

„Gestaltungsarbeit": Siehe Teil 6, Kapitel 2.2.1.2

Die besondere Arbeitsleistung des Gehirns:
Vom gespeicherten Bild abweichende Figuren bis zu einer bestimmten Grenze der zugrunde liegenden Figur zuzuordnen, hat weitreichende Konsequenzen:
Würde diese Arbeitsleistung unseres Verarbeitungsorgans fehlen, würde dies bedeuten, dass jedes auch nur geringfügig von einer bereits gespeicherten Figur abweichende Gebilde völlig neu dekodiert werden müsste.
Hinzu käme, dass dann jedem dieser Gebilde ein eigener Speicherplatz eingeräumt werden müsste mit der Konsequenz, dass wir bereits nach kurzer Zeit am Ende unseres Aufnahmevermögens wären.

rückt. Wenn Teile einer Figur fehlen, werden diese einfach ergänzt. Werden Teile einer Figur wahrgenommen, so setzt unser zuständiges Arbeitsorgan (das Gehirn) diese wieder selbst so zusammen, dass wir das ursprünglich vorhandene Gebilde identifizieren können.

Abb. 7.22 und 7.23 Die Identifizierung einer Figur trotz fehlender Teile

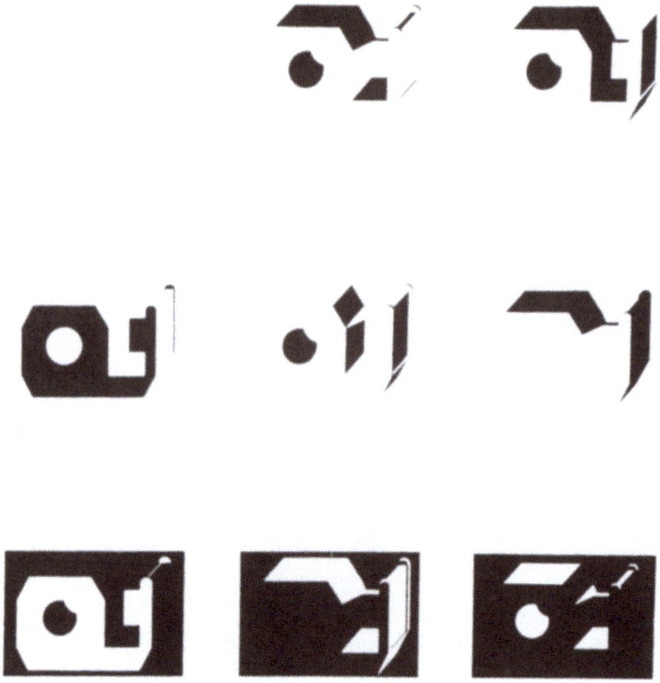

Abb. 7.24 Fehlendes wird ergänzt, um das Wahrgenommene doch noch identifizieren zu können

3.2.3
Die Abhängigkeit der iconischen Deutung von vorhandenen Informationen

Die bisherigen Überlegungen betrafen die Voraussetzungen für eine Identifizierung der neu wahrgenommenen Figur. Die inhaltliche Deutung, also die Aussage, was es mit dieser Figur auf sich habe, ob sie gefährlich oder ungefährlich sei, steht noch aus. Die inhaltliche Dekodierung verlangt vom Empfänger die Durchführung weiterer Arbeitsschritte.

3.2.3.1
Die vorhandenen Informationen

Es muss geprüft werden, ob zu der Figur im Speicher, die mit der neu wahrgenommenen Figur identisch ist, Informationen vorhanden sind. Die Lieferung, die Aufnahme und Verarbeitung der Informationen kann durch eigene Erfahrungen im Umgang mit den bereits gespeicherten Figuren erfolgen, sie kann von Eltern, Lehrern, sonstigen Medien geliefert werden. Sie können bewusst aufgenommen und sie können unbewusst erfahren werden.

3.2.3.2
Die Übertragung der Informationen

Eine iconische Deutung gelingt, wenn die Informationen, die man zu einer gespeicherten Figur besitzt, die identisch ist mit der neu wahrgenommenen Figur, auf diese dann übertragen kann.
Der Grundgedanke dabei ist:

- Bei der Identität der äußeren Form von zwei Figuren sind auch deren Inhalte identisch.

Jetzt erst kann man von einer inhaltlichen Deutung der neu wahrgenommenen Figur sprechen. Jetzt kann man sagen, um was es sich handelt und was diese Formulierung enthält. Die inhaltliche Dekodierung eines neu wahrgenommenen Objektes kann auch nach dessen Identifizierung ausgeschlossen sein kann, wenn die entsprechenden Informationen fehlen oder die Übertragung nicht gelingt.

So kann man im Umgang mit einem einfachen Gartengerät erfahren, dass der Rechen spitze Zacken hat, dass der Stiel aus Holz ist. Er kann leicht abbrechen, während sich die Zacken der Harke eher verbiegen. Das Holz ist wesentlich leichter und fühlt sich wärmer an als das Metall der Harke usw.
Liegen Kenntnisse über die Bearbeitungsmöglichkeiten von Holz und Eisen vor, können auch diese Informationen abgerufen werden.

3.2.4
Die iconische Deutung und deren Auswirkungen auf das Verhalten des Menschen

Wird eine neue Figur wahrgenommen **und** kann diese neue Figur einer bereits gespeicherten Figur zugeordnet werden **und** liegen zu dieser gespeicherten Figur bereits Informationen vor, so erhält der Mensch damit eine verlässliche Orientierungshilfe, wie er sich gegenüber dem neu Wahrgenommenen verhalten muss, um sein Leben nicht zu gefährden.

3.3
Studien

Die anstehenden Studien beschäftigen sich im Wesentlichen mit dem Ziel, die Grenzen der Identifizierbarkeit auszuloten.

3.3.1
Theoretische Studien

Abb. 7.25 Die Veränderung der Identifizierbarkeit bis zur Grenzüberschreitung

Folgende Themen wurden aufgegriffen:

- Die Klärung, welche Faktoren für die Identifizierbarkeit von Figuren (visuellen, haptischen oder akustischen) maßgebend sind
- Die Klärung, wo die Grenzen für die Identifizierbarkeit geometrischer Figuren liegen

Einer größeren Gruppe wurden Kärtchen vorgelegt, die jeweils die drei Grundformen und die daraus abgeleiteten Zwischenformen zeigten. Je näher die Figuren den jeweiligen Grundformen kamen, umso eindeutiger wurde deren Zuordnung geleistet. Dann gab es eine Zone mit unklaren Zuordnungen, bis im mittleren Bereich eine relativ große Zone nicht eindeutig zuzuordnender Figuren auftraten.

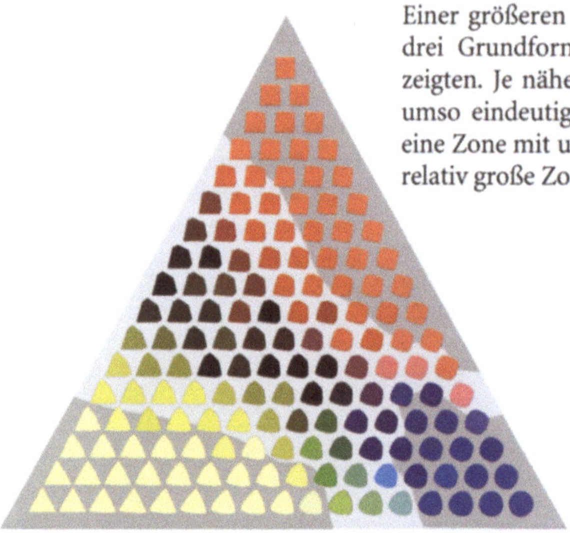

Abb. 7.26 Übersicht: Grundformen und Übergang
Abb. 7.27 Zu bewertende Zwischenform
Abb. 7.28 Die Bewertung (Die jeweiligen Farben verweisen auf die Zuordnungen zu den Ausgangsformen.)

- Die Klärung, welche Faktoren für das „Behalten-Können“ von Figuren maßgebend sind

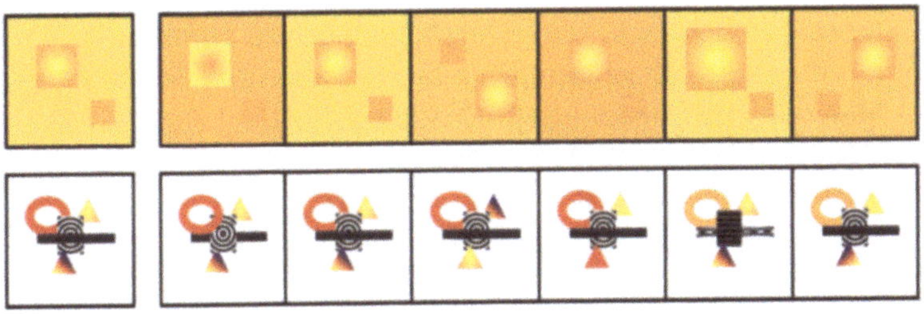

Abb. 7.29 *Testreihe zur Prüfung, wieweit einmal bekannte Figuren nach einer gewissen Zeit wiedererkannt werden*

- Die Klärung, ob unterschiedliche Fachleute unterschiedliche Identifizierungsgrenzen setzen

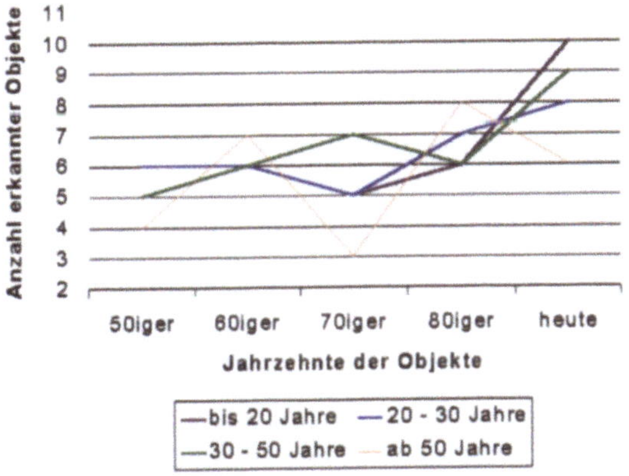

Abb. 7.30 *Untersuchungsergebnis zur Prüfung, inwieweit Objekte aus unterschiedlichen Zeiten von entsprechenden Zeitgenossen wiedererkannt werden*

- Die Klärung, welches Wissen und welche Kenntnisse im Schnitt beim alltäglichen Objekten erwartet werden kann

3.3.1.1
Die Bewertung eines Objektes hinsichtlich seiner Identifizierbarkeit

Wählen Sie ein bestimmtes Designobjekt und untersuchen Sie es hinsichtlich seiner iconischen Deutbarkeit und Identifizierbarkeit. Ist ein Produkt leicht oder schwer zu identifizieren?

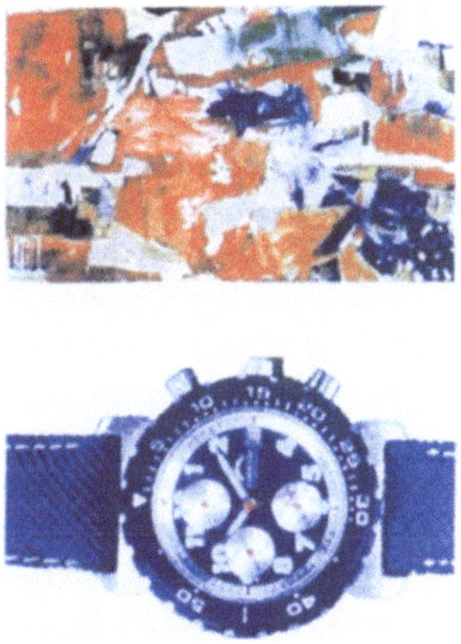

Abb. 7.31 *Identifizierungsprobleme*

Komplexe Objekte können nach einer gewissen Zeit weniger eindeutig identifiziert werden als einfache. Diese Tendenz verstärkt sich bei abstrakten Gebilden (z.B. die Figur oben gegenüber den beiden unteren Figuren.

Abb. 7.32 (unten) *Erschwernisse bei der Identifizierung durch die Art der Strukturierung und die Anzahl und Unterschiedlichkeit der Elemente*

Dies bedeutet, es muss aufgezeigt werden, wieweit ein bestimmtes Objekt mit den vorhandenen, bereits gespeicherten Figuren übereinstimmt und somit leicht, schnell oder nur schwierig und mit viel Mühe identifiziert werden kann. Es muss ein ***Profil*** *erstellt werden.*

Die Studien weisen eine enge Verwandtschaft zu den Studien in Teil 6 Die Wahrnehmung auf. Hier insbesondere zu den Studien, die sich mit dem Wahrnehmungsprozess beschäftigen. Bei den Studien standen die einzelnen Arbeiten im Rahmen des Wahrnehmungsprozesses im Vordergrund, wobei auch dort das Ziel einer Identifizierung angegeben war. Jetzt geht es um Realisierungen, die sich zwar den einzelnen Arbeitsschritten des Wahrnehmungsprozesses zuordnen lassen, was jedoch hier nicht vorrangig gefordert ist.

Verändern Sie Teile des Objektes bzw. das ganze Objekt so, dass z.B. das einzelne Elemente eines Ein-Ausschalters nicht mehr als Schalter erkennbar ist, z.B. Veränderung der plastischen Form durch Zugeben oder Wegnehmen von Material (bis hin zum völlig ebenen Objekt).

Vorgehensweise:
- Auswahl eines bestimmten Objektes (Bügeleisen, Föhn oder Lichtschalter usw.). Bei Entscheidung z.B. für einen Lichtschalter sind zusätzlich 5 bis 6 Lichtschalter noch zu sammeln.
- Für die zusätzlich gesammelten Lichtschalter sind Form-, Farb-, Material- und Gliederungsprofile zu erstellen.
- Vergleich des ausgewählten Objektes mit den bereits bekannten Objektprofilen hinsichtlich der Form, der Farbe, des Materials, der Gliederung, der Dimension

3.3.2 Praktische Studien

3.3.2.1 Die Grenze der Identifizierbarkeit einer Figur

Erstellen Sie mehrere Umsetzungen, bei denen ein oder mehrere Merkmale der Ausgangsfigur verändert werden, so dass die Identifizierung der Umsetzung mehr und mehr erschwert wird. Durch:

a) Verminderung der Anzahl der Merkmale
b) Veränderung eines Merkmales
(z.B. genaue – ungenaue Übertragung des Merkmales)

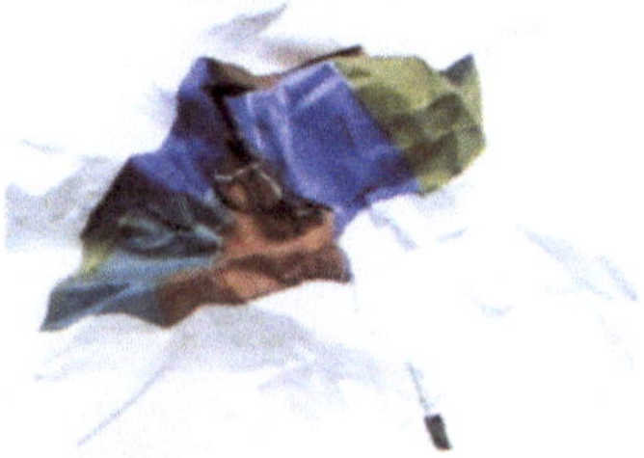

Abb. 7.33 Gegenstand (Schirm) und die Grenzen seiner Identifizierbarkeit

- Die Grenzen der Identifizierbarkeit von Buchstaben

Zeigen Sie unterschiedliche Darstellungsmöglichkeiten auf, wie die Lesbarkeit und damit die Identifizierbarkeit sprachlicher Elemente erleichtert bzw. erschwert werden kann.

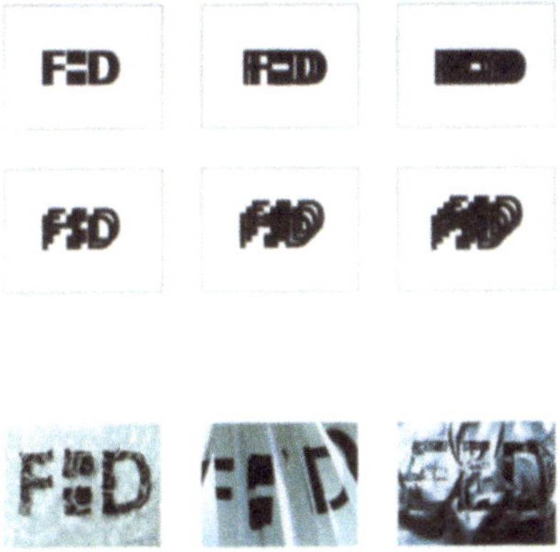

Abb. 7.34 Veränderung der Lesbarkeit von Buchstaben

- Die Identifizierbarkeit von plastischen Objekten

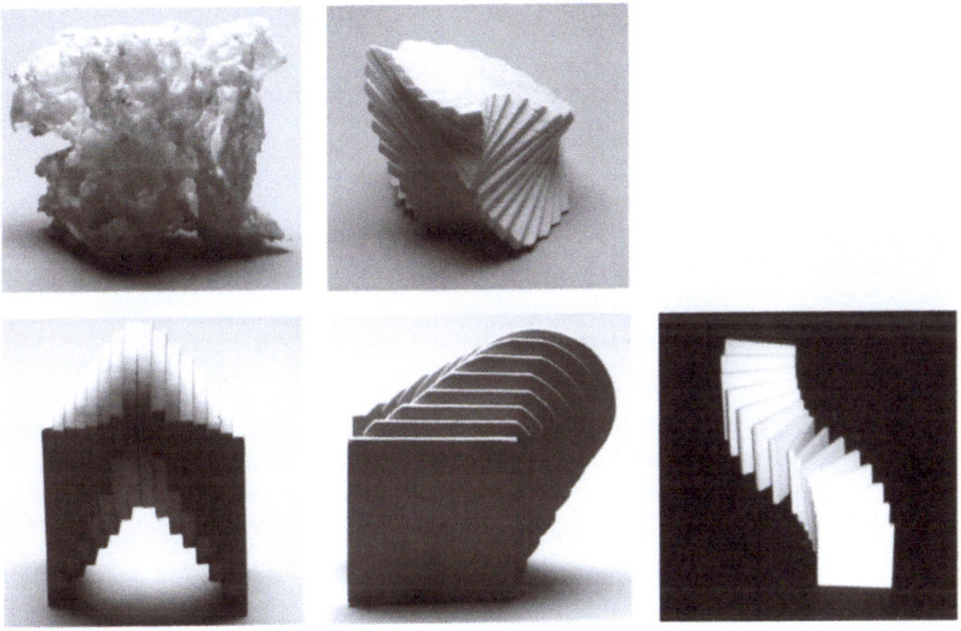

Abb. 7.35 Serie mit Würfelüberarbeitungen, die mehr oder weniger leicht zu identifizieren sind

Auch durch Bewegung des Buchstabens, des Wortes, durch eigene Bewegung (gehen, fahren usw.)

- Die Identifizierbarkeit von Buchstaben und Worten aufgrund der Mundbewegung sprechender Menschen

Das Ablesen einer Aussage aus der Bewegung des Mundes beim Sprechen, ohne akustische Wahrnehmung.

- Die Identifizierbarkeit von gesprochenen Worten (die Identifizierbarkeit akustischer Formulierungen)
  - Mundbewegungen, laute Aussagen, leise Aussagen
  - unterschiedliche Dehnung einzelner Wörter oder Wortteile
  - die Identifizierbarkeit akustischer Phänomene (z.B. ein Ton zwischen zwei anderen Tönen, laut – leise, zunehmend – abnehmend)

Die einzelnen Veränderungen sind auch grafisch sauber zu präsentieren. Eine Orientierung der Darstellungen an visuellen Merkmalen ist anzustreben (z.B. Veränderungen der Form, Nutzung von punkthaften oder linienhaften Elementen, Begrenzungen).

- Die Identifizierbarkeit einer Melodie

Veränderungen, die eine Identifizierung erschweren können (z.B. Teile weglassen, einzelne Teile ungenau machen).

- Die Identifizierung plastisch-raumhafter Objekte (die Identifizierung von Figuren aufgrund der Haptik)

Gleiche bzw. unterschiedliche Figuren mit unterschiedlichen Merkmalen, Formvariationen oder Materialvariationen werden so präsentiert, dass sie zunächst nicht visuell wahrgenommen werden können, sondern nur über das Anfassen zu identifizieren sind.

3.4
Die Anwendung grundlegender Erfahrungen zur Lösung einer konkreten Aufgabe

Merkmalprofil
Visuell hinsichtlich der Formgebung, der Farbgebung, der Materialgebung und der Gliederung sowie der Dimensionierung, haptisch hinsichtlich der Materialgebung und der Oberflächengestaltung, z.B. Formprofil = mittlere Form aus den gesammelten Objekten

Grafik 7.20 *Profile als mittleres Maß*

Die konkrete Aufgabe 1:
Das konkret zu entwickelnde Produkt soll schnell und leicht (als Brotdose, als Trinkbecher, als Einkaufswagen usw.) identifiziert werden können.

Vorgehensweise:

- Sammlung von vorhandenen Gebilden

Soll ein Warentransportgerät als solches identifiziert werden, so muss es Merkmale bislang bekannter Warentransportgeräte aufweisen. Somit sind alle möglichen Warentransportgeräte zu sammeln.

- Erstellung eines Merkmalprofils bereits bekannter Objekte
- Übertragung der Profilmerkmale auf das bereits erstellte und technisch funktionierende Produkt

Die Übertragung der Merkmale soll auf das neu zu entwickelnde Produkt übertragen werden.

Durchführung der Aufgabe:

Die vorhandenen Lösungen werden analysiert. Es werden zu den Formen, Farben, Materialien und Gliederungen jeweils eigene Profile erstellt.

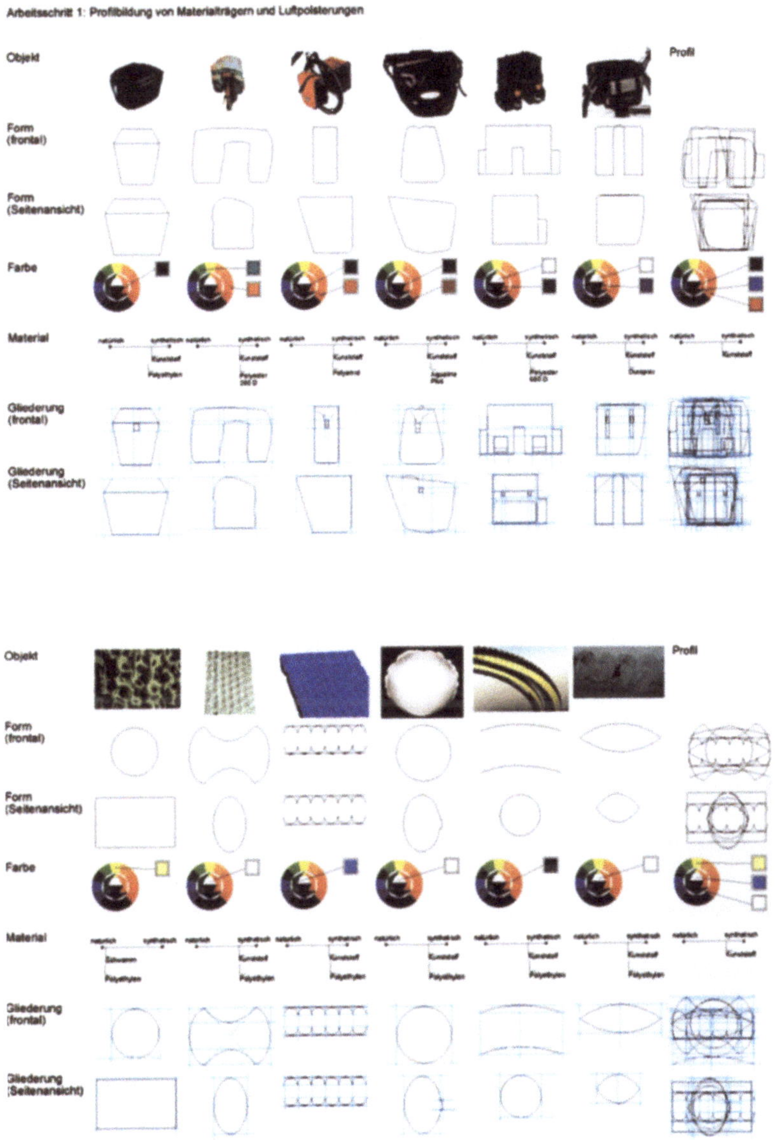

Abb. 7.36 Die Entwicklung von Objektprofilen
Oben: Profil vorhandener Fahrradtaschen Unten: Profil vorhandener Luftpolsterungen

Man erhält über die Profilbildung einen Hinweis auf Formen, Farben, Materialien und eine Gliederung, die als Mittelwert vorhandener Maßnahmen oder Objekte gelten kann. Überträgt man diese auf das neue Produkt, ermöglicht dies eine Zuordnung zu bereits bekannten Objekten und somit deren Identifizierung.

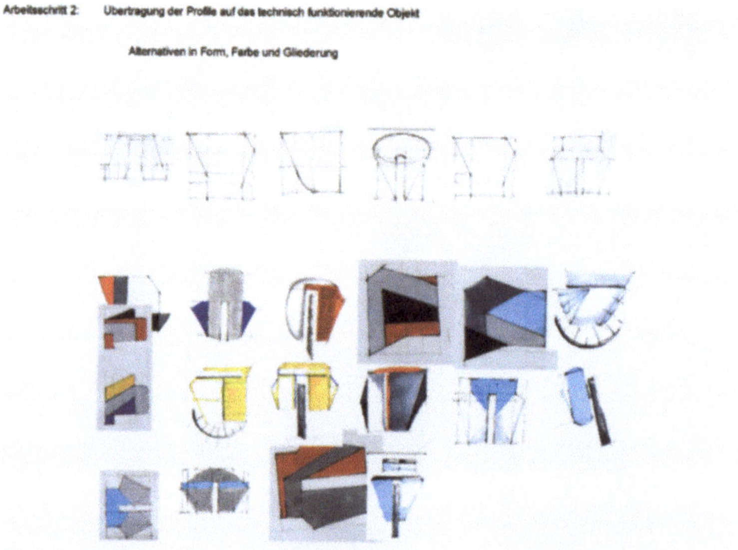

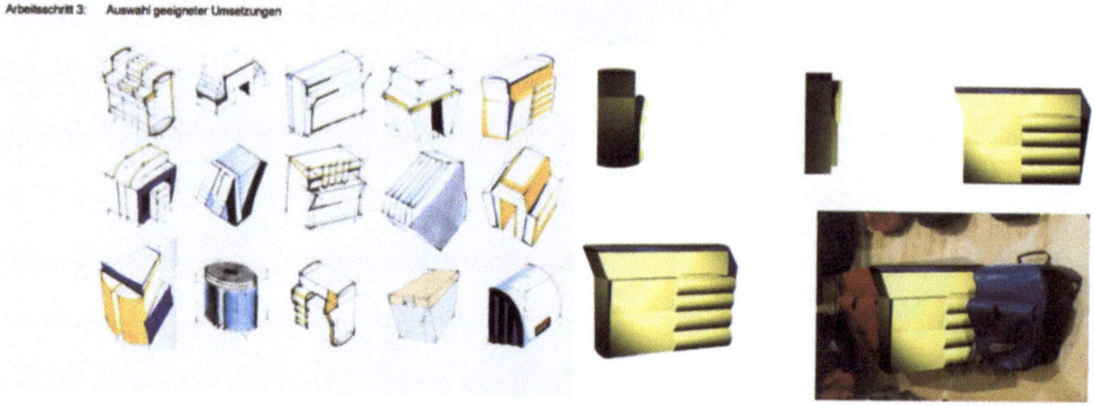

Abb. 7.37 *Übertragung der Profileigenschaften: Entwicklung von Alternativen*

Abb. 7.38 *Auswahl einer entwickelten Lösung: Präsentationsdarstellung und Überprüfung der Lösung in einer konkreten Geschäftssituation*

Die konkrete Aufgabe 2:
In begrenzter Zeit sind neue Flaschenformen zu entwickeln.

Vorgehensweise:

- Zusammenstellung der wesentlichen produktbestimmenden Form-Merkmale
- Übertragung der Merkmale zur skizzenhaften Darstellung neuer Flaschenformen.

Bei der Zusammenstellung der jeweiligen produktbestimmenden Merkmale empfiehlt sich ein Vorgehen nach der Ideenfindungsmethode „Attribute Listing".
Siehe Teil 5, Kapitel 1 Die Suche nach neuen Lösungen

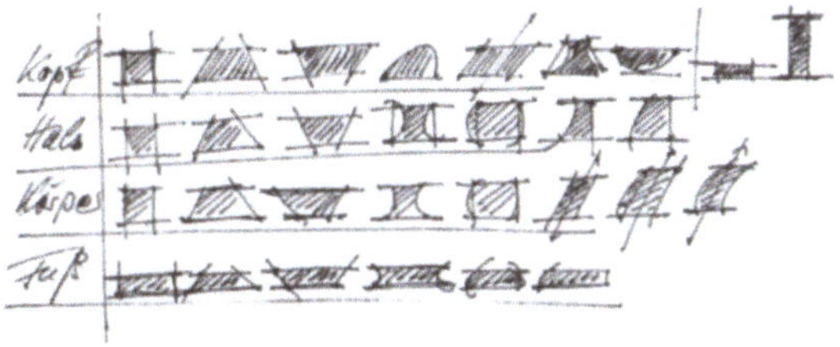

Abb. 7.39 *Zusammenstellung der wesentlichen produktbestimmenden Merkmale*

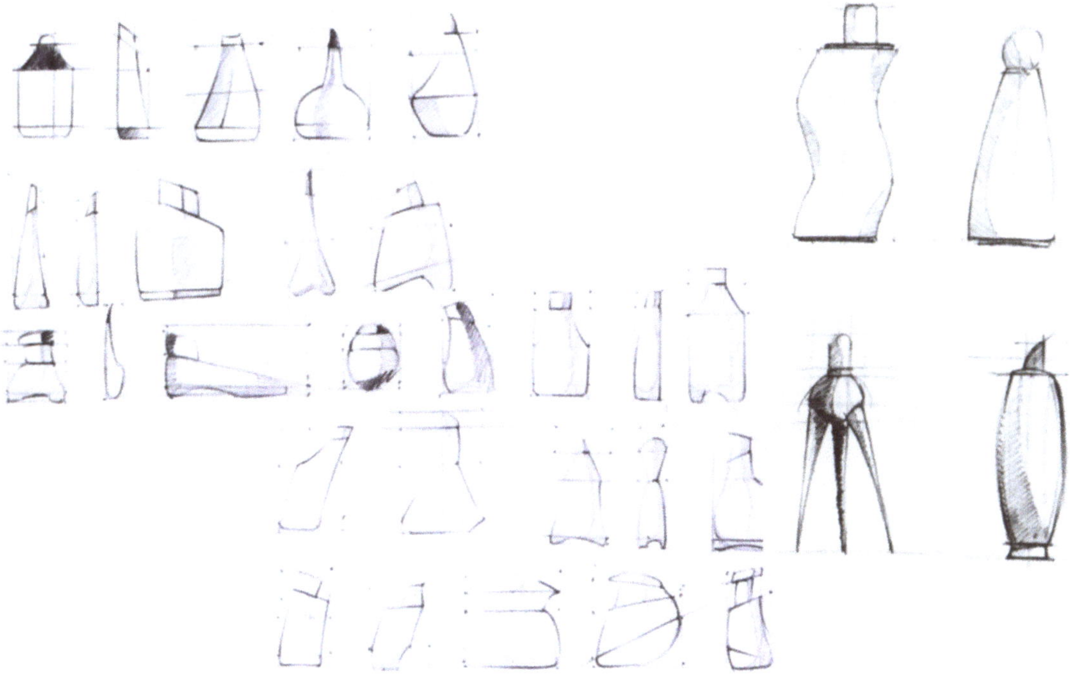

Abb. 7.40 *Entwicklung neuer Objektformen, die wegen der spezifischen Merkmale leicht zu identifizieren sind*

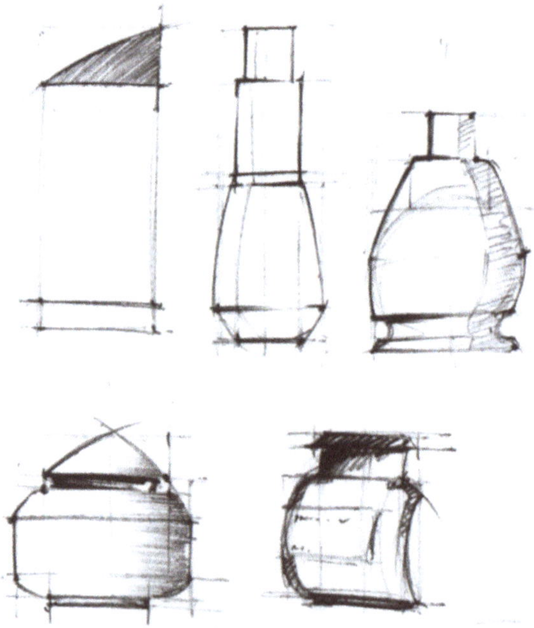

Abb. 7.41 Entwicklung von Einzelformen

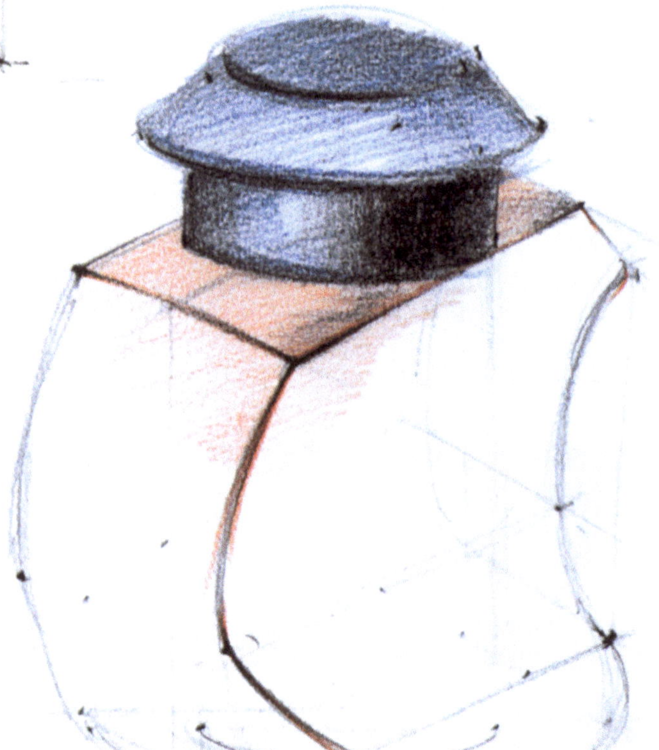

Abb. 7.42 Räumliche Darstellung einer entwickelten Flaschenform

4 Die symbolische Deutung

Viele Formulierungen bzw. Äußerungen ermöglichen aufgrund der iconischen Deutung eine erste inhaltliche Annäherung. Man weiß, um was es sich handelt. Man hat eine erste Orientierungshilfe.

Sehr bald wird man allerdings feststellen, dass damit nur ein Teil des Inhaltes erfasst wurde. So kann man ein Verkehrsschild zwar hinsichtlich seines Materials, seiner Formen und seiner Gliederung und Farbigkeit als „Verkehrsschild“ identifizieren, seine eigentliche Bedeutung hat man damit noch nicht erfasst. Was soll diese Farbgebung, diese Anordnung von Formen und Materialien? Hat das irgendeine besondere Bedeutung? Wenn ja, welcher Inhalt verbirgt sich dann hinter den Formen, Farben, Materialien und Gliederungen dieses Gebildes?

Dieser Frage soll in dem nun folgenden Kapitel nachgegangen werden.

4.1 Verallgemeinerung der Fragestellung

Wie kann man vorgehen, um den Symbolgehalt einer Umsetzung zu erfassen?

Symbol:
Aus dem Griechischen: syn - ballein
Zusammenwerfen, zusammenfügen, etwas, was aus zwei Teilen, die zusammenpassen, besteht.
Symbol als etwas, das aus zwei Teilen besteht: ***dem Träger***
(den Farben, Formen, Materialien und deren Gliederung)
und ***dem damit verbundenen Inhalt***

Abb. 7.43 Der Baum als Symbol für Leben, Natürlichkeit, Wachstum, Erdverbundenheit

4.2
Darstellung grundlegender Aspekte

4.2.1
Der Ablauf des symbolischen Deutungsvorganges

In einem vereinfachten Modell (siehe Kapitel 3 Die iconische Deutung) werden die einzelnen Phasen eines symbolhaften Deutungsvorganges abgebildet. Am Beginn steht die neu wahrgenommene Figur. Sie zeigt bei einer visuellen Wahrnehmung Formen, Farben, Materialien und eine besondere Gliederung. Was jetzt interessiert, ist allerdings etwas anderes als bei einer iconischen Deutung. Jetzt will man wissen, **Wofür stehen** diese Formen, Farben, Materialien und die Gliederung dieser einzelnen Elemente.

Auch hier (wie bei der iconischen Deutung) ist zunächst einmal nachzufragen, ob im eigenen Speicher Figuren vorhanden sind, die mit dem neu Wahrgenommenen Übereinstimmungen aufweisen. Man vergleicht das neu Wahrgenommene mit den Figuren bzw. Gestaltungen, die man bereits kennt.

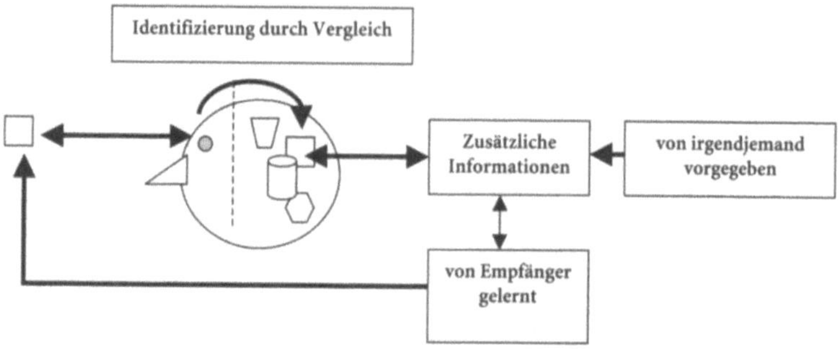

Grafik 7.21 Das Modell eines symbolischen Deutungsvorganges

Entdeckt man eine Figur, die vergleichbare Merkmale trägt, so eröffnet sich ein Weg, die symbolhafte Bedeutung zu erfassen. Notwendig ist allerdings, dass der Empfänger weiß, welche Inhalte der gespeicherten Figur zugewiesen wurden. Diese Inhalte kann er jetzt auf die neu wahrgenommene Figur übertragen.

Es gilt auch hier (entsprechend der iconischen Deutung): Ist die neu wahrgenommene Figur identisch mit einer gespeicherten Figur, so kann deren Inhalt auf die neu wahrgenommene Figur übertragen werden.

Jetzt kann man z.B. sagen:

Ein Kreuz	+	**steht für:** plus, dazuzählen, addieren
Eine Linie	_	**steht für:** minus, abziehen, subtrahieren
Eine Kette	◯◯◯	**steht für:** Verbindung der einzelnen Glieder miteinander

Jetzt kann man sagen: das Objekt, Element oder Zeichen **steht für ...**

Welcher Inhalt wird einem Quadrat zugewiesen?
Welcher symbolhafte Inhalt wird der Farbe Rot zugewiesen?
Welcher symbolhafte Gehalt wird mit dem Material Holz verknüpft?
Welcher symbolhafte Inhalt wird mit einer strengen Gliederung (z.B. einem Raster) verbunden?

4.2.2 Der Vergleich der neu wahrgenommenen Figur mit bereits gespeicherten Figuren

Sehen wir uns die einzelnen Arbeitsschritte beim symbolhaften Deutungsprozess etwas genauer an und beginnen mit der Identifizierung der neu wahrgenommenen Figur. Hier gelten die gleichen Bedingungen, wie wir sie bei der iconischen Dekodierung kennen gelernt haben. Wichtig ist die Speicherung dessen, was man wahrgenommen hat. Zu beachten ist in gleicher Weise die exakte Zuordnung der einzelnen Figuren in die richtigen „Dateien“, will man später wieder schnell und sicher auf die einzelnen Figuren zurückgreifen können.

4.2.3 Die Zuweisung von Informationen an die gespeicherten Figuren

Will man die neu wahrgenommene Figur inhaltlich deuten, so ist man auf Informationen angewiesen, die mit der bereits gespeicherten und identischen Form verknüpft sind. Und hier kommt es zum entscheidenden Unterschied zwischen der iconischen und symbolischen Deutung:

Beispiel: Ein Verkehrsschild
Man sieht Formen, Farben, Materialien und deren besondere Zuordnung.
Dieser Formation wurde von jemandem die Bedeutung „Durchfahrt verboten“ zugewiesen.
Hat man dies gelernt, dann kann man bei der Wahrnehmung dieses Gebildes den damit verbundenen Inhalt erfassen.

Die Informationen zu den jeweils gespeicherten Figuren ergeben sich jetzt aber nicht, wie bei der iconischen Deutung, aus deren Eigenart oder Eigenschaft, sondern sie werden von irgendjemandem der Figur oder dem einzelnen Element zugewiesen. Dabei liegt es im menschlichen Ermessen, welcher Inhalt mit welcher Figur oder Element verknüpft wird. Grundsätzlich besteht die Möglichkeit, jede Bedeutung jedem Gebilde zuzuweisen.

Das Verfahren, bestimmte Mittel mit ganz bestimmten Inhalten relativ frei zu kombinieren, stellt ein phantastische Möglichkeit dar, alle infrage kommenden materiellen Träger für eine Informationsübertragung zu nutzen, braucht man doch jetzt nur noch den einzelnen Figuren und Elementen die jeweiligen Inhalte zuzuweisen.

Mit der Nutzung von Figuren und Elementen als Symbol besteht für den Menschen die Möglichkeit, hinter der äußeren wahrnehmbaren Fassade einer Umsetzung noch andere Informationen eines Senders zu entdecken (oder umgekehrt: Bei einer Kodierung können zusätzliche Inhalte untergebracht werden), als dies bei einer iconischen Deutung der Fall ist.

Wichtig dabei ist allerdings:
Sender und Empfänger müssen die Zuweisung des Inhalts zu dem jeweiligen materiellen Element vereinbaren. Nur so ist eine eindeutige Verständigung zwischen beiden möglich.

So steht ein Kreis für Vollkommenheit, Unendlichkeit, Geborgenheit.

So steht die Kombination von einem Quadrat und einer Linie für Aufstieg in sicherem Ort

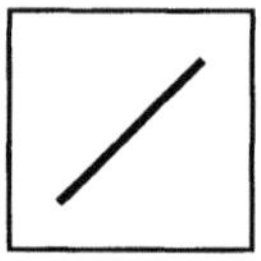

4.2.3.1
Die Unabhängigkeit von der Art der Elemente

Bestimmte Inhalte können „gegenständlichen" und ungegenständlichen, also „abstrakten" Dingen, Figuren usw. zugewiesen werden. Bedeutungen können einzelnen Elementen (einzelnen Formen, Farben, Materialien oder Gliederungen) aber auch größeren Gebilden und Gegenständen zugewiesen werden. Grundsätzlich kann man allen wahrnehmbaren Phänomenen jeweils besondere Bedeutungen zuweisen.

Man denke an akustisch wahrnehmbare Phänomene, sei es ein einzelner Ton (Gong), sei es eine Zweierkombination (Polizeiauto), sei es eine bestimmte Tonfolge vor einer Nachrichtensendung.

Gegenständliche Symbole: Siehe dazu Gerd Heinz-Mohr: Lexikon der Symbole. Verlag Eugen Diederichs 1984.

Siehe Teil 15, Kapitel 3.3 Ergebnisse von symbolhaften Bedeutungen für ungegenständliche Formen, Farben, Helligkeiten, Materialien und Gliederungen, wie sie von Studierenden im Rahmen einer Untersuchung entwickelt wurden

4.2.3.2
Visuelle, haptische und akustische Elemente als Träger von bestimmten (symbolhaften) Bedeutungen

Industrie-Designerinnen und Designern stehen visuell, haptisch und akustisch wahrnehmbare Mittel zur Verfügung. Visuelle Mittel, wie Formen, Farben, Helligkeiten und Materialien und deren Gliederung, sind zum Teil mit bestimmten symbolhaften Bedeutungen belegt. Haptischen Mitteln, wie festen, flüssigen und gasförmigen Materialien, werden ebenso symbolhafte Bedeutungen zugewiesen wie akustischen Elementen.

4.2.3.3
Die Zuweisung symbolischer Bedeutungen „per Gesetz"

Die Sicherung des menschlichen Lebens in einem Lebensraum verlangt, dass der einzelne Empfänger, der mit irgendwelchen wahrnehmbaren Gebilden konfrontiert wird, absolut sicher sein muss, dass der von ihm mit einer Figur verbundene Inhalt für alle gültig ist.

Die symbolhafte Bedeutung von Verkehrsschildern ist deshalb „per Gesetz" festgelegt. In diesem Fall wird die symbolhafte Bedeutung von einem bestimmten Sender, dem Gesetzgeber, verbindlich festgelegt. Jeder Mensch kann davon ausgehen, dass zu einer bestimmten Zeit diese Umsetzung von allen am Ort immer gleich gedeutet wird.

Zu den per Gesetz festgelegten symbolhaften Bedeutungen zählen auch alle eingetragenen symbolhaften Zeichen von Vereinen oder Firmen.

4.2.3.4
Die Zuweisung symbolischer Bedeutungen „per allgemeiner Übereinkunft"

Neben den „per Gesetz" festgelegten symbolhaften Bedeutungen gibt es Figuren und Gebilde, die in freier Natur gewachsen sind oder aber künstlich erstellt wurden. Vielen dieser Gebilde haben die Menschen in einem bestimmten Lebensraum oder einer Region eine spezielle symbolhafte Bedeutung zuerkannt. So steht die Rose für Zuneigung und Liebe oder die Kerze für Erleuchtung. Diese Gebilde oder Äußerungen werden von den meisten Menschen in einem bestimmten Lebensraum hinsichtlich ihres Symbolgehaltes weitgehend gleich gedeutet. Es besteht gleichsam eine allgemeine Übereinkunft, welche Bedeutungen bestimmte Gebilde haben.

Allgemein verbindliche symbolhafte Bedeutungen sind wichtig zur Orientierung des Menschen in seinem Lebensraum. Sie sind eine der wesentlichen Voraussetzungen für das Verhalten der Menschen gegenüber anderen und der Umwelt.

Abb. 7.44 Die symbolische Bedeutung der Rose aufgrund allgemeiner Übereinkunft

4.2.3.5
Die Zuweisung symbolischer Bedeutungen aufgrund persönlicher Deutung

In vielen Fällen ist der Mensch allerdings gezwungen, sich die symbolhafte Bedeutung eines wahrgenommenen Phänomens, ob es sich um die verschiedenen Objekte unserer Umwelt handelt oder um irgendwelche akustischen Phänomene, die man im Straßenverkehr wahrnimmt, selbst zu entdecken. Viele Menschen machen sich diese gedankliche Arbeit bei der Wahrnehmung von

In den Studien zur Dekodierung symbolhafter Bedeutungen wird ein Weg aufgezeigt, wie man vorgehen kann, um die nicht per Gesetz festgelegten symbolhaften Bedeutungen aus einem Gebilde entschlüsseln zu können.

irgendwelchen Gebilden oder sonstiger Äußerungen nicht. In diesen Fällen wird der gesamte Inhalt eines Gebildes oder einer Äußerung nur unvollkommen erfasst.

4.2.3.6
Die Zuweisung von Bedeutungen unabhängig von Ort und Zeit

Symbolhafte Bedeutungen an unterschiedlichen Orten:
Für Industrie-Designer/-innen hat dies weitreichende Konsequenzen: Sie entwickeln mehr und mehr Objekte, die nicht nur in der umgebenden Region genutzt werden, sondern heute oftmals für ferne Länder entwickelt und gefertigt werden. Sollen sie dort richtig verstanden werden, müssen die dort „per Gesetz" oder allgemein gebräuchlichen symbolhaften Bedeutungen berücksichtigt werden.

Symbolische Bedeutungen werden zu

- unterschiedlichen Zeiten und
- an unterschiedlichen Orten

von den dort lebenden Menschen bestimmten Figuren oder Elementen (z.B. einzelnen Formen, Farben, Materialien oder Gliederungen) **zugewiesen.**

So stand das weiße Brautkleid in früherer Zeit für Reinheit, Unversehrtheit, Unberührtheit. Diese Bedeutung hat die Farbe Weiß als Brautkleid heute weitgehend verloren. Darüber hinaus hat die Farbe Weiß in unseren Regionen eine andere symbolhafte Bedeutung als in Afrika. In unseren Regionen steht die Farbe Weiß für Reinheit, Sauberkeit. In Afrika steht die Farbe Weiß für Tod und Trauer.

Daraus erwachsen aber jedem Menschen, der in ein anderes Land kommt (oder als Designer/-in Objekte für ein anderes Land erstellt), wieder besondere Aufgaben: Sie müssen damit rechnen, dass mit den einzelnen wahrnehmbaren Phänomenen andere (symbolhafte) Inhalte verknüpft werden als im eigenen Lebensraum.

4.2.3.7
Die symbolhafte Bedeutung einer Umsetzung in ihrem Kontext

*Die Einbindung symbolhafter Bedeutungen in einen jeweils unterschiedlichen **Kontext** ermöglicht somit natürlich eine wesentlich bessere Ausnutzung der einzelnen Figuren und wahrnehmbaren Phänome zur Informationsübertragung. Es erschwert allerdings auch die Dekodierung für den Empfänger, kann er doch nicht einfach sagen: Das steht für ... sondern er kann immer nur sagen: **In diesem Zusammenhang steht das für ...***

Symbole, d.h. Figuren oder Elemente mit ihren zugewiesenen Inhalten, stehen natürlich nicht allein. Sie stehen immer in einem bestimmten inhaltlichen Zusammenhang. So kann ein Kreuz Sinnbild für eine bestimmte Religion sein. Wird gerade ein mathematisches Thema behandelt, so repräsentiert das Kreuz ein „Plus-Zeichen". Taucht es am Rande von Schriftsätzen auf, so kann es als Hinweis für eine Besonderheit der Ausführungen dienen.

Der Begriff „Engländer" steht im Zusammenhang mit Nationalitäten für die Benennung eines in Großbritannien lebenden Mannes. Im Zusammenhang mit Werkzeugen bezeichnet der gleiche Begriff einen besonderen Schraubenschlüssel.

Dies bedeutet: Der gleichen Figur, dem gleichen Gebilde, der gleichen Äußerung kann in unterschiedlicher Umgebung oder in unterschiedlichem Zusammenhang eine völlig verschiedene symbolische Bedeutung zugewiesen werden.

Deshalb kann, wie bei der iconischen Deutung, auch die symbolische Bedeutung eines Gebildes nur richtig vorgenommen werden, wenn man die Äußerung in ihren Kontext stellt.

So werden einer Kreisform unterschiedliche Bedeutungen zugewiesen: Vollkommenheit, Unendlichkeit, Geborgenheit.
Die richtige Dekodierung wird prüfen müssen, in welchem Kontext dieser Kreis auftritt.
Handelt es sich z.B. um die Betrachtung der Eigenschaften einzelner Formen, so wird man diese Form als vollkommen deuten, handelt es sich um eine Betrachtung mathematischer Gesetzmäßigkeiten, so wird man eher von Unendlichkeit sprechen, handelt es sich um eine Darstellung im Zusammenhang von Schutz suchenden Lebewesen, so wird man dieser Form die Bedeutung von Geborgenheit zusprechen.

4.2.4 Das Abrufen symbolhafter Bedeutungen

Am Ende dieses Prozesses steht jetzt das Übertragen der zugewiesenen Informationen auf die neu wahrgenommene Figur (identische Figur = identischer Inhalt). Dies gelingt dann, wenn der Empfänger die Inhalte, die dem jeweiligen Element oder der jeweiligen Figur zugewiesen wurden, gelernt hat, er also weiß, wofür eine Form oder eine Farbe, ein bestimmtes Material und die Gliederung des Ganzen stehen. Nur dann kann das, was die neu wahrgenommene Figur an (symbolhaftem) Inhalt aufzuweisen hat, dekodiert werden, vorausgesetzt: Man beachtet den Kontext, in dem das neu wahrgenommene Element bzw. die neu wahrgenommene Figur steht.

Damit wird klar: Die symbolhafte Dekodierung stellt an den einzelnen Empfänger wesentlich höhere geistige Anforderungen, als dies bei der iconischen Deutung der Fall war.

Bedenkt man den Arbeitsumfang und die geistige Arbeit bei einer symbolhaften Deutung, so wird verständlich, dass symbolische Dekodierungen in viel geringerem Umfang vorgenommen werden als iconische Deutungen.
Unabhängig von der weitaus größeren geistigen Arbeitsleistung wird dafür auch mehr Zeit benötigt. Bei der schnellen Folge wahrnehmbarer Phänomene, mit denen Menschen in unserem Kulturkreis konfrontiert werden, können gar nicht alle symbolhaften Bedeutungen erfasst werden, was allerdings dazu führt, dass der wesentliche Inhalt vieler „Sendungen" unentdeckt bleibt.

4.2.5 Die Kodierung einer Formulierung unter Beachtung symbolhafter Bedeutungen

Mit der Beachtung bestimmter symbolhafter Bedeutungen zu den einzelnen Formen, Farben, Materialien und Gliederungen besteht für Designer/-innen die Möglichkeit, vorgegebene Inhalte so umzusetzen, dass sie von den anvisierten Empfängern auch verstanden werden. Voraussetzung dafür ist allerdings, dass die Designer/-innen wissen, welche symbolhaften Inhalte der Empfänger mit den wahrgenommenen Figuren verknüpft?

- Welche symbolhaften Bedeutungen haben die einzelnen wahrgenommenen Figuren für den Empfänger im jeweiligen Kontext?
- Welche symbolhaften Bedeutungen kennt der Empfänger überhaupt?

- Inwieweit ist der Empfänger **in der Lage und willens,** symbolhafte Bedeutungen aus wahrgenommenen Figuren selbst zu entschlüsseln?

Mit den folgenden Studien werden dazu einige Anregungen gegeben.

4.3 Studien

4.3.1 Theoretische Studien

- Zusammenstellung symbolhafter Umsetzungen, die „per Gesetz" und „ allgemein verbindlich" festgelegt sind

Vorzugsweise Auswahl von Symbolen, die auch im Industrie-Design öfter auftreten. Ein Großteil zwischenmenschlicher Beziehungen wird bestimmt vom Verständnis und von der Einhaltung allgemein verbindlicher Symbole. Man weiß, was diese und jene Äußerung zu bedeuten hat. Zwei Stühle in größerem Abstand vor einer Haustür, verbunden mit einer Schnur steht allgemein für: Platz freihalten, Umzug. Ein Strauß roter Rosen steht allgemein für: Liebeserklärung.

Die Untersuchung vorhandener symbolhafter Bedeutungen hat zum Ziel, die verschiedenen Verfahren der Bedeutungszuweisung zu erfahren. Deshalb werden symbolhafte Bedeutungen, die per Gesetz festgelegt wurde neben weitgehend allgemein gültigen vorgestellt.

Sammeln von „gegenständlichen" und „ungegenständlichen" Figuren oder Elementen, deren symbolhafte Bedeutung **„per Gesetz"** festgelegt ist, sowie von Umsetzungen, deren symbolhafte Bedeutung aufgrund **allgemeiner Übereinkunft** besteht.

- Die persönliche symbolhafte Deutung von Umsetzungen, die weder per Gesetz festgelegt noch allgemeinverbindlich sind

Zu untersuchen sind visuelle Äußerungen, flächenhafte Darstellungen, plastische Umsetzungen, Produkte oder raumhafte Gebilde bzw. Architekturen hinsichtlich ihres symbolischen Gehaltes (Deutung der Objekte in ihrem jeweiligen Kontext).

Das folgende Verfahren zeigt einen Weg, wie man selbst den Symbolgehalt einer Umsetzung entschlüsseln kann.

Zunächst werden die Formen, Farben usw. eines Gebildes einzeln betrachtet. Dann werden die Eigenschaften dieser Elemente beschrieben. Aufgrund der eigenen Erfahrungen kann man dann zu ersten symbolhaften Deutungen kommen. Zum Beispiel: Diese Farbe könnte stehen für: ... Jene Farbe könnte bedeuten ... Das verwendete Material könnte Symbol sein für: ...

In einer zusammenfassenden Betrachtung und bei einer Einbettung in den jeweiligen Kontext kann die vorsichtige Version einer symbolhaften Deutung entstehen.

Ausgangsfigur 	Wirkt / ist:	Könnte stehen für:	**Symbolhafte Deutung im Kontext mit einem Geldinstitut**
Herausschreiben der einzelnen Elemente Einzelfigur A 	stabil fest unverrückbar abgegrenzt nach außen sicher nach innen sicher	Stabilität Festigkeit Unverrückbarkeit Abgrenzung Sicherheit im Innern Sicherheit gegen Einflüsse von außen	Das Institut bürgt für Stabilität. Es ist gegenüber jeglichen Einflüssen stabil. Wer bei dem Geldinstitut ist, befindet sich in einem besonderen Raum, abgegrenzt gegenüber allem anderen. Ist man bei der Bank, ist man „im Innern" absolut sicher.
Einzelfigur B 	aufsteigend kontinuierlich von unten nach oben gehend	Anstieg Kontinuität Aufstieg	Die Geldanlage steigt nach ihrer Einlage kontinuierlich von unten, vom kleinsten Betrag bis zum höchsten Punkt.

Grafik 7.22 Ansatz für eine symbolische Dekodierung

Hinzu kommen in gleicher Weise die symbolhaften Bedeutungen der Farbe, des Materials und der Gliederung, bevor am Ende eine zusammenfassende und geraffte Deutung des Ganzen steht.

- Untersuchen Sie wahrgenommene Phänomene oder Figuren im Hinblick auf ihren Symbolgehalt. Prüfen Sie, ob bestimmte Gestaltmerkmale für die symbolhafte Deutung bestimmend sind.

Begründung:
Vielen Figuren und Formationen sind bestimmte symbolhafte Bedeutungen „per Gesetz" oder „allgemeinverbindlich" zugeordnet. Darüber hinaus nehmen wir mit unseren Sinnesorganen unterschiedlichste Äußerungen wahr und versuchen, hinter der ersten iconischen Deutung, deren tieferen symbolhaften Gehalt zu erfassen, immer verbunden mit der Gefahr, dass die eigene Deutung nicht dem entspricht, was der Sender eigentlich sagen wollte. Eine richtig funktionierende Kommunikation ist jedoch darauf angewiesen, dass das, was der Sender jemandem sagen will, auch so verstanden wird. Somit ist zu fragen, ob die symbolhafte Deutung einer Umsetzung individueller Auslegung obliegt oder von den jeweils verwendeten Gestaltmerkmalen der wahrgenommenen Äußerung abhängt.

Siehe dazu in Teil 10, Kapitel 4 Die objektive Ästhetik
Die Betrachtungen zur objektiven Ästhetik gehen davon aus, dass das Gefallen an einer Äußerung oder einer Formulierung nicht von der ästhetischen Einstellung des Betrachters oder Zuhörers abhängt, sondern von den jeweiligen Gestaltmerkmalen der wahrgenommenen Figur bestimmt wird. Jetzt wird geprüft, ob bei der symbolhaften Deutung ein gleicher Ansatz möglich ist, um so die symbolhafte Aussage eines wahrgenommenen Phänomens einer völlig individuellen Deutung etwas zu entziehen. Wir wissen: eine individuelle Deutung ist für eine gezielte Kommunikation nicht nutzbar. Nur wenn das, was von einem Sender gesagt wird, in gleichem Sinne vom Empfänger gedeutet wird, ist sichergestellt, dass ein entsprechendes Handeln folgt.

Zu untersuchen sind:

- Visuell wahrgenommene Figuren
- Haptisch wahrgenommene Figuren
- Akustisch wahrgenommene Figuren

(Zu den beiden letztgenannten Untersuchungsfeldern liegen keine Auswertungen vor. Sie mussten aus Zeitgründen zurückgestellt werden, obwohl die Symbolik akustischer Phänomene, seien sie sprachlich oder tonal, alleine und im Zusammenhang mit stehenden oder bewegten Bildern (z.B. im Film) eine sehr wichtige Rolle spielen. Nicht selten wird der Sinn einer visuell vermittelten Aussage durch unvernünftigen Einsatz akustischer Phänomene verfälscht oder gar in sein Gegenteil verkehrt. Untersuchungen zu diesem Themenbereich sind deshalb für eine gezielte kommunikations-designerische Tätigkeit grundlegend.)

Zur Aufgabenstellung werden nachfolgend einige Ergebnisse vorgestellt. Die Aussagen sind wegen der zu geringen Anzahl der Befragten (ca. 30 Studierende) nur mit Vorbehalt zu betrachten und eher als „inhaltliche Tendenzen" denn als exakte Vorgaben zu bewerten.

1. Der Symbolgehalt von Schwarz und Weiß

*Die jeweils zu beurteilende Figur wurde vorgegeben. Dann folgte die Frage: **Wie wirkt diese Figur? Wie ist diese Figur?** In einem weiteren Schritt wurde daraus der Symbolgehalt entwickelt, indem diese Bewertungen zu symbolhaften Deutungen umformuliert wurden. Z.B. Etwas wirkt hell. Dieses Etwas **könnte stehen für:** Helligkeit, Erleuchtung.*

Bei einer Bewertung der beiden Aussagen zeichnet sich für die Farbe Schwarz eine eher negative Tendenz ab. Die Farbe Weiß wird insgesamt positiver gesehen.

Schwarz könnte stehen für: Verschlossenheit, Starrheit, verschmutzt, beschmutzt, erstarrt, abgestorben, Unbeweglichkeit, Leblosigkeit, Unterwelt, Dunkelheit, Tod, Trauer Schwarz könnte aber auch stehen für: Seriosität, Vornehmheit, Gediegenheit, Festigkeit, Verlässlichkeit, Standhaftigkeit,	Weiß könnte stehen für: Licht, Helligkeit, Leichtigkeit, Bewegtheit, Reinheit, Klarheit, Sauberkeit, Unbeflecktheit, Unberührtheit, nicht be- oder verschmutzt, nicht verunreinigt, aufsteigend, oben sein, im Licht stehend, be- oder erleuchtet sein Weiß könnte aber auch stehen für: Flatterhaftigkeit, leichtfertig sein, nicht fassbar sein,

Grafik 7.23 Der Symbolgehalt von Schwarz und Weiß

2. Der Symbolgehalt von einem Schwarz-Weiß-Kontrast
Schwarz und Weiß stehen nebeneinander

Nicht uninteressant waren Aussagen, die sich auf die Reihenfolge der beiden nebeneinander stehenden Farben bezogen. Stand die Farbe Schwarz an der linken, also in Leserichtung an der vorderen Position, so wurde dieser Farbe ein größeres Gewicht beigemessen, als dem nachfolgenden Weiß. Stand Weiß an erster Stelle, so sah man auch darin eine Betonung der damit verbundenen Inhalte.

In einer Figur oder in einer Person stehen Verschlossenheit, Starrheit, Dunkelheit, Festigkeit, Seriosität
unverrückbar und hart einer gewissen
Leichtigkeit, Offenheit, Beweglichkeit, Sauberkeit, Reinheit gegenüber.

Es finden sich hier die gleichen Eigenschaften, wie in der links stehenden Figur. Allerdings kommt es jetzt zu einer entscheidenden Aussageänderung.
Jetzt stehen sich z.B. Starrheit und Leichtigkeit nicht mehr unversöhnlich gegenüber. Die Grenzen werden aufgeweicht, durchlässig und fließend.

Grafik 7.24 *Der Symbolgehalt eines Schwarz-Weiß-Kontrastes*

3. Schwarz und Weiß stehen ineinander

Bei dieser Figur steht die Starrheit, Unbeweglichkeit, Verschlossenheit, usw. im Mittelpunkt
Nach Außen zeigt diese Figur Leichtigkeit, Beweglichkeit, Offenheit.

Im Kern steht bei dieser Figur die Leichtigkeit, Offenheit, Beweglichkeit.
Allerdings zeigt sich nach Außen Verschlossenheit, Unbeweglichkeit und Starrheit.

Grafik 7.25 *Der Symbolgehalt eines Kontrastes: Schwarz und Weiß stehen ineinander*

Auch bei dieser Konstellation wurde auf die Richtung des Übergangs verwiesen. Taucht in einer Umsetzung ein Übergang von Schwarz nach Weiß auf, so wird dies mit einer Veränderung zum Positiven gleichgesetzt. Beginnt der Übergang auf der linken Seite mit Weiß, so verdeutlicht dies eine Bewegung zum Schlechten, zum Dunklen, zum Tod usw.
Gerade hier wurden deutlich Parallelen gesehen zur akustischen Symbolik. So „sah" man in einer Tonfolge, beginnend mit dunklen Tönen bis hin zu ganz hellen Tönen eher eine Wendung zum Guten, als im umgekehrten Fall. Ein Abfall von hellen zu dunklen Tönen wurde als eine Wendung von Leben, Freude, Leichtigkeit zu Tod, Traurigkeit und Erstarrung gedeutet.

4. Der Übergang von Schwarz nach Weiß

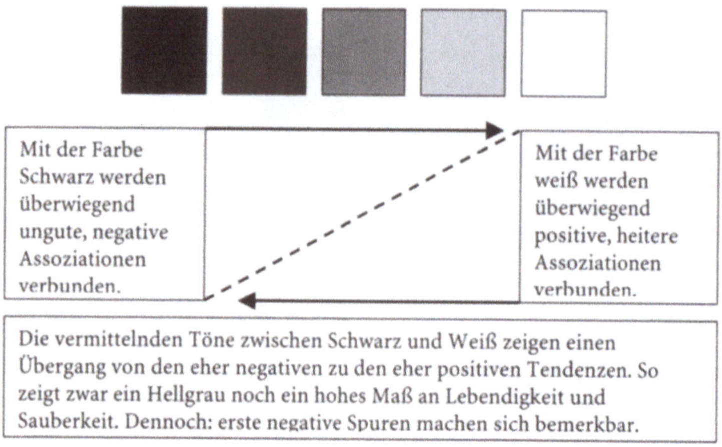

Grafik 7.26 *Der Symbolgehalt einer Reihe / von Schwarz nach Weiß*

5. Der Symbolgehalt von Farben

In gleicher Weise wie die Untersuchungen zu Schwarz-Weiß wurden einzelne Farben genauer betrachtet. Der Symbolgehalt verschiedener Farbkontraste und Farbreihen wurden nach dem oben präsentierten Verfahren zu erfassen versucht.

z.B. Die Veränderung der symbolhaften Aussage bei einem Rot-Grün-Kontrast, wenn beide Farben sich hart begrenzt oder aber weich begrenzt gegenüberstehen.

z.B. Die Veränderung der symbolhaften Aussage, wenn das grüne Feld in einer roten Umgebung steht anstatt umgekehrt.
z.B. Grün steht in einer roten Umgebung/ Rot steht in einer grünen Umgebung

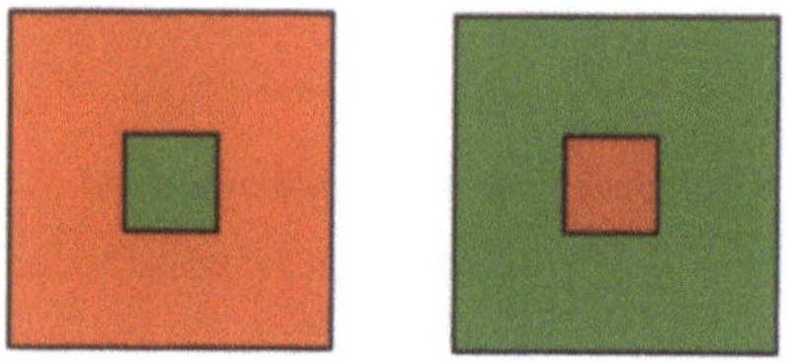

Grafik 7.27 *Der Symbolgehalt von Farben: Die Farben stehen ineinander.*

6. Der Symbolgehalt von Farbe und Schwarz-Weiß

Auch hier gilt: Die Abfolge der Veränderung ist für die Deutung mit maßgebend. Im nebenstehenden Beispiel wird eine Wendung zum Positiven gesehen. Aus dem Dunkel und Undefinierbaren kann neues Leben wachsen. Ein Abfolge in entgegengesetzter Richtung wandelt die jetzige Aussage in ihr Gegenteil.

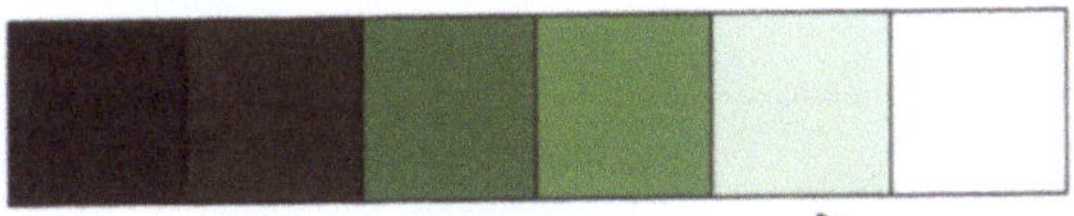

Die Mischung der Farbe Grün mit Schwarz führt zu einer eher negativen Veränderung des eigentlichen Inhaltes. Die mit Grün verknüpfte Bedeutung von Leben, Wachstum, Aufbruch weicht einem Absterben und Niedergang.

Die Mischung der Farbe Grün mit Weiß verstärkt den Eindruck der Leichtigkeit, des neu Heranwachsens, des neu entstehenden Lebens.

Die Veränderung der symbolischen Aussage bei einem Schwarz-Weiß-Übergang bestimmt auch die einer Farbe zugrunde liegende Aussage. Bei Abtönungen mit Schwarz erfährt die ursprüngliche Bedeutung eine Wendung zum Negativen. Bei einer Abtönung mit Weiß wird die vorhandene Grundstimmung der Farbe eher zum Positiven gewendet.

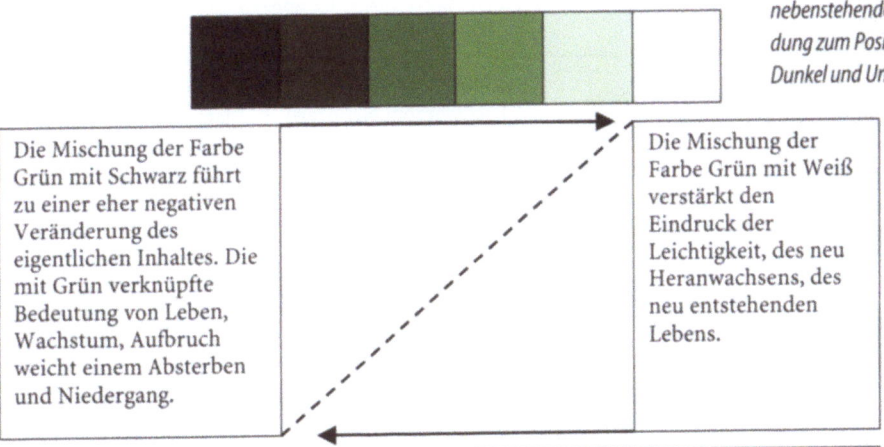

Grafik 7.28 *Der Symbolgehalt von Farbe und Schwarz-Weiß*

Zusammenfassung:
Die ersten Untersuchungen zeigen, dass bei einer symbolhaften Deutung von Figuren, deren Symbolgehalt nicht im Voraus festgelegt ist, Deutungstendenzen ablesbar werden, die, unabhängig vom jeweiligen Kontext, sehr stark von den jeweils genutzten Gestaltmerkmalen abhängen.

Lassen sich diese ersten Ergebnisse in weiterführenden Untersuchungen dahingehend verifizieren, dass symbolische Inhalte und Gestaltmerkmale nicht unabhängig voneinander gesehen werden dürfen, so bietet dies für Designer/-innen die Chance, bei der Gestaltung einer Umsetzung die eigenen Aussagen so zu formulieren, dass der damit verbundene Inhalt von den unterschiedlichsten Empfängern weitgehend identisch erfasst wird.

- Versuchen Sie, den Symbolgehalt eines konkret vorhandenes Objekt zu erfassen

Der für die Analyse ausgewählte Griff wurde nach verschiedenen Vorgaben der Bedienbarkeit gestaltet.

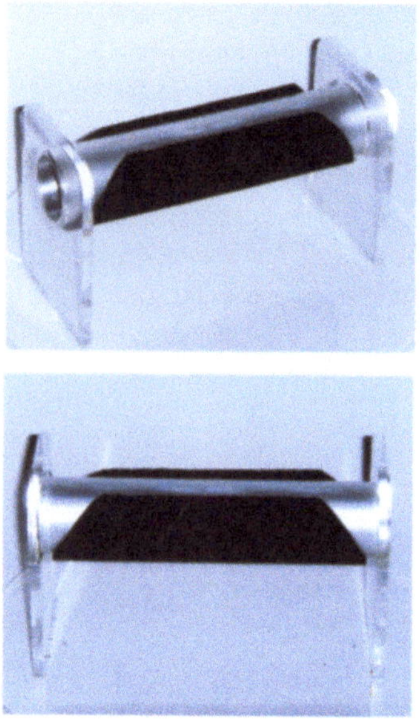

Abb. 7.45 und 7.46 (unten)
Räumliche Darstellung und Seitenansicht des ausgewählten Objekte

Die Gestaltung nach den Vorgaben der Bedienbarkeit führte zur Auswahl bestimmter Materialien und Formen sowie deren Dimensionierung.
Gewählt wurden:
***Aluminium-Rohr** wegen des geringen Gewichts, seiner hohen Stabilität und Festigkeit. Hinzu kommt: Aluminium ist nahezu korrosionsfrei. Es ist ein langlebiges Material und es hat eine glatte Oberfläche, was die Verletzungsgefahr mindert. Es nimmt schnell die Wärme der Hand auf. Es ist kostengünstig.*
*Die teilweise Ummantelung mit dem **Kunststoff Neopren** dient der besseren Griffigkeit. Neopren passt sich der Hand an, ist weich und flexibel, ist luftdurchlässig und verhindert damit ein Schwitzen der Hand.*

Visuelle Deutung		
	wirkt / ist.....	könnte stehen für ......
Form	rund (Alu-Rohr mit schwarzem Neopren) linear	Richtungslosigkeit, Umschlossenheit, Geschlossenheit eine Richtung habend
Farbe	hellgrau (Alu-Rohr) kalt (kaltes Hellgrau) schwarz (siehe: unterer Objektteil)	Sauberkeit, Reinheit, Kälte, Distanziertheit, Gediegenheit, Seriosität, Festigkeit, Stabilität
Oberfläche	(Alu-Rohr) glänzend metallisch matt (schwarzes Teil)	Edel, Exklusivität, Hochwertigkeit Härte, Stabilität Zurückhaltung
Dimension	Länge 13,5 cm Durchmesser: 3,2cm	ausgerichtet auf eine „Handhabung"
Gliederung	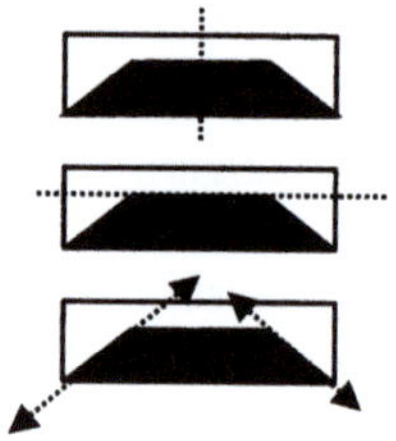	mittige Teilung, kein Rechts oder Links Unteres (schwarzes) Teil dominierend Zusammenführung, Bündelung (nach oben hin) nach unten sich öffnend, aufnehmend, Aufnahme
haptische Deutung		
Form	(Alu-Rohr) gleichmäßig rund	von „jedermann" nutzbar
Material	hart (Alu-Rohr) glatt unteres Teil (schwarz) leicht rau nachgiebig	Stabilität, Festigkeit nicht verletzend sicheres Halten-können Nachgiebigkeit, Anschmiegsamkeit

- Zusammenfassende Deutung des konkret vorhandenen Objektes im Kontext mit Halten, Festhalten, Anheben, Tragen

Dieser Griff ist gemacht, um damit etwas hoch heben zu können. Er kann von „jedermann" rechts oder links gleich gut angefasst werden (siehe: Aussagen aus der Analyse der Gliederung). Er ist weniger für Kinder geeignet, eher für Jugendliche und Erwachsene (siehe: Die Ausrichtung der Objektdimension auf das Profil der menschlichen Hand von Jugendlichen und Erwachsenen). Es handelt sich dabei um ein sehr sauberes und hygienisch einwandfreies Objekt, das darüber hinaus eine gewisse Hochwertigkeit aufweist (siehe: das Hellgrau und den leichten Glanz des Aluminiumteiles). Das matte Schwarz des unteren Griffteiles verbürgt dagegen eine gewisse Gediegenheit und Zurückhaltung.

Die Vorgaben der Bedienung wurden bei dieser Objektgestaltung beachtet. Die Aussagen aufgrund der symbolischen Deutung zeigen ein Objekt, das sich von eher billigen Objekten absetzen soll und offenbar für einen gehobenen Kundenkreis entwickelt wurde.

Die Nachgiebigkeit und leichte Unebenheit des unteren Griffteiles betonen die Sicherheit bei der Nutzung des gesamten Griffes (siehe: Die Aussagen aufgrund der haptischen Erfahrung). Sie verweisen damit auch auf die soziale Verantwortung dessen, der dieses Objekt so gestaltet hat.

Siehe dazu auch: Ergebnisse symbolhafter Deutungen in Teil 15, Kapitel 3.3.1 Die symbolhafte Deutung von Formen, Farben, Materialien, Gliederungen

4.3.2 Praktische Studien

Wie bereits dargelegt, können sowohl „abstrakte" Gebilde, wie eine Kugel oder eine quadratische Farbfläche, als auch „konkrete" Dinge, wie Menschen, Tiere oder Pflanzen, symbolisch gedeutet werden. Am ehesten wird man symbolhafte Deutungen von Farben vorfinden. Sie sind mehr oder weniger ausführlich jeder „Farbenlehre" als eigenes Kapitel beigefügt.

Wir haben erfahren, dass eine Umsetzung eine symbolhafte Bedeutung haben kann, sofern diese dem Gebilde von einem Empfänger zugewiesen wird. Soll die symbolhafte Bedeutung einer Umsetzung nicht erst nach deren Fertigstellung hinterfragt werden und eventuell zu nicht gewollten Ergebnissen führen, sondern bereits die Konzeption und Erstellung bestimmen, so ist es notwendig, zu überlegen, wie Umsetzungen mit einem ganz bestimmten Symbolgehalt geschaffen werden können. Dabei ist darauf zu achten, dass der jeweilige Symbolgehalt von möglichst vielen Menschen in gleicher Weise erfasst wird.

Zur Kunst des Mittelalters liegen eine Fülle symbolhafter Deutungen von Gegenständen, Tieren und Pflanzen vor (insbesondere zur Deutung christlicher Kunst). Darstellungen zur symbolhaften Bedeutung von Formen, Materialien oder deren Gliederungen fehlen hingegen weitgehend.

In Teil 15 werden zur Form, zum Material und verschiedenen Gliederungen symbolische Deutungsversuche vorgestellt. Es handelt sich dabei um Ergebnisse von Untersuchungen, die von Studierenden im Rahmen von Aufgabenbearbeitungen erstellt wurden. Sie sind mit Vorbehalt zu betrachten, ermöglichen aber andererseits eine erste Annäherung an den Problembereich.

Für jeden Menschen ergibt sich die Notwendigkeit, aus den angebotenen Äußerungen den jeweiligen symbolhaften Gehalt selbst zu erschließen. Für denjenigen, der eine Umsetzung vornimmt, besteht andererseits aber auch die Verpflichtung, eine Gestaltung zu entwickeln, die eine leichte und richtige Entschlüsselung des innewohnenden Symbolgehaltes ermöglicht. Die Beachtung allgemein verbindlicher symbolhafter Bedeutungen von Formen, Farben, Materialien und Gliederungen können helfen, diese Deutung etwas abzusichern. Missdeutungen lassen sich allerdings nicht immer vermeiden.

Aufgabe:

- Entwicklung eines Symbols z.B. für Leichtigkeit, Umkehr, Exklusivität, Trendwende, Aufbruch usw.
- Art der Umsetzung: flächenhaft oder plastisch-raumhaft

Zwei Vorgehensweisen stehen zur Verfügung:

- **Vorgehensweise 1**

Rückgriff auf allgemein verbindliche symbolhafte Bedeutungen

- **Vorgehensweise 2**

Sind neue Formulierungen mit neuem Symbolgehalt zu entwickeln, so kann jetzt der umgekehrte Weg wie bei der Dekodierung symbolhafter Umsetzungen genommen werden. Während dort am Ende der Inhalt des Symbols aus den wahrgenommenen Figuren entschlüsselt werden konnte, beginnt die Arbeit jetzt bei der Vorgabe des Inhaltes, für den eine „äußere Form" zu finden ist.

Die folgende Darstellung diene als Anregung:

Vorgabe der symbolhaften Bedeutung in ihrem Kontext	**Beschreibung des Inhaltes**	**Äußerungen**	**Herausschreiben der einzelnen Merkmale**	**Die Entwicklung einer sybolhaften Umsetzung**
Wertsteigerung Bank	Was verbindet man mit den einzelnen Inhalten / Begriffen?	Wie äußert sich das? Wie sieht das aus?	Welche gestalterischen Merkmale zeigen die einzelnen Äußerungen?	Wie könnte man diese Merkmale zu einer symbolhaften Umsetzung verdichten?
z.B. ständige „Wert"-steigerung	Etwas, das ständig ansteigt, etwas, das aufwärts geht	z.B. Berg oder Treppe Anstieg / Aufstieg 	z.B. Form 	z.B. im Zusammenhang mit Geld / Bank Symbol für stetigen Geldzuwachs in einer bestimmten Bank

Grafik 7.29 Vorgehensweise bei der Entwicklung einer symbolhaften Umsetzung

Die Vorgehensweise zur Entwicklung eines Symbols für Aufbruch wird mit den grafischen Vorarbeiten und dem Modell demonstriert.

Abb. 7.47 Vorstudien zur Entwicklung eines symbolhaften Gebildes

Abb. 7.48 Symbol für Aufbruch als plastisch-raumhaftes Gebilde

4.4
Anwendung grundlegender Erfahrungen zur Lösung einer konkreten Aufgabe

4.4.1
Anwendung 1

Für die Zielgruppe ist ein Warentransportgerät für das Fahrrad zu entwickeln, das Stabilität und Leichtigkeit ausdrückt.

- Prüfen, ob es zu den vorgegebenen Inhalten bereits „per Gesetz" oder „allgemein gebräuchliche" Symbole gibt.
- Ist dies nicht der Fall, wird folgendes Verfahren empfohlen:
  - Zustände, Ereignisse suchen, die eine gewisse Stabilität bzw. eine gewisse Leichtigkeit ausdrücken
  - Visualisieren der gefundenen Zustände und Ereignisse
  - Herausschreiben der spezifischen Gestaltungsmerkmale
  - Übertragen der Merkmale auf das vorhandene Objekt (Alternativen entwickeln)
  - **Die Deutungsmöglichkeiten im Kontext abprüfen**
- Auswahl einer Umsetzung, die auf das symbolhafte Deutungsvermögen der Zielgruppe ausgerichtet ist.

4.4.2
Anwendung 2

Im Rahmen eines Schnellentwurfes sind in skizzenhafter Form erste Vorstellungen für ein Objekt zu entwickeln, dessen Nutzung bereits aufgrund der äußeren Form ablesbar sein soll.
Die Aufgabenstellung könnte lauten:

- Es sind Behältnisse (Flaschen) zu entwickeln, die zeigen, dass sie Parfum bzw. Reinigungsmittel enthalten.

In einem ersten Arbeitsschritt werden die (symbolhaften) Bedeutungen, die man mit den vorgegebenen Begriffen „Parfum" und „Reinigungsmittel" verbindet, zusammengetragen. Dann werden die damit verbundenen formalen, farblichen, materiellen und gliederungsspezifischen Merkmale dazu notiert.

- Zusammenstellung symbolhafter Bedeutungen im Zusammenhang mit einem vorgegebenen Begriff

Parfum	Form	Farbe	Material
Exklusivität	-ausgefallen -aus dem Rahmen fallen -von der Norm abweichen		-wertvoll -glanz -schwer 
Feinheit	-fein -leicht, wenig -graziel	-leicht -wenig -hell 	-feine Dosierung/ Unterschiede 
Dezentheit	-unauffällig -zurückhaltend -schlicht		-unauffällig -matt 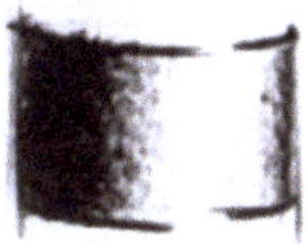
Duft	-flüchtig -sehr fein	-leicht -wenig -hell 	-durchsichtig -glatt -leicht 

Reinigungsmittel	Form	Farbe	Material
Sauberkeit	-rein -klar -geordnet	-rein -kräftig  	-glanz -glatt 
Frische	-kühl -bewegt (Aktivität, Energie) -neu	 	-kühl -glatt -leicht 
Menge	-großes Volumen, kleine Oberfläche -optimale Ausnutzung		-nicht wertvoll -mittel schwer -glatt 
Nutzbarkeit (Griffigkeit)	-greifbar -sicherer Halt, festhalten	-wärme 	-rau -warm -leicht 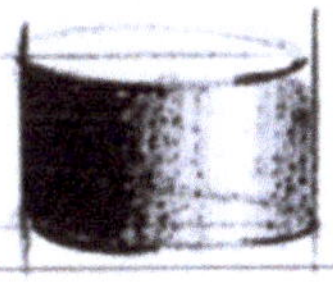

Abb. 7.49 Zusammenstellung symbolhafter Gestaltmerkmale

- Die Entwicklung von alternativen Objektformen

Abb. 7.50 Skizzenhafte Entwürfe für ein Flasche mit Reinigungsmittel

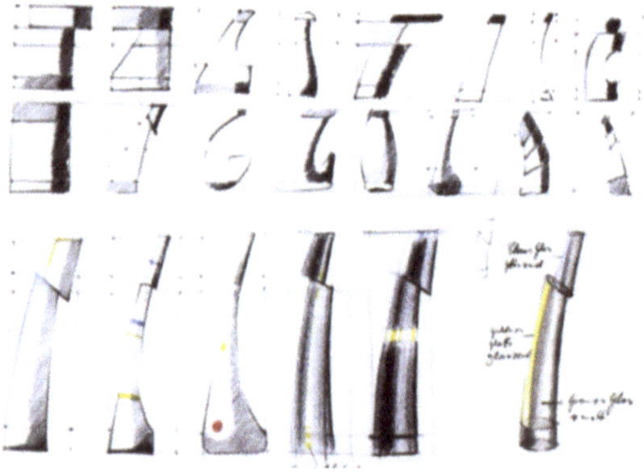

Abb.7.51 Skizzenhafte Entwürfe für eine Parfumflasche

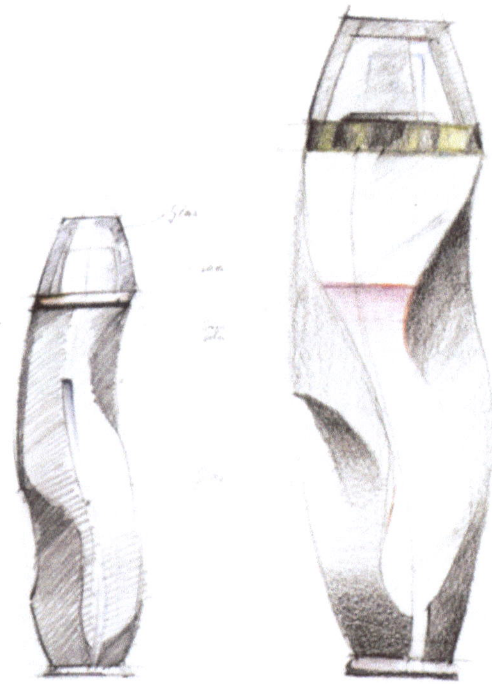

Abb.7.52 Zwei skizzenhafte Entwürfe für Parfumflaschen (mit symbolhaften Merkmalen für Exklusivität, Zurückhaltung, Duft-Wolke, Flüchtigkeit)

5 Die indexikalische Deutung

Zur Einführung in diese Thematik wird auf eine alltägliche Erfahrung zurückgegriffen: Man kommt als Autofahrer zu einer Straße. Straßenarbeiter stellen ein Verkehrsschild auf. Man kann es deuten; es steht für: „Durchfahrt verboten". Man wendet oder versucht vorher an einer Abzweigung eine andere Straße zu befahren. Auf jeden Fall fährt man nicht auf der Straße, an der das Schild angebracht wurde.

Am nächsten Tag, die gleiche Straße: Straßenarbeiter nehmen das Verkehrsschild wieder weg. Jetzt nimmt man wieder den Weg auf der ehemals gesperrten Straße.

Aus dieser kleinen Situationsschilderung lassen sich jedoch wichtige Erkenntnisse ableiten:

- Objekte oder sonstige visuelle, haptische oder akustische Gestaltungen bieten dem Menschen Hinweise auf die Gegebenheiten und besonderen Eigenschaften vor bzw. am Ort.
- Aufgrund der Hinweise können sich die Menschen orientieren und sich entsprechend verhalten.

Nach einer Betrachtung der Hinweise, die ein Objekt bietet, werden daraus Konsequenzen für die designerische Arbeit gezogen und Vorgehensweisen für eine entsprechende Kodierung angeboten.

5.1 Verallgemeinerung der Fragestellung

Welche Bedeutung hat ein Objekt oder sonstige Gestaltung für den Ort, an dem es sich gerade befindet?

Abb. 7.53 Ampelanlage
Hinweis, dass die Straße gleich zum Befahren freigegeben wird (nach dem Gelb kommt Grün bei der Ampel).

5.2
Darstellung grundlegender Aspekte

5.2.1
Ein vereinfachtes Modell der indexikalischen Deutung

Zeichen:
Bekommt ein wahrgenommenes Phänomen für jemand eine Bedeutung, so wird es für ihn zu einem Zeichen.

Ein wahrnehmbares Element, ein Objekt oder ein Zeichen wird an einem Ort (einer Straße, einem Haus oder einem Produkt) angebracht, aufgestellt, aufgebaut. Bei dem, der dieses Zeichen wahrnimmt und deuten kann, führt es zu bestimmten Reaktionen.

Für das Verhalten des Verkehrsteilnehmers sind dabei mehrere Aspekte beachtenswert:

- Das Objekt muss identifiziert sein. Es muss damit iconisch gedeutet sein.
- Man muss wissen, wofür es steht. Der symbolhafte Gehalt des Objektes muss entschlüsselt sein.
- Jetzt bekommt man Hinweise auf die Gegebenheiten vor Ort. Es kommt zu einer indexikalischen Deutung.
- Die Hinweise bieten eine Orientierungsmöglichkeit und ermöglichen es, sich vor Ort entsprechend zu verhalten.

Index, icis, lat.: Anzeiger, Angeber, jemand oder etwas zeigt einem anderen Menschen etwas an

Diese Abhängigkeiten sollen zunächst an einem einfachen Modell veranschaulicht werden.

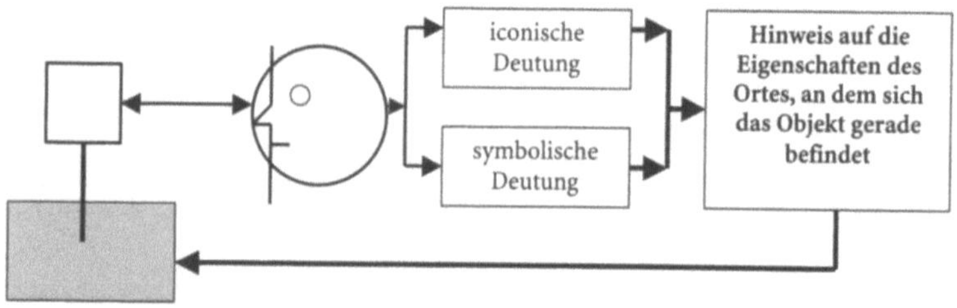

Grafik 7.30 Der Vorgang der indexikalischen Deutung

Ein Objekt wird wahrgenommen. Es wird iconisch und symbolhaft gedeutet. Aufgrund dieser Aussagen kann man sich Hinweise verschaffen für die Situation vor Ort, an dem sich das Objekt gerade befindet.

Wesentlich ist dabei, dass sich jetzt die Betrachtung nicht mehr vorrangig auf das Objekt selbst bezieht, sondern auf den Ort, an dem sich das Objekt befindet.

5.2.1.1
Die verschiedenen Orte für ein Zeichen

Zeichen können an unterschiedlichsten Orten aufgestellt, angebracht, aufgebaut, aufgemalt werden.

Beispiel: Einstellmarkierungen bei Schaltern am Herd

Auf Straßen Auf öffentlichen Plätzen Auf dem freien Feld	Straßenschilder, Verkehrsschilder Verkehrsführungen, Radwegemarkierungen usw.
An Häusern Auf Häusern	Firmenschilder (Metzgerei, Bäckerei usw.) Banken Städtische Gebäude (Hausnummern, Namensschilder usw.)
In Innenräumen	Leitsysteme Fluchtwegemarkierungen usw.
Auf, an, in Produkten	z.B. Schalter an Elektrogeräten
Auf, an Produktteilen	z.B. Markierungen auf oder an dem Schalter eines Elektrogerätes, einer Maschine usw.

Grafik 7.31 Orte für Zeichen

Elektroschalter in einem Schaufenster, Produkte in einem Regal im Geschäft usw. Das einzelne Produkt mit seinen Eigenschaften ist maßgebend für die Hinweise auf die Eigenschaften des Ortes. Man erhält den Hinweis auf eine Verkaufsstelle, auf ein Geschäft usw.
An zweiter Stelle gewinnt man mit der Beachtung der Produktinhalte (z.B. Elektroartikel) weitere Hinweise zu einer Spezifikation des Geschäftes: z.B. Elektrogeschäft, Geschäft für Haushaltswaren usw.

Die Übersicht zeigt, dass auch das einzelne Produkt und sogar einzelne Produktteile zum Ort für Hinweise werden können.

5.2.1.2
Die Dauer der Hinweise

Wird ein Objekt (ein Zeichen) an einen Ort gebracht bzw. an einem Ort aufgebaut, aufgestellt, aufgetragen, so werden dadurch Hinweise auf die Gegebenheiten und Eigenschaften des Ortes erfahrbar. Wird das Objekt (das Zeichen) nach einiger Zeit von dem Ort entfernt, entfallen diese Hinweise auf die Gegebenheiten und Eigenschaften des Ortes. Die Hinweise gelten nur für die Zeit, während der sich ein Zeichen tatsächlich an einem Ort befindet. Somit kann gesagt werden:

- Eine indexikalische Deutung ist immer orts- und zeitgebunden.

Abb. 7.54 Ein Zeichen an einem Ort: Hinweis auf ein Geldinstitut

5.2.2
Betrachtung der Hinweise aufgrund der iconischen Deutung

In einem ersten Einstieg wird untersucht, welche Hinweise man aufgrund der iconischen Deutung bekommt.

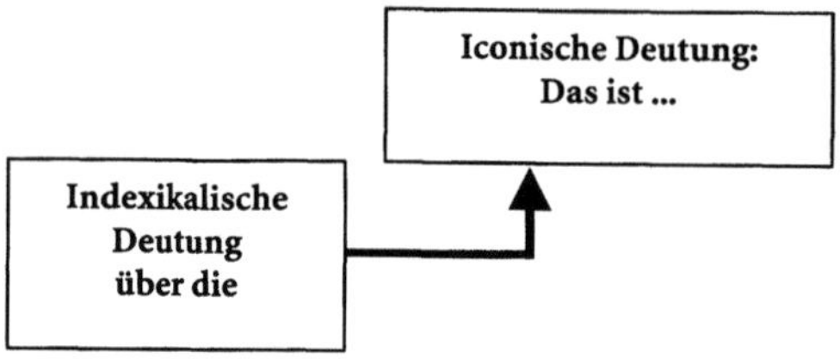

Grafik 7.32 Der Weg über die iconische Deutung

5.2.2.1
Hinweise auf die Besonderheit des Ortes

Die iconische Deutung bietet als Erstes eine Identifizierung des Objektes. Man kann sagen: Das ist ein Verkehrsschild, das ist eine Kirche, das ist ein Bedienelement.

Damit erhält man als Erstes einen Hinweis, dass an dem Ort, an dem das Objekt steht, eine Verkehrslenkung vorgenommen wird. Die Kirche an dem Ort zeigt an, dass hier ein Treffpunkt für Gläubige vorhanden ist, ein Bedienelement gibt an, dass man hier auf ein Gerät steuernd einwirken kann. Mit der Identifizierung eines Objektes erhält man erste Hinweise darauf, dass es sich bei dem Ort, an dem sich das Gebilde gerade befindet, um etwas handelt, das sich von dem Umgebenden unterscheidet.

5.2.2.2
Die Hinweise auf die Entstehungszeit des Objektes

Geht man im Rahmend der iconischen Deutung einen Schritt weiter und betrachtet man die einzelnen Gestaltelemente etwas genauer, so kann man sagen: Das ist aus Eisen, das ist aus Holz, das wurde so oder so gefertigt. Verbindet man diese Erkenntnisse mit der Frage, seit wann es dieses Material gibt, seit wann diese oder jene Fertigungsverfahren angewendet werden konnten, seit wann diese stilistischen Merkmale auftreten, so erhält man damit einen Hinweis auf die Zeit, in der das Objekt gefertigt wurde.

Wie man vorgehen kann, um die Entstehungszeit zu erfassen, zeigt die folgende Tabelle:

		Entwicklung der Hinweise zur Entstehungszeit des Zeichens	
Klärung der materiellen Gegebenheiten	Sammlung von Daten		
Um welchen Gegenstand handelt es sich?		Seit wann gibt es solche Objekte?	
Aus welchem Material besteht das Zeichen?		Seit wann gibt es dieses Material?	**Hinweis auf die Zeit der Entstehung**
Wie ist das Material verarbeitet?		Seit wann gibt es diese technischen Verarbeitungsmöglichkeiten?	
Welche Gliederung, welchen Aufbau zeigt das Gebilde?		In welcher Zeit wurden Gebilde in dieser Art strukturiert?	

Grafik 7.33 Erkundung der Entstehungszeit eines Objektes

5.2.2.3 Hinweise auf die Fähigkeiten der Macher am Ort der Entstehung

Mit der Klärung, wann das Objekt erstellt wurde, gewinnt man jedoch weitere wichtige Erkenntnisse über die Fähigkeiten und Fertigkeiten der Macher dieses Objektes. Will man diese richtig bewerten, ist es notwendig, sich über die technischen, die wirtschaftlichen, die sozialen und kulturellen Bedingungen zu der Zeit, in der das Objekt entwickelt und gefertigt wurde, zu informieren. Kennt man die Zeit, in der das Objekt erstellt wurde, kann man aufgrund der eigenen geschichtlichen Kenntnisse eine Einschätzung der gestalterischen Fähigkeiten und Fertigkeiten der Macher versuchen.

Die Leistungen der Baumeister mittelalterlicher Kirchen kann man nur dann richtig einordnen und in ihrer Bedeutung würdigen, wenn man sich über die Situation vor Ort zu der entsprechenden Zeit informiert hat.

Somit gilt: Erst der Vergleich der bei einem neu wahrgenommenen Objekt sichtbaren Fertigkeiten und Fähigkeiten mit den technischen und sonstigen Möglichkeiten der Entstehungszeit erbringt einen objektiven Hinweis auf die Fähigkeiten der Macher an dem Ort, an dem das Zeichen entwickelt wurde.

Auch hier kann eine Tabelle eine kleine Hilfe zum weiteren Vorgehen bieten:

		Entwicklung von Hinweisen zur Fähigkeit der Macher	
Betrachtung der Gegebenheiten zur Entstehungszeit	Sammlung von Daten	Vergleich der Daten mit den konkret vorhandenen Fertigkeiten und Fähigkeiten bei dem neu wahrgenommenen Objekt	Der Vergleich der konkreten Gegebenheiten bei der Herstellung des Objektes mit dem, was wahrgenommen wird, ermöglicht eine richtige Einschätzung der Leistungen der Macher hinsichtlich ihrer technischen, organisatorischen, ästhetischen und ihrer sonstigen Fähigkeiten.
Welche technischen Möglichkeiten bestanden zu der Zeit?			
Welche Materialien standen zu der Zeit zur Verfügung?			
Welche wirtschaftlichen Bedingungen herrschten zu der Zeit?			
Welche geistigen Strömungen bestimmten zu der Zeit das Leben der Menschen an dem Ort?			

Grafik 7.34 *Voraussetzungen für die Bewertung gestalterischer Leistungen*

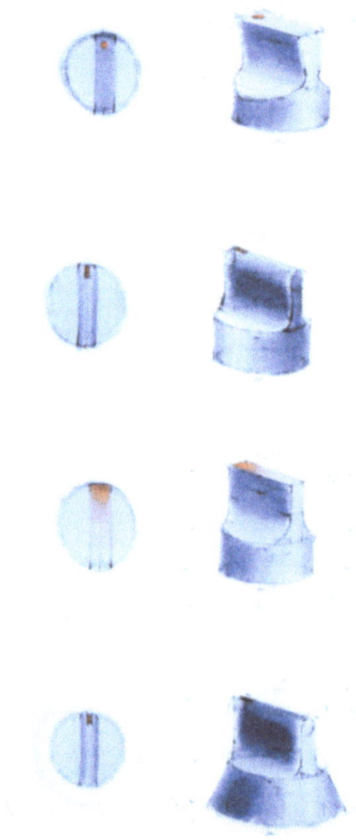

Abb. 7.55 *Technische Verarbeitungsmöglichkeiten am Beispiel von Drehknöpfen*

5.2.3 Die Betrachtung der Hinweise aufgrund der symbolischen Deutung

Nach den Hinweisen aufgrund der iconischen Deutung soll jetzt den Hinweisen nachgespürt werden, die sich aus einer symbolhaften Deutung ablesen lassen.

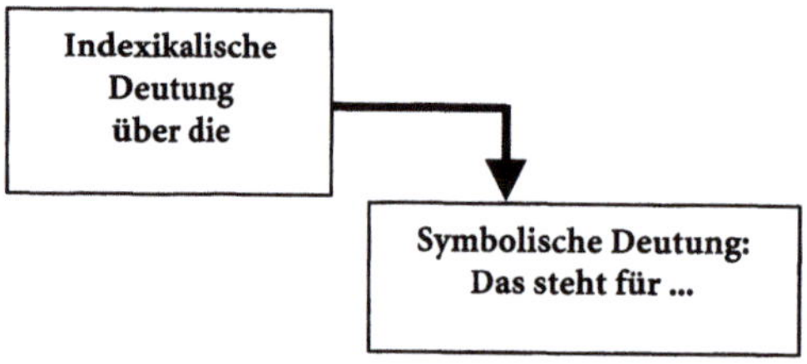

Grafik 7.35 *Der Weg über die symbolische Deutung*

5.2.3.1
Die Hinweise auf die besonderen Eigenschaften des Ortes

Bei der iconische Deutung (das ist ...) wurde ein Hinweis darauf gegeben, dass es sich an dem Ort um etwas Besonderes handelt, dass der Ort besondere Beachtung verdient. Mit der symbolhaften Deutung werden jetzt Hinweise gegeben auf die spezifischen Eigenschaften des Ortes. Jetzt wird klar, dass die Straße nicht befahren werden darf, weil man den Inhalt des Schildes versteht und deuten kann, oder dass es sich bei der Kirche um ein besonderes Gebetshaus für Gläubige handelt. Jetzt wird auch klar, wozu das Bedienelement genutzt werden kann, man versteht, wofür es gedacht ist (z.B. Ein-/Ausschaltung).

Mit der Auswertung der symbolischen Aussage erhält man somit einen Hinweis auf die besonderen Eigenschaften des Ortes, an dem sich das Objekt oder das Zeichen gerade befindet.

Gehen wir davon aus, dass der Baum nicht von alleine dort wuchs, sondern von irgendjemand an eben der Stelle angepflanzt wurde. Mit welchen Erwartungen und Absichten haben die „Erbauer" den Baum dort gesetzt?
Und schließlich gibt es noch die Nutzer, die sich um den Baum versammeln und sich bei Regen oder Hitze dort unterstellen, ihn also für ihre eigenen Zwecke nutzen.

Für die designerische Arbeit ist zu beachten: ***Jedes Objekt ist Ort für eine besondere Zeichengebung.*** *Jedes Element innerhalb eines Objektes gibt somit einen Hinweis auf die spezifischen Eigenschaften an dem Objektort.*

5.2.4
Die zusätzlichen Hinweise

Bei der iconischen Deutung ging es vor allem um die Identifizierung der neu wahrgenommenen Figur. Gelang dies, so konnte man sagen: Das ist ein Verkehrszeichen. Mit der symbolhaften Deutung erhält man Hinweise auf die spezifischen Eigenschaften des Ortes. Damit ist jedoch die Ausbeute an Hinweisen noch nicht erschöpft, bieten doch diese ersten Erkenntnisse noch weitere Hinweise auf die äußeren Bedingungen des Ortes, an dem ein solches Objekt aufgestellt oder angebracht wird. Am Beispiel eines Baumes, der irgendwo wächst, soll dies kurz illustriert werden.

Hat man ein wahrgenommenes Gebilde als Baum identifiziert, so weiß man, dass dieser Baum an seinem jetzigen Standort nur wachsen kann, wenn bestimmte Voraussetzungen dafür erfüllt sind. Dies bedeutet: Es muss der geeignete „Grund" das sein, damit der Baum überhaupt entstehen und wachsen kann. Es müssen die „klimatischen" Bedingungen vor Ort stimmen und es dürfen keine „Schädlinge" (Menschen, Tiere, Pflanzen) vorhanden sein, die das Wachstum und Entstehen verhindern oder den Baum zum „Absterben" bringen.

Auf technische Geräte übertragen bedeutet dies: Es müssen Gründe da sein, ein solches Gebilde entstehen zu lassen bzw. an diesem speziellen Ort einsetzen zu müssen. Es dürfen keine Menschen da sein, die das Entstehen eines solchen Objektes oder den Einsatz dieses Objektes an dem Ort verhindern wollen.

Geht man diesen Vorgaben nach, so erhält man Hinweise darauf, dass

- das Entstehen oder Aufstellen eines Objektes an dem momentanen Ort (oder das Erbauen einer Kirche, eines Schlosses oder einer Plastik) einen Grund hatte oder hat,
- die äußeren Bedingungen und auch die geistigen Strömungen vor Ort das Aufstellen oder Erbauen des Objektes begünstigen und
- das Objekt an seinem Platz von allen akzeptiert wird und momentan keine Kräfte da sind, die dieses Objekt beseitigen wollen.

5.2.4.1
Hinweise auf die Absichten der Aufsteller oder Hersteller von Objekten

Werden von den Menschen Verkehrsschilder aufgestellt oder Kirchen gebaut, so stellt sich die Frage. Warum machen die das? Warum stellen die an eine Straße ein Verkehrsschild auf mit der Vorgabe: Durchfahrt verboten? Warum bauen Menschen Kirchen, in denen eine bestimmte Religiosität gepflegt werden kann? Warum produzieren Menschen Geräte und Maschinen?

Diese Aussagen gelten natürlich auch für die Hersteller von Objekten, sie gelten für diejenigen, die solche Objekte oder Zeichen planen und entwickeln.

Zunächst einmal kann man sagen, jemand macht etwas, wenn es seinen Interessen dient. Insofern dient das Aufstellen eines Verkehrsschildes oder der Bau einer Kirche, die Herstellung eines Gerätes den jeweils eigenen Interessen der Aufsteller bzw. der Auftraggeber oder Erbauer.

Gehen wir davon aus, dass mit der Anbringung von Verkehrsschildern an Straßen die zuständigen Stellen den Verkehr für die Verkehrsteilnehmer sicherer machen wollen. Es kann aber auch sein, dass der Autoverkehr gemindert werden soll. Maßgebend für die Erwartungen und Wünsche derjenigen, die ein Zeichen an einem bestimmten Ort anbringen oder aufstellen, ist die dahinter stehende Einstellung. Je nach Deutung der Sender-Erwartungen (z.B. Sicherung oder Drosselung des Autoverkehrs) ergeben sich Hinweise auf die dahinter stehenden Einstellungen der „Sender".

Dann kann man sagen, jemand macht etwas im Interesse der anderen Menschen. Dies würde zu dem Hinweis führen: Die Aufsteller von Verkehrsschildern, Erbauer von Kirchen oder die Produzenten von Geräten und Maschinen handeln im Interesse anderer Menschen. Sie kümmern sich mit dieser Aktion um das physisch-körperliche und / oder psychisch-geistige Wohl anderer Menschen.

Um hier verlässliche Hinweise geben zu können, sind allerdings fundierte Kenntnisse über die Einstellungen der Macher und Hersteller erforderlich (Biografien oder sonstige Informationen über die jeweiligen Personen können dabei helfen).

5.2.4.2
Hinweise auf die besonderen Bedingungen und geistigen Strömungen vor Ort

Wird ein Objekt an einem Ort errichtet oder aufgebaut, so müssen dort die äußeren Bedingungen dies begünstigen. Das Objekt muss machbar sein. Es müssen entsprechende wissenschaftliche, technische und gestalterische Ressourcen nutzbar sein.

Ein gutes Beispiel für diese Überlegungen bietet der Neubau des Berliner Reichstages mit seiner transparenten Kuppel, der damit eine ganz andere geistige Strömung erkennen lässt, als dies die ursprüngliche Baugestalt vermittelte.

Untersucht man ein Objekt auf seinen Gehalt, so entdeckt man dessen symbolische Aussage. Ein Gebilde steht für Transparenz, für Abgrenzung, für Durchlässigkeit, für Leichtigkeit, für Stabilität usw. Wird ein Gebilde mit einer oder mehrere dieser Aussagen irgendwo erstellt, so wird dies zwar von einer Person oder einer Gruppe veranlasst, doch maßgebend für das Tun der Aufsteller, der Erbauer oder Hersteller von Objekten ist deren geistige Einstellung. Und diese Einstellung kommt nicht ohne Grund. Es müssen Kräfte da sein, die dies bewirken. Geht man auf die symbolhafte Aussage des Objektes ein, so erhält man damit einen Hinweis auf die geistigen Strömungen vor Ort bzw. „im Land". Weiß man dies zu deuten, so erhält man einen Hinweis auf die sozialen, politischen, gesellschaftlichen, kulturellen oder ökologischen Strömungen und Tendenzen vor Ort zu der Zeit.

5.2.4.3
Die Hinweise auf die Benutzer dieser Objekte vor Ort

Menschen, die mit Objekten, Figuren oder Zeichen konfrontiert werden und diese dulden oder gar in ihrer Nähe haben wollen, erlauben einen Hinweis auf ihre Einstellung gegenüber den Aussagen, die mit den erstellten, erbauten oder hergestellten Objekten gemacht werden. Die Duldung oder aber Akzeptanz der mit der symbolhaften Aussage verbundenen Inhalte zeigt, dass man diese aufgrund der eigenen Einstellung bejahen kann. Die am Ort aufgestellten oder erbauten Objekte dienen den eigenen Erwartungen, den eigenen Absichten. Verkehrsteilnehmer halten sich an Verkehrszeichen, weil sie sich damit eine Sicherung ihres eigenen Lebens erhoffen. Sie gehen davon aus, dass die Aufstellung eines Verkehrszeichens in ihrem Interesse erfolgt. (Schwindet dieses Vertrauen, so wird das Anbringen oder Aufstellen von Verkehrszeichen als Schikane oder Behinderung empfunden. Man hält sich nicht daran, man umfährt sie oder reißt sie ab.) Insofern bietet der Umgang der Menschen mit dem, was vor Ort erstellt, aufgestellt oder aufgebaut wird, einen Hinweis darauf, inwieweit es den Interessen der Nutzer entspricht.

Abb. 7.56 *Zwei Hinweise werden ablesbar.*
Der rot leuchtende Schalter gibt einen Hinweis auf die Eigenschaften des Objektes (es ist ein technisches Gerät, das gerade mit elektrischer Energie betrieben wird und das Gerät dieser Marke wird von Menschen mit bestimmten wirtschaftlichen und ästhetischen Einstellungen genutzt

5.2.4.4
Das Ergebnis der Betrachtung einer indexikalischen Deutung

Als Ergebnis der Betrachtungen zur indexikalischen Deutung erhält man eine Vielzahl unterschiedlichster Hinweise. Eine Übersicht soll dies komprimiert veranschaulichen:

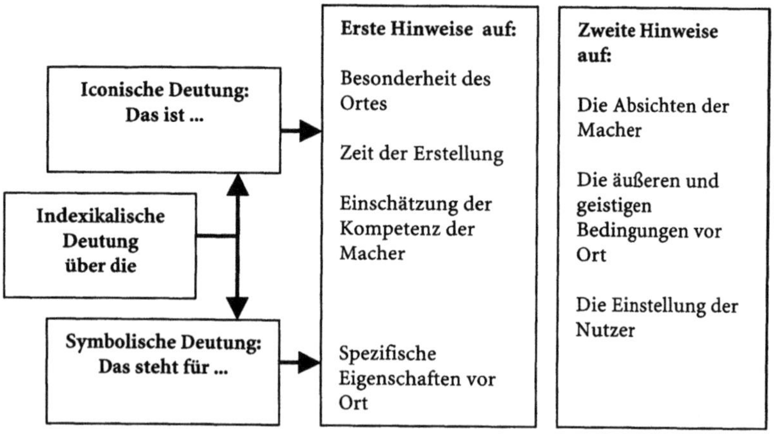

Grafik 7.36 *Die Ergebnisse einer indexikalischen Deutung*

5.2.5
Hinweise als Orientierungshilfe für das eigene Handeln

Diejenigen, die mit einem Objekt konfrontiert werden, erfahren aus den Hinweisen, ob Gefahren vor Ort lauern und sie ihn meiden müssen oder ob sie den Ort gefahrlos betreten, sich dort aufhalten oder in Besitz nehmen können.

Übersieht der Mensch die Hinweise oder schlägt er sie bewusst aus oder kann er die Hinweise aufgrund fehlender Kenntnisse nicht deuten, kann dies unangenehme Folgen für ihn haben. Gerade mit er indexikalischen Deutung gewinnt der Mensch die Informationen, die für die Steuerung seines Handelns im Umgang mit den Dingen des Alltags und den Menschen (lebens-)wichtig sind.

5.2.6
Die Folgen für eine Kodierung im Industrie-Design

5.2.6.1
Die Auswertung der indexikalischen Deutung

Die iconische Deutung ermöglicht Hinweise auf die technischen und gestalterischen Fähigkeiten der Designer/innen. Folglich ist bei einer Kodierung zu bedenken, dass die eigene Kompetenz auf diesen Gebieten bei einer Umsetzung immer ablesbar ist.

Bei jeder Produktgestaltung werden mit der Formgebung, mit der Farbgebung, mit der Materialgebung und mit der Gliederung immer ganz bestimmte Hinweise auf die spezifischen Eigenschaften des Produktes und seiner Einzelteile mitgeliefert.

Zu bedenken ist weiter, dass aus jeder Produktgestaltung Hinweise auf die Erwartungen und Absichten der Sender bzw. der Auftraggeber ablesbar werden. Sichtbar werden die äußeren Bedingungen, die technischen und wirtschaftlichen Gegebenheiten sowie die geistigen Strömungen vor Ort zum Entstehungszeitpunkt des Objektes. Wird das Objekt am Ort akzeptiert, so zeigt sich darin auch etwas von der Einstellung und somit von den Erwartungen und Wünschen der Menschen vor Ort.

Hinweise auf die Kompetenz der Designer/-innen
Der Umgang mit den Materialien, der Einsatz von Fertigungsverfahren, die technischen Neuentwicklungen, die stilistische Klarheit bei einer Umsetzung geben entscheidende Hinweise auf die gestalterische Kompetenz der Designer/-innen.

Hinweise auf die Absichten der Macher
Zu bedenken ist auch, inwieweit die Menschen, die mit Objekten konfrontiert werden, die Kenntnisse und das Wissen haben, die einzelnen Hinweise tatsächlich zu erfassen. Wer kennt schon die gesellschaftlichen, kulturellen oder sozialen Einstellungen der Hersteller, Erbauer oder Gestalter eines Objektes, um deren Absichten durchschauen zu können?

5.2.6.2
Die Vorgaben für eine Gestaltung

Aufgrund der iconischen Deutung erhält man Hinweise auf die fachliche und gestalterische Kompetenz der Macher. Will man hier ein bestimmtes Niveau erreichen, setzt dies eine entsprechend qualifizierte gestalterische und technisch versierte Arbeit voraus.

Die spezifischen Eigenschaften werden aufgrund der symbolhaften Deutung erfahren. Folglich muss man sich bemühen, die symbolhafte Aussage möglichst klar zu formulieren. Damit sind zwei wesentliche Zielsetzungen für die designerische Arbeit formuliert.

Visuell lassen sich Hinweise in Form von bildhaften Darstellungen, den so genannten Piktogrammen, realisieren. Dies Piktogramme können gegenständlich und ungegenständlich sein.

Daneben können sprachliche Elemente, Worte oder einzelne Buchstaben als Hinweise verwendet werden. In dem Fall spricht man von einem „Logo", das man als Hinweis nutzt.

Hinweise mit **haptischen Elementen** auf Objekten stellen z.B. Riffelungen auf einem Knopf einer Armbanduhr dar. Sie geben

Hinweise für die Benutzer
Benutzer möchten sich z.B. deutlich abgrenzen gegenüber anderen Käuferschichten. Wie kann man die entsprechenden Hinweise auf eine Besonderheit der Nutzer bereits bei der Kodierung berücksichtigen?

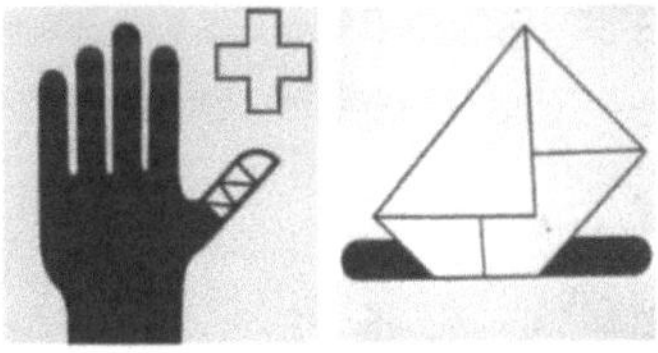

Abb. 7.57 und 7.58 Piktogramme (pictus, lat.: bemalt, bunt gestickt, sauber)

Logo
logos, griech.: Das Wort

einen Hinweis, dass diese Uhr über ein mechanisches Uhrwerk verfügt, das von Zeit zu Zeit aufgezogen werden muss.

Hinweise über **akustische Indizes** erfährt man bei bestimmten Radio- oder Fernsehsendungen, die mit einer „Erkennungsmelodie" eingeleitet werden. Ertönt diese Melodie, so wird damit ein Hinweis gegeben auf die besonderen Eigenschaften dieser Sendung (Krimi oder Politmagazin usw.).

5.3 Studien

5.3.1 Theoretische Studien

Vorgehensweise: Für die Ausarbeitung ist ein klare Strukturierung der Untersuchung notwendig, will man nicht den Überblick verlieren. In einem ersten Schritt werden die Hinweise aufgrund der iconischen Deutung erfasst. Erst danach werden die symbolisch bedingen Hinweise betrachtet, wobei es zur Klarheit beiträgt, wenn man die einzelnen Hinweise, wie in der Übersicht gezeigt, nacheinander vorstellt.

- Untersuchen Sie Produkte hinsichtlich der dort vorhandenen Indizes.
- Untersuchen Sie an unterschiedlichen Objekten die Hinweise auf die Eigenschaften „vor Ort".

Die Analyse der Objekte ist entsprechend der eingangs praktizierten Vorgehensweise Schritt für Schritt durchzuführen. Dies bedeutet: Zunächst sind die Hinweise aufgrund der iconischen Deutung zu erfassen, dann die Hinweise auf die spezifischen Eigenschaften entsprechend dem symbolhaften Gehalt des Gebildes.

Jetzt kann der Versuch gemacht werden, aus den vorhandenen Formulierungen etwas über die Absichten der Macher, die äußeren Bedingungen vor Ort und die Einstellung der Nutzer zu erfahren (Welche Absichten verfolgen die Nutzer z.B. mit dem Kauf eines solchen Objektes?).

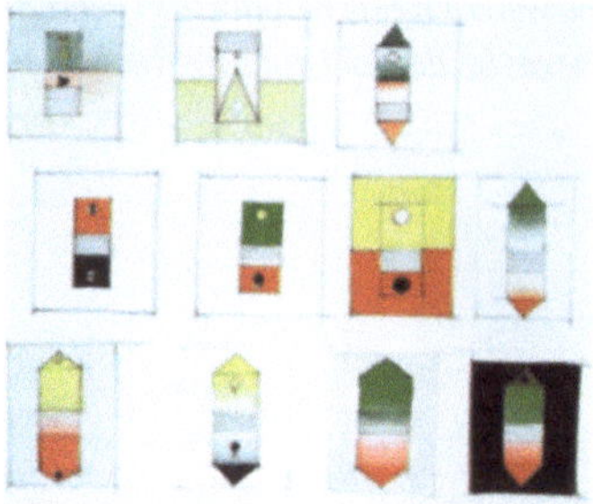

Abb. 7.59 Versuche, Ein-Aus als Hinweis zu gestalten

5.3.2 Praktische Studien

- Versuchen Sie etwas (visuell, haptisch oder akustisch) zu entwickeln, das als Index für ein Produkt verwendet werden kann.

Damit ist etwas zu entwickeln, das auf einem anderen Objekt angebracht, dort wichtige Hinweise liefern soll über die spezifischen Eigenschaften des Produktes.

Vorgehensweise:

- Klärung, welche spezifischen Eigenschaften das Produkt aufweisen soll.

- Umsetzung dieser Eigenschaften in eine symbolhafte Formulierung. Dies geschieht entsprechend der Arbeit zur Entwicklung einer symbolhaften Umsetzung.

5.4 Die Anwendung grundlegender Erfahrungen zur Lösung einer konkreten Aufgabe

Die konkrete Aufgabe:
Für das eigene Produkt ist ein Logo zu entwickeln. Es soll darauf verweisen, dass man selbst der Hersteller des Objektes ist und das Objekt über besondere Eigenschaften verfügt.

Vorgehensweise:

- Klärung, wie man sich selbst als Hersteller eines Produktes präsentieren möchte (z.B innovativ, aufgeschlossen, technisch versiert) und welche spezifischen Eigenschaften das Produkt aufweisen soll (z.B. stabil, leicht, strapazierfähig).
- Sammeln von Objekten, in denen diese Eigenschaften sichtbar sind, und herausschreiben der wesentlichen Merkmale.
- Übertragen der Merkmale auf den gesamten Namenszug oder einzelne Buchstaben (z.B. Anfangsbuchstabe, Namen).
- Präsentation des neu entwickelten Logos auf dem vorhandenen Objekt.

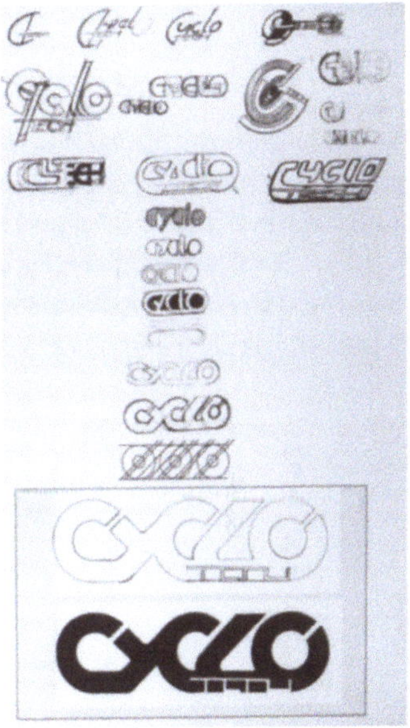

Abb. 7.61 *Die Entwicklung eines Logos für das eigene Fahrradgeschäft CycloTech*

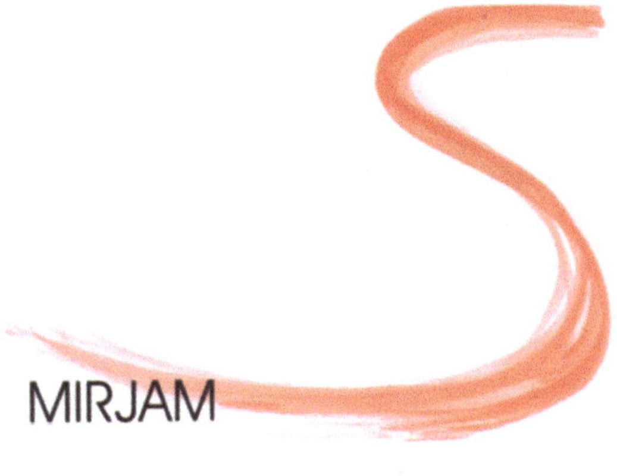

Abb. 7.60 *Die Entwicklung eines Logos für Mirjam S.*
Index auf: Beweglichkeit, Offenheit, Klarheit, Exaktheit. Nach Vorstudien: Was könnte stehen für: Beweglichkeit usw.

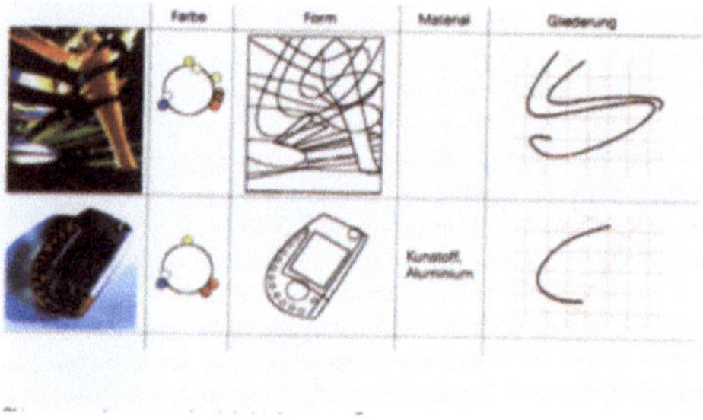

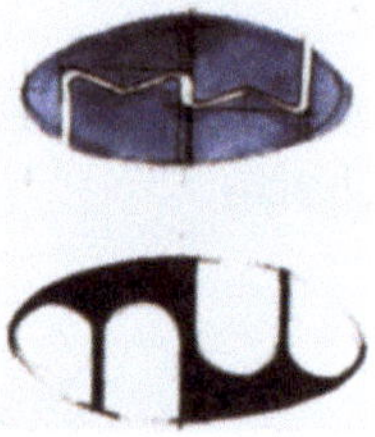

Abb. 7.62 Vorstudien für die Entwicklung des eigenen Logos (Innovation und Beweglichkeit waren im Zusammenhang mit den beiden Buchstaben M und W zu verdeutlichen.)

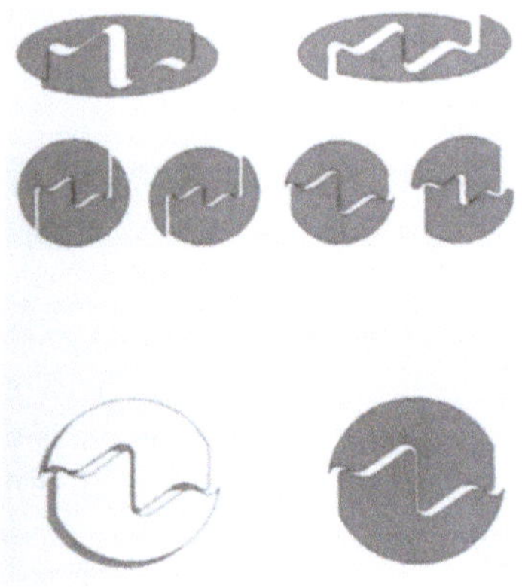

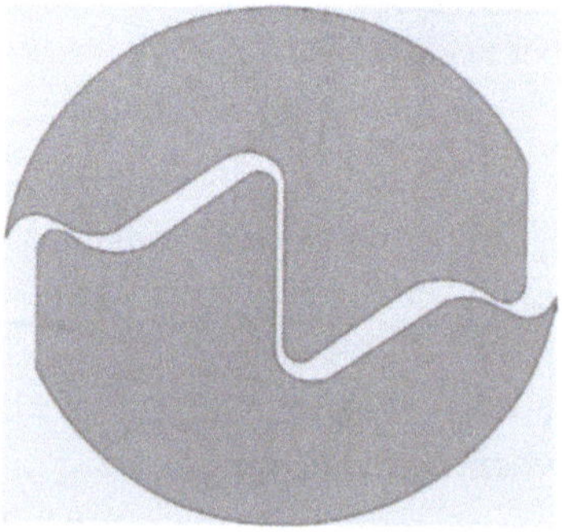

Abb. 7.63 Die Varianten für das neue Logo

Abb. 7.64 Die endgültige Fassung des eigenen Logos

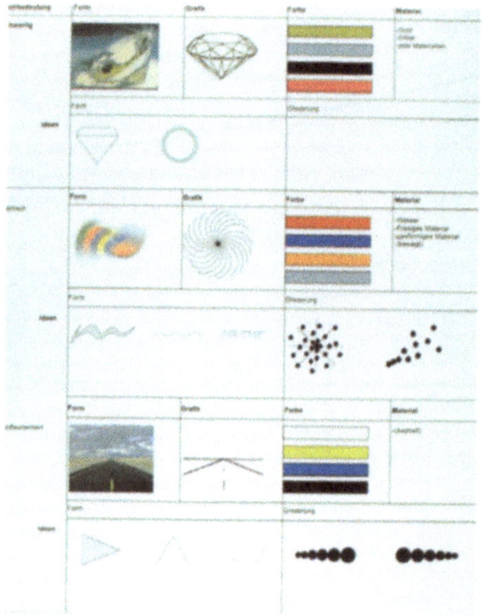

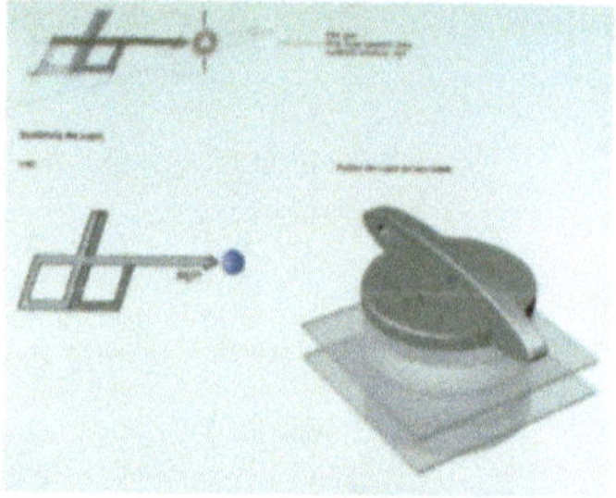

Abb. 7.65 Vorstudie zur Entwicklung des eigenen Logos (Vorgabe: hochwertig, beweglich, zielgerichtet)

Abb. 7.66 Vorstudie für die Integration der Ergebnisse aus der vorangegangenen Arbeit (Verknüpfung mit den Buchstaben B und D)

Abb. 7.67 Die Endfassung des Logos in Verbindung mit einem Schalter

6 Die Arbeitsbedingungen des Menschen und die Deutung wahrgenommener Phänomene

Die Dekodierung einer Umsetzung zeigt einen komplexen Arbeitsprozess. Angefangen von dem Versuch, sich einen Zugang zu dem Inhalt eines wahrgenommenen Gebildes zu verschaffen, bis hin zur iconischen, symbolischen und indexikalischen Deutung.

Diese Arbeiten müssen von unseren Wahrnehmungsorganen und vor allem von dem dafür zuständigen physisch-körperlichen Organ, dem Gehirn, geleistet werden. Es ist klar, dass diese Organe nicht ununterbrochen und immer die gleichen guten Leistungen bei all den Arbeiten erbringen können. Mitentscheidend sind die jeweils vorhandenen Arbeitsbedingungen für die zuständigen Organe.

Nach einer kurzen Beschreibung der physisch-körperlichen und psychisch-geistigen Arbeitsbedingungen werden deren Auswirkungen auf die iconische, die symbolische und die indexikalische Deutung aufgezeigt.

Am Ende werden einige Vorschläge unterbreitet, wie man den Auswirkungen unangemessener Arbeitsbedingungen begegnen kann. Dies ist nicht so zu verstehen, dass Lösungen gesucht werden, die dazu beitragen sollen, unangemessene Arbeitsbedingungen durch gestalterische Maßnahmen zu beschönigen oder gar zu rechtfertigen. Nicht immer kann jedoch mit optimalen Bedingungen gerechnet werden. Auf solche Fälle gilt es, vorbereitet zu sein.

6.1 Verallgemeinerung der Fragestellung

Inwieweit können unangemessene Arbeitsbedingungen die Deutung von Äußerungen beeinträchtigen und wie kann man davon abhängigen Fehl- oder Missdeutungen begegnen?

6.2
Darstellung grundlegender Aspekte

6.2.1
Die physischen und psychischen Arbeitsbedingungen

Die Aufnahmeorgane und das Verarbeitungsorgan des Menschen sind physisch-körperliche Gebilde. Und wie bei allen Arbeitsorganen hängt deren Leistungsfähigkeit von den jeweiligen Arbeitsbedingungen ab. Es ist für ausreichend gutes Licht, ausreichend gute Luft, ausreichende Wärme oder Kälte und ausreichender Ruhe zu sorgen. Hinzu kommt, dass ausreichend viel und gute Energie (Nahrung) zugeführt werden.

Neben den physischen Arbeitsbedingungen sind die psychischen Arbeitsbedingungen nicht minder wichtig für ein hohes Leistungsvermögen der zuständigen Organe. Aus eigener Erfahrung wissen wir: Eine unterkühlte Arbeitsatmosphäre wirkt sich hemmend bei der geistigen Arbeit aus. Große geistige Unruhe kann eine kontinuierlich geistige Arbeit behindern.

Energie, geistige Nahrung, z.B. abwechslungsreiche Arbeit gegenüber einer eintönigen Arbeit

6.2.2
Die Auswirkungen physischer und psychischer Arbeitsbedingungen auf die Dekodierung

6.2.2.1
Auswirkungen auf die iconische Deutung

Im Rahmen einer iconischen Deutung sind an drei verschiedenen Stellen besondere Arbeitsleistungen zu erbringen. Es ist davon auszugehen, dass bei weniger guten Arbeitsbedingungen die Identifizierung von Figuren gemindert wird. Die neu wahrgenommene Figur muss mit den bereits gespeicherten Figuren verglichen werden. Dies bedeutet, dass alles, was im Speicher an Figuren vorhanden ist, aufgerufen und nacheinander mit dem Neuen in Beziehung gesetzt wird.

Ist man z.B. zu müde, so fällt es schwer, all das, was man zu einem bestimmten Gegenstand oder Begriff weiß, aufzurufen. Man beschränkt sich auf einzelne Wissens- oder Erfahrungsbereiche. Ein Großteil der vorhandenen zusätzlichen Kenntnisse und Informationen bleiben unbeachtet.

Kann dieses „In Beziehung setzen" und Überprüfen wegen unangemessener Arbeitsbedingungen nicht ausreichend geleistet werden, entfällt eine Identifizierung der neu wahrgenommenen Figur.

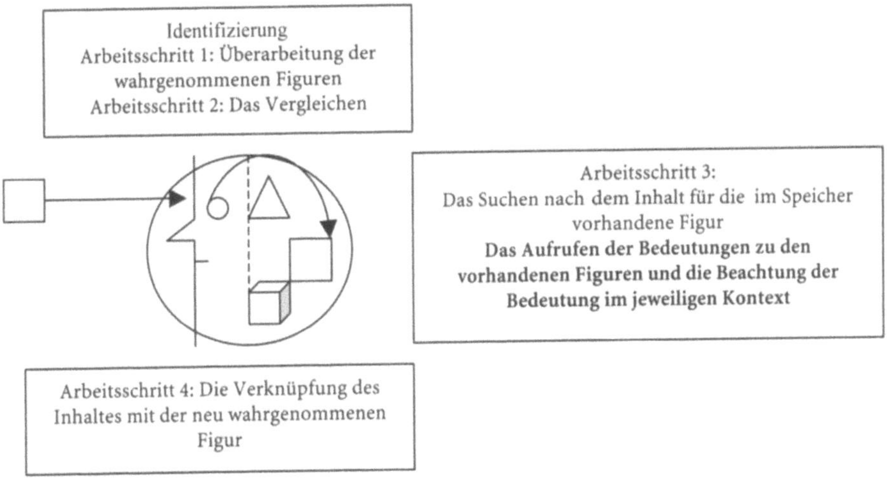

Grafik 7.37 Die verschiedenen Arbeiten im Rahmen einer iconischen Dekodierung

Schlechte physische und / oder geistige Arbeitsbedingungen können die Verknüpfung vorhandenen Wissens und vorhandener Kenntnisse mit der neu wahrgenommenen und identifizierten Figur beeinträchtigen. Und es ist davon auszugehen, dass es bei der Verknüpfung der Inhalte mit den neu wahrgenommenen Phänomenen zu Störungen kommen kann.

Minderung der Arbeitsleistung z.B. beim Sortieren
Das Sortieren geht nur langsam voran. (Die Menge der Eindrücke kann nicht bearbeitet werden.) Beim Sortieren können Fehler unterlaufen. Brauchbare Figuren werden eventuell ausgesondert und als unbrauchbar verworfen.

6.2.2.2 Darstellung verschiedener Arbeiten bei der symbolhaften Deutung

Die geistige Arbeit, die von jedem Menschen bei einer symbolhaften Deutung zu leisten ist, läuft in ihrem ersten Abschnitt konform mit der iconischen Deutung: Das Wahrgenommene ist mit bereits gespeicherten Figuren zu vergleichen und zu identifizieren.

Dann allerdings kommt es zu einem weitaus größeren Arbeitsaufwand, als bei der iconischen Deutung, müssen doch jetzt die von irgendjemandem den jeweiligen Figuren zugewiesenen Inhalte abgerufen werden. Wie gut bzw. wie sicher hat man sie gelernt? Wie schnell kann man auf sie zurückgreifen? Und wieweit ist man in der Lage, diese gespeicherten Informationen auf die neu wahrgenommene Figur zu übertragen?

Die Verzögerungen bei einer zu langsamen Deutung

Wird eine Verbindung zu langsam hergestellt, kann dies dazu führen, dass man mit der Deutung der einzelnen wahrgenommenen Figuren nach und nach in Verzug kommt.

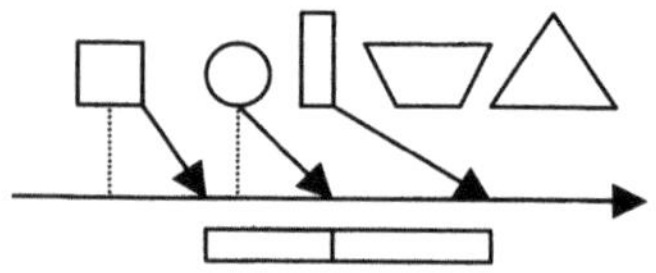

Grafik 7.38 *Reduktion der Aufnahmefähigkeit bei steigender Geschwindigkeit beobachteter Phänomene*

Nicht selten führt dies dazu, dass man die Deutung einzelner Figuren auslassen muss, um wieder auf dem „Laufenden" zu sein. Bewegen sich z.B. Quadrat, Kreis oder senkrecht stehendes Rechteck am Betrachter vorbei oder bewegt sich der Betrachter mit einer bestimmten Geschwindigkeit, so wird die nachfolgende Figur Nr.4 bereits von der Deutung der zuvor wahrgenommenen Figuren überlagert.

Bei einer Beeinträchtigung dieser Arbeitsleistungen aufgrund unangemessener Arbeitsbedingungen kann dies dazu führen, dass die symbolhafte Deutung in der zur Verfügung stehenden Zeit nicht geleistet werden kann.

6.2.2.3 Die Arbeiten bei der indexikalischen Deutung

Die indexikalische Deutung verhilft zu einer Orientierung im Raum, versteht man es doch, aus dem Wahrgenommenen Hinweise auf die Gegebenheiten vor Ort zu gewinnen. Man muss allerdings das Wahrgenommene zunächst iconisch und symbolisch gedeutet haben. Dann müssen diese Informationen als Hinweise nutzbar gemacht werden. Schlechte Arbeitsbedingungen können diese komplizierte Arbeit beeinträchtigen. Die Orientierung des Menschen in seinem Lebensraum oder an seinem Arbeitsplatz oder beim Umgang mit Geräten oder Maschinen wird erschwert.

6.3 Studien

6.3.1 Theoretische Studien

- Die Auswirkungen von Arbeitsbedingungen auf die iconische, die symbolische und die indexikalische Deutung

Sammeln Sie Daten über die Auswirkungen angemessener oder unangemessener Arbeitsbedingungen auf die Identifizierung von Figuren, Gebilden und sonstige Äußerungen. Zeigen Sie die Konsequenzen, z.B. falsche Deutung eines Straßenschildes, Unfall usw.

Sammeln Sie Unterlagen, die Auskunft geben, wie schnell Menschen bei bestimmten Stresssituationen eine Identifizierung von Figuren bzw. die Verknüpfung der dazugehörigen Inhalte leisten können.

6.3.2 Praktische Studien

- Lösungen zur Kompensation verminderter iconischer, symbolischer oder indexikalischer Deutungsfähigkeit aufgrund unangemessener Arbeitsbedingungen

Greifen Sie Ergebnisse der Untersuchung unter 6.3.1 auf und versuchen Sie, Lösungen zur Kompensation der iconischen Deutung zu entwickeln.

Beispiel:
Erleichterung einer Zuordnung durch Zahlenreihen in unterschiedlicher Gliederung

6.4 Die Anwendung grundlegender Erfahrungen zur Lösung einer konkreten Aufgabe

Die konkrete Aufgabe:
Ziel der Arbeit ist es, dass trotz unangemessener Arbeitsbedingungen die notwendigen Hinweise vom vorhandenen Produkt ablesbar sind.

Dies bedeutet:
Klärung, welche Arbeitsbedingungen vorstellbar sind und wie die entsprechenden Hinweise zu gestalten sind, um von der Zielgruppe unter diesen Bedingungen noch schnell, leicht und eindeutig erfasst werden zu können.

Natürlich wird das Ziel vorrangig sein, die Arbeitsbedingungen so zu verändern, dass sie angemessen sind (angemessene Belastung).
Allerdings muss in vielen Arbeitsbereichen auch mit extrem anderen Situationen gerechnet werden.
Inwieweit können für solche Fälle bereits bei der Kodierung vorbeugend Maßnahmen eingeplant werden, um eine sichere Identifizierung zu sichern?

- Erstellung eines Ausrichtungsmodells

Konkrete Situation / Arbeitsbedingungen z.B. ältere Menschen beim Einkaufen mit Einkaufswagen	Beschreibung der konkreten Situation	Konsequenzen: Kompensationsmöglichkeiten
Physische Arbeitsbedingungen	Weite Wege, Aus- und Einsteigen beim Bus, hohe Treppen Gewicht des Einkaufwagens, Gedränge im Bus, in der Straßenbahn Luft, Hitze, Kälte, Ruhe	
Psychische Arbeitsbedingungen	Ruhe, Unruhe, Angst, Angespannt-Sein (in den Bus aussteigen- bzw. einsteigen können?)	

So muss bei der Aufgabe: „Erstellung eines Einkaufwagens für ältere Menschen" mit unangemessenen Arbeitsbedingungen sicher gerechnet werden (z.B. ältere Menschen mit einem solchen Gerät in der Straßenbahn, im Supermarkt, auf der Straße).

Grafik 7.39 *Ausrichtungsmodell*

Bei der Realisierung eines Warenträgers für ein Fahrrad:
Iconische Deutung:
Leichte Identifizierbarkeit
Symbolische Deutung:
Auswahl von Formen, Farben, Materialien und Gliederungen, zu denen der Symbolgehalt weitgehend allgemein bekannt ist.
Indexikalische Deutung:
Leichte zeitliche Zuordnung, wann das Objekt erstellt wurde und deutliche Ablesbarkeit, wo und wie es am Fahrrad anzubringen ist.
Gewünscht werden deutliche Hinweise auf die Produzenten und die spezifischen Eigenschaften des Objektes.

- Die Übertragung der Konsequenzen

Die Konsequenzen für eine Kodierung bei unangemessenen Arbeitsbedingungen beinhalten als Kompensierungsmöglichkeiten:
- weniger Inhalte,
- klarere Strukturierung der Figuren,
- klare Abgrenzung zu verwandten Inhaltsfeldern.

- Entwicklung von Alternativen und Auswahl einer guten Lösung

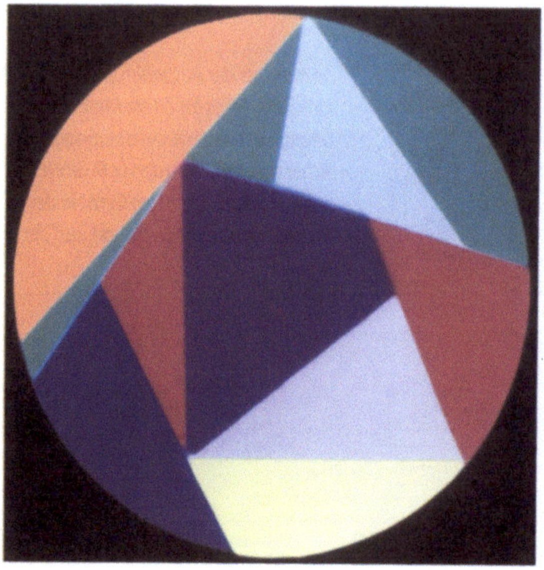
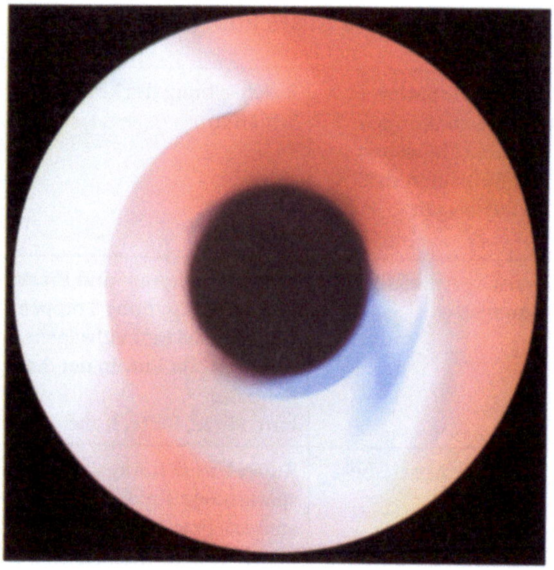

Abb. 7.68 und 7.69 *Die Auswirkungen der Bewegung auf die Erscheinungsweise eines Objektes. Die Schwierigkeiten, bewegte Objekte am Arbeitsplatz zu identifizieren.*

Teil 8
Die Bedienbarkeit einer Umsetzung

Hat ein Empfänger etwas wahrgenommen und erkannt, was es ist, wird er prüfen, ob dieses Objekt seinen Vorstellungen entspricht.

Eine der ersten Fragen wird sein: Kann ich mit diesem Gebilde (Objekt, Produkt, Gerät, Maschine usw.) überhaupt umgehen oder ist es so kompliziert, dass ich es nur bedingt oder gar nicht einsetzen und für mich nutzen kann?

Die Frage nach der Bedienbarkeit einer Umsetzung wird somit bei dem anvisierten Empfänger, der mit dieser Umsetzung einen bestimmten Bedarf beheben möchte, zu einem wesentlichen Kriterium für oder gegen das angebotene Produkt.

Die verschiedenen Erwartungsfelder, die die Entscheidung für oder gegen eine Umsetzung beeinflussen, wurden bereits vorgestellt.

Siehe dazu auch Teil 3, Kapitel 1.2.2.2

Hier: Die Abhängigkeit der Akzeptanz einer Umsetzung von der Berücksichtigung der jeweiligen Erwartungen

Abb. 8.1 *Bedienbares Objekt*

1 Das Verständnis für die Bedienung einer Umsetzung

Begriffsklärung: Bedienung
Bedienung beschreibt die Möglichkeit, auf eine Umsetzung einzuwirken und die bei einem Objekt vorhandenen Nutzungsmöglichkeiten durch bestimmte Operationen zu entfalten.
Die Verwendung des Begriffes „Bedienung" erlaubt eine weiter gehende Auslegung und Nutzung als dies mit den Begriffen Steuerung und Regelung möglich ist.

Bedienung anstatt Handhabung
Es wird bewusst der Begriff „Bedienung" verwendet, um von vornherein klar zu stellen, dass die Bedienung eines Objektes durch den Menschen mit den Händen, aber auch mit den Füßen oder mit den Ellenbogen erfolgen kann. Behinderte (z.B. Gelähmte) können z.B. die Seiten eines Buches oftmals nur durch Ansaugen und / oder Blasen mit dem Mund umblättern. Der Begriff „Handhabung" würde so den Aktionsbereich der Bedienung durch den Menschen zu sehr einengen.

Eine Umsetzung erfüllt nur dann ihren Sinn und Zweck, wenn sie von einem Nutzer so bedient werden kann, dass dieser das anvisierte Ziel auch erreichen kann.

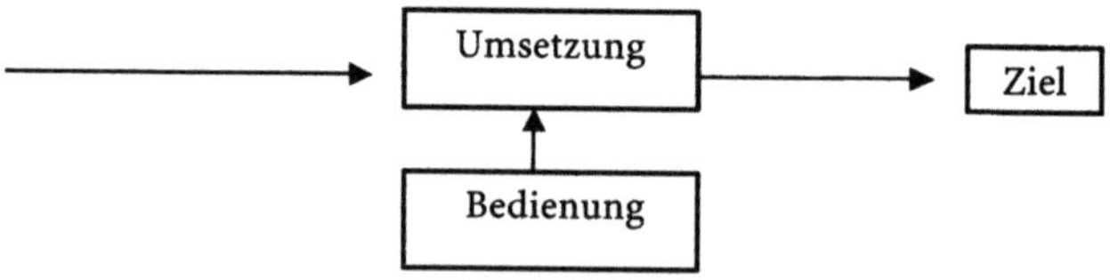

Grafik 8.1 *Die Bedienung einer Umsetzung als Voraussetzung, um das Ziel erreichen zu können*

Wird dieses Ziel nicht erreicht, weil die Umsetzung vom Benutzer nicht bedient werden kann, verliert diese für ihn ihren Sinn und Zweck. Somit ist die Bedienbarkeit einer Umsetzung neben der technischen Funktionalität eine grundlegende Voraussetzung für die Bedarfsbehebung.

1.1 Verallgemeinerung der Fragestellung

Welche Voraussetzungen müssen erfüllt sein, damit ein Objekt richtig bedient werden kann?

1.2 Darstellung grundlegender Aspekte

1.2.1 Die Einwirkung auf eine Umsetzung

Um eine Umsetzung in seinem Sinne lenken zu können, müssen Einwirkungsmöglichkeiten auf die Umsetzung vorhanden sein.

Die Bedienung wird bewusst auf den Menschen eingegrenzt, auch wenn es heute bereits Geräte gibt, die wiederum andere Maschinen steuern und somit die Bedienung einer Umsetzung übernehmen. Bedienbarkeit wird also verstanden als Einflussnahme auf eine Maßnahme bzw. ein Produkt, um dieses so zu steuern und zu lenken, dass das anvisierte Ziel erreicht werden kann.

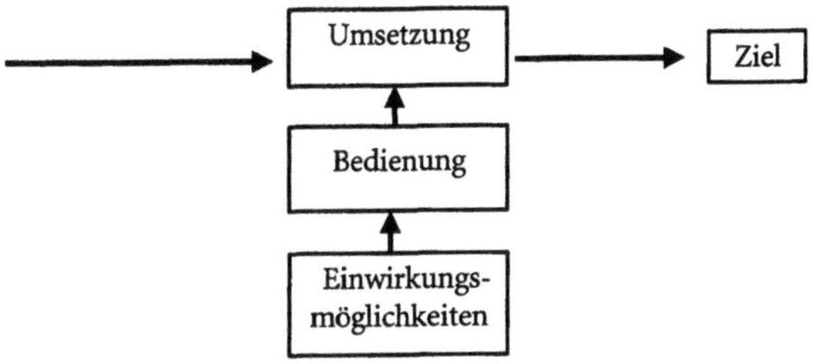

Grafik 8.2 Einwirkungsmöglichkeiten als Voraussetzung für die Bedienung einer Umsetzung

__Mögliche Ziele__ bei der Bedienung eines Produktes:
bei einem Behältnis: schnelles und leichtes Öffnen und Verschließen;
bei einem Bohrer: das Auswechseln, das Einsetzen, das Feststellen des Bohrers;
bei Haushaltsgeräten: das Auseinandernehmen eines komplexen Objektes zum Reinigen der einzelnen Teile usw.

Für die notwendigen Einwirkungsmöglichkeiten auf eine Umsetzung müssen Teile (Lenker, Hebel, Räder, Druckknöpfe usw.) vorhanden sein, mit denen auf das Verhalten der Umsetzung Einfluss genommen werden kann. Die Bedienung einer Umsetzung setzt somit voraus, dass an irgendeiner Stelle des Produktes die Möglichkeit besteht, seinen Zustand oder sein Verhalten zu beeinflussen.

Drei der bekanntesten Verfahren zur Bedienung von Umsetzungen werden kurz vorgestellt.

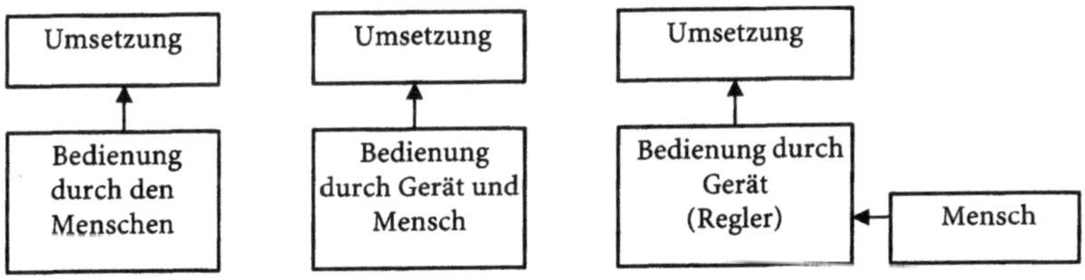

Grafik 8.3 Die verschiedenen Einwirkungsmöglichkeiten zur Bedienung eines Objektes

Die erste Situation verdeutlicht die Bedienung eines Objektes allein durch den Menschen (z.B. das Auf- und Zudrehen eines Wasserhahnes).
Die zweite Situation verweist auf die Möglichkeiten, dass Menschen Geräte nutzen, um etwas zu bedienen.
In Situation 3 steuern Geräte oder Maschinen die gesamte Umsetzung so, dass damit das anvisierte Ziel erreicht wird. Es handelt sich dabei um selbststeuernde oder selbstregulierende Gebilde (z.B. Sprinkleranlagen, die bei einer bestimmten Rauchentwicklung selbständig einen Prozess in Gang setzen und beenden).

1.2.2
Die Verständlichkeit des Bedienelementes

Soll jemand eine Umsetzung richtig bedienen, d.h. mit einem Produkt so umgehen, dass damit das vorgegebene Ziel erreicht wird, muss für die Person klar sein, wie sie es nutzen kann. Wichtig wird die Verständlichkeit der Bedienung.

- Was ist zu bedienen?

An welchem Teil kann ich auf die Maßnahme bzw. das Produkt einwirken?

- Wie ist dieses Teil zu bedienen?

Muss ich dieses Teil drehen, muss ich etwas schieben oder muss ich an einer Stelle etwas eindrücken?

- Womit ist die Bedienung auszuführen?

Muss ich die Bedienung mit der Hand machen, muss ich den Fuß dazu nutzen, brauche ich ein anderes technisches Gerät (Hammer, Zange usw.)?

- Welche Konsequenzen hat die Bedienung?

Die Bedienung oder Steuerung einer Umsetzung dient dazu, ein anvisiertes Ziel zu erreichen. Insofern steht beim Benutzer einer Maßnahme bzw. eines Produktes eigentlich vor der eigentlichen Bedienung die Frage, kann ich mit dieser oder jener Einwirkung auf das Produkt das, was ich möchte, tatsächlich auch erreichen? Insofern ist die Kenntnis der Konsequenzen einer Bedienung eigentlich eine Voraussetzung für die gezielte Bedienung eines Produktes.

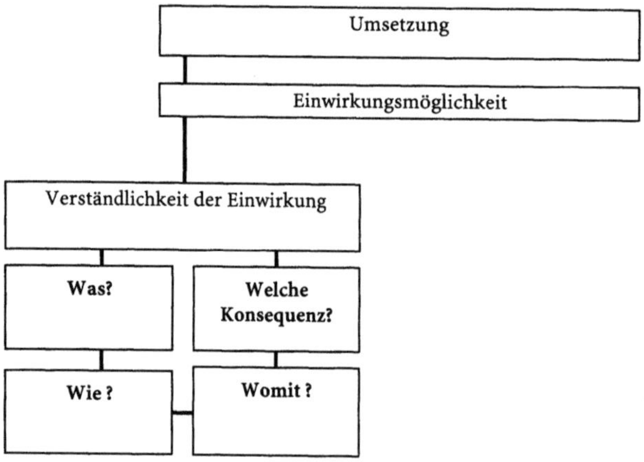

Grafik 8.4 Die vier Fragen zum Verständnis einer Bedienung

1.2.3
Die unterschiedlichen Informationsträger

Was, wie und womit zu bedienen ist, muss in irgendeiner Form einem Nutzer verständlich gemacht werden. Die dazu notwendigen Informationen müssen lesbar, hörbar oder sonst wie wahrnehmbar gemacht werden.

Bei plastisch-raumhaften Gebilden wird das Bedienelement und seine „Handhabung“ mit Formen, Farben, Materialien und der Gliederung der einzelnen Elemente verdeutlicht.

Schriftliche Hinweise sind geschriebene Worte oder Sätze.
Akustische Hinweise können z.B. durch sprachliche Anleitungen erfolgen.

1.2.4
Die Verdeutlichung, was als Bedienelement nutzbar ist

1.2.4.1
Die Wahrnehmbarkeit des Bedienelementes

Siehe Teil 6, Kapitel 1.2.6
Voraussetzung für das Heraussortieren aufgenommener Phänomene: deutliche Unterschiede zum Vorhandenen.

Voraussetzung für das Erkennen eines Bedienelementes ist, dass es als besonderes Element bzw. als besonderes Teil einer Äußerung bzw. einer Umsetzung erkennbar ist. Es muss sich absetzen gegenüber dem Ganzen, es muss sich als Besonderheit abheben von seiner Umgebung.

Im Rahmen der Studien zur Wahrnehmung wurde ersichtlich, dass Einzelteile sehr schnell und leicht wahrnehmbar sind, wenn sie sich durch möglichst viele Merkmale von den übrigen Teilen bzw. dem Ganzen unterscheiden. Je weniger Merkmale zur Unterscheidung genutzt werden und je geringer die Unterschiede bei den verschiedenen Merkmalen sind, umso schwieriger wird ein Herauslesen und Heraussortieren des gesuchten (Bedien-)Teiles. Als Mittel können genutzt werden: die Art der Begrenzung oder Abgrenzung des Elementes gegenüber seiner Umgebung, eine besondere Form-, Farb- und Materialgebung sowie eine besondere Gliederung des Elementes. Ebenso kann mit der Dimensionierung des Bedienteiles gegenüber anderen Teilen bzw. gegenüber dem Ganzen Aufmerksamkeit erregt werden.

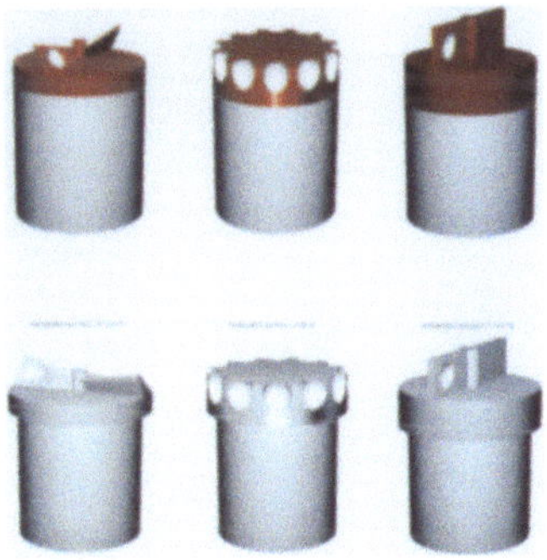

Abb. 8.2 Verdeutlichung, was als Bedienelement nutzbar ist

1.2.4.2
Die Identifizierung des besonderen Elementes als Bedienelement

Elemente können als Besonderheiten eines Gebildes herausgearbeitet sein. Sie können als Blickfang oder zur Betonung bestimmter Eigenschaften oder einfach als Akzent genutzt werden. Die Identifizierung eines solchen Elementes als Bedienelement erfordert jedoch neben der Akzentuierung noch weitere Gestaltmerkmale. Es muss als Bedienelement identifiziert werden.

Die Identifizierung eines Elementes als Bedienelement setzt voraus, dass dieses Element Merkmale von bereits bekannten Bedienteilen aufweist (als Drehknopf, als Schieber, als Schaltknüppel usw.).

Abb. 8.3
Drehgriff für eine Rechtsdrehung

1.2.4.3
Erschwernisse für die Identifizierung von Bedienelementen

Viele Bedienelemente sind erkennbar, weil sie neben der mehr oder minder starken Abgrenzung von der Umgebung beweglich sind. Sie sind drehbar, man kann sie eindrücken oder verschieben. Daneben gibt es jedoch vermehrt Bedienelemente, die sich in ihrer Lage nicht direkt verändern lassen. Zustandsveränderungen bei dem Objekt werden jetzt durch die Berührung von Sensoren ausgelöst, die die aufgenommenen Impulse in irgendeiner Form weiterleiten (z.B. Textfelder bei Fahrkartenautomaten oder Leuchtpunkte, die als Bedienelement genutzt werden können).

1.2.5
Die Verdeutlichung, wie etwas bedient werden kann

1.2.5.1
Die verschiedenen Einwirkungsmöglichkeiten

Um auf eine Umsetzung zielgerichtet einwirken zu können, muss der Bedienungsimpuls in irgendeiner Weise auf die Umsetzung bzw. das Produkt übertragen werden. Bewegen kann man etwas durch:

- Schieben,
- Drücken (Wegdrücken, Eindrücken)
- Stoßen (Wegstoßen, Einstoßen)
- Drehen
- Ziehen

Dabei ist zu vermerken, dass als Einwirkungsmöglichkeiten für eine Veränderung im Grunde nur drei Maßnahmen (schieben, drehen, ziehen) zur Verfügung stehen. Alle anderen sind Abwandlungen dieser drei Maßnahmen.
Auch auf nicht bewegliche Bedienelemente muss in irgendeiner Form eingewirkt werden, z.B. durch leichtes Antippen einer vermeintlichen Taste oder durch Ansprechen (akustische Einwirkungen) usw.

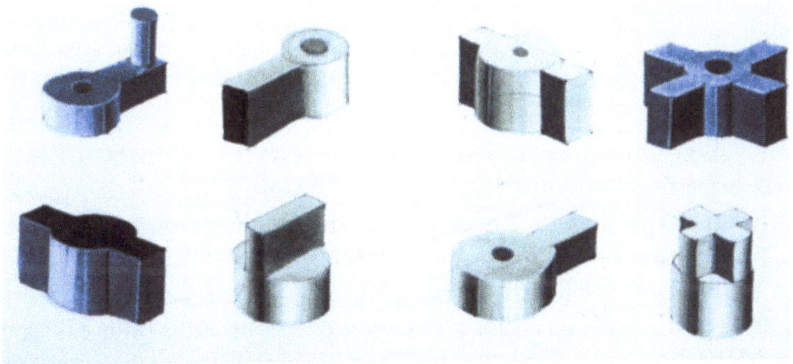

Abb. 8.4 *Unterschiedliche Drehgriffe*

1.2.5.2
Die symbolhafte Gestaltung, wie etwas zu bedienen ist

Sollen diese unterschiedlichen Einflussmöglichkeiten erkennbar sein, müssen die Bedienelemente die entsprechenden Hinweise liefern. Es stellt sich die Frage: Wie kann man an einem Bedienelement verdeutlichen, dass dieses nach rechts gedreht werden kann? Wie kann man verdeutlichen, dass jenes Bedienelement sowohl nach rechts als auch nach links drehbar ist?

Hinweise auf die Drehbarkeit oder auf die Möglichkeit, etwas eindrücken zu können, lassen sich durch symbolhafte Umsetzungen verdeutlichen. Konkret stellt sich die Frage: Wie kann man die

Siehe: symbolische Deutung von Gebilden.

Drehbarkeit nach rechts oder links oder nach beiden Seiten visualisieren? Was steht allgemein (symbolhaft) für Drehbarkeit?

1.2.6 Die Verdeutlichung, womit das Bedienteil bewegt werden kann

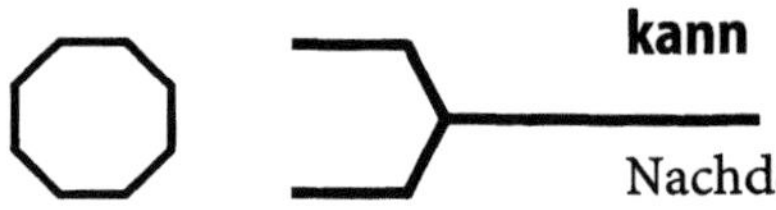

Grafik 8.5 Positiv- und Negativform von Sechskantschraube und Schraubenschlüssel

Je klarer die Form des Bedienteiles, umso leichter kann der Mensch auf das für die Bedienung notwendige Ausführungsorgan schließen.

Nachdem klar ist, welches Teil bei einer Umsetzung bzw. einem Produkt auf welche Wiese zu betätigen ist, sollte auch verdeutlicht werden, womit dies geschehen soll. Ist ein vorhandenes Behältnis mit der Hand oder nur mit einem zusätzlichen Werkzeug zu öffnen und wie kann man Hinweise geben, womit ein Bedienelement zu nutzen ist?

Betrachtet man das eigene Vorgehen, so wird deutlich: Womit etwas zu bedienen ist, kann verständlich gemacht werden, wenn Bedienelement und ausführendes Organ eine klare Positiv-Negativ-Beziehung aufweisen.

1.2.7 Die Verdeutlichung, welche Konsequenzen die Bedienung hat

Dies setzt allerdings voraus, das die bedienende Person in der Lage ist, dies aus den vorhandenen Gegebenheiten abschätzen zu können.
Beispiel: Häuser, die wegen unsachgemäßer Bedienung der Gasheizung in die Luft fliegen.

Von vielen Objekten sind uns die Konsequenzen unseres Einwirkens bei einer Bedienung bekannt. In vielen Fällen wird man sich auch auf ein Bedienen einlassen, bei denen die Konsequenzen erst im Nachhinein erfahren werden. Dies ist sicher dann der Fall, wenn nur eine geringe Gefährdung bei einer eventuell falschen Bedienung zu erwarten ist. Steigt jedoch die eigene Gefährdung oder die anderer Menschen oder können größere Nachteile entstehen (z.B. bei einer falschen Computerbedienung), so muss die Konsequenz des Handelns vorher bekannt sein.

Um Gefährdungen jeglicher Art zu vermeiden, ist es sinnvoll, dass Bedienelemente nur bedient werden dürfen, wenn deren Konsequenz vorher, während oder in begründeten Fällen nachher erkennbar bzw. erfahrbar ist.

Der Hinweis auf die Konsequenzen muss Informationen enthalten, was als Ergebnis der Bedienung zu erwarten ist. In vielen Fällen erscheint es wichtig, auch einen Hinweis auf das Ausmaß möglicher Veränderungen zu geben. (Wie weit kann z.B. die Lautstärke aufgedreht werden? Wie heiß kann das Wasser bei einem Handwaschbecken sein?)

1.2.7.1
Hinweise vor der Bedienung

Bei vielen Produkten, deren Handhabung mit Gefahren für den Bediener oder andere Menschen verbunden ist, werden an gut sichtbarer Stelle Hinweise angebracht, die aufzeigen, welche Konsequenzen ein Bedienen des Objektes hat (z.B. Zeichen für Stromschlag beim unbefugten Öffnen von Türen mit Stromaggregaten, Hinweise beim Computer vor eventuellen Veränderungen).

1.2.7.2
Hinweise während der Bedienung

Man kann an dem Deckel eines Glases, der mit einem Schraubverschluss befestigt ist, drehen und spürt dabei, dass sich der Deckel während des Drehens mehr und mehr hebt. Das Drehen hat also zur Konsequenz, dass sich der Deckel hebt und die Flasche dabei langsam geöffnet wird (ähnlicher Vorgang wie beim Öffnen eines Wasserhahns). Die Konsequenz der Bedienung wird während des Bedienungsvorganges erfahren.

1.2.7.3
Hinweise nach der Bedienung

Die Konsequenz des Handelns wird nach der Bedienung erfahrbar. Auch dies ist in vielen Fällen unbedingt notwendig. So werden an einem Elektroherd heute durch rot aufleuchtende Punkte Informationen gegeben, dass die Kochplatte trotz Abschluss der Bedienung immer noch zum Verbrennen heiß ist. So lassen Geräusche erkennen, dass bei einer Kreissäge trotz abgeschaltetem Motor die Sägeblätter sich immer noch gefährlich schnell drehen.

In vielen Bereichen werden wir also mit Bedienungen konfrontiert, bei denen man erst nach einer gewissen Zeit erfährt, welche Konsequenz die Einwirkung auf die Umsetzung hat. Die Möglichkeit, dass man damit das angestrebte Ziel verfehlt, ist groß. Notwendig werden dann wiederum Gegensteuerungen, die natürlich den Aufwand, um ein Ziel zu erreichen, erhöhen.

1.2.7.4
Hinweise auf die Konsequenzen der Bedienung aufgrund visueller, haptischer und akustischer Elemente

Fehlen die schriftlichen oder akustischen bzw. mündlichen Hinweise, so ist man wiederum gezwungen, diese über das Sehen „ab-

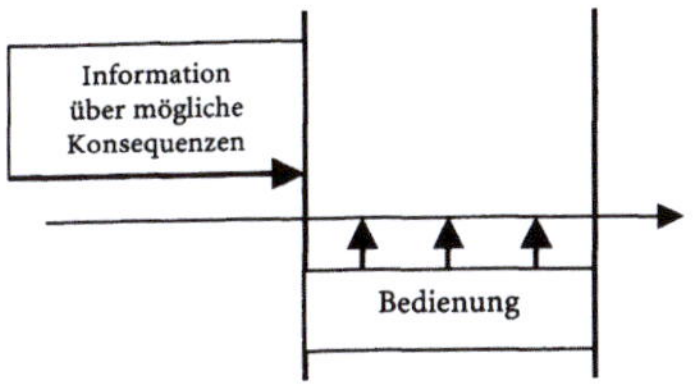

Grafik 8.6 Information über Konsequenzen vor Beginn der Bedienung

Abb. 8.5 Information über Konsequenzen der Bedienung beim Öffnen durch Anheben des Deckels

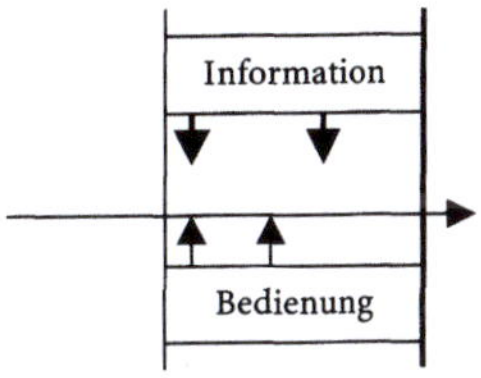

Grafik 8.7 Information über Konsequenzen während der Bedienung

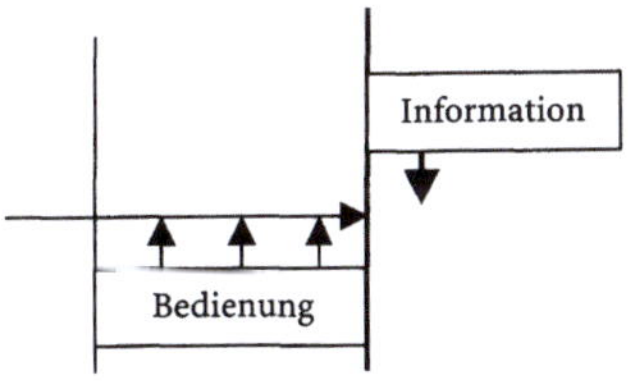

Grafik 8.8 Information über Konsequenzen nach Abschluss des Vorgangs

strakter Formulierungen“ oder über das Ertasten von plastischen Gebilden zu erfahren. So können ergänzende Zeichen Hinweise geben, dass beim Eindrücken eines bestimmten Knopfes bei einer Fernbedienung die Lautstärke des Radios sich in bestimmter Richtung verändert. Haptisch kann erfahren werden, dass beim Drehen eines Schraubverschlusses der Deckel des Glases sich hebt bzw. senkt.

Hinweise auf die Konsequenzen werden aber auch erfahrbar durch die unmittelbare räumliche Nähe eines Bedienelementes zu der jeweiligen Umsetzung, deren Verhalten beeinflusst werden soll. Ein Drehknopf an einer Wasserleitung gibt einen Hinweis darauf, dass bei einer Bedienung dieses Knopfes Wasser kommt. Je weiter Drehknopf und Wasserrohr sich voneinander entfernen, umso größer wird die Gefahr, beide nicht mehr in unmittelbarem Zusammenhang zu sehen.

Die drei Beispiele zeigen unterschiedlich nahe Zuordnungen von Bedienelement und Umsetzung. Während im ersten und zweiten Fall klar ist, dass das Drehen des Knopfes den Wasserzufluss öffnet, kann diese Konsequenz in Sit. 3 nicht so leicht erkannt werden.

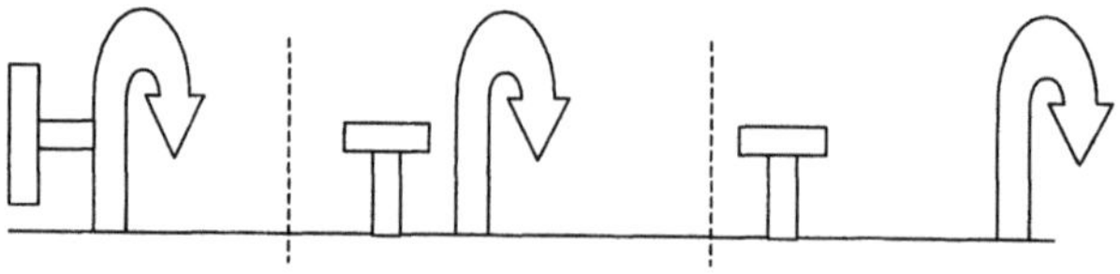

Grafik 8.9 *Die räumliche Nähe zu einem Objekt als Hinweis auf ein Bedienelement*

Nicht immer reicht die räumliche Nähe, um eine Konsequenz der Bedienung zu verdeutlichen. Oftmals beinhaltet ein Objekt mehrere Funktionen, die von mehreren Bedienelementen gesteuert werden sollen. Die Verwendung gleicher Merkmale bei Bedienelementen und Umsetzung gibt einen Hinweis auf den Zusammenhang beider. Die Gestaltung eines An-Ausschalters, der gleiche oder überwiegend vergleichbare Merkmale (an Formen, Farben, Materialien oder Gliederungen) aufweist wie eine Lampe im Zimmer, lässt gedanklich einen Zusammenhang erfahrbar werden und gibt so mehr oder minder deutliche Hinweise auf die Konsequenz einer Bedienung.

1.3
Studien

1.3.1
Theoretische Studien

- Betrachtung unterschiedlicher Bedienelemente

Sammeln Sie Informationsträger, die in schriftlicher Form bzw. in visueller, haptischer oder akustischer Gestalt zeigen, was, wie und womit etwas zu bedienen ist. Versuchen Sie eine Strukturierung der einzelnen Bedienelemente hinsichtlich der Anzahl eingesetzter Mittel.

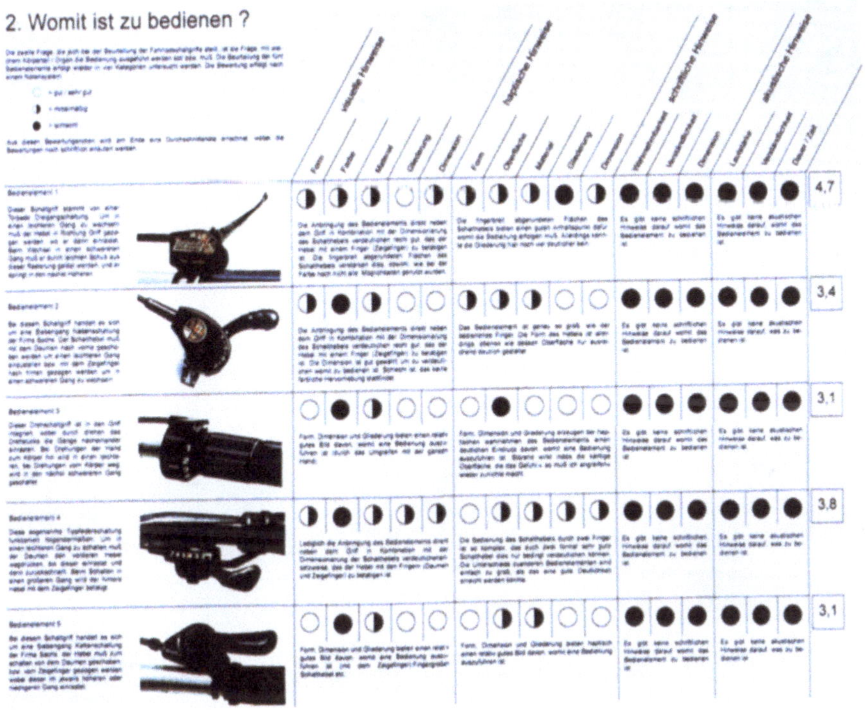

Abb. 8.6 Studie zur Bewertung vorhandener Bedienelemente (wie gut ist zu erkennen, womit etwas zu bedienen ist?)

- Vergleich von beweglichen und weitestgehend unbeweglichen Bedienelementen

Klären Sie, welche Faktoren notwendig bzw. ausreichend sind, um einerseits bei plastisch-raumhaften und andererseits bei weitestgehend integrierten Bedienteilen (Auslösen eines Vorganges durch Antippen eines ebenen und unbeweglichen Feldes) eine schnelle Identifizierung als Bedienteil zu ermöglichen.

- Untersuchung von vorhandenen Bedienelementen hinsichtlich ihrer Verständlichkeit und Ausführbarkeit

1. Mittel zur Wahrnehmbarkeit (Abgrenzungen, Herausheben durch Form, Farbe, Material, Gliederung, evtl. Dimension)
2. Mittel zur Identifizierbarkeit (Profilbildung)

Wählen Sie zwei Umsetzungen mit jeweils einem gleichartigen direkt verbundenen Bedienelement. Untersuchen Sie deren Verständlichkeit und Ausführbarkeit (z.B. Ein-/Ausschalter).

Vorgehensweise:
Klärung der Verständlichkeit,
***was** als Bedienelement zu nutzen ist,*
***wie** die Einwirkung erfolgen soll,*
***womit** die Einwirkung erfolgen soll und*
welche Konsequenzen die Bedienung haben soll.

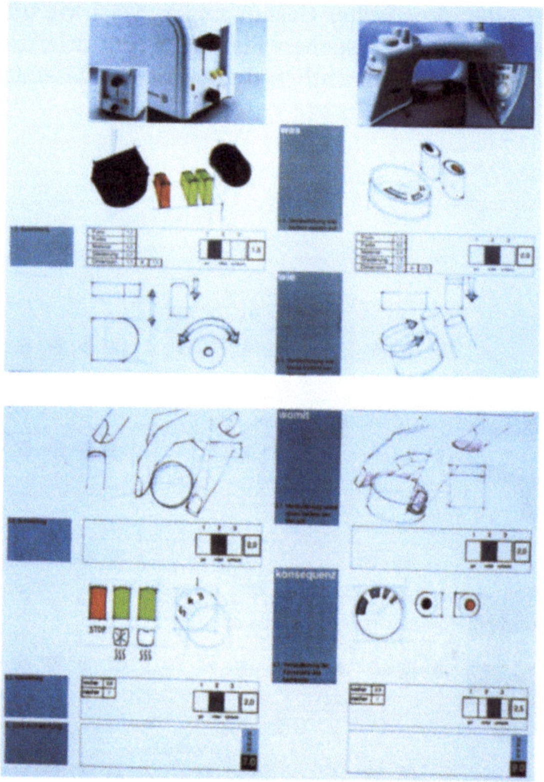

Abb. 8.7 *Analyse der Verständlichkeit vorhandener Bedienelemente bei unterschiedlichen Objekten*

Veränderung der Oberfläche, Form, materieller Zustand, Wärme, Kälte usw. oder die Verständlichkeit akustischer Erfahrungen, z.B. die Höhe, Tiefe, die Dauer eines Tones, das Geräusch usw.

- Untersuchung zur haptischen und akustischen Verständlichkeit von Bedienelementen anhand eigener Versuchsreihen

Inwieweit ist es möglich, von einem Bedienteil über die haptische oder akustische Wahrnehmung zu erfahren, was, wie, womit und mit welchen Konsequenzen etwas zu bedienen ist?

- Differenzen und Übereinstimmungen bei Hinweisen von Bedienungselementen in unterschiedlichen Ländern

Untersuchen Sie Hinweise, was, wie und womit zu bedienen ist bei Bedienelementen, die in verschiedenen Ländern eingesetzt und benutzt werden.

Diese Aufgabe stellt sich verstärkt im Rahmen einer Globalisierung des Marktes. Produkte aus verschiedenen Kulturkreisen und Sprachen werden angeboten. Wie weit wurden die z.T. durch sprachliche oder sonstige Äußerungsdifferenzen (z.B. die unterschiedliche Farbsymbolik in unterschiedlichen Ländern) entstehenden Schwierigkeiten einer umfassenden Verständlichkeit bei einer Umsetzung und den entsprechenden Bedienungshinweisen berücksichtigt?

1.3.2 Praktische Studien

- Die Entwicklung eines verständlichen Bedienelementes

An oder in ein lineares, flächenhaftes oder plastisch-raumhaftes Objekt ist ein Bedienteil zu integrieren.

Entwickeln Sie eine Umsetzung, bei der erkannt wird, wie das Objekt zu bedienen ist (z.B. durch Drehen des Bedienelementes in eine bestimmte Richtung).

Abb. 8.10 *Erste plastische Umsetzung von Griffen, die in eine Richtung drehbar sind*

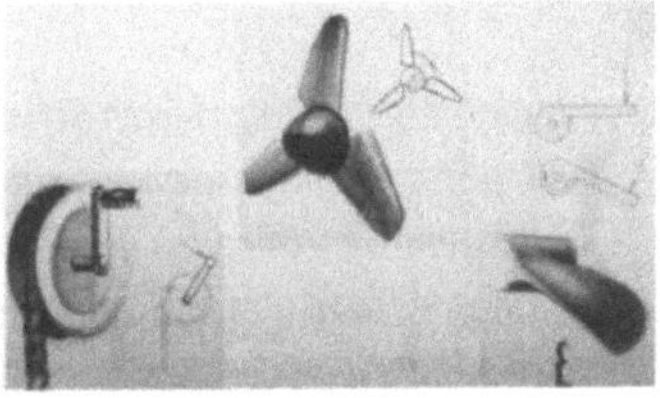

Abb. 8.8 *Objekte, die sich drehen bzw. die drehbar sind*

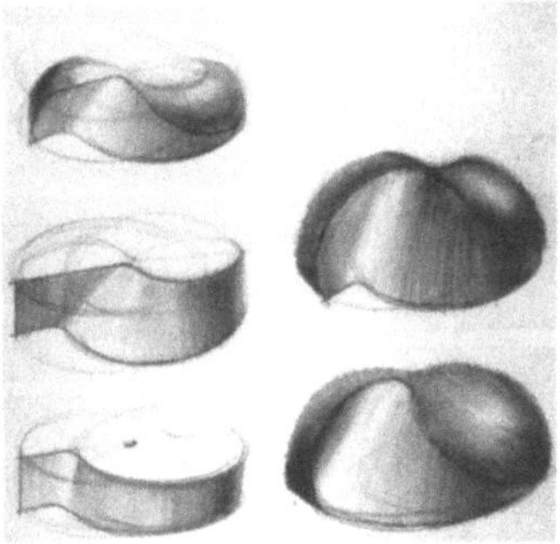

Abb. 8.9 *Zeichnerische Vorstudien für Drehgriffe, die nach einer Seite drehbar sind*

Versuchen Sie unterschiedliche Griffformen zu entwickeln, z.B. für eine Drehung nach beiden Seiten, zum Schieben und Ziehen usw.

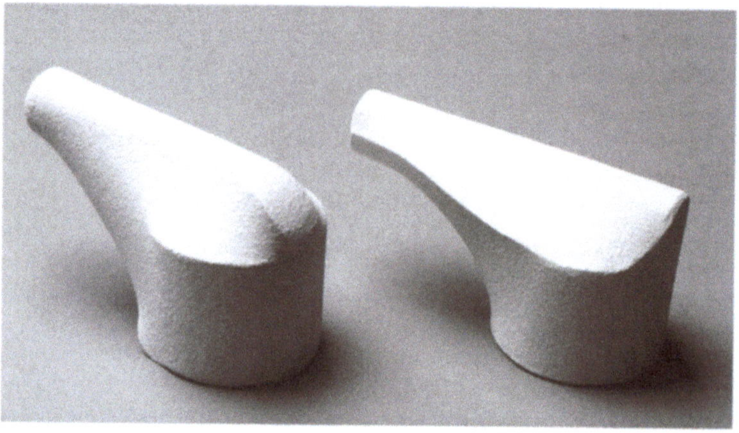

Abb. 8.11 *Griffe zum Drehen nach beiden Richtungen*

Gerade diese ersten Studien bieten sich an, den Arbeitsaufwand bei dem gesamten Bedienungsvorgang dahingehend zu überprüfen, ob nicht an einzelnen Stellen durch Veränderung einzelner Bedienteile oder Neustrukturierung des Vorganges Arbeitseinheiten eingespart werden können.
Somit sollten Studien gemacht werden mit dem Ziel:
Reduzierung des Bedienaufwandes durch Vereinfachungen einzelner Arbeitsleistungen (z.B. Herausklappen des Sitzes: zwei Hände notwendig oder Sitz fällt automatisch in richtige Position: eine Hand notwendig)

- Die Entwicklung einer Bedienungsanleitung

Sehr oft werden unverständliche Bedienungsanleitungen erstellt. Voraussetzung für die Entwicklung einer Bedienungsanleitung ist die exakte Beschreibung der einzelnen Arbeitsschritte, die im Verlauf der Bedienung zu absolvieren sind.

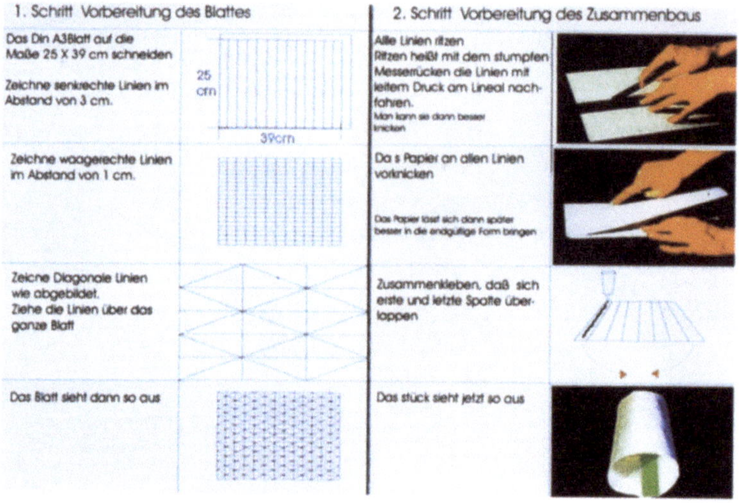

Abb. 8.12 *Ansatz für die Gestaltung einer Bedienungsanleitung*

1.4
Die Anwendung grundlegender Erfahrungen zur Lösung einer konkreten Aufgabe

Die konkrete Aufgabe:
Entwickeln Sie für das konkrete Objekt bzw. für die Nutzung eines Objektteiles eine verständliche Bedienung. (Was ist als Bedienelement nutzbar? Wie, womit und mit welchen Konsequenzen kann es bewegt werden?)

Erstellen Sie zusätzlich dazu eine Bedienungsanleitung.

Abb.8.13 Objekt mit einem drehbaren Bedienelement

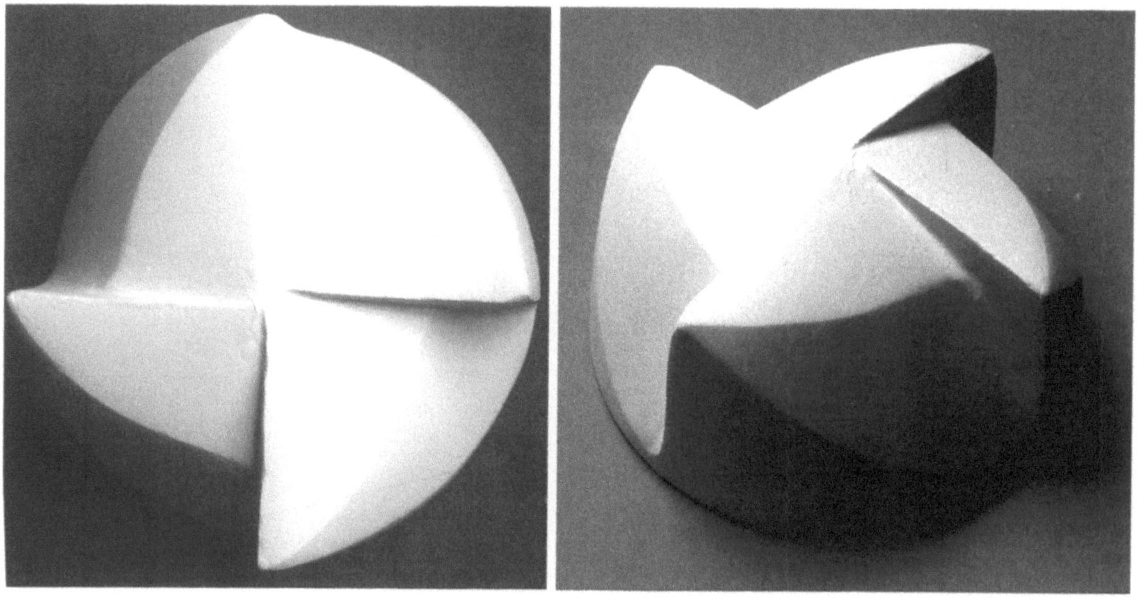

Abb. 8.14 und 8.15 Drehgriff für eine Linksdrehung

2 Die Ausführung einer Bedienung

Ist verstanden worden, wie man etwas bedienen kann, so setzt das Erreichen des Zieles voraus, dass die Bedienung auch ausgeführt wird.

2.1 Verallgemeinerung der Fragestellung

Welche Voraussetzungen müssen erfüllt sein, damit eine Bedienung ausgeführt werden kann?

2.2 Darstellung grundlegender Aspekte

2.2.1 Die Voraussetzungen für die Ausführung einer Bedienung

Wenn verstanden worden ist, welches Teil der Umsetzung zur Steuerung genutzt werden kann, dann kann die anstehende Arbeit ausgeführt werden. Voraussetzung ist allerdings, dass das Ausführungsorgan bestimmten Anforderungen gerecht wird.

2.2.1.1 Die notwendige Kraft zur Bedienung eines Objektes

Für jede Betätigung einer Bedienung wird Kraft benötigt. Sollen die Arbeiten vom Menschen erledigt werden, so muss das Bedienelement mit der vorhandenen menschlichen Kraft bewegt werden können. Bei Bedienelementen, die mit Sensoren ausgestattet sind, wird ein technisches Kraftzentrum zur Ausführung der einzelnen Arbeitsschritte benötigt.

Beispiel: Die Grenzen der Bedienbarkeit von Objekten bei körperlich Behinderten
So muss ein Objekt, das von einem körperlich Behinderten bedient werden soll, dessen körperliche Kraft berücksichtigen. Kann jemand etwas nur mit dem Mund durch Blasen bewegen, so ist die damit zur Verfügung stehende Kraft ausschlaggebend.

2.2.1.2
Die notwendigen Bewegungsmöglichkeiten zum Bedienen eines Objektes

Das Bedienelement muss die Bewegungsmöglichkeiten des jeweiligen Menschen und seiner menschlichen Ausführungsorgane (Hand, Fuß, Finger usw.) berücksichtigen. So kann die Hand nur in einem bestimmten Ausmaß nach rechts oder links gedreht werden. Arme können nur in bestimmter Weise bewegt werden usw.

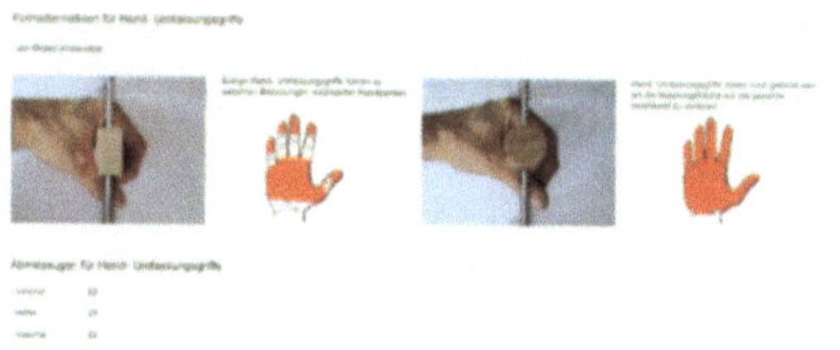

Abb. 8.16 Griffflächen bei unterschiedlichen Griffformen

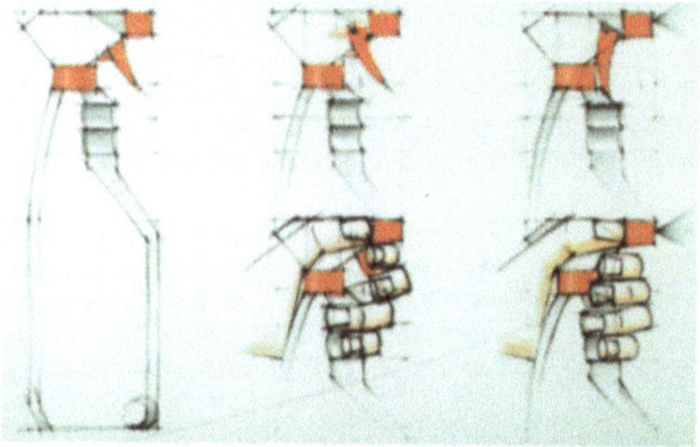

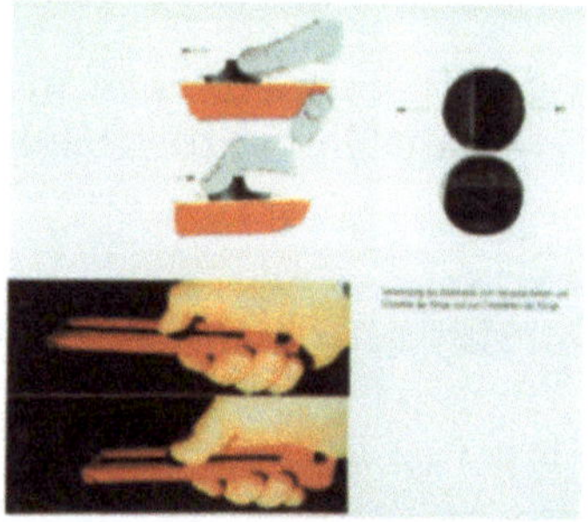

Abb. 8.17 Das Umfassen eines Bedienteiles und die Bewegungsmöglichkeiten einzelner Finger

Abb. 8.18 Die Bewegungsmöglichkeiten des Daumens

2.2.1.3
Die notwendige Dimension des Bedienteiles

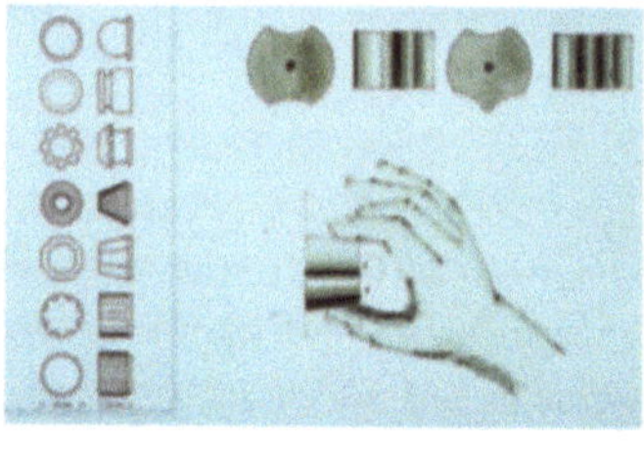

Abb. 8.19 Die Dimensionierung der einzelnen Bedienteile

Das Bedienelement muss die Dimension menschlicher Ausführungsorgane (Hand, Fuß usw.) berücksichtigen. Werden Bedienteile zu klein gemacht, können sie eventuell mit den Fingern nicht mehr betätigt werden. Neben der Dimension der einzelnen Bedienteile ist auch deren Platz- und Raumbedarf zu bedenken (z.B. bei Fernbedienungen, deren Bedienelemente zum Teil so eng beieinander stehen, dass mit der Betätigung des einen Teiles auch eine Beeinflussung des daneben liegenden Teiles ausgelöst wird). Bei Objekten, die von älteren Menschen zu bedienen sind, wird dieser Aspekt noch gravierender.

Es zeichnet sich ein Modell ab, in dem neben der Verständlichkeit die Ausführbarkeit einer Bedienung zu stehen kommt.

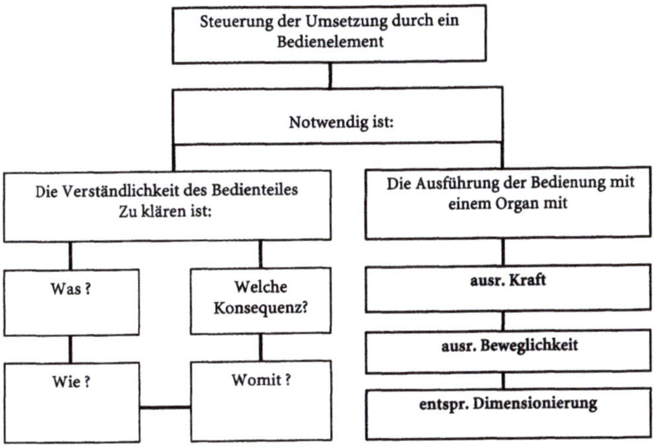

Grafik 8.10 Die wesentlichen Parameter für die Ausführung einer Bedienung

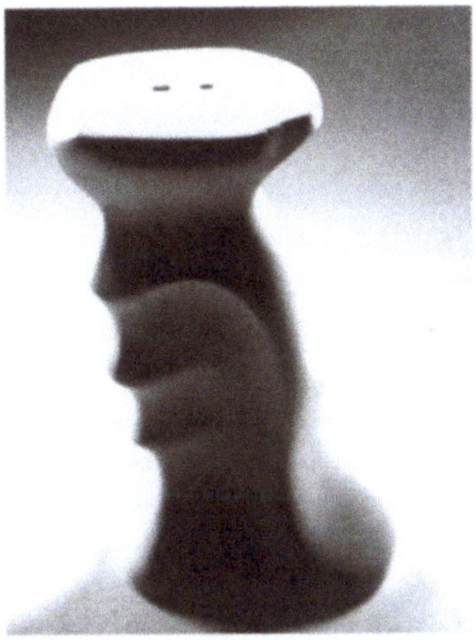

Abb. 8.20 Entwicklung eines Griffes für die Handform eines bestimmten Benutzers

2.2.1.4
Die physischen Gegebenheiten des Menschen als Themenschwerpunkt der Ergonomie

Die Betrachtungen der Größe, der Kraft oder der Beweglichkeit des ausführenden Organs bei der Bedienung einer Umsetzung bzw. eines Produktes durch den Menschen ist ein Themenschwerpunkt des Faches Ergonomie.

In letzter Zeit wurde diese Betrachtung auch auf die psychisch-geistige Konstitution des Menschen ausgeweitet in der Erkenntnis, dass die Bewältigung der alltäglichen Aufgaben und der Umgang mit den verschiedensten Objekten im eigenen Lebensraum (z.B. in der Arbeitswelt) mehr verlangen als nur den Einsatz physischer Kraft und Beweglichkeit.

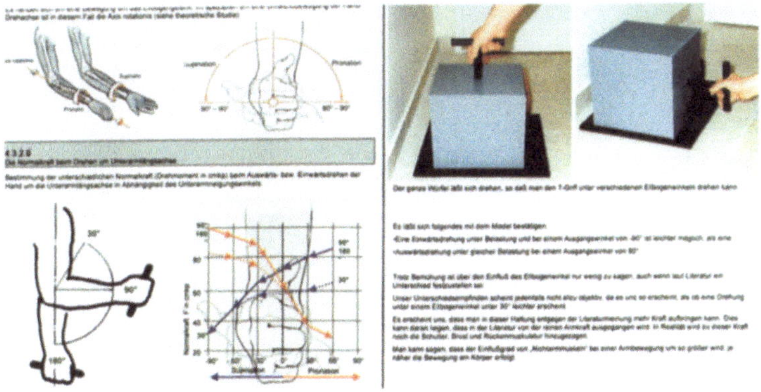

Abb. 8.21 Der Vergleich eigener Untersuchungen mit ergonomischen Daten

2.3
Studien

2.3.1
Theoretische Studien

- Untersuchung vorhandener Objekte hinsichtlich ihrer physischen Bedienbarkeit

Ziel dieser Studien ist es, durch eigene Untersuchungen die Unterschiede der Ausführbarkeit einer Bedienung von Objekten zu erfahren.
Kraft: *Selbst Erfahrungen sammeln, welche Kraft notwendig ist, um das ausgewählte Bedienelement (z.B. drehbar) selbst drehen zu können. Ergänzen der Daten aus dem Fachgebiet der Ergonomie.*
Beweglichkeit: *Selbst Erfahrungen sammeln, wie groß der eigene Bewegungsradius beim Drehen des Bedienelementes z.B. der eigenen Hand ist. Ergänzen der Daten aus der Ergonomie.*
Dimension: *Selbst Erfahrungen sammeln, wie groß das Bedienelement sein muss, soll es selbst getätigt werden z.B. mit der eigenen Hand. Ergänzen der Daten aus der Ergonomie.*

Herausschreiben der Komponenten zur Ausführbarkeit und Vergleich mit vorhandenen Daten der Ergonomie, Vergleich der vorhandenen Gebilde bzw. Bedienelemente mit den Daten aus dem Bereich der Ergonomie.

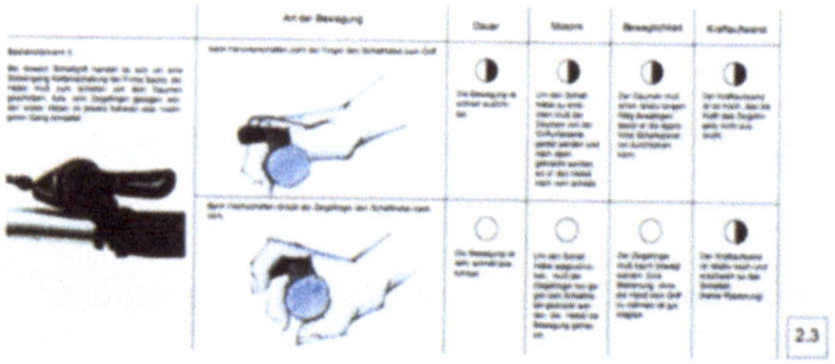

Abb. 8.22 *Studie zur Untersuchung der physischen Bedienbarkeit eines Objektes*

2.3.2
Praktische Studien

Entwickeln Sie ein einfaches Bedienteil und erproben Sie die physische Ausführbarkeit der Bedienung.

Abb. 8.23 *Durch Zusammendrücken kann der notwendige Kraftaufwand abgelesen werden. In einer Auswertung können mögliche Unterschiede bei unterschiedlichen Zielgruppen erfasst werden.*

2.4
Die Anwendung grundlegender Erfahrungen zur Lösung konkreter Aufgaben

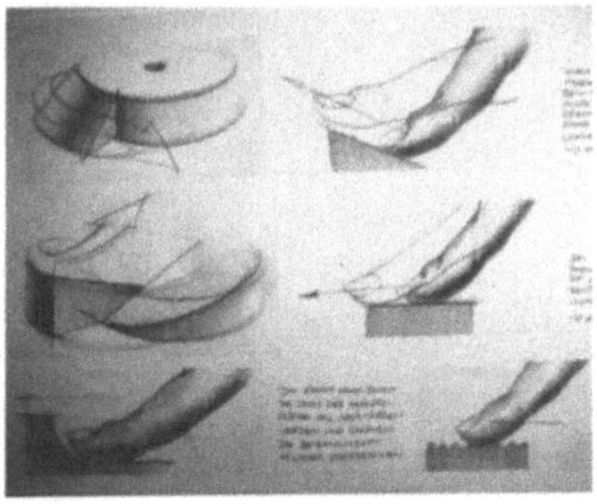

Abb. 8.24 Die Ausrichtung eines Bedienteiles zum Schieben auf die entsprechende Dimension des Fingers

Die konkrete Aufgabe:
Die Ausrichtung einer Umsetzung auf die Bedienbarkeit der Zielgruppe (z.B. die Bedienbarkeit einer Dose mit Einsatz und Deckel: Öffnen und Schließen, Auseinandernehmen und Zusammensetzen; Bedienbarkeit eines Warentransportgerätes: Ausklappen eines Sitzes, Auswechseln eines Rades, eines Griffes usw.)

Vorgehensweise:

- Erstellung eines Ausrichtungsmodells

Klärung der konkreten Situation	**Beschreibung der konkret vorhandenen** geistigen und körperlichen Kompetenz der Zielgruppe	Konsequenzen für die Gestaltung der Bedienelement
Wer soll das Objekt bedienen? z.B. ältere Menschen **Welche physische Kompetenz** ist bei der Zielgruppe vorhanden?	Über welche Kraft verfügt die Zielgruppe konkret? Über welche Beweglichkeit verfügt die Zielgruppe? Welche Dimensionen haben die Ausführungsorgane?	

Grafik 8.11 Ausrichtungsmodell

- Entwicklung verschiedener Alternativen und Auswahl einer vertretbaren Lösung

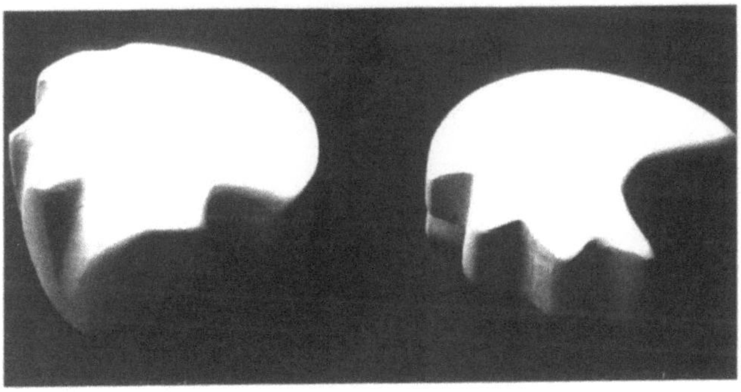

Abb. 8.25 Die Ausrichtung eines Griffteiles (Rechtsdrehung) auf die Dimension der Hand

Abb. 8.26 Griff zum Anheben eines Objektes, ausgerichtet auf die individuellen Maße einer Benutzerhand

Abb. 8.27 Griffe zum beidseitigen Anheben eines Objektes, ausgerichtet auf die speziellen Maße einer Benutzerhand

3 Die Vermeidung von Abweichungen auf dem Weg zum Ziel

Immer wieder kommt es vor, dass eine Umsetzung trotz Bedienung das vorgesehene Ziel nicht erreicht.

Wir erfahren, dass Objekte außer Kontrolle geraten können, also nicht mehr steuerbar sind, und so das eigentliche Ziel verfehlen (siehe Bilder von Unfällen, bei denen z.B. ein Lastwagen wegen schlechter Bremsen oder zu hoher Geschwindigkeit sich selbständig macht, ohne dass der Lenker noch Einfluss auf die Bewegungsrichtung nehmen kann).

3.1 Verallgemeinerung der Fragestellung

Welche Möglichkeiten gibt es, um Maßnahmen oder Produkte, die trotz Bedienung vom Ziel abweichen, wieder auf den richtigen Weg zu bringen?

3.2 Darstellung grundlegender Aspekte

3.2.1 Darstellung einiger grundlegender Situationen

Mehrere Beispiele sollen zu einer Klärung der eingangs gestellten Frage beitragen. In jedem der unten vorgestellten Beispiele wird eine Umsetzung **U** in irgendeiner Form bedient (**Be**) bzw. gesteuert. Es kommt zu einer Stabilisierung oder aber zu einer Veränderung des Zustandes bzw. des gewollten Standortes. Alle Umsetzungen bewegen sich, um ein Ziel (**Z**) zu erreichen.

Betrachtet man die beigefügten Beispiele genauer, so kristallisieren sich zunächst einmal drei markante Situationen heraus.

Zur Grafik 8.12:
In allen drei Situationen ist oben das Ziel angegeben. Darunter ist die Umsetzung eingezeichnet, die sich aufgrund der Bedienung, sie ist unten eingezeichnet, bewegt. Die erste Situation (links) verweist darauf, dass nach einer Bedienung das Produkt (bzw. die Umsetzung) bereits vor Erreichen des Zieles zum Stillstand kommt. Im zweiten Fall (Mitte) weicht das Produkt (bzw. die Umsetzung) nach einer Bedienung vom vorgegebenen Weg ab. Bei der dritten Darstellung (rechts) kommt das Produkt bzw. die Umsetzung erst weit hinter dem eigentlich angestrebten Ziel zum Stillstand.

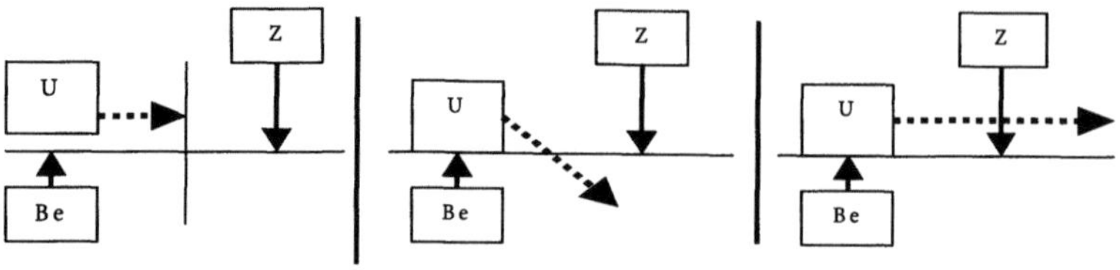

Grafik 8.12 *Verschiedene Situationen für die Bewegung einer Umsetzung trotz Bedienung*

Will man gegen ungewollte Abweichungen vom Weg etwas unternehmen, so sind zunächst einmal die Gründe für das Abweichen genauer zu betrachten.

3.2.2 Die Gründe für das Nichterreichen des angestrebten Zieles

Das Nichterreichen des Zieles kann verschiedene Gründe haben.

3.2.2.1 Die falsche Bedienung

Zu einer falschen Bedienung kann es kommen, wenn die Person, die die Bedienung bzw. die Steuerung der Umsetzung oder des Produktes vornimmt, die Hinweise zur Bedienung nicht versteht oder aber die richtigen Hinweise falsch ausführt.

3.2.2.2 Die missverständliche Bedienung

Beispiel: Bedienungsanleitungen, die aus anderen Sprachen übersetzt wurden

Zu Abweichungen vom Weg kann es kommen, wenn die ausführende Person mit unklaren Bedienungshinweisen konfrontiert wird, was, wie, womit und wozu dieses oder jenes Bedienteil zu tätigen ist.

3.2.2.3 Die schädlichen Einflüsse von außen

Umsetzungen oder Produkte werden in der konkreten Realität genutzt, um ein Ziel zu erreichen. Es ist klar, dass auf dem Weg zum Ziel von der Umgebung aus alles Mögliche auf die Umsetzung bzw. das Produkt einwirken kann (schlechtes Wetter, Regen, Sonne, Hitze, Kälte usw.).

3.2.2.4
Schädliche Einflüsse im Innern der Umsetzung

Selbstverständlich können auch Schäden, die im Innern einer Umsetzung oder eines Produktes auftreten, dazu führen, dass das Produkt während der Bedienung kaputtgeht oder nicht mehr bedienbar ist (z.B. Abreißen des Bremskabels, Abreißen eines Wasserschlauches für die Motorkühlung).

Dies gilt für materielle Umsetzungen und Produkte. Es gilt aber auch für die Steuerung von Menschen hinsichtlich ihres Verhaltens. Auch hier sind geistige Strömungen oder sonstige Einflüsse beachtenswert, denen ein Mensch in seiner Umwelt ausgesetzt ist. Sie können jemand vom „rechten" Weg abbringen trotz einer Steuerung z.B. durch die Eltern.

Ergebnis nach der Bedienung	Grund: Verständlichkeit	Grund: Ausführbarkeit	Grund: Äußere Einflüsse	Grund: Innere Einflüsse
auf dem Weg geblieben	die Bedienung ist verständlich	die Ausführung der Bedienung ist möglich	keine schädigenden Einflüsse	keine schädigenden Einflüsse
vom Weg abgekommen oder über das Ziel hinausgeschossen	die Bedienung ist unverständlich	die Ausführung der Bedienung ist möglich	keine schädigenden Einflüsse	keine schädigenden Einflüsse
	die Bedienung ist missverständlich	die Ausführung der Bedienung ist möglich	keine schädigenden Einflüsse	keine schädigenden Einflüsse
	die Bedienung ist verständlich	die Ausführung der Bedienung ist nur bedingt möglich	keine schädigenden Einflüsse	keine schädigenden Einflüsse
	die Bedienung ist verständlich	eine Ausführung möglich ist	schädigende Einflüsse vorhanden (z.B. Schneeglätte)	keine schädigenden Einflüsse
	die Bedienung ist verständlich	die Ausführung der Bedienung ist möglich	keine schädigenden Einflüsse	schädigende Einflüsse sind vorhanden (z.B. Ausfall des Motors beim Auto)
nicht auf den Weg gekommen	die Bedienung ist verständlich	die Ausführung der Bedienung ist nicht möglich	keine schädigenden Einflüsse	keine schädigenden Einflüsse
	die Bedienung ist verständlich	die Ausführung der Bedienung ist möglich.	keine schädigenden Einflüsse	schädigende Einflüsse sind vorhanden

Grafik 8.13 *Gründe für Abweichungen vom vorgesehenen Weg*

3.2.3
Maßnahmen, um ein Abweichen vom richtigen Weg zu vermeiden

Um die oben aufgezeigten Mängel, die zu einer Abweichung vom Weg führen können, bei der Entwicklung eines Bedienelementes zu vermeiden, sind folgende Aspekte zu beachten: Um eine falsche Bedienung aufgrund von Unverständnis oder Missverständnissen auszuschließen, sind eindeutige und verständliche Bedienungshinweise zu geben. Die Ausführung der Bedienung muss gesichert sein.

Beispiel: Zielgruppe Facharbeiter oder Heimwerker
Heimwerker gehen mit Geräten oder Maschinen anders um als Fachleute. Notwendig wird eventuell eine Verstärkung bestimmter Bedienteile.

Bereits bei der Entwicklung und Planung von Umsetzungen und Produkten sind die äußeren Bedingungen, denen eine Umsetzung bzw. ein Produkt ausgesetzt ist, zu beachten und die Bedienung entsprechend auszurichten.

3.2.3.1
Direkte Maßnahmen bei einer Abweichung vom Weg

Beispiele:
Menschen informieren sich über die Konsequenzen, z.B. wie heiß wird ein Bügeleisen bei einer bestimmten Einstellung, oder
Menschen, die während eines Arbeitsprozesses den Verlauf der Arbeit kontrollieren und eventuell gegensteuern usw.

Trotz aller Vorsichtsmaßnahmen kann es bei der Bedienung oder Steuerung eines Produktes dazu kommen, dass das angestrebte Ziel so nicht erreicht werden kann. Für das Abweichen vom Weg gibt es, wie bereits dargestellt, eine Menge an Gründen. Sieht man alle diese Möglichkeiten, so stellt sich die Frage, wieso es die meisten Menschen immer wieder schaffen, das, was sie sich vorgenommen haben, doch noch zu erreichen. Auch hier können einige Beispiele zur Klärung beitragen.

Betrachtet man die verschiedenen Personen, die ein Produkt, eine Umsetzung oder ein System nutzen, um ein bestimmtes Ziel zu erreichen, und wie sie vorgehen, um zu dem angestrebten Ziel zu kommen, so kann man feststellen:

Die Kontrolle:
Die Kontrolle beinhaltet eine ständige Aufnahme von Informationen über den Zustand bzw. Stand der Umsetzung auf ihrem Weg zum Ziel sowie einen ständigen Vergleich der Daten mit denen, die für den richtigen Weg stehen ***(Rückkoppelung).***

Menschen beobachten während einer Bedienung das Verhalten des Objektes bzw. das Verhalten der Umsetzung. Stellen sie Abweichungen vom vorgegebenen Weg fest, so versuchen sie, mit einer Veränderung der Bedienung bzw. Steuerung das einmal anvisierte Ziel wieder zu erreichen. Es werden zusätzliche Arbeiten notwendig.

3.2.3.2
Der Einsatz geeigneter Maßnahmen, um bei einer Abweichung vom Weg das anvisierte Ziel zu erreichen

Solange die neuen Informationen über den Verlauf der Veränderung der Umsetzung bzw. des Produktes mit den Daten zum richtigen Weg übereinstimmen, befindet sich die Umsetzung auf dem richtigen Weg. Es sind keine zusätzlichen Arbeiten erforderlich. Kommt es bei den Daten zu Differenzen, bedeutet dies, dass Abweichungen vom Weg vorliegen. Notwendig werden entsprechende Gegenmaßnahmen.

Der Einsatz dieser Gegenmaßnahmen setzt wiederum voraus, dass die Person über Kenntnisse verfügt, wie diese oder jene Umsetzung bei dieser oder jener Abweichung vom richtigen Weg jetzt zu steuern ist, um wieder auf den richtigen Weg zu kommen.

3.3 Studien

3.3.1 Theoretische Studien

- Abweichungen vom Weg aufgrund falscher oder missverständlicher Bedienungen

Suchen Sie Umsetzungen, Maßnahmen oder Produkte, die aufgrund einer falschen oder missverständlichen Bedienung „vom Weg abgekommen" sind und damit nicht mehr nutzbar sind.

- Abweichungen vom Weg trotz richtiger Steuerung

Suchen Sie Beispiele von Umsetzungen bzw. Objekten (natürliche Objekte, wie Pflanzen, Tiere, Menschen oder künstliche, wie Geräte, Maschinen), die trotz korrekter Steuerung vom richtigen Weg abgekommen sind.

Bei dieser Aufgabe geht es vor allem darum, die Betrachtung möglicher Abweichungen vom richtigen Weg nach oder während einer Bedienung oder Steuerung nicht nur auf den Bereich künstlich erstellter Objekte einzuengen.
Vielmehr soll anhand von Beispielen aus möglichst unterschiedlichen Bereichen der grundlegende Charakter dieser Betrachtungen verinnerlicht werden.

- Einflussfaktoren für Abweichungen vom Weg

Zeigen Sie Beispiele, bei denen Umsetzungen nach oder während einer Bedienung vom Weg abgekommen sind und somit das eigentliche Ziel nicht erreicht werden konnte.

- Darstellung verschiedener Kontrollmöglichkeiten

Zeigen Sie an verschiedenen Beispielen die Möglichkeiten der Kontrolle einer Umsetzung oder eines Produktes nach oder während der Bedienung bzw. Steuerung. Zeigen Sie die Aufnahme der aktuellen Daten und die Vergleichsmöglichkeiten mit den Daten des richtigen Weges (zeigen Sie, wie die Daten des richtigen Weges erarbeitet werden bzw. erarbeitet wurden).

- Rückführmöglichkeiten

Zeigen Sie an Beispielen unterschiedliche Möglichkeiten, wie man nach eingetretenen Abweichungen vom Weg leicht (oder aber nur sehr schwer) wieder auf den richtigen Weg kommen kann (Darstellung von Gegenmaßnahmen bei Abweichungen vom Weg).

3.3.2 Praktische Studien

Es kommt zu Abweichungen vom richtigen Weg. Wie kann man das kompensieren?

- Ein Bedienungshinweis ist falsch- oder missverständlich

Überarbeiten Sie ein unklares Bedienelement so, dass eine falsche Bedienung ausgeschlossen wird.

- Die schnelle Gegensteuerung bei Abweichungen vom Weg

Entwickeln Sie für ein bestimmtes Produkt ein Bedienelement, mit dem diesen Abweichungen vom Weg schneller als bisher entgegengesteuert werden kann (wie dies z.B. mit dem Lenker eines Autos möglich ist).

3.4 Die Anwendung grundlegender Erfahrungen zur Lösung einer konkreten Aufgabe

Die konkrete Aufgabe:
Der Einkaufswagen wird auf unterschiedlich ebenen und steilen Wegen genutzt. Unbeladen ist er leicht steuerbar, beladen kann es zu Schwierigkeiten kommen. Suchen Sie nach Möglichkeiten, wie diese Ausfälle während der Bedienung vermieden werden können.

4 Anregen zum Bedienen / Abhalten vom Bedienen

In bestimmten Situationen ist es notwendig, will man sich auf seinem Weg in einem abgedunkelten Raum nicht verletzen, den Lichtschalter zu betätigen. Daneben gibt es Produkte, die durch ihre Handlichkeit geradezu zu einer Bedienung anregen.

In vielen Fällen kann es jedoch wichtig sein, dass Menschen von der Nutzung eines Bedienteiles abgehalten werden.

4.1 Verallgemeinerung der Fragestellung

Wie kann man Menschen zur Nutzung eines Bedienteiles anregen oder aber von der Nutzung abhalten?

4.2 Darstellung grundlegender Aspekte

4.2.1 Bedienteile, die zur Nutzung anregen

Bedienteile können durch ihre Gestaltung zu einer Nutzung anregen. Sie sprechen eventuell das ästhetische Empfinden so an, dass man das Bedienteil gerne berühren möchte. Es kann auch von seiner Form- und Materialgebung so geschaffen sein, dass Vorbehalte gegen einen Umgang mit dem Objekt abgebaut werden.

Abhalten:
Kinder vom Einnehmen schädlicher Tabletten oder vom Trinken einer Reinigungsflüssigkeit abhalten oder Menschen vom Wasserabzapfen aus öffentlichen Hydranten usw.

4.2.1.1
Bedienelemente, die psychisch als angenehm empfunden werden

Beispiel: Schüler im Unterricht vor einem Computer oder Kinder am Computer mit Computerspielen

Bestimmte Formen, Farben oder Materialien werden als weniger gefährdend angesehen als andere. So wird man von vornherein spitze und schneidende Formen als unangenehm empfinden und diese Objekte nicht unbedingt berühren wollen. Die Verwendung bestimmter Farben, die mit angenehmen Erfahrungen in Verbindung gebracht werden, kann zu einer Bedienung anregen.

Werden Konsequenzen vor der Betätigung eines Bedienelementes vorgestellt, die als angenehm empfunden werden (z.B. auch die Erarbeitung eines spannend aufbereiteten Lernstoffes), kann dies zur Betätigung von Bedienelementen anregen.

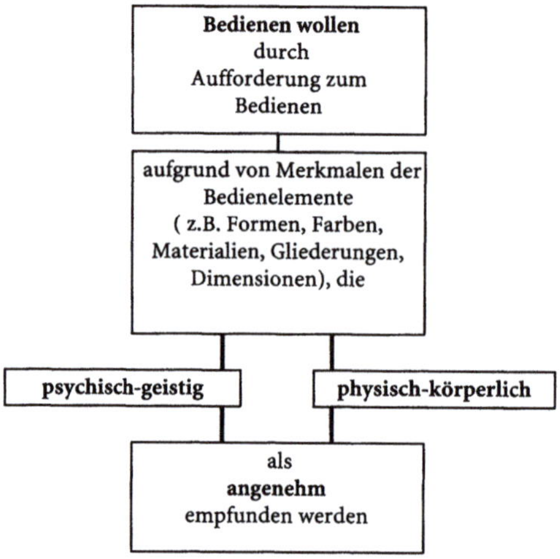

Grafik 8.14 Ausrichtung auf die geistige und körperliche Einstellung

4.2.1.2
Bedienelemente, die physisch als angenehm empfunden werden

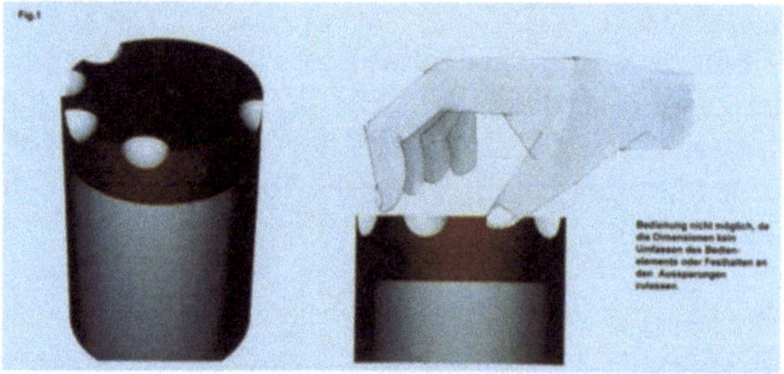

Abb. 8.28 Bedienelemente, die auf die Handhabung abgestimmt sind, regen zu einer entsprechenden Betätigung an

Während bei der psychischen Beurteilung bestimmte Vorerfahrungen auf die vorhandenen Merkmale übertragen werden und zu bestimmten Reaktionen führen, kann die direkte Berührung eines Bedienelementes als angenehm empfunden werden und dessen Betätigung auslösen.

4.2.2
Bedienteile, die von einer Nutzung abhalten

Als Designer ist man auch mit Aufgaben konfrontiert, bei denen es darum geht, andere Menschen von einer Bedienung vorhandener Bedienelemente und der Nutzung bestimmter Produkte abzuhalten. Dies geschieht dann, wenn eine absolut richtige Bedienung z.B. nur von entsprechenden Fachleuten ausgeführt werden kann, wenn zur Sicherung der Fahrgäste in einem Zug eine Notbremse eingebaut wird, um bei Gefahr anhalten zu können, wenn durch unsachgemäße Behandlung einer Umsetzung Gefahr für das eigene wie auch das Leben anderer bestehen kann (z.B. die Kindersicherung bei Waschmitteln oder Arzneien). Im Grunde handelt es sich bei all den Beispielen darum, Unbefugte von der Nutzung einer Umsetzung abzuhalten.

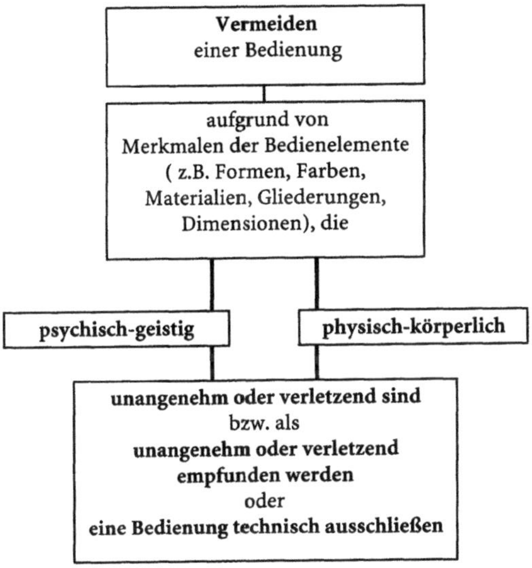

Grafik 8.15 Darstellung der verschiedenen Vorgaben zur Verhinderung einer ungewollten Bedienung

4.2.2.1
Bedienelemente, die psychisch als unangenehm bzw. verletzend empfunden werden

Die Verwendung bestimmter Formen, Farben oder Materialien bei der Gestaltung eines Objektes kann einen Betrachter psychisch verletzen oder von diesem als unangenehm empfunden werden. Es ist zu fragen, was von einem möglichen Nutzer als abstoßend, ekelerregend oder furchteinflößend (z.B. eine Phobie gegenüber bestimmten Tieren) empfunden wird. In gleicher Weise werden Bedienteile, deren Benutzung mit Gefahren verbunden sind, als unangenehm eingeschätzt. Ist die (unbefugte) Benutzung mit Strafen verbunden, wird eine Betätigung des Bedienteiles eher gemieden.

Werden vor der Betätigung eines Bedienteiles Konsequenzen angezeigt, die als unangenehm empfunden werden (z.B. die Vorgabe zu großer Schritte im Rahmen von Lehr- oder Lernprogrammen, so kann dies auch von einer weiteren Bedienung des Objektes abhalten.

Abb. 8.29 *Konkretes Beispiel für verletzende Maßnahmen zur Verhinderung eines freien Zugangs*

4.2.2.2
Bedienelemente, die physisch als unangenehm bzw. verletzend empfunden werden

Jeder Mensch hat die Erfahrung gemacht, dass neben Formen oder Materialien, deren „Berühren“ als angenehm empfunden werden, andere Gebilde stehen, die gerade die gegenteiligen Reaktionen auslösen. So werden vor allem Formen (aber auch Materialien) gemieden, bei deren „Handhabung“ man sich verletzt oder deren Berühren Schmerzen bereitet. Mit Sicherheit wird man nach solchen Erfahrungen mit Formen und Materialien eine Betätigung von entsprechend gestalteten Bedienelementen, wenn irgend möglich, vermeiden.

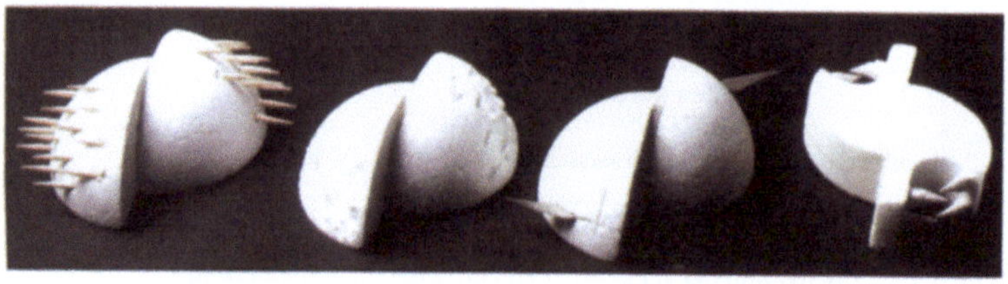

Abb. 8.30 *Vorstudien zum Verhindern einer Bedienung: Übernahme konkreter Maßnahmen, die physisch verletzen können*

4.2.2.3
Bedienelemente, die technisch eine Nutzung durch Unbefugte ausschließen

Mit dem Einbau bestimmter Vorrichtungen kann die Nutzung eines Objektes für Unbefugte ausgeschlossen werden. Türschlösser oder Wegfahrsperren können den ungewollten Zugang zu Objekten verhindern. Auch die Über- oder Unterdimensionierung von Objekten oder Bedienteilen kann eine Bedienung verhindern. Man denke an Kindersicherungen bei Flaschen, die an zwei oder drei Punkten gleichzeitig betätigt werden müssen, was bei der Handgröße der Kinder nicht möglich ist.

Abb. 8.31 *Technische Maßnahmen, um den ungewollten Zugang zu einem Objekt zu verhindern*

4.3
Studien

4.3.1
Theoretische Studien

- Sammeln Sie Objekte mit Bedienteilen, die psychisch oder physisch zum Bedienen anregen.
- Analysieren Sie die einzelnen Bedienteile und versuchen Sie zu klären, wo die Gründe für deren anregende Wirkung liegen.
- Sammeln Sie Objekte mit Bedienteilen, die psychisch oder physisch vom Bedienen abhalten.
- Analysieren Sie die einzelnen Umsetzungen und versuchen Sie die einzelnen ausschlaggebenden Faktoren zu strukturieren.

Beispiel:
Die Nutzung einer Reibe mit scharfkantigen Metallteilen

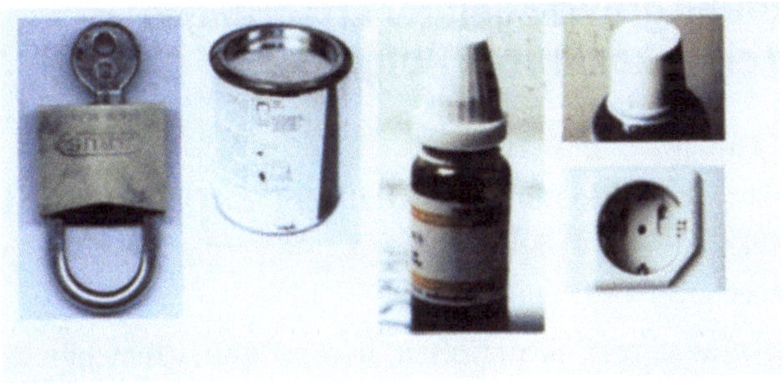

Abb. 8.32 *Sammlung von Objekten, die eine unbefugte Bedienung ausschließen sollen*

4.3.2
Praktische Studien

Die Entwicklung anregender bzw. abhaltender Bedienelemente

- Entwickeln Sie zu einem bestimmten Bedienteil (z.B. einem Schalter) alternative Lösungen, die psychisch und / oder physisch zu einer Bedienung anregen bzw. von einer Bedienung abhalten.

Entwicklung von abhaltenden Bedienelementen

- Entwickeln Sie ein Behältnis mit einem Bedienteil zum Öffnen und Schließen der Umsetzung, das Unbefugten (z.B. Kinder bis 3 Jahre) keine Bedienung ermöglicht.

Diese Aufgabe kann als eigenständige Problemstellung bearbeitet werden. Im beigefügten Beispiel wird sie als Weiterführung der vorangegangenen Aufgabe vorgestellt. Das Bedienteil zum Öffnen und Verschließen eines Behältnisses wird jetzt überarbeitet zu einem Bedienteil, das von einer bestimmten Personengruppe (z.B. Kindern bis zu 3 Jahren) nicht betätigt werden kann und durch die äußere Gestaltung vom Bedienen abhalten soll.

Die Aufgabe kann in zwei Abschnitte aufgeteilt werden:
In einem ersten Verfahren sind Bedienteile unangenehm und verletzend zu gestalten, um so Unbefugte von einer Betätigung des Bedienteiles abzuhalten.

In einem zweiten Verfahren geht es darum, ein Bedienteil so zu gestalten, dass es von den Unbefugten (physisch) nur sehr schwer oder aber gar nicht zu betätigen ist (technische Entwicklung eines Verschlusses, der von Kindern aufgrund von Kraft, Beweglichkeit, Dimension der Ausführungsorgane, z.B. Hand, nicht bewegt werden kann).

Gefordert sind skizzenhafte und modellhafte Studien (Funktionsmodell).

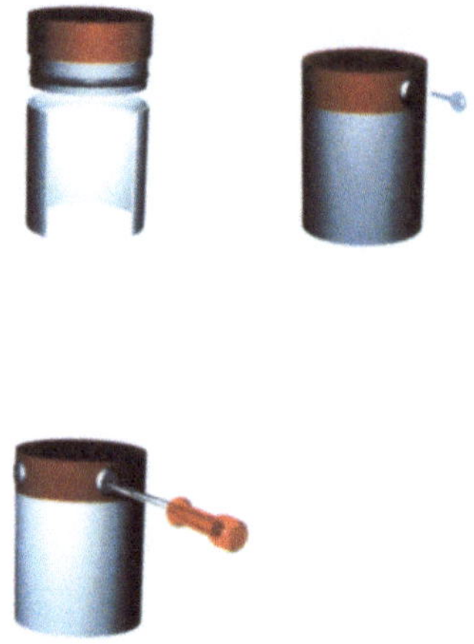

Abb. 8.33 *Darstellung verschiedener Versionen zum Abhalten von einer unbefugten Bedienung*

4.4
Die Anwendung grundlegender Erfahrungen zur Lösung einer konkreten Aufgabe

Die konkrete Aufgabe:
Bei allen bislang entwickelten Objekten gibt es Objektteile, die nicht jedem zugänglich sein sollen.

Vorgehensweise:

- Greifen Sie eine dieser Situationen heraus und versuchen Sie verschiedene Lösungswege, um vom Bedienen des Objektes oder eines Teiles abzuhalten (z.B. sollen die Räder des Transportgerätes von Unbefugten nicht ausgewechselt werden können).
- Entwicklung alternativer Lösungen und Auswahl einer brauchbaren Lösung

Teil 9
Die Wirtschaftlichkeit einer Umsetzung

Im Vordergrund der Arbeit standen bisher die Fragen, wie man eine gut wahrnehmbare bzw. gut verständliche Gestaltung erreichen kann oder wie man vorgehen kann, um eine technisch gut funktionierende und leicht bedienbare Umsetzung zu erhalten. Alle diese Studien wurden gemacht, ohne auf die Wirtschaftlichkeit der Produkte näher einzugehen.

Andererseits achten die meisten Menschen sehr wohl darauf, dass der Preis eines Produktes im Vergleich mit dessen Leistung angemessen ist. Wer zahlt schon gerne einen überhöhten Preis? Die Akzeptanz eines Produktes kann also nicht unabhängig von dessen Wirtschaftlichkeit gesehen werden.

Abb. 9.1 A. Macke: Damen vor dem Hutsalon

In dem nun folgenden Teil sollen einige Wege aufgezeigt werden, wie man vorgehen kann, um Umsetzungen zu schaffen, die den wirtschaftlichen Interessen der Menschen gerecht werden.

In Kapitel 1 werden die Ursachen für das wirtschaftliche Handeln des Menschen anskizziert. In den Kapiteln 2, 3, 4 und 5 werden Lösungsmöglichkeiten für die unterschiedlichen wirtschaftlichen Interessen der Hersteller, der Zwischenhändler, der Nutzer und der Beseitiger von Produkten vorgestellt. Nach den Einzelbetrachtungen steht am Ende ein Versuch, die Interessen aller bei einer Umsetzung zu integrieren.

In Kapitel 6 werden dann Hinweise geboten, wie man als Designer/-in wirtschaftlich handeln kann.

***Abb. 9.2** Wirtschaftlichkeit im Pflanzen- und Tierreich*
Pflanzen und Tiere zeigen einen körperlichen Aufbau und Verfahren zum Überleben, die äußerst wirtschaftlich sind.

1 Die wirtschaftlichen Interessen des Menschen

Menschen möchten das, was sie zum Leben brauchen oder was sie sich zur Verbesserung ihrer Lebensbedingungen wünschen, natürlich auch besitzen. Sie sind in den meisten Fällen dazu bereit, etwas dafür zu tun. Allerdings suchen sie auch nach Wegen, wie sie die dafür notwendige Arbeit reduzieren können.

1.1 Verallgemeinerung der Fragestellung

Was führt zu wirtschaftlichem Denken und Handeln?

1.2 Darstellung grundlegender Aspekte

1.2.1 Die widerstreitenden Interessen des Menschen

1.2.1.1 Die Erhöhung der Sollvorgaben

Neue Informationen, seien sie von irgendwoher geliefert oder selbst beschafft, und die ständig wirksamen geistigen Strömungen und Tendenzen führen zu Veränderungen der jeweils individuellen geistigen Einstellungen. Es entstehen neue Wünsche und Erwartungen nach Dingen und Zuständen (oder Lebensbedingungen), wie man sie momentan nicht hat. Objekte, obwohl noch brauchbar, werden „ausgemustert“ (als Sperrmüll: z.B. Lampen, Stühle, sonstige Einrichtungsgegenstände).

Die generell vorhandene Tendenz des Menschen nach Verbesserung seiner Lebensbedingungen (lässt man z.B. die Entscheidung für ein „ klösterliches“ Leben einmal außer Acht) führt zwangsläufig zu einer Erhöhung der Sollvorgaben.

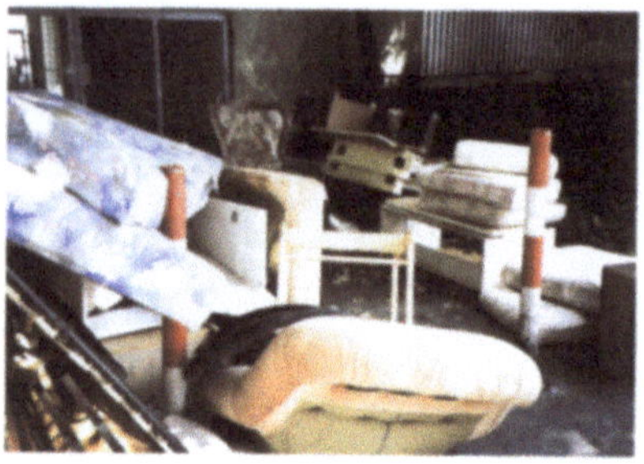

Abb. 9.3 Sperrmüll: Viel Brauchbares wird nicht mehr gewollt

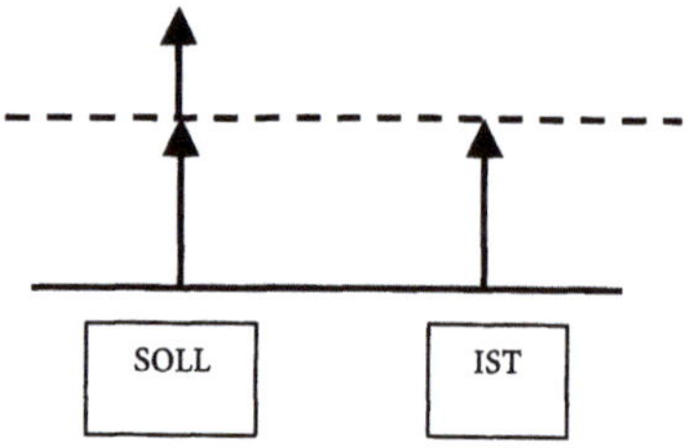

Grafik 9.1 Neue Informationen führen zu einer Erhöhung der Sollvorgaben.

1.2.1.2
Der natürliche Zwang zur Erreichung der Soll-Vorgaben

Die Erhöhung des Sollvorgaben erfordert zwangsläufig eine Erhöhung der körperlichen und / oder geistigen Beanspruchungen.

Der Grund liegt, wie bereits dargestellt, in der jedem Lebewesen innewohnenden **Homöostase.** Sie weckt in den lebenden Organismen das Bestreben, SOLL und IST einander anzugleichen, um das jeweilige System im Gleichgewicht zu halten. Das Bestreben des Menschen, den neuen Sollvorgaben durch einen entsprechenden Aufwand an körperlicher oder geistiger Arbeit gerecht zu werden, folgt somit ganz natürlichen Gesetzmäßigkeiten. In vielen Fällen kann dieser Aufwand erbracht werden. In manchen Fällen aber nicht. Die Konsequenzen sind dann:

Kommt es immer wieder vor, dass der Aufwand nicht erbracht werden kann, führt dies sehr leicht zu Depressionen, kombiniert mit einer Flucht oder dem Ausweichen vor den Anforderungen.

Die Rücknahme der Sollwerte kann in bestimmten Fällen unabdingbar werden. D.h., es muss Abschied genommen werden von bestimmten Vorstellungen, Erwartungen und Wünschen.

- Unzufriedenheit
- Unruhe
- Niedergeschlagenheit

1.2.1.3
Das Bestreben des Menschen, seine geistigen und körperlichen Beanspruchungen zu mindern

Jeder Mensch macht die Erfahrung, dass körperliche oder geistige Arbeit anstrengend ist. Sie kann zu einer Belastung werden.

Auch wenn unklar ist, wo die normale Belastungsgrenze bei dem einzelnen Menschen liegt, hat dies zur Folge, dass die Menschen darauf bedacht sind, den Aufwand an körperlicher oder geistiger Arbeit zu reduzieren, um ihrer körperlichen oder geistigen Gesundheit nicht zu schaden.

Will der Mensch seine Ziele dennoch erreichen, geht dies nur, wenn er den dafür notwendigen Aufwand in irgendeiner Form reduzieren kann.

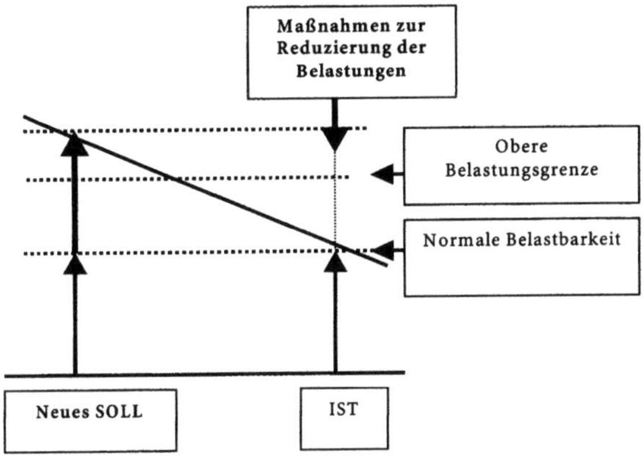

Grafik 9.2 *Der Zwang, die überhöhten Sollvorgaben durch eine Minderung der Belastungen doch noch zu erreichen*

Betrachtet man unter diesem Aspekt den Aufbau und den Einsatz, den andere Lebewesen zum Erhalt ihres Lebens erbringen, so kann man feststellen, dass sie ihr Verhalten dahingehend optimiert haben, mit möglichst geringem Aufwand möglichst viel zu erreichen. Insofern kann man hier von einem ganz natürlichen Bestreben sprechen.
Beispiele: Bewegungsmöglichkeiten der Fische und der dazu notwendige Energiebedarf, Federkleid der Vögel usw.)

Die Grafik 9.2 zeigt zunächst einmal einen Ausgleich zwischen dem „normalen" SOLL und dem IST. Alles bewegt sich hier im Normbereich der Belastbarkeit. Doch jetzt erhöhen sich die Erwartungen und Wünsche mit der Folge, dass entsprechend große Anstrengungen zu unternehmen sind, um diesen neuen Wünschen gerecht werden zu können, was die obere Belastungsgrenze oftmals überschreitet. Abhilfe gibt es nur, wenn Maßnahmen ergriffen werden, die zu einer Reduzierung des Aufwandes beitragen.

1.2.2
Das wirtschaftliche Denken und Handeln des Menschen

Das Bestreben des Menschen, die eigene Gesundheit zu sichern und die Lebensbedingungen und Realitäten zu verbessern, zwingt ihn zu Überlegungen, wie diese Widersprüchlichkeit (einerseits mehr zu wollen, andererseits den damit verbundenen Aufwand zu reduzieren) behoben werden kann. Die Verknüpfung beider Parameter, die Verbesserung der eigenen Lebensbedingungen bei geringerem Aufwand, äußert sich im wirtschaftlichen Denken und Handeln des Menschen.

Beide Bestrebungen sind natürlich begründet.

Als Nutzen ist dabei nicht nur die technische Funktionalität zu bewerten. Auch Gestaltungen, die mehr den eigenen sozialen Erwartungen (z.B. dem eigenen Prestige) dienen oder ökologischen Erwartungen entsprechen, können für den Empfänger als nutzbringend angesehen werden.

„Wirtschaftliches Denken und Handeln" findet man bei allen Lebewesen. Also auch bei Tieren und Pflanzen.
Siehe dazu 1.3.1 Theoretische Studien und entsprechende Studienergebnisse.

1.2.3
Verschiedene wirtschaftliche Interessen im Zusammenhang mit einem Produkt

Viele Objekte oder Produkte, die der Mensch zum Leben braucht oder haben möchte, kann er nicht mehr selbst schaffen. Viele Produkte werden irgendwo hergestellt. So bemühen sich Menschen in Entwicklungsabteilungen um die Planung von Häusern, Geräten oder Maschinen. Wieder andere arbeiten in der Fabrikation. Andere Menschen laden Waren von einem Gefährt ab, um es einem Kunden zu liefern. Wieder andere Menschen besorgen das Abfahren verbrauchter Dinge zur Müllbeseitigungsanlage oder zur Müllkippe.

Zu Grafik 9.3:
Am Beginn jeder Produktion steht dessen Entwicklung. Konstrukteure und Designer erarbeiten ein Konzept und bereiten dessen Realisierung vor.
Jetzt wird jemand gebraucht, der das Geplante umsetzen kann. Ein Hersteller oder Macher übernimmt diese Aufgabe.
Die erstellte Ware muss nun einem möglichen Kunden zugeführt werden. Dies erfolgt beim Vertrieb der Waren.
Der Kunde und Empfänger nutzt dieses Objekt eine bestimmte Zeit. Wird es unbrauchbar, wird es in der Regel beseitigt. Die Beseitigung wird selbst oder aber von dafür Verantwortlichen übernommen.

Jede dieser Lebensphasen beansprucht eine gewisse Zeit.
Diesen Prozess von der Entwicklung über die Herstellung bis zur Beseitigung durchläuft jedes Objekt. Da dieser Prozess immer mit einem bestimmten Zeitaufwand verbunden ist, spricht man vom ***Lebensweg und der Lebenszeit eines Produktes.***

Betrachtet man diese einzelnen Tätigkeiten und Arbeiten im Zusammenhang mit einem Produkt etwas genauer, so stellt man fest, dass sich dahinter eine bestimmte Struktur verbirgt, die den Lebensweg eines Produktes widerspiegelt.

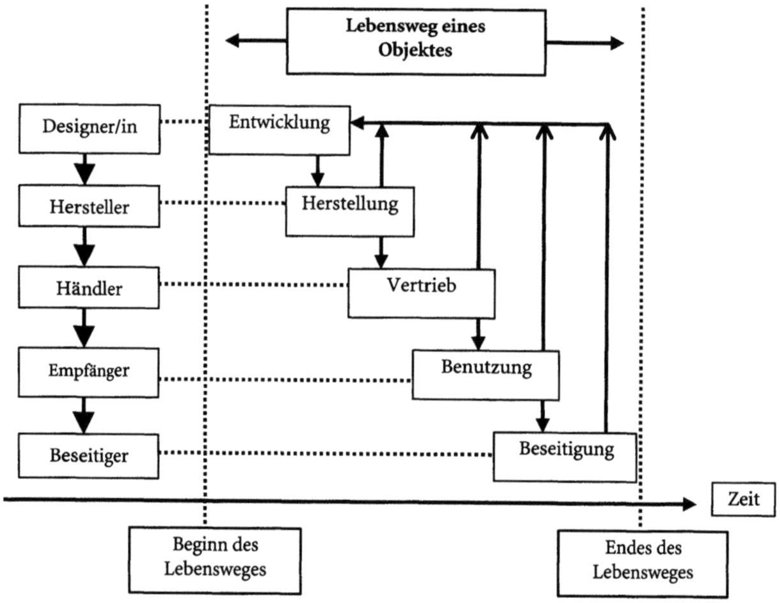

Grafik 9.3 *Der Lebensweg eines Produktes*

Es ist klar, dass sowohl

- bei der Entwicklung als auch
- bei der Herstellung,
- bei dem Vertrieb,
- bei der Benutzung und
- bei der Beseitigung eines Produktes

jeweils ein besonderer Aufwand entsteht.

Es ist weiterhin klar, dass die Menschen, die im Zusammenhang mit der Herstellung, Lieferung, Benutzung und Beseitigung des Produktes einen Aufwand haben, darauf bedacht sind, diesen so weit als möglich zu senken.

1.2.4 Die Aufgabe der Designer/-innen

1.2.4.1 Die Beachtung wirtschaftlicher Interessen anderer

Da die Akzeptanz von Produkten von deren Wirtschaftlichkeit abhängt, sind vor allem die gefragt, die bei der Entwicklung und Planung dieser Produkte an entscheidender Stelle stehen. Es sind dies in erster Linie die Planer, Konstrukteure und Designer.

Die Darstellung dieses Informationsflusses geschieht in Grafik 9.3 durch die Pfeile, die von den jeweiligen Stellen zur Entwicklungs- und Planungsabteilung des Produktes zurückführen.

Sollen die Erwartungen der einzelnen Gruppen und damit die Akzeptanz hergestellter Produkte erhöht werden, sind sie auf Informationen angewiesen, was von diesen gewollt und erwartet wird. Sie brauchen die Rückkoppelung, d.h., sie brauchen Informationen von verschiedensten Herstellern, Lieferanten, Benutzern und Beseitigern über gute und weniger gute Eigenschaften und über die Wirtschaftlichkeit von vorhandenen Produkten, mit denen ein vergleichbarer Bedarf bislang behoben wurde.

Die Rückkoppelung:
Funktionsprinzip von Regelkreisen. Ein dynamisches System bzw. Teilsystem hat eine Rückkoppelung, wenn die Änderungen seiner Ausgangsgrößen auf Eingangsgrößen zurückwirken (Georg Klaus: Handbuch der Kybernetik. Fischer-Verlag 1969).
Die Rückkoppelung wird in der Grafik durch die von den verschiedenen Interessengruppen ausgehenden und nach oben zur Entwicklung hin gerichteten Pfeilen verdeutlicht.

Nur wenn Designer/-innen auf die Äußerungen der verschiedenen Interessengruppen hören und diese bei ihrer Planung berücksichtigen, besteht Aussicht auf eine hohe Akzeptanz dessen, was sie entwerfen und planen.

Es folgen jetzt in den Kapitel 2, 3, 4 und 5 Hinweise, mit welchen Maßnahmen bereits bei der Entwicklung von Produkten den wirtschaftlichen Interessen eines Herstellers, eines Lieferanten, eines Benutzers und eines Beseitigers von einem Produkt Rechnung getragen werden kann. Von einer Nutzung umfangreicher und umfassender Checklisten wird an dieser Stelle bewusst abgesehen. Die Erfahrung hat gezeigt, dass bei der Fülle zu beachtender Vor-

Siehe dazu auch die Listen von Anforderungen, wie sie von Produktplanern erstellt wurden.

gaben für die Studierenden die Übersichtlichkeit und Durchschaubarkeit leidet. Aus diesem Grunde werden bei den einzelnen Interessengruppen wesentliche Bereiche, an denen jeweils ein Aufwand entsteht, zunächst einmal vorgestellt, um dann einzelne Möglichkeiten für eine Reduzierung des Aufwandes zu skizzieren. Neben der Erfahrung, wie sich die unterschiedlichen wirtschaftlichen Interessen artikulieren lassen, sind vor allem die Erfahrungen wichtig, wie man diese Interessen bei einer Produktplanung ideenreich realisieren kann.

Während in den Kapitel 2 bis 6 immer nur die Interessen jeweils einer Gruppe näher betrachtet und entsprechende Umsetzungen versucht werden, soll in Kapitel 7 eine Situation simuliert werden, die in der Realität als Regelfall anzutreffen ist: die Integration jeweils mehrerer wirtschaftlicher Vorgaben von unterschiedlichen Gruppen in einer Umsetzung.

Bewusst wurde den Studierenden im Verlauf dieser Arbeiten allerdings auch, dass im Rahmen eines Industrie-Design-Studiums die Auseinandersetzung mit unterschiedlichen Herstellungsverfahren und den davon abhängigen Gestaltungsmöglichkeiten einen besonderen Stellenwert besitzt und für die spätere berufliche Tätigkeit unabdingbar ist.

1.2.4.2
Die Beachtung der eigenen wirtschaftlichen Interessen

Designer/-innen erfüllen in der Regel Auftragsarbeiten, bei denen der Umfang an finanziellen Zuweisungen bei Vertragsabschluss festgelegt wird. In diesem Rahmen sind die eigenen Leistungen und der damit verbundene Aufwand unterzubringen. Notwendig wird auch für die Designer/-innen wirtschaftliches Denken und Handeln (siehe dazu die Anmerkungen in Kapitel 6).

1.2.4.3
Die Auswirkungen wirtschaftlichen Denkens und Handelns auf die Gestaltungsarbeit

Die Verbindung zur Gestaltungsrichtung „form follows function" (von Luis Sullivan 1892 geprägter Slogan), die im Verlauf der Zeit immer wieder durchdringt (spätes Bauhaus / HFG-Ulm) wird erfahrbar. Man schätzt den ästhetischen Reiz von Gestaltungen, die auf das Technische reduziert sind und oftmals in so genannten „Klassikern" und einfachen Alltagsgegenständen zu finden sind.

Bei der ersten Aufgabenstellung und deren Realisierung werden die Studierenden dazu angehalten, sich auf das Wesentliche zu konzentrieren und dies mit einem Minimum an Mitteln umzusetzen. Immer wieder wird bei den Vorbesprechungen die Frage gestellt: Kann man das einfacher oder mit weniger Aufwand erreichen? Wichtige Ziele der Ausbildung sind:

- Die Studierenden sollen sich klar machen, was sie verdeutlichen wollen, und
- die Studierenden sollen erfahren, dass dies vor allem dann gelingt, wenn alles Überflüssige beseitigt wird und nichts Störendes den Blick auf das Wesentliche verstellt.

Am Ende werden zeichnerische Darstellungen, theoretische Ausarbeitungen und vor allem Modelle geboten, die durch ihre Einfachheit und außerordentliche Ästhetik überzeugend sind.

1.3 Studien

1.3.1 Theoretische Studien

Der Lebensweg eines Produktes

- Zeigen Sie an verschiedenen Produkten deren Lebensweg.
- Zeigen Sie an verschiedenen Beispielen, wie durch Rückkoppelung Veränderungen an vorhandenen Produkten in Gang gesetzt wurden.

Wirtschaftlichkeit im Tier- und Pflanzenreich

- Suchen Sie Beispiele aus der Tier- und Pflanzenwelt, bei denen die Wirtschaftlichkeit ihres Aufbaus oder wirtschaftliches Handeln besonders gut ablesbar sind.

Geht man davon aus, dass Lebewesen generell nach wirtschaftlichen Prinzipien optimiert sind, so geht es hier darum, an einzelnen Beispielen dies genauer zu erfahren. Wichtig ist bei diesen Studien aber auch, im Sinne der Bionik neue Wege zu sehen, wie man für dieses oder jenes Problem wirtschaftliche Lösungen entwickeln kann.

1.3.2 Praktische Studien

- Versuchen Sie auf 3 bis 4 Wegen einen Würfel oder ein anderes einfaches Modell zu bauen. Schreiben Sie die einzelnen Arbeitsschritte auf und stellen Sie fest, welche Vorgehensweise am wirtschaftlichsten war.
- Erstellen Sie ein Anschauungsmodell. Reduzieren Sie den Einsatz der Mittel auf das unbedingt Notwendige.

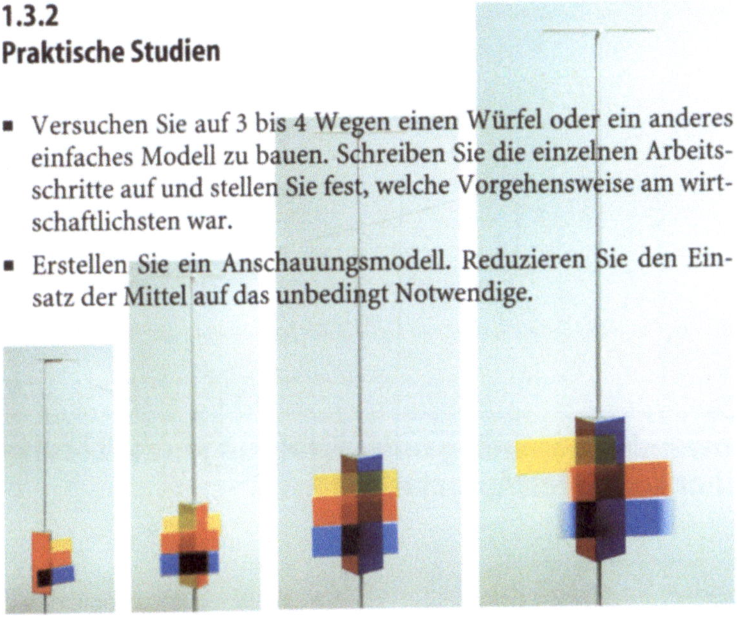

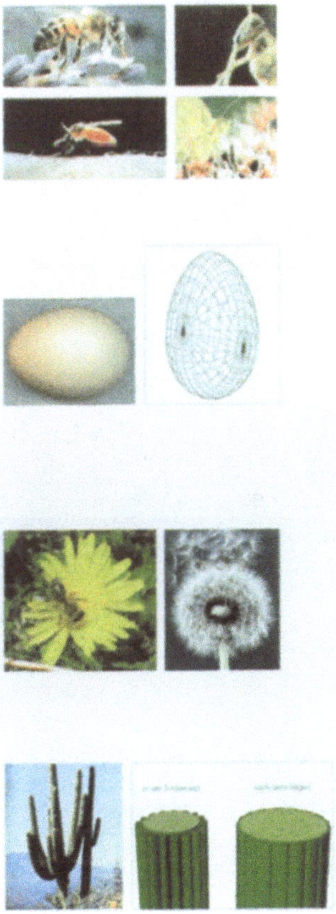

Abb. 9.4 *Modell zur subtraktiven Farbmischung: Drei an dünnen Fäden aufgehängte Folien vor einem drehbaren Prisma mit den drei Grundfarben*

Abb. 9.5 *Teile aus Vorstudien zur Untersuchung der Wirtschaftlichkeit besonderer körperlicher Aufbauten oder Verfahren bei Lebewesen, die dem Überleben dienen*

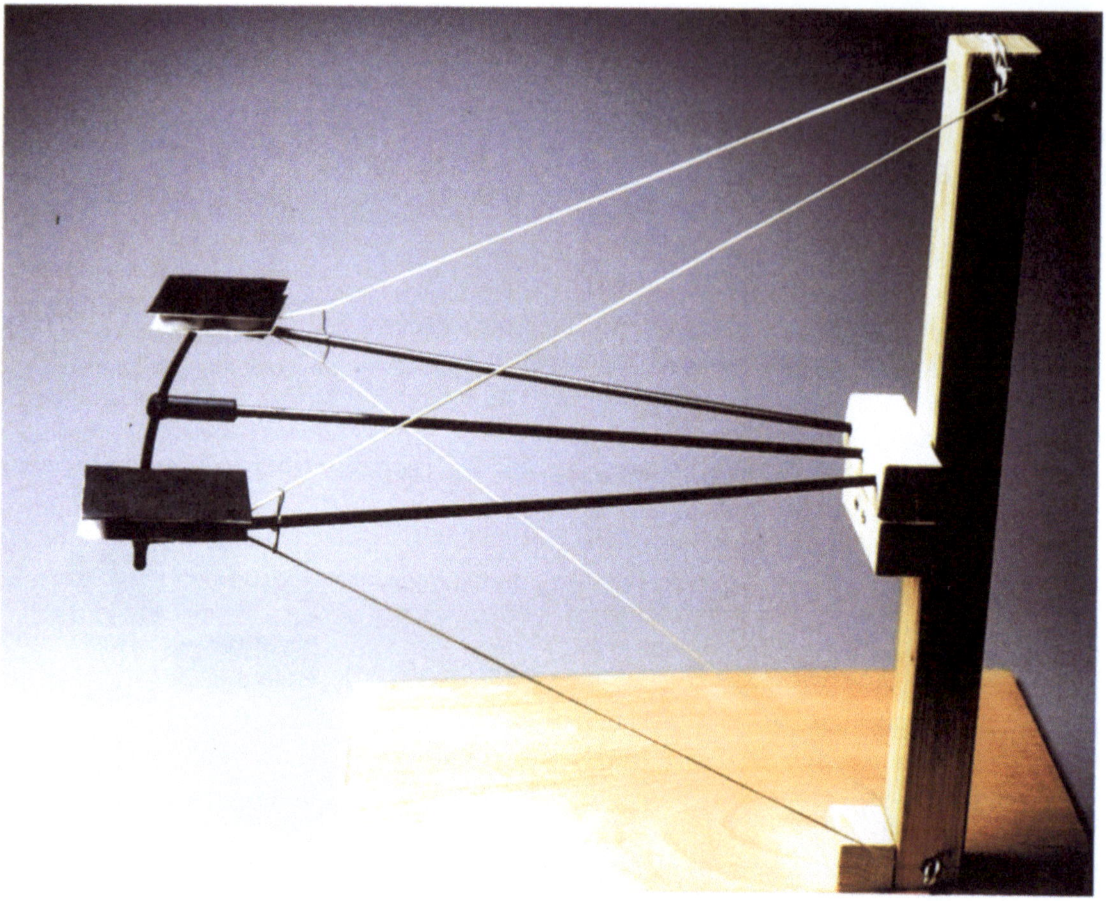

Abb. 9.6 Ausleger: Einsparungen beim Material bei hoher technischer Funktionalität

1.4 Anwendung grundlegender Erfahrungen zur Lösung einer konkreten Aufgabe

Die konkrete Aufgabe:
Greifen Sie einen Teilbereich des zu entwickelnden Objektes heraus. Versuchen Sie eine Realisierung des Objektteiles im Rahmen eines Vormodells und bestimmen Sie den dafür notwendigen Aufwand.

2 Die Interessen der Hersteller

Haben Menschen zur Befriedigung eines bestimmten Bedarfes die Auswahl zwischen mehreren Produkten, so wird unter anderem deren Preis-Leistungs-Verhältnis entscheidend.

Für die Hersteller von Produkten bedeutet dies, dass sie sich auf der einen Seite darum kümmern müssen, dass ihre Produkte möglichst vielen Erwartungen der Kunden möglichst gut entsprechen, und zum anderen, dass diese Produkte möglichst preiswert sind. Wird der einzelne Hersteller diesen Vorgaben nicht gerecht, muss er damit rechnen, dass seine Ware nicht akzeptiert wird. Er kann seine Ware nicht verkaufen. Die investierten Mittel sind verloren.

Für ihn stellt sich somit immer die Frage, wie er diesen beiden Vorgaben (eine möglichst qualitätsvolle Arbeit zu einem minimalen Preis) gerecht werden kann.

Den Auftrag für eine entsprechende Produktentwicklung wird er an die Designer/-innen weitergeben.

2.1 Verallgemeinerung der Fragestellung

Welche Möglichkeiten gibt es für die Designer/-innen, den Aufwand bei der Herstellung von Umsetzungen bzw. Produkten zu mindern?

Bei allen folgenden Überlegungen ist das Bestreben des Menschen zu beachten, die eigenen Lebensbedingungen zu verbessern. Ein Hersteller, der zunächst von seinem (materiellen und / oder finanziellen) Bestand etwas abgibt und in die Produktion von Objekten investiert, muss darauf bedacht sein, dass zumindest sein ehemals vorhandener materieller bzw. finanzieller Bestand wieder erreicht wird (was in dem Fall jedoch noch keine Verbesserung seiner Lebensverhältnisse beinhaltet).

2.2
Darstellung grundlegender Aspekte

2.2.1
Aufwand für den Hersteller

Siehe in Teil 15, Kapitel 1.1.2, Grafik 15.2 Grundstruktur für das Wachsen und Werden eines Gebildes

Um zu sehen, welcher Aufwand bei der Herstellung eines Produktes anfallen kann, wird die Grundstruktur für den Aufbau eines Gebildes der Betrachtung vorangestellt.

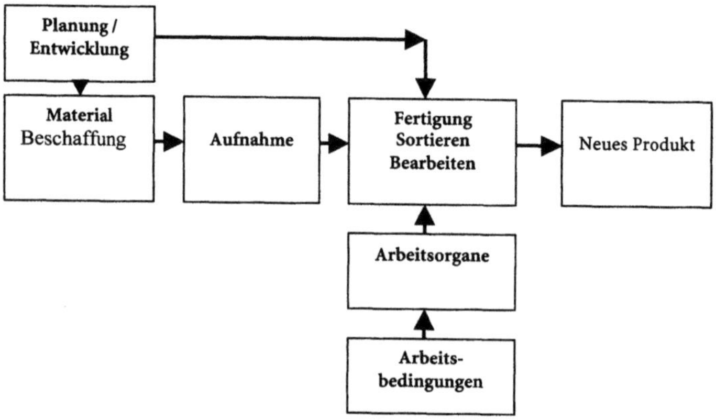

Grafik 9.4 Arbeitsintensive Stellen im Rahmen der Produkterstellung

*Die **Lagerung** entfällt heute bei vielen Firmen, da man dazu übergegangen ist, Material in einer Form anliefern zu lassen, das direkt verarbeitet werden kann.*

Aufwand entsteht bei der Planung und Entwicklung eines neuen Objektes. Ist diese Arbeit abgeschlossen, kann mit der Realisierung des neuen Gebildes begonnen werden. Am Beginn steht die Beschaffung des notwendigen Materials. Anfahrt und eine Lagerung des Materials wird eventuell notwendig.

Es schließt sich die Fertigung an. Dafür werden entsprechende Räumlichkeiten benötigt. Hinzu kommen Geräte und Maschinen sowie geeignete Werkzeuge für die Bearbeitung des Materials. Für die anfallenden Arbeiten werden Arbeiter gebraucht, die psychisch und physisch in der Lage sind, die geforderten Arbeiten zu erledigen.

Arbeiter:
Hier kommt es mehr und mehr zu einem Abbau menschlicher Arbeitskräfte und dem Einsatz technischer „Arbeitsorgane", die unabhängig von Arbeitszeitregelungen rund um die Uhr einsatzfähig sind.

Die Ausführung der Arbeiten setzt die Beachtung entsprechender Vorgaben für die Arbeitsbedingungen der Arbeiter voraus.

2.2.2
Die Suche nach Einsparmöglichkeiten

Nachdem klar ist, an welchen Stellen ein Aufwand entsteht, kann versucht werden, durch gezielte Maßnahmen eine Reduktion des Aufwandes zu erreichen. An erster Stelle stehen dabei natürlich die Kosten für die Entwicklung und Planung des Produktes. Sie beinhalten unter anderem den Aufwand für die Designer/-innen.

*Der **Aufwand für die designerische Arbeit:** Designer/-innen haben ein Interesse, ihren Aufwand angemessen erstattet zu bekommen. Andererseits wird der Auftraggeber wiederum versuchen, auch an dieser Stelle Kosten zu sparen (siehe dazu Kapitel 6.2.3).*

2.2.2.1
Einsparungen bei den Entwicklungskosten

- Reduzierung des Aufwandes für die Voruntersuchung (z.B. Nutzung vorhandener Voruntersuchungen)
- Einsparung bei der Konstruktion
- Vereinfachung beim Modellbau
- Nutzung vorhandener Anlagen (z.B. Windkanal in Hochschulen für Voruntersuchungen)
- Einsparungen beim Design durch Reduzierung designerischer Arbeit

2.2.2.2
Einsparungen bei den Materialkosten

- Verwendung vorhandenen Materials
- Verwendung von billigem Material mit funktionsrelevanten Eigenschaften
- Keine langen Transportwege für die Materialbeschaffung
- Reduzierung des Materials auf das absolut notwendige Maß
- (Materialminimierung)

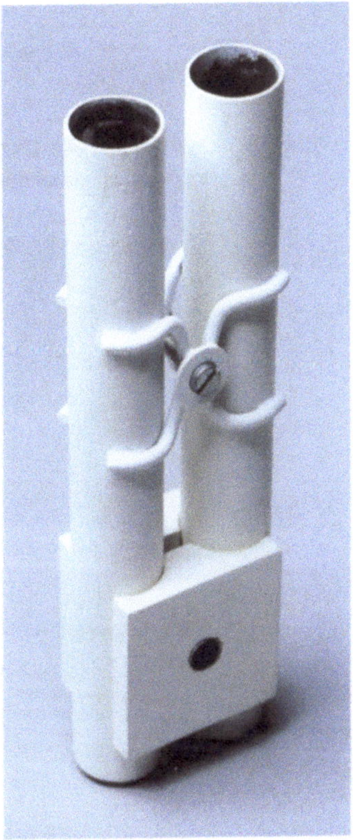

Abb. 9.7 Materialminimierung: Die Reduzierung von Materialaufwand am Beispiel eines Verbindungselementes Vergleichen Sie dazu den unterschiedlichen Aufwand beim Verbindungselement unten und oben

2.2.2.3
Einsparungen bei der Fabrikation

- Reduzierung des Materialabfalls
- Optimale Ausnutzung des Rohmaterials (z.B. bei Stanzformen)
- Reduzierung der Arbeitszeit bzw. Reduzierung der Arbeitsgänge
- Vereinfachung der Materialbearbeitung
- Vereinfachung der Formen (Ausrichtung auf eckige und runde geometrische Formen)
- Nutzung vorhandener Geräte, Maschinen und Werkzeuge

2.2.2.4
Einsparungen bei Arbeitsorganen

- Einsatz ungelernter Arbeitskräfte (bei Fertigung / bei Montage)
- Reduzierung der Fertigung auf wenige leicht durchschaubare Arbeitsgänge
- Reduzierung des Arbeitsaufwandes bei der Montage (z.B. Verschluss eines Objektes mit 10 oder 2 Windungen)
- Möglichst leichte Zugänglichkeit zu Montagestellen
- Möglichst einfache Montage (phys. / psych.)

Abb. 9.8 Die Halterung einer Lampe durch Druck und Gegendruck

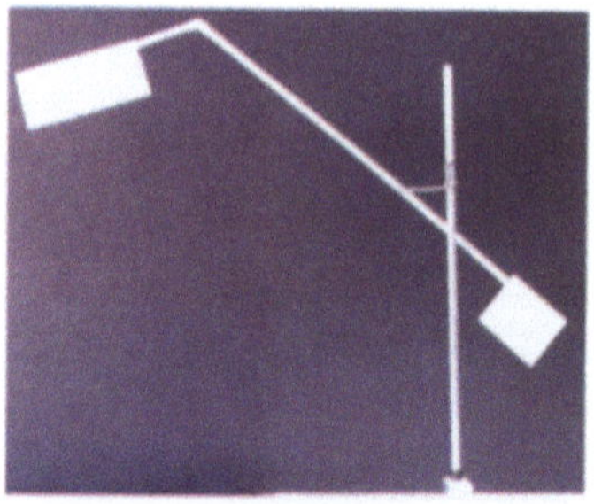

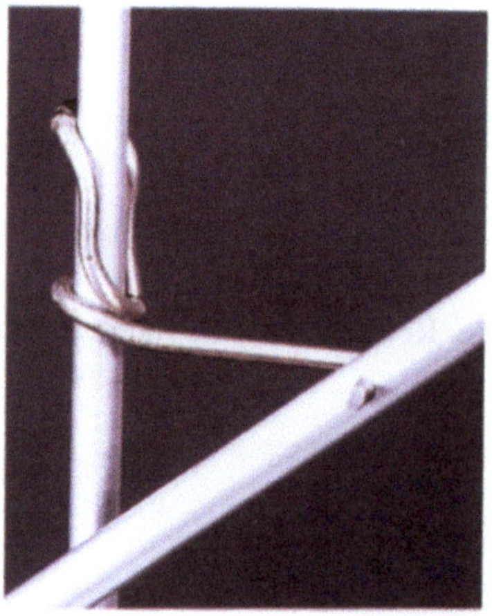

Abb. 9.9 Die Reduzierung von Material für ein Verbindungselement (Halterung eines nach allen Seiten und in der Höhe verstellbaren Lampenarmes)

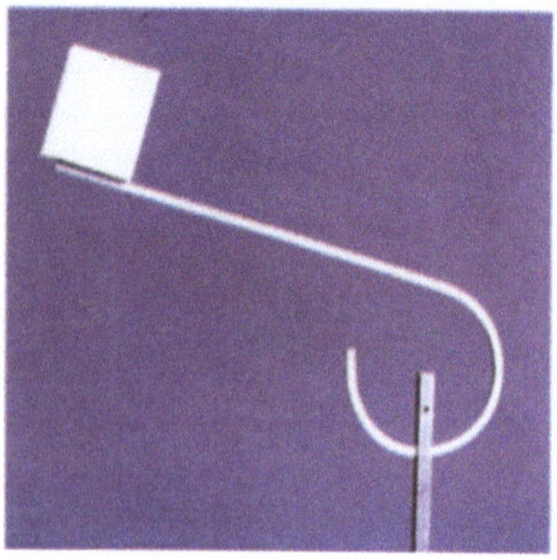

Abb. 9.10 Eine bewegliche Halterung wird durch Verkannten stabilisiert

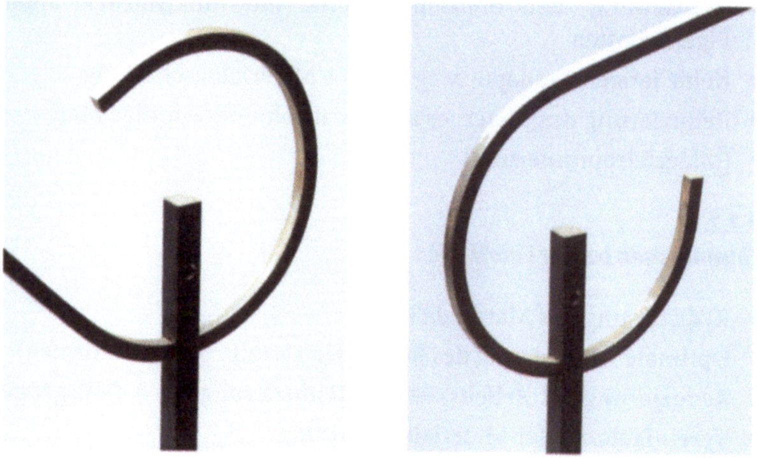

Abb. 9.11 Die Höhenverstellbarkeit eines Lampenarmes durch die runde Form und die Ausnutzung von Druck und Gegendruck zur Stabilisierung

2.2.2.5
Einsparungen bei Arbeitsbedingungen

- Ausnutzung von Vorgaben zu den Arbeitsbedingungen (Arbeitszeiten, Schichtarbeit, Überstunden usw.)
- Verlagerung der Produktion in Länder mit geringeren Lohnkosten und anderen Arbeitsbedingungen

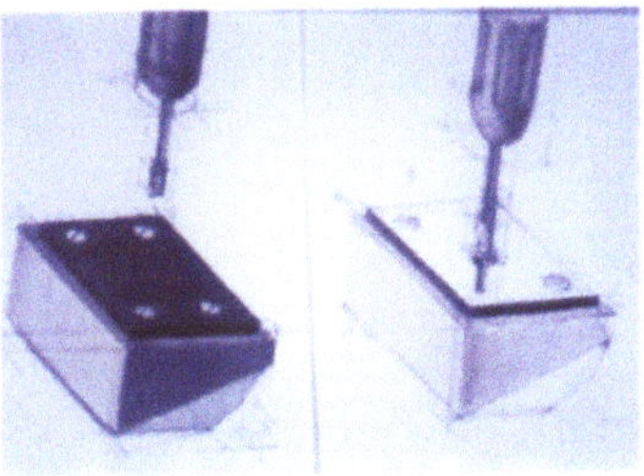

Abb. 9.12 Studien zu Überlegungen für eine einfache Montage

2.3
Studien

2.3.1
Theoretische Studien

- Darstellung von Arbeitsgängen für die Herstellung eines einfachen Objektes

Vergleichen Sie Arbeitsgänge zur Herstellung von Objekten, die dem gleichen Ziel dienen.

Bei den nun folgenden Studien ist immer zu bedenken, dass jegliche Einsparungen nur dann vertretbar sind, wenn die technische Funktionalität des jeweiligen Objektes nicht nachhaltig beeinträchtigt wird.

2.3.2
Praktische Studien

- Reduzierung des Materialaufwandes

Versuchen Sie bei einem Objekt eine Materialreduzierung zu erreichen, ohne die technische Funktionalität zu beeinträchtigen.

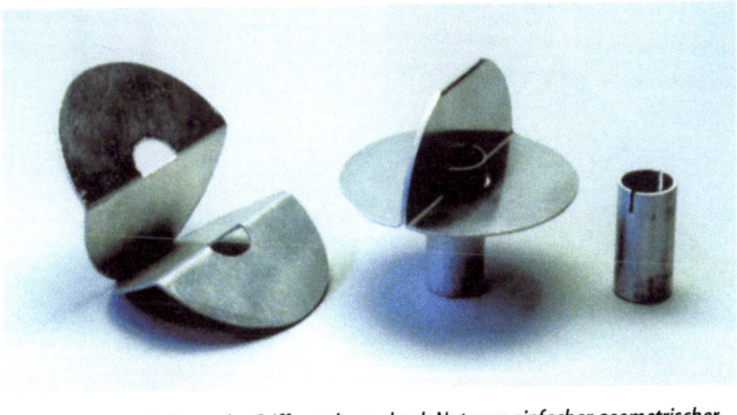

Abb. 9.13 Vereinfachung der Griffgestaltung durch Nutzung einfacher geometrischer Stanzformen

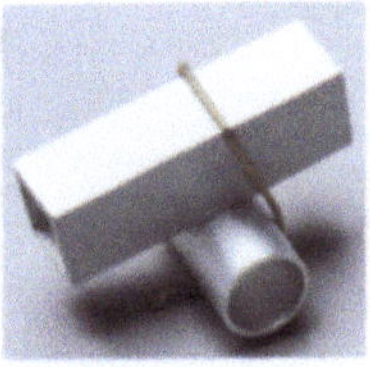

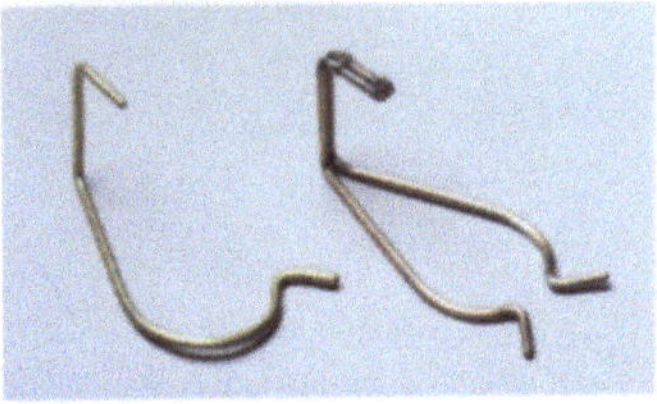

Abb. 9.14 und 9.15 Entwicklung materialarmer Verbindungselemente

2.4
Anwendung grundlegender Erfahrungen zur Lösung einer konkreten Aufgabe

Die konkrete Aufgabe:
Die Planung und Entwicklung eines Produktes, das den wirtschaftlichen Interessen des Herstellers entgegenkommt.

Es sollen z.B. die Kosten für die Herstellung eines Trinkgefäßes (Trinkhilfe für Bettlägerige), einer Brotdose oder eines Einkaufwagens reduziert werden.

Vorgehensweise:

- Auswahl eines Teilbereiches oder Bearbeitung des gesamten Objektes
- Die Suche nach Einsparmöglichkeiten (siehe die oben angeführten Einsparmöglichkeiten)
- Entwicklung alternativer Lösungen
- Zeichnerische Studien und modellhafte Lösungen

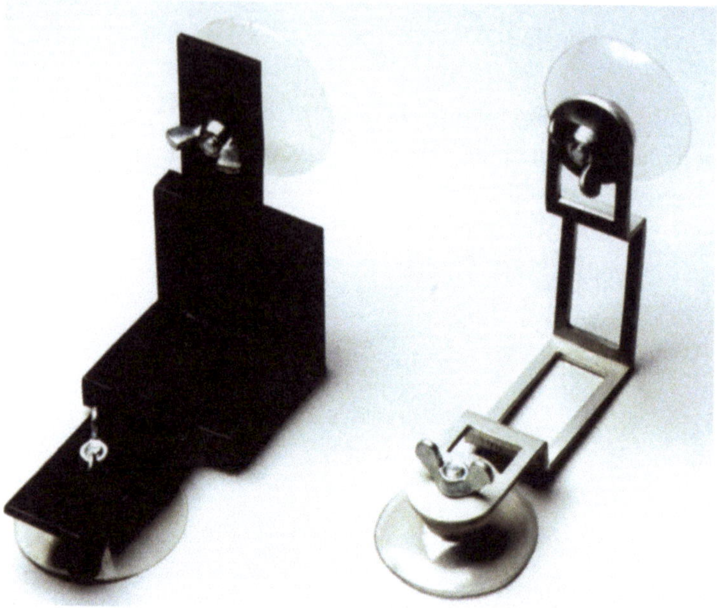

Abb. 9.16 *Entwicklung eines Verbindungselementes und dessen Überarbeitung nach wirtschaftlichen Gesichtspunkten (Materialminimierung)*

3 Die Interessen der Lieferanten

Der Lieferant bzw. der Zwischenhändler übernimmt die Aufgabe, das fertige Produkt vom Hersteller zum Benutzer zu bringen. Der Vertrieb von Waren und fertigen Produkten zu einem Nutzer ist mit einem enormen Aufwand verbunden.

Oftmals müssen die Waren beim Hersteller abgeholt werden. Die Waren müssen bis zum Verkauf gelagert werden. Sie müssen angeboten werden, sei es nur durch eine entsprechende Präsentation in Schaufenstern oder durch besonders geschulte Verkäufer. Die verkauften Waren müssen zum Kunden gebracht und oftmals noch installiert oder aufgebaut werden.

Da der Empfänger eine hohe Qualität der Produkte erwartet, muss sich der Lieferant darum kümmern, dass die Waren von der Übernahme beim Hersteller bis zur Übergabe an den Empfänger keinen Schaden erleiden. Wie kann bei all dem Aufwand den wirtschaftlichen Interessen eines Lieferanten Rechnung getragen werden?

3.1 Verallgemeinerung der Fragestellung

Welche Möglichkeiten gibt es für Designer/-innen, bei der Entwicklung und Planung von Produkten den Aufwand für den Lieferanten zu reduzieren?

3.2
Darstellung grundlegender Aspekte

3.2.1
Der Aufwand für einen Lieferanten

In einer sehr vereinfachten Darstellung werden unterschiedliche Wege eines Produktes von der Herstellung bis zur Nutzung durch den Empfänger vorgestellt. Mit den einzelnen Sparten ist für den Lieferanten immer auch ein Aufwand verbunden. Zwei Wege zeichnen sich ab:

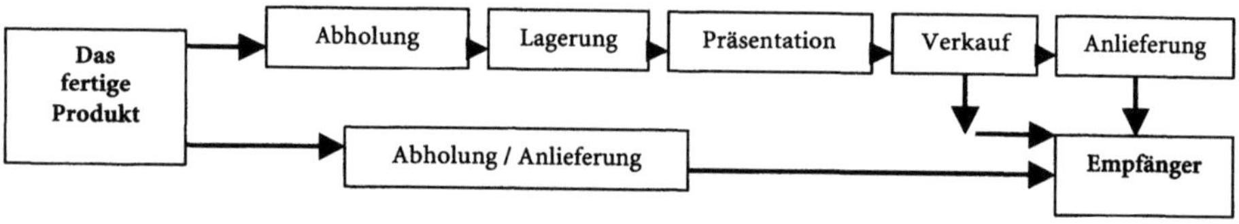

Grafik 9.5 Wege vom Hersteller zum Benutzer eines Objektes

Der obere Wegverlauf zeigt, dass der Lieferant bestimmte Waren beim Hersteller abholt. Die abgeholten Waren müssen jetzt gelagert werden. Dafür werden Räume benötigt. Zumindest ein Teil der Waren muss präsentiert werden. Räume an Straßen oder Plätzen, an denen mögliche Kunden vorbeikommen, sind gefragt. Die Anmietung oder Erstellung von Präsentationsräumen an solchen Orten sind in der Regel mit hohen Kosten verbunden.

Der Verkauf muss von geschultem Personal getätigt werden.

Die Ware kann jetzt, wie z.B. beim Schuhkauf von dem Empfänger mitgenommen werden oder aber sie muss, wie beim Kauf eines Küchenherdes, angeliefert werden. Fahrer und Fahrzeuge werden benötigt.

Der zweite Weg stellt sich einfacher dar.

Die Ware bzw. das Produkt wird vom Empfänger oder aber über den Lieferanten direkt beim Hersteller geordert. Der Lieferant übernimmt nur den Transport der Ware vom Hersteller zum Empfänger und eventuell den Einbau des Objektes.

Ist bekannt, wo bzw. an welchen Stellen des Weges für den Lieferanten ein Aufwand entsteht, kann überlegt werden, wie dieser Aufwand durch entsprechende Maßnahmen bereits bei der Entwicklung und Planung des Produktes gemindert werden kann.

3.2.2
Kostenersparnis beim Vertrieb

3.2.2.1
Einsparungen beim Transport, bei Abholung oder Lieferung

- Einsparungen bei Transportwegen (Hersteller - Vertrieb)
- Logistik
- Einsparung an Platz für Produkte beim Transport durch platzarme Verpackung, Ausrichtung der Produkte bzw. der Verpackungsgrößen auf vorhandene Module (z.B. Containergrößen) usw.

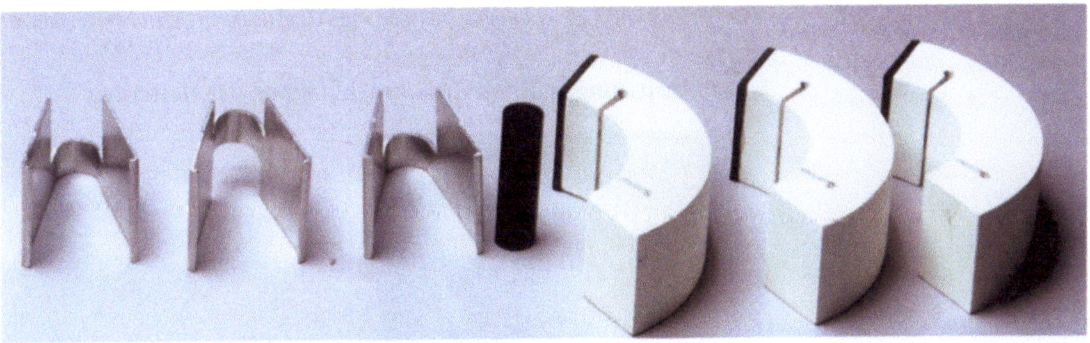

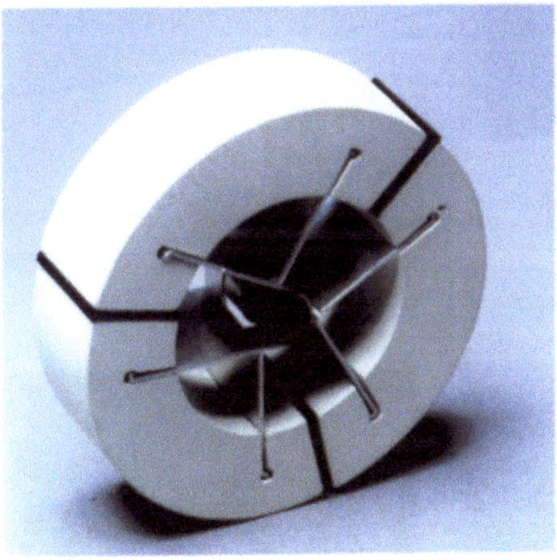

Abb. 9.17 und 9.18 *Objekte werden in Einzelteile zerlegt und können so platzsparend transportiert werden*

■ Variation zum Thema: Zerlegbares Rad

Abb. 9.19 und 9.20 Günstiger Transport eines Objektes durch Lieferung eines Bausatzes

■ Einsparungen durch Zusammenklappen der Halterung

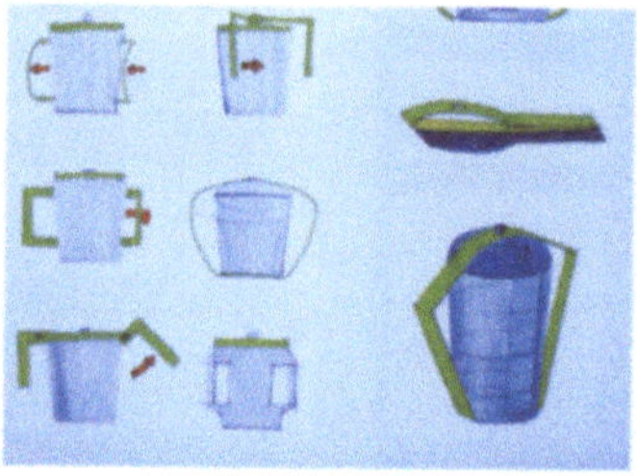

Abb. 9.21 Vorstudien für die Minimierung der notwendigen Verpackung durch Veränderung der Griffe

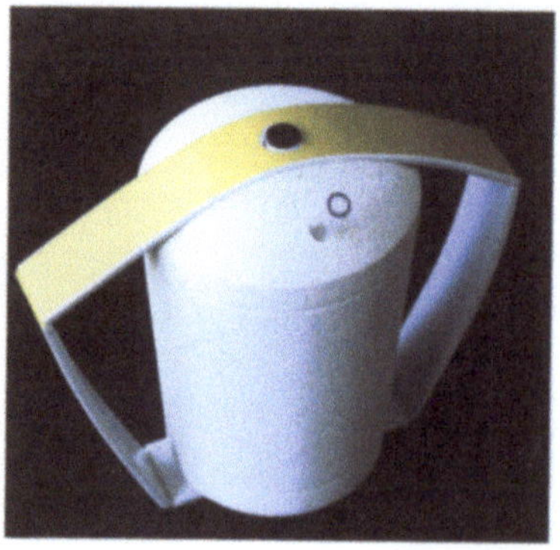

Abb. 9.22 Die ausgewählte Lösung

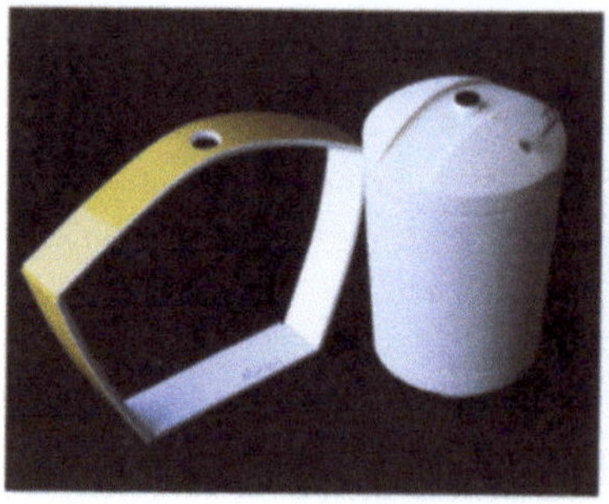

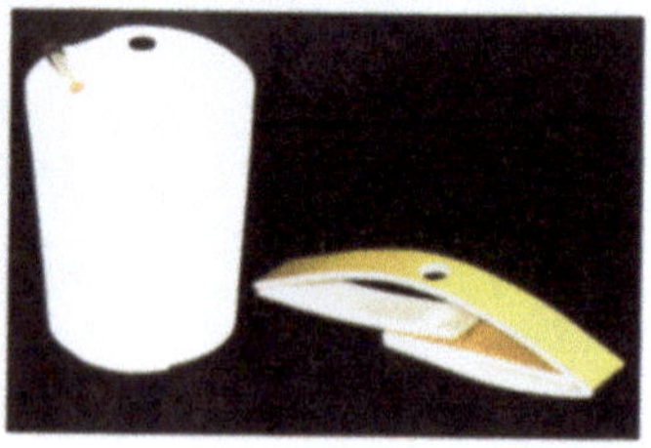

Abb. 9.23 Die ablösbare Halterung
Abb. 9.24 Die zusammengeklappte Halterung

3.2.2.2
Einsparungen bei der Herstellung von Verpackungen

- Fertigung sicherer Verpackungen bzw. gute Sicherung der Waren gegenüber Transporteinwirkungen (Stoßfestigkeit der Verpackung bzw. der Ware)
- Minimierung des Verpackungsmaterials (runde vs. eckige Behältnisse für gleichen Inhalt, plastische, flächenhafte, linienhafte Verpackungen)
- Vereinfachung bei der Fertigung von Verpackungen (Vereinheitlichung von Stanzformen für flächenhafte Umhüllungen usw.)

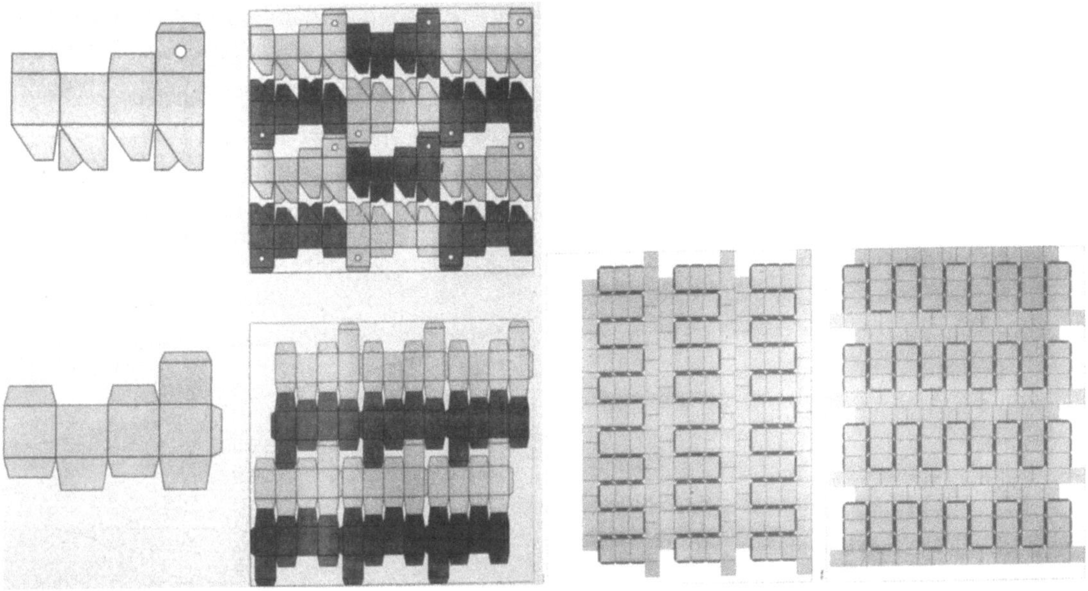

Abb. 9.25 und 9.26 Die Nutzung des vorhandenen Verpackungsmaterials durch entsprechende Gliederung der Verpackungsteile und deren Anordnung auf der Fläche

- Einfache Montage der Verpackung
- Nutzung kostengünstigen Materials für die Verpackung

Abb. 9.27 Papierfaltungen (Würfelvariationen) zur Stabilisierung von Verpackungen

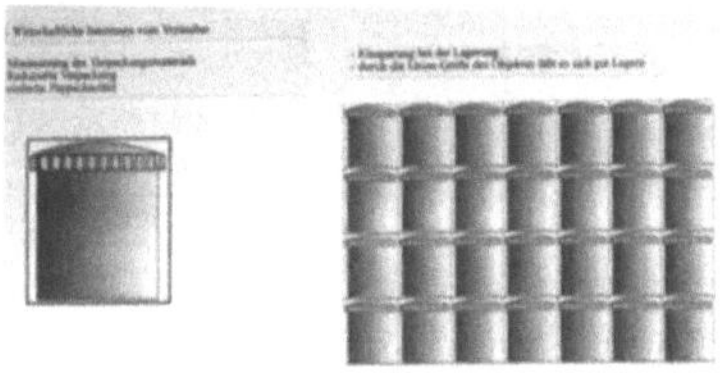

Abb. 9.28 *Vorstudien zur Stapelbarkeit*

3.2.2.3
Einsparungen bei der Lagerung

- Einsparung an Platz (z.B. Stapelbarkeit von Produkten, ineinander, übereinander usw.)
- Zerlegbarkeit in Einzelteile
- Haltbarkeit der Produkte und der Verpackungen (Verhinderung von Rost oder sonstige Auflösung, Formstabilität, Farbstabilität)

3.2.2.4
Einsparungen bei der Präsentation

- Möglichst geringer Platzbedarf für die einzelnen Produkte (keine technischen oder gestalterischen Unterschiede bei einer Serie)
- Repräsentatives Äußeres bzw. Produkt
- Leichte Erreichbarkeit der präsentierten Ware für den Kunden
- (Parkplatznähe, Haltestellen von öffentlichen Verkehrsmittel)

3.2.2.5
Einsparungen beim Verkauf

- Leichte Durchschaubarkeit der einzelnen Funktionen für den Kunden (z.B. Zeitersparnis beim Verkauf, keine speziell ausgebildeten Verkäufer notwendig)
- Mitnahmemöglichkeiten der Ware durch den Kunden (Größe von Produkt und Verpackung, Parkplatzangebot, Anbindung an öffentliches Verkehrsnetz)

3.3
Studien

3.3.1
Theoretische Studien

Untersuchung von Verpackungen

- Vergleichen Sie den Aufwand für runde und eckige Behältnisse oder Verpackungen (z.B. für 1 Ltr. Inhalt).
- Untersuchen Sie den Materialverbrauch für eine Verpackung bei unterschiedlichen Stanzformen.

- Untersuchung der Kosten für Lagerung von Produkten
- Versuchen Sie Daten zu erhalten über die Kosten für einer Lagerung von unterschiedlichen Produkten.

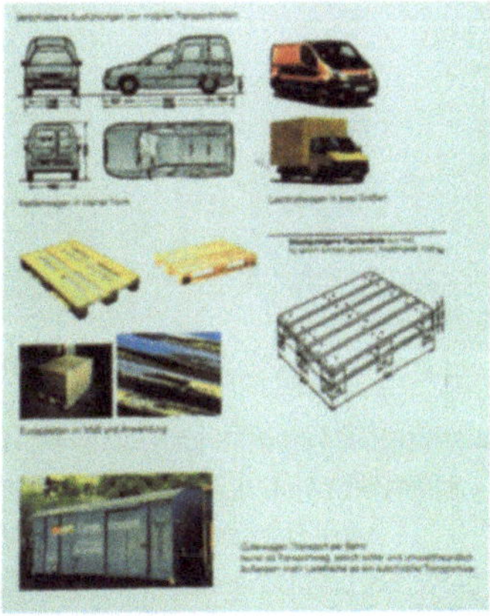

Abb. 9.29 *Untersuchung möglicher Transportmittel und Containergrößen*

3.3.2 Praktische Studien

Sicherung der Produkte bei Transport

Ein bestimmtes Produkt (z.B. Tischtennisbälle) ist sicher zu verpacken.

- Entwickeln Sie eine geeignete Verpackung, die den Vorgaben eines Lieferanten gerecht wird.

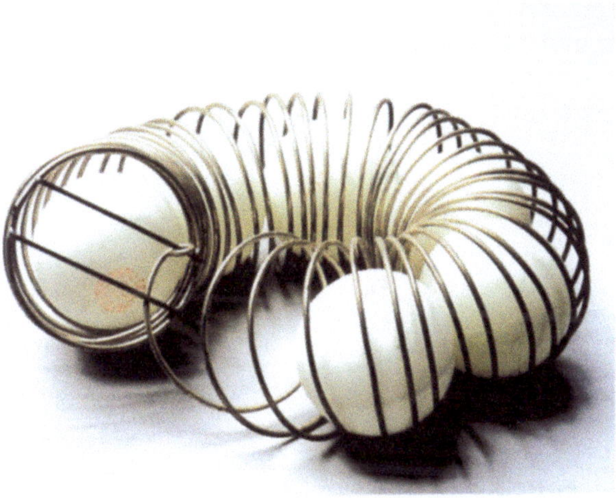

Abb. 9.30 und 9.31 *Eine stabile und flexible Verpackung für Tischtennisbälle*

3.4
Die Anwendung grundlegender Erfahrungen zur Lösung einer konkreten Aufgabe

Relativ stabile Verpackungen lassen sich bei minimalem Materialaufwand aus einfachen Flächenformen entwickeln. Siehe: Die plastische Form aufgrund einer Flächenform (Halbreis kombiniert mit einem entsprechend größeren Viertelkreis)

Die konkrete Aufgabe:
Für eine Trinkhilfe, eine Brotdose oder einen Einkaufswagen sind geeignete Maßnahmen zu entwickeln, um bei dem Lieferanten den Aufwand zu mindern.

Vorgehensweise:

- Wählen Sie aus den oben angeführten Einsparmöglichkeiten mindestens eine aus und versuchen Sie, dazu eine Lösung zu finden.
- Entwicklung alternativer Lösungen
- Zeichnerische Studien
- Wählen Sie eine brauchbare Lösung aus.
- Zeichnerische und modellhafte Umsetzung

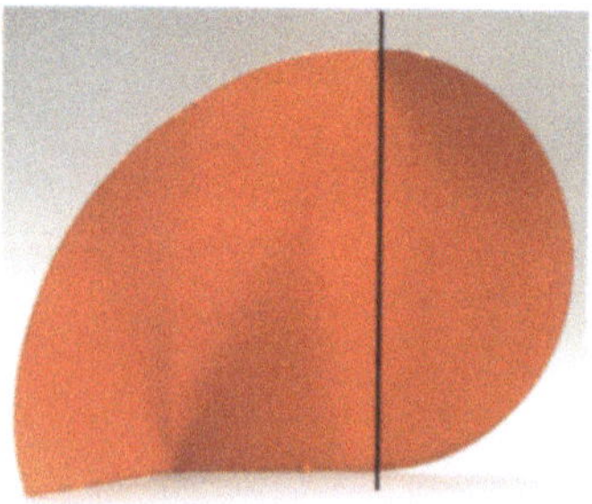

Abb. 9.33 Flächenform für eine Verpackung
Abb. 9.34 Die plastische Form aus der obigen Flächenform

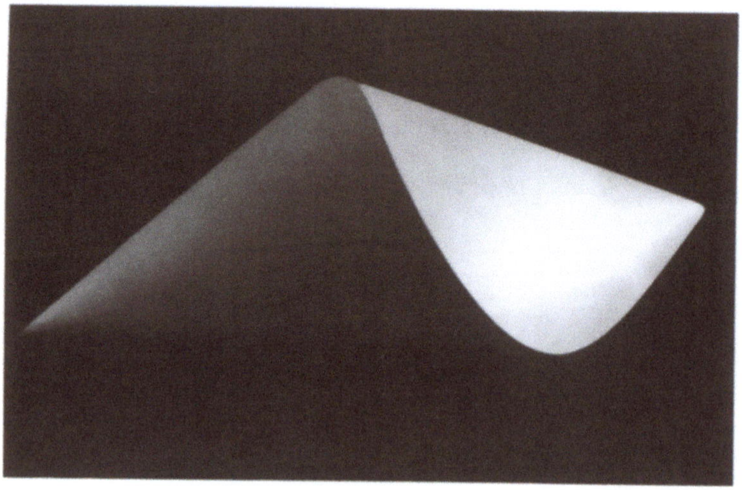

Abb. 9.32 *Stabile Verpackung aus einer einzigen elliptischen Fläche*

4 Die Interessen der Benutzer

In vielen Ländern besteht für den einzelnen Menschen die Möglichkeit, aus einem größeren Angebot ein Produkt zur Behebung seines Bedarfes auswählen zu können.

Die Auswahl wird sicher davon abhängen, inwieweit mit diesem Objekt sein Bedarf und seine persönlichen Erwartungen (z.B. auch die Erwartungen an die Ästhetik oder Ökologie des Objektes) berücksichtigt werden. Stimmen verschiedene Produkte mit den genannten Erwartungen überein, so wird am Ende der dafür zu entrichtende Aufwand entscheidend. Ausgewählt wird das Produkt, das bei geringstem Aufwand den größten Nutzen bietet. Die Akzeptanz wird umso größer, je größer der Nutzen und je geringer der Aufwand ist.

Designerin und Designer sind gezwungen, sich mit den wirtschaftlichen Überlegungen und Einstellungen von Empfängern intensiv auseinander zu setzen, wollen sie keine „Ladenhüter" planen und somit die Existenzgrundlage des Herstellers, des Zwischenhändlers und Beseitigers und schlussendlich ihre eigene gefährden. Sie müssen darauf bedacht sein, dass die von ihnen gestalteten Produkte ein für den Empfänger angemessenes Aufwand-Nutzen-Verhältnis (Preis-Leistungs-Verhältnis) aufweisen.

Die Auswahl an Produkten wird dort eingegrenzt, wo es zu Monopolbildungen kommt, bei der alternative Angebote weitgehend entfallen. Z.B. fehlen in Gesellschaftssystemen mit Planwirtschaft in der Regel die alternativen Angebote gleichartiger Produkte.
Aber auch dort, wo die Zusammenlegung und Zusammenführung von Produktherstellern zur Marktbeherrschung führt, hat dies letzten Endes die gleichen Konsequenzen, da jetzt der Zwang, besondere Leistungen zu erbringen, um sich gegenüber einem Konkurrenten durchsetzen zu können, entfällt. Einschränkungen in der Auswahl von Produkten unterschiedlicher Qualitäten werden in Notstandsgebieten vorgegeben. Hier sind die Menschen oftmals gezwungen, das zu nehmen, was man ihnen anbietet, um überhaupt überleben zu können.

4.1 Verallgemeinerung der Fragestellung

Wie kann man als Designer/-in bereits bei der Entwicklung und Planung eines Produktes den wirtschaftlichen Erwartungen der Empfänger entsprechen?

4.2
Darstellung grundlegender Aspekte

4.2.1
Die Nutzung eines Produktes

Beim Erwerb eines Produktes kommt es zu einem Tausch von Geld gegen Ware. Wie kann der Nutzer erfahren, ob die Ware dem Geldwert entspricht, den er bezahlt? Worin liegt eigentlich der Wert der Ware? Was ist davon messbar, was entzieht sich einer exakten Nachprüfbarkeit? Wie hoch ist z.B. die Exklusivität eines Produktes und der mit dem Erwerb eines solchen Produktes einhergehende Prestigegewinn zu veranschlagen?

Entsprechend den vorangegangenen Betrachtungen wird auch jetzt zunächst einmal versucht, die wesentlichen Stationen eines Produktes bei seiner Nutzung zu skizzieren.

Grundlage für dieses Tableau sind Erfahrungen, wie sie jeder alltäglich machen kann. Die einzelnen Stationen, bei denen für den Benutzer ein Aufwand entsteht, lassen sich in einer Abfolge aufzeichnen:

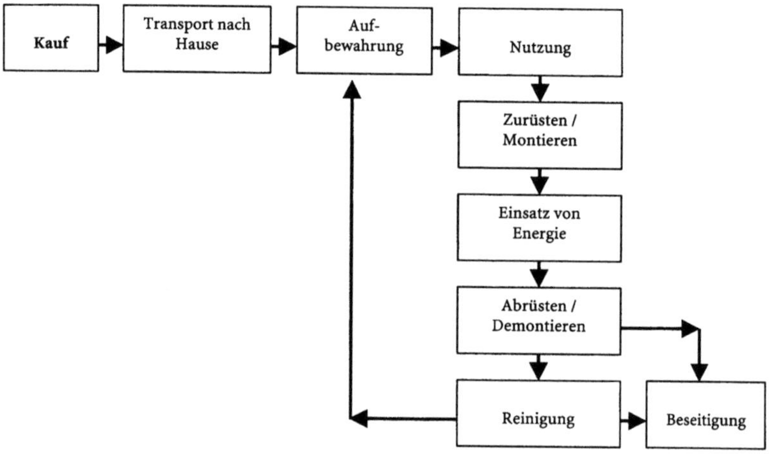

Grafik 9.6 Übersicht über möglichen Aufwand des Nutzers

An erster Stelle stehen zunächst einmal die Kosten für den Kauf des Objektes. Ist ein Kauf getätigt, stellt sich die Frage nach dem Transport. Nicht immer kann man das Objekt unter dem Arm mit nach Hause nehmen. Oftmals ist man gezwungen, es mit dem Auto zu transportieren. Braucht man ein zusätzliches Transportmittel, weil das Produkt zu groß oder zu schwer ist, fallen auch hier für den Benutzer besondere Kosten an. Ein nicht unwesentlicher Aspekt betrifft die Aufbewahrung des Objektes in einer Wohnung.

Soll das Gerät dann benutzt werden, geht dies bei vielen nur, wenn es vorher besonders zugerüstet wird. So müssen bei einem einfachen Mixer die einzelnen Quirlstäbe gesondert am Gerät montiert werden, bevor man es verwenden kann. Und oftmals braucht man Zeit (und Nerven) für die Zurüstung des Objektes, weil die einzelnen Teile nur sehr schwer zu montieren sind. Der Einsatz von Energie, sei es körperlicher oder elektrischer Energie, bedeutet Aufwand.

Zeit und Kraft wird benötigt, um das Produkt nach dem Gebrauch wieder zu demontieren. Die Reinigung ist in der Regel mit Aufwand verbunden, der nicht unwesentlich zu Buche schlägt. Anschließend muss das Produkt weggeräumt werden, wobei auch der Platzbedarf als Aufwand zu sehen ist. Beim Wegräumen sollen möglichst keine Einzelteile verloren gehen. Es sollte möglichst kompakt bleiben. Es soll andererseits bei einem Gebrauch wieder schnell und leicht greifbar sein.

Die Frage der Anschaffung eines Produktes ist heute oftmals leichter zu beantworten als die Frage: Wohin mit dem Objekt, wenn es nicht mehr nutzbar ist? Die Beseitigung des Objektes nach dem Demontieren oder der Reinigung ist heute nicht selten mit enormen Kosten verbunden.

4.2.2
Möglichkeiten der Einsparungen

4.2.2.1
Kostenersparnis des Benutzers

Kostenersparnisse für einen Nutzer bzw. den Benutzer eines Produktes können durch mehrere Maßnahmen unterstützt werden. Politische Regelungen können z.B. Monopolbestrebungen von Produktherstellern oder Energielieferanten verhindern, um so durch konkurrierende Angebote die Möglichkeit für eine benutzerfreundliche Preisgestaltung offen zu halten. Daneben gibt es jedoch zusätzliche Maßnahmen, die dazu beitragen können, bereits bei der Planung von Produkten die Erwartungen der Empfänger unter dem Aspekt ihrer Wirtschaftlichkeit direkt in eine Produktgestalt zu integrieren.

4.2.2.2
Einsparungen bei der Anschaffung eines Produktes

- Wahlmöglichkeiten zwischen verschiedenen Produkten, mit denen der gleiche Bedarf behoben werden kann (konkurrierende Firmen, konkurrierende Produkte, Preisvergleiche)
- Möglichst wenige Arbeitsgänge beim Einkauf (möglichst viele unterschiedliche Produkte in unmittelbarer Nähe, z.B. Großmärkte)

4.2.2.3
Einsparungen beim Transport der Produkte vom Lieferanten zum Benutzer

- Geringe Transportkosten bei der Beschaffung (möglichst geringe Anfahrtskosten)
- Geringer Platzaufwand für Produkte, um Eigentransport des Produktes zu ermöglichen

4.2.2.4
Einsparungen bei der Aufbewahrung der Produkte

- Wenig Platzbedarf für die Aufbewahrung (leichte Zusammenfassung der einzelnen Teile zu einem kompaktem Ganzen, Vermeidung überstehender Teile, Stapelung usw.)
- Leichter Transport zum Aufbewahrungsort (keine schweren Teile)
- Sichere Aufbewahrung (Stabilität des Produktes, möglichst ohne Verpackung, Gewährleistung der Stoßsicherheit und Drucksicherheit)

4.2.2.5
Einsparungen bei der Zurüstung

- Leichte Zugänglichkeit zu den einzelnen Teilen
- Reduzierung bzw. Vereinfachung der Arbeitsgänge bei der Montage (physisch: keine schweren Teile, psychisch: keine komplizierten Verfahren)

4.2.2.6
Einsparungen bei der Benutzung

- Vermeidung einer falschen Handhabung (Minderung der Benutzerbeschädigung, Minderung der Objektbeschädigung)
- Verbesserung der Haltbarkeit (Ausweitung der Belastungsgrenzen des Produktes, Verminderung der Störanfälligkeit)
- Einsparung an Energie
- Vielseitigkeit der Verwendung des Objektes (z.B. Ausbau von Systemen mit gleicher Grundausstattung)

4.2.2.7
Einsparungen beim Abrüsten

- Vereinfachung der Demontage (physisch und psychisch: möglichst wenige Handgriffe, Nutzung möglichst weniger Werkzeuge, leichte Durchschaubarkeit der Demontage)

4.2.2.8
Einsparungen bei der Instandhaltung

- Vereinfachung der Reinigung (leichte Zugänglichkeit zu den verschmutzten Teilen sowie Verringerung schmutzanfälliger Teile)
- Leichte Beseitigung von Beschädigungen (leichte Zugänglichkeit zu den beschädigten Stellen, Reparaturen ohne besondere Werkzeuge, leichter Ersatz der beschädigten Teile)

4.3
Studien

4.3.1
Theoretische Studien

- Vergleichen Sie den Energieaufwand unterschiedlicher Produkte, mit denen man den gleichen Bedarf beheben kann.
- Vergleichen Sie die Preise für Produkte, die zur Behebung des gleichen Bedarfes entwickelt wurden.
- Zeigen Sie an verschiedenen Produkten die unterschiedliche Beanspruchbarkeit bei der Behebung eines Bedarfes (z.B. leichtes Verbiegen von Halterungen)

4.3.2
Praktische Studien

Produktgestaltung im Interesse des Nutzers

- Verbessern Sie ein Produkt, bei dem die technische Funktionalität bei relativ geringer Beanspruchung leidet, ohne das Produkt dadurch zu verteuern.
- Versuchen Sie den Platzbedarf eines Produktes zu minimieren.
- Weitere Studien:

Aufgreifen einzelner Aspekte, wie sie unter 4.2.2.2 bis 4.2.2.8 dargestellt wurden

4.4 Die Anwendung grundlegender Erfahrungen zur Lösung einer konkreten Aufgabe

Die konkrete Aufgabe:
Planung und Entwicklung einer Trinkhilfe, einer Brotdose, oder eines Einkaufswagens, eines Transportmittels am Fahrrad usw. nach wirtschaftlicher Vorgaben der Benutzer oder Planung und Entwicklung eines Teiles von einem der genannten Produkte

Vorgehensweise:

- Entwicklung alternativer Lösungen
- Zeichnerische Studien
- Auswahl einer Lösung, die den wirtschaftliche Interessen der Benutzer entspricht
- Zeichnerische und modellhafte Umsetzung

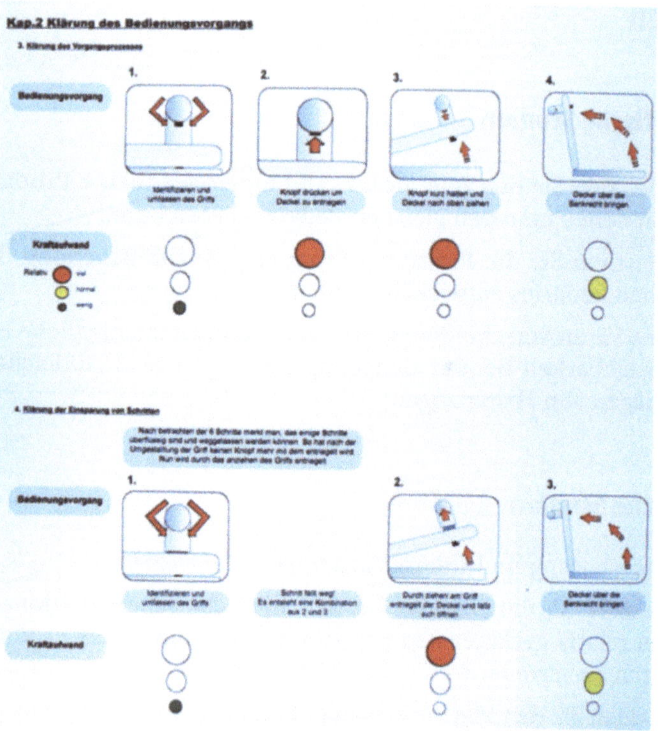

Abb. 9 35 Einsparung bzw. Arbeitsaufwand bei der Nutzung eines Objektes. Überarbeitung des entwickelten Objektes mit dem Ziel, die Arbeitsgänge zu reduzieren.

5 Einsparungen bei der Beseitigung eines Produktes

Die einzelnen Produkte verlieren nach einer gewissen Zeit der Nutzung mehr und mehr ihre ehemalige technische Funktionstüchtigkeit. Sie werden für die Behebung eines grundsätzlichen Bedarfes nutzlos. Bei vielen der Produkte lohnt sich der Aufwand einer Reparatur nicht, viele sind so angelegt, dass man sie gar nicht reparieren kann. Sie müssen irgendwie und irgendwohin beseitigt werden.

Der Aufwand zur Beseitigung verbrauchter und nicht mehr nutzbarer Produkte verlagert sich heute auf einigen Gebieten hin zum Hersteller der Produkte. Diese Entwicklung wird sich mit Sicherheit noch weitaus stärker auf die designerische Arbeit auswirken, als dies bislang der Fall ist.

Der Verlust der technischen Funktionalität muss nicht dazu führen, das Produkt zu beseitigen. Das Produkt kann von vornherein noch eine andere wichtige Funktion gehabt haben (z.B. als Prestigeobjekt), es kann mit der Zeit eine neue Funktion hinzu gewinnen (z.B. als Einzelstück oder Besonderheit mit Sammlerwert).
So kann eine Wanduhr mit der Zeit ihre ehemalige technische Gebrauchstüchtigkeit verlieren, dagegen jedoch auf ästhetischem oder sozialem Gebiet (Prestige) hinzu gewinnen.

5.1 Verallgemeinerung der Fragestellung

Welche Möglichkeiten gibt es für die Designer/-innen, bereits bei der Entwicklung und Planung den für eine Beseitigung des Produktes anfallenden Aufwand zu reduzieren?

Abb. 9.36 Wohin mit dem Müll?

5.2
Darstellung grundlegender Aspekte

5.2.1
Der Aufwand bei der Beseitigung eines Produktes

In einer Übersicht werden die Stellen markiert, an denen bei einer Beseitigung von Produkten ein besonderer Aufwand entsteht.

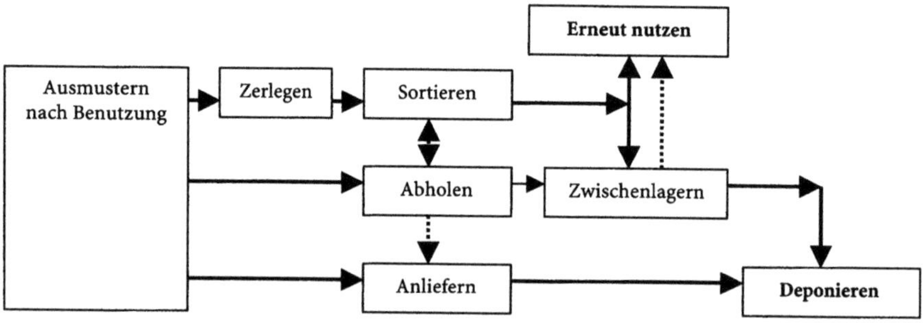

Grafik 9.7 Darstellung verschiedener Wege zur Abfallbeseitigung

Die Übersicht zeigt zunächst einmal drei Wege, die nach einer Ausmusterung des Produktes den Prozess der Beseitigung einleiten.

Bei dem ersten Weg steht zunächst ein Zerlegen des Objektes an. Das ausgemusterte Produkt wird zerkleinert. Hat man die Absicht, einzelne Teil nochmals zu nutzen, so erfordert dies einen relativ hohen Aufwand beim Zerlegen und Sortieren des Ganzen. Die einzelnen Bestandteile können danach erneut einer Nutzung zugeführt werden (siehe den Weg nach oben), sie können aber auch zwischengelagert werden (siehe den Weg nach unten), bevor sie von dort auf einer Deponie landen.

Der zweite Weg beginnt mit der Abholung der kaputten Geräte, sie werden manchmal sortiert, Teile werden nochmals genutzt, anderes wird zwischengelagert und oder nach der Abholung direkt zur Deponie gebracht (z.B. städtische Müllentsorgung).

Beim dritten Weg versucht man seinen Müll direkt bei der Deponie abzugeben.

5.2.2
Vorgaben für die Beseitigung von Produkten durch unterschiedliche Interessengruppen

Verbleibt die Beseitigung eines genutzten Produktes beim Benutzer, so entsteht dafür ein besonderer Aufwand, denkt man nur an die Zeit, um ein verbrauchtes Produkt bei einer entsprechenden Beseitigungsstelle abgeben zu können.

Auch die Betriebe selbst, seien es kommunale oder private, haben natürlich ein Interesse, mit der Übernahme und der Beseitigung verbrauchter Produkte einen Gewinn zu machen. Auch ihre Investitionen sollen sich lohnen. Dazu einige Anregungen, wie man als Designer/-in bereits bei der Planung auf diese Vorgaben eingehen kann.

5.2.2.1
Einsparungen bei der Beseitigung eines Produktes im Interesse des Herstellers

Muss der Hersteller verbrauchte Produkte wieder zurücknehmen, ergeben sich Einsparmöglichkeiten durch:

- Leichte Trennbarkeit der einzelnen unterschiedlichen Funktionsteile (damit eventuell Wiederverwendung weitgehend unbeschädigter Teile)
- Einsatz möglichst wenig unterschiedlicher Materialien
- Verwendung von Materialien, die ohne größere Kosten entsorgt werden können (kein Sondermüll)

5.2.2.2
Einsparungen bei der Beseitigung eines Produktes im Interesse des Vertreibers oder Lieferanten

- Möglichst wenig Verpackungsmaterial
- Gleiches Verpackungsmaterial bei verschiedenen Produkten
- Möglichst leicht trennbares Verpackungsmaterial
- Bei Zerstörung von Produkten, leichte Beseitigung des anfallenden Materials

5.2.2.3
Einsparungen bei der Beseitigung eines Produktes im Interesse des Benutzers

- Kostengünstige Beseitigung der Produkte (kein Sondermüll)
- Leicht in den Naturkreislauf rückführbares Material (Verwendung natürlicher Materialien, Beachtung ökologischer Einstellungen der Benutzer)
- Beseitigungsmöglichkeiten des Benutzers beachten (Kompostierung, Verbrennung im Ofen, Anschluss an Müllabfuhr usw.)

5.2.2.4
Einsparungen bei der Beseitigung eines Produktes im Interesse des Entsorgungsunternehmens

- Möglichst wenig Aufwand beim Sammeln verbrauchter Produkte
- Geringe Kosten für Platzbedarf der zu beseitigenden Produkte
- Geringer Energiebedarf für die Beseitigung (z.B. die zu beseitigenden Produkte können z.T. als Energielieferanten genutzt werden)

5.3
Studien

5.3.1
Theoretische Studien

- Vergleichen Sie unterschiedliche Abfallbeseitigungsverordnungen (z.B. auch aus verschiedenen Zeiten) und versuchen Sie die dafür maßgebenden Gründe zu erkunden.
- Versuchen Sie Daten zu sammeln über den Aufwand bei der Beseitigung von verbrauchten Objekten (z.B. Aufwand für Verpackungen, Aufwand für elektrische Objekte)

5.3.2
Praktische Studien

- Suchen Sie nach neuen Möglichkeiten für eine umweltfreundliche Verpackung.
- Überarbeiten Sie ein vorhandenes Produkt mit einfachen technischen Funktionen so, dass es die bisherigen Funktionen weiterhin erfüllen kann und nach einem Gebrauch leicht zu beseitigen ist.

5.4
Die Anwendung grundlegender Erfahrungen zur Lösung einer konkreten Aufgabe

Die konkrete Aufgabe:
Planung und Entwicklung einer Trinkhilfe, einer Brotdose, eines Einkaufswagens oder die Entwicklung und Planung eines Teiles der genannten Objekte, so dass dessen Beseitigung mit wenig Aufwand erfolgen kann.

Vorgehensweise:

- Auswahl eines Teilbereiches oder des ganzen Objektes für eine Überarbeitung nach den wirtschaftlichen Interessen bei einer Beseitigung
- Entwicklung alternativer Lösungen
- Auswahl einer Lösung, die den Vorgaben gerecht wird
- Zeichnerische und modellhafte Umsetzung

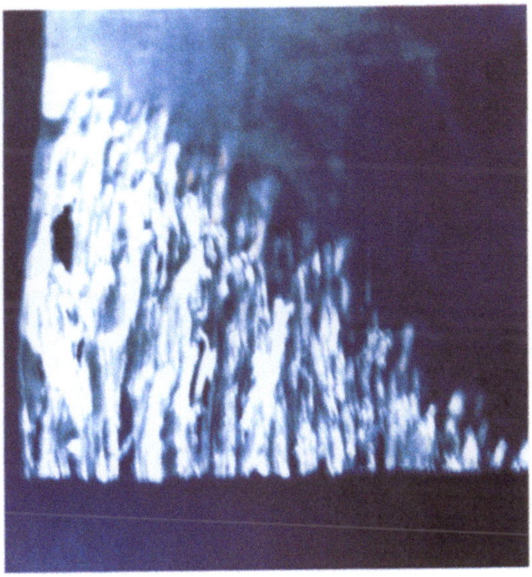

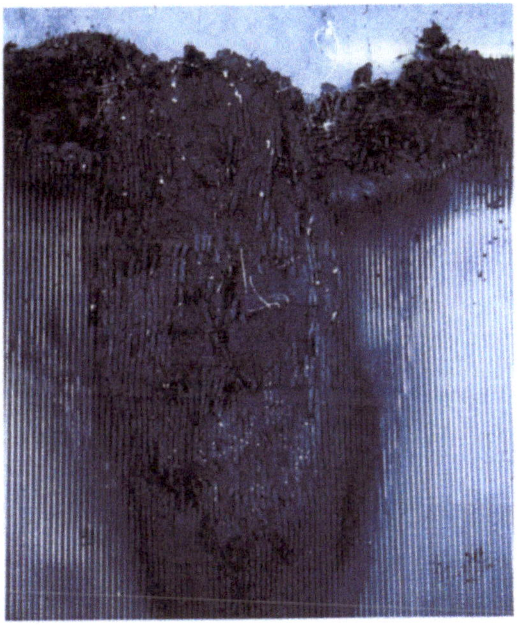

Abb. 9.37 und 9.38 Verbrauchtes Material bekommt eine andere Funktion. Die ehemals technische Funktion des Materials wandelt sich zu einer ästhetischen. (links) zerhämmertes Blech, (rechts) verbrannter Gummi

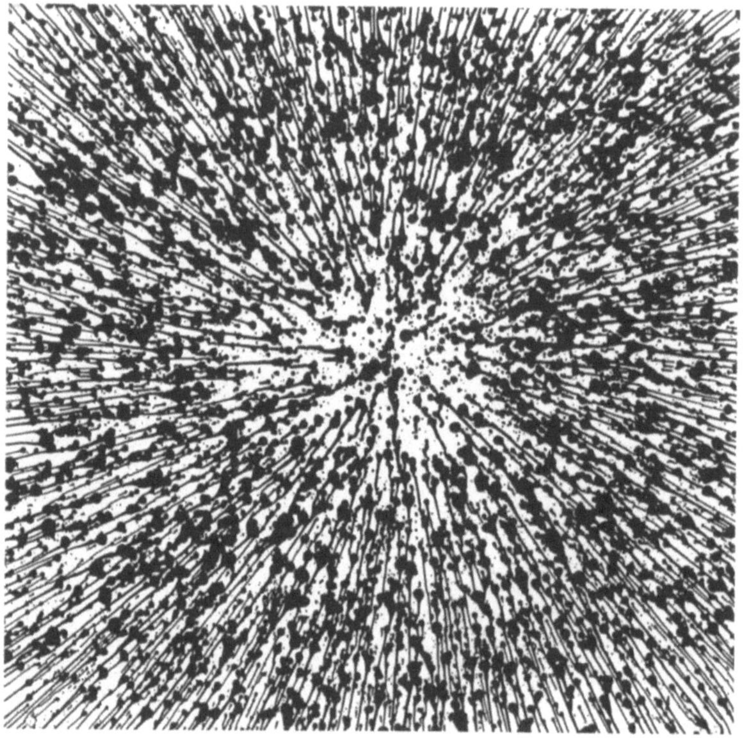

Abb. 9.39 Designerisches Arbeiten: zeichnerische Studie

6 Einsparungen im Rahmen der designerischen Arbeit

Die Planung und Entwicklung eines Produktes ist für die Designer/-innen mit Aufwand an psychischer und physischer Energie sowie einem erheblichen Aufwand an Mitteln (Material, Geräte usw.) und Zeit verbunden.

Ziel der Designer/-innen sollte es sein, bei höchster Qualität der Arbeit den dafür notwendigen Aufwand so gering wie möglich zu halten. Wie und wo an Aufwand gespart werden kann, soll exemplarisch aufgezeigt werden.

6.1 Verallgemeinerung der Fragestellung

Wie kann man als Designer/-in den Aufwand bei der Entwicklung und Planung eines Produktes so minimieren, dass die Arbeit sich lohnt?

6.2 Darstellung grundlegender Aspekte

6.2.1 Wie kommt man an einen Auftraggeber

Erste Kontakte mit Auftraggebern werden häufig über bekannte Designer/-innen hergestellt, die bereits für jemanden tätig sind und andere Designer/-innen weiterempfehlen. Eine weitere Möglichkeit besteht darin, Produkte eines Herstellers aufzugreifen und diesem Vorschläge zu unterbreiten, die vor allem mit besseren Absatzchancen, einer einfacheren technischen Umsetzung und sonstigen wirtschaftlichen Verbesserungen für den Auftraggeber verbunden sein sollten.

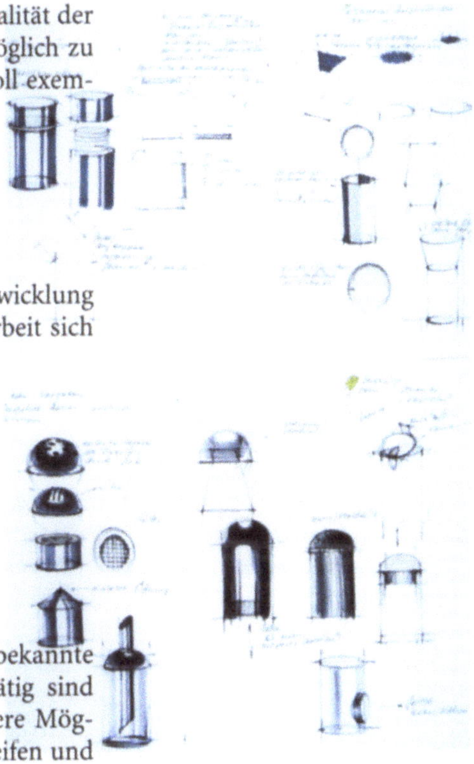

Abb. 9.40 Erste skizzenhafte Vorstellungen für eine Produktentwicklung

6.2.2
Ablauf eines Design-Arbeitsprozesses

Die Arbeit einer Designerin / eines Designers kann man grob in vier Phasen untergliedern:

Phase 0

Briefing: Zusammenstellung der Erfordernisse, denen ein Produkt genügen sollte.

Hier geht es um eine erste Kontaktaufnahme mit einem Hersteller bzw. möglichen Auftraggeber. Dies geschieht oftmals über Bekannte. Die hier zu leistende Arbeit erfolgt weitgehend ohne finanzielle Vergütung. Es beinhaltet die Erstellung eines „Briefings".

Phase 1

Sie beinhaltet eine Vorgehensweise nach dem Verfahren **„ZIMT"**
„ZIMT" wiederum besteht aus:

Z = Zielfestlegung:	durch das Briefing
I = Idee	Wodurch können die Marktchancen verbessert werden?
M = Maßnahmen	Wie können die Ideen umgesetzt werden und in welchen Schritten?
T =Team	Mit wem zusammenarbeiten?

Phase 2

Sie beinhaltet eine erste Entwurfsphase:

Research / Bestimmungsbilder
(Wahl eines Phantasienamens für das neue Produkt)
Skizzenhafte Vorstellungen
CAD-Vorstellungen
Vormodelle

und eine erste Präsentation:

Die Entscheidung durch den Auftraggeber: Wie weit man ihn in die gewünschte Richtung bewegen kann, ist eine Frage der geschickten Präsentation. Wichtig dabei ist: Der Auftraggeber darf nie als unwissend vorgeführt werden.

Vorstellung von in der Regel 3 Varianten a, b, c. Damit kann man Optionen anbieten!!! Der Auftraggeber kann selbst entscheiden! Einer der Vorschläge bleibt (in der Regel) für eine Weiterarbeit übrig.

Bis jetzt kann jeder, Auftraggeber oder Designer/-in, nach Phase 0, Phase 1 oder Phase 2 aus dem anvisierten Projekt wieder aussteigen. Wird die gemeinsame Arbeit fortgeführt, so folgt jetzt die nächste Phase.

Phase 3

Ab jetzt sollte man die eigene Arbeit vertraglich fixieren.

Es beginnt die Realisierung mit der Materialauswahl. Dies beinhaltet eventuell auch die Vergabe einzelner Arbeiten (auch ins

Ausland). Die Klärung technischer Details geht oftmals nicht ohne Auseinandersetzung mit Technikern in den Betrieben (von Technikern oft zu hören: Das geht so nicht!). Wichtig sind jetzt die eigenen technischen Kenntnisse!

6.2.2.1
Vergütungsansatz

Momentan (2002) kann man von ca. 60 bis 80 Euro / Std. ausgehen. Dies hört sich gut an, lässt aber außer Acht,

- wie viele Stunden man für die Entwurfsarbeit ansetzen muss und
- was an Kosten im Einzelnen anfällt (Raumkosten, Steuern, Material, Lebenshaltungskosten, eventuelle Mehrkosten durch unvorhergesehene Schwierigkeiten im Modellbau usw.).
- In diesem Zusammenhang ist die Buchhaltung für Designer sehr wichtig.

6.2.2.2
Die Anlage eines Arbeitszeitplanes

Für die Abwicklung der Arbeiten im Rahmen der zur Verfügung stehenden Zeit ist ein Arbeitszeitplan sehr hilfreich.

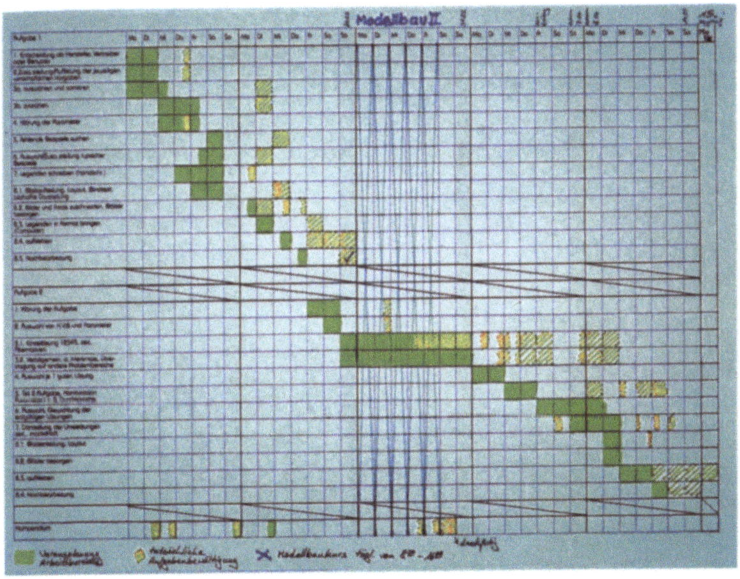

Abb. 9.41 Arbeitszeitplan für die Lösung einer Aufgabe

Die Verbindung der einzelnen Tätigkeiten mit der zur Verfügung stehenden Zeit wird anhand einer einfachen Matrix dargestellt. Die täglich frei verfügbare Zeit wird am oberen Blattrand aufgetragen. Die einzelnen Tätigkeiten werden in einer senkrechten Spalte aufgeführt. Damit kann die für jede Tätigkeit vorgesehene Zeit in der entsprechenden Querleiste eingetragen werden.

Die jeweils für die Erledigung eines Arbeitsschrittes als notwendig erachtete Zeit muss in der entsprechenden Querleiste eingetragen werden.

Deutlich wird, was zu welcher Zeit getan werden muss, um die Arbeit fristgerecht fertig stellen und präsentieren zu können.

6.2.3
Einsparungen bei der designerischen Arbeit

6.2.3.1
Einsparungen bei der Konzeption

Die zeichnerischen Umsetzungen und der Modellbau sind in der Anfangsphase auf das Wesentliche zu reduzieren. Man muss erkennen können, was sie beinhalten. Zeitaufwendige Ausarbeitungen sind in der Anfangsphase unnütz. Sie kosten viel Zeit und Material und führen oftmals zu einer unangemessenen Ausdehnung der eigentlichen Entwicklungsarbeit.

- Übernahme von Daten vorhandener Untersuchungen zur Produktanalyse
- Übernahme von Daten zur Marktanalyse (Konzentration auf die wesentlichen Daten)
- Strukturierung und Auswertung der Daten (Voraussetzung zielorientiertes systematisches Arbeiten)
- Herausarbeiten der wesentlichen Vorgaben

6.2.3.2
Einsparungen bei der Ideenfindung und Umsetzung

- Einsatz von Ideenfindungsmethoden (Kenntnisse von Ideenfindungsverfahren)
- Erste Umsetzungen (Voraussetzungen: Schnellskizzen, die erste Vorstellungen zeigen)

Abb. 9.42 *Ideenskizzen für ein neues Produkt*

- Entwicklung konkreterer Vorstellungen (Voraussetzungen: Kenntnisse: Zeichnerische Darstellungen, CAD Darstellungen, Modellbau)
- Ausarbeitung von Details (Kenntnisse: Konstruktionen, Fertigungsverfahren)

*Siehe dazu **Computerdarstellungen** in Teil 10, Kapitel 2.3.4.2*

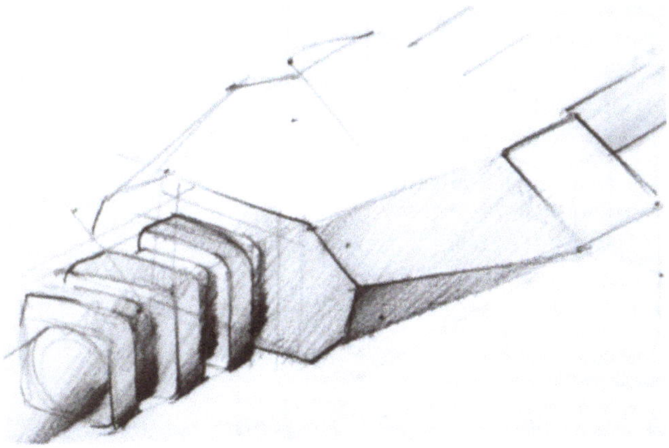

Abb. 9.43 Zeichnerische Detailstudie eines Steckers

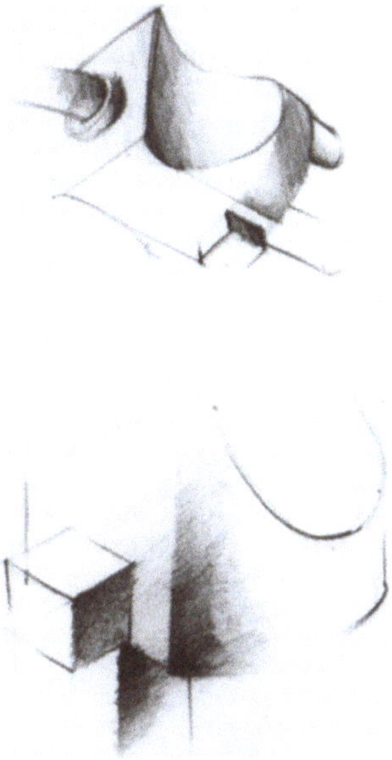

Abb. 9.44 Skizzenhafte Darstellungen Variationen (unterschiedliche Ansichten eines Steckers)

6.2.3.3
Einsparungen bei der Präsentation

- Konzentration auf die Bereiche, die für den Auftraggeber wichtig sind (Orientierung, was den Auftraggeber interessiert)
- Reduktion der Mittel bei einer Präsentation, Konzentration auf wenige Präsentationsmittel
- Gute Vorbereitung der verbalen Präsentation

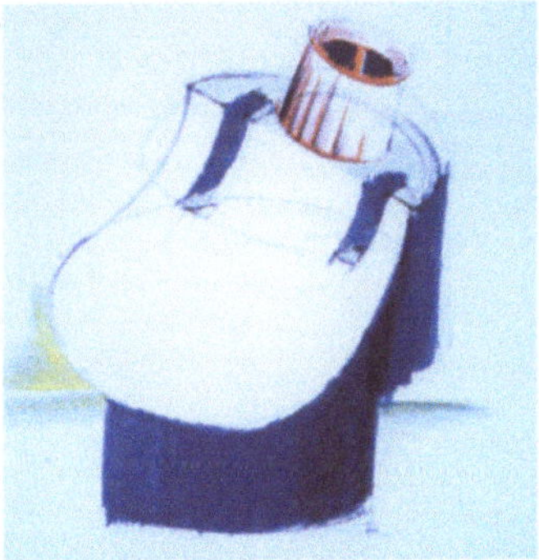

Abb. 9.45 Skizzenhafte Darstellung eines runden Aufsatzes – Markerstudie

6.3
Studien

6.3.1
Theoretische Studien

- Informationen zum Aufwand für eine designerische Tätigkeit

Es lohnt sich, einen praktizierenden Designer als Referenten zu diesem Thema einzuladen.

6.3.2
Praktische Studien

- Ausarbeitung eines Arbeitszeitplanes und Verfahren nach diesem Plan

1. Es ist sinnvoll, nicht jede Arbeit erst nach Abschluss eines vorangegangenen Arbeitsschrittes zu beginnen. Es kann mit manchen Arbeiten begonnen werden, wenn andere noch nicht abgeschlossen sind.
2. Es ist sinnvoll, einen bestimmten Zeitpuffer mit einzuplanen, da nicht jeder Arbeitsschritt in der vorgesehenen Zeit abgeschlossen werden kann. Fehlendes Material oder andere, nicht selbst verschuldete Ereignisse können zu Verzögerungen führen.

Zu Beginn jeder Arbeit steht eine Auflistung der anfallenden Arbeiten für eine der anstehenden Aufgaben. Die einzelnen Arbeiten und Tätigkeiten werden genannt. Notwendige zusätzliche Maßnahmen werden notiert.

Arbeiten, die z.B. bei der Lösung einer theoretischen Arbeit erforderlich sind:
- Belege (fotografisch, sammeln)
- Zusammenstellung der einzelnen Vorgaben
- Sortieren der Vorgaben
- Präsentationsbogen oder Karton besorgen
- Blattaufteilung bzw. Layout vorbereiten
- Kleber besorgen
- gute Beispiele auswählen
- Fotos einscannen
- Schriftgrößen festlegen
- Texte auf Computer schreiben
- Bildbeispiele und Text einander zuordnen
- Fertigstellung der Arbeit

6.4
Die Anwendung grundlegender Erfahrungen zur Lösung einer konkreten Aufgabe

Die bisherigen Aufgaben zur Wirtschaftlichkeit waren auf die Interessen jeweils einer Gruppe ausgerichtet. Jetzt geht es darum, die unterschiedlichen Interessen der unterschiedlichen Gruppen in einer Arbeit zu integrieren.

Die konkrete Aufgabe:
Die Überarbeitung eines konkret vorhandenen Objektes (Einkaufswagen, Brotdose, Trinkhilfe oder eines Teilbereiches der genannten Objekte nach den wirtschaftlichen Vorgaben verschiedener Interessengruppen

Vorgehensweise:
Immer vier Studierende einigen sich, welches Objektteil aus dem konkreten Entwurfsteil bearbeitet werden soll. Jede/r übernimmt einen Part zur Lösung der Aufgabe. Nach Abschluss der Einzelarbeiten werden die unterschiedlichen Lösungen präsentiert.

Teil 10
Die Ästhetik

Das, was gebraucht, gewünscht oder gewollt wird, muss realisiert werden. Es muss in eine Form gebracht werden. Es kommt zu einer Formulierung.

Siehe Teil 7, Kapitel 1.2.2
Hier: Die Kodierung als das In-Form - Bringen der Ideen, Vorstellungen oder Gedanken

Diese Formulierungen bzw. Äußerungen gelangen zu einem Empfänger. In der Regel wird der Empfänger zunächst versuchen, sich Klarheit zu verschaffen, um was es sich bei der Äußerung handelt und was sich hinter der Äußerung verbirgt bzw. was sie beinhaltet. Ist dies klar, wird er sie annehmen oder aber meiden. Allerdings zeigen viele Beispiele:

Übersetzungen werden als Umsetzung, Formulierung, Äußerung, „Äußere Form" oder als Gebilde bezeichnet.

Entscheidend für eine Akzeptanz oder aber Ablehnung einer Umsetzung ist nicht nur der Inhalt einer Umsetzung, sondern in vielen Fällen auch deren äußere Form. Die Bewertung der äußeren Form ist Betrachtungsgegenstand der Ästhetik. Zu untersuchen sind die Merkmale, die für das Gefallen der äußeren Form einer Umsetzung entscheidend sind. Die Betrachtungen zur Ästhetik beschäftigen sich mit folgenden Themen:

In Kapitel 1 geht es um das Gefallen eines Produktes aufgrund der ästhetischen Einstellung eines Empfängers.

In Kapitel zwei werden die Merkmale von Figuren, die Gefallen finden, herausgearbeitet.

Kapitel 3 beschäftigt sich mit der äußeren Form von Objekten, die vielen Menschen gefällt.

Kapitel 4 geht auf die verschiedenen Funktionen der Ästhetik ein und

Kapitel 5 befasst sich mit der Gewichtung von Inhalt und äußerer Form.

Abb. 10.1 *Farbstudie: Spannung durch Vertauschen der Farbfelder*

1 Das Gefallen eines Produktes aufgrund der jeweiligen ästhetischen Einstellung

Will man ein Objekt so gestalten, dass es einem anderen gefallen soll, so muss man sich vorher darüber informieren, welche ästhetischen Ansprüche von der anderen Seite an die Gestaltung eines Objektes gelegt werden.

Der Begriff „Ästhetik" dient als Bezeichnung für die Betrachtung der äußeren Form einer Umsetzung im Gegensatz zur Betrachtung des Inhaltes (den semantischen Aspekten einer Umsetzung). Man spricht vom ästhetischen Empfinden bzw. von der ästhetischen Einstellung eines Menschen. Die Ästhetik eines Menschen beschreibt dessen Haltung gegenüber der äußeren Form eines Objektes

Spricht man von der Ästhetik einer Äußerung, z.B. der Ästhetik eines Bauwerkes oder eines Produktes, so bezieht sich dies auf die äußere Form des wahrnehmbaren Gebildes (ohne den Inhalt der Äußerung vertiefend in die Betrachtung mit einzubeziehen).

Ästhetische Betrachtungen beziehen sich auf die äußere Form einer Umsetzung.
Semantische Betrachtungen beziehen sich auf den Inhalt einer Umsetzung.
***Ästhetik:** (griech.) Aisthesis =*
Gefühl, Wahrnehmung
Empfinden
Sinn
Feingefühl
Erkenntnis
Verständnis
Bewusstsein
Oder:
Fühlen
Wahrnehmen
Empfinden
Bemerken
Vernehmen
Erfahren
Verstehen

1.1 Verallgemeinerung der Fragestellung

Was gefällt einem anderen Menschen?
Welche Gestaltmerkmale sind wesentlich für das Gefallen der äußeren Form?

1.2 Darstellung grundlegender Aspekte

1.2.1 Die Formulierung eines Inhaltes

Gedanken oder Ideen, die sich ein Sender zu einem bestimmten Sachverhalt macht, möchte er einem Empfänger mitteilen. Im Industrie-Design möchte der „Sender", sei es der Auftraggeber oder der Hersteller bzw. Planer, durch die Art der Produktgestaltung dem anvisierten Empfänger vermitteln, dass es sich bei dem angebotenen Objekt z.B. um ein stabiles Produkt handelt. Er möchte weiter mitteilen, dass dieses Produkt trotz seiner Stabilität nur ein geringes Gewicht aufweist. Diese und andere Inhalte sind umzusetzen. Sie müssen für einen Empfänger verständlich formuliert werden.

Beispiel: die unterschiedlichen Formulierungen für Stabilität bei einer romanischen Kirche und einem Hochhaus

1.2.1.1 Der gleiche Inhalt kann unterschiedlich formuliert werden

In einer vereinfachten Darstellung ergibt sich folgendes Bild: Ein bestimmter „Inhalt" ist gegeben. Er lässt sich auf unterschiedlichste Weise ausdrücken bzw. formulieren (in Form bringen).

Werden Gedanken, Ideen oder Vorstellungen in eine Form gebracht, so kann der jeweilige Übersetzer (Designer/-in) die unterschiedlichsten Mittel dafür nutzen. Zur Verfügung stehen Schriftzeichen, Gebärden, akustische Zeichen, Bilder, plastische Objekte, Architekturen usw. Mit all diesen Mitteln kann der jeweilige Inhalt wiederum völlig unterschiedlich formuliert werden.

Zur Grafik 10.1: Oben ist der Inhalt angegeben (symbolisch in den Formen von Kreis, Quadrat, Dreieck). Darunter sind drei Formulierungsversionen sichtbar, die alle den oben vorgestellten Inhalt aufgenommen haben.

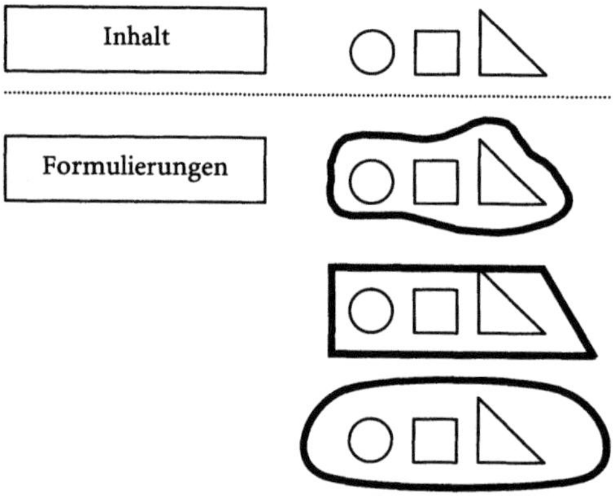

Grafik 10.1 Unterschiedliche Arten für die Formulierung eines Inhaltes

Wie ersichtlich kann dieser Inhalt völlig unterschiedlich formuliert werden. Der Inhalt kann einmal in eine **völlig freie, spielerische Form** oder aber **in strenge, geometrisch abgezirkelte Form** gebracht werden. Der gleiche Inhalt kann **eckig und kantig** oder **weich und fließend formuliert** werden. Der gleiche Inhalt kann **grob** oder aber **fein ausgearbeitet** werden.

Abb. 10.2 und 10.3 *Etwas ist fein, etwas ist grob formuliert*

Betrachtet man die unterschiedlichen Gestaltungen, mit denen man täglich konfrontiert wird, so stellt man die unterschiedlichsten Gestaltungsansätze fest. Das eine Gebilde ist mehr von der Farbigkeit geprägt, das andere zeigt besondere Materialqualitäten, wieder ein anderes ist einfarbig. Wie soll man sich hier als Gestalter zurechtfinden? Was soll man eigentlich bei einer Umsetzung beachten, wie soll man welche Merkmale berücksichtigen?

Wie kann man vorgehen, um eine ästhetisch anspruchsvolle Gestaltung zu erreichen?

1.2.1.2 Eingrenzung auf Formulierungen im Industrie-Design

Wie bei den vorangegangenen Betrachtungen, so werden auch im Folgenden vornehmlich die Gestaltungsmöglichkeiten behandelt, die für die Arbeit im Industrie-Design von Bedeutung sind. Zu untersuchen sind:

- Visuelle Formulierungen mit den Mitteln: Form, Farbe, Material, Gliederung
- Haptische Formulierungen mit den Mitteln: Material, plastische Form, Gliederung
- Akustische Formulierungen mit den Mitteln: Töne, Geräusche, Gliederung (Komposition)
- Verschiedene Kombinationsmöglichkeiten

1.2.2
Durchführung einer Befragung

Eine erste Annäherung an die Thematik wurde versucht, indem die Studierenden gefragt wurden, welche Gestaltmerkmale für sie bedeutsam sind.

- Was erwarten Sie von einer Formulierung?
- Wie wünschen Sie sich eine Formulierung für eine Umsetzung (sei es bei Bildern, Plastiken, Gedichten, Musikstücken usw.)?

1.2.2.1
Sammeln der Erwartungen

Die geäußerten Erwartungen der einzelnen Studierenden wurden ohne zu werten der Reihe nach festgehalten:

Soll Aufmerksamkeit erregen
Soll entsprechende (?) Farbgestaltung aufweisen: z.B. mehr neutrale Farben
Soll mehr geschlossene Formen haben
Soll keine zu eckigen Formen haben
Soll Harmonie besitzen
Soll im Gleichgewicht sein
Formen sollen gleichmäßig sein
Formen und Farben sollen zueinander passen
Keine gegenständlichen Formen
Soll eher geschlossene Formen aufweisen
Die Proportionen bzw. die Verhältnisse der einzelnen Teile zueinander sollen stimmen
Soll spannend sein / Kontraste sollen da sein
Will eher dynamische Formen
Formen sollen sich wiederholen
Die Umsetzung soll ein geschlossenes Ganzes sein
Soll im goldenen Schnitt aufgebaut sein
Formen sollen offen, eher unvollkommen sein
Keine Umsetzungen, die überladen sind
Wichtige Teile sollen klar hervortreten
Gute Verarbeitung des Materials
Bei Impressionismus: gute Situationsdarstellung
Bei Expressionismus: die Umsetzung der Gefühle
Klare Formen sollen vorherrschen
Trotz Asymmetrie möchte ich Ausgewogenheit
Merkmale, die zu einem gewissen Stil passen
Wenn man von äußerer Form leicht auf den Inhalt schließen kann
Verbindungen / Kontraste zwischen Neu und Alt
Soll gewisse Leichtigkeit besitzen

Die Umsetzung soll für sich alleine stehen können
Dunkle Farben wirken negativ auf mich
Umsetzung soll eher eine gewisse Vielfarbigkeit haben
Soll dezent / unauffällig sein

1.2.2.2
Die Auswertung

Eine erste Auswertung erbrachte:

- Es werden viele unterschiedliche Erwartungen gleichzeitig an ein einziges Objekt gestellt.
- Unterschiedliche Personen haben jeweils unterschiedliche Erwartungen an das gleiche Objekt.
- Unterschiedliche Inhalte verlangen unterschiedliche Umsetzungen.

1.2.2.3
Die unterschiedlichen Einstellungen

Man erwartete, dass eine Umsetzung eine bestimmte Form, eine bestimmte Farbigkeit, eine bestimmte Ordnung aufweist. Man verlangte: Es **soll** farbig sein usw. Erwartungen an die äußere Form einer Umsetzung stellen **Sollvorgaben** dar.

Sollvorgaben beruhen auf Einstellungen. Wird also von jemandem eine bestimmte Farbigkeit bei einem Produkt gewünscht, so ist dafür dessen geistige Einstellung verantwortlich.

Sollvorgaben und Einstellungen
Siehe dazu Teil 2, Kapitel 1: Geistige Einstellungen entstehen aufgrund der aufgenommenen Informationen. Sie sind bei jedem Menschen unterschiedlich.

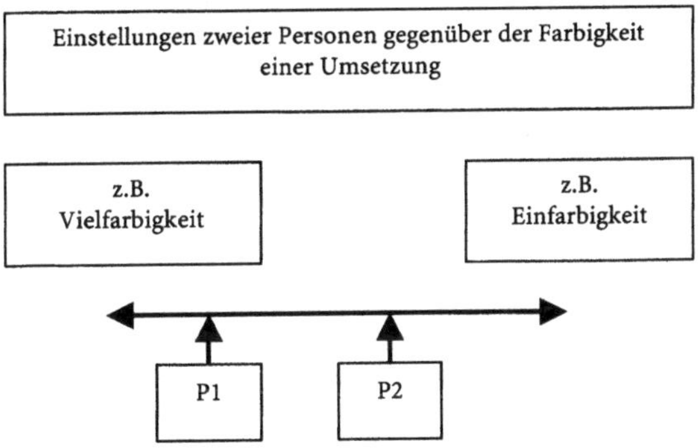

Grafik 10.2 *Die unterschiedliche ästhetische Einstellung von zwei Personen*

Zur Grafik 10.2:
Geht man davon aus, dass sich die Erwartungen aufgrund der jeweiligen Einstellungen z.B. zwischen den Extremen Vielfarbigkeit und Einfarbigkeit bewegen, so bevorzugt im nebenstehenden Beispiel Person 1 (P1) eher vielfarbige, Person 2 (P2) eher weniger farbige Umsetzungen.

1.2.3
Ein Strukturierungsversuch

Bei näherer Betrachtung der verschiedenen Erwartungen an eine ästhetisch ansprechende Umsetzung wünscht man sich z.B. eher offene Formen gegenüber eher geschlossenen Figuren. Gewünscht werden z.B. eher kompakte Figuren gegenüber Umsetzungen, bei denen Teile herausfallen. Man erwartet eine eher dunkle Farbigkeit gegenüber Bildern mit hellen Farben und man möchte spannungsvolle Darstellungen, die aber auch harmonisch sein sollen.

1.2.3.1
Die Nähe zu Merkmalen eines Arbeitsprozesses

Betrachtet man die Erwartungen z.B. nach eher geschlossenen oder aber offenen Formen oder z.B. nach einer Umsetzung, bei der keine Teile herausfallen, gegenüber einer Umsetzung, bei der einzelne Teile besonders hervorgehoben werden sollen, so zeigen sich bemerkenswerte Übereinstimmungen mit einzelnen Arbeitsschritten zum Aufbau einer Gestalt. Das Modell dazu soll kurz in Erinnerung gerufen werden:

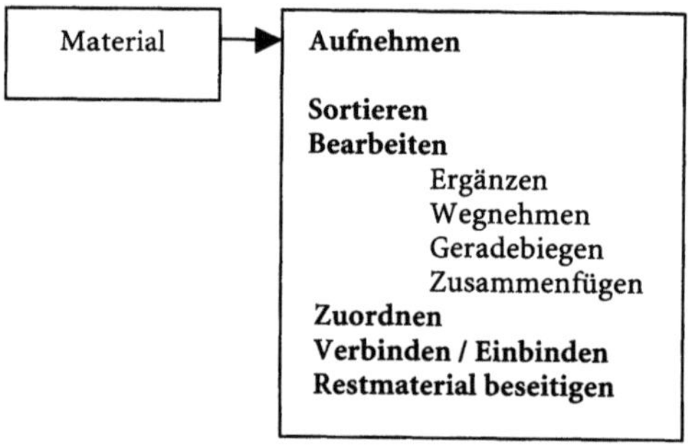

Grafik 10.3 Arbeitsprozess beim Aufbau einer Gestalt

Hier haben wir im Rahmen eines Arbeitsprozesses eine Abfolge ganz bestimmter Arbeiten. Nach der Aufnahme des Materials wird dieses sortiert. Noch brauchbares Material wird bearbeitet. Es wird ergänzt, überstehende Teile werden abgeschnitten, andere Teile werden gerade gebogen.

Und nun stellen wir fest, dass bei der Suche nach wesentlichen ästhetischen Gestaltmerkmalen Erwartungen genannt werden, die doch eine sehr große Nähe zu den Arbeitsschritten aufweisen, wie sie im obigen Modell ersichtlich sind. Geht man davon aus, dass, nachdem diese Merkmale bereits bei der Wahrnehmung und Identifizierung von Figuren eine wesentliche Rolle spielten, beim Gefallen der wahrgenommenen Phänomene ebenfalls auf diese Merkmale abgehoben wird, so bietet sich hier ein konkreter Ansatz für eine gestalterische Arbeit nach ästhetischen Vorgaben. Wir wissen,

- dass die jeweilige ästhetische Einstellung für das Gefallen eines Objektes maßgebend ist, und
- wir können jetzt davon ausgehen, dass sich diese Einstellungen auf die jeweils anfallende Arbeit im Rahmen eines geistigen Arbeitsprozesses mit ganz bestimmten Arbeitsschritten bezieht.

Das Modell / Grafik 10.3 wurde im Zusammenhang mit der Frage nach den Arbeitsschritten zum Aufbau einer Gestalt entwickelt
Bei einer Analyse von Arbeitsschritten zum Aufbau einer Gestalt (bis hin zum Bau eines Modells für den Unterricht) zeigte sich immer die gleiche Abfolge von Arbeiten, so dass davon ausgegangen werden kann, dass der Aufbau eines Gebildes als ein Prozess mit weitgehend feststehender Struktur zu sehen ist.
Selbst die an letzter Stelle stehende Arbeit, Beseitigen des Restmaterials, ist notwendig, soll die Arbeit nicht nach und nach so behindert werden, dass eine Weiterarbeit eingestellt werden muss.
In gleicher Weise kann man davon ausgehen, dass bei der geistigen Arbeit überflüssiges und nicht brauchbares geistiges Restmaterial „beseitigt" bzw. vergessen wird.

1.2.3.2
Die einzelnen ästhetischen Einstellungen im Rahmen der Arbeitsschritte

Einstellungen bewegen sich immer zwischen zwei Extremen. Konkret sieht dies z.B. beim Arbeitsschritt „Sortieren" so aus: Im vorliegenden Fall stehen auf der einen Seite leicht zu sortierende Figuren, also Figuren, die klar und eindeutig erkennbar sind. Auf der anderen Seite unserer Skala stehen Figuren, die schwer identifizierbar, verschwommen oder unklar sind, bei denen man nicht so genau weiß, um was es sich dabei handelt, und die man deshalb nur sehr schwer irgendeinem Bereich zuordnen kann. Ob eine eher klare oder eine eher verschwommene Figur gefällt, hängt jetzt von der individuellen Einstellung des jeweiligen Menschen ab.

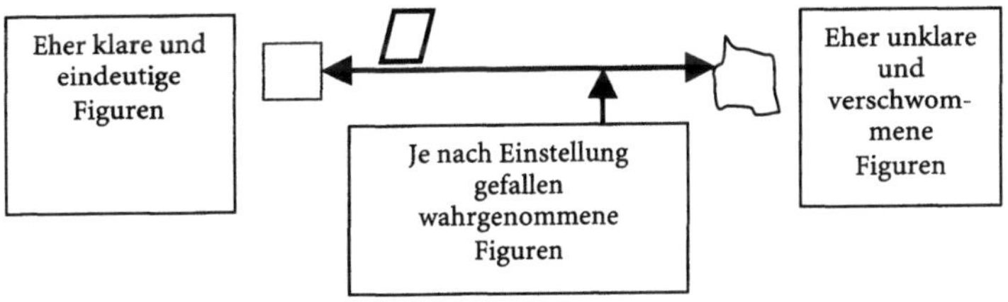

Grafik 10.4 Der jeweilige Standpunkt ist maßgebend für das Gefallen

Zur Grafik 10.4:
Vorgestellt wird die Einstellungsbreite zwischen eher klaren und eindeutigen Figuren gegenüber weniger klar bestimmbaren. Einem Betrachter wird eine Figur gezeigt (Parallelogramm), die relativ klar ist. Sie gefällt nicht, da der Betrachter eher weniger eindeutige Figuren bevorzugt. Ihm gefallen eher weniger eindeutige Formulierungen.

In der obigen Grafik haben wir es mit einem Empfänger zu tun, dem unklare Gestaltungen, die Raum lassen für eigene Interpretationen, eher zusagen als klare Figuren und Gestaltungen. Wird ihm, wie im obigen Beispiel ersichtlich, eine Darstellung geboten, die schon deutlich identifizierbar ist, wird er sie ablehnen, da sie nicht seiner Einstellung entspricht.

1.2.3.3
Die ästhetischen Einstellungen im Rahmen der Arbeitsbedingungen

Wir alle machen die Erfahrung: Sind wir traurig, können wir keine lustige und fröhliche Musik hören. Wenn wir in dieser Verfassung etwas hören wollen, so eine sehr getragene, eher langsame und sehr leise vorgetragene Musik. Die Auswirkungen von Schicksalsschlägen, von physischer oder psychischer Überarbeitung, von fehlender Ruhe oder ein kaltes Arbeitsklima berühren uns und beeinflussen unsere Einstellung. Auch die ästhetische Einstellung wird tangiert und sie reagiert, indem sie in solchen Situationen vorgibt, was gefällt oder nicht. Die ästhetische Einstellung zu kalt – warm, zu hell – dunkel, zu Ruhe – Unruhe, zu spannungsvoll – spannungslos oder zu verschiedenen stilistischen Merkmalen steht damit in unmittelbarem Zusammenhang mit den jeweiligen Arbeitsbedingungen des Menschen.

1.2.4
Ein erster Ansatz für die konkrete Gestaltungsarbeit

Die Zuordnung ästhetischer Erwartungen zu den einzelnen Arbeitsschritten, wie sie beim Aufbau einer Gestalt sichtbar wurden, und zu den immer beachtenswerten Arbeitsbedingungen bietet eine Möglichkeit, all die Merkmale kennen zu lernen, die für das Gefallen oder Missfallen einer Figur grundsätzlich verantwortlich sind.

Ist ein Produkt für einen bestimmten Empfänger zu gestalten und kennt man dessen ästhetische Einstellung, so kann man auf die entsprechenden Gestaltmerkmale zurückgreifen und bei der Formulierung berücksichtigen. Die Chance, etwas zu gestalten, das gefällt, kann damit erhöht werden.

1.2.5
Die Komplexität ästhetischer Zustände

Die zunächst völlig unstrukturiert aufnotierten Erwartungen an die Gestaltung der äußeren Form haben ihren jeweiligen Stellenwert in einem größeren Arbeitsprozess. Sie lassen sich alle relativ exakt einordnen.

Geht man davon aus, dass bei einer Umsetzung einmal mehr offene gegenüber weniger offenen Formen, einmal mehr leicht zuzuordnende Teile gegenüber schwierig einzupassenden Teilen bevorzugt werden, und dass diese Teile je nach persönlicher Einstellung fester oder weniger fest eingebunden sein sollen, so kann man bereits hier erkennen, dass für das Gefallen oder Missfallen eines Objektes nicht nur ein Gestaltungsmerkmal abgefragt wird, sondern immer eine Vielzahl (wenn nicht sogar alle).

Siehe dazu Ausarbeitungen in Kapitel 2

Wie man vorgehen kann, um diesen Vorgaben gerecht zu werden, soll in Kapitel 2 ausführlicher dargestellt werden.

1.3 Studien

1.3.1 Theoretische Studien

- Unterschiedliche Formulierungen für den gleichen Inhalt

Zeigen Sie an verschiedenen Beispielen unterschiedliche Formulierungen für den gleichen Inhalt. Es ist zu klären, welche Faktoren eingesetzt wurden, um einen bestimmten Inhalt (Haus, Fabrik, Kirche, Bohrmaschine, Säge usw.) zu formulieren.

- Gleicher Inhalt und unterschiedliche Formulierungen im Laufe der Zeit

Zeigen Sie an verschiedenen Beispielen, wie der gleiche Inhalt im Laufe der Zeit formuliert wurde (z.B. Inszenierungen von Theaterstücken).

- Die verschiedenen Mittel für eine Formulierung

Zeigen Sie an verschiedenen Beispielen unterschiedliche Arten von Formulierungen (Geschriebenes, Gemaltes, Gebautes, Gebärde, Rede usw.).

1.3.2 Praktische Studien

- Die Umsetzung eines bestimmten Inhaltes

Ein bestimmter Inhalt (z.B. Stabilität) ist im Zusammenhang mit einem Objekt (z.B. einem Zylinder) umzusetzen.

- Die Überarbeitung einer entwickelten Formulierung

In einer weiteren Studie soll erfahren werden, dass man nach der Entwicklung einer grundlegenden Formulierungsart für einen Inhalt, diesen einmal eher kantig, einmal eher weich formulieren kann, usw.

Durch Zugeben oder Wegnehmen weiterer Elemente, die für den genannten Inhalt stehen, können weitere (oftmals redundante bzw. weniger redundante) Formulierungen gefunden werden.

Abb. 10.4 und 10.5 *Unterschiedliche Formulierungen für einen gleichen Inhalt*

1.4 Die Anwendung grundlegender Erfahrungen zur Lösung einer konkreten Aufgabe

Die konkrete Aufgabe:

- Wählen Sie einen Teilbereich aus dem bislang entwickelten Objekt (z.B. den Griff für einen Einkaufswagen oder den Lampenschirm für eine Arbeitsplatzleuchte usw.) aus und versuchen Sie alternative Umsetzungen, die sich durch die Art ihrer Formgebung (einmal grober, einmal feiner) unterscheiden.

2 Merkmale von Figuren, die gefallen

Im Folgenden werden zu den einzelnen Arbeitsschritten beim Aufbau einer Gestalt die jeweiligen Erwartungen der Empfänger modifiziert. Es wird klargestellt, welche Erwartungen an die äußere Form entsprechend den jeweiligen Arbeitsschritten im Extremfall vorhanden sein können. Bei den theoretischen Studien werden Hinweise gegeben für vertiefende Auseinandersetzungen und Untersuchungen. Bei den praktischen Studien werden Aufgaben gestellt mit dem Ziel, die Gestaltungsmöglichkeiten innerhalb der jeweils vorgegebenen Erwartungsextreme auszuloten.

2.1 Verallgemeinerung der Fragestellung

Welche Merkmale sind für das Gefallen einer Gestalt wesentlich?

2.2 Darstellung grundlegender Aspekte

Es wird der Versuch unternommen, die einzelnen ästhetischen Einstellungen mit den geistigen Leistungen unseres Gehirns bei der Wahrnehmung oder der Identifizierung von Figuren zu verknüpfen. Zu den dort bereits ersichtlichen Arbeitsleistungen kommt jetzt eine Bewertung hinzu, ob das Wahrgenommene in der vorliegenden Form der eigenen subjektiven Einstellung entspricht oder nicht. Entspricht es, gefällt es. Entspricht es nicht den Erwartungen, missfällt es. Wir nehmen z.B. offene Formen wahr und bis zu einem gewissen Grad können wir sie identifizieren. Ob sie gefallen, ist eine anderen Frage. Die folgenden Ausführungen stellen die einzelnen Arbeitsschritte vor und zeigen, zwischen welchen Extremen die ästhetische Bewertung sich bewegen kann. In praktischen Studien werden Möglichkeiten aufgezeigt, wie entsprechend gewollte Umsetzungen oder Formulierungen aussehen könnten und wie sie erzeugt werden können. Damit wird den Gestaltern ein Verfahren geboten, sich gezielt mit den Parametern auseinander zu setzen, die für das Gefallen einer Figur verantwortlich sind.

*Die **Komplexität** eines Gebildes wird bestimmt durch:*
– die Anzahl der verwendeten Elemente
– die Unterschiedlichkeit der verwendeten Elemente
– die Ordnung / Unordnung der verwendeten Elemente

Bereits bei der Konfrontation mit einer Umsetzung (eines Bildes, einer Grafik, einer Architektur, einer Dichtung, eines Musikstückes usw.) und der Aufnahme der dort vorhandenen Gestaltmerkmale kommt es zu einer positiven bzw. negativen Bewertung.

Entscheidend für das Gefallen wird zu Beginn des geistigen Arbeitsprozesses vor allem die Komplexität der Umsetzung. So gibt es Menschen, die aufgrund ihrer Erfahrungen, ihres Wissens oder sonstiger Informationen eher komplexere Umsetzungen bevorzugen. Andere wiederum (eventuell aus den gleichen Gründen) wollen möglichst einfache Gestaltungen (mit möglichst wenigen Elementen, mit möglichst wenig unterschiedlichen Formen, Farben, Materialien und einfachem Aufbau, z.B. Ives Klein: Monochrome Malerei).

2.2.1
Die Aufnahme von Figuren

Unterschiedlichen Personen wollen
– einmal eher komplexere,
– einmal eher weniger komplexe Umsetzungen.

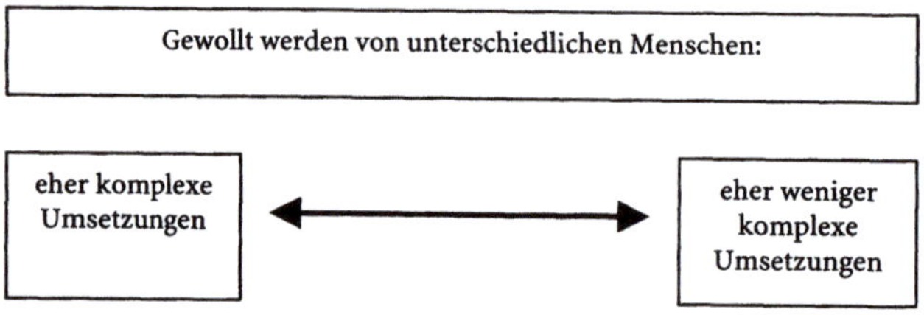

Grafik 10.5 Einstellungen zu komplexen Figuren

2.2.1.1
Theoretische Studien

- Sammeln Sie Umsetzungen aus verschiedenen Bereichen, die mehr oder minder komplex sind.
- Klären Sie, welche Faktoren für die hohe bzw. niedere Komplexität einer Umsetzung maßgebend sind und wie man deren Aufnahme erleichtert.

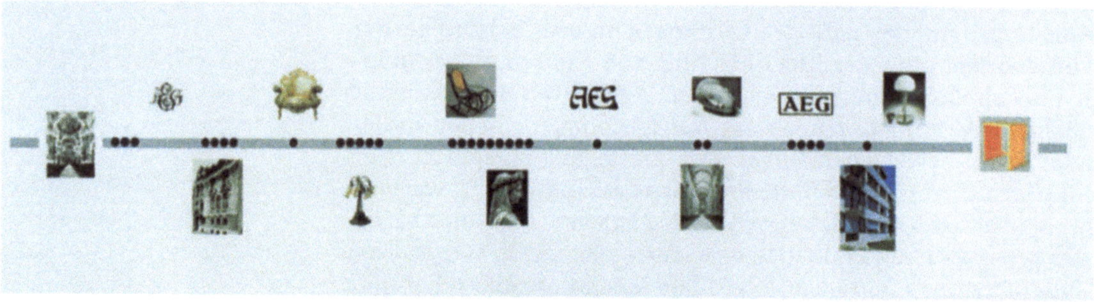

Abb. 10.6 Das Gefallen von komplexen und weniger komplexen Figuren – Untersuchungsergebnis einer Befragung

2.2.1.2
Praktische Studien

- Wählen Sie 15 bis 20 unterschiedliche Elemente aus und platzieren Sie sie relativ zufällig auf einer Fläche.
- Versuchen Sie in einzelnen Schritten eine Veränderung der Komplexität bis zu einer Lösung, die gefällt. Zum Beispiel durch:
  - die zahlenmäßige Reduzierung der Elemente
  - Ordnung / Gliederung zu bestimmten größeren Einheiten (formal, farblich, durch besondere Abgrenzungen usw.)

Die einen bevorzugen Figuren, die eindeutig bestimmt sind, die anderen tendieren zu Gestaltungen, deren Wesen nicht klar ablesbar ist. Man sucht Figuren oder Realisationen, bei denen der eigenen Deutung noch ein Spielraum bleibt.
Im Grunde geht es darum, dass Figuren ausgewählt werden, die mit bereits Bekannten mehr oder minder große Übereinstimmungen aufweisen.
So werden gerade gegenständliche Umsetzungen von vielen bevorzugt, weil sie eine schnelle Identifizierung zulassen, gegenüber Darstellungen, die weniger gegenständlich sind.

2.2.2
Das Sortieren

Gewollt werden Umsetzungen, deren Teile leicht oder aber schwierig identifiziert und somit leicht oder eher schwer „heraussortiert" werden können.

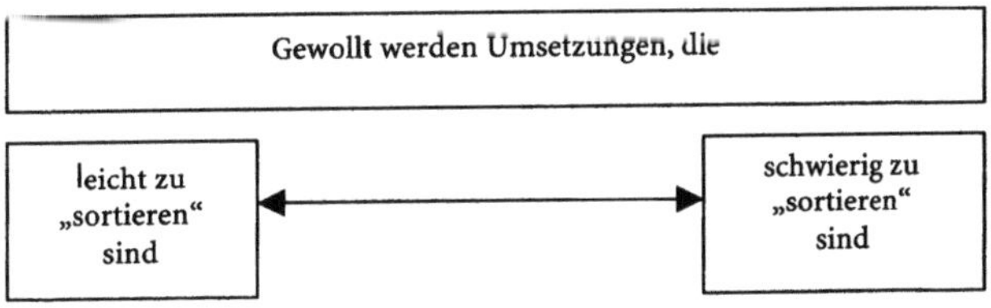

Grafik 10.6 Einstellungen zum Sortieren

Herauslesen kann man Figuren, die man leicht identifizieren kann.
Herauslesen kann man Figuren, die sich von ihrer Umgebung deutlich abheben.

2.2.2.1
Theoretische Studien

- Sammeln Sie Umsetzungen aus verschiedenen Bereichen, bei denen die einzelnen Teile oder Elemente leicht bzw. nur sehr schwer erkennbar sind.
- Klären Sie, welche Faktoren für die leichte bzw. schwierige Erkennbarkeit einer Umsetzung bzw. von Teilen einer Umsetzung maßgebend sind.

Wie sehen Gestaltungen aus, bei denen die einzelnen Teile leicht bzw. nur sehr schwer erkennbar sind?
Wie kann man vorgehen, um Gestaltungen zu schaffen, deren Elemente leicht bzw. schwer erkennbar sind?

2.2.2.2
Praktische Studien

- Entwickeln Sie eine Reihe von Darstellungen eines Objektes von eher gegenständlich zu mehr abstrakt.

- Verändern Sie eine klar definierbare Form bis hin zu deren Undefinierbarkeit (aufgrund von Helligkeits- oder Farbveränderung, Einflussnahme von Licht, farbigem Licht, Einflussnahme von Bewegung usw.)

Maßgebende Faktoren:

- **Die Kontrastierung** einzelner Teile bzw. des Ganzen gegenüber der Umgebung
- **Die Prägnanz** einzelner Teile gegenüber unprägnanten Teilen (die Prägnanz von Formen, Farben, Materialien, Gliederungen, siehe: Gestaltgesetz / Prägnanz)
- **Die Dominanz** einzelner Gestaltungsmerkmale

Manche Menschen bevorzugen Umsetzungen, bei denen die einzelnen Sachverhalte z.B. vollkommen und bis in das Detail genauestens dargestellt sind. Andere wiederum lehnen dies ab, weil damit zu wenig Raum für eigene Phantasie geboten wird.
Bei den hier gewünschten Figuren kann es sich um solche handeln, die mehr oder weniger vollständig sind, es kann sich um Figuren handeln, bei denen mehr oder weniger große Teile fehlen, bei denen Teile undeutlich sind, bei denen Teile ausgeblendet werden usw.

2.2.3
Das Bearbeiten / Ergänzen

Bestimmte Personen bevorzugen eher offene Formen, andere wollen mehr geschlossene Formen.

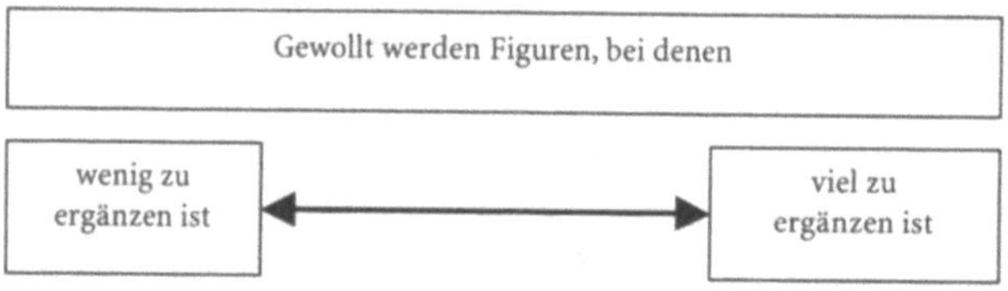

Grafik 10.7 Einstellungen zum Ergänzen

Auf die Literatur oder den Film übertragen: Manche wünschen sich Darstellungen und Ausführungen, die bis in das kleinste Detail alles wiedergeben und beschreiben. Andere lehnen dies ab. Sie wollen mehr Raum für ihre eigene Phantasie haben.
Siehe dazu die Ausführungen in Teil 7, Kapitel 2.2.1.1
Hier: Der unterschiedliche Zugang zu einer Umsetzung

2.2.3.1
Theoretische Studien

- Sammeln Sie Umsetzungen, bei denen Teile vom Wahrnehmenden zu ergänzen sind, gegenüber Umsetzungen, bei denen alle Teile klar und umfassend dargestellt sind.

2.2.3.2
Praktische Studien

- Verändern Sie eine relativ umfassend entwickelte Form so, dass sie zunehmend offener wird, bis deren Identifizierbarkeit unmöglich wird.
- Übertragen Sie dies auf die Farbgebung und das Material einer Umsetzung

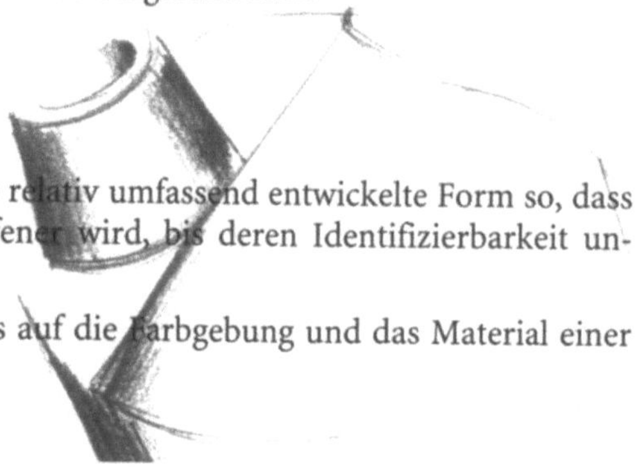

Abb. 10.7 *Zeichnerische Studie – Darstellungen, bei denen viel zu ergänzen ist*

Zwei Darstellungen, die einmal eher offene und einmal eher geschlossen Formen zeigen

Abb. 10.8 und 10.9
Eine Gestaltung, bei der einiges offen bleibt, gegenüber einer Gestaltung, bei der alle Einzelheiten, ausgearbeitet und präsent sind.

2.2.4
Das Bearbeiten / Wegnehmen

Es gibt Menschen, die bevorzugen Formulierungen, die sich auf das Wesentliche beschränken. Andere haben ihre Freude an Umsetzungen, die etwas ausschweifender sind und bei denen ein größerer Teil dessen, was zur Formulierung hinzugefügt wurde, weggenommen werden könnte, ohne die eigentliche Aussage zu gefährden.

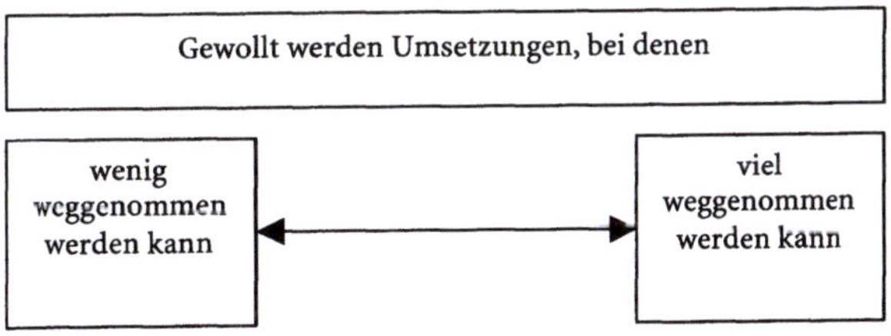

Grafik 10.8 *Einstellungen zum Wegnehmen*

Betrachten kann man dazu Beschreibungen, wie:
etwas ungenau formulieren – etwas genau formulieren
etwas ganz grob formulieren gegenüber: etwas fein, geschliffen, ausgefeilt formulieren
überladene Figuren – reduzierte, vereinfachte Figuren

2.2.4.1
Theoretische Studien

- Sammeln Sie Umsetzungen und betrachten Sie diese hinsichtlich überflüssiger Teile und Gestaltungsmerkmale.
- Analysieren Sie vorhandene Umsetzungen dahingehend, was an „Überflüssigem“ bei der Formulierung zu betrachten ist.
- Zeigen Sie auf, welche unterschiedlichen Verfahren möglich sind, um Figuren mit „Überflüssigem“ zu versehen.

2.2.4.2
Praktische Studien

- Wählen Sie eine klare Form (z.B. ein Quadrat oder einen Würfel) und versuchen Sie diese auf verschiedenen Wegen und in verschiedenen Schritten so zu überarbeiten, dass die zugrunde liegende Figur immer weniger erfassbar wird (z.B. durch Überwuchern, durch Übermalen, durch formale, farbliche oder materielle Überarbeitung).

2.2.5
Das Bearbeiten / Geradebiegen

Es gibt Menschen, die Gefallen finden an verbogenen Formulierungen und die aufgrund ihrer Einstellung eher Abstriche von der Objektivität in Kauf nehmen. Andere tendieren zur Objektivität und verlangen weniger „verbogene“ oder gedrechselte Formulierungswendungen.

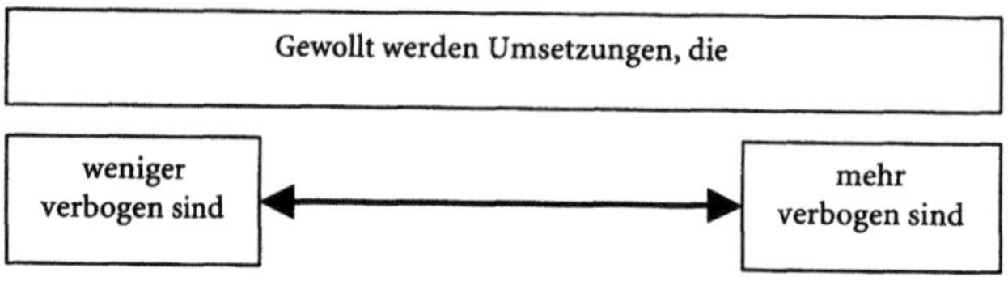

Grafik 10.9 Einstellungen zum Verbogenen

2.2.5.1
Theoretische Studien

- Untersuchen Sie Umsetzungen, bei denen es zu Verdrehungen und Verbiegungen kommt. (Beispiel für ein Verfahren: Nacherzählen oder Weitersagen eines Sachverhaltes über drei oder vier

Personen, wobei die Person 4 z.B. nur die Version von Person 3 hört usw. Beachten Sie, was nach einigen Schritten je nach Abwandlung vom Ursprünglichen noch vorhanden ist.)

- Sammeln Sie Umsetzungen, deren Teile mehr oder weniger exakt dargestellt werden (z.B. Zeichnungen oder Skizzen, die verzeichnet sind).

Unterschiedlichste Einflüsse können dazu führen, dass Inhalte durch die Art ihrer Darstellung verbogen werden.
Sie werden gewissermaßen „verdreht", sie werden formal oder farblich gewunden, gedrechselt usw. (man beachte z.B. die Veränderungen einer klaren Form durch die Spiegelung eines Schaufensters).
Nun gibt es Menschen, die aufgrund ihrer Einstellung einmal mehr verbogene und gewundene Formulierungen wünschen (man denke an die Leser bestimmter Zeitungen). Andere dagegen wollen eher Darstellungen, die sich um Objektivität bemühen.

2.2.5.2
Praktische Studien

- Suchen Sie unterschiedliche Verfahren, um vorhandene Gebilde zu verbiegen (Verbiegen von klaren Formen oder Farben durch Spiegelungen, Bewegungen usw.).

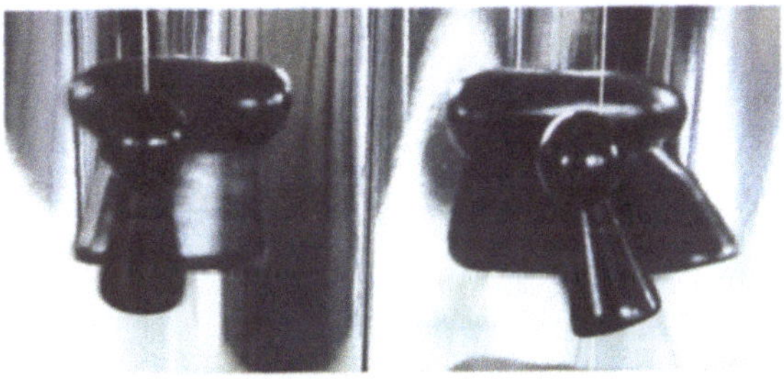

Abb. 10.10 und 10.11 (rechts) *Verbiegungen eines Sachverhaltes durch Spiegelung*

2.2.6
Das Bearbeiten / Zusammenfügen

Viele Menschen haben eine Vorliebe für Figuren, die man aus vorhandenen Teilen zu einem Ganzen zusammensetzen muss, um die zugrunde liegende Gestalt erfassen zu können. Sie wollen eher bruchstückhafte Darstellungen. Für sie liegt z.B. der besondere Reiz darin, aus bruchstückhaften Teilen ein Ganzes „rekonstruieren" zu können. Andere Menschen können und wollen dies nur bedingt.

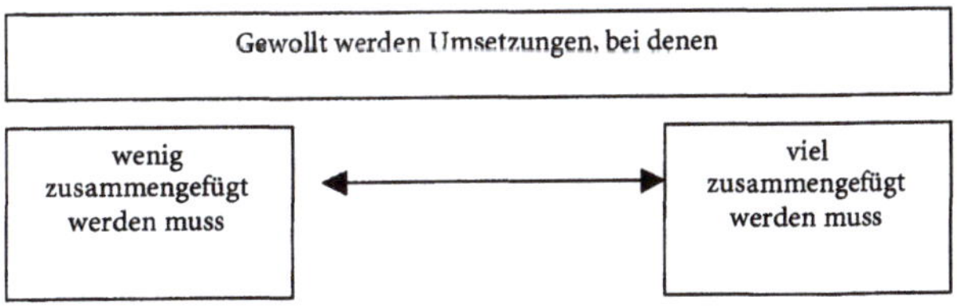

Grafik 10.10 *Einstellungen zu aufgebrochenen oder zerbrochenen Figuren*

Beim Zusammenfügen handelt es sich darum, dass Formulierungen nicht immer vollständig geliefert werden. Oftmals werden nur Bruchstücke wahrnehmbar, oftmals werden sie mit Absicht nur in Bruchstücken geliefert und müssen, will man das Ganze erfassen, zusammengefügt werden (gleichsam einem Puzzle).

2.2.6.1
Theoretische Studien

- Sammeln Sie Beispiele verschiedener Umsetzungen, die unterschiedlich stark in ihre Einzelteile zerlegt sind.
- Untersuchen Sie, welche Figuren unterschiedlichen Personen gefallen und ob sich hier eine Grenze ablesen lässt.
- Betrachten Sie auch Umsetzungen mit beweglichen Teilen.

2.2.6.2
Praktische Studien

- Verändern Sie eine vorhandene Figur, indem sie immer weiter zerstückelt wird und die einzelnen Teile immer stärker von ihrer ursprünglichen Position verändert werden (statische Umsetzungen bzw. Umsetzungen mit beweglichen Teilen).

2.2.7
Das Zuordnen von Teilen zu einem Ganzen

Bei einer Zuordnung müssen die Teile transportiert werden, d.h., sie dürfen nicht zu schwer sein. Man muss sie (be-)halten können. Bei einer Zuordnung werden zueinander passende Figuren einander zugeordnet, d.h., die einzelnen Figuren müssen mehr oder minder übereinstimmende Merkmale mit den bereits vorhandenen Figuren aufweisen.

Menschen bevorzugen Umsetzungen, bei die einzelnen Teile gut zusammenpassen. Andere Menschen wollen Umsetzungen, bei denen die einzelnen Teile eher als Besonderheit stehen.

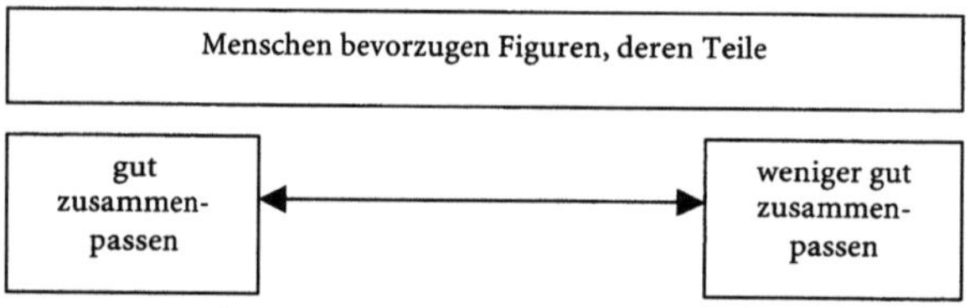

Grafik 10.11 *Einstellungen zu zusammenpassenden Teilen*

2.2.7.1
Theoretische Studien

- Sammeln Sie Umsetzungen, bei denen die einzelnen Teile eines Ganzen (z.B. auch eines Besteckes) zueinander passen. Versuchen Sie zu klären, welche Merkmale für die vorhandene Harmonie entscheidend sind.
- Entwickeln Sie einfache Figuren mit wenig Elementen, die klar strukturiert und deshalb leicht zu behalten sind und entwickeln Sie komplexe Figuren mit vielen Elementen, die unklar strukturiert und deshalb nur sehr schwer zu behalten sind.

2.2.7.2
Praktische Studien

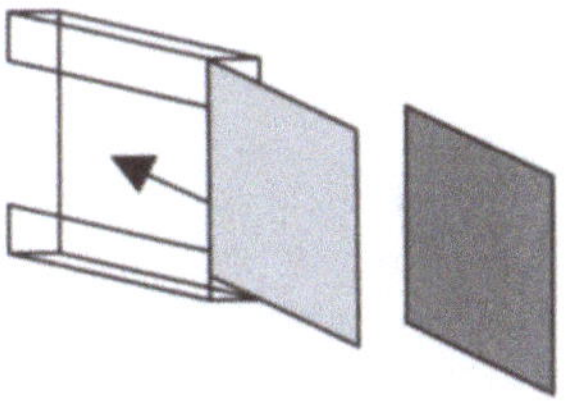

Grafik 10.12 *Schiebemechanismus*

- Versuchen Sie Farbklänge zu erstellen.

Vorgehensweise:

- Erstellen Sie eine Schablone mit Schiebemöglichkeit.
- Suchen Sie einzelne Farbblätter aus und stecken sie diese in den Schieber.
- Schieben Sie die einzelnen Farbtafeln so, dass sich ein klangliches, gut harmonisierendes Gebilde ergibt.

Abb. 10.12 *Räumlicher Helligkeitsklang*
Abb. 10.13 *Farbklänge mit drei, fünf und sieben Farben*

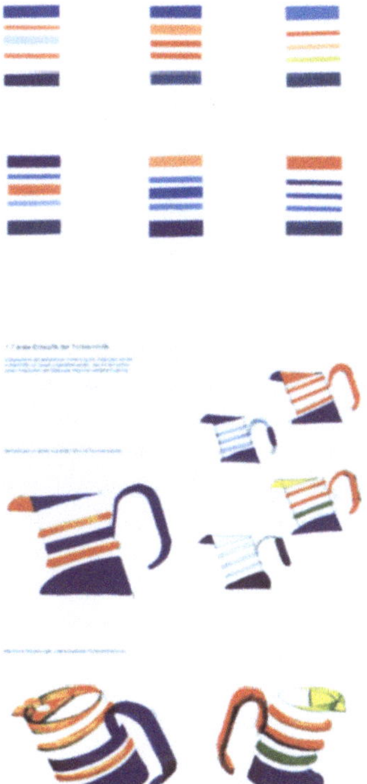

Abb. 10.14 *Vorstudien und Anwendung von Farbklängen*

- Versuchen Sie zu einem vorhandenen System (z.B. einem Besteck, einem Geschirr) ein dazu passendes Teil (z.B. Geschirr – mit dazu passendem Pfefferstreuer) zu erstellen.

Vorgehensweise:

- Untersuchen Sie das Vorhandene (Geschirr z.B.) hinsichtlich der dort verwendeten Formen, Farben, Materialien und Gliederung und erstellen Sie daraus ein Profil.
- Nutzen Sie die Merkmale des Profils für die Entwicklung eines mehr oder weniger passenden Teiles (zum Ganzen).

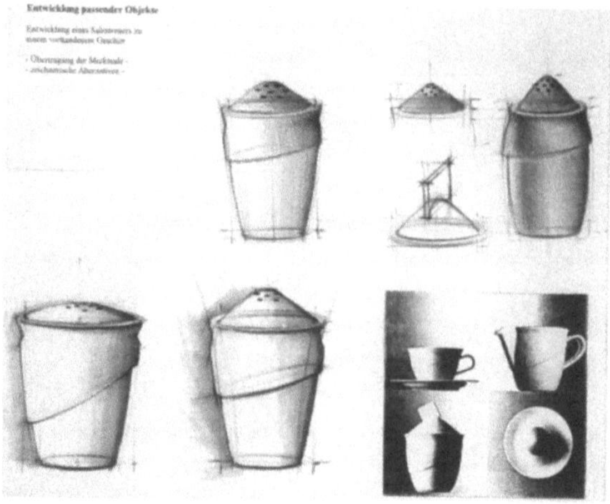

Abb. 10.15 Zeichnerische Studie zur Entwicklung passender Objekte aufgrund übereinstimmender Merkmale

- Entwickeln Sie Umsetzungen, die leicht bzw. nur schwer zu (be-)halten sind (Beispiel: Musikstücke mit einer eingängigen Melodie gegenüber anderen, bei denen die Tonfolge nur sehr schwer über einen längeren Zeitraum zu behalten ist, oder z.B. Zahlenfolgen beim Telefon, deren Anordnung ist oftmals leichter zu merken, als die einzelnen Zahlen selbst).

2.2.8 Das Verbinden einzelner Teile innerhalb eines Ganzen / Zusammenhänge schaffen

Bei Umsetzungen legen viele Menschen Wert darauf, dass sich die einzelnen Teile eines Gebildes in das Ganze einfügen, so dass eine in sich abgeschlossene Figur entsteht, bei der kein Teil herausfällt.

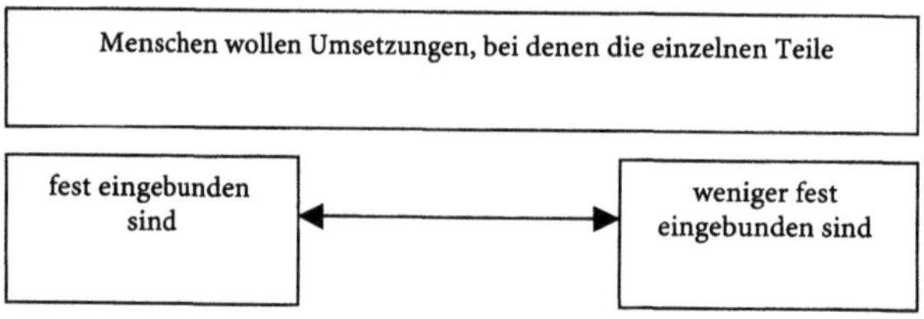

Grafik 10.13 Das Einbinden der verschiedenen Teile einer Umsetzung

Andere Menschen wollen, dass Teile sich deutlich abheben, dass sie herausfallen, dass bestimmte Teile auffallen (was manchmal unter Sicherheitsaspekten unbedingt notwendig ist).

Begegnen einem Umsetzungen, so kommt in vielen Fällen die Frage, wo man etwas Vergleichbares schon einmal gesehen oder gehört hat.
Selbst bei einzelnen Gestaltteilen, einer kurzen Tonfolge, einem Ausschnitt aus einem Bild usw., sucht man, dieses Wahrgenommene mit bereits Bekanntem in Verbindung zu bringen.
Versuche, Umsetzungen so zu gestalten, dass das Ganze zu anderen Gebilden oder aber Teile eines Gebildes ein Ganzes ergeben, stellen an den Gestalter große Aufgaben. Missgriffe dieser Art kann man oftmals im Rahmen einer Stadtgestaltung sehen, wenn ohne Rücksicht auf die Umgebung neue Architekturen erstellt werden, die sich in die vorhandene Umgebung nicht einbinden lassen und deshalb als bezugslose Besonderheiten stehen bleiben.

2.2.8.1 Theoretische Studien

- Untersuchen Sie Gebilde, die als Ganzes wirken und klären Sie, welche Gestaltungsmerkmale dafür verantwortlich sind (z.B. Abstand, Basis und Richtung der vorhandenen Elemente, übereinstimmende Formen, Farben, Materialien, Ortslinien und Gliederung).
- Wählen Sie ein Objekt (Bild, Grafik oder Architektur) und untersuchen Sie dieses auf vorhandene Ortslinien.
- Sammeln Sie Darstellungen aus den verschiedensten Bereichen, bei denen die einzelnen Elemente mehr oder minder stark miteinander verbunden sind. Analysieren Sie die einzelnen Untersuchungen und zeigen Sie, welche Faktoren für die festere bzw. weniger feste Verbindung maßgebend sind.

2.2.8.2 Praktische Studien

Schaffen Sie Umsetzungen, bei denen die einzelnen Elemente (z.B. 3 Anzeigenfelder oder 3 Bedienteile innerhalb eines vorgegebenen rechteckigen Feldes) mehr oder minder stark eingebunden sind

- durch die Art ihrer Merkmale, Form, Farbe und Material
- durch die Ortslinie,
- durch Beachtung von Ordnungsrelationen.

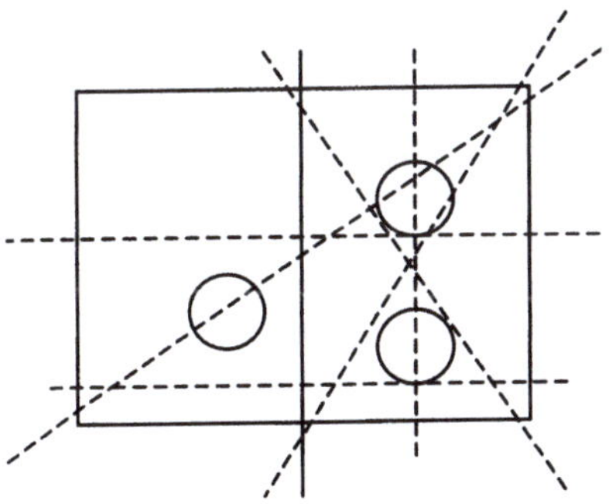

Grafik 10.14 Ortslinien sind Linien, die, ohne konkret vorhanden zu sein, eine Verbindung entstehen lassen zwischen den einzelnen Elementen einer Umsetzung.

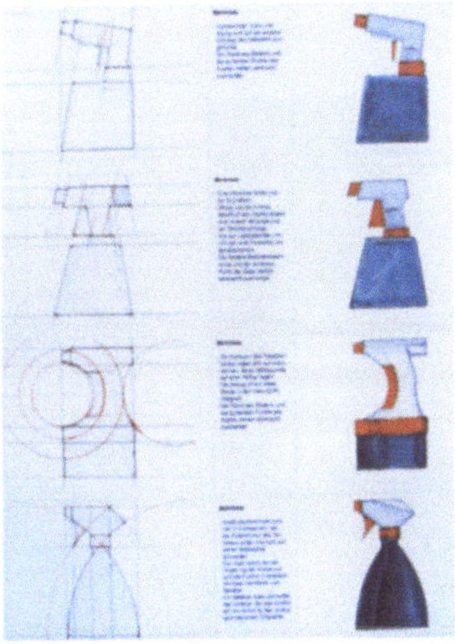

Abb. 10.16 Studien zur Entwicklung von Zusammenhängen zwischen den einzelnen Objektteilen durch Einzeichnung von Ortslinien

Bei konkreten Gestaltungen lassen sich diese Verbindungen über farbliche oder sonstige Merkmale und über Ortslinien erfassen.

Abb. 10.17 Zusammenhänge in der Natur: Ortslinien bei Schmetterlingen

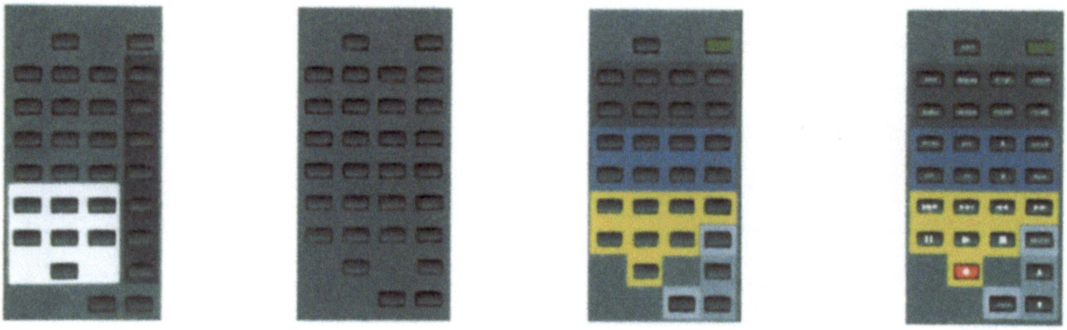

Abb. 10.18 Zusammenhalt durch Gliederung oder gleiche farbliche Merkmale deutlich sichtbar in Figur 4: das Herausfallen eines roten Elements, das sich von der Umgebung deutlich abhebt.

- Das Einbinden unterschiedlicher Objektteile bei skizzenhaften Darstellungen

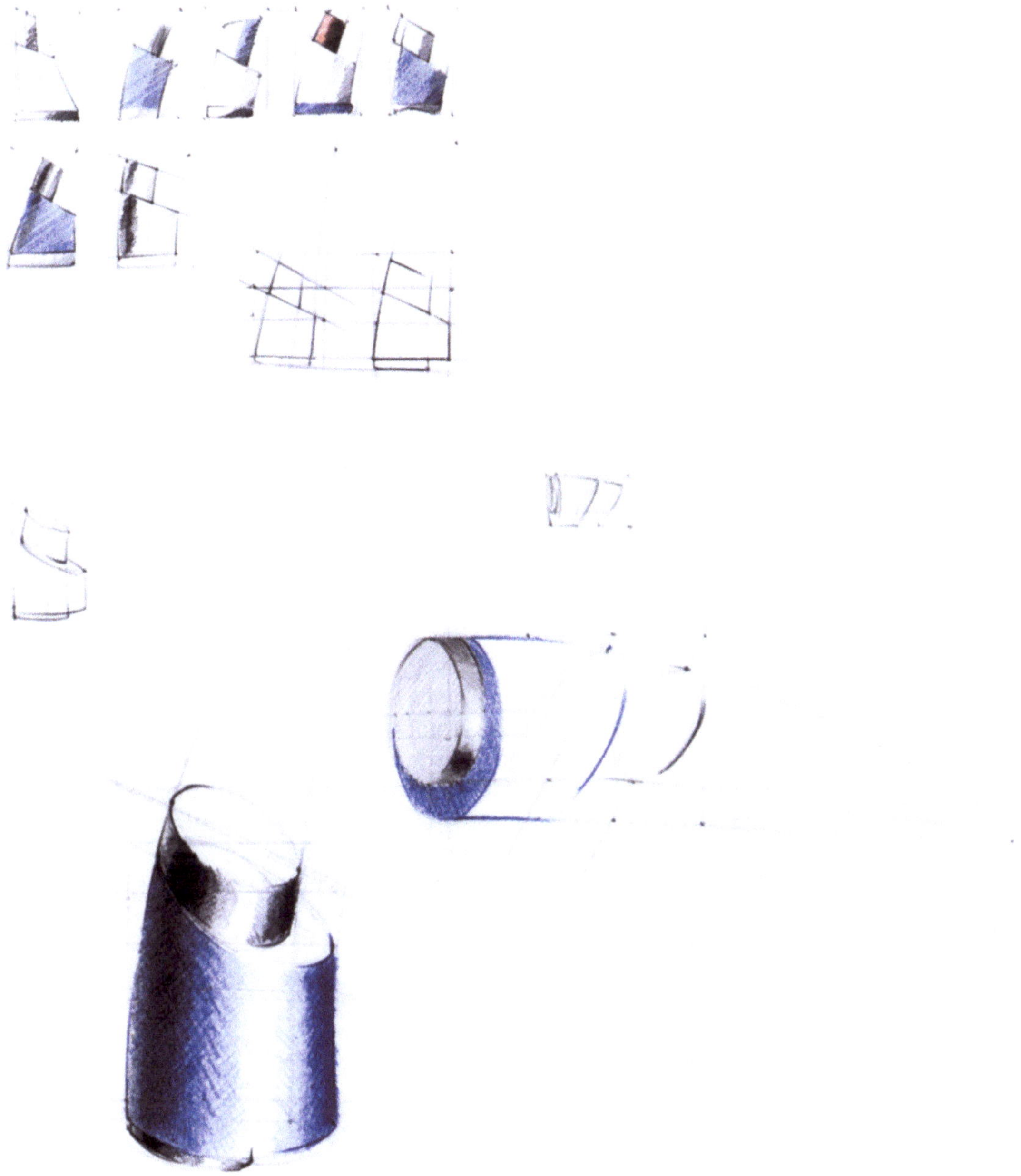

Abb. 10. 19 Versuche, die verschiedenen Teile eines Objektes durch Ortslinien zusammen zu binden

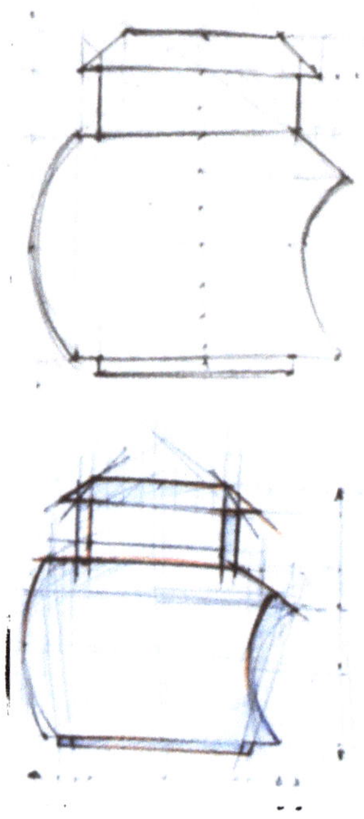

Abb. 10.20 Gliederungsversuch eines Objektes durch Ortslinien

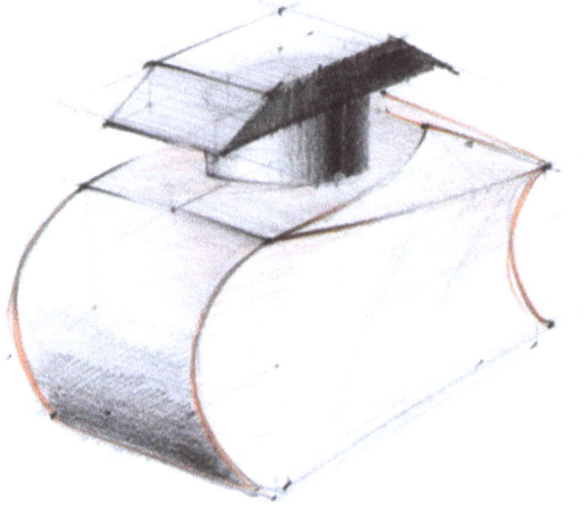

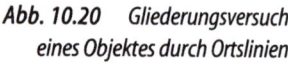

Abb. 10.21 Räumliche Darstellung eines Objektes, dessen Teile durch Ortslinien eingebunden sind.

2.3 Die Arbeitsbedingungen des Menschen und deren Auswirkungen auf die Merkmale einer Gestalt

Die Strukturierung der Erwartungen, wie sie von den Studierenden vorgetragen wurden, ist noch unvollständig. Eine Reihe der genannten Erwartungen wurde bislang noch nicht erfasst und strukturiert. Man betrachte z.B. die Erwartung an mehr dunkle oder helle Farben oder an spannungsvolle und weniger spannungsvolle Formulierungen. Dies soll jetzt geschehen.

Bei den bislang noch nicht näher betrachteten Erwartungen der Aufzählung in Kapitel 1 handelt es sich z.B. um die Erwartung nach:

- Spannung bei einer Umsetzung,
- dunklen oder hellen Farben,
- Umsetzungen in einem bestimmten Stil,
- Wärme oder Kälte,
- eher ruhigen oder bewegten Umsetzungen.

Bestimmte Erwartungen an eine äußere Gestalt haben ihren Grund in der Erwartung nach bestimmten Arbeitsbedingungen.

Die Darstellung der Arbeitsbedingungen
Es wurde wiederholt darauf verwiesen, dass ein Gebilde nur erstellt werden kann, wenn für die Organe (die Arbeiter oder in lebenden Gebilden für die dort innewohnenden Organe) angemessene Arbeitsbedingungen bestehen (siehe Teil 2, Kapitel 1.2.6 und Teil 15, Kapitel 1.1.3).
Als wesentliche Arbeitsbedingungen für Lebewesen wurden genannt:
ausreichend natürliches Licht
ausreichend gute Luft
angemessene Wärme/ Kälte
ausreichend Ruhe
ausreichende Energie / Spannung

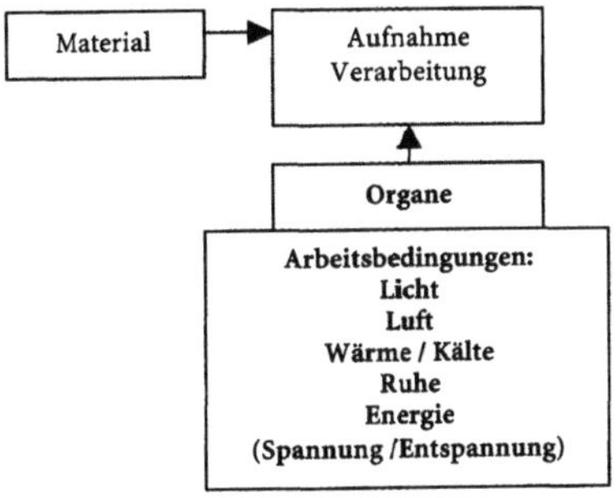

Grafik 10.15 Arbeitsprozess beim Aufbau einer Gestalt

In Teil 15, Kapitel 1 dieses Buches (Die Sicherung des Lebens und der dazu notwendige Bedarf) wird auf die Notwendigkeit angemessener Arbeitsbedingungen für die verschiedenen Organe hingewiesen. Auch das Gefallen an einer Umsetzung hängt offensichtlich davon ab, inwieweit eine Gestalt den momentanen gewünschten Arbeitsbedingungen eines Menschen entgegenkommt.

2.3.1
Die Helligkeit

Manche Menschen mögen Bilder, Musikstücke oder Räume in hellen Tönen. Andere bevorzugen Malereien in dunklen Tönen. Andere wollen Räume oder Bilder, die ohne gerichtetes Licht relativ gleichmäßig ausgeleuchtet sind. Andere Menschen wünschen sich deutlich gerichtetes Licht. Wieder andere wollen die unterschiedlichen Helligkeiten möglichst kontrastreich.

Für das Gefallen eines Gebildes oder einer Figur kann somit die Helligkeit eines Objektes Gewicht bekommen.

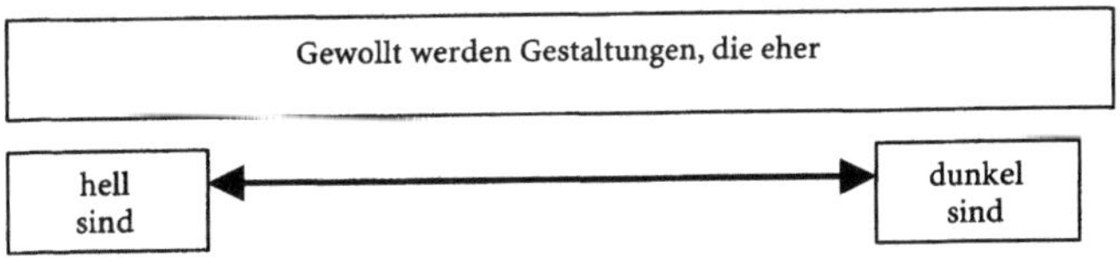

Grafik 10.16 Die Haltung gegenüber eher hellen oder eher dunklen Gestaltungen

2.3.1.1
Theoretische Studien

Zu betrachten ist in diesem Zusammenhang die Bedeutung des Lichtes bei einer Umsetzung (Siehe dazu auch den Symbolgehalt des Lichtes, z.B. etwas ins Licht setzen, etwas ins Dunkle abschieben). Aber der Einsatz von Licht bringt immer auch mit sich, dass andere Teile dadurch ins Dunkel, ins Schattenreich versetzt werden (Lichtseiten – Schattenseiten).

- Wählen sie Umsetzungen (Malerei, Architektur, Musik usw.) aus, bei denen das Licht bzw. die Helligkeitsaufteilung eine große Rolle spielt.
- Zeigen Sie auf, welche Formen, Farben, Materialien und Gliederungen für die jeweiligen Umsetzungen bestimmend sind.
- Versuchen Sie den Gesamteindruck sowie den Symbolgehalt (Symbolgehalt des unterschiedlichen Lichteinsatzes) bei den einzelnen Gebilden zu erfassen.

Ziel der Analysen war es, die jeweils eingesetzten Gestaltmerkmale bei unterschiedlichen Formulierungsarten (Musik, Literatur, Malerei usw.) zu erfassen und sie im Rahmen einer Synopse zu vergleichen.

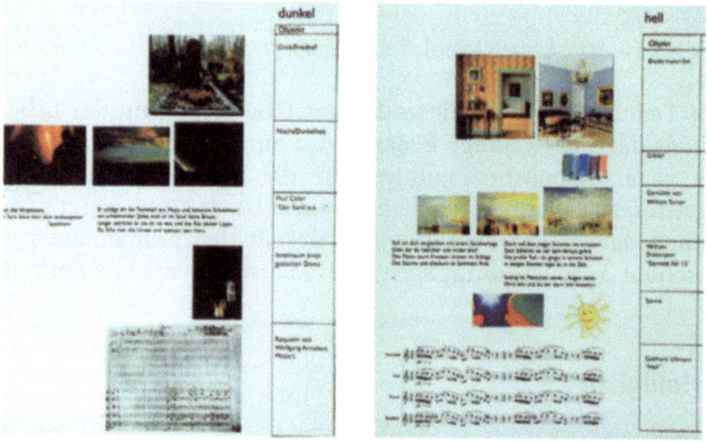

Abb. 10.22 und 10.23 *Analysen von unterschiedlichen Produkten, die einmal eher als dunkel, einmal eher als hell eingestuft werden*

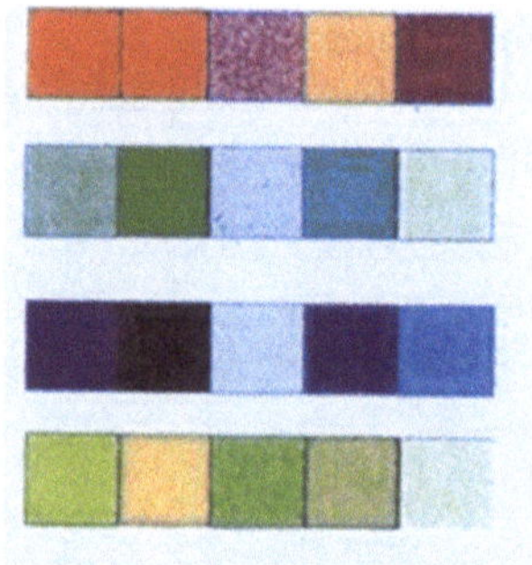

Abb. 10.24
Farbwünsche älterer Menschen in einer Zusammenstellung aufgrund einer Befragung

2.3.1.2
Praktische Studien

- Übernehmen Sie eine vorhandene Figur bzw. entwickeln Sie ein neues Gebilde und verändern Sie dessen Helligkeit durch Auftrag von Hell-dunkel-Material oder verändern Sie die Helligkeit eines plastischen Gebildes ohne zusätzlichen Farbauftrag (z.B. durch die Veränderung der Plastizität).
- Zeigen Sie an einem plastischen Gebilde dessen Variationsmöglichkeiten durch die Veränderung einer Lichtquelle, die Veränderung mehrerer Lichtquellen bzw. durch bewegliches Licht.
- Versuchen Sie ein bestimmtes Thema einmal eher dunkler, einmal eher heller zu gestalten.

Abb. 10.25 und 10.26 *Studien: Landschaftsdarstellungen (mal dunkel, mal hell)*

Luft in ausreichender Menge und guter Qualität ist notwendig, um das physische Leben zu sichern.
In die geistige Ebene übertragen bedeutet „Luft“ die geistige Atmosphäre, in der ein Mensch leben möchte. Jeder Mensch ist ständig irgendwelchen geistigen Strömungen ausgesetzt. Kulturelle Entwicklungen, politisch religiöse, ethisch-moralische Tendenzen oder modische Trends beruhen auf bestimmten geistigen Haltungen, die den jeweiligen Menschen mehr oder minder stark berühren.
Jeder Mensch macht die Erfahrung, dass ihm die Werke einer bestimmten Epoche mehr zusagen als Werke einer anderen Zeit. Geht man davon aus, dass die einzelnen Äußerungen immer im Zusammenhang mit den kulturellen Strömungen ihrer Zeit zu sehen sind, so wird deutlich, dass der Aspekt der geistigen Strömung für das Gefallen eine wichtige Rolle spielt.
Betrachtet man hier die Musikszene, so wird dieser Aspekt recht klar einsehbar. Bei Konzertangeboten mit neuerer Musik kann man nicht selten die Zuhörer an einer Hand ablesen ganz im Gegensatz zur Präsentation älterer Meisterwerke.
Die Orientierung an Ausdrucksweisen einer älteren oder aber neueren Zeit und das Gefallen der damit verbundenen spezifischen Stilmerkmale gilt es somit unter dem Aspekt – Luft / geistige Strömung – zu beachten.

2.3.2
Die Luft / die geistige Strömung

Manche Menschen mögen Umsetzungen (Bilder, Grafiken, Produkte oder Architekturen) aus der Zeit des Barock. Andere wiederum bevorzugen Formulierungen der Neuzeit. Wesentlich ist, dass man Arbeiten wünscht, die einen bestimmten Stil haben bzw. sich einem bestimmten Stil zuordnen lassen.

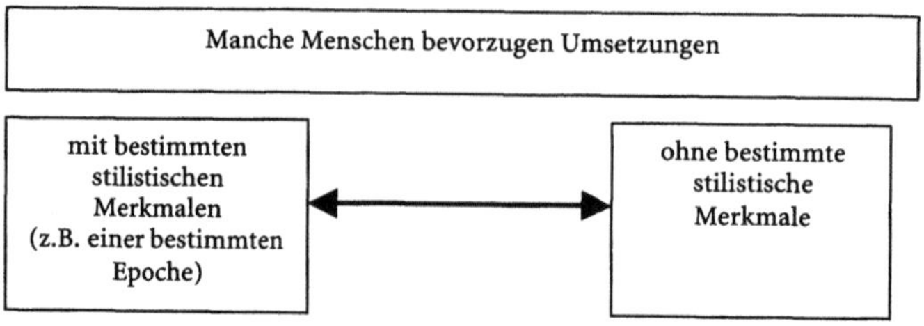

Grafik 10.17 Einstellungen zu Stilen

2.3.2.1
Theoretische Studien

- Analysieren Sie Werke aus einer bestimmten Zeit, die einem bestimmten Stil zugeordnet werden. Zeigen Sie, welche Elemente bei den einzelnen Gestaltungen verwendet wurden und wo der Grund für ihre stilistische Zuordnung liegt.
- Sammeln Sie Werke aus unterschiedlichen Bereichen (Architektur, Malerei, Plastik, Musik usw.), die dem gleichen Stil zugeordnet werden. Analysieren Sie die einzelnen Werke im Hinblick auf ihre stilistischen Merkmale.

2.3.2.2
Praktische Studien

- Versuchen Sie eine Objektgestaltung im Stil einer bestimmten Zeit.

Vorgehensweise:

- Analyse verschiedener Werke einer Stilepoche hinsichtlich der dort eingesetzten Gestaltmerkmale
- Herausschreiben der einzelnen bestimmenden Merkmale
- Übertragung der Merkmale auf die neue Umsetzung

2.3.3
Die Wärme – die Kälte / das geistige Klima

Manche Menschen mögen eher warme, anheimelnde Umsetzungen. Andere wollen kühle, distanziert wirkende Gestaltungen.

Objekte können kühl, distanzierend, kalt wirken, andere Gestaltungen wirken warm, anheimelnd, ja geradezu schwül.

Geht es um die Auswahl von Objekten, so kann die Wärme bzw. die Kühle einer Umsetzung je nach Einstellung entscheidend werden.

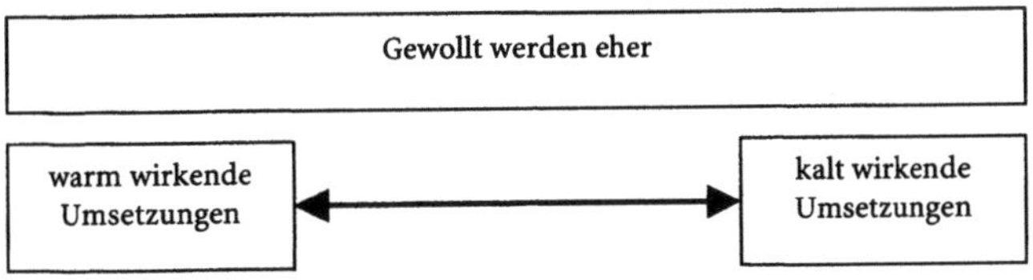

Grafik 10.18 Einstellungen zu Kalt und Warm

2.3.3.1
Theoretische Studien

- Wählen Sie warm und kalt bzw. kühl und distanziert wirkende Umsetzungen oder Objekte aus.
- Untersuchen Sie die ausgewählten Umsetzungen hinsichtlich ihrer
  - Farbgebung (warme Farben – kalte Farben)
  - Formgebung (warme Formen – kalte, abstoßende Formen)
  - Materialgebung (warmes Material – kaltes, kalt wirkendes Material) und
  - Gliederung (eine lebendige Gliederung gegenüber einer kalten, distanzierenden, unpersönlichen und starren Gliederung)
- Stellen Sie die für eine eher warm, anheimelnd wirkende Umsetzung maßgebenden Merkmale zusammen und vergleichen Sie diese mit den für eine eher kalt, kühl, frostig und distanziert wirkende Umsetzung.

2.3.3.2
Praktische Studien

- Entwickeln Sie warm und kühl wirkende Gebilde.
- Greifen Sie die bei der theoretischen Studie gemachten Erfahrungen auf und übertragen Sie die für die warm und kalt wir-

Entsprechend den vorausgegangenen Betrachtungen zum Licht bzw. zur Luft wird auch hier eine Brücke geschlagen von der physisch erfahrbaren Wärme bzw. Kälte zur geistigen Wärme und geistiger Kälte und somit zum geistigen Klima.
Lebt man ständig unter bestimmten klimatischen Bedingungen, die physisch oder aber psychisch belasten, wird man sich nach einer Umgebung sehnen, die sich von diesen Bedingungen unterscheidet.
Oder: Man will Wärme spüren:
Man sucht Bilder mit warmen Farben, man sucht Bilder mit kalten Farben.
Einrichtungsgegenstände die kalt und abweisend wirken, gegenüber Objekten die eine bestimmte Wärme ausstrahlen.

Für die Objektgestaltung gilt:
Nicht nur die Farbgebung, also z.B. die Auswahl warmer Farben, ist für den Gesamteindruck eines Objektes allein maßgebend.
Hinzu kommt eine „warme", weiche, abgerundete Formgebung, die Auswahl eines „warmen" Materials und eine offene Gliederung mit weichen Übergängen, anstatt einer starren, eckigen Aufteilung.

kenden Gebilde wesentlichen Merkmale auf ein vorhandenes Gebilde.

Zusammenstellung der wesentlichen Merkmale für eine eher warm bzw. eher kalt wirkende Darstellung

Gestaltmerkmale	Eher warm	Eher kalt
Form	Verwendung eher runder Formen	Verwendung eher eckiger Formen
Farbe	Verwendung eher warmer Farben (Rot, Orange usw.)	Verwendung eher kalter Farben (Blau, Blaugrün + Weiß usw.)
Material	Verwendung (visuell oder haptisch) warmer Materialien (Holz, Samt usw.)	Verwendung (visuell oder haptisch) eher kalter Materialien (Eisen, Alu usw.)
Gliederung	Verwendung freier Gliederungen (Bewegung, Rhythmus usw.)	Verwendung eher fester, geregelter, strenger geordneter Gliederungen (Raster, Takt usw.)

Grafik 10.19 Übersicht über Gestaltmerkmale für eher warm oder kalt wirkende Umsetzungen

2.3.4 Spannung – Entspannung bzw. spannungsvolle – spannungsarme Umsetzungen

Menschen mögen zu bestimmten Zeiten mehr spannungsvolle, zu anderen Zeiten weniger spannungsgeladene Umsetzungen und Äußerungen. Spannungsvolle Umsetzungen verlangen Anspannung. Daneben steht aber auch der Wunsch des Menschen nach Zeiten der Entspannung.

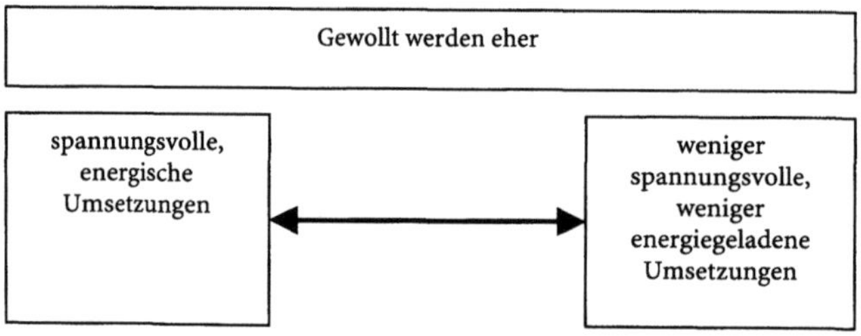

Grafik 10.20 Einstellungen zu spannungsvollen und eher spannungslosen Umsetzungen

2.3.4.1
Theoretische Studien

- Wählen Sie Umsetzungen aus, die spannungsvoll oder aber spannungsarm sind bzw. wirken.
- Untersuchen Sie die einzelnen Umsetzungen und verdeutlichen Sie die für eine eher spannungsvolle bzw. eine eher spannungslose Umsetzung wesentlichen Merkmale (Formgebung, Farbgebung, Materialgebung, Gliederung).

Spannungslose Umsetzungen oder Realisierungen werden als langweilig empfunden. Sie sind dadurch gekennzeichnet, dass sie wenig Neues und wenig Abwechslung bringen.
Spannungsvoll sind Umsetzungen, die ständig neue Informationen liefern. Sie sind abwechslungsreich und bieten immer neue Ansichten.
Spannung bei visuell, haptisch oder akustisch wahrnehmbaren Gebilden entsteht somit dann, wenn ständig neue Eindrücke vermittelt werden.
So kann die Veränderung eines Bogens bei einem Übergang von der Senkrechten in die Waagerechte spannungsvoll sein, wenn dieser nicht gleichmäßig geführt wird.
Spannungsvoll kann die Farbgebung sein im Rahmen eines Farbakkordes.
Spannend kann die Materialgebung eines Objektes sein, bemüht man sich um eine besondere Materialkombination.
Spannend kann die Aufteilung eines Ganzen sein. Maßgebend ist hierbei die Proportion bzw. die proportionale Aufteilung eines Gebildes.

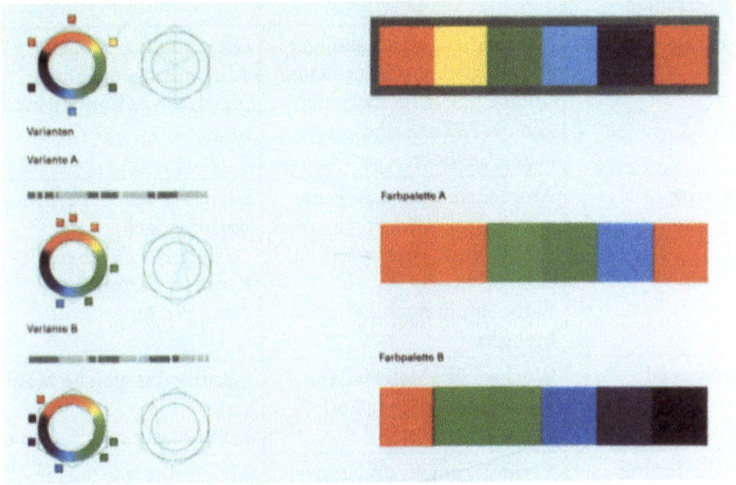

Abb. 10.27 *Spannung erzeugen durch eine bestimmte Farbauswahl*

Abb. 10.28 *Spannung durch Veränderung der Helligkeit bei verwandten Farben*

Energievolle Darstellungen zeichnen sich dadurch aus, dass sie zügig, straff und voller Bewegung sind (Beispiel: Malereien von Künstlern, die sich durch einen energischen Pinselstrich auszeichnen). Daneben stehen Umsetzungen, die wenig Energie spüren lassen. Diese Umsetzungen sind oftmals ängstlich, allzu zurückhaltend und wenig vorwärts drängend.

2.3.4.2 Praktische Studien

- Entwickeln Sie eine Figur aus zwei, drei oder fünf gleichen Flächen oder Körpern gleicher Größe, Farbe und Helligkeit.

Die gleichmäßige Aufteilung der einzelnen Gebilde zeichnet sich durch eine relative Spannungslosigkeit aus. Versuchen Sie die einzelnen Figuren zu spannungsvollen Gebilden zu verändern.

Gestalt-merkmale	eher spannungsvoll	eher spannungsarm
Form	Vermeidung gleichmäßiger Bögen, gleichmäßiger Ecken, unterschiedliche Kantenlängen bei Flächen und plastischen Gebilden	Gleichmäßige Bögen, Abrundungen, Ecken, gleich lange Kantenlängen usw.
Farbe	Abwechslungsreiche Farbgebung, ungewohnte Farbkombinationen, Farbe in unterschiedlichen Mengen	Gleiche Farben, Farbwiederholungen, ständig die gleichen, bekannten Farbmuster, Farbigkeiten
Material	Wechsel der Materialien, Einsatz natürlicher und künstlicher Stoffe	Ständig das gleiche Material, keine Materialvariationen
Gliederung	Veränderungen und Abweichungen von Regelungen, so dass ständig neue Eindrücke entstehen, ungewohnte Folgen von Elementen	Gleichmäßiges Raster, ständiges Wiederholen gleicher Elemente, strenge Aufteilung ohne Durchbrechung der Regel

Grafik 10.21 Übersicht über die Merkmale, die für eher spannungsvollen oder aber eher spannungslosen Umsetzungen entscheidend sind

- Entwickeln Sie neue und spannungsvolle Figuren durch Einsatz chemisch-physikalischer Prozesse. Zeichnen bzw. schaffen Sie z.B. eine Form durch Tropfenlassen einer Flüssigkeit aus unterschiedlicher Höhe also durch Einsatz von Mitteln und Verfahren, die zu nicht vorher exakt fixierbaren Gebilden führen.
- Entwickeln Sie für eine Formkombination eine spannungsvolle Gestalt.

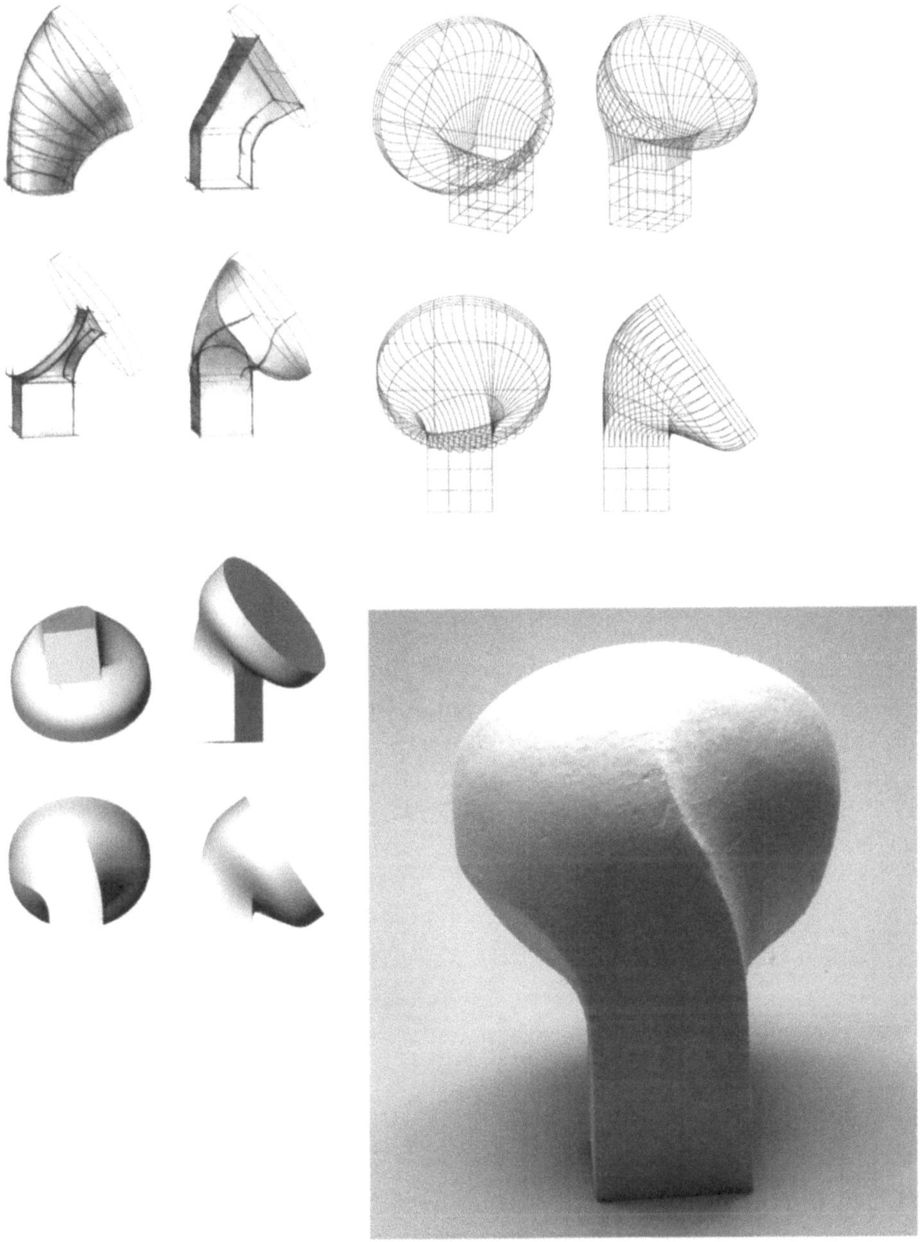

Abb. 10.29 Zeichnerische Vorstudien, Ausarbeitungen mit dem Computer und modellhafte Umsetzung eines Themas

Die Abbildungen zu 10.30 zeigen einen spannungsvollen Übergang von einem Würfel zu einem linearen Element.

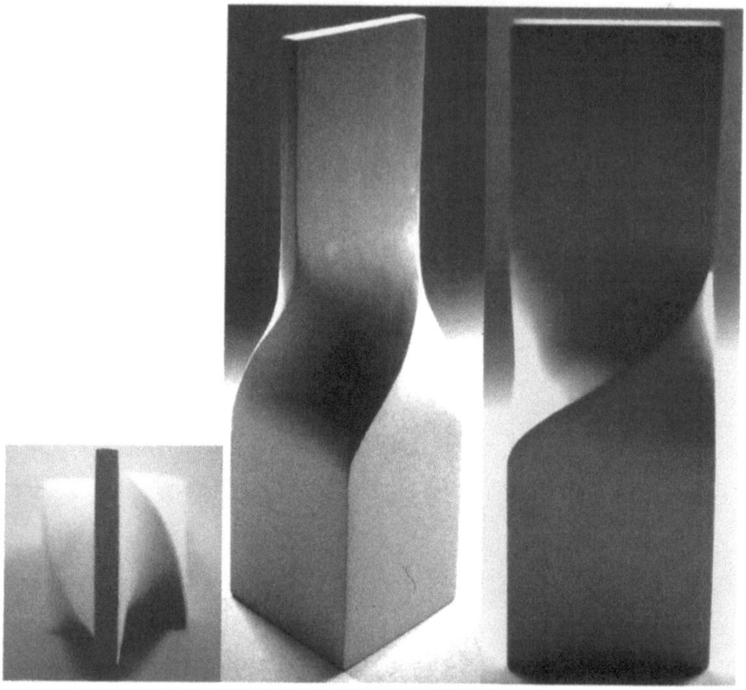

Abb. 10.30 *Drei Sichtweisen der gleichen Figur*

Abb. 10.31 *Die Auflösung einer strengen Form zu einem spannungsvollen Gebilde*

2.3.4.3
Studien zur Proportion

Sieht man ein Haus, ein Produkt, einen Menschen usw., so vergleicht man ohne weiteres Nachdenken deren Breite und Höhe, deren Länge und Breite oder bei plastischen Objekten, deren Länge mit der vorhandenen Breite und Höhe miteinander. Man betrachtet die Maßverhältnisse und man bewertet sie, ob sie den eigenen Vorstellungen entsprechen. Ein Produkt oder eine Gebäude gefällt weniger, wenn die Verhältnisse von Länge zu Breite und Höhe nicht den eigenen Vorstellungen entsprechen. Es gilt als weniger gut proportioniert.

Maßgebende Faktoren für die Proportion eines Gebildes:
Haben zwei Größen den gleichen Wert, so kann man dies durch eine Verhältnisgleichung „Proportion" ausdrücken, z.B.
$a : b = c : d$
Man sagt: a verhält sich zu b wie c zu d.

Der Begriff der Proportion
Proportion *= Verhältnis / Ebenmaß*
Pro- = gegen, für,
portio = Teil, Anteil, Verhältnis

Wächst eine Zahl im gleichen Verhältnis wie eine andere, dann sagt man, die beiden Größen sind direkt oder indirekt proportional. Direkte Proportionalität liegt vor, wenn das Verhältnis zweier Größen konstant bleibt. Indirekte Proportionalität liegt vor, wenn das Produkt zweier Größen konstant ist. Spricht man von Proportion, so betrachtet bzw. beschreibt man das Verhältnis von zwei Größen zueinander.

- Ausgangsfigur: Das Verhältnis von 1 : 1

Bei einer Fläche ist es die Betrachtung der Länge gegenüber der Breite und bei einem Körper die Betrachtung der Länge einer Seitenkante gegenüber der Breite und der Höhe des Objektes.

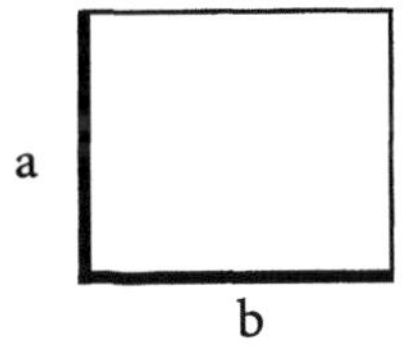

Grafik 10.22 *Das Verhältnis von 1:1 der Flächenseiten*

- Maßverhältnisse im Innern einer Fläche bzw. im Innern eines Raumes

Die Aufteilung einer Fläche lässt sich ebenfalls auf ein grundlegendes Maßverhältnis zurückführen. Mit dem Mittelpunkt auf einer quadratischen Fläche werden die Abstände zu den Seiten und Ecken wiederum im Verhältnis von 1 : 1geteilt.

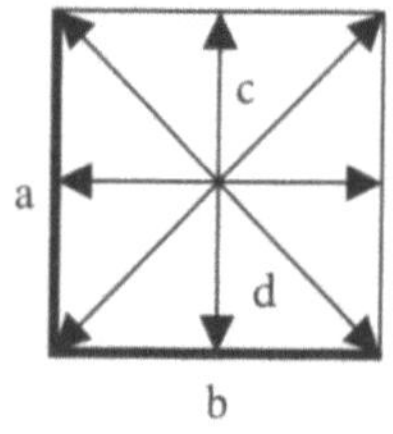

Grafik 10.23 Das Verhältnis der Abstände zum Mittelpunkt

Die Verlagerung des Mittelpunktes führt sogleich zu völlig veränderten Verhältnissen der einzelnen Strecken von der Seitenkante zur Mitte (c) und der folgenden Strecke von der Mitte zur Seitenkante (d).

Die Verlagerung des Treffpunktes aus der Mitte führt natürlich auch zu einer Veränderung der bisher vorhandenen Diagonalen.

In gleichem Maße lassen sich natürlich auch plastische Gebilde, Körper wie Räume, im Innern aufteilen.

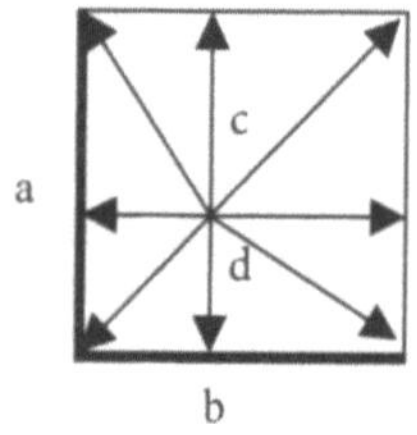

Grafik 10.24 Veränderung der Verhältnisse durch Verlagerung eines Punktes aus dem Zentrum

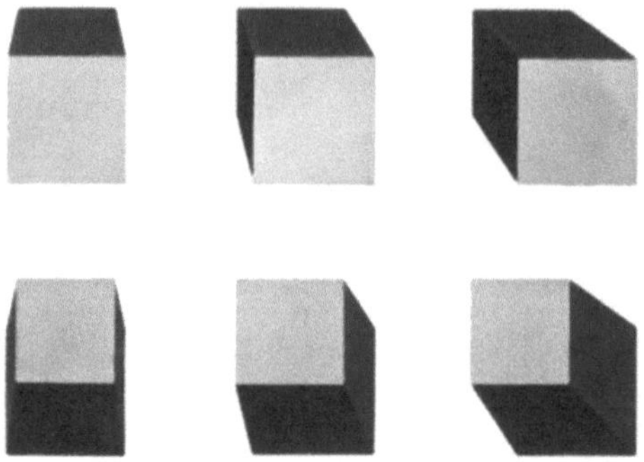

Abb. 10.32 Die Veränderung des Mittelpunktes nach oben und nach der Seite

- Die Veränderung der Grundfigur und die damit veränderten Proportionen

Kommt es zu einer Veränderung der äußeren Form vom Quadrat zum Rechteck oder vom Würfel zum Quader, so bedeutet dies natürlich von vornherein, wenn man eine innere Teilung von einem Mittelpunkt ausgehend vornimmt, bereits eine Aufteilung in unterschiedliche Verhältnisse oben : unten und rechts : links.

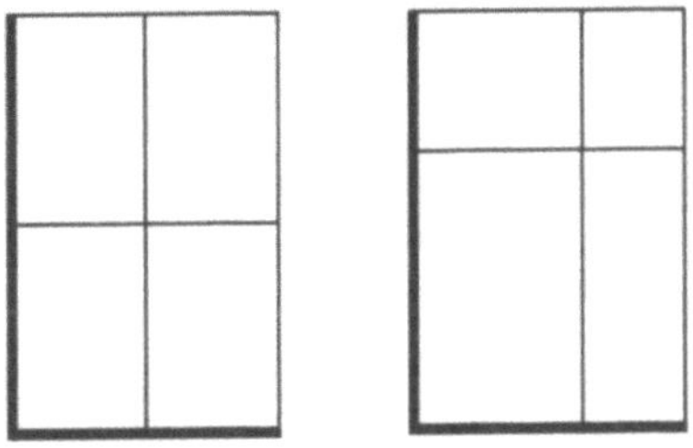

Verlagert man zudem den Treffpunkt der einzelnen Linien, so kommt es zu völlig unterschiedlichen Maßverhältnissen.

Grafik 10.25 *Die Veränderung der Proportion durch die Verlagerung der Mittelsenkrechten*

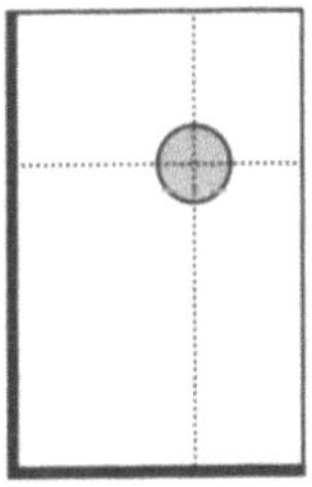

- Die Suche nach spannungsvollen Maßverhältnissen

Maßgebend für die proportionale Aufteilung eines Gebildes ist die Herstellung einer inneren Spannung zwischen den jeweiligen Größen: z.B. einer Spannung zwischen der Breite und der Höhe eines Gebildes, einer Spannung zwischen der Höhe, der Breite und der Länge eines Gebildes.

Stehen die einzelnen Seiten in einem angemessenen spannungsvollen Verhältnis zueinander, so sprechen wir von gut- oder wohlproportionierten Gebilden. Doch welche Abmessungen von Höhe zur Breite oder von Höhe zu Breite und zu Länge sind gut proportioniert?

- Die Proportion unterschiedlicher Objekte

Einen Menschen nennen wir wohlproportioniert, wenn seine Breite gegenüber seiner Größe bzw. Länge ein bestimmtes Ausmaß nicht allzu sehr über- noch unterschreitet. Ein Haus nennen wir wohlproportioniert, wenn Breite und Höhe der Front in einem bestimmten Verhältnis zueinander stehen. Dabei werden allerdings andere Maßstäbe angelegt als beim Menschen.

Dies lässt den Schluss zu, dass bei vielen Bewertungen die inhaltlichen Aspekte eine entscheidende Rolle spielen. Insofern ist es fragwürdig, bei der Entwicklung eines Objektes ein generelles Maßverhältnis vorzugeben.

- Der goldene Schnitt

Bei der Suche nach Maßverhältnissen, die als gut proportioniert angesehen werden, kam man zu dem goldenen Schnitt.

Er zeigt eine flächenhafte Aufteilung, bei der die Länge und Breite im Verhältnis von 3 : 8 stehen.

Siehe dazu auch: Höhe und Breite einer Kirche in Abhängigkeit von bestimmten symbolischen Zahlenverhältnissen

- Zahlenverhältnisse als bestimmende Faktoren für die Proportion

Der Umgang der Zahlenverhältnisse beim goldenen Schnitt führte dazu, sich bei der Festlegung von Maßverhältnissen für flächenhafte oder plastisch-raumhafte Gebilde noch weiter von menschlichem Empfinden zu lösen. Abstrakte Zahlenverhältnisse, nicht selten mit symbolhaften Bedeutungen versehen, werden bestimmend für die Maßverhältnisse einer Gestalt.

- Die Funktionalität eines Objektes und die Proportion

Während die bisher vorgetragenen Überlegungen davon ausgingen, dass für die Bestimmung der Maßverhältnisse menschliches Empfinden ausschlaggebend ist, werden viele Umsetzungen nach bestimmten rechnerischen Vorgaben entwickelt.

So sind für viele Objekte die technischen Funktionalitäten maßgebend, wie hoch, wie breit und wie lang eine Gebilde sein muss.

2.3.4.4
Theoretische Studien zur Proportion

- Die Suche nach einer guten Proportion

Geben Sie einer größeren Anzahl Mitstudenten jeweils 3 Blätter in unterschiedlichem Format.

Jede/r Studierende soll an der Stelle, an dem außerhalb der Mitte eine gute Aufteilung des gesamtes Blattes erreicht ist, einen Punkt setzen. Durch Übereinanderlegen der Blätter soll das Profil für eine Flächenteilung herausgearbeitet werden.

- Die Suche nach guten Proportionen

Erstellen Sie eine größere Anzahl rechteckiger Figuren in unterschiedlichen Maßverhältnissen.

Legen Sie diese Figuren unterschiedlichen Personen vor mit der Aufgabe, 5 oder mehr Figuren auszuwählen, die wohlproportioniert erscheinen. Versuchen Sie eine Auswertung mit dem Ziel, Tendenzen für bestimmte Maßverhältnisse zu erfahren.

- Maßverhältnisse in der Natur

Untersuchen Sie lebende Organismen, Pflanzen, Blätter, Tiere, hinsichtlich ihrer Größenverhältnisse. Versuchen Sie eine Auswertung mit dem Ziel, Tendenzen für bestimmte Maßverhältnisse zu erfahren.

- Maßverhältnisse bei künstlich erstellten Objekten

Untersuchen Sie vorhandene Objekte hinsichtlich ihrer Proportionen.

Abb. 10.33 *Maßverhältnisse in der Natur: Proportionen bei Blättern*

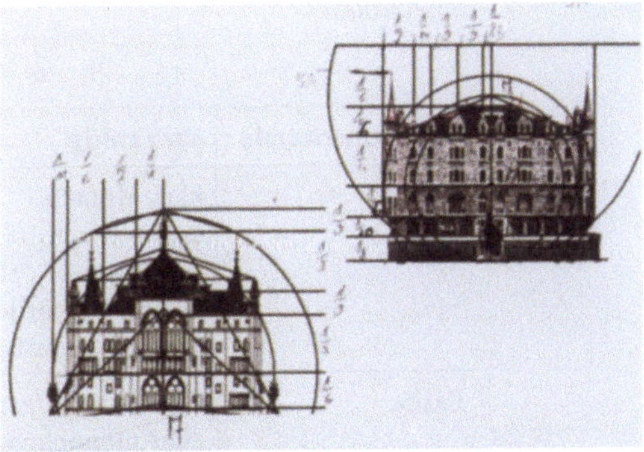

Abb. 10.34 und 10.35 *Die Untersuchung der Proportionen bei vorhandenen Objekten*

- Proportionen aufgrund von Zahlensymbolik

Stellen Sie Objekte (z.B. aus dem Bereich der Architektur oder Musik) zusammen, deren Proportionen von bestimmten symbolhaften Zahlenverhältnissen bestimmt sind. Beschreiben Sie die mit der Zahlensymbolik verbundene Bedeutung.

2.3.4.5 Praktische Studien zur Proportion

- Ein bestimmter Körper (Würfel, Zylinder) ist in zwei, drei, vier und mehr Teile aufzugliedern, wobei die einzelnen Teilungen von einer Kante, von einem Punkt ausgehen. Die einzelnen Teilungen sollen so sein, dass die entstehenden Figuren wiederum symmetrisch sind.

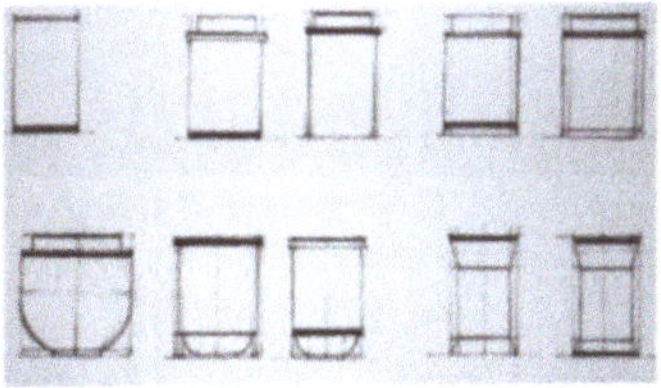

Abb. 10.36 *Die Suche nach der richtigen Proportion in zeichnerischen Vorstudien*

2.3.5
Die Ruhe – die Unruhe

Ruhige Umsetzungen zeichnen sich vor allem dadurch aus, dass größere Veränderungen oder Unregelmäßigkeiten vermieden werden.
Ruhig sind Umsetzungen, die im Gleichgewicht sind, bzw. Figuren, die ausgewogen sind.

Siehe dazu die besonderen Studien zum Gleichgewicht einer Umsetzung in Abschnitt 2.3.5.4 und 2.3.5.5

Manche Menschen wollen eher ruhige, andere eher unruhige Darstellungen oder Umsetzungen.

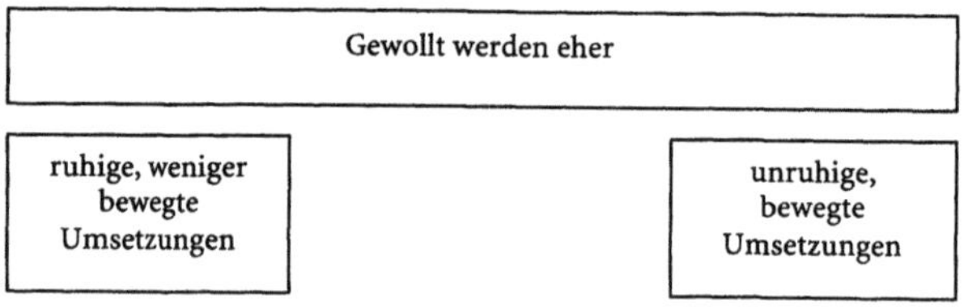

Grafik 10.26 *Die unterschiedlichen Einstellungen zu ruhigen oder bewegten Umsetzungen*

Gestaltmerkmale	**eher ruhig**	**eher unruhig**
Form	klar, einfach, geometrisch, messbar, weniger natürlich, wenig kontrastreich	verschwommen, unklar, eher vielgliedrig, ungeometrisch, natürlich
Farbe	eher kontrastarm, eher monochrome Farbgebung, Farbverwandtschaften, weitgehend Helligkeitsgleiche Farben	eher kontrastreiche Farbgebung, Vielfarbigkeit, deutliche Helligkeitsunterschiede bei den einzelnen Farben
Material	weitgehend gleiches Material	Einsatz unterschiedlicher Materialien
Gliederung	einfacher Aufbau, deutliche waagerechte und senkrechte Linien, eher statische Gebilde, wenig Bewegung und Veränderung	komplexerer Aufbau, weniger waagerechte und senkrechte Linien, eher Verwendung von Bewegung, bewegter Teile usw.

Grafik 10.27 *Übersicht über die wesentlichen Gestaltmerkmale bei ruhigen und unruhigen Gestaltungen*

2.3.5.1
Theoretische Studien

- Sammeln Sie Umsetzungen, die eher ruhig wirken, gegenüber Umsetzungen, die unruhig und bewegt wirken.
- Klären Sie, welche Gestaltmerkmale maßgebend sind für ruhige und welche Gestaltmerkmale maßgebend sind für eher unruhig wirkende Umsetzungen.

2.3.5.2
Praktische Studien

- Auf einer Fläche ist eine größere Anzahl von Elementen (z.B. 20 – 25 Elemente) unterzubringen, so dass ein ruhiger Eindruck entsteht.

Durch Veränderung der Elemente in ihrer Größe, Form, Farbe, Material und Gliederung sind mehrere Versionen zu entwickeln bis hin zu einer völlig unruhigen Umsetzung.

Abb. 10.37 *Relativ ruhige Formulierung – gebranntes Papier*

2.3.5.3
Das Gleichgewicht einer Umsetzung als Voraussetzung für deren Gefallen

Siehe die Anforderungen an eine Gestaltung, die gefällt in Abschnitt 1.2.2.1 dieses Teils:
Das Ganze soll im Gleichgewicht sein,
trotz Asymmetrie möchte ich Ausgewogenheit,
die Umsetzung soll für sich alleine stehen können.

Bei den von den Studierenden genannten Wünschen an die äußere Form einer Umsetzung fällt auf, dass hierbei das Gleichgewicht der Umsetzung gleich zweimal genannt wird. Offensichtlich wird diesem Aspekt eine besondere Wichtigkeit beigemessen.

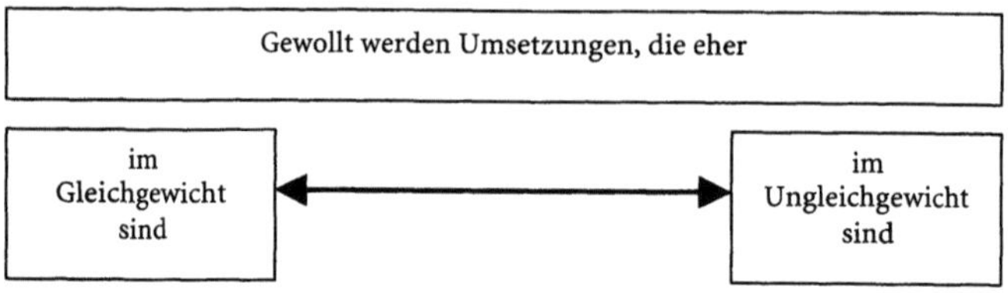

Grafik 10.28 *Die unterschiedliche Einstellungen zu Gleichgewicht und Ungleichgewicht*

- Das Gleichgewicht zwischen SOLL und IST als eine Voraussetzung für das Gefallen

Die jeweils subjektiven Einstellungen sind verantwortlich für die jeweiligen Sollvorgaben an die äußere Form einer Umsetzung. Und: Erwartet werden Istsituationen (Realisierungen, Umsetzungen, Gestaltungen), die diesen Sollvorgaben entsprechen.

- Das innere Gleichgewicht einer Umsetzung als Voraussetzung für deren Gefallen

Objekte oder Umsetzung werden danach bewertet, ob sie selbst im Gleichgewicht sind. Man prüft unbewusst, ob die rechte Seite einer Umsetzung gegenüber der linken Seite das Gleichgewicht halten kann oder ob sie gleichsam auf der einen Seite gestützt oder gehalten werden müssen, um nicht umzufallen bzw. zu kippen.

Zu viel Dunkelheit, zu viel Text oder Bild usw. auf einer Seite ohne entsprechendes Gegengewicht auf der anderen Seite
Siehe dazu Beispiele aus der Malerei und Grafik (Verteilung Bild und Text), in Architektur oder bei Designobjekten usw.

Gründe dafür könnten sein: Die Erfahrung und das Wissen, dass Objekte, die für sich stehen müssen, nur fliegen, schwimmen oder gehen können, wenn sie im Gleichgewicht sind.

- Das Prinzip der Waage

Gleichgewicht ist vorhanden, wenn, entsprechend dem Prinzip einer Waage, das Gewicht der verwendeten Teile auf beiden Seiten gleich ist. Wird das Gewicht auf der einen Seite erhöht, entsteht ein Ungleichgewicht. Das Ganze ist unausgeglichen. Die gewichtigere Seite zieht nach unten.

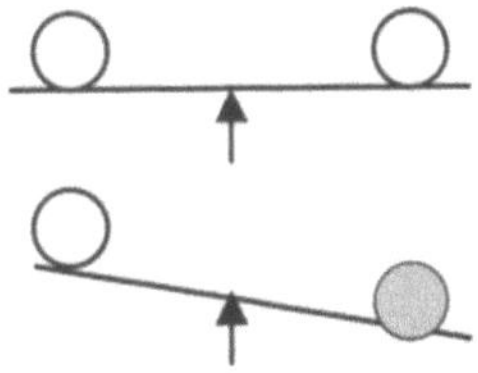

Grafik 10.29 Die Veränderung des Gleichgewichts bei schwereren Elementen

- Übertragung der Erfahrungen auf visuell wahrnehmbare Umsetzungen

Die Verlagerung des Gewichtes auf eine Seite durch Verschieben eines Elementes aus der Mitte führt dazu, dass der rechte Bildteil schwerer wirkt, als der linke Bildteil. Die Folge ist, dass das Ganze als einseitig, als unausgeglichen bewertet wird.

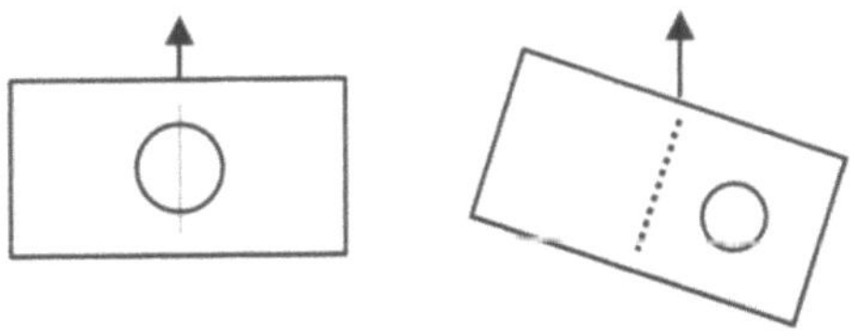

Grafik 10.30 Die Veränderung des Gleichgewichts bei einer Verlagerung nach außen

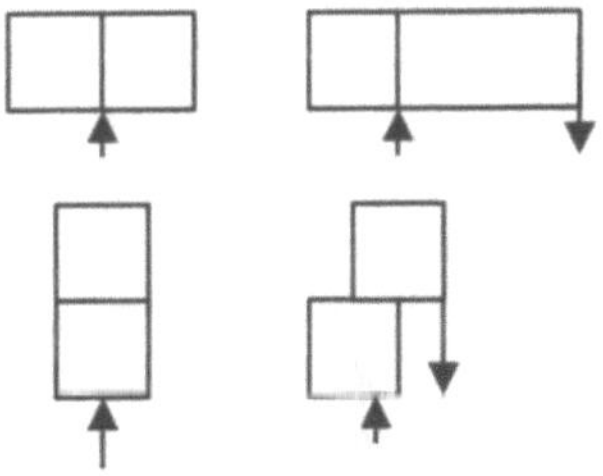

Grafik 10.31 Die Auswirkungen von Größenveränderung oder Positionierung außerhalb der Mitte auf das Gleichgewicht einer Umsetzung

Die gleiche Wirkung einer Gewichtsveränderung ist bei zwei übereinanderstehenden Würfeln durch die Verlagerung des oberen Würfels auf die Seite zu beobachten.

Die Erfahrungen lassen sich auf haptisch und akustisch wahrnehmbare Phänome übertragen (z.B. das Hervortreten einer Stimme beim Chorgesang kann ein Stück zum „Kippen“ bringen).

2.3.5.4 Theoretische Studien zum Gleichgewicht

- Einstellungen der Menschen zum Gleichgewicht

Zeigen Sie
- an verschiedensten Umsetzungen,
- aus verschiedenen Zeiten und
- aus unterschiedlichen Regionen,

dass Menschen bei allen Umsetzungen versucht haben, diese so zu gestalten, dass sie im Gleichgeweicht sind.

- Untersuchung zur Auswirkung von Farbe auf das Gleichgewicht einer Umsetzung

Hierzu wurden ausführliche Untersuchungen durchgeführt, die belegen, dass für das Gleichgewicht einer Gestaltung die Helligkeit eines Elementes maßgebend ist und nicht der Farbton.

Zu der Abb. 10.38 und 10.39:
Es wurden 5 unterschiedliche Helligkeiten festgelegt (von Hellgrau bis Schwarz) und diese mit entsprechendem Gewicht versehen (Schwarz: hohes Gewicht, Hellgrau: geringes Gewicht). Die einzelnen Flächen konnten jetzt in einem Schieber, der an einem dünnen Faden aufgehängt ist, hin- und herbewegt werden. Je nach Menge und Helligkeitswert kommt es zu gleichgewichtigen oder ungleichgewichtigen Figuren. Neben diesen Untersuchungen wurden die vergleichbaren Figuren Betrachtern vorgelegt. Sie sollten rein empfindungsmäßig bewerten, was im Gleichgewicht, was nicht im Gleichgewicht sei. Die empfindungsmäßigen Bewertungen deckten sich weitgehend mit den Ergebnissen der physikalischen Gewichtung.

Untersuchen Sie, inwieweit Farbton, Farbmenge und Farbhelligkeit Auswirkungen auf das Gleichgewicht einer Umsetzung haben.

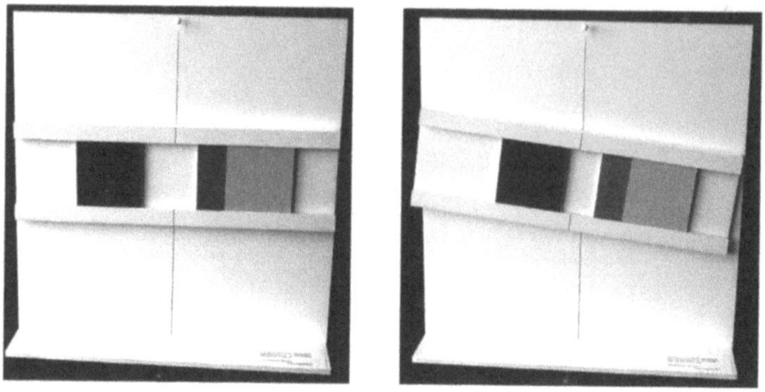

Abb. 10.38 und 10.39 *Modell zur Untersuchung von unterschiedlichen Helligkeitswerten und deren Auswirkungen auf das Gleichgewicht*

2.3.5.5
Praktische Studien zum Gleichgewicht

- Anordnung von verschiedenen Elementen auf der Fläche

2, 3 und 5 Elemente sind auf einer Fläche so anzuordnen, dass die gesamte Fläche immer im Gleichgewicht ist. Entwickeln Sie 15 bis 20 unterschiedliche Alternativen.

- 2, 3 und 5 Elemente sind so miteinander zu kombinieren, dass die gesamte Plastik im Gleichgewicht ist.
- Typografische Gestaltung einer Doppelseite
- Übertragen Sie die bisherigen Erfahrungen zum Gleichgewicht einer Umsetzung auf die Gestaltung einer Doppelseite mit Texten und Bildern.
- Studien mit plastischen Elementen

Entwickeln Sie statische und bewegte plastische Umsetzungen

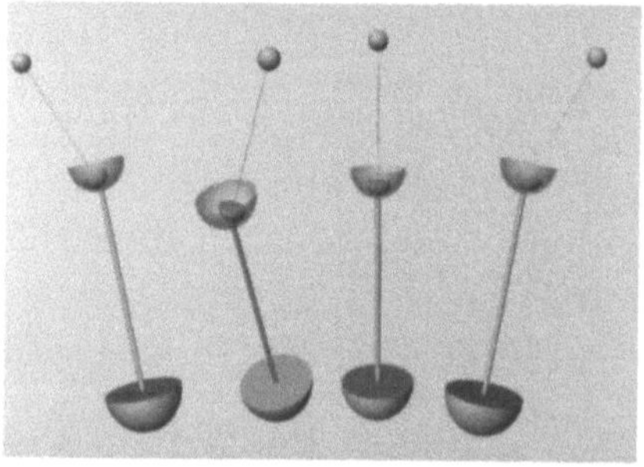

Abb. 10.40 *Vorstudie für ein in sich bewegliches plastisches Objekt*

▪ Studien zum Gleichgewicht eines plastisch-raumhaften Modells

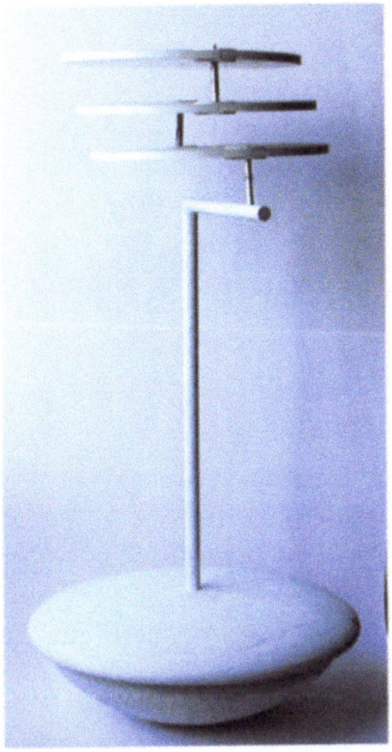

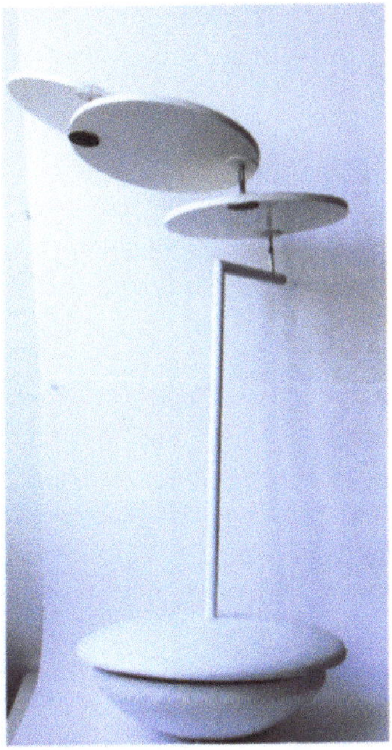

Abb. 10.41 und 10.42 *Modell zum Gleichgewicht von drei beweglichen Scheiben*

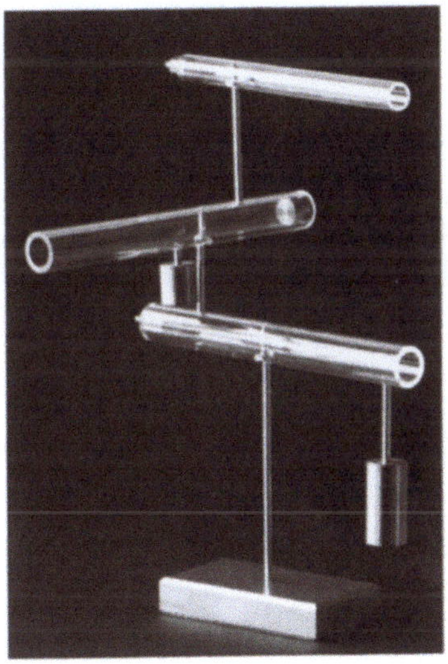

Abb. 10.43 *Modell mit aufgespießten Plexiglasröhren*

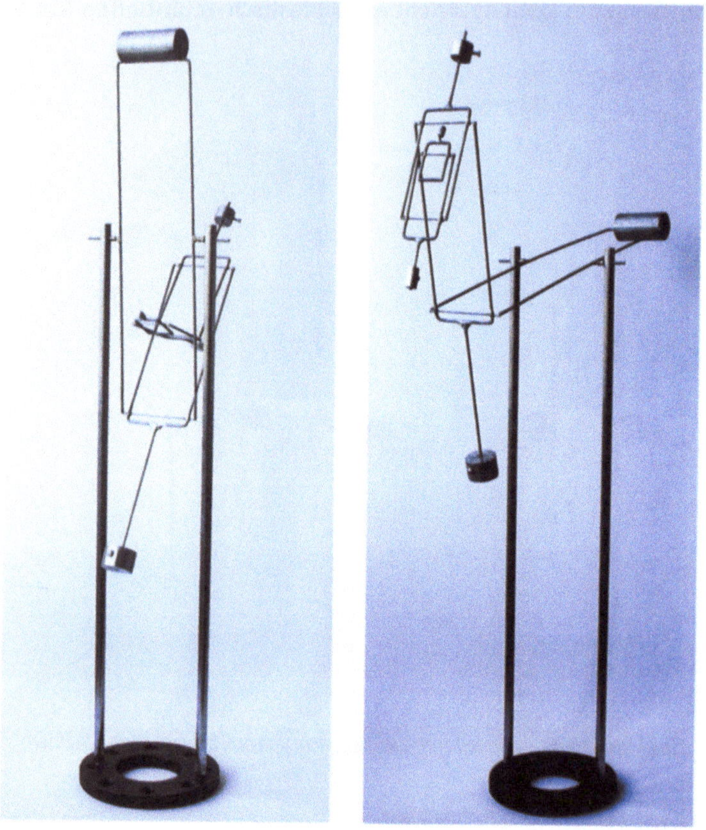

Abb. 10.44 und 10.45 *Modell mit in sich drehenden Teilen*

2.4
Die Anwendung grundlegender Erfahrungen zur Lösung einer konkreten Aufgabe

Die konkrete Aufgabe:
Ein Teil des Objektes oder das gesamte Objekt (Einkaufswagen, Brotdose, Trinkhilfe usw.) ist nach einem der genannten fünf Gesichtspunkte Helligkeit, Stil, Wärme, Spannung oder Ruhe zu überarbeiten.

Vorgehensweise:

- Klärung, welcher Aspekt bei der Gestaltung besonders zu beachten sein soll und Entwicklung alternativer Lösungen
- Auswahl einer brauchbaren Lösung

3 Die äußere Form eines Objektes gefällt mehreren Menschen

Es gibt Menschen, die von der Formgebung eines bestimmten Autotyps schwärmen, wir kennen Menschen, die sich für die gleiche Musik begeistern können, wir machen die Erfahrung, dass viele Menschen die Bilder eines bestimmten Malers bewundern. Offensichtlich gefällt das gleiche Objekte gleichzeitig mehreren Menschen. Dies ist verwunderlich, galt bislang doch die Vorstellung, dass der ästhetische Standpunkt eines Menschen von seiner jeweils ganz persönlichen und subjektiven Einstellung bestimmt wird.

Andererseits bietet diese Verhaltensweise die Chance für Designer/-innen, Produkte zu entwickeln, die vielen Menschen gefallen und somit nicht nur von einem akzeptiert werden.

Für die Designer/-innen eröffnet sich hier ein ganz wichtiges Betrachtungsfeld. Bei den bisherigen Überlegungen zu den Bedürfnissen und Erwartungen der Menschen wurde unterschieden zwischen dem grundsätzlichen Bedarf, er wird weitgehend von der biophysischen Einstellung des Menschen bestimmt, und den jeweils individuellen Erwartungen der einzelnen Menschen, die für die zusätzlichen Erwartungen maßgebend sind. Da diese zusätzlichen Erwartungen aufgrund der aufgenommenen Informationen und deren individueller Verarbeitung entstehen, muss mit ganz individuellen Erwartungen auch auf dem Feld der Ästhetik gerechnet werden. Umso überraschender sind die Ergebnisse von Untersuchungen, wie sie auf den folgenden Seiten vorgestellt werden.

3.1 Verallgemeinerung der Fragestellung

Wie kann man Produkte gestalten, die vielen Menschen gefallen?

3.2 Darstellung grundlegender Aspekte

3.2.1 Die gleichen geistigen Strömungen in einem Lebensraum

Einsatz des semantischen Profils nach Peter Hofstätter

Die Bewertungen unterschiedlichster Objekte aus Malerei, Produktgestaltung oder Musik durch Studierende unterschiedlicher Jahrgänge erbrachte Ergebnisse, die sich in wesentlichen Punkten deckten. Trotz individueller Einstellungen werden bei der ästhetischen Bewertung unterschiedlichster Objekte jeweils bestimmte Grundströmungen erkennbar.

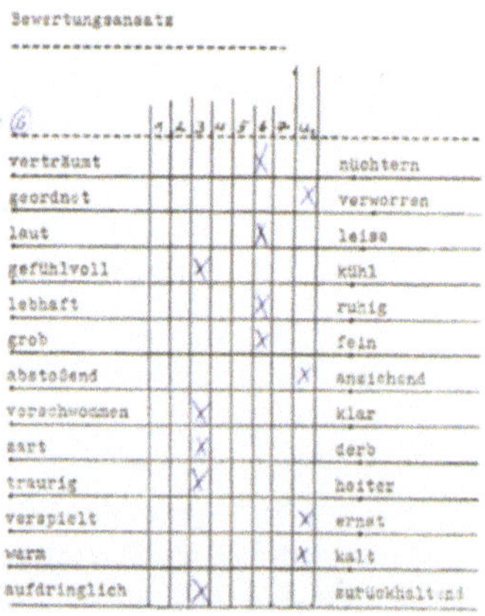

Abb. 10.46 *Der Bewertungsbogen nach dem semantischen Profil von P. Hoffstätter und einer individuellen Produktbewertung*

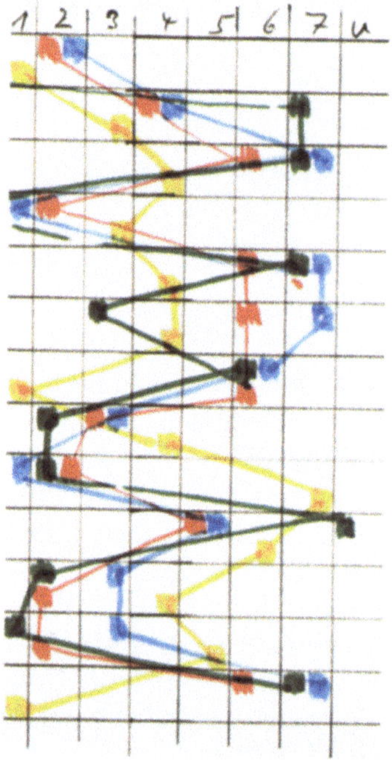

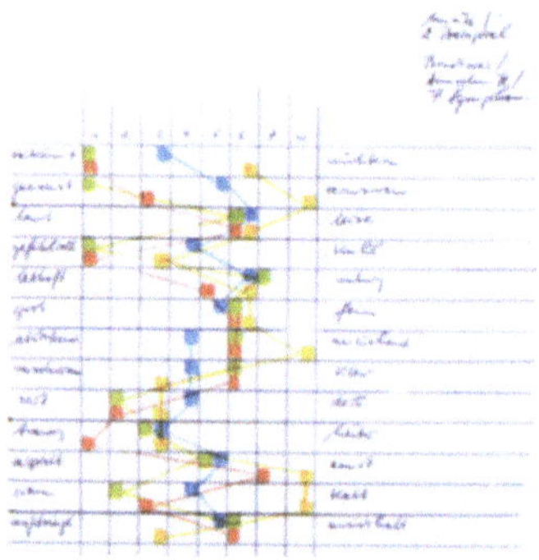

Abb. 10.47 *Das semantische Profil für ein Bild von Baumeister*

Abb. 10.48 *Das semantische Profil für ein Musikteil aus einer Bruckner-Symphonie*

Die generelle Aussage muss eingeschränkt werden, da es sich jeweils um Menschen handelte, bei denen ein bestimmtes Wahrnehmungs- und ästhetisches Empfinden ausgeprägter ist als bei Ungeübten. Bei den Befragten handelte es sich um eine Gruppe bestimmten Alters, die alle aus einem bestimmten Kulturraum kommen.

Eine der Begründungen für dieses Verhalten könnte sein:

Menschen in einem bestimmten Kulturraum werden mit einer Vielzahl weitgehend gleicher Informationen konfrontiert, denen sie sich nicht entziehen können. Auch wenn nur jeweils Teile davon aufgenommen und auf jeweils unterschiedliche Weise verarbeitet werden, ergibt dies doch bei allen eine größere Schnittmenge. Die Folge davon werden mehr oder minder verwandte Einstellungen zu den verschiedensten Sachverhalten sein.

Für die Designer/-innen bedeutet dies: Hat man die ästhetische Grundströmung einer Zielgruppe erfasst, kann die Gestaltung eines Objektes darauf ausgerichtet werden mit der Chance einer relativ hohen Akzeptanz.

3.2.2
Die Merkmale des Objektes sind maßgebend für das Gefallen

Eine völlig andere Position zeigt sich in folgender Aussage:

Nicht die jeweilige individuelle Einstellung ist entscheidend für das Gefallen eines Objektes, sondern die jeweils konkret vorhandenen Gestaltmerkmale bei einem Objekt.

Vereinfacht dargestellt ergibt dies folgende Situation:
Zwei unterschiedliche Betrachter (1 und 2) sehen das gleiche Bild.
Beiden gefällt diese Art der Darstellung.
Die gleichen Betrachter sehen ein weiteres Bild.
Und wiederum kommt es zu einer einheitlichen Entscheidung.
Beiden missfällt diese Art der Darstellung.
Obwohl beide Personen individuelle ästhetische Einstellungen haben, kommt es bei der Konfrontation mit bestimmten Äußerungen zu gleichen Bewertungen.

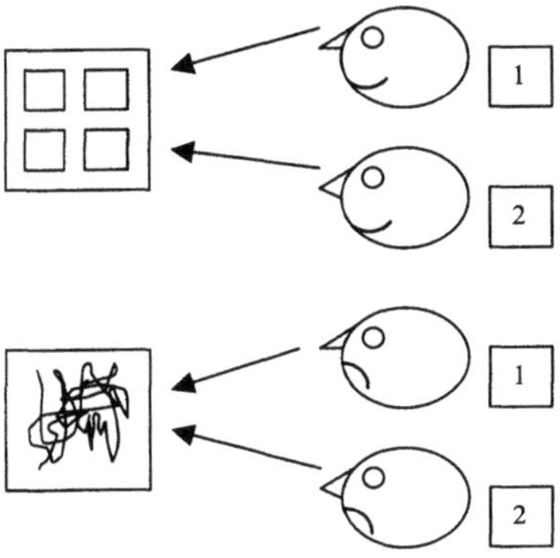

Grafik 10.32 Die gleichen Bewertungen von Objekten

Man begründet dies mit Erfahrungen, dass Umsetzungen auf allen möglichen Gebieten, sei es Malerei, Bildhauerei oder Musik, in Zeiten ihrer Entstehung weitgehend unbeachtet bzw. als ästhetisch unbedeutsam bewertet wurden. Und dies nicht von der Masse der Gesellschaft, sondern oftmals gerade von den Leuten, die sich als Experten für ästhetische Qualität berufen fühlten. Und nicht selten haben diese so abgewerteten Umsetzungen dann nach Jahren eine ungeheure Wertschätzung erlangt. Hinzu kommt: Es gibt eine Reihe von Umsetzungen, die seit alters her als ästhetisch hochwertig angesehen werden. Man denke in diesem Zusammenhang auch an die so genannten „Klassiker" der Malerei, der Architektur, der Bildhauerei, der Produktgestaltung. Somit muss es doch bei den einzelnen Umsetzungen Merkmale geben, die unabhängig vom jeweils zeitgemäßen ästhetischen Empfinden ihre besonderen Qualitäten haben.

Dies könnte bedeuten: nicht die subjektiven Einstellungen eines Menschen für die ästhetische Qualität eines Produktes entscheidend sind, sondern allein dessen Elemente und deren Verteilung bzw. Zuordnung.

Für Designer/-innen kann dies nur bedeuten: Wenn es Umsetzungen gibt, die über die Jahrhunderte als ästhetisch hochwertig eingeschätzt werden, so ist es sinnvoll, solche Umsetzungen genauer zu untersuchen, um dann selbst aufgrund der gemachten Erfahrungen, eigene Produkte zu entwickeln und zu schaffen, die diesem hohen ästhetischen Niveau möglichst nahe kommen.

3.2.3
Der Versuch, das Ästhetische zu messen

Die oben vorgetragenen Überlegungen wurden aufgegriffen und führten zu einem weiteren Versuch, für die ästhetische Bewertung von Objekten eine bessere Grundlage zu schaffen. Wenn schon nicht das ästhetische Empfinden des Menschen für den ästhetischen Wert eines Objektes maßgebend ist, sondern die Art der Objektgestaltung selbst, so sollte man versuchen, diesen Wert auch zu messen und in Zahlen festzuhalten.

Siehe William E. Simmat: Objektive Kunstkritik / Exakte Ästhetik Hier: Der Beitrag von Karl-Dieter Bodack: Ästhetisches Maß und subjektive Bewertung visueller Objekte

Für die Veranschaulichung des doch recht komplizierten Rechenvorganges reicht m.E. eine vereinfachte Version, die nachfolgend kurz skizziert wird.

3.2.3.1
Grundlage der Berechnung

Für die ästhetische Beurteilung durch den Menschen spielen die einzelnen Gestaltelemente und deren Zuordnung eine Rolle.

3.2.3.2
Die selektive Information der Gestaltelemente

Es muss davon ausgegangen werden, dass bei einer ästhetischen Bewertung immer auch semantische und damit logische und ethische Aspekte mit beachtet werden und in die Beurteilung mit einfließen. (Siehe die Fragestellungen vor einem Kunstwerk oder einem sonstigen Produkt: Was bedeutet das? Wofür soll das gut sein? Was soll damit erreicht werden?)

Die einzelnen Elemente werden als Informationsträger aufgefasst. Je unwahrscheinlicher die einzelnen Elemente hinsichtlich ihrer Formgebung, Farbgebung oder Materialgebung sind, umso größer ist ihr Informationsgrad. Da die einzelnen Elemente für eine Umsetzung ausgewählt werden müssen, bezeichnet man die bei einer Gestaltung auftretende Information als selektive Information. Für die selektive Information ergibt sich

- **ein hoher Wert,** wenn möglichst unterschiedliche Elemente in einer Figur bzw. bei einem Objekt verwendet werden,
- **ein niedriger Wert,** wenn weitgehend gleiche Elemente zur Gestaltung eines Objektes verwendet werden.

3.2.3.3
Die strukturelle Redundanz der Gestaltordnung

Die einzelnen Elemente sind im Rahmen einer Gestaltung in irgendeiner Art und Weise einander zugeordnet. Gebilde zeigen somit immer eine bestimmte Struktur. Klare Zuordnungen werden schneller und leichter durchschaut und wiedererkannt als unklare Zuordnungen. Tauchen also klar gegliederte Objekte auf, so ist aufgrund des Bekanntheitsgrades der verwendeten Struktur ein schnellerer und leichterer Zugang zu dem vorhandenen Gebilde möglich, als dies bei einer unbekannten Zuordnung der Fall wäre. Die Bekanntheit der Zuordnung der einzelnen Elemente bezeichnet man als strukturelle Redundanz. Für die strukturelle Redundanz ergibt sich

- **ein hoher Wert,** je bekannter eine Struktur und damit eine Zuordnung der einzelnen Elemente bei einer Umsetzung ist,
- **ein niedriger Wert,** wenn eine Struktur bzw. der Aufbau eines Gebildes unbekannt und nicht so leicht durchschaubar ist.

3.2.3.4
Der Ansatz einer Formel zur Berechnung des ästhetischen Maßes

Die Werte für die selektive Information der Elemente und die strukturelle Redundanz der Zuordnung werden jetzt in eine Beziehung miteinander gebracht. Es gilt:

$$M / ä = \frac{O}{C}$$

Das ästhetische Maß eines Objektes (M/ä) ergibt sich aus dem Verhältnis der strukturelle Redundanz (O) zur selektiven Information (C) der verwendeten Elemente des Objektes.

3.2.3.5
Vier beispielhafte Umsetzungen

Vier unterschiedliche Gestaltungssituationen sollen als Ansatz für eine Berechnung des ästhetischen Maßes nach der vorgestellten Formel dienen.

Es ist darauf zu verweisen, dass die vier Beispiele als typische Umsetzungen nur zur Verdeutlichung des Rechenansatzes zu sehen sind. Die Komplexität des Verfahrens kann in der entsprechenden Veröffentlichung (William E. Simmat: Objektive Kunstkritik / Exakte Ästhetik) umfassender erfahren werden.

Für die Bewertung kann dann z.B. ein Höchstwert von 10 angesetzt werden. Als niedrigster Wert wird z.B. 1 verwendet. Bei einem Einsatz der Werte in die Formel für das ästhetische Maß entsprechend den nebenstehenden Beispielen ergeben sich dann ganz bestimmte Werte.

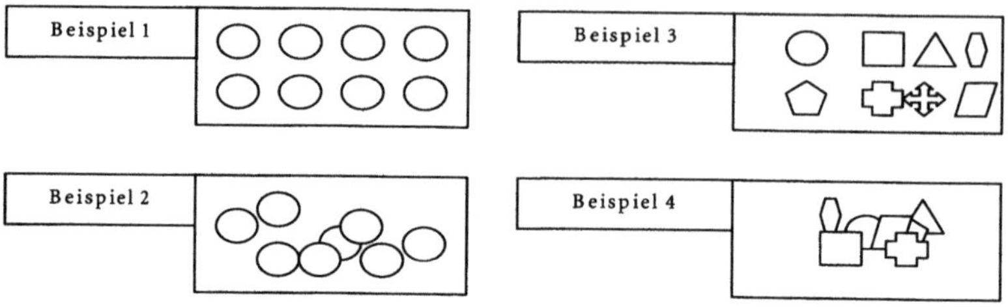

Grafik 10.33 *Modellhafte Situationen von Gestaltungen*

Führt man die Berechnung nach dem oben angegebenen Verfahren durch, so ergeben sich für die einzelnen Beispiele folgende ästhetische Werte:

Beispiel 1: Wert 10
Beispiel 2: Wert 1
Beispiel 3: Wert 1
Beispiel 4: Wert 1:10

Berechnungsweise für Beispiel 1:
Es handelt sich um eine klare und bekannte Ordnung. Die strukturelle Redundanz hat einen hohen Wert, z.B. Wert 10.

Die selektive Information ist dagegen sehr gering (immer die gleichen Elemente). Es gibt, nachdem das erste Element erkannt ist, nichts Neues. Die selektive Information ist gering, z.B. Wert 1.

Bei einer Auswertung entsprechend der vorgegebenen Formel ergibt sich für M/ä ein Wert von 10 / 1 = 10. In gleicher Weise wurden die Werte für die drei weiteren Beispiele berechnet.

3.2.3.6
Ergebnis

Die Ergebnisse regten die Studierenden zu einer intensiven Beschäftigung mit dieser Thematik an.
Die Schwierigkeit einer Objektbetrachtung ohne zugleich deren inhaltliche Seite zu bewerten, wurde ebenso deutlich wie die Frage nach der Richtigkeit der Formel und der sich daraus ergebenden Werte.
Im Rahmen der theoretischen Studien wurde eine Aufgabe zur Überprüfung der Ergebnisse gestellt.
Die aufgezeigten Tendenzen wurden überwiegend bestätigt.

Bei einer näheren Betrachtung dieser einzelnen Werte lassen sich daraus für das Gefallen eines Objektes bestimmte Tendenzen ableiten. Einen relativ hohen ästhetischen Wert besitzen demnach Umsetzungen, bei denen weitgehend gleiche Elemente in einer relativ klaren (und deshalb bekannten) Ordnung eingesetzt wurden. Einen weniger hohen ästhetischen Wert zeigen Figuren oder Umsetzungen mit weitgehend gleichen Elementen und weniger klaren Ordnungen. Umsetzungen mit relativ verschiedenen Elementen, die jedoch klar gegliedert sind, nehmen ebenfalls eine mittlere Position ein. Den niedrigsten Wert und damit die geringste ästhetische Qualität zeigen Umsetzungen mit möglichst vielen unterschiedlichen Elementen, die darüber hinaus auch noch weitgehend chaotisch angeordnet sind.

3.3 Studien

3.3.1 Theoretische Studien

Gestaltmerkmale bei „Klassikern“

- Wählen Sie mehrere Klassiker z.B. aus dem Bereich der Produktgestaltung aus und versuchen Sie die ihnen zugrunde liegenden Gestaltmerkmale herauszufiltern.

Das ästhetische Maß

- Versuchen Sie durch eine vergleichende Betrachtung unterschiedlichster Gestaltungen, die sich den 4 genannten Gruppierungen zuordnen lassen, zu belegen, inwieweit diese Vorgaben zur objektiver Ästhetik haltbar sind.
- Versuchen Sie eine Auswertung aufgrund einer Befragung einer größeren Zielgruppe durchzuführen, inwieweit die jeweils subjektiven Entscheidungen mit den messbaren Ergebnissen übereinstimmen.

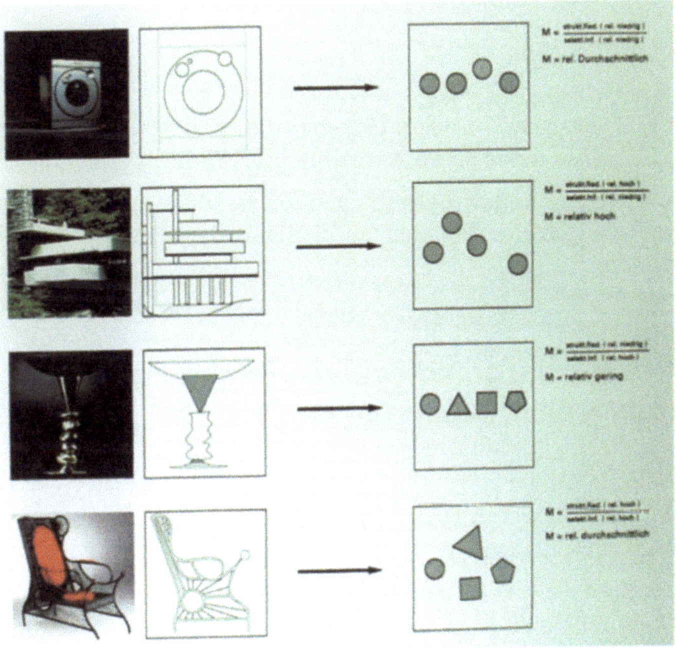

Abb. 10.49 Zusammenstellung von konkreten Objekten, die den Vorgaben von selektiver Information und struktureller Redundanz entgegenkommen

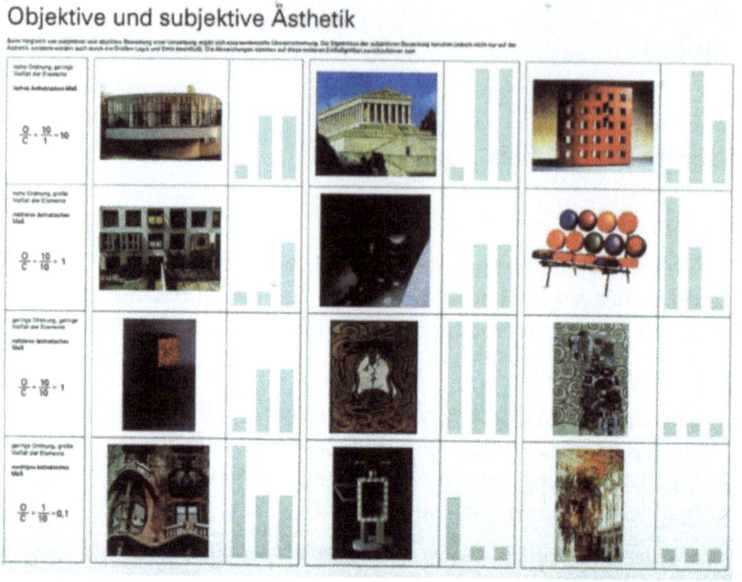

Abb. 10.50 Auswertung einer Befragung zum ästhetischen Maß

3.3.2
Praktische Studien

- Suchen Sie nach Umsetzungen, bei denen die Anzahl und Art der Elemente sowie deren Anordnung verändert werden.
- Versuchen Sie durch Befragungen zu ergründen, inwieweit die Berechnungen mit den eher subjektiven Bewertungen übereinstimmen.

3.4
Die Anwendung grundlegender Erfahrungen zur Lösung einer konkreten Aufgabe

Die konkrete Aufgabe:
Gestaltung der äußeren Form eines Einkaufswagens, einer Brotdose, einer Trinkhilfe usw.

- Versuchen Sie die Vorgaben für ein hohes ästhetisches Maß auf die Gestaltung des konkret vorhandenen Objektes zu übertragen.

4 Verschiedene Funktionen der Ästhetik

Mit der besonderen Gestaltung eines Produktes werden besondere Ziele verbunden. Auf sich aufmerksam machen, jemand für sich gewinnen, anziehend wirken, sich für das Vorgestellte begeistern, anregen, das Angebotene zu kaufen, ist die eine Seite. Daneben stehen Darstellungen, die aufgrund ihrer Darstellungsart dazu anregen, Objekte, Personen oder sonstige Dinge zu meiden. Damit wird aber die äußere Form einer Gestalt von dem Sender oder Macher der jeweiligen „Formulierung" genutzt, um ganz bestimmte Ziele zu erreichen. Die Ästhetik eines Gebildes bzw. einer Äußerung ist somit kein Selbstzweck, sondern bekommt eine Funktion.

Für die Designer/-innen, die ja in besonderer Weise mit der Gestaltung von Produkten befasst sind, ergeben sich damit ungeahnte Möglichkeiten, auf das Verhalten anderer Menschen in bestimmter Weise einzuwirken.

4.1 Verallgemeinerung der Fragestellung

Welche Funktionen kann die Ästhetik und damit die Gestaltung der äußeren Form eines Produktes übernehmen?

4.2 Darstellung grundlegender Aspekte

4.2.1 Die Ästhetik der äußeren Form und ihre Wirkungsweise

Es gibt unterschiedliche Möglichkeiten, einen bestimmten Inhalt zu formulieren.

4.2.1.1
Die „schöne" äußere Form

Es gibt Formulierungen oder Produkte, die gefallen. Sie werden als schön bewertet. Sie sind anziehend. Man möchte sie haben. Man nähert sich ihnen gerne.

Abb. 10.51 Alufolie gebürstet

4.2.1.2
Die „unschöne" (hässliche) äußere Form

Es gibt Formulierungen, die missfallen. Sie werden als unschön und hässlich bewertet. Sie stoßen ab. Sie werden abgelehnt. Man meidet sie. Man entfernt sich von ihnen.

Damit gilt: Bei einem Empfänger bewirken schöne oder unschöne Umsetzungen ein unterschiedliches Verhalten. Für einen Sender bzw. einen Gestalter von „Formulierungen" eröffnet sich dadurch die Möglichkeit, die Empfänger in seinem Sinne zu lenken.

4.2.2
Unterschiedliche Zielsetzungen der Sender einer Formulierung

4.2.2.1
Absichtliche Formulierungen des Senders im Interesse der Empfänger

Der Sender von Ideen und Vorstellungen kann im Interesse der Empfänger bestimmte Vorstellungen und Gedanken weitergeben.

Zum Beispiel stellt die Unterweisung von Schülern, die Aufklärung von Kindern, die Informationen für Erwachsene zu bestimmten Sachverhalten eine solche Arbeit dar. Generell dienen solche Umsetzung dazu, den Bedarf eines anderen Menschen zu befriedigen, ihm zu helfen bzw. ihn bei seinen Vorhaben zu unterstützen usw.

Wie bereits dargestellt, kann der Sender gleichzeitig der Gestalter einer Äußerung sein (Redner, Schreiber usw.).
Im Designbereich und in vielen anderen Bereichen werden die „Formulierer" von einem Sender beauftragt, die entsprechende Umsetzungsarbeit bzw. Gestaltungsarbeit zu übernehmen.
Dabei sind in der Regel aber auch die besonderen Absichten des Auftraggebers zu beachten.

4.2.2.2
Absichtliche Formulierungen des Senders im eigenen Interesse

Der Sender kann aber auch versuchen, mit der Gestaltung von Produkten eigene Interessen zu verfolgen. Eigene Interessen können sein: die Verbesserung der eigenen wirtschaftlichen Situation, die Verbesserung der eigenen sozialen Stellung oder die Schaffung wirtschaftlicher oder gesellschaftlicher Verhältnisse, die den eigenen Vorstellungen entsprechen.

Siehe dazu Teil 14

Nachfolgend werden verschiedene Mittel vorgestellt, die gezielt eingesetzt der Verfolgung bestimmter Interessen dienen können.

4.2.3
Betrachtung einiger Darstellungsarten

4.2.3.1
Die Dokumentation

Einem Sender kann es darum gehen, einen Sachverhalt so sachlich wie nur möglich vorzustellen. Dies kann dort gelingen, wo es sich um nachprüfbare und messbare Daten handelt.

Im Industrie-Design kann man bei der Darstellung eines Objektes auf der Fläche und bei der Umsetzung im plastischen Modell Verfahren anwenden, die eine relativ sachliche Information bieten.

Ein Beispiel ist der Einsatz der Parallelprojektion. Alle Teile bleiben auch bei einer räumlichen Verschiebung in der gleichen Größe.

Abb. 10.52 *Parallelprojektion*
Hier bleiben alle Größen im Verhältnis von 1 : 1 erhalten.

Es kommt zu keinen Verkürzungen oder Verlängerungen von Kanten usw.

Eine sachliche Information bieten 1:1-Modelle, die Aufbau und Einsatz der Materialien ohne Beschönigungen zeigen.

4.2.3.2
Die Veränderung eines Sachverhaltes

Mit dem Einsatz besonderer Lichtquellen können Teile beleuchtet und damit zwangsläufig andere in den Schatten zurückgedrängt werden.
Mit dem Einsatz von Glanzlichtern kann der Eindruck von Exklusivität und besonderer Wertigkeit des Materials z.B. noch gesteigert werden
(z.B. bei Modellen, die dann in besonderem Licht präsentiert werden, wie bei Autosalons).

Durch das Herausheben oder Betonen bestimmter Teile eines Objektes kann eine Aufwertung des Ganzen entstehen.

Im Industrie-Design kann man dies z.B. durch den Einsatz von Fluchtpunktkonstruktionen sehr leicht erreichen.

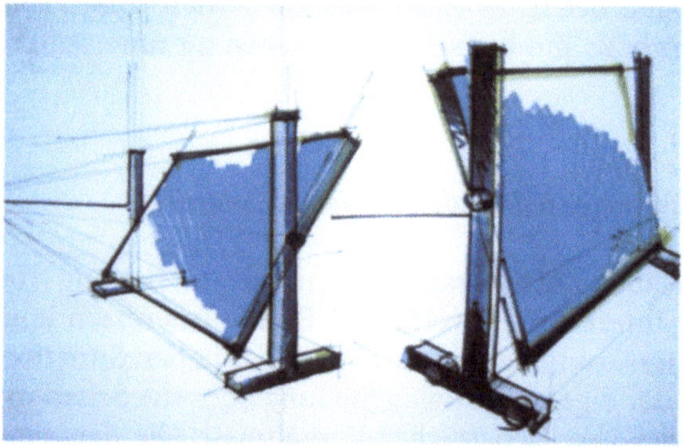

Abb. 10.53 Fluchtpunktperspektive
Sie gibt eine bestimmte Sichtweise des Senders vor.

Mit der Auswahl von Fluchtpunktperspektiven besteht für den Gestalter die Möglichkeit, seine besondere Sichtweise von einem Gebilde oder einem Sachverhalt vorzustellen. Die Auswahl dieser Sichtweise des Darstellenden zwingt gleichsam den Betrachter, das Objekt oder den Sachverhalt aus der Sichtweise des Darstellenden zu betrachten.

4.2.3.3
Die Verniedlichung eines Sachverhaltes

Will man unerfreuliche oder abzulehnende Inhalte positiv darstellen, so wird man versuchen, diese durch die Art der Darstellung und Formulierung zu verharmlosen bzw. zu verniedlichen.

Designer/-innen können dafür ganz gezielt bei ihren zeichnerischen Darstellungen auf die Fluchtpunktperspektive und den gezielten Einsatz von Helligkeit zurückgreifen. Brisante Teile werden nicht besonders beleuchtet, sie werden weder farblich noch in ihrer Oberflächenbeschaffenheit herausgehoben. Bei plastischen Modellen werden ungewollte Details ausgespart.

4.2.3.4 Das Verfälschen eines Sachverhaltes

Die äußere Form wird genutzt, um etwas vorzustellen, das den Realitäten nicht entspricht. Unliebsame Sachverhalte werden zugedeckt oder zurückgestellt.

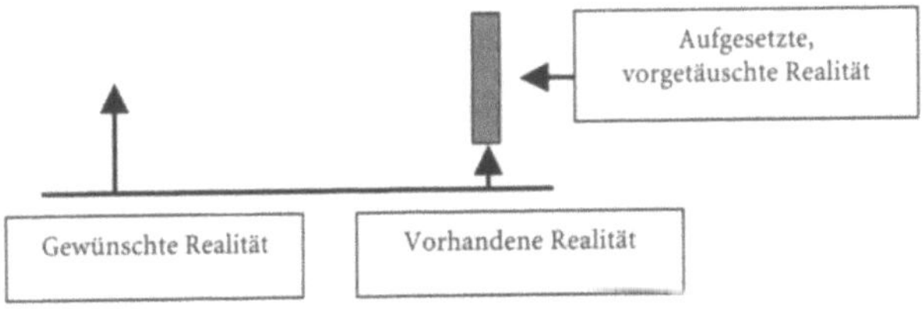

Grafik 10.34 *Das Aufsetzen von Elementen, die etwas vortäuschen*

Mit der Art der Formulierung können eigene Fehler und die anderer überdeckt werden. Einsparungen an Material oder Defizite auf technischem Gebiet lassen sich zudecken. Weniger hochwertige Produkte lassen sich über diesen Weg von einem Sender für einen Empfänger als hochwertiges Produkt aufarbeiten. Sie können dann auch mehr kosten als eigentlich zuträglich.

Erreichen kann man dies über die Auswahl einer Ansicht, die wesentliche Teile nicht zeigt. Sie werden an Stellen postiert, die für den Betrachter nicht einsichtig sind. Helligkeiten, Lichtführungen werden so eingesetzt, dass die notwendige Transparenz verloren geht. Farben werden eingesetzt, die undurchsichtig sind. Oberflächenfolien werden aufgeklebt (z.B. eine dünne Alufolie auf billigem Kunststoff). In die gleiche Richtung führt das Bekleben oder Lackieren von Modellen oder der Auftrag einer dünnen Materialschicht, so dass der Eindruck eines „durch und durch" hochwertiges Materials entsteht. In dem Fall besteht für den Sender die große Chance, dass über das Gefallen der Umsetzungen Inhalte vermittelt werden können, die vom Empfänger im Moment gar nicht bewusst erfasst werden, die aber nach und nach jedoch deren Verhalten mehr und mehr beeinflussen können.

Man betrachte in diesem Zusammenhang die „schönen" Darstellungen von Mord, Totschlag, Vergewaltigung oder die leichtfertige Aufgabe von persönlichen Bindungen im Fernsehen und damit die Verharmlosung der damit zusammenhängenden sozialen Problematik oder die Versuche in den Medien, bestimmte, weniger soziale Verhaltensweisen von Menschen als „Randerscheinung" zu deklarieren. Man betrachte in diesem Zusammenhang auch die oftmals praktizierte Verniedlichung eventuell auftretender sozialer oder ökologischer Auswirkungen neuer Produkte durch die Hersteller.

Aufgesetzte Realitäten
Dabei wird auch übersehen, welche Auswirkungen solche Darstellungen bzw. Realisationen haben.
Geht man davon aus, dass Glanz für Exklusivität und Reichtum steht, so wird mit einer solchen Darstellung auch die Einstellung der Empfänger berührt. Glanzvolles kann sich nur leisten, wer über die notwendigen Mittel verfügt. Damit steht hinter solchen Darstellungen auch der Versuch einer Abgrenzung oder Ausgrenzung von Menschen.

Durch die aufgesetzten Realitäten kommt es zu einer Akzeptanz, die bei einer sachlich vorgestellten Realität mit großer Wahrscheinlichkeit zur Ablehnung geführt hätte. Gerade diese Konstellation ermöglicht es Sendern immer wieder, ihre Ideen weitergeben zu können.
Ein Beispiel hierfür ist die Propaganda und ihre Folgen (Naziherrschaft usw.).

4.3 Studien

4.3.1 Theoretische Studien

- Die Ziele der Sender bzw. die Funktion der Formulierung

Sammeln Sie Umsetzungen aus den verschiedensten Bereichen, die belegen, wie ein Sender aus eigenem Interesse durch die Art der Formulierung einem Empfänger Inhalte überzogen, verniedlichend oder aber gar unrichtig dargestellt hat.

4.3.2 Praktische Studien

- Formulierungsmöglichkeiten im eigenen Interesse

Zeigen Sie an einem einfachen Objekt (Würfel, Quader usw. aus billigem Material) verschiedene Möglichkeiten, wie man den Inhalt überhöhen, verniedlichen oder verfälschen kann.

4.4 Anwendung grundlegender Erfahrungen zur Lösung einer konkreten Aufgabe

Die konkrete Aufgabe:
Gestaltung eines Einkaufswagens, einer Brotdose, einer Trinkhilfe oder eines Teiles davon.

Erstellen Sie 2 bis 3 Darstellungen von dem vorhandenen Objekt (Objektteil), die dokumentierend, verniedlichend oder gar verfälschend einen Sachverhalt wiedergeben.

5 Das Gefallen am Inhalt und an der äußeren Form

Beim Kauf einer Bohrmaschine wird nach der technischen Funktionalität, nach der Bedienbarkeit, nach der Wirtschaftlichkeit des Objektes gefragt. Die äußere Form des Objektes spielt eine weitgehend untergeordnete Rolle. Für den Kauf einer Vase sind andere Gesichtspunkte von Bedeutung. Wichtig ist hier in erster Linie die äußere Form des Objektes. Somit ist festzuhalten, dass für die Akzeptanz oder Ablehnung eines Objektes einmal eher inhaltliche Aspekte, ein andermal die äußere Form entscheidend sein kann.

Da Inhalt und äußere Form bei jeder Umsetzung immer beteiligt sind, kann die Entscheidung für oder gegen eine Umsetzung nur vom jeweiligen Gewicht beider abhängen.

5.1 Verallgemeinerung der Fragestellung

Welche Rolle spielt das Gewicht des Inhaltes gegenüber dem Gewicht der äußeren Form einer Umsetzung?

5.2 Darstellung grundlegender Aspekte

5.2.1 Das Verhältnis von SOLL und IST als Grundlage für eine Bewertung inhaltlicher und formaler Äußerungen

Ausgangspunkt für die folgenden Betrachtungen ist die Erfahrung, dass Dinge, Handlungen oder Umsetzungen dann akzeptiert werden, wenn sie unseren Erwartungen entsprechen. Dinge, Handlungen oder Umsetzungen werden abgelehnt, wenn sie unseren Erwartungen nicht entsprechen. Dieser Sachverhalt wird auf die Bewertung der äußeren Form von Umsetzungen und deren Inhalt übertragen.

Der Grund für dieses Verhalten ist in der in jedem Menschen wirkenden Homöostase zu suchen.
Siehe Teil 15, Kapitel 2.1

Die Formulierung eines Sachverhaltes gefällt einem Menschen, wenn sie dessen ästhetischen Erwartungen (dem SOLL) entsprechen. Sie missfällt, wenn dies nicht der Fall ist.

Wird ein Inhalt entsprechend den eigenen Vorstellungen geboten, kann man davon ausgehen, dass dieser Inhalt gefällt. Entspricht ein Inhalt nicht den Vorstellungen, wird man eine solche Umsetzung ablehnen.

5.2.1.1
Das Gewicht des Inhaltes gegenüber dem Gewicht der äußeren Form

Das Inhaltliche dominiert vor der äußeren Form
Konsequenzen:
Man kann davon ausgehen, dass bei einem Ergebnis, wie dargestellt, die Umsetzung voll akzeptiert werden wird.
(Das SOLL an Inhaltlichem dominiert und ist umfassend realisiert.
Das Soll an äußerer Form ist zweitrangig, aber ebenfalls in vollem Umfang erreicht.)

Man kann davon ausgehen, dass vor allem die Beachtung von Vorgaben, die der Behebung eines grundsätzlichen Bedarfes dienen, einen relativ hohen Stellenwert besitzen.

Menschen haben bei bestimmten Umsetzungen größere Erwartungen an das, was inhaltlich geboten wird, als an die Art, wie dieser Inhalt formuliert wird.

So sind die Erwartungen bei Objekten, die zur Arbeitserleichterung eingesetzt werden sollen, vor allem auf die technische Funktionalität und Bedienbarkeit gerichtet. Die Form der Umsetzung wird dabei zweitrangig. Dies bedeutet, dass bei einem entsprechenden Produkt das Inhaltliche ein größeres Gewicht hat als die äußere Form.

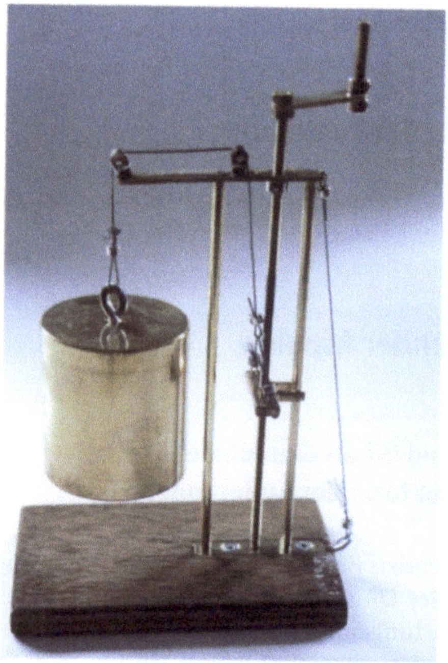

Abb. 10.54 *Technisches Objekt: Studie zur Kraftreduzierung beim Anheben von Lasten*

5.2.1.2
Das Gewicht der äußeren Form gegenüber dem Gewicht des Inhaltes

Menschen erwarten von vielen Dingen oder Umsetzungen, dass deren wahrnehmbare Form ihren eigenen Wünschen entgegenkommt, während die inhaltliche Seite dabei einen deutlich geringeren Stellenwert haben kann. So ist z.B. die Art der Inszenierung eines Theaterstückes für viele Menschen wichtiger als der Inhalt. Oder aber: Viele Objekte oder Handlungen, die repräsentativen Charakter haben, werden vornehmlich aufgrund ihrer äußeren Form beurteilt. Welcher Inhalt sich dahinter verbirgt, will man oftmals gar nicht wissen.

Abb. 10.55 *Freie Farbkombination*

5.2.2
Mögliche Konstellationen und ihre Konsequenzen für die Akzeptanz einer Umsetzung

Die folgenden Darstellungen geben einen Überblick über mögliche Gewichtungen von Inhalt und Form. Die Akzeptanz wird dabei abhängig gemacht, inwieweit diese Vorgaben tatsächlich erreicht wurden.

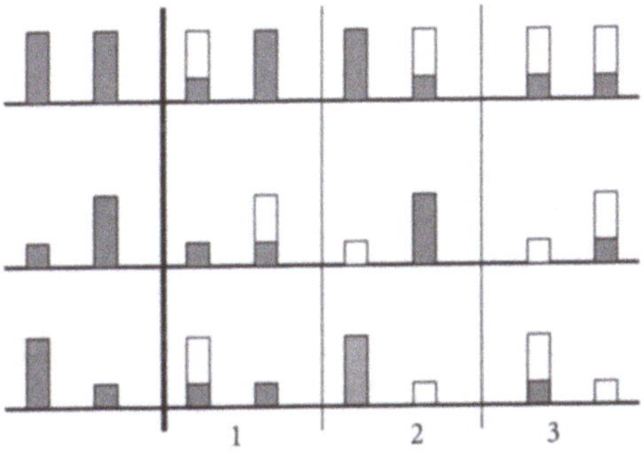

Grafik 10.35 *Kombinationen von Inhalt und Form*
In der linken Spalte sind drei grundlegende Situationen vorgestellt. Der jeweils linke Balken verdeutlicht die Erwartung an den Inhalt. Der rechts stehende Balken verweist auf die Erwartung an die äußere Form. Oben links ist erkennbar: Inhalt und Form haben für den Empfänger einen gleich hohen Stellenwert. Die Darstellung darunter gibt an, dass bei dieser „Sendung" der Inhalt für den Empfänger einen geringeren Stellenwert hat, als die äußere Form. In der unteren Spalte zeigt sich ein hohes Interesse am Inhalt. Auf die äußere Form der Umsetzung wird dabei wenig Wert gelegt.
In den Spalte daneben werden jeweils verschiedenen Varianten vorgestellt.

Am Beispiel einer grafisch gestalteten Einladungskarte oder der Gestaltung eines Türgriffes kann man jetzt beobachten, in welchen Fällen eine Akzeptanz fraglich und eine Ablehnung eindeutig wird.

In der oberen Reihe sind Situation 1 und Situation 2 sicher fraglich. Einmal ist nur die äußere Form, einmal nur der Inhalt überzeugend. Bei Situation 3 dürfte die Ablehnung klar sein.

In der zweiten Reihe, hier spielt vor allem die äußere Form eine Rolle, wird eigentlich nur Situation 2 akzeptabel sein. Auch wenn in Situation 1 der Inhalt im vollen Umfang geboten wird, reicht dies für eine Akzeptanz nicht aus.

In der dritten Reihe wird dem Inhalt die Dominanz zugesprochen. Richtig akzeptabel dürfte auch hier Situation 2 sein, auch wenn die Art der Formulierung nicht akzeptabel ist. Sie spielt hier aber auch nur eine untergeordnete Rolle.

5.2.2.1
Ergebnis der Betrachtung

Die Bevorzugung von Inhalten oder äußerer Form ist je nach Art des Objektes unterschiedlich. Entscheidend für die Annahme oder Ablehnung einer Umsetzung ist das Gewicht des Inhaltes gegenüber dem Gewicht der äußeren Form. Dominiert bei einer Umsetzung der Inhalt gegenüber der äußeren Form, ist mit einer Annahme zu rechnen, wenn die erwarteten Inhalte auch geliefert werden. Je weniger an Inhalten bei dieser Umsetzung geboten werden, umso geringer ist die Chance für eine Akzeptanz. Dominiert gegenüber dem Inhalt hingegen die äußere Form, ist mit einer Annahme der Umsetzung zu rechnen, wenn diese den Erwartungen an die Art der Umsetzung genügt. Je weniger sie den Erwartungen und Wünschen entspricht, umso geringer sind die Chancen für eine Akzeptanz der Umsetzung.

5.2.2.2
Das Gewicht wirtschaftlicher Bedingungen

Bei der Entscheidung für oder gegen eine Umsetzung aufgrund des Inhaltes bzw. aufgrund der äußeren Form spielen die wirtschaftlichen Verhältnisse des Empfängers eine nicht unwesentliche Rolle.

Für wirtschaftlich unabhängigere Personen gewinnt die Ästhetik einen anderen Stellenwert als bei wirtschaftlich weniger begüterten Menschen, die oftmals ihre ästhetischen Erwartungen zurückschrauben müssen. So legen Menschen, die in Hungersnot sind, wenig Gewicht darauf, ob ihnen das benötigte Essen auf Porzellantellern oder in Pappbechern angeboten wird. Menschen, die in guten wirtschaftlichen Verhältnissen leben, können es sich eher leisten, bei dieser oder jener Umsetzung zugunsten der äußeren Form auf inhaltliche Aspekte zu verzichten, da der grundsätzliche Bedarf durch zusätzliche Maßnahmen gedeckt werden kann.

5.2.3 Konsequenzen für die designerische Arbeit

Designer/-innen haben natürlich den Wunsch, dass ihre Produkte von einer möglichst großen Zahl von Menschen akzeptiert werden. Dies kann man steuern, wenn man vor Beginn der eigentlichen Arbeit klärt, welcher der beiden Parameter bei einer Realisierung dominieren soll.

Soll der Inhalt gegenüber der äußere Form oder aber die äußere Form gegenüber dem Inhalt dominieren?

Im ersten Fall haben die Vorgaben zur technischen Funktionalität, Bedienbarkeit, Verständlichkeit, Lesbarkeit und Wirtschaftlichkeit einen höheren Stellenwert als die Ästhetik. Die genannten Vorgaben müssen eindeutig, leicht und schnell erfahrbar sein, ohne allerdings ästhetische Aspekte völlig zu verdrängen.

Im zweiten Fall hat die Ästhetik Vorrang vor inhaltlichen Merkmalen. In dem Fall werden fehlende Verständlichkeit, weniger gute Bedienbarkeit, schlechtere Wirtschaftlichkeit bis hin zu einer oftmals schlechten technischen Funktionalität in Kauf genommen zu Gunsten einer besonderen ästhetischen Umsetzung.

Beispiel: Plakate, die gut verständlich sind, jedoch Mängel bei der Ästhetik aufweisen, oder Plakate, die sehr „schön", aber auch schlecht lesbar sind.

5.3 Studien

5.3.1 Theoretische Studien

Das unterschiedliche Gewicht bei konkreten Produkten

- Suchen Sie Beispiele aus verschiedensten Bereichen und stellen Sie deren inhaltliche und ästhetische Dimension einander gegenüber. Versuchen Sie die Akzeptanz bzw. Nichtakzeptanz der jeweiligen Umsetzungen aufgrund der vorgestellten Modelle zu begründen.

5.3.2 Praktische Studien

- Versuchen Sie zwei Objektdarstellungen, die einmal mehr inhaltlichen Vorgaben, einmal mehr ästhetischen Vorgaben entsprechen.

5.4
Anwendung grundlegender Erfahrungen zur Lösung einer konkreten Aufgabe

Die konkrete Aufgabe:
Die Gestaltung eines Einkaufwagens, einer Brotdose, einer Trinkhilfe usw. für eine bestimmte Zielgruppe

- Klären Sie, ob bei der Zielgruppe eher inhaltliche oder eher formale Aspekte im Vordergrund stehen.
- Versuchen Sie entsprechende Umsetzungen.

Abb. 10.56 *Plastisches Objekt: Veränderung von Größe und Richtung der einzelnen Elemente*

Teil 11
Sozial vertretbare Umsetzungen

Sozial:
socio, lat.: ich verbinde, vereinige, teile, sich beteiligen
socius, socia, lat.: Teilnehmer/-in, Genosse / Genossin, Gefährte / Gefährtin
societas, lat.: Gemeinschaft, Teilnahme, Verbindung, Gesellschaft, Bündnis

Die bisherigen Darstellungen in den einzelnen Kapiteln hatten zum Ziel, Gestaltungsmöglichkeiten aufzuzeigen, die dem Interesse des Empfängers dienten. Die gesamte Produktplanung wurde auf den Bedarf sowie die Erwartungen und Wünsche des Empfängers ausgerichtet. Dahinter verbirgt sich eine bestimmte soziale Haltung der Designer oder Auftraggeber: Nicht die Befriedigung ihrer Interessen stehen im Vordergrund, sondern die der anvisierten Empfänger.

Nun kann man immer wieder in der Zeitung lesen oder über das Fernsehen erfahren, dass sich Menschen im Umgang mit Produkten verletzt oder sogar längerfristige gesundheitliche Schädigungen zugezogen haben. So kommt es im Umgang mit Säuren bei der Herstellung von Produkten hin und wieder zu Verätzungen, bei Transporten des für die Produktion notwendigen Materials kommt es zu folgenschweren Unfällen, die das Leben der Betroffenen gefährden oder zu längerfristigen körperlichen Beschädigungen führen.

Neben den Auswirkungen auf die physisch-körperliche Gesundheit eines Menschen haben Produkte natürlich auch Auswirkungen auf den geistigen Zustand eines Menschen. Falsche oder missverständliche Informationen können für Menschen lebensgefährdend sein, sie können zu falschem Verhalten führen, sie können geistig verletzen.

Designerinnen und Designer planen und entwickeln Produkte oder setzen Prozesse in Gang, die in der Regel von vielen Menschen erstellt und von vielen wiederum genutzt werden. Insofern ist der Blick auszuweiten. Nicht nur der Empfänger allein ist bei einer Produktplanung beachtenswert. Zu beachten sind auch die Auswirkungen eines Produktes auf all die Menschen, die im Verlauf eines Produktlebens mit diesem mehr oder weniger intensiv in Berührung kommen.

Die Auseinandersetzung mit dieser Thematik (sowie die Beschäftigung mit der ökologischen Vertretbarkeit einer Umsetzung) wird relativ spät aufgegriffen. Dies wird damit begründet, dass die bereits in einzelnen Abschnitten aufgearbeiteten gestalterischen Probleme Teilaspekte sozialer oder ökologischer Fragestellungen beinhalten. So ist die Beachtung der Wirtschaftlichkeit einer Umsetzung natürlich auch unter dem Aspekt der Ökologie und der sozialen Verantwortung zu sehen. Die Bedienbarkeit einer Umsetzung berührt die soziale Vertretbarkeit einer Umsetzung, führen doch unverständliche oder von bestimmten Menschen nicht bedienbare Objekte zur Ausgrenzung der Betroffenen. Auch die Ästhetik muss als Teilkomplex sozialer Vertretbarkeit gesehen werden, vor allem dann, wenn sie benutzt wird, um Inhalte zu verschleiern.

Für Designerinnen und Designer ist es wichtig, zu wissen, welche gesellschaftlichen Folgen ihre Umsetzungen haben können und wie sie vorgehen können, um verantwortbare Vorarbeiten für sozial vertretbare Umsetzungen zu schaffen.

In Kapitel 1 wird aufgezeigt, welche Auswirkungen ein Produkt, seine Herstellung und Nutzung für den Menschen haben können.

In Kapitel 2 wird dargestellt, wie über die Produkte Einfluss auf die soziale Haltung der Menschen genommen werden kann und genommen wird.

Ständig leicht „gefärbte" Informationen führen nach und nach zu einer anderen geistigen Haltung.

Abb. 11.1 *Farbübergang: Geringe Zugaben von Farbpartikeln führen nach und nach zu einem anderen Farbton*

1 Die Auswirkungen von Umsetzungen auf die Menschen

Waren und Produkte werden angeboten, die von ihrer Formgebung und Farbgebung den Menschen gefallen. Darüber hinaus zeichnen sich diese Produkte noch durch ihren besonders günstigen Preis aus. Zwei Aspekte, von denen wir erfahren haben, dass sie für die Akzeptanz eines Produktes eine besonders große Rolle spielen. Und trotzdem können sich viele Menschen nicht dazu entschließen, solche Produkte zu kaufen. Woran liegt es?

Viele Menschen lehnen offensichtlich Produkte ab, wenn deren Herstellung, Vertrieb oder Nutzung nach Meinung der Empfänger auf Kosten anderer Menschen erfolgten oder schädigenden Einfluss auf andere Menschen haben. Dabei ist es offensichtlich unerheblich, ob es sich um körperliche oder geistige Schädigungen handelt.

Gegenüber der Akzeptanz eines Produktes aufgrund der äußeren Form oder dessen Wirtschaftlichkeit ist die Abhängigkeit der Akzeptanz eines Produktes aufgrund der sozialen Vertretbarkeit nicht so eindeutig und umfassend. Viele Menschen machen sich nicht die Mühe, bei jedem Produkt vor einer Entscheidung dessen soziale Vertretbarkeit nachzufragen. Zu oft fehlen die notwendigen Hintergrundinformationen, um entsprechend der eigenen sozialen Einstellung reagieren zu können.

Nicht immer kann von dieser Haltung ausgegangen werden. Sehr oft wird die Frage nach der sozialen Vertretbarkeit eines Produktes wenig oder gar nicht beachtet. Doch dies darf Designer/-innen nicht dazu verführen, sich um mögliche Gefährdungen oder gar Schädigungen anderer Menschen, die in irgendeiner Form von diesem Produkt tangiert werden, zu übergehen. Will man dies nicht, dann darf man sich nicht damit begnügen, bei der Neugestaltung eines Objektes nur die Wünsche und Erwartungen der anvisierten Empfänger zu beachten. Wie sich zeigen wird, kann hier bereits bei der Planung neuer Produkte gegengesteuert werden.

1.1 Verallgemeinerung der Fragestellung

Welche Gefahren können für den Menschen von Produkten ausgehen und wie könnte man diesen bereits bei der Planungsarbeit begegnen?

1.2 Darstellung grundlegender Aspekte

1.2.1 Die Auswirkungen eines Produktes auf den Empfänger

1.2.1.1 Positive und negative Auswirkungen auf die physische Konstitution des Menschen

Jeder von uns hat mit diesem oder jenem Produkt gute Erfahrungen gemacht. Die anstehenden Arbeiten konnten mit dem Gerät leicht ausgeführt werden. Man sparte Kraft und Energie. Das Produkt war kostengünstig und lange nutzbar.

Andererseits kann man jedoch immer wieder Berichten entnehmen, dass Menschen im Umgang mit Produkten zu Schaden kommen. Sie verletzen sich an Händen, an den Armen oder Beinen oder am ganzen Körper mehr der weniger schwer und tragen oftmals langwierige gesundheitliche Schädigungen davon.

Doch nicht nur Menschen, die ein Produkt nutzen, sind gefährdet. Geht man etwas genauer auf den Produktionsprozess ein, so kann man erfahren, dass bereits bei der Beschaffung des notwendigen Materials zur Herstellung des Objektes Menschen gefährdet oder geschädigt werden. Wird Material aus fremden Regionen beschafft, so wir den dort lebenden Menschen oftmals die Lebensgrundlage genommen. Wird künstliches Material hergestellt, können giftige Dämpfe austreten, die die Atemwege der Arbeiter/-innen langfristig beschädigen. Arbeiterinnen können mit Stoffen in Berührung kommen, die zu Unfruchtbarkeit führen.

Auch indirekt kann es zu körperlichen Gefährdungen und Schädigungen kommen: Auslaufende Stoffe können ins Erdreich eindringen und das Grundwasser vergiften. Transporte von Materialien zur Fertigungsstätte eines Produktes können für die Anwohner der Verkehrswege mit übergroßen körperlichen Gefährdungen verbunden sein.

1.2.1.2 Positive und negative Auswirkungen eines Produktes auf die psychische Konstitution des Menschen

Die Auswirkungen auf die Psyche eines Menschen kann man selbst erleben. Der Umgang mit einem Produkt kann erfreuen, es kann Spaß machen, damit zu hantieren. Der Umgang mit einem Produkt, einem Buch, einem Computer, kann dazu beitragen, das eigene Wissensspektrum zu erweitern.

Neben vielen positiven Auswirkungen kommt es jedoch immer wieder auch zu weniger guten Folgeerscheinungen. Bei der Herstellung von Produkten kann eine monotone Arbeitsweise geistig so ermüden, dass es zu Fehlreaktionen und daraus folgend zu körperlichen Gefährdungen der Arbeiter/-innen kommen kann. Zu psychisch-geistigen Gefährdungen oder Beschädigungen anderer Menschen kann es kommen, wenn z.B. beim Transport des Materials zur Fertigung übergroße Lärmbelästigungen für die Anwohner auftreten. Geistige Belastungen für Anwohner und Nachbarn können entstehen, wenn z.B. die Nutzung eines neuen Gerätes (auch der Spielgeräte für Kinder und Jugendliche) mit übergroßem Lärm verbunden sind. Die Art der Produkte kann sich auf die Entwicklung der geistigen Konstitution eines Empfängers negativ auswirken, vor allem dann, wenn dabei schlechte und „vergiftete" Informationen geliefert werden.

Beispiel: Vergiftete Nahrungsmittel für den Erhalt der körperlichen Gesundheit
Die Sorgfalt und Sensibilität, mit der man momentan gerade die Nachrichten über die Vergiftung der Nahrungsmittel aufgreift, fehlt auf geistigem Gebiet völlig. Immer wieder werden auch die Konsequenzen eines Informationsangebotes und dessen Auswirkungen für die geistige Gesundheit der Kinder und Jugendlichen missachtet und bagatellisiert.

Man weiß, dass aufgenommene Informationen maßgebend sind für die geistige Einstellung eines Menschen. Über die Konsequenzen solcher Sendungen darf man sich deshalb nicht wundern.

Auch auf dem werblichen Sektor sind immer wieder textliche und bildhafte Darstellungen zu sehen, die sozial nicht vertretbar sind, führen sie doch oftmals zur Herabwürdigung anderer Menschen (Frauen werden zu Sexualobjekten) oder zu Ausgrenzungen.

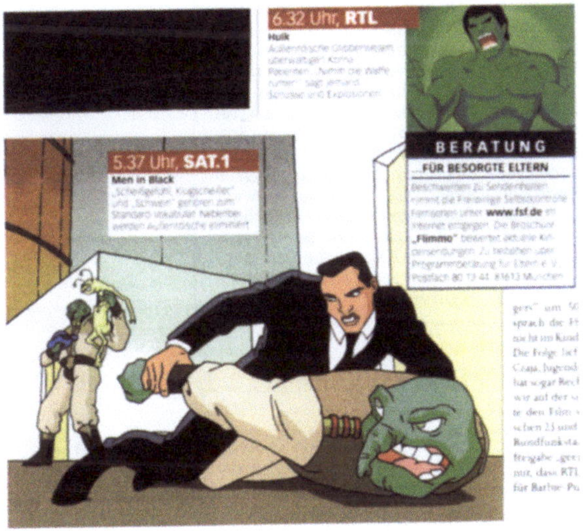

Abb. 11.2 „Vergiftete" Informationen in Form von Gewaltdarstellungen für Kinder und Jugendliche

Abb. 11.3 *Die Ausgrenzung anderer Ein Beispiel für Produkte, die nur für wenige erschwinglich sind oder in ihrer Herstellung von vornherein begrenzt werden („Es gibt nur 650 Stück weltweit“).*

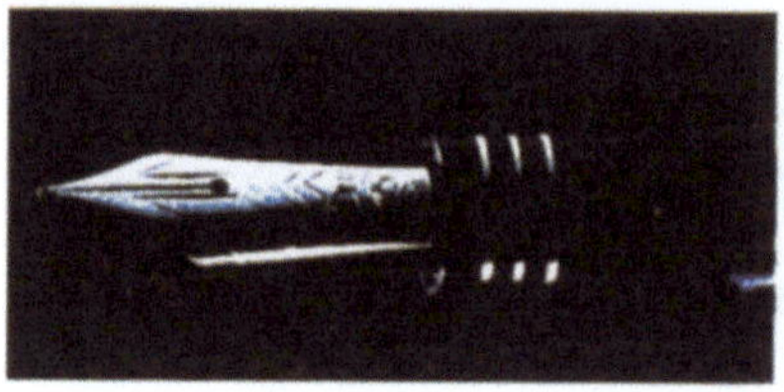

SCHREIBEN IST GOLD
Volkswagenfahrer schreiben jetzt mit Goldfeder. Parallel zum Vorstoß in die automobile Oberklasse mit dem „Phaeton“ bringt VW den noblen Füllfederhalter heraus. Das Gehäuse besteht aus Celluloid, ist federleicht und fast unzerbrechlich. Wer den edlen Stift (990 €) zur Hand nehmen möchte, sollte sich schnell entscheiden: Es gibt nur 650 Stück weltweit: www.votex-shop.de

Eine Werbekampagne für ein Musical wird damit begründet, dass man davon ausgehe, dass „die Kampagne den Menschen gefällt“.

Mord wirbt fürs Musical

Werberat will Stella-Kampagne prüfen

Der Deutsche Werberat wird die aktuelle Werbung des Musicalkonzerns Stella Entertainment überprüfen. Der Sprecher des Deutschen Werberates, Volker Nickel, sagte dazu: „Uns liegen zwar noch keine Beschwerden vor, wir werden die Stella-Kampagne aber von uns aus überprüfen.“

Nickel kritisierte die Gewaltdarstellungen innerhalb der Werbekampagne scharf. Die Kampagne, die für einen ermäßigten Gruppeneintritt in die Stella-Musicals „Cats“ und „Tanz der Vampire“ (Stuttgart), „Starlight Express“ (Bochum), „Glöckner von Notre Dame“ (Berlin) und „Fosse“ (Hamburg) wirbt, stellt in mehreren Szenen die Ermordung von Menschen dar. Unter anderem wird ein Freizeitsportler mit einer Tellermine in die Luft gesprengt, oder es wird ein Soldat exekutiert. „Da wird ein Mensch vernichtet und gleichzeitig eine Dienstleistung angeboten“, sagte Nickel. Es gehe zu weit, wenn „die Dramatik des Todes in einen solchen Zusammenhang gestellt wird“.

Die bundesweite Kampagne, die nach Auskunft von Stella „auf allen Kommunikationskanälen“ im Fernsehen, Radio, Internet und per Plakatwerbung geschaltet wird, wurde von der Hamburger Werbeagentur Jung von Matt AG kreiert. Von-Matt-Geschäftsführer Peter John Mahrenholz verteidigte das Konzept: „Ich verstehe nicht, warum hier ein Exempel statuiert werden soll.“ Die kritisierten Szenen seien „ein ironisch überhöhtes Stilmittel“, das über den „erkennbaren Spaß“ die „positive Hinwendung zum Produkt“ befördern solle. „Ich gehe davon aus, dass die Kampagne den Menschen gefällt“, sagte Mahrenholz. (dpa)

Abb. 11.4 *Auszug aus einer Tageszeitung (Darmstädter Echo vom 5.6.2001)*

1.2.2
Die Gefährdung des sozialen Systems

Für das Überleben des Menschen ist ein funktionierendes soziales System erforderlich. Bei der Herstellung, dem Vertrieb, der Nutzung und der Beseitigung von Produkten können sich diese auf Menschen und deren Bindungen untereinander schädigend auswirken und so das gesamte System gefährden.

Siehe Teil 15, Kapitel 4.2
Die Abhängigkeit der Funktionsfähigkeit eines Systems von den geeigneten Elementen und deren entsprechender Verbindung

1.2.2.1
Die Beschädigung funktionsfähiger Elemente und Bindungen

Als wesentlich für die Funktionsfähigkeit eines gesellschaftlichen Systems sind dessen Elemente und die Verbindungen bzw. Bindungen zwischen den einzelnen Elementen zu sehen. Gefährdungen für das System entstehen dann, wenn einzelne Elemente zerstört und die Bindungen zwischen ihnen aufgelöst werden.

Einem Leben nach eigenen Vorstellungen sind dort Grenzen gesetzt, wo durch ein entsprechendes Handeln und Tun ein anderer Mensch geschädigt oder gefährdet wird.
Dies kann soweit gehen, dass andere Menschen durch das Verhalten einzelner an den Rand der Gesellschaft bzw. aus der Gesellschaft oder ihrem Lebensraum verdrängt werden.

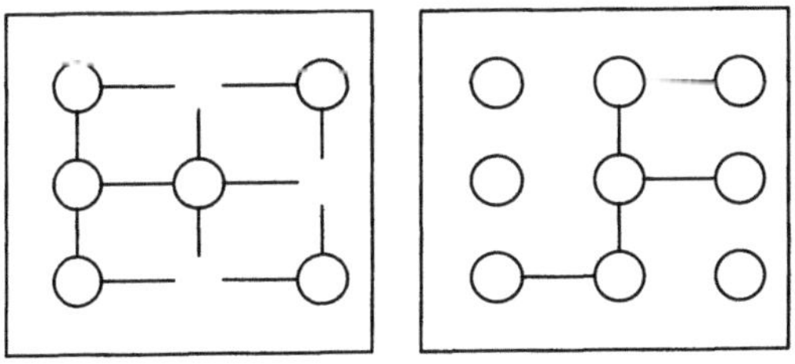

Grafik 11.1 *Die Zerstörung von Systemen*

In Situation 1 werden besondere, für das Funktionieren des Systems wesentliche Teile (Menschen) physisch oder psychisch zerstört. Sie können ihre Aufgaben im Rahmen des Systems nicht mehr erfüllen.

In Situation 2 werden Bindungen und Verbindungen zwischen den Menschen zerstört. Dies führt dann dazu, dass einzelne Menschen einfach „in der Luft hängen".

1.2.2.2
Die Belastbarkeit von Elementen und Bindungen

Die Beschaffung besonderer Materialien (z.B. die Nutzung besonderer südamerikanischer Hölzer für eine Wandverkleidung) kann die Lebensbedingungen der dort lebenden Einwohner zerstören. Die Transporte von Materialien können sowohl die Fahrer als auch die vom Lärm Betroffenen physisch übermenschlich belasten. Bei

Siehe dazu die Ausführungen in Teil 2, Kapitel 1.2.6 zur Belastbarkeit des Menschen

Enge und weniger enge Verbindungen, intensive und weniger intensive Verbindungen sind immer wieder Belastungen ausgesetzt. Ebenso werden Mensch mehr oder minder stark unter Druck gesetzt, um Bindungen zu lösen.

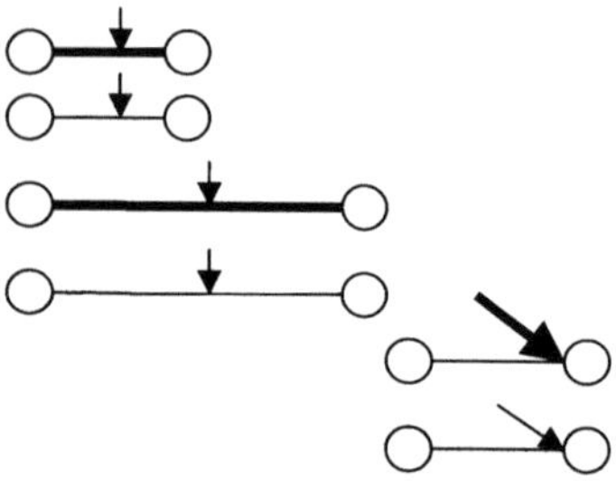

Grafik 11.2 *Die Belastbarkeit von Bindungen*

der Produktion können Stoffe austreten, die die Atemwege der Anwohner in Mitleidenschaft ziehen. Zu einer psychisch-geistigen Belastung kann der Umgang des Nutzers mit dem Produkt für die Nachbarn werden.

Welchen Belastungen können die zwischenmenschlichen Bindungen standhalten? Was kann alles passieren, bevor eine Bindung gelöst wird? Wie lange kann jemand einen anderen Menschen schädigen, bevor dieser die Verbindung löst? Welcher Druck muss auf jemanden ausgeübt werden, bevor er sich von jemanden abwendet und die vorhandene Verbindung aufgibt? Wie dünn darf eine Verbindung werden, bevor sie abreißt?

Wie weit hier die Belastungen gehen können, bevor eine Verbindung gelöst wird oder abreißt, entzieht sich weitgehend einer Bestimmung. Aus nebenstehender Grafik könnte man ableiten, dass bei gleichem Druck bzw. gleicher Belastung weniger intensive Verbindungen eher gelöst werden als intensive Bindungen. Wo jedoch die jeweiligen Belastungsgrenzen liegen, ist individuell verschieden.

1.2.3 Zusammenfassung

Die bisherigen Betrachtungen bezogen sich auf die Auswirkungen einer Umsetzung auf den Empfänger und die Menschen, die mit der Produktion, dem Handel oder der Beseitigung zu tun haben. Gefährdungen und Verletzungen der Menschen und deren Bindungen untereinander können das körperliche und geistige Leben einzelner Menschen gefährden und das Zusammenleben unmöglich machen (man denke an den Streit zwischen Nachbarn wegen eines zu lauten Rasenmähers). Versucht man all diese Gefahrenstellen etwas zu lokalisieren, dann ergibt sich unter Beibehaltung der bekannten Struktur zum Aufbau einer Gestalt folgendes Bild:

Bei einer Realisierung eines Produktes kann es zu Gefahren und Beschädigungen kommen, und zwar bei der Beschaffung des notwendigen Materials, beim Herstellungsprozess und dem Transport der fertig gestellten Objekte zum Empfänger.

Bei der Nutzung können die Form und der Inhalt einer Umsetzung auf den Empfänger und die ihm nahe stehenden Menschen positive, aber auch negative Auswirkungen haben. Sie können vorhandene Probleme lösen. Sie können aber auch neue Probleme schaffen. Sie können zu körperlichen oder geistigen Verletzungen und Beschädigungen führen.

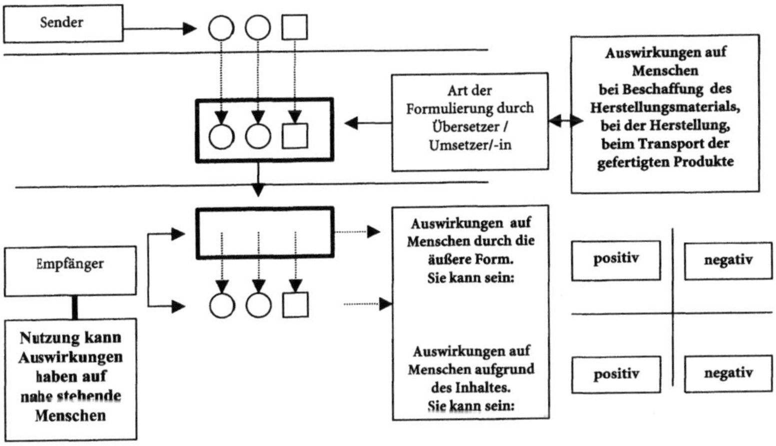

Grafik 11.3 Mögliche Gefährdungen von Menschen im Zusammenhang mit einer Produkterstellung und Produktnutzung
Gefährdungen oder Beschädigungen anderer Menschen kann es geben bei der Materialbeschaffung, der Herstellung eines Produktes, bei dessen Nutzung und dessen Beseitigung.

Bereits beim Herstellungsprozess sind mögliche Gefährdungen für die Arbeiter und deren soziale Bindungen zu beachten.

Sowohl die äußere Form als auch die Inhalte einer Umsetzung können jeweils positive oder negative Auswirkungen auf andere Menschen haben. So kann die Form eines Produktes positiv bewertet werden, der Inhalt jedoch negativ und umgekehrt (z.B. ästhetisch schöne Bilder mit verwerflichem Inhalt).

Menschen werden in ihrem Lebensraum mit den unterschiedlichsten Produkten, Maßnahmen oder sonstigen Äußerungen konfrontiert. Jede dieser Äußerungen steht nicht für sich allein und tangiert nicht nur den unmittelbaren Empfänger. Aus diesem Grund muss man sich als Designer/-in gerade bei der Planungsarbeit mit den möglichen Auswirkungen eines Produktes auf die Menschen und deren Bindungen befassen. Es kann gesagt werden:

Sozial vertretbar sind Produkte, wenn sie den anderen Menschen, ob Frau, ob Mann, ob jung, ob alt, ob gesund, ob krank,

- weder geistig noch
- körperlich noch
- die Bindungen zwischen den Menschen

über das erträgliche Maß hinaus gefährden oder schädigen.

1.2.4 Die Schwierigkeit, sozial vertretbare Maßnahmen zu definieren

Es war den Menschen schon immer bewusst, dass ihr Leben nur durch ihre Einbindung in eine größere Gruppe gesichert war. Voraussetzung dafür war allerdings das Verhalten des Einzelnen gegenüber den anderen Menschen in der Gruppe. Dies wurde durch Regelungen und Gesetze festgelegt, wobei die Lebensbedingungen in den einzelnen Lebensräumen die Formen des Zusammenlebens diktierten.

Man betrachte dazu die Entwicklung unterschiedlicher sozialer Einstellungen und die Abhängigkeit der Überlebensstrategien von den konkreten Gegebenheiten des jeweiligen Lebensraumes. Interessant sind in dem Zusammenhang auch die gesellschaftlichen Maßnahmen früherer Zeit gegen asoziale Elemente (z.B. Verbannung oder Exkommunikation).

Die Einhaltung der Gesetze und Regelungen hat für die einzelnen Menschen auch ihren Bezug und Grund in deren religiöser Anschauung. Sie basiert darauf, dass die grundlegenden Regelungen von außerirdischen höheren Mächten „stammen" oder den Menschen gegeben wurden. Eine Missachtung dieser Regelungen wird zum Verstoß gegen ein „Göttliches" Gebot.

Neue politische und wirtschaftliche Entwicklungen haben bewirkt, dass die Grenzen und Abgrenzungen zwischen den einzelnen Völkern mehr und mehr fallen. Menschen aus unterschiedlichen Lebensräumen treffen sich jetzt in einem neuen Lebensraum. Dies bedeutet, dass unterschiedliche Regelungen und Gesetzesnormen für das Zusammenleben und die Organisation ihres Miteinander, entwickelt unter völlig anderen Bedingungen, jetzt plötzlich in einem Raum mit völlig anderen Lebensbedingungen nebeneinander stehen.

Was ist hier für wen belastend, was nicht?

Da diese Fragen sehr schwer zu beantworten sind hinsichtlich dem tolerierbaren Maß an Belastungen für den Einzelnen, empfiehlt es sich, die von einem Produkt ausgehenden Belastungen für die einzelnen Betroffenen zusammenzustellen, um möglichst viele bereits bei der Planung zu eliminieren.

1.3 Studien

1.3.1 Theoretische Studien

Um mögliche negative Auswirkungen eines Produktes auf betroffene Menschen zu erfassen, wird eine Gegenüberstellung in einer Matrix vorgenommen. Die möglichen negativen Auswirkungen eines Produktes, die man durch Fragen wie z.B.: „Wo kann es im Rahmen der Materialbeschaffung zu körperlichen Gefährdungen oder gar Schädigungen kommen?", erfährt, werden im jeweiligen Kreuzungsfeld eingetragen. Man erhält damit eine erste Übersicht möglicher Gefährdungen von Menschen im Rahmen eines Produktlebens.

	Gefährdungen, Belastungen des Menschen, der eine Umsetzung vornimmt. Gefährdungen, Belastungen der Menschen, die nahe stehen oder indirekt von den Umsetzungsmaßnahmen betroffen sind / werden.					Gefährdungen, Belastungen der Bindungen
	Physisch / psych. Zustand					
	Gefährdung, Belastung der körp. Nahrung / Flüssigkeit	Gefährdung, Belastung der geistigen Nahrung	Gefährdung, Belastung des Körpers / geistige Konstitution	Gefährdung, Belastung der Organe	Gefährdung der Arbeitsbedingungen Licht, Luft, Wärme, Ruhe, Energie	
1. Planung, Entwicklung						
2. Herstellung						
Beschaffung des Materials						
Bearbeitung des Materials	Verschlechterung von Trinkwasser durch Werkzeugreinigung					
Beseitigung des Restmaterials						
3. Vertrieb						
4. Benutzung						
5. Beseitigung						

Grafik 11.4 Mögliche Gefährdungen des Menschen im Verlauf einer Produkterstellung

Die Gegenüberstellung kann auch getrennt für die körperliche und geistige Situation des Menschen erstellt werden. Zwei Vorgehensweisen sind möglich:

1. Sammeln von Auswirkungen irgendwelcher Produkte auf den Menschen und seine Bindungen zu anderen Menschen (Dies regt an, die vielfältigen Gefährdungen von Produkten auf den Menschen und seine Bindungen zu sehen.)
2. Sammeln von Auswirkungen, die bei der Erstellung, dem Vertrieb, der Benutzung und der Beseitigung eines einzigen Produktes auf den Menschen und dessen Bindungen entstehen können.

Man kann so erkennen, welche Gefährdungen z.B. von einem kleinen unscheinbaren Produkt ausgehen können.

- Zeigen Sie Beispiele, bei denen es im Zusammenhang mit der Herstellung, dem Zwischenhandel, der Nutzung und der Beseitigung von Produkten zu Gefährdungen oder Beschädigungen von Menschen kommen kann bzw. gekommen ist. Versuchen Sie zu klären, wieso die Menschen zu Schaden kamen.
- Versuchen Sie beispielhaft aufzuzeigen, wie funktionierende Systeme durch Beschädigung ihrer Elemente oder deren Bindungen funktionsunfähig werden.
- Zeigen Sie anhand geeigneter Beispiele aus den verschiedensten Bereichen die für die Funktionsfähigkeit des Systems wesentlichen Elemente und deren Verbindungen auf (z.B. Hammer, Zange usw.).
- Versuchen Sie für einzelne Systeme deren Struktur zu erfassen und in einer vereinfachten Darstellung schematisch zu präsentieren.

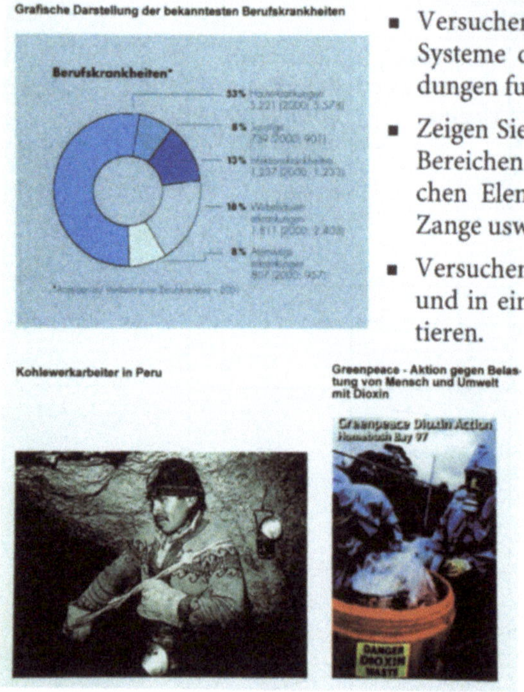

Abb. 11.5
Studie zur Zusammenstellung möglicher Berufskrankheiten oder Arbeiten unter unangemessenen Bedingungen

1.3.2 Praktische Studien

- Wählen Sie ein einfaches Objekt, bei dem es bei der Benutzung leicht zu körperlichen Verletzungen kommen kann (z.B. eine Kartoffelreibe) und suchen Sie nach Möglichkeiten, wie man dieses Defizit beseitigen kann (zeichnerische und modellhafte Studien).

1.4 Die Anwendung grundlegender Erfahrungen zur Lösung einer Aufgabe

Die konkrete Aufgabe:
Das zur Umsetzung anstehende konkrete Produkt ist hinsichtlich seiner sozialen Vertretbarkeit zu überdenken.

Vorgehensweise:

- Zusammenstellung möglicher Gefährdungen von Menschen bei der Herstellung, dem Zwischenhandel, der Nutzung und der Beseitigung des Objektes
- Entwicklung von Lösungen, wie man diese Gefährdungen vermeiden könnte
- Erste Versuche zu einer Realisierung dieser Vorgaben.

2 Die Einflussnahme auf das soziale Verhalten

In Kapitel 1 dieses Teils wurde dargestellt, welch vielfältige Auswirkungen Produkte auf die Menschen haben können und wie man durch bedachtsames Planen zu sozial vertretbaren Lösungen kommen kann.

Auf der anderen Seite stellt sich hier natürlich die Frage, warum man nicht gezielt Einfluss auf die soziale Haltung der Menschen nehmen soll, ja eventuell sogar nehmen muss. Wenn Produkte solche Auswirkungen auf die Menschen und deren Bindungen innerhalb eines sozialen Gefüges haben, dann sollte man diese Möglichkeit, Menschen über die Art der Produktgestaltung zu sozialem Handeln zu bewegen, auch gezielt nutzen.

Der Frage, wie und wie weit dies möglich ist, soll in dem nun folgenden Kapitel nachgegangen werden.

2.1 Verallgemeinerung der Fragestellung

Wie kann man als Designer/-in durch die eigene Gestaltungsarbeit das soziale Verhalten eines Menschen beeinflussen?

2.2 Darstellung grundsätzlicher Aspekte

2.2.1 Lenkungsmöglichkeiten eines Menschen

2.2.1.1 Die Lenkung eines Objektes

Wirkt man mit einer bestimmten Kraft auf ein bewegliches Objekt ein, so kann man es in die gewollte Richtung verändern. Man kann ein Rad wegschieben, man kann einen Wagen von einem Ort zu einem anderen schieben. Zwei Aspekte verdienen hier Beachtung:

- Ich kann etwas Bewegliches durch Druck bewegen.
- Die Richtung, in der sich das Objekt bewegt, wird von dem bestimmt, der den Druck ausübt.

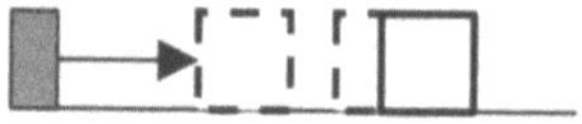

Grafik 11.5 *Etwas oder jemand wegdrücken*

Übertragen wir diese Situation auf die Bewegung eines Menschen, so zeichnen sich hier ebenfalls zwei bemerkenswerte Situationen ab.

2.2.1.2
Die physische Lenkung des Menschen

Man kann einen Menschen wegdrücken, man kann ihn beiseite schieben, um ihn an einen Ort zu befördern, wo man ihn haben möchte.

2.2.1.3
Die geistige Lenkung der Menschen

Die Ausführungen in Teil 14, „Die Veränderung oder Festigung von Einstellungen" zeigen, dass Äußerungen einen Ausdruck haben, der beim Empfänger einen Eindruck hinterlässt.

Eindruck kann sowohl die äußere Form eines Objektes als auch der Inhalt machen. Maßgebend für den Eindruck sind in beiden Fällen die Informationen, die einem Empfänger geliefert werden.

Grafik 11.6 *Etwas macht auf jemand Eindruck*

Wird jemand beeindruckt durch die Informationen, so bewegt er sich und gewinnt damit eine neue Einstellung, einen neuen Standpunkt.

Mit der Entwicklung bestimmter Einstellungen auf geistigem Gebiet kommt es jedoch geradezu zwingend zu bestimmten Verhaltensweisen und Haltungen gegenüber den Dingen und gegenüber den Menschen in seinem Lebensraum. Wie sich also jemand gegenüber einem anderen Menschen verhält, ist abhängig von den aufgenommenen Informationen.

Mit der Lieferung von Informationen kann man also auf die Einstellung in bestimmter Weise einwirken und somit auch ein ganz bestimmtes Verhalten geradezu erzwingen.

2.2.2
Die Absichten der Lenker

Wir stellen fest: Menschen können physisch-körperlich und psychisch-geistig in ganz bestimmte Richtungen gelenkt werden. Diese Lenkung kann unbewusst, aber auch bewusst vorgenommen werden. Von Interesse für die designerische Arbeit ist die bewusste Lenkung auf geistiger Ebene, geht es doch um das soziale Verhalten eines Menschen.

Abb. 11.6 *Die Steuerung des Verkehrs durch Ampeln*

2.2.2.1
Die bewusste Lenkung eines Menschen

Die Lenkung eines Menschen kann bewusst geschehen. Man verfolgt mit seinen Maßnahmen eine ganz bestimmte Absicht.

- Absicht: Etwas für sich erreichen
  (z.B. die Sicherung des eigenen Lebensstils und damit die Verbesserung der eigenen wirtschaftlichen Situation)

Wie könnte man das erreichen?

Man könnte Produkte schaffen, die ästhetisch Eindruck machen, die technische Kompetenz zeigen, die selbst wirtschaftlich sind und eventuell eine leichte Bedienbarkeit zeigen.

- Absicht: Etwas für einen anderen machen
  (z.B. etwas für die Sicherheit der anderen Menschen schaffen)

Siehe Teil 2, Kapitel 1.2.2 und vor allem Teil 15, Kapitel 1.1.1
Hier: Das Bestreben, das eigene Leben zu erhalten

Wie könnte man das erreichen?

Dies könnte z.B. erreicht werden durch die Gestaltung von Objekten, die sicher sind. Objekte machen Eindruck, die eine gewisse Sicherheit verdeutlichen und von denen man weis, dass sie sicher sind.

So können Haltestangen im Bus oder die Vorgabe ganz bestimmter Wege oder die Verkehrsführung auf Straßen der Sicherheit anderer dienen.

Die Verfolgung wirtschaftlicher Interessen ist im Grunde nicht asozial. Sie werden dann asozial, wenn sie auf Kosten anderer Menschen gehen. Wenn deren körperliche oder geistige Gefährdung oder gar Beschädigung billigend in Kauf genommen werden zur Durchsetzung der eigenen Interessen.

- Absicht: Durch Täuschung etwas für sich erreichen
  (z.B. die scheinbare Sicherung anderer Menschen)

Wie könnte man das erreichen?

Man schafft Objekte, die sicher erscheinen. Sie kommen dem Sicherheitsstreben bzw. dem Streben des Menschen nach Erhalt seines Lebens entgegen. Hier nutzt der Lenker (der Auftraggeber, Hersteller oder sonstige Macher eines Produktes) das Sicherheitsstreben des Menschen aus, um eigene Interessen (z.B. wirtschaftliche) zu verfolgen.

Sozialisation: Das Neugeborene muss in einem komplizierten und lebenslangen Prozess nach gesellschaftlich erwünschten Vorstellungen sozialisiert werden. Familie, Kindergarten, Schule, Beruf sind alles Agenturen, die gesellschaftliche Forderungen vermitteln. Es ist einsichtig und in Untersuchungen immer wieder bewiesen, dass unterschiedliche Gesellschaften, aber auch unterschiedliche Schichten durch die jeweils spezifische Sozialisation unterschiedliche Sozialwesen prägen.
Aus: Das große Universallexikon. Edition Thomas, 1979.

- Absicht: Ein bestimmtes Verhalten bei einem anderen Menschen erreichen
  (z.B. eine bestimmte soziale Einstellung vornehmen)

Wie könnte man das erreichen?

Durch Gestaltungen, an denen oder aus denen Informationen ablesbar werden, die das Verhalten zu einem anderen Menschen berühren. So tragen Objekte, die eventuell aus finanziellen Gründen nur von wenigen gekauft werden können, grundsätzlich zu einer Abgrenzung gegenüber anderen Menschen bei. Alle anderen Menschen werden von dieser Gruppe ausgegrenzt. Sie sind denen, die sich diese Objekte kaufen können, nicht gleichwertig. Sie sind zweitrangig. Die Gestaltung solcher Produkte fördert oder festigt ein bestimmtes gesellschaftliches System, in dem Klassenunterschiede möglich sind.

Dies zeigt, dass allein die Planung herausgehobener Produkte, die nur für wenige erschwinglich sind, bereits ganz bestimmte gesellschaftliche Bedingungen erzwingt. Doch nicht nur über die finanziellen Vorgaben ist eine Steuerung des sozialen Verhaltens möglich, hinzu kommt das weite Feld all der anderen Ausdrucksmöglichkeiten, die einem Gestalter zur Verfügung stehen.

2.2.3
Womit bzw. mit welchen Mitteln kann man soziales Verhalten beeinflussen?

Informationen werden durch Reden oder Schreiben weitergegeben. Informationen werden über Bilder oder akustische Äußerungen (Martinshorn) vermittelt. Informationen werden im Designbereich durch Formen, Farben, Materialien und deren Gliederungen mitgeteilt. Hinzu kommt die Nutzung haptischer und akustischer Informationsmittel.

Bücher, Artikel, Zeitung, Fernsehen, Fotografie, bewegte Bilder, Film usw.

Versuche in Architektur, Literatur, Malerei, Plastik, Musik, Produktgestaltung usw.

Wie man über die Gliederung von Sitzplätzen, sei es in einem Café, einem Park, in Verkehrsmitteln oder im häuslichen Bereich, soziales Verhalten in eine ganz bestimmte Richtung lenken kann, zeigen die wenigen Beispiele.

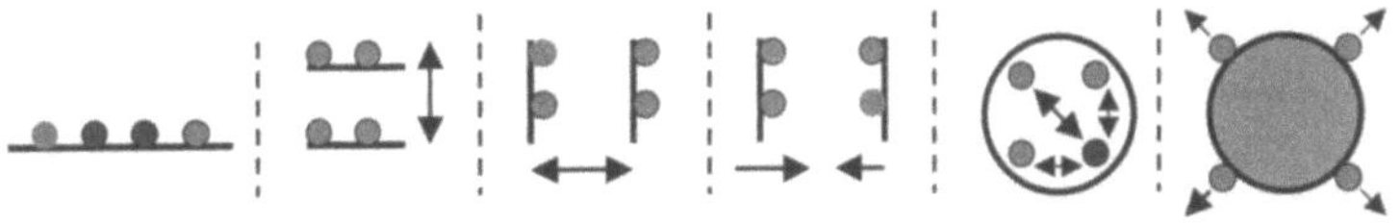

Grafik 11.7 Steuerung sozialen Verhaltens durch die Vorgabe bestimmter Sitzordnungen

Grafik 11.7 zeigt unterschiedliche Situationen, wie man durch die Gestaltung von Sitzanordnungen für Menschen soziale Gliederungen vornehmen kann. Während ganz links alle auf einer Höhe sitzen, nebeneinander, ohne dass jemand herausgehoben ist, zeigt die zweite Situation ein Oben und Unten. Jemand ist oben, andere sind unten. Die dritte Situation (von links) zeigt ein Vorn und ein Hinten. Jemand sitzt auf den vorderen Plätzen, jemand muss mit den hinteren Plätzen vorlieb nehmen. Bei der Situation 4 (von links) sitzt man sich gegenüber. Man ist zwar auf gleicher Höhe, aber als Kontrahent.
Völlig unterschiedliche Zuordnungen ergeben sich bei kreisförmigen An- oder Zuordnungen. Sitzt man im Kreis, ergeben sich zu allen anderen jeweils vielfältige Beziehungen.
Sitzt man außerhalb eines Kreises (z.B. Bänke in Einkaufszonen, die um Bäume herumgeführt werden), so wird damit der direkte Kontakt zu anderen in der Runde weitgehend ausgeschlossen.

Anzumerken bleibt noch, dass die Verwendung bestimmter Stilmittel früherer Epochen bei der Gestaltung aktueller Objekte nicht losgelöst werden kann von den sozialen und kulturellen Einstellungen der jeweiligen Zeit. So bringt natürlich auch die Nutzung gestalterischer Elemente oder Strukturen aus der Zeit der Klassik bei einem neu konzipierten Kaffeeautomaten die damals herrschenden gesellschaftlichen Zustände wieder zum Ausdruck. (Will man das oder hat man das nicht in der Konsequenz bedacht?)

2.2.4
Das Ziel der Lenkung: Die Festigung oder Veränderung sozialen Verhaltens

Die Absicht könnte also darin bestehen, eine bestimmte soziale Haltung zu festigen oder aber zu verändern.

2.2.4.1
Die eigene soziale Haltung als Anhaltspunkt

Abbau von Grenzen, Abbau von Ausgrenzungen über die wirtschaftlichen Verhältnisse, Abbau von Standesunterschieden, Abbau von gesellschaftlichen Rangordnungen usw.
Im Gegensatz dazu stehen die Möglichkeiten für den Einzelnen, das zu beschaffen, was seinen Vorstellungen entspricht.

Möchte man jemand in seiner Haltung bestärken oder ihn zu einem anderen Verhalten bewegen, so gilt es zunächst einmal, den eigenen Standpunkt bzw. die eigene soziale Einstellung zu klären. Tendiert man mehr zu einer Gleichstellung aller Individuen innerhalb der Gruppe, bei der die Grenzen zwischen den einzelnen Menschen weitestgehend abgebaut sind und jedwede Ausgrenzung einzelner Mitglieder vermieden wird, oder tendiert man mehr dazu, das jeweilige Individuum zu respektieren und in seiner Besonderheit (auch mit seinen Wünschen und Erwartungen an besondere Lebensbedingungen und Lebensführung) anzuerkennen.

Je nach sozialer Einstellung wird man lenkend tätig werden. Man wird versuchen, jemand in seiner Haltung zu festigen, wenn die Gegebenheiten der eigenen Einstellung entsprechen, und man wird versuchen, eine Veränderung zu bewirken, wenn sich eine gesellschaftliche Situation abzeichnet, die man vermeiden oder eben ändern möchte. Die Einflussnahme auf den Einzelnen dient damit zur Verwirklichung eigener gesellschaftlicher Vorstellungen.

Beispiele: Bauhaus, Ansätze von Maier und Kramer, Gestaltung des Volksofens, Gestaltung der Volksküche oder Ulmer Schule und die Gegenströmung: Die Vorrangstellung des Individuums mit Objektgestaltungen, die dem eigenen Selbstwertgefühl wieder entgegenkamen.

2.2.4.2
Die unterschiedlichen Maßnahmen zur Veränderung oder Festigung

Wichtige Gestaltungsmerkmale dafür sind die Typisierung, Normierung, Vereinheitlichung bzw. Standardisierung der eingesetzten Mittel.
Die Einrichtung von Abholläden kommt dem Bestreben nach billigen und für alle erschwinglichen Produkten entgegen.

Ein Blick in die Designgeschichte der letzten hundert Jahre zeigt die Versuche verschiedener Gestalter in bestimmter Richtung tätig zu werden. Architekten schufen Hochhäuser mit gleichen Grundrissen für alle, es wurden Arbeitersiedlungen errichtet, bei denen die äußere Form der Häuser und deren Inneres gleich waren, es wurden Produkte entwickelt, die einfach waren und für alle erschwinglich sein sollten, es wurden Küchen entwickelt, die in ihrer Form, in Farbe und Material so festgelegt waren, dass den einzelnen Käufern keinerlei eigener Gestaltungsspielraum geboten wurde.

Wesentliche Gestaltungsmerkmale: Betonung des Atmosphärischen, des Sinnlichen, die Abkehr von Normierungen (z.B. Häuserbau mit individuellen Gestaltungsmerkmalen)

Daneben standen immer wieder Gestaltungen, die bewusst auf die Besonderheit abhoben, die es darauf anlegten, die Individualität des Einzelnen zu betonen, sei es durch eine differenzierte Formgebung, durch eine besondere Farbgebung, durch eine besondere Variation der Materialien und vor allem durch ihre Gliederung.

2.2.5
Zusammenfassung

2.2.5.1
Produkte haben Einfluss auf die soziale Haltung des Empfängers

Jedes Produkt hat einen bestimmten Ausdruck und macht damit Eindruck auf einen Empfänger. Es hat Auswirkungen auf den Empfänger und seine Umgebung.

Das, was ausgedrückt wird, entspricht den Absichten der Auftraggeber bzw. der Macher, also auch den Vorstellungen der Designer/-innen. Da sich in der Gestaltung von Designprodukten, gewollt oder ungewollt, die jeweilige soziale Haltung des Machers und damit der Designer/-innen ausdrückt, wirken sie mit ihrer Arbeit lenkend auf die soziale Haltung der Menschen ein, die sie wahrnehmen und verstehen.

Man denke an die Straßenführung, den Einbau von Wölbungen oder Metallpollern, um jemand zum langsamen Fahren zu zwingen (eventuell vor einer Schule, um die Sicherheit von Kindern zu gewährleisten).

2.2.5.2
Die Konsequenzen für die designerische Arbeit

Bei jeder Gestaltung gilt es zu bedenken: Welches soziale Verhalten möchte ich mit meiner Aussage erreichen? Welches soziale Gefüge will ich? Möchte ich mehr das Individuelle betonen, möchte ich Ausgrenzungen eher vermeiden? Welches gesellschaftliche System will ich?

Psychisch-geistige Gefährdungen für das gesellschaftliche System können entstehen, wenn Einfluss auf die Einstellung der einzelnen Menschen genommen wird, die zu asozialem Handeln anregen. Gewalt gegen Menschen und sein Eigentum, Lächerlichmachen anderer Menschen oder deren Ausgrenzung aus der Gesellschaft gefährden den einzelnen oder die Bindungen zwischen den Menschen.
Die Betonung des Ich oder die Erziehung junger Menschen zu Bindungslosigkeit führt über kurz oder lang zu einer Verlagerung jeglicher Verantwortung für den anderen und damit zur Veränderung bzw. Infragestellung des sozialen Systems, da dies in der Form wenig geeignet ist, anderen Menschen, die in Not geraten, Hilfe zu bieten.

2.3
Studien

2.3.1
Theoretische Studien

Die soziale Haltung in unterschiedlichen Darstellungen bzw. Äußerungen (z.B. in der Malerei, Grafik, Architektur und Plastik, in der Sprache und Dichtung, in der Musik und im Theater)

Welche soziale Haltung steckt dahinter?

- Suchen Sie Objekte bzw. Äußerungen aus verschiedenen Zeiten.
- Versuchen Sie die mit einer Äußerung verbundenen Aussagen hinsichtlich sozialer bzw. gesellschaftlicher Einstellungen zu erfassen.

- Klären Sie die Bestrebungen der Macher (geht es ihnen eher um eine Verfestigung bestimmter gesellschaftlicher Formen oder eher um eine Veränderung?).
  Dies setzt den Vergleich mit der zur entsprechenden Zeit herrschenden gesellschaftlichen Struktur voraus).
- Wählen Sie ein aktuelles Produkt und versuchen Sie die gesellschaftlichen Aussagen zu erfassen.
- Analysieren Sie ein oder zwei Spiele für Kinder und versuchen Sie die darin enthaltenen sozialen Anweisungen zu entdecken.

2.3.2
Praktische Studien

- Bauen Sie mit zwei anderen Studierenden ein Objekt zur Bewegungsumsetzung, das aus mindestens drei Teilen besteht.

Jeder Studierende hat dabei ein Teil zu entwickeln. Am Ende soll ein Ganzes entstanden sein, bei dem kein Teil herausfällt.

2.4
Die Anwendung grundlegender Erfahrungen zur Lösung einer konkreten Aufgabe

Die konkrete Aufgabe:
Das neu zu gestaltende Produkt ist so zu überarbeiten, dass es sozial vertretbar ist.

- Es muss sicher sein.
- Es muss Aussagen beinhalten, die eine bestimmte soziale Einstellung fördern.

Welche soziale Haltung will man fördern?
(Notwendig ist eine schriftliche Klärung, gleichsam ein politisches Manifest)

Vorgehensweise:

- Überlegungen zur Umsetzung (wie kann man diese Vorstellungen ausdrücken?) und
- Versuche einer Realisierung der Vorgaben

Teil 12
Die ökologische Vertretbarkeit einer Umsetzung

Abb. 12.1 Ein Müllberg (Quelle: Zeit-Magazin Nr. 24 / Juni 94)

Berichte in Tageszeitungen und Fernsehen konfrontieren uns fast täglich mit Nachrichten über die ständig zunehmenden Dürregebiete auf der Erde. Auf die Konsequenzen dieser Entwicklung verweisen Briefe von Hilfsorganisationen, die um Spenden für Menschen bitten, die in diesen Regionen leben, dort Hunger leiden, unterernährt und krank sind. Oftmals werden diese Berichte ergänzt von Bildern mit Menschen, die ihren angestammten Wohnort verlassen müssen, weil dort die zum Leben notwendige Nahrung und Flüssigkeit nicht mehr zur Verfügung steht. Ehemals fruchtbare Länder werden unbewohnbar. Veränderungen der Erdwärme, die Erhöhung der Ozonwerte durch vermehrten Ausstoß von Schwefeldioxiden, der unkontrollierte Umgang mit den Ressourcen der Erde, das Abholzen von Bäumen, ohne sich um eine

Neuanpflanzung zu kümmern, gefährden das Überleben der Menschen.

Abb. 12.2 Sperrmüll am Straßenrand

Müllautos fahren durch unsere Straßen. Ausgemusterte Produkte stehen am Straßenrand, um als Sperrmüll abgeholt zu werden. Auf Autofriedhöfen, türmen sich die ausgemusterten Fahrzeuge. Deponien für Haushaltsgeräte, Elektrogeräte, Fernseher usw. müssen eingerichtet werden, um unbrauchbare oder ungewollte Produkte aufzunehmen und zu entsorgen. Und welcher Aufwand war notwendig, um all das herzustellen. Material, oftmals von weit hergeholt, wurde gebraucht, um besonders „edlen" Eindruck zu schaffen. Das Material musste verarbeitet werden, Energie wurde benötigt. Energie, die wiederum aus irgendwelchen Heizkraftwerken gewonnen wird. Holz, Kohle, Öl oder Gas werden verbraucht. Materialien, die unwiederbringlich verloren sind. Wie lange stehen diese noch zur Verfügung?

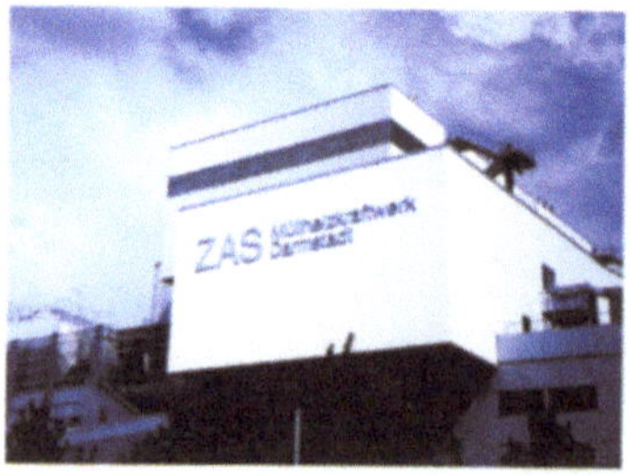

Abb. 12.3 Die letzte Station für viele Produkte: Das Müllheizkraftwerk

Industrie-Designer/-innen müssen nachdenklich werden bei dieser Betrachtung, erleben sie doch, wie kurzlebig ein Großteil der gerade von ihnen geplanten Produkte heute ist. Und man ist als Planer/-in an entscheidender Stelle. Man legt fest, welche Materialien und Fertigungsverfahren bei der Herstellung der Produkte zum Einsatz kommen sollen, und entscheidet damit vorweg über Fragen, die offensichtlich nicht ohne Konsequenzen für die Lebensverhältnisse der Menschen auf dieser Erde sind.

Ziel der nachfolgenden Betrachtung soll es sein, die Studierenden auf die Konsequenzen ihres Tuns aufmerksam zu machen.

__Ökologie__ = die Wissenschaft, die sich mit den Beziehungen zwischen den Organismen und der sie umgebenden belebten und unbelebten Umwelt beschäftigt.

In Kapitel 1 werden der Bedarf und die Bedürfnisse des Menschen anskizziert und beobachtet, welche Auswirkungen deren Befriedigung für die Umwelt hat.

In Kapitel 2 werden Anregungen für eine ökologisch vertretbare industrie-designerische Arbeit gegeben.

1 Der Bedarf des Menschen und die Auswirkungen auf die Umwelt

Die Schaufenster von Geschäften sind gefüllt mit neuen Produkten unterschiedlichster Art. Geradezu überwältigt ist man bei einem Blick in ein Einkaufszentrum oder einen Baumarkt, wo auf engem Raum ein unübersehbares Warenangebot vorgestellt wird.

Vieles, von dem, was produziert wurde, wird gekauft und genutzt. Es dient zumindest eine kurze Zeit dazu, den Bedarf eines Menschen zu mindern. Vieles von dem, was produziert wurde, wird jedoch nicht gekauft und bleibt ungenutzt. Es wird nach einiger Zeit aus den Regalen genommen.

Bei vielen der erstellten Produkte sind die Vorgaben von Designerinnen und Designern ausschlaggebend für die Materialwahl und den Energieaufwand eines Produktes und die damit verbundenen Belastungen für die Umwelt. Grund genug, sich zu fragen, wie man den Bedarf der Menschen befriedigen und gleichzeitig verantwortungsvoll mit der Umwelt umgehen kann.

1.1 Verallgemeinerung der Fragestellung

Wie wirkt sich die Befriedigung des menschlichen Bedarfes auf die Umwelt aus?

1.2
Darstellung grundlegender Aspekte

1.2.1
Ziele des Menschen

Siehe Teil 2, Kapitel 1.2.7
Hier: Der Mensch will nach seinen Vorstellungen leben.

Ausgangspunkt für die folgenden Überlegungen ist die Zielsetzung des Menschen: Er will nach seinen Vorstellungen leben. Das Handeln des Menschen ist somit darauf gerichtet, Lebensbedingungen zu schaffen, wie er sie sich vorstellt. Dass eine solche Haltung Konsequenzen für den Bedarf hat, ist klar.

1.2.1.1
Der Bedarf zur Sicherung des physisch-körperlichen Lebens

Neuere Untersuchungen zur Entwicklung der Erdbevölkerung
1800: 1
1930: 2
1960: 3
1975: 4
1999: 6
2010: 7 Milliarden Menschen

Siehe Beispiele über körperliche Schädigungen von Menschen, insbesondere von Kindern, bei einseitiger Ernährung

Der Bedarf des Menschen zur Sicherung seines körperlichen Lebens ergibt sich aus seinem Bestreben, sich körperlich zu entwickeln und seine Gesundheit zu erhalten. Dies hat zur Folge, dass die täglich notwendige feste und flüssige Nahrung (z.B. trinkbares Wasser) gesichert werden muss. Jeder Mensch braucht diese Mittel in ausreichender Menge und in unterschiedlicher Art. Betrachtet man die Zahlen über die Bevölkerungsentwicklung auf der Erde, so wird klar, welcher Bedarf hier in nächster Zukunft gefragt ist.

Zu bedenken ist hierbei, dass der Mensch auf natürlich wachsende Nahrung angewiesen ist. Nur kurzzeitig kann er künstlich ernährt werden, wobei er allerdings in seiner Beweglichkeit und Mobilität weitgehend eingeschränkt ist.

Neben der Sicherung der täglichen Nahrung sind Maßnahmen zur Sicherung gegen übergroße Hitze, gegen übergroße Kälte, gegen Wind und Wetter notwendig. Die Menschen brauchen Kleider, sie brauchen Räume, in denen sie leben und wohnen können. Auch dafür wird Material gebraucht, sei es natürlich wachsendes Material (z.B. Holz) oder gewordenes Material, wie Steine oder Kork usw. Oder aber man versucht künstliches Material zu entwickeln, herzustellen und einzusetzen.

Die Sicherung der inneren und äußeren Organe setzt in vielen Fällen den Einsatz besonderer Produkte voraus (Brillen als Schutz für die Augen, Helme als Kopfschutz usw.).

Und schließlich darf auch die Sicherung angemessener Arbeitsbedingungen für die Organe nicht übersehen werden (z.B. Sicherung von ausreichend guter Luft, genügend Licht und Wärme).

Vieles von dem genannten Bedarf kann mit vorhandenen Maßnahmen oder Produkten behoben werden. In vielen Fällen werden jedoch neue Produkte notwendig, deren Erstellung wiederum ökologische Auswirkungen hat. Material und Energie werden jetzt wieder gebraucht. Die Auswirkungen auf Wasser, Luft und die Erde mit ihren Organismen bleiben nicht aus.

1.2.1.2
Der Mensch will nach seinen Vorstellungen leben

Der natürliche Wunsch eines Menschen, nach den eigenen Vorstellungen leben zu wollen, hat seinen Preis.

Wie bereits dargelegt, kommt es aufgrund von Informationen bei jedem Menschen zu jeweils ganz individuellen Einstellungen mit jeweils ganz individuellen Erwartungen und Wünschen. Diese ganz individuellen Wünsche und Erwartungen beziehen sich auf die Art und Weise seiner Lebensbedingungen und werden deshalb an all die Dinge gestellt, mit denen man sich umgeben möchte, die man haben möchte bzw. die man hat.

Siehe Teil 14, Kapitel 1.2.1
Hier: Die Entwicklung der jeweils eigenen und individuellen Einstellung und die Konsequenzen für die zusätzlichen Bedürfnisse und Erwartungen und Wünsche

Dies beginnt mit den Wünschen an die Menge, die Art und die Qualität der Nahrungsmittel. Sie müssen jetzt besonders zubereitet sein, sie müssen besonders gekühlt sein usw. Die Flüssigkeit muss besonders gereinigt sein oder aber mit bestimmten Zusatzstoffen versehen sein. Filteranlagen werden notwendig, besondere Zusatzmaterialien müssen beschafft werden.

Siehe Maßnahmen zur Sicherung der Nahrungsmittelzubereitung

Wurde bei den physischen Notwendigkeiten von der schützenden Kleidung gesprochen, so weitet sich dies aufgrund der besonderen individuellen Wünsche jetzt enorm aus. Besondere Stoffe aus besonderem Material werden verlangt, besondere Farben werden für die Stoffe gewünscht. Auch braucht man jetzt mehr als nur ein Kleid oder einen Anzug. Diese Liste lässt sich unbegrenzt weiterführen, betrachtet man den Aufwand für die Erstellung einer Wohnung und vor allem für deren Innenausstattung. Seltene Hölzer und Materialien werden gewünscht, die noch dazu über weite Entfernungen herantransportiert werden müssen.

Kleider:
Bei genauerem Hinsehen kann man an den Etiketten ablesen, dass z.T. unterschiedliche Herstellungsverfahren oder andere künstliche Zusätze zur Haltbarmachung bei den verschiedenen Produkten zum Einsatz kamen.

Der Wunsch nach Verbesserung der Lebensbedingungen ist in vielen Fällen an einen höheren Energieaufwand gekoppelt. Man betrachte nur einmal die notwendigen Energien für den täglichen Verkehr, für die Stadtbeleuchtung, für die Beleuchtung der Schaufenster und den Energieaufwand für die verschiedensten technischen Geräte im eigenen Haushalt usw.

Die unterschiedlichen Arbeitsfelder zur Befriedigung all der Anforderungen:
Architekten
Konstrukteure
Bauern / Landwirtschaft
Designer
Ärzte
usw.
Dadurch wird zwar die Rolle der Designer/-innen, was die Belastungen der Umwelt betrifft, relativiert.
Dennoch ist gerade der designerische Anteil nicht gering, betrachtet man nur einmal all die Dinge, mit denen wir uns umgeben. Der Großteil der Objekte wurde von Designerinnen bzw. Designern geplant.

Mehrmalige Ernte im Jahr:
Das bedeutet ständiges Anregen der Organismen zu Höchstleistungen z.B. durch besondere künstliche Beleuchtung, durch besondere künstliche Wärmezufuhr usw.
Das bedeutet Einflüsse auf die Arbeitsbedingungen der Organismen unter der Erde.
Hingegen gab es in früheren Jahren die Drei-Felderwirtschaft:
Alle drei Jahre blieb ein Feld unbepflanzt, um den Organismen in der Erde eine Ruhezeit zur Regeneration zu bieten.

1.2.2
Die Auswirkungen dieser Maßnahmen auf die Umwelt

Die vorgestellten Maßnahmen, mit denen der Bedarf des Menschen von Menschen befriedigt wird, tangiert mehr oder minder stark die vorhandenen natürlichen Gegebenheiten der Umwelt.

Die Anforderungen an eine ausreichende Menge an Nahrungsmittel und die damit einhergehenden Maßnahmen greifen in die vorhandene Pflanzen- und Tierwelt ein. Bestimmte Pflanzenarten werden zurückgedrängt oder gar vernichtet, weil sie vermeintlich zu wenig nutzbringend sind. Künstliche Düngemittel sollen den Wuchs anregen. Es werden Überdachungen oder Abdeckungen für ganze Felder entwickelt, hergestellt und genutzt, um so einen schnelleren Wuchs und ein mehrmaliges Ernten pro Jahr zu ermöglichen. Vieles kann heute nur noch beschafft werden durch Einsatz künstlicher Materialien und Mittel, wobei zu bedenken ist, dass hierzu immer auch natürlich wachsendes Material benötigt wird. Ein Teil der notwendigen Energie kann durch besondere Heizkraftwerke bereitgestellt werden. Ölvorkommen, Kohle und Gas werden dafür abgebaut. Vorhandene und nicht mehr nachfüllbare Reservoirs werden geleert.

Die Befriedigung des Bedarfs und der sonstigen Erwartungen und Wünsche der Menschen tangiert an verschiedenen Stellen unsere Umwelt, gefährdet sie oder beschädigt sie nachhaltig. Wo es zu Gefährdungen oder Beschädigungen kommen kann, soll beispielhaft aufgezeigt werden. In einer vereinfachten Form sollen die wesentlichen Parameter, die für das Leben auf dieser Erde maßgebend sind, in der Grafik 12.1 dargestellt werden.

Die Erdoberfläche stellt eine Grenze dar (siehe mittlere waagerechte Linie).

Oberhalb der Erde wachsen Pflanzen; Tiere und Menschen haben hier ihren Lebensraum. Sonne, Wind, Regen, Hitze und Kälte kommen hier vor.

Unterhalb der Erdoberfläche befindet sich eine andere Lebenswelt. Es ist dies die Lebenswelt der Organismen, die für das Wachstum von Pflanzen maßgebend ist. Von den Pflanzen können Tiere und Menschen leben. Das, was abstirbt oder nicht gebraucht wird, geht wieder zurück in die Erde.

Die Leistungsfähigkeit dieser Organismen hängt von den jeweiligen Arbeitsbedingungen ab wie Licht, Luft, Wärme, Ruhe, Energie bzw. Nahrung. Was sich abzeichnet, ist ein Kreislauf von Aufgehen, Wachsen, Leben, Absterben und Wieder-genutzt-Werden für neues Leben.

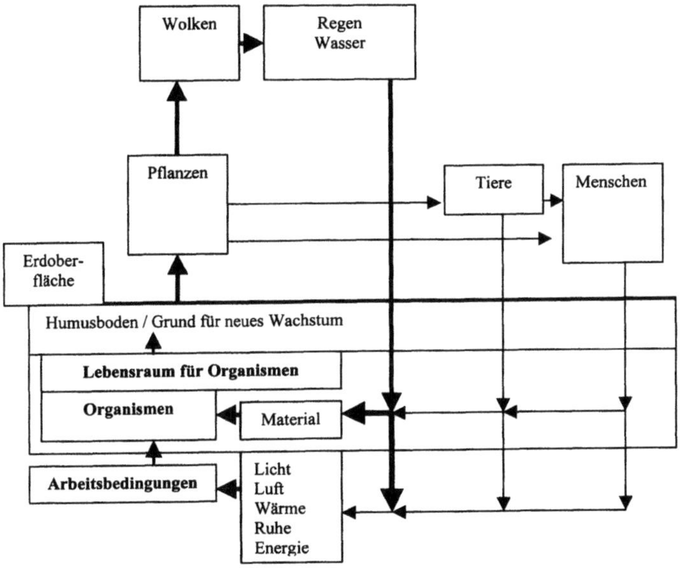

Grafik 12.1 *Der Kreislauf des Lebens*

Die oben beschriebenen Maßnahmen zur Befriedigung des menschlichen Bedarfes und seiner besonderen Wünsche greifen in diesen Kreislauf ein.

Die heranwachsenden Pflanzen werden gedüngt oder mit besonderen Wachstumsmitteln versehen. Besondere Pflanzen werden ausgerottet, da sie momentan als schädlich angesehen werden. Tiere werden in bestimmten Teilen der Erde zurückgedrängt. Arten werden ganz vernichtet. Auf die Lebenswelt der Organismen über der Erde und auf die Organismen unter der Erde wird massiv Einfluss genommen. Die Verwendung von „Schädlingsbekämpfungsmitteln" schädigt das Grundwasser als wichtigstes Nahrungsmittel für alles Lebende und damit auch für den Menschen selbst.

1.2.2.1 Die Umwelt als ökologisches System

Die Umwelt wird als ein selbsttätiges funktionierendes System verstanden. Von einem System spricht man, wenn Elemente vorhanden sind, die in bestimmten Relationen so einander zugeordnet sind, dass dadurch ein bestimmtes Ziel erreicht werden kann. Bezeichnet man also die Umwelt als System, so muss es dort zunächst einmal Elemente geben. Zwischen diesen Elementen müssen bestimmte Beziehungen und Verbindungen existieren, so dass ein funktionsfähiges Gebilde entsteht. Die Funktion des Systems

Umwelt kann in seinem Selbsterhalt liegen. Man kann die Funktion des Systems aber auch darin sehen, allem Lebenden der Erde eine Lebensmöglichkeit zu bieten.

Die von der Sonne ausgehende Energie bewirkt am Tage eine Erwärmung der Erde. Warme Luft steigt auf, um sich in gewisser Höhe so abzukühlen, dass Regen fällt. Wo Pflanzen, Gras, Bäume und Sträucher wachsen, kann sich Feuchtigkeit sammeln. Sie kann aufsteigen, es bilden sich Wolken, es regnet wieder. Damit erhalten die Organismen auf und unter der Erdoberfläche wiederum Nahrung. Die Sicherung des Pflanzenwachstums bildet die Versorgungsgrundlage der meisten Tiere. Pflanzliche und tierische Produkte bieten eine Lebensgrundlage für den Menschen. Es kommt zu einem Kreislauf.

Wesentliche Elemente innerhalb des Systems Umwelt sind die unterschiedlichsten Arten pflanzlicher und tierischer Gebilde mit ihren jeweils innewohnenden Organismen sowie die Menschen. Hinzu kommen die unter der Erde wirkenden Organismen, der Boden, das Wasser, die Sonne, der Mond. Als Verbindungen und Verbindungselemente, die den Zusammenhang und Zusammenhalt zwischen den Elementen sichern, gelten der Regen sowie die Nahrungskette zwischen den Lebewesen. Wurzeln stellen eine Verbindung her zwischen der Erde und der Pflanze über der Erde. Die Wege der Lebewesen zu ihren Brutplätzen zeigen Verbindungen zwischen den einzelnen Elementen des Systems auf.

Das Prinzip der Homöostase scheint auch hier wirksam zu sein, kann man doch die Erfahrung machen, dass dort, wo einzelne Faktoren zu stark werden, das ganze System gefährdet ist.

Was sich abzeichnet, ist ein geschlossenes System, das die Anteile der einzelnen Elemente, deren Gewicht und Verbindungen innerhalb des Ganzen beachtet und so das gesamte System am Leben erhält. Das Ganze kann allerdings nur funktionieren, wenn der vorgestellte Kreislauf (durch Zerstörung einzelner Elemente oder deren Verbindungen untereinander) nicht gestört wird.

1.2.2.2
Die Gefährdungen des Systems

Die vielen Maßnahmen des Menschen führen jedoch dazu, dass bestimmte Elemente des Systems gefährdet und beschädigt werden. Vermeintliche Schädlinge in der Pflanzenwelt werden durch Versprühen von Pestiziden vernichtet. Die vernichteten Lebewesen fehlen dann wieder als regulierende Elemente. In anderen Fällen kommt es zu Unterbrechungen der Verbindung. So werden durch so genannte „Flurbereinigungen" vielen Tieren Schutz- und Nahrungsmittel entzogen. Sie hängen gleichsam in der Luft. Daneben stehen besondere Maßnahmen, bestimmte Tierarten oder Pflanzenarten zu schützen, allerdings auf Kosten anderer.

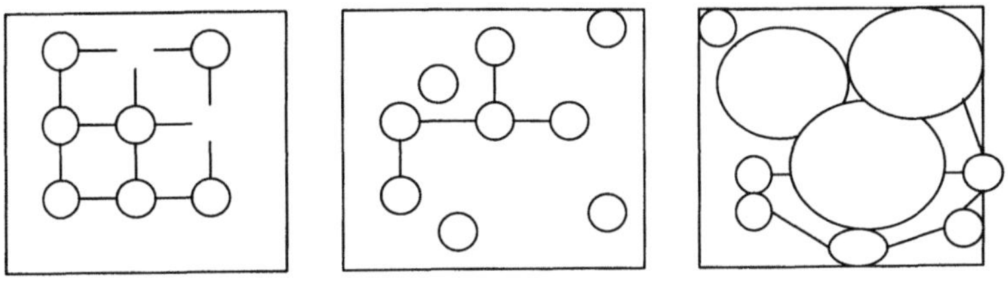

Grafik 12.2 Möglichkeiten zur Störung des ökologischen Systems

Elemente werden vernichtet. Bindungen werden zerstört. Einzelne Arten werden so „geschützt", dass sie für andere wiederum zur Gefahr werden.

Erkennbar wird, dass das Verhalten des Menschen, seinen Bedarf und seine Wünsche möglichst umfassend zu befriedigen, das Gleichgewicht des gesamten Systems und damit seine Funktionsfähigkeit gefährdet.

1.2.2.3
Maßnahmen zur Befriedigung dieser Anforderungen

Der Mensch hat, um seinen Bedarf und seine Wünsche befriedigen zu können, unterschiedlichste Maßnahmen entwickelt. So wurden, um den stets steigenden Bedarf an Nahrungsmitteln zu decken, Düngemittel entwickelt. Man baute Gewächshäuser, die mit gleich bleibender Wärme ausgestattet sind. Damit ist es möglich, mehrmals im Jahr zu ernten. Man berieselt die Felder, um eine gleich bleibende Feuchtigkeit der Erde und ein ungestörtes Wachstum der Pflanzen zu sichern. Man baut besonders klimatisierte Gehäuse für Tiere, die geeignet sind, diese möglichst nutzbringend zu halten usw. Man versieht Nahrungsmittel mit besonderen Zusatzstoffen oder gefriert sie, um sie für größere und länger dauernde Transporte und Lagerungen haltbar zu machen. Zur Beschaffung der unterschiedlich gewünschten Arten an Pflanzen und Tieren legt man besondere Kulturen an oder versucht, sie aus entlegenen Regionen wegzutransportieren.

Zur Sicherung der hohen Qualität sortiert man weniger Qualitätsvolles aus, man behandelt die Obstbäume, man behandelt Tiere mit Mitteln, die eventuelle Schädlinge vernichten, andererseits aber wieder zu einer Gefahr für den Menschen werden.

Um den Wünschen nach besonderen Materialien und Farben für die Kleidung oder z.B. für die Wohnungseinrichtung nachzukommen, werden künstliche Materialien und Stoffe entwickelt. Besondere Farben oder besondere Oberflächenbeschaffenheiten werden künstlich hergestellt. Die Liste kann endlos fortgeführt werden.

Wesentlich ist, dass mit unterschiedlichsten Verfahren und Mitteln versucht wird, all die momentan vorhandenen Bedürfnisse eines Menschen zu befriedigen.

1.3 Studien

Abb. 12.4 Studie zur Verdeutlichung der unterschiedlichsten Maßnahmen auf das ökologische System, seine Elemente und deren Verbindungen untereinander

1.3.1 Theoretische Studien

- Sammeln Sie Daten, die verdeutlichen, wie durch direkte Schädigungen von Organismen bzw. indirekte Schädigungen der Arbeitsbedingungen für die Organismen das Wachstum von Pflanzen und Tieren beeinträchtig werden kann.
- Zeigen Sie an einigen Beispielen, welche Folgen die Zerstörung ökologischer Zusammenhänge haben kann.
- Darstellung der für die technische Funktionalität notwendigen Vorgaben sowie der sonstigen Vorgaben, die bei der bisherigen Umsetzung berücksichtigt wurden. Darstellung der Maßnahmen, die bei dem vorhandenen Objekt oder Produkt zu Gefährdungen oder gar Beschädigungen der Umwelt führen.
- Zeigen Sie auf, welche gefährdenden oder gar beschädigenden Folgen verschiedene Maßnahmen im Rahmen eines Produktlebens auf die Umwelt haben können.

Vorgehensweise:

Die Lösung der Aufgabe geschieht durch eine Gegenüberstellung von Produkten und deren mögliche Auswirkungen auf die Ökologie im Rahmen einer einfachen Matrix. In der vorderen Spalte stehen die einzelnen Stationen eines Produktlebens. In der obersten Zeile sind die potenziellen Gefahrenstellen aufgeführt.

Die möglichen Auswirkungen der einzelnen Maßnahmen auf die Umwelt, deren Elemente und deren Verbindungen werden in die jeweiligen Kreuzungsfelder eingetragen.

Man kann diese Übersicht anhand eines Produktes erstellen, man kann sie aber auch allgemein behandeln, indem man Informationen zusammenträgt zu Umweltschädigungen in einzelnen Stationen eines Produktlebens.

	Gefährdungen bzw. Beschädigungen für:			
Verschiedene Stationen des Produktlebens	- Lebensraum (unter der Erde) - Organismen (Arbeitsbedingungen der Organismen, Licht, Luft, Wärme, Ruhe, Energie)	Wasser	- Lebensraum (über der Erde) - Organismen / Pflanzen - Arbeitsbedingungen der Organismen / Pflanzen	- Lebensraum (über der Erde) - Organismen / Tiere - Arbeitsbedingungen der Organismen / Tiere
Planung und Entwicklung				
Beschaffung Material Natürlich / Künstlich				
Herstellung / Fertigung / Montage				
Vertrieb / Transport				
Nutzung				
Beseitigung				

Grafik 12.3 *Mögliche Gefährdungen der Umwelt durch Produkte*

1.3.2 Praktische Studien

Entfällt

1.4
Die Anwendung grundlegender Erfahrungen zur Lösung einer konkreten Aufgabe

Es ist verständlich, wenn zu 1.3.2 und 1.4 keine Umsetzungen vorgenommen wurden. Dafür stehen am Ende dieses Kapitels einige Studien mit weniger hochwertigen Materialien, die durch eine ungewohnte Bearbeitung neue Sichtweisen eröffnen.

Entfällt

Abb. 12.5 *Abblätternde Farbe*

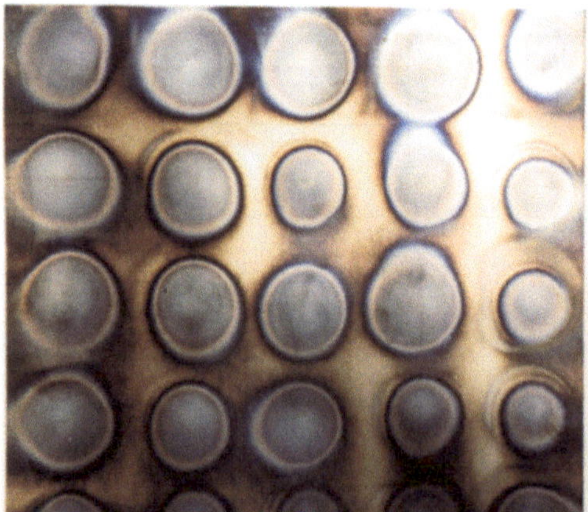

Abb. 12.6 *Ausgeglühtes Blech*

Abb.10.7 *Verbranntes Papier*

Abb. 10.8 *Abfälle von Schweißarbeiten*

Abb. 12.9 Verbrannter Kunststoff (Gummi)

2 Die ökologische Vertretbarkeit als Ziel designerischer Arbeit

Niemand wird heute auf die Idee kommen, keine Produkte mehr zu produzieren. Neben dem grundsätzlichen Bedarf nach Nahrungsmitteln oder einer schützenden Wohnung usw. stehen natürlich auch Wünsche und Erwartungen nach Produkten, die sich durch ihre Form oder Farbigkeit oder Wirtschaftlichkeit besonders auszeichnen. Klar wurde bei der vorherigen Betrachtung, dass die Verwirklichung all der Vorstellungen zur Gefahr für die Umwelt und deren Beschädigung führen kann. Für die Designerinnen und Designer stellt sich damit die in Kapitel 2.1 aufgeführte Frage.

Zur Grafik 12.4:
Das ökologische System ist wenig veränderbar.
Somit kann eine Lösung nur erfolgen, wenn die Menschen ihre Anforderungen überdenken oder die Umsetzungen sich ökologischen Notwendigkeiten annähern.

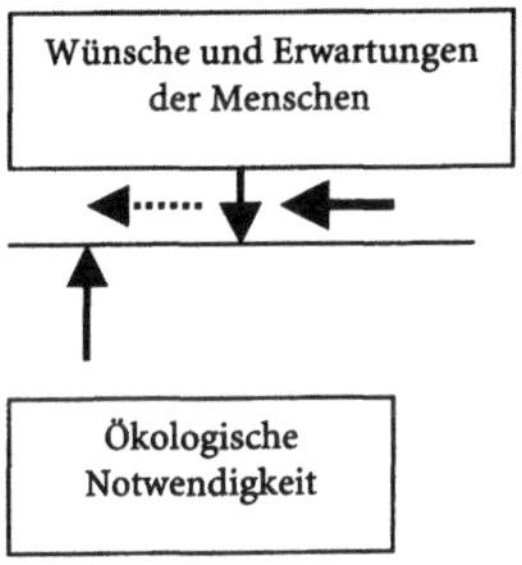

Grafik 12.4 *Die Angleichung der eigenen Erwartungen und Wünsche an die ökologischen Notwendigkeiten*

2.1 Verallgemeinerung der Fragestellung

Wie kann man den Bedarf des Menschen unter ökologischen Gesichtspunkten befriedigen?

2.2 Darstellung grundlegender Aspekte

Zur Lösung des Problems zeichnen sich zwei Lösungswege ab:

- Im einen Fall handelt es sich um eine Veränderung der Einstellung. Gefordert ist eine andere Haltung gegenüber ökologischen Problemen.
- Im zweiten Fall geht es darum, das, was zu realisieren ist, verstärkt unter ökologischen Gesichtspunkten zu planen.

2.2.1
Die Veränderung der Einstellungen

Als erste Lösung soll auf die Veränderung der Einstellungen näher eingegangen werden.

Hierzu ist zu sagen: Veränderbar sind die geistigen Einstellungen des Menschen, nicht jedoch dessen biophysische Einstellung. Der Mensch braucht am Tag eine bestimmte Menge an Nahrung und sauberer Flüssigkeit. Er braucht etwas, das ihm Schutz bietet vor Regen, Wind, Hitze und Kälte. Er braucht einen Raum zum Schlafen und Ausruhen. An diesen Vorgaben kann nicht gerüttelt werden. Sie müssen in irgendeiner Form der ständig steigenden Weltbevölkerung zur Verfügung gestellt werden.

Dagegen kann auf die geistige Einstellung und damit auf die weitgehend subjektive Haltung des einzelnen Menschen gezielt Einfluss genommen werden. Zu überdenken wäre, ob man tatsächlich alles haben muss, was einem gefällt, ob man dies oder jenes haben muss, auch wenn es nachweislich die Umwelt schädigt, und ob man nicht generell auf einige Produkte verzichten könnte, z.B. weil man dieses Objekt vielleicht nur ein- oder zweimal im Jahr braucht und es leicht in Gemeinschaft mit dem Nachbarn zu nutzen wäre.

2.2.1.1
Die Schwierigkeiten, Einstellungen zu verändern

Beispiel: Das Abholzen ganzer Regionen in Spanien, um für die machtpolitischen Ziele der Könige die notwendigen Segelschiffe zu bauen. Heute wächst dort wenig. Der Boden wurde vom Wind verweht, da keine Haltepunkte (Bäume, Wurzeln) da waren. Heute wissen wir, dass es dort vor 500 – 600 Jahren völlig anders aussah: Das Land war bewaldet, es war reich an fruchtbarem Boden. Es war dicht besiedelt.

Maßnahmen zur Veränderungen ökologischer Einstellungen sind schwierig, man denke an den Aufwand politischer Parteien bei diesem Vorhaben. Dafür lassen sich mehrere Gründe anführen:

- Die Auswirkungen ökologischer Gefährdungen sind nicht unmittelbar erfahrbar. Vieles, was heute zerstörend ist, zeigt seine Wirkung erst nach Jahren oder Jahrhunderten. So werden die Veränderungen des Systems nicht zu einem plötzlichen Stillstand führen. Eher werden sich die ständigen Eingriffe und Manipulationen der einzelnen Faktoren auf deren Leistungsfähigkeit auswirken, was wiederum zu einer Leistungsminderung der nächstliegenden Faktoren führen wird. Das System wird nach und nach schwächer und anfälliger, bis es ganz zusammenbrechen wird.

Hinzu kommt das fehlende Wissen, wo die normale Belastbarkeit für die einzelnen Elemente und Verbindungen bzw. Verbindungselemente des ökologischen Systems anzusetzen sind.

- Wo liegt die obere Belastungsgrenze? Und wie lange kann dieses oder jenes Element über die Maßen belastet werden, ohne zusammenzubrechen, wie lange dürfen Verbindungen zwischen den einzelnen Elementen unterbrochen werden, ohne die Arbeitsfähigkeit des gesamten Systems zu gefährden?

Diese Unsicherheiten machen es schwer, verbindliche Vorgaben für das Verhalten des einzelnen Menschen gegenüber der Umwelt auszusprechen. Andererseits zwingen gerade diese Unsicherheiten zu einem äußerst behutsamen Umgang mit dem ökologischen System und sollten eigentlich bewirken, möglichst schonend mit den natürlichen Ressourcen unserer Erde zu verfahren.

Und ein Drittes darf nicht übersehen werden:

- Unfälle mit Giftstoffen, Ölkatastrophen (der Name sagt es schon) auf den Meeren und vor den Küsten, Kriege mit dem Einsatz von Giftstoffen für Natur und Mensch (Kuweitkrieg) ließen Experten voraussagen, dass das ökologische Gleichgewicht nachhaltig und auf Dauer gestört sei. Um so überraschter ist man immer wieder, wie schnell die angefallenen Beschädigungen von der Natur selbst bewältigt wurden. Und man hört dann: So schlimm kann es also gar nicht sein!

Es ist schwierig, hier in kurzer Zeit eine nachhaltige Veränderung zu bewirken. Selbst die Bilder von Hungersnöten in Dürregebieten können dies nur bedingt, sind doch diese Regionen weit weg von uns.

2.2.1.2
Die Beachtung ökologischer Vertretbarkeit bei der Produktplanung

Kann die körperliche Einstellung gar nicht und die geistige nur bedingt und sehr langsam verändert werden und kann der Bedarf nur durch die Schaffung neuer Produkte behoben werden, so muss überlegt werden, wie dies unter ökologischen Gesichtspunkten geleistet werden kann.

Auch hier sollen die Schwierigkeiten für die Designer/-innen nicht übersehen werden. In der Regel arbeiten sie für einen Auftraggeber, der mit den geplanten Produkten wirtschaftliche Interessen verbindet. Nicht jeder Auftraggeber ist offen für ökologische Vorgaben. Verteuert dies die Produkte, so muss er auch hierzulande noch mit erheblichen Absatzschwierigkeiten rechnen (z.B. Produkte von Öko-Bauern, die wegen der Preise nicht von allen gekauft werden können). Welcher Auftraggeber lässt sich darauf ein, wo andere Aspekte, z.B. die technische Innovation oder das Aussehen eines Produktes, für viele Käufer wesentlich gewichtiger sind.

Hinzu kommt in vielen Fällen bei Designerinnen und Designern die fehlende Kenntnis über die verschiedenen Eigenschaften der Materialien im Zusammenhang mit ökologischen Merkmalen. Soll ein funktionsfähiges Objekt erstellt werden, sucht man sich Materialien, mit dem dies realisiert werden kann. Man prüft die Eigenschaften, die Fertigungsverfahren und die Kosten. Man prüft nicht, ob dies auch mit anderen Materialien ginge, die vom ökologischen Standpunkt aus wesentlich vertretbarer wären.

Zur Grafik 12.5: Die nebenstehende Grafik zeigt das SOLL an Eigenschaften, das zur Erfüllung der technischen Funktionalität erwartet wird. Diese Vorgabe kann mit Material A bestens bedient werden. Material B ist demgegenüber nicht ganz so geeignet. Vergleicht man allerdings beide Materialien hinsichtlich ihrer ökologischen Auswirkungen, so muss man feststellen, dass Material A bei weitem schädigender ist als Material B. Zu fragen ist, ob man die Minderung der technischen Funktionalität zugunsten der Ökologie akzeptiert. (Bedenkenswert dürfte hier sein, welche Rolle die technische Funktionalität auch im Hinblick auf das Sicherheitsbestreben der Menschen hat.)

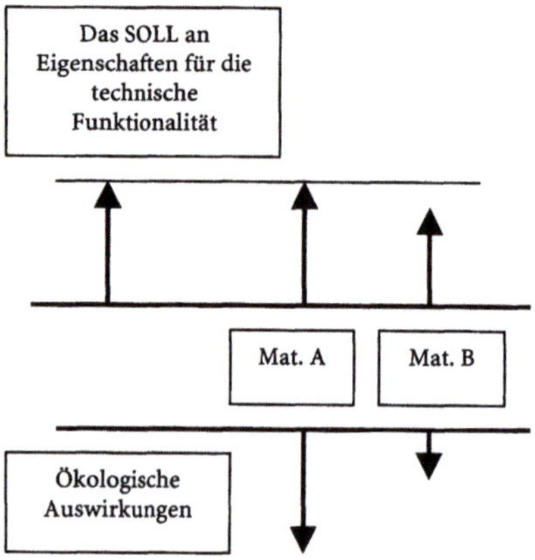

Grafik 12.5 *Die technischen Anforderungen an eine Material und dessen ökologische Vertretbarkeit*

Abb. 12.10 *Die äußere Erscheinung verleitet oftmals zu einer negativen Bewertung der technischen Funktionalität ökologisch vertretbarer Materialien*

Zu bedenken ist die Unbedachtsamkeit vieler Designer/-innen im Umgang mit ökologischen Fragestellungen. Man konzentriert sich auf die Ästhetik, informiert sich über Materialien und Fertigungsverfahren, die der geplanten Form und Farbgebung entgegenkommen, und belässt es dabei.

Unterstützt wird ein solches Verfahren oftmals durch die Informationen, die von einem Produkt ausgehend ein Käufer aufnimmt. Der sieht die äußere Form und versucht über die Formen und Farben der äußeren Hülle zu erfahren, um was es sich bei dem Objekt handelt. Eventuelle Eigenschaften ökologisch vertretbarer Materialien könnten das Gefallen eher mindern als erhöhen. Die psychologisch immer noch vorhandenen Vorbehalte gegenüber ökologischen Materialien hinsichtlich ihrer technischen Belastbarkeit erschweren die Akzeptanz solcher Objekte.

2.2.2
Zusammenfassung

Das Überleben des Menschen verlangt einen hohen Aufwand unterschiedlichster Mittel. Sie sind nicht unbegrenzt verfügbar. Eine Gefährdung der Umwelt führt zwangsläufig zu einer Gefährdung der Lebensbedingungen der Menschen. Der Wille des Menschen, nach eigenen Vorstellungen leben und den dadurch bedingten Bedarf beheben zu wollen, führt zwangsläufig dazu, dass der Mensch bei einem zu sorglosen Umgang mit der Natur seine eigenen Lebensgrundlagen vernichtet.

Gerade die Designerinnen und Designer sind aufgefordert, nach Lösungen zu suchen, wie der vorhandene und zukünftige Bedarf (bedenkt man z.B. den Bedarf für eine ständig zunehmende Weltbevölkerung) und die jeweils individuellen Wünsche der Menschen befriedigt werden können. Industrie-Designer/-innen müssen aus sozialen Erwägungen ökologisch planen und entwerfen.

2.3
Studien

2.3.1
Theoretische Studien

Der Einsatz ökologisch vertretbaren Materials

- Wählen Sie ein bestimmtes Objekt und zeigen Sie an einem kleinen Teil davon, wozu der Einsatz ökologisch vertretbaren Materials führen kann.

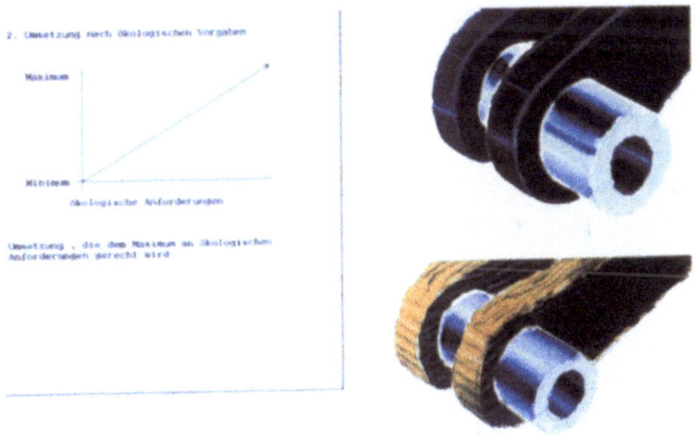

Abb. 12.11 Die Abhängigkeit der technischen Funktionalität von den Eigenschaften des Materials

Welche Materialien sind für die einzelnen Teile des Produktes vorgesehen?
Kann es bei der Beschaffung der Materialien zu Gefährdungen ökologischer Notwendigkeiten kommen?
Sind Materialien dabei, deren Herstellung besonders energieaufwendig sind? Usw.

Den Studierenden wird bewusst, dass sie bei ihrer Arbeit eine Gratwanderung vollziehen müssen.
Produkte, die technischen Anforderungen, auch wenn sie ökologisch gut begründet sind, nicht im hohen Maße genügen, sind für Empfänger nicht mehr akzeptabel.
Insofern muss ihre Aufgabe darin bestehen, sich über die ökologische Vertretbarkeit von Materialien, Herstellungsverfahren usw. bestmöglich zu informieren, um heutigen Erkenntnissen hinsichtlich technischer und gleichzeitig ökologischer Vertretbarkeit von Materialien, Fertigungsverfahren, Beseitigungsrisiken usw. gerecht zu werden.

- Stellen Sie die erforderlichen Eigenschaften des Materials zusammen.
- Wählen Sie Materialien aus, die dieser Aufgabe gerecht werden. Bewerten Sie diese Materialien nach ökologischen Gesichtpunkten. Setzen Sie die einzelnen Materialien ein und versuchen Sie zu klären, inwieweit die Funktionalität des Teiles bzw. des Ganzen leidet.
- Vergleichen Sie die technische Funktionalität der beiden Umsetzungen vor und nach der Berücksichtigung ökologischer Vorgaben. Stellen Sie die Unterschiede in Form einer einfachen Grafik dar (siehe Darstellung bei Abschnitt 2.2.1.2).

- Wählen Sie zwischen zwei unterschiedlichen Produkten, die dem gleichen Ziel dienen (z.B. zwei Tassen, zwei Haartrockner oder zwei Schalter).
  - Wählen Sie das Produkt aus, das Ihnen gefällt.
  - Klären Sie bei beiden die ökologischen Belastungen bei der Herstellung (inklusive Materialbeschaffung), bei der Nutzung und bei der Beseitigung.
  - Stellen Sie die unterschiedlichen Belastungen in einer einfachen Grafik nebeneinander dar, so dass am Ende eine Bewertung vorgenommen werden kann. Klären Sie, ob das Ergebnis die positive oder negative Entscheidung aufgrund der ästhetischen Bewertung für eines der beiden Produkte verstärkt oder mindert.
- Vergleichen Sie mehrere Materialien hinsichtlich ihrer technischen und ökologischen Vertretbarkeit.
  - Wählen Sie 3 bis 5 Materialien aus, die bei unterschiedlichen Produkten eingesetzt wurden. Begründen Sie deren Auswahl. Klären Sie bei den ausgewählten Materialien ihre ökologische Vertretbarkeit und versuchen Sie Materialien einzusetzen, die ökologisch vertretbar sind.
  - Klären Sie die dabei entstehenden Defizite hinsichtlich Ästhetik, Wirtschaftlichkeit (Kosten) und technischer Funktionalität.

Abb. 12.12 Isoliermaterial aus getrocknetem Papier

2.3.2 Praktische Studien

- Entwickeln Sie ein Material, das ökologisch vertretbar ist und besondere Eigenschaften aufweist (z.B. Isolierung gegenüber Hitze und Kälte).

- Entwickeln Sie eine Verpackung, die ökologisch vertretbar ist (siehe Beispiel: isolierendes Material für eine Flasche).

Abb. 12.13 Äußerst stabiles Verpackungsmaterial aus getrockneten Bananenschalen

- Entwickeln Sie ein Material zum Bau von Modellen, das ökologisch vertretbar ist.

Siehe dazu auch die Studien in Teil 4, Kapitel 5

Abb. 12.14 Neues Modelliermaterial
Zerkleinertes Papier mit Kleister verrührt und getrocknet kann gesägt, gebohrt und geschliffen werden.

Abb. 12.15 Der Versuch, einen Einkaufswagen nach ökologischen Gesichtspunkten zu entwickeln

- Überarbeiten Sie eine vorhandenes Produkt nach ökologischen Gesichtspunkten.

Wählen Sie ein einfaches Produkt, und versuchen Sie dieses so zu überarbeiten, dass die technische Funktionalität bewahrt bleibt, das gesamte Objekt aber ökologisch vertretbar ist.

2.4 Die Anwendung grundlegender Erfahrungen zur Lösung einer konkreten Aufgabe

Die konkrete Aufgabe:
Das selbst entwickelte Produkt ist nach ökologischen Gesichtspunkten zu überarbeiten.

Vorgehensweise:

- Wählen Sie einen Teilbereich aus dem bisher entwickelten Produkt (Einkaufswagen, Brotdose, Trinkhilfe, Arbeitsleuchte usw.) aus.
- Überarbeiten Sie dieses Teil nach ökologischen Vorgaben.

Teil 13
Die Integration mehrerer Gestaltungsvorgaben

Die Planung einer Maßnahme oder eines Produktes beginnt mit der Erstellung eines Konzeptes (siehe Teil 3). In ihm wird festgelegt, welche Ziele erreicht werden sollen. Deutlich wurde, und Untersuchungen der Studierenden belegten dies, dass die Empfänger unabhängig vom Produkt immer Wert auf die technische Funktion, die Wirtschaftlichkeit, die Bedienbarkeit, die Ästhetik, die ökologische Vertretbarkeit, die Wahrnehmbarkeit und den besonderen Ausdruck einer Umsetzung legen. Zu jedem dieser einzelnen Erwartungsfelder werden spezifische Wünsche und Erwartungen geäußert.

Erwartungsfeld:
Die Bedienbarkeit stellt z.B. ein Erwartungsfeld dar. Die Verständlichkeit stellt ein anderes dar. Zu jedem dieser Bereiche gibt es die verschiedensten Einzelwünsche und jeweils besondere Erwartungen.

Die bisherigen Studien (Teil 5 bis 12) dienten dazu, die verschiedenen Vorgaben, Erwartungen und Wünsche zu den einzelnen Erwartungsfeldern jeweils getrennt zu betrachten und nach Wegen zu suchen, wie man diese spezifischen Vorgaben im Rahmen einer Umsetzung erfüllen kann.

Nach den Einzelbetrachtungen soll jetzt der Versuch unternommen werden, der eingangs gestellten Forderung nach Integration aller Vorgaben in einer Umsetzung gerecht zu werden.

Nach den Vorüberlegungen zu dieser Arbeit wird in Abschnitt 1.4 an einem konkreten Beispiel diese Entwurfsarbeit demonstriert.

1 Die Komplexität designerischer Arbeit und ein Weg zur Lösung der Aufgabe

Die bisherige Arbeit konzentrierte sich auf abgegrenzte Untersuchungsbereiche. Technik, Bedienbarkeit oder Wahrnehmbarkeit wurden jeweils isoliert behandelt. Bereits hier konnte man erfahren, wie vielschichtig die designerische Gestaltungsarbeit ist. Nun geht es daran, alle diese im Einzelnen und getrennt erarbeiteten Erfahrungen für die Gesamtplanung eines konkreten Produktes zu nutzen.

1.1 Verallgemeinerung der Fragestellung

Welche Vorgaben sind im Rahmen einer Produktentwicklung zu beachten und wie kann man dies realisieren?

1.2 Darstellung grundlegender Aspekte

Designer/-innen haben die Aufgabe, die verschiedensten Wünsche und Erwartungen an ein Produkt, wie sie von einem Auftraggeber (Sender) präsentiert werden, zu „übersetzen“. Es stellt sich die Frage, wie man hier vorgehen kann, um diesem Auftrag gerecht werden zu können.

1.2.1
Verschiedene Überlegungen zur Lösung des Problems

1.2.1.1
Die Situation eines Fährmannes

Greifen wir auf das Bild eines Fährmannes zurück, der verschiedene Waren von der einen Seite eines Flusses an das anderes Ufer bringen soll.

Grafik 13.1 *Das Bild eines Fährmannes, der Waren von der einen Seite des Flusses an das andere Ufer bringen muss*

Auf der einen Seite des Flusses steht der Sender mit seinen Waren. Auf der anderen Seite steht der Empfänger, der die angelieferten Waren abholen will. In der Mitte befindet sich der Fährmann mit seinem Boot. Er soll das Übersetzen der Waren zum Empfänger leisten.

Folgende Überlegungen werden sein Handeln bestimmen:

Aus rein wirtschaftlichen Überlegungen ist es sinnvoll, möglichst alle Waren auf einmal mitzunehmen. Dabei ist abzuschätzen, ob das Boot dafür ausgelegt ist. Können tatsächlich alle Waren auf einmal mitgenommen werden, ohne unterzugehen. Eine weitere Gefahr kann darin bestehen, dass Teile der Ware während der Fahrt aus dem überladenen Boot herausfallen und verloren gehen.

Somit kann als Erstes festgestellt werden:

Wie viel von den auszuliefernden „Waren" mitgenommen werden können, hängt vom Fassungsvermögen des Bootes bzw. des Trägers ab.

Für die Designer/-innen bedeutet dies:

Nicht jede Umsetzung ist geeignet, alle Vorgaben, Erwartungen und Wünsche, die zur Umsetzung anstehen, aufzunehmen. Im Industrie-Design ist die Größe bzw. die Dimension des Trägers und sein Fassungsvermögen beachtenswert.

Eng kann es werden, wenn für eine Rede nur eine begrenzte Zeit zur Verfügung steht, wenn für eine Anzeige nur ein begrenzter Raum für Text und Bild usw. vorhanden ist.

Ein gilt also zu überlegen:

Muss ich überhaupt alle Waren auf einmal mit nehmen? Wie viele der Waren kann der Empfänger überhaupt aufnehmen? Wie groß ist dessen Fassungsvermögen?

Grafik 13.2 Das begrenzte Fassungsvermögen des Empfängers

Die Überlegung, dass nicht alle „Waren" gleichzeitig vom Empfänger aufgenommen werden können, ist nicht so abwegig. Auch dessen Fassungsvermögen ist begrenzt. Er kann nicht alles, was kommt, aufnehmen und mitnehmen.

Siehe dazu Überlegungen zur Wahrnehmbarkeit, insbesondere die Notwendigkeit, sich auf bestimmte Phänomene konzentrieren zu müssen, um das, was gesucht wird, auch finden zu können. Beispiel: Die Suche nach einer Hausnummer in einer Straße. Viele andere Phänomene (Art von besonderen Fensterbrüstungen, besondere Dachformen, besondere Türlaibungen usw.) müssen übersehen werden, will man das eigentliche Ziel nicht verfehlen.

Dies würde allerdings bedeuten: Die Mühe, sämtliche Waren auf einmal aufzuladen, und die Gefahr, mit der gesamten Ware unterzugehen, wären in dem Fall völlig umsonst.

Somit kann als Zweites festgestellt werden:
Wie viel von den anzuliefernden Waren mitgenommen werden kann, hängt auch vom Fassungsvermögen des Empfängers ab.

Für die Designer/-innen bedeutet dies:
Nicht jeder Empfänger ist in der Lage, alle ankommenden Vorgaben auf einmal aufnehmen zu können. Sollen Teile der Informationen nicht unbeachtet bleiben, erscheint es notwendig, sich über das Fassungsvermögen des jeweiligen Empfängers vorher zu informieren und die Menge der umzusetzenden „Waren" entsprechend zu beschränken.

Für die Designer/-innen ergeben sich aus dieser Betrachtung zwei wichtige Gesichtspunkte. Bei der Entwicklung einer Umsetzung ist zu beachten:

- die Größe und somit das Fassungsvermögen des Trägers und
- das Fassungsvermögen des Empfängers.

1.2.1.2
Die notwendige Reduzierung der Vorgaben

Geht man davon aus, dass immer mehr Vorgaben, Wünsche und Erwartungen an ein Produkt gestellt werden, als umgesetzt werden können, so zwingt dies zu weiteren Überlegungen:

- Welche der genannten Vorgaben sollen umgesetzt werden?

Zur Lösung der Aufgabe wurden von den Studierenden mehrere Modelle entwickelt:

Modell 1: Nur die Vorgaben sind umzusetzen, die man relativ leicht bewältigen kann.

Modell 2: Es muss geprüft werden, ob es mehrere gleichartige Nennungen gibt. Durch eine Zusammenfassung erreicht man eine Reduzierung der Vorgaben.

Modell 3: Man orientiert sich an den Erwartungen einer Zielgruppe und lässt alle anderen unbeachtet.

Modell 4: Man kann eine Gewichtung der Vorgaben vornehmen und die einzelnen Vorgaben je nach ihrer Bedeutung anordnen.

Modell 5: Alle Vorgaben, bei denen es aus verschiedensten Gründen (z.B. fehlender Geräte) zu Schwierigkeiten kommt, werden weggelassen.

Modell 6: Auswahl der Vorgaben erfolgt nach einem Zufallsprinzip.

Ausgewählt wurde Modell 4, da nur dieses Modell den eingangs genannten Vorgaben gerecht wird, die Erwartungen und Wünsche aus allen Erwartungsfeldern in ein Produkt zu übertragen.

Dies bedeutet, dass bei der Auswahl der Vorgaben darauf zu achten ist, dass Vorgaben aus allen Erwartungsfeldern berücksichtigt werden. Bei einer höheren Anzahl an Vorgaben muss somit zunächst eine Gewichtung aller Vorgaben vorgenommen werden.

1.2.1.3 Die Gewichtung der Vorgaben

An erster Stelle ist dabei zu bedenken, wer die Gewichtung vornehmen soll. Ist es der Empfänger, sind es die beteiligten Designer/-innen oder sollen vor allem die Auftraggeber zu Wort kommen? Nehmen wir an, die Empfänger kommen zu Wort, so könnte sich die unten angeführte Rangfolge für die einzelnen Erwartungsfelder ergeben.

Technische Funktionalität	Bedienbarkeit	Wirtschaftlichkeit	Ästhetik	Verständlichkeit	Wahrnehmbarkeit	Soz. und ökol. Vertretbarkeit

Grafik 13.3 Die zu beachtenden Erwartungsfelder bei einer Produktplanung

An erster Stelle steht die Erwartung, dass das Produkt technisch funktioniert. An zweiter Stelle wünscht man sich eine gute Bedienbarkeit. Natürlich soll das Objekt schön sein, wichtiger ist allerdings die Wirtschaftlichkeit des Objektes. Und es soll etwas „hergeben“, es soll etwas repräsentieren (Verständlichkeit einer Umsetzung). Relativ weit abgeschlagen finden sich die Wünsche an die Wahrnehmbarkeit sowie an die soziale und ökologische Vertretbarkeit.

Der Umfang der Reduzierung richtet sich nach dem Fassungsvermögen des Objektes und dem des Empfängers. Der Gestalter hat letztendlich entsprechend zu entscheiden.

Nun kann man davon ausgehen, dass es zu jedem der genannten Erwartungsfelder eine, zwei oder und mehr Vorgaben gibt. Sie sind ebenfalls zu gewichten und anschließend zu reduzieren. Die Rangfolge umzusetzender Vorgaben könnte jetzt so aussehen:

	Technische Funktion	Bedienbarkeit	Wirtschaftlichkeit	Ästhetik	Verständlichkeit	Wahrnehmbarkeit	Soz. und ökol. Vertretbarkeit
Vorgabe 1							
Vorgabe 2							
Vorgabe 3							
Vorgabe 4							
Vorgabe 5							

Grafik 13.4 Die Reduzierung der einzelnen Vorgaben bei den einzelnen Erwartungsfeldern

Während bei der Technik drei Vorgaben zu beachten sind, reduziert sich dies bei der Bedienbarkeit, der Wirtschaftlichkeit und der Ästhetik auf zwei, bevor es bei den restlichen Erwartungsfeldern auf jeweils eine Vorgabe zurückgeht. Wichtige und unwichtige Vorgaben sind geordnet und in ihrem Umfang reduziert.

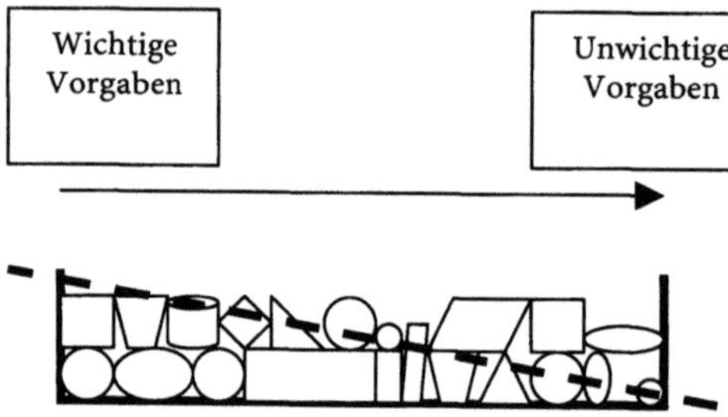

Grafik 13.5 Die Wichtigen und die weniger wichtigen Vorgaben

1.2.1.4
Der Stellenwert der Ästhetik

Die Gestaltung der äußeren Form einer Umsetzung ist eine der wesentlichen Aufgaben der Designer/-innen. Unabhängig von ihrem Stellenwert bei der Gewichtung der verschiedenen Erwartungsfelder kommt ihr deshalb immer eine besondere Bedeutung zu. Grundsätzlich gilt jedoch auch für sie: Ein grundlegender Bedarf kann nur behoben werden, wenn dies technisch geleistet wird. Die technische Funktionalität eines Produktes steht deshalb immer an erster Stelle. Dem hat sich auch die Ästhetik unterzuordnen.

1.2.2
Vorgehensweisen bei der Realisierung

Zwei Wege zur Lösung der Aufgabe werden dazu vorgestellt.

- Lösungsweg 1

Die technisch funktionierende Umsetzung dient als Basismodell. Zu der Vorgabe 1 des ersten Erwartungsfeldes werden verschiedene Alternativen entwickelt. Danach wird eine brauchbare Lösung ausgewählt. Sie dient wiederum als Basismodell für die Entwicklung von Alternativen zur Integration der nächsten Vorgabe.

Vorteil des Verfahrens: schnelle, zügige Lösung, Nachteil des Verfahrens: Interessante Lösungen bleiben vielfach unbeachtet.

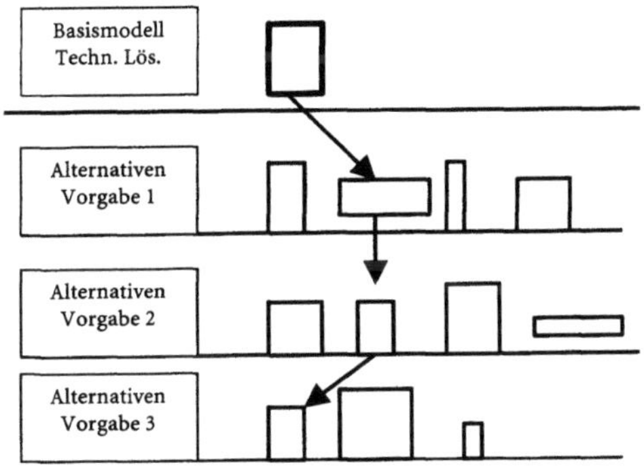

Grafik 13.6 *Eine ausgewählte Lösung dient jeweils als Basismodell*

- Lösungsweg 2

Die technisch funktionierende Umsetzung dient wieder als Basismodell. Zu der Vorgabe 1 werden Alternativen entwickelt. Verschiedene Lösungen dienen jetzt gleichzeitig als Basismodelle für neue Alternativen zur Vorgabe 2 usw.

Vorteil des Verfahrens:
Es entstehen mehr und in der Regel interessantere Lösungsalternativen für die Integration,
Nachteil des Verfahrens:
umfangreichere Arbeiten.

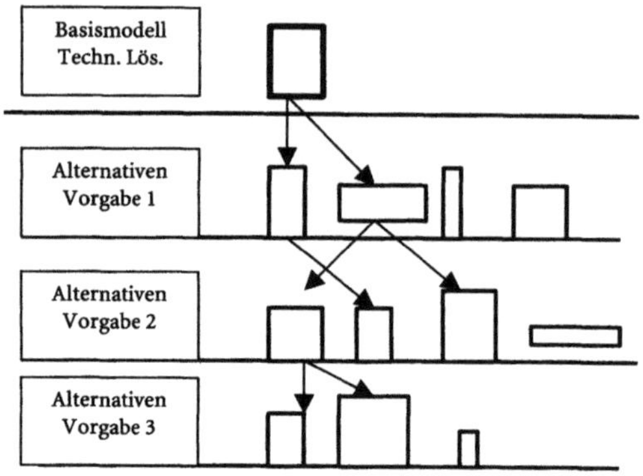

Grafik 13.7 Varianten dienen immer wieder als Basismodell

1.2.3
Die Beeinflussung einer Umsetzung durch die Berücksichtigung einer neuen Vorgabe

Man kann davon ausgehen, dass die Integration einer Vorgabe irgendeines Erwartungsfeldes immer auch Auswirkungen auf die bereits vorliegende Gestaltung hat. Diese Auswirkungen können relativ gering sein, sie können jedoch auch so gravierend sein, dass eine erneute Überarbeitung notwendig wird.

1.2.3.1
Vorgehensweise zur Erfassung der jeweiligen Einflüsse

Die technisch funktionierende Umsetzung dient als Basismodell. Es wird zeichnerisch oder als Modell präsentiert. Die einzelnen technischen Vorgaben, denen das Produkt gerecht wird, werden schriftlich fixiert. Diesem Objekt wird jetzt die neue Fassung mit den integrierten Vorgaben eines Erwartungsfeldes gegenübergestellt. Die neue Fassung wird jetzt darauf überprüft, ob und inwieweit die ehemals vorhandene technische Funktionalität beeinträchtigt wird.

Beispiel für einen Vergleich zweier Lösungen:

Die erste Ausarbeitung zeigt eine technisch gut funktionierende Umsetzung. Die einzelnen Vorgaben wurden relativ umfassend verwirklicht.

Die zweite Darstellung zeigt das Objekt nach einer Überarbeitung, bei der die Vorgaben der Wahrnehmbarkeit eingearbeitet wurden.

Jetzt gilt es in einem Vergleich zu prüfen, inwieweit die technische Funktionalität mit der Überarbeitung gemindert wurde.

Dieses Verfahren konfrontiert die Studierenden mit der Aufgabe, sich über die Folgen ihrer Arbeit bei der Entwicklung eines Produktes stärker auseinander zu setzen. Jeder Arbeitsschritt will überlegt sein, soll am Ende das Ganze noch brauchbar sein.

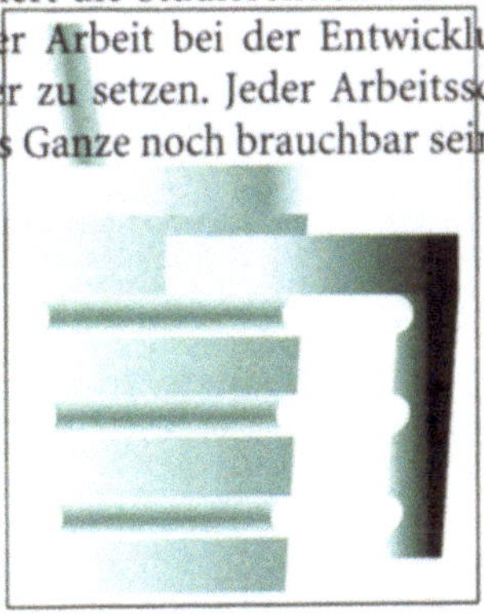

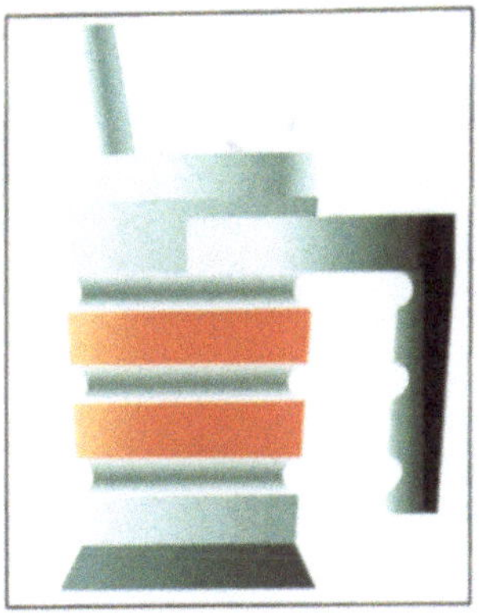

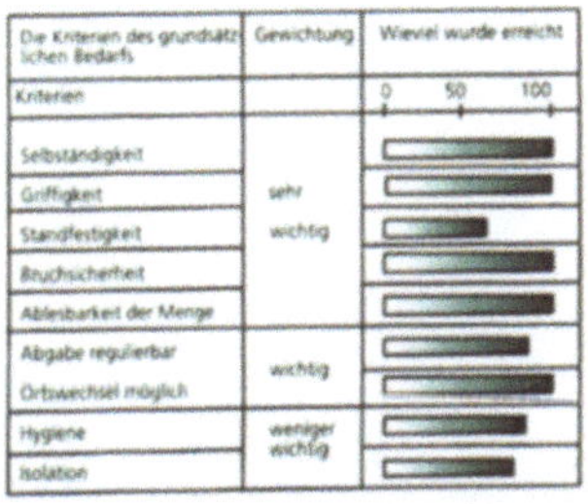

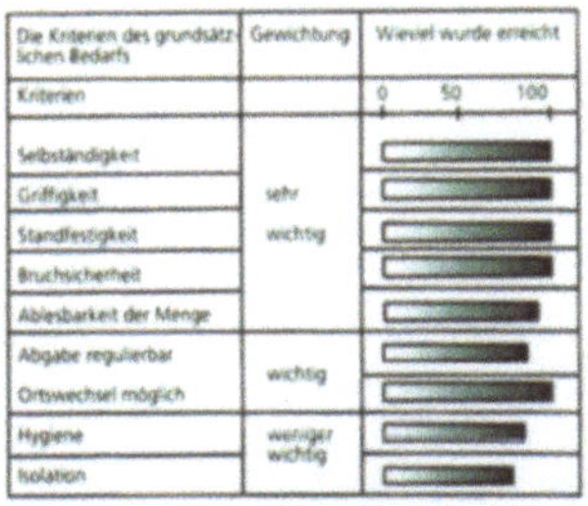

Abb. 13.1 Studie: Vergleich einer technisch funktionierenden Lösung vor und nach einer Überarbeitung

1.3 Studien

1.3.1 Theoretische Studien

- Die Gewichtung von Vorgaben
  - Untersuchen Sie Produkte mit vergleichbarem Inhalt und versuchen Sie die für die Umsetzung wesentlichen Vorgaben zu ermitteln.
  - Zeigen Sie anhand der einzelnen Umsetzungen, welche der Vorgaben bei der Umsetzung als wichtig, welche als weniger wichtig anzusehen sind.

1.3.2 Praktische Studien

- Die Integration von wenigen Vorgaben in ein bestehendes Produkt
  - Ein einfaches technisch funktionierendes Objekt ist auszuwählen (z.B. ein einfacher Riegel, ein einfacher Verschluss, ein Verbindungselement). Notieren Sie die Vorgaben zur Technik.
  - Aus zwei unterschiedlichen Erwartungsfeldern ist jeweils eine Vorgabe auszuwählen und entsprechend ihrer Bedeutung zu integrieren.
  - Vergleichen Sie die neuen Umsetzungen mit der Ausgangsfigur. Zeigen Sie, ob und wo es zu einer Minderung der technischen Funktionalität gekommen ist.

Kommt es zu größeren Beeinträchtigungen der technischen Funktionalität, ist eine Überarbeitung der neuen Fassung notwendig.
Sind keine gravierenden Beeinträchtigungen festzustellen, dann dient diese Fassung wiederum als Basismodell für die Integration von Vorgaben eines weiteren Erwartungsfeldes.

1.4
Die Anwendung grundlegender Erfahrungen zur Lösung einer konkreten Aufgabe

1.4.1
Die konkrete Aufgabe: Trinkhilfe

1.4.1.1
Definition der Gestaltungsaufgabe

Es ist etwas zu entwickeln, das bettlägerigen Menschen das Trinken ermöglicht.

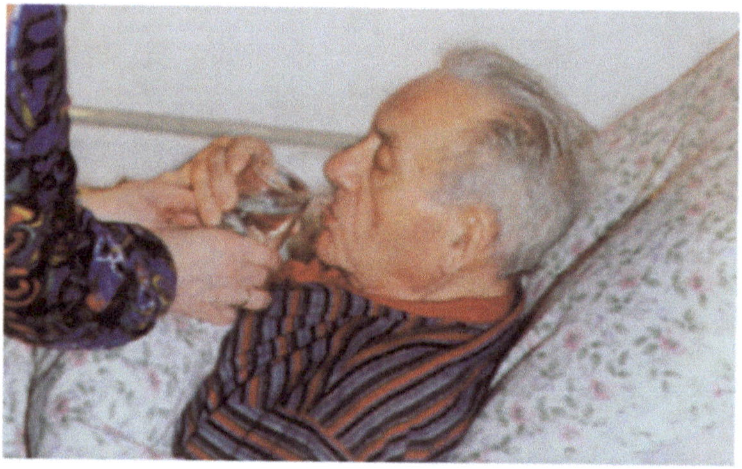

Abb. 13.2 *Darstellung der Ausgangssituation*

1.4.1.2
Wer sind die Benutzer der zu entwickelnden Lösung?

Die Trinkhilfe soll von Menschen mit Diabetes Mellitus Typ II benutzt werden. Typisch für die so genannte „Alters-Diabetes" sind folgende Symptome:

1. Eingeschränkte Feinmotorik und Tastsinn
2. Eingeschränkte Sehfähigkeit
3. In Verbindung mit Bettlägerigkeit und hohem Lebensalter ist allgemein von eingeschränkter Muskelkraft und Koordination auszugehen.

1.4.1.3
Wer wählt die Trinkhilfe aus?

Abgesehen von den Anforderungen des Benutzers ist die Gewichtung der Erwartungsfelder hier in hohem Maße davon abhängig, wer das Produkt oder die Maßnahme auswählt. In dieser Studie gehen wir davon aus, dass der Benutzer selbst oder dessen Angehörige die Entscheidung treffen und nicht etwa das Pflegepersonal eines Pflegeheims oder einer Klinik. Es ist also davon auszugehen, dass Gebrauchsqualität und Haltbarkeit höher zu gewichten sind als die Anschaffungskosten.

1.4.2
Konzeption

1.4.2.1
Legitimation der Aufgabe

Die vorhandenen Produkte und Maßnahmen weisen bestimmte Mängel auf. Kurzfristig besteht keine Möglichkeit, die vorhandenen Defizite zu beheben.

1.4.2.2
Gewichtung der Erwartungsfelder

Maßgeblich für die Gewichtung der Erwartungsfelder sind:

- Die Art des zu entwickelnden Produkts,
- Die Einstellung des Benutzers oder
- Die Einstellung dessen, der das Produkt oder die Maßnahme auswählt.

Daraus folgt die Gewichtung:

1. Technik
2. Bedienbarkeit
3. Soziale Vertretbarkeit
4. Wirtschaftlichkeit
5. Ästhetik
6. Ökologische Vertretbarkeit

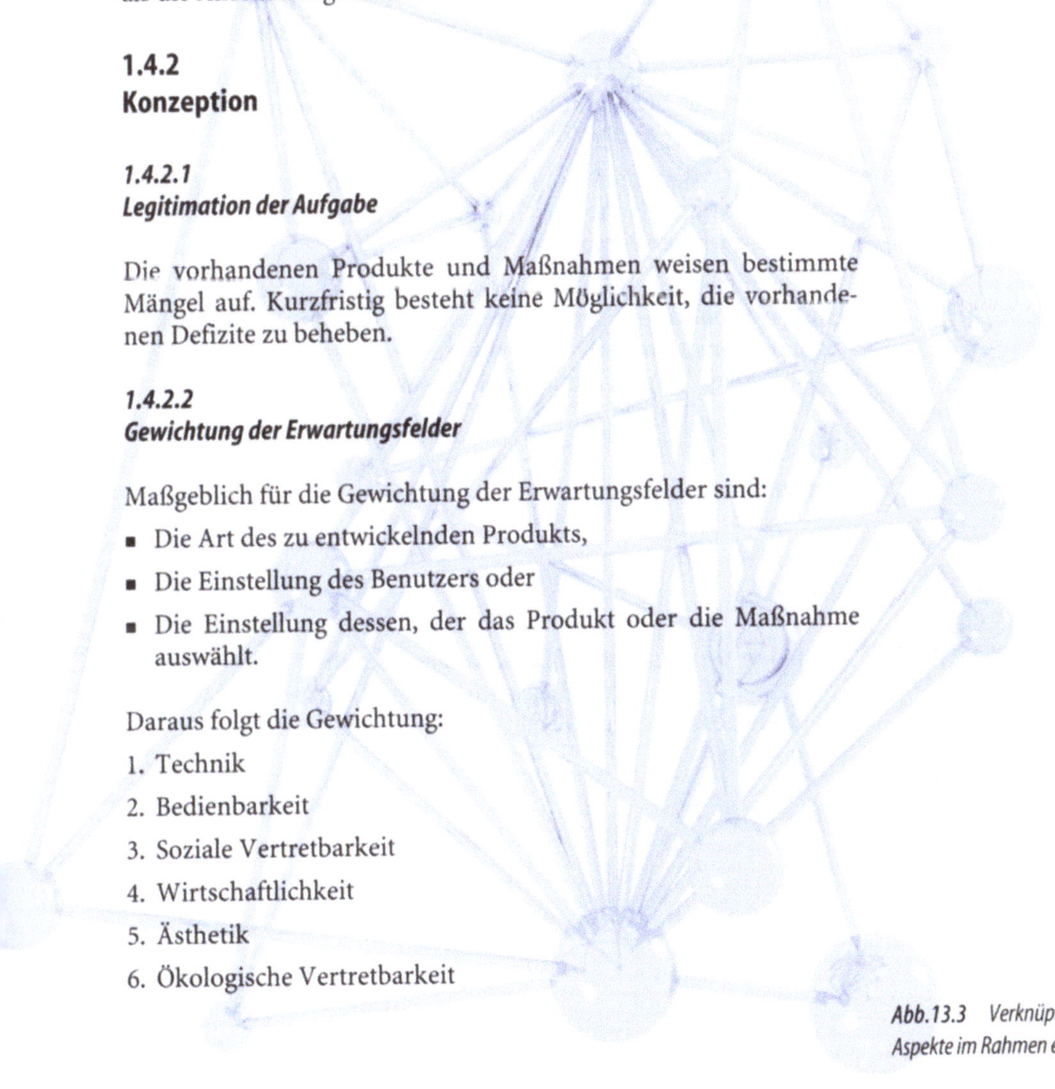

Abb. 13.3 Verknüpfung unterschiedlicher Aspekte im Rahmen einer Konzeption

1.4.2.3
Grundlegende technische Aufgabenstellung

Siehe Teil 3 zur Bestimmung des grundsätzlichen Bedarfes bei einem Materialtransport.

1.4.2.4
Grundsätzlicher Lösungsweg

Mögliche Alternativen sind:

1. Mensch – Ein Helfer reicht das Getränk mit der Hand. Hoher Aufwand, sehr große Abhängigkeit, keine Anschaffungskosten.
2. Mensch und Gerät – Benutzer ist weitgehend unabhängig. Ein Helfer füllt nach und leistet Hilfestellung beim Trinken, falls erforderlich.
3. Gerät – Benutzer ist vollkommen unabhängig, zugleich aber auch isoliert. Hohe Anschaffungskosten, Gefahr einer Fehlfunktion, geringer Personalaufwand.

Maßgeblich für die Entscheidung über den grundsätzlichen Lösungsweg sind die Anforderungen an Technik, Bedienbarkeit und soziale Vertretbarkeit. Unter diesen Gesichtspunkten erscheint der Lösungsweg „Mensch und Gerät“ als die beste Alternative.

1.4.3
Entwerfen

1.4.3.1
Technik

Um den technischen Anforderungen, nämlich Aufnahme, Transport und Abgabe von flüssigem Material, gerecht zu werden, genügt ein geschlossenes Behältnis mit einer Öffnung.

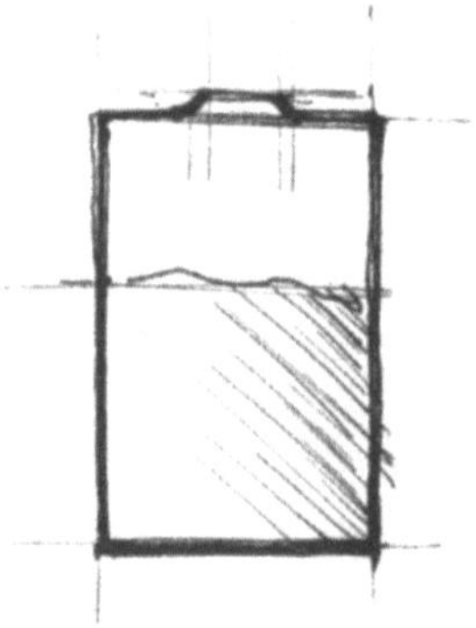

Abb. 13.4 Technik

1.4.3.2
Bedienbarkeit

Der Ausguss wird seitlich versetzt und in Form und Dimension der Mundform angepasst.

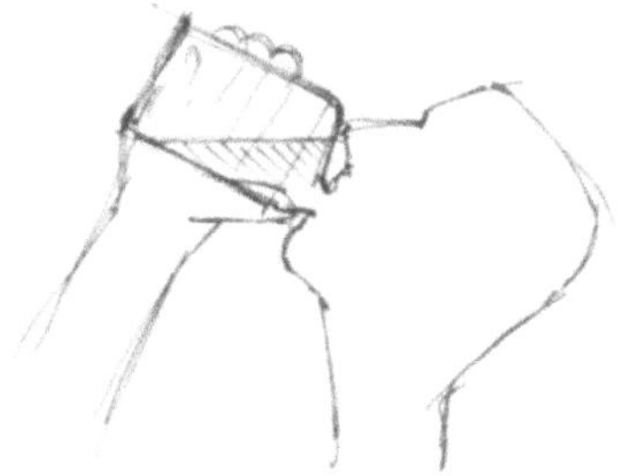

Abb. 13.5 *Versetzen der Öffnung*

Füllmenge und Grundabmessungen werden an Bedürfnisse und Fähigkeiten des Benutzers angepasst.

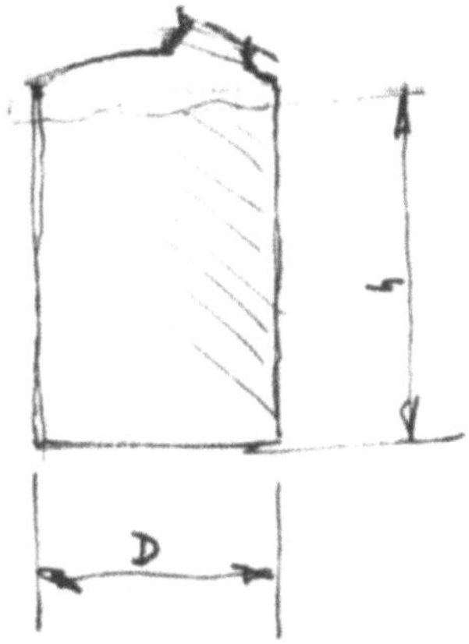

Abb. 13.6 *Anpassung der Größe*

Die Grifffläche wird in Form und Dimension der menschlichen Hand angepasst.

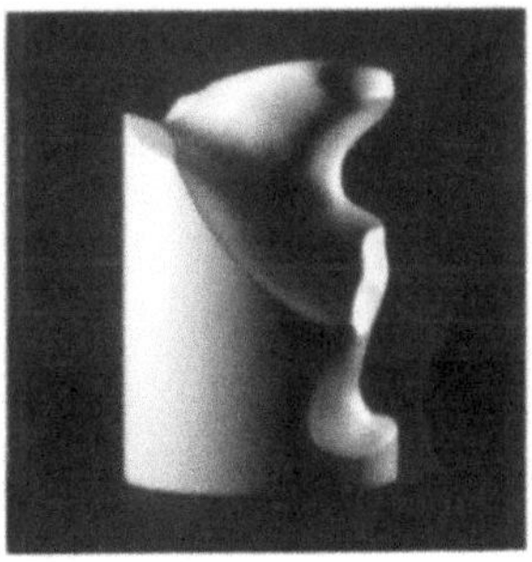

Abb. 13.7 *Anpassung der Form*

Der Ausguss ist durch eine geschlitzte Gummiblase verschlossen. Es kann keine Flüssigkeit austreten.

Erst Druck von außen erzeugt Innendruck, der die Gummiblase nach außen umstülpt und öffnet.

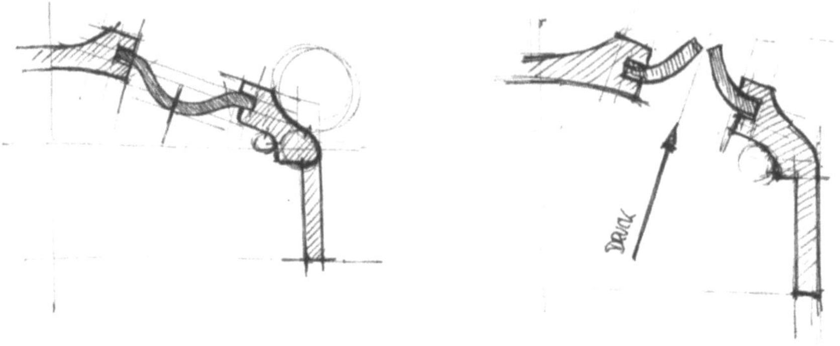

Abb. 13.8 Dosierung

Ein Sichtfenster gibt dem Benutzer visuelle Information über Art und Menge des Inhalts.

Die Bedienbarkeit ist auf semantische Merkmale angewiesen:
- Erkennen können, um was es sich bei dem Objekt handelt (betrifft die Identifizierbarkeit des Objektes)
- Erkennen können, was wie und womit zu bedienen ist

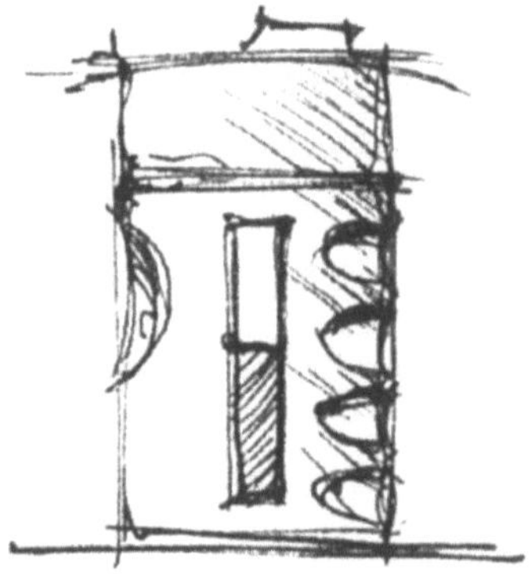

Abb. 13.9 Sichtfenster für Information über Flüssigkeitsmenge

1.4.3.3
Soziale Vertretbarkeit

Form und Dimension der Kontaktfläche werden so optimiert, dass sowohl Rechts- als auch Linkshänder die Trinkhilfe bedienen können.

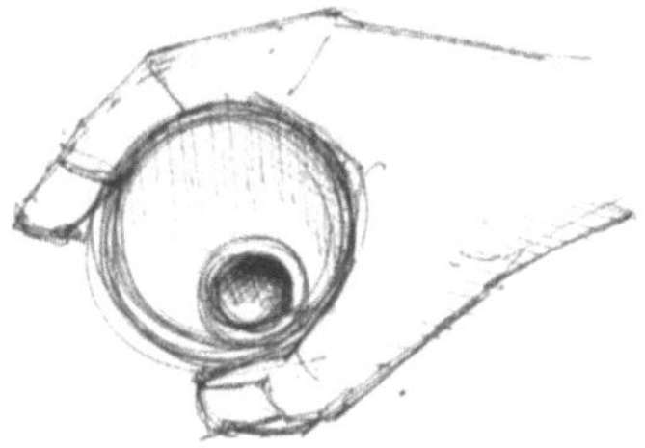

Durch eine symmetrische Formgebung werden Rechts- wie Linkshänder gleichermaßen berücksichtigt.

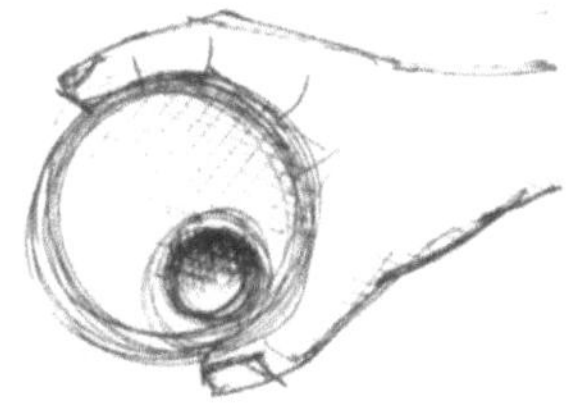

Abb. 13.10 Ausrichtung auf unterschiedliche körperliche Gegebenheiten

Unter dem Aspekt der sozialen Vertretbarkeit wird nebenstehend der Aspekt der Ausgrenzung möglicher Benutzer durch physische Produktmerkmale (Form, Dimension) angesprochen. Ausgrenzung ist aber auch dann gegeben, wenn ein Produkt durch semantische Merkmale oder durch hohe Kosten mögliche Benutzer ausschließt. Das Produkt ist "exklusiv".

Die soziale Vertretbarkeit umfasst darüber hinaus die Sicherheit und den Schutz gegen Verletzungen und Schädigungen bei Herstellung, Gebrauch und Beseitigung eines Produkts. Zum Beispiel sollte ein Werkstoff dann nicht gewählt werden, wenn etwa bei der Herstellung des Produkts schädigende Stoffe frei werden oder wenn der Werkstoff schwer wiederverwertbar ist, auch wenn er sonst viele Vorteile bietet.

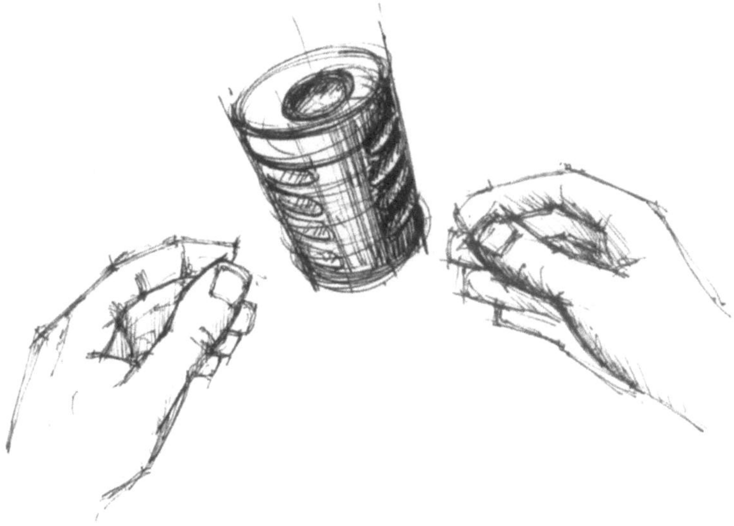

Abb. 13.11 Ausrichtung auf Rechts- und Linkshänder

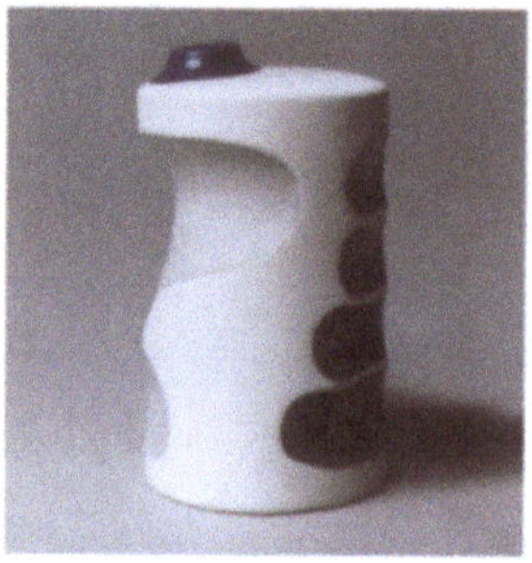

1.4.3.4
Wirtschaftlichkeit

In der ergonomischen Ausarbeitung wurde die Griffform für einen bestimmten Benutzer optimiert. Als industrielles Serienprodukt muss die Form so verändert werden, das sie für möglichst viele Benutzer akzeptabel ist.

Abb. 13.12 *Von der individuellen zur allgemeinen Ergonomie*

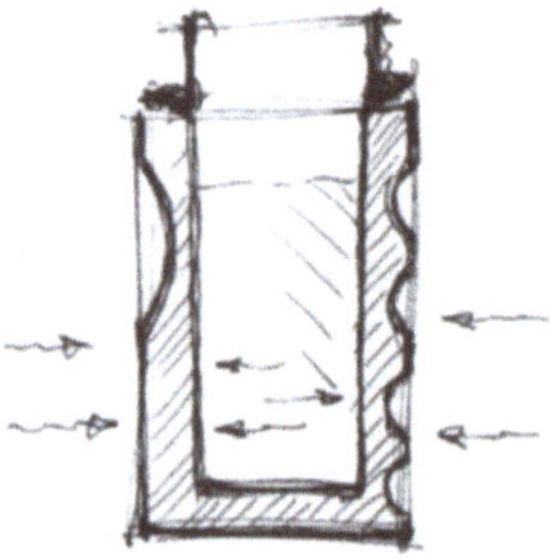

Die thermische Isolation des Gefäßes wird durch zwei separate Behälterschalen und eine Isolationsschicht realisiert.

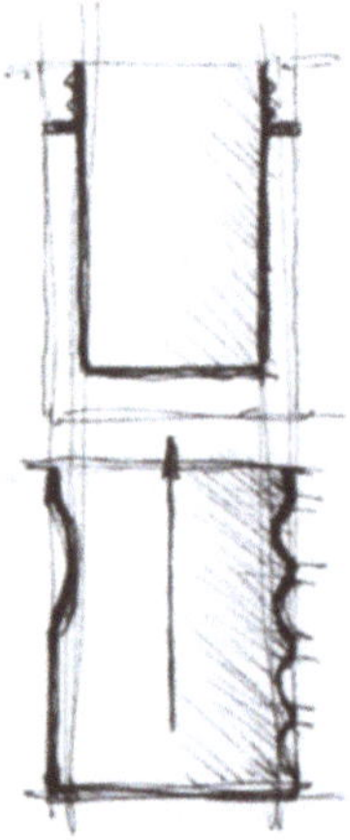

Abb. 13.13 *Thermische Isolation*

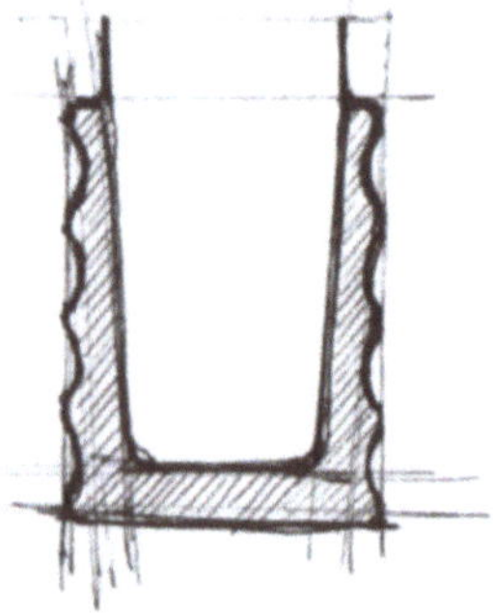

Eine Fertigungstechnische Optimierung der Isolation erreicht man durch einen Schaumkern, der im selben Fertigungsschritt mit einer dichten und geschmacksneutralen Kunststoffschicht ummantelt wird.

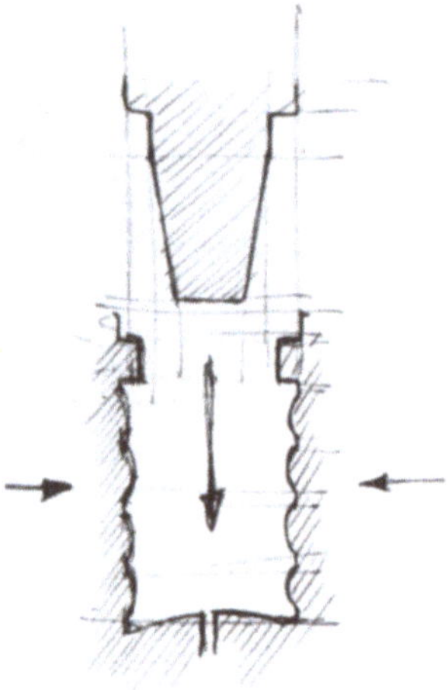

Abb. 13.14 *Optimierung der thermischen Isolation*

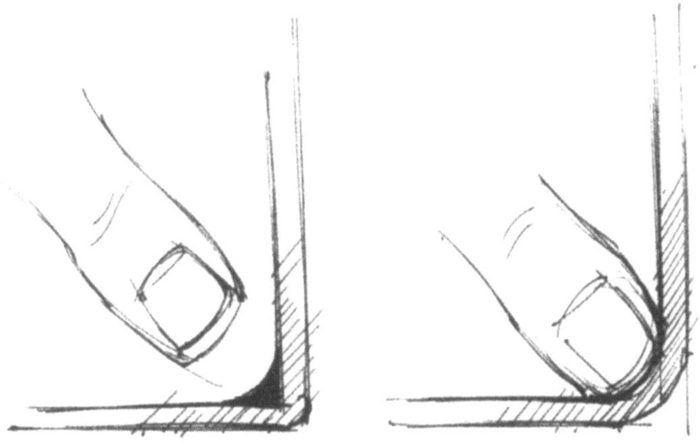

Abb. 13.15 *Manuelle Reinigung*

Abgerundete Ecken erleichtern die manuelle Reinigung des Behältnisses und sind in der Fertigung weniger problematisch als scharfe Kanten.

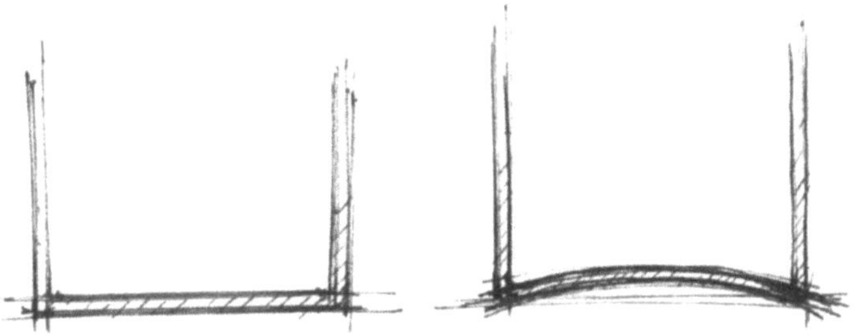

Abb. 13.16 *Optimierung des Bodens hinsichtlich Standfestigkeit und Fertigung*

Der überwölbte Boden verhindert, dass sich der Behälter auf glatten, nassen Oberflächen festsaugt. Außerdem gehen leichte Formabweichungen durch fertigungsbedingte Spannungen in einem nach innen gewölbten Boden nicht zu Lasten der Standfestigkeit.

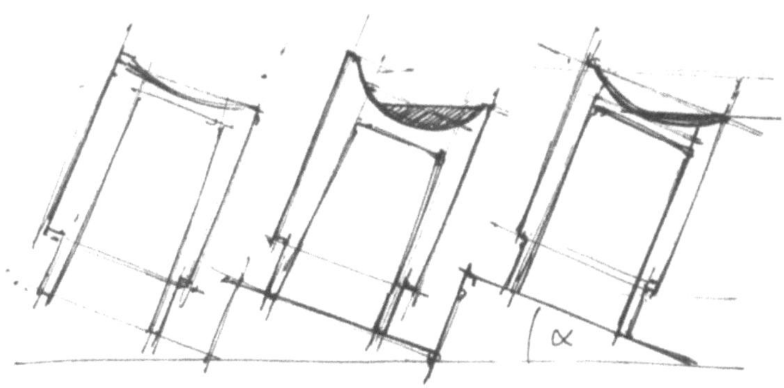

Abb. 13.17 *Maschinelle Reinigung*

Durch eine konische Form wird das Behältnis stapelbar und kann platzsparend aufbewahrt werden. Durch diese Maßnahme verkleinert sich aber die Standfläche.

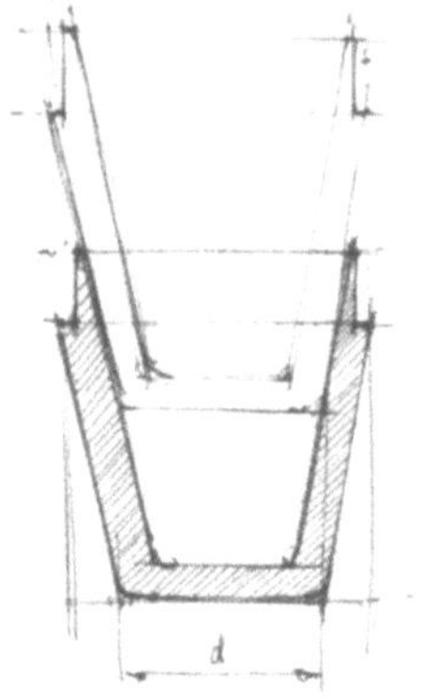

Abb. 13.18 Stapelbarkeit

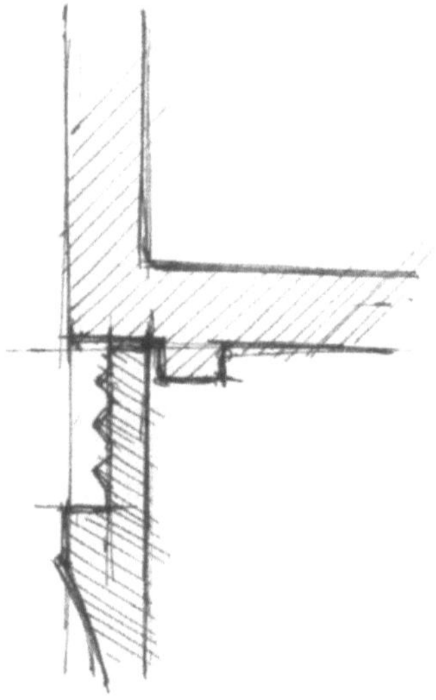

Stapelbarkeit kann auch erreicht werden durch einen umlaufenden Rand am Behälterboden. So wird die Standfestigkeit nicht beeinträchtigt und der Querschnitt behält seine klare, rechtwinklige Form.

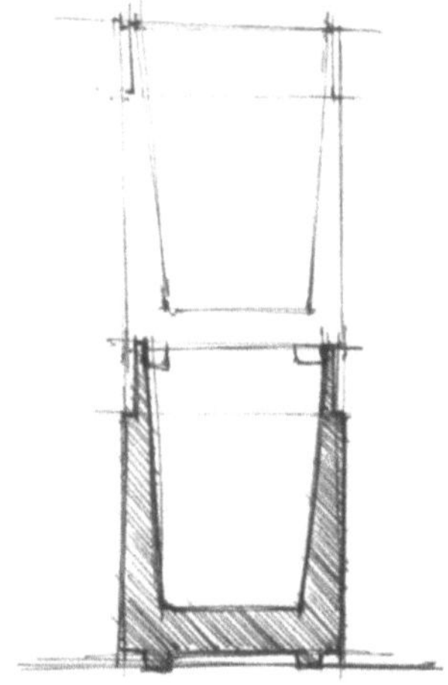

Abb. 13.19 Optimierung der Stapelbarkeit

1.4.3.5
Zielkonflikt zwischen Bedienbarkeit und Wirtschaftlichkeit

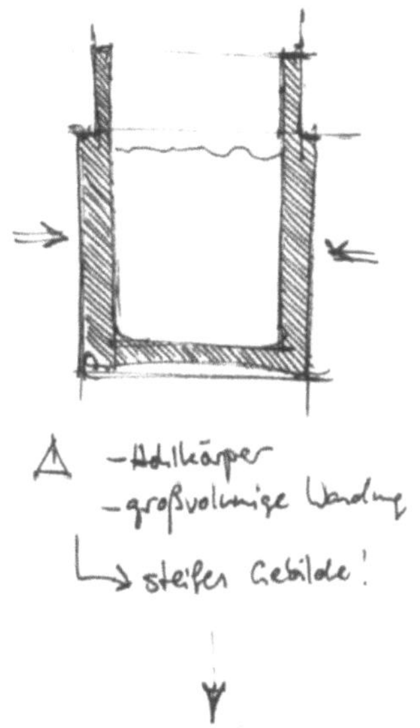

Durch die Wärmeisolierung ergibt sich eine Wandstärke von 8 bis 10 mm. Daraus resultiert ein sehr fester, unnachgiebiger Körper. Somit ist diese Art der thermischen Isolation nicht vereinbar mit einer Dosierung, die auf dem Zusammendrücken des Behältnisses beruht.

Es ist zu prüfen, ob es sinnvolle Alternativen gibt. Wenn solche Alternativen nicht existieren, gilt es abzuwägen, welche der beiden kollidierenden Anforderungen Priorität hat.

Entscheidungsgrundlage ist hier die bereits erfolgte Gewichtung der Erwartungsfelder. Die Bedienbarkeit hat hier Vorrang vor der Wirtschaftlichkeit.

Folglich muss die Isolation entfallen. Das Gefäß wird stattdessen nun als dünnwandiges Kunststoffteil ausgeführt.

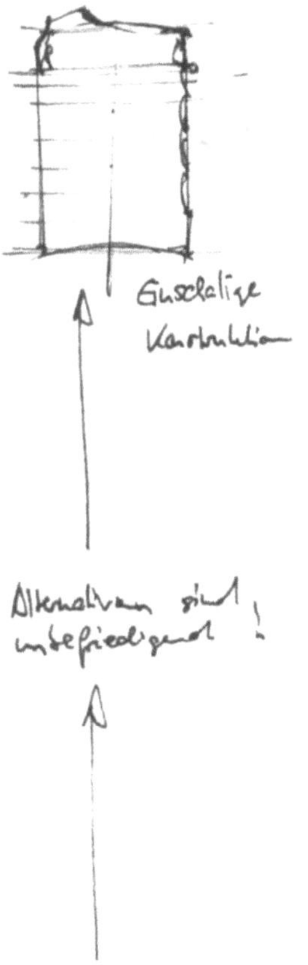

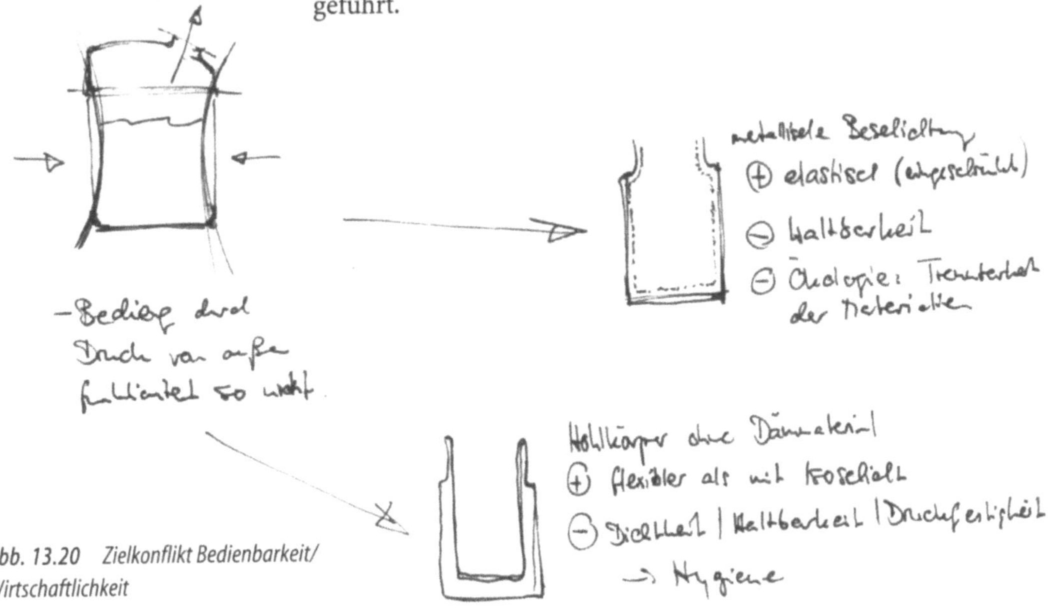

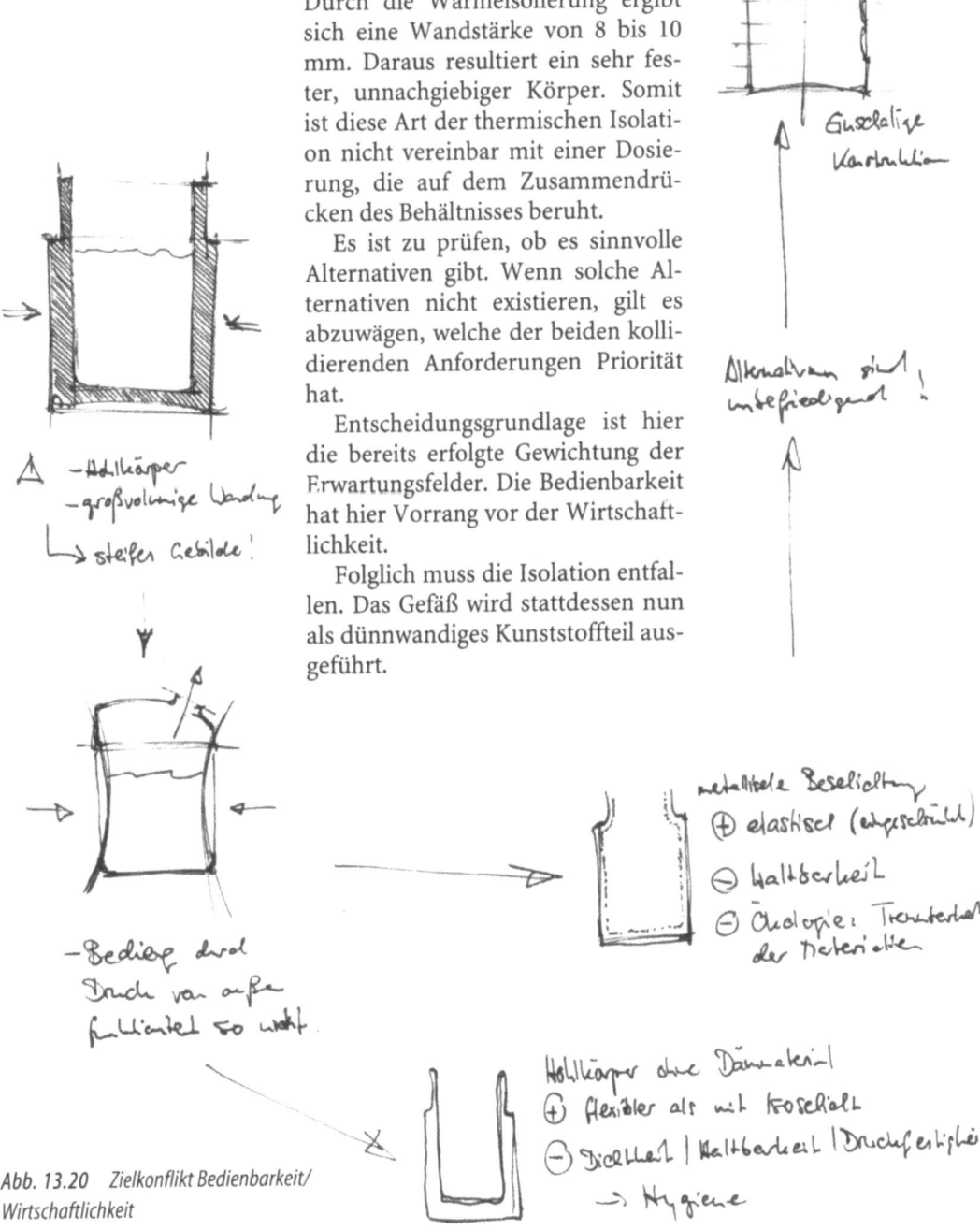

Abb. 13.20 Zielkonflikt Bedienbarkeit/ Wirtschaftlichkeit

1.4.3.6
Ästhetik

Wahrnehmbarkeit und Verständlichkeit einer Umsetzung werden von keinem der sechs Erwartungsfelder so beeinflusst wie von der Ästhetik. Form- und Farbgebung sind im Wesentlichen ausschlaggebend dafür, dass man eine Umsetzung für eine bestimmte Aufgabe auch als solche wahrnehmen und verstehen kann. Proportionen klären und Elemente ordnen bedeutet daher auch, Raum zu schaffen für visuelle Schwerpunkte, die der Wahrnehmbarkeit und der Verständlichkeit dienen.

Die Klärung der Ästhetik setzt die Kenntnis der ästhetischen Bedürfnisse der Benutzer voraus:
Laut oder leise?
Ruhig oder spannungsvoll?
Hell oder dunkel?
Warm oder kalt?
Einfach oder komplex?
Einheitlich oder vielfältig?
Usw.

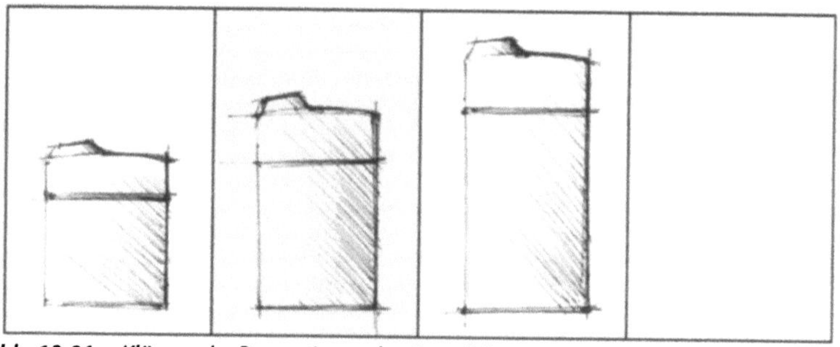

Abb. 13.21 Klärung der Proportionen des Grundkörpers

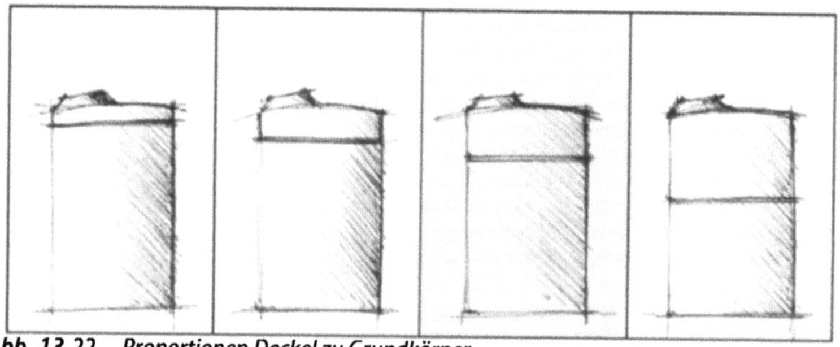

Abb. 13.22 Proportionen Deckel zu Grundkörper

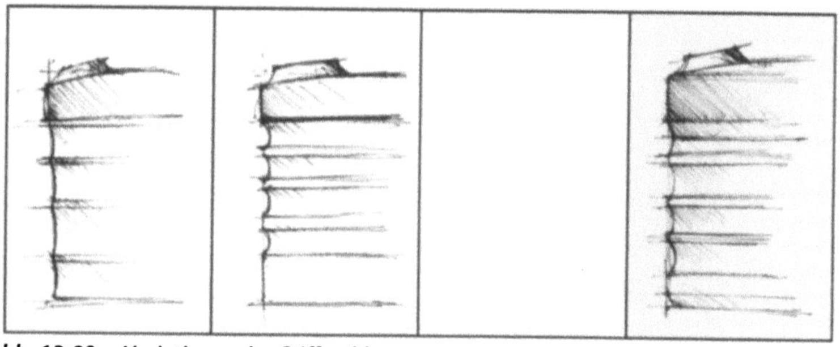

Abb. 13.23 Variationen der Griffmulden

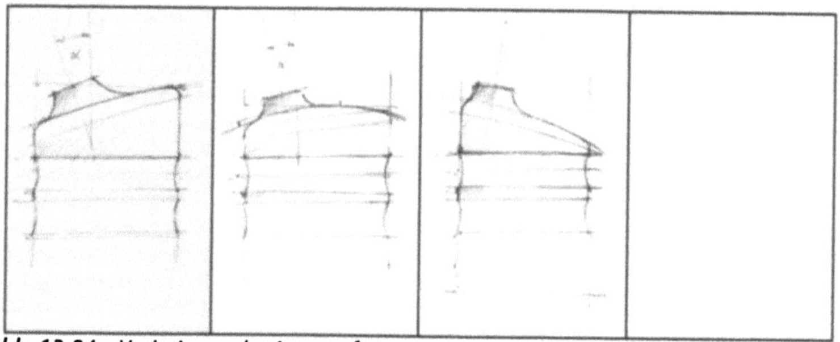

Abb. 13.24 Variationen der Ausgussform

Nach der Klärung der wesentlichen formbestimmenden Produktmerkmale folgt die rechnergestützte Detaillierung des Entwurfs.

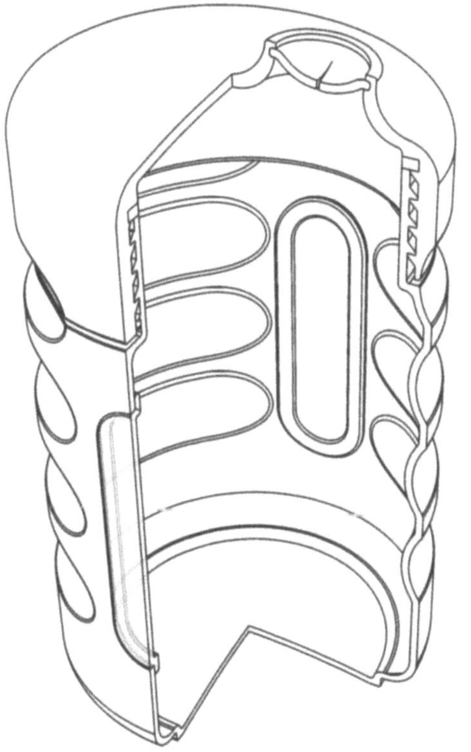

Abb. 13.25 *Rechnergestützte Detaillierung – Schnittansicht*

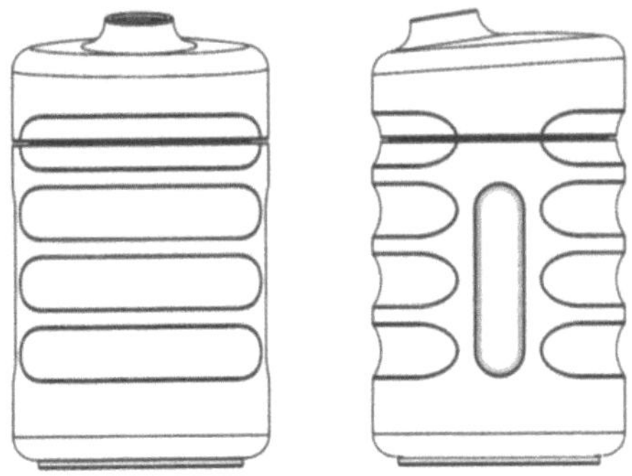

Abb. 13.26 *Rechnergestützte Detaillierungsansichten*

Mit dem digitalen Geometriemodell können Farbvariationen in sehr kurzer Zeit erzeugt und fotorealistisch dargestellt werden.

- Farbvarianten

Ausschlaggebend für die Auswahl der Farben sind neben der Ästhetik insbesondere die Anforderungen an Wahrnehmbarkeit und Verständlichkeit des Produkts.

Wahrnehmbarkeit:
Aufmerksamkeit wecken und lenken.

Verständlichkeit:
Funktionen und Handhabung durch gestalterische Merkmale erklären und dadurch ein bestimmtes Verhalten des Benutzers herausfordern, erzwingen, fördern, verhindern, erschweren etc. oder besser: Verhalten des Benutzers beeinflussen und vor Gefahr warnen.

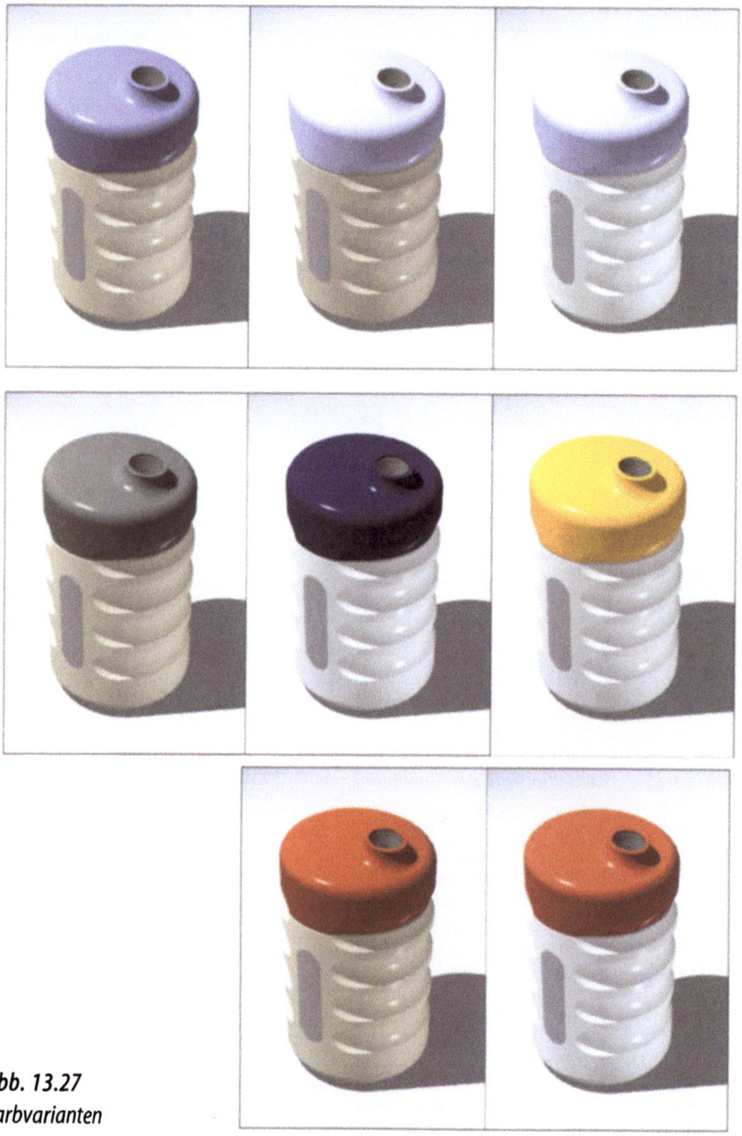

Abb. 13.27
Farbvarianten

1.4.3.7
Ökologische Vertretbarkeit

- Vereinheitlichung von Materialien: Behälter und Sichtfenster werden aus demselben Kunststoff gefertigt und verschweißt.
- Trennbarkeit unterschiedlicher Materialien: Bei der Ausgussblase ist eine Vereinheitlichung von Materialien nicht möglich. Hier wird die Verbindung so konstruiert, dass die Teile bei Reparatur oder Beseitigung getrennt werden können.

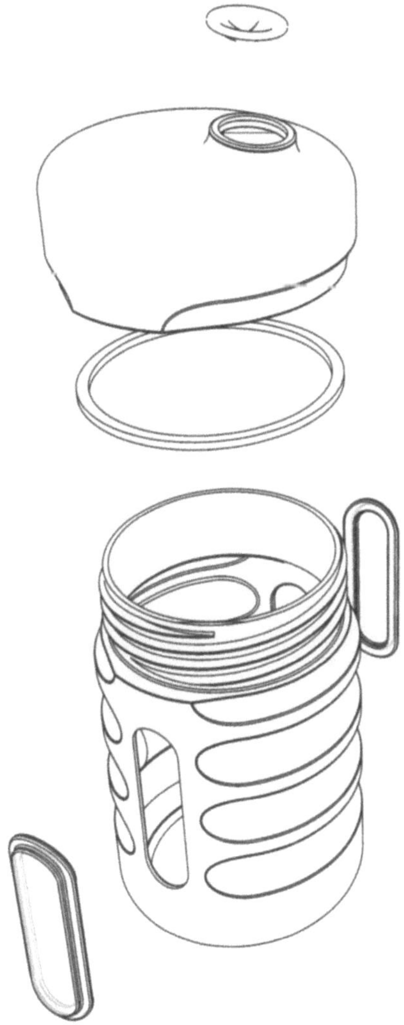

Abb. 13.28 Ökologische Vertretbarkeit

1.4.3.8
Darstellung der ausgewählten Lösung

Der Deckel ist flächenbündig integriert. Die Trennfuge verläuft in der Mitte der obersten Griffmulde. Solange der Deckel nicht vollständig geschlossen und somit undicht ist, ergibt sich ein Winkelversatz zwischen Behälter und Deckel. Dieser Versatz soll beim Greifen als unangenehm empfunden werden und auf den unvollständig geschlossenen Deckel hinweisen.

Bei abgenommenem Deckel bietet der Behälter eine große Öffnung zum Befüllen und Reinigen.

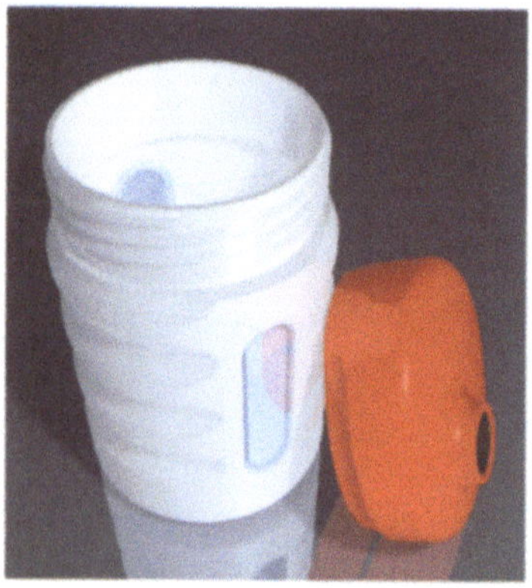

Abb. 13.29 Darstellung der ausgewählten Lösung

Teil 14
Die Veränderung oder Festigung von Einstellungen

Nachfolgend werden einige Überlegungen vorgestellt, welche Faktoren bei einer Festigung oder Veränderung der psychisch-geistigen Einstellung maßgebend sind. Es wird der Versuch unternommen, die einzelnen Faktoren und ihre Verknüpfungen im Rahmen eines einfachen Modells transparent zu machen.

Die Auseinandersetzung mit dieser Thematik tangiert einen bestimmten Aufgabenbereich des Kommunikations-Design. Da andererseits bei den Vorgaben für eine Produktentwicklung neben der physisch-körperlichen Einstellung auch die psychisch-geistige der Menschen zu beachten ist, erscheint es sinnvoll, diese zumindest ansatzweise zu beleuchten.

*Als eigentliches Feld des **Kommunikations-Design** wird die zielgruppenorientierte Aufbereitung von Informationen zur geistigen Entwicklung der Menschen gesehen.*

Siehe Teil 3
Bei der Erstellung einer Konzeption war zu prüfen, ob ein vorhandenes Problem nicht durch eine Veränderung z.B. der psychisch-geistigen Einstellung behoben werden kann.
Ist es z.B. sinnvoll, einen neuen Ascher zu entwickeln? Sollte man nicht vielmehr versuchen, Menschen dazu zu bewegen, vom Rauchen Abstand nehmen, nachdem man weiß, wie ungesund das Rauchen ist?

1 Die Suche nach Problemlösungen

Hier muss man nicht nur an Haushaltsgeräte oder Werkzeuge oder sonstige Maschinen denken. Die Bezeichnung „Produkt" gilt ganz allgemein, ob es sich um Theaterinszenierungen oder um sonstige kulturelle oder weiterbildende Angebote aus dem privaten oder kommunalen Bereich handelt.

Wir alle machen die Erfahrung, dass bestimmte Produkte uns gefallen, andere nicht. Planer/-innen und Hersteller von Produkten müssen offensichtlich damit rechnen, dass ein Teil ihrer Werke akzeptiert und gekauft werden, andere bleiben als „Ladenhüter" stehen. Keine erfreuliche Aussicht, wenn man bedenkt, wie viel Arbeit in jedes der Objekte doch investiert wurde. Hier besteht ein Problem für beide: für Designer/-innen und Hersteller. Und natürlich überlegt man, wie man dieses Problem besser in den Griff bekommen kann.

Vielleicht findet man beim Blick auf die andere Seite der Produktplanung, auf die Erwartungen und Bedürfnisse der Menschen, eine Lösung, sind diese doch letzten Endes entscheidend für die Akzeptanz oder Ablehnung eines Produktes.

1.1 Verallgemeinerung der Fragestellung

Siehe dazu die Ausführungen in Teil 2 und Teil 15, in denen eingehend auf die Differenzen zwischen einem SOLL und einem IST dargelegt werden sowie die Homöostase als treibende Kraft beschrieben wird, vorhandene Differenzen zu beseitigen.

Wie kommt es zu Problemen und wie kann man Probleme lösen?

1.2 Darstellung grundlegender Aspekte

1.2.1 Realität und Einstellung

Wird ein „Produkt" nicht akzeptiert, so zeigt dies, dass es den Erwartungen der anvisierten Zielgruppe nicht gefällt. Allgemeiner formuliert: Das IST stimmt nicht mit dem SOLL überein. Das, was man braucht oder haben möchte, wurde nicht erreicht. Dann aber wird man wieder mit Produkten konfrontiert, die den eigenen Einstellungen entsprechen. Die eigenen Erwartungen und Wünsche können befriedigt werden.

Vereinfacht dargestellt bietet sich folgendes Bild:

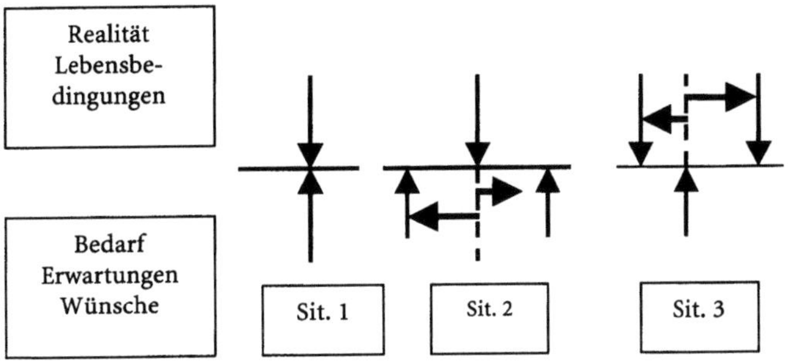

Grafik 14.1 Verschiedene Situationen zur Verdeutlichung von Problemen

In der oberen Ebene ist die Realität abgebildet. Das, was konkret vorhanden ist an Lebensbedingungen, wirtschaftlichen oder kulturellen Angeboten, findet sich auf dieser Seite.

In der unteren Ebene werden die einzelnen Bedürfnisse, Erwartungen und Wünsche eines Menschen aufgezeigt.

Beide, die Bedürfnisse, Erwartungen und Wünsche eines Menschen und die Realität, können übereinstimmen, wie dies in Situation 1 dargestellt ist. In dem Fall besteht für beide, Hersteller wie Empfänger, keinerlei Anlass zu Klagen. Das, was produziert wurde, findet Anklang. Kommt es dagegen, wie in Situation 2 zu Veränderungen der Bedürfnisse, der Erwartungen und Wünsche gegenüber dem, was angeboten wird, so entstehen für beide Gruppen Probleme: für den Hersteller, weil er auf seinen Waren „sitzen" bleibt, und den anvisierten Empfänger, weil seine Bedürfnisse nicht befriedigt werden.

Wir stellen fest: Es gibt Situationen, in denen Menschen keine Probleme haben. Dies ist dann der Fall, wenn das, was er braucht oder haben möchte, zur Verfügung steht. Dies ändert sich, sobald es zu Abweichungen der Erwartungen und Wünsche von der Realität oder aber zu Abweichungen der Realität von den Erwartungen kommt.

Will man also Probleme vermeiden, so ist darauf zu achten, dass es zu keinen gegenseitigen Abweichungen von Erwartungen und Realitäten bei einem Menschen kommt.

1.2.1.1
Die unterschiedliche Veränderbarkeit der Einstellungen

Bedenkt man, welche Konsequenzen eine nur kurzzeitige Reduzierung der täglichen Flüssigkeitsmenge für den Menschen hat, so wird deutlich, dass bei der biophysischen Einstellung nur ganz geringe Abweichungen möglich sind. Menschen brauchen, egal in welchem Land sie leben, ihre tägliche Ration an Nahrungsmitteln. Sie brauchen eine bestimmte Menge an Flüssigkeit usw. Die physisch-körperliche Einstellung ist im Grunde nicht veränderbar. Hingegen kann die psychisch-geistige Einstellung verändert werden. So wie sie sich bei jedem Menschen unterschiedlich ausbilden kann, so kann sie auch durch entsprechende Informationen beeinflusst werden.

1.2.1.2
Die Lösung des Problems

Zu Grafik 14.2: Während in Situation 1 von beiden Seiten versucht wird, auf die jeweilige Person Einfluss zu nehmen, um sie am vorhandenen „Standort" zu halten, werden nach einer Veränderung der Einstellungen (Sit. 2) jeweils Maßnahmen in entgegengesetzter Richtung notwendig, soll die vorhandene Realität wieder akzeptiert werden. Situation 3 zeigt, wie sich die Realität oder die Lebensbedingungen eines Menschen verändern können. Sie können sich verbessern, sie können sich verschlechtern. Diese Veränderungen müssen jetzt nicht weiter verfolgt werden.

Nachdem klar wurde, dass viele Probleme durch die Veränderung von Bedürfnissen und Erwartungen oder Wünschen aufgrund der psychisch-geistigen Einstellung entstehen, zeichnet sich ein grundsätzlicher Lösungsweg ab: die gezielte Einflussnahme auf die psychisch-geistige Einstellung. Die eingangs vorgestellte Übersicht kann dabei die grundsätzlichen Lösungswege verdeutlichen.

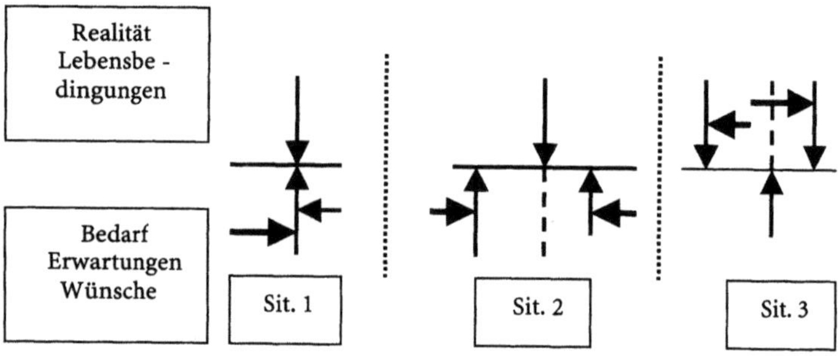

Grafik 14.2 *Lösungsmöglichkeiten für die Vermeidung von Problemen*

Will man Probleme vermeiden, muss man verhindern, dass sich die Bedürfnisse, die Erwartungen und Wünsche verändern. Man muss die Einstellung eines Menschen stabilisieren bzw. festigen (Sit. 1). Man ergreift Maßnahmen, um Abweichungen von der bisherigen Haltung auszuschließen.

Verändert sich die geistige Einstellung und mit ihr die Erwartungen und Wünsche gegenüber dem, was tatsächlich vorhanden ist, so sind Maßnahmen zu ergreifen, die diese Einstellung wieder korrigieren (Sit. 2).

Wie dies zu bewerkstelligen ist, soll nachfolgend anskizziert werden.

1.3 Studien

1.3.1 Theoretische Studien

Die Veränderung von geistigen Einstellungen

- Zeigen Sie an Beispielen, wie sich im Laufe der Zeit die geistigen Einstellungen und damit die Haltungen und Verhaltensweisen der Menschen zu bestimmten Sachverhalten, Lebensweisen usw. verändert haben.
- Versuchen Sie die Einstellungsveränderungen vereinfacht zu fixieren (z.B. auf der jeweils spezifischen Einstellungsskala).

1.3.2 Praktische Studien

- Die Theaterveranstaltungen einer Stadt entsprechen nicht den Erwartungen breiter Bevölkerungsschichten. Überlegen Sie, wie man die Erwartungen verändern könnte, damit möglichst viele Menschen die angebotenen Theateraufführungen besuchen. Versuchen Sie, ausgewählte Maßnahmen zu realisieren.

1.4 Die Anwendung grundlegender Erfahrungen zur Lösung einer konkreten Aufgabe

Die konkrete Aufgabe:

- Das selbst gestaltete Objekt entspricht nicht den Vorstellungen einer bestimmten Zielgruppe. Versuchen Sie zu ergründen, welche Erwartungen hinsichtlich der Neugestaltung entstehen.
- Suchen Sie nach Lösungen, wie man die Erwartungen entsprechend verändern könnte.

2 Verfahren zur Veränderung oder Festigung von Einstellungen

Auf vielfältige Weise wird versucht, den Menschen in seiner Einstellung zu beeinflussen. Es werden ihm Bilder von besonders schönen Waren gezeigt, um ihn zu deren Kauf anzuregen. Von Parteien werden deren Leistungen auf diesem oder jenem Gebiet ganz besonders herausgestellt, verbunden mit der Bitte, sie zu wählen. Lehrer vermitteln in den Schulen ein bestimmtes Wissen über diese oder jene geschichtliche Epoche, um die Schüler zu einem bestimmten sozialen Handeln zu bewegen.

Alle diese Einflussnahmen zielen darauf ab, den jeweiligen Menschen in seiner Einstellung zu beeinflussen, um ihn so zu einem bestimmten Handeln zu veranlassen. Er soll etwas kaufen, er soll etwas wählen, er soll in bestimmter Weise sich verhalten. Nicht immer sind diese Arbeiten von Erfolg gekrönt.

Gelingt dies nicht, so liegt es oft daran, dass die einzelnen Faktoren, die bei einer Einstellungsveränderung oder Einstellungsstabilisierung maßgebend sind, zu wenig berücksichtigt werden.

2.1 Verallgemeinerung der Fragestellung

Welche Verfahren gibt es, um jemand in seiner geistigen Haltung zu beeinflussen?

2.2 Darstellung grundlegender Aspekte

2.2.1 Die Darstellung der Betrachtungsweise

2.2.1.1
Ein Arbeitsprozess in der realen Welt

Abb. 14.1 Jemand zieht an etwas

Jemand zieht mit der Hand einen kleinen Wagen hinter sich her. Der bisherige Standort des Wagens wird durch die Einwirkung des Menschen verändert. Damit werden aber bereits die wesentlichen Faktoren sichtbar, die bei der Einstellungsveränderung eines Menschen eine Rolle spielen.

2.2.1.2
Die Identität von greifbarer und abstrakter Welt

Anstelle des Wagens wird ein Mensch eingesetzt, der auf irgendeinem Gebiet einen bestimmten Standpunkt (Standort) einnimmt. Soll dieser Mensch seinen vorhandenen Standpunkt verändern, so braucht man jemand, der diese Veränderung ausführt. Es muss auf den Menschen, dessen Standpunkt und damit dessen bisherige Einstellung verändert werden soll, Einfluss genommen werden. Und wie bei dem obigen Bild mit dem Wagen, bei dem die Ortsveränderung durch Ziehen vorgenommen wurde, kann dies bei einer Standpunktveränderung durch entsprechende geistige Kräfte (den Informationen) in gleicher Weise geschehen.

Beispielsweise durch Informationen, die etwas Anziehendes beinhalten

Das Geschehen in einer greifbaren Welt und damit in einem physisch-körperhaften Raum wird in eine abstrakte Ebene und damit in einen psychisch-geistigen Raum übertragen.

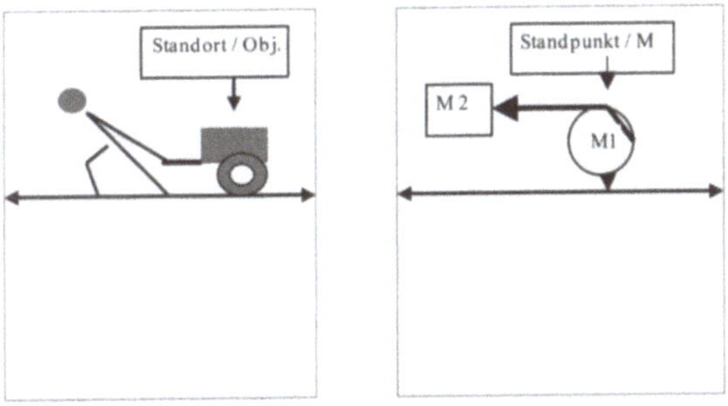

Grafik 14.3 Standort- und Standpunktveränderungen

Es wird davon ausgegangen, dass beide Welten von ähnlichen Gesetzmäßigkeiten bestimmt werden. Die bei der Ortsveränderung eines Objektes wesentlichen Faktoren können damit direkt für die Standpunktveränderung eines Menschen übernommen werden.

Mit der Gleichsetzung von materieller und geistiger Welt bietet sich die Möglichkeit, die bei einer Standpunktveränderung wesentlichen Faktoren und Zusammenhänge anschaulich zu machen. Die im materiellen Raum wirksamen Parameter können auf den geistigen Raum übertragen werden. Eine erste Zusammenstellung der wesentlichen Faktoren für die Veränderung oder Stabilisierung einer Einstellung kann vorgenommen werden. Sie ergeben sich aus der Fragestellung:

- Wer versucht, wen wohin zu bewegen?

Die wesentlichen Parameter für die Festigung einer Einstellung ergeben sich aus der Frage:

- Wer versucht, wen wo zu stabilisieren?

Für beide kommt als wichtiger Faktor die Frage nach den Mitteln hinzu:

- Womit bzw. mit welchen Mitteln kann eine Veränderung oder eine Festigung der jeweiligen Einstellungen erreicht werden?

Überlegungen zur Veränderung und Festigung von Einstellungen sollen in diesem Kapitel behandelt werden. Mit welchen Mitteln man Einstellungen festigen oder verändern kann, wird in Kapitel 3 näher beschrieben.

2.2.2 Wer?

An erster Stelle steht die Frage, wer eigentlich eine Veränderung bzw. eine Stabilisierung von psychisch-geistigen Einstellungen will. Was sind das für Menschen und was bewegt sie, auf andere Menschen einzuwirken?

2.2.2.1 Die Ausgangssituation

Jeder Mensch (M) hat zu den verschiedenen Entscheidungsfeldern seines Lebens eine bestimmte Einstellung. Er hat zwischen den jeweiligen Entscheidungsextremen (z.B. auf dem Feld sozialen Verhaltens bewegt sich der Mensch zwischen: rücksichtsvoll – rücksichtslos) einen bestimmten Standpunkt. Je nach Einstellung ist damit eine Einordnung auf der Skala zwischen den beiden Extremen möglich.

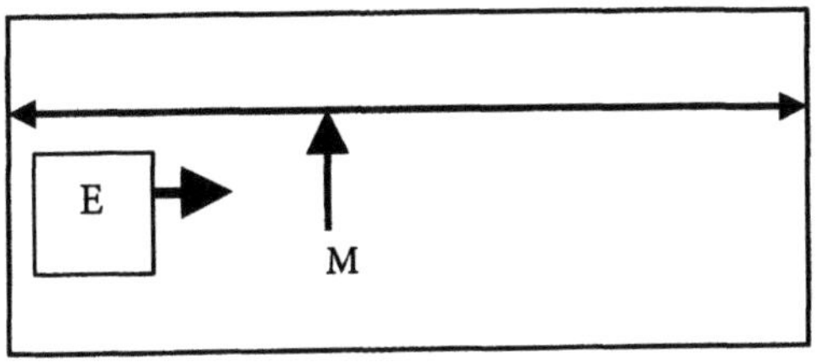

Wie dargestellt, kommt es durch die Erziehungsmaßnahmen der Eltern oder weiterer Einflüsse zu einer ersten Grundeinstellung, die später von den einzelnen Menschen selbst mehr und mehr eigenständig bestimmt wird.

Grafik 14.4 Die Einflussnahme eines Menschen (E) auf die geistige Einstellung eines anderen (M)

2.2.2.2
Die Menschen als Einsteller

Jede Einstellung wird von jemandem oder etwas ausgeführt. Ohne Einsteller gibt es keine Einstellung bei irgend etwas oder irgend jemandem. Eltern, Lehrer und Erzieher, Freunde und Arbeitskollegen, Zeitungsmacher und Radioredakteure, Fernsehmoderatoren und Komödienschreiber usw. wirken bewusst oder unbewusst auf den Menschen ein, um ihn von seiner bisherigen Einstellung weg zu bewegen oder aber in seiner bisherigen Haltung zu bestärken. Hinzu kommen eigene Erfahrungen des Menschen mit den Gegebenheiten des jeweiligen Lebensraumes. Vieles wird als angenehm, vieles als unangenehm empfunden. Auch diese Informationen beeinflussen die eigene Einstellung zu den verschiedensten Sachverhalten.

Da dieser Einsteller mit der Einstellung bestimmte Erwartungen und Wünsche verknüpft, muss davon ausgegangen werden, dass auch bei diesem Einsteller zuvor eine Einstellung stattgefunden hat.

2.2.2.3
Die geistigen Strömungen als Einsteller

Neben den einzelnen Menschen wirken die geistigen Strömungen, die zu jeder Zeit wirksam sind, als Einsteller.

Geistige Strömungen stellen gleichsam ein Bündel bestimmter weitgehend gleichgerichteter (und von vielen Menschen erstellter) Informationen dar. Geistige Strömungen sind (wie der Wind in unserem Lebensraum) als Tendenzen immer mehr oder minder stark vorhanden. So wirken religiöse, weltanschauliche oder sonstige geistige Tendenzen in irgendeiner Form immer auf den Menschen ein. Sie können ihn in seiner geistigen Haltung schwankend machen, sie können ihn in seiner geistigen Haltung bestärken, sie können ihn von seiner bisherigen Haltung abbringen.

Die Einflussnahmen einzelner Menschen und bestimmter geistiger Strömungen können gleichgerichtet sein, sie können aber auch einander entgegengesetzt sein.

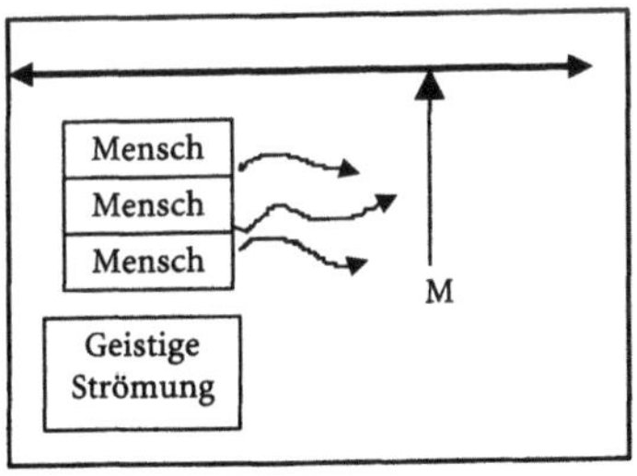

Grafik 14.5 Geistige Strömungen als ein Bündel von weitgehend gleichgerichteten Informationen

2.2.2.4
Die Absichten der Einsteller

Jeder, der versucht, Einfluss auf die Einstellung eines anderen Menschen auszuüben, tut dies, weil er sich von der neuen Einstellung eines Menschen etwas anderes verspricht als das, was dieser gerade tut oder haben will. Versucht also jemand, einen anderen Menschen so zu beeinflussen, dass dieser an seinen bisherigen Grundsätzen festhält, so ist davon auszugehen, dass derjenige den Erwartungen des Einstellers optimal entspricht. Der Versuch, ihn in seiner Haltung zu verändern, zeigt, dass er mit der Verhaltensweise des Angesprochenen momentan nicht zufrieden ist.

Erinnert sei an das Beispiel mit der Heizung: So dreht jemand nur deshalb eine Heizung auf oder zu, weil er es in dem entsprechenden Raum wärmer oder aber kälter als bisher haben möchte.

Folgt man diesen Überlegungen, so ergibt sich als Konsequenz: jede Maßnahme zur Standpunktveränderung oder Standpunktstabilisierung beruht auf ganz bestimmten Absichten und Interessen des Einstellers.

2.2.3
Wen?

Wen versucht jemand in seiner Einstellung zu verändern?

2.2.3.1
Die Beeinflussung der verschiedenen Menschen

Beispiele: Einflussnahmen von Parteien oder religiösen Gruppierungen, werbliche Maßnahmen im Fernsehen, Radio, in der Zeitung, die Werbung um Freundin oder Freund usw.

Man kann davon ausgehen, dass die Versuche zur Veränderung bzw. Stabilisierung einer Einstellung sich auf die verschiedensten Lebensbereiche des Menschen beziehen. So werden Versuche gemacht, Menschen z.B. in ihrer wirtschaftlichen Einstellung, in ihrer ästhetischen Einstellung oder in ihrer sozialen Einstellung zu verändern bzw. zu stabilisieren.

Diese Versuche richten sich an Männer und Frauen, an junge und alte, an gesunde und kranke Menschen.

2.2.3.2
Die Beweglichkeiten menschlicher Einstellungen

Da es bei dieser Betrachtung vornehmlich um Maßnahmen zur Veränderung bzw. Stabilisierung von menschlichen Einstellungen geht, ist hier insbesondere deren Beweglichkeit zu beachten.

Die unterschiedlichen Menschen lassen sich unterschiedlich leicht in ihren Einstellungen beeinflussen. Sie lassen sich unterschiedlich leicht von ihren bisherigen Standpunkten abbringen oder aber in ihrer Haltung bestärken.

2.2.3.3
Die Eingrenzung auf wenige Typen

Die Erfassung menschlicher Einstellungen zu diesem oder jenem Entscheidungsfeld ist schwierig. Ebenso die Erfassung ihrer Beweglichkeit und Flexibilität.

Wie leicht gibt jemand seinen Standpunkt auf diesem oder jenem Entscheidungsfeld auf?

Zur Einarbeitung in diese Thematik und für die Durchführung erster Übungen (Ausrichtung von Umsetzungen zur Einstellungsveränderung und zur Einstellungsstabilisierung) werden die einzelnen Menschen in drei größere Gruppen mit jeweils unterschiedlicher Beweglichkeit eingeteilt.

2.2.3.4
Der leicht bewegliche Typ

Es gibt Menschen, die auf dem einen oder anderen Entscheidungsfeld leicht zu beeinflussen und damit leicht zu bewegen sind. Man kann sie mit einem Ball vergleichen, der sich schon bei einem geringen Anstoß in die entsprechende Richtung bewegt. Schwieriger gestaltet sich die Stabilisierung solcher Typen.

Während weniger bewegliche Typen leichter am erreichten Platz verharren, muss bei den leicht beweglichen ein größerer Aufwand betrieben werden, um eine schnelle Abweichung wiederum zu vermeiden.

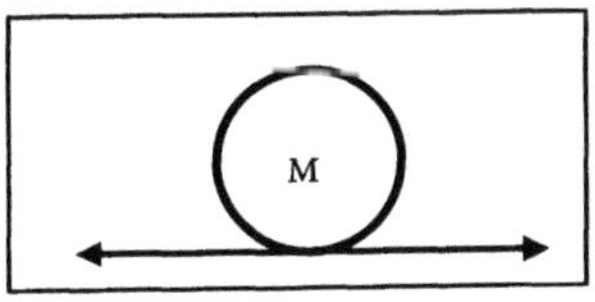

Grafik 14.6 Der Ball-Typ

2.2.3.5
Der weniger leicht bewegliche Typ

Neben Menschen, die in ihrer Einstellung leicht zu beeinflussen und zu bewegen sind, trifft man immer wieder auf Menschen, die weniger leicht beweglich sind und sich von ihren bisherigen Haltungen nicht so leicht abbringen lassen, als dies bei den „Ball-Typen" der Fall ist. Sie sind Kisten oder Kästen vergleichbar, die man nur mit Mühe von ihrem Standort wegschieben oder wegziehen kann.

Die Stabilisierung solcher Typen ist dafür gegenüber dem leichter beweglichen Ball-Typ sicher mit weniger Aufwand durchführbar.

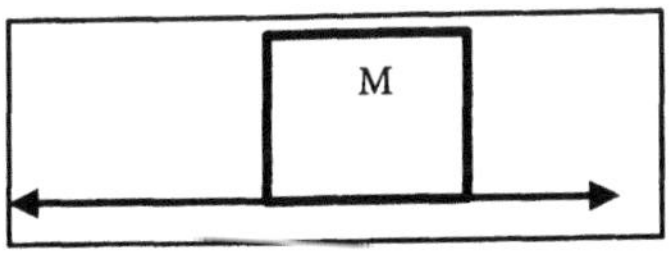

Grafik 14.7 Der Kisten-Typ

2.2.3.6
Der schwer bewegliche Typ

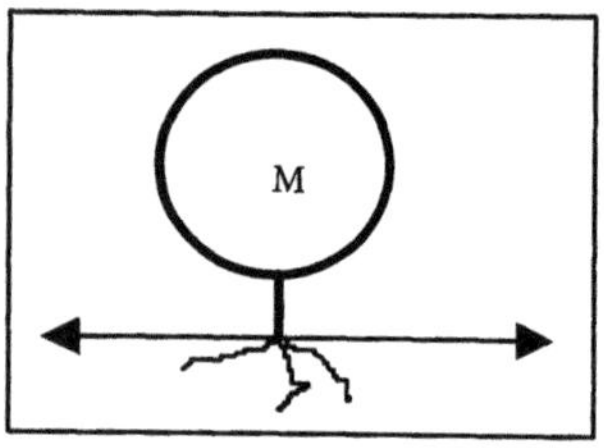

Grafik 14.8 *Der Baum-Typ*

In einer dritten Gruppe sind die Menschen zusammengefasst, die von ihren bisherigen Einstellungen zu diesem oder jenem Entscheidungsfeld nur sehr schwer abzubringen sind. Sie sind Bäumen vergleichbar, die an ihrem Standort festverwurzelt sind und deshalb auch nicht von der Stelle zu bewegen sind. Man muss sie zunächst entwurzeln oder aber oberhalb der Erde „von den Wurzeln lösen". Erst dann kann man sie von der Stelle wegbewegen.

Übertragen auf die menschlichen Einstellungen würde dies bedeuten, dass Menschen auf bestimmten Gebieten sich mit ihrer Einstellung an einem bestimmten Standpunkt festgesetzt haben. Sie haben Bindungen aufgebaut. Will man sie von diesem Standpunkt abbringen, muss man sie gleichsam entwurzeln. Man muss die bisher entwickelten Bindungen lösen oder gewaltsam durchtrennen. Und auch jetzt sind sie nur sehr schwer von der Stelle, d.h. von ihrem Standpunkt, wegzubewegen.

Um solche Menschen braucht man sich im Hinblick auf ihre Stabilisierung wenig Gedanken zu machen. Haben sie einen Standpunkt eingenommen, haben sie sich festgesetzt und Bindungen aufgebaut, sind sie in ihrer Einstellung weitgehend stabil. Der eingenommene Standpunkt wird gegenüber allen Veränderungsversuchen konstant beibehalten.

Bei einer Veränderung zu einem anderen Standpunkt (nachdem eine Entwurzelung vorgenommen wurde) kann man davon ausgehen, dass dort wiederum ein relativ geringer Aufwand für eine Stabilisierung am neuen Standort notwendig wird.

2.2.4
Wie kann man jemand in seiner Einstellung bewegen?

In einem ersten Schritt sollen Verfahren vorgestellt werden, wie man jemand in seiner Einstellung verändern kann. Dabei wird von folgender Überlegung ausgegangen: Sollen Objekte oder Gegenstände bewegt werden, so muss auf diese in irgendeiner Form eingewirkt werden. Bei genauerer Betrachtung lassen sich die verschiedenen Einflussnahmen auf relativ wenige reduzieren.

2.2.4.1
Das Wegdrücken

Man kann von einer Seite gegen ein Objekt einen Druck ausüben, um es dadurch in eine bestimmte Richtung zu bewegen. Wird der Druck gegen das Objekt weitgehend gleichmäßig aufrechterhalten, kommt es zu einem Schieben. Übertragen auf die geistige Situation eines Menschen, bedeutet dies, dass auf diesen Menschen Druck ausgeübt wird, indem man ihm **Informationen** liefert, **die Bedrückendes oder Bedrängendes beinhalten.**

Die ständig wiederholten Darstellungen solcher Äußerungen bieten eine gute Möglichkeit zur Einstellungsveränderung.

Ein weiterer Vorteil dieser Art von Einflussnahme ist, dass der Wegdrückende die Richtung, in die der angesprochene Mensch bewegt werden soll, selbst vorgeben kann und ständig unter Kontrolle hat.

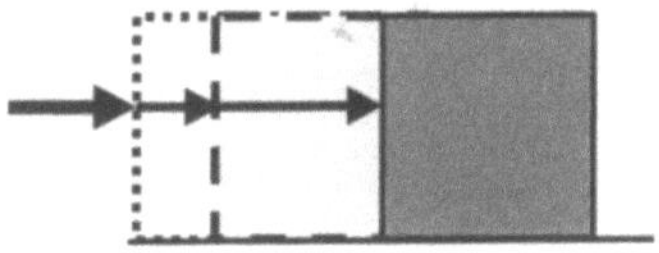

Grafik 14.9 Etwas oder jemand wegdrücken

2.2.4.2
Das Wegstoßen

Zwischen dem Wegdrücken und dem Wegstoßen bestehen im Grunde keine allzu großen Unterschiede. Auch hier wird von einer Seite auf ein Objekt oder einen Gegenstand ein Druck ausgeübt. Während dieser beim Wegdrücken jedoch ständig auf ein Objekt einwirkt, wird beim Wegstoßen in mehr oder minder großen Zeitabständen auf das Objekt mit relativ großer Kraft eingewirkt, so dass das Objekt zwischen den Stößen einen bestimmten Zeitraum sich selbst überlassen ist.

Übertragen auf die geistige Situation eines Menschen, wird hier versucht, eine Standpunktveränderung durch **Informationen, die etwas Abstoßendes** für den angesprochenen Menschen beinhalten, zu erreichen. Darstellungen mit abstoßenden Szenen oder abstoßendende Äußerungen über irgendeinen anderen Menschen oder dessen Handeln können zu Standpunktveränderungen führen. Dabei ist allerdings Folgendes zu beachten:

Wegstoßen lassen sich nur Dinge und Objekte, die leicht beweglich sind. Auf die im vorigen Abschnitt vorgestellten Menschentypen übertragen, kämen hier zuerst der „Ball-Typ" und bedingt der „Kisten-Typ" in Frage. Jemand, der irgendwie verwurzelt ist, würde sich demnach durch abstoßende Äußerungen kaum von seinem Standpunkt abbringen lassen.

Bei einem „Wegstoßen" ist die Bewegung des Objektes nur bedingt unter Kontrolle. Unebenheiten des Weges (und damit irgendwelche Einflüsse aus der Umgebung) oder sonstige Einflüsse

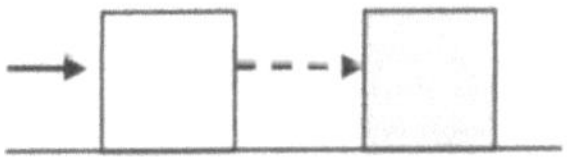

Grafik 14.10 Etwas oder jemand wegstoßen

Nimmt man z.B. ein Ei und stößt dieses auf einer ebenen Fläche weg, so kann es passieren, dass es zum angegebenen Standort zurückkommt. Oder man stößt einen kleinen Tennisball auf einer unebenen Fläche an (also in einem Raum, in dem alle möglichen Widerstände aufgebaut sind), so kann man auch nicht sicher sein, dass dieses Objekt in der anvisierten Richtung bleibt.

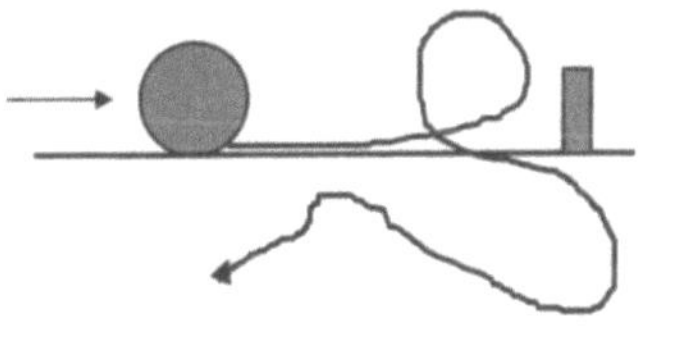

Grafik 14.11 Die unkontrollierten Bewegungen bei einem weggestoßenen Objekt

können dazu führen, dass das angestoßene Objekt in eine Richtung gebracht wird, die der ehemaligen Intention des Abstoßenden geradezu entgegen läuft. Menschen, die leicht beweglich sind, können somit durch abstoßende Darstellungen in eine andere Einstellungsrichtung kommen, als dies vom Einsteller eigentlich beabsichtigt war.

2.2.4.3
Das Wegziehen

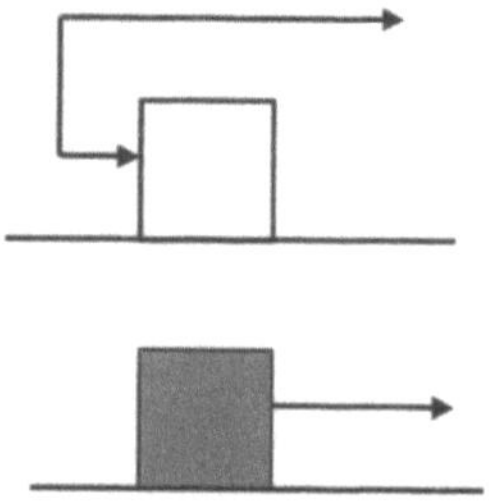

Grafik 14.12 Etwas oder jemand an sich oder zu sich ziehen

Eine andere Form, etwas zu bewegen, stellt das Wegziehen dar. Objekte oder Gegenstände werden mit der Hand oder mit einem anderen Element, das greift, zu jemandem oder einem anderen Objekt gezogen.

Überträgt man dies auf die geistige Situation eines Menschen, so bedeutet dies, dass jemand einen anderen Menschen zu einem anderen Standpunkt hinzieht, indem er **Informationen** bietet, **die Anziehendes enthalten**. Darstellungen oder Äußerungen, die für den angesprochenen Menschen anziehend sind, die ihm gefallen, die etwas enthalten, was gewünscht wird, führen in der Regel zu einer Bewegung des Angesprochenen. Wesentlich bei dieser Art der Beeinflussung ist: Sie kann sowohl vom Inhaltlichen als auch von der Art der äußeren Form (Ästhetik) für den Angesprochenen anziehend sein.

Siehe dazu die Ausführungen in Teil 10, Kapitel 5.2.1
Hier: Das Gewicht des Inhaltes und der äußeren Form
Für einen Angesprochenen kann es schwierig sein, die Inhalte aus Äußerungen zu entschlüsseln, was dazu führt, dass viele Menschen eher auf die äußere Form reagieren, als den Inhalt der Formulierung zu bedenken.

Dazu kann gesagt werden: Bei genügend großer Kraft des Anziehenden lässt sich jedes Objekt und somit jeder Mensch auch geistig bewegen (auch der „Baum-Typ“ kann ausgerissen werden!). Beim Heranziehen (durch etwas oder jemand Anziehendes) kommt das zu bewegende Objekt immer zu dem Teil, das zieht. Ein Abweichen des Objektes von der vorgegebenen Richtung durch irgendwelche Unebenheiten auf dem Weg oder sonstige Einflüsse ist weitestgehend ausgeschlossen.

Man kann somit davon ausgehen, dass die Veränderung einer Einstellung aufgrund von Anziehendem ein relativ sicheres Verfahren zur kontrollierten Einstellungsveränderung im Sinne des Anziehenden darstellt.

2.2.5
Wie kann man jemand in seiner Einstellung stabilisieren?

Wo bzw. an welcher Stelle (an welchem Standpunkt) soll jemand stabilisiert werden?

Zeigt jemand oder eine Zielgruppe Aktivitäten, die von einem Einsteller als dienlich für die eigenen Interessen betrachtet werden, wird dieser versuchen, die betroffenen Menschen in dieser Einstellung zu halten.

2.2.5.1
Das Anbinden

Soll ein Objekt oder ein Gegenstand an seinem Standort trotz irgendwelcher Veränderungsversuche gehalten werden, so wird man das Objekt oder den Gegenstand an einer Halterung festbinden.

Das Gleiche wird man mit Menschen auf geistiger Ebene machen. Man wird in der Nähe des bisherigen Standpunktes etwas aufbauen, das Halt bietet, und versuchen, den Menschen daran zu binden. Man wird z.B. Handlungsweisen und Taten anderer Menschen vorstellen, die der eigenen Einstellung nahe kommen, und versuchen, diese so faszinierend darzustellen, dass die Angesprochenen sich davon fesseln bzw. binden lassen.

Man wird über etwas (oder jemand) so fesselnd informieren, dass wird der Angesprochene sich an dieses bindet bzw. diesem verbunden fühlt.

Die Standfestigkeit schwindet allerdings, wenn die Halterung brüchig oder schwach wird bzw. wenn die Bindungen nachlassen. Die Standfestigkeit schwindet natürlich auch, wenn die Halterung oder aber die Bindungen gegenüber den auf Veränderung drängenden Einflüssen zu schwach sind.

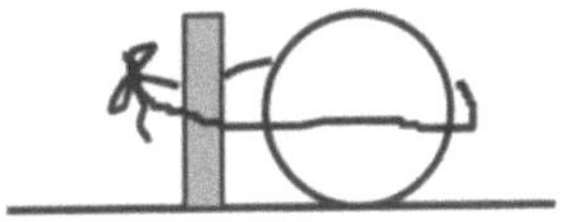

Grafik 14.13 *Etwas oder jemand festbinden*

2.2.5.2
Das Einbinden

Natürlich kann man ein Objekt noch besser stabilisieren, wenn man es nicht nur an einer Halterung, sondern an zwei oder mehr feststehenden Elementen anbindet.

Die geistige Stabilisierung eines Menschen wird somit stärker, wenn es gelingt, diesen z.B. in eine Gruppe von Menschen einzubinden, die weitgehend die gleichen Einstellungen wie die angesprochene Person aufweisen (das Gleiche gilt natürlich auch für die Anbindung an ein bestimmtes Warensortiment, das der Einstellung des Angesprochenen und damit dessen Erwartungen nahe kommt). Notwendig werden Informationen, die das Wir-Gefühl und den Zusammenhalt in der Gruppe betonen (z.B. Fan-Club).

Die oder der Angesprochene wird in die Mitte genommen. Sie oder er wird zum Mittelpunkt, wird in den Mittelpunkt gerückt. Sie oder er rückt in das Zentrum des Geschehens, man gehört dazu: Ausprägung des Wir-Gefühls.

Grafik 14.14 *Etwas oder jemand einbinden*

Grafik 14.15 Etwas oder jemand zu etwas zwingen

Abb. 14.2 Plakat einer politischen Partei zur Festigung der Einstellung
Auf leichte Art wird hier zwar auf die körperliche Gefährdung bei einem Sonnenbrand verwiesen, die politische Absicht ist jedoch klar.

Die Erwartung vieler Menschen auf ein Weiterleben nach dem Tode ist verbunden mit der Angst vor der „Hölle" oder der „ewigen Verdammnis". Vermeiden kann man dies, wenn man nach dem "rechten Glauben" lebt.

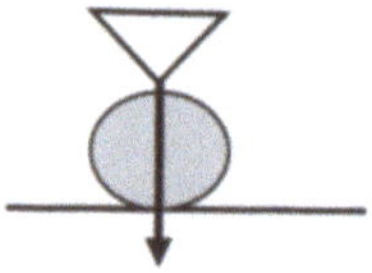

Grafik 14.16 Etwas oder jemand festnageln

2.2.5.3
Das Einzwängen

Eine andere Form, etwas an seinem Standort festzumachen, besteht darin, dass man dieses Teil von zwei Seiten durch feststellende Elemente an einer Fortbewegung hindert. Man zwängt das Objekt ein. Man keilt es ein.

Auf die geistige Situation eines Menschen übertragen, würde dies bedeuten, dass man zur Stabilisierung eines Menschen **Informationen** liefert, **die** ihn geradezu **zwingen**, an dem gerade vorhandenen geistigen Standort zu bleiben. Zwingend sind für den Menschen Maßnahmen, die seinem Lebenserhalt dienen. So werden Informationen notwendig, die immer wieder auch auf die Gefährdungen und Gefahren für Leib und Seele hinweisen, sollte man von der vorhandenen Einstellung abweichen.

Der Mensch wird geistig gleichsam in die Zange genommen. Es gibt kein Vor und Zurück. Nicht die Bindung an Standpunkte anderer Menschen, sondern Zwänge (z.B. gesellschaftliche, wirtschaftliche, religiöse) sind für die Einstellung jetzt maßgebend (z.B. durch die Weckung von Ängsten vor einer Nahrungsmittelvergiftung oder indem jemand „Höllenangst" gemacht wird).

2.2.5.4
Das Festnageln

Eine andere Form, etwas an einem bestimmten Ort festzuhalten bzw. festzumachen, besteht darin, dieses Teil an der Stelle festzuschrauben oder festzunageln.

Auf geistigem Gebiet kann dies z.B. vorgenommen werden, indem man jemand auf eine bestimmte Sache oder Person schwören lässt. Eide, Versprechen, Gelöbnisse usw. sind Maßnahmen, die jemand ohne Abstriche und Abweichungen für längere Zeit auf etwas verpflichten. Die Einhaltung des Schwures oder Gelöbnisses und der damit verbundenen Einstellung ist dann gesichert, wenn derjenige, der schwört oder etwas gelobt, aufgeklärt ist über die Folgen, die für ihn bei der Nichteinhaltung des Schwures oder des Gelöbnisses entstehen.

Notwendig ist somit die Festlegung eines Menschen auf seinen gerade vorhandenen Standpunkt durch einen besonderen Akt (Schwur, Gelöbnis, Eid, Versprechen usw.). Weiter werden Informationen benötigt, die auf die Konsequenzen für Leib und Leben sowie das Weiterleben nach dem Tode hinweisen, sollte es zu einem Treuebruch (z.B. Meineid) gegenüber dem geleisteten Schwur kommen.

Eine Konsequenz für Leib und Leben war z.B. in früherer Zeit der Ausschluss aus der Gemeinschaft.

Welcher Stellenwert der Schwur oder das Gelöbnis bei den Menschen hat und zu welchen psychischen Belastungen dies führen kann, zeigen Beispiele von Soldaten, die am zweiten Weltkrieg teilnahmen. Aufgrund ihres Gelöbnisses auf den „Führer", „mussten" viele Soldaten Handlungen ausführen, die ihrer ethischen Einstellung zuwider waren.

2.2.5.5 Das Abschotten

Eine optimale Sicherung wird für ein Objekt dann geschaffen, wenn man dieses Objekt gegen alle Einflüsse „in Schutz" nimmt. Man schottet es gegen alle Anfechtungen von außen ab. Menschen haben keinen Zutritt zu diesem Raum. Wind und Wetter werden abgehalten.

Auch geistig kann man jemand „abschotten", indem man alle Informationen von dieser Person fernhält, die in irgendeiner Weise zu deren geistiger Veränderung führen könnten. Wesentlich bei diesem Modell sind somit Maßnahmen, bestimmte Informationen für den Betroffenen zu verhindern.

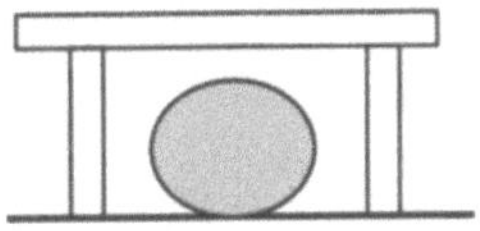

Grafik 14.17 Etwas oder jemand abschotten

Als Beispiel dienen die Maßnahmen von Staaten, die die Kontrolle über die Medien ausüben und den in ihren Staaten lebenden Menschen vorschreiben, was sie sehen und hören dürfen.

2.2.6 Wohin?

In welche Richtung soll der Standpunkt eines Menschen verändert werden? Diese Frage stellt sich natürlich, wenn eine Einstellungsänderung geplant ist.

2.2.6.1 Die Richtung bei einer Einstellungsveränderung

Wenn eine Veränderung vorgenommen werden soll, muss vorher klar sein, in welche Richtung jemand in seiner Einstellung bewegt werden soll. Bei dem eingangs formulierten Ziel, entstandene Probleme über eine Einflussnahme auf die Einstellungen der Menschen zu beseitigen, ist zunächst einmal die grundsätzliche Richtung der Veränderung vorgezeichnet. Die Veränderung geht in Richtung auf die momentan vorhandenen Realitäten. Nur: Wo steht der Mensch momentan mit seinen Erwartungen und Wünschen?

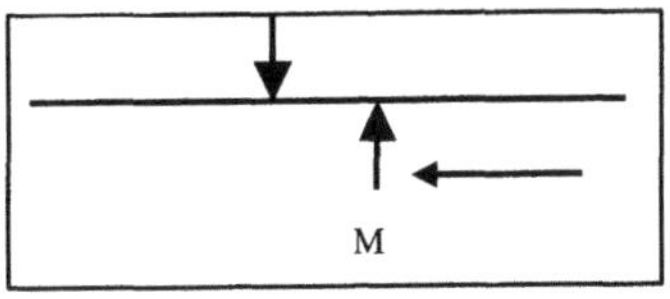

Grafik 14.18 Die vorgegebene Richtung bei einer Einstellungsveränderung

Die Lösung dieser Aufgabe setzt somit zunächst einmal voraus, sich über den momentanen Standpunkt der einzelnen Person bzw. der Zielgruppe im Verhältnis zur richtungsweisenden Realität zu informieren.

2.2.6.2
Das Ausmaß einer Einstellungsveränderung

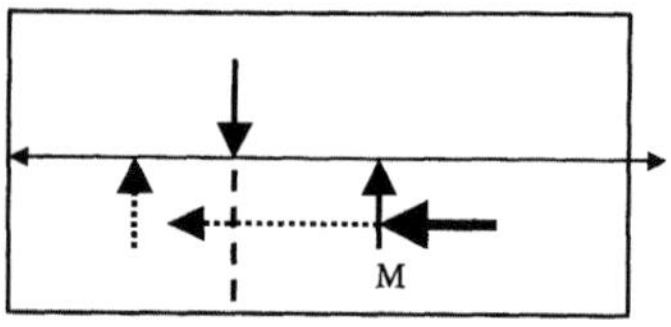

Grafik 14.19 *Die Kraft für eine Veränderung ist zu groß. Sie bewegt den Menschen über das eigentliche Ziel hinaus. Das, was angeboten wird, gefällt jetzt ebenso wenig wie zuvor.*

Ist klar, in welche Richtung jemand bewegt werden soll, kommt als Nächstes die Frage: Wie weit soll jemand in seiner Einstellung verändert werden?

Für Hersteller von Produkten, seien es Grafiker, Maler, Theatermacher usw., deren Arbeiten der momentanen Einstellung einer Zielgruppe nicht entsprechen, ist es wichtig, dass Einstellungsveränderungen nur so weit vorgenommen werden, wie sie für eine Akzeptanz der eigenen Produkte notwendig sind. Wird ein Produkt akzeptiert, so zeigt dies, dass Angebot und Erwartungen der Zielgruppe weitestgehend übereinstimmen. Ist diese Situation erreicht, wird es darum gehen, die vorhandenen Einstellungen zu stabilisieren.

Geht die Veränderung weiter, verfehlt sie das eigentliche Ziel. Es kommt zu neuerlichen Problemen.

2.2.7
In welcher Zeit?

Ein gutes Beispiel dazu liefern die Parteien, die sich vor allem am Wahltag Zustimmungen erhoffen.

Einsteller haben in der Regel ein Interesse daran, dass Einstellungsveränderungen und Stabilisierungen möglichst schnell abgeschlossen sind.

Es ist davon auszugehen, dass jeder Einsteller versuchen wird, einen anderen in seiner Einstellung zu stabilisieren, solange dies seinen Interessen und Absichten dient. Die Frage ist allerdings, ob ein Einsteller mit seinen Bemühungen einer Einstellungsstabilisierung immer Erfolg hat.

Geht man davon aus, dass aus beiden Richtungen zu den jeweiligen Extremen hin ständig bewegende Einflüsse wirksam sind, so bedarf die Stabilisierung ständiger Anstrengungen. Sind die bewegenden Kräfte aus einer Richtung allerdings stärker als die eingesetzten Maßnahmen zum Erhalt des vorhandenen Standpunktes, kommt es zu einer Einstellungsveränderung.

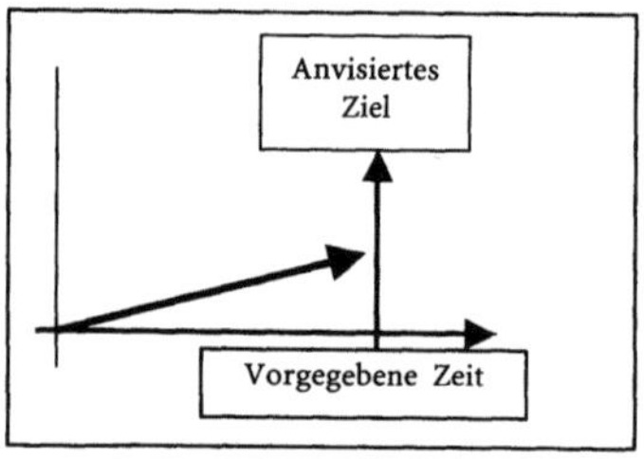

Grafik 14.20 *Zeitachse und Einstellungsveränderungen*

Maßnahmen zur Veränderung von Einstellungen laufen unter den gleichen Bedingungen ab. Sie müssen deshalb ständig kontrolliert werden, ob die entwickelten Aktivitäten ausreichen oder mit zu viel Kraft betrieben werden, um das gesetzte Ziel in der vorgegeben Zeit zu erreichen.

Im beigefügten Beispiel wird das angestrebte Ziel einer Einstellungsveränderung in der vorgesehenen Zeit nicht erreicht.

2.3
Studien

2.3.1
Theoretische Studien

Analyse einer Maßnahme zur Stabilisierung oder Veränderung von Einstellungen

- Greifen Sie eine konkrete Maßnahme (z.B. aus dem werblichen Bereich) auf und versuchen Sie zu klären, wer, wen, wie, wohin bewegen möchte.
- Versuchen Sie das Zusammenwirken der einzelnen Parameter in einem einfachen grafischen Modell zu visualisieren.

2.3.2
Praktische Studien

- Erstellen Sie für eine konkrete Maßnahme zur Veränderung oder Stabilisierung einer Zielgruppe einen Plan der zu beachtenden Parameter.
- Versuchen Sie, diese Planung zu visualisieren.

2.4
Die Anwendung grundlegender Erfahrungen zur Lösung einer konkreten Aufgabe

Die konkrete Aufgabe:
Unterschiedliche Menschen sind auf ein Ziel hin zu bewegen. Entwickeln Sie Vorstellungen, wie dies in einer bestimmten Zeit erreicht werden kann. Versuchen Sie erste Umsetzungen, die auf die jeweilige Zielgruppe abgestimmt sind.

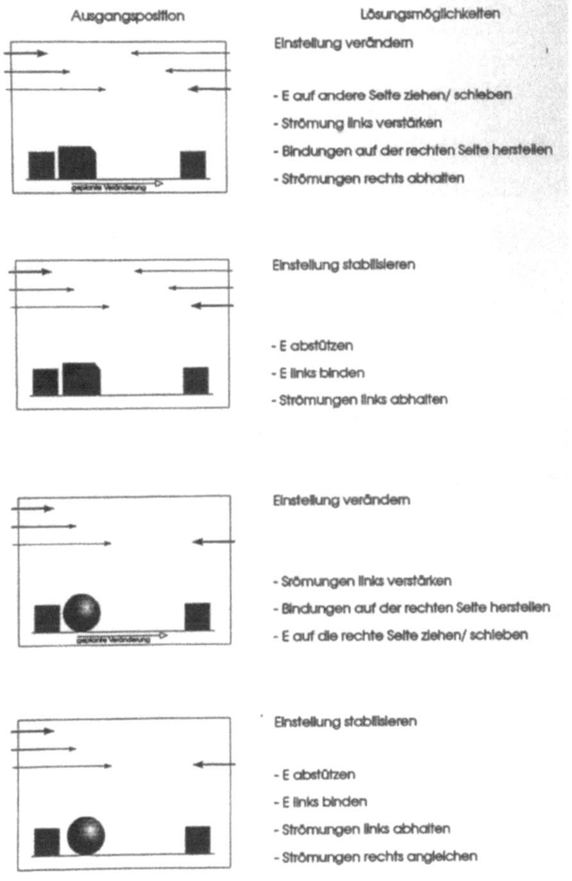

Abb. 14.3 Theoretische Studien zu unterschiedlichen Strategien für eine geeignete Vorgehensweise, um jemand bei unterschiedlichen Rahmenbedingungen in seiner Einstellung zu stabilisieren oder zu verändern

3 Die Mittel für eine Veränderung oder Festigung von Einstellungen

Kommt dieser Druck auf das Gebilde von einer Seite, so kann dies, wenn der Druck stark genug ist, zur Bewegung des Gebildes führen.
Ist der Druck zu schwach oder wird gleichzeitig von zwei Seiten auf das Gebilde Druck ausgeübt (z.B. wenn jemand in die Zange genommen bzw. geistigem Zwang ausgesetzt wird), so kann dies dazu führen, dass das Gebilde an seinem bisherigen Platz verbleibt.

Womit bzw. mit welchen Mitteln kann man Einstellungen verändern oder stabilisieren?

Es wurde dargestellt, dass etwas oder jemand in verschiedener Weise bewegt werden kann. Notwendig ist eine Klärung, welche Mittel notwendig sind, um etwas oder jemand von seinem Standort bzw. Standpunkt wegdrücken, wegstoßen oder aber wegziehen zu können. In gleicher Weise stellt sich die Frage nach den Mitteln für eine Stabilisierung von Einstellungen.

3.1 Verallgemeinerung der Fragestellung

Welche Mittel können genutzt werden, um jemand in seiner Einstellung zu beeinflussen?

3.2 Darstellung grundlegender Aspekte

3.2.1 Es muss etwas getan werden

Soll etwas oder jemand bewegt (z.B. weggedrückt, weggestoßen, weggezogen) oder aber am Ort festgehalten werden, so muss dies von irgendetwas oder irgendjemandem getätigt werden.

So kann ein Mensch z.B. einen Wagen von seinem bisherigen Standort wegziehen. Er muss mit der Hand oder seinen Füßen auf das Gebilde einwirken, um es fortbewegen zu können. In gleicher Weise muss vom Einsteller etwas in die Tat umgesetzt werden, will er einen anderen Menschen in seiner Einstellung verändern oder stabilisieren.

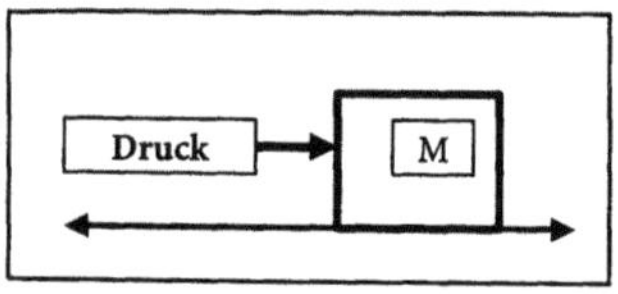

Grafik 14.21 Auf etwas oder jemand Druck ausüben

3.2.1.1
Die Äußerung eines Einstellers

Soll jemand geistig bewegt oder stabilisiert werden, sind Äußerungen notwendig, die die geistige Konstitution eines Menschen beeinflussen können. Wie bereits dargelegt, werden für den Aufbau und Erhalt einer geistigen Gestalt und die psychisch-geistige Einstellung Informationen benötigt. Will ein Einsteller also jemand in seiner Einstellung bewegen oder stabilisieren, muss er Äußerungen machen, die Informationen enthalten. Dies kann durch Sprechen, durch Schreiben, durch Singen, durch Gebärden, durch Bilder usw. erfolgen. Der Einsteller kann sich somit vornehmlich durch:

- visuell wahrnehmbare Gebilde (Malerei, Grafik, Foto, Architektur, Möbel usw.),
- haptisch wahrnehmbare Gebilde (plastische Gebilde, Oberflächenstrukturen usw.) und
- akustische Gebilde (Musik, Sprache, Geräusche usw.) äußern.

Äußerungen, die auf die geistige Gestalt eines Menschen einwirken, bestehen jeweils aus zwei Teilen. Es handelt sich um die äußere Form und den Inhalt einer Aussage.

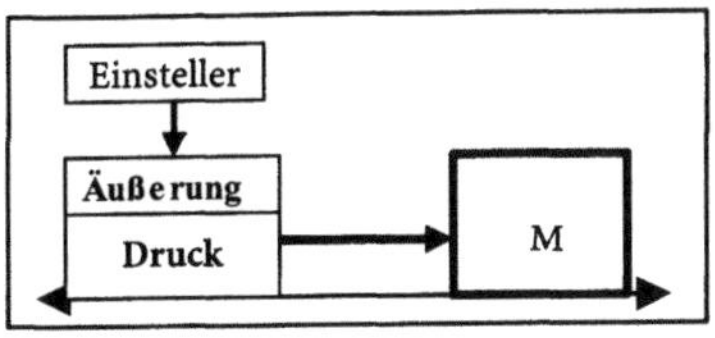

Grafik 14.22 Die Äußerung soll etwas bewirken

Es sind dies die wesentlichsten Äußerungsbereiche, wobei natürlich der Mensch über alle Wahrnehmungsbereiche (auch das Schmecken, das Riechen) Informationen weitergeben bzw. aufnehmen kann.

3.2.1.2
Die wahrnehmbare „Form" einer Äußerung

Die Äußerungen müssen wahrnehmbar sein. Es müssen somit materielle Elemente verwendet und entsprechend einander zugeordnet werden.

Es kommt zu einem Gebilde, das sich durch seine Form, Farbe, sein Material und seinen Aufbau auszeichnet. Äußerungen zeigen eine bestimmte Formgebung. Die äußere wahrnehmbare Form kann gefallen, sie kann missfallen. Sie kann anziehend sein, sie kann abstoßend sein. Diese Bewertung ist abhängig von der ästhetischen Einstellung des Menschen.

Siehe Teil 10 zur Beurteilung eines Gebildes aufgrund der ästhetischen Einstellung. Der hohe Anteil des Unbewussten neben dem Bewussten bei der Bewertung von Gebilden oder Äußerungen nach ästhetischen Gesichtspunkten ist zu berücksichtigen.

3.2.1.3
Der Inhalt einer Äußerung

Das, was eine Formulierung enthält, ist die Information bzw. der Inhalt der Äußerung.

Siehe Teil 7 zur Verständlichkeit einer Umsetzung
Die Verständlichkeit einer Äußerung setzt voraus, dass die einzelnen Elemente, seien sie sprachlich und akustisch wahrnehmbar, seien sie visuell als Bild oder Text wahrnehmbar, in der zur Verfügung stehenden Zeit identifiziert werden können. Wie lesbar sind die Texte, wie lesbar sind die einzelnen Buchstaben, wie deutlich heben sich die einzelnen grafischen oder bildhaften Elemente von der Umgebung ab? Hinzu kommt die Menge an Informationen, beginnend bei dem, was wahrgenommen werden soll. Wie viel an Informationen kann der Mensch in der zur Verfügung stehenden Zeit überhaupt aufnehmen? Man denke nur an die Fahrt mit dem Auto über eine Straßenkreuzung in der Stadt mit all ihren Ampeln und sonstigen Verkehrszeichen.
Wie weit reicht das Abstraktionsvermögen der anvisierten Zielgruppe? Wie weit werden Texte, Worte oder Sätze, Bilder oder akustische Äußerung überhaupt inhaltlich dekodiert?

Der Inhalt der Äußerung muss vom Empfänger verstanden werden. Voraussetzung dafür ist, dass der Inhalt aus der wahrnehmbaren „Form" dekodiert werden kann. Das, was Worte, Sätze, Textabschnitte usw., oder das, was Formen, Farben, Materialien und deren Zuordnung beinhalten, muss herausgearbeitet und in seiner Bedeutung erkannt werden. Der Inhalt einer Äußerung bzw. einer Formulierung kann gefallen oder missfallen. Ein Inhalt, der gefällt, ist sicher anziehender als einer, der missfällt.

3.2.1.4
Der Ausdruck und der Eindruck einer Äußerung

Wird eine Äußerung von dem Menschen wahrgenommen, so kann sie, wenn sie stark genug ist, diesen Menschen so beeindrucken, dass er bewegt wird.

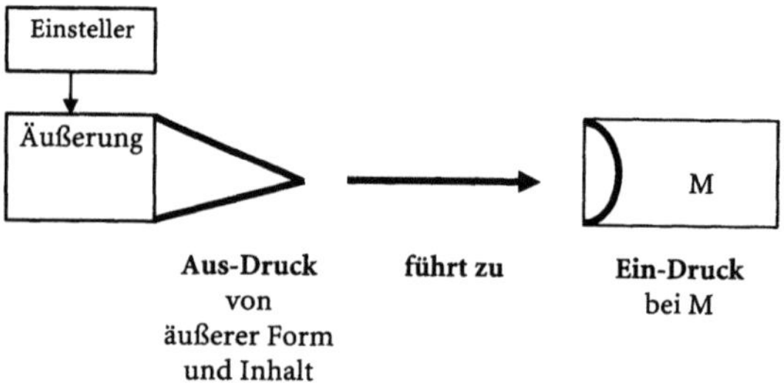

Grafik 14.23 *Der Ausdruck einer Äußerung macht Eindruck*

Ist die Äußerung eines Einstellers so wenig ausdrucksstark, dass sie bei einem anderen Menschen keinen Eindruck macht, wird sich Letzterer auch nicht bewegen. Er wird sich in seiner Einstellung nicht verändern. Werden dagegen Formulierungen oder Inhalte geboten, die auf den angesprochenen Menschen einen tiefen Eindruck machen, bieten diese eine Voraussetzung zur Einflussnahme (man denke an Redner, die durch gute Formulierungen Menschen bewegen, obwohl sie inhaltlich wenig bieten).

Im oberen Fall ist der Ausdruck so stark bzw. die Äußerung so beeindruckend, dass es zu einer Veränderung der bisherigen Einstellung bei M kommt. Im unteren Fall stellt sich z.B. auch die Frage, wie man etwas textlich weich formulieren kann. Welche Vokale oder Konsonanten zeigen geschrieben eine weichere Form, als dies mit anderen Buchstaben der Fall ist.

Wird ein Inhalt spitz und scharf formuliert, ist dies für den Angesprochenen sehr leicht verletzend und zwingt ihn geradezu, sich von dem „Sprecher" wegzubewegen. Wird der gleiche Inhalt in eine weniger verletzende Form gebracht, kann dies eventuell keine oder nur eine geringe Bewegung auslösen und keine bzw. nur eine geringe Veränderung der Einstellung bewirken.

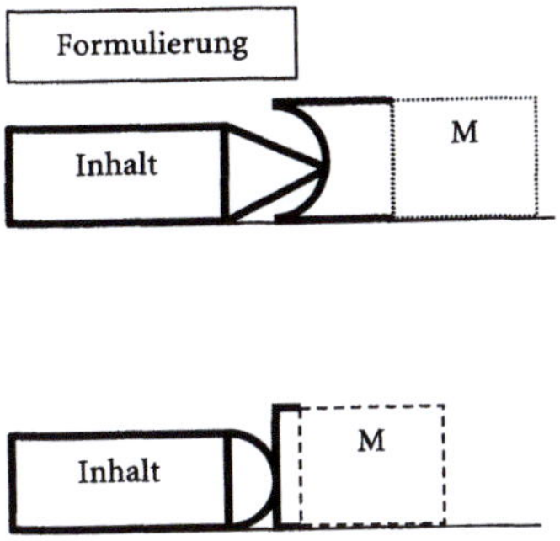

Liest man ein Wort oder einen Satz und formt die Worte und Sätze akustisch um, wie hören sich diese an? Eher hart und spitz oder eher weich und nachgiebig?

Grafik 14.24 *Eine spitze Formulierung und eine weiche Formulierung*

3.2.2
Die verschiedenen Ausdrucksweisen einer Äußerung

Um jemand in seiner Einstellung zu verändern oder zu stabilisieren, wird man sich überlegen, welche Art der Äußerung dafür am besten geeignet ist. Man wird eine Äußerung wählen, mit der man den angesprochenen Empfänger am ehesten beeindrucken kann. Drei verschiedene Arten der Ansprache stehen dem Sender zur Verfügung.

Abb. 14.4 *Befehlend: Spende ...*

3.2.2.1
Die befehlende Äußerung

Mit einem Befehl, einer Anweisung oder einem Auftrag kann man einen anderen Menschen dazu bewegen, in bestimmter vorbestimmter Weise zu reagieren (z.B. mach das oder dies in der und der Weise).

Die imperative Äußerung:
Die Reaktion durch den Empfänger ist allerdings wesentlich davon abhängig, ob der Sender über die Macht verfügt, die Anweisung auch durchzusetzen.

3.2.2.2
Die sachliche und objektive Darstellung eines Sachverhaltes

Beeindrucken kann man einen anderen Menschen, wenn man ihm einen Sachverhalt möglichst objektiv vorstellt (z.B. weil dies so ist, sollte man dies oder jenes so oder so machen). Beispiele hierfür sind sachliche, eher dokumentierende Darstellungen, Berichte, Präsentationen, Darstellungen in Parallelprojektion usw.

sachlich / objektiv = indikativ
Der Sachverhalt ist nachprüfbar und messbar. Notwendig ist allerdings ein gewisses Wissensniveau bei dem angesprochenen Empfänger.

3.2.2.3
Die gefühlvolle Äußerung

gefühlvoll, das Empfinden ansprechend = suggestiv
Die Darstellungen entziehen sich weitgehend einer objektiven Prüfung und Kontrolle.

Dinge oder Sachverhalte werden überwiegend so dargestellt, dass sie das Gefühl bzw. das Empfinden des- oder derjenigen, die zu beeindrucken sind, ansprechen.

Abb. 14.5 *Spendenaufrufe mit mitleiderregender Darstellung, aber auch befehlend im Text: Die Opfer brauchen Ihre Hilfe.* ***Jetzt!***

3.2.3
Die Kraft einer Äußerung

Äußerungen bringen etwas zum Ausdruck, das mehr oder minder viel Kraft besitzt und deshalb den Empfänger der Äußerung mehr oder minder stark beeindrucken kann. Je größer die Kraft einer Äußerung ist, umso eher besteht die Möglichkeit, einen anderen Menschen zu beeindrucken und diesen Menschen in seiner Einstellung zu verändern oder zu stabilisieren.

3.2.3.1
Das Gewicht einer Äußerung

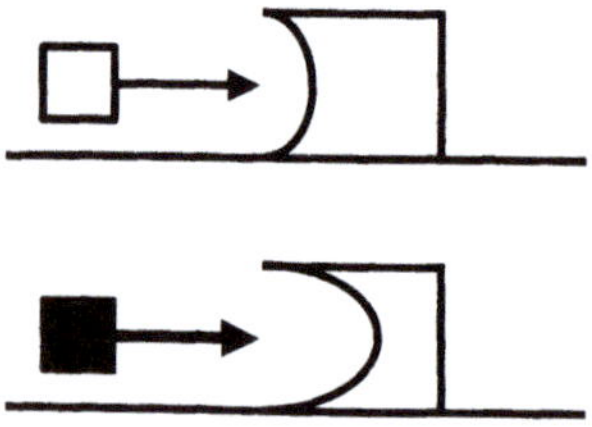

Grafik 14.25 *Das Gewicht einer Äußerung macht Eindruck*

Kraftvoll sind Äußerungen, die für den anvisierten Empfänger von Bedeutung sind. Bedeutungsvoll sind Äußerungen, die das Leben eines Menschen betreffen.

Informationen oder Formulierungen, die einen anderen Menschen nicht berühren bzw. interessieren, sind für diesen ohne Bedeutung. Sie haben für den Menschen kein Gewicht. Sie werden ihn nicht oder nur wenig beeindrucken.

3.2.3.2
Die Kraft des Einstellers

Neben dem Gewicht der Äußerung, die auf einen anderen Menschen einwirken soll, ist natürlich die Kraft dessen, der etwas zum Ausdruck bringt, zu beachten.

Ist jemand für einen Empfänger kraftlos und schwach, kann er nur etwas von geringem Gewicht bzw. geringer Bedeutung vortragen und es wird ihm die Kraft für eine Standort- bzw. Standpunktveränderung fehlen.

Dies bedeutet, dass ein Sender, der für einen Empfänger nur geringe Kraft besitzt, diesen mit seinen Äußerungen nicht mehr beeindrucken kann. Umgekehrt kann immer wieder beobachtet werden, wie gezielt die Kraft eines Senders reduziert wird, indem man diesen unglaubwürdig oder lächerlich macht oder als inkompetent hinstellt (im Gegensatz zu so genannten „Experten").

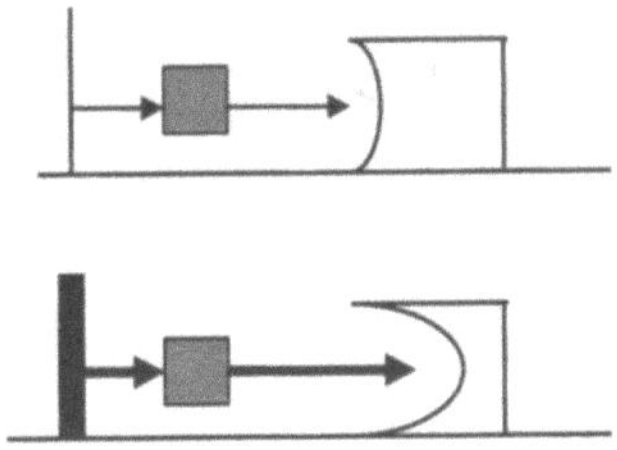

Grafik 14.26 *Welche Kraft hat der Einsteller?*

Die gleiche Äußerung wird bei einem anerkannten und geschätzten Sender einen tieferen Eindruck machen, als dies bei einem unglaubwürdigen Sender der Fall sein wird.
Nicht selten kommen bei Werbespotts irgendwelche" Doktoren" oder „Experten" oder „Professoren" zu Wort.

3.2.3.3
Die Treffsicherheit einer Äußerung

Die Kraft einer Äußerung verpufft, wenn sie den Empfänger, den sie beeindrucken soll, überhaupt nicht erreicht, d.h., wenn der Empfänger überhaupt nicht getroffen wird.

In der beigefügten Grafik geht eine Äußerung über jemand einfach hinweg. Gründe können sein:

- Die Zeit der Äußerung

Werden Äußerungen zu einer Zeit gemacht, zu der der Empfänger nicht ansprechbar ist, weil er z.B. mit anderen Dingen beschäftigt ist, geht die Äußerung ins Leere.

- Der Ort der Äußerung

Werden Äußerungen an einem Ort gemacht, an dem der Empfänger nicht ist, kann er die gemachten Äußerungen nicht wahrnehmen. Somit ist immer zu überlegen, falls jemand beeindruckt werden soll, wo man diesen Menschen am besten erreichen kann.

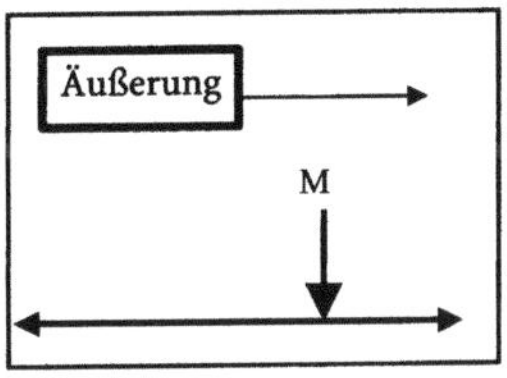

Grafik 14.27 *Äußerungen können ihr Ziel verfehlen*

3.2.4
Zusammenfassung

Sollen Veränderungen oder Stabilisierungen von Einstellungen vorgenommen werden, sind viele Faktoren zu beachten. Sie sollten in einer kurzen Betrachtung und Beschreibung vorgestellt werden. Ihre gegenseitigen Abhängigkeiten und Einflussnahmen blieben dabei unberücksichtigt. Dennoch wurde spürbar, dass die gezielte Einflussnahme auf die Einstellung und damit auf die Erwartungen und Wünsche der betroffenen Menschen als komplexe Vorgänge gesehen werden müssen.

In einem Studium für Kommunikations-Design sollten diese Aspekte aufgegriffen und vertieft werden, stellen sie doch die Grundlage kommunikativer Prozesse dar.

3.3 Studien

3.3.1 Theoretische Studien

Hier sei darauf verwiesen, dass es sich bei den angesprochenen Studierenden um Industrie-Designer/-innen handelt, deren Aufgabe nicht darin besteht, kommunikative Prozesse zu planen und zu gestalten, wie dies bei Kommunikations-Designerinnen und -Designern der Fall ist.

- Untersuchen Sie vorhandene Äußerungen im Hinblick auf die verwendeten wahrnehmbaren Mittel (Äußerungen nur mit Bild oder Text bzw. Äußerungen mit Kombinationen von Bild, Text und Ton usw.).
- Suchen Sie nach Beispielen, die belegen, wie gleiche Inhalte, unterschiedlich formuliert, die Menschen mehr oder weniger beeindrucken und in ihrer Haltung bewegen oder festigen können.
- Zeigen Sie an unterschiedlichen Beispielen imperative, indikative und suggestive Äußerungen (bildhaft, textlich oder akustisch).
- Zeigen Sie an konkreten Beispielen, wie die Kraft eines Senders bzw. Einstellers durch die Demontage der Persönlichkeit geschwächt wird (z.B. die Herabsetzung der Glaubwürdigkeit einer Person durch den politischen Gegner = unglaubwürdig, lächerlich, inkompetent machen).
- Zeigen Sie, wie gut geplante Maßnahmen ihre Wirkung verfehlen, weil sie zeitlich und örtlich deplatziert sind.
- Zeigen Sie an konkreten Beispielen gute und weniger gute Lösungen zur Identifizierung von Texten, Bildern oder akustischen Äußerungen. Klären Sie, welche Aspekte im Hinblick auf die Verständlichkeit gut oder weniger gut beachtet wurden (z.B. die aufzunehmende Menge an Informationen in der zur Verfügung stehenden Zeit, die Größe der Buchstaben und der vorgegebene Abstand eines Betrachters, die „Lautstärke“ visueller und akustischer Äußerungen in ihrer Umgebung usw.).

3.3.2
Praktische Studien

- Entwickeln Sie visuelle und / oder akustische Gestaltungsvarianten, die auf die jeweilige Aufnahmesituation eines Empfängers ausgerichtet sind (z.B. Berücksichtigung von unterschiedlichem Abstand zur Äußerung, Berücksichtigung von unterschiedlicher Zeit oder unterschiedlicher Umgebung, in der etwas aufgenommen werden soll).
- Entwickeln Sie zur Verdeutlichung eines bestimmten Inhaltes eine imperative, eine suggestive und eine indikative Äußerung.
- Versuchen Sie einen bestimmten Inhalt „hart" und „weich" zu formulieren (z.B. durch die Auswahl der Worte, der Vokale und Konsonanten, durch die Auswahl der Stimmen bzw. Sprecher/-innen, die einen Text sprechen, durch die Auswahl von Musik oder sonstigen akustischen Phänomenen).
- Entwickeln Sie für einen bestimmten Inhalt eine Äußerung, bei der Bild, Text und Ton oder Musik kombiniert werden, wobei die einzelnen Ausdrucksmöglichkeiten einmal mehr, einmal weniger koordiniert sind (im letzten Fall werden die einzelnen Ausdrucksweisen gegensätzlich eingesetzt, dadurch können sich die Kräfte der verschiedenen Ausdrucksweisen gegenseitig aufheben).

3.4
Die Anwendung grundlegender Erfahrungen zur Lösung einer konkreten Aufgabe

Die konkrete Aufgabe:
Bestimmte Realitäten entsprechen nicht den eigenen Vorstellungen. Zur Veränderung der Realitäten muss etwas getan werden. Dazu bedarf es der Mithilfe anderer.

- Entwickeln Sie für unterschiedliche Zielgruppen imperative, suggestive oder indikative Umsetzungen, um so die Haltung der Betroffenen im eigenen Interesse zu beeinflussen.

Die nebenstehende Figur markiert den Abschluss des Konzeptes gestalterischer Grundlagen.
Siehe Figur 2.1 zu Beginn der Ausarbeitung

Abb. 14.6 *Plastisches Objekt aus einer Kugelform*

Teil 15
Ergänzungen

In Teil 15 werden eigene Überlegungen zu verschiedenen Themenschwerpunkten vorgetragen.

Ergänzt werden diese Überlegungen durch erste Analysen, die zum Teil sicher mit großem Vorbehalt zu betrachten sind. Die einzelnen Ergebnisse lassen jedoch erste Tendenzen erkennen, die an vielen Stellen zu verifizieren oder aber nach intensiverer Betrachtung eventuell zu verwerfen sind.

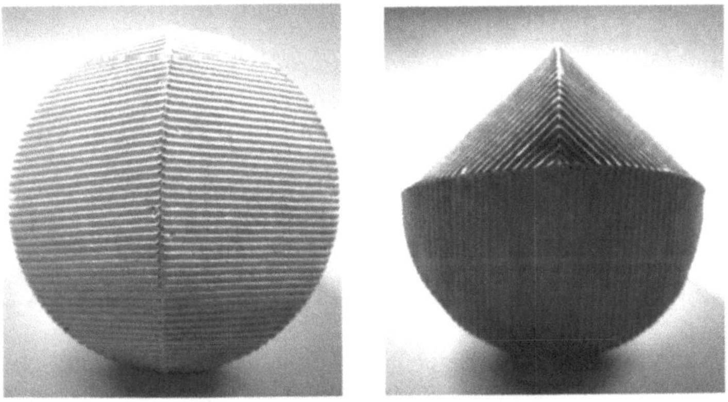

In den Teilen 1 bis 14 werden verschiedene Themen und Sachverhalte grundlegender Gestaltungsarbeit angesprochen. Zu einigen dieser Themen werden Ergänzungen geboten. Dabei können unterschiedliche Betrachtungs- und Sichtweisen oder auch nur Veränderungen des Blickwinkels auf ein und denselben Gegenstand oder Sachverhalt zu anderen Ansichten und Einsichten führen.

Abb. 15.1 *Zwei Ansichten einer Figur bzw. eines Sachverhaltes*

1 Die Sicherung des Lebens und der dazu notwendige Bedarf

Die Frage nach fundierten Aufgabenstellungen im Industrie-Design konzentriert sich auch darauf, welcher Bedarf eigentlich vorrangig beachtenswert ist. Wo handelt es sich eher um einen grundsätzlichen Bedarf, wo eher um zusätzliche individuelle Wünsche und Erwartungen?

Mit den nachfolgenden Überlegungen soll hier eine erste Näherung an diese Thematik versucht werden.

Für die Ausarbeitung wurde folgende Struktur gewählt:

- Das Ziel des Menschen und die davon abhängigen Bestrebungen
- Der Wunsch, nach eigenen Vorstellungen leben zu können, und die Voraussetzungen dafür
- Der Bedarf zum Erreichen der Ziele
- Die besonderen Anforderungen an den Bedarf
- Darstellung verschiedener Verfahren, wie dieser Bedarf behoben werden kann
- Die Trennung zwischen einem grundsätzlichen Bedarf und einem zusätzlichen Bedarf

1.1 Das Ziel der Menschen

Menschen arbeiten oftmals unter unmenschlichsten Bedingungen, um das, was sie zum Überleben für sich oder ihre Familie brauchen, zu bekommen. Dies erlaubt die These:

Menschen wollen leben.

1.1.1
Die im Lebenswillen verborgene Kraft

Der Antrieb, das einmal begonnene Leben weiterzuführen, geht nicht ohne eine dahinter stehende Kraft. Sie ist in einem Wirkprinzip enthalten, das man als **Homöostase** bezeichnet. Dieses in jedem Lebewesen Wirkende sorgt dafür, dass der Bedarf für das, was zum Leben notwendig ist, spürbar wird und die ausgelöste Unruhe erst wieder verschwindet, wenn über Aktivitäten der notwendige Bedarf befriedigt ist.

Dabei zeigen sich die nachfolgend aufgeführten Bestrebungen:

1.1.1.1
Das Bestreben, körperlich zu wachsen

Für alle Lebewesen folgt nach dem Moment der Befruchtung eine von Natur aus vorgeplante Wachstumsphase. Der in jedem Lebewesen innewohnende Bauplan der Natur legt fest, wie weit jedes Lebewesen wachsen soll.

1.1.1.2
Das Bestreben, die einmal erreichte (gesunde) körperliche Konstitution zu erhalten

Bereits mit Beginn des Lebens werden Maßnahmen notwendig, die dem Erhalt des jeweils erreichten körperlichen Zustandes dienen. Jeder Mensch ist darauf bedacht, körperlich gesund zu bleiben. Er versucht alles abzuhalten, was seinen physisch-körperlichen Zustand bzw. seine physisch-körperliche **Gestalt** gefährden oder schädigen könnte.

1.1.1.3
Das Bestreben, sich weiterzuentwickeln

In vielen Fällen ist es für den Menschen notwendig, über ein einmal erreichtes Maß körperlicher Konstitution hinaus zu wachsen. So werden in bestimmten Berufen oder aber von bestimmten Personen besondere Kräfte oder Fertigkeiten verlangt, die über die normalerweise vorhandene körperliche Kompetenz hinausgehen. Allerdings sind hier von Natur aus sehr enge Grenzen gesetzt.

Siehe Georg Klaus: Wörterbuch der Kybernetik. Fischer Bücherei 1969, sowie die Ausführungen in Teil 2, Kapitel 1.2.5.3 „Die Wirkungsweise der Homöostase"

Die Arbeit dieses Prinzips kann man in drei Schritte unterteilen:
Fehlt dem Körper z.B. Flüssigkeit, so wird dies spürbar gemacht. Es meldet sich der „Durst". Man wird durstig.
Jetzt wird ein Antrieb spürbar, diesen „Durst" zu stillen. Unruhe stellt sich ein. Man wird aktiv und kümmert sich um etwas Trinkbares.
Hat man den „Durst" gestillt, verschwindet das Verlangen nach weiterer Flüssigkeit. Der Antrieb, Flüssigkeit zu beschaffen oder zu trinken, endet.
Die in Gang gesetzten und ausgelösten Aktivitäten enden, bis irgendwann ein neuer Bedarf entsteht.

Die Wirkungsweise der Homöostase spielt nicht nur für den Lebenswillen der Lebewesen eine entscheidende Rolle. Sie ist Ausgangspunkt für alle sonstigen Aktivitäten des Menschen. Immer geht es darum, einen Ausgleich zwischen SOLL und IST herzustellen, ganz gleich, ob es sich um ästhetische Sollvorgaben oder soziale Sollvorgaben handelt. Sobald für jemanden auf irgendeinem Gebiet Differenzen entstehen zwischen SOLL und IST, stellt sich Unruhe ein und das Bestreben, einen Ausgleich zwischen beiden Parametern herzustellen.

*Beispiele:
Hochleistungssportler, Grubenarbeiter oder Chirurgen oder sonstige Berufsgruppen, bei denen übergroße Sensibilität bei der „Handarbeit" gefordert wird.*

Der Lebenswille der Lebewesen und somit auch der Lebenswille des Menschen zeigt sich im Bestreben, die eigene physisch-körperhafte Gestalt

- aufzubauen,
- zu erhalten

und wenn notwendig

- weiter aufzubauen.

1.1.1.4
Wissen und Kenntnisse als wichtige Voraussetzungen für ein selbständiges und unabhängiges Leben

Will der Mensch in seinem Lebensraum überleben, muss er versuchen, sich über die Dinge und Ereignisse, denen er begegnet oder die auf ihn zukommen, zu informieren. Nur wenn er weiß, was sie beinhalten, kann er sich richtig verhalten und sein Tun entsprechend ausrichten. Hinzu kommt ein weiterer Aspekt: Neben der Beachtung der Dinge in seinem Lebensraum muss sich der Mensch all das, was er zum Leben braucht, beschaffen. Er muss sich vor allem ausreichend Nahrung, Kleider und ein schützendes „Haus" gegen Regen oder Wind beschaffen.

Wie muss er, wie kann er vorgehen, um all das, was zum Überleben notwendig ist, beschaffen zu können?

Der Wille des Menschen, menschlich und damit nach eigenen Vorstellungen zu leben, zeigt sich im Bestreben, die eigene physisch-körperliche Gestalt

- aufzubauen,
- zu erhalten

und wenn notwendig

- weiter aufzubauen

sowie in der Notwendigkeit, die eigene psychisch-geistige Gestalt

- aufzubauen,
- zu erhalten

und wenn notwendig

- weiter aufzubauen.

Dieses Geistige im Menschen, sein Wissen, seine Kenntnisse, sein Denken und Fühlen, wird als eine geistige Gestalt gesehen, die die physisch-körperhafte des Menschen ergänzt.

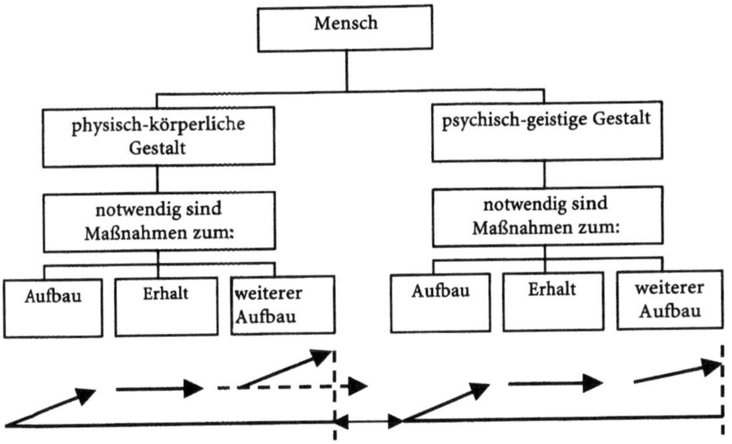

Grafik 15.1 *Die gleichen Ziele des Menschen auf körperlichem und geistigem Gebiet*

1.1.2 Maßnahmen zum Aufbau, zum Erhalt und zum weiteren Aufbau einer Gestalt

Der Lebenswille erfüllt den Menschen mit Sorge um seine körperliche Entwicklung und sein körperliches Wohlergehen. So ist er bestrebt, das Wachstum seiner physisch-körperhaften Gestalt zu fördern. Das Gleiche gilt für die geistige Gestalt.

Es stellt sich nun die Frage, wie kann etwas aufgebaut und erhalten werden? Und wie kann eine körperliche und geistige Gestalt aufgebaut und erhalten werden?

1.1.2.1 Der Aufbau der verschiedenen Gestalten

Zunächst soll der Aufbau eines materiellen Objektes, also z.B. eines Hauses, betrachtet werden. Drei wesentliche Vorgaben sind beachtenswert:

Für den Bau eines Hauses wird vor allem ausreichend Baumaterial gebraucht. Dieses Baumaterial muss so verarbeitet werden, dass am Ende ein funktionsfähiges Objekt oder Gebilde (z.B. ein Haus) entsteht. Die Ausführung all dieser Arbeiten muss von fähigen und geeigneten Arbeitern bzw. Arbeitsorganen erledigt werden. Sie sind entscheidend für die gesamten Aufbauarbeiten. Betrachtet man die Arbeitsleistung von Arbeitern auf einer Baustelle, so ist feststellbar, dass diese von den jeweils vorhandenen Arbeitsbedingungen abhängen.

Siehe Teil 14 zur Veränderbarkeit der psychisch-geistigen Gestalt des Menschen

Während die Vorgaben zum Wachsen und Erhalt der körperlichen Gesundheit unabhängig von den jeweiligen Gegebenheiten des Lebensraumes sind (der Mensch braucht zum Leben täglich eine bestimmte Menge an Nahrung und Flüssigkeit), muss sich die geistige Ausbildung an den jeweiligen Bedingungen des Lebensraumes orientieren.

Das Niveau der jeweils notwendigen psychisch-geistigen Gestalt wird bestimmt von dem, was an Wissen, Kenntnissen und Fähigkeiten in einem bestimmten Lebensraum verlangt wird, um dort überleben zu können. Die unterschiedlichen Höhen ergeben sich somit aus den unterschiedlichen Überlebensbedingungen in jeweils verschiedenen Lebensräumen.
Darüber hinaus muss er sich in der Regel noch „handwerkliche" Fertigkeiten aneignen, um sein Wissen in die Tat umsetzen zu können.

Damit kann gesagt werden: Will man das Ziel, den Aufbau eines Gebildes, erreichen, braucht man dazu Material, man braucht weiterhin Arbeiter, die die anstehenden Arbeiten verrichten, und man muss sich um angemessene Arbeitsbedingungen für die Arbeiter kümmern, da deren Arbeitsleistung und somit die Qualität der Arbeit davon abhängen.

Analog dazu sind für das Wachstum des Menschen die gleichen Merkmale zu beobachten. Auch hier hängt das Wachstum entscheidend von ausreichend guter Nahrung ab. Als Erstes wird also auch hier „Material" benötigt.

Erfahrungen belegen, dass der Aufbau des menschlichen Körpers bestimmte Arbeiten notwendig macht:
1. Es muss „Roh-Material" vorhanden sein und aufgenommen werden. Die einzelnen Nahrungsmittel werden durch den Mund aufgenommen.
2. Der Großteil des aufgenommenen Materials muss jetzt bearbeitet werden. Es muss zerkleinert werden (im Mund), mit Speichel für die weitere Bearbeitung im Magen verflüssigt werden und im weiteren Verlauf durch den Dünndarm so weit behandelt werden, dass am Ende Bausteine entstehen, die für den Aufbau nutzbar sind.
3. Die einzelnen Bausteine werden jetzt zu den Stellen gebracht, an denen sie gebraucht werden, zu den Knochen, zu den Gelenken, zu den Muskeln usw.
4. Die einzelnen Bausteinchen für den Aufbau des Körpers werden mit den vorhandenen Teilen verbunden.
5. Das anfallende Restmaterial muss beseitigt werden.

Für die Verarbeitung der Nahrungsmittel stehen im Körper des Menschen verschiedene Arbeitsorgane bereit. Die körperlichen Organe sind jedoch wie die Arbeiter beim Bau eines Hauses von den Arbeitsbedingungen abhängig. So kann die Lunge nur richtig arbeiten, wenn keine Entzündungen oder sonstige Krankheiten im Körper vorhanden sind. Sehr schnell wird erkennbar, dass für das Wachstum des menschlichen Körpers Maßnahmen erforderlich werden, wie wir sie beim Aufbau sonstiger materieller Gebilde vorfinden.

Gesteht man dem Menschen eine geistige Gestalt zu, so bedeutet dies, dass auch hier „Material" für den Aufbau der Gestalt notwendig wird. Benötigt werden „geistige" Bausteine, gleichsam „geistiges Material" in Form von Informationen. Für die Arbeiten zum Aufbau einer „ geistigen Gestalt" werden jetzt geeignete und fähige Arbeitsorgane gebraucht. Die verschiedenen Aufnahmeorgane und das Gehirn, als zentrales Verarbeitungsorgan, übernehmen diese Funktionen.

Werfen wir noch einen Blick auf die Arbeitsleistungen der Arbeitsorgane, die für die Aufnahme und die Verarbeitung der Informationen zuständig sind, so ist festzustellen, dass diese Organe (in gesundem Zustand) wunderbare Leistungen erbringen. Es zeigt sich aber auch, dass die Arbeitsleistung der verschiedenen Wahrnehmungsorgane und des menschlichen Gehirns von den physischen und den psychisch-geistigen Arbeitsbedingungen sehr stark abhängen.

Es ist ersichtlich, dass zum Aufbau einer materiellen, einer körperhaften und geistigen Gestalt generell die gleichen Maßnahmen notwendig werden:

- Die Sicherung des jeweils benötigten Materials zum Aufbau der Gebilde
- Die Sicherung der geeigneten Arbeitsorgane
- Die Sicherung angemessener Arbeitsbedingungen für die Arbeitsorgane

Für den Zusammenhang von Material, seiner Verarbeitung durch die Organe und die Auswirkungen der Arbeitsbedingungen auf die Leistungsfähigkeit der einzelnen Organe kann folgende Struktur angenommen werden:

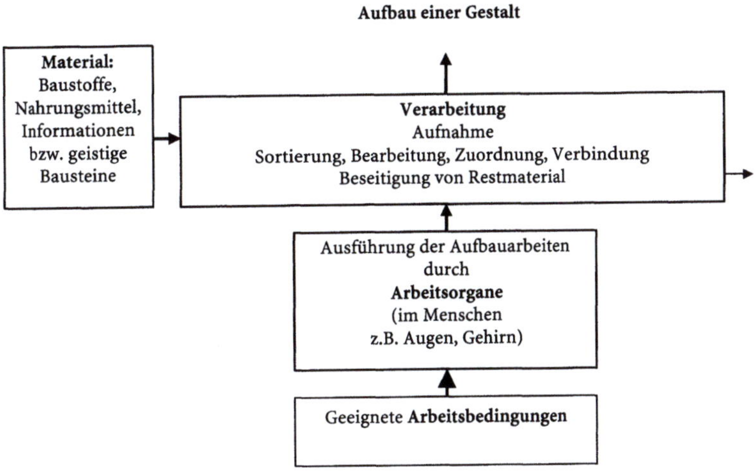

Grafik 15.2 Das Material und dessen Verarbeitung durch die Arbeitsorgane zum Aufbau eines Gebildes

Der Aufbau der psychisch-geistigen Gestalt erfolgt beim Menschen auch durch die jeweils eigenen Arbeitsorgane.
Die Verarbeitung der eintreffenden Informationen geschieht durch das zuständige Arbeitsorgan (das Gehirn).
Dessen Arbeitsleistung ist abhängig von den äußeren Bedingungen (Hitze, Kälte, Ruhe usw.).
Aber auch die psychisch-geistigen Arbeitsbedingungen (geistige Kälte, geistige Hitze, geistige Ruhe oder Anspannung usw.) haben großen Einfluss auf die Arbeitsleistung des zuständigen Organs.

Abb. 15.2 Das Sortieren des benötigten Baumaterials

1.1.2.2
Maßnahmen zum Erhalt einer Gestalt

Im täglichen Leben benutzen wir die unterschiedlichsten Objekte. Und jeder macht die Erfahrung, dass diese nach einiger Zeit der Nutzung nicht mehr so funktionsfähig sind, wie sie einmal waren. Und viele überlegen sich, wie sie diese Funktionsminderung ausschließen können, um das Objekt in brauchbarem Zustand zu erhalten. Man stellt sich die Frage: Wie kann man ein Objekt, ein Haus, ein Gerät, ein Möbelstück in seinem ursprünglichen Zustand erhalten? Welche Maßnahmen sind zum Erhalt eines Objektes notwendig?

Will der Mensch ein Objekt erhalten, muss er Maßnahmen entwickeln, die geeignet sind, Schädigungen zu vermeiden. Oftmals wird zusätzliches Material benötigt. Was auf jeden Fall gebraucht wird, sind Arbeiter, die die einzelnen Erhaltungsmaßnahmen erledigen. Und wie bei den Aufbauarbeiten, so gilt auch hier: Die Qualität der Erhaltungsmaßnahmen hängt entscheidend von den Arbeitsbedingungen für diese Arbeiter ab.

Bei einer Näherung an die Problematik einer Ausbildung wird sehr schnell sichtbar, dass für den Aufbau einer geistigen Gestalt die gleichen Arbeitsschritte zu absolvieren sind wie bei den vorangestellten Objekten.
Notwendig ist geistiges Material, z.B. gesprochenes Wort, lesbares, bildhaftes Material.
1. Die Aufnahme des Roh-Materials durch die Sinnesorgane:
Das Sehen von irgendwelchen Ereignissen, das Hören von irgendwelchen Äußerungen
2. Die Bearbeitung der eingegangenen Wahrnehmungen:
Zerlegen in Bestandteile, was ist brauchbare Information, was ist als geistiger Baustein nutzbar für den weiteren Aufbau.
3. Semantische Analyse:
Zerlegen eines Sachverhaltes, Abstreifen von Äußerlichkeiten und Konzentration auf das, was eigentlich gesagt wird,
wie Informationen, Nachrichten (z.B. Einblick in ein Studio, in dem Nachrichten zu den verschiedensten Themen eintreffen und die jetzt einander zugeordnet werden müssen).
4. Die Herstellung von Verbindungen:
Schaffung von Zusammenhängen, z.B. durch Tafelbilder, die Zusammenhänge verdeutlichen.
5. Beseitigung des Restmaterials durch das Vergessen:
Nachschlagewerke, die darauf hindeuten, dass man etwas sucht, was man vergessen hat. Das Vergessen ist ein wichtiger Bestandteil geistiger Verarbeitung. Hier wird Restmaterial beseitigt. Ohne das Vergessen wären die Menschen bald an den Grenzen für die Aufnahme und Verarbeitung neuer Informationen gelangt.

Die physisch-körperhafte Gestalt des Menschen ist auf vielfältige Weise gefährdet. Notwendig ist zunächst einmal die Sicherung der täglich notwendigen Lebensmittel. Kommt es zu körperlichen Beschädigungen, Krankheiten oder sonstige Gebrechen, kann vieles ohne zusätzliches Material bereinigt werden (man denke an eine fiebrige Erkrankung), für vieles wird zusätzliches Material gebraucht bis hin zum Einsatz künstlicher Gelenke usw.). Wichtig sind vor allem die Organe. Um sie muss man sich sorgen. Fällt eines der Organe aus, kann dies den Gesundheitszustand des Menschen ernsthaft gefährden. Auch hier gilt es, sich um die Arbeitsbedingungen der Organe zu kümmern.

Da die aufgebaute geistige Gestalt für das Überleben des Menschen und seine Selbständigkeit maßgebend ist, muss sich jeder Mensch darum bemühen, das einmal erworbene Wissen auf jeden Fall zu erhalten. Die geistige Gestalt eines Menschen ist jedoch, wie dessen körperliche Gestalt, von einem ständigen inneren Verfall und schädigenden Einflüssen, die von außen kommen, bedroht.

Ständig wird Informationsmaterial benötigt, um so die Verarbeitung anzuregen. Für diese Arbeit sind die Aufnahmeorgane und das Verarbeitungsorgan, das Gehirn, zuständig. Aufnahmeorgane und Verarbeitungsorgan sind bei ihrer Arbeit von den körperlichen und geistigen Arbeitsbedingungen abhängig.

1.1.2.3
Voraussetzungen zum weiteren Aufbau einer Gestalt

Die Sicherung des Lebens zwingt unter Umständen dazu, die körperliche oder geistige Gestalt über den vorhandenen Zustand hinaus auszuweiten.

Gebraucht wird

- **zusätzliches Material,**
- **Arbeitskräfte,** die Aufbauarbeiten ausführen können, und
- **angemessene Arbeitsbedingungen** für die Arbeiter/-innen, um eine möglichst qualifizierte Arbeit zu erhalten.

Die Verbesserung der körperlichen Konstitution ist nur in Grenzen möglich (siehe Verbesserungen der Leistungsergebnisse bei einzelnen Sportarten).

1.1.3
Anforderungen an das Material und die Arbeitsorgane

1.1.3.1
Anforderungen an das Material

Es gibt viele Beispiele, die eindrucksvoll belegen, wie wichtig das richtige Material für die Funktionsfähigkeit eines Objektes ist. Falsch ausgewähltes Material oder aber Material, das von geringer Qualität ist, führen häufig dazu, dass die daraus entwickelten Gebilde schon nach relativ kurzer Zeit unbrauchbar werden. Insofern ist bei der Erstellung notwendiger, brauchbarer und damit funktionsfähiger Objekte darauf zu achten, dass geeignetes Material verwendet wird. Hinzu kommt: Die meisten Objekte können erst genutzt werden, wenn sie ganz fertig gestellt und damit ganz aufgebaut sind bzw. nach einer Beschädigung wieder völlig repariert sind. Dies setzt voraus, dass das dafür benötigte Material in ausreichender Menge für den Aufbau oder Erhalt eines Objektes zur Verfügung steht.

1.1.3.2
Anforderungen an die Arbeitsorgane

Neben dem Material sind, wie bereits dargestellt, immer auch Arbeitsorgane erforderlich, die die notwendigen Arbeiten ausführen. Werden die einzelnen Arbeiten zum Aufbau oder Erhalt eines Objektes unsauber oder schlecht ausgeführt, leidet darunter mit Sicherheit die Funktionsfähigkeit des Objektes. Gebraucht werden für die jeweiligen Arbeiten geeignete Arbeiter. So werden beim Bau eines Hauses andere Arbeiter gebraucht als beim Bau eines Elektromotors. Anderes Wissen, andere Fähigkeiten und Kenntnisse werden erforderlich. Erwartet werden also unterschiedliche Arten von Arbeitern, die auf ihrem Arbeitsgebiet über eine hohe Qualifikation verfügen. Da Objekte zu einer bestimmten Zeit benötigt werden (ansonsten besteht kein dringender Bedarf), muss die Fertigstellung des jeweiligen Objektes in einer begrenzten Zeit erfolgen. Der Umfang der in einer bestimmten Zeit zu erledigenden Arbeiten setzt immer eine gewisse Menge an Arbeitern voraus, da die einzelnen Arbeiter nur bis zu einer bestimmten Grenze belastbar sind.

Abb. 15.3 Die Sicherung geeigneter Arbeitsorgane

1.1.3.3
Die Sicherung angemessener Arbeitsbedingungen

Die einzelnen Parameter der Arbeitsbedingungen sind deshalb einmal in ihren Auswirkungen sowohl auf die körperliche wie geistige Arbeitsleistung zu betrachten. Somit gilt:
Physisch-körperliche Energie / psychisch- geistige Energie
physisch aufnehmbare Luft / geistige Strömungen
physisch wahrnehmbares Licht / geistiges Ausleuchten von Sachverhalten
physisch wahrnehmbare Wärme / geistige Wärme
physisch spürbare Ruhe / geistige Ruhe

Ganz offensichtlich beeinflussen die konkreten Arbeitsbedingungen, unter denen Arbeiter ihre Arbeit verrichten müssen, deren Arbeitsleistungen. Trotz hoher Fachkenntnisse führen unangenehm empfundene Arbeitsbedingungen in der Regel zu einer Veränderung in der Arbeitseinstellung mit der Folge, dass die anstehenden Arbeiten weniger fachgerecht ausgeführt werden. Arbeiten, die bislang exakt erledigt wurden, werden jetzt langsamer und unexakter ausgeführt als unter normalen Bedingungen.

Einfluss auf die Arbeitsausführung haben die Qualität und Quantität

- der zur Verfügung stehenden Energie bzw. Nahrung,
- der zur Verfügung stehenden Luft,
- des zur Verfügung stehenden Lichts,
- der zur Verfügung stehenden Wärme,
- der zur Verfügung stehenden Ruhe.

So gilt es, die Qualität und die Quantität der Informationen zu sichern (= geistige Nahrung / Energie). Neuen geistigen Strömungen sollte Raum gegeben werden (= ausreichend gute Luftströmungen). Sachverhalte sollten von verschiedensten Seiten beleuchtet werden können und nicht im Dunkeln bleiben (= ausreichend gutes Licht / man „beleuchtet" alles oder man lässt etwas im Dunkeln). Das Arbeitsklima soll angenehm sein (= kein überhitztes oder unterkühltes Klima) und nach schwerer Arbeit sollte man auch geistig zur Ruhe kommen können.

Sicher lassen sich zu diesen fünf Arbeitsbedingungen noch weitere hinzufügen. Dennoch kann man von guten Arbeitsergebnissen der Arbeiter ausgehen, werden die oben genannten angemessen beachtet. Wichtig bei dieser Betrachtung ist allerdings, dass die Arbeitsleistung eines Arbeiters nicht nur von den angemessenen physisch-körperlichen Bedingungen abhängt, sondern auch von angemessenen geistigen Arbeitsbedingungen.

1.1.3.4
Material, Arbeitsorgane und Arbeitsbedingungen für die körperliche Gestalt des Menschen

Der Mensch braucht täglich Nahrungsmittel. Er kann zwar pro Tag etwas weniger an Flüssigkeit aufnehmen als vorgegeben. Geht das aber über mehrere Tage, sind negative Auswirkungen auf die körperliche und geistige Konstitution zu beachten. Es wird eine abwechslungsreiche Kost hoher Qualität nachgefragt. Die Eingrenzung auf nur eine Art der Nahrung führt in der Regel sehr bald zu einer Verschlechterung der körperlichen Konstitution.

Ohne die entsprechenden Arbeitsorgane kann natürlich ein menschlicher Körper weder aufgebaut noch erhalten werden. Die unterschiedlichen Arten, die Menge der einzelnen Arbeitsorgane und deren Qualität ist entscheidend.

Werden den im Körper eines Menschen arbeitenden Organen schlechte Arbeitsbedingungen geboten, muss mit einem Leistungsabfall bei der Verarbeitung der aufgenommenen Informationen gerechnet werden.

1.1.3.5
Material, Arbeitsorgane und Arbeitsbedingungen für die geistige Gestalt

Die Verwirklichung der Selbständigkeit und Unabhängigkeit und damit die Realisierung eines Lebens nach eigenen Vorstellungen verlangt vom Menschen den Aufbau oder Erhalt seiner eigenen geistigen Gestalt. Dafür wird geistiges Material bzw. werden Informationen benötigt.

Die Qualität dieser Bausteine ist entscheidend für die Funktionsfähigkeit der geistigen Gestalt. Qualitätsvolles Material bietet andere Voraussetzungen für die Entwicklung und den weiteren Aufbau eines Gebildes als minderwertiges Material. Ist nur Material von schlechter Qualität vorhanden, wird nur Material schlechter Qualität geliefert oder selbst ausgewählt, leidet der gesamte Aufbau einer geistigen Gestalt darunter. Das Fundament ist zu schwach und brüchig für die Erstellung eines größeren Gebildes. Wird auf schlechtes, überaltertes oder brüchiges Material zu viel aufgesetzt oder zu hoch aufgebaut, besteht leicht die Gefahr, dass irgendwann das ganze geistige Gebäude in sich zusammenfällt.

Betrachten wir noch die notwendigen Arbeitsorgane etwas genauer, die für den Aufbau und Erhalt einer geistigen Gestalt erforderlich sind. Zunächst werden Organe gebraucht, die die einzelnen Informationen aufnehmen und empfangen können. Dem Menschen stehen dafür eine ganze Reihe von Sensoren zur Verfügung, mit denen alle Signale, die von außen auf den Menschen eindringen, wahrgenommen werden können. Der Mensch verfügt also über eine ganze Reihe unterschiedlicher Wahrnehmungsorgane.

Die Qualität dieser Organe ist so, dass die anstehenden Arbeiten gut erledigt werden können. Die Aufgabe, Informationen auf den verschiedensten Gebieten und Bereichen aufnehmen zu können, kann in der Regel ohne Probleme erfüllt werden. Für die Verarbeitung der eintreffenden Informationen ist das Gehirn als Arbeitsorgan zuständig.

Alle haben wir die Erfahrung gemacht, dass wir etwas nicht mehr lesen können, wenn z.B. Rauch unsere Augen zum „Tränen" bringt. Die Arbeitsbedingungen für dieses Aufnahmeorgan sind schlecht. Es kann nicht optimal arbeiten. Was sich hier andeutet, gilt in gleichem Umfang für alle anderen Organe, die im Rahmen der psychisch-geistigen Arbeit beteiligt sind.

1. Kenntnisse in verschiedenen Fachgebieten sind abhängig von der Art der jeweiligen geistigen Bausteine:
Unterricht in Elektrotechnik, Unterricht in Architektur usw.
2. Die Qualität der Bausteine ist wichtig:
Bilder, die zu Hass aufrufen, zu Zerstörung aufrufen usw.
Bilder von einem Unterricht, bei dem qualitätsvolle Bausteine geliefert werden.
Nachrichtenblätter, die „seicht" sind.
3. Die Menge der Informationen ist wichtig:
Zu wenig an Material bedeutet auf jeden Fall ein zu geringes geistiges Wachstum, eine zu kleine geistige Gestalt.
Mengen an geistigem Material werden auch für den Erhalt einer geistigen Gestalt benötigt, immer wieder muss nachgeschoben, wieder-geholt werden.

Mit der Einrichtung eines Speichers für die aufgenommenen Informationen und der Lagerung der für eine Zuordnung und Verbindung notwendigen Informationen in miteinander verbundenen, aber doch getrennt liegenden Bereichen des Bewussten und des Unbewussten bietet dieses Organ alle Voraussetzungen für den Aufbau und Erhalt einer geistigen Gestalt.

1.1.4
Darstellung verschiedener Verfahren zur Lösung der Aufgaben

Die bisherigen Betrachtungen ergaben: Will der Mensch sein Ziel, körperliches Wachstum und körperliche Gesundheit sowie eine möglichst große Eigenständigkeit und Selbständigkeit, erreichen, muss er sich um ausreichend gutes Material kümmern. Er braucht Material als Nahrungsmittel, er braucht geistiges Material in Form von Informationen und er braucht natürliches oder künstliches Material zum Bau von Objekten, von Wohnungen, von Kleidern, von Geräten und Maschinen, die ihn entlasten und damit wiederum seiner Gesundheit dienen. Er muss sich auch um die jeweiligen Arbeitsorgane kümmern. Dies gilt für die Arbeiter in Firmen ebenso wie für die Organe des menschlichen Körpers, die für den körperlichen und geistigen Zustand des Menschen verantwortlich sind. Da man hohe Ansprüche an die Arbeit der einzelnen Organe stellt, sind Arbeitsbedingungen zu schaffen, die leistungsfördernd sind.

Hier stellt sich die Frage, wie dies zu bewerkstelligen ist.

Siehe Teil 2, Kapitel 2

Wirft man zur Klärung dieser Frage einen Blick auf die verschienen Handlungsweisen der Menschen, so kristallisieren sich sehr schnell drei Verfahren heraus, die immer wieder genutzt werden. Es handelt sich um

- vorsorgende Maßnahmen,
- situationsangepasste Maßnahmen und
- ausbessernde Maßnahmen.

Diese drei Maßnahmen werden angewandt bei der Sicherung materieller Objekte und zur Sicherung der körperlichen und geistigen Gesundheit des Menschen.

Für die Planung, die Entwicklung und Fertigung materieller Objekte wird eine ausreichende Menge qualifizierter Arbeitsorgane benötigt. Es ist neben der Qualität der Ausbildung auch dafür zu sorgen, dass Lehrangebote für die verschiedensten beruflichen Tätigkeiten angeboten werden. Nur so können all die anfallenden Arbeiten auch erledigt werden.

In gleicher Weise gilt es, die körperlichen Organe zu sichern, was den Einsatz aller drei oben genannten Verfahren verlangt. Helme zur Sicherung des Kopfes, Brillen zur Sicherung der Augen usw. stellen vorsorgende Maßnahmen dar. Situationsangepasst wird man handeln, wenn direkt Gefahren drohen (z.B. nach einem

Unfall Straßenschilder aufstellen). Eine ausbessernde Maßnahme ist z.B. der Einbau von Filtern, um Wasser zu reinigen.

Dass die Arbeitsbedingungen für die Leistungsfähigkeit der Arbeiter und Arbeitsorgane und damit auf die Qualität der erstellten Arbeiten große Auswirkungen haben, wurde bereits mehrfach betont. Um so wichtiger ist es, für angemessene Arbeitsbedingungen zu sorgen. Auch hier kann man vorsorgend tätig sein. Situationsangepasst wird man dann reagieren müssen, wenn z.B. jemand übergroßen Belastungen ausgesetzt ist. Diese kann man mindern, indem man kurzfristig jemand mit entsprechender Qualifikation zur Aushilfe mitbeschäftigt.

Die Arbeit der menschlichen Organe muss ständig mit höchster Präzision ausgeführt werden. Kommt es hier aufgrund ungenügender Arbeitsbedingungen zu größeren Abweichungen, sind diese umgehend auszubessern.

Abb. 15.4 *Maßnahmen zur Sicherung der körperlichen Gestalt durch Fahrradhelm und Brille*

1.1.5
Der grundsätzliche Bedarf und die zusätzlichen Erwartungen des Menschen

1.1.5.1
Die Sicherung der physisch-körperlichen Gestalt

Als grundsätzlicher Bedarf wird der Aufwand bezeichnet, der zur Sicherung des physisch-körperlichen Lebens notwendig ist. Aufgabenstellungen mit dem Ziel, den Aufbau, den Erhalt oder den weiteren Aufbau einer physisch-körperlichen Gestalt zu sichern, mindern oder beseitigen einen grundsätzlichen Bedarf des Menschen.

1.1.5.2
Die Sicherung der psychisch-geistigen Gestalt

Ein menschliches Lebens setzt voraus, dass der Mensch über Kenntnisse und Fähigkeiten verfügt, die es ihm erlauben, in seinem Lebensraum weitgehend selbständig nach eigenen Vorstellungen zu leben. Notwendig werden somit Maßnahmen, die der Ausbildung, dem Erhalt des erworbenen Wissens und der weiteren geistigen Entwicklung dienen, soweit dies zum Überleben im jeweiligen Lebensraum erforderlich ist. Als grundsätzlicher Bedarf wird der Aufwand bezeichnet, der dieses Überleben sichert.

1.1.5.3
Der Aufwand zur Sicherung der körperlichen und geistigen Gestalt

Der grundsätzliche Bedarf wird auf geistigem Gebiet eingeschränkt. Nur die Kenntnisse und Fähigkeiten, die im jeweiligen Lebensraum das Überleben sichern, werden als grundsätzlich notwendig erachtet. Das, was sich jemand an Wissen oder Erfahrungen darüber hinaus aneignet, liegt außerhalb des grundsätzlichen Bedarfes.

Aufgaben mit dem Ziel, die Materialqualität, die Materialquantität und die unterschiedlichen Materialarten (sei es materielle oder geistige Nahrung) zu verbessern, greifen einen grundsätzlichen Bedarf des Menschen auf.

Maßnahmen, die zur Sicherung der Aufnahme- oder Verarbeitungsorgane, die zur Sicherung oder Beschaffung angemessener Arbeitsbedingungen für die Organe des Menschen und die zur Sicherung der jeweiligen physisch-körperlichen Gestalt eines Menschen beitragen, befassen sich mit dem grundsätzlichen Bedarf eines Menschen.

1.1.5.4
Die Entwicklung individueller Einstellungen

Die Sicherung des eigenen Überlebens verlangt Wissen und Kenntnisse. Der Mensch muss sich informieren, um sein Wissen zu erweitern. Er muss Verfahren lernen, mit denen er das, was ihm begegnet, analysieren kann, um eventuellen Gefährdungen rechtzeitig ausweichen zu können. Die Aufnahme bestimmter Informationen und deren individuelle Verarbeitung haben jedoch eine ganz wesentliche Konsequenz: Mit der Aufnahme und Verarbeitung entstehen bei jedem Menschen ganz individuelle geistige Einstellungen.

1.1.5.5
Die Konsequenzen der individuellen geistigen Einstellung

Die Entwicklung persönlicher Einstellungen führt dazu, dass die einzelnen Menschen gegenüber den einzelnen Dingen und Realitäten des Lebensraumes ganz bestimmte Haltungen einnehmen. Es bildet sich nach und nach zu den verschiedensten Sachverhalten ein jeweils eigener Standpunkt heraus.

Mit der Entstehung individueller Einstellungen kommt es individuell verschieden zu ganz bestimmten Erwartungen und Wünschen gegenüber den Realitäten des Lebensraumes. Dies bedeutet, dass auch das eigene Handeln von diesen Einstellungen bestimmt wird. Es bedeutet weiter, dass Dinge, die grundsätzlich gebraucht und realisiert werden, von den Menschen nur akzeptiert werden, wenn sie auch deren individuellen Erwartungen und Wünschen entsprechen. Die Akzeptanz von Maßnahmen, die der Befriedigung eines grundsätzlichen Bedarfes dienen, wird abhängig gemacht von der Erfüllung der zusätzlichen Erwartungen und Wünsche. Genügte zum Transport von Wasser zunächst ein einfaches Behältnis (z.B. eine einfache Schale), so werden jetzt an dieses Behältnis weitere zusätzliche Anforderungen gestellt.

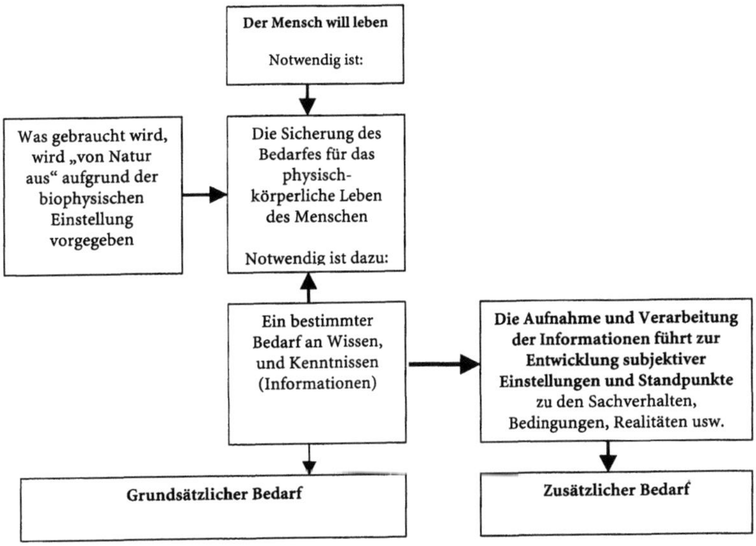

Grafik 15.3 Die Abhängigkeit der zusätzlichen Erwartungen und Wünsche von der jeweiligen subjektiven geistigen Einstellung

1.1.5.6 Die zusätzlichen Bedarfsfelder

Bei dem Versuch, den zusätzlichen Bedarf etwas genauer zu definieren, erbrachten die im Rahmen des Unterrichts durchgeführten Untersuchungen folgendes Ergebnis:

Jeder Mensch hat an ein Objekt **immer zusätzliche Erwartungen** hinsichtlich

- der Wahrnehmbarkeit des Objektes,
- der Verständlichkeit des Objektes,
- der Bedienbarkeit des Objektes,
- der Wirtschaftlichkeit des Objektes,
- der äußern Gestalt des Objektes,
- der sozialen Vertretbarkeit des Objektes und
- der ökologischen Vertretbarkeit des Objektes.

In einem ersten Schritt wurden von den Studierenden die jeweils eigenen Erwartungen gegenüber den verschiedenen Objekten geäußert. In einem zweiten Schritt wurden die zu den einzelnen Objekten formulierten Erwartungen zusammengetragen und strukturiert. Untersucht wurden die zusätzlichen Erwartungen gegenüber verschiedenen Objekten, die unterschiedlichen Zielen dienen (z.B. Werkzeuge, Vasen, Radio, Stuhl, Tasse). Damit wurde sichergestellt, dass Produkte, die verschiedenen grundsätzlichen Bedürfnissen dienen, betrachtet werden.

1.1.5.7
Die Behebung des grundsätzlichen Bedarfes verlangt eine technisch funktionierende Umsetzung

Die Befriedigung eines grundsätzlichen Bedarfes, wie z.B. die Sicherung der lebensnotwendigen täglichen Wassermenge, setzt eine technisch funktionierende Lösung voraus (z.B. den Einsatz von Tankwagen). Sind die Tanks leck, so dass das eingefüllte Wasser wieder ausläuft, bevor das Gefährt am Bestimmungsort ankommt, kann der grundsätzliche Bedarf nicht behoben werden.

Die Behebung eines grundsätzlichen Bedarfes setzt also immer eine technisch funktionierende Lösung der jeweiligen Aufgabe voraus.

1.1.5.8
Die Behebung zusätzlicher Erwartungen durch Überarbeitung der technisch funktionierenden Umsetzung

Zur Verdeutlichung, wie sich die zusätzlichen Erwartungen auf eine Umsetzung auswirken, diene eine Maßnahme zum Transport von Flüssigkeit von einem Ort A nach einem Ort B. So haben Menschen, die in Ort B wohnen, keine Möglichkeit, sauberes Trinkwasser zu schöpfen. Sie sind darauf angewiesen, dass man ihnen eine ausreichende Menge Wasser von Ort A bringt. Hängt das Überleben von der Lieferung des Wassers ab, wird es den Betroffenen weitgehend gleichgültig sein, ob der Wassertank rund oder eckig ist. Erst, wenn unterschiedliche Möglichkeiten für die Wasserversorgung zur Verfügung stehen, werden an die jeweils entwickelte technische Lösung von den verschiedenen Menschen unterschiedliche zusätzliche Erwartung verknüpft. So wird eventuell erwartet, dass die Lieferungen möglichst kostengünstig sind. Es wird erwartet, dass die Tanks auch von außen her ansehnlich und sauber sind, usw.

Auch die Behebung eines grundsätzlichen Bedarfes auf geistigem Gebiet, z.B. die Unterweisung eines Kindes, um es auf ein höheres geistiges Niveau zu bringen, muss technisch funktionieren. In gleicher Weise sind Überlegungen notwendig, wie man es technisch bewerkstelligen kann, jemand von seinem bisherigen Standpunkt wegzubewegen. Insofern müssen auch werbliche Maßnahmen zunächst einmal so angelegt werden, dass sie technisch funktionieren. Siehe Teil 14 „Die Veränderung oder Festigung von Einstellungen"

Dies bedeutet: Die Berücksichtigung zusätzlicher Erwartungen an eine Maßnahme bzw. ein Produkt kann sich nur in einer Überarbeitung der technisch vorhandenen Lösung auswirken.

1.1.6
Schlussbemerkung

Die Beschäftigung mit dieser Thematik führte nach und nach zur Darstellung eines umfassenden Systems, in dem die materielle Welt, die physisch-körperliche Welt und die geistige Welt des Menschen als weitgehend gleichartige Gebilde dargestellt werden konnten.

Die aufgezeigten Vergleichbarkeiten so unterschiedlicher Bereiche, wie die materielle Welt der Objekte und die körperliche und geistige Konstitution des Menschen, ermöglichen wiederum Ansätze zur Lösung der verschiedenen Probleme, mit denen die Menschen konfrontiert sind. Die einzelnen Tätigkeitsbereiche des Menschen stehen nicht mehr völlig isoliert und unabhängig nebeneinander. Vielmehr zeigen sich Vernetzungen, bei denen vergleichbare Elemente zu vergleichbaren Aufbauten genutzt werden.

2 Das Streben nach akzeptablen Maßnahmen und Produkten

2.1 Die Homöostase

Mit dem Begriff „Homöostase“ wird das Verhalten lebender Organismen und organischer Regelsysteme beschrieben, das darin besteht, physiologische Größen weitgehend konstant zu halten.

Den Lebewesen ist also von Natur aus ein System eingebaut, das anzeigt, wenn etwas fehlt, und das dazu anregt, das, was zum Leben gebraucht wird, selbst zu beschaffen. Es geht um ein Gleichgewicht zwischen dem SOLL und dem IST.

Neben den vielfältigen Normen, die sich aus der konkreten Wirklichkeit eines Lebensraumes ergeben (z.B. die Höhe des notwendigen Wissens, um in einem bestimmten Beruf tätig werden zu können), steht das Feld der Werbung, das für viele Bereiche des Lebens vorgibt, was der Mensch „eigentlich“ haben müsste. Auch damit werden Sollwerte vorgegeben. Die Wirkungsweise der Homöostase, einen Ausgleich zwischen dem SOLL und dem IST herzustellen, ist auch hier feststellbar.

In gleicher Weise, wie bei den körperlichen Bedürfnissen, kann man auch bei geistig bedingten Erwartungen die Wirkungsweise der Homöostase beobachten. Das Gefallen der äußeren Form von Dingen unterliegt dem gleichen Mechanismus wie die Befriedigung des Hungers oder dem Wunsch nach Flüssigkeit. Bestehen über einen längeren Zeitraum Differenzen zwischen SOLL und IST, kann dies zu einer Minderung der Intensität führen, die vorgegebenen Ziele noch erreichen zu müssen. Die Unterschiede werden als zu groß eingeschätzt, um sie je ausgleichen zu können. Man resigniert. Man gibt auf.

Es lassen sich unterschiedliche Intensitäten feststellen bei den Bestrebungen, die verschiedenen Sollwerte zu erreichen. So kann die Intensität, den Sollwert zu erreichen, abnehmen, je kleiner die Differenz ist zwischen SOLL und IST. Man ist zufrieden mit dem, was man geschafft hat. Oder aber: Man möchte das letzte Stück auch noch erreichen.

Geht man davon aus, dass aufgrund der spezifischen Informationen, die jeder Mensch aufnimmt und verarbeitet, ihm ständig Realitäten begegnen, seien es Architekturen, Bilder, Plastiken, Landschaften, Bäume, Blumen, Tiere oder Menschen, die diesen Sollvorgaben nahe kommen, so gefallen sie. Man möchte sie haben. Man möchte sie behalten.

Dinge, die den Sollvorgaben nicht entsprechen, missfallen. Man wird sie meiden.

Was Menschen wollen oder erwarten, zeigt sich einmal in ihren Äußerungen. Aus konkreten Äußerungen und Dingen, mit denen sich jemand umgibt, lassen sich Rückschlüsse ziehen auf die jeweiligen Erwartungen und Wünsche einzelner Personen oder ganzer Zielgruppen und damit auf deren Einstellung zu bestimmten Dingen und Sachverhalten. Das Sammeln und die Analyse möglichst vieler Äußerungen und Dinge, mit denen sich jemand umgibt, bietet einen guten Ansatz zur Erfassung fundierter Daten.

Mit der Erstellung eines Profils gewinnt man einen mittleren Wert, der als Richtlinie für eine Umsetzung dienen kann. Die Berücksichtigung der Werte eines Profils bei einer Umsetzung geht von der Überlegung aus, dass damit dem größten Teil der Erwartungen Rechnung getragen wird. Allerdings ist auch zu bedenken: Je weiter jemand von diesem Profil abweicht, umso weniger besteht die Chance auf Akzeptanz einer Umsetzung, die nach den Vorgaben des Profils entwickelt wurde.

2.2 Die Ausrichtung einer Umsetzung auf die konkreten Gegebenheiten

Die Sicherung der technischen Funktionalität eines Einkaufwagens setzt voraus, dass man sich über das in der Regel anfallende Gewicht und die Größe der einzukaufenden Waren, über die notwendige Beweglichkeit des Gefährts in den Geschäften oder auf der Straße usw. informiert. Produkte, die in bestimmter Weise zu bedienen sind, verlangen, dass die Bedienteile gut wahrnehmbar sind. Voraussetzung dafür ist wiederum, dass man vor der Planung bereits recherchiert, welche Lichtverhältnisse in dem Raum herrschen, in dem das Produkt später seinen Platz haben wird, dass man sich über die Sehfähigkeit der Nutzer sowie deren psychische Situation (angespanntes Arbeiten oder ausgewogene und angemessene Arbeitsbedingungen usw.) kundig macht. Nur wenn die jeweils konkreten Bedingungen, die das Produkt unmittelbar tangieren, geklärt sind und bei der Planung und Entwicklung der Maßnahme bzw. des Produktes entsprechend berücksichtigt werden, kann davon ausgegangen werden, dass etwas entsteht, mit dem der Bedarf und die zusätzlichen Erwartungen einer Zielgruppe erfüllt werden, was wiederum entscheidend ist für die Akzeptanz der Maßnahme bzw. des Produktes.

Notwendig wird somit eine Ausrichtung der Maßnahme bzw. des Produktes auf die jeweils konkreten Bedingungen. Aus diesem Grunde wurde ein Ausrichtungsmodell entwickelt.

Das Ausrichtungsmodell dient dazu, die Gestaltung einer Maßnahme oder eines Produktes so vorzunehmen, dass das angestrebte Ziel, eine möglichst gute Behebung des Bedarfes, erreicht werden kann. Das Modell ist relativ einfach aufgebaut.

Auf der einen Seite werden die jeweils bei einer Produktplanung zu berücksichtigenden Gegebenheiten aufgeführt. In der daneben stehenden Spalte werden die konkreten Bedingungen möglichst exakt beschrieben. Liegt zu den einzelnen Parametern eine möglichst genau Beschreibung der konkreten Gegebenheiten vor, können daraus die für eine angemessene Gestaltung notwendigen Schlussfolgerungen gezogen werden. In den einzelnen Kreuzungsfeldern können jetzt die entsprechenden Gestaltungsvorgaben eingetragen werden.

		Zu gestaltendes Objekt (z.B. Einkaufswagen)			
Die konkreten Bedingungen	Die Beschreibung der konkreten Bedingungen	Hinweise zur Formgebung	Hinweise zur Farbgebung	Hinweise zur Materialgebung	Hinweise zur Gliederung
Z.B. der Weg für einen Einkaufswagen					
Mögliche Wege z.B. Straße / Geschäft	Gangbreite in Geschäften In der Regel: 140 cm				Breite des Gefährtes nicht über 60 cm
Die Beschaffenheit des Bodens	Fester Boden, in der Regel asphaltiert, mit Platten belegt, keine Unebenheiten	Durchmesser und Breite der Räder variabel		Räder können mit festem Material bezogen sein	
Usw.					

Grafik 15.4 Ausrichtungsmodell

Im vorliegenden Beispiel wird auf die Situation abgehoben, in der ein Einkaufswagen benutzt wird. Wichtig ist hier z.B. die Breite der Gänge in den Geschäften oder Läden. Man informiert sich über diesen Sachverhalt in verschiedenen Geschäften und kommt eventl. zu einem mittleren Wert von 140 cm.

Da jedes Objekt aus formalen, farblichen und materiellen Elementen besteht, die immer in irgendeiner Weise einander zugeordnet und gegliedert sind, bleibt die Aufteilung auf der rechten Seite des Modells weitgehend gleich.

2.3 Die Akzeptanz einer Umsetzung

In einer einfachen Grafik wird dieser Sachverhalt so beschrieben: In der Senkrechten wird der Anteil an Neuem innerhalb eines Produktes aufgeführt.

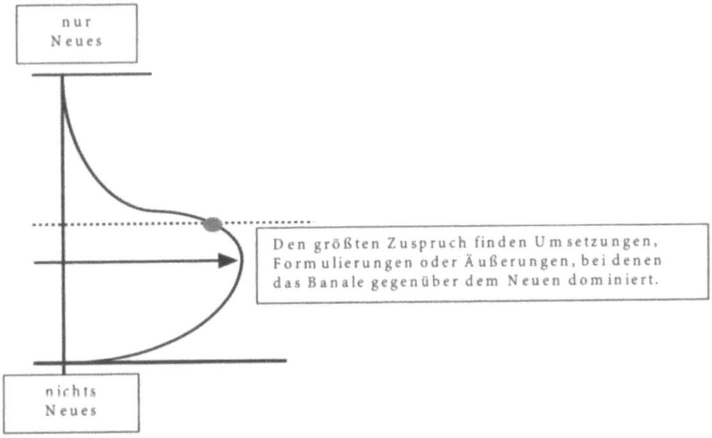

Grafik 15.5 Die Akzeptanz von Maßnahmen oder Produkten in Abhängigkeit von ihrem innovativen Anteil

*Die größte **Akzeptanz** ist zu erwarten bei Produkten, die gewisse Neuerungen aufweisen, wobei das Herkömmliche immer noch überwiegen muss (siehe Ausbuchtung unterhalb der Mittelachse). Je mehr innovative Aspekte in die Gestaltung mit einbezogen werden, umso kleiner wird die Gruppe sein, die ein solches Produkt akzeptieren wird.*
Die überwiegende Zahl der Bevölkerung liegt in der unteren Hälfte. Sie verlangt Umsetzungen, die überwiegend Bekanntes aufweist.
Aber auch für die im unteren Bereich angesiedelten Gruppen gilt, dass man mit dem neuen Produkt auch etwas Neues erfahren will.

Es gibt jedoch, wenn auch in begrenzter Zahl, Firmen, die bewusst aus dem so genannten sicheren Bereich ausbrechen, um sich als Vorreiter neuer Ideen bzw. als innovative Hersteller zu präsentieren.

Ein Produkt, das nur aus bereits bekannten Elementen besteht, wird am unteren Ende der Kurve eingeordnet. Es handelt sich in diesem Fall um ein äußerst banales Objekt. Je weiter man nach oben geht, entstehen Produkten, die neben Bekanntem und Herkömmlichen mehr und mehr Neuerungen enthalten. Am (oberen) Ende steht ein Produkt, das nur aus Neuerungen besteht. Es handelt sich hier um ein extrem innovatives Gebilde.

Wie aus der Grafik ablesbar ist, werden Umsetzungen ohne irgendwelche Neuerungen kaum akzeptiert (siehe unterer Rand der Kurve). Der kurvenförmige Ausschlag nach der Seite verdeutlicht, dass Produkte am ehesten dann akzeptiert werden, wenn sie neben Bekanntem bereits etwas Neues zeigen, wobei der Anteil an Bekannten immer noch überwiegen sollte (siehe Ausschlag der Kurve im unteren Drittel, also eher in der Nähe zu bereits Bekanntem).

Die unten stehende Grafik soll das zeitlich versetzte Ausschwingen ästhetischer Richtungen (z.B. einmal mehr die eckigen Formen, einmal mehr die runden Formen zu betonen) verdeutlichen. Sehr oft folgt designerischen Pionierarbeiten mit einer gewissen zeitlichen Verzögerung die „allgemeine" Nachfrage.

Während es für bestimmte Bereiche (z.B. in der Bekleidungsindustrie) deutliche Hinweise für die Entwerfer gibt, welche Farben, Formen und Materialien z.B. für die kommende Sommermode oder Wintermode vorrangig eingesetzt werden sollten, fehlen solche Vorgaben auf anderen Gebieten weitgehend. Für die Industrie-Designer/-innen ergeben sich große Probleme, etwas über die Kraft, die Dauer und die Richtung bestimmter Strömungen zu erfahren.

Konsequenterweise müssen sich Designer/-innen mit den vergangenen und aktuellen geistigen Strömungen auseinander setzen, um daraus die zukünftigen Entwicklungen in ihre Planungen mit einbeziehen zu können.

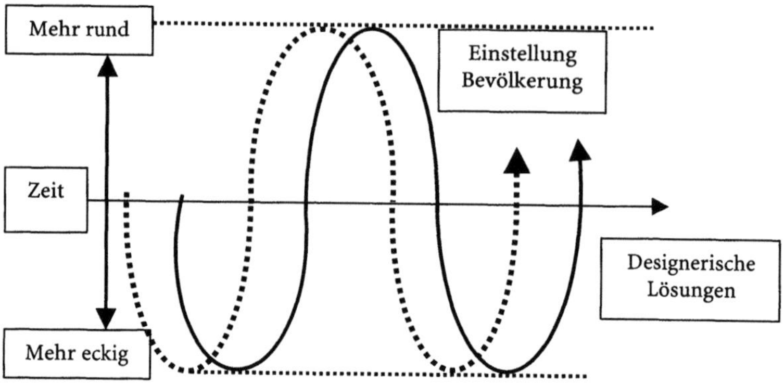

Grafik 15.6 *Die zeitlichen Verschiebungen von neuen Designleistungen und ihrer allgemeinen Akzeptanz*

Äußerungen und Formulierungen beinhalten, wenn sie nicht sinnlos sind, Informationen. Jede Äußerung erweitert, wenn sie verstanden wird, das Wissen und die Kenntnisse über bestimmte Sachverhalte. Designprodukte, deren Inhalte von Kommunikations-Designer/-innen vorgetragen werden, oder aber Produkte des Industrie-Design, die in mehr indirekter Form Informationen weitergeben, beeinflussen die geistige Kompetenz der Empfänger. Und sie bewirken, dass diese Empfänger zu ganz bestimmten Einstellungen und geistigen Standpunkten geführt werden. Einstellungen und Standpunkte sind wiederum maßgebend für das jeweilige Verhalten dem anderen gegenüber, d.h. gegenüber dem Mitmenschen und der Umwelt.

Designer/-innen nehmen deshalb mit ihren Umsetzungen immer auch Einfluss auf die soziale (und damit auch auf die kulturelle) und ökologische Einstellung der Menschen. Insofern ist der Anspruch von Designer/-innen, ihre Arbeiten auch als Wegweiser für gesellschaftliche und ökologische Orientierung zu verstehen, gerechtfertigt.

3 Informationen

3.1
Aufgaben der Kommunikation

Die Kommunikation hat im Wesentlichen drei Aufgaben:

Sie dient

1. der Vermittlung von Informationen zu den verschiedensten Sachverhalten, um so das zum Leben Notwendige beschaffen zu können (z.B. durch Übernahme und Ausführung qualitätsvoller Arbeiten),
2. der Verbesserung der Orientierung im jeweiligen Lebensraum (z.B. der Vermittlung von Gesetzen und Normen, um so ein Fehlverhalten gegenüber anderen Menschen und der Umwelt auszuschließen),
3. der Einflussnahme auf Standpunkte und geistigen Einstellungen zu den verschiedensten Sachverhalten, Dingen und Objekten (z.B. Einflussnahme auf den Standpunkt eines Menschen gegenüber politischen und gesellschaftlichen Zuständen usw., siehe dazu die Ausführungen in Teil 14).

3.1.1
Möglichkeiten und Wege zum Erreichen der unter 1. und 2. genannten Ziele

Die Vermittlung des notwendigen Wissens und der notwendigen Kenntnisse kann über zwei Wege erfolgen:

- Man kann jemand zur Einsicht verhelfen.
- Man kann jemand zum Durchblick verhelfen.

3.1.2
Jemand zur Einsicht verhelfen

3.1.2.1
Die Anhebung des geistigen Niveaus

Einsicht in einen Sachverhalt gewinnt man, indem man auf ein höheres geistiges Niveau kommt. Nur dann kann man Einsicht oder Einblick gewinnen.

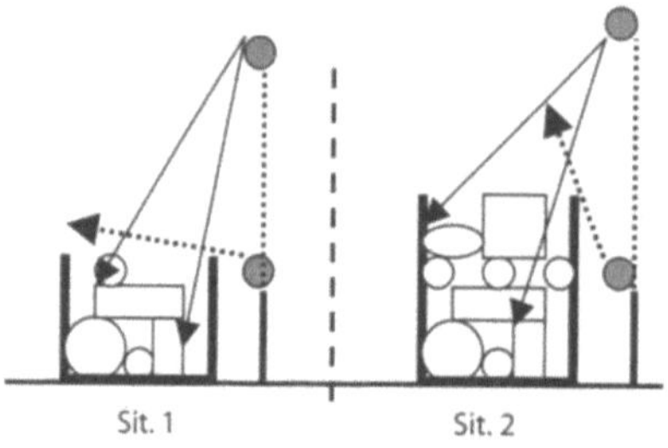

Grafik 15.7 *Einblick bei unterschiedlich hohem geistigen Niveau*

Hat man ein geringes geistiges Niveau, kann man auch bei geringer Tiefe (oder Höhe) des Sachverhaltes den eigentlichen Inhalt nicht erfassen (siehe Sit. 1). Der Einblick bleibt einem verschlossen.

Dies ändert sich, wenn das eigene Niveau angehoben wird. Jetzt kann man den Großteil des Inhalts überblicken, d.h. erfassen.

3.1.2.2
Das Verfahren zur Anhebung des geistigen Niveaus

Will man jemand auf ein höheres geistiges Niveau bringen, so sind zu beachten:

- Die Beweglichkeit der Person, die auf ein höheres Niveau zu bringen ist
- Die Motivation der Person
- Die Höhe des anvisierten geistigen Niveaus
- Die Zeit, in der die Person auf ein höheres Niveau zu bringen ist
- Die Kraft dessen, der die betreffende Person nach oben bewegen soll

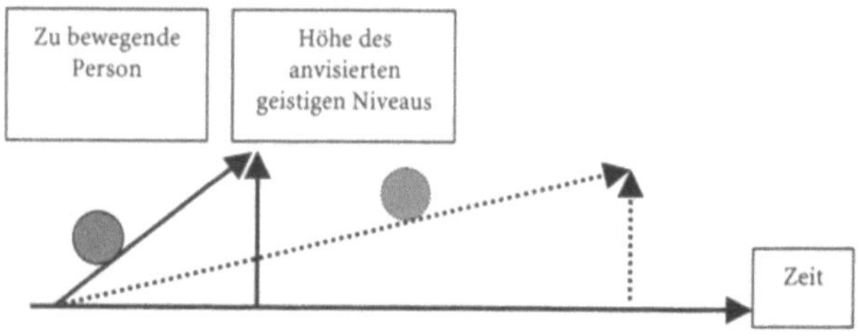

Grafik 15.8 *Die Auswirkungen der Zeit auf die Arbeit zur Erreichung eines bestimmten geistigen Niveaus.*

Zu fragen ist also:

- Wie beweglich ist die Person, die auf ein höheres Niveau gebracht werden soll?
- Wie groß ist die eigene und die von außen gebotene Motivation für die betreffende Person, das anvisierte Ziel erreichen zu wollen?
- Wie hoch ist das angestrebte Ziel?
- In welcher Zeit soll das Ziel erreicht werden?
- Wie groß ist die Kraft dessen, der jemand auf ein solches Ziel bringen soll? Hat diejenige oder derjenige die Kraft, um jemand (etwas oder ein solches Gewicht) in der angegebenen Zeit so steil nach oben bewegen zu können?
- Welche Verfahren sind im konkreten Fall sinnvoll? Soll man jemand hinaufschieben oder besser hinaufziehen, indem man „Anziehendes" bietet?
- Wie kann man bei einer Pause ein allzu weites „Zurückrollen" der Person auf der vorgegebenen Schräge vermeiden?

Klar ist: Je schräger der Weg nach oben genommen wird – also je höher das Ziel und je kürzer die Zeit dafür –, umso größer ist der Aufwand, jemand noch oben zu bewegen, und umso größer ist die Gefahr der Zurückbewegung, wird die betreffende Person nicht ständig geschoben oder gezogen. Nach einer „Zurückbewegung" muss das Verlorene „wieder geholt" werden, um zumindest auf das ehemals vorhandene Niveau zu kommen.

3.1.3
Jemand zum Durchblick verhelfen

3.1.3.1
Die Durchdringung einer Äußerung

Einsicht in einen Sachverhalt gewinnt man, indem man sich Durchblick verschafft.

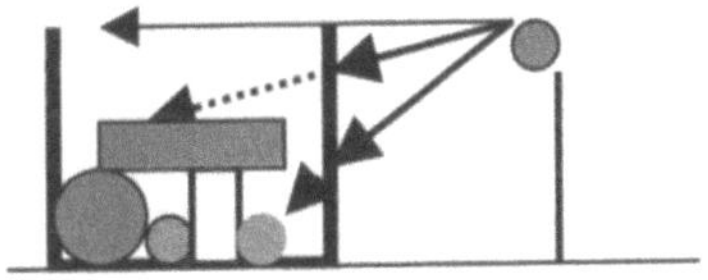

Grafik 15.9 *Sich Durchblick verschaffen*

Will man einen bestimmten Sachverhalt erfassen und hat nicht das entsprechend hohe Niveau, um Einblick zu gewinnen, so ist es notwendig, sich den entsprechenden Durchblick zu verschaffen.

3.1.3.2
Das Verfahren, um sich einen Durchblick zu verschaffen

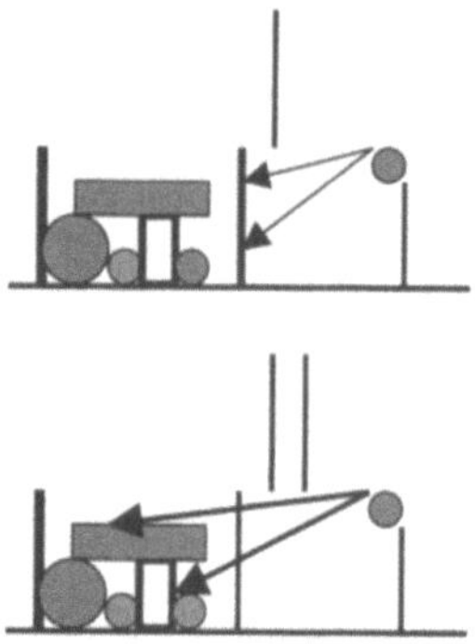

Grafik 15.10
Etwas transparent machen – Wegnehmen, was den Blick auf den eigentlichen Inhalt verstellt

Z.B. etwas auspacken: Man kann Teile der äußeren Hülle, der Äußerung wegnehmen. Man kann immer wieder an der Hülle „kratzen", um so nach und nach zum Wesentlichen vorzudringen, man kann immer wieder nachbohren, um so etwas löcherig zu machen. Man kann etwas von der äußeren Hülle abreißen, wegziehen, wegnehmen.

Durchblick kann man sich verschaffen, indem man all das, was einem bislang verborgen ist, sichtbar macht oder sichtbar werden lässt.

Im Einzelnen kann man versuchen:

- etwas ans Licht zu bringen,
- etwas zu durchleuchten (z.B. durch Röntgenstrahlen),
- etwas zu hinterleuchten,
- etwas transparent zu machen,
- etwas auszupacken (wie bei einem Päckchen),
- etwas auseinander zu nehmen (z.B. durch eine Analyse) usw.

Zu fragen ist:

- Für welche Person soll etwas transparent gemacht werden?
- Wie weit ist diese Person in der Lage, selbst etwas zu durchschauen?
- Welche Verfahren eignen sich im konkreten Fall, um etwas vom eigentlichen Inhalt zu erfahren?

3.1.3.3
Zusammenfassung

Die beiden Verfahren „Einsicht gewinnen" und „sich Durchblick verschaffen" unterscheiden sich grundsätzlich.

Will man Einblick gewinnen, muss man sich um ein höheres geistiges Niveau bemühen. Man muss an sich arbeiten.

Will man Durchblick gewinnen, muss am Sachverhalt gearbeitet bzw. dieser bearbeitet werden.

Für beide Verfahren gilt:

Will man im Rahmen von Kommunikations-Design jemand Wissen und Sachkenntnisse vermitteln bzw. für jemand einen Sachverhalt klären, setzt dies vor allem auch Einsicht in pädagogische Verfahrensweisen und Strategien voraus. Ohne diese Kenntnisse besteht die Gefahr, dass die jeweilige Arbeit von ästhetischen Maßnahmen überlagert und das eigentliche Ziel, jemandem zu Einsicht oder Durchblick zu verhelfen, verfehlt wird.

3.2
Die Träger für Informationen

Will man diese Gedanken, Ideen oder Vorstellungen greifbar machen, muss man sie umsetzen bzw. über-setzen. Sie sind in eine Form zu bringen, die vom Empfänger wahrgenommen werden kann. Gedanken und Ideen werden in eine Form gebracht und werden so zur **In-formation** in einem neuen Gebilde.

Syntax, Semantik und Pragmatik sind Teilbereiche der Semiotik.
Die Semiotik beinhaltet die Betrachtung von wahrnehmbaren Elementen (Zeichen und Zeichenreihen), die zur Übersetzung von Inhalten genutzt werden.
Es wird davon ausgegangen, dass jede Sprache bzw. jede Äußerung, die zur Vermittlung von Inhalten genutzt wird, aus einzelnen Elementen und deren Zuordnung besteht.

Wesentlich bei allen Untersuchungen ist allerdings, dass keiner dieser Bereiche völlig isoliert betrachtet werden kann.
Bei der Betrachtung eines Aspektes ist dieser immer auch im Zusammenhang mit den anderen Bereichen zu sehen.

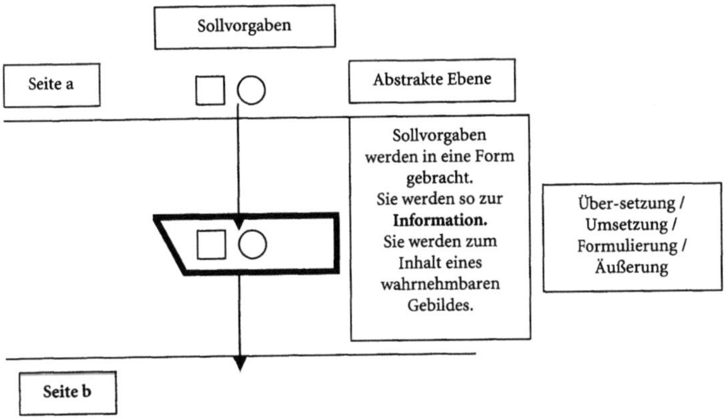

Grafik 15.11 Die in eine Form gebrachten Gedanken und Ideen

Es entsteht eine Formulierung, eine Äußerung, etwas Greifbares, etwas Reales, etwas Wirkliches.

Wird für die Weitergabe eines Gedankens eine Formulierung gesucht, so beinhaltet dies die Suche nach adäquaten Ausdrucksmitteln. Die notwendigen Mittel fungieren gleichsam als Träger. Sie nehmen das auf, was an Ideen, Vorstellungen oder Gedanken weiterzutragen ist.

In vielen Fällen reicht dazu ein Element gar nicht aus. Oftmals müssen mehrere Elemente eingesetzt werden, um das, was weitergegeben werden soll, auch aufnehmen zu können. Die einzelnen Elemente müssen dann so sinnvoll zusammengestellt oder zusammengefügt werden, dass bei der Übertragung nichts verloren geht. Die Auswahl eines Trägers, also eines Umsetzungs- bzw. Übersetzungsmittels, wird man nicht vornehmen, ohne zu bedenken, welche Wege für die Übersetzung zur Verfügung stehen. Niemand käme auf den Gedanken, für den Transport von Waren auf einer Straße ein Schiff anzufordern.

Im Rahmen industrie-designerischer Arbeiten berührt dies die Frage, welche Informationen notwendig sind zum Verständnis eines Produktes und mit welchen Mitteln man dies am besten bewerkstelligen kann. So kann es durchaus zwingend werden, trotz einer plastischen Umsetzung bestimmte Informationen z.B. durch den Auftrag flächenhafter Darstellungen (z.B. Auftrag von Piktogrammen) zu nutzen.

Im Industrie- Design geht es darum, Vorgaben so zu übersetzen, dass die Menschen etwas „Greifbares", Realistisches, Wirkliches erhalten.
Die entwickelten Maßnahmen und Produkte können über die visuelle, haptische oder akustische Wahrnehmung aufgenommen werden.
Die visuelle und akustische Wahrnehmung geht über den Weg elektromagnetischer Wellen. Die haptische Erfassung von Objekten geht über den Weg der Nervenreizungen der Haut.

In der Regel gibt es mehr als einen Weg, um die entwickelten Ideen oder Vorstellungen zu übersetzen. Man kann die Waren auf einem Fluss transportieren, man kann sie auf Straßen oder Schienen zum vorgesehenen Zielort bringen.

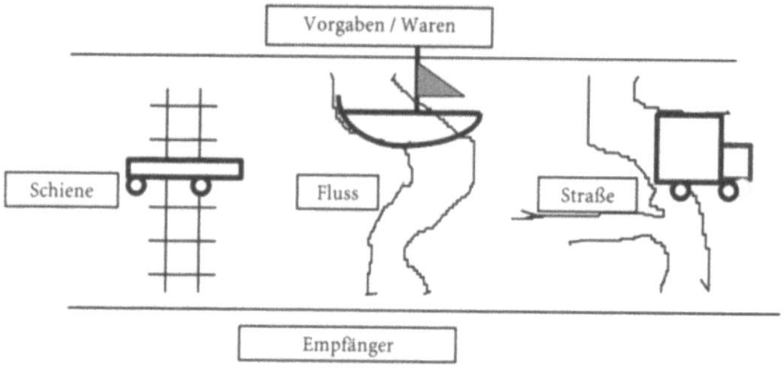

Grafik 15.12 *Verschiedene Wege bzw. Kanäle mit entsprechenden Trägern*

Im Bereich des Industrie -Design kann vor allem der visuelle, haptische und akustische Kanal für eine Übersetzung der Vorgaben genutzt werden.
Dies bedeutet, dass als Träger die dort nutzbaren Mittel, wie Helligkeiten, Farben, Formen usw., einsetzbar sind.

Den indirekten Weg, wird man dann wählen, wenn kein Transportmittel für den direkten Weg zur Verfügung steht.

Jede Nutzung eines indirekten Weges bedeutet zunächst einmal eine Verlängerung des zurückzulegenden Weges, was mit einem erhöhten Zeitaufwand verbunden ist. Wesentlicher aber macht sich in den meisten Fällen das notwendige Umladen der Waren von dem ersten auf das zweite Fahrzeug bemerkbar.
In der Regel wird der Zustand der umzuladenden Waren beim Wechsel von einem Träger zum anderen nicht verbessert, sondern verschlechtert.

Somit besteht für jeden Übersetzer die Aufgabe, vor der Übersetzungsarbeit zu klären, welcher Weg für das Übersetzen der Waren eigentlich zur Verfügung steht.

Was im materiellen Bereich gilt, trifft auch für das Übersetzen geistigen Materials, also der Gedanken, Ideen und Vorstellungen, zu. So muss man, steht als „Weg" nur das Radio zur Verfügung, seine Übersetzung für dieses Medium machen. Soll das Material in der Zeitung erscheinen, müssen die gleichen Inhalte lesbar gemacht werden. Steht der Computer zur Verfügung, sind die Mittel zu nutzen, die dieses Medium anbietet. Sind für die Produktentwicklung materielle Bausteine verfügbar, müssen diese genutzt werden.

Bei einer Übersetzung wird man versuchen, seine Waren (die Ideen und Vorstellungen) möglichst auf direktem Weg zum Empfänger zu bringen. Dies hat den Vorteil, dass man die Waren nicht von einem Träger auf einen anderen Träger umladen muss. Neben dem höheren Aufwand an Zeit und Arbeit sollte man bedenken, dass bei einem Umladen der Waren von einem Transportmittel auf ein anderes immer die Gefahr besteht, dass etwas herunterfällt, verloren geht oder beschädigt wird.

Welche Gefahren für die zu übersetzenden Inhalte bestehen, wird deutlich, wenn man bedenkt, was von den Inhalten eines Vortrages noch übrig bleibt, kommt es zu einer Übertragung in die Zeitung und danach zu einem mündlichen Bericht in irgendeinem Gremium. Was ist vom Ursprünglichen noch vorhanden?

3.3
Die symbolhaften Bedeutungen

Am ehesten wird man symbolhafte Deutungen von Farben vorfinden. Sie sind mehr oder weniger ausführlich jeder „Farbenlehre“ als eigenes Kapitel beigefügt. So beinhalten die meisten Veröffentlichungen zur Farbenlehre mindestens ein Kapitel, bei dem die symbolhafte Bedeutung der einzelnen Farben aufgeführt ist. Während bei den einen nur die psychischen Wirkungsweisen beschrieben werden, gliedern andere Ausführungen die symbolhafte Verwendung einer Farbe in:

- positive / negative Assoziationen
- kulturelle Besonderheiten
- Himmelsrichtungen
- Folklore
- Warentransporte
- Heraldik
- Medizin
- Meteorologie
- Musik
- Religion usw.

In vielen Fällen kann oder muss auf Gestalten, bei denen der Symbolgehalt „per Gesetz“ festgelegt ist, zurückgegriffen werden. In vielen Fällen kann man auf Figuren zurückgreifen, deren symbolischer Inhalt allgemein bekannt ist. Hier kann man auf „abstrakte“ Gebilde und „konkrete“ Dinge, wie Menschen, Tiere und Pflanzen, zurückgreifen.

Siehe Gerd Heinz-Mohr: Lexikon der Symbole. Bilder und Zeichen der christlichen Kunst. Verlag: Eugen Diederichs 1984.

3.3.1
Untersuchungsergebnisse zu symbolhaften Bedeutungen

Doch jeder Mensch begegnet immer wieder Gebilden oder Figuren, zu denen es keine allgemein gültigen symbolhaften Aussagen gibt. So fehlen den Designer/-innen für ihre Kodierung denn auch weitgehend alle symbolhaften Bedeutungen von Formen, Materialien oder deren Gliederungen.

Auf den nachfolgenden Seiten werden zu den genannten Bereichen Form, Helligkeit, Material und Gliederung Deutungsversuche vorgestellt. Es handelt sich dabei um Ergebnisse von Untersuchungen, die von Studierenden im Rahmen von Aufgabenbearbeitungen erstellt wurden. Sie sind mit Vorbehalt zu betrachten, ermöglichen aber andererseits eine erste Annäherung an den Problembereich.

Die symbolhafte Aussage gründet sich auf die Eigenart des jeweiligen Elementes. Sie wird relativiert durch den Vermerk: „**könnte** stehen für: ...“ (anstelle: steht für: ...)

3.3.1.1
Die symbolhafte Bedeutung von Formen

- Punkthafte Elemente

Punkt	genau exakt	Genauigkeit Exaktheit (Anfangspunkt Endpunkt Orientierungspunkt Anhaltspunkt)

- Linienhafte Elemente

kurze Linie	geringer Abstand der Endpunkte	kurze Trennung Überschaubarkeit kurz vor dem Ende / Anfang – Ende
lange Linie	großer Abstand der Endpunkte	weiträumige Trennung Unversöhnlichkeit der Endpunkte Auseinandersein
dicke Linie	stark trennend	starke Trennung Unversöhnlichkeit Abschottung Unüberwindlichkeit der Grenze
	fest bindend	feste Bindung starke Gebundenheit fester Zusammenhalt der Endpunkte

dünne Linie	wenig trennend	geringe Trennung leicht überwindbare Grenze
		schwache Bindung wenig Zusammenhalt der Endpunkte leichte Lösbarkeit der Verbindung
kurze dicke Linie	geringer Abstand der Endpunkte fest bindend	große Zusammengehörigkeit der Endpunkte intensive Bindung der Endpunkte

- Flächenhafte Elemente

Flächen	kurze Strecke stark trennend	kurzzeitige starke Trennung starke Abgrenzung auf einem kleinen Bereich
	abdeckend überdeckend	Abdeckung Überdeckung
	ausgrenzend eingrenzend	Ausgrenzung Eingrenzung
	vereinnahmend besitzend	Vereinnahmung Besitzung
eckig	fest	Festigkeit Unnachgiebigkeit Abgemessenheit
rund	weich	Weichheit Annehmlichkeit Anschmiegsamkeit
	umfassend	Endlosigkeit Umschlossenheit
spitz	aggressiv	Aggressivität
	verletzend	Angriff Zerstörung

- Körperhafte Elemente

Quader	fest	Festigkeit
	stabil	Stabilität
	unverrückbar	Unverrückbarkeit
Kugel	allseits rund	Unendlichkeit alles Umschließendes sicher Bergendes

- Die unterschiedliche Begrenzung formaler Elemente

eine scharfe, harte Begrenzung	hart	Härte Unverrückbarkeit Unveränderlichkeit Undurchlässigkeit Unzugänglichkeit
	klar	Klarheit Eindeutigkeit
eine weiche, aufgelöste Begrenzung	weich durchlässig	Weichheit Durchlässigkeit
	auflösend	Auflösung Nachgiebigkeit gewisse Offenheit Zugänglichkeit
	unklar	Unklarheit Verschwommenheit

3.3.1.2
Die symbolhafte Bedeutung von Material

Die folgenden Deutungen gründen sich ebenfalls auf Befragungen, die von Studierenden durchgeführt wurden.

- Festes Material

festes Material	unnachgiebig	Unnachgiebigkeit
	stabil	Stabilität
Gold	wertvoll kostbar	Reichtum Kostbarkeit

	exklusiv	Exklusivität Herausgehobenheit
Silber	siehe Gold	
Holz	natürlich	Natürlichkeit Natur
	warm	Wärme
Stein	kalt	Kälte
	hart	Härte Unnachgiebigkeit
Glas	zerbrechlich	Zerbrechlichkeit Brüchigkeit
	transparent	Transparenz Durchsichtigkeit Durchlässigkeit Offenheit
Kunststoff	künstlich	Künstlichkeit
	unnatürlich	Unnatürlichkeit
	billig	Ramsch wertloses Zeug
	unedel	Wertlosigkeit
Leder	natürlich	Natürlichkeit
	anschmiegsam	Nachgiebigkeit
	wertvoll	gewisse Wertigkeit

- Flüssiges und gasförmiges Material

flüssiges Material	fließend	Beweglichkeit
Wasser	lebensspendend	Leben Voraussetzung für das Werden
Öl	künstliches Material	Künstlichkeit
	Leben erstickend Natur verletzend	Zerstörung von Leben
gasförmiges Material	schwebend	Schweben
	leicht	Leichtigkeit
	auflösend	Auflösung Vergänglichkeit

3.3.1.3
Die symbolhafte Bedeutung von Formaten

das quadratische Format	alle Seiten exakt gleich überall der gleiche Winkel abgemessen festgefügt unveränderbar	Exaktheit Gleichheit von Richtungsänderungen Abgemessenheit Festgefügtheit Unveränderbarkeit Unabänderlichkeit
das Quadrat auf der Spitze	aggressiv nach allen Seiten	Aggressivität nach allen Seiten
das Rechteck	unterschiedliche Seitenlänge überall der gleiche Winkel	Exaktheit Unterschiedlichkeit Veränderlichkeit
das stehende Rechteck	aufgerichtet in die Höhe strebend	Aufgerichtetsein Aufstieg
das liegende Rechteck	schwer lastend ruhend sicher unverrückbar	Schwere Belastung Ruhe Sicherheit Unverrückbarkeit
das Kreisformat	weich einschließend allseits umschließend richtungslos	kein verletzendes Eingeschlossensein „rundum" Umschlossenheit rundum Sicherheit Richtungslosigkeit

3.3.1.4
Die symbolhafte Bedeutung der Bildfelder

- Aufteilung von rechteckigen Feldern

senkrechte Aufteilung		
eine senkrechte Linie in der Mitte des Feldes	in der Mitte teilend	Rechts – Links Nebeneinander Gleichberechtigung
zwei senkrechte Linien	aufteilend	Mitte mit Rechts und Links In der Mitte sein + am Rand sein
drei und mehr senkrechte Linien	nebeneinander	Nebeneinander
	aufgereiht	Aufreihung Gleichheit mehrerer mehr innen – mehr außen
waagerechte Aufteilung		
eine Linie in der Mitte	in oben und unten teilend	oben – unten oben sein, unten sein
zwei Linien	in oben, Mitte und unten teilend	oben sein, unten sein, ganz unten sein Aufteilung in Hintergrund, Mittelgrund, Vordergrund
drei und mehr waagerechte Linien	aufgeschichtet	Schichtung übereinander
	aufgestapelt	Aufstapelung Hochstapelung
	belastend	Belastung Unterdrückung
Kombination von senkrechter und waagerechter Aufteilung		
eine Senkrechte und eine Waagerechte	oben und unten, rechts und links	Nebeneinander von oben und unten

	oben und unten, rechts und links verbindend	Verbindung von oben und unten, rechts und links (Kreuzzeichen)
mehrere Senkrechte und Waagerechte	aufteilend in neben- und übereinander liegende Felder	mehr oben, Mitte und unten mehr rechts, mehr Mitte, mehr links kein eindeutiges oben, Mitte, unten mehr rechts, mehr links am Rand
Aufteilung einer Kreisfläche		
Mittelpunkt	die Mitte bezeichnend	im Mittelpunkt stehen
	ein Zentrum habend	im Zentrum sein am Rand stehen
Aufteilung in Kreisen um den Mittelpunkt	um einen Punkt sich drehend	Konzentration Eingrenzung
	nach außen fortlaufend	Ausdehnung Ausbreitung
Aufteilung mit Linien zum Mittelpunkt	segmentierend	Aufspaltung

3.3.1.5
Die symbolhafte Bedeutung unterschiedlicher Gliederungen

Gliederungen aufgrund von zufälligen Ereignissen (Aleatorik)	zufällig	Zufälligkeit zufällige Beziehung
	nicht vorsätzlich	ohne Vorsatz
Gliederungen aufgrund chemisch-physikalischer Gesetze	naturgesetzlich	Naturbedingtheit Wissenschaftlichkeit Berechenbarkeit
	richtig	Richtigkeit Absolutheit

Gliederungen aufgrund von physischen Gesetzen	natürlich	Natürlichkeit Leben
	individuell	Individualität
Gliederungen aufgrund von Perspektiven		
Parallelprojektion	gleichwertig	Gleichwertigkeit der Teile
	unveränderlich	Unveränderlichkeit
	objektiv Standpunkte im Unendlichen	Objektivität Allgemeingültigkeit der Darstellung
1-Fluchtpunktperspektive	ein Fluchtpunkt bleibt / ein Fluchtpunkt kommt	Objektivität bestimmter Bereiche bei gleichzeitiger Ausrichtung auf bestimmten individuellen Standpunkt
	nicht mehr ganz objektiv	Teile des Ganzen werden aus bestimmter individueller Sicht gesehen bzw. dem Betrachter vorgegeben
	mehr, minder verzerrt	Verzerrung objektiver Tatsachen
2-Fluchtpunktperspektive	dem menschlichen Sehen entsprechend	individueller Standpunkt des Machers wird ausschlaggebend
	verzerrend	Verzerrungen (von Tatsachen) je nach Standpunkt des Machers
3-Fluchtpunktperspektive (Sicht von unten)	aufschauend	Aufschau
Froschperspektive	unten seiend	unten sein unten sein gegenüber dem, was oben ist untertänig sein

3-Fluchtpunkt-perspektive (Sicht von oben / Vogelperspektive)	herabsehend	Oben sein Herrschaft haben
	einsehend	Einsicht Einsehen haben
	Über-sehen	Einsicht / Übersicht haben

3.3.1.6
Die symbolhafte Bedeutung unterschiedlicher Richtungen der einzelnen Elemente

senkrechte Linien	aufrecht	Aufrichtigkeit
	nach oben strebend	Aufwärtsstreben
eine senkrechte Linie	unentschieden	Unentschiedenheit
	ausgeglichen	Ausgeglichenheit Gleichgewichtigkeit
eine diagonale Linie		
von links unten nach rechts oben	zielstrebig aufsteigend	ein Ziel anpeilend
von links oben nach rechts unten	zum Ende hinkommend	einen Endpunkt anvisierend
eine nach rechts ansteigende Linie	aufsteigend	Aufstieg
	zunehmend	Zunahme
	weggehend	Weggang
von links oben nach rechts unten	niedergehend	Niedergang Untergang
	fallend	Umfallen
	zurückkehrend (auf die Erde)	Rückkehr
waagerechte Linie	abdeckend	Abdeckung
	liegend	Ruhe Tod
	versperrend	Sperre Absperrung kein Weiterkommen

gebogene Linie / nach oben offen	aufnehmend	Aufnahme
	haltend	Halt bieten
	empfangend	Annahme
	bittend	Bitte / Betteln
gebogene Linie / nach unten offen	beschirmend	Abschirmung
	bergend	Geborgenheit
	schützend	Schutz bieten
gebogene Linie / nach rechts offen	geöffnet	Offenheit
	freigebend	Freigebigkeit Hingabe
gebogene Linie / nach links offen	wegschiebend	Abschiebung
	beiseite schieben	Beseitigung Wegschiebung
	Vorhandenes festhaltend	Besitzwahrung Sicherung des Eigenen Eingrenzung
geknickte Linie / nach oben offen	unsicher stehend	Unsicherheit leichtes Umkippen
geknickte Linie / nach unten offen	schützend	Schutz
	abdeckend	Abdeckung
	überdachend	Überdachung
geknickte Linie / nach rechts offen	abgebend	Abgabe Offenheit gegenüber dem anderen
geknickte Linie / nach links offen	angreifend	Angriff Aggressivität
	vorwärts drängend	Vordrängen
	auseinander treibend	Auseinanderdrängen Aufteilung
	hinweisend	Hinweis
	Richtung anzeigend	Richtungshinweis

3.3.1.7
Die symbolhafte Bedeutung unterschiedlicher Abstände der Elemente voneinander

nahe	nahe stehend	sich nahe sein
	zusammengehörig	Zusammengehörigkeit Zugehörigkeit
auseinander	entfernt voneinander	Entferntsein Abstand halten wollen auf Abstand gehen

3.3.1.8
Die symbolhafte Bedeutung der unterschiedlichen Basis der Elemente zueinander

unten	unten seiend	Untensein
	minderwertig seiend	Minderwertigkeit Abfall
	bodenständig	Bodenständigkeit
	erdverbunden	Erdverbundenheit
	unter der Erde	beerdigt begraben
oben	oben sein	auf der Höhe sein Oben sein im Himmel sein

3.3.1.9
Die symbolhafte Bedeutung unterschiedlicher Anordnungen der einzelnen Elemente

gleichmäßig	streng	Strenge
	leblos	Leblosigkeit
	abgemessen	Abgemessenheit
	künstlich gemacht	von Menschen erstellt
ungleichmäßig	lebendig	Leben Lebendigkeit Beweglichkeit
	natürlich	Natürlichkeit

	veränderbar	offen für Veränderung
symmetrisch	ausgeglichen	Ausgeglichenheit
	gleichgewichtig	Gleichgewicht
	wiederkehrend	Wiederholung Wiederkehr
proportional	im Verhältnis zueinander stehend	persönliches Verhältnis
	ausgewogen	Ausgewogenheit Abgewogenheit
	individuelle Aufteilung	Individualität
starr	feststehend	Unabänderlichkeit
	unverrückbar	Unverrückbarkeit (Raster, Gitter, Gefängnis)
	unbeweglich	Unbeweglichkeit Leblosigkeit ohne Leben
beweglich	bewegend	Bewegung
	verändernd	Veränderung

3.3.1.10
Die symbolhafte Bedeutung unterschiedlicher Reinheit der Elemente

reine Elemente (Farben, Formen, Materialien)	sauber rein	Sauberkeit Reinheit
	rein	Unberührtheit
	unberührt	Unbeflecktheit
unreine Elemente		
	verschmutzt	Verschmutzung
	befleckt	mit Unsauberkeiten versehen
	absterbend	Sterben sich dem Tode nähernd

3.3.1.11
Die symbolhafte Bedeutung unterschiedlicher Helligkeiten der einzelnen Elemente

weiß	hell	Helligkeit
	licht	Licht / Erleuchtung
grau	weder hell noch dunkel	Unentschiedenheit Unentschlossenheit
	neutral	Neutralität
schwarz	dunkel	Dunkelheit
	finster	Finsternis
	tot	Tod ohne Leben
	abgestorben	Tod
Licht und Schatten	im Licht stehend	im (Rampen-)Licht stehen Bekanntsein Hervorgehobensein
	im Schatten stehend	im Dunkeln sein Unbekannt sein auf der Schattenseite des Lebens sein unwichtig sein

3.3.1.12
Die symbolhafte Bedeutung von kontrastierenden Elementen

Bedeutung kontrastierender Elemente	gegensätzlich	Gegensätzlichkeit
	feindschaftlich	Feindschaft
	unversöhnlich	Unversöhnlichkeit
	unterschiedlich	Unterschiedlichkeit
	gegnerisch	Gegnerschaft
wenig kontrastierend	zusammengehörig	Zusammengehörigkeit Zweisamkeit gleichgesinnt

Bedeutung von Elementen in der Reihe	übergehend	Übergang
	aufeinander zugehend	Aufeinanderzugehen
	den Gegensatz mindernd	Gegensätze aufheben Gegensätze überbrücken Unterschiede überbrücken
Bedeutung verwandter Elemente	sich nahe stehend	Nahesein
	verbunden	Verbundenheit zu einer Familie gehörend

3.3.2
Zur symbolischen Bedeutung von Licht bzw. Helligkeit

Beleuchtet man etwas, z.B. einen Gegenstand oder einen Sachverhalt, so entstehen bei dem angeleuchteten Objekt auf der lichtabgewandten Seite dunklere Partien. Beleuchtet man einen Sachverhalt von einer bestimmten Seite, so werden auch dort andere Partien im Dunkeln belassen. Je intensiver etwas angestrahlt bzw. ins Licht gesetzt wird, um so entschiedener werden die hellen Seiten hervorgehoben und die dem Licht abgewandten Teile ins Dunkle geschoben. Dies kann so weit gehen, dass die ins „Helle" und die ins „Dunkle" gerückten Teile nicht mehr differenzierbar und damit im einzelnen nicht mehr wahrnehmbar sind. Unterschiedliche Aspekte auf der einen wie auf der anderen Seite werden gleichsam ausgeblendet.

Hinzu kommt: es bilden sich Schatten von dem angeleuchteten Objekt. Damit werden nicht nur Teile des angestrahlten Objektes oder Sachverhaltes ins Dunkel geschoben bzw. ausgeblendet, sondern auch Teile der jeweiligen Umgebung werden einer genaueren Beurteilung entzogen.

Weiter ist zu bedenken: Wenn jemand den Standort für die Lichtquelle auswählt, so entscheidet die jeweilige Person damit gleichzeitig, was ihrer Meinung nach für den Empfänger beachtenswert ist. Sie legt damit fest, was ans Licht bzw. ins Licht kommen soll und was nicht. Dem Betrachter, dem Leser oder dem Hörer der jeweiligen Informationen wird somit vorgegeben, was für ihn maßgebend ist.

Im Rahmen einer Sachdarstellung ist auf diese Problematik immer wieder zu verweisen.
Parallelprojektionen mit ihren weitgehend objektiven Ansichten sollten von einer besonderen Lichtsetzung freigehalten werden.
Darstellungen mit Fluchtpunktperspektiven bieten sich hingegen für Licht und Schattendarstellungen an, wird hier doch eine Darstellung geboten, die vom Standpunkt des Darstellenden aus bestimmt ist. Dieser bestimmt zunächst mit der Wahl des Standortes, welche Ansicht für den Betrachter maßgebend sein soll. Der gezielte Einsatz von Helligkeit stellt dann eine folgerichtige Entscheidung dar, die vorgegebene Sichtweise zu verstärken.

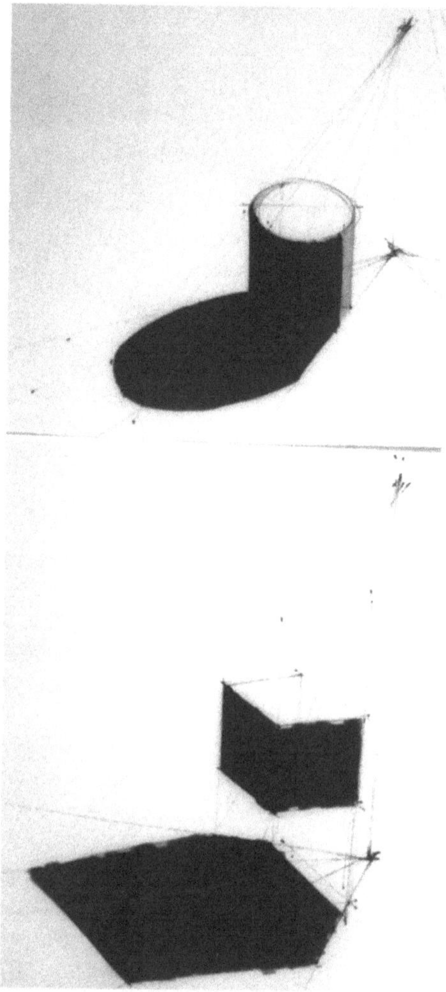

Abb. 15.5 Etwas ins Licht setzen

Abb. 15.6 Jemand ins Licht setzen

3.4
Die Messung der Information

Aus verschiedenen Gründen suchte man nach einem Weg, um die Menge an Information messen und damit mathematisch erfassen zu können.

Eine Möglichkeit besteht darin, die Menge an Informationen als maßgebend anzusetzen, die notwendig ist, um aus einer mehr oder minder großen Menge an Informationen, die herauszufinden, die man zur Dekodierung eines Inhaltes braucht.

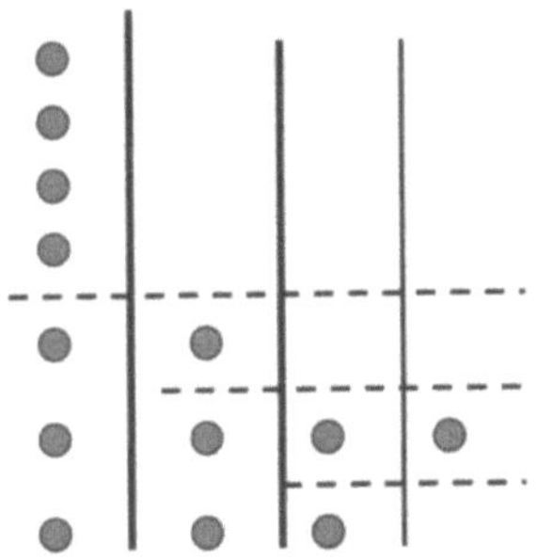

Grafik 15.13 Die notwendigen Entscheidungen, um ein bestimmtes Element zu finden

Dies kann dadurch geschehen, dass man die Anzahl der Entscheidungen misst, die notwendig ist, um aus einer gegebenen Menge an Elementen und den damit verbundenen Informationen, die gesuchte Information zu ermitteln.

Bei dem angegebenen Beispiel sind mehrere Entscheidungen notwendig, um aus 7 Elementen das gesuchte Element bestimmen zu können. Legt man die 7 Elemente in eine Reihe, so kann man in einem ersten Schritt fragen: Befindet sich das gesuchte Element bei den oberen 4 oder bei den unteren 3 Elementen? Es kommt zu einer ersten Entscheidung.

Bei der Zuweisung der gesuchten Elemente zum unteren Teil ist auf jeden Fall eine weitere Entscheidung notwendig. Man kann wiederum fragen: Befindet sich das gesuchte Element jetzt oben oder bei den unteren beiden Elementen? Lautet die Antwort: oben, so ist damit das gesuchte Element aufgrund von 2 Entscheidungen gefunden. Lautet die Antwort: unten, so ist eine weitere Entscheidung erforderlich. Im ersten Fall werden 2 Entscheidungen gebraucht, im zweiten Fall sind drei Entscheidungen notwendig.

Im ersten Fall beträgt die zur Findung des gesuchten Elementes notwendige Informationsmenge zwei Einheiten, im zweiten Fall wären eine größere Informationsmenge (drei Einheiten) notwendig.

Die Menge der Information wird somit bestimmt von der Entscheidung zwischen zwei Möglichkeiten. Man bezeichnet deshalb die gemessene Informationsmenge mit bit.
Bit. = die Einheit des Informationsmaßes. Es ist die Abkürzung von binary digit (binäre Entscheidung).

Allgemein gilt: Die Informationsmenge I ist gleich dem Logarithmus zur Basis 2 von der Anzahl der genutzten Elemente des Repertoires. Daneben gibt es jedoch noch andere Systeme zur Bestimmung der Informationsmenge.

Für ein Repertoire mit zwei Elementen besteht eine Auswahl und somit eine alternative Entscheidung (z.B. bei einer Münze: Wappen oder Zahl). Also ist für b = 2 die Informationsmenge: I = 1 bit.

Besitzt ein Repertoire 4 Elemente (b = 4), so ergibt sich für die Informationsmenge I = 2 bit.

Besitzt ein Repertoire 35 Elemente (z.B. das Kartenspiel mit 35 Karten) und wird davon eine bestimmte Karte gesucht, so sind dazu 5 Ja-Nein-Entscheidungen notwendig. Die Menge der notwendigen Informationen beträgt 5 bit.

Die Messung der oben vorgelegten Beispiele orientierte sich an der Anzahl der Elemente und der damit möglichen Ja-Nein-Entscheidungen. Die in dieser Art durchgeführten mathematischen Messungen berücksichtigen auch nicht die Vorinformationen der Empfänger zu den einzelnen Elementen. Insofern eignet sich dieses Rechnungsverfahren zur Bestimmung abstrakter Informationsmengen (z.B. für die Bestimmung der Übertragungskapazitäten einer Telefonleitung), weniger jedoch zur Bestimmung von konkreten Bedeutungsgehalten einzelner Zeichen für den jeweiligen Empfänger.

3.5 Die latente und die evidente Information

Latenz – lateo, lat.: verborgen sein, sicher sein, geborgen sein
Evidenz – evidens, entis, lat.: augenscheinlich, einleuchtend, offenbar

Siehe Heinz G. Pfaender: Beiträge zu einer Designtheorie. FHD 1974.

Einen anderen Ansatz, die Information eines Objektes oder einer Darstellung zu bestimmen, bietet sich mit der Abwägung von latenter und evidenter Information. Hier wird der Versuch unternommen, das, was bei einem Produkt sichtbar ist, gegenüber dem, was z.B. durch die Verkleidung oder die äußere Umhüllung wieder verdeckt wird, abzuwägen bzw. gegeneinander aufzuwiegen.

Am Beispiel eines Würfels kann dies veranschaulicht werden.

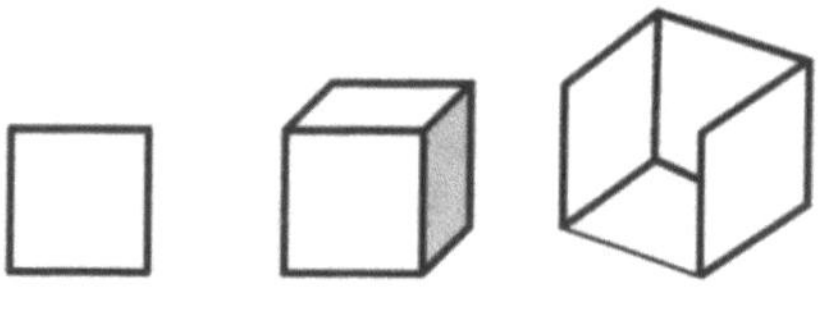

Grafik 15.14 *Der unterschiedliche Informationsgehalt einer Darstellung bei unterschiedlichen Ansichten eines Objektes*

Ein Würfel ist nur von einer Seite sichtbar. Evident sichtbar ist hierbei relativ wenig (wir setzen einen Wert von 1). Bei der nächsten Darstellung sind immerhin drei Seiten zu sehen. Damit steigt der Informationswert schon um einiges (wir setzen den Wert 3). Bei der Darstellung rechts steigt der Informationswert weiter, sehen wir doch jetzt bereits vier Seiten (wir setzen den Wert 4 an). Wären weitere Informationen ablesbar, z.B. aus welchem Material die Seiten sind, welche Farben sie haben, ob Material transparent ist und damit den Blick auf Weiteres frei gibt, was ansonsten nicht sichtbar wäre, so würde sich der Informationswert solcher Umsetzungen weiter erhöhen.

Man kann sagen, dass Produkte, die wenig vom Inneren sichtbar werden lassen und sich nur auf die Außenform beschränken, einen wesentlich geringeren Informationswert haben als solche Produkte, die über das Äußere zusätzliche Einblicke bieten. Darstellungen, die sich auf die Beschreibung eines Endzustandes verlagern, ohne z.B. zu zeigen, wie die verschiedenen Teile zusammen eingepasst werden, bieten weniger Informationen als z.B. Explosionsdarstellungen.

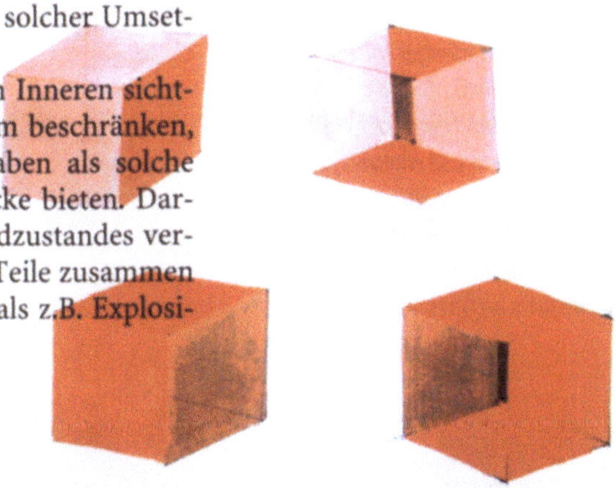

***Abb. 15.7** Latente und evidente Darstellungen eines Würfels*

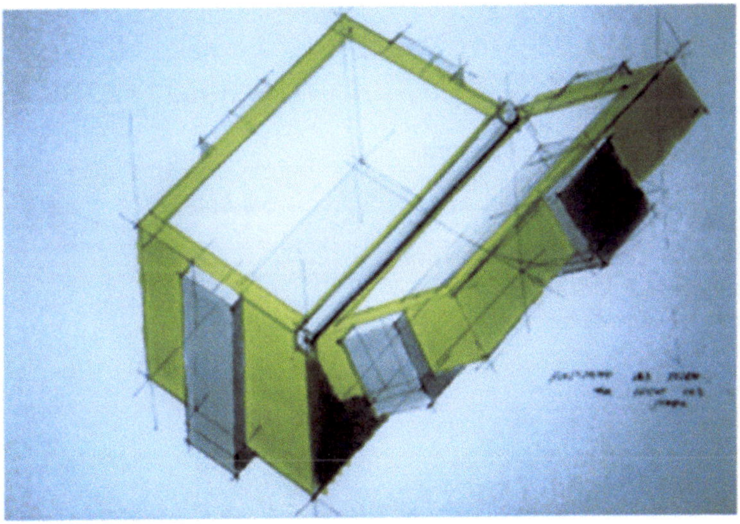

***Abb. 15.8** Evidente Darstellung eines Objektes*

Die unterschiedlichen Interessen der Hersteller, mögliche Empfänger ihrer Produkte umfassend zu informieren, kann man in vielen Fällen an der Präsentation ihrer Objekte ablesen. Wollen sie informieren, was „in dem Produkt steckt" oder geht es mehr um das Äußere. Was wird aus welchen Gründen auch immer, verborgen, was wird aus psychologischen Überlegungen an Information geboten?
Geht man als Empfänger von Produkten davon aus, dass ein Großteil der Informationen latent sind und damit der Wahrnehmung entzogen sind, so wird verständlich, dass der Empfänger sich an die evident Vorhandenen hält. Man versucht an der äußeren Gestalt abzulesen, ob es sich hier um ein gutes, sicheres, stabiles, zeitloses Produkt handelt.

Bei Darstellungen oder Modellen ist im Interesse der Information somit zu überlegen, inwieweit man sich auf die Hülle konzentriert oder ob es hier nicht sinnvoller wäre, etwas vom inneren Aufbau, von der Konstruktion, von der technischen Funktionalität, von der Stabilität, von den Montagemöglichkeiten usw. zu zeigen.

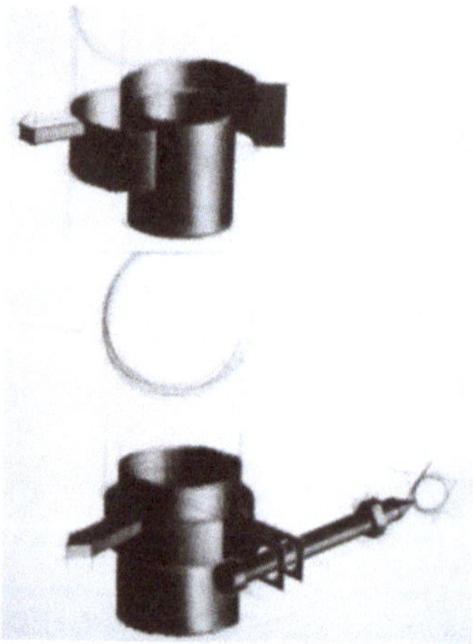

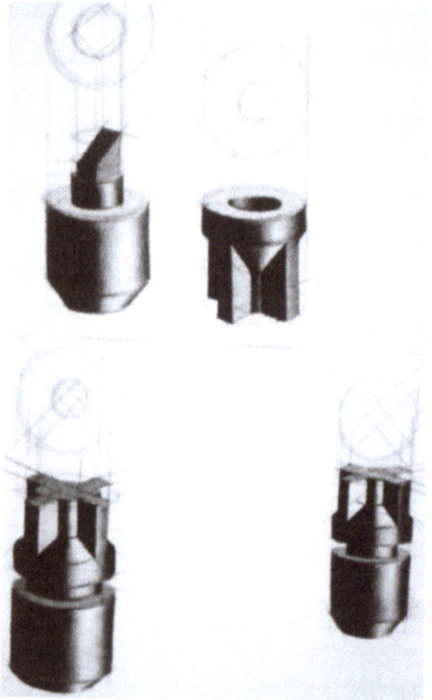

Abb. 15.9 *Evidenz: Darstellung eines Nutzungsvorganges*

Abb. 15.10 *Zeichnerische Studien mit dem Ziel, Einblick zu schaffen in Aufbau und Struktur eines Objektes*

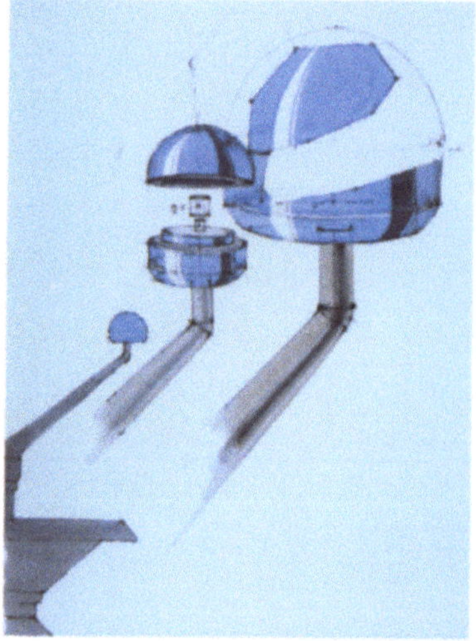

Abb. 15.11 *Evidenz: Darstellungen zum Einsatzgebiet, inneren Aufbau und der Bedienbarkeit eines Drehknopfes*

Abb. 15.12 *Evidenz: Informationen über den inneren Aufbau einer Fahrradklingel*

3.6 Analysen

Im Rahmen grundlegender Betrachtungen werden neben den praktischen Studien immer auch theoretische Aufgaben gestellt. Hinzu kommen die Analysen verschiedenster Sachverhalte.

Ziel dieser Analysen ist es, durch eigenes Studium vorhandener Umsetzungen zu erfahren, wie andere Gestalter bei der Lösung einer bestimmten Aufgabe vorgingen. So wird erfahren, welche Faktoren bei der Lösung dieser oder jener Aufgabe beachtet wurden und eventuell für das eigene Gestalten beachtenswert sind.

Im Einzelnen werden folgende Analysen betrachtet:

- Die Analyse syntaktischer Gegebenheiten
- Die Analyse semantischer Gegebenheiten
- Die Analyse pragmatischer Gegebenheiten

Die **Analyse syntaktischer Gegebenheiten** dient dazu, die Elemente und deren Zuordnung innerhalb einer Formulierung zu erfassen. Dazu eignet sich das Analyseverfahren der Segmentierung und der Klassifizierung.

Die Einarbeitung in den syntaktischen Bereich ist somit gerade für Designer/ -innen wichtig, da sie (im Gegensatz zur Schriftsprache mit ihren 27 Elementen) eine Sprache mit unendlich vielen einzelnen Elementen nutzen.

- Die Segmentierung

Segmentierung bedeutet, herauslesen einzelner Teile aus einem größeren Ganzen, ohne darauf zu achten, welches Gewicht oder welchen Stellenwert dieses Teil bei einer späteren Betrachtung hat. Hier geht es darum, möglichst alle Elemente oder Bausteine herauszulesen, wie sie einem begegnen.

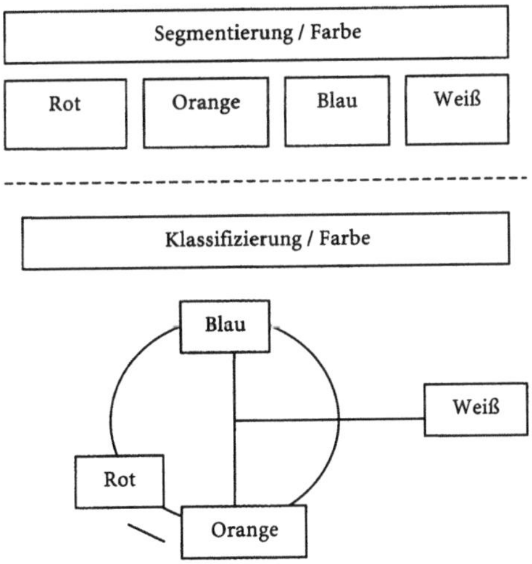

Grafik 15.15
Klassifizierungsmodell

Die bei der Segmentierung herausgelesenen Farben werden jetzt in einem Farbkreis eingeordnet. Es wird ersichtlich, ob es sich z.B. um verwandte oder aber mehr kontrastierende Farben handelt.
Damit wird für eine spätere Deutung eine wesentliche Vorarbeit geleistet, kann doch dann eine Aussage gemacht werden, ob diese zwei Elemente z.B. stärker oder weniger stark miteinander verbunden sind, zusammengehören, eine Einheit bilden oder aber als Gegner zu sehen sind.

Bei visuell wahrnehmbaren Gebilden wird man nach Formen, Farben, Materialien und deren Zuordnungen suchen.

- Die Klassifizierung

In einem zweiten Schritt werden jetzt die einzelnen Elemente größeren Ordnungen zugewiesen und an entsprechender Stelle eingeordnet.

Die Betrachtung der semantischen Gegebenheiten beinhaltet die Untersuchung der Beziehungen, die zwischen den Zeichen und ihren Bedeutungen bestehen.

Die **semantische Analyse** dient der Dekodierung einer Formulierung. Diese Analyse ist vor allem als Hilfe zu verstehen, neue und unbekannte Äußerungen oder Gebilde zu entschlüsseln. Das Analyseverfahren zur Untersuchung der Bedeutungen einer Formulierung, einer Äußerung bzw. Umsetzung beinhaltet die

- iconische,
- symbolische und
- indexikalische Dekodierung der einzelnen Elemente und ihrer Zuordnungen.

Maßnahmen oder Produkte werden entwickelt, um ein bestimmtes Ziel zu erreichen. Dabei wird davon ausgegangen, dass Umsetzungen, mit denen ein anvisiertes Ziel nicht erreicht wird, unter dem Aspekt einer Zielerreichung unnütz und zwecklos sind.
Sie können schön sein, sie können bestimmte Inhalte haben, die von einem Empfänger auch verstanden werden. Lösen sie jedoch bei dem Empfänger nicht das gewünschte Verhalten aus, erfüllen sie nicht ihre Aufgabe.

Die **Betrachtung der pragmatischen Gegebenheiten** beinhaltet eine Bewertung der erstellten Umsetzung dahingehend, ob und inwieweit mit der vorhandenen Äußerung (dem einzelnen Zeichen oder einer größeren Zeichenreihe, einem Satz oder mehreren Sätzen) ein anvisiertes Ziel erreicht werden konnte.

Pragmatische Analysen dienen dazu, den Bereich der Zeichen und ihre Auswirkungen auf den Interpretanten, den Empfänger einer Äußerung, zu betrachten und zu bewerten. Geht man davon aus, dass mit einer sprachlichen Formulierung bzw. einer Äußerung ein Ziel erreicht werden soll, so dient eine pragmatische Untersuchung dazu, aufzuzeigen, inwieweit mit dieser sprachlichen Äußerung das angestrebte Ziel erreicht wurde.

Die Pragmatik einer Umsetzung entscheidet sich mit der Akzeptanz bzw. Nichtakzeptanz eines Produktes durch die Zielgruppe. Pragmatisch und somit zweckmäßig ist eine Maßnahme oder ein Produkt, das von der Zielgruppe akzeptiert (und damit gekauft) wird.

Um dies zu erfahren, ergeben sich in jedem Fall vier Arbeitsschritte: Die Untersuchung der Zielgruppe hinsichtlich

- ihrer Ansprechbarkeit,
- ihres grundsätzlichen Bedarfes und
- ihrer zusätzlichen Erwartungen sowie
- ihrer finanziellen Belastbarkeit.

4 Allgemeine Hinweise

4.1 Die Reduktion als Hilfe zur Lösung technischer Probleme

Die Lösung technischer Probleme setzt voraus, dass der gesamte Prozess mit den einzelnen Aufgaben beschrieben wird. Die Verdeutlichung, welche Parameter dabei zu beachten sind, kann mit der Reduktion geleistet werden. Der Begriff beinhaltet die „Rückführung" auf Grundstrukturen bzw. wesentliche Merkmale, die unterschiedlichen Dingen, Ereignissen oder Prozessen innewohnen. Vornehmlich wird dieses Verfahren dazu genutzt, um hinter der zunächst wahrnehmbaren äußeren Verschiedenartigkeit von natürlichen oder künstlichen Objekten, Ereignissen oder Prozessen die gemeinsame Struktur bzw. deren weitgehend übereinstimmende Merkmale herauszufiltern.

Dies verlangt von denjenigen, die diese Aufgabe unternehmen, ein hohes Maß an Abstraktionsvermögen. Andererseits erfährt der Betrachter bei dieser Arbeit, dass viele Dinge dieser Welt das gleiche Grundprinzip aufweisen.

Bei dem Verfahren werden immer mehrere konkrete Objekte, die z.B. gleichen Aufgaben dienen, gesammelt (z.B. Objekte, die zum Transport von Waren nutzbar sind, oder Objekte, mit denen Flüssigkeit aufgenommen und transportiert werden kann). Dabei ist es völlig unwesentlich, aus welchen Bereichen die einzelnen Beispiele genommen werden. Es können künstlich erstellte Objekte ausgewählt werden, es können natürlich gewachsene Objekte sein, wie Pflanzen, Tiere oder Menschen, und es können gewordene Dinge sein (z.B. Steine, Erdöl, Gase usw.).

In einem zweiten Schritt wird dann untersucht, nach welchen Prinzipien sie funktionieren bzw. nach welchen Prinzipien sie aufgebaut sind. Dazu werden die einzelnen Objekte zunächst einmal zeichnerisch oder fotografisch dargestellt.

Nach dieser mehr gegenständlichen Umsetzung wird jetzt versucht, die hauptsächlichen Teile des jeweiligen Gebildes herauszustellen (Reduktion / Abstraktion).

An dieser Stelle des Arbeitsprozesses werden bereits erste übereinstimmende Merkmale spürbar. Einsehbar wird, dass trotz der Unterschiede in der äußeren Gestalt, verschiedene Objekte, die dem gleichen Ziel dienen, in der Regel weitgehend übereinstimmende Merkmale oder Prinzipien aufweisen.

Beispiel: Herausfiltern der wesentliche Merkmale von Transportmitteln

Vorgehensweise:

- Sammeln von Transportmitteln (z.B. Tiere, Autos, Menschen usw.)
- Reduktion auf die wesentlichen Merkmale
- Ergebnis: Alle Transportmittel haben
  - etwas, was eine Beweglichkeit ermöglicht (Räder, Beine usw.)
  - etwas, das die Dinge antreibt (menschliche Kraft, Motor, Wind usw.)
  - etwas, das die Waren aufnimmt (Behältnis, Korb, Tonne, Bauch usw.)
  - etwas, das das Behältnis mit den Waren trägt (Träger, Skelett, Gerüst usw.)
  - etwas, womit das gesamte Objekt gesteuert werden kann (Lenker, Deichsel usw.)

4.2 Die Bedingungen für ein funktionierendes System

Siehe dazu Teil 11, Kapitel 1 Die Belastbarkeiten von Menschen (als sozialen Elementen in dem gesamten sozialen System einer Gesellschaft) und Teil 12, Kapitel 1.2.2 Die Belastbarkeit der ökologischen Elemente und die Belastbarkeit des gesamten ökologischen Systems

Ein funktionierendes System besteht in der Regel aus mehreren Elementen, die so miteinander verbunden sind, dass deren Zusammenwirken zur Behebung eines bestimmten Bedarfes führt. An einem einfachen Beispiel soll dies ablesbar werden.

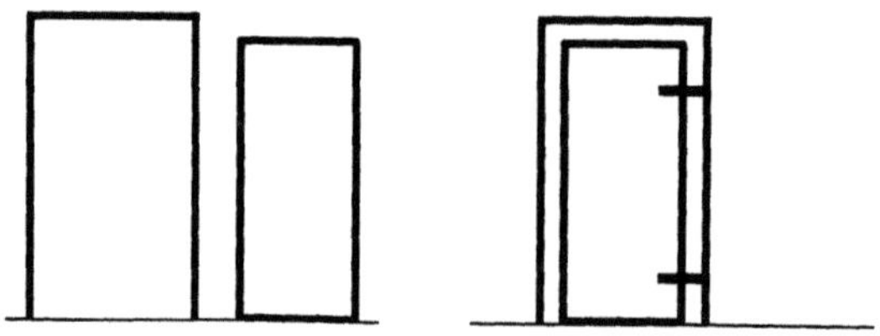

Grafik 15.16 *Die Teile eines Systems*

Zu sehen ist eine Tür und ein Türrahmen. Beide Elemente stehen beziehungslos nebeneinander. So erfüllen sie keine Funktion.

Mit dem richtigen Einbau von aufeinander abgestimmten Scharnieren kann die Tür mit dem Türrahmen verbunden werden. Es entsteht etwas, mit dem der vorhandene Bedarf, einen Raum von einem anderen Raum zu bestimmten Zeiten leicht und schnell abzutrennen, behoben werden kann. Es entsteht ein funktionierendes System.

Für ein funktionierendes System werden somit zwei und mehr aufeinander abgestimmte Elemente benötigt. Deren Funktionsfähigkeit wird erreicht, wenn die verschiedenen Elemente in der richtigen Weise durch geeignete Verbindungen oder besondere Verbindungselemente miteinander verknüpft werden.

Jedes System besteht aus mehreren Teilen, die in irgendeiner Form miteinander so in Verbindung stehen, dass das jetzt vorhandene Gebilde eine (technische) Funktion erfüllen und damit einen Bedarf beheben kann. Jedes der Teile (Wand oder Tür) und die jeweiligen Verbindungen bzw. Verbindungselemente sind in bestimmtem Ausmaß belastbar, ohne dass das gesamte Gebilde gleich seine Funktionsfähigkeit verliert.

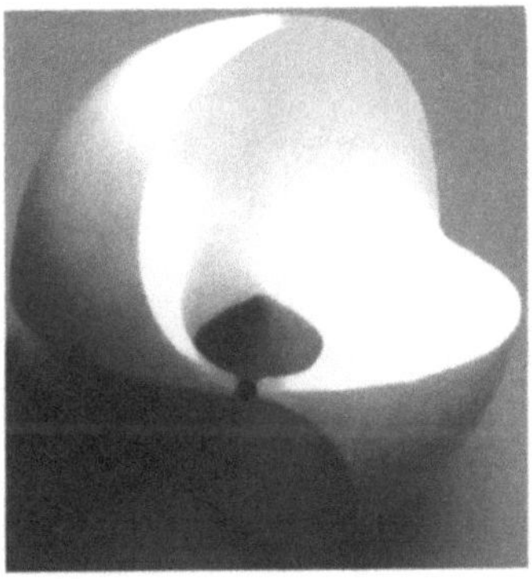

Abb. 15.13 *Plastisches Objekt aus einer Kugelform*
Siehe Abb. 2.1 und 14.6

Die Bestimmung der normalen Belastungsgrenzen kann man bei materiellen Elementen relativ genau fixieren. Wesentlich schwieriger ist die Messung der Belastbarkeiten von Lebewesen. Was für Lebewesen normalerweise erträglich ist und wo die obere Belastungsgrenze liegt, sei es physisch, sei es psychisch, kann leider nicht so exakt gemessen und festgelegt werden. Die eine Person kann mehr ertragen, die andere kann weniger ertragen. Die eine Person kann ein bestimmtes Gewicht heben, die andere Person kann nur einen Teil davon anheben. Um wenigstens gewisse Anhaltspunkte zu gewinnen, versuchte man Profile für die einzelnen Belastbarkeiten zu entwickeln. Sie geben in etwa an, was zumutbar ist und wo die jeweiligen Höchstgrenzen zu sehen sind. Hinzu kommt die Erfahrung, dass höhere Belastungen kürzere Zeiten zu ertragen sind als normale Belastungen.

Literaturnachweis

Teil 1
Grundlagen der Gestaltung für Industrie-Design

Max Burchartz
Gleichnis und Harmonie
Prestel, München 1949

Rainer Wick
Bauhaus-Pädagogik
DuMont, Köln 1994

Teil 2
Die Aufgabenstellung und die Begründung für ihre Bearbeitung

Zu Homöostase:
H. J. Flechtner
Grundbegriffe der Kybernetik
(Das Verhalten der Systeme, S. 286 ff. und
Über Anpassung, S. 351 ff.)
Wissenschaftliche Verlagsgesellschaft, Stuttgart 1970

Zu Homöostase:
Georg Klaus
Wörterbuch der Kybernetik
Fischer, Frankfurt, Hamburg 1969

Heinz G. Pfaender
Beiträge zu einer Designtheorie
Manuskript zur Lehrveranstaltung
FHD 1974

Teil 3
Die Entwicklung einer Konzeption

Erich Geyer, Jan W. Beenker, Josef Frerkes
Handbuch der Rationalisierung
(Marktgerechte Produktplanung und Produktentwicklung)
Industrie-Verlag, Heidelberg1968

Hans W. Wachtel
Marktgerechte Produktgestaltung
Deutscher Betriebswirte-Verlag, Gernsbach 1974

Methodik der Marketing-Kommunikation
Grundlagen – Kommunikations-Theorie – Einstellungen
Hoechst AG, Werbeabteilung 1978

Teil 4
Die Mittel für eine Umsetzung

Josef Albers
Interaction of Color
DuMont, Köln 1970

Max Burchartz
Gestaltungslehre
Prestel, München 1953

Heinz Habermann
Gestalterische Syntax
Katalog zur Ausstellung am Fachbereich Gestaltung der FHD
Darmstadt 1971

Oskar Holweck
Sehen – Grundlehre
Kunstgewerbemuseum Zürich 1968

Johannes Itten
Mein Vorkurs am Bauhaus
Otto Maier, Ravensburg 1963

Boris Kleint
Bildlehre
Schwabe & Co., Basel 1969

Harald Küppers
Farbe – Ursprung, Systematik, Anwendung
Callwey, München 1972

Teil 5
Die technische Funktionalität

Zur Ideenfindung:
Horst Geschka, Ute von Reibnitz
Vademecum der Ideenfindung
Batelle-Institut e.V., Frankfurt o. J.

Zur Bionik:
Werner Nachtigall
Bionik – Grundlagen und Beispiele für Ingenieure und Naturwissenschaftler
Springer-Verlag, Berlin, Heidelberg 1998

Helga Kleisny
Warum Fliegen sich im Kino langweilen – Bionische Methoden als Chance für die Zukunft
Libri Books on Demand; www.libri.de / 2000

Zur Konstruktion:
Pahl, Gerhard
Konstruktionslehre: Handbuch für Studium und Praxis
Springer-Verlag, Berlin, Heidelberg 1986

Horst Herr
Technische Mechanik – Statik, Dynamik, Festigkeit
Europa – Lehrmittel, Wuppertal 1986

Zu Verbindungen:
Karl-Heinz Decker
Verbindungselemente – Gestaltung und Berechnung
Hanser, München 1963

Teil 6
Die Wahrnehmung

Rudolf Arnheim
Anschauliches Denken
M.DuMont, Schauberg, Köln 1972

E. Bruce Goldstein
Wahrnehmungspsychologie – Eine Einführung
Spektrum Akademischer Verlag, Heidelberg, Berlin, Oxford 1997

Eva Heller
Wie Farben auf Gefühl und Verstand wirken
Farbpsychologie, Farbsymbolik, Lieblingsfarben, Farbgestaltung
Droemer, München 2000

David Katz
Gestaltpsychologie
Schwabe und Co., Basel, Stuttgart 1969

David Kreck, Richard S. Crutschfield
Grundlagen der Psychologie – Band 2/8
Belz, Weinheim, Basel 1985

Prof. Dr. Horst O. Mayer
Einführung in die Wahrnehmungs-, Lern- und Werbepsychologie
Oldenbourg Verlag, München, Wien 2000

W. Metzger
Gesetze des Sehens
Kramer, Frankfurt 1975

James J. Gibson
Die Sinne und der Prozeß der Wahrnehmung
H. Huber, Bern, Stuttgart, Wien 1973

John Downer
Die Supersinne der Tiere
Wilhelm Heyne, München 1988

Teil 7
Die Aussage und die Verständlichkeit einer Umsetzung

Vorträge und Aufsätze zur Informationsaufnahme und Verarbeitung:

Abraham Moles
Information und Redundanz

Harald Riedel
Einführung in die Informationspsychologie

Karl Otto Götz
Visuelle Gedächtnisleistung und Informationsverarbeitung
In: Kunst und Kybernetik
Hans Ronge
DuMont, Köln 1968

Eckehard Kaemmerling (Hrsg.)
Bildende Kunst als Zeichensystem – Iconografie und Iconologie
DuMont, Köln 1979

Rupert Lay
Manipulation durch Sprache
Ullstein, Frankfurt 1995

Götz Pochat
Der Symbolbegriff in der Ästhetik und Kunstwissenschaft
DuMont, Köln 1983

Otl Aicher, Martin Krampen
Zeichensysteme der visuellen Kommunikation
Ernst und Sohn, Leipzig 1996

Wolfgang Bauer, Irmtraud Dumotz, Sergius Golowin
Lexikon der Symbole
Fourier, Wiesbaden 1980

Schwarz-Winkelhofer, H. Biedermann
Das Buch der Zeichen und Symbole
Verlag für Sammler, Graz 1972

Gerd Heinz-Mohr
Lexikon der Symbole – Bilder und Zeichen der christlichen Kunst
Eugen Diederichs, Köln 1984

Teil 8
Die Bedienbarkeit einer Umsetzung

Gunnar Johannsen
Mensch – Maschine – Systeme
Springer-Verlag, Berlin, Heidelberg 1993

Teil 9
Die Wirtschaftlichkeit einer Umsetzung

Eskild Tjalve
Systematische Formgebung für Industrieprodukte
VDI, Düsseldorf 1978

Teil 10
Die Ästhetik

William E. Simmat
Objektive Kunstkritik, Exakte Ästhetik
Nadolski, Stuttgart1969

Rul Gunzenhäuser
Das ästhetische Maß Birkhoffs in informationstheoretischer Sicht

Zur informationstheoretischen Betrachtung von Lernvorgängen:
Konsequenzen für die Erzeugung und Betrachtung ästhetischer Objekte
In: Kunst und Kybernetik
Hans Ronge
Du Mont, Schauberg, Köln 1968

Bernd Meurer, Hartmut Vincon
Industrielle Ästhetik
Anabas, Giesen 1983

Jürgen Stöhr (Hrsg.)
Ästhetische Erfahrungen heute
DuMont, Köln 1996

Otto Hagemaier
Der goldene Schnitt
Weltbild, Augsburg 1989

P. L. Nervi
Neue Strukturen
Gerd Hatje, Stuttgart 1963

Wolfgang von Wersin
Das Buch vom Rechteck – Gesetz und Gestik des Räumlichen
Otto Maier, Ravensburg 1956

Teil 11
Soziale vertretbare Umsetzungen

Konrad Lorenz
Die acht Todsünden der zivilisierten Menschheit
R. Piper, München 1973

Hans Dieter Schmidt, Ewald Johannes Brunner,
Amelie Schmidt-Mummendey
Soziale Einstellungen
Juventa, München 1975

Teil 12
Die ökologische Vertretbarkeit einer Umsetzung

T. Brinkmann, G.W. Ehrenstein, R. Steinhilper
Umwelt- und recyclingerechte Produktentwicklung
Band 1 und Band 2
WEKA – Fachverlag für technische Führungskräfte,
Augsburg 1996

Teil 14
Die Veränderung oder Festigung von Einstellungen

Zu Homöostase:
Georg Klaus
Wörterbuch der Kybernetik
Fischer, Frankfurt, Hamburg 1969

Dieter Prokop (Hrsg.)
Massenkommunikationsforschung
Fischer, Frankfurt 1973

H. J. Flechtner
Grundbegriffe der Kybernetik
Wissenschaftliche Verlagsgesellschaft, Stuttgart 1970

Jörg Michael Mathaei
Grundfragen des Grafik-Design
Eigenverlag 1973

Fritz Seitz
Visuelle Kommunikation
In: Format 9, Stuttgart 1967

Teil 15
Ergänzungen

Calvin S. Hall, Gardner Lindsey
Theorien der Persönlichkeit
C.H. Beck, München 1979

Lotte Schenk-Danzinger
Entwicklungspsychologie
Österreichischer Bundesverlag, Wien 1969

Index

MIX
Papier aus verantwortungsvollen Quellen
Paper from responsible sources
FSC® C105338
FSC
www.fsc.org

If you have any concerns about our products,
you can contact us on
ProductSafety@springernature.com

In case Publisher is established outside the EU,
the EU authorized representative is:
Springer Nature Customer Service Center GmbH
Europaplatz 3, 69115 Heidelberg, Germany

Printed by Libri Plureos GmbH
in Hamburg, Germany